消失模铸造及实型铸造技术手册

第 2 版

主　编　邓宏运　王春景
副主编　阴世河　章　舟

机 械 工 业 出 版 社

本手册以消失模铸造及实型铸造生产工艺为线索，全面系统地介绍了消失模铸造及实型铸造的工艺、原辅材料、设备与工艺装备、生产线及车间设计、节能环保、质量控制与管理等技术。本手册共14章，主要内容包括：概述、泡沫塑料模样的制造及发泡成形设备、消失模模具的设计与制造、消失模铸造及实型铸造涂料、消失模铸造及实型铸造造型材料和造型工艺、消失模铸造及实型铸造工艺、消失模铸造及实型铸造的设备与工艺装备、铸铁及铸钢熔炼用中频感应炉、铸造合金熔炼及质量控制、消失模铸造及实型铸造的三废处理与防止措施、消失模铸造生产线及车间设计、消失模铸造及实型铸造工艺实例、消失模铸造及实型铸造的质量管理、消失模铸造及实型铸造的缺陷分析与防止实例。本手册既全面总结了近年来消失模铸造及实型铸造生产方面的技术数据、图表和应用成果，又介绍了国内外消失模铸造及实型铸造技术的成熟经验和应用实例，具有很强的实用性。

本手册可供铸造工程技术人员、管理人员及工人使用，也可供相关专业的在校师生及研究人员参考。

图书在版编目（CIP）数据

消失模铸造及实型铸造技术手册/邓宏运，王春景主编 . —2 版 . —北京：机械工业出版社，2020. 9（2025. 1 重印）

ISBN 978-7-111-66404-8

Ⅰ . ①消… Ⅱ . ①邓… ②王… Ⅲ . ①熔模铸造–技术手册②实型铸造–技术手册 Ⅳ . ①TG249-62

中国版本图书馆 CIP 数据核字（2020）第 160753 号

机械工业出版社（北京市百万庄大街 22 号 邮政编码 100037）
策划编辑：陈保华 责任编辑：陈保华 高依楠
责任校对：王 延 封面设计：马精明
责任印制：常天培
北京机工印刷厂有限公司印刷
2025 年 1 月第 2 版第 2 次印刷
184mm×260mm · 46. 75 印张 · 1283 千字
标准书号：ISBN 978-7-111-66404-8
定价：189. 00 元

电话服务 网络服务
客服电话：010-88361066 机 工 官 网：www.cmpbook.com
 010-88379833 机 工 官 博：weibo.com/cmp1952
 010-68326294 金 书 网：www.golden-book.com
封底无防伪标均为盗版 机工教育服务网：www.cmpedu.com

《消失模铸造及实型铸造技术手册》
第2版编委会

《消失模铸造及实型铸造技术手册》
第 2 版编写人员

主　编　邓宏运　王春景
副主编　阴世河　章　舟
编　者　（按姓氏拼音排列）
曹国钧（淄博通普真空设备有限公司总工程师）
曹锡群（运城市品冠机壳制造有限公司总经理）
邓宏运（铸造工程师杂志总编、西安华清科教产业集团有限公司高工）
何　毅（十堰龙岗铸造有限公司总经理）
孔令清（西安理工大学教授）
李保良（三门峡阳光铸材有限公司总经理）
李立新（河北科技大学教授）
李晓霞（铸造工程师杂志编辑）
李增民（河北科技大学教授）
厉三余（富阳市江南轻工包装机械厂厂长）
刘祥泉（淄博通普真空设备有限公司总经理）
刘中华（洛阳刘氏模具有限公司总经理）
孟昌辉（沈阳恒丰实业有限公司副总经理）
王春景（西安工业大学副教授）
王守仁（济南大学教授）
王树成（浙江西子富沃德电机有限公司工艺室主任）
解戈奇（陕西远大新材料技术有限公司总经理）
徐庆柏（合肥工业大学教授）
颜文非（西安机电研究所所长）
阴世河（沈阳中世机械电器设备有限公司董事长）
阴世悦（辽宁世恒装备制造有限公司总经理）
应根鹏（杭州斓麟新材料有限公司总经理）
翟永真（山东开泰集团有限公司副总经理）
章　舟（杭州学林科技开发服务部负责人）

前　言

铸造是汽车、电力、钢铁、石化、造船、装备制造等支柱产业的基础制造技术，新一代铸造技术也是当代材料工程和先进制造技术的重要内容。我国已是世界铸件生产第一大国，21世纪以来，我国铸造业迎来了持续发展的大好局面，同时也面临对铸件生产的技术水平、质量、能源消耗、环境污染等方面的严峻挑战。

消失模铸造是将与铸件尺寸形状相似的泡沫模样黏结组合成模样簇，刷涂耐火涂料并烘干后，埋在干硅砂或镁橄榄石砂、宝珠砂中振实造型，在负压下浇注，使模样汽化，由金属液占据模样位置，凝固冷却后形成铸件的新型铸造方法。消失模铸造技术被铸造界的人士称为21世纪的铸造技术和铸造工业的绿色革命。在制造业的迅猛发展及对低碳经济的日益严格的要求下，消失模铸造技术以其无与伦比的优势，成为改造传统铸造产业应用最广的高新技术之一。

2018年，我国各类铸件总产量为4935万t，消失模铸造相关企业数量已经达到2000多家，消失模铸造生产线已经达到300多条，消失模铸件年总产量已经突破300万t。实型铸件与消失模铸件产量基本持平，相比而言，实型铸造比消失模铸造进步稍快，继续占领世界产量第一。我国实型铸造铸件和消失模铸造铸件绝大部分是铸铁件和铸钢件，有色金属铸件消失模铸造也有了较大发展。各企业生产技术逐渐走向成熟和规模化，目前已经建成和在建的年产超过万吨的实型铸造和消失模铸造厂家达到50余家。目前，我国企业的铸件水平还落后于西方发达国家，主要表现在：铸件整体档次低，多为低端产品；铸件成品率低，不合格品率高；我国消失模铸铝无论生产企业还是铸件产量与国外形成倒挂态势（国外消失模铸铝件占消失模铸件总产量多为60%~80%，我国消失模铸铝件占比不到5%）；消失模铸造关键设备功能及性能不及国外。

消失模铸造工艺可大幅降低劳动力需求和操作难度，尤其能够保证铸件的高品质。我国消失模铸造灰铸铁箱体类铸件基本成熟，铸钢件、球墨铸铁件正在走向成熟，消失模铸铝件还不成熟。除了生产工艺较成熟外，我国消失模铸造关键设备、重要原辅材料基本上还不成熟。消失模专用材料还处在初级阶段；消失模专用关键设备还有很大的提升空间；消失模尾气处理装置还不成熟，需要加大力度研发；消失模铸造标准为数不多，大多数工艺需要的标准还未制定。发达国家的消失模铸造装备较为先进，我国的设备企业也正在逐步加大创新力度。我国消失模铸造整体生产流水线技术已经有了很大的进步，机械化、自动化，甚至数字化在一些企业也已经建立或正在建立。消失模铸造关键设备振实台、成形机、模样等这几项与国外相差很大。这些关键设备技术也在不断发展，提升的空间很大。铸件缺陷一直是困扰我国铸造企业发展的症结，产生缺陷的原因有很多，比如原材料、设备、人工操作等。铸件缺陷产生的因素很多，并且相互影响、相互交叉，同一缺陷可能由多种因素引起，这就是铸造缺陷不易找到病根的原因。要控制铸造缺陷不产生或少产生，主要在关键设备、关键原辅材料、7S精益管理几个方面。目前最容易做到，但多数企业还做不到的就是精细化管理。管理中的工艺管理、材料管理、操作管理、工序管理、质量管理、人才管理等水平上去了，就可以部分弥补其他条件较差带来的问题。发展的前景是工艺水平、设备水平、控制水平，尽量少用人操作，多用机器代替人，是减少缺陷的总的发展方向。目前面临的问题：模样成形变形问题，发展干模出型就很有必要；与美国、德国等国家相比，我国的消失模铸造振实台还有相当大的发展空间。

随着我国消失模铸造的快速发展，众多企业从事消失模铸造的广大工程技术人员、管理人员以及现场的实际操作者反映迫切希望对《消失模铸造及实型铸造技术手册》进行再版。本手册就是在第1版的基础上修订而成的。此次修订进一步修正了第1版不妥当的文字表述，增加了目前消失模铸造书籍空缺而读者急需的"消失模铸造和实型铸造的质量管理"一章，同时又增加了近几年消失模铸造和实型铸造的典型成功案例。

本手册内容注重实用，以消失模铸造及实型铸造生产工艺为线索，涉及消失模铸造及实型铸造生产的主要方面：工艺、设备、原辅材料、节能环保、质量控制等，全面总结了近年来消失模铸造及实型铸造生产方面的技术数据、图表和应用成果，全书汇集了近20年来国内外在消失模铸造及实型铸造技术方面的成熟经验和应用实例，希望对读者从事消失模铸造及实型铸造生产实践提供有益的指导。

为了使手册内容既贴近生产实际，又具有一定的深度和广度，参加编写的人员都是从事消失模铸造生产实践多年的学者、企业领导和一线专家。

本手册由邓宏运、王春景任主编，阴世河、章舟任副主编。具体分工如下：

第1章	概述	章 舟	李增民	王春景
第2章	泡沫塑料模样的制造及发泡成形设备	邓宏运	厉三余	应根鹏
第3章	消失模模具的设计及制造	刘中华	邓宏运	
第4章	消失模铸造及实型铸造涂料	徐庆柏	邓宏运	李保良
第5章	消失模铸造及实型铸造造型材料和造型工艺	王春景		
第6章	消失模铸造及实型铸造工艺	邓宏运		
第7章	消失模铸造及实型铸造的设备与工艺装备	阴世悦	曹国钧	王春景
		王守仁	翟永真	刘祥泉
第8章	铸铁及铸钢熔炼用中频感应炉	邓宏运	颜文非	孟昌辉
		孔令清		
第9章	铸造合金熔炼及质量控制	邓宏运	王春景	何 毅
		解戈奇		
第10章	消失模铸造及实型铸造的三废处理与防止措施	李增民	李立新	
第11章	消失模铸造生产线及车间设计	阴世河	阴世悦	王春景
第12章	消失模铸造及实型铸造工艺实例	邓宏运	阴世河	何 毅
		孔令清		
第13章	消失模铸造及实型铸造的质量管理	邓宏运	何 毅	曹锡群
		李晓霞		
第14章	消失模铸造及实型铸造的缺陷分析与防止实例	章 舟	王树成	李增民
		王春景	刘祥泉	
附录		李增民	李晓霞	

感谢所有参与本手册编写的作者和工作人员的辛勤劳动和努力。感谢厦门大学嘉庚学院方亮教授，西安理工大学张忠明教授，沈阳钢铁研究所崔春芳高级工程师，东风汽车有限公司通用铸锻厂厂长袁三红高级工程师、刘之顺高级工程师，湖北卡斯工业科技有限公司李汝青高级工程师、吴刚工程师，法士特铸造公司李宇龙高级工程师、马宏兵高级工程师，

天津肖占德高级工程师，北京王佩华教授，内蒙古张秉才高级工程师，徐州卡森汀铸造科技有限公司总经理李力高级工程师，徐州天润铸造材料有限公司总经理丁永成高级工程师，广益矿产集团张广贺经理，成都铸造学会高成勋工程师，郑州翔宇康晓工程师，洛阳刘氏模具有限公司张光波工程师，洛阳宝珠砂铸材有限公司总经理周建平高级工程师，洛阳凯林铸材有限公司刘满对高级工程师，烟台四方铸造设备有限公司谢沛文、高天鹏工程师，江苏欧麦朗能源科技有限公司李小飞工程师，永济市圣源机械制造有限责任公司董事长孙黄龙高级工程师、赵红总经理，河南省桐柏山蓝晶石矿业有限公司褚燕静总工程师等，他们对本手册的编写提供了翔实的技术资料及帮助。感谢铸造工程师杂志社李晓霞编辑、陕西斯瑞新材料股份有限公司靖林工程师、中航迈特粉冶科技（北京）有限公司秦亚洲工程师，他们对全书的文字及图表进行了计算机标准化处理。感谢西安工业大学、河北科技大学、合肥工业大学、西安理工大学、济南大学、铸造工程师杂志社、西安机电研究所、西安中电电炉有限公司、西安泉特科技有限公司、西安华清科教产业集团有限公司、陕西远大新材料技术有限公司、陕钢物业资产管理有限公司、长安特种钢有限公司、蒲城毅力金属铸造材料有限公司、韩城宏腾机械有限公司、运城市品冠机壳制造有限公司、江苏东门子机电科技有限公司、沈阳中世机械电器设备有限公司、沈阳恒丰实业有限公司、烟台四方铸造设备有限公司、淄博通普真空设备有限公司、富阳联发消失模成形设备有限公司、洛阳刘氏模具有限公司、三门峡阳光铸材有限公司、山东开泰集团有限公司、广益矿产集团有限公司、南京云博仪器科技有限公司、徐州天润铸造材料有限公司、无锡锡南铸造机械股份有限公司、江苏欧麦朗能源科技有限公司、台州市黄岩轩杰模具有限公司、浙江双金机械有限公司、德庆金泰铸造有限公司、十堰龙岗铸造有限公司、郑州翔宇铸造材料有限公司、河南省桐柏山蓝晶石矿业有限公司等有关单位的大力支持和帮助。对给本手册编写提供技术工艺、设备、仪表仪器、分析检测、原材料、消失模铸造有关资料信息介绍的诸位友人致以衷心感谢。尤其是本手册第12章中，选编了第9届、第10届、第11届、第12届、第13届、第15届实型（消失模）铸造学术年会论文集及第17届实型（消失模）铸造经验交流会论文集中有代表性的实型（消失模）铸造案例，这些实型（消失模）铸造案例的作者已在文中注明，在此表示衷心感谢。

　　由于时间仓促和编者水平所限，书中难免存在遗漏和不当之处，恳请读者批评指正。

编者

目　录

第1章 概　述

1.1 实型铸造及消失模铸造的发展概况

1.1.1 实型铸造的发展概况

1. 发展概况

实型铸造又称汽化模造型、泡沫聚苯乙烯塑料模造型、消失模造型或无型腔造型等。其铸造生产过程是采用泡沫聚苯乙烯塑料模样代替普通模样（木模、金属模），造好型后不取出模样（俗称白模）就浇入金属液，在灼热金属液的热作用下，泡沫塑料模样汽化、燃烧而消失，金属液取代了原来泡沫塑料模样所占据的空间位置，冷却凝固后即可获得所需的铸件。这种铸造方法广义上统称为实型铸造，狭义上约定俗成地将模样在有黏结剂型砂中的造型称为实型铸造，干砂真空造型的称为消失模铸造（LFC）。

美国于1956年首先研制成功实型铸造，称为无型腔铸造，并于1958年获得专利，初期用于铸造金属工艺品。我国稍后引进了实型铸造技术。当时采取进口苏联或西方国家的泡沫熟料板材进行切割加工，以取代木模，拓展了单体小批量铸件生产的途径，但因进口泡沫塑料价格昂贵，一段时间发展滞缓。改革开放以后，随着聚苯乙烯泡沫塑料（EPS）国产化且价格下降，同时，水玻璃、树脂等流态自硬砂的发展得以迅速发展，EPS板材、型材切割加工、黏结方便。2005年后，我国实型/消失模铸造的技术和生产获得较大进步和快速发展。目前我国的实型/消失模铸造在应用上是成功的，在技术上日趋成熟，已走出了符合我国国情、具有我国特色的实型/消失模铸造的发展道路。

1）2007年我国实型铸造铸件和消失模铸造铸件产量达到76万t，超过美国跃居世界第一，到2019年我国实型铸造及消失模铸造铸件产量在350万t左右，成为名副其实的实型/消失模铸造生产大国；在技术、管理水平及自动化生产方面与发达国家相比还有较大的差距，我国还不是实型/消失模铸造的强国。

2）近年来，我国实型/消失模铸造技术和原辅材料、模具、白区设备和蓝区设备，以及生产线水平都有了全面提高，已基本实现国产化，部分产品实现系列化和商品化，走出了一条具有我国特色的实型/消失模铸造的生产模式。

3）当前我国实型/消失模铸造在一些方面有了新的突破和创新，接近或达到世界领先水平。

4）当前我国实型/消失模铸造应用已形成并举发展的态势，即实型铸造和消失模铸造生产并举发展；生产上规模、上水平与中小企业并举发展；上规模和上水平成为目前乃至今后我国实型/消失模铸造发展的主流和方向。

5）工业发达国家消失模铝合金铸件占主导地位。铝合金铸件消失模铸造在我国的发展前景十分巨大，大力发展铝合金消失模铸造是今后我国消失模铸造行业的发展方向。

6）当前我国更应加大力度完善对原辅材料的系列化、商品化和标准化，以及对实型/消失模铸造技术和工艺的完善成熟化；力争在近几年完善对实型和消失模铸件标准的制定。同时，还要不断地提高各种专用设备的技术工艺水平，加强完善对中国式消失模铸造自动化生产线的建设，进而逐步赶上世界先进水平。

2. 工艺概述

模样制作灵活方便，特别适合单件、小批量的铸件加工任务。对于面向研究试制及修配、修造的任务较为适合。如汽车覆盖模具件毛坯是实型铸造的典型件。实型铸造基本工艺为：模样制作、模样刷涂料及烘干、混砂、造型、浇注等。

（1）模样制作

1）用EPS板材、棒材及其他型材，通过电热丝（$\phi 1.2mm$和$\phi 0.2 \sim \phi 0.5mm$）进行粗、精切割，电热丝切割温度为$250 \sim 500℃$。根据电热丝直径、切割长度和EPS材料密度控制切割速度，通过控制变阻器对EPS模料进行切割，加工后留下的沟、槽、坑、洼以及凹凸不平的地方，用低熔点的石蜡硬脂酸或低灰分的自硬砂树脂黏结剂等为填料，用乙醇（或甲醇）为溶剂配制成涂膏填补、修饰，以保持模样表面质量。发现有凸鼓的地方，用电热丝切平或用电烙铁熨平，或用溶剂丙酮等刷去抹平。

2）黏结、组模、修饰。常用黏结剂有乳胶（醋酸乙烯，PVA）和PVB（聚乙烯醇缩丁醛，BM）。黏结剂配置：将PVB慢慢地加入盛有乙醇的容器中，不断地搅拌，直至粉粒状PVB完全溶于乙醇中备用，如黏结剂太稠，则加入乙醇稀释，以适用为宜。将分块的EPS模样黏结组装成铸件形状，黏结好模样的浇注系统并组装起来。

3）刷涂料。可以购买涂料供应商的消失模专用涂料，有涂料搅拌机设备则可进行自配，但必须考虑实型铸造用型砂的型砂种类和黏结剂对涂料的作用。涂料刷好后进行干燥，在造型时备用。

（2）型砂　混制实型铸造常用的型砂有水玻璃CO_2自硬砂和树脂自硬砂。

1）水玻璃砂在实型铸造中应用比较多，在原来木模造型基础上改为EPS即可，它具有较好的流动性和较高的透气性，且硬化时间短、硬化强度高。采用水玻璃砂可改善单件和小批量生产的造型条件，但它们的溃散性差、回用难度大。EPS模样（实型）铸造用水玻璃砂的成分及性能见表1-1。

表1-1　EPS模样（实型）铸造用水玻璃砂的成分及性能

成分（质量份）						性　能	
新砂	旧砂	水玻璃	发泡剂	赤泥	水	干压强度/MPa	透气性
100		7~8			4.5~5.5	>0.64	>450
60~70	20~40	7~8			4.0~5.0	>0.98	>300
100		7~8	0.2	4	6.0~7.0	0.69~0.78	>300
100		8	0.2~0.3	2~4	6.5~7.5	0.29~0.49	>500

水玻璃性能取决于模数M（SiO_2与Na_2O的质量比）。高模数水玻璃砂的硬化速度快，出砂性好，含水量较高、干强度较低；而低模数水玻璃砂则相反，且使用寿命较长，可塑性较好，对生产大中型铸件有利。一般选择M为$2.3 \sim 2.4$，波美度（°Be）为$51 \sim 54$，见表1-2。

表1-2　不同模数的水玻璃砂性能

项　目	高模数砂	低模数砂
模数M比值	2.8~3.5	1.5~2.5
型砂水分（%）	3.8~4.5	1.5~2.5
硬化速度	快	约为高模数砂的一半
硬化后型砂的强度	稍　低	较　高
出砂性（无附加物）	稍　好	较　差

酯硬化水玻璃砂（又称第三代水玻璃砂），采用上海星火化工厂和上海试剂一厂生产的SS系列有机酯水玻璃硬化剂，硬化剂包括快速、中速、慢速三个品种，按比例混合可得到不同的硬化速度。这样可以实现不同要求下、不同季节的酯硬化水玻璃砂造型，利用此种型砂造型即可进行EPS模样造型浇注。

2）呋喃树脂自硬砂实型铸造，通常采用甲苯磺酸作固化剂的呋喃树脂自硬砂造型，树脂砂的配比及强度见表1-3。选用树脂时，应按所购树脂厂的产品质量说明书加以调整。

表1-3　树脂砂的配比及强度

温度/℃	树脂砂配比（质量份）			24h抗拉强度/MPa
	擦洗砂	树脂（占砂质量分数）	固化剂（占树脂的质量分数）	
>25（夏）	100	1.0~1.4	30~50	≥0.8
10~25（春秋）	100	1.0~1.4	50~60	≥0.8
<10（冬）	100	1.0~1.4	60~70	≥0.8

注：擦洗砂中回用砂量（质量分数）为85%~90%。

3）混砂。流态自硬水玻璃砂可用碾轮混砂机混砂，酯硬化水玻璃砂应用高速混砂机或新型斜式混砂机混砂；树脂砂应用高速混砂机混砂或螺旋绞动混砂机混砂。按各自混砂工艺进行混砂、出砂。

（3）造型

1）工艺流程如图1-1所示。去模样空腔用于铸钢生产。

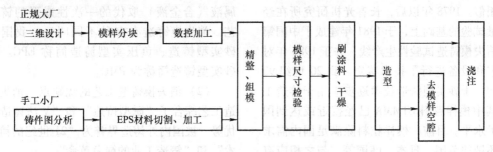

图1-1　实型铸造工艺流程

2）造型与木模造型工艺相同，模样放在砂箱中位置应便于型砂的充填。对于有下凹和孔槽的铸件，模样的开口部分应尽可能朝上面或侧面，以利于流态砂的流动和充实，如果不得不朝下面，则下凹或空注等处必须仔细小心地进行人工捣实，以保证铸型各部分有足够的紧实度。对于大件、特大件来说，则应在砂箱内逐步填砂分层紧实。

有些厂，将小型的铸件组串（组串数量要比干砂浇注的少，因流态砂没有干砂充填振实性能好）造型，造好型后用喷灯将EPS模样烧掉、清净型腔，便形成了空腔铸型，从而避免了浇注铸钢件的增碳难以控制的弊端。

采用空腔浇注（尤其适用于低碳钢类铸件或4mm左右薄壁球墨铸铁件）要特别注意的是，EPS模样的涂料层将转移到砂型（水玻璃砂或树脂砂）上来，因此模样涂料必须考虑砂型的砂、黏结剂（水玻璃、树脂）、附加物（赤泥、固化剂、脂）的综合作用，以免空腔后的涂料层与砂型脱开成壳，涂料壳破碎不仅起不到涂料层作用，其涂料层碎壳还在合金液中形成夹渣缺陷。为确保模样烧失后模样上的涂料层转移到砂型空腔的壁上，模样必须在刷上涂料后趁潮湿造型。

（4）浇注　空腔砂型的浇注按低碳钢铸件的砂型浇注工艺即可。

实型铸造以浇注大中型灰铸铁件及球墨铸铁件为多。根据铸件结构形状的复杂程度及壁厚差异，灵活设置浇注系统。通常采用底注式或阶梯式浇注系统，它可使金属液流股均匀、避免死角、平稳充型，热场分布均匀，引导残渣浮入冒口或集渣包。要实现均衡凝固，大多遵守暗冒口"离开热节，但不远离热节"和"居高临下"的放置原则，并起到局部区域的集渣、透气的作用。浇注系统的内浇道、横浇道、直浇道截面面积要比普通砂型大20%～30%，便于迅速裂解EPS模样和充型。

浇注温度要比普通砂型高30～50℃，薄壁球墨铸铁件可提高到80℃。

采用慢－快－慢的浇注速度，切忌流股中断，快浇时切不可使浇口杯外溢。

浇注时间根据铸件大小、结构情况、砂箱的放置（平放、倾斜）而定。

由于EPS模料和呋喃树脂自硬砂（水玻璃的发气少）在高温金属液作用下裂解、汽化，产生大量黑烟和刺激性的有机废气，恶化了铸造车间工作环境，尤其是砂箱顶面及周边出气孔处有机物废气燃烧产生的细小黑烟（即泡沫燃烧）弥漫在车间，必须采取吸排风机将其吸入废气净化装置或将废气导入二级水池。

1.1.2　消失模铸造的发展概况

1. 发展概况

1956年，美国H. F. Shoyer开始将聚苯乙烯泡沫塑料用于铸造试验，并获得了成功，1958年以专利的形式公布于世，最初称为无型腔铸造，起初仅是用来制造金属雕像和艺术品铸件。至 1962 年德国从美国引进专利，消失模铸造法才逐步被开发推广和在铸造业中应用。

我国研究和发展消失模铸造的经历和国外基本相似。1978 年以后，长春光机研究所在经过大量试验的基础上，于 1981 年建成了中国第一条消失模铸造试验性生产线，并于 1984 年对其工艺和设备进行了技术鉴定。到 20 世纪 90 年代初，干砂实型铸造技术逐步应用于铸造工业，其中模样粒料 STMMA 已经接近或达到国外技术水平。目前，模样粒料除满足国内需求外，还销往美国、日本、韩国等。与之相应有多家单位制造可发性聚苯乙烯预发泡机和成形机，其中富阳联发消失模成形设备与 EPS、STMMA 粒料同步配套发展。我国消失模铸造技术被国家重点推广，消失模工业白区（EPS 粒料、STMMA、发泡成形设备）、黄区（涂料、混制、烘干）、蓝区（造型、砂处理、生产线配套设备）等都具有了一定的规模。消失模铸造工艺已用于生产灰铸铁、球墨铸铁、特种合金铸铁（高铬铸铁、耐磨铸铁、耐热铸铁、耐蚀铸铁）、普通碳钢（中高碳为多）、中高碳低合金耐磨钢、特种铸钢（高锰钢、镍铬耐热钢、耐蚀钢）及不锈钢等铸件，还可以生产铝合金、镁合金、铜合金等铸件。生产的典型铸件有：缸体、缸盖铸件，曲轴，进排气管，铸钢、球墨铸铁后桥壳体，汽车制动鼓，支架，箱（壳）体，工程机械铸铁件和铸钢件，缝纫机、农机零件，高速铁路件，阀、泵类零件等。消失模铸造生产的铸件产量在整个铸造铸件产量中所占比重不断提高，消失模铸造工艺已成为铸造厂家改造传统工艺、提高企业技术装备水平的重要选择。总的来说，我国消失模铸造生产应用水平与发达国家仍有差距，尤其是铝合金消失模铸造。

2. 工艺概述

（1）消失模铸造的工艺过程　消失模铸造是用泡沫塑料（EPS、STMMA 或 PMMA）制作成与铸件结构尺寸相近（加收缩率）的模样（白模），经浸涂耐火黏结涂料（起强化、光洁作用）烘干后埋入特殊砂箱干砂造型，经三维或二维微振加负压紧实，在不用砂芯、活块甚至无冒口的情况下，浇入熔化的金属液而形成铸件。整个铸件成形过程是在一定负压下，先使模样受热分解进而被金属液（合金液）取代的一次性成形的铸造工艺。消失模铸造有多种不同叫法，我国将干砂实型铸造、负压实型铸造简称 EPC。将湿砂实型铸造简称为 PMC。

（2）消失模铸造工艺的优缺点　消失模铸造工艺综合了"磁型铸造"和"V 法铸造"的优势，被国内外铸造界誉为"21 世纪的铸造技术"和"铸造工业的绿色革命"。

消失模铸造工艺的优缺点可从铸造加工工艺过程来分析比较：

1）制模。

① 优点：模样模具专一，便于维修，使用寿命长。

② 缺点：模样模具结构复杂，加工周期长。模具初始成本较高。

2）造型。

① 优点：简化工厂工艺设计，无型砂黏结剂，不用砂芯。模样模具可重复使用。

② 缺点：模样浇注系统要黏结，模样只能用一次。

3）浇注。

① 优点：节约了金属合金浇注系统用量，球墨铸铁和一些合金铸铁可实现无冒口铸造。

② 缺点：提高了金属液浇注温度，增加了砂型铸件冷却输送设备。

4）清理。

① 优点：减少铸件表面清理工作量，无铸造毛刺、飞边。对球墨铸铁无切除冒口工艺。

② 缺点：增加进行模样组串和去除内浇道的专用工具。

5）环保。

① 优点：无混砂工艺造成的污染，减除了废砂对环境的污染。

② 缺点：要有一套尾气废气处理装置。

6）投资。

① 优点：工厂设计水平高度灵活，经济效益好，便于旧车间改造或增添消失模铸造工艺。

② 缺点：制作模样自动化程度低，大多采用手工制模和黏结浇注系统。

1.2　消失模铸造成形原理

由于模样实体型腔的存在，使得消失模铸造工艺得到大大简化，铸件外观质量大大提高，设备投资大大减少，生产率大大提高。但是，因模样实体型腔的存在，使得消失模铸件成形的原理与空腔铸造有很大不同，对铸件的内在质量产生关键性的影响，也是形成各种铸造缺陷的主要原因。

本节主要分析消失模铸造工艺的特点和铸件成形的过程及机理。

1.2.1　消失模铸造成形原理分析

消失模铸造的最大优点源于无须起模、下芯与合箱操作，给工艺操作带来极大好处，生产率大大提高；但其最大缺点也源于此，实体模样的存在使金属液充型过程变得极为复杂，由此带来铸件的各种铸造缺陷。另外，浇注过程中负压的作用也使金属液充型变得更加复杂。由于消失模铸件是靠金属液将模样热解汽化，由金属液取代模样原有位置，凝固后形成铸件。在金属液充型流动的前沿，存在着十分复杂的物理与化学反应，传热、传质与动量传递过程复合交错。

1）在金属液前沿，与尚未汽化的模样之间形成一定厚度的气隙，在该气隙中高温金属液与涂层、干砂及未汽化的模样之间，存在着传导、对流、辐射等热量传输作用和化学反应。

2）消失模模样在高温金属液作用下形成的热解产物，与金属液、涂料及干砂之间，也存在着物理化学反应和质量传输。

3）在金属液充型过程中，气隙中的气压升高，模样热解吸热反应，使金属液流动前沿的温度不断降低，对金属液充型的动量传输具有一定的影响。

图1-2所示为消失模铸造金属液的充型过程，以及金属液流动前沿热量、质量和动量的传输过程。与传统的砂型铸造相比，消失模铸造成形过程要复杂得多，不仅直接关系到铸件成形成败及铸件质量高低，还对铸件内在质量有至

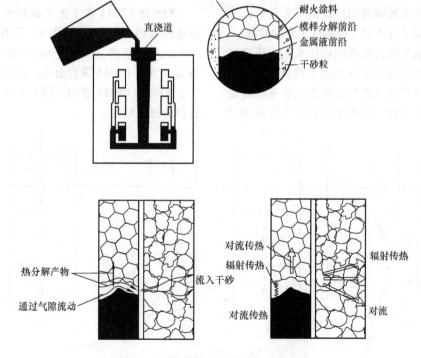

图1-2　消失模铸造金属液的充型过程

关重要的影响。众所周知，铸造缺陷基本都来自金属液充型到凝固的短暂时间内，在这短暂的一瞬间，铸型型腔内发生着"翻天覆地"的变化，存在模样受热分解、模样与前进中的金属液充型前沿之间出现气隙、金属液充型前进受阻、金属液充型流动状态发生极大紊乱、负压造成金属液充型流动产生严重的附壁效应、热解气态产物通过涂料层向型砂中排出、热解残留固态产物在金属液的充型流动中被卷入型腔、金属液中的各种夹杂物在上浮移动中受负压的作用变得缓慢而部分滞留在铸件内等。

工业发达国家对消失模铸造成形过程的研究非常重视，在消失模铸造工艺开发过程中，投入大量人力、物力、财力，集中力量攻克理论上、技术上的基本障碍，通过国家或地方政府行为解决基础理论的问题，为技术发展奠定了基础。1989年美国能源部组织26家铸造工厂、高等学校、研究机关、消失模原辅材料和设备供应商，分别对模样材料热解特性、金属液充型及凝固特性、干砂充填紧实特性等基础理论课题开展专题研究，取得了比较理想的效果，为美国消失模铸造技术快速发展奠定了重要基础。日本在20世纪末期，对消失模模样热解产物和金属液流动凝固特性做了大量基础研究工作，推动了日本消失模铸造工业的发展。

我国对消失模铸造基础和技术应用研究开展较晚，但近十几年来发展进步较快，部分研究单位、高等学校对消失模铸件成形基础理论做了大量研究工作，取得了部分适合我国国情

的成果。但是，由于我国铸造生产条件的特殊性，铸造企业技术水平的特殊性，基础理论研究远不能满足我国消失模铸造生产高速发展的要求，需要加大研究力度，广泛进行"产学研"合作，找到适应我国国情的消失模铸造理论和生产技术，推动我国消失模铸造技术和生产的健康发展。

1.2.2　消失模的热解特性

1. EPS模样在不同温度下的热相变状态

EPS模样在高温金属液作用下，发生一系列物理化学变化，在消失模铸造的生产条件下，气隙内要经历燃烧、熔化、汽化分解等过程。由于金属液流动前沿与模样之间形成大量热解产物和气隙，气隙对金属液流动和传热、传质产生复杂影响。EPS模样的热导率非常低，仅为铸铁的1/1429，因而气隙范围很窄，往往只有几毫米，甚至零点几毫米。

2. PMMA和共聚料STMMA热解特性

聚甲基丙烯酸甲酯（PMMA）由于含碳量比EPS少得多，广泛用于消失模铸钢及球墨铸铁领域。在解决铸件增碳、皱皮、黑渣等铸造缺陷方面十分有效，深受铸造厂家欢迎。

EPS比PMMA多了五个碳原子，EPS含有较难解聚的环状结构，PMMA是直链状结构，比EPS容易断链、热解汽化成小分子。STMMA是由EPS和PMMA聚合而成，其汽化裂解程度介于EPS和PMMA之间。图1-3所示为此三种材料的分子结构。

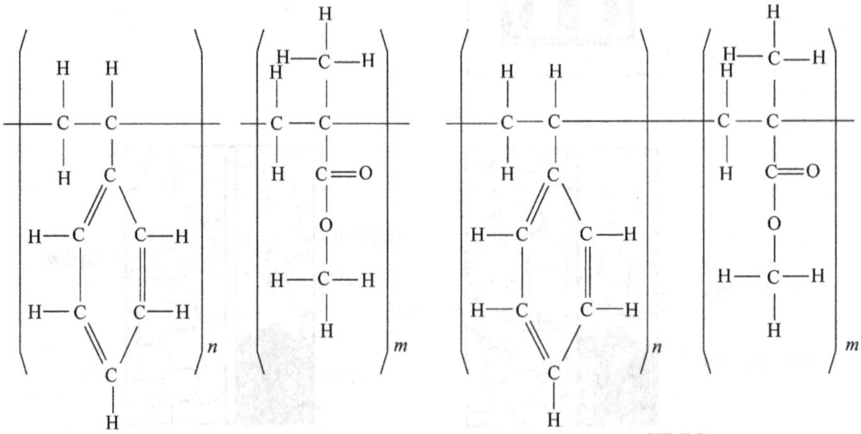

图1-3　EPS、PMMA和STMMA的分子结构

经过试验和分析，三种模样材料的特性汇总如下：

1）模样的热解温度越高，热解气体压力和吸附格上的气体量增加越多，PMMA 含量增加，热解气体压力增大，但总气体量减少。说明热解 PMMA 比 EPS 更难以生成液化产物。

2）总气体量随着热解温度提高及 PMMA 含量增加而增大。

3）热解温度越高，总气体中平均相对分子质量越小，PMMA 含量越多，分解总气体中的平均相对分子质量越大，并且比较分散。即 PMMA 中包括平均相对分子质量大的组分都被汽化。

在生产中使用 PMMA 或 PMMA 与 EPS 共聚料 STMMA 具有较高意义。由于热解产物中气体和液固状物量及发气速度不同，EPS 浇注充填速度可达 5～20cm/s，而 PMMA 要慢得多，仅为 2.5cm/s，否则金属液容易产生飞溅和气孔缺陷。

通过对国内国外共聚料 STMMA 与 EPS 在 1000℃时发气量及发气速度差异的比较，发现国产与日本共聚料 STMMA 的发气量均比 EPS 大得多，前者约为后者的两倍；日本共聚料 STMMA 的发气速度与国产 EPS 相当，国产共聚料 STMMA 的发气速度是 EPS 的 1.2 倍。所以，若采用共聚料 STMMA，在模样制作预发泡时要严格控制残留发泡剂含量，发泡成形后其质量分数小于 3.5%，并把模样在室温下放置半个月后再使用。同时降低浇注速度，对共聚料 STMMA 模样浇注速度要小于 5cm/s，避免浇注反喷。

3. 金属液流动前沿的温度变化

消失模铸造金属液充型流动前沿状态具有瞬变性，经实际测量得到铝合金液流动前沿温度分布及沿程各测温点到达最高实测温度的变化，实际前沿温度比热电偶测得的温度约低 50～100℃。

4. 金属液充型流动前沿 EPS 热解产物组成

对于铝合金、铸铁和铸钢等合金浇注而言，EPS 模样材料在高温下热解产物主要包括苯、甲苯、乙苯、苯乙烯、多聚体及其他微量

气态产物和一些小分子气态产物，还有部分液态产物。在金属液流动前沿的气隙中，气态产物的成分与浇注温度有关。铝合金浇注温度较低，EPS 裂解程度较小，产物中小分子气体产物体积分数仅占 11.42%，发气量不大。对铸铁和铸钢浇注温度高，EPS 裂解程度迅速增大，小分子气体体积分数提高到 35% 左右，发气量迅速增大。铝合金液充型流动前沿气隙中以液态 EPS 为主，向涂料层浸润渗透是铝合金液流动前沿的主要控制因素。在铸铁和铸钢浇注时，金属液充型流动前沿的气隙中主要是高温气体产物，如能够顺利通过涂层，是金属液充型流动主要控制因素。不同合金浇注温度下 EPS 热解产物的含量见表 1-4。

表 1-4 不同合金浇注温度下 EPS 热解产物的含量（体积分数）（%）

合金（浇注温度）	小分子气体产物	蒸气态产物				
		苯	甲苯	乙苯	苯乙烯	多聚体
铸铝（750℃）	11.42	6.57	10.38	0.78	69.43	1.42
铸铁（1350℃）	32.79	51.56	3.21	0.10	12.34	微量
铸钢（1600℃）	38.57	52.73	3.57	微量	5.13	微量

5. 金属液充型流动前沿气隙中的气压

金属液充型流动前沿气隙中气压的大小受到多种因素的综合影响，包括 EPS 密度、浇注温度、金属液充型速度、涂层情况、型砂粒度、真空度等，这些因素都影响气隙中气体的排出速度。研究发现，对于铝合金液充型而言，气隙中气压的变化范围为 200～500Pa。对于铸铁而言，该范围为 11～26kPa。由此可见，在铸铁浇注温度约 1400℃的条件下浇注，比铸铝浇注温度约 700℃的条件下浇注气压高出数十倍，甚至上百倍。

由前述可知，在浇注铝合金时，EPS 的热解产物的成分主要是模样中的空气、发泡剂以及低沸点热解产物，气压较小（200～500Pa），而铝合金液的静压头为 1999～5174Pa（净压头高度为 85～220mm 时），比热解产物的气压高出许多，所以浇注铝合金时不会引起呛火和气体缺陷。在铝合金液的充型流动前沿主要是 EPS 热解产物，它可以吸收铝合金液的热量，导致

铝合金液温度下降，这些产物在涂料和干砂的传输阻力作用下，还会在局部滞留阻碍后续合金液的进一步充型流动。研究发现，铝合金液充型流动前沿的液态热解产物过渡层厚度为 1~3mm，由此计算得出模样的热破坏区宽度（熔化区 + 软化区）仅为 3.1mm。

钢液和铁液充型流动前沿温度较高，EPS 热解产物中小分子气体裂解产物急剧增多，所以气隙中气压比铝合金液高出数十倍甚至上百倍。金属液充型流动前沿气隙中的主要物质是气体，但当充型速度很快时，气隙中同时存在气态和液态产物。

由于温度等裂解条件不同，在 400℃ 以上高温下 EPS 将裂解成丙烯（C_3H_6）、乙烯（C_2H_4）、乙烷（C_2H_6）、甲烷（CH_4）、碳（C）和氢（H_2）。随着裂解深度加深，气体产物体积增大数倍甚至更高，析出的碳也变多，在完全裂解成碳和氢的情况下，104g 的苯乙烯产生 4g 的氢气，同时产生 96g 碳，占苯乙烯总重（104g）的 92%。

实际上，发生裂解的气体是多种气体的混合物，随着温度升高，EPS 发气量增加，焦态残留物显著增多，液相有所减少。

在浇注铝合金时，N_2/O_2（体积比）= 4.1，并含有少量的 H_2、CO_2，完全不含饱和烃。这说明 EPS 分解时主要形成液态产物，燃烧有限，EPS 完全分解为 C 和 H_2 实际上是很难的。

在浇注铸铁时，N_2/O_2（体积比）= 4.21，H_2 的体积分数增加到 32.8%，CO 含量显著增加，CO_2 含量下降。这说明不完全燃烧增强了，主要是苯乙烯单体分解成 C 和 H_2。

在浇注铸钢时，N_2/O_2（体积比）= 5.35，燃烧和完全分解都得到加强，H_2 的体积分数增加到 48%，显然，分解的固态碳也将大大增加。

对于铸铁件和铸钢件来说，金属液充型前沿与模样之间的气隙中的热解产物组成和气压与铸铝件有很大的差异，气隙中的主要组成物为气相（也有液相存在），并且气压很大。气隙大小和形状与模样形状、浇注温度、浇注速度、铸型与涂层的透气性及金属液在铸型中的上升速度有关。当金属液上升速度小于模样的

分解速度时，也就是气隙中的气压小于金属液静压头的压力时，气隙的间隙最大。在这种情况下，液相的 EPS 可以继续分解为二次气相和固态物质，同时高温分解产物也可以渗入涂层和干砂中。当金属液上升速度大于模样的分解速度时，EPS 液相增多，一部分来不及分解的液相附着在铸件的表面，等以后陆续受热时再进行二次分解，与此同时，气隙中的气压增大，气隙范围变小，相应的金属液充型阻力增大。当铸型透气性较差或浇注系统不合理时，金属液充型可能发生湍流现象，并可能卷入未完全汽化的 EPS 残留物，导致铸件产生气孔、夹渣等缺陷。当铸型透气性为 60 时，气隙中的气体压力比透气性为 300 时的铸型高 1 倍，比透气性为 600 的铸型高 9 倍。

6. EPS 热解产物的传输特性

（1）EPS 热解产物在涂料层中的传输　在生产浇注现场，往往发现与 EPS 分解有关的现象，如开箱时发现热型砂中放出气味不好的白色烟气；原来白色耐火涂层在浇注后变黑；靠近铸件表面的型砂颜色也变成褐色；在离铸件表面 10~15cm 的砂壳中，浇注凝固不久开箱时，发现这层砂潮湿，但随着温度下降，砂子似乎变干、发硬，甚至结成团块。这些现象都是 EPS 热解产物在涂层和干砂中传质的结果。

模样外部涂料层被加热到一定温度后，型腔中 EPS 模样气态热解产物将通过涂料层向型砂中传输，液态热解产物将涂料层润湿，在更高温度下向涂料层中渗透。涂料透气性越好，吸附性越好，保温性越好，液态热解产物对涂料层的润湿性就越高，润湿角越小，热解产物向涂层中渗透的速度越高。提高浇注温度和浇注系统的压头，也可加速液态热解产物向涂料层中的渗透速度。

在浇注过程中，EPS 热解产物在气压和金属液压头驱赶下通过涂料层进入干砂层。经过冷凝—再蒸发—再冷凝，碳粒和链状物太大的苯环分子一般滞留在涂层或铸件与涂层界面上，而较易热解、相对分子质量较小的分解产物则可以扩散到离表面更远的干砂中去。通过红外、紫外光谱、色谱联用，核磁共振等先进仪器检测证明，浇注后的涂层和干砂中不均匀

地分布着低分子聚苯乙烯。

（2）EPS 热解产物在干砂中的传输　在浇注过程中，金属液不断充填，模样不断热解，铸型中存在着温度梯度、气压梯度和 EPS 热解产物的浓度梯度。

EPS 热解产物中低分子的聚苯乙烯及其分解产物以汽化裂解—传输—凝聚—再汽化—再传输—再凝聚的多次循环的方式向远离金属/铸型界面方向传输，从而导致残留在干砂中的热解产物环化区、转变区和弱影响区，并呈水波纹形态分布。碳化环化区的热解产物主要由相对分子质量大、沸点高的环芳香烃化合物或碳组成，转变区内热解产物以液态形式存在，落砂后可发现这层干砂被润湿，并散发出芳香气味，其内部热解产物含量最多。在弱影响区的热解产物含量最少。在整个热解产物传输区域，其大小主要取决于金属液的温度，浇注温度越高，热解产物传输区域越宽。

（3）EPS 模样热解产物在金属液中的传输　在铸钢件消失模铸造浇注过程中，在高温钢液的作用下，EPS 模样分解成大量的单体碳和液相分解产物。液相分解产物被金属液挤向铸件的表面，在后续的金属液作用下发生二次分解，形成气体和单质碳，这些单质碳在金属液充型和随后的凝固过程中不断向金属液中扩散，从而在铸件表面产生增碳缺陷。低碳钢铸件增碳现象十分严重，被普遍认为是消失模铸造很难逾越的障碍。华中科技大学曾对碳的质量分数为 0.14% ~ 0.17% 的 ZG16Mn 钢集装箱角件进行过浇注试验，铸钢件增碳后的碳的质量分数可达到 0.4% ~ 0.6%。铸钢件表面增碳使其硬度增加，加工性能恶化，同时对铸件的力学性能也有影响，常常使断后伸长率下降，低温冲击韧度变差，因达不到产品规定的要求而报废。

对于铸铁件消失模铸造产生的皱皮、黑渣等缺陷，往往也是由于高温液相热解产物分布在铸件表面而引起的。

7. 热解产物对铸件质量的影响

热解产物对铸件质量有着重要影响，而且对不同合金的影响效果也不尽相同。下面分别讨论热解产物对铸钢件、铸铁件和铝合金铸件质量的影响。

（1）对铸钢件的影响　铸钢件浇注温度高，一般在 1500℃ 左右，所以热解产物汽化和裂解充分，产生大量的单质碳。在高温条件下，碳原子和金属晶格都很活泼，单质碳将向铸钢件表层渗透，导致铸钢件表层增碳。钢液的原始碳含量越低，这种增碳现象越严重。

铸钢件表面增碳后，消失模铸钢件抗拉强度 R_m 提高，超过熔模铸造，但其断后伸长率 A 相比熔模铸造有所下降；由于铸钢件表面增碳，消失模铸钢件表面硬度明显升高，对机械加工造成影响；消失模铸钢件表面增碳具有不均匀性，铸钢件各部位增碳不一致，造成其力学性能波动相比熔模铸钢件明显增大。

（2）对铸铁件的影响　铸铁件的浇注温度一般在 1380℃ 以上，在此温度下，模样将迅速热解为气体和液体，通过二次分解，同样也会有大量裂解单质碳析出。但是，由于铸铁本身具有很高的碳含量，所以在铸铁件中，消失模铸铁件表层不表现为增碳缺陷，而是表现为容易形成波纹状或滴溜状的皱皮缺陷。当金属液充型速度高于模样热解产物的汽化速度时，金属液流动前沿聚集了一层液态聚苯乙烯，使与之接触的表层金属激冷形成一层硬皮。当这层硬皮被前进中的金属液冲破时，即被压向铸铁件的两侧，在铸铁件表面形成波纹状或滴溜状的皱皮缺陷。开箱落砂后，可以发现皱皮表面有碳粉堆积，这是热解产物二次反应后生成的裂解单质碳。

对于球墨铸铁件来说，除了铸铁件表面出现皱皮缺陷外，热解产物还容易在铸铁件中形成黑色碳夹杂缺陷。当模样密度过高、黏结面用胶量过多、浇注充型不平稳造成湍流时，铸铁件中碳夹杂缺陷更为严重。

（3）对铝合金铸件的影响　铝合金浇注温度低，一般在 750℃ 左右，实际上与金属液充型流动前沿接触的热解产物温度为 550 ~ 650℃，这与 EPS 汽化分解温度区正好重合。所以，铝合金浇注时不冒黑烟，而是白色雾状气体，也不会像钢铁铸件那样形成特有的增碳或皱皮缺陷。研究认为，热解产物对铝合金的成分、组织、性能影响甚微，只是分解产物的还原气氛与铝合金的相互作用导致铝合金铸件表面失去原有的白色光泽。在浇注过程中，模样的热解汽化将从铝合金液中吸收大量的热量，势必造成合金流动前沿温度下降，过渡冷却会使部分液相产物来不及分解汽化，从而积聚在金属液面或压向型壁，形成冷隔、皮下气孔等缺陷。所以，适当的浇注温度和浇注速度对获得优质铝合金铸件，特别是薄壁铝铸件是至关重要的。

从减少热解产物对各类铸件质量的影响出发，都希望热解残留物、固态产物越少越好，模样应该尽量汽化完全排出型腔。为此，要求模样的密度小、汽化充分，同时涂料层和铸型的透气性要好，使金属液充型流动前沿气隙中的压力和热解产物的浓度尽可能降低。

1.2.3 金属液在消失模铸造中的充填特性

消失模铸造金属液充型流动前沿存在泡沫塑料模样及其热解产物，大大改变了金属液的充型形态，使其成形规律与砂型铸造的成形规律产生了较大的差异。消失模铸造金属液充型流动前沿的形态、充型速度及其影响因素，对金属液充型的连续性和铸型稳定性，获得优质

铸件有着重要的影响。

1. 研究方法

研究发现，金属液在消失模铸型中的充填特性不同于传统的砂型铸造，其中消失模的热解汽化和阻挡是关键。人们采用各种方法对此进行了研究，其中包括以下研究方法：

（1）直接摄影观察法　即采用高速摄影机通过透明耐热玻璃，对金属液的充填过程进行直接观察。图1-4所示是试验装置示意图，图1-5所示是采用摄影法获得的铝液充型过程的前沿形状。

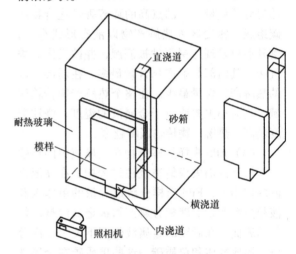

图1-4　直接摄影观察法的试验装置

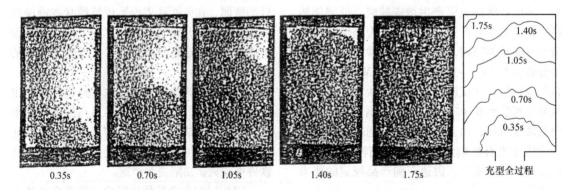

0.35s　　0.70s　　1.05s　　1.40s　　1.75s　　充型全过程

图1-5　采用摄影法获得的铝液充型过程的前沿形状（浇注温度820℃，底注）

直接摄影观察法的优点是一目了然，充型形态清晰可见，但也有它的不足，就是只能看到与透明耐热玻璃接触的一面的充型形态，对于复杂铸件，远离耐热玻璃的其他部位的成形规律是无法直接看到的。另外，耐热玻璃的一面是不透气的，与实际模样周围是可透气的涂

料层和干砂情况有一定差别。

关于消失模铸造金属液充型形态，美国阿拉巴马大学、中科院长春光机所、沈阳铸造研究所、华中科技大学、河北科技大学等高校及科研机构对此进行过研究分析。但多数研究都基于铝合金消失模铸造充型过程，同时多数为

无负压作用下充型。在这样的条件下，金属液充型的形态是，从内浇道进入铸件"型腔"后，金属液前沿呈扇形向前推进，在重力作用下，金属液充型前沿发生向下的变形，但总体趋势都是向着远离内浇道的方向推进，直至"型腔"被充满。金属液与模样接触的边界形态，与金属液温度、模样材料性质和充型速度有关，金属液温度高、模样密度小、充型速度快，则金属液整体推进速度就快。边界区内是一层模样汽化形成的高压气隙层，气隙层厚度为 $1 \sim 3mm$，气隙层内气压约为 $0.12MPa$，抽负压时气隙层中气压约为 $0.096MPa$，并随合金类型、浇注温度、直浇道截面面积、浇注速度、模样密度、涂料高温透气性及负压大小不同而变化。对于铝合金无负压浇注来说，金属液与模样界面的形态，根据不同情况分为四种模式：接触模式、间隙模式、溃散模式和卷入模式。

（2）电极触点法　在模样的特殊部位设置电极触点，当金属液前沿接触电极时即发出信号，将其输入到计算机中，记下所测的位置及时间，经过整理即可得到不同时间金属液前沿的充填形态图。电触点法埋设触点比较麻烦，但适应于任何形状复杂的铸件，测试结果更接近真实情况，目前国内研究工作中应用较多。

（3）冷淬法　在铸型内浇注一定量的金属液，停止浇注后立即向其中倒入适量冷水使其激冷，水被负压吸入铸型，使金属液流动前沿的形状形象地保存下来。图 1-6 所示是采用冷淬法获得的炉算条铸件金属液充型过程在 2s、4s、6s、8s 时的充型流动前沿形态示意图。这种方法的优点是原理简单直观，可在生产现场了解铸件充型流动前沿的真实情况。但是耗费金属液较多，操作上麻烦一些。

（4）数值模拟法　通过建立金属液充型过程的数学模型，采用分析或数值分析的方法求解，获得各个时刻各点的流场参数。目前已经能够进行各种异形铸件的三维温度场与流场耦合的数值模拟，不仅可以获得充型过程各时刻的详细数据、变化规律，而且可以在计算机屏幕上形象生动地演示充型过程，为优化工艺设计、减少铸件缺陷提供有用的工具。近些年

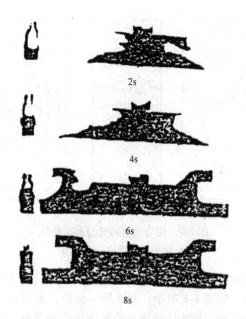

2s

4s

6s

8s

图 1-6　炉算条充型流动前沿形态示意图

来，国内外在计算机数值模拟法研究方面发展很快，已经能够模拟六缸发动机缸体、缸盖的充型、凝固过程的流动场和温度场，模拟软件逐步走向实用化。在国内，砂型铸造工艺的模拟软件也开始出现商品化，但消失模铸造的模拟软件则刚刚起步，距离实用化还有相当的路程要走。但是，计算机数值模拟法肯定是今后研究金属液充型、凝固特性的有力工具，具有广阔的应用前景。

2. 金属液充型前沿形态的一般规律

1）消失模铸造不同于传统的砂型铸造，在浇注充型过程中，金属液从内浇道进入型腔后，呈放射弧形状逐层向前推进，最后充满距离内浇道最远的部位。同时，流动前沿受到消失模材料汽化吸热、温度降低的影响。另外，由于金属液流动前沿气隙反压力作用，使金属液充型流动速度显著降低。用电触点法测量铝合金试件在顶注、底注、侧注时不同时间铝合金液充型流动前沿的充型形态曲线如图 1-7 所示。

2）在多个内浇道浇注时，金属液从最先流经的内浇道进入型腔。对于垂直浇注，若直浇道为实心状态，则金属液先从上层的内浇道进入型腔；若直浇道是空心状态，情况则刚好相反，先从底层内浇道进入型腔，充型一定时

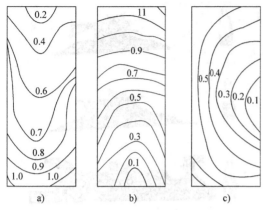

图1-7　铝合金液的充型形态曲线
a）顶注　b）底注　c）侧注

间后才从低层内浇道和上层内浇道同时进入型腔，如图1-8所示。对于同一铸件，充型速度由底注→顶注→侧注→阶梯浇注依次降低。降低消失模材料的发气性，提高涂层的透气性，或减少涂层厚度均可减少金属液流动前沿气隙的压力，从而降低金属液充型时的流动阻力，提高金属液的充型能力。

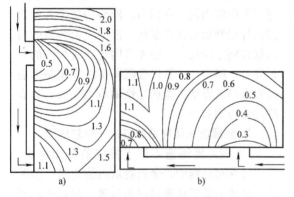

图1-8　双内浇道金属液的充型形态
a）垂直浇注　b）水平浇注

3）由于在浇注过程中对干砂铸型施加负压，与无真空浇注金属充型形态有很大差别，负压有利于消失模的汽化热解产物的排出，减少金属液流动前沿气隙中的反压力，从而加快充型速度，但负压常常引起附壁效应。所谓附壁效应，就是沿型壁的金属液受真空的牵引作用而超前流动，当超前到一定程度将一部分尚未热解的模样包围在铸件内部，其部分模样在随后的热解汽化中将产生气孔和渣孔，同时负压也使金属液中容易卷入热解产物，形成气孔

或夹渣缺陷。负压越大，铸件壁厚越大，附壁效应越显著。

3. 在负压作用下金属液充型前沿的形态

在负压条件下浇注的消失模铸造充型金属液前沿形态与无负压浇注相差较大，负压使金属液流动状态呈现严重湍流，导致金属液充型过程出现强烈的附壁效应。

在消失模铸造生产过程中，我国企业均在浇注过程中对干砂铸型施加负压，以紧固干砂砂型，使铸型具有足够的强度和刚度，以抵御金属液的冲击和浮力，保证铸型在浇注及凝固的整个过程中完整有效，获得结构完整的铸件。负压使得消失模铸造钢铁件，在不增加砂箱高度（金属净压头）的情况下，干砂铸型具有足够的强度和刚度，使铸造过程得以进行，在我国消失模铸造工艺发展中，发挥了关键性的作用。

但是，通过大量试验研究和生产过程发现，负压对于金属液的充型形态负面影响巨大，造成铸件容易出现卷气、夹杂、渣气孔等诸多缺陷。因此，目前的消失模铸造钢铁件，特别是铸钢件的消失模铸造生产，提出了在保证干砂铸型不塌箱的前提下，尽量降低真空度。试验发现，在金属液充型过程中，其流动状态属于湍流，金属液充型前沿的形态与模样汽化后退的形态异常紊乱，前沿整体上虽仍是呈扇形弧状，但与无负压充型的状态相差甚远，前凸后凹的山脊锯齿形态异常剧烈，后续的金属液非常容易卷入气体和夹杂。

负压室产生的负压使正在充型的金属液产生强烈的附壁效应。根据试验，铸件外壁与中心部位充型的速度相差数倍，充型开始很快形成U形充型前沿，在铸件外壁附近形成的金属液层快速凝固，形成四周由激冷固体层封闭的U形"型腔"，中部的金属液向上充型的速度明显慢许多。在这种情况下，中间部分的模样汽化后的气体和热解产物及夹杂排出受阻，虽然形成的激冷层并不密实，但对模样汽化气体的直接横向排出造成阻力。在负压作用下，高温金属液充型状态异常紊乱，并出现强烈的附壁效应，为此进行了如下试验。

试验装置和模样簇如图1-9所示。在砂箱

上开一个方孔，把耐热玻璃贴在砂箱孔处，把摄像机放在砂箱前方，浇入金属液，充型开始，摄像机可以把充型过程拍摄下来，用秒表记录充型时间，然后对充型形态进行分析研究。

试验按真空度（真空度 = 大气压力 - 绝对压力）不同做了两次，第一次真空度为

0.06MPa，第二次真空度为 0.08MPa，其他条件相同。图 1-10 所示是真空度为 0.06MPa 时金属液在各时间的充型形态。图 1-11 所示是真空度为 0.08MPa 时金属液在各时间的充型形态。充型过程的图像是用摄影机记录后再通过计算机软件处理得到的。

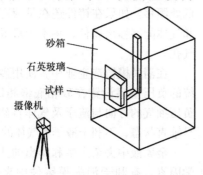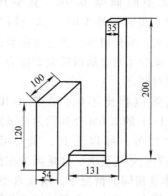

图 1-9　试验装置和模样簇

| 0.1s | 0.32s | 1.56s | 2.34s | 3.25s | 4.02s | 5.20s | 6.16s |

图 1-10　真空度为 0.06MPa 时金属液在各时间的充型形态

| 0.1s | 0.20s | 1.00s | 1.51s | 2.10s | 2.60s | 3.15s | 4.02s |

图 1-11　真空度为 0.08MPa 时金属液在各时间的充型形态

试验发现，真空度为 0.06MPa 时，金属液在浇注 0.1s 时开始充入内浇道与模样连接处，透过模样可看到较强的金属液亮光；充型到 0.32s 时，金属液从下部充入铸型，由于金属液温度较高，产生的亮度较大，此时模样裂解产生的气体还很少，不足以产生附壁效应，直到充型 1.56s 时，金属液基本上比较平稳地向上填充；从 1.56s 到 2.34s，金属液开始有轻微

的附壁效应，其原因是模样裂解产生气体增加，型腔内外气压差增大，对金属液的充型产生阻碍作用，负压导致高温裂解气体沿模样壁流动；充型到 3.25s 时，由于模样裂解气体持续增加，型腔内外气压差达到最大值，附壁效应最为明显；从 3.25s 到 4.02s，随着 EPS 模样的逐渐烧失，裂解气体减少，加之外界持续抽真空，使型腔内外气压差减小，附壁效应逐渐

减退；到5.20s时，已看不到附壁效应，金属液又平稳向上充填，直到6.16s充满型腔。

真空度为0.08MPa时，金属液充型形态的形成机理与真空度为0.06MPa时基本一致。所不同的是：

1）总的充型时间不同，真空度为0.06MPa时充型时间是6.16s，真空度为0.08MPa时的充型时间是4.02s。这是因为随着真空度的增大，模样裂解产物通过涂料排除的速度增大，减少了对金属液的充型阻力，从而缩短了充型时间。

2）附壁效应程度不同，在图1-10的3.25s处和图1-11的2.10s处分别为金属液附壁效应最大之处，可以看出，真空度为0.08MPa时的附壁效应更大。这是因为在模样裂解产生气体量相同的情况下，增大真空度，会使型腔内外压力差增大，金属液流动前沿的凹形和不规则程度增大。试验得出四点结论：

① 由于金属液浇注温度较高，金属液与模样发生剧烈的裂解反应，在金属液流动前沿看不到有规则的气隙。

② 金属液充型形态有明显的规律性，开始金属液平稳向上充填，随着模样裂解气体的增加，在负压作用下逐渐产生附壁效应，流动前沿呈现中部下凹形，直至附壁效应达到最大程度，之后由于型腔内外气压差减小，附壁效应逐渐消失，金属液又平稳向上至充满整个型腔。

③ 提高真空度，充型时金属液的附壁效应更加明显，充型时间缩短。

④ 真空度过高，将使铸件表面产生突起等缺陷。

1.2.4　铸件中非金属夹杂的形成

金属液中夹杂及气体的来源包括几个方面，如模样汽化的热解产物残渣及气体、金属液熔炼过程中产生的渣子及气体，以及金属液被氧化形成的氧化物渣子，还有高温金属液对某些气体的溶解，以及外界杂物进入密封的"型腔"内等。这些渣子及气体中，以金属液熔炼过程中形成的渣子为主，其次是高温金属液溶解的气体与金属液作用产生的渣子，以及

金属液被氧化形成的氧化物等，其实模样汽化热解残留产物所占比例并不大。但是，如果因模样"型腔"密封不好，外界杂物进入"型腔"，可能造成大量夹杂物缺陷。这些渣子及气体，以及外界混入的固体杂物密度较小，在充型过程和未凝固前的液态降温过程中将缓慢向上漂浮，同时在负压作用下向着横向压力较低处漂移。如果在铸件还在呈液态时这些渣子和气体能够移出铸件，将不会形成铸件夹杂和气孔。

在消失模铸造企业中，使用砂箱的负压系统的负压室多设置在砂箱底部和四周箱壁上，负压抽气的方向与渣子及气体自然上浮的方向呈垂直状态，不利于渣子和气体的上浮排出。

金属液中夹杂产生和排出的热力学及动力学因素，有利于消失模铸件中夹杂缺陷的形成，而不利于夹杂缺陷的排出。因为我国铸造企业所用原辅材料较杂，在不断降低生产成本的压力下，企业所购废钢及生铁材料成分复杂，含有杂质较多。多数铸造企业使用中频感应炉熔炼废钢来生产铸件，金属液中含有较多的杂质元素。我国消失模铸造企业所用模样材料多为建筑包装用的聚苯乙烯泡沫材料，在金属液充型与模样材料相互作用产生的物理化学反应中，形成了较多的热解产物，也使金属液中夹杂物增多。

负压状态下浇注对于夹杂的排出不利。渣子在金属液中的移动，与渣子与金属液的密度差、金属液的黏度、金属液的流动状态和渣子的大小有关。在浇注充型过程中，模样的热解汽化随着金属液的充型前进而进行，在负压作用下金属液湍流状态加剧，产生附壁效应，模样热解产物和金属液中夹带的渣子，在湍流的金属液中的移动随着液流的紊乱而变得无序，使渣子上浮的速度减缓。附壁效应造成的铸件侧壁金属液薄层冷却使其黏度提高，阻碍渣子向侧壁外的方向移动。顶抽气虽然也使金属液充型流动状态产生湍流，但流动的方向总体向上，流动速度向上加快，有利于渣子的上浮。

泡沫板材切割加工的铸件模样或浇注系统模样是造成外界杂物进入密封"型腔"，形成外来式夹杂物缺陷的主要原因。板材切割的模

样表面几乎都存在各式各样的裂纹和凹坑，由于泡沫板材多采用大颗粒珠粒预发成形，预发后珠粒颗粒较大，在成形过程中珠粒之间容易产生融合不良，在板材内形成缝隙、裂纹和孔洞。这样的泡沫板材在切割加工时，切割面上难免出现裂纹和凹坑。由切割板材组装的铸件模样和浇注系统模样，在刷涂料时，渗透性极强的涂料将渗入这些裂纹和凹坑中。干燥后形成深入模样表层内的涂料尖刺。在浇注过程中，金属液的湍流充型对模样表层的涂层形成很强的冲刷作用，深入模样表层内的涂料尖刺几乎全被冲掉随流进入"型腔"，浇注后涂层内壁的尖刺都没有了（见图1-12）。

a)　　　　　　　　　　　　　　b)

图1-12　浇注前后涂层内壁状况

a）浇注前　b）浇注后

分片模样需要用黏结剂组合成整体模样。黏结剂的密度一般较大，远远高于模样材料，浇注后残留的热解产物较多，也是形成铸件夹杂缺陷的主要来源之一。黏结缝越多，用的黏结剂也越多，产生的残留热解产物也就越多，越容易造成铸件夹杂缺陷。

1.2.5　金属液充型速度及其影响因素

金属液充型速度一般采用单位时间金属液的推进距离来表示，也可用单位时间充填的金属液的质量来表示。金属液推进速度过慢，将会使模样/金属液前沿的气隙过大，容易引起铸型崩塌缺陷；如果金属液推进速度过快，模样热解产物来不及汽化和排出，容易导致铸件出现气孔、表面碳缺陷。所以，选择合适的充型速度是获得优质铸件的前提和条件。

1）模样材料对充型速度影响很大，采用共聚物充型速度比EPS低，模样密度越低其充型速度越大。

2）涂料透气性越好，有利于金属液充型流动前沿热解气体的排出，减少金属液的流动阻力，所以充型速度越快。特别是高温透气性是涂料的一个重要性能指标。研究发现，当涂料层厚度为0.6mm、0.8mm、2.0mm时，其高温透气性分别为8.6、10.5、17.8。

3）金属液静压头提高，其充型速度增大。试验表明，在负压状态下，金属液静压头对其充型速度的影响比无负压时大。因为负压可加快金属液流动前沿分解气体的逸出速度，使气隙中气压减小，所以相对增大了静压头对充型速度的影响程度。

4）浇注温度提高，金属液的充型速度加快。浇注温度的提高，可改善金属液的流动性，同时加快模样的热解速度，有利于热解产物的逸出，从而提高金属液的充型速度。另外，模样汽化需要消耗热量，使金属液充型流动前沿的温度下降，因此消失模铸造生产中，对于铸铁和铸钢，实际浇注温度比普通砂型铸造要提高30～50℃，对于铝合金则要提高50～80℃。

5）真空度对金属液的充型速度影响十分显著。试验表明，在黏土砂型铸造中，金属液在型腔中的充型速度比在消失模铸型中高3倍，在消失模铸造中对铸型施加负压，可显著提高金属液的充型速度。有试验得出，顶注时施加真空度400mmHg（1mmHg＝133.322Pa），对铸铁消失模铸造金属液充型速度比没有负压时提高3.4倍。在真空度为200mmHg的条件下，消失模铸造铝合金液充型速度比无负压时提高5倍。可见，负压可以大大提高金属液的充型能力。但是，过高的负压，会产生较大的附壁效应，造成铸件表面出现气孔、碳缺陷以及黏砂等缺陷。

各种工艺因素对消失模铸造金属液的充型速度的影响程度从小到大依次为：真空度→模样材料→金属液静压头→涂料层的透气性→浇注温度。除此之外，内浇道截面面积、浇注位置等对金属液的充型速度也有一定的影响，浇注方式对充型速度的影响程度从大到小依次为：侧注→顶注→底注。

1.2.6　金属液充型过程的成形条件

经过试验和分析，三种模样材料的特性汇总如下：

1）模样的热解温度越高，热解气体压力和吸附格上的气体量增加越多，PMMA 含量增加，热解气体压力增大，但总气体量减少。说明热解 PMMA 比 EPS 难以生成液化产物。

2）总气体量随着热解温度提高及 PMMA 含量增加而增大。

3）热解温度越高，总气体中平均相对分子质量越小，PMMA 含量越多，分解总气体中的平均相对分子质量越大，并且比较分散。即 PMMA 中包括平均相对分子质量大的组分都被汽化。

4）金属液能够克服气隙阻力连续不断向前推进，直至充满整个型腔。

5）在金属液充型推进过程中，涂料层和干砂铸型不向气隙中移动。

6）金属液不会把铸型胀大。

为满足上述条件，铸型内各种力的关系必须符合一定的要求。在充型过程中，各种力的相互作用如图 1-13 所示，在气隙附近部分铸型的受力状态如图 1-14 所示。

保持金属液不断上升的条件为

$$p_0 + \rho_{金} gH > p_{气} \qquad (1-1)$$

式中　p_0——大气压力（MPa）；

　　　H——气隙至铸型顶面的距离（m）；

　　　$\rho_{金}$——金属液密度（kg/cm^3）；

　　　$p_{气}$——气隙内的压力（MPa）。

保持涂料层和铸型不向气隙移动的条件为

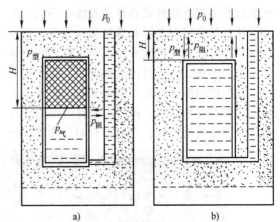

图 1-13　充型过程中铸型内各种力的相互作用
a）充型过程中　b）充型完毕

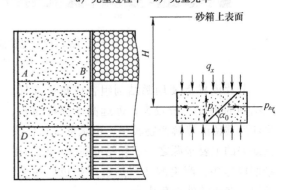

图 1-14　气隙附近部分铸型的受力状态

$$p_{阻} + p_{气} \geqslant q_z \frac{1 - \sin\alpha_0}{1 + \sin\alpha_0} + p_1 \qquad (1-2)$$

式中　$q_z = \rho_{砂} gH + p_0 - p_1$；

　　　$p_{阻}$——涂料层和型砂移动单位面积阻力之和（MPa）；

　　　p_1——铸型内的气体压力（MPa）；

　　　$\rho_{砂}$——型砂堆积密度（kg/cm^3）。

金属液充满型腔后不抬箱的条件为

$$p_0 + \rho_{金} gH < (p_0 - p_1) + p_{阻} + \rho_{砂} gH \qquad (1-3)$$

从式（1-1）~式（1-3）可以看出，浇注时成形的关键参数是气隙内的气压、铸型内的气体压力、涂料层和型砂移动单位面积的阻力三者之间的合理匹配。为此，应按以下工艺因素进行控制：

1）采用合理的铸造方案，控制金属液的充型速度，使 EPS 模样具有合适的分解发气时间。

2）采用合理的型砂、涂料和真空度，增大铸型的排气速度，降低铸型内的气压，有利于铸件成形。

3）加大金属液的静压头，合理地设计浇注系统、补缩排渣系统和浇注工艺。

1.2.7 金属液的凝固特性

（1）三种工艺条件下凝固温度、金相组织和性能 在消失模铸造、砂型铸造和金属型铸造三种不同铸造工艺条件下测定相同铸件的凝固温度曲线。浇注后对铸件进行冲击试验、硬度测试，并观察试样金相组织。

从试验结果可知，在消失模铸造、砂型铸造和金属型铸造三种工艺条件下，金属型铸造冷却速度最快，冷却曲线上不出现共晶平台，金相组织中石墨数大大减少，沿铸件径向生成大量细小一次和二次碳化物，其硬度和冲击韧度明显优于其他两种铸造方法。

消失模铸造和砂型铸造结果比较接近，只是略有区别。共晶反应前，二者冷却曲线几乎重合，但从共晶反应开始二者差异开始增大。与砂型铸造相比，消失模铸造共晶反应时间相对延长，共晶反应后的冷却速度相对减慢，所以消失模铸件共晶团及基体组织粗大，碳化物数量减少，石墨数量增多，相应的硬度和冲击韧度下降。

（2）消失模铸件的凝固特性

1）消失模铸件的冷却凝固速度慢，慢于普通黏土砂型铸造。

2）消失模铸造在负压下浇注，铸型刚度好，浇注铸铁件时铸型不会出现体积膨胀，铸件自补缩能力强，大大减少了铸件出现缩孔的倾向。

3）消失模铸造铸件冷却速度慢，铸件受铸型阻力小，小于黏土砂型铸造，所以铸件形成应力小，热裂倾向小。

（3）消除消失模铸造冷却速度慢带来不利影响的措施

1）使用激冷造型材料加快铸件冷却速度。如采用钢丸、锆砂、铬铁矿砂及石墨砂。

采用这四种造型材料及普通硅砂，从铸件中心温度变化曲线表明，四种型砂材料对消失模铸件均有一定激冷作用，激冷效果从小到大依次为锆砂→铬铁矿砂→钢丸→石墨砂，使用这些型砂可使磨球铸件冷却速度提高 1～2 倍。消失模铸造旧砂回用率一般在 96% 以上，消失模铸造特种旧砂回用率一般在 98% 以上，采用特种型砂一次性投资虽然增大，但对铸件质量带来的效益不可忽视。

2）为降低冷却凝固速度慢带来的不利影响，可适当调整铸件化学成分，采用变质处理。如增加铸件中铬含量以提高碳化物含量，形成含铬碳化物，会使铸件硬度提高；另外，增加铜含量可使铸件基体固溶强化，显著提高冲击韧性。钙等元素在碳化物中的溶解度接近于零，在变质剂中加入钙等元素可使其富集在碳化物前沿，阻碍碳化物的进一步生长；在合金中加入稀土元素，也可使其吸附在碳化物表面阻止其长大；加入钼、钒等元素，可增加碳化物晶核核心，使晶粒得到细化。

综合采取上述措施，消失模铸造的高铬铸件无须热处理即可使其硬度达到 54～56HRC，冲击韧度达到 $5.9～6.9 \mathrm{J/cm^2}$，与金属型铸造铸件性能相当。但消失模铸造在生产率和劳动环保等方面带来的效益，比金属型铸造要大得多。

1.3 消失模铸造及实型铸造的生产工艺流程

1.3.1 消失模铸造的生产工艺流程

图 1-15 所示为消失模铸造的生产工艺流程。其主要工序有熔炼工部、模样制造工部、模样组合及涂料涂覆层烘干工部、造型浇注工部、落砂清理工部及铸件检验入库工部。

1.3.2 实型铸造的生产工艺流程

图 1-16 所示为实型铸造与普通铸造的生产工艺流程。从图 1-16 中可看出，实型铸造的工艺流程减少了许多。

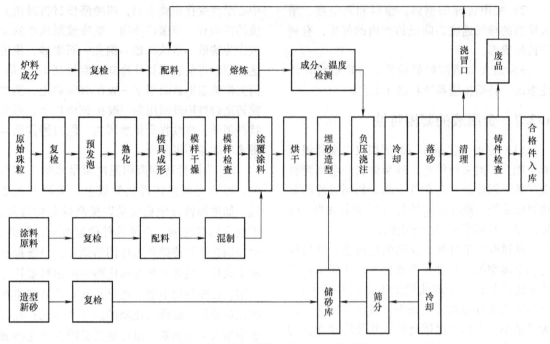

图 1-15　消失模铸造的生产工艺流程

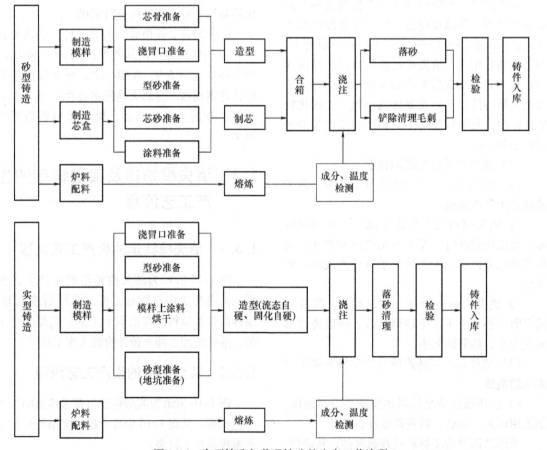

图 1-16　实型铸造与普通铸造的生产工艺流程

消失模铸造采用干砂真空泵吸气特殊砂箱造型，实型铸造采用普通砂型铸造用砂箱或地坑水玻璃砂、树脂砂流态自硬砂造型，不能像黏土砂型那样捣打、紧实。模样粒料用 EPS 及 STMMA，或者用 EPS 制模样。消失模浇注在真空泵吸气状态下进行；实型铸造在大气压常压下进行浇注，如同黏土砂型铸造浇注工艺。实型铸件落砂清理步骤、方式基本与普通铸造相同。

1.4 消失模铸造及实型铸造的工艺技术特点

消失模铸造和实型铸造都以 EPS 塑料模为模样造型。前者用相应合金特性的干砂、特殊砂箱真空造型和浇注，后者用流态自硬砂（水玻璃砂、树脂固化硬化砂）造型，两种工艺都不能与普通黏土砂一样舂实，因为塑料模没有金属模、木模的强度。

1.4.1 消失模铸造工艺技术特点

消失模铸造是将真空密封造型法与实型铸造进行工艺"嫁接"而形成的一种新的铸造方法，它保留了真空密封造型法和实型铸造的主要优点，克服了各自的缺点和局限性，是实型铸造技术的新突破，更是实型铸造法的发展。干砂实型铸造法、负压实型铸造法、负压空腔铸造法分别代表了消失模铸造发展的三个阶段。

消失模铸造工艺过程分为白区、黄区和蓝区三部分。白区是白色泡塑料模样的制作过程，从预发泡、发泡成形到模样的黏结（包括模样手工制模、模样分体组合和浇注系统）。黄区是涂料配制和刷涂料及烘干。蓝区是将模样放入砂箱、装箱填砂、金属熔炼、抽负压浇注、旧砂再生处理，直到铸件落砂、清理、退火等工序。

1. 消失模铸造用模样

模样是消失模铸造成败的关键，没有高质量的模样，绝对不可能得到高质量的消失模铸件。消失模铸造的模样是生产过程中必不可少的消耗品，每生产一个铸件就消耗一个模样。

消失模铸造的模样，除了决定着铸件的外部质量之外，还直接与金属液接触并参与热量、质量、动量的传输和复杂的化学、物理反应，对消失模铸件的内在质量也有重大的影响，因此需要重视模样的制造质量，必须把好模样质量的验收关。

（1）对模样的要求 泡沫塑料模样在浇注过程中被烧掉，金属液将取代其空间位置形成铸件，因而要对其外部和内在质量提出如下要求。

1）模样表面必须光滑，不得有明显凸起和凹陷，珠粒间融合良好，其形状和尺寸准确地符合模样图的要求。

2）模样内不允许有夹杂物，同时其密度不得超过允许的上限（密度通常为 16 ～ 25kg/m³），以使热解物（气、液或固相）尽量少，保证金属液顺利充填，并且不产生铸造缺陷。

3）模样在涂覆涂料之前，必须经过干燥处理，以减少水分并使尺寸稳定。

4）模样在满足上述要求的同时，还应具有一定的强度和刚度，以保证在取模、干燥、黏结、运输和涂覆涂料、填砂、装箱等操作过程中不被损坏或变形。

（2）模样组合的重要性及黏结 消失模专用黏结剂是消失模铸造生产十分重要而不可缺少的材料。无论是实型铸造法、消失模铸造法还是先烧后浇，因复杂而不能整体发泡成形的模样，将其分为若干部分分别发泡成形，再将多个模片用胶黏剂黏结成整体模样。另外，进行浇注前，泡沫塑料的浇冒口系统与模样的组合也需黏结。

作为消失模铸造的关键技术之一的泡沫塑料模样，对消失模铸造的成败起着重要的作用。有关资料报道，影响消失模铸造铸件质量的各因素中，模样质量占 70%，对于复杂的铸件，30% ～ 50% 的不合格品是由于模样组合工艺（即模样黏结不当）导致的缺陷。随着消失模铸造的发展，国内有专业公司研究生产黏结剂，国产黏结剂的性能已经比较完善。

1）消失模普通热胶，分为热胶粒（KP-5X-1）和热胶棒（KP-5X-2），是手工快速黏结的热胶，均可在电炉加热熔化后使用。热胶棒（KP-5X-2）还可用胶枪施工，浇注系统和装箱作业用胶枪施工特别方便，是可移动作业的热胶。

2）热胶 KP-6X，乳白色，颗粒状，性能与进口热胶相同，可用于热粘合机，也可手工操作，该胶黏结性能较好，与涂料的涂挂性好，耐烘房温度高。热胶熔融时无拉丝，流动性非常好，发气量少，无气味，耐老化性好。可与进口热胶以任何比例相溶（混溶），可替代进口胶。

3）消失模冷胶的使用。相对热胶而言，冷胶作业要慢一些，一般单个作业需要几分钟时间，但批量流水作业则不受影响，反而可做到比热胶施工更为精致的作业效果。冷胶要两面涂胶，稍凉置待溶剂挥发再合模。

（3）涂料及涂刷操作的注意事项 涂料涂挂在泡沫塑料模的外表面，这一特点是不同于砂型铸造的。由于涂料具有相当大的附着强度，浇注后这层涂料一般不会卷入铸件内部，完整地附着在铸件的外表面。因此，消失模涂覆涂料无疑是消失模铸造的一个中心环节。

消失模铸造用的水基涂料都是触变性涂料，在搅拌过程中涂料黏度下降，搅拌停止后黏度则上升。为得到均匀的涂层厚度，应使涂覆（浸涂）过程一直处于缓慢搅拌状态，防止卷入空气。在搅拌与不搅拌状态下涂覆涂料，从烘干后涂层质量的变化情况看，连续缓慢搅拌状态下涂层质量变化小，即涂层厚度均匀；无搅拌状态下涂覆的涂层质量变化很大，涂层不均匀。

（4）涂料的防黏砂原理及类型

1）烧结型涂料。利用烧结原理而促使其剥离的涂料称为烧结型涂料。耐火度高的骨料固然可以削弱钢液、铁液对其的化学作用，有利于防止热-化学黏砂。在砂型铸造中也常发现，当使用耐火度较低的黏土时，涂料表面烧结而堵塞其孔隙，黏砂层却能极易脱落而防止黏砂缺陷，黏砂现象反而大大减轻，原因是这种耐火度低的黏土的加入反而利于得到易剥离的黏砂层。

对于消失模涂料而言，采用某些耐火度较高或 SiO_2 纯度较高的硅粉所配制的涂料在碳钢件生产中反而黏砂严重，而一些似乎品位不甚高的硅粉却脱壳光洁就是这个原理。耐火度很高的所谓"高档次"骨料与适当低烧结点的骨料混用（比浇注温度低的烧结点），往往可以促使涂层表面形成致密的烧结层，以防止金属液渗入铸型，且易从铸件表面上剥落。所以，生产中把锆石粉与硅粉或铝矾土配用，往往比100%的锆石粉单独使用的效果好得多。

2）氧化型涂料。利用氧化原理而促进剥离的涂料称为氧化型涂料。钢液、铁液在高温下氧化而生成氧化铁是产生化学黏砂的先决条件。但氧化铁并非什么条件下都是有害的，在金属表面上，如果氧化铁生成的速度低于或等于其消耗速度，则黏砂层必难以剥离。如果氧化铁的生成速度超过其消耗的速度，则多余的氧化铁会积累在金属表面，当其超过一定值时，此黏砂层便具有良好的可剥离性。因此，不论是加快氧化物的生成速度还是降低氧化物的消耗速度，都有助于获得可剥离或易剥离的黏砂层。当氧化层中产生的内应力（或收缩作用力）超过它本身的抗拉强度时，使铸件与涂料分离，其厚度一般为 $50\sim100\mu m$。

氧化型可剥离涂料的概念对铸钢件很有实用价值。在一般大气压条件下，要防止铸钢件在铸型内不发生氧化是不可能的。既然如此，"因势利导"地促进氧化作用来防黏砂比抑制氧化防止黏砂来得更为简单些。比如硅粉中加入含氧化铁量较高的铝矾土往往有利涂层脱壳，至于加氧化铁粉有时见效不大，也许是用量不对，或许是因为氧化铁粉多半是铁矿粉磨成的，成分并非全是氧化铁。铸钢涂料既是烧结型又是氧化型。对于铸铁件则相反，因为铁液中含起保护作用的 C、Si、Mn 成分较高，铁液氧化倾向很小，要想在铸铁件的表面和黏砂之间使氧化铁层达到适宜的厚度是不可能的。

3）还原型可剥离涂料。利用增加还原反应的原理促使剥离的涂料称为还原型涂料。涂层中含有机物利于在绝氧或还原气氛中受热分解析出光亮炭膜覆盖在涂料表面，或与熔融玻璃状物质共同形成致密的保护膜防止铁液渗透进涂层深处，容易剥离。这种还原型涂料对于铸铁件防黏砂有较大的实用意义,在生产应用中应尽量减少铁液氧化,增加还原气氛,以形成还原型可剥离黏砂层,这无论是对机械黏砂和化学黏砂都是极有效的手段。在不允许多加有机物或光亮炭成分的情况下,可以配加耐热高温的惰性材料或防渗透性强的材料,这也是减弱氧化气氛、提高还原气氛的有效措施,比如石墨粉熔点3000℃以上,化学上是惰性的,含C的质量分数大于75%,防渗透性强。

低熔点的合金所用的涂料没有必要烧结,也没有必要促进氧化或还原,例如铝、镁合金类,熔点只有几百摄氏度。涂层的关键是形成致密的薄壳层,防止金属液渗入其孔隙内,一般采用一定量的滑石粉或适当配加低熔点易形成熔融玻璃膜的云母之类作为骨料即可。

(5) 涂料施涂的注意事项

1) 浸涂时应选择好消失模进入涂料的方向、部位,防止模样变形。

2) 涂层要均匀,涂层上不得有露白现象出现。

3) 浸涂后的消失模模样,从容器中取出、运送、放置时均应防止变形。

4) 消失模模样经浸涂后应及时抖动,以使涂层均匀并使多余的涂料得以去除。

5) 挂好涂料的模样平稳地放置在加工平直的型板上,以防止变形。

6) 进行自然干燥或送烤箱烘干。干燥过的模样可以搁置待用,但埋型前还需要烘一烘,以涂料干燥程度达到要求为止。

7) 如需挂二次涂料时,要注意第一次涂层是否完全干透,待挂第二层涂料的模样,一定要凉透后再进行;带热操作的涂层极不均匀。通常涂层厚度在1~1.5mm范围内。

2. 消失模铸造对造型原砂的选择及造型要求

在消失模铸造中,浇注过程泡沫塑料模样分解物的排除主要靠涂料和原砂。高质量的消失模铸件是在透气性良好的型砂中获得的;而高透气性是无黏结剂干砂的主要特性。但是砂粒粒度过大容易出现黏砂、铁液被吸出涂层、铸件表面粗糙等缺陷。

干砂消失模铸造中原砂是主要的造型材料,它对铸件的质量有重要的影响。对原砂的质量要求包括化学成分、粒度、粒形、含泥量、含水量、灼烧减量等。生产灰铸铁、非铁合金以及普通铸钢件,一般采用硅砂作为消失模铸造的原砂,SiO_2的质量分数为90%~95%就足够了。对于壁厚不是很厚的铸钢件和合金钢铸件,铸型的耐火度可以通过采用高耐火度的涂料来保证,使铸件不致产生黏砂缺陷。只有当生产壁厚较大的铸钢件,例如80mm以上时,才考虑采用特种砂来代替硅砂。

消失模铸造采用无黏结剂的干砂来充填铸型,通常只需要振动的方法来实现紧实。振(震)实台是消失模铸造的关键设备之一。干砂在振动状态下的充填、紧实过程是一个极为复杂的散粒体动力学过程。砂粒在振动过程中必须克服砂粒之间的内摩擦力、砂粒与模样及砂粒与砂箱壁之间的外摩擦力、砂粒本身的重力等作用,才能充满模样的内外型腔,并得到紧实。干砂是由许多砂粒组成的松散堆积体,自由状态下砂粒的联系以接触为主。干砂紧实的实质是:通过振动作用使砂箱内的砂粒产生微运动,砂粒获得冲量后克服四周遇到的摩擦力,使砂粒产生相互滑移及重新排列,最终引起砂体的流动变形而紧实。

3. 消失模铸造的浇注工艺

消失模铸件在浇注时,铸型内的泡沫塑料模样将发生体积收缩、熔融、汽化和燃烧等一系列物理化学变化。由于浇注过程中金属液、泡沫塑料模样和铸型三者的相互作用,使它的浇注工艺比普通砂型铸造复杂得多。

(1) 浇注速度 浇注速度对铸件的影响很大。在整个浇注过程中应始终保持浇注系统被金属液充满,给予金属液以较大的静压力,有利于浇注速度的提高,较快的浇注速度可瞬时提供较多的热量,弥补由于泡沫塑料模样汽化而造成的金属液的损失,使金属液始终保持足够的流速。相反,浇注速度太慢会增加金属液的热损失和降低它的速度,易产生冷隔、浇不足或铸件皱皮等缺陷。然而,浇注速度又不可任意加快。因为太高的浇注速度易使铸型受冲刷及金属液在型内产生湍流导致金属液包覆未汽化的聚苯乙烯残留物和使气体不易排出型外，造成铸件气孔和夹渣等缺陷。因此，适宜的浇注速度应能使金属液在铸型内的上升速度等于或接近泡沫塑料模样的汽化速度。

影响浇注速度的因素很多，除了浇注系统形式、浇注方法和温度、型砂的透气性及合金种类外，还与铸件的形状和泡沫塑料模样的密度等因素有关。研究表明，适宜的最小浇注速度是消失模铸造获得合格铸件的基础。在各种影响因素中主要是浇注速度、合金种类、模样密度和铸件形状。对于同一合金，低的浇注温度需要高的浇注速度；模样密度较大的及表面积与体积之比较大的也应快浇注。

（2）浇注温度　浇注温度是影响消失模铸件质量的主要因素。浇注温度低，金属液流动性差，易使铸件产生气孔、冷隔和浇不足等缺陷；但是过高的浇注温度会增大金属液的收缩和含气量，并且使金属液对铸型的热作用增强，容易使铸件产生缩孔、缩松、气孔和黏砂等缺陷。对于有些铸铁件来说，浇注温度为1500～1520℃，普通碳钢的浇注温度为1650～1700℃，高合金钢等视钢种而定。

对于消失模铸造来说，控制或提高浇注温度还有另一意义。因为浇注过程中泡沫塑料模样汽化所需的热量只能从注入的金属液中获得，这样势必会降低金属液的温度和充型速度，所以消失模铸造不能按普通铸造法的合金浇注温度来进行浇注，否则就会引起铸件产生浇不足、夹渣等缺陷，尤其对铸铁件更易产生冷隔或夹渣状皱皮缺陷。

（3）浇注方式　浇注方式有浇包底注和倾斜浇注，视合金种类和铸件特征决定。在浇注消失模铸件时，应遵守的浇注原则是：一慢、二快、三稳。在浇注初期，特别是在金属液刚接触泡沫塑料模样的瞬间，直浇道没充满或刚开始浇注时金属液的静压头小于聚苯乙烯分解产物的气体压力（由于模样材料汽化所产生的大量气体）时，过快的浇注速度易产生反喷（或呛火）现象，使金属液飞溅。为了避免这种现象，在浇注开始阶段可采取先细流慢浇的方法，待浇注系统被金属液充满后再加大浇注速度，越快越好，但以浇口杯被金属液充满而不外溢为准则。在浇注的后期，当金属液达到

模样的顶部或冒口根部时，就应开始收包减流，应保持金属液平稳的上升和不致使金属液冲出冒口。

浇注过程中必须保持连续注入金属液不可中断，直至铸型全部充满。否则，就易在停顿处造成铸件整个平面的冷隔缺陷，严重的导致塌箱，这对铸铁件影响尤其明显。

（4）浇注过程中的反喷现象　消失模铸造过程中，由于泡沫塑料模样产生的气体不能及时排除，经常发生金属液的反喷现象，造成铸件的黏砂、塌陷、砂眼等缺陷，同时还给浇注时操作人员的人身安全造成危害。对反喷现象要采取下列措施加以解决。

1）EPS模样的密度控制在 $16～25g/cm^3$ 范围内，模样要干燥，刷涂料后要干燥，减少含气量（水分）与发气量。

2）设计合理的浇冒口系统，应保证金属液充型时流动平稳、平衡、迅速地充满铸型，以保证模样裂解气体逸出型腔。不管采用顶注、底注、侧注或阶梯浇注，都要注意模样裂解后气体、焦状物、残余物被挤至死角处或顶端的可能性，所以应设置出气冒口、集渣冒口或集渣包。浇口杯和直浇道做成空心的，以减少浇注前期的发气量。

3）采用陶瓷浇注系统。陶瓷浇注系统没有燃烧和发气且耐冲刷，陶瓷浇注系统连接只需用胶带绕几圈就行，但陶瓷浇注系统的浇口杯、直浇道、弯头组合起来要比泡沫塑料浇注系统重，在装箱和振实时要特别注意，采取固定或手拉住不让它下沉把内浇道拉断。通常用泡沫塑料做的浇道在制作中稍有不慎，就会在浇注过程中直浇道底部出现一个大砂包，加工出来的产品就有白点，采用陶瓷浇注系统能解决反喷和白点问题。

（5）空腔浇注　消失模的空腔浇注是先将模样烧失后再浇注。空腔铸造和实型铸造显然是完全不同的两种概念，空腔铸造是消失模发展的一个阶段。空腔铸造则能有效地避免钢液或铁液在充型、凝固和冷却过程的增碳反应，并使浇注过程充型平稳，减少型内气压，避免钢液或铁液湍流、气体卷入、反喷或塌箱等现象的发生，最大限度地减少了炭渣在型壁上的

黏附与集结，从而有效消除铸件夹渣、气孔、皱皮、裂纹及无规则增碳、成分不均、晶粒粗大等缺陷，这些效果是实型铸造所无法相比的。空腔浇注的操作要求如下：

1）模样在挂涂前设计好空腔浇注工艺，这是很重要的一步。

2）模样涂料的厚度要比实型铸造的模样涂料层厚，在 1.5～3mm 范围内。

3）燃烧时真空度可以升到 0.07MPa 以上。

4）点火燃烧要供给一定量的氧气，才能燃烧得彻底、燃烧得干净。

5）浇注的速度和砂型相同，不快也不慢，确保残留在涂层上的泡沫塑料燃烧排出。

6）点火操作应注意安全，防止意外爆炸。

4. 铸件的落砂和清理

干砂消失模铸件的落砂有几种方法。对于单件小批量、没有采用流水线造型浇注的工厂来说，最简单的方法使用桥式起重机吊起砂箱倾倒，将铸件再吊去清理工部，旧砂则进入砂处理系统进行处理。对于采用流水线生产方式的铸造厂来说，铸件的落砂一般采用翻箱倾倒装置，在浇注冷却后从砂箱中倒出砂和铸件。

由于消失模铸件没有分型面，不用砂芯，可省去清铲铸件飞边、毛刺的工序，只要去除浇冒口、打磨浇冒口剩余部分即可，因此可减少打磨的工作量。没有传统砂型铸造中因砂芯的溃散性差造成的砂芯去除困难问题，也没有拆除芯骨的工作量。与普通铸造的清理工序相比，不仅简化了工序，减轻了劳动强度，改善了操作环境，还降低了铸件表面粗糙度和提高了尺寸精度，同时又可获得较大的经济效益。

通过对消失模铸造的基本工艺的概述，不难发现，消失模铸造相比传统的砂型铸造具有明显的优势，但鉴于铸件不同、模样分型设计与组模不同、消失模铸造设备生产线分布不同、铸造环境不同等因素，实际的铸造情况千差万别。消失模铸造是一个系统的工程，在选择（考察）消失模铸造工艺及生产时，前期应做详尽的咨询和实地考察、比较。目前研究和从事消失模铸造工艺的技师、工程师越来越多，在实际的铸造中解决了各种各样的问题，也促进了消失模铸造工艺本身的发展。

1.4.2　实型铸造工艺技术特点

1. 实型铸造用模样

与普通砂型铸造工艺一样，但不用木模或金属模，而是采用 EPS 材料模样。与消失模铸造相比，实型铸造采用流态自硬砂造型而不是真空干砂造型。实型铸造用模样密度应比消失模干砂用模样密度大一些，经得住流态水玻璃自硬砂或树脂固化自硬砂造型的压力，模样发气量的要求比消失模低。实型铸造用模样可采取 EPS 板材、型材切割黏结，或用 CAD/CAM 数控机床加工成形。

2. 实型铸造用模样涂料

实型铸造用模样涂料要求不如消失模干砂造型要求高，只要能涂上模样、对合金液不黏砂即可。刷涂料后不须烘干，自然风干、晾干即能造型。

3. 实型铸造用型砂

实型铸造造型时，尽管模样刷涂料并干燥后有一定的强度，但仍不能舂实，只能采用流态自硬砂。所以对实型铸造用型砂混制，只能用树脂砂混砂机、水玻璃有机脂自硬砂混砂机。

4. 实型铸造的造型工艺

实型铸造的模样和浇注系统（直浇道、横浇道、内浇道、出气冒口、集渣冒口、补缩冒口）在砂箱内（或地坑中），先按工艺要求布置放妥，然后将流态砂平稳均布逐层填充造型、抹平，待其自硬，模样和浇注系统就埋在铸型里面。

5. 实型铸造的浇注工艺

实型铸造与普通砂型铸造相比，铸型中多了和铸件形状相近的模样。浇注时，铸型上放置浇口杯，当合金液浇入砂型后，合金液必须将模样熔化并汽化掉。为了保证型腔内熔化、汽化的模样不与合金液混合在一起湍流、翻滚，要求浇注系统保证合金液从底面向上将模样逐步熔化、汽化，或合金液从一侧面浇入液面逐步将模样推向另一侧面。最后在最高处设置出气孔、出气冒口、集渣孔、集渣冒口等，以便将模样熔化、汽化产生的气体和杂质集中排除。因此，对于大平板件务必要和黏土砂型浇注工艺一样"平做斜浇"。

浇注温度比消失模铸造的浇注温度略低即可，要确保完全熔化模样并使合金液置换模样型腔的位置，确保铸件不出现不合格品、次品（如黏砂、皱皮、积炭、光亮炭、缺肉等），应控制浇注速度，切忌浇注过快，应采取慢－快－慢的浇注速度，注意浇注合金液时整个砂箱的反应。

单件、小批量铸件实型铸造浇注时，也要比黏土砂更重视点火引气。合金液浇入砂型后，砂箱合箱缝处，出气口、出气冒口、集渣冒口高处发气冒烟，此时产生碳氢化合物气体，务必将其引火点燃，使其有序燃烧。同时，引导出型腔内模样汽化产生的气体，直接燃烧完为止。为保护车间场地环境安全卫生，最好设置尾气废气吸收装置集中进行处置，千万不可用排风扇或换气扇将气体排放至车间外，影响周围环境。

1.5 消失模铸造及实型铸造用原辅材料

1.5.1 消失模铸造用原辅材料

消失模铸造生产白区、黄区所需的原辅材料相比蓝区少。

1. 模样（可发性树脂珠粒）材料

1）可发性聚苯乙烯（EPS）。

2）苯乙烯-甲基丙烯酸甲酯共聚树脂（STMMA）。

3）可发性聚甲基丙烯酸甲酯（PMMA）。

2. 涂料用原辅材料（要涂在模样表面，有其特殊要求）

（1）悬浮稳定剂

1）水基涂料的悬浮稳定剂：有钠基膨润土，有些与有机高分子化合物一起使用效果更好。有羧甲基纤维素钠（CMC）、聚乙烯醇、糖浆、木质素磺酸钙等，CMC最为常用。

2）醇基涂料的悬浮稳定剂：有聚乙烯醇缩丁醛（PVB）、有机酸性膨润土、钠基或锂基膨润土等。

（2）黏结剂和溶剂

1）无机黏结剂：如膨润土、水玻璃、硅溶胶、磷酸盐等。

2）有机黏结剂：如糖浆、纸浆残液、水溶或醇溶树脂、聚醋酸乙烯乳液（乳白胶）等。

一般将水玻璃、硅溶胶、膨润土视为高温黏结剂。

（3）耐火材料

1）硅粉。在不同温度下具有不同非结晶转变，因其体形、体积发生变化而降低了耐火度，一般用于中小型铸铁件和铸铜、铸铝等有色合金铸件。

2）锆石粉。正硅酸锆，耐火度高，抗黏砂，可用于铸钢件和大型铸铁件，且铸件表面光洁。

3）铬铁砂粉。以 Cr_2O_3 含量越多越好，但 Cr_2O_3 的质量分数不得小于 3%。

4）刚玉粉。即氧化铝粉，是中性耐火材料，用于大型铸铁件和铸钢件。

5）碳化硅。高温合金用耐火骨料，耐火度高，抗黏砂性能好，但价格贵。

6）橄榄石粉。即 Fe_2SiO_4 与 Mg_2SiO_4 的固熔物 $(Mg, Fe)_2SiO_4$，耐火度为 1750 ~ 1800℃，镁橄榄石耐火度为 1910℃。

7）石墨粉。铸铁生产中广泛使用的耐火材料之一，具有较高耐火度，但易氧化，热膨胀系数低。因不环保而目前少用，多用白色涂料。

（4）分散介质

1）水基涂料。水作为分散介质，一般自来水即可（其碳酸盐含量不宜过多）。

2）醇基涂料。工业酒精（乙醇）。

3. 造型原辅材料（干砂）

消失模铸造用造型（干砂）原辅材料有硅砂、刚玉砂、锆砂、铬铁矿砂、镁橄榄石砂、镁砂、宝珠砂、铁（丸）砂等。铸铁冷却速度要求较快可用铁（丸）砂、碳化硅砂。

4. 熔炼原辅材料（炉料）

消失模铸造用的原辅材料主要是以感应炉熔炼为主。炉料有生铁、废钢、其他合金等，与砂型铸造生产熔炼所需炉料基本一样。

1.5.2 实型铸造用原辅材料

实型铸造用的原辅材料没有消失模铸造要求那么严格。

1. 模样

在实型铸造工艺中，模样仅作为铸件模样一次性埋在砂箱中，省去了普通砂型铸造工艺中的木模造型的砂芯、活块、嵌块的麻烦，只要造型过程中流态自硬砂覆盖充填时模样不变形即可，故包装材料 EPS 板材、型材及专用 EPS 材料均可切割、黏结成模样。

2. 涂料

可与普通砂型铸造用快干涂料套用，但模样表面应脱脂，保证涂料能刷上和喷上，只要涂料干燥、晾干。

3. 型砂、黏结剂

1) 型砂要与浇注铸件合金性质匹配，要水洗砂，不能含有灰尘，以免影响黏结。常用型砂有硅砂、铬铁矿砂。

2) 型砂用黏结剂主要是：水玻璃或有机脂（三醋酸甘油酯等）、碱性酚醛树脂、呋喃树脂及各自用固化剂。

4. 熔炼用原辅材料

实型铸造熔炼铸铁、铸钢原辅材料同消失模铸造一样，都用感应炉熔炼，只是感应炉吨位更大，多为 8t/h、20t/h、40t/h 的感应炉。

1.6 消失模铸造及实型铸造的主要设备及工装

1.6.1 消失模铸造的主要设备及工装

消失模铸造除白区、黄区、蓝区的主要设备外，要组成自动生产线，还必须有辅助设备和工装。

1. 白区（制作模样）设备

(1) 珠粒预发泡设备 有间隙蒸汽预发泡机（蒸汽温度为 90～150℃）和真空预发泡机。

(2) 模样成形机 有蒸汽锅炉供汽成形机、电加热蒸汽炉供汽成形机、蒸缸和手动成形机。

2. 黄区（涂料配制、搅拌、涂覆）设备

1) 立式搅拌机。

2) 滚动式涂料制备机。

3) 叶片式和滚筒式双联涂料制备机。

4) 涂料涂覆（手工、机械手操作）设备，涂料涂覆好后可直接悬挂在烘干室进行烘干备用，也可放置在专用小车上推入烘干室烘干备用，还可用传动链传入烘房进行流水线烘干备用。

3. 蓝区（铸造区）

(1) 造型设备

1) 型砂输送提升进入储砂库系统设备。

2) 振实台：一维、二维、三维振实台。

3) 专用砂箱。

① 单层底面砂箱。6～8mm 钢板焊接，φ100mm 抽气管，单面吸排气，用于中小型、简单的铸件。

② 单层壁底设置吸气钢管砂箱。φ50mm 钢管上钻 φ6mm 孔，孔距 30～40mm，一般为 4～5 根，等距离均布焊在砂箱内抽气管上面，从管中部向箱外焊接一段 φ50mm×φ60mm 吸气管。

③ 五面空壁砂箱。制作麻烦，抽气效果好，各厂可根据铸件浇注工艺和铸件冷却要求自行设计（包括落、放、排）砂开启装置。

(2) 真空泵系统的主要设备

1) 水环式真空泵。抽负压用。

2) 稳压罐。稳定负压。

3) 气水分离器。将气、水分离，并进一步除去尘埃。

4) 废气净化。将废气进行处理，使排入大气中的气体达到国家标准规定。

5) 管路。连接上述各个部分设备成为一套完整负压系统。

6) 分配器。浇注时连接专用砂箱。

(3) 浇注工装及装备

1) 抬包（浇注）。

2) 桥式起重机吊包（浇注）。

3) 生产线上采用轨道式运输砂箱到浇注工位，浇包在浇注轨道上运转，进行浇注。浇注后砂箱在一定输送速度下转到落砂工位，由翻箱机翻箱。翻砂机卡住砂箱进入除尘罩下翻转倒砂，砂粒经漏砂栅栏落下至振动输送带上运走，灰尘被除尘装置抽走，再进行尾气处理。

4) 湿除尘器。对浇注时模样在合金液作

用下汽化、裂化分解产生的烟气进行过滤。

（4）砂处理设备

1）砂温度冷却器。将落砂下来高温砂降温到50℃以下。

2）除尘器。除去砂中热裂后粉化尘灰，涂料灼热后的渣烬。

3）储砂斗（库）。存储造型用砂。

4）磁铁分离器。分离砂中的金属物（钢铁的碎片、屑等）。将落砂分离出的铸件运送到铸件清理工部经清理、打磨、检验、表面处理后入库。

1.6.2　实型铸造的主要设备及工装

（1）模样制作设备

1）手工制作。电热丝切割机（台面大小由需切割模样（铸件）大小而定），烫孔洞用电烙铁等。

2）数控机床加工。CAD/CAM 三维设计切割成形、粘合机黏结模样。

（2）涂料制备设备　同消失模铸造涂料配制、搅拌、涂覆设备。

（3）混砂、造型

1）中小型铸件自硬砂混砂机。双搅拌混砂机 SHS30/60，SHS150/300（kg/次）。

2）大中件自硬砂混砂机。S24、S25 系列单臂固定式连续混砂机、双臂混砂机（3t/h、5~30t/h）。无锡锡南铸造机械股份有限公司生产的混砂机的生产能力达 60~120t/h，可用于大件或特大型铸件生产。

3）振实台：中小件造型不采用振实台，大中件及大批量生产线采用振实台。

4）抛砂机：大中件、大批量生产采用抛砂机，抛砂冲击力度不能使模样产生变形。

浇注落砂、砂处理、抛丸等其他设备与普通黏土砂铸造设备一样。

1.7　消失模铸造及实型铸造的技术、经济分析

1.7.1　消失模铸造的技术、经济分析

1. 模样制造经济、快捷

消失模铸造用 EPS 模样成本为 0.04~0.05

元/g，从单个铸件或小批量生产来讲，用 EPS 坯材切割加工黏结成模样非常快捷、经济，普通砂型铸造用木模成本远高于制作 EPS 模样成本。对于新产品的开发及工艺试验来说，铸造用模样的制造更显示出其快捷、经济的特点。对于大批量生产，铸造用模样制作可用粒子发泡模具成形，此时铝合金模具加工制作成本要比木模高，但大批量生产可弥补模具加工制作的高成本。由于每浇注一个铸件就要相应消耗掉一个模样（EPS、PMMA、STMMA），对特大批量生产，消失模铸造的经济性不突出。

2. 对铸件结构的适用性强

由于模样便于切割、黏结，制作灵活，尤其适应于具有复杂结构（复杂内腔夹层、不通孔、弯曲转折、空腔等）的铸件生产，对于模样分型困难、造型不便（抽芯、活块较多，如长套筒类、缸体、螺旋桨、水泵叶轮、壳体，汽车发动机缸体、缸盖、歧气管等）及大平面朝上的工艺布置，普通砂型铸造比较困难。

3. 造型工艺布置灵活机动

消失模铸造用造型振实台工作面尺寸、砂箱大小（长×宽×高）直接决定消失模铸造铸件的大小、数量，消失模铸造可以在振实台上放置不同尺寸的砂箱（变换），且在砂箱内布置各种铸件十分方便。

4. 对铸件材料的适用性强

同一条消失模铸造生产线可以铸造各种合金铸件，这比砂型铸造适用性广泛得多。

5. 消失模铸件的质量优势

从生产工艺流程来看，消失模用模样制作过程类似熔模铸造，浇注类同于 V 法铸造（干砂），造型类同于实型铸造。它结合了实型铸造、V 法铸造、熔模铸造三者的优点，铸件基体组织比较均匀，便于设置型腔内温度场满足合金液冷却需要，实现均衡化凝固或顺序凝固，可获得优质铸件。

6. 消失模铸造容易实现清洁生产

消失模铸造被称为 21 世纪铸造新工艺。浇注后 EPS 模样燃烧、汽化产生的气体排放时间短，可采用负压抽气式燃烧净化处理，燃烧产物净化后对环境无公害。无混砂和旧砂处理工

序，旧砂回用率在95%以上，比砂型铸造黏土砂、树脂砂、水玻璃 CO_2 硬化砂、水玻璃有机酯硬化砂更经济得多。

消失模铸造工艺生产的噪声比传统的砂型铸造要低，粉尘危害明显减少；工人劳动强度大大降低，容易实现机械化、自动化和清洁生产，劳动环境明显改善。

1.7.2　实型铸造的技术、经济分析

1. 模样制作经济、快捷

实型铸造最适宜单件、数件、小批量生产的铸件。模样材料性能要求比消失模铸造低，可用密度较大或不一的坯材，甚至可用包装泡沫塑料材板进行切割黏结即可制成模样，取材方便、价格便宜。制模工只要能读懂铸件图就能制作模样，没有像制作木模那样高的技术要求。只要有样板，一般工人均能按样板切割模样，然后由技术较高的模样工来黏结，比制作木模更为经济、快捷。

2. 对铸件结构的适用性强

由于模样具有便于切割、黏结，制作灵活的特点，尤其适用于具有复杂结构铸件的（如模架、模具、发动机缸体、缸盖等）生产。模样作为实型取代木模，造型时更为方便，省去了造型合箱和下砂芯、活块及抽芯等工序，简化了造型工序，提高了结构复杂铸件的产品质量，有利于实现数控 CAD/CAM 加工。

3. 型砂混制工艺简单

树脂砂或水玻璃有机酯砂混制工艺完全相同，但碾轮式混砂机不能用。

4. 造型，浇注

实型铸造采用树脂砂、水玻璃砂自硬造型。铸件模样埋在铸型中，在浇注金属液后被烧失汽化，一次性消耗。浇注系统设置必须考虑模样（EPS）受合金液加热后的产物从型腔中排出或集中去除，这一环节在技术和工艺上要比空腔黏土砂铸造更为复杂。要随时注意型腔内模样反应，模样汽化的气体会发生反喷。浇注速度要先慢、中快、后慢收包，且流股不能断，断流易产生模样汽化渣滓进入铸件。明冒口补浇，浇注时引气，模样汽化废气要集中处理。实型铸造浇注的技术要求比砂型铸造高。

总之，实型铸造以模样代替木模，制模技术要求简单、快捷、经济。

第2章 泡沫塑料模样的制造及发泡成形设备

2.1 概述

消失模铸造是用泡沫塑料模样代替传统的模样（例如木模等）生产铸件的方法。它与其他铸造工艺不同，影响铸件质量的因素也不同。由于模样是消失模铸造过程必不可少的消耗品，每生产一个铸件就要消耗一个模样，因此模样是消失模铸造成败的关键。没有高质量的模样，就不可能生产高质量的铸件。

模样不仅形成消失模铸件的形状和尺寸，而且参与浇注成形时的物理化学反应。因而模样既影响铸件的尺寸精度，又影响铸件的内在质量。

泡沫塑料模样的制造要掌握三个要点：

1）模样材料的选择。

2）模具的设计与制造。

3）预发泡及成形设备和操作工艺参数的确定。

在消失模铸造中，泡沫塑料模样制造是一个非常重要的关键。其制造工艺可分为模具发泡成形和用泡沫塑料板材机械加工成形。一般来说，单件和小批量生产用的大中型模样，采用机械加工方法；对于形状复杂、铸件尺寸和表面质量要求较高的铸件用的模样用模具发泡成形。采用模具发泡成形，不论使用哪种树脂珠粒，其模样制造过程基本相同，其工艺过程如图2-1所示。板材加工模样工艺过程如图2-2所示。

模样的手工制作（加工）的质量优劣很大程度上取决于制模样工人的操作水平和模样坯料的质量。加工模样的手工工具和设备比较简单，常用的劈刀，还有泡沫塑料平面手推、手提式风动砂轮机和电轧刀、电热丝切割器和特殊手工工具来修削泡沫塑料模样。

用木工机械也可加工泡沫塑料（EPS、PM-MA、STMMA）模样，因其是多孔蜂窝状组织，

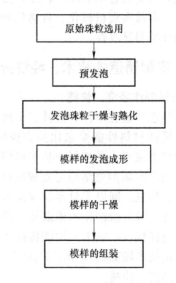

图2-1 模样制造工艺过程

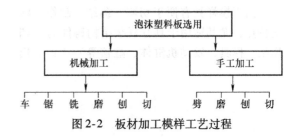

图2-2 板材加工模样工艺过程

密度低，导热性差，因此必须用刀刃锋利的刀具，并以极快的速度切削。加工机床设备有铣床、车床、磨床、绕锯机和手推平刨床等。最常用的是电热切割加工，利用电热丝的热辐射使电热丝周围泡沫塑料熔化或汽化，随着电热丝与泡沫塑料的相对运动，熔化的液态树脂有的沿着电热丝表面汽化而挥发（如大量加工，室内务必进行排气通风），有的迅速冷凝成玻璃状的物质，覆盖在切割的表面上，形成光洁的表面。因此，电热丝的直径、加热温度与切割速度，都能影响最终模样的加工质量，电热丝的直径越大，所切割出的泡沫塑料模样表面质量越差。粗加工电热丝直径为 $\phi 1.0 \sim \phi 1.2mm$，精加工用 $\phi 0.2 \sim \phi 0.5mm$。切割温度 $250 \sim 500℃$，具体温度根据使用直径和切割模

样长度而定，并用变阻器和电流计加以控制和调整。SJ-KF-2000 泡沫切割机如图 2-3 所示。

图 2-3　SJ-KF-2000 泡沫切割机

2.2　模样原辅材料

泡沫塑料以树脂为基本成分，含有大量气泡，因此泡沫塑料可以说是以气体为填料的复合塑料。

泡沫塑料的品种繁多，消失模铸造用塑料模样要满足以下要求：

1）汽化温度和发气量低。

2）汽化迅速、完全，残留物少。

3）制得的模样密度小、强度和表面刚性好，应使模样在制造、搬运和干砂充填过程中不易损伤，确保模样尺寸和形状的稳定。

4）品种规格齐全，可适应不同材质及结构铸件的制模需要。目前用于消失模铸造的模样材料主要包括：

① 可发性聚苯乙烯树脂，简称 EPS。

② 可发性甲基丙烯酸甲酯/苯乙烯共聚树脂，简称 STMMA。

2.2.1　可发性聚苯乙烯树脂珠粒

EPS 是最早最常用的消失模铸造的模样材料，它的优点是易加工成形，价格低，通常用于生产铝合金铸件、灰铸铁件和普通碳钢件铸件。但是 EPS 模样材料最大的缺点是高温下的热解产生大量的炭渣残存于模样消失后的型腔内。对于铝合金铸件易出现表面皱皮、重叠缺陷，对于铸铁件易形成表面光亮炭及夹渣缺陷，特别是球墨铸铁件。由于球墨铸铁中碳量是饱和的，EPS 分解产生的热解碳不能被铁液吸收、容易形成光亮炭夹渣；对于钢铸件，主

要是产生表面增碳与夹渣等严重影响铸钢件的组织和性能的缺陷。

2.2.2　EPS 模样材料的主要技术指标

EPS 模样材料的主要技术指标见表 2-1 ～表 2-3。

表 2-1　国产 EPS 珠粒规格

型号	目数	粒径/mm	主要质量指标
301A	13 ~ 14	1.2 ~ 1.6	密度为 1.03g/cm³ 堆密度约为 600g/m³ 发泡剂的质量分数为 5.5% ~ 7.2% 残留单体的质量分数 < 0.5% 水分的质量分数 < 0.5%
301	15 ~ 16	0.9 ~ 1.43	
302A	17 ~ 18	0.8 ~ 1.0	
302	19 ~ 20	0.71 ~ 0.88	
401	21 ~ 22	0.6 ~ 0.8	
402	23 ~ 24	0.25 ~ 0.60	
501	25 ~ 26	0.20 ~ 0.40	

注：这里引用的是某厂包装材料标准。

表 2-2　国外某公司消失模铸造用 EPS 珠粒规格

产品规格	烃含量（质量分数,%）	珠粒平均大小/μm	珠粒有效密度/(g/L) ≥	润滑剂含量（质量分数,%）
X180	6.2 ~ 7.0	约 250	20.8	0.44
X185	6.2 ~ 7.0	约 250	20.8	0.44
T170B	5.7 ~ 6.4	约 355	24.0	—
T170C	5.9 ~ 6.2	约 355	24.0	0.20
T180C	6.2 ~ 7.0	约 355	24.0	—
T180D	6.2 ~ 7.0	约 355	17.6	0.14
T185	6.2 ~ 7.0	约 355	17.6	0.14
D180B	6.2 ~ 7.0	425 ~ 500	16.0	0.14

表 2-3　EPS 实型（消失模）铸造模样板材物理力学性能

项　目	性能指标
密度/(kg/m³)	16 ~ 19
抗压强度（形变 10%时的压缩应力）/MPa	0.11 ~ 0.14
抗拉强度/MPa	0.27 ~ 0.37
熔结性（弯曲断裂负荷）/MPa	0.25 ~ 0.30
尺寸稳定性(%)≤	3.0
吸水性/(kg/m³)≤	1.0
热导率/[W/(m·K)]≤	0.041
蒸汽透过系数/[g/(Pa·m·s)(标态)]≤	4.5
热变形温度/℃	75
冲击弹性(%)	28

注：对板材的外观要求：表面平整，无明显收缩变形和膨胀变形；熔结良好、结构致密，不允许有夹生、疏松；无明显油漆、污染、灰尘和其他杂质。

2.2.3 可发性甲基丙烯酸甲酯与苯乙烯共聚树脂

STMMA 是专用消失模铸造模样材料的可发性共聚树脂珠粒，比 EPS 具有更卓越的铸造性能，主要用于生产阀门、管件、汽车配件及各种工程机械配件等，特别是较为复杂的球墨铸铁件。与 EPS 相比，STMMA 有以下优点：

1）降低了铸件的碳缺陷。

2）降低了钢铸件的表面增碳缺陷。

3）降低了碳烟。

4）降低了铸件表面粗糙度值。

2.2.4 共聚树脂 STMMA 主要技术指标

共聚树脂 STMMA 主要技术指标见表2-4。

表 2-4　共聚树脂 STMMA 主要技术指标

规格	挥发分（质量分数，%）≥	粒径/mm	适宜的预发泡珠粒密度/（g/L）≥
STMMA-1	7	0.6～0.9	19
STMMA-2	7	0.45～0.6	19
STMMA-3A	7	0.4～0.55	20
STMMA-3	7	0.35～0.50	21
STMMA-4	6	0.25～0.35	23

注：在适宜的预发泡工艺条件下得到的密度值。

2.3　消失模铸造模样制造

在消失模铸造中，泡沫塑料模样的制造是非常重要的。模样制造要重视原始珠粒选用，首先根据铸件材质及对铸件的质量要求选择品种，要根据铸件的最小壁厚来选用珠粒规格。对于在预发泡时 40～50 倍的发泡倍率，珠粒直径大约增加 3 倍。为了得到模样的良好表面状态，在二次发泡（成形）时，模样最小壁厚要在最低壁厚方向排列三颗珠粒，所以一般允许的最大珠粒粒径为最小壁厚的 1/9。例如要得到 5mm 壁厚的铸件，要选择粒径 0.55mm 的珠粒，但是对薄壁件，特别是铸铁件，即使采用发泡倍率 20 倍那样的硬模样也有可能铸造。另外，小粒径珠粒对薄壁铸件虽然是必要的，但它的表面积大，发泡剂易挥发，最高发泡倍率的界限也低。而厚壁铸件时，珠粒的充填不太

成问题，模样也有相应的强度。有时适当地选用大粒径珠粒以完全促进熔结，则反而会得到漂亮的铸件表面。

2.3.1　预发泡

为了获得密度低、泡孔均匀的泡沫塑料模样或泡沫塑料板材，必须将树脂珠粒在模样成形之前进行预发泡。珠粒的预发泡质量对模样的成形加工和质量影响很大。

根据加热介质及加热方式的不同，其方法有多种。但目前常用的大多采用蒸汽预发泡法。

（1）蒸汽预发泡原理　当树脂珠粒被蒸汽加热到软化温度之前，珠粒并不发泡，只是发泡剂外逸。当温度升到树脂软化温度时，珠粒开始软化具有塑性。由于珠粒中的发泡剂受热汽化产生压力，使珠粒膨胀，形成互不连通的蜂窝状结构。泡孔一旦形成，蒸汽就向泡孔内渗透使泡孔内的压力逐渐增大，泡孔进一步胀大。在泡孔胀大过程中发泡剂也向外扩散逸出，直到泡孔内外压力相等时才停止胀大。冷却后，发泡珠粒大小固定下来。

（2）发泡工艺过程及操作参数　珠粒预发泡一般是在间歇式发泡机中进行。不同的预发泡机操作参数不同，但操作工艺过程基本相同。过程为：预热→加料→加热发泡→出料→干燥→料仓。

预热的目的是减少预发泡筒中的水分，缩短预发泡时间。当预热温度达到要求后，即可将已准备好的料加入预发泡机中。

加入料后，继续加入蒸汽，树脂珠粒在发泡筒中处于沸腾状态。当料位达到一定高度或加热时间达到设定值时，停止加热。

起动出料阀出料，出料在搅拌和压缩空气的双重作用下完成。

富阳江南 SJ-KF-450 型间歇式蒸汽预发泡机的操作工艺参数见表2-5。

表 2-5　富阳江南 SJ-KF-450 型间歇式蒸汽预发泡机的操作工艺参数

物料名称	预热温度/℃	蒸汽压力/MPa	发泡温度/℃
EPS	80～85	0.10～0.12	85～90
STMMA	90～95	0.12～0.15	95～105

（3）间歇式蒸汽预发泡机 间歇式蒸汽预发泡机的主要型号及图例见表2-6。

表2-6 间歇式蒸汽预发泡机的主要型号及图例

型　号	图　例
SJ-KF-450 半自动预发泡机	图 2-4
SJ-KF-450 全自动预发泡机	图 2-5
SJ-KF-450 底卸式预发泡机	图 2-6

图 2-4　SJ-KF-450 半自动预发泡机

图 2-5　SJ-KF-450 全自动预发泡机

图 2-6　SJ-KF-450 底卸式预发泡机

预发泡机的性能特点如下：

1）一机多用预发泡铸造用 EPS、STMMA 共聚树脂，铸造专用料。

2）可按客户需求生产半自动、自动、底卸式消失模铸造用预发泡机。

3）采用时间继电器、温度控制仪同步控制预发泡时间和温度。自动型采用可编程序控制器（PLC）及触摸屏控制，可连续循环生产，并采用高精度稳压阀和料位感应器控制预发泡密度。

4）蒸汽压力稳定，预发泡珠粒密度、大小均匀。

5）每次加料 1kg，入料、预发泡、出料、清理总周期≤120s。

6）配热空气干燥系统，缩短了自然时效的熟化时间。

2.3.2　预发泡珠粒的熟化

刚出料的珠粒冷却后，泡孔内的发泡剂和蒸汽冷却液化，使泡孔内形成真空。在熟化过程中空气向泡孔渗透，使珠粒内的泡孔内外压力趋于平衡。

珠粒最佳熟化温度是23～25℃，熟化时间与珠粒的水分和密度及环境的温度、湿度有关。例如，EPS珠粒的密度和熟化时间的关系见表2-7。通过热空气干燥熟化4h即可成形。STMMA预发泡珠粒熟化时间一般为8～24h，熟化是制得合格模样的重要工序。

表2-7　EPS珠粒的密度和熟化时间的关系

表观密度/(g/L)	15	20	25	30	40
最佳熟化时间/h	48～72	24～48	10～30	5～25	3～20

将预发泡珠粒贮存在容料仓中熟化，此仓称为熟化仓（见图2-7），一般容量为1～5m³，采用塑料网或不锈钢网制成。为防止输送珠粒产生静电引起珠粒逸出，引起戊烷燃烧，一般不能采用塑料管（要带有接地片）进行输送，应采用金属管并且接地要好。熟化仓应放置在通风条件良好的环境下，以减少熟化珠粒的静电，降低制模操作中充填模具时静电的影响。珠粒熟化仓和输送系统如图2-8所示。

图 2-7　熟化仓

图 2-8　珠粒熟化仓和输送系统

2.3.3　模样的发泡成形方式

模样的发泡成形根据加热方式不同分为多种方法，主要有蒸缸成形法和压机气室成形法。

1. 蒸缸成形（俗称手工成形）

结构复杂的模样用模具左右或上下有多个活块，须用人工拆卸，模样需求量大，模样整个成形，无须进行黏结。将熟化好的珠粒由料枪填满模具模腔后，放入蒸缸内，通入蒸汽并控制压力和温度。发泡成形后从蒸缸中取出来，冷却定型、脱模。

由于蒸缸成形时珠粒的发泡主要是加热蒸汽通过气孔渗入珠粒间，于是珠粒间既有蒸汽又有空气和冷凝水，这就要求有充裕的时间让空气和冷凝水经气孔排出。因此，蒸缸成形珠粒的膨胀速度较慢、时间较长。例如，厚度为 7~30mm 的模样，加热时间为 3~5min。蒸缸成形加热蒸汽压力见表 2-8。SJ-ZG-ϕ600 蒸缸如图 2-9 所示。

表 2-8　蒸缸成形加热蒸汽压力

模样材料	EPS	STMMA	PMMA
蒸汽压力/MPa	0.10~0.12	0.11~0.15	0.15~0.18

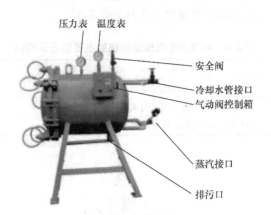

图 2-9　SJ-ZG-ϕ600 蒸缸

蒸缸成形模具的组合和脱卸为手工操作，生产率低，不适合大批量生产。

中心高 80~180mm 的电机壳模样大多采用这种成形工艺。手工脱模容易损坏模样，模具分型处及定位变形，模样表面质量不好，生产率低，蒸汽、水损耗大，劳动强度大，成形模具寿命比机模低 30%。

2. 压机气室成形法（俗称机模成形）

压机气室成形是将预发泡熟化后的珠粒经料枪填满带有气室的模具模腔，模具水平分型分上汽柜和下汽柜两部分，上汽柜固定于成形机的移动模板上，下汽柜固定于成形机的固定模板上，移动模板上升或下降，完成开合模动作成形。过热蒸汽通过模具壁上的气孔进入模具模腔，从珠粒之间的间隙通过，将其中的空气和冷凝水驱赶出去，使蒸汽很快充满珠粒之间并渗入泡孔内。当泡孔内的压力即发泡剂的蒸汽压、成形温度下的饱和蒸汽压和空气受膨胀压的总和远大于珠粒所受的外界压力，且珠粒受热软化时，珠粒再次膨胀发泡成形。随后再由气室通入冷却水使模具和成形模样冷却定型，脱模即可获得所需的泡沫塑料模样或模片。

采用压机气室成形可获得低密度的泡沫塑料模样，成形时间短，工艺稳定，模样的质量较好。该法是生产消失模铸造泡沫塑料模样的主要成形方法。

（1）压机气室成形的工艺过程　压机气室成形工艺过程如图 2-10 所示。

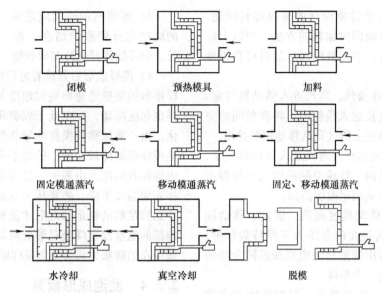

图 2-10　压机气室成形工艺过程

1）闭模。闭合发泡模具。当使用大珠粒料（如包装材料用 EPS 珠粒）时，往往在分型面处留有小于预发泡珠粒半径的缝隙，这样加料时压缩空气可同时从气塞和缝隙排出，有利于珠粒快速填满模腔；在通蒸汽加热时，珠粒间的空气和冷凝水又可同时从气孔和缝隙排出模腔。当采用消失模铸造模样专用料时，因珠粒粒径小，一般闭合模时不留缝隙，珠粒间的空气和冷凝水只能从气塞中排出模腔。留有缝隙的做法往往会在模样分型面处产生飞边。

2）预热模具。加料前预热模具是为了减少珠粒发泡成形时蒸汽的冷凝，缩短发泡成形时间。

3）加料。打开固定、移动模气室的出气口，用压缩空气加料器通过模具的加料口把预发泡珠粒吹入模腔内，待珠粒填满整个模腔后，即用加料塞子塞住加料口。

加料是珠粒发泡成形的基础。若加料方法不当，将导致模腔内珠粒充填不实或不均匀，即使模具和珠粒再好，也会造成模样缺陷。因此，加料方法是发泡成形工艺的重要工序之一。

目前，生产上普遍采用的加料方法有三种，即吸料填充、压吸填充和负压吸料填充。

① 吸料填充，是我国目前生产厂家普遍采用的加料方法。这种方法是采用普通料枪——

文托管，利用压缩空气将珠粒吸入模腔内。对于模腔形状简单的模具，用这种方法加料效果较好。但是对于模腔形状比较复杂的模具，这种方法不能使珠粒完全充满模腔。

普通料枪结构示意图如图 2-11 所示，前封式吸料填充自动料枪如图 2-12 所示。

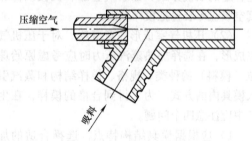

图 2-11　普通料枪结构示意图

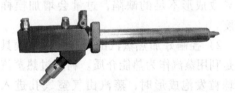

图 2-12　前封式吸料填充自动料枪

② 压吸填充，是在加料时将正压力加在珠粒上，使珠粒充满模腔并有一定紧实度。

③ 负压吸料填充，是在吸料填充加料的同时在模具背面加上负压，靠负压牵引和压缩空气抽吸的双重作用使珠粒充满模腔。

为了解决复杂薄壁模样的珠粒加料问题，还可采用多支料枪同时加料的方法。对以上各种加料方法而言，多支料枪同时加料可获得最佳效果。

4）固定模通蒸汽。蒸汽进入移动模气室，经模具壁上的气孔进入模腔内，将珠粒间的空气和冷凝水由模壁上的气孔从移动模腔排出。

5）移动模通蒸汽。蒸汽进入移动模气室，经气孔进入模腔内，将珠粒间的空气和冷凝水由模壁上的气孔从固定模腔排出。

6）固定、移动模通蒸汽。固定、移动模气室同时通蒸汽并在设定压力下保持数秒钟，珠粒受热软化再次膨胀充满模腔珠粒间全部间隙并相互黏结成一个整体。

7）水冷却。关掉蒸汽，同时将冷却水通入固定模、移动模气室，冷却定型模样和冷却模具至脱模温度，一般在80℃以下。

8）真空冷却。放掉冷却水，开启真空使模样进一步冷却，并可减少模样中的水分含量。

9）开模与脱模。开启压机上的模具，选定合适的取模方式，如水气叠加、机械顶杆和真空吸盘等装置把模样取出。

（2）压机气室成形注意事项　对于压机气室成形，在选择加热蒸汽压力时应考虑原始珠粒（模料）的种类、规格、模样结构和蒸汽引入模具内的方式。为了得到合格的模样，在生产中应注意四个问题。

1）应根据模具结构特点，选择合适的加料方法，确保珠粒均匀地填满模具。填充不满易导致成形不足的缺陷，过量会增加模样的密度。

2）控制好加热蒸汽的状态。发泡模具加热是利用蒸汽作为热能介质。利用过热蒸汽进行珠粒发泡成形时，蒸汽由气室气孔进入模腔，这样通气塞区域的珠粒迅速膨胀、过热并黏结在一起，阻碍蒸汽继续向内扩散，且导致模腔内部珠粒熔结不良。潮湿的蒸汽会在珠粒表面形成许多冷凝水，也会阻碍珠粒相互熔结。所以最好采用微过热蒸汽，以比较干燥的状态渗透入珠粒中。

3）通蒸汽的时间应适宜，以便使模具中的珠粒充分膨胀熔结在一起。通蒸汽时间过长，会导致模样在冷却时收缩。

4）模样成形后紧接着进行冷却。开始时模样接触的型壁迅速而均匀地冷却至一温度，模样也相应冷却，并在低于玻璃化转变温度时强化。由于泡沫塑料模样的导热性能差，因而只是模样表面冷却变硬，仍处于热状态下的模样内部膨胀的压力由表面一层硬壳承受，随着模样表面温度下降，膨胀压力迅速减小，直至模样达到足够的稳定性之后才能脱模。如果模样内部的温度没有降至足够低时就脱模，模样内部存在的膨胀力将会导致模样膨胀变形。

2.3.4　发泡成形模具

影响发泡成形模样质量的另一个重要因素是模具设计和制造。选择合适的模具材料和设计最佳的模具结构，不仅可提高模样质量，还可降低制模成本。

（1）发泡模具种类

1）蒸缸模具（见图2-13）。其结构随模样形状而变化。由于蒸缸模具属手工操作，生产周期长，效率低，劳动强度大，仅适用于小批量生产泡沫塑料模样。

2）压机气室发泡模具（见图2-14）。压机气室发泡模具（简称压机气室模具），常采用上下或左右开型的结构。模芯与模框分别固定在上下气室上，并在模框的适当位置开设加料口，使预发泡珠粒能顺利填满模腔，上下气室均设有进出气口。

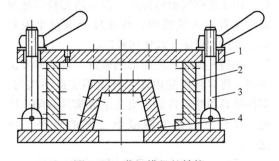

图 2-13　蒸缸模具的结构
1—上盖板　2—外框　3—紧固螺栓
4—下底板（包括模芯）

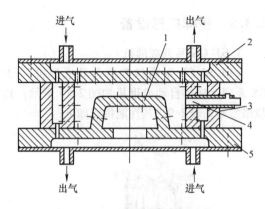

图2-14 压机气室发泡模具的结构
1—模芯 2—上盖板 3—模框
4—进料口 5—下底板

（2）发泡模具设计

1）模具材料。在模样生产过程中，发泡模具要经受周期性加热和冷却以及在有水和蒸汽的条件下工作，故其材料性能要满足以下要求。

① 导热性能好，有利于快速加热和冷却。

② 对蒸汽和水介质有良好的耐蚀性。

③ 有足够的强度承受模腔珠粒发泡时所产生的压力和加热蒸汽压力，并保持模具形状和尺寸的稳定。

由于铝合金自重轻，导热性好，所以一般都采用铝合金来制造发泡模具。铝合金发泡模具不仅在发泡成形模样时加热和冷却比较均匀，而且铝合金的加工性能较好，能满足模样形状和尺寸准确性的要求。

2）分型面及加料口位置。消失模模具与其他铸造模具不同。消失模模具必须获得接近真实再现铸件形状的泡沫塑料模样，所以模具设计受到许多制约。分型面的选择除必须保证刚性和强度外，还应使模具的安装、拆卸容易，操作方便；有利于开设加料口，便于珠粒填满模腔和模样从模具中取出。在一般情况下尽量采用整体的模具，对于形状复杂的铸件（如缸体、阀门、大型电机壳）可将模具分成几部分或采用抽芯组合模的结构。

3）加料口位置设计是否合理直接影响模样的质量，因此，加料口位置的选择应考虑以下几点：

① 尽量使珠粒充型时所受的阻力最小，不会产生涡流现象。

② 对于形状复杂的模样，加料口的数量尽量增加。

③ 对于薄壁的模样，若加料口的截面面积大于模样的壁厚，可将该处模样的截面面积局部增大，以利于珠粒充型。所增大的模样厚度，可以在修模时刮除。

4）模具的壁厚及加强肋。为了减少蒸汽用量，提高制模效率，减轻质量及制造成本，模具壁厚尽量小。考虑模具须承受珠粒发泡时产生的膨胀压力，其压力一般为 0.2~0.3MPa，为了保证模具发泡时有足够的强度和刚度，要求模具应有适当壁厚。

5）通气孔及通气塞的设置。模具上应开设通气孔或设置通气塞，其作用是使蒸汽引入模腔并使模腔内的冷空气和冷凝水尽快排出型外。通气孔或通气塞的布置要合理，通气孔的间距一般为 20~30mm，通气塞的间距一般为 40~60mm。如模样的壁厚不均匀，在薄壁处或要求表面光洁处开设的通气孔或设置的通气塞可疏些，以免该处因受热不足而造成珠粒黏结不良。

通气孔和通气塞尽量设置在模具的一个面上，一般设置在移动模板上为宜，尽量避免从模具两边进气使冷凝水汇集在模样的中央而影响模样质量。

采用通气孔时，泡沫珠粒易将小孔堵死，减少蒸汽的渗入量和发生冷凝水的滞留现象。这样不仅影响模样的表面粗糙度，还会导致该部位珠粒黏结不良。

通气塞的结构有很多种，但常用的有缝隙式和梅花孔式通气塞两种。采用缝隙式比用梅花孔式制出的模样表面平整得多，所以一般用缝隙式通气塞。采用通气塞时，通气塞开口的一端应向模具外侧或通向气室，闭口的一端则与模样紧密接触。

6）收缩余量与斜度。消失模模具的收缩余量包括三部分，即铸件的收缩、模具材料本身的收缩及泡沫塑料模样的收缩。在一般情况下，模样的收缩率为 0.2%~0.6%，EPS 模样的收缩率大于 STMMA 模样的收缩率。

为了便于从模具中取出模样，模腔的侧壁及模芯壁设脱模斜度，一般为 0.5°~2°。同时，模腔的棱角处应尽量做成圆角。

7）气室的结构。通常压机用的发泡模具都有气室。按其形状一般分为两种：一是方形气室；二是相似形气室，又称模腔轮廓型气室。前者因制造方便和成本低，已广泛应用于生产。后者尽管制造成本高，但由于它具备蒸汽耗量少，模具的预热和发泡成形时间短等优点，较多地用于制造大型的或形状特殊的模样。

要求发泡模具型壁均匀加热，因为蒸汽必须从气室的不同部位导入，不允许直接冲击型壁，否则将导致局部过热，使该区泡沫塑料模样表面过热。因此，设置一个多孔的反射板或在气室蒸汽进口处设挡板，使蒸汽均匀地进入气室。当用水通过气室冷却模具时，可按需设置折流板，使水能流过模腔、模芯和气室的所有地方。当采用喷水冷却时，可在气室的模壁上设置许多喷嘴，从而提高冷却效率。

模具的气室还必须设有进气口和出气口。进气口主要用于引入蒸汽和冷却水；出气口用于加料时压缩空气将珠粒引入模腔后的排出和冷却水的排出。

8）模样的顶出及其机构。模腔内泡沫塑料模样经过冷却定型后才可脱模顶出，顶出方法设计要合理。

2.3.5　模样成形设备

1. SJ-CX 系列成形机

（1）SJ-CX 系列丝杠半自动成形机　SJ-CX 系列丝杠半自动成形机如图 2-15 所示，其规格型号见表 2-9，其性能特点如下：

图 2-15　SJ-CX 系列丝杠半自动成形机

1）采用经人工时效处理的消失模铸铁平板和四支经调质处理的 45 钢制成的导柱，构成刚性框架。

2）蜗杆传动丝杠、螺母带动移动模板上下运动完成开合模动作。

3）采用铸造拱式机脚，美观牢固。

4）采用可编程序控制器和触摸屏控制，自动完成一个成形过程，减少人为误动作。

5）电控成形机改变传统的手工开阀操作，手旋按钮点动电磁阀，控制气动角向阀，完成一个成形过程。

表 2-9　SJ-CX 系列丝杠半自动成形机规格型号

规格型号	工作台面 （长×宽） /mm	最大装模尺寸 （长×宽） /mm	丝杠	行程/mm	电动机功率 /kW	升降速度 /（m/min）
SJ-CX-0870	880×700	880×510	单	720	1.5	1.5
SJ-CX-1093	1000×930	1000×710	单	720	2.2	1.5
SJ-CX-1210	1200×1000	1200×810	单	720	2.2	1.5
SJ-CX-1311	1300×1150	1300×900	双	720	3.0	1.5
SJ-CX-1512	1500×1200	1500×1200	双	650	4.0	1.5
SJ-CX-1712	1700×1200	1700×1200	双	650	5.5	1.5

（2）SJ-CX 系列液压成形机　SJ-CX 系列液压成形机如图 2-16 所示，其规格型号见表 2-10，其性能特点如下：

1）采用人工时效处理的消失模铸铁平板和四支经调质处理的 45 钢制成的导柱，构成刚性框架。

2）传动采用液压缸差动方式。运转稳定、可靠，使用寿命长。

图 2-16　SJ-CX 系列液压成形机

3）为改善操作工作环境，增添真空功能，保证成形、冷却时不漏蒸汽、不四处溅水。

4）采用可编程序控制器和触摸屏控制，自动完成一个成形过程。

5）采用光电开关控制成形模件质量，模件偏差小，模样光洁，保证后道工序进行。

2. 模样蒸缸成形设备

（1）蒸缸成形设备　蒸缸如图 2-17 所示。其性能特点如下：

1）此设备用于模具的密封成形，因制作模样的活块多、抽模芯多，可用于无法机械完成的手工模样成形。

表 2-10　SJ-CX 系列液压成形机规格型号

规格型号	工作台面(长×宽) /mm	最大装模尺寸(长×宽) /mm	液压缸	行程 /mm	机器外形尺寸 (长×宽×高)/mm	质量 /kg
SJ-CX-1093	1000×930	1000×710	单缸	900	1500×1200×3300	2500
SJ-CX-1210	1200×1000	1200×810	单缸	900	1700×1400×3300	2800
SJ-CX-1311	1300×1150	1300×900	双缸	900	1900×1500×3500	3400
SJ-CX-1512	1500×1200	1500×1200	双缸	900	2100×2000×3500	4000
SJ-CX-1512H	1500×1200	1500×1200	双缸	900+H	2100×2100×3500	4300
SJ-CX-1515	1500×1500	1500×1500	双缸	900	2100×2100×3500	4500
SJ-CX-1515H	1500×1500	1500×1500	双缸	900+H	2100×2100×3500	5000
SJ-CX-1712	1700×1200	1700×1200	双缸	900	2500×2100×3500	4300

图 2-17　蒸缸

2）筒体尺寸 $\phi600mm×800mm$，$\phi800mm×1000mm$。

3）配温度表、压力表，排污和加热采用气动角向阀和时间继电器控制。

4）按客户要求定制蒸箱，安装成形机作为密封框用。

（2）机械蒸汽箱　机械蒸汽箱有立式和卧式两种形式。立式机械蒸汽箱（见图 2-18）可用立式成形机改装而成。其工作过程如下：先将数副模具同时放在工作台上，关闭蒸汽箱；启动控制程序，完成加热、喷水冷却及抽真空干燥等工序；然后开启蒸汽箱，手工取模样。立式机械蒸汽箱适合生产较大批量的小型泡沫塑料模样和泡沫浇道。

图 2-18　立式机械蒸汽箱

2.3.6 模样的干燥与稳定化

由于模样在成形加工过程中要与蒸汽和水接触，所以刚加工好的模样含有很多水分。影响模样含水量的因素很多，但主要是发泡成形方法、加热蒸汽压力、通蒸汽时间及冷却方式和时间等。正常情况下，刚脱模后的模样含水量为1%～10%（质量分数，下同）。为了保证消失模铸件质量，模样或模片在组装和上涂料前一定要进行干燥，使模样中水分含量降到1%以下。模样在干燥过程中残留的发泡剂也要从泡孔内向外扩散、逃逸。

随着模样在干燥和存放过程中水分和发泡剂含量的减少，模样的尺寸也要发生变化。对于EPS模样来说，刚脱模1h模样膨胀0.2%～0.4%，2天内模样收缩率为0.4%～0.6%（相对于模具模腔尺寸），存放15～20天时收缩率可达0.8%，泡沫塑料模样内残留发泡剂和含水量以及制模工艺和模样的结构特点是否合理等，都会对模样的收缩率产生影响。在这方面需要在生产中不断地研究，积累数据，以满足铸件的精度要求。

在生产中，模样的干燥和稳定化一般都采用室温下的干燥和在干燥室中强制干燥相结合。干燥室最好采用吹吸式蒸汽烘干炉，温度一般控制在40～60℃范围内。

2.3.7 模样的组装

1. 组装的目的与要求

对于形状复杂的泡沫塑料模样，往往采用发泡成形制成若干模片，或用机械及手工将泡沫塑料板加工成几何形状简单的几个部分。严格按图样尺寸要求将模片黏结组装成一个完整的模样，然后把模样与浇注系统黏结在一起组装成模簇（见图2-19）。因此，模样的组装包括模片黏结成模样和模样与浇注系统黏结成模簇两部分。模样的组装是消失模铸造的重要工序。

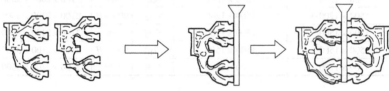

图2-19　模簇组装示意图

模样组装常用的黏结方法有冷胶黏结、热熔胶黏结和熔焊黏结等。当采用黏结剂黏结模样时，常用的方法有即涂法、辊压法、爬行式涂胶法和喷胶涂胶法，其操作可由手工或机器来完成。

为了获得优质的消失模铸件，在浇注过程中不仅要求泡沫塑料模样汽化完全、不留残渣，同样也要求模样组装用黏结剂汽化迅速、无残留物，同时黏结剂的用量也越少越好。否则，过多的黏结剂会导致模样汽化不完全，因残留物增加而影响铸件质量。

2. 黏结剂

考虑消失模铸造的特点，泡沫塑料模样用黏结剂应满足以下要求：

1）快干性好，并具有一定的黏结强度，不至于在加工或搬运过程中损坏模样。

2）软化点适中，既满足工艺要求，又方便黏结操作。

3）分解、汽化温度低，汽化完全，残留物少。

4）干燥后应有一定柔韧性，而不是变成硬脆的胶层。

5）无毒或低毒，对泡沫塑料模样无腐蚀作用。

（1）黏结剂种类　从化学角度看，消失模（实型）铸造工艺使用合成高分子黏结剂，其成分见表2-11。

表2-11　合成高分子黏结剂

品类	组成	反应	主体材料
溶剂挥发	溶解	有机溶剂水溶剂	聚合乙酸乙烯树脂系、橡胶系　聚合乙烯-醋酸乙烯乳胶、聚乙烯醇

（续）

品类	组成	反应	主体材料
化学反应	单组分	无氧固化	丙烯酸低聚物
	双组分	游离基聚合反应	丙烯酸低聚物、脲烷树脂
热熔胶	单组分	合成	聚乙烯-乙酸乙烯酯、聚烯烃、树脂

（2）几种黏结剂的性能比较

1）白乳胶。聚醋酸乙烯乳液俗称白乳胶，它是水溶性的。在早期的手工制模中应用较多。黏结方法是在 EPS 模样表面抹好胶，用线或绳捆绑后送烘房，初粘强度差，固化速度慢，必须待水分挥发后才能产生黏结强度，而且强度不大。一个黏结过程需要一个昼夜，制模周期长，工作效率低。目前国内基本已经淘汰。

2）泡沫胶。泡沫胶最初应用于有机板、建筑装修塑料和保温材料装饰用，是废 EPS 泡沫溶解在乙酸乙烯单体和甲苯混合溶剂中，以环氧树脂和 TDI 作改性剂，二辛酯作增塑剂，过氧化异丙苯作引发剂合成。有较强的黏结力和黏结强度，但用在消失模铸造上则对模样具有一定的腐蚀性，影响成形。泡沫胶因采用含苯溶剂，胶体具有一定的毒性和难闻气味。

3）A、B双组分胶。这种胶的使用方法是分别把 A、B 两组分均匀地涂于两个被粘物表面，合拢后手压片刻即可粘牢，其特点是固化速度快，黏结强度高，使用方便，在手工制模中应用比较多，但受保质期的影响比较大。

4）消失模冷胶。进口冷胶以德国的专用冷胶为代表。该产品是蓝绿色水溶性乳胶，主体成分是 VAE 和丙烯酸乳液，具有黏结装配精细、发气量少、无增碳缺陷等特点，通过冷粘合机自动黏结，黏结时需要烘干，适用于黏结表面复杂和倾斜的模样，可以应用计算机控制涂胶路径。缺点是需与专用的冷黏结剂配套。国内合力铸锻厂使用。

5）消失模热熔胶。热熔胶是一种热塑性树脂，不含溶剂，常温下为固态。使用时加热使其熔融获得流动性和一定黏度，热黏结浸润被粘物表面，冷却时凝固实现黏结。热熔胶凝固速度快、黏结强度高，具有良好的间隙充填性能。无论薄壁、厚壁模样都能密封结合面，可以满足现代化大批量、优质、高效生产的要求，非常适合于自动化流水线操作。消失模铸造用热熔胶已商品化，并广泛应用于批量生产中模样及浇冒口系统的黏结。国内外几种主要消失模热熔胶如图 2-20 所示。

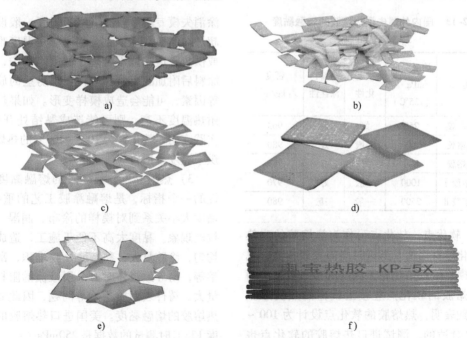

图 2-20　国内外几种主要消失模热熔胶

a）美国亚什兰热熔胶　b）北京嘉华热熔胶　c）日本热熔胶　d）华中科技大学产热熔胶
e）杭州斓麟热熔胶 KP‑6X　f）杭州斓麟热熔胶 KP‑5X

进口热熔胶以美国亚什兰公司的专用热熔胶为代表。该产品具有快速黏结、快速固化、流动性佳、发气量少、无增碳缺陷等特点，主要应用于对铸件质量要求严格的模样黏结。黏结方法是通过热粘合机自动黏结，也用于手工操作，在国内其价格偏高。

国内最早开发生产热熔胶的有北京嘉华公司等，产品型号有 HM-1 等。国产热熔胶的开发生产，改变了消失热熔胶依赖进口的局面。

杭州斓麟公司的热熔胶分两个品种。普通热熔胶 KP-5X，呈乳黄色、胶棒状，是手工操作的快速黏结热熔胶，可以用电热炉熔化使用，也可用胶枪施工，是可移动作业的热熔胶。该胶黏结性能较好，与涂料的涂挂性好，耐烘房温度高，熔融时发气量低，熔化后无气

味、耐老化性能好。高性能型 KP-6X，呈乳白色、小片状，性能与进口热熔胶相近，可供热粘合机使用，也可用作手工操作热熔胶。该胶黏结性能较好，与涂料的涂挂性好，耐烘房温度高，热熔胶熔融时无拉丝，流动性好，发气量低，无气味，耐老化性好，是替代进口胶的国产热熔胶。

华中科技大学热熔胶呈乳白色、大方块状，是手工操作的黏结热熔胶，可以用电热炉熔化使用。熔化后流动性好，黏结性好，无气味，发气量少。缺点是与涂料的涂挂性差，耐烘房温度低。

（3）热熔胶的主要性能（见表 2-12、表 2-13）

表 2-12　国内外消失模热熔胶的温度数据

种类	形状	颜色	气味	软化点/℃	施工温度/℃	耐烘干温度/℃ ≤
美国热熔胶	片状	乳白色	细微	103	120	70
日本热熔胶	片状	浅黄色	松脂味	100	130	60
斓麟热熔胶	片状	乳白色	细微	105	120	70
国产热熔胶 I	片状	淡黄色	松香味	100	130	60
国产热熔胶 II	方块	乳白色	细微	90	130	50

表 2-13　国内外消失模热熔胶的熔融黏度与涂料涂挂性

种类	熔融黏度/mPa·s（135℃）	抗老化性	涂料涂挂性	密度/(kg/m³)
美国热熔胶	250	好	好	963
日本热熔胶	1500	一般	好	980
斓麟热熔胶	300	好	好	965
国产热熔胶 I	1000	一般	好	970
国产热熔胶 II	2500	一般	一般	980

1）软化点。软化点可作为热熔胶的耐热性、熔化难易程度及露置时间的大致衡量，也是消失模热熔胶熔化施工温度的参考数据。消失模热熔胶的软化点应接近模样的热变形温度。实践表明，热熔胶的软化点设计为 100 ~ 105℃ 是合适的，测试进口热熔胶的软化点也在这个范围。

2）耐烘干温度。模样黏结组装后浸（刷）

涂消失模专用涂料。烘房的温度一般设定为不超过 60℃，但也有部分简易烘房温度难以控制或供热管道布置不合理、温度不均匀，模样刷涂料后附加的质量和模样在烘房里的放置不当等因素，可能会造成模样变形。如果热熔胶的耐热温度不高，则可能造成黏结处开胶脱裂。实践表明，软化点为 100 ~ 105℃ 的热熔胶，耐烘干温度是适合的。

3）热融黏度。热熔胶的熔融黏度是流动性的一个指标，是熔融涂胶工艺的重要数据，黏度大小关系到对模样的涂布、润湿、浸透及拉丝现象。黏度太高不便于施工，造成涂胶不均匀，涂胶量大，黏结缝处胶堆积，刮胶不平整等，易导致浇注时对金属液流的阻挡、发气量大、铸件表面质量差等问题，因此需要降低热熔胶的熔融黏度。美国进口热熔胶的熔融黏度135℃时测试的数据是250mPa·s。

4）涂料涂挂性。热熔胶由有机高分子材料构成，属于难浸润塑料类材料。消失模铸造

工艺要求热熔胶与黏结缝必须拥有对水基涂料很好的浸涂性（涂挂性），因此要选择合适的材料和科学的配方，使之具有很好的涂挂性。

5）抗氧化性。热熔胶需要通过加热并保持在一定的温度下使用。长期处于受热状态的热熔胶会使其组织结构逐渐氧化热解，因此除选择合适的热熔胶组分外还要添加适当量的抗氧化剂，以延长热熔胶的使用寿命。

（4）选择冷胶和热熔胶的一般原则　热熔胶的操作时间一般在 10s 左右，适用于快速黏结作业过程；对单个模片黏结的作业过程而言，冷胶的操作时间一般在 3～5min 左右，是相对慢速黏结的作业过程，熟练的冷胶黏结工艺是十几个或几十个模片按顺序流水作业。

1）选择热熔胶的一般情况：热粘合机成形，选择高性能热熔胶；切割拼接组装模样黏结、浇注系统黏结、快速黏结、普通铸造工件模样黏结、非部件模样黏结，选择热熔胶。

2）选择冷胶的一般情况：复杂曲面、高精度拼接组装的黏结，模样结合面质量要求高的黏结，汽车发动机缸体缸盖的黏结，慢速黏结，大型特大型模样黏结，选择冷胶。

（5）消失模的冷胶和热熔胶的配套装置

1）热黏结模具。热熔胶具有黏结速度快、初粘强度高的优点，但使用温度范围较窄，需采用随形涂胶板将热熔胶印刷到泡沫塑料模片的黏结面上，并靠模具实现快速精确合模，以保证黏结质量。热黏结模具主要包括上下胎模和涂胶印刷板。热粘合机的工作步骤如图 2-21 所示。上下胎模的结构和工作过程如图 2-22 所示。

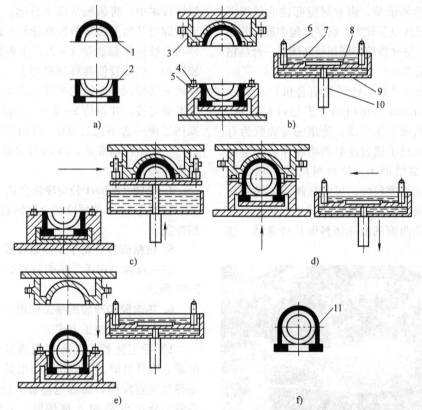

图 2-21　热粘合机的工作步骤

a）泡沫塑料模片　b）模片放入胎模　c）涂胶　d）合模黏结　e）取模样　f）黏结好的模样
1—上模片　2—下模片　3—上胎模　4—胎模定位销　5—下胎模　6—印刷板定位销　7—热熔胶
8—印刷板　9—熔池　10—升降缸　11—泡沫模样

将需黏结的两个泡沫塑料模片（见图 2-21a）分别放入上下胎模中（见图 2-21b）；上胎模移动到热熔胶熔池上后，提升涂胶印刷板，将热熔胶印刷到上模片的黏结面上（见图 2-21c）；涂胶印刷板落回到熔池中，同时上胎模移回原位；升举下胎模，使上下胎模合模，完成黏结（见图2-21d）；下胎模回位，手工取出黏结模样（见图2-21e）；机械热熔胶黏结泡沫塑料模片（见图2-21f）。

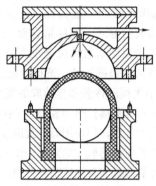

图2-22　上下胎模的结构和工作过程

热黏结工艺的不足之处是：不适用于起伏较大的折平面或曲面的黏结，因为热熔胶在印刷板的斜面上容易流淌，影响对应部位的黏结强度；热粘合机耗电量较大，黏结过程中放出的烟气影响环境；更换涂胶印刷板较麻烦，一台热粘合机不太适应多品种泡沫塑料模样的黏结。

2）冷黏结模具。针对热粘合机存在的问题，德国Common公司研制开发出冷粘合机。涂胶工作由机械手来完成，所用的冷黏胶为有机溶剂型，机械手通过注射器将胶涂抹到泡沫塑料模片的黏结面上，涂胶量由注射压力控制。冷黏胶的黏度较大，可附在倾斜的黏结面上不流淌。与热粘合机相比，其最大的优点是能完成较复杂曲面的泡沫塑料模片的黏结，如图2-23所示。

图2-23　涂胶机械手与涂胶

冷黏结模具不需要涂胶印刷板，涂胶机械手只要按照黏结面的涂胶轨迹程序运行即可。冷黏结工艺很适合多品种泡沫模片的黏结；不同的泡沫塑料模样只需采用不同的涂胶轨迹即可。

冷黏结胎模的结构同热黏结胎模结构极为相似，上胎模中仍有负压吸嘴和压缩空气管道。不同之处是要将50～60℃热空气引入下胎模中，加快冷黏胶中有机溶剂挥发，提高黏结强度和黏结效率。因此，冷粘合机的上下胎模为双层结构（内胎模加密外封框）。冷黏结胎模结构和工作过程如图2-24所示。

与热粘合机相比，冷粘合机的缺点是，对于复杂的黏结面，因机械手涂胶时间以及加热烘干硬化时间较长，造成整个黏结过程效率较低。

3. 美国Vulcan公司热粘合机

美国Vulcan公司热粘合机自动黏结过程为：泡沫塑料模样涂胶，带孔的上胶板保持在热熔胶罐中；将该板从罐中升起，多余的胶流走后即可开始泡沫塑料模样涂胶；泡沫塑料模样与上胶板接触保持1～2s，上胶板下降回到胶罐中，热熔胶便转移到模样上。上好胶的模样被夹具带到要黏结的模样上方定位；两块模样准确对接，并保持5～15s，使胶固化。整个操作过程一般不超过60s，借助于自动粘合机进行，黏结快速准确。1h内可完成60～100个操作循环。

4. 德国Teubert公司冷粘合机

德国Teubert公司冷粘合机的黏结剂是其专用冷胶。

5. 杭州斓麟公司手工热熔胶器

杭州斓麟公司手工热熔胶器如图2-25～图2-27所示。

6. 热熔胶和冷胶的手工使用方法

（1）热熔胶施工方式

1）手工施胶。可选专用调温炉、自制热熔罐、简易电炉、热熔胶枪等电热器，用钢锯条等自制施胶棒。加热电热器，使胶槽（罐）升温，分次分量加入热熔胶，升温到100～200℃，保温，熔胶罐温度不可超过140℃。将已经熔融的胶液用取胶棒蘸取后涂刮到泡沫塑料模样上，再将两块泡沫塑料模样合模，稍挤压5～10s，即黏结牢固。泡沫塑料模样固定后可接着做接合缝涂刮修补。热熔胶枪的使用过程如图2-28所示。

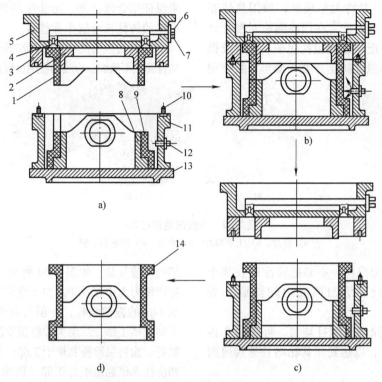

图 2-24　冷黏结胎模结构和工作过程
a) 安放模片（吸嘴将上模片吸住）　b) 合模黏结（热空气吹入模具中）
c) 开模（压缩空气将上模片吹离上胎模）　d) 已黏结泡沫塑料模样
1—上模片　2—上胎模　3—上胎模外框　4—吸盘/吹嘴　5—上胎模板　6—负压管　7—压缩空气管
8—下胎模　9—下模片　10—定位销　11—下胎模外框　12—热气管　13—下底板　14—泡沫塑料模样

图 2-25　C 型熔胶炉 φ100

图 2-26　调温胶枪

图 2-27　350mm×250mm 胶炉

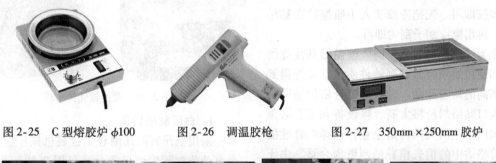

图 2-28　热熔胶枪的使用过程

2）渗漏法。大型接合面，先对称选择几个点，在这几个点上先涂刮热熔胶，合模，检查模片的装配精度。待固定后，在模片的接合缝处用发热的钢锯条轻轻地划缝（扩缝），扩缝的同时钢锯条上的热熔胶流入接合缝，再稍做刮缝修补即可。

3）外缚法。对特大型模样，采用热熔胶同胶带等相结合的方法，在用渗漏法对模片处理后，用纸胶带把结合缝包扎起来。热熔胶提供了足够的黏结强度防止开裂和变形，胶带用来保证结合缝严密，防止涂料渗入缝隙。浇注出来的铸件接合缝非常整洁。

（2）冷胶的使用方法 胶液可黏附在倾斜的结合面上不流淌。冷胶的使用过程如图2-29所示。

  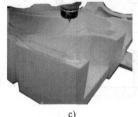 

a)   b)   c)   d)

图2-29 冷胶的使用过程
a）模片 b）上下模片 c）涂胶 d）晾置后合模

1）对于大型模样，不必把胶涂刷在整个被接合面上，只要沿四周或中间涂刷几处即可。

2）冷胶应涂刷得薄且均匀，可将两个接合面来回拖几下，以达到使其黏结且涂层薄而均匀的目的。

3）涂胶后可将涂面敞开晾置几分钟，待大部分溶剂挥发后再黏结，效果比较好；彻底黏结牢固可能需要几个小时。

4）对于200kg左右的铸件泡沫塑料模样，可以即胶即用。先把冷胶装入小瓶拖拉在黏结面上，再用橡皮刮子刮匀即可。

作为辅助材料之一，消失模黏结剂性能的好坏和使用效果将影响到铸件质量。要想得到合格率高的铸造产品，应该选用合格的辅助材料，进口黏结剂价格太高，除设备和工艺必须外，国内中小消失模铸造企业，选择综合性能好而价格适中的消失模黏结剂更为合适。由于热熔胶所具有的诸多优点，其近年来发展很快，需求量大而应用面宽，占模样黏结剂消耗量的80%。目前国产的KP-6X热熔胶性能与进口热熔胶相仿，可以替代和混用。

2.3.8 4万t/年灰铸铁变速器壳体铸件消失模模样制作布置

主要产品为陕西某公司配套的双中间轴变速器壳体铸件，铸件单重85kg，材质为HT200，外形轮廓最大尺寸为470mm×589mm×376mm，结构比较复杂，如图2-30所示。铸造车间铸铁生产能力为4万t/年。白区建筑厂房为长135m、宽24m的框架结构：一层为发泡成形、模片烘干和黏结工部；二层为珠粒预发泡和熟化、涂料制备、涂料层涂覆和烘干工部；三层为模样储存和浇注系统黏结组合工部（俗称白区）。成形车间安排布局如图2-31所示。

图2-30 变速器壳体铸件

1. 白区制模设备

采用杭州富阳江南轻工包装机械厂生产的全自动蒸汽预发泡机两台（见图2-32）、半自动液压成形机16台（见图2-33），并采用珠粒输送系统，珠粒自动输送到成形机。

2. 模片黏结

目前采用手工黏结的工艺，用于黏结的胶有冷胶和热熔胶。杭州斓麟化工有限公司生产的冷胶和热熔胶如图2-34、图2-35所示。

3. 模片和涂料层烘干炉

采用两座四通道吹吸式蒸汽烘干炉，如图2-36所示。

图 2-31　成形车间安排布局

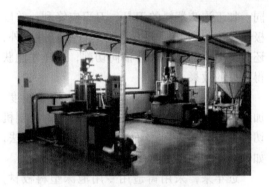

图 2-32　全自动蒸汽预发泡机

图 2-34　冷胶

图 2-35　热熔胶

4. 模样及模样涂层烘干架

采用由陕西某公司设计的两种 360°旋转多功能烘干架，涂层烘干架底部设置接涂料盘，使烘干室和工作场地保持整洁干净。

5. 涂层

采用两遍浸涂加一遍补涂，三次烘干。涂料搅拌机如图 2-37 所示。

图 2-33　半自动液压成形机

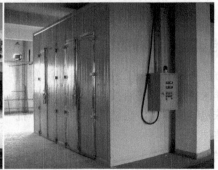

图 2-36　四通道吹吸式蒸汽烘干炉

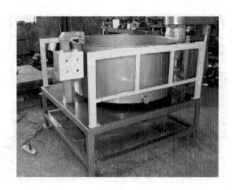

图 2-37　涂料搅拌机

6. 成品模样输送

模样组的铸件模样、浇注系统成串后，涂料已烘干，准备下箱，进蓝区、振实台造型，通过悬链输送到造型浇注蓝区生产线。经过4 万 t/年铸件多年的运转，整个白区车间线路短捷，工艺顺畅，操作及管理较为方便，将平面的面积布置换成向上三层的立面布置，经过试生产后，效果显著。生产规模、生产线布局和设备选用均具有国内先进水平。

陕西某公司消失模铸造年产 4 万 t 箱体铸件，第一期工程 2 万 t 箱体消失模铸造的工艺设备由北京天哲消失模铸造技术有限公司制造，2007 年 5 月安装调试完成并投入生产。第二期工程 2 万 t 箱体消失模铸造工艺设备由沈阳中世机械电器有限公司制造，2008 年安装调试，产能 2 万 t/年，是目前我国较大的一个消失模铸造项目。各工序机械化生产，主要工序实现半自动化或自动化生产，各工序能平稳协调按要求节拍生产，各种设备运行可靠；各工艺设备、生产所用的原辅材料全部为国内生产；技术方案及设计指标是国内较先进的；投资一期工程 2 万 t/年总费用控制在6500 万元。

2.3.9　泡沫塑料模样的加工成形

这种方法是用机械加工或手工将泡沫塑料板做成模样的各部分，然后按零件的尺寸要求黏结成泡沫塑料模样。该法适用于单件或小批量生产的铸件。

1. 模样的机械加工

泡沫塑料板是多孔蜂窝状组织，密度低，导热性差。它的加工原理与木材和金属材料不同。加工泡沫塑料的刀具，刀刃应锋利，并以极快速度进行切削。刀具除进行垂直进刀外，还应以更快的速度进行横向切削，这样才能获得良好的效果。

为了保证模样的尺寸精度和表面粗糙度，加工时一般先用手推平刨床或用电热丝切割机切割出平直的基准平面，然后再用其他方法，如铣削、锯削、车削或磨削等进行精加工。

近年来，采用铸造用专用泡沫塑料板材，利用三维聚苯乙烯泡沫塑料（EPS）模样专用数控铣床精铣，使 EPS 模样表面光洁、尺寸精确，极大地改善了铸件表面粗糙的问题。

随着 EPS 应用领域从机器制造、包装业，向建筑室内外装饰和广告业的拓展，EPS 加工技术越来越得到人们的重视。EPS 产品的加工方法也层出不穷，从模具蒸汽发泡方法、热丝手工靠模切割，发展到采用先进数控技术并结合当代快速成形技术的现代数控切割技术。目前国内最新 EPS 数控（CNC）切割技术的特点和相关设备主要包括：三维制品柱坐标快速切割技术、异步切割技术及便携式快速切割设备。这些设备与技术的研发，为我国消失模铸造工业的发展提供了新的选择途径。

EPS 是一种应用广泛的工程材料。消失模铸造技术的发展，为 EPS 制模技术推广创造了机遇。目前 EPS 制模，主要包括模具发泡方法和手工电热丝切割两种。前者适用于大批量制造，后者适用于单件小批量制造。目前手工电热丝切割方法在我国中小铸造企业中得到了很大的发展。其优点是设备成本低，操作灵活，缺点是精度低，成品率低，效率低和质量差。

随着国内外铸造市场对交货时间和质量要求的提高，手工电热丝切割方法已越来越不能满足企业的要求了。因此，采用现代数控技术，并结合快速成形技术的现代 EPS 加工方法应运而生。

近年来，韩国先进科学技术研究所开发了变层厚的叠层快速成形系统（VLM-st），该方法根据模样的实际外形，先切出不同厚度的薄板，再用可倾斜成不同角度的电热丝在计算机控制下切出不同斜度的轮廓，最后再将切好的板组装成模样实体。更为复杂的还有黎巴嫩贝鲁特美洲大学的五轴机器人系统（ModelAngelo），无须分层切割，可以直接加工出三维模样。

目前成为商品的产品有美国 Croma 公司和波兰 MegaPlot 公司的 CNC 产品，国内有西安交通大学的 FoamCutter。这类系统的工作原理基本类似。它们都是采用电热丝，在两端小车的拖动下，通过计算机控制加工轨迹，实现二维和三维模样的加工。由于采用电热丝和质量减少方法加工，使产品加工三维制品的能力要比目前的质量增加快速成形系统要差。尽管如此，近年来国内在 EPS 制品 CNC 加工技术方面也获得了较大的提高，在某些方面甚至走在国际的前列。以下主要就目前开发出的三维制品柱坐标快速切割技术、异步切割技术及便携式快速切割设备，进行较详细的分析与介绍。

2. 柱坐标快速切割技术

专门针对三维制品加工要求，仿照数控机床加工方式，开发了柱坐标快速切割技术。该技术采用点状电热刀，直接装于原安装电热丝的两端小车上，由计算机控制进行 $X—Y$ 方向的运动，第三轴为 Z 轴，进行旋转运动（见图2-38），三轴配合，即可实现三维制品的快速加工。加工时，分为定角度加工模式和定厚度加工模式两种。定厚度加工是，先加工某层周向轮廓，然后沿 X 方向移动确定距离 δ，继续加工下一层轮廓。定角度加工是，先沿 Z 轴方向加工轮廓，然后 Z 轴转动某确定角度 ω，再加工下一角度的轮廓，直至加工完所有轮廓。图2-39 所示为柱坐标三维加工附件示意图，将此附件装于 EPS 设备走行小车两端，即可实现三维加工。图2-40 所示是经过柱坐标数控快速

加工后没有经过任何修饰的模样。该系统可以较好地实现 EPS 三维复杂外轮廓的加工，其加工效率和精度可与快速成形技术相媲美。

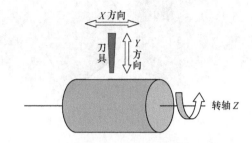

图 2-38　柱坐标 EPS 数控快速切割原理

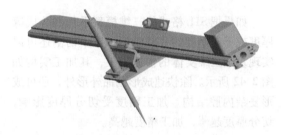

图 2-39　柱坐标三维加工附件示意图

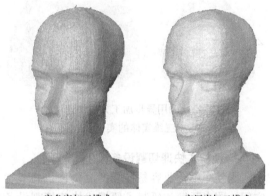

定角度加工模式　　　　　定厚度加工模式

图 2-40　人头像柱坐标加工后的效果

3. 异步切割技术

电热丝两端驱动小车同步运动，则只能实现二维制品的加工。如采用驱动小车异步运动，便可以快速加工出像锥体、扭转体等三维制品。图2-41a 所示是异步虚拟加工截图，通过虚拟加工，可以方便地检查设计是否符合要求，从而节省原辅材料和及时修改设计。图2-41b 所示则是实际异步加工后得到的原始制品图像。

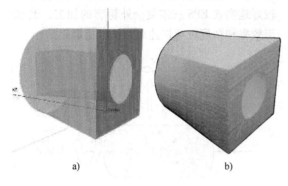

a)　　　　　　　　b)

图 2-41　异步加工制品
a) 定角度加工模式　b) 定厚度加工模式

如果把 STL 格式的三维模型平行剖分成等厚度或不等厚度的片状模型,异步切割还可以实现复杂三维实体的快速加工,其加工实例如图 2-42 所示。除快速成形制品外形外,还可成形复杂内腔结构。加工精度受切分厚度影响,切分厚度越薄,加工精度越高。

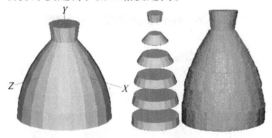

图 2-42　采用异步加工方法快速切割
三维实体的实例

4. 便携式快速切割设备

为使中小企业容易接受产品价格,并节省空间,国内开发和研制了便携式快速切割设备(见图 2-43)。该设备结构简单,除具备原设备主要功能外,不使用时,可快速拆卸,放置于墙边,大大节省了空间。如室内空间不够,可随意放置到室外使用。该设备非常适合大多数铸造企业使用。

目前国内开发的三维制品柱坐标快速切割技术、异步切割技术及便携式快速切割设备,无论从三维加工功能,还是设备成本等方面,在原有技术基础上已获得较大进步,基本具备大面积向国内铸造及相关行业推广使用的条件。

图 2-43　便携式快速切割设备

5. 模样的手工加工

对于一些形状复杂、不规范的异型模样,主要是依靠手工加工成形。因此,泡沫塑料模样制造质量的优劣很大程度上取决于制模工的操作水平。

画线取料是模样加工的首道工序。因泡沫塑料内部组织松软,所以画线用笔应采用软质(如 6B)和铅芯扁薄的铅笔,否则会形成细槽,影响模样的表面粗糙度。

泡沫塑料毛坯的取料一般采用木工刨板机、电热丝或木工绕锯机。

加工泡沫塑料模样的手工工具比较简单,生产上常用的修削泡沫塑料模样的手工工具是劈刀。除此之外,还使用泡沫塑料平面手推刨、手提式风动砂轮机和电轧刀、电热丝切割器等特殊手工工具来修削泡沫塑料模样。

综上所述,加工泡沫塑料模样的方法很多,而且每种方法都有它的特点和适用范围。除少数模样,几乎所有的模样都是由多种加工方法综合使用制成的。

2.4　泡沫塑料模样的质量检验

采用消失模铸造,每生产一件铸件,就要消耗一个模样。因此,要想获得优质的消失模铸件,确保模样质量是关键。表 2-14 列举了影响模样质量的各种因素。

表 2-14 影响模样质量的各种因素

模样	密度	珠粒熔结	含水量	发泡剂含量	表面质量	尺寸精度
预发泡压力	√	√	√	√	√	√
珠粒密度	√	√	√	√	√	√
干燥时间		√	√		√	√

（1）含水量 泡沫塑料模样是一种不吸潮的材料，它的表面几乎不沾水，干燥后模样的含水量均低于 1%（质量分数，下同）。但在模样加工时与水和蒸汽接触，刚加工好的模样含有较多的水分，故在模样上涂料前必须进行干燥，测定水分含量。含水量测定可参照 QB/T 1649—1992 的规定进行。

（2）挥发分含量 挥发分含量是模样质量的一个重要指标，浇注前一般要求挥发分含量低于 2%。其具体测定方法为：

1）试样：用刀片切取试样 5g 左右。

2）仪器：天平（精度为 0.001g）、恒温鼓风烘箱。

3）试验步骤：取得试样后，精确称重并记录，然后将试样置于（150±2）℃的恒温烘箱中，1h 后取出称重，共测定三只试样，取其算术平均值为测定结果。

4）计算：挥发分含量由式（2-1）计算。

$$W = \frac{m_1 - m_2}{m_1} \times 100 \qquad (2\text{-}1)$$

式中 W——挥发分含量（%）；

m_1——试样烘干前质量（g）；

m_2——试样烘干后质量（g）。

（3）密度 模样密度是模样质量的又一重要指标，其测定方法参照国家标准 GB/T 6343—2009 的规定进行，但在生产中可按下述步骤进行测定。

1）试样。试样形状应便于体积计算，尺寸一般为 50mm×50mm×50mm。切割时，不可使材料的原始泡孔结构产生变形。

2）将试样置于烘箱中，在（60±2）℃下烘干 2h。

3）对烘干后的试样进行冷却、称量（精度为 0.1g），再用卡尺测量试样（误差在 0.1mm 以下）。

4）计算。试样密度可按式（2-2）进行计算。

$$\rho = \frac{m}{V} \qquad (2\text{-}2)$$

式中 ρ——试样的密度（g/cm³）；

m——试样的质量（g）；

V——试样的体积（cm³）。

（4）尺寸稳定性 尺寸稳定性是指试样在不同温度环境中的尺寸变化率。其测定方法可参照 QB/T 1649—1992 的规定进行。但在生产上为了知道尺寸的稳定性一般是测定模样的线收缩，即

$$Z = \frac{h}{H} \times 100 \qquad (2\text{-}3)$$

式中 Z——收缩率（%）；

h——试样收缩后的实际长度（mm）；

H——模具模腔的长度（mm）。

通常取几个 20~30mm 的圆柱形或长方形试样（一般用蒸缸发泡成形），再按式（2-3）进行计算并取平均值。

（5）抗拉强度 模样的抗拉强度测定可参照 GB/T 6344—2008 有关内容进行。测定条件是试样在（20±2）℃环境中放置 2h 后，将试样夹在拉伸试验机夹具上，夹入部分不大于 17mm，用（100±10）mm/min 的速度加载，试样断裂后读取载荷。试样的宽度和厚度精度为 0.001mm。共测五个试样，并取它们实际的平均值为测定结果。试样的抗拉强度按式（2-4）计算

$$\sigma = \frac{F}{S} \qquad (2\text{-}4)$$

式中 σ——试样的抗拉强度（MPa）；

F——载荷量（N）；

S——原始横截面面积（mm²）。

（6）抗压强度 抗压强度测定应参照 QB/T 1649—1992 的规定进行，但在生产上也可采用下面的测定方法。

截取试样的尺寸为 30mm×30mm×30mm 或 50mm×50mm×25mm。测定时，将试样放置在压缩强度仪的下夹板上，使上下夹板距离为试样的高度，再把两处指针校正为零点；然后加载压缩到原厚度的 50%，其读数为测定值。以此法测定五个试样，取它们的算术平均值为

其抗压强度。

测试条件：试样在（20±2）℃环境中放置2h后进行测定。其计算按式（2-5）进行

$$\sigma_c = \frac{F}{S} \tag{2-5}$$

式中　σ_c——试样的抗压强度（MPa）；

　　　F——载荷量（N）；

　　　S——原始横截面面积（mm^2）。

2.5　消失模模样 CX 系列自动成形机

消失模模样 CX 系列机型是根据进口成形机的操作原理，由普通立式成形机改装而成的，可实现一个循环成形过程自动完成。其过程由设定的压力时间控制，完成合模、加料、锁模、加热成形、冷却定型、脱模等步骤，减少人为操作误动作，提高模样成形的质量。该系列机型适合大中型消失模铸造厂。对批量大、模样件中带活块、形状复杂、产品厚薄不均匀的模样，成品率大大提高，并且成形品的质量偏差率小，对后道工序的进行有明显保证。设备操作、调试方便，维修简单，单机价远低于自动成形机，是经济型的新产品。

1. 自动成形机机器的结构

该机器由三块铸铁板和四导柱构成刚性框架，由机架立式连接，传动采用液压方式，由差动液压缸带动中模板快慢双速上升或下降，完成开合模动作，隙模、锁模及开模高度分别采用接近开关控制，保证定位的精确度，减轻对模具的冲击力。采用 PLC 编程控制器及触摸式屏幕控制，系统采用常压入料和加压入料方式，并且分二组料枪进料方式。可装备 4~6 把自动料枪，完成均匀的多料位冲填。

为方便取模、安装料枪、检修等工作，将主机液压系统（见图 2-44）、气水分流器、料筒集装在主机顶板上，机罩和主机间留出足够位置。主机的电路、气路从装饰层中穿入机罩桥架内。

1）采用泵、阀件快慢速控制液压缸的前进、后退，完成开、合模动作。

2）油箱尺寸（长×宽×高）为 950mm×450mm×450mm，为了给设备留出更多的空间，油箱安装于设备顶部。

3）液压缸直径为 $\phi150mm$，活塞杆直径为 $\phi80mm$。

2. 自动成形机的控制阀及气路图

自动成形机的控制阀及气路图如图 2-45所示。

1）蒸汽阀。AVC PNEUMATIC COMPONENT MODEL QTZ-25B1 2 件

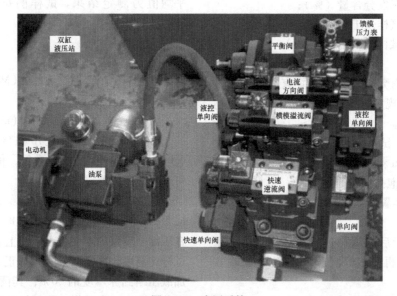

图 2-44　液压系统

2）空气阀。MODEL DJZ-25S 2 件

3）水阀。MODEL DJZ-25S 2 件

4）排污阀。MODEL DJZ-25S 2 件

5）截止阀。PN16/25 3 件

6）电节点压力表。-0.1 ~ -0.3MPa 2 件

7）加料阀。二位四通电控阀 Q24DH - 10 0.2 ~ 0.8MPa 1 件

8）进气总成。XMC AIR FILTER

分水器：AF4000

调压器：AR4000

油雾器：AL4000

9）控制管路。蒸汽、水、压缩空气、排污管路 DN25

3. CX 自动成形机的电气原理

CX 自动成形机的电气原理如图 2-46 所示。

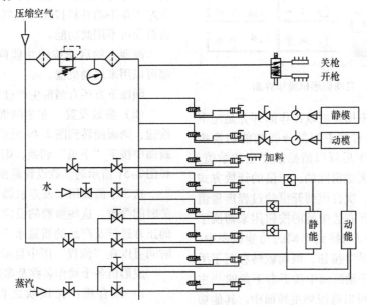

图 2-45　CX 自动成形机的控制阀及气路图

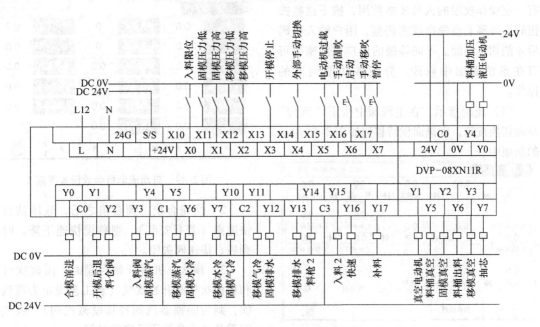

图 2-46　CX 自动成形机的电气原理

4. 自动成形机操作界面

接通电源后，在屏幕上点击就可进入如图 2-47 所示的主画面。

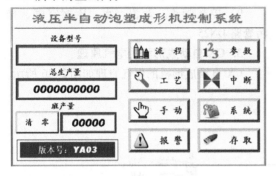

图 2-47　自动成形机操作界面

在这个画面中用户可以操作的部分是左下角的清零按钮和右部中间部分的功能切换按钮。清零按钮按下后可以清除班产量的数值。总生产量用户是无法清除的。产量的计数方式是模数，即完成一次合模到开模的过程产量值就增加一次。画面右边中间的按钮用来切换子画面。按下后可以切换到不同的功能画面中，例如，按下"手动"按钮，画面就转移到了手动的画面中。在手动画面中按下右下角的"主画面"按钮，就可以返回到主画面中。其他功能按钮也是如此。部分按钮有权限保护，需要有一定操作权限的人员才能使用，按下这些按钮时，屏幕上会先出现密码框，用户输入密码后才能切换画面。不同等级的用户权限密码可以在系统画面中修改。介绍各功能画面的操作。

（1）流程指示　在主画面中按下"流程"画面切换按钮，则画面就转移到如图 2-48 所示的画面中。

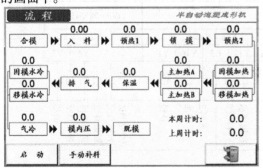

图 2-48　自动成形机流程指示界面

这个画面主要是用来指示机器当前所处的工艺步骤。例如：当前机器工作在"保温"这一工步，则流程图上"保温"一步就会变为彩色，同时，方框上方的时间会开始倒计时，指示这一工步还需运行多长时间。如果机器在运行当中按下了暂停按钮，则机器会停止在运行的工步中，并且停止计时。解除暂停后，计时会继续计时，流程也会从中断处继续运行。按下左下角手动补料按钮可往料仓补料，没有安装料仓可不用此功能。

画面上的启动按钮功能同机器外接按钮，都可以用来启动机器。

画面下方还有当前生产过程的计时显示。

（2）参数设置　在主画面中按下"参数"按钮，则画面转到图 2-49 所示画面中。在这个画面中按下"下页"切换，则画面转到图 2-50 和图 2-51 所示的参数设置画面。

这 3 个画面用来设定机器运行过程中的相关时间参数。这些参数的设定直接影响到生产的正常进行及产品的质量水平。在这里设定的时间可以在"流程"图中显示出来。

成形机各个动作名称及参数的功能。

1）预合模：在预吹之前，先合模一段时间。

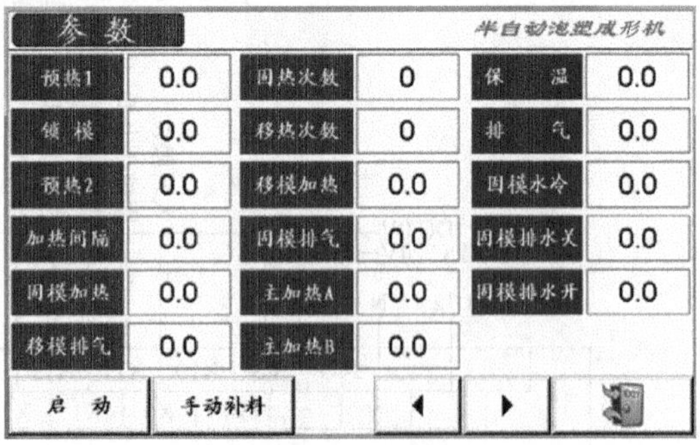

图 2-49　自动成形机参数设置界面 1

2）快速合模：预合模之后，液压站开启快速阀（若有安装），则移模快速下降，时间到后，快速阀关闭。

3）预吹：机器开始合模时，固模吹气阀和移模吹气阀开始吹气（若工艺设定为蒸汽预吹，则为固模蒸汽阀和移模蒸汽阀），吹气时间就是这个参数所设定的时间。

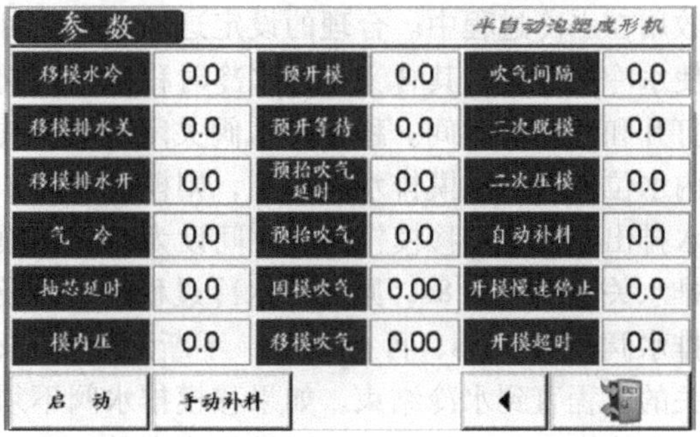

图 2-50　自动成形机参数设置界面 2

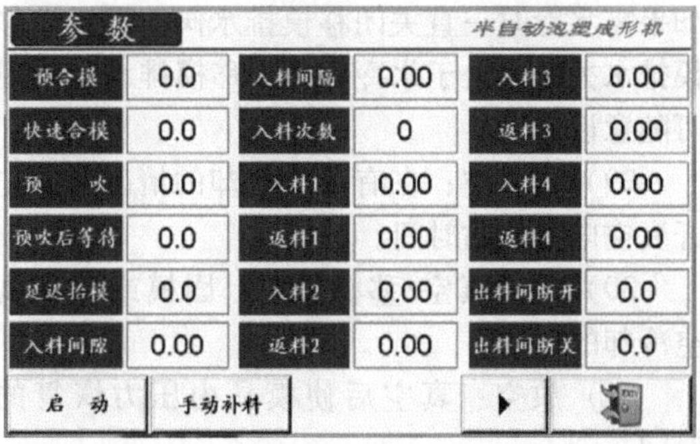

图 2-51　自动成形机参数设置界面 3

4）预吹后等待：预吹结束后，机器等待一段时间再合模。

5）延时抬模：这个参数用来抵消电动机的惯性影响。即电动机失电后还要下降的时间。

6）入料间隙：电动机在入料限位处停止后再反转产生模缝的时间。若不须反抬模来产生入料间隙，则应设为 0。

7）入料真空：若设了这个参数，则入料时会开启真空电动机及固模、移模真空阀来辅助入料。

8）入料（1~4）：这个参数用来设定保组入料阀的机器入料的时间。

9）入料间隔：这个参数在多次入料时有用，一次入料时不起作用。多次入料时中间需停顿一定的时间，这个时间就是入料间隔。

10）入料次数：入料时入料阀打开的次数。

11）返料（1~4）：入料结束后，关闭入料阀，原料会返回到料仓中，这个时间是返料时间。

12）入料延时：入料之前等待的时间。

13）入料间断开/关：入料时可以设定不同的循环时间，使出料阀可以开、关循环动作。

14）预热 1：入料结束后，固模蒸汽阀和移模蒸汽阀打开进行预热，这个时间就是预热 1 时间。

15）锁模：移模从入料间隙位置下来到完全合模的时间称为锁模时间。注意这个参数值一般设为 0.5s 左右。因为是丝杠成形机，所以移模锁到位后，若电动机还在运转，则电动机电流会迅速增大，时间过长则会损坏电动机，操作时务必注意，液压电动机也可能使电动机过载。

16）预热 2：锁完模以后，固模蒸汽阀和移模蒸汽阀打开，进行预热。这个功能和预热 1 完全一样，区别在于预热 1 是在锁模前进行，预热 2 是在锁模后进行。

17）固热/移热次数：穿透加热工艺选定为压力方式时，这个参数起作用。当模内压力上来后，电接点压力表达到上限，计为穿透一次。这时，蒸汽阀会关闭，压力下降，如此反复，直至达到设定的次数，流程再转入下一步。

18）固模加热：穿透加热时固模加热的时间。从压力表达到下限位时开始计时。这个参数只有在工艺选择上选定为"时间方式"或"同时满足"时才有用。而选择"压力方式"时这个参数不起作用。

19）移模排气：这个参数的设定相当灵活。一般固模穿透加热时都是固模蒸汽阀和固模排水阀得电动作。这种情况下，固模压力缓慢上升。若这个参数设置了时间值，则时间过完后，移模排水阀也会得电关闭，这样固模压力会迅速上升。设定时若时间设为 0，则一开始固模加热，移模排水阀就会关闭；若时间设定为很长（超过固模加热时间），则移模排水阀在整个固模加热过程中不会关闭。这个参数不管工艺选定为何种加热方式，均有效。

20）移模加热：穿透加热时移模加热的时间。从压力表达到下限位时开始计时。这个参数只有在工艺选择上选定为"时间方式"或

"同时满足"时才有用。而选择"压力方式"时这个参数不起作用。

21）固模排气：一般移模穿透加热时都是移模蒸汽阀和移模排水阀得电动作。这种情况下，移模压力缓慢上升。若这个参数设置了时间值，则时间过完后，固模排水阀也会得电关闭，这样移模压力会迅速上升。设定时若时间设为0，则一开始移模加热，固模排水阀就会关闭；若时间设定为很长（超过移模加热时间），则固模排水阀在整个移模加热过程中不会关闭。这个参数不管工艺选定为何种加热方式，均有效。

22）加热间隔：在流程从预热2切换到穿透加热时，以及穿透加热中固模、移模加热切换时、穿透加热到主加热切换时，固模蒸汽阀和移模蒸汽阀，以及固模、移模排水阀都失电，这样有利于固模、移模内压力的释放。

23）主加热A/B：这两个参数是主加热时间。主加热时固模蒸汽阀、移模蒸汽阀、固模排水阀、移模排水阀均得电。若压力达到上限，则相应的蒸汽阀关闭，2s后会再次得电。

24）保温：制品保温时间。

25）排气：模内减压时间。

26）固模/移模水冷：制品冷却时间；这个时间对脱模相当重要。水冷是否充分关系到能否顺利脱模。这个时间不是越长越好，水冷过长，反而会使制品粘在模具上不能脱落。

27）固模排水开/固模排水关：这两个参数用在水冷过程中。合理地设定这两个参数可使水冷更充分。其含义是：水冷时固模排水阀打开和关闭的时间。固模排水阀关闭，则模具内水位上升，固模排水阀打开，则模具内冷却水排出。例如：固模排水开时间设为5s，固模排水关时间设为8s，则开始水冷过程时，固模排水阀先关闭8s，再打开5s，不断地重复开、关的过程直到水冷结束。如果固模排水阀不须在水冷过程中关闭，则可设固模排水关时间为0，固模排水开时间随意设定一个不为0的值。如果需水冷时一直关闭固模排水阀，则可设固模排水关时间大于水冷时间，固模排水开时间可随意设定。

28）移模排水开/移模排水关：这两个参

数用在水冷过程中。合理的设定这两个参数可使水冷更充分。其含义是：水冷时移模排水阀打开和关闭的时间。移模排水阀关闭，则模具内水位上升，移模排水阀打开，则模具内冷却水排出。例如：移模排水开时间设为5s，移模排水关时间设为8s，则开始水冷过程时，移模排水阀先关闭8s，再打开5s，不断地重复开、关的过程直到水冷结束。如果移模排水阀不须在水冷过程中关闭，则可设移模排水关时间为0，移模排水开时间随意设定一个不为0的值。如果需水冷时一直关闭移模排水阀，则可设移模排水关时间大于水冷时间，移模排水开时间可随意设定。

29）预真空：在有真空冷却的情况下，先开真空电动机的时间。

30）固模真空/移模真空：固模或移模真空冷却的时间。

31）放空：真空后使模具内压力恢复的时间。

32）气冷：用空气冷却产品的时间。

33）抽芯延时：在合芯或抽芯时等待抽芯阀动作的时间。

34）模内压：未开模前吹气阀吹气时间。

35）预开模：开模时，移模先抬起一段距离，再吹气，这段时间就是预开模时间。

36）预开等待：预开模好后，移模停止，等待一段时间再开模。

37）预抬吹气延时/预抬吹气：在预开等待这个时间内，延时后来一次吹气动作。

38）固模吹气/移模吹气：脱模时固模/移模吹气的动作时间。

39）吹气间隔：固模、移模吹气之间的间隔时间。

40）2组吹气间隔：吹气分两组，两组吹气之间的间隔。

41）二次脱模：工艺选定二次脱模时，移模抬起一段距离再次合模，这段抬起时间就是二次脱模时间。

42）二次压模：二次开模时再次合模的时间。

43）开模慢速停止：开模接触到限位后关闭快速阀，但慢速阀保持开启的延时时间，以利平稳停机。

44）自动补料：每次锁模后按设定时间开始自动补料。

45）开模超时：整个开模过程的限定时间，超出则报警停机。

（3）工艺设定　在主画面中点击"工艺设定"按钮，则画面转到图 2-52 所示的画面中。这个画面中想选定哪个工艺，轻点相应的选项，则选定的工艺会以黑色显示。

图 2-52　自动成形机工艺设定界面 1

1）预吹方式：预吹的时候可以选定是使用空气预吹还是使用蒸汽预吹。

2）入料切换：若选手动入料，则到入料工步时，需人工加料，加完后再按启动按钮运行。

3）入料方式：可以在常压入料和加压入料间选择。

4）预热 2 选择：选时间控制方式时，整个预热 2 工步在时间过完后转入下一步，选压力控制方式时时间不起作用，而是压力达到后才能转入下一步。

5）料枪设定：单组料枪时，输出点上的所有料枪阀、入料阀、出料阀均同步动作。多组料枪时，则分别动作。

6）液压电机：可选入料时液压电动机工作或不工作。

7）加热方式。

压力方式：指穿透加热时，固模、移模加热切换仅靠压力来实现。若选定压力方式，则参数中穿透次数便发生作用。穿透次数指的是固模、移模加热时压力达到了上限，计为 1 次。一般设为 1 次即可。

时间方式：时间优先方式。穿透切换仅通

过时间来完成。时间达到则固模、移模加热便切换，而不管压力情况如何。计时开始条件是压力表达到下限。同时满足：穿透加热时若时间条件已满足，则系统会等待压力条件达到，再进行加热切换；若压力条件已满足，则会等待时间条件的满足。也就是说要等时间和压力条件都达到才进行加热切换。计时开始条件也是压力表达到下限。

8）穿透方式：穿透加热时是先从移模加热开始还是先从固模加热开始。

9）真空方式：可选固模、移模或两边同时真空。

10）脱模方式：产品不好脱模时可选为二次脱模。二次脱模时参数设定中的"二次脱模"起作用。

11）脱模优先：可以选定是固模优先还是移模优先。这个方式主要是决定一次脱模开模时先固模吹气还是移模先吹气。

12）带水脱模：若产品不好脱模时，可选定带水脱模。在吹气时相应的水冷阀也打开。

（4）中间启动　在主画面中点击"中断"按钮，则画面转到如图 2-53 所示画面。

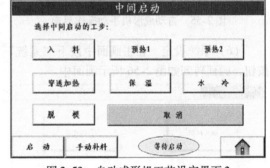

图 2-53　自动成形机工艺设定界面 2

这个画面功能主要是机器断电后，用来选择重新启动的工步。选中相应的工步后，按下启动按钮，则机器会从选定的工步开始断续运行。若选定中间工步后又想取消，可按下画面下方"取消"按钮，可以取消选定工步。

断电后再上电可从图 2-54 看到当前机器停在哪个工步，再做选择。

（5）手动操作　在主画面中按下"手动"按钮，则画面切换到如图 2-55 所示画面。这个画面主要用来测试各个阀门接线是否正确，动

图 2-54　自动成形机中间启动界面

作是否正常。正常运行时也可以用来监控各个阀门或电动机的运行状态。测试前请先按下画面中自动/手动切换按钮（至少按下 1s）。当这个按钮变为手动状态时，按下画面中相应的动作按钮，则相应的输出点会以黑色显示，表示有动作输出。

图 2-55　自动成形机手动操作界面

（6）系统设定　在主画面中按下"系统"按钮，画面转到如图 2-56 所示画面中。

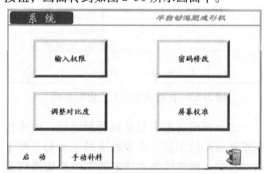

图 2-56　自动成形机系统设定界面

在这个画面中可以调整触摸屏的部分性能。当需要修改密码时，务必首先按下"输入权限"按钮，然后输入不低于所要修改的等级密码，然后再按下"密码修改"按钮，才能修改相应的密码。

（7）报警信息　在主画面中按下"报警信息"按钮，则画面转到如图 2-57 所示画面中。机器出现故障时，画面会自动转到这个画面中，同时提示有故障信息，以利排除故障。注意：故障排除后流程会自动继续进行，务必注意安全。

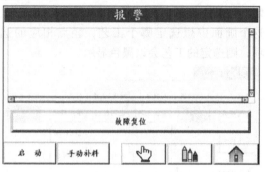

图 2-57　自动成形机系统报警界面

（8）参数存储　在主画面中按下"参数存储"按钮，则画面转到如图 2-58 所示画面中。这个画面主要是用来保存不同模具使用的不同参数。

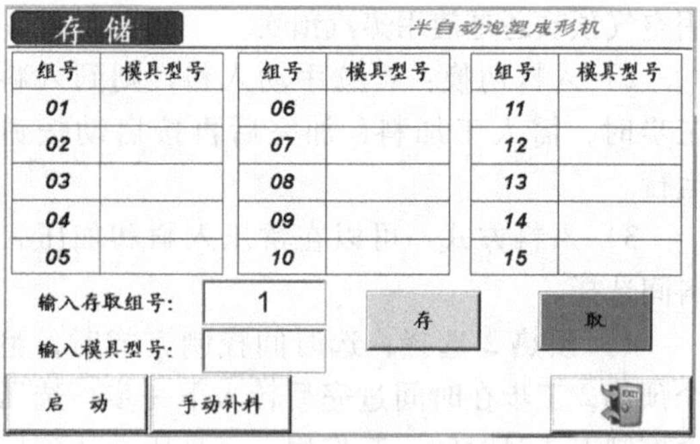

图 2-58　自动成形机参数存储界面

参数保存步骤如下：

1）输入模具型号。

2）输入参数想保存的位置，即组号。

3）按下"存储"按钮。

4）等待 2s，以便数据处理。

参数提取步骤如下：

1）找到对应模具的型号所在的组号。

2）把组号填入组号输入框中。

3）按下"提取"按钮。

4）等待 2s，以便数据处理。

5. 自动成形机常见故障处理

自动成形机常见故障处理见表 2-15。

表 2-15　自动成形机常见故障处理

序号	问题描述	解决方法
1	触摸屏没有任何显示（黑屏），并伴有蜂鸣声	请联系厂家解决
2	触摸屏没有任何显示（黑屏），也无任何声音	1）请检查触摸屏的电源插头有无松动 2）检查触摸屏电源插头端子两端是否有直流 24V 电压 3）以上两项均正常时，请联系厂家
3	触摸屏上有横或竖的条纹或半幅有画面	1）在系统设置中调整对比度 2）调整对比度无法解决时，联系厂家
4	触摸屏按键定位不准确或按下无反应	咨询厂家解决定位问题
5	屏幕上出现小窗口或一直闪动提示信息	1）检查柜内程控器电源指示灯是否亮；正常情况下，程控器 POWER、RUN 两指示灯亮，而 ERROR 灯不亮，其他情况都属不正常 2）若程控器正常，检查信号线两头是否松动或损坏
6	机器无法启动	1）检查手动画面，看当前是否处于手动状态 2）检查报警画面，看有无故障报警 3）检查按住启动按钮时，柜内程控器的 X6 指示灯是否会亮，若不亮请检查线路、按钮或联系厂家
7	启动后不合模就开始入料	入料接近开关损坏，其触点一直闭合不能断开
8	启动后合模到底而不能入料	入料接近开关损坏，其触点一直断开不能闭合
9	不能开模，水冷结束后就停机	开模停止接近开关损坏，其触点一直闭合不能断开
10	开模后电动机不能停机或出现开模超时报警	1）开模停止接近开关损坏，其触点一直不能闭合 2）开模超时参数设定时间太短
11	1）加热时电接点压力表超出上限很多 2）时间或同时方式时低于下限很多，未开始计时	电接点压力表不灵敏，用刀片刮其触点可有效解决问题
12	手动测试无反应	1）检查当前是否处于手动状态 2）部分阀门或电动机有保护。如合模只能合到入料开关处；开模只能开到开模停止接近开关处；蒸汽阀受压力上限控制

因环境潮湿，压力表触点易失灵。请时常用刀片刮其触点以保持动作正常，或将压力表的两副常开触点并联使用。高温高湿环境易损坏触摸板及液晶，可能导致机器的不安全动作。可接 PLC 的安全点来防止机器突然合模；也可采用机械方式来防止此类安全事故。

2.6　提高消失模铸造模样成形及加工质量措施

消失模铸造对于同一批量生产铸件，往往采用成形机加工制作成模样，其质量取决于泡沫塑料珠粒发泡 EPS、STMMA 的种类及质量，模具的加工质量、使用，成形机制作模样操作工艺等因素。采用加压加料的成形方法，模样的质量即大为提高。

1. 消失模铸造常见成形机

（1）CX 系列成形机　表 2-16 为电机壳专用 CXT 系列丝杠半自动成形机规格。

（2）DJQCX 系列液压成形机　表 2-17 为 DJQCX 系列液压成形机规格。

2. 消失模铸造成形机操作注意事项

1）开机前，上下前后左右认真巡查一遍，检查是否有安全隐患，通道是否顺畅。

2）成形机所需的水路、油路、气路、电路、供应加料料管是否通畅，是否有跑冒滴漏等现象。

3）开关、阀门、电控、屏幕、按钮是否完好。

4）传动部分丝杠、涡轮、导柱等是否滑溜，运转、传动自然。

5）合模，检查是否正常。

6）按制作模样的工艺要求进行操作，合模、加料、开模、取模。

7）模样取出后，对模样进行检查，清洁。

表 2-16　电机壳专用 CXT 系列丝杠半自动成形机规格

规格型号	工作台面 mm	最大装模尺寸 mm	丝杠	行程/mm	电动机功率/kW	升降速度/(m/min)
CX-1311	1300 × 1150	1300 × 900	双	720	3.0	1.5
CX-1512	1500 × 1200	1500 × 1200	双	650	4.0	1.5
CX-1712	1700 × 1200	1700 × 1200	双	650	5.5	1.5
CX-1715	1700 × 1500	1700 × 1500	双	3600	5.5	1.5

表 2-17　DJQCX 系列液压成形机规格

规格型号	工作台面/mm	最大装模尺寸/mm	液压缸	行程/mm	机器外形尺寸/mm	质量/kg
DJQCX-1010	1000 × 1000	1000 × 1000	双缸	1500	1500 × 1500 × 4000	3000
DJQCX-1212	1200 × 1200	1200 × 1200	双缸	2000	1700 × 1700 × 4400	3200
DJQCX-1313	1300 × 1300	1300 × 1300	双缸	3000	1900 × 1500 × 5600	3800
DJQCX-1515	1500 × 1500	1500 × 1500	双缸	3600	2100 × 2100 × 6200	4400
DJQCX-1717	1700 × 1200	1700 × 1700	双缸	4600	2500 × 2500 × 7200	4800

3. 消失模铸造加压制作模样

有铸造厂质量不稳定或者表面质量不十分满意，有时模样的发气量大，夹渣、夹杂；有时浇注铸件出现变形，尤其在细长件、薄壁件上。经过比较总结后，消失模铸造模样密度一般控制在 18 ~ 24kg/m³ 范围，表面也光洁。加料的加压压力、速度、时间、加料工艺等，对不同铸件各有差异。总之，加压加料工艺制作的模样符合消失模铸造技术对模样的要求。加压加料成形机制作的模样如图 2-59、图2-60所示。

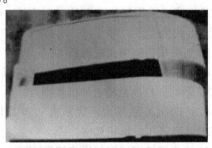

图 2-59　上片模样 A 未加压，下片加压

4. 加压制作模样经验

（1）消失模充料　消失模充料与包装产品不同，模样品种繁多、异型的比较复杂、厚薄

图 2-60　上片模样 B 未加压，下片加压

很不均匀，大部分不适应自动充料，最好是人工高压充料。如自动充料，有些死角就会不容易充满（模样局部缺料），尤其是壁薄的地方充料不足。

模样发软，出现凹陷，导致模样变形不能使用。尤其是自动充料，模样入料口处容易结块。如人工充料，灵活性比较强，有些地方可以多次充料，这样壁薄的地方就容易充满。

（2）高压充料　高压充料与风吸充料不同，风吸充料做不复杂的产品或者试模样还可以，效率慢不容易充满料；高压充料不用桶去装料和用袋子去提料，而是用管道直接把料送到料枪口（管道内有一定的压力），在高压气的作用下，打开料枪开关就可以充料，在人工的操作下可以多次重复充料。注意：以上都是相对的，不同模具和不同模样有不同的用法，变化多样，要灵活机动，不要生搬硬套。

（3）消失模样发料 消失模尺寸精度高，加工余量小，不同的模样要选择不同型号的原料，预发的重量也不一样，要求珠粒结构紧密、表面光滑、有光泽、无针孔、无凹陷，如出现珠粒结构不好，表面不光滑和无光泽、有针孔和凹陷，主要是预发泡机造成的，如在发料过程中有死粒、有结块和大小不均匀就会出现。所以预发泡机因素占消失模样质量的 60% ~ 70%。选一款好的预发泡机很重要，直接影响到模样的质量和铸件的成品率。目前浙江富阳江南轻工塑机厂生产的预发泡机所发的珠粒无死粒、无结块、均匀。为了得到更好的模样，消失模铸造厂家一定要选一套好的预发泡机，只有这样才能提高模样的质量和铸件的成品率。

2.7　德国泡沫模样铣削加工技术

本节介绍德国消失模铸造模样铣削加工技术和铣削加工的特点，分析影响模样加工的主要因素，详细分析负压吸屑空心刀具的结构、参数和使用方法，德国鲍诺曼负压吸屑空心刀具的适用范围和适用参数。

1. 聚苯乙烯泡沫模样的应用

聚苯乙烯泡沫模样已广泛应用于实型铸造、消失模铸造、模具、机床和风电铸件、艺术雕像等领域。特别是汽车覆盖件模具铸件已形成了规模化生产，取得了优异的社会效益和经济效益。

用 CNC 机床和刀具加工泡沫模样是值得信赖的先进技术，近十年来国内企业已取得了可喜的应用成就，正在探索高质量、高效率、环保方式的加工技术。要研究提高泡沫模样铣削质量的技术，寻找提高泡沫模样铣削效率的方法，消除泡沫飞溅和污染，可以借鉴德国泡沫模样铣削加工技术。

2. 泡沫模样 CNC 铣削特点

（1）泡沫塑料特性 用于实型铸造的泡沫模样，通常为低密度的 $18 ~ 20 \mathrm{kg/m^3}$ 发泡成形的聚苯乙烯泡沫板材。泡沫塑料系多孔的结构，具有密度小、质地软、强度低和导热性差等特点。CNC 加工方法与加工硬质的木材金属显然不同。需要根据泡沫塑料的物理性能、化学性能和力学性能，选择专业的 CNC 机床、刀具和加工工艺。

（2）影响模样加工的主要因素

1）切削热值的影响。泡沫塑料在 70℃ 时开始发生软化和变形，切削热值非常低。加工过程中，受温度影响，容易出现加工表面泡沫颗粒熔结或剥落。

2）泡沫屑的影响。泡沫屑非常轻，静电吸附性强。加工过程中，切削下来的泡沫屑容易吸附在刀具刀口和加工表面，导致切削受阻，将加工表面拉毛。

（3）科学的加工技术——高切削速度（线速度） 实验证明，科学的泡沫塑料铣削加工技术是采用高的切削速度（线速度）和中等的刀具速度。对于低密度的软泡沫，德国鲍诺曼公司推荐加工参数如下：切削速度（线速度）：30 ~ 85m/s；进给速度 13 ~ 26m/min；刀具转速：2000 ~ 4800r/min；同时必须采取强有力的冷却和排屑措施。

（4）提高进给速度的方法 进给速度 V_f 是刀具上的基准点沿着刀具轨迹相对于工件移动时的速度。

计算公式：$V_f = F_z \times Z \times n =$ 每齿进刀量 × 刀具齿数 × 刀具转速

由于泡沫板材是泡沫颗粒以物理熔结法用蒸汽熔结成形的，板材熔结度低，因而刀具转速不易提高。因此，为了获得大的进给速度 V_f，采取提高 F_z 值（每齿进刀量）和提高 Z 值（增加刀具齿数）的方法。

3. 德国鲍诺曼负压吸屑空心刀具

德国鲍诺曼公司根据泡沫塑料铣削加工的特点，独家研发和生产了两个系列的负压吸屑空心刀具，广泛应用于世界各地泡沫塑料铣削加工，其中 BW701 系列齿型空心直铣刀和 BW500 系列锉型空心直铣刀及参数分别如图 2-61 和图 2-62 所示。

BW701 系列齿型空心平面铣刀和 BW500 系列锉型空心平面铣刀的结构及参数如图 2-63

和图 2-64 所示。

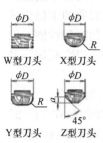
可更换4种刀头

W型刀头　X型刀头

Y型刀头　Z型刀头

产品号	直径/mm	长度/mm
BW 701.20	20	200-250
BW 701.30	30	300-350
BW 701.40	40	300-450
BW 701.45	45	350-450
BW 701.50	50	350-500
BW 701.60	60	350-500
更多……		

图 2-61　BW701 系列空心铣刀

可更换4种刀头

W型刀头　X型刀头　Y型刀头　Z型刀头

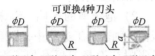

产品号	直径/mm	长度/mm
BW 500	15	120
BW 500	20	200-250
BW 500	300	200-350
BW 500	40	200-450
BW 500	45	200-500
BW 500	50	200-500
BW 500	60	200-600

图 2-62　BW500 系列空心铣刀

产品号	直径/mm	长度/mm
BW 701.180.60.100	180	100
BW 701.180.60.200	180	200
BW 701.180.60.30	180	300

图 2-63　BW701 系列空心平面铣刀

产品号	直径/mm	长度/mm
BW 500.235	100	100
BW 500.236	100	200
BW 500.237	100	300
BW 500.425	150	100
BW 500.489	150	200
BW 500.439	150	300

图 2-64　BW500 系列空心平面铣刀

4. 德国鲍诺曼负压吸屑空心刀具的特点

1）直铣刀可以快速更换 4 种不同形状的刀头，以适应不同加工的需要。

2）刀头磨损时，只需更换刀头，降低刀具更换费用。

3）空心刀具重量减轻，扩大了刀具规格，直铣刀最大直径 60mm，最大长度 500mm。

4）具有足够多的刀具齿数，满足了提高进给速度的需求。

5）刀具内部空心，形成强有力的冷却和吸屑通道。

6）刀具内部负压吸屑方式，具有极好的加工冷却和吸屑性能。

7）快速吸收刀具和工件表面的泡沫屑。

8）提高了加工质量和效率，降低了生产成本。

9）消除了泡沫飞溅和污染的烦恼，实现了环保加工，提高了企业形象。

10）有效地保护了人体健康，稳定了操作者队伍。

11）有效地避免了 CNC 机床因泡沫屑造成的精度损失和零部件损坏。

12）减少了刀具磨损，延长了刀具寿命。

BW701 系列齿型空心直铣刀和 BW500 系列锉型空心直铣刀的结构分别如图 2-65 和图 2-66所示。

图 2-65　BW701 系列齿型空心直铣刀

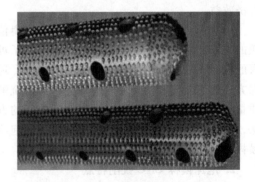

图 2-66　BW500 系列锉型空心直铣刀

5. 德国鲍诺曼负压吸屑空心刀具使用方法

1）方法 1：使用鲍诺曼刀柄转换器。

在任何 ISO、BT、SK、HSK、MK 或其他刀柄的 CNC 机床上，安装鲍诺曼刀柄转换器，即可以使用各种鲍诺曼负压吸屑空心刀具，如图 2-67 所示。

真空吸屑机

碎屑

图 2-67　使用鲍诺曼刀柄转换器

2）方法 2：使用鲍诺曼空心主轴铣削电动机。

安装鲍诺曼空心主轴铣削电动机，即可使用各种鲍诺曼负压吸屑空心刀具。这是现有 CNC 铣削机器升级的最佳方法，如图 2-68 所示。

真空吸屑机

主轴

刀柄转换器

空心刀具

碎屑

图 2-68　使用鲍诺曼空心主轴铣削电动机

两种方法均需配置一套通用的负压吸屑机和管道，与空心刀具组成负压吸屑系统。

德国鲍诺曼负压吸屑空心刀具适用范围：脆硬塑料、半硬到黏性塑料，包括 PPE 聚丙烯、PE 聚乙烯、EPS 聚苯乙烯、泡沫塑料、PU 硬质聚氨酯、PUR 软质聚氨酯、树脂、有机玻璃、亚克力、塑料复合材料，以及玻璃纤维、碳纤维、各种纤维复合材料。

装备空心主轴铣削电动机的鲍诺曼 3~5 轴高速动柱式数控龙门铣床如图 2-69 所示。其采用龙门双驱动，最大进给速度为 30m/min。

鲍诺曼 3~5 轴高速动柱式数控龙门铣床铣削大体积的金属工件（汽车模具）如图 2-70 所示。采用龙门双驱动，最大进给速度为 30m/min。

图 2-69　鲍诺曼 3~5 轴高速动柱式数控龙门铣床

图 2-70　铣削大体积的金属工件（汽车模具）

使用负压吸屑空心刀具可以将现有 CNC 机床的进给速度和加工效率提高一倍，告别泡沫污染，消除飞溅烦恼。德国鲍诺曼公司专业生产 3~5 轴高速动柱式（金属/非金属）数控龙门铣床和负压吸屑空心刀具。

2.8　消失模铸造 STMMA 模样

1. 模样粒料概述

（1）STMMA 共聚珠粒性能　STMMA 是专门用于消失模铸造的模样材料的可发生共聚树脂珠粒，比 EPS 具有更卓越的铸造性能，主要用于阀门、管件、汽车配件及各种机械配件生产，与 EPS 相比优点如下：

① 降低了铸件的碳缺陷。

② 降低了钢铸件的表面增碳现象。

③ 降低了烟碳。

④ 降低了铸件表面粗糙度值。

1）STMMA 组成见表 2-18。

2）STMMA 主要技术指标见表 2-19。

表 2-18　STMMA 组成

组分	质量分数（%）	组分	质量分数（%）
甲基丙烯酸甲酯与苯乙烯共聚物	88～91.5	残留苯乙烯	≤0.1
甲基丙烯酸甲酯和苯乙酸	≤1	其他	≤1
戊烷	6.5～8.5		

表 2-19　STMMA 主要技术指标

规格	挥发分含量（%）	粒径范围/mm	适宜的预发密度/（g/L）	润滑剂添加量（%）
STMMA-1#	7～10	0.60～0.80	≥18	0.2～0.3
STMMA-2#	7～10	0.50～0.60	≥19	0.2～0.3
STMMA-3#	7～10	0.35～0.50	≥21	0.3～0.4
STMMA-4#	6～9	0.30～0.35	≥23	0.3～0.4
STMMA-5#	5.5～8	0.21～0.30	≥25	0.3～0.4

注：上述值是在最佳预发条件下得到的。

（2）STMMA 共聚树脂　在模样成形消失模铸造中，泡沫塑料模样制造是非常重要的关键部分。不管使用哪种树脂珠粒，其模样制造过程是相同的，工艺过程如下：

原始珠粒→预发泡→干燥、熟化→成形发泡→发泡塑料模样。

1）原始珠粒选用。首先根据铸件材质及对铸件的质量要求来选择品种，再根据铸件的最小壁厚来选用珠粒规格。在预发时，40～50 倍的发泡倍率，珠粒直径大约增加三倍。为了得到模样的良好表面状态，在二次发泡（成形）时，模样最小壁厚要在最低壁厚方向排列 3 颗珠粒，即允许的最大珠粒粒径 = 金属内腔的最小壁厚 ×1/3 ×1/3，所以要得到 5mm 壁厚的铸件，那就需要直径为 0.55mm 以下的珠粒。但是，这样的壁厚铸件，特别是铸铁件，即使使用发泡倍率 20 倍那样的硬模样也有可能铸造。小粒径珠粒对薄壁件是必要的，它的表面积大发泡剂易挥发，最高发泡率的界限也低。对于厚壁铸件，珠粒的充填不成问题，模样也有相应的强度，所以适当地选用大粒径珠粒以

完全促进熔结，反而会得到质量较好的铸件。

2）预发泡（一次发泡）。

① 珠粒预发泡密度控制。珠粒预发泡的密度控制是模样制造的重要工艺参数，为了保证模样有足够的强度和刚度，薄壁件一般控制在 24～26g/L，对壁厚较大的件采用粒径大些的珠粒，密度可控制在 19～22g/L。

② 珠粒预发泡工艺。STMMA 共聚树脂珠粒的预发泡通常是在间歇式预发泡机中进行的，间歇式预发泡机主要有加压式蒸汽预发泡机和真空式预发泡机。一般包装用 EPS 预发泡机不适用于 STMMA 的预发泡。以下是两种预发泡机的预发泡典型工艺参数，可供实际操作时参考。

a. 真空预发泡机预发泡工艺。

先将预发泡筒体预热到设定温度；

加树脂（500g）：6s

预热：夹套蒸汽压力为 0.12～0.15MPa，加热时间为 1～2min；

真空度：0.05～0.08MPa，时间为 20～30s；

真空下注水速度为 50～75mL/10s；

大气稳定：5s；

真空稳定：20s；

出料：45s。

预发泡密度主要是由加热时间来控制的，对不同型号规格的真空预发泡机，预热设定温度和预发泡工艺参数要通过调试来确定。

b. SJ-KF-450 蒸汽预发泡机。预热温度为 90～95℃，到达 90～95℃后即可加料。预发泡温度为 95～105℃，发泡筒内压力控制在 0.03～0.05MPa 范围内，压力不要过大。预发泡时间为 30～60s。

为了获得性能良好的预发泡珠粒，在实际操作中应该注意以下问题：

第一，用于预发泡的加热蒸汽总管压力不能小于 0.4MPa，来自总管的蒸汽减压并调节至 0.2MPa，经过蒸汽缸充分排除冷凝水，进入预发泡机的加热蒸汽压力可在 0.12～0.2MPa 范围内调节。

第二，通过调节预发泡温度或发泡筒内压力来控制预发泡时间，应在 30～60s 范围内。

第三，预发泡之后的珠粒内部呈减压状态，且珠粒表面有一层水膜，所以在模样成形前，需要进行干燥和熟化，使珠粒变得有弹性，未经熟化和熟化不完全的预发珠粒，无法制取合格的模样。珠粒熟化时间一般为 8 ~ 12h，最佳熟化时间与环境温度及湿度有关。环境温度高，湿度低，熟化时间短。注意熟化温度不能过高（25℃），时间不能太长，否则珠粒中的发泡剂损失太多，会使模样成形困难。

3）模样成形。模样成形有两种工艺：蒸汽缸成形和压机气室成形，压机气室成形工艺如下：

① 模具预热。预热的目的是缩短成形周期，减少发泡成形时模具模腔中的冷凝水。

② 充填。充填是模样制造的重要工序，充填不均匀或充填不足不能制得合格的模样。充填的方法有吸料充填、压料充填和压吸充填等。具体采用何种充填方法和充填气体压力，要视模具模腔结构复杂程度而定。浙江某轻工机械厂生产一种压力式加料罐，经多家制造企业使用表明，其大大改善了薄壁和结构较为复杂模具的物料充填效果，有利于生产完整和表面光洁的模样。

③ 加热（发泡成形）。发泡成形阶段，根据模样的大小、结构、壁厚等不同，控制一定的加热蒸汽压力，通常来自气泡的成形加热蒸汽压力控制在 0.15 ~ 0.2MPa 范围内，对蒸汽缸成形，控制蒸汽缸内压力在 0.11 ~ 0.15MPa 范围内，对压机气室成形，模具气室内压力控制在 0.10 ~ 0.12MPa 范围内，加热时间通过试验确定。要特别注意加热蒸汽中不要夹带冷凝水，否则会影响珠粒表面相互熔结质量，最好采用微过热蒸汽加热。

④ 冷却。冷却的目的是使模样定型并具有一定的强度和刚度，冷却要均匀、充分。模具内刚成形的热塑性泡沫塑料模样的热量通过各种传热途径散入周围的空气或冷却介质。由于模样泡沫是热的不良导体，冷却时常常出现表层已被冷却固化定型，芯部的温度却还很高的现象。这时若冷却定型不够，虽然皮层已固化成形，芯部的大量热量还会继续向外传，使皮层温度回升，再加上模样芯部泡体的膨胀力，就可能使已定型的泡体形状变形或破坏。冷却是靠冷却时间和冷却效率来保证的。对于同样的模样，用 STMMA 珠粒要比用 EPS 珠粒冷却时间长些。特别是对于厚壁较大的模样，有时要采用多次冷却以控制可能的三次发泡。

⑤ 脱模。刚成形的模样冷却后内部处于减压状态，比较软，如果脱模不当，模样表面容易损伤、变形，所以对于不同结构的模样要采用不同的脱模方式。

4）模样的干燥与稳定化。由于模样在成形过程中要与蒸汽和水接触，所以刚脱模的模样含有较多的水分。为了保证模样质量，模样（或模片）在组装和上涂料前一定要干燥，使模样中的水分降到 1%（质量分数）以下。模样干燥可采用自然干燥和放在通风的烘房中干燥，一般采用自然干燥时，在使用前再在烘房中干燥 2 ~ 4h，烘房温度一般控制在 40 ~ 60℃范围内，烘房温度太高，干燥速度太快，模样易发生变形。模样在干燥过程中尺寸会发生变化，并逐步稳定下来。STMMA 模样收缩率比 EPS 模样小，一般为 0.2% ~ 0.4%（相对于模具模腔尺寸），实际收缩率与模样内残留的发泡剂和含水量有关。

能否得到合格的模样对消失模铸造成功与否起着关键作用，影响模样质量的另一个重要因素是模具。首先模具结构要合理，第二要特别注意消失模铸造模具与 EPS 包装材料的模具不同，这是因为消失模铸造用泡沫塑料模样除结构比较复杂外，通常要满足 3 个基本要求：

① 密度低。

② 要有一定强度和表面刚性。

③ 模样表面要光洁。

模样的制造要选用珠粒为 0.25 ~ 0.8mm 的专用珠粒，不能用包装模具的观念来设计和制造消失模铸造用模具。例如，包装用 EPS 预发泡珠粒粒径一般都在 3 ~ 5mm 范围内，模具模腔壁上可以安装较大孔径的气孔，再加上珠粒大时充填阻力小，因而对包装模具珠粒充填比较容易。还有消失模样成形加工时，不能采用合模时留有缝隙（半粒珠粒大小）的办法排除充填时的气体。这是因为，消失模专用珠粒粒径小，半粒珠粒径大小很难控制，另一方面，留有缝隙的做法，模样容易出现飞边，影响模样表面质量和尺寸精度。为此，消失模模具通气孔（或气塞）的大小、数量和分布，加料口的位置、数量等的设计尤为重要。要保证充填时气体进出平衡，即充填时气流要畅通，不能有死角和涡流，加热时蒸汽透过气孔（或气塞）进入模腔各部位的热量供需平衡等，否则模样会出现充填不足、熔结不良或过烧等缺陷。所以，对于消失模模样制造来说，模具特别是薄壁和结构复杂的模样的模具设计和制造十分重要。

（3）STMMA材料的安全数据

1）物理和化学危险性。

① 发泡剂逐渐从珠粒中挥发出来，在使用中有可能与空气混合形成可燃性爆炸混合物。

② 稳定性和反应性。在250℃左右时开始分解，产物不溶于水，但溶于有机溶剂。

③ 防火措施。发生火灾时可用水喷雾、二氧化碳灭火剂、泡沫灭火剂和干粉灭火剂灭火。STMMA是一种可燃性的热塑性塑料，在着火燃烧时将发生熔融和滴淌现象，并散发出燃烧产物 CO、CO_2、黑烟和低沸点烃类气体，消防人员应该穿戴防护服和自备呼吸器。

2）贮藏。STMMA原始树脂珠粒应该在冷藏室存放，因为在贮藏过程中发泡剂会逐渐从原始珠粒中逸出，逸出速度随温度的升高加速。且发泡剂将集中在内衬袋和容器顶部空间，因此开盖使用时要十分小心。

3）加工、运输和贮存。原始STMMA珠粒及加工成形的模样中含有的发泡剂将慢慢地散发出来，因此制模工作和使用者在加工、运输和贮存过程中要远离火源、热源并避免产生静电，加工使用和处理场所必须保持良好的通风条件。

（4）STMMA模样专用料的应用 STMMA共聚树脂投产几年来，已在国内外数十家生产企业使用，取得了良好的效果，下面介绍一些典型的例子。

1）各种球铁件。主要用于生产管件、阀体、汽车配件和工程机械配件。例如，美国某阀厂主要生产DN150、DN200阀体，四川成都

等机械厂生产各种管件、张家界和临猗某汽车配件厂生产汽车配件，江西分宜某厂生产工程机械配件，宁波某精铸厂生产多种出口铸件等。

上述大多数生产厂家原来都是用EPS模样，后改用STMMA模样，主要效果是极大地减少了铸件的夹渣缺陷，降低了铸件的表面粗糙度值，从而提高了铸件的成品率。例如辽宁某厂原来用EPS珠粒生产出口管件的成品率低，特别是一次打压合格率不到50%，改用STMMA后一次打压合格率提高到95%以上。

2）各种耐热合金铸铁件。采用EPS模样生产耐热合金铸铁件容易产出的主要缺陷是表面粗糙、内部夹渣和气孔缺陷，改用STMMA模样后克服上述缺陷，产品质量和使用寿命提高，经济效益显著。

3）各种铸钢件。采用EPS模样生产铸钢件容易出现表面增碳及内部夹渣等缺陷，特别是含碳量低于0.30%（质量分数，下同）的钢件，由于铸件表面增碳严重，使铸件的力学性能和加工性能变差。采用STMMA模样材料可克服上述铸造缺陷，特别是表面增碳缺陷，并大大降低铸件表面粗糙度值。如无锡某实型铸造厂采用STMMA模样生产各种出口铸钢（包括合金钢）件，铸件质量深受国外用户欢迎。贵阳某机车车辆厂和安顺某铸造厂采用STMMA模样材料，生产含碳量为0.25%的铁路配件，解决了钢铸件的表面增碳问题，并通过铁路部门的质量检测、验收。马鞍山某厂用STMMA模样材料生产合金钢铸件效果也很好。采用STMMA模样材料生产钢铸件（包括低碳钢铸件）的厂越来越多。江苏某集团公司用STMMA模样生产不锈钢钢管件接头（$\phi233mm \times 736mm$）获得成功，经检测、炉内钢液含碳量为0.039%，在铸件上、中、下三点取样，含碳量分别为 0.043%（上）、0.055%（中）、0.059%（下）。产品经用户检测、验收质量合格，并投入批量生产，取得了十分可喜的经济效益，这为我国消失模铸造采用STMMA模样材料生产高附加值的低碳钢和不锈钢铸件提供了有力的例证。最近韩国某株式会社采用STMMA模样生产304不锈钢铸件，表明增碳量

显著降低，而且铸件表面粗糙度低，生产的铸件通过了韩国国家检测中心检验。

4）其他铸件。

① 灰铸件。用 EPS 模样材料生产灰铸件容易出现的缺陷是内部气孔、夹渣和表面粗糙。对于那些表面质量要求较高和要求防渗漏或耐压的铸件，采用 STMMA 模样材料是很合适的。例如安徽全椒某厂用 STMMA 模样生产缸体、缸盖（单缸体和多缸体）取得了满意的效果。

② 铜合金件。采用 EPS 模样材料生产铜合金件容易出现的缺陷是铸件表面粗糙和皮下气孔。究其原因，主要是 EPS 在铜的浇注温度下产生焦油渣和大量的氢气所致。根据洛阳某铜加工厂提供的信息，日本铜合金艺术铸造采用

的也是 STMMA，厦门等机械配件厂和南京航空航天大学等采用 STMMA 模样浇注铜合金铸件克服了 EPS 模样材料的铸造缺陷，因此 STMMA 模样材料在铜合金铸造方面也是很有作为的。

（5）发泡成形泡沫塑料模样常见缺陷及解决办法　采用发泡成形泡沫塑料模样，影响模样质量的因素除原始树脂珠粒的品种、规格和质量外，很大程度上取决于模具结构是否合理，预发泡机和发泡成形设备选型是否合适，预发泡及发泡成形工艺是否规范，以及预发泡珠粒的预发密度、干燥、熟化和保存是否得当等。表 2-20 列出发泡成形模样常见缺陷及解决办法。

表 2-20　发泡成形模样常见缺陷及解决办法

缺陷名称	产生原因	解决办法
模样外观正常，内部熔结不良	① 成形加热时间短，或蒸汽压力低、成形温度低 ② 预发泡珠粒干燥、熟化温度高或时间长 ③ 发泡剂含量不够	① 提高加热蒸汽压力，提高成形温度，延长发泡成形时间 ② 控制珠粒干燥、熟化温度和时间 ③ 调整发泡剂含量
内部结构松弛，大部分熔结不良	① 珠粒充填不均匀 ② 成形温度偏低，时间短 ③ 珠粒密度过低或发泡剂含量低	① 改进充填方法和条件 ② 提高加热蒸汽压力，延长加热时间 ③ 控制预发泡珠粒密度和发泡剂含量
模样不完整，轮廓不清楚	① 珠粒未完全填满模腔 ② 模具的通气孔分布、加料口位置、模具结构不合理 ③ 珠粒的粒度不合适	① 改进充填方法，调整压缩空气压力 ② 改进模具结构，调整通气孔的位置和数量及加料口位置 ③ 对薄壁模样应选用较小的珠粒
模样熔化	① 加热蒸汽压力过高 ② 发泡成形时间太长 ③ 模具通气孔太多或孔径太大	① 降低加热成形蒸汽压力 ② 缩短成形加热时间 ③ 调整通气孔数量及孔径大小、分布
模样大面积收缩	① 成形时间过长或温度过高 ② 冷却速度太快（冷却水温度太低） ③ 冷却时间不够，脱模温度太高	① 缩短成形时间，或降低成形温度 ② 调整冷却速度 ③ 调整冷却时间
模样局部收缩	① 加料不均匀 ② 加料或冷却不均匀 ③ 模具结构不合理，局部通气孔位置、数量或孔径不合适 ④ 蒸汽成形时模具在蒸汽缸中的位置不当，正对着蒸汽进口处	① 确保加料均匀 ② 调整加料和冷却条件，确保加料和冷却均匀 ③ 改进模具结构，调整通气孔位置、数量和孔径大小 ④ 调整模具在蒸汽缸中的位置，或改进蒸汽缸中蒸汽管的位置或通汽方式

（续）

缺陷名称	产生原因	解决办法
模样尺寸增大，膨胀变形	① 模具未能充分冷却 ② 模样脱模时间过早	① 充分冷却模具，使模具温度低于成形温度 ② 调整脱模时间
模样表面粗糙，珠粒界面处有凹陷	① 珠粒密度过低，或珠粒未完全熟化 ② 发泡成形时间不够 ③ 珠粒发泡剂含量低，珠粒粒径太大	① 提高珠粒预发泡密度，采用熟化好的珠粒 ② 延长成形时间 ③ 提高预发泡珠粒发泡剂含量，选用合适珠粒
模样表面珠粒界面凸出	① 成形时间太长 ② 模具冷却速度太快，冷却时间不够	① 缩短成形时间 ② 降低模具冷却速度，延长冷却时间，使模样充分定型
模样刚脱模时正常，过后收缩变形	① 预发泡珠粒密度过低 ② 预发泡珠粒熟化时间不够	① 缩短预发泡时间，提高预发泡密度 ② 适当延长预发泡珠粒熟化时间
模样中含有冷凝水	① 发泡珠粒熔结不良 ② 冷却水压力过高、冷却时间太长 ③ 成形时间过长，泡孔有破裂并孔现象 ④ 预发珠粒密度过低	① 加热蒸汽压力和成形温度要适当 ② 调整冷却水压力和冷却时间 ③ 缩短成形加热时间 ④ 提高预发珠粒密度
模样由模具取出时损坏变形	① 模样与模具之间有黏结现象 ② 模具结构不合理，模腔内表面粗糙	① 定期润滑模具工作表面 ② 修改模具结构，降低表面粗糙度，增加脱模斜度等

　　加工成形模样的常见缺陷主要有拉毛、擦伤、珠粒剥落、表面粗糙及孔洞等。产生这些缺陷的主要原因基本上可归纳为：第一，刀具结构不合理；第二，切削工艺不规范或加工方法选用不当；第三，所选用的泡沫塑料板材质量不好，如泡沫塑料珠粒大小不均匀，珠粒间黏结不牢，泡沫塑料中有杂质、密度过低或密度梯度较大等。此外还有制模工人技术不熟练或操作上的失误也是加工成形模样产生缺陷的重要原因。

2. 生产优质模样的五要素

　　对于消失模铸造企业来说，提高产品合格率和产品质量、降低生产成本仍是必要的工作，劣质的白区产品必然得到劣质的蓝区产品。制约消失模铸造良性发展最根本的因素就是消失模模样。怎样更好地做出合格的模样？怎样更快更彻底地消除模样？怎样才能批量稳定地生产出合格模样？在模样的整个制作过程中涉及原材料（原始珠粒）、设备、模具和蒸汽质量、工艺控制及人为因素。

　　① 优质的模样材料是生产优质的模样的

前提。

　　② 优良的设备和模具是生产优质产品的必备条件。

　　③ 低压大流量、饱和微过热的蒸汽是最理想的能量来源。

　　④ 有效的工艺控制是产品稳定的保障。

　　⑤ 实现对人员因素的有效控制是顺利生产的保证。

　　（1）模样材料　纵观全世界使用模样材料的情况，消失模铸造常用的模样材料有两大块：

　　① EPS，包括国内 EPS（可发性聚苯乙烯），国外、EPS（消失模铸造铝合金专用 EPS）。

　　② 共聚物，包括中国凯斯特 STMMA 共聚珠粒，日本三菱 Cl300 ~ Cl600 共聚料。在国内一般使用 EPS（可发性聚苯乙烯）和 STMMA 共聚珠粒。必须表明，目前在国内还没有消失模铸造专用的 EPS 珠粒，在使用 EPS 的厂家用的都是包装或建筑用可发性聚苯乙烯，而且原料来源很杂，有时会有不同性质的原料混在一

起（由于建筑和包装行业对 EPS 阻燃级的要求，基本上 99% 的原料加阻燃剂），致使我们的铸件缺陷多发，增加了生产成本。

在欧、美、日，有色金属使用 EPS 专用料，黑色金属消失模铸造均采用共聚物。

消失模铸造过程中使用 STMMA 相比 EPS 的优越性体现在几方面：

1）使用 STMMA 珠粒，生产出的铸件碳缺陷少。这是因为 STMMA 比 EPS 原料的含碳量低 30%（质量分数，下同）左右（EPS：92%；STMMA：60%）。

2）使用 STMMA 珠粒，浇注温度低。这是因为 STMMA 比 EPS 模样终了汽化温度低 50℃ 左右（EPS：460 ~ 500℃；STMMA：400 ~ 450℃）。

3）使用 STMMA 珠粒，模样分解残留物少。这是因为 STMMA 与 EPS 分解汽化方式不一样，而且 STMMA 里面含有 2 个氧原子，能帮助模样充分分解汽化（分子组成：EPS：苯环结构；STMMA：C，H，O。分解机理：EPS：无序断链，焦油→C，H；STMMA：拉链式分解，液态低分子产物）。

4）使用 STMMA 珠粒，模样的尺寸稳定性好。这是因为 STMMA 的分子量是 EPS 的 3 倍左右（EPS：6 万 ~ 7 万；STMMA：20 万 ~ 22 万），在同等密度时，STMMA 比 EPS 模样尺寸收缩率减少 2 ~ 3 倍（EPS：0.3% ~ 0.8%；STMMA：≤0.3%）。

5）使用 STMMA 珠粒，原料的质量有保障。国内唯一一家专业生产消失模铸造专用料的企业，产品长期稳定地出口 13 个国家，已为国内 600 多家消失模企业长期提供质量稳定的原料（国内：龙工、东风、徐工、共享、一汽……国外：美国米勒、德国宝马、德国汉德曼）。

6）使用 STMMA 珠粒，生产出的铸件合格率高。原材料本身的优越性加上完善的售后服务和完备的工艺技术理念，使用 STMMA 珠粒比用其他原材料合格率提升 8% 以上。

使用 STMMA 共聚珠粒的成本核算：使用 STMMA 珠粒每吨铸件原材料成本为 130 元，使用 EPS 珠粒每吨铸件原材料成本为 50 元，使用 STMMA 比用 EPS 珠粒每吨铸件原材料成本增加 80 元。当铸件价格为 8000 元/t 时，铸件合格率提高 1% 即可抵消增加的原料成本。使用 STMMA 珠粒时合格率比用其他原材料提升 8% 以上，还有就是用 STMMA 珠粒比用 EPS 珠粒浇注温度降低 50℃ 左右；每吨铸件让客户增收 300 ~ 600 元（消失模铸造每吨回炉成本 > 800 元），所以，使用 STMMA 共聚珠粒能够很有效地降低消失模铸造成本。

（2）设备和模具　消失模模样和包装样同样是用白区设备和模具制作模样，但从体系上不是一回事，消失模铸造对模样有较多技术要求，所以对相关设备和模具要求也较高，要想做好消失模模样，理念必须从包装模转变过来。作为消失模铸造企业，新上或更新消失模白区设备一定要选择专业的设备供应商，专业的设备供应商提供的不只是设备，还有整套的消失模体系、完善的售后服务和完备的工艺技术理念。

消失模铸造企业开模具时，千万不要为了省些小钱走入"工艺未定，模具随型；反复修改，从头再来"的处境里。好的消失模模具应该以消失模铸造工艺为大，工艺决定模具，模具服务工艺，且模具自带工艺浇口。

（3）理想的能量来源——蒸汽　珠粒预发和模样成形，提出低压大流量、饱和微过热、压力稳定的蒸汽状态要求。

低压大流量的作用：让蒸汽瞬间穿透珠粒（缩短预发和成形时的蒸汽穿透时间），使预发出的珠粒均匀、不结团；使成形的模样薄处不缩、厚处不生。

饱和微过热蒸汽的作用：减少蒸汽中的水分含量，提高热效值利用（湿蒸汽：1500kJ，36%；饱和蒸汽：2675kJ，65%；过热蒸汽：2762kJ，67%）。

稳定蒸汽压力的作用：使长时间预发珠粒密度一致，使发泡成形的模样一致。

（4）模样制作过程中的三个一致性

1）预发珠粒的一致性。影响预发珠粒一致性的原因如下：

① 设备的性能（稳定性、密封性的好坏、进气和受热的均匀程度等）。

② 蒸汽的质量（主要是蒸汽中的含水量、蒸汽的饱和程度、压力的稳定性等）。

③ 加料量（不同的预发泡机最合理的加料量、每次加料量是否一致）。

④ 预发泡过程中的参数控制（主要是在预发过程中，开始－中间－后边怎样对参数进行微调）。

2）珠粒熟化的一致性。影响珠粒熟化一致性的原因如下：

① 熟化仓的大小（建议采用长×宽×高为1m×0.8m×0.8m的活动式熟化仓）。

② 内外熟化效果（建议尽可能让熟化仓里边和表面的珠粒置换位置）。

③ 熟化环境（建议：温度≥23℃，相对湿度≤30%，通风，熟化时间≥20h）。

④ 流化床的合理使用（建议预发好的珠粒在流化床停留5~10min）。

3）制作出的模样一致性。影响模样一致性的原因如下：

① 密度（预发密度、模样密度、密度阶梯等）。

② 充料方式（吸料充填、加压充填、抬模加料等）。

③ 成形过程的控制（成形工艺、蒸汽质量和穿透、水冷等）。

④ 模样的时效处理控制（水分和挥发分的损失配比、时效处理等）。

（5）工艺控制管理　工艺在消失模铸造生产中发挥着关键的作用。很多工厂无法生产出好的产品，就是因为整体的工艺素质和工艺水平不高，同时缺乏有效的工艺管理。

1）制订合理的工艺。工艺是针对每个工厂的具体产品和具体情况而言的，相同的产品因为不同的原辅材料和不同的习惯可以有不同的工艺方案，只要不违背消失模铸造的基本原理就行，没有统一的标准和模式。只要合理，能够生产出好的产品就是好的。没有必要非得比较某种工艺方案与另一种工艺方案哪个更好。

2）进行工艺试验的必要性。没有人可以直接制订一种最好的工艺，在消失模铸造产品工艺的制订过程中，应该允许试验。

3）工艺规程简单明了。工艺确定后制订工艺卡。工艺卡的内容要简单明了、通俗易懂，让员工一看就清楚。很多厂的工艺卡内容烦琐，工人不看而成为摆设。

4）浇冒口系统尽量模具化。一旦工艺方案确定，在条件允许的情况下，尽量把浇冒口系统模具化，减少人工操作的差异对工艺方案实施的影响。

5）严格执行工艺方案。一旦工艺人员和技术部门确定了工艺方案，经过试验没有问题。生产车间必须严格执行，不能随便更改。

（6）人为因素－人员管理　国内多数的消失模铸造厂设备简陋，机械化和自动化程度低，纯人工操作居多。因此，人的因素对消失模铸造生产影响至关重要，职工的情绪直接影响产品质量。

对人员因素的有效控制要做到以下措施：

1）定编定岗定员，做到人员稳定。许多工厂，特别是新建设的工厂，因为工资、技能等多种多样的因素，人员特别不稳定，质量和生产不可能稳定下来。

2）加强岗前培训。在上岗之前进行系统的培训。岗前培训应该是非常重要的环节，通过培训让每一位员工知道做什么，怎么做，做到什么程度，从一开始就形成良好的工作习惯。否则，一些不好的工作习惯一旦养成就很难改变了。有一些工厂的职工操作非常粗放，就是一开始没有进行很好的培训，没有形成良好的工作习惯。对每一位员工的每一步操作都要严格要求。

3）奖罚分明，以此保护员工认真工作的热情和积极性。

2.9　生产密度一致的消失模预发泡珠粒措施

消失模预发泡珠粒的密度决定了模片各部位的密度和融合度，模片的质量决定了铸件的质量。影响消失模预发泡珠粒密度的主要因素是原料的质量和预发泡机的性能，使用符合消失模工艺要求的原料和高性能的消失模专用预发泡机，可获得密度一致的消失模预发泡珠粒。密度一致的消失模预发泡珠粒是生产高质量模片的基础。作为消失模铸造的第一道工序，预发泡环节是消失模铸造中的重中之重。

1. 消失模模片质量的重要性

消失模铸造线由白区、黄区和蓝区三部分组成，从原料的预发泡到浇注成铸件，经过了一系列的生产流程，影响消失模铸件质量的因素有很多种。根据消失模铸件缺陷统计分析，70%的铸件缺陷都是由模片的质量不良造成的。模片一旦制造出来，其质量状况很难在后续工序中调整，模片的质量决定了消失模铸件的质量，高品质的模片是生产高品质铸件的首要前提与保证。

（1）高质量消失模模片的主要特征　模片填充均匀，各部分密度一致；珠粒的融合度一致；模片表面光滑平整；模片尺寸精确。

（2）获得高质量消失模模片的方法

1）采用满足消失模生产工艺的合适原料。

2）采用高性能消失模专用预发泡机，获得密度一致的预发泡珠粒，从而保障模片密度一致和融合度一致。

3）采用高性能的消失模专用全自动成形机和模具，设计科学的模片成形工艺，来保证模片各部分填充均匀，并获得精确的尺寸和完美的珠粒融合度。

2. 预发泡珠粒密度对模片和铸件的影响

（1）对模片的密度、融合度和表面粗糙度的影响　预发泡珠粒密度一致、粒径大小均匀，生产出的模片各部分密度一致，融合度一致，尤其是表面粗糙度低，可减少浇注缺陷，提高铸件的质量，降低表面粗糙度。

（2）对多片模样的铸件的影响　消失模铸造生产80%以上的模样需要分片成形，然后黏结组合成完整的模样。一般模片分成2~3片成形，复杂的需分成4~5片成形。若分片成形时预发泡珠粒的密度不一致，黏结后模片各部分密度会产生偏差。各片的密度偏差超过0.8kg/m³，将会产生浇注缺陷。模样各部位密度偏差较大，在浇注温度和速度相同的情况下，模样的燃烧速度、燃烧分解物和发气量不断变化，浇注时容易呛火（反喷），铸件容易引起皱皮（积炭）、气

孔、尺寸超差及变形等缺陷。

3. 原料的质量对预发泡珠粒密度的影响分析

目前国内无消失模专用EPS原料，大多数消失模企业使用的都是用于包装的EPS原料。国内某特轻级EPS原料和美国Styrochem公司生产的消失模专用EPS原料相比，原料的稳定性稍差，主要参数对比见表2-21。

表 2-21　EPS 原料主要参数对比

项目	粒径/mm	戊烷含量（质量分数,%）
Styrochem T170C	约0.355	5.9~6.5
国内某特轻级EPS	0.3~0.5	7~9

（1）粒径　国产EPS原料粒径一致性差，预发泡后珠粒粒径波动较大，会影响模片各部分的融合度和表面粗糙度，降低铸件的质量。

（2）戊烷含量　戊烷含量是影响珠粒预发泡质量的重要因素，EPS的戊烷含量在5.9%~6.5%（质量分数，下同）时最适宜预发泡。EPS中戊烷含量不一致，在预发泡时需要不停地调节预发泡机参数来稳定密度。

影响戊烷含量变化的因素有多种，例如：国内EPS的戊烷含量本身波动大，原料厂家贮存和运输途中温度的变化引起的戊烷挥发，原料到达消失模厂后贮存环境和温度变化引起的戊烷挥发。

同一批次EPS原料到达工厂7天后随机抽取3袋进行检测（见图2-71），3袋原料中戊烷含量不一致（分别为9%、7.8%、7.3%），而14天、21天、54天后的检测结果表明，在同一批次的EPS原料中，戊烷含量和戊烷挥发速度也不一样。

因此，使用粒径误差大和戊烷含量不一致的EPS原料，很难生产出高品质的模片。

4. 发泡机性能对预发泡珠粒密度的影响分析

国内消失模企业经过长期的应用，已经意识到珠粒预发泡和模片成形在消失模铸造中的重要性。

（1）国产预发泡机性能分析

1）蒸汽压力控制不精确，珠粒的干燥程

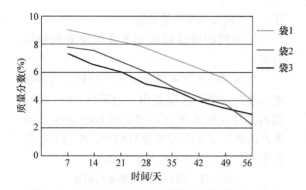

图 2-71　同一批次国内 EPS 原料戊烷含量检测数据

度不一致，无法精确控制熟化时间。预发泡的珠粒密度波动为 13 ~ 24kg/m³。进料称量的精确度低，称量偏差为 8% ~ 9%，使得每次进入预发泡室的珠粒重量不等，在同等蒸汽压力和预发泡时间下，进料多了会导致密度增大，进料少了会导致密度减小。

2）无密度检测和反馈控制装置，凭人工经验手动调节预发泡机参数。

3）有时产生预发泡珠粒结块，形成死料。

4）每次预发泡后残留在预发泡室的珠粒无法得到清除，当这些珠粒内的戊烷含量挥发至较低水平时，也会形成死料，死料不能在成形机内进行二次发泡。当死料混入到下一批次

预发泡的珠粒中，输送至成形机生成模片时，它们会萎缩，导致模片内部的珠粒密度和融合度不一致，并在模片表面形成孔洞，引起浇注缺陷，造成铸件疏松和渣孔。

（2）德国 Teubert 预发泡机与国产预发泡机预发泡珠粒对比（见图 2-72）　安徽叉车集团、龙工集团、法士特汽车传动集团等引进了德国 Teubert 公司全套消失模白区技术和设备，表 2-22 是法士特汽车传动集团使用德国 Teubert 间歇式消失模专用预发泡机对国产 EPS 珠粒预发泡时的密度检测数据（2014 年 7 月 15 日）。

表 2-22　目标密度为 20kg/m³ 的检测数据

节拍编号	节拍完成时间	密度/(kg/m³)	密度偏差/(kg/m³)	平均密度/(kg/m³)
1	8：30：11	19.774	- 0.226	
2	8：31：17	19.847	- 0.153	
3	8：32：28	19.907	- 0.093	
4	8：33：36	19.976	- 0.024	19.982
5	8：34：45	20.016	+ 0.016	
6	8：35：57	20.068	+ 0.068	
7	8：37：07	20.114	+ 0.114	
8	8：38：14	20.153	+ 0.153	

Teubert预发泡机发泡生产珠粒

国产预发泡机发泡生产珠粒

图 2-72　Teubert 消失模专用预发泡机和国产预发泡机发泡生产珠粒对比

连续 8 个预发泡生产节拍，珠粒的平均密度为 19.982kg/m³，密度波动不超出 ±0.3kg/m³。

使用 Teubert 预发泡机对美国 Styrochem 公司型号为 T170C 的 EPS 原料预发泡，密度波动不超出 ±0.1g。

5. 德国 Teubert 消失模专用预发泡机

德国 Teubert 间歇式消失模专用预发泡机（见图 2-73），全自动控制预发泡生产，操作者只需将珠粒的目标密度输入控制电脑，系统会自动调节参数并控制密度。其主要性能特点如下：

1）全自动生产，适用于 EPS 和共聚物预

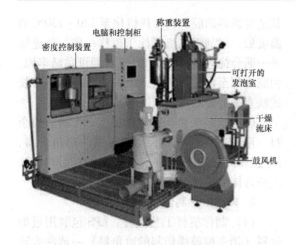

图 2-73　德国 Teubert 消失模专用预发泡机

发泡，发泡室温度在 70 ~ 130℃ 范围内任意可调，发泡室蒸汽时间任意可调，蒸汽压力控制精度为 ±1kPa，国产珠粒预发泡后的密度波动为 ±0.3g，进口珠粒预发泡后的密度波动为 ±0.1g。

2）专有的密度控制装置，全自动检测每节拍预发泡珠粒的密度，并反馈至 PLC 来调整各种参数，全闭环的检测和调节参数，减少了外界因素对预发泡机的干扰，保证了密度控制精确度。

3）自动称量和调节每次进入预发泡室的珠粒重量，进料称量精度高，称量偏差小于 2%。

4）专有的预发泡室设计，方便清扫残余珠粒，避免死料混入下一批次预发泡操作，保证了模片和铸件的质量。可调节温度的流化干燥床，保证了珠粒的干燥程度一致，更好地控制熟化时间。

6. 获得密度一致的消失模预发泡珠粒的措施

（1）原料的选用　优先选择粒径均匀、戊烷含量稳定的消失模专用原料；或者在满足消失模工艺要求的情况下，选择粒径波动较小、戊烷含量相对稳定的原料，减少原料对模片和铸件质量的影响。

（2）原料的贮存　原料出厂时宜采用密封容器包装和运输；当原料到达工厂之后，存放在专门的恒温贮存室，贮存室的温度以稳定在

15 ~ 20℃ 为宜，尽可能地减缓戊烷的挥发速度，保持戊烷含量的稳定。

（3）预发泡机的选用　国产预发泡机性能欠佳，价格便宜，进口预发泡机性能优越，价格昂贵。预发泡机的性能是影响预发泡珠粒密度一致的重要因素。尽量选用高性能的消失模专用预发泡机，以获得稳定的高质量的预发泡珠粒。

选用了合适的原料以及消失模专用预发泡机之后，可获得密度一致的预发泡珠粒，使生产出高质量的模片成为可能，为生产出高品质的铸件奠定了基础。

2.10　利用泡沫塑料废料制作模样

目前市场上有大量废泡沫塑料包装材料，它的价格回收与纸板箱回收价格一样。近几年随着消失模铸造发展，各车间、工厂有大量加工下来的边角料，将这些废料加工成为满足铸造要求的模样可降低成本，经长期尝试，下面将介绍有关经验。

1. 废泡沫塑料制作模样

（1）废泡塑包装材料　对各种泡塑包装材料，尤其是大件机械、仪表等包装材料，切割取可用的几何图形材料。对小件零料，先粉碎成颗粒再加工，黏结成模样型材。为了保证手工制作的模样质量，要注意下面几个问题。

1）为了确保模样的强度、刚度和表面质量，泡沫板（块、条）的密度不能太低，一般要大于 16kg/m³，坯料珠粒之间熔结良好，不能有巨大泡孔或杂质，一般采用 EPS 泡沫坯料，表面要求光洁，对含碳量敏感的铸件则采用 STMMA 或 PMMA 粒料发泡板材。如采用包装泡塑坯料或报废泡塑坯料，则模样密度会随坯料来源不同而有所波动，从而影响浇注铸件的质量。

2）使用机械加工和切削刀具加工时，如果模样表面产生拉毛、珠粒脱落、波状的凹凸表面和小孔、孔洞等，务必要进行修补、填充，使模样表面平整、光洁，保证模样质量，从而提高铸件质量。

（2）模样黏结剂　在金属液的浇注过程中

泡塑模和黏结剂要汽化完全、迅速、无残留。黏结剂用量越少越好，过多则不利于模样的迅速汽化、裂解、分解；残留物增多影响铸件质量；因模样的吸水性和透气性差，使干燥时间加长，延长了制模周期。因模样溶于酯、苯、氯化烃（如三氯甲烷、四氯化碳等）和乙醚、丙酮等大多数有机溶剂，不溶于酒精和水，这使选用泡塑模样的黏结剂受到了很大的限制。

模样黏结剂应满足以下要求：

1）快干性能好，最好在 0.5 ~ 1.0h 内干燥；具有一定黏结强度，大于 100kPa，不致在加工或搬运过程中损坏模样。

2）软化点低，既能满足工艺要求，又方便黏结操作；汽化点低便于汽化、分解、裂解；汽化完全，残留物少。

3）干燥后应有一定柔韧性，不存在硬脆的胶层，以免影响加工。

4）无毒，对模样无腐蚀作用。

5）成本低，货源广，购买方便。

目前常用的有 206 胶（酚醛树脂胶，双组分混合，不宜久放）、聚醋酸乙烯乳液［醋酸乙烯酯 + 水（溶液）］、EVA - 石蜡黏结剂（乙烯 - 醋酸乙烯共聚物 + 石蜡）、"851" 强力胶（醋酸乙酯）等。

浙江某胶黏剂公司经过多年开发并不断完善，已研制出专门用于消失模的胶黏剂，主要有两类，热熔胶和常温胶（俗称冷胶）。此胶黏剂除了能黏结 EPS 模样外，还可黏结 PM-MA、STMMA 粒子发泡成材后制得的模样。这两类胶黏剂都以高分子合成树脂为主体材料，无毒，无污染，符合环保要求，并且具有黏结力强、柔韧性好、汽化完全、发气量少、不增碳等优点。两类胶黏剂在使用过程中有所区别。

① 常温胶适合复杂而施工时间长的工件，只要用刮板（最好用竹青薄片柔软而富弹性）在常温下将胶液刮于需要黏结的模样一侧，再将另一侧对齐合拢，挤压固定几分钟即可黏结牢固，非常方便。常温胶的缺点是固化时间长，黏结牢固到彻底粘牢需要 6h 以上，一般 24h 之后才有最佳的黏结效果，方能进入下一道工序。

② 热熔胶适合黏结面小施工快的工件，尤其适合机器涂胶。在加热熔化至 120 ~ 130℃ 的温度后，用刮板或机器涂于模样一侧，迅速将另一面合拢对齐，挤压 10 ~ 30s 即可黏结牢固，彻底冷却至常温即可进入下一道工序。热熔胶的缺点是需要加热才能使用。

（3）废消失模铸造模样加工舍去的边角余料　用 EPS 制作模样，切割下来的边角余料，经过粉碎成需要的粒料（大小粗细）后再黏结成符合铸造模样物理性质要求的型材。

2. 模样型材制作

（1）制作型材工艺流程　EPS 包装用过的废料（消失模模样切割的边角料）→清洗去除灰尘、油污→电热丝切割→粉碎机粉碎→过筛→搅拌粉碎粒料与黏结剂、易燃辅料→模具成形和固化→模样型材→模样切割黏结成铸型。

随着消失模铸造空壳浇注精密工艺的推广，需要模样量不再扩大和增加，EPS 和 STMMA 等模样均用化工原料制成。空壳浇注的模样，在浇注前将模样燃烧或富氧燃烧，模样仅起着便于消失模铸造造型的作用，空壳工艺对模样还是有技术要求的，和实型铸造一样。

（2）实型铸造对模样的要求

1）模样制作成本越低越好，因为在浇注前要烧掉，制作工艺简易则利于工序间操作。

2）原料供应广泛，节约材料，环保，市场有大量的 EPS 包装用的废弃泡沫和消失模铸造公司模样切割后的边角料，可再生利用。

3）制作工艺简易，将废 EPS 材料粉碎后加黏结剂搅拌，制作成可用的模样型材。

4）模样要具有一定的铸造性能，如强度、刚度等，便于消失模造型，且容易涂上消失模涂料。

5）模样易点燃，燃烧后残留物少，燃烧尾气可环保处理。

6）模样易黏结组装。EPS 废料制作模样的工艺简单易行，不须蒸汽发泡成形。

（3）制作模样工艺

1）配用粉碎后的 EPS 粒料，按需要配比粗细搅拌均匀。

2）黏结剂。低温和常温黏结剂固化，按一定的工艺注料。

3）辅助材料。易燃树脂，碳氢化合物。

（4）模样黏结剂 选用消失模专用的热胶、冷胶等将模样组合即可。

（5）消失模涂料 模样在浇注前要燃烧掉，因此在配比涂料时必须考虑四点：

1）涂料的涂挂性。

2）模样燃烧后的涂料空壳完整。

3）在合金液流的冲刷下，涂料空壳强度好，不塌箱，铸件表面涂料层已剥离。

4）涂料的混制与涂刷工艺同消失模铸造工艺。

（6）粉碎机 粉碎机粉碎泡沫塑料包装拆下废料、消失模铸造模样制作余下的边角废料、模样制作加工过程中结块团料等。

粉碎机结构简单，多用途，既能粉碎生产中结块料，又能粉碎回收料、废料；操作简单，安全可靠，填粒方便。几种粉碎机的主要规格与参数见表 2-23。

表 2-23 几种粉碎机的主要规格与参数

规格型号	筛网眼直径/mm	生产能力/(kg/h)	功率/kW
FM-3KWA	$\phi4 \sim \phi12$	30	3
FM-3KWB	$\phi4 \sim \phi12$	30	3.75
FM-7.5KW	$\phi4 \sim \phi14$	50	7.5

粉碎机性能特点如下：

1）多用途回收废料、块料消除白色污染达到环保要求。

2）操作方便、简单、安全可靠，采用安全性的刀具结构。

3）粉碎粒径均匀，粉末少。

（7）模样（板材、柱材、条材等）作用利用粉碎后的粒料制作模样型材，借用 SJ-KF 调速搅拌机或其他搅拌机对粒料进行翻滚搅拌。

搅拌过程中，用黏结剂（多种可选用一种）喷露均匀使每颗粒料都能粘上黏结剂。

用钢板制作型材模腔，将需要制成型材的粒料充实到符合铸造要求的模样物理性能，尤其是密度；制成型材后再用电热丝切割成铸件的几何板料，然后黏结成铸件模样，再黏结上浇注系统。

3. 黏结剂与黏结操作

专用胶是消失模工艺用量少却不可缺少的原辅材料，使用于模片造型和浇注系统等的黏结组合。作为专用胶需具备以下条件：

① 快干性好，并具有一定的黏结强度，不至于在加工或搬运过程中损坏。

② 固化后胶层应有一定柔韧性，而不是硬脆的，以免影响加工。

③ 浇注时胶的分解、汽化温度低，汽化完全，残留物少。

④ 无毒或低毒，对泡沫模样无腐蚀作用。价格实惠，货源稳定，贮存时间长等。

专用胶可按产地分为进口胶和国产胶，按使用分为热胶和冷胶。热胶是固体胶，使用时需要加热，广泛应用于消失模手工黏结，进口热胶是乳白色小方片，因价格偏高使用厂家不多。冷胶是液体胶，可以直接涂胶施工。

（1）模样专用胶的综合性能

1）消失模热胶软化点：软化点可作为热胶的耐热性、熔化程度及固化时间的大致衡量，也是热胶施工温度的参考数据。热胶的软化点应接近模样的热变形温度。实践表明，热胶的软化点要求为 $100 \sim 105℃$，测试进口热胶的软化点也在这个范围。

2）耐烘房温度：模样烘房的温度一般设定为不超过 55℃。有少部分简易烘房温度难以控制或供热管道布置不合理、温度不均匀、模样刷涂料后附加的重量和模样在烘房里放置不当等因素，如果热胶的耐热温度不高，可能造成黏结处开胶脱裂而模样变形。

3）熔融黏度：热胶的熔融黏度是流动性的一个指标，是熔融涂胶工艺的重要数据，黏度大小关系到对模样的涂布、润湿、浸透及拉丝现象。黏度太高不便于施工，造成涂胶不均匀，涂胶量大，胶接缝处胶堆积，刮胶不平整等，易导致浇注时对金属流产生阻挡、发气量大、铸件表面质量差等问题，热胶的熔融黏度在 135℃时测试的数据约为 $250 mPa \cdot s$。

4）涂料涂挂性：消失模工艺要求专用胶在黏结部位必须拥有与水基涂料很好的浸涂性（涂挂性）。

5）抗氧化性：热胶需要通过加热并保持在一定的温度下使用。长期处于受热状态的热胶会使其组织结构逐渐氧化热解。专用胶具有较好的抗老化性能，长期使用对胶质的影响非常小。

（2）模样专用胶分类

1）热胶：胶棒（KP-5X-1）、颗粒（KP-5X-2）、仿进口热胶（KP-6X）。

2）冷胶：专用冷胶（KP-4X）、改进型泡沫胶（KP-7X）。

（3）消失模专用胶的一般选用原则

1）热胶：要求快速黏结的场合，简单拼接组装；浇注系统黏结等。

2）冷胶：要求慢速黏结的场合；复杂曲面；高精度拼接组装；大型特大型模样黏结等。

（4）模样专用胶的施工方式

1）手工黏结，目前国内大部分的消失模模样黏结是手工进行的。模样黏结的造型优劣在一定程度上取决于制模工人的操作水平。手工黏结适用于小批量的消失模铸件生产，受国内经济水平的制约，手工黏结的方法仍是中小企业的首选。

2）机械黏结。国内只有少数几个厂家配有自动粘合机。

（5）消失模专用胶的施工操作

1）热胶的手工使用方法。

① 调温热胶炉，升温，分次加入热熔胶，保温到100～120℃，注意温度不可超过140℃，可简单判断熔胶温度——熔胶炉冒烟表示温度可能偏高。用钢锯条施工，取胶后涂刮到泡沫模样上，单面涂胶，再将两块泡沫模样合模，稍挤压5～10s，即黏结牢固。泡沫模样固定后再做接合缝涂刮修补。

② 调温热胶枪，设定温度在130℃左右，插入胶棒，升温，过几分钟作业黏结，非常适合快速黏结和移动作业，目前在浇注系统的黏结应用广泛。

③ 热胶的施工方法。

a. 即涂即合法：用钢条取胶或胶枪直接打胶到模样黏结处，单面涂胶，随即合模，稍定位几秒钟即可。

b. 点线面法：大型接合面，先对称选择几个点，在这几个点上先涂胶，合模，检查模片的装配精度，待固定后，在模片的接合缝处用发热的钢锯条轻轻地划缝（扩缝），扩缝的同时钢锯条上的热胶随之流入接合缝，再稍做刮缝修补即可。

c. 外覆法：对特大型模样，采用热胶同胶带等相结合的方法，在用点线面法对模片进行处理后，用胶带把结合缝包扎起来，热胶提供了足够的黏结强度，防止开裂和变形，胶带用来保证结合缝密封，防止涂料渗入缝隙。浇注出来的铸件结合缝非常整洁。

④ 热胶施工时的注意事项。

施工温度不可超过140℃，长时间高温融化热胶，会加剧热胶的老化，从胶池取胶到涂抹到模样的时间约2s，一个取胶–涂抹–合模的时间应掌握在5s内。

选用可调温热胶炉和热胶枪，尽量不用煤炉和普通电热丝电炉及普通胶枪。

施工现场注意安全，结束施工要关闭电器电源，热源旁边不得有模样或模片残片。

模样刷涂料后送烘房，烘房温度不得高于55℃。

少量热胶黏结的模样在烘房长时间放置后，有松软、变形的现象。这个问题除热胶本身耐温不够外，还可能是热胶黏结过程作业不规范，没达到黏结要求，强度不够，或者是模样在搬运过程有碰伤、松动，也有可能是上多次涂料后涂料本身的重量一定程度上影响模样的黏结牢固度，以及烘房的设定温度不稳定或通风不均匀等因素。解决这些问题的重点是规范作业、合理化成形工艺、提高热胶的耐温性等。

2）冷胶的手工使用方法。

冷胶应涂刷得薄且均匀，两面涂胶。

涂胶后需敞开晾置几分钟，待溶剂挥发后再黏结效果比较好；彻底黏结牢固可能需要几个小时。

黏结大型模样时，不必把胶水涂刷在整个被接合面上，只要沿四周或中间涂刷几处即可。

冷胶施工时的注意事项如下：

① 冷胶必须两面涂胶；冷胶分装后和施工时需注意加盖密封，防止有机溶剂快速挥发。

② 冷胶胶结合模后需放置一些时间，少量溶剂的残留会在模样进烘房后膨胀，破坏黏结，影响造型。

③ 冷胶除专用溶剂外不能随便添加有机溶剂稀释，否则会腐蚀模样。

2.11　典型消失模铸造模样与铸件

典型消失模铸造模样与铸件如图2-74 ~ 图2-102 所示。

图 2-74　泡沫模样数控加工机械

图 2-75　灰铸铁壳体模样带涂料

图 2-76　汽车大型覆盖模具铸件泡沫模样

图 2-77　某球铁数控加工泡沫粘贴模样

图 2-78　某球铁发泡成形泡沫模样

图 2-79　电机壳发泡成形泡沫模样

图 2-80　电机壳发泡成形泡沫模样烘干

图 2-81　叶轮发泡成形泡沫模样

图 2-82　大型合金钢复合耐磨螺杆发泡成形泡沫模样（刘玉满）

图 2-83　箱体发泡成形泡沫模样

图 2-84　八爪阳极钢爪发泡成形泡沫局部模样

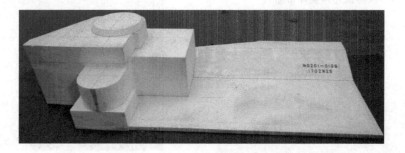

图 2-85　某大型采煤机合金钢铸件数控加工泡沫粘贴模样

图 2-86　大型煤矿刮板机中部槽合金钢挡板槽帮铸件发泡成形泡沫模样

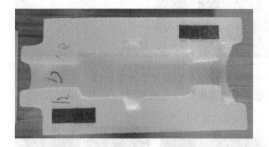

图 2-87　煤矿转载机合金钢槽帮铸件
数控加工泡沫模样

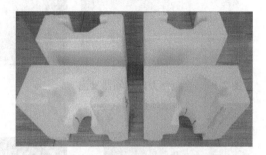

图 2-88　大型煤矿刮板机合金钢连接
铸件数控加工泡沫模样

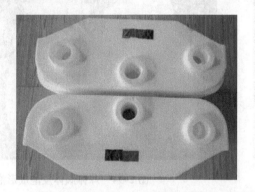

图 2-89　大型煤矿刮板机合金钢轮架铸件数控加工泡沫模样

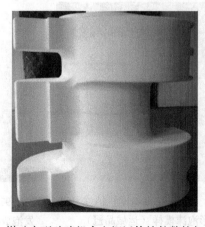

图 2-90　煤矿大型破碎机合金钢锤体铸件数控加工泡沫模样（左图铸件 2.5t，右图铸件 2.9t）

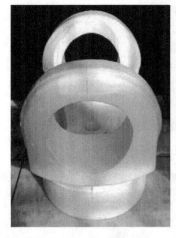

图2-91　合金钢万向联轴器发泡
成形泡沫模样

图2-92　大型新能源车铝合金水冷电动机
发泡成形泡沫模样（运城品冠）

图2-93　球体泵体
（运城品冠）

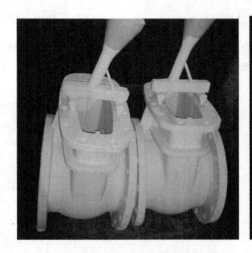

图2-94　球体阀体发泡成形泡沫模样（闻喜）

图2-95　大型355Y2电动机
（运城品冠）

图2-96　西门子200电动机铸件发泡
成形泡沫模样（运城品冠）

图2-97　大型电机端盖
发泡成形泡沫模样组合
（运城品冠）

图 2-98　河津万钢球铁小铸件发泡　　　　　图 2-99　河津万钢球铁小铸件发泡
成形泡沫模样烘干　　　　　　　　　　　成形泡沫模样日晒风干

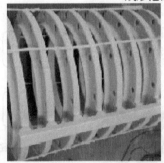

图 2-100　河津万钢球铁小铸件发泡成形泡沫组合模样涂料日晒风干

图 2-101　台州轩杰模具制造 Y2–400B3 电机壳消失模模具及泡沫模样照片

图 2-102　盈丰数控加工大型机场建筑节点铸钢泡沫模样照片（1，2）

第3章 消失模模具的设计与制造

消失模铸造是铸造行业的一次绿色革命，节能环保，它符合可持续发展的基本国策，应用到多种行业，如图3-1～图3-4所示的汽车、拖拉机零配件，工程机械零配件，动力机械、建筑机械零配件，机床设备零配件等；它以材料利用率高、产品性能好、生产效率高、成本低等优点吸引了众多铸造厂家，如雨后春笋般地在中国的大地上生根发芽，也带动了一批基础设备厂家的蓬勃发展。

图 3-1　汽车类零件

图 3-2　拖拉机类零件

图 3-3　机床类零件

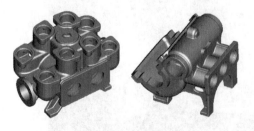

图 3-4　工程机械零件

本章以洛阳刘氏模具有限公司生产工艺为例介绍消失模模具的设计与制造，其模具生产工艺流程如图3-5所示。

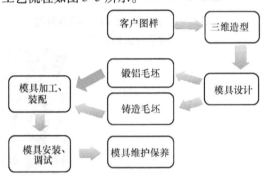

图 3-5　模具生产工艺流程

3.1　泡沫塑料模样的三维造型

泡沫塑料模样三维造型是以客户提供的图样或样件为基础，结合泡沫塑料原辅材料的使用工艺性能，采用计算机辅助设计完成模具铸件毛坯的设计过程。

3.1.1　对泡沫塑料模样的工艺审定

对消失模铸造工艺的审定既包括对零件的铸造工艺的审定，又含有对泡沫塑料模样的成形工艺的审定。对泡沫塑料模样进行工艺审定的目的是，在设计模具之前，应提出对泡沫塑料模样结构的改进意见，将可能出现的问题化解在模具设计之前。

（1）壁厚的审定　一般情况下，泡沫塑料模样的壁厚不能低于5mm，至少保证在泡沫塑料模样壁厚的纵向不低于三颗泡沫塑料颗粒排位。特殊的薄壁零件（泵壳、叶轮）壁厚也不能低于3mm。

（2）对泡沫塑料模样局部较厚部位的处理　对于局部较厚的泡沫塑料模样采用掏空的方法来处理。例如电解铝用的四爪电极，采取掏空结构，将泡沫塑料模样设计为两半片黏结组合而成，黏结后形成中空结构，节省泡沫塑料原辅材料，保证壁厚使充料顺畅即可。四爪电极如图 3-6 和图 3-7 所示。

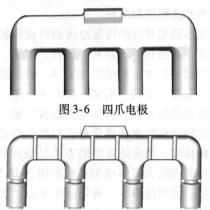

图 3-6　四爪电极

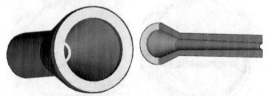

图 3-7　中空四爪电极

例如：浇注系统使用的直浇棒做成空环结构，再用泡沫塑料板材切割出盖板将其封住，形成中空结构（见图 3-8），防止因浇注时产生大量气体出现反喷现象。

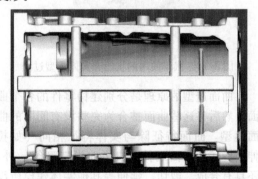

图 3-8　直浇棒做成中空结构

（3）对泡沫塑料模样稳定性的工艺控制泡沫塑料模样是使用 EPS 通过热蒸汽熔结的方法获得的，如图 3-9 所示将汽车变速器壳体的大口面做出加强肋，防止在成形泡沫塑料模样时使口面变形，在铸造时由于振砂而使口面变形。

图 3-9　变速器口面做加强肋

（4）更改局部形状　为适合消失模铸造，去掉分型面处的圆角（见图 3-10），与分型面产生局部倒扣且不影响产品使用功能的部分做成与分型面相垂直（见图 3-11 和图 3-12 中汽车变速器取力器斜窗口），填平过于窄小且深的凹槽等。

改变肋的局部形状适合消失模铸造

图 3-10　去掉分型面处的圆角

图 3-11　窗口边斜

图 3-12　窗口边做直

3.1.2　三维造型时脱模斜度的确定

泡沫塑料模样从发泡模具中取出，需要有一定的脱模斜度，在设计和制造发泡模具时就应将脱模斜度考虑在内。选择泡沫塑料模样的脱模斜度有三种形式：减材料、加材料、中间分割脱模。

脱模斜度的具体取值应考虑以下情况：

1）泡沫塑料模样在模具中冷却和干燥收缩，会造成凹模易起、凸模难拔的现象，故凸模的脱模斜度应大于凹模的脱模斜度。

2）若无辅助取模措施，脱模斜度应取较大值；若采用负压吸模或顶杆推模等取模方法，模具的脱模斜度可取较小值。

3）高的孔、凸台、肋板，大的端面要适当增大脱模斜度。

3.1.3　消失模铸造加工余量的确定

泡沫塑料模样的加工余量一般与铸件的形状、零件的大小、铸造工艺、加工方法有关。消失模铸件的机加工余量的取值见表3-1。

表3-1　消失模铸件的机加工余量

（单位：mm）

产品最大外轮廓尺寸	铸铝件	铸铁件	铸钢件
≤50	1.0	2.0	2.5
>50～100	1.5	2.5	3.0
>100～200	2.0	3.0	3.5
>200～300	2.5	3.5	4.0
>300～500	3.0	4.0	4.5
≥500	4.0	5.0	6.0

对于一些铸造容易变形的铸件需要另外增加加工余量，如图3-13所示。对于车床床身这类窄长的零件在砂型铸造的基础上需增加防变形余量1～4mm。对于直径≤ϕ30mm的孔不铸造。

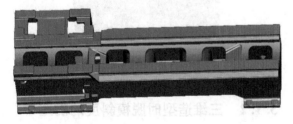

图3-13　1500mm床身增加防变形余量1～2mm

3.1.4　计算机辅助设计在三维造型中的应用

计算机辅助设计主要是应用三维造型软件，使用实体或者曲面特征命令，依照图样或者样件绘制出铸件图。常用的三维造型软件有PTC公司的Pro/ENGINNER、Siemens PLM Soft-

ware公司的UG NX Imageware和Dassault Systemes公司SolidWorks等。

1. 泡沫塑料模样的三维设计

泡沫塑料模样和模具模腔三维设计，有实体造型和曲面造型两种。

实体造型时首先构造泡沫塑料模样轮廓实体特征，通过拉伸、旋转、扫描、混合、实体自由形状等方法来形成简单实体，最后通过倒圆角、脱模、求和、求交、求差等布尔运算精确构造复杂的实体。实体造型的特征量少，作对应的特征修改也非常简单，对外形不是十分复杂的模样，用实体造型的方法是最好的。汽车使用的飞轮壳实体造型过程如图3-14所示。第一步：使用拉伸、旋转等命令求差、求和建造出外轮廓特征。第二步：使用肋、偏距等命令建造出零件的肋特征和加工余量。第三步：使用倒圆角、脱模等命令完成零件的圆滑处理和脱模特征。

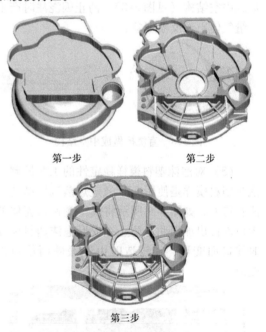

第一步　　　　　　　第二步

第三步

图3-14　汽车使用的飞轮壳实体造型过程

曲面造型的原理是分别建构零件的各个曲面，然后将这些曲面整合为完整没有间隙的曲面模型。曲面特征除与实体特征相同（如拉伸、旋转、曲面延伸、自由曲面造型等）外，还具有合成、剪切、延伸等其他实体建模所没有的特征，可以胜任复杂零件的三维造型。

2. 三维造型逆向工程的使用

有些客户只有样件，没有图样，这时就需要使用计算机辅助设计的逆向工程。

对于一般简单的样件使用测量工具测绘造型，首先使用 Auto CAD、CAXA 电子图版等二维软件把样件转成二维线条图档，再把二维线条按照 1:1 的比例打印出图样，将图样和样件使用对照、叠加、拓印等方法进行比对，使二维线条和样件各个角度完全吻合，最终将这些线条导入 Pro/ENGINEER、Wildfire 4.0 等三维设计软件，使用拉伸、旋转等实体造型命令完成三维模型设计。

对于一些复杂的曲面多的样件，需要使用三维坐标扫描仪完成数学模型。

以四缸缸盖的建模过程（见图 3-15）为例说明复杂件的逆向工程建模。第一步：将气道和水道使用三维坐标扫描仪扫描出点阵导入计算机。第二步：将点阵使用曲线顺滑连接。第三步：使用曲面特征将曲线构建成面。第四步：将面实体化，结合拉伸、旋转、混合等命令完成四缸缸盖的三维造型。

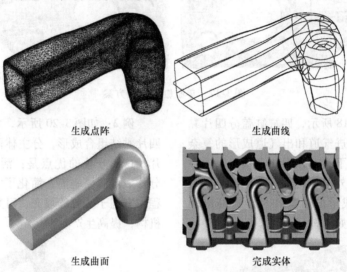

生成点阵　　　　　　　　　　生成曲线

生成曲面　　　　　　　　　　完成实体

图 3-15　四缸缸盖的建模过程

3.1.5　模样的分片与黏结

三维造型完成后，应首先考虑整体成形，复杂的泡沫塑料模样若不能一次整体成形，需将其进行分片处理。模样的分片与黏结应在模具设计前考虑，在完成三维造型后直接使用曲面命令将泡沫塑料模样分片组合；各片单独用模具成形，然后用黏结方法，将分片泡沫塑料模样组合成复杂的泡沫塑料模样。泡沫塑料模样这种可分片制造又可黏结成一体的特点，充分体现消失模铸造工艺的灵活性。

模样的分片应注意四个原则：

1）尽量避免模样模片出现窄、薄、高尖的形状。

2）尽量减小模具设计的复杂程度。

3）尽量使各个模片黏结容易方便，能做好定位处理。

4）能不分片的尽量不分，可以使泡沫塑料模样黏结少一道工序，也避免了因黏结引起的泡沫塑料模样变形和黏结局部过厚引起的铸造缺陷。

1. 对泡沫塑料模样的分片处理有两种

（1）简单分片　简单分片是对泡沫产品进行简单分割，分割面为平面。各个模片成形后，可用手工黏结方法，将模片组成整体。

图 3-16 中产品过渡套上下有两层法兰面，中间侧面有一个矩形孔，对于产品来说整体成形操作困难。综合分析分片方案 1 和方案 2，方案 1 从中心圆分成两个半圆片，充料顺畅，泡沫塑料模样强度容易保证，黏结不易变形；方案 2 从矩形孔中心分开两个整圆片，中间壁厚太薄，取泡沫塑料模样时容易变形，且易粘凹模，镶气塞困难。所以方案 1 可行。

方案1　　　　　　　　方案2

图 3-16　产品过渡套的分片方案

图 3-17 所示为单缸缸体分片方案，以侧面缸筒中心轴线分两片黏结组合成形，模具抽芯少，泡沫塑料模样易成形，符合消失模生产工艺。

（2）复杂分片　对复杂泡沫塑料模样往往要借助三维设计进行多个模块的曲面分片。各模片在黏结时，借用黏结胎模完成模片的曲面精确黏结。

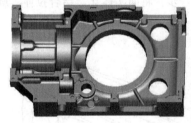

图 3-17　单缸缸体分片方案

例1：如图 3-18 所示，四缸缸盖分四片黏结组合成形。考虑进气道和出气道成形的复杂异形，浇注时需要下型芯，因此必须从气道中间分出两片，气道外腔全为封闭空间结构。考虑泡沫塑料模样成形的可操作性，再分出两片，共四片。实物如图 3-19 所示。

例2：如图 3-20 所示，发动机四缸缸体分四片黏结组合成形，分主体两个大片和两个小片，这样分片的优点是：活块少，便于操作，分片成形制模率高，简化了零件结构，充料过程中有利于珠粒的填充，可采用自动抽芯顶出机构，提高生产效率。

图 3-18　四缸缸盖分四片黏结组合成形

图 3-20　发动机四缸缸体
分四片黏结组合成形

例3：如图 3-21 所示，采埃孚箱体的局部分片方案主要考虑黏结方便，下砂芯不干涉，并且使模具活块少，操作简单，发泡质量高等一系列因素而分出多个小片。这个箱体零件的铸造将消失模工艺的优点发挥得淋漓尽致。当然，零件越复杂泡沫塑料模样分片越多，所需模具数量也越多，对黏结工序的要求也越

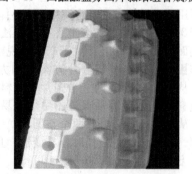

图 3-19　四缸缸盖分四片黏结实物

严格。

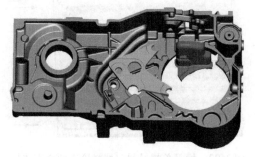

图 3-21　采埃孚箱体的局部分片方案

2. 模片的黏结设计

黏结方式有手工黏结和机械黏结之分。手工黏结适合较简单泡沫塑料模样的中、小批量生产，对于复杂模片的大批量生产，则要靠黏结模具来保证黏结精度，用自动粘合机来保证生产效率。

（1）黏结负数　两块泡沫塑料模片对粘时，黏结面上的黏结剂总有一定厚度，使泡沫塑料模片黏结后，在高度方向尺寸偏大。对于尺寸要求高的铸件，应在模具设计时，将泡沫塑料模片在黏结方向上的尺寸减去黏结厚度，以保证泡沫塑料模样尺寸符合图样要求。

考虑黏结厚度的影响，在发泡成形模具上减去的数值称为黏结负数。黏结负数可在上下泡沫塑料模片的模具上各取一半（δ/2）。

确定黏结负数时应注意以下两点：

1）黏结负数的大小与黏结剂的黏度有关，采用热熔胶黏结，其值偏大；采用快冷胶黏结，其值偏小。

2）黏结负数的大小与操作方式有关，手工黏结，其值偏大；机械黏结，其值偏小。

（2）薄壁黏结增厚处理　对于壁厚较薄的泡沫模片，可适当增加对接处的厚度，以提高黏结强度。其增厚方法有外壁增厚、内壁增厚、内外壁增厚三种。

3. 黏结定位设计

为使两个泡沫模片定位准确并黏结牢固，可在两个模块的黏结面上分别设计凸凹镶嵌结构，建议厚实处采用凸销和凹孔定位方式，薄壁处采用凸缘和凹槽定位方式或者止口形式，圆孔边距离最外轮廓边最少4mm。

3.2　模具设计

泡沫塑料模样模具的设计是依据泡沫塑料模样三维、成形机类型及台面尺寸或者蒸缸尺寸、浇注工艺方案等条件完成模具本体造型的一个过程。模具设计应考虑下述几个因素。

3.2.1　收缩率

根据铸件大小确定模具的模腔尺寸时，应将泡沫塑料模样的收缩率和铸件的收缩率一起计算在内。关系式如下：

模具收缩率 = 泡沫塑料模样收缩率 +
金属铸造收缩率

常用铸造合金的铸造收缩率见表3-2。

表 3-2　常用铸造合金的铸造收缩率

合金种类			铸造收缩率（%）	
			自由收缩	受阻收缩
灰铸铁	中小型铸件		1.0	0.9
	大中型铸件		0.9	0.8
	特大型铸件		0.8	0.7
	筒形铸件	长度方向	0.9	0.8
		直径方向	0.7	0.5
灰铸铁	HT250		1.0	0.8
	HT300		1.0	0.8
	HT350		1.5	1.1
	白口铸铁		1.75	1.5
黑心可锻铸铁	壁厚 >25mm		0.75	0.5
	壁厚 <25mm		1.0	0.75
	白心可锻铸铁		1.75	1.5
	球墨铸铁		1.0	0.8
有色金属	锡青铜		1.1	1.2
	无锡青铜		2.0 ~ 2.2	1.6 ~ 1.8
	锌黄铜		1.8 ~ 2.0	1.5 ~ 1.7
	硅黄铜		1.7 ~ 1.8	1.6 ~ 1.7
	锰黄铜		2.0 ~ 2.3	1.8 ~ 2.0
	铝硅合金		1.0 ~ 1.2	0.8 ~ 1.0
	铝铜合金 [w(Cu)=7% ~ 12%]		1.6	1.1
	铝镁合金		1.3	1.0
	镁合金		1.6	1.2

以上金属铸造收缩率只作为参考，简单厚实铸件的收缩率为自由收缩率，除此之外的收缩率为受阻收缩率。消失模铸造的收缩率影响因素多，同一个窄长类灰铸铁件浇注工艺不一样，其收缩率差别也很大，长度方向的模具收缩率可达到1.7%，宽度和高度的模具收缩率只有1.3%。消失模模具收缩率由厂家的实际生产现场经验来确定。

3.2.2　模具的模腔数量

模具模腔的布置形式有一模一件和一模多件两种。手动拆装模具为了减轻模具质量，便于成形操作，多为一模一件。对于中小型泡沫塑料模样多采用一模多件的形式，以提高成形设备的生产效率。确定多模模腔数量的原则如下：

1）对于机动模具，应充分发挥成形机的有效空间，均匀布置多模模腔，但各模腔之间的间隔通常在40～80mm范围内。这不仅是因为模具装配需要，也是加热和冷却工序所要求的。

2）立式成形机不配备气动料枪，只能在工作台的前后或两侧用手动料枪水平进料。因此，在立式成形机上考虑模具模腔数量和排列方式时，常采用单排形式（便于前台进料），如图3-22所示，或双排形式（便于前后台同时进料），如图3-23所示。

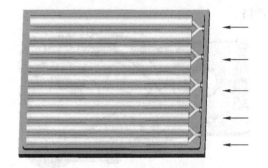

图3-22　模具单排进料一把料枪连两个直浇棒

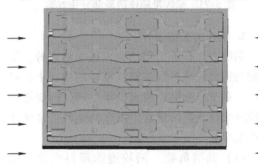

图3-23　前后台同时进料

3）根据立式或卧式自动成形机配备的料枪数量和固定摆放位置，确定多模模腔数量和排列位置。立式自动成形机在上固定台面上配备多把气动料枪进行垂直向下进料（见图3-24），此种工艺方法在模具模腔中每两穴合用一把料枪，每模能成形24片模样，最大限度地使用成形机的空间尺寸，实现大批量生产，节省成本。

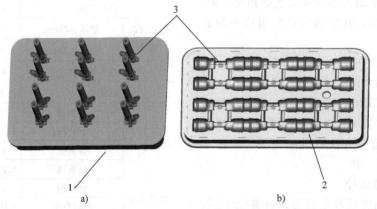

图3-24　立式自动成形机配备的料枪数量和固定摆放位置

a）凹模背面　b）凹模正面

1—模具本体　2—模具模腔　3—自动料枪

卧式自动成形机常在固定模架上配备数支　气动料枪进行水平注料（见图3-25），自动成形机都配备多支进料枪，以满足一模多件模具或复杂模具多枪进料的需要。此种工艺方案用多种产品合做一套模具，充分发挥卧式成形机容易实现一模多腔的优点，配备多把料枪，每模成形 12 片模样。

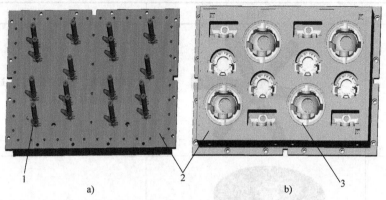

a)   b)

图 3-25 卧式自动成形机配备的料枪数量和固定摆放位置
a) 凹模背面 b) 凹模正面
1—自动料枪 2—模具本体 3—模具模腔

3.2.3 模具充料口设计

模具充料口的设计是获得优质泡沫塑料模样的关键之一，对于泡沫塑料模样，尤其是复杂薄壁泡沫塑料模样，泡沫珠粒在模具中充填不均匀或不紧实会使模样出现残缺不全或融合不充分等缺陷，影响产品的表面质量。往模具模腔充填泡沫珠粒的方法有手工填料、料枪射料和负压吸料等，其中料枪射料用得较普遍。

1. 注射料枪的选择

注射料枪分为手动料枪与气动料枪。手动料枪靠人工操作，其注料原理是，利用压缩空气在吹嘴的喷射作用产生负压，将珠粒通过料管吸到料枪中，再通过注料嘴吹入模具模腔。注料完毕，需用堵料杆将注料孔堵上。

气动料枪配备在半自动和自动成形机上，料枪头部与模具接通，其工作过程分为吸料、充填、封闭料口及反吹回料等阶段，压缩空气从吹料套筒前端的数个小孔中喷出，在活塞杆的前端产生负压，于是泡沫珠粒被吸入到料枪内再被吹入模具模腔。当模具模腔充满泡沫珠粒后，压缩空气推动活塞向前，由活塞杆将模具的进料口封闭，气流受阻而向后反吹，将料枪中的泡沫珠粒吹回到料仓。反吹回料完毕后，关闭压缩空气，完成自动射料过程。

应根据泡沫塑料模样的大小、壁厚和注料位置等因素来选用气动料枪或手动料枪的个数和大小。一般手动拆装模具的料枪直径在 $\phi 12 \sim \phi 16 mm$ 范围内（堵料杆直径），机制模具的料枪直径在 $\phi 16 \sim \phi 20 mm$ 范围内（堵料杆直径），气动料枪逐渐形成行业标准，属于标准配件，可订购。

料枪设计应考虑四个方面的问题：

1) 料枪口尽量对着壁厚的地方，使料粒有充分的运动空间。

2) 通常采用主副料枪结合的方法完成模腔充料，先用主料枪将模腔大部分充满，再用副料枪补充充满窄小的角落。副料枪一般设计在产品壁薄肋深的地方。

3) 料枪设计也有一些特殊的情况：通过外抽芯镶件设计料枪，洛阳刘氏模具采用的办法是双料管。

4) 料枪口直径大于泡沫塑料模样进料处壁厚，这种料枪设计类似于表 3-3 中的切线进料，需另外增加引料台，引料台可以设计成圆柱形，也可以设计成方形，主要与引料处的泡沫塑料模样形状有关。

2. 进料口位置选择

在模具上开设进料口，应遵循的原则为：进料顺，排气畅，受阻小，使泡沫塑料模样充填紧实，密度均匀。对于大件或复杂件，若一个进料口不够，可设计多个进料口。表 3-3 所列为几种比较典型的泡沫塑料模样的进料口设计。

表 3-3　典型的泡沫塑料模样的进料口设计

进料口位置	图例	说明
中心进料		进料通畅，各处密度均匀，适合对称均匀排布泡沫塑料模样，上打料
切线进料		进料口应让泡沫珠粒在模具中切线进料，旋转充填，避免与型壁或芯壁垂直，适合环状盘类模样
从内浇道进料		将内浇道与泡沫塑料模样做成整体，泡沫珠粒通过内浇道进入模具模腔，此方式适合薄壁小模样
主副进料口		对于箱体模样，若采用手工料枪进料，可设计主、副进料口。主进料口先进料，副进料口后补料
多个手工料枪同时进料		适合较小尺寸的复杂薄壁泡沫塑料模样（如电动机壳体泡沫塑料模样）的手工开合模具

（续）

进料口位置	图例	说明
多个气动料枪进料	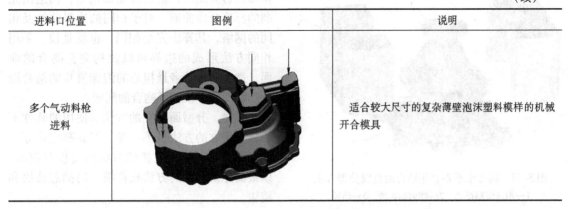	适合较大尺寸的复杂薄壁泡沫塑料模样的机械开合模具

3.2.4　分型面的设计

1. 分型面设计应遵从的原则

1）保证泡沫塑料模样的尺寸精度。

2）便于泡沫塑料模样从模具中取出。

3）有利于模具加工、装配。

对于复杂泡沫塑料模样（如封闭内腔或者外形需多处分型的泡沫塑料模样），先对其分片处理，再确定每片的分型面。

2. 模具分型面设计时要考虑的因素

1）手工拆装模具分型面，首先考虑沿三维泡沫模样中间设计分型，这样在模具打开后，方便手工取出。

2）预开模具充料，进行机制模分型面设计时，沿产品的最大外轮廓复制出分型面，沿分型面的最大外轮廓做出预开面，即模具在充料前，移动模先抬起一段高度，增大模具模腔，使泡沫珠粒更容易顺畅地进入模具模腔。如图 3-26 所示，泵壳的壁厚只有 3.5 ~ 4mm，使用普通方法很难将模具模腔充满，在充料前将凹模抬高 5 ~ 7mm，这样模腔壁厚可达 8 ~ 10mm，使用小号料也很容易充满模具模腔。对于模腔深的模具，采用预开充料也能起到事半功倍的效果。

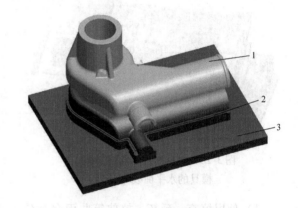

图 3-26　模具采用预开充料
1—泡沫塑料模样　2—模具预开面　3—凸模本体

3. 分型面的建立

分型面的基本形式有直线分型、折线分型、曲线分型以及水平分型、垂直分型。简单分型面的建立使用三维软件中的自动构造分型面的功能即可完成，但在复杂零件的构造中，仍然需要人工来构造。图 3-27 所示为水平垂直相结合的直线分型方法，此种方法一般适合上打料的模具，因为侧面被外抽芯镶块包裹，不易开设料枪。其在 Pro/E NGINEER 软件中建立的步骤如下：

新建模具模腔 → 导入泡沫塑料参照模样 → 建立主分型面水平切割出凸凹模 → 在凹模中建立垂直分型面 → 利用垂直分型面分割出两个外抽芯活块

如图 3-28 所示，六缸机体对于消失模模具来说是一种比较复杂的案例，其分型面的建立

使用到各种分型面的建立方法，主要过程步骤如下：

图 3-27　阀盖水平垂直相结合的直线分型方法
1—泡沫塑料模样　2—侧面抽芯块　3—凸模

图 3-28　六缸半片泡沫塑料模样
模具的水平曲线分型面

1) 使用填充、延拓、拉伸等曲面命令建立主分型面，将模具毛坯分割成凸凹模两个实体。

2) 再在凸凹模两个实体中建立小分型面，采用实体化元件的方法做出小的外抽芯、内抽芯活块及镶块。

分型面常用的构造方法主要有以下三种：

1) 在三维造型建立过程中的各剖面曲线上设置分型"点"，这些分型点在造型后会自动形成一条结构线。由于这条结构线的形成算法与实体或曲面构造时的算法一致，所以此线必定是分型线。

2) 在三维造型时已绘制出各个剖面的特征曲线，以这些曲线作为基准，逐个剖面地绘制出分模点，而后构造分模曲线。

3) 若曲面过于复杂或无法通过其他方法找出其分模线的位置，可采用投影法，即在曲面外的一个平面内构造曲线，然后将该曲线对曲面做投影，可以得到位于曲面上的空间曲线，该曲线即为分模曲线。将分模曲线作为分

模面的边界曲线，适当地增加网格，构造出光顺的异形分模曲面。对于相同的边界曲线及相同的网络，其算法完全相同，也就是说，采用相同方法形成的边界可以建构完全吻合的曲面，避免了设计者最担心的泡沫模片的结合面及凸、凹模分模面不吻合的问题。

总之，分型面建立的方法、使用的软件不一样，建立的方法也不一样，但其都应遵守一个原则：以最快最直接的方法获得模具模腔，以最简化最实用的方法获得模具的抽芯活块和镶块。

3.2.5　芯块和抽芯机构设计

对于局部不易取模之处，可设计芯块和抽芯机构，使泡沫塑料模样在一副模具中整体做出，这样既保证了泡沫塑料模样的精度，又能省去黏结工序。芯块及抽芯机构是模具设计的难点，设计时注意五点：

1) 活块和抽芯的安全性（避免损伤压坏）。

2) 定位要合理，装配紧密不宜松动，开合模顺利，易脱模。

3) 活块要尽可能的小而轻。

4) 避免活块卡在泡沫塑料模样上取不出来，或取出时伤到泡沫塑料模样。

5) 避免在活块上产生薄壁和尖角。

抽芯块分为外抽芯和内抽芯两大类。外抽芯常用于形成泡沫塑料模样上的水平孔洞或不易脱模的局部外形，内抽芯主要用于不易脱模的局部内腔。抽芯机构主要有手动抽芯和气动抽芯两种形式。

1) 手动抽芯。在简易机械开合的模具上，常设计手动抽芯机构，即在泡沫塑料模样成形后，人工先将芯块抽出再脱模。对于较小尺寸的芯块，可设计成实心结构；对于较大尺寸的型芯，则应将其加工成空心结构，以利于通蒸汽加热和通水冷却。考虑蒸汽在芯块内难于流通，芯块受热不够，会造成泡沫塑料模样的内腔融合不充分，而冷却时，冷却水难以达到芯块内部，使泡沫塑料模样冷却不充分。因此，设计上应使芯块的壁厚小于模具模腔壁厚，一般取 5~8mm，并在芯块上排列较密的透气塞。

型芯抽出外气室时，要特别注意密封圈的设计。设计手动抽芯时，应考虑芯块的定位导向，通常使用铜燕尾。

2）气动抽芯。在自动化成形机上多采用气动抽芯机构，气动抽芯机构分为外抽芯和内抽芯两大类。

外抽芯机构的特点是，气动缸固定在模具气室外，芯块向外抽。外气缸与模具最简单的固定方式为前法兰式。内抽芯机构的特点是，气动缸固定在模具气室内，芯块向内抽。因为模具为薄壁空壳结构并有较大的气室空间来布置内抽芯机构。内抽芯气缸工作环境为高温高湿，应选择特殊的耐热薄型气缸。图3-29所示为气动外抽芯机构的模具。

图 3-29　电动机壳气动外抽芯模具

气动抽芯机构选定后，便要确定气缸的行程、缸径。气缸行程由抽芯距离来确定，缸径则要根据泡沫塑料模样成形时对芯块产生的膨胀推力大小来计算或校核。

抽芯机构应包含抽芯块的滑动导向衬套。导杆应采用不锈钢棒材，滑动导向衬套为三层复合轴承。该衬套耐干摩擦，适合高湿度和蒸汽的工作环境。

3.2.6　成形模具的镶块设计

考虑泡沫塑料模样的成形工艺和模具制造工艺，要对成形模具进行分块处理，即设计成镶块结构。

1. 凸模上的镶块设计

将凸模模块和模板分开加工，再连接成整体。其优点表现在：

1）便于凸模的模腔面加工。比如：高长的圆柱型芯拆掉用车床加工（见图3-30），深腔肋拆掉一面有利于数控加工，如图3-31所示。

2）便于将凸模块放入凹模中，检查产品壁厚，还便于模具的装配和调整。

3）有利于在凸模块和模板之间开设排气槽。

4）有利于模具的铸造，对随形结构局部较厚的，拆掉镶块使模具铸造更加容易。

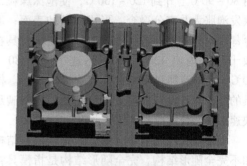

图 3-30　拆掉局部圆柱芯子

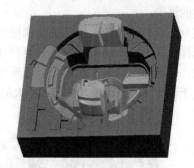

图 3-31　拆掉局部腔肋镶块

2. 凹模上的镶块设计

凹模的凸起部位也应设计成镶块，便于在模腔表面安装透气塞。若镶块形状简单，可先机械加工，安装好透气塞后，再同模具本体连在一起。若镶块形状复杂，可与模具本体一起进行数控加工，加工完毕，将其拆卸下来安装透气塞，最后装配到模具中。

3.2.7　锻铝模具毛坯的三维构造

薄壳随形是消失模模具的一个突出特点。它是获得表面光洁泡沫塑料模样的基础。消失模模具的三维构造主要包括模腔工作面和随形面两部分。在构造泡沫塑料模样三维造型时，模腔的工作面已经构造出来。由于计算机中的曲面是无厚度的，因此，直接将泡沫塑料模样的外表面分离出来后，减去不需要的多余部分即可轻易获得模具的模腔工作面。

模具的薄壳结构是指模具模腔的背面形状按照模腔工作面来设计，以确保模具壁厚均匀的一种结构。消失模模具型体采用随形薄壳结构是泡沫塑料模样成形工艺所要求的，当蒸汽对铝质模具进行加热时，要求温度在数十秒内由 80~90℃上升到 120~130℃，使泡沫珠粒二次发泡胀大并充分融合，形成平整的表面；而冷却水对模具背面进行冷却时，又要求模具在数十秒钟内由 120~130℃迅速下降到 80~90℃，使泡沫塑料模样在模具中冷却定形。模具的形体只有设计成薄壳随形结构，才能满足快速加热和快速冷却的工艺要求。

随形薄壳结构有两种形式：完全随形结构和不完全随形结构，完全随形结构是指模具背面的形状完全随模腔工作面变化，型体壁厚均匀一致的结构。

完全随形结构常用于生产复杂薄壁的泡沫塑料模样。对于尺寸较大的模具，要设计辅助支撑柱，以增加模具强度。不完全随形结构模具适应于制作尺寸较小、外形起伏不大的泡沫

塑料模样，但应控制模具的最大壁厚不超过 25mm，在局部较厚之处，应采取钻孔和增加透气塞等办法，以加快模具的导热。

常见的随形面构造方法有以下几种：

1）利用软件的抽壳（Shell）命令自动构造随形面。这种方法最简单，但只能应用于结构简单的模具，如图 3-32 和图 3-33 所示。

图 3-32　抽壳前

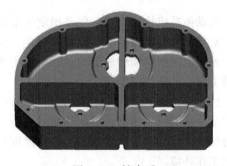

图 3-33　抽壳后

2）用已存在的剖面曲线为基准，执行平移（Offest）操作建构随形面剖面形状。而后采用同样的造型步骤直接构造随形面，最后进行布尔运算获得完全薄壳随形模具，如图 3-34 所示。

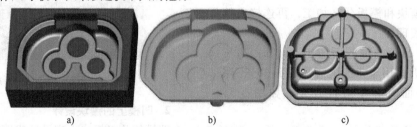

a)　　　　　　　　　　b)　　　　　　　　　　c)

图 3-34　重新构造随形面生成薄壳模具
a）凹模模腔面　b）模腔平移面　c）薄壳随行模具

3）利用投影法得到模样表面相应位置的曲线轮廓，然后用上述方法得到随形面，只是以投影线为基准。

4）直接对模腔工作面执行偏移操作。在

模腔工作面的基础上，直接分别利用偏移（Offest）命令获得各小面的随形面，然后利用曲面剪切、延伸等功能获得完整的随形面。

以图 3-35 浇道模具为例，详细讲解在 Pro/ENGINEER 命令中完成零件三维造型及在确定分型面的基础上，得出的模腔薄壳。其主要步骤如下：

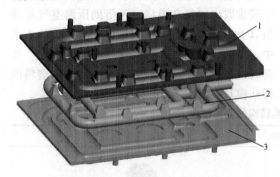

图 3-35　浇道模具

1—动模模腔背面　2—泡沫塑料模样　3—定模模腔面

1）利用主分型面将模具分成凸凹模毛坯。
2）复制出模腔面及切割分型面。
3）将复制的曲面向外偏距 12mm，保证随形壁厚。
4）拉伸出模具毛坯曲面。
5）将拉伸的曲面和偏距的曲面求交合并。

6）将合并好的曲面采用实体化的命令即可得出凸凹模的薄壳实体。

3.2.8　消失模铸造模具毛坯的三维设计

约有 90% 的消失模模具本体或者气室采用铸造毛坯的方法完成，其三维设计的工艺流程图如图 3-36 所示。

从以上工艺可以看出直接使用消失模铸造工艺来铸造模具毛坯具有方便、快捷、迅速的优点；将模具三维造型后，抽出模腔面，使用编程软件（UG NX4.0）控制刀路及加工余量，将数控程序导入数控泡沫塑料模样雕刻机，随形双面加工出泡沫塑料模样的薄壳结构，如图 3-37a、b 所示。泡沫塑料模样的随形壁厚应保证在 10~15mm，确保模具的使用强度。再根据产品的形状轮廓及大小黏结气室，同时完成进水口、出水口等设计（具体设计内容在模具的安装、调试章节详细讲解）。在气室内腔布置支撑肋，支撑肋的布置根据模具的受力状况，采用"非"字形、"口"字形、"T"字形等方式。完成模具毛坯的泡沫塑料模样黏结设计，采用消失模铸造工艺（刷涂料→烘干→填砂振实→铸造）铸造模具毛坯，如图 3-38 所示。

图 3-36　模具毛坯的三维设计流程图

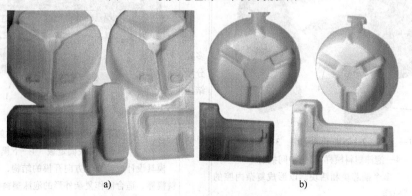

a)　　　　　　　　　　b)

图 3-37　泡沫塑料模样结构

a）泡沫塑料毛坯背面　b）泡沫塑料毛坯模腔面

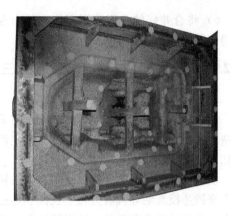

图 3-38 铸造好的毛坯

3.2.9 手动拆装模具的结构设计

手动拆装模具的结构设计可参考四种结构：模套结构、对开结构、多个活块或抽芯结构和多处分型结构，见表 3-4。用蒸汽箱来加热成形模具时，常采用手工取模。这种方式劳动强度较大，并要求操作者有一定的技能。对于较难取出的复杂模样，可借助压缩空气对准模具上的透气塞将模样吹松，或将模具放入水中，借助水的浮力，将模样从模具中取出。必要时，可设计负压吸嘴或吸盘，将泡沫塑料模样从模具中取出。

表 3-4 手动拆装模具结构的四种结构

结构	图例及特点	结构	图例及特点
模套结构	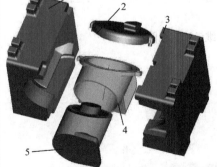 1—上模　2—泡沫塑料模样　3—下模 模具易于加工，空腔面积大，可采用手工填料，取模方便，适合生产简易泡沫塑料模样	对开结构	 1—中间芯棒　2—上模　3—泡沫塑料模样　4—下模 模具由上模和下模及中间芯棒组成，用射料枪注料
多个活块或抽芯结构	1—上模　2—侧面抽芯活块　3—下模 4—泡沫塑料模样　5—中间抽芯 模具上有多个抽芯块和活块，以形成复杂内腔的泡沫塑料模样	多处分型结构	1—辐射肋状电动机壳　2—辐射肋活块 3—活块固定板　4—下模板 模具设计成朝几个方向开模的结构，便于取出泡沫塑料模样，适合制作复杂外形的泡沫塑料模样

手工拆装模具由于其独特的工艺特点，设计时还需要注意以下五个方面：

1）分型面一般取在中间，防止模具错位，定位的设计就很重要，常用的定位结构有，沿泡沫塑料模样最大外轮廓周边做止口定位（表 3-4 中的模套结构），在模具四角做出定位凸台（表 3-4 中的多个活块或抽芯结构）或者定位圆销。

2）在模具分型面做出撬开槽，以利于模具脱模。

3）在模具四周设计出紧固螺钉凸台，以利于模具在成形过程中上下模紧固，其设计方式为在下模做出穿销凸台，螺杆穿孔和下模销钉连接，螺杆可沿销轴活动，合模时，使用吊装螺母锁紧上下模，具体结构如图 3-39 所示。

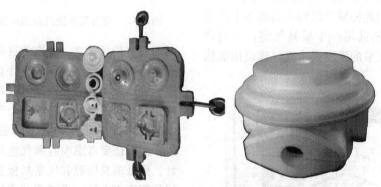

图 3-39　水冷中间壳手工拆装消失模模具

4）充料方式一般采用上充料。

5）在下模四周做出支脚，利于模具在安装、搬运过程中定位平稳。

例如，水冷中间壳手工拆装消失模模具设计，铸件材质为 HT250，模具材质为锻铝；产品最大外径为 $\phi 81.5\,\mathrm{mm}$，高度为 $52.6\,\mathrm{mm}$，最小壁厚为 $3.5\,\mathrm{mm}$，分四片黏结组合成形，四片合做一套手工模具。采用消失模铸造工艺生产样件见效快，投资少。

3.2.10　机动开合模具设计

与手动拆装模具相比，机动开合模具较为复杂，除需设计成形模具模腔本体外，还要结合成形设备的要求，完成气室模框和模板的设计。气室模框与模板形成的气室套称为蒸汽夹套，其作用是既保证蒸汽在模具中均匀分散到模具的各个部位，又不过量消耗蒸汽。

机动模具按照气室模框分为四种结构：单副模具自带气室模框、可互换模块的标准气室模框、多模共用气室模框和多模独立气室模框。

1. 单副模具自带气室模框

模具毛坯与模框整体铸造而成，模具模腔

易于机械加工，模具装配简单，精度好控制，每种产品占用一个气室，使模具在成形机上安装方便，消失模成形效果好，成为机制消失模模具设计的主流之一；适应于品种单一、形状复杂、批量大的产品，如图 3-40 所示，发动机配件飞轮壳采用消失模铸造，外观光滑，尺寸偏差在 $\pm 0.3\,\mathrm{mm}$ 范围内，完全满足发动机的装配需要。

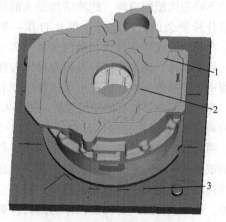

图 3-40　飞轮壳消失模模具

1—下模气室　2—泡沫塑料模样　3—模具定位柱

2. 可互换模块的标准气室模框

此种结构适合同类产品的模具设计，在标

准模框上只需拆装凸凹模块，就可实现同类模具互换，对此类模具在设计的时候应注意，各个产品的代表性特征应明显或在各个模腔内侧刻上零件号，防止凸凹模装错而导致模具在合模时压坏，设计内腔支撑肋时同时考虑各个模腔的互换性，模具设计时还要考虑凸凹模互换时的密封。对如图3-41所示的小型汽车变速器壳体，由于其多个产品外形类似，大小一样，这样就可以使用此种模具结构来实现多个产品通过互换凸凹模共用一个模具气室，节约成本，但是此种气室的强度要求高，建议用锻铝代替铸铝。

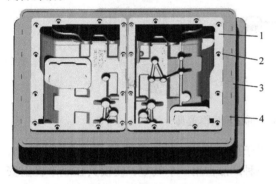

图3-41　小型汽车变速器壳体模具的互换结构
1—凹模模腔　2—螺钉孔　3—密封槽　4—凹模气室

3. 多模共用气室模框

气室模框为多副模具所共享，适合在同一成形工艺下生产多个相同的泡沫塑料模样或相似的不同泡沫塑料模样，此种结构最大的优点就是分片复杂的产品将每个模片合作一套模具，在相同的成形条件下，做出密度、强度完全一致的模片，使泡沫塑料模样在黏结和浇注过程中各项参数一致；模腔也可以和气室合铸在一起，又保证了模具的使用强度。图3-42所示为两缸机体结构复杂，分两片黏结组合成形，两片合作一套模具，共用一个气室，每一次的成形机开合只需要充一次料，加一次压就都能得到一个完整的泡沫塑料模样，提高生产效率，此种结构方式将两缸机体的消失模铸造优势发挥得淋漓尽致，也逐渐成为机制消失模设计的主流之一。

4. 多模独立气室模框

在一台成形机上安装2~3副模具，每副模

图3-42　两缸机体模具及泡沫塑料模样和铸件

具的气室相互独立，可按各自的成形工艺制作不同的产品，此类模具的设计首先要考虑成形机的规格尺寸，确保模具可以在成形机上安装使用；其次要考虑模具的各个气室在气室封板上的安装，保证各个气室的通气量和冷却效果，同时还要考虑模腔和气室封板的支撑肋设计，保证模具模腔和气室封板在气压和水压来回作用下不变形；再者要考虑模具模腔的排位设计及料枪位置和进料方向的设计。

如图3-43d所示的放在卧式成形机的箱体消失模模具，两个气室分开单独安装在气室封板上，发泡时每个模腔可以单独控制发泡工艺，得到最佳的发泡效果，模具采用气缸自动抽芯，减少脱模时间，防止脱模变形，成形机打开时，两个泡沫塑料模样同时脱模，又节省了整个产品的成形时间，此类结构的模具设计集合了消失模模具设计的方方面面，代表先进的消失模模具设计理念和思路，属于目前消失模模具的巅峰之作。

以箱体为例介绍消失模模具中最具代表特色的自动抽芯顶出的模具设计，主要步骤如下：

1）分析泡沫塑料模样成形的可能性，外形尺寸大，零件壁厚达12mm，结构复杂，批量大，适合消失模铸造。

2）如图3-43a所示，考虑泡沫塑料模样的黏结方便，模具结构设计简单，使用在卧式成形机上将泡沫塑料模样分成六大片四小片黏结组合成形。

3）将分过片的泡沫塑料模样单独进行模具设计，以图3-43b中从右数最后一片的单独模具设计为例，模具设计包括：分型面设计，料枪设计，模具结构设计，冷却管道设计。

4）将单独设计好的模具组装在一套气室　　封板上，如图 3-43c 所示。

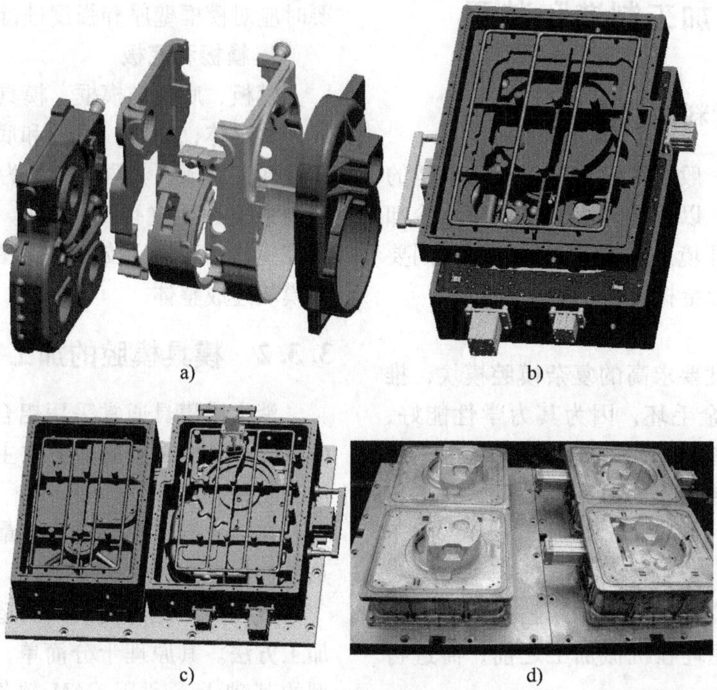

图 3-43　箱体消失模模具设计过程
a）箱体分片　b）单独模片模具　c）模具合装在气室封板　d）独立气室模具

5. 脱模方式

按照顶出方式的不同，又可以将机制消失模模具结构分为手动脱模和自动脱模。

根据成形机开模方向，并结合模样的结构特点选定取模方式。对于简易立式成形机，常采用水与压缩空气叠加压力推模法，使泡沫塑料模样松动，再手动脱模；对于自动成形机，使用机械顶杆取模和负压吸盘取模的自动脱模。

1）水气叠加压力推模法。常在简易立式成形机上采用的水气叠加压力推模法简单适用。开模时，先将压缩空气通到上模气室中，迫使模样留在下模，然后再将压缩空气和水同时通到下模气室中，通过透气塞对泡沫塑料模样产生叠加压力，将模样从模具模腔中推出。水气叠加压力推模法不适合卧式成形机，因为在卧式成形机的气室内难以存水，不易产生对泡沫塑料模样的叠加脱模压力。

2）机械顶杆取模法。对于机械化程度较高的立式和卧式成形机，可采用机械顶杆取模机构（使用气缸提供顶出动力），机械顶杆取模法适用于较厚实的小型泡沫塑料模样。对于薄壁复杂件，为防止模样顶坏或变形，最好采用负压吸盘取模法。

3）负压吸盘取模法。自动成形机（尤其是卧式成形机）多采用负压吸盘取模。负压吸盘取模的过程可实现自动化。根据泡沫塑料模样的外形，先设计出由多个吸盘组成的取模架，各个吸盘均与负压源相连；开模时让泡沫塑料模样留在移动模上，取模架要上升并靠拢模样；待吸盘将泡沫塑料模样吸住后，继续移动模具，取模架便将泡沫塑料模样取下；然后取模架同泡沫塑料模样一起下降并转动，取消负压，泡沫塑料模样下落到输送带上，被运出成形机。

采用负压吸盘取模，应考虑在泡沫塑料模样上是否便于布置吸盘。因为吸盘取模的前提是能在泡沫塑料模样上找到多个平面，便于吸盘将泡沫塑料模样牢牢吸住。

3.3　模具的加工制造和装配

3.3.1　模具材料的选择

消失模模具一般选用耐热的、不易生锈的金属材料来制作，以适应蒸汽加热和喷水冷却周期作用的工作环境。根据工作部位的不同要求，选用不同的合金材料。

1. 模腔模块

对于尺寸精度要求高的复杂模腔模块，推荐采用锻造铝合金毛坯，因为其力学性能好，硬度高，可保证 8 ~ 10mm 厚的薄壳的尺寸精度和使用寿命。模腔工作面可抛光处理，获得较低的表面粗糙度（$Ra = 0.8 ~ 1.6\mu m$），便于脱模。

对于要求不高的模具可采用铸铝毛坯，使用 ZL104；铸铝毛坯在机械加工之前，需进行热处理。

2. 气室模框

气室模框一般采用铸造成形，其材质大多采用铸造铝合金，牌号为 ZL104 或 ZL101A，在机动开合模具中，气室模框既要承受成形机的合模压力，又要承受蒸汽压力。成形 EPS 泡沫塑料模样的常用蒸汽压力为 0.15 ~ 0.25MPa，因此气室模框的强度标准是能承受 0.3 ~ 0.5MPa 的水压试验；对尺寸较大的气室模框，其模框四角处的内圆角半径应大于 20mm，防

止应力集中；在模框内外还应增设加强肋；必要时应对模框壁厚和强度进行校核。

3. 模板和底板

模板、底板与模框、模具模腔模块一起构成模具整体，通常，模板和底板采用轧制铝合金板加工而成，其国产牌号为 2A12（LY12R）。轧制铝板必须进行 T6 处理。对于较大尺寸的深腔模具，还需用支撑柱将模板和薄壳随形模腔模块连成整体。

3.3.2　模具模腔的加工

消失模模具通常采用铝合金材质，而且是薄壁随形结构，其制造方法主要有铸造和机械加工两种。

在消失模模具制造中，最常见的加工方法是数控加工。

数控加工是高档模具制造过程中最常见的加工方法。其原理十分简单，即在模具三维造型的基础上，利用 CAM 软件生成刀具轨迹，实现模具的自动加工。

图 3-44 所示为消失模模具加工中常见的数控加工顺序。由于模具是薄壳形结构，因此，在加工过程中要十分注意加工顺序，在精加工模具阶段，应将凸模块和凹模块与模板和模框紧固在一体，以尽可能降低模具加工过程中的变形。图 3-45 所示为数控加工的凸模实物照片。

图 3-44　常见的数控加工顺序

3.3.3　消失模模具的透气结构

1. 对模具透气结构的要求

模具模腔面加工完成后，需在整个模腔面上开设透气孔、透气塞、透气槽等结构，使模具有较高的透气性，达到发泡工艺对透气结构的四点要求：

1）空气能迅速从模腔中排出。

2）成形时，蒸汽穿过模具进入泡沫珠粒使其融合。

3）冷却阶段，水能直接对泡沫塑料模样进行降温。

4）负压干燥阶段，泡沫塑料模样中的水分可通过模具迅速排出。

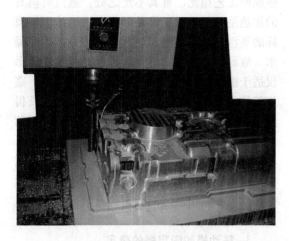

图 3-45　数控加工的凸模

可见，模具的透气结构对泡沫塑料模样的质量至关重要。对模具钳工而言，钻透气孔、安透气塞或开透气槽是一项烦琐又细致的工作，需认真对待。

2. 透气孔的大小和布置

透气孔的直径过小，易折断钻头；过大，影响泡沫塑料模样表面美观。有资料介绍，透气孔的通气面积应为模具模腔表面总面积的 1%～2%。钻透气孔的工作量大，因此仅适用于曲率小的圆弧面或尺寸较小的抽芯块。在模具的大平面上通常是嵌入成形透气塞。

3. 透气塞的形式、大小

透气塞有铝质和铜质的两种，有孔点式、缝隙式和梅花式等几种形式，主要规格有 $\phi4mm$、$\phi6mm$、$\phi8mm$、$\phi10mm$ 和 $\phi12mm$。

选用和安装透气塞的注意事项如下：

1) 不仅要考虑透气塞的布置位置，还应考虑泡沫塑料模样的壁厚差别，调整透气塞的安装尺寸。例如壁厚大的模腔面，透气塞应布置得密实些，壁厚小的模腔面，透气塞应布置得松散些，以利于厚壁处多进蒸汽，实现厚、薄壁处同步发泡融合成形。

2) 大透气塞主要安装在平面处，小透气塞主要安装在圆弧面上。梅花式透气塞为实心的，可自行制作，适合安装在曲率较小的模腔面上，因为梅花式透气塞可随模腔面打磨处理。

3) 在面对面的型壁上，透气塞的排列应彼此错开，以利于蒸汽在模腔中分布均匀。

4) 安装缝隙式透气塞应使各透气塞的取向尽量一致，而且缝隙方向应顺着取模方向，以减小脱模阻力，并有利于透气塞与模具表面一同抛光处理。

4. 开透气槽

对于难以钻透气孔或安透气塞的部位，可设计透气槽来解决模具的透气问题。例如，电动机壳模具上的散热片处不易安透气塞，可以做出透气槽。

3.3.4　消失模模具的装配

装配前先对各模块进行检验，使用量具检查外形尺寸，对照三维图样检查外观形状，检查无误后，再进行各模块的连接和装配。模具装配时应控制以下几个方面：

1) 检查各模块的装配间隙，不可出现松动晃荡的现象。

2) 各镶块与模具本体定位准确，使用不锈钢螺钉加垫圈和弹簧垫圈锁紧。

3) 各个芯块运动平稳无卡死现象，检查外抽芯活块铜燕尾的运动间隙和各芯块与模具本体的配合间隙。

4) 将所有的镶块和芯块配合好后，进行合模检验（即通常所说的 Fit 模具检验），保证凸凹模合模顺利，无飞边、拉毛现象。

5) 对于一些特殊的机构。比如弹簧机构、自动顶出抽芯机构，装配时一定要保证运动间隙，并提前计算好芯块运动行程，选择合适的弹簧、气缸。并做运动试验，确保无卡死拉伤的现象。

6) 将装配好的模具抛光，使表面粗糙度 $Ra \leqslant 1.6\mu m$，保证透气塞无凹陷、凸起的现象，抛光好的模具喷涂特氟龙涂层。

7) 镶嵌橡胶密封条。

8) 配好料枪，准备试模。

3.4　消失模模具的安装和调试

3.4.1　消失模模具在成形机上的安装

按照成形发泡设备的种类不同，将模具的

安装使用分为两种：一类是将消失模模具安装到机器上成形，称为成形机；另一类是将手工拆卸的模具放入蒸汽室成形，称为蒸汽箱（或蒸缸）。一般而言，对于大批量、大中型泡沫塑料模样，多采用成形机成形；对于中小批量、小型模样，则常采用蒸汽箱成形。

1. 成形机

成形机有立式和卧式之分。

（1）立式成形机　立式成形机为水平式开模，模具分为上模和下模。其特点如下：

1）模具拆卸和安装方便。

2）模具内便于安放嵌件（或活块）。

3）易于手工取模。

4）占地面积小。

立式成形机又分为简易立式成形机和自动立式成形机。国内简易立式成形机使用液压缸或电动丝杠控制模具开合，因其价格较低，被许多消失模铸造工厂用来生产不太复杂的泡沫塑料模样。国内近年推出的全自动立式成形机，可用来生产高要求的泡沫塑料模样，已广泛应用于生产。

（2）卧式成形机　卧式成形机为垂直式开模，模具分为左模和右模。其特点为：

1）模具前后上下空间开阔，可灵活设置气动抽芯机构，便于制作有多抽芯的复杂泡沫塑料模样。

2）模具中的水和气排放顺畅，有利于泡沫塑料模样的脱水和干燥。

3）生产效率高，易实现计算机全自动控制。

4）结构较复杂，价格较高。

2. 蒸汽箱成形装置

手动蒸汽箱结构简单，投资少，可自制，由人工控制成形工艺，但制模劳动强度较大。手动蒸汽箱分为立式和卧式两种，机械蒸汽箱也有立式和卧式两种。立式机械蒸汽箱可用立式成形机改造而成。其工作过程如下：先将数副模具同时放在工作台上，关闭蒸汽箱；然后启动控制程序，完成加热、喷水冷却及抽真空干燥等工序；最后开启蒸汽箱，手工取模。立式机械蒸汽箱适合生产较大批量的小型泡沫塑料模样和泡沫塑料浇道。蒸汽箱成形工艺与机械成形工艺相比，有其不足之处：蒸汽对模具的加热是从外向里，难以形成穿透泡沫塑料模样的蒸汽流，易在厚实的截面中心处产生冷凝水，故而影响珠粒的融合。因此，蒸汽箱成形仅适于生产小型泡沫塑料模样。一般来说，蒸汽箱的发泡时间比带气室的机动制模要长得多，譬如，后者只需几十秒钟到几分钟，而前者往往需要几分钟到几十分钟。

将机动模具安装到成形机上，首先要根据模具的开模方向确定移动模和固定模，然后选择移动模和固定模之间的定位及模具在成形机上的紧固方式。

3. 移动模和固定模的确定

根据成形机的分型方式、取模方法及模具的具体结构，确定移动模和固定模。

简易立式成形机的上工作台可升降，即上模为移动模。自动立式成形机的上工作台往往是固定的，以便于安装射料枪；下工作台可升降，即下模为移动模。不论立式成形机向上开模还是向下开模，一般情况下，都要求泡沫塑料模样留在下模，以便从下模中取出模样。因此确定移动模和固定模实际上是确定上模和下模。根据经验，常将难以脱模的一半模具作为下模，另一半模具作为上模。对于浅腔模具，常将凹模作为下模；对于深腔模具，常将凸模作为下模，凹模作为上模，以便上模的冷却水能及时排出。

卧式成形机为垂直分型。泡沫塑料模样是留在移动模还是固定模，主要由取模方式来决定，一般原则是，若采用负压吸盘取模，则将泡沫塑料模样留在移动模上，便于调节吸盘与泡沫塑料模样的取模距离。

若采用顶杆机构推模，泡沫塑料模样应留在凹模，再由移动模带动顶模机构将泡沫塑料模样顶出。

4. 模具定位

模具的合模精度既要靠成形机的合模精度，又要靠模具之间的定位精度。模具的定位是指移动模与固定模之间的定位，模具上活块的定位。模具的定位形式有多种，应根据模具大小和加工条件来选定。对于中小型尺寸的模具，通常采用销套定位、止口定位和靠板定位等方式。

对于要求较高的模具，推荐选用滑块定位方式。定位滑块由凸块和凹槽组成，二者均由黄铜加工而成，定位滑块可使模具适应因加热和冷却而引起的模具尺寸的胀缩。

5. 模具的紧固

通常，对开模具安装到成形机上之前应处在合模状态，尤其是卧式成形机的对开模具，移动模具、固定模具还应在合模锁紧后整体吊装到成形机上紧固。

3.4.2　模具的密封

消失模模具的工作蒸汽压范围为 0.15 ~ 0.25MPa，因此，设计中对模具与模板、气室模框及成形机工作台面之间的密封要求较高，以避免在各结合面上出现漏气泄压、浪费蒸汽、影响泡沫塑料模样的成形质量甚至伤害操作人员的现象。

1. 模具、模框及模底板之间的密封

在模具与模框之间以及模框与模底板之间的每个接触面上，都应镶嵌耐热氟橡胶或耐热硅橡胶密封条，以确保结合面的密封，使蒸汽在模具内能建立成形压力。

2. 公共密封模框的设计

对于一模多件的模具，可设计公共密封模框，将所有模具都包含起来，实行整体密封，而各模具结合面之间不须密封。

3. 密封条与密封槽

密封条应为耐热硅橡胶或氟橡胶，密封条截面直径主要有三种规格：$\phi6mm$、$\phi8mm$ 和 $\phi10mm$。根据其截面直径来确定模具上的矩形密封槽的截面尺寸。

3.4.3　设备管道与模具接口设计

设备管道与模具接口设计是指成形机上的各种管道（如蒸汽、压缩空气、冷却水、负压及排放管道）与模具的接口位置和连接方式，使模具按泡沫塑料模样的成形工艺流程要求，更好地发挥蒸汽成形、通水冷却、快速排放及负压干燥等功能。在模具中布置冷却管道，在模具的移动模和固定模中布置内径为 10 ~ 20mm 的铜管道。在管道上对着模具的随形背面，按 5 ~ 10mm 的间距开设 $\phi0.5 ~ \phi1.0mm$ 的喷水小孔。对于浅腔模具，可用铜接头连接成二维平面冷却管道。对于深腔模具，则用铜管弯制成三维空间走向的冷却管道，在管道上正对模具钻出 $\phi0.5 ~ \phi1.0mm$ 的喷水小孔，如图 3-46 所示。

图 3-46　设备管道与模具接口的连接方式

3.4.4　模具的调试

模具装在成形机上以后，通过不断地调整成形参数，直到得到合格的泡沫塑料模样样品，影响泡沫塑料模样质量因素有很多，发泡成形模样常见的缺陷和对策见表 2-20。

3.5　模具的维护保养

消失模模具的本体材质为锻铝或铸铝，在冷热交替的水环境中使用，根据模具结构的不同，也需要不一样的维护保养方法。

3.5.1　手工拆装模具的维护保养

模具在使用前应检查以下几项内容：

1）充料口是否通畅。

2）锁紧螺钉是否能锁紧。

3）镶块活块是否配合到位。

4）气塞孔是否堵塞。

5）上下模具是否能够合严。

6）模具是否有裂纹。

7）模具模腔表面磨损是否严重。

8）水压表、气压表是否正常。

9）管道阀门是否正常。

10）水质酸碱度是否合适。

11）蒸压釜是否正常。

通过以上检查内容来确定手工拆装模具的维护保养状况。维护保养应做到以下四个方面：

1）尽量使用模具厂标配的料枪，使用不锈钢圆棒，不能因为其他材料生锈而堵塞料枪孔或由于锈渣而堵实气塞孔，锁紧螺钉也要使用不锈钢螺钉，滑牙后尽快更换，保证模具在每一次开合时都能锁紧，防止成形时漏料产生飞边。

2）模具通过热蒸汽熟化泡沫，再通过冷水冷却，不可避免地会在模具外表面覆盖一层碳酸钙等水垢，影响模具的冷热交换和成形质量，更严重的会堵塞气塞孔，使热蒸汽不能到达模具模腔表面，对模具进行大修，更换全部气塞，这就需要一星期左右来对模具进行除垢维护，除垢一般是将模具放在弱酸环境将水垢软化，再敲掉，模具的材质决定模具不能长期处于弱酸环境下，容易腐蚀模腔表面，除垢对于消失模模具的维护来说是一个很大的挑战。洛阳刘氏模具现发明一种溶液，很容易除掉模具水垢，而不会腐蚀模具模腔表面。经常检验水质，使模具水环境处在弱碱环境下，也不容

易使模具产生水垢。

3）因为泡沫塑料对模具模腔表面也会有一定的腐蚀作用和磨损，这就要求模具表面有一层特殊的覆盖膜，既耐酸碱、耐高温又能保证模具表面光滑易脱模。该膜应和模具的材质有很好的亲和力，覆盖在模具模腔表面不易脱落。洛阳刘氏模具采用特殊的特氟龙涂层技术，在模具表面覆盖一层0.02mm厚的特氟龙薄膜，满足模具使用时的多项性能要求。

4）手工模具在使用时需要手工拆装、搬运，在使用过程中要注意轻拿轻放，尽量延长使用寿命。对蒸压釜、管道等使用前的检验也能避免模具在成形时存在某些隐患。

3.5.2　普通机模的维护保养

普通机模装在成形机上使用，其维护保养的方法和手工模类似，不一样的有以下几个方面：

1）在模具装机前，检查成形机上下模板，保证干净平整，如果长时间没有使用，先对其进行除锈清理，并检查管道阀门，保证各个结合点不漏气、不渗漏，保证通气通水平稳可控。

2）模具装机前，检查模具各个镶块、芯块是否装配到位，保证模具在充料过程中不会逸料至模具气室。

3）模具装机前，模具上下气室与成形机模板接合面及模具分开面装好密封条，保证模具在成形过程中不会因漏气而影响泡沫塑料模样的成形效果。

4）装机时保证模具在成形机上定位、固定可靠，一般采用四面定位的方法，使其受力均匀。

5）成形操作时，先对模具进行开合模拟，保证上下模运动平稳。

6）对于一些有手动抽芯的机模，一定要按照操作过程使用模具，是先开模再抽芯，还是先抽芯再开模，一定要明白先后顺序，保证不会因为操作失误而使模具压坏或者报废，对抽芯取下来的镶块、活块摆放合理，下面垫一层泡沫塑料保护镶块、活块不受磕碰。对于活动件，在不影响泡沫成形的情况下，可以对其

进行涂油润滑。

7）模具模腔表面使用特氟龙涂层，不能使用尖锐的物件划伤模具表面，而影响泡沫塑料模样成形效果。

8）模具使用两周后，进行除水垢处理，成形机模板进行防锈处理。

3.5.3 自动机模的维护保养

自动机模的使用主要涉及气缸使用寿命及使用环境，其维护保养除了上面所讲的内容外，关键是对气缸的维护保养。

1）模具装机前，对各个气缸模拟开合，保证芯块、脱模器运动平稳顺滑，且行程合适。

2）对于外部气缸，了解抽芯和开模的先后顺序后，只需要经常涂油润滑即可，保证滑杆和铜套之间无拉毛卡死现象。

3）对于内部气缸，因为在热蒸汽和冷却水来回循环的环境中使用，一定要使用耐热气缸，并且根据水质的不同，定期更换，一般情况下，两个月换一批，更换时保证型号行程一致。

3.6 重型货车变速器箱体消失模模具设计工艺

重型货车变速器箱体主要有四方面的要求：生产批量量大；外观质量好；铸造精度高；质量稳定性好。消失模铸造能满足以上重型货车变速器箱体的市场要求。一般来说，箱体结构越复杂，消失模铸造工艺越能发挥优势。产品的复杂结构及现场使用出现的问题，使得重型货车变速器箱体发泡模具的设计与制造存在诸多难点。以 9 档重型货车变速器箱体模具的设计为例介绍相关设计及制造工艺。9 档重型货车变速器箱体为较大的箱体铸件，材质为 HT200，质量为 90kg。箱体尺寸繁多，内部结构复杂。模具设计存在六个难点：壁厚 8mm，泡沫模样不易成形；中间有隔板，隔板中间有孔，需要做侧抽芯活块；两面开口，泡沫模样易变形；内腔空间大，泡沫模样不易脱模；四面封闭，产品需要分两片黏结组合成

形；分两片的产品局部产生倒拔模，模具需要做出侧抽芯活块。

1. 重型货车变速器箱体模具的基本要求

1）模具尺寸精度必须使制出的铸件在图样要求的精度范围内。

2）模具模腔及模框无铸造缺陷，模具工作表面粗糙度 $Ra \leqslant 0.8mm$。

3）为了使模样加热冷却均匀快速，模具材料导热性应好，模具模腔一般做成薄壳随形结构。

4）模具中的射料枪设置应保证进料顺畅，使预发珠粒能够顺利充满模样所有部位。

5）正确设置排气阀位置和确定排气面积的大小，使模样紧实，加热和冷却均匀。

6）模具应有足够的强度和刚度，对水、蒸汽等介质有良好的耐蚀性，寿命长。

7）模具应与成形机连接可靠，安装定位准确。模具制造和操作使用方便。

2. 重型货车变速器箱体模具的工艺要求

根据箱体结构、模具要求及现场使用，从白区制模与蓝区浇注确定了重型货车变速器箱体消失模模具设计与制造方案。

（1）重型货车变速器箱体模具工艺设计

1）模样分型。根据铸件结构特点，沿三轴孔心连线将模样分成 A、B 两片（见图 3-47），模片采用圆台定位，模片分型定位凸台统一设置在 B 片上，这种分型方便模样成形出模，同样适合目前车间内模样手工黏结及自动粘合机自动黏结。

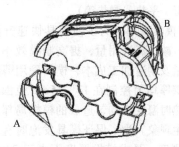

图 3-47 模样分型方案

2）铸件结构与尺寸。为了防止模样变形，采用在模样的上盖口面增加两根防变形拉筋（见图 3-48），增加产品过渡圆角等措施来保证泡沫模样的稳定性。

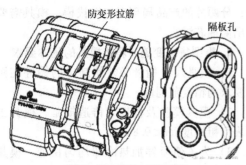

图3-48　箱体三维简图

3）加工余量及收缩率。除局部特殊要求外，加工余量统一设置为4mm。此类变速器箱体缩量统一采用1.5%。

4）脱模斜度。最大设置为1°，对局部取模时易造成变形及隔板处厚大活块可增加脱模斜度。

5）射料位置。在模具长度方向的两端各设置一个加料口，要求料口尺寸配合车间内部的自动料枪。在成形过程中可以采用二次入料的方式，使珠粒可以更加充分地填满模腔，该位置有相对开阔的顶部模腔和没有任何阻碍物的侧壁，珠粒可直接导向充填末端，然后依次有序地填充。

（2）重型货车变速器箱体模具本体设计

1）模具材料的选择。选用ZL104合金来制造模具模框及模芯，要求模框及模芯整体铸造成形，铸造毛坯在机加工之前必须进行热处理；选用牌号2A12F的轧制铝板来制造模具模板及底板，轧制铝板必须进行T6处理；选用锡青铜来制造模具上的顶杆及导套；选用不锈钢来制造模具内部所使用的连接及紧固件（螺栓、螺母、平垫、弹垫等）。

2）模具壁厚。为了使模具快速升温及快速冷却，减少蒸汽用量，提高制模效率，减轻模具质量及制造加工成本，模具采用薄壁随形结构，壁厚均匀控制在13～15mm范围内，避免因加热时温度不均匀造成的模样局部过烧或局部料生现象。为了保证模具发泡时有足够的强度和刚度，要求模框厚度不小于20mm，并在模腔外部设置加强肋固定。

3）模具气室。成形时要求模具通过气室具有均匀的导入高温蒸汽的能力，气室设计的高度应不小于30mm，以便于高温蒸汽在气室内进行缓冲后能通过气塞均匀地到达模腔中。

模具的上下模均有气室，每个气室有一个进气孔和一个排气孔。进气孔直通模腔气室内主要用于引入蒸汽和冷却水；排气孔应尽可能地安装在气室底部或靠近气室底部，以便于模样成形后及时排出冷却水，避免下一模成形时未排尽的冷却水造成蒸汽降温而影响成形质量。

4）气塞分布。模具上应合理设置气塞，气塞的位置应从两个角度来考虑，一是与射料枪配合，保证模腔内珠粒填充均匀良好；二是保证模片整体同步受热发泡融合成形。根据变速器箱体的结构特点，采用直径为8～10mm的点式气塞，要求气塞必须与模具本体在1个面上，不允许有凸起，保证模样光滑平整。气塞排布的间距不得大于25mm，对局部厚大部位要求气塞排布得更密集些，对面对面的型壁要求气塞的排布应彼此错开，以利于蒸汽在模腔中均匀分布。

5）抽芯及活块机构。对于局部不易取模或与模具开模方向不一致的部位可设计活块和抽芯机构，使泡沫模样在一副模具中整体做出，既保证了泡沫模样的强度，又能省去后序模样的黏结工序。变速器体结构复杂，对于箱体上的隔板孔、倒档孔、过油孔采用手工抽芯活块设计，为了防止活块频繁装卸导致活块磨损变形，要求活块材质采用锻铝；对于箱体两侧存在倒拔模的部位，采用气动抽芯机构，要求抽芯活块必须以铜制燕尾槽定位，通过活块上自带的燕尾槽和模具上自带的燕尾配合使用。要求侧抽芯活块的下底面设置定位板，对侧抽芯活块起到定位保护作用，使侧抽芯活块在封闭的内腔运动。要求侧抽芯活块为空心结构，与其相邻的上模气室侧面留有热蒸汽和冷却水通孔，侧抽芯活块的成形面通过其上镶嵌的气塞和上模气室的预留孔，与上模气室内腔相通（见图3-49）。

6）冷却机构。模具的冷却对模样成形至关重要，可以防止模具过热引起的模样过热，防止模样脱模后变形。根据模具结构，采用在上模气室内设置冷却纯铜管，在铜管上钻$\phi 0.5 \sim \phi 0.8mm$的喷水小孔来实现模具上模的冷却，考虑上模气室内冷却水有一个上升过程，待水接触到模具模腔和泡沫模样时，水温

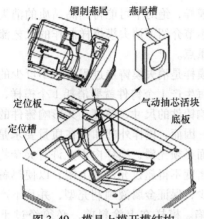

图 3-49　模具上模开模结构

已升高，不利于泡沫模样的冷却，要求下模气室内采用喷嘴冷却的方式，冷却效果明显优于管道小孔，使泡沫模样均匀冷却。

7）模样顶出机构。由于泡沫模样强度不高，使用模样顶出机构容易造成模样脱模时变形，车间内变速器壳体模具生产任务重，必须保证高效率，要求模具上采用整块托板式自动顶出机构，整个机构包括顶板、顶杆与顶出气缸（见图3-50）。顶板位于下模气室的分型面处，在 4 个顶出气缸的带动下做往复运动；顶杆则根据泡沫模样的受力排布 4～8 根固定在顶板上，和顶板一起完成泡沫模样的脱模过程，顶杆频繁摩擦容易磨损，所以顶杆必须加滑套，滑套材质为锡青铜；顶出气缸通过不锈钢螺钉固定在下模气室四角，通过调整顶出气缸的活塞运动方向，完成顶板和铜顶杆 的开合动作，模具下模气缸必须加挡板护住，防止拆装模具时损坏气缸接头。

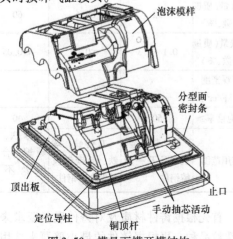

图 3-50　模具下模开模结构

8）模具定位。根据模具结构和尺寸采用销套加止口定位（见图3-49和图3-50）。要求在模具上均匀设置 3 套导柱导套机构，定位导柱设置在下模，导套定位槽设置在上模，导柱导套有效高度为 30～40mm，材质为锡青铜；要求模具上的止口高度为 5mm，既能起到定位作用，又可以增加模具成形抬模高度，提高成形过程中珠粒的填充及压实度，保证模样的表面质量。

9）模具密封。模具气室内要通入蒸汽，并且保压，这就对模具的密封情况要求较高。在上下模气室成形机模板之间镶嵌密封条，完成模具和成形机之间的密封；在下模气室分型面处镶嵌密封条，完成上下模具之间的密封；抽芯气缸和模具气室外壁之间镶嵌硅胶密封垫，完成抽芯气缸组件和模具气室之间的密封（见图3-51、图3-52）。为了达到更好的密封效果，要求模具上所有的密封槽均采用双密封条密封。

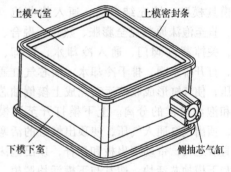

图 3-51　模具外形结构

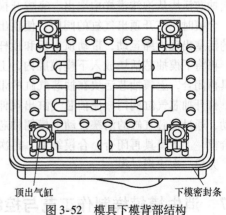

图 3-52　模具下模背部结构

10）模具表面处理。由于变速器箱体结构

复杂，考虑到脱模困难，模具表面可进行特氟龙处理。处理以后可以显著降低泡沫脱模力，而且方便模具表面的水渍清理，提高模样质量。

3. 重型货车变速器箱体模具的工作过程

（1）安装模具　将重型货车变速器箱体模具吊装在立式自动成形机的4根导柱间，通过压板将上模气室固定在成形机的上模板（即动模板）上，通过压板将下模气室固定在成形机的下模板（即定模板）上，接通自动料枪的通气管和通料管，接通抽芯气缸的通气管，接通顶出气缸的通气管，接通上模气室、下模具气室的热蒸汽管和冷却水管。

（2）调试模具　将成形机开合行程调整到适合模具打开取出泡沫的行程内，再由成形机将模具压紧，保证模具开合顺利，无卡滞现象；调整充料时间、热蒸汽压力、冷却时间。

（3）充料阶段　上下模完全结合，用自动料枪将预发泡的泡沫颗粒采用负压的方法填充至模具模腔，填充结束后，通入热蒸汽、保压，直至泡沫原料完全膨胀、熟化、融合、成形，关掉蒸汽阀门，通入冷却水，冷却、定型，打开排水阀，排干冷却水，抽芯气缸通入气压，使气缸形成收缩运动完成上模侧抽芯活块和泡沫模样的分离。上下模打开至调模行程，顶出气缸通入气压，使顶出气缸的活塞向上直线运动，带动顶出板和顶杆，顶出泡沫模样和下模抽芯活块，使其与下模活块脱模，再一起从下模取出泡沫模样和下模抽芯活块，将下模抽芯活块从泡沫模样中取出，完成开模动作。合模时先打开顶出气缸的阀门，使顶出气缸的活塞出现内缩运动，带动顶出板和顶杆回位，再将下模抽芯活块放入下模模腔内，上下模具再闭合，上模抽芯活块在抽芯气缸的带动下，打开抽芯气缸阀门，使抽芯气缸出现伸出运动，通过抽芯气缸的活塞带动上模侧抽芯活块合模，上下模具再闭合，合模结束。再次充料，完成一次成形过程。

3.7　消失模模样制作工艺与控制

模样是消失模铸造成败的关键，没有高品质的模样，绝对不可能得到高品质的消失模铸件。本节介绍了消失模模样制作的工艺流程与控制重点。

模样是消失模铸造过程中必不可少的消耗品，每生产1个铸件就要消耗1个模样，模样既影响铸件的尺寸、精度，又影响铸件的内在质量，因而，模样外部和内在质量要求是：模样表面必须光滑，模样内不允许有夹杂物，同时其密度不得超过允许的上限，以使热解产物尽量少，保证金属液顺利充型，并且不产生铸造缺陷。模样在上涂料前，必须经过干燥处理，去除水分并使模样尺寸稳定。模样在满足上述要求的同时还应具有一定的强度和刚度，以保证在取模、组模、烘干、上涂料等操作过程中不被损坏或变形。消失模模样制作工艺流程如下：珠粒选用→珠粒预发→珠粒熟化→模样成形→模样烘干。

1. 消失模铸造珠粒选用

如何选择适用与适合的珠粒，在整个消失模生产中是至关重要的一步。目前适用于消失模生产工艺的产品有3种：可发性聚苯乙烯树脂珠粒（简称EPS）、可发性甲基丙烯酸甲酯与苯乙烯共聚树脂珠粒（简称STMMA）、可发性聚甲基丙烯酸甲酯树脂珠粒（简称PMMA），见表3-5。

表3-5　适用消失模铸造的珠粒性能指标及应用范围

指标	EPS	STMMA	PMMA
珠粒外观	无色半透明颗粒	半透明乳白色颗粒	乳白色颗粒
碳含量（质量分数，%）	92	69.6	60
增碳量（质量分数，%）	0.1~0.3	≤0.06	≤0.05
表观密度/（kg/m³）		550~670	
发泡倍率≥	50	45	40
应用范围	铝、铜合金、灰铸铁及一般铸钢件	灰铸铁、球铁、低碳钢及低碳合金钢件	球铁、低碳钢、合金钢及不锈钢件

首先根据铸件材质及对铸件质量要求来选择珠粒品种，再根据铸件的最小壁厚来选用珠

粒规格。一般按小于铸件最薄壁厚的十分之一来选择，比如要得到7mm 薄的铸件，就需要直径为0.7mm 以下的珠粒作为模样材料，如果铸件表面要求高，可以考虑选用更细规格的珠粒。

根据这些选择条件，生产的灰铸铁件采用龙王 H-S 型号的 EPS 珠粒，铝合金件采用龙王 GH-4S 型号的 EPS 珠粒，球铁件采用的凯斯特 2#型号的 STMMA 珠粒。

2. 消失模铸造珠粒预发

为了获得密度低、表面光洁、质量优良的泡沫模样，必须对原始珠粒在模样成形前进行预发泡。珠粒预发泡一般在间歇式发泡机中进行，不同的预发泡机操作参数不同，表3-6 为全自动间歇式蒸汽预发泡机工艺参数，操作工艺基本相同，其工艺过程如下：

预热→加料→加热发泡→出料→干燥→清理料仓

蒸汽预发泡机工作中应注意以下问题：

1）必须加热均匀（蒸汽与珠粒接触），筒体温度在80~130℃范围容易调节和控制。搅拌要充分、均匀，筒体底部和侧壁要有刮板，防止珠粒因过热而粘壁，搅拌速度可调。筒体底部冷凝水排除要畅通，否则影响预发泡效果。

2）加热蒸汽压力可调并稳定，且蒸汽中不能夹带水分；蒸汽进入不宜过于集中，压力和流量不能过大，以免造成结块、发泡不均匀，甚至部分珠粒因过度预发泡而破裂。

3）出料要干净，每批发泡后，筒体内残留的料要吹扫干净。

4）要注意安全操作，特别是预发 STMMA 珠粒时，筒体温度大于100℃，所以筒体的工作压力一定要控制在设备允许的范围之内。

5）珠粒的预发倍数，可以通过调节加热蒸汽压力，然后由蒸汽加热时间和观察料位高度来控制。

生产的不同铸件的预发密度见表3-7，仅供参考。

表3-6 全自动间歇式蒸汽预发泡机工艺参数

序号	珠粒型号	珠粒种类	管道蒸汽压力/MPa	筒体蒸汽压力/MPa	预发泡温度/℃	压力方式	加压压力/MPa
1	龙王 H-S	EPS	0.10~0.30	0.01~0.10	85~100	常压	
2	龙王 GH-4S	EPS	0.10~0.30	0.01~0.10	85~100	常压	
3	凯斯特 STMMA-2#	STMMA	0.20~0.40	0.05~0.15	95-110	加压	0.05~0.10

表3-7 不同铸件的预发密度

铸件品种	灰铸铁类变速器壳体	灰铸铁类离合器盖类、壳体	铝合金类	球铁类
预发密度	22.00~24.00g/L	22.00~26.00g/L	18.00~20.00g/L	18.00~20.00g/L
珠粒型号	H-S、GH-4S	H-S、GH-4S	H-S、GH-4S	GH-4S、STMMA-2#

3. 消失模铸造珠粒熟化

预发泡珠粒用于成形模样前，必须放入熟化料仓里进行熟化处理。熟化处理是预发泡完的珠粒达到稳定的一个过程，在此稳定过程中珠粒的变化为：自然跑掉大部分水分、恢复一定弹性、减少挥发分含量，为制作出更好的模样而打好基础。在整个熟化过程中，能通过肉眼看出此珠粒是否属于正常预发泡：良好的珠粒一般表面光泽、圆润、用手捏有良好的回弹力；如果预发泡不好表面会起泡、有些会成椭圆形、没有弹性而且挥发分也相对跑得特别快。

最佳的熟化时间取决于熟化前预发泡珠粒的湿度和密度，以及环境温度与空气流动情况。采用的熟化料仓为接地的金属框架料仓，并外接鼓风机保证料仓内珠粒循环通风，熟化温度为室温。EPS 珠粒的熟化时间控制在4~16h，STMMA 珠粒的熟化时间控制在5~10 天。

4. 消失模铸造模样成形

待珠粒熟化后，将珠粒充填进模具中，通

过蒸汽再次加热进行二次发泡，形成与模具形状和尺寸完全一致的整体模样。国内最为普遍的成形工艺有两种：蒸缸成形和成形机成形，工艺控制程序基本相同，其工艺过程如下：

模具预热→珠粒充填→加热成形→冷却→脱模

半自动消失模成形机模样成形过程中工艺参数见表3-8。

表3-8　半自动消失模成形机模样成形过程工艺参数

模样材质	密度/(g/L)	蒸汽压力/MPa	加热时间/s	保温时间/s	冷却时间/s
EPS	18～200	0.09～0.12	10～15	2～5	60～80
STMMA	22～240	0.07～0.10	20～30	20～30	200～300

为了得到合格的模样，使用成形机成形在生产中应注意以下问题：

1）应根据模具结构特点，选择合适的加料方法，确保珠粒均匀地填满模具，填充不满易导致成形不足的缺陷，过量会增加模样的密度。

2）根据模样大小、结构、壁厚，控制加热时蒸汽压力和模具的最终温度，使模具整体温度上升均衡，避免加热过快模具温度上升不均衡而造成模样表面珠粒融合不一致。

3）具体的加热温度、加热时间是根据不同模具和不同预发珠粒密度来确定的，加热时间要适宜，以便使模具中的珠粒充分膨胀熔结在一起，加热时间过长会导致模样在冷却时收缩。

4）加热蒸汽中不要夹带冷凝水，否则会阻碍珠粒相互熔结，影响模样表面珠粒融合。

5）冷却过程中冷却水温不能太低，水压不能太大，冷却时间不能太长，否则模样表面会有塌缩。

6）刚成形的模样冷却后内部处于减压状态，比较软，如果脱模不当，模样表面就会损伤、变形，所以对于不同结构的模样要采用不同的脱模方式。

5. 消失模铸造模样烘干

为了保证消失模铸件质量，模样在组装和上涂料前一定要进行烘干，使模样中水分含量降到1%（质量分数）以下。模样在干燥过程中残留的发泡剂也要从泡孔内向外扩散。随着模样在烘干和存放过程中水分和发泡剂含量的减少，模样的尺寸也要发生变化。通过实验总结发现一般的EPS模样会收缩0.4%～0.8%，STMMA模样会收缩0.2%～0.4%，模样在30天后尺寸基本趋于稳定。模样烘干分为自然烘干和烘干室内烘干。生产中模样烘干和稳定化一般都采用室温下的自然烘干和在烘干室内的强制烘干相结合。采用的烘干工艺为：成形后的模样先在分层的模样烘干架上放置4～6h，让模样进行全方位的散热，之后放入温度为50±5℃、湿度≤30%的烘干室内烘干8～16h，最好放置到模样存放区进行常温烘干；夏秋季（存放区平均温度30℃以上）模样烘干时间控制在5～15天，春冬季（存放区平均温度30℃以下）模样烘干时间控制在7～30天。

3.8　消失模铸造两个关键环节的技术控制

模样制作与模样汽化成形两个关键工序的技术工艺控制，将进一步提高消失模铸件质量。只要掌握并控制好这两个关键技术并熟练应用于生产，消失模铸件的质量提高和稳定是不难解决的。

消失模铸造为了防止金属液渗入砂子空隙中造成铸件黏砂缺陷，要给模样表面涂刷耐火涂料，这个涂层能在金属液浇注型腔过程中支持干砂型，防止塌箱和崩溃。消失模铸造的缺陷与其铸件成形过程密切相关。由于汽化的泡塑模样在消失模铸造过程中必然要消耗掉，每生产一个铸件就要消耗一个模样。模样成形及制作质量的好坏，既影响铸件的尺寸精度和变形程度又影响铸件的表面粗糙度；模样在铸件浇注过程中的物理化学反应进行得如何直接影响到铸件的内在质量。所以说模样制作和模样汽化是消失模铸造的两大核心环节，是决定消失模铸造成功与失败的关键技术。

消失模铸造中金属液浇注时泡沫塑料模样各处处于不同温度，泡沫模样并不是一下立即消失；随着金属液给热温度不同，泡沫塑料模样的状态也不相同。泡沫塑料加热到75℃左右开始变形软化，进入高弹态；温度超过 100℃ 时，泡孔内空气和发泡剂穿过泡孔壁逸出，体积急剧缩小到原来的几十分之一；到 164℃ 左右开始变为黏流态；在 316℃ 左右聚苯乙烯开始解聚；温度超过 576℃ 时低分子聚合物发生裂解。在 700℃ 以上高温泡沫塑料极度裂解、进入汽化态，在有氧条件下还伴随着燃烧。超过 1350℃ 后低分子聚合物急剧裂解，析出氢的含量大约到一半，燃烧更加剧烈并析出大量的游离碳和挥发性气体。

消失模铸造中浇注时泡沫模样遇高温金属液立即热解、汽化燃烧，浇注的金属液同时与其相互作用，金属液不断占据其退缩的空间，泡沫模样不断消失逐渐趋向完全消失掉，金属液在不停顿地占据中逐渐冷却凝固而形成铸件。泡沫模样消失（即汽化）得越彻底，铸件形成得越好；整个过程对消失模铸件质量有决定性的关系。以铸铁为例，如果浇注铁液温度是 1350℃，此时聚苯乙烯不完全分解而生成固相碳（炭黑），它分布在铸型的表面，这个时候的铸铁碳含量接近饱和，碳元素不易渗入铸件表层，容易沉积在铸件表面。这些分解产物轻则堆积在铸件表面局部，只是造成铸件表面粗糙；重则在工艺条件不良时使铸件表面形成波纹状或滴瘤状的皱皮等缺陷，习惯称为碳质缺陷，这类碳质缺陷严重时就会导致铸件报废。消失模铸造生产工序的减少和操作内容的简化，为减轻铸造工人的劳动强度创造了有利条件，由于铸件近无余量净成形，从而大大减小了铸件重量，可以提高生产能力。加之清砂极为简便，能够最大限度地排除粉尘污染。因此，消失模铸造成为铸造行业节能减排的先进工艺技术之一。只要对模样材料和制模工艺、耐火涂料及振实填砂装箱等工艺环节进行严格的控制和认真仔细的操作，完全能够克服和消除不利影响因素，获得优质的精密铸件。

要保证消失模铸造产品的质量好，选择优质的消失模铸造专用泡沫珠粒是一个关键的环节。用包装用泡沫来制造泡沫模样，会因为其发气量、增碳量等不稳定因素大大影响铸件质量。

1. 消失模铸造用专用泡沫珠粒的常规专用名称

1）消失模铸造专用的可发性聚苯乙烯树脂珠粒（EPS）。

2）可发性甲基丙烯酸甲酯与苯乙烯共聚树脂珠粒（STMMA）。

3）可发性聚甲基丙烯酸甲酯树脂珠粒（PMMA）。

用户根据铸件的特点和要求来选用需要的品种和规格，以确保获得优质的泡沫塑料模样和消失模铸件（见表 3-9）。

原始珠粒的选择：首先根据铸件材质及对铸件的质量要求来选择珠粒的品种，再根据铸件的壁厚来选择珠粒的规格。在预发泡时，采用 40 ~ 50 倍的发泡倍率，珠粒直径将是原始珠粒的 3 倍左右。为了得到良好的模样表面状态，成形时模样最小壁厚部位要在最小壁厚方向排列 3 颗珠粒。这样所选择的最大原始珠粒直径 = 铸件最小壁厚 × 1/3 × 1/3。例如，要得到 5mm 最小壁厚的铸件，就需要直径为 0.55mm 以下的原始珠粒作模样材料。对薄壁件尤其是灰铸铁件，其珠粒直径要更小一点。对厚壁件珠粒的充填不成问题，模样也有一定的强度，适当选用大的珠粒也能得到理想的铸件表面。原始珠粒的预发泡：消失模铸造用的预发泡机一般采用间歇式预发泡机。间歇式预发泡机有间歇式蒸汽预发泡机和真空预发泡机两种。间歇式蒸汽预发泡机预发泡工艺参数：EPS 预发温度为 100 ~ 105℃；STMMA 预发温度为 105 ~ 115℃；PMMA 预发温度为 120 ~ 130℃。预发泡时蒸汽进入不宜过于集中，压力和流量不能过大，以免造成结块、发泡不均匀，甚至部分珠粒过度预发泡而破裂的现象。发泡时珠粒与蒸汽接触，预发泡珠粒含水量（质量分数）高达 10% 左右，因此卸料后必须经过干燥处理。

真空预发泡机的加热介质（蒸汽或油）不直接接触珠粒，珠粒的发泡是真空和加热的双重作用使发泡剂加速汽化溢出的结果。因此，预热温度和时间、真空度的大小和抽真空的时间是影响预发泡珠粒质量优劣的关键因素。一般真空度设定为 0.06 ~ 0.08MPa，抽真空 20 ~ 30s，预热时间为 1 ~ 3min（最好两分钟以内），预热温度由夹层蒸汽压控制。

表3-9　消失模铸造用专用泡沫珠粒产品的适用范围

品种	适用	适用范围
EPS	有色、灰铸铁	金属（铝、铜等）、灰铸铁及一般钢铸件
STMMA	球铁	球铁、低碳钢、合金钢铸件
PMMA	铸钢	可锻铸铁、低碳钢、合金钢、不锈钢铸件等。

2. 消失模铸造用的泡沫塑料模样

泡沫塑料模样在浇注过程中要被高温汽化掉或燃烧掉，金属液才会取代其空间位置而形成铸件，因而要对泡沫塑料模样的外部和内在质量提出3条要求。

1）模样表面粗糙度低，珠粒间融合良好，没有明显的突起与凹陷，无过融、损伤、油污，其形状和尺寸精确符合模样图样要求。模样的结构与工艺设计要尽可能的合理。

2）模样在确保强度前提下密度要低而且各部位密度要均匀，以使热解产物尽量少，保证金属液顺利充填且不产生铸造缺陷；模样内不允许有夹杂物。模样在涂覆涂料前，必须进行干燥处理，减少水分并使尺寸稳定。

3）模样在满足上述要求的同时，还要具有一定的强度和表面刚度，以保证在黏结、涂覆涂料、干燥、搬运、填砂装箱等操作过程中不被损坏或变形。

预发泡珠粒的干燥、熟化处理：一般真空预发泡机不仅珠粒预发泡倍数高，珠粒粒径均匀而且预发泡的珠粒是干燥的。若采用加压式蒸汽预发泡机，预发泡后的珠粒含水量高，需用进行干燥处理，干燥风温为25～35℃，使珠粒含水量（质量分数）降到2%以下。经预发泡后的珠粒内部呈减压状态，通常要存放一定时间使其干燥熟化，让其稳定。EPS预发泡珠粒的熟化时间见表3-10。

表3-10　EPS预发泡珠粒的熟化时间

堆积密度/（g/L）	15	20	25	30
最佳熟化时间/h	48～72	24～48	10～30	5～25
最少熟化时间/h	10	5	2	0.5

PMMA和STMMA预发泡珠粒的最佳熟化温度为20～25℃。

3. 模样的制作工艺

无论采用哪一种珠粒制模，其制模工艺流程都是相同的，工艺过程如下：

原始珠粒的选择→预发泡→珠粒的干燥、熟化处理→发泡成形→模样的熟化→模样组合

目前消失模所用的原材料主要有可发泡聚苯乙烯（EPS）、可发泡聚甲基丙烯酸甲酯（PMMA）、苯乙烯和甲基丙烯酸甲酯的共聚物（STMMA）等。根据试验分析可知采用EPS模样的主要缺点是容易引起铸铁件表面产生光亮炭缺陷和使铸钢件表面增碳。采用PMMA模样对解决增碳、皱皮、黑渣等缺陷非常有效。PMMA的发气量大，约是EPS的1.5倍。STMMA是苯乙烯和甲基丙烯酸甲酯的共聚物，其共聚物兼有前两者的优点。还可调节共聚物的组成，生产不同性能的泡沫塑料，以满足不同铸造场合的需要。根据原料的性能和铸件的不同，选择模样原料的原则如下：

1）对于增碳没有要求的铝、铜、灰铸铁件和中碳钢以上的铸钢件，可采用EPS珠粒；表面增碳要求较高的低碳钢铸件最好采用STMMA，对表面要求特高的少数合金钢铸件可选用PMMA。

2）性能要求较高的球铁件对卷入的炭黑夹渣比较敏感，可能会引起铸件产生裂纹，所以模样的原料也选用STMMA。对于表面要求光洁的薄壁铸件，必须采用最细的珠粒、最优的发泡率，采用STMMA。

3）根据模样壁厚选择珠粒大小。壁厚越薄则要求珠粒径越小。一般原始珠粒不应大于铸件最小壁厚的1/10。

发泡成形的目的就是将一次预发的松散珠粒填入一定形状和尺寸的模具中，再次加热进行二次发泡，形成与模具形状和尺寸一致的整体模样。批量生产的模样采用成形机成形。其发泡成形工艺过程如下：

1）预热。模具安装好后，将它预热到100℃，保证模具是热态和干燥的。

2）填料。一般使用料枪进行射料，填充足够的泡沫珠粒。

3）通蒸汽。一般通入0.1～0.15MPa的蒸汽。为了保证成形质量，正向通气后，再逆向

通气一次，然后正逆同时通气，使模腔内蒸汽不流动。这样可以获得发泡均匀、表面光洁、密度小的发泡模样。通蒸汽的时间由试验测定。

4）冷却。一般采用喷水冷却的方法将模具冷却到 40 ~ 50℃。

5）顶出。对于自动或半自动成形机，有机械顶杆取模法和真空吸盘取模法两种常用方法。

4. 模样的熟化与稳定化干燥

对发泡成形后的模样要进行干燥并存放一段时间使其稳定化，叫作模样的干燥、熟化，简称模样熟化处理。熟化分自然熟化和烘房（烘房温度一般控制在 45 ~ 60℃ 范围内）中熟化（强制熟化）。模样在干燥和熟化过程中会收缩，一般 EPS 模样的收缩率为 0.4% ~ 0.7%；PMMA 模样和 STMMA 模样的收缩率为 0.2% ~ 0.4%。熟化时间与模样材料、模样壁厚、熟化条件（温度、湿度、通风）等因素有关。由于模样在成形过程中要与蒸汽和水接触，刚脱模的模样含有很多水分。影响模样含水量的因素很多，主要是发泡成形、加热给蒸汽压力、通蒸汽时间及冷却时给水时间等，一般情况下刚刚脱模的模样含水量在 6% ~ 8% 范围，这样的模样是绝对不能直接拿去上涂料的。直观地说模样熟化就是消除水分和稳定线收缩率，这就是进行熟化处理的目的。等模样经过熟化干燥以后，其线收缩基本稳定了，才允许进行下道工序作业。为了保证消失模铸件质量，模（片）样的干燥在黏结和组装前以模样壁厚不同和干燥条件不同而异，一定要依据情况进行不同时间的干燥，才能使模（片）样中的水分含量降到 1% 以下，才能使其线收缩稳定在 0.45% 左右，要根据实际情况而定。一般 EPS 模样强制熟化 4 ~ 6 天，PMMA 和 STMMA 模样熟化 5 ~ 7 天。在条件允许时进行自然干燥，其效果取决于环境温度和湿度，一年四季的温度和湿度差别很大，而且地域差别同样很大，在长三角地区，那里的梅雨季节湿度很大，如果只控制温度，泡沫模样根本干燥不到要求的程度。对"自然熟化"不能一概而论，要具体问题具体分析具体对待，用科学的工艺原则去处理可变的因素。为了提高生产效率，缩短模样熟化干燥处理周期，根据自身生产条件可以制订合理的强制干燥时间，这样才能达到节能并提高生产效率和烘房利用率的目的。如果控制手段好，把模样放置在（60 ± 5）℃ 的烘房中强制干燥 6 ~ 12h，厚大件取上限，薄小件取下限，烘房湿度应低于 30%。可以用对比模样烘干前含水量来确定，生产单位普遍采用"试片"来测定模样干燥程度的方法，只能作为参考。有条件时生产单位应把必要的检测手段健全。

5. 模样的组合与黏结

对于较复杂的泡沫模样，如不能在一副模具内成形，则需要进行分片处理，各片单独用模具成形，习惯上称为模样片；然后用黏结的方法，将多个泡沫模样片组合成整体泡沫模样。对于简单泡沫模样的小批量的生产，采用手工方式黏结；对于复杂模片的大批量生产，采用自动粘合机生产，用黏结模具来保证黏结精度。

复杂的模样通常是用分片泡沫模样组合起来的。两片泡沫模片对接时，黏结面上的黏结剂总有一定的厚度，一般取 0.1 ~ 0.3mm。对于壁厚较薄的泡沫模片可适当增加对接处的厚度。要求模样组装用黏结剂汽化迅速、无残留物。在黏结模样及浇注系统时黏结剂的用量必须薄而均匀，过多的黏结剂可能导致模样汽化不完全，因其未汽化彻底，遗留的残渣同样影响铸件质量。消失模铸造浇注系统的材料泡沫塑料要选对用对，浇注系统用料最好和成形的模样白件用料一致。许多消失模铸造企业没有压制浇注系统用泡沫塑料板材的专用成形机，从建材市场购买泡沫塑料成形板，再按浇注系统尺寸的要求切割。只是说强度和珠粒不符合要求，殊不知建筑用和铸造用的材质要求就不同。某企业把浇注系统用泡沫塑料用料改变后夹渣减少了 40% 左右，就是因为原先用的建材上的泡沫塑料板由于珠粒粒度大而且压制不好，刷涂料过程中涂料钻进珠粒间隙了，浇注时这些耐火涂料就随金属液进入了铸件。对黏结要求严格的操作工要把浇注系统各个部分在组合时黏结牢固，这样才能预防涂刷涂料时涂料钻进搬动模样时浇注系统产生的裂纹，才有可能减少夹渣缺陷和最大限度地从进渣源头杜绝夹渣或夹砂缺陷。在能粘牢固的基础上涂刷的黏结剂是越少越好。这是获得完美的消失模铸造生产的铸件的基础工作之一。

6. 模样涂覆涂料后的烘干与固化

涂料涂挂以后需要进行烘干与固化，以确保涂层获得足够的强度与透气性。涂料的固化和干燥根据使用的设备不同，可分为自然干燥和加热干燥两种。加热干燥依据采用的加热燃料分为电热鼓风干燥、热蒸气加热干燥、燃煤直接加热干燥等多种干燥室加热干燥方式。消失模铸造用涂料均可任其自然干燥。它的干燥速度主要取决于涂料的溶剂和气候条件。醇溶性耐火涂料可在 30～60min 内自然干燥，水溶性耐火涂料一般需 8～12h 才能干燥固化。

为了加快大型模样的水溶性涂料的干燥速度，生产上的简便方法是将刷有涂料的模样放在阳光下或60℃以下的烘房内来加速干燥。对于成批生产的小模样，较多的是应用烘箱与烘干室，在 50～60℃ 下鼓风加热 4～12h 以加快涂层的干燥固化。常用干燥设备与设施如下：

1) 电加热干燥，电加热干燥采用电热鼓风烘箱进行，温度控制利用浮点式温度继电器进行，烘干室大小根据要烘干模样的尺寸、结构来设计。

2) 燃煤加热干燥，燃煤加热干燥是目前成本最低的加热干燥方法，干燥时采用热管技术，使煤燃烧形成的高温气体通过热管排出，不进入烘干室，热管将热量辐射进烘干室，并通过传导、对流的方式将热量散发至整个烘干室，温度采用控制煤的燃烧速度的方法控制，温度测量可采用数显温度计进行。

3) 蒸气加热干燥，对于有条件的单位，可采用蒸气加热的方式进行加热干燥。涂料烘干应注意的细节：烘干过程应注意模样的合理放置和支撑，防止模样变形。模样涂料必须烘干透。干燥后的模样应放置在湿度较小的地方，防止吸潮和潮解。

为了缩短烘干时间，烘炉应装有空气除湿系统。烘烤时空气的湿度及流动状态与烘干时间和温度同等重要。模样达到干燥状态后重量

稳定，但是烘干时间必须通过实验确定。熟化处理与干燥：熟化定形与干燥包括自然熟化和烘房（一般为 40～60℃）中熟化（强制熟化）。模样经过熟化干燥要收缩，EPS 模样收缩率为 0.4%～0.8%。影响熟化的主要因素是熟化温度、熟化时间及熟化方式。最合适的自然熟化温度为 20～25℃，最佳自然熟化时间为 4 天左右。生产中为了缩短模样熟化处理的时间，通常将模样放置入 50～60℃ 的烘干室中强制干燥 12～18h。

干砂负压（消失模铸造法）铸造黑色金属的充型过程就是金属液的充填与泡沫模样的汽化消失的过程。实际上这些气态产物在金属液流动的前沿与未熔化或汽化的泡沫模样之间形成空隙，在金属液体压头作用下，热解产物透过涂料层从金属液前沿间隙中排出，降低间隙的反压力，从而使金属液进一步充填型腔。泡塑模样热解气态产物在铸型材料中的凝聚改变了铸型的热物性参数和旧砂的使用性能，从而影响铸件的成形过程；向铸型材料中传输的热解产物的多少，决定了聚集在型腔内的热解产物的数量。

黑色金属消失模铸造耐火涂料涂层的透气性是主要的性能指标。当涂层的透气性低时，由于泡塑模样存在着中心低边缘高的密度梯度，金属液在气态分解物的反作用下，流动前沿呈现前凸的形状，从而将汽化分解产物推向两侧面的涂层，在负压作用中及时排出型腔。相反，采用过高透气性的涂料充型金属液的前沿容易出现湍流。尤其是低密度模样，有时候出现凹陷的形状，沿着涂层型壁快速流动的金属液先于分解产物全部排出型腔之前而覆盖涂层，就有可能封闭逸出通道，这个时候浇注的铸件易产生皱皮、炭黑或气孔等缺陷。所以，研究泡塑模样热解产物在铸型中传质与凝聚的过程是非常重要的。

浇注系统设计与浇注工艺同样对消除消失模铸件缺陷有影响。采用底注式浇注系统时，铸件的上表面很容易产生增碳缺陷；采用顶注式浇注系统时，铁液流容易紊乱，将热解产物易夹入金属液中造成内部增碳或气孔。所以，对于高度不大的小件宜采用顶注；对于高度较

大的大中件适宜采用阶梯或底注方式，在金属液最后到达部位设置排渣冒口。为了减少铸件增碳，除了设计好浇注系统之外，还得控制好浇注工艺，依据铸件确定合适的浇注温度，浇注速度不宜太快，过快了会增加增碳量，尽可能使其与模样气体热解产物排出速度同步，高温金属液与模样热解产物接触的时间越短越好，使模样尽快汽化，并将汽化产物排出型外或尽可能把残渣排至冒口和集渣口里。浇注结束后，根据铸件壁厚及表面积大小规定合适的负压及冷却时间，避免铸件长时间在高温下继续增碳的倾向。

消失模铸造的汽化模样热解产物与铸件缺陷有非常密切的关系；消失模铸造泡塑模样汽化的程度直接关系到铸件质量。若想防止消失模铸件缺陷的产生，就得合理选择各个工序的工艺参数及所使用的材料，这样才能提高铸造的成品率和铸件质量。

第4章 消失模铸造及实型铸造涂料

4.1 涂料的性能要求和组成

4.1.1 消失模铸造用涂料的性能要求和组成

消失模铸造用涂料应符合下列要求：

1）有较高的耐火度和化学稳定性，在浇注时不被高温金属熔化或与金属氧化物发生化学反应，形成化学黏砂。

2）有较好的涂挂性和附着性，能均匀致密地涂挂在泡沫塑料模样表面。

3）涂层有较好的强度和刚度，使模样在搬运和装箱过程中不会被损坏，在干燥后能保持模样不变形，在浇注时能承受由于模样汽化而产生的型砂背压力。

4）涂层有较好的高温透气性，能随着浇注金属液面的推进，将消失模汽化产生的气体及型腔内的空气，顺利地从涂层经砂型壁排出。

消失模铸造用模样涂料主要由耐火粉料、载液、悬浮剂、黏结剂和助剂组成。

4.1.2 实型铸造用涂料的性能要求和组成

1. 涂料的性能要求

1）实型铸造用涂料应具有较高耐火度和良好的热稳定性。

2）良好的透气性，保证泡沫塑料模样汽化所产生的大量气体能及时通过涂层排出铸型。

3）快干性。由于泡沫塑料是一种不透气的蜂窝状结构材料，热变形温度低，涂层只能在空气中自然干燥或经50~60℃热空气烘干。

2. 涂料的组成

实型铸造用模样的涂料组成与消失模铸造用的涂料组成基本相同，无论铸铁实型铸造还是铸钢实型铸造，铸造的多是厚大铸件，浇注

合金时间相对要长，因此，实型铸造涂料除了具备消失模铸造涂料的要求外，还要具备更高的高温强度和更高的抗黏砂特性。这一特性一定要通过耐火骨料配比和高温黏结剂配比来保障，也要通过合理的涂料混制工艺、涂刷工艺、烘干工艺等规程来实现。

4.2 主要原辅材料的性质

4.2.1 耐火粉料

耐火粉料又称耐火填料或耐火骨料。对耐火粉料的要求是有高的耐火度、适度的烧结点和细度、良好的高温化学稳定性，不被金属液及其氧化物润湿，不与型砂起不良反应，不损害铸件的化学成分及性能，热膨胀系数小，导热性良好，热容量大，发气量小，来源广，对人体健康无害。

1. 石墨粉

天然石墨有两种形态：无定形石墨和鳞片石墨。无定形石墨呈黑色粉土状，又称土状石墨，它的耐火度较低，且易燃烧，在500℃时即开始氧化，发气量大；鳞片状石墨呈银灰色，有光泽，耐火度超过2000℃，在大气中不易燃烧，经长时间加热才能引起氧化。石墨按其固定碳含量（质量分数）分为低碳石墨 [$w(C) = 50.0\%$ ~ 79.0%）]、中碳石墨 [$w(C) = 80.0\%$ ~ 93.0%）] 和高碳石墨 [$w(C) = 94.0\%$ ~ 99.0%]。对铸造涂料用石墨的质量要求见表4-1。

表4-1 铸造涂料用石墨的质量要求

固定碳含量（质量分数）	挥发分（质量分数）	灰分（质量分数）	水分（质量分数）	硫分（质量分数）	密度	耐火度
>75%	<4.5%	<5%	<2%	<1%	2.1 ~ 2.5g/cm³	>1700 ~ 2000℃

石墨粉一般用于铸铁涂料,不适用于铸钢,因为它会导致铸钢件增碳。

2. 硅粉(石英粉)

硅粉是白色透明粉状物,由硅砂或石英岩破碎、研磨而成。它的主要成分是 SiO_2,熔点为 1713℃,含有杂质时熔点降低。杂质有 K_2O、Na_2O、MgO、CaO、Fe_2O_3 等。对硅粉的性能要求如下:

1) $w(SiO_2) \geq 98\%$。

2) CaO、MgO、Na_2O、K_2O 的质量分数之和不大于 1.0%。

3) 烧损 ≤0.5%(1000℃保持 1h)。

4) 耐火度 ≥1690℃。

5) 颗粒度:过 200~270 目筛。

硅粉在铸钢涂料中应用很广。但石英热膨胀系数大,尤其是在 573℃时相变产生急剧膨胀,容易导致涂层开裂、剥落。此外,石英热导率低,容易与铁的氧化物反应生成低熔点物质,引起铸件黏砂,硅粉尘在清砂过程中容易使工人得硅肺病,所以目前许多单位纷纷寻找其他耐火粉料代替硅粉。

3. 锆石粉

锆石粉的主要矿物成分是硅酸锆($ZrO_2 \cdot SiO_2$ 或 $ZrSiO_4$)。纯锆石粉应含(质量分数)67.2% ZrO_2、32.8% SiO_2,实际上还含有 Fe_2O_3、CaO、TiO_2 和 Al_2O_3 等杂质。ZrO_2 含量(质量分数)达不到 67.2%。锆砂外观为无色的锥形细颗粒,常存于沿海的海砂中,与硅砂、金红石、钛铁矿、独居石、磷钇矿等伴生。纯的锆砂是从这种海砂中经过重选、磁选、电选等工艺精选出来,其出品率仅为千分之几,所以锆砂价格较贵,我国锆砂精矿中常含有少量独居石。独居石又名磷铈镧矿,化学式为(Ce、La)PO_4,是一种稀土磷酸盐,有放射性。其 P_2O_5 含量越高,独居石的含量也会越多,其放射性强度也就越大。因此对锆石粉的 P_2O_5 含量有一定限制。锆石粉密度为 4.6~4.7g/cm³,莫氏硬度为 7~8 级,熔点为 2430℃,但它在 1540℃时开始分解为 ZrO_2 和 SiO_2,SiO_2 的熔点较低,因此锆石粉的烧结温度与熔化温度之间有一个较宽的温度区间,有利于获得烧结涂层。加入 Na_2O、K_2O、MgO、CaO、ZnO、B_2O_3、MnO、Fe_2O_3、NiO 等氧化物也可以促进其烧结。锆石粉中含有少量杂质(Fe_2O_3、CaO 等)时,其熔点将下降为 2200℃,锆石粉除有很高的耐火度外还具有高导热性,热膨胀小,在高温下表现为中性和弱酸性,不与氧化铁起化学反应等特性,有利于大型铸钢件防止黏砂,因而在生产大型铸钢件和合金钢铸件以及大型铸铁件时常用锆石粉作为耐火粉料。根据机械行业标准 JB/T 9223—2013《铸造用锆砂粉》规定,铸造用锆砂粉按其化学成分分为三级,见表 4-2。

表 4-2 铸造锆砂粉按化学成分分级(质量分数,%)

等级	(Zr、Hf) O_2 ≥	SiO_2 ≤	TiO_2 ≤	Fe_2O_3 ≤	P_2O_5 ≤	Al_2O_3 ≤
1	66.00	33.00	0.15	0.10	0.15	0.80
2	65.00	33.00	0.30	0.20	0.20	1.50
3	63.00	33.00	0.50	0.30	0.20	2.00

铸造涂料用锆石粉技术条件如下:

1) 粒度:90% 过 ≥270 目筛。

2) 耐火度 ≥1700℃。

3) 总放射性比活度 $\leq 7 \times 10^4 Bq/kg$($2 \times 10^{-6} Ci/kg$)。

4. 镁砂粉

镁砂可分为烧结镁砂和电熔镁砂两种,其主要成分为 MgO。菱镁矿经 800~1000℃煅烧的产物为轻烧镁砂,经 1600~1900℃充分烧结的产物为烧结镁砂或重烧镁砂。轻烧镁砂易与水反应:$MgO + H_2O \rightarrow Mg(OH)_2$,重烧镁砂难与水作用,铸造涂料应选用重烧镁砂粉。镁砂的密度为 3.5g/cm³,莫氏硬度为 4~4.5 级。纯镁砂熔点为 2800℃,由于菱镁矿中常含有 Ca、Fe、Mn 等同晶碳酸盐,因此镁砂中也常含有 SiO_2、CaO、Fe_2O_3 等杂质,故其熔点一般低于 2000℃。镁砂的热膨胀小,没有因相变引起的体积突变。镁砂粉适用于配制锰钢铸件的涂料,也可用于配制铸铁件涂料。烧结镁砂和电熔镁砂的技术要求见表 4-3 和表 4-4。

表4-3　烧结镁砂的技术要求

牌号	化学成分（质量分数,%）			灼烧减量（质量分数,%）	颗粒体积密度/（g/cm³）
	MgO	SiO₂	CaO		
MS-98A	97.7	0.3		0.30	3.40
MS-98B	97.7	0.3		0.30	3.35
MS-98C	97.5	0.4		0.30	3.30
MS-97A	97.0	0.5		0.30	3.40
MS-97B	97.0	0.6		0.30	3.35
MS-97C	97.0	0.8		0.30	3.30
MS-96A	96.0	1.0		0.30	3.30
MS-96B	96.0	1.5		0.30	3.25
MS-95A	95.0	2.0	1.6	0.30	3.25
MS-95B	95.0	2.2	1.6	0.30	3.20
MS-93A	93.0	3.0	1.6	0.30	3.20
MS-93B	93.0	3.5	1.6	0.30	3.18
MS-90A	90.0	4.0	1.6	0.30	3.20
MS-90B	90.0	4.8	2.0	0.30	3.18
MS-88	88.0	4.0	5.0	0.30	
MS-87	87.0	7.0	2.0	0.30	3.20
MS-84	84.0	9.0	2.0	0.30	3.20
MS-83	83.0	5.0	5.0	0.80	

表4-4　电熔镁砂的技术要求

牌号	化学成分（质量分数,%）			颗粒体积密度/（g/cm³）	粒度组成/mm
	MgO	SiO₂	CaO		
DMS-98	98.0	0.6	1.2	3.50	0～5mm，其中小于1mm者不得超过10%；0～120mm，其中小于1mm者不得超过5%
DMS-97.5	97.5	1.0	1.4	3.45	
DMS-97	97.0	1.5	1.5	3.45	
DMS-96	96.0	2.2	2.0	3.45	

电熔镁砂由天然菱镁矿石、轻烧镁砂或烧结镁砂在电弧炉中经2750℃的高温熔融而成，其强度、耐蚀性及化学惰性均优于烧结镁砂，如用作涂料的耐火粉料，效果更好。

镁砂粉的价格比硅粉高，特别是电熔镁砂粉价格更贵，为了降低成本可利用冶金工业的废铝镁砖，经粉碎研磨后使用。

5. 橄榄石粉

铸造用的橄榄石砂主要是镁橄榄石（Mg₂SiO₄）与铁橄榄石（Fe₂SiO₄）的固溶体（Mg，Fe）₂SiO₄。

镁橄榄石的熔点为1890℃，铁橄榄石的熔点为1205℃，它的存在明显降低镁橄榄石的耐火度。铸造用镁橄榄石的含氧化铁量（质量分数，下同）应不大于10%。橄榄石中常含有一些蛇纹石，随着蛇纹石含量增加，其耐火度下降，灼烧减量和发气量增大。铸造用橄榄石中蛇纹石含量一般应不大于20%，FeO含量应不大于10%。

橄榄石粉的密度为3.2～3.6g/cm³，莫氏硬度为6～7级，热膨胀量比石英砂小，且均匀膨胀，不含游离SiO₂，故无硅尘危害，且不与铁和锰产生氧化反应，具有较强的抗金属氧化物侵蚀的能力，是一种较好的碱性耐火材料，特别适于配制锰钢铸件用涂料。

6. 铬铁矿粉

铬铁矿的主要矿物组成是FeO·Cr₂O₃，其中Cr₂O₃为34%～60%。铸造用铬铁矿Cr₂O₃含量（质量分数，下同）不得小于30%，其余杂质有Al₂O₃、Fe₂O₃、SiO₂、MgO、CaO等。铬铁矿粉的密度为4.0～4.8g/cm³，莫氏硬度为5.5～6级，耐火度超过1900℃，但含杂质时其耐火度将降低。铬铁矿中最有害的杂质是碳酸盐（CaCO₃、MgCO₃），它与高温金属液接触时分解出CO₂，使铸件表面产生气孔。因此铸造生产中使用的铬铁矿应经过900～950℃的高温煅烧，使其中碳酸盐分解，然后再加工成粉状。铬铁矿有很好的抗碱性渣的作用，不与氧化铁等发生化学反应。铬铁矿砂的热导率比石英砂大好几倍，而且在熔融金属浇注过程中铬铁矿砂本身发生固相烧结，有利于防止熔融金属的渗透，铬铁矿砂适用于配制大型铸钢件和各种合金钢铸件的型、芯面砂和抗黏砂涂料、涂膏。

铬铁矿砂按其物化性能分为两级，见表4-5。根据机械行业标准JB/T 6984—2013《铸造用铬铁矿砂》规定，铬铁矿砂按其粒度成分分为四级，见表 4-6。国内主要铬铁矿砂的化　学成分见表 4-7。

表 4-5　铬铁矿砂按物化性能分级

等级	Cr_2O_3（质量分数,%）	SiO_2（质量分数,%）	CaO（质量分数,%）	灼烧减量（质量分数,%）	耐火度/℃	H_2O（质量分数,%）
一级	≥45	≤3	≤1	≤0.5	>1800	≤0.5
二级	≥35	≤5	≤2	≤1	>1700	

表 4-6　铬铁矿砂按粒度分级

分组代号（筛号）	主要粒度组成/mm
30/50	0.600,0.425,0.300
40/70	0.425,0.300,0.212
50/100	0.300,0.212,0.150
70/140	0.212,0.150,0.106

表 4-7　国内铬铁矿砂的化学成分（质量分数,%）

产　　地	Cr_2O_3	SiO_2	CaO	ΣFe
陕西商南（精矿）	50.20	1.50	0.64	26.28
陕西商南（原矿）	34.19	6.76	0.91	—
西藏东风矿	48.83	3.83	—	12.48
内蒙古锡林郭勒盟	23.62	16.52	0.57	1.40
新疆托里	30.91	9.93	1.28	12.99
北京密云	34.71	10.45	6.33	28.34

7. 铝-硅系耐火粉料

铝-硅系耐火材料是以 Al_2O_3 和 SiO_2 为主要组成的铝硅酸盐，相组成对耐火材料的耐火性起决定性的作用。图 4-1 所示是 Al_2O_3-SiO_2 二元系相图。它表明了铝硅酸盐的理论相组成及其随化学组成和温度变化的状况。

如图 4-1 所示，SiO_2 熔点是 1713℃，含有少量 Al_2O_3 时，其熔点显著下降。Al_2O_3 含量（质量分数，下同）低于 15% 时，因耐火度低，一般不作为耐火粉料。

Al_2O_3 含量为 30% 的半硅质耐火粉料称为叶蜡石（$Al_2O_3 \cdot 4SiO_2$）粉，它是一种层状组织的类似膨润土但无晶内膨胀的石粉。对金属型，叶蜡石涂料比滑石粉涂料有更高的附着力，使用寿命要长 1～2 倍。在铸钢件上可使用优质的叶蜡石粉代替锆石粉。在厚壁铸铁件上可

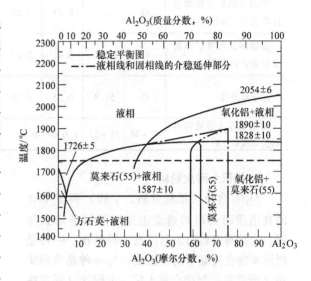

图 4-1　Al_2O_3-SiO_2 二元系相图

使用含 30% 土状石墨的叶蜡石粉水基涂料，使铸型落砂时成块剥落，效果良好。

Al_2O_3 含量为 30%～46% 的黏土质耐火粉料（$Al_2O_3 \cdot 2SiO_2$）一般作为涂料中的耐火熟料。熟料是将块状（或制坯）的高岭土类黏土，经高温煅烧到一定的烧结程度（1250～1350℃），然后破碎成一定粒度。其主要组成为莫来石和玻璃相（由于铝硅酸盐液相黏度大，冷却时液相不可能完全变成结晶而形成的过冷相），有时还有少量的方石英。相组成与原材料中 Al_2O_3 含量、煅烧温度和保温时间有关，随着 Al_2O_3 含量增加、煅烧温度提高及煅烧时间的延长，其莫来石含量增多。几种常用高岭石类耐火熟料成分见表 4-8。此外，丁蜀匣钵粉、山东焦宝石及河北古冶矾土也属此类耐火熟料。

表 4-8　几种常用高岭石类耐火熟料

名称	化学成分（质量分数,%）								相组成
	Al_2O_3	SiO_2	CaO	MgO	Na_2O	K_2O	TiO_2	Fe_2O_3	
莫洛卡特（英国）	42~43	54~55	0.1	0.1	0.1	1.5~2.0	0.08	0.75	莫来石、玻璃相
陕西上店土	40~46	49~55	0.7		0.3		1.5	1.2	莫来石、玻璃相、石英
唐山开滦矿务局郭各庄矿业公司煅烧高岭土	45	51±1	0.15	0.20	0.10	0.20	1.6	1.2	莫来石、玻璃相、石英
安徽淮北朔里矿高岭土开发公司莫来石	45	52	0.41	0.12	0.14	0.12	0.78	0.61	莫来石、玻璃相、石英
辽宁煤矸石	45	51.9	0.56	0.10	0.20	0.35	0.74	1.25	莫来石、玻璃相、石英
山东章丘义达精铸材料公司高岭土砂	42~46	51~53	0.60~0.80		0.20~0.30		0.10	1.3	莫来石、玻璃相、石英

8. 铝矾土耐火熟料

Al_2O_3 含量（质量分数，下同）高于 46% 的高铝质耐火粉料通常也是以熟料的形式使用，这种高铝熟料的制法有两种情况：一种是把原矿物在高温下直接煅烧；另一种是将原矿物（或熟料）与结合黏土按一定配比（通常按莫来石组成）混合，并制成砖坯经高温煅烧，然后进行破碎、洗选、过筛后得到粉料。两者主要矿物组成均为刚玉及莫来石，但后者含莫来石较多，其热膨胀系数较小，热稳定性较高。如原矿 Al_2O_3 含量高于 85%，按前一种方法经 1400~1450℃ 煅烧后制成的粉料已能满足铸型涂料的要求。耐火材料用铝矾土熟料的划分（YB/T 5179—2005）见表 4-9。

表 4-9　耐火材料用铝矾土熟料的划分

代　号	化学成分(质量分数,%)					体积密度 /(g/cm³)	吸水率 (%)
	Al_2O_3	Fe_2O_3	TiO_2	CaO + MgO	$K_2O + Na_2O$		
GL-90	≥89.5	≤1.5	≤4.0	≤0.35	≤0.35	≥3.35	≤2.5
GL-88A	≥87.5	≤1.6	≤4.0	≤0.4	≤0.4	≥3.20	≤3.0
GL-88B	≥87.5	≤2.0	≤4.0	≤0.4	≤0.4	≥3.25	≤3.0
GL-85A	≥85	≤1.8	≤4.0	≤0.4	≤0.4	≥3.10	≤3.0
GL-85B	≥85	≤2.0	≤4.5	≤0.4	≤0.4	≥2.90	≤5.0
GL-80	>80	≤2.0	≤4.0	≤0.5	≤0.5	≥2.90	≤5.0
GL-70	70~80	≤2.0	—	≤0.6	≤0.6	≥2.75	≤5.0
GL-60	60~70	≤2.0	—	≤0.6	≤0.6	≥2.65	≤5.0
GL-50	50~60	≤2.5	—	≤0.6	≤0.6	≥2.55	≤5.0

9. 硅线石、红柱石和蓝晶石

天然产的无水铝硅酸盐类原料主要有硅线石、红柱石和蓝晶石。它们是原生黏土质成分的沉积物，受地质变化时的强烈挤压作用，在高温高压下变质生成的。随着压力和温度的高低不同，形成不同的晶体结构，蓝晶石为三斜晶系，硅线石和红柱石属斜方晶系。三者具有同一的化学式（$Al_2O_3 \cdot SiO_2$），理论组成为

$w(\mathrm{Al_2O_3})=62.93\%$、$w(\mathrm{SiO_2})=37.07\%$。加热后均不可逆地转化成莫来石和方石英，这三种矿物的区别在于其理化性质，见表 4-10。

表 4-10　铝硅酸盐原料的性质

原料名称	晶系	密度 /(g/cm³)	体积增大(%)	莫来石形成温度/℃
蓝晶石	三斜	3.5 ~ 3.6	16 ~ 18	1300 ~ 1500
红柱石	斜方	3.1 ~ 3.2	3 ~ 5	1350 ~ 1400
硅线石	斜方	3.2 ~ 3.25	7 ~ 8	1500 ~ 1550

　　蓝晶石作为广泛使用的消失模铸造涂料的耐火骨料，国内蓝晶石主要在河南桐柏县，储量在 2000 万 t 以上，河南省桐柏山蓝晶石矿业有限公司四大系类铸造涂料（骨料）均有明细的物理化学标准，有一套很完善的产品质量标准控制体系，实现产品性能长期稳定，桐柏山蓝晶石作为消失模铸造涂料的耐火骨料具有以下 7 大特点：

　　（1）原位效应　蓝晶石基涂料的矿物组分构成是以蓝晶石、锆蓝晶石、硅线石、红柱石为主材料，添加其他矿物材料和少量化工材料合成的，核心理论基础是依靠蓝晶石族矿物在高温（1100 ~ 1500℃）条件下不可逆地转化为莫来石和方石英，实现体积膨胀的特点，进而解决骨料辅助矿物、添加剂中的悬浮性矿物及有机物高温（1100 ~ 1500℃）条件下的体积收缩问题，最终实现由常温到高温阶段涂层厚度不变的"原位效应"，进而保证铸件尺寸不变。

　　（2）碳吸附效应　蓝晶石矿物高温阶段转变为莫来石和方石英两种矿物，《矿物学》称之为第一次莫来石化。这时的方石英是液相状态，它将及时与骨料中的辅助元素和消失模汽化、燃烧时产生的一氧化碳结合生成莫来石质矿物和碳化硅质矿物，《矿物学》称之为第二次莫来石化。两次变化使涂层由浇注前的白色变为浇注后的黑色，消失模铸造普遍存在的增碳问题得到了一定的抑制和解决。

　　（3）高温强度好　由于莫来石矿物晶体的形状是针状或长柱状，蓝晶石基铸造涂料原始涂挂阶段的蓝晶石矿物晶体轴向是三维多方向的，也就决定了两次莫来石矿形成的莫来石的晶体轴向的三维多方向性，相当于高温条件下涂层制成了一块很结实的"羊毛毯"，不但涂层强度高而且有良好的抗热振性。

　　（4）脱壳效果好　由于高温状态下蓝晶石不可逆转地变成了莫来石，"原位效应"已经形成，涂层体积不再变化，铸造件由高温铁水状态到低温固体状态的过程中体积是要收缩的，这时涂层与铸件之间出现缝隙并产生剪切应力，最终实现自然脱壳。

　　（5）透气性好　桐柏山蓝晶石基涂料成分中 97% 为天然矿物，仅有 3% 的有机物，涂料吸水量比较大，大约在 10:8，涂挂、烘干常温阶段大量蒸汽释放形成的空气通道成为铸造高温阶段真空抽气通道，实现良好的透气性。

　　（6）可两次涂挂　由于蓝晶石涂料高温强度好，涂层不需要很厚，两次涂挂总厚度 1.5mm 即可，节省人工和原材料成本。

　　（7）绿色环保　蓝晶石涂料的矿物成分全为物理化学性质极为稳定的硅酸盐类矿物，对人体无害；添加剂中化学物质和有机物用量较少，防腐压力不大，所以涂挂时对人体伤害程度较低；蓝晶石应用铁水的温度转变为莫来石的过程吸收了大量的铁水热量且在常温状态下不再释放，车间铸造作业时比用其他涂料温度相应低得多。

　　硅线石组耐火材料作为涂料粉料，并以生料形式出售，价格与石墨粉相近。这种材料属中性，但在 1545℃ 时出现液相，故不宜作为高温合金铸件的涂料粉料。为降低涂料成本，在锆石粉涂料中可掺入一定比例的硅线石或蓝晶石熟料，在小型铸钢件上使用，效果良好。

10. 堇青石

　　堇青石是一种具有环状结构的硅酸盐，其化学通式为 $\mathrm{Mg_2Al_4Si_5O_{18}}$，晶胞中的镁常被铁置换。莫氏硬度为 7 ~ 7.5 级，相对密度为 2.57 ~ 2.61，热导率 $\lambda=2.1\times10^{-6}\mathrm{W/(m\cdot K)}$。由于它的热导率较低，适用于配制铝合金铸造消失模涂料。

11. 莫来石

　　莫来石又称高铝红柱石，其分子式 $3\mathrm{Al_2O_3\cdot2SiO_2}$，理论组成为：$w(\mathrm{Al_2O_3})=71.8\%$、$w(\mathrm{SiO_2})=28.2\%$，相对密度为

3.16，线膨胀率小（20~1000℃线膨胀率5.3×10^{-6}/℃），熔点高，在1810℃开始分解出液相，故耐火度高，是一种优良的耐火粉料。莫来石很少以天然矿物形式出现，通常是用人工烧结或电熔合成方法制得的。烧结合成法一般选用天然高铝矾土+高岭土或工业氧化铝+黏土（高岭土或叶蜡石）为原料，经1630~1650℃煅烧6~8h而成。电熔合成法是将配料混合后装入三相电弧炉中熔融。原料为工业氧化铝、烧结优质矾土、高纯硅石等，配料按$Al_2O_3 : SiO_2 = 1.2 ~ 2.0$（质量比）计算，在混合机中混合均匀。采用低电压高电流电工制度熔制。熔融合成后，冷却而成电熔莫来石块，经破碎及净化处理后，制成不同粒度的电熔合成莫来石原料，供用户使用。表4-11为电熔合成莫来石的性能指标。表4-12为全天然铝矾土精矿烧结莫来石的性能。

表4-11　电熔合成莫来石的性能指标

名　称	化学成分（质量分数,%）		矿物成分（质量分数,%）		颗粒密度 /（g/cm³）	气孔率 （%）
	Al_2O_3	SiO_2	莫来石	玻璃相		
高纯型	72~79	19~27	≥95	≤5	≥3.0	≤4
天然型	66~79	20~28	≥75	≤10	≥2.9	≤6

表4-12　全天然铝矾土精矿烧结莫来石的性能

牌号	等级	化学成分（质量分数,%）				体积密度 /（g/cm³）	显气孔率 （%）	耐火度 /℃
		Al_2O_3	TiO_2	Fe_2O_3	$NaO + K_2O$			
M73	一级品	>73~79	<2.0	<0.6	<0.2	2.85	<3	1790
	二级品	>73~79		<0.8	<0.3	2.80	<5	
	三级品	>73~79		<1.0	<0.3	2.75	<10	
M70	一级品	>70~73	<2.0	<0.6	<0.2	2.80	<3	1790
	二级品	>70~73		<0.8	<0.3	2.75	<5	
	三级品	>70~73		<1.0	<0.6	2.70	<10	
M65	一级品	65~70	<2.0	<0.6	<0.2	2.75	<3	1790
	二级品	65~70		<0.8	<0.3	2.70	<5	
	三级品	65~70		<1.0	<0.3	2.65	<10	

12. 刚玉粉

刚玉粉是高纯度的Al_2O_3，它是高铝矾土经粉碎、洗涤后在电炉内于2000~2400℃高温下熔炼而制得的，或以优质氧化铝粉经电熔再结晶而制得。前者产品称棕刚玉，Al_2O_3含量（质量分数，下同）大于或等于92.5%，后者称白刚玉，Al_2O_3含量大于或等于97%，价格也贵得多，刚玉粉的性能见表4-13。

刚玉粉的密度为3.85~3.90 g/cm³，莫氏硬度大于9级，熔点为2000~2050℃，热导率大，热膨胀小且均匀，高温时体积稳定且不易龟裂。刚玉粉属两性氧化物，在高温下呈弱碱性或中性，抗酸碱作用的能力强，在氧化剂、还原剂或各种金属液的作用下不发生变化，因此是配制大型铸钢件和合金钢铸件用涂料的高级耐火粉料。

表 4-13　刚玉粉的技术指标

名称	粒度/目	化学成分（质量分数,%）			
		Al_2O_3	Na_2O	TiO_2	CaO
白刚玉	24～80	≥98.5	≤0.50	—	—
	90～150	≥98.5	≤0.60	—	—
	180～220	≥98.2	≤0.70	—	—
	W_{63}～W_{14}	≥98.0	≤0.80	—	—
	W_{10}～W_5	≥97.0	≤0.90	—	—
棕刚玉	4～80	94.50～97.00	—	1.50～3.80	0.45
	90～150	94.00～97.50	—		
	90～220	93.0～97.50	—		
	过 220 号筛	≥92.00	—		

13. 高铬刚玉粉

高铬刚玉粉是铁合金厂生产铬铁的副产品——铬铁渣，经破碎研磨成的粉状物（过200 号筛），因其 Al_2O_3 含量（质量分数，下同）超过 85%，Cr_2O_3 含量超过 10%，故称高铬刚玉粉，属中性材料，其熔点为 1830～2000℃，密度为 $3.68g/cm^3$，莫氏硬度为 9 级，热膨胀系数约为硅粉的二分之一，热导率为硅粉的两倍。

14. 钛渣粉

钛渣粉是铁合金厂生产钛铁的副产品——钛铁渣，经破碎研磨成的粉状物（粒度 200～270 目）。其密度为 3.18～$3.55g/cm^3$，莫氏硬度为 7～8.5 级，耐火度为 1750～1790℃，主要成分为 $w(Al_2O_3)$ = 77.0%～77.5%、$w(MgO)$ = 10.7%～15.2%。钛渣粉属碱性耐火材料。

15. 滑石粉

滑石粉是一种复杂的含水硅酸镁，化学式为 $3MgO \cdot 4SiO_2$，滑石粉外观呈白色或淡黄色，呈六方或菱形板状晶体，常呈片状、鳞片状或致密块状集合体，质软有滑腻感。其主要成分为：$w(SiO_2)$ = 63.5%，$w(MgO)$ = 31.7%、$w(H_2O)$ = 4.8%，莫氏硬度为 1 级，密度为 2.7～$2.8g/cm^3$，耐火度为 1200～1300℃。加热到 800℃以上时分解为 $MgSiO_3$ 与 SiO_2。滑石粉易熔，不适宜单独作粉料，适合与其他耐火粉料搭配使用。对于低熔点金属（铝、镁）和薄壁的铁、铜铸件，滑石粉可作为涂料中的主体耐火材料，铸件不发生黏砂；对于高熔点的铁合金铸件，涂料配比中酌加滑石粉，有利于涂层的烧结。因高温分解出的 MgO 有较强的助熔作用，将涂层孔隙填塞，提高其致密度。同时，涂层软化温度范围变大，不易开裂。滑石粉加入量低于 5% 不影响涂层的热稳定性和粉料的高温强度。滑石粉的技术条件见表 4-14。

表 4-14　滑石粉的技术条件（质量分数,%）

牌　　号		DL-1	DL-2	DL-3
酸不溶物	≤	90	87	85
酸溶性铁（以 Fe_2O_3 计）	≤	0.2	0.5	1.0
灼烧减量	≤	6.0	8.0	10.0
含水量	≤	0.5	1.0	1.0
细度（200 目筛通过率）	≥	98	98	—

16. 云母粉

云母粉以极细微粒形态存在于黏土之中，从结构上看属层状结构硅酸盐，工业上常用的为白云母 $KAl_3(AlSi_3O_{10})(OH)_2$。白云母粉莫氏硬度为 2.0～2.5 级，密度为 2.75～$3.10g/cm^3$，具有耐热、耐磨、绝缘性能，能沿解理分成极薄的薄片，有良好的弹性和挠曲性，根据编者的研究，美国消失模涂料中含有 30% 左右的白云母粉，其主要作用是提高涂层的高温透气性和烧结性。

17. 黑曜石、珍珠岩、松脂岩

黑曜石、珍珠岩、松脂岩等属珠光体类矿

石，外观呈贝壳状，莫氏硬度为 5.2 ~ 6.4 级，相对密度为 2.2 ~ 2.4g/cm³，耐火度为 1300 ~ 1380℃，膨胀倍数为 3 ~ 30 倍，化学组成为：$w(SiO_2) = 68\% ~ 74\%$，$w(Al_2O_3) = 0.9\%$，$w(CaO) = 0.1\%$，$w(Na_2O) = w(K_2O) = 3.5\%$，$w(H_2O) = 2.3\% ~ 6.4\%$。差热分析法的 t_p 值为：珍珠岩 1380℃。这些物质在加热时产生热变形，同时内部结晶水膨胀发泡使体积胀大。根据日本专利（特开 2003—290869），这类材料用作消失模涂料的耐火粉料，可以防止铸件产生黏砂和残渣缺陷。

18. 硅灰石

硅灰石是一种含钙的偏硅酸盐（$CaSiO_3$）矿物，其密度为 2.75 ~ 3.10g/cm³，莫氏硬度为 4.5 ~ 5 级，形状为针状、细粒状、色泽光亮（白色或浅色），在化学性质上硅灰石呈惰性，熔点为 1540℃。在铸铁消失模铸造涂料中，添加 30%（质量分数）左右的硅灰石可以提高涂层的高温透气性。

19. 锂辉石

锂辉石是单链结构的硅酸盐（$LiAlSi_2O_6$），无色或灰白色，莫氏硬度为 6.5 ~ 7.5 级，相对密度为 3.03 ~ 3.22。粉红色或绿色晶体。

锂辉石可作为型砂的辅助粉料，是消失模铸造涂料助熔剂，有助于防止铸件产生脉纹、气孔缺陷，并起到抗黏砂作用。

澳大利亚锂辉石的成分为：$w(Li_2O) = 5.00\% ~ 7.50\%$，$w(Al_2O_3) = 19.41\% ~ 26.91\%$，$w(SiO_2) = 64.16\% ~ 74.35\%$。

4.2.2 载液

载液是耐火粉料的分散介质，同时也是涂料某些细分的溶剂，以水为载液的涂料称为水基涂料，以各种醇类为载液的涂料称为醇基涂料。在消失模铸造中，考虑到环保、施涂、烘干、发气量及成本等多方面的要求，多采用水作为载液。对于消失模树脂砂的实型铸造，也可用醇类溶剂作为载液。

水中钙、镁盐类过多就会破坏涂料中胶体或其他悬浮体的稳定性。因此，涂料中水的硬度不能过高（1L 水中含有 10mg 氧化钙称为 1 度），可将水进行蒸馏或加入化学改性剂来解决。一般自来水可满足要求，可不进行处理。表 4-15 列出了铸造涂料用载液的性能。

表 4-15　铸造涂料用载液的性能

名　称	分子式	沸点/℃	密度/(t/m³)	大气中允许最大浓度 ×10⁻⁶	闪点/℃	蒸发数
水	H_2O	100	1.0	不限		
乙醇（95%）	C_2H_5OH	78.32	0.7893	1000（或 1880mg/m³）	16 ~ 14	8.30
甲醇	CH_3OH	64.51	0.79	200（或 50mg/m³）	16 ~ 12	6.30
异丙醇	$(CH_3)_2CHOH$	80 ~ 82.4	0.79	400（或 1020mg/m³）	12	10.50
正丁醇	$CH_3(CH_2)CH_2OH$	115 ~ 117	0.80	100	28	2.50
石油醚		80 ~ 110 30 ~ 60 60 ~ 90 90 ~ 120	0.70 ~ 0.72	500（300）	20	3.30
二甲苯	$C_6H_4(CH_3)_2$	138.35	0.86	100mg/m³	25	8.60
汽油	戊、己、庚、辛烷	95.190		300		

4.2.3 悬浮剂

悬浮剂的作用是使固体物料分散，悬浮在载液中，防止载液对型砂、芯砂的过分渗透，悬浮剂还可赋予涂料所需的流变特性。水基涂料常用的悬浮剂有膨润土、凹凸棒黏土、羧甲基纤维素钠（CMC）、海藻酸钠、聚丙烯酰胺、黄原胶等；醇基涂料常用的悬浮剂有有机膨润土、钠基膨润土、锂基膨润土、凹凸棒黏土、海泡石、累托石、聚乙烯醇缩丁醛（PVB）、

SN 悬浮剂等。

1. 膨润土

膨润土是以蒙脱石为主要矿物的黏土，蒙脱石是含少量碱金属和碱土金属的含水铝硅酸盐，化学式为 $Al_2O_3 \cdot 4SiO_2 \cdot 3H_2O$。膨润土被水润湿后水分不仅被吸附在颗粒表面，还要进入蒙脱石的晶层之间形成胶体质点，载液变为胶体溶液，膨润土质点在胶体溶液中形成空间网状结构，使膨润土浆具有屈服值，耐火粉料颗粒质点不易下沉。膨润土按吸附阳离子的不同分为钙基膨润土、钠基膨润土、锂基膨润土和有机膨润土等。在水基涂料中所用的悬浮剂主要是锂基膨润土和钠基膨润土，钠基膨润土吸水膨胀能力大于钙基膨润土，天然钙基膨润土可以通过离子交换处理改变为钠基膨润土。一般在钙基膨润土中加 4%~6%（质量分数）的碳酸钠，可以先调制钙基膨润土浆，加 Na_2CO_3 后搅拌均匀，放置 2~3 天后再用，才能使活化反应充分。

锂基膨润土是由天然钙基膨润土添加 Li_2CO_3 通过离子交换反应而得到的，Li_2CO_3 加入量为原土量的 4% 左右。反应式为

$$Z(Ca) + 2Li^+ \rightleftharpoons Z(Li_2) + Ca^{2+} \quad (4-1)$$

Z 表示带负电荷的硅酸盐骨架。

将经过充分离子交换反应的膨润土脱水干燥、粉碎、过筛，即可得到锂基膨润土。表 4-16 为国内某膨润土公司生产的锂基膨润土的技术指标。

使用时，按涂料配方称出所需用量，添加等量水先引发，充分碾压糅合成膏状，存放 2h，再置入搅拌桶内徐徐加入所需用的乙醇搅拌成糊糊状，按配方加入其他耐火材料等，搅拌均匀，即成为涂料。

有机膨润土是采用优质钠基膨润土，经提纯、变性和有机化精制而成。一般加工流程如下：

原矿→粉碎→分散→改型（钠化）→提纯→加季铵盐覆盖进行交换反应→漂洗→脱水→烘干→粉碎→包装。

有机膨润土是较好的醇基涂料悬浮剂。它在乙醇中可以溶胀，使涂料黏度增加，并有一定的触变性。表 4-17 为国内有机膨润土的性能指标。

表 4-16　某锂基膨润土的技术指标

蒙脱石含量（质量分数,%）	白度（建材白）	表观黏度/s（涂 4 杯）	粒度 [325 目筛通过率（%）]	含水量（%）	乙醇溶液中3%~5%悬浮率（%）
>80	>75	>28	>90	<8	>99

表 4-17　国内有机膨润土的性能指标（质量分数,%）

种 类	外 观	含水量	灼烧减量	不亲水物含量	细 度	备 注
十八烷基铵改性膨润土	白色略带微黄	<2	34~36	95~98	全部通过200目筛	
7812 有机膨润土	米黄色细粉	<3				呈厚糊状
881、881-B 有机膨润土	白色或灰白色	≤3			≥95% 过200目筛	阳离子型

2. 凹凸棒石

凹凸棒石又称坡缕石，是一种层链状结构的含水富镁铝硅酸盐黏土矿物，其理想化学式为 $(Mg、Al、Fe)_5Si_8O_{20}(HO)_2(OH_2)_4$，外观呈白色、灰白色、青灰色、微黄色或浅绿色，弱丝绢或油脂光泽，密度为 $1.6g/cm^3$，莫氏硬度为 2~3 级，其晶体呈棒状，纤维状，长 0.5~5mm，宽 0.05~0.15mm，晶层内贯穿孔道，表面凹凸相间、布满沟槽，具有较大的比表面积，部分阳离子、水分子和一定大小的有机分子均可直接被吸附进孔道中。此外，它的电化学性能稳定，不易被电解质所絮凝，它的吸水速度快，但在水中不像蒙脱石那样能吸水膨胀，必须高速搅拌才能使土粒分散，使其针

状晶体束拆散而形成杂乱的网格，网格束缚液体，体系黏度增加，并具有触变性。

凹凸棒土可作为铸造水基和醇基涂料的悬浮剂，对水基涂料可直接加入水中搅拌成浆状，加入量（质量分数）在3%左右；对醇基涂料要预先在二甲苯中引发后，再加入醇基溶剂中，才能得到良好的效果。表4-18为安徽某公司的凹凸棒土技术指标。美国有一公司以凹凸棒土作为粉状涂料的黏结剂，使用效果较好。

表4-18 某胶体级高粘凹凸棒土技术指标

产品型号	GEL—1	GEL—2	GEL—3
分散黏度/mPa·s	≥3000	≥2500	≥2200
200目筛余量（%）	≤5	≤5	≤5
水分（质量分数,%）	≤15	≤15	≤15
pH值	8~10	8~10	8~10
堆密度/（g/cm³）	0.54~0.60	0.54~0.60	0.54~0.60
触变指数	3.5~7.5	3.5~7.5	3.5~7.5

3. 海泡石

海泡石是一种富镁纤维状硅酸盐黏土矿物。

根据其产出形态特征，大体可分为土状海泡石和块状海泡石，海泡石的矿物结构与凹凸棒石大体相同，都属于链状结构的含水铝镁硅酸盐矿物。在链状结构中也含有层状结构的小单元，属2:1层型，所不同的是这种单元层与单元层之间的孔道不同。海泡石的单元层孔洞可加宽到0.38~0.98nm，最大者可达0.56~1.10nm，即可容纳更多的水分子（沸石水），使海泡石具有比凹凸棒石更优越的物理、化学性能和工艺性能。由于其特殊的孔道结构，海泡石的比表面积和孔体积很大（理论总表面积可达900m²/g，孔体积达0.385mL/g），故有极强的吸附、脱色和分散性能，海泡石的针状颗粒易在水中或其他极性溶剂中分解而形成杂乱的包含该介质的格架，这种悬浮液具有非牛顿流体特性，因此它适合用作水基涂料的悬浮剂。西班牙的海泡石作为状态涂料的黏结剂，使用效果较好。

4. 累托石黏土

累托石是二八面体云母和二八面体蒙脱石按1:1规则间层堆叠的矿物，化学式为 $K_x(H_2O)_4[Al_2(Al_xSi_{4-x}O_{10})](OH)_2$，其中Na可代替K。累托石的化学成分见表4-19。

表4-19 累托石的化学成分（质量分数,%）

SiO₂	Al₂O₃	Fe₂O₃	CaO	MgO	TiO₂	K₂O	Na₂O	MnO	P₂O₅	LOI（灼烧减量）
44.3	35.6	1.5	4.05	0.35	2.46	1.12	1.24	0.009	0.41	8.23

累托石根据其所含阳离子的种类，可分为钾累托石、钠累托石和钙累托石。累托石为鳞片、纤维状晶体，粒度一般小于2mm，莫氏硬度小于1级，耐火度为1650℃，由于其中蒙脱石含有可交换性阳离子，因此可以通过添加 Na_2CO_3 或 Li_2CO_3 将钙累托石改变为钠累托石或锂累托石。用累托石作悬浮剂，无论是水浆还是醇浆，均易稠化，两者悬浮率相当，但当载液增加时，涂料含固量下降，水浆屈服值降低，导致所配制的涂料抗流淌性下降。累托石黏土的优点是提高涂料的高温抗裂性。

5. 羧甲基纤维素钠

羧甲基纤维素钠，简称CMC，是一种线型结构高分子化合物，呈粉状，无臭，无味，无毒。易溶于水与水形成胶体溶液，俗称化学糊，其分子式为

$$[C_6H_7O_2(OH)_{3-x}(O-CH_2CONa)_x]n \quad (n \geq 200)$$

聚合度是分子的链节数。聚合度越高，则水溶液的黏度越高。通常按黏度不同，CMC可分为高黏度、中黏度和低黏度三种。表4-20为CMC的技术条件。铸造生产中采用FM6中黏度CMC为好，CMC是一种阴离子电解质，一般不会发酵，有一定热稳定性。试验表明，CMC与钠基膨润土配合使用效果好，因为细小的分散膨润土质点可以黏附在CMC的大分子链上，这种黏附可以阻止膨润土质点的直接运动，从而使它们不易互相接触合并而长大，同时CMC高分子长链参与了网状结构的形成，使耐火粉料质点不易沉淀。

表4-20 羧甲基纤维素钠的技术条件

项 目	牌号及指标		
	FH 特高	FH6	FM6
外观	白色或微黄色纤维状粉末		
2%水溶液黏度	CP≥1200	800~1200	300~600
钠含量（质量分数,%)	6.5~8.5	6.5~8.5	6.5~8.5
pH值	6.5~8.0	6.5~8.0	6.5~8.0
含水量（质量分数,%)	≤10.0	≤10.0	≤10.0
氯化物（质量分数,%)	≤3.0	≤3.0	≤3.0
重金属以 Pb 计	≤0.002	≤0.002	≤0.002
铁（质量分数,%)	≤0.03	≤0.03	≤0.03
钾（质量分数,%)	≤0.0002	≤0.0002	≤0.0002

6. 海藻酸钠

海藻酸钠是从海洋藻类（海带）中提取的天然高分子聚合物，外观呈米色或淡黄色粉末，无毒，无臭，无味，具有很强的亲水性，易溶于水，并形成均匀而透明的黏稠胶液，不溶于乙醇、乙醚、氯仿等有机溶剂，海藻酸钠分子式为 $(C_5H_7O_4COONa)_n$，相对分子质量在15000左右，聚合度 n 为 60~80。水溶液的黏度随浓度的增加而急剧增高。溶液加热或冷却均不凝结，但若加入某些二价或三价金属离子如钙、镁、铁等金属离子则有凝胶析出。此外，它的黏度随温度而变，在常温下每上升1℃，黏度约降低3%，温度上升到100℃，黏度即大幅度下降，海藻酸钠的稳定性在pH值6~11范围内最好，pH值为1时黏度最大，pH值>7时表现出比 CMC 更强的附着力和更好的涂刷性。在涂料中可将海藻酸钠与膨润土配合使用，用法及效果与 CMC 相近。由于其价格昂贵，使用并不广泛。海藻酸钠的技术条件见表4-21。

7. 聚丙烯酰胺

聚丙烯酰胺，简称 PAM，俗称絮凝剂或凝聚剂，分子式为 $(CH_2CH)_nCONH_2$，是线状高分子聚合物，相对分子质量在400万~2000万之间，固体产品外观为白色或略带黄色粉末，易溶于水，其水溶液为几近透明的黏稠液体，无毒，无腐蚀性。聚丙烯酰胺有中性、阴离子和阳离子三种类型。作为涂料悬浮剂用的通常为阴离子聚丙烯酰胺。它在水溶液中含有0.01%~0.1%的质量浓度就可以获得很高的黏度，折合在涂料中含量为万分之几。但随着放置时间的延长，其黏度会逐渐下降。表4-22为阳离子型和阴离子型聚丙烯酰胺的技术指标。

表4-21 海藻酸钠的技术条件

指标项目 分类	黏度 /mPa·S	pH值	钙（质量 分数,%)	水分（质量 分数,%)	水不溶物（质 量分数,%)	黏度下降 率（%)
工业级 SC/T 3401—2006	150 或 按合同	6.0~8.0	≤0.4	≤15.0	≤0.6	≤20.0

表4-22 阳离子型和阴离子型聚丙烯酰胺的技术指标

名称	相对分子 质量（万）	离子度 （%)	高效 pH 值	含固量（质量分 数,%) ≥90	残余单体（质量 分数,%)	外观
PAMC（阳）	600~800	10~50	1~14	88	0.05	白色干粉
PAMA（阴）	220~300	10~50	7~14	90	0.05~0.15	白色颗粒粉

8. 黄原胶

黄原胶是一种生物合成胶，呈类白色或淡黄色粉末状，是以淀粉为主要原料，由微生物黄单孢杆菌在特定的培养基、pH 值、氧量及温度条件下经纯种发酵、提炼、干燥、研磨而制成的高分子多糖聚合物。黄原胶水溶液在低浓度下有较高的黏度，质量分数为1000mg/kg的水溶液，其黏度为40~50mPa·S，水溶液有假塑性，有很好的流变性能。黄原胶溶液和其聚电解质溶液不同，并不受盐类的影响，在 pH 值为2~12和温度为 -18~120℃时，黄原胶能基本保持原有的黏度和性能，因而具有可靠的增稠效果。与酸、碱、盐、酶及活化剂、防腐剂、氧化剂等化学物质共存时能形成稳定的增稠系统，并保持原有的流变性。

在水基涂料中黄原胶是一种理想的增稠剂

和稳定剂。添加质量分数为 0.2% 的黄原胶可使涂料的流变行为变为具有屈服值的假塑形流体。黄原胶的质量标准见表 4-23。

表 4-23　黄原胶质量标准　（FAO/WHO）

项　目	指标	项　目	指标
含量产生的 CO_2（按干基计）（质量分数,%）	4.2 ~ 5.0	砷/（mg/kg）	≤3
相当于黄原胶的含量（质量分数,%）	91.0 ~ 108.0	铅/（mg/kg）	≤5
干燥失重（质量分数,%）	≤15	异丙醇/（mg/kg）	≤500
总灰分（质量分数,%）	≤16	氮（质量分数,%）	≤1.5
丙酮酸（质量分数,%）	≥1.5	杂菌类/（个/g）	≤10000
重金属（以 Pb 计）/（mg/kg）	≤30		

9. 聚乙烯醇缩丁醛

聚乙烯醇缩丁醛，简称 PVB，由聚乙烯醇与丁醛在酸性介质中缩聚而成，为白色或淡黄色粉末，能溶于乙醇、醋酸乙酯等，它能迅速提高乙醇黏度，加入量（质量分数，下同）0.5% 可使乙醇黏度提高 1 倍以上，是一种高效的增稠聚合物。但聚乙烯醇加热时成膜，阻碍涂料中溶剂蒸气排出，点燃后涂层有麻坑或气泡，使用时加入量不可过多（通常为 0.1% ~ 0.5%）。PVB 不仅是悬浮剂，也是醇基涂料的一种黏结剂。PVB 的技术指标见表 4-24。

表 4-24　PVB 的技术指标

外　观	白色粉状固体，无可见机械杂质
丁醛基（质量分数,%）	43 ~ 49
水分（质量分数,%）	≤3
酸值（mgKOH/g 树脂）	≤0.8
黏度（20℃落球法）	15 ~ 35s

4.2.4　黏结剂

黏结剂的作用是将耐火粉料颗粒黏结在一起，使涂层具有一定强度，并使涂层黏附在模样表面上，防止涂层从泡沫塑料模样表面脱落或开裂。上述悬浮剂也具有一定的黏结能力，但悬浮剂加入量不能过高，否则涂层强度不够，还需要再加黏结剂。涂料用黏结剂可分为无机黏结剂和有机黏结剂，前者可称为高温黏结剂，后者可称为常温黏结剂。每种黏结剂又可分为亲水型和憎水型两种，亲水型用于水基涂料，憎水型用于醇基涂料。常用涂料黏结剂及属性见表 4-25。

1. 黏土类

黏土种类很多，如用作悬浮剂的膨润土、凹凸棒土、累托石等。此外还有普通黏土，其矿物成分主要是高岭土，耐火黏土、白泥也属此类。普通黏土颗粒较粗，吸水能力小，吸水后膨胀倍数小，黏结性较差。但它耐火度较高，通常大于 1580℃，干燥时收缩小，不易开裂。有利于改善涂料的高温抗裂性。膨润土颗粒质点小，吸水后体积膨胀数倍至数十倍，黏结力大，通常比普通黏土大 2 ~ 3 倍，但其耐火度较低，通常在 1200 ~ 1300℃ 以下，干燥时易收缩开裂，涂料中膨润土的质量分数一般不超过 4%。

表 4-25　常用涂料黏结剂及属性

无机黏结剂 （高温黏结剂）	亲水型	黏土、膨润土、水玻璃、硅溶胶、磷酸盐、硫酸铝
	憎水型	有机膨润土
有机黏结剂 （常温黏结剂）	亲水型	糖浆、纸浆废液、糊精、淀粉、聚乙烯醇（PVA）、聚醋酸乙烯乳液、水溶性酚醛树脂、聚丙烯酸 VAE、苯丙乳液
	憎水型	沥青、煤焦油、松香、酚醛树脂、桐油、合脂油、硅酸乙酯、聚乙烯醇缩丁醛

2. 水玻璃

水玻璃是硅酸钠的水溶液，其化学式为：$Na_2O \cdot mSiO_2 \cdot nH_2O$。纯水玻璃外观为无色黏稠液体，含有杂质时带有黄绿、青灰等颜色，选用水玻璃的主要依据是模数和密度。模数是水玻璃中二氧化硅和氧化钠的摩尔数之比，通常用 M 表示，即

$$M = \frac{w(SiO_2)/SiO_2 \text{ 的相对分子质量}}{w(Na_2O)/Na_2O \text{ 的相对分子质量}}$$

$$= \frac{c(SiO_2)}{c(Na_2O)} \times 1.033$$

一般要求 $M = 2.2 \sim 2.5$，密度为 $1.50 \sim 1.56 g/cm^3$。模数越大，水玻璃中游离的 SiO_2 越多，水玻璃硬化速度越快。若水玻璃模数过大或过小，可自行调整。要降低水玻璃模数，可加入 NaOH 水溶液，要提高水玻璃模数，加入 NH_4Cl 溶液。水玻璃的技术条件见表 4-26。

3. 硅溶胶

硅溶胶是将经离子交换后的水玻璃再浓缩而制成的。它是硅酸的多分子聚合物，是乳白色溶液，其分子式为 $mSiO_2 \cdot nH_2O$，含有 24% ~ 30%（质量分数，%）的 SiO_2，Na_2O 含量一般小于 0.5%。硅溶胶常用作熔模铸造涂料和金属型铸造涂料的黏结剂。也可作为消失模涂料的黏结剂，硅溶胶的技术指标见表 4-27。

表 4-26　水玻璃的技术条件（JB/T 8835—2013）

项目	ZS-2.8	ZS-2.4	ZS-2.0
模数 M	2.5 ~ 2.8	2.1 ~ 2.4	1.7 ~ 2.0
密度（20℃）/（g/cm³）	1.42 ~ 1.50	1.46 ~ 1.56	1.39 ~ 1.50
黏度（20℃）/（mPa·s）	≤800	≤1000	≤600
铁（Fe）（质量分数，%）	≤0.05		
水不溶物（质量分数，%）	≤0.5		

注：ZS-2.0 为改性水玻璃。

表 4-27　硅溶胶的技术指标

| 牌号 | 化学成分（质量分数，%） | | 物理性能 | | | | 其他 | |
	SiO_2	Na_2O	密度/（g/cm³）	pH 值	运动黏度/（m²/s）	SiO 粒子直径/nm	外观	稳定期
GRJ-26	24 ~ 28	0.3	1.15 ~ 1.19	9 ~ 9.5	<6×10⁻⁴	7 ~ 15	乳白色或淡青色，无外来杂质	≥1 年
GRJ-30	29 ~ 31	0.5	1.20 ~ 1.22	9 ~ 10	<8×10⁻⁴	9 ~ 20	乳白色或淡青色，无外来杂质	≥1 年

使用硅溶胶时必须注意它的 pH 值，pH 值在 8.5 ~ 10 范围内的硅溶胶稳定性最好；pH 值小于 7 的硅溶胶易胶凝，存放稳定性差。

4. 磷酸盐

磷酸盐黏结剂中最常用的是磷酸二氢铝 $Al(H_2PO_4)_3$。它是由磷酸（H_3PO_4，质量分数为 85%）与氢氧化铝按一定的摩尔比经中和反应而制得，反应式如下：

$$3H_3PO_4 + Al(OH)_3 \rightarrow Al(H_2PO_4)_3 + 3H_2O$$

磷酸盐主要用作耐火材料的黏结剂，为无色无味极黏稠的液体或白色粉末，液体相对密度为 1.44 ~ 1.47g/cm³（25℃），易溶于水，是一种无机合成材料，具有常温下硬化、化学结合力强、耐高温、抗振、抗剥落、耐高温气流冲刷、红外线吸收能力强和绝缘性能良好等特性。

在涂料中，磷酸铝黏结剂通常占耐火粉料质量分数的 4% ~ 6%。磷酸铝黏结剂在 1500 ~ 1850℃高温时还具有良好的黏结强度。磷酸铝涂料由于浇注后残留强度太高，铸型清砂困难，最好和其他黏结剂或附加物配合使用。

作为磷酸盐黏结剂，六偏磷酸钠也是一种无机高温黏结剂和分散剂，化学式为 $(NaPO_3)_6$，相对分子质量为 611.17，外观为无色透明的玻璃片状或粒状晶体粉末，易吸潮。在涂料中加入质量分数为 0.25% ~ 1%，可提高涂料的高温强度。六偏磷酸钠的技术指标见表 4-28。

表4-28　六偏磷酸钠的技术指标

项　目	指标	项　目	指标
总磷酸盐（以 P_2O_5 计）（质量分数,%）	≥68.0	砷（As）（质量分数,%）	≤0.0003
非活性磷酸盐（以 P_2O_5 计）（质量分数,%）	≤7.5	重金属（以 Pb 计）（质量分数,%）	≤0.001
水不溶物（质量分数,%）	≤0.06	氟化物（以 F 计）（质量分数,%）	≤0.003
铁（Fe）（质量分数,%）	≤0.02	pH 值	5.8～6.5

5. 硫酸盐

硫酸盐黏结剂中常用的是硫酸铝，它是一种白色结晶颗粒或粉末，分子式为 $Al_2(SO_4)_3 \cdot 18H_2O$，相对分子质量为 342.14（以无水计），相对密度为 1.69，在 86.5℃ 分解。硫酸铝加热至 250℃ 时失去结晶水，进一步加热至 700℃ 时，开始分解为 Al_2O_3、SO_3、SO_2 和蒸汽等。能溶于水、酸和碱，不溶于醇，水溶液呈酸性。硫酸铝适宜作为碱性或中性耐火粉料的黏结剂。例如在铝矾土中加入质量分数为 3% 的活化膨润土和 5% 的硫酸铝可明显地提高涂料强度。

6. 糖浆

糖浆是制糖工业副产品，为棕褐色黏稠液体，是一种水溶性黏结剂，曾在消失模铸造涂料中使用。糖浆中含 70%～75%（质量分数）干物质。干物质主要成分（质量分数）有：蔗糖（30% 左右）、还原糖（9%～15%）、果胶质和灰分（8%～11%）。糖浆有较高的黏结性、较好的不吸湿性和较低的发气性。在浇注时，糖浆在铸型表面燃烧形成光亮炭，有利于涂层从铸件表面剥离，便于清砂，糖浆的主要缺点是天热时容易发酵变质、有异味，应加入防腐剂。铸造涂料用糖浆的技术指标见表4-29。

7. 亚硫酸纸浆废液

用亚硫酸盐法造纸，取得木质纤维素后的剩余液体即为亚硫酸纸浆废液（简称纸浆废液）。其中含有木质素磺酸盐、树脂、糖分、亚硫酸盐等。这种残液经浓缩后即可作为涂料的黏结剂。造纸原料有木材和芦苇，以木材为原料的纸浆废液干强度较好。铸造用亚硫酸纸浆废液的技术指标见表4-30。

表4-29　铸造涂料用糖浆的技术指标

外　观	密度（20℃）/（g/cm³）	干物质含量（质量分数,%）	灰分或深沉淀物（质量分数,%）	比强度/MPa	含糖量（质量分数,%）	含水量（质量分数,%）
暗褐黄色液体无发酵及乙醇气味	≥1.3	≥50	<10	≥0.90	>40	<50

表4-30　铸造用亚硫酸纸浆废液的技术指标

名　称	指标	名　称	指标
外观	浓稠的褐色液体	pH 值	4.5～6.3
密度（20℃）/（g/cm³）	1.27～1.28	工艺试样干拉强度/MPa	≥0.20
黏度（涂4杯30℃）/s	15～36		

纸浆废液的黏结性不如糖浆，它与黏土共用可获得较好的涂层强度，纸浆废液呈弱酸性，故以碱性膨润土为悬浮剂时，应控制纸浆废液的用量，不能超过 1%，纸浆废液烘干硬化过程是可逆的，涂层干燥后能重新吸收水分使强度降低，因此涂层烘干后应早浇注。

8. 糊精

糊精是淀粉加水后在酸和热的作用下产生水解反应（糖化）的一种中间产物，糊精大多数为淡黄色细粉状材料，也有白色的粉末，但黏结力较差。糊精是一种湿强度和干强度都比较高的水溶性有机黏结剂。涂料中加入糊精，干燥后黏结力很强。糊精和水玻璃配合使用增强效果最好。糊精的吸湿性比纸浆废液低，但比糖浆高。糊精在夏天也会发酵变质，应加防腐剂。糊精的技术指标见表4-31。

表 4-31　糊精的技术指标

种　　类	外　　观	含水量（质量分数，%）	溶解度 20℃（%）	比干拉强度/MPa
白色糊精	粉状	<2	>60	>0.30
黄色糊精	粉状	<2	>90	>0.35

9. 聚乙烯醇

聚乙烯醇是一种水溶性树脂，是无味、无毒的白色或淡黄色粉末，其结构式为 $[CH_2-CH]_n$，n 为聚合度。聚乙烯醇由聚醋酸乙烯酯经皂化而成；通常可由聚醋酸乙烯加碱醇解而得。其原始原料来源于石油和天然气。聚乙烯醇的牌号不同，性能也不同，用作铸造黏结剂的聚乙烯醇牌号 PVA17-88（聚合度 1700，醇解度 88%），其技术指标见表 4-32。聚乙烯醇增稠效果显著，有较高强度，发气性低。在涂料中与钠基膨润土共用，可获得好的悬浮性、快干性和良好的涂刷性，常用聚乙烯醇来配制水基自干涂料，聚乙烯醇不易溶于冷水，使用时要在开水中煮一段时间才能溶解，所以，国外使用部分醇解的聚乙烯醇，水溶性好，强度也高。

表 4-32　PVA17-88 黏结剂的技术指标

项　　目	pH 值	挥发分（质量分数，%）	醋酸钠（质量分数，%）	黏度[①]/mPa·s
指标	5~7	≤5.0	≤1.0	200~250

① 10% 浓度的水溶液，在 20℃时测定。

10. 聚醋酸乙烯乳液

这是一种水溶性有机溶剂，无刺激性臭味。可常温自干，成膜性好。天热时不会发酵变质，可长期贮存于常温室内，一般以 10~40℃ 为宜。冬天不能低于 5℃。对聚醋酸乙烯乳液的技术指标见表 4-33。

表 4-33　聚醋酸乙烯乳液的技术指标

项　　目	指　　标	项　　目	指　　标
外观	乳白色稠厚胶液	含固量（质量分数，%）	50±2
黏度/mPa·s	2500~7000，7000~10000	pH 值	4~6

聚醋酸乙烯乳液在涂料中不与其他悬浮剂、黏结剂等组分起反应，不使膨润土-CMC 水溶液增稠，浇注时可在涂层表面析出光亮炭，有助于形成易剥离烧结层。

11. 苯丙乳液

这是由苯乙烯和丙烯酸丁酯等材料聚合而成的乳液。外观为均匀白色带蓝光，5℃ 以上容易成膜，遇到强酸、有机溶液即破乳。可用于配制消失模水基涂料，其技术指标见表 4-34。

12. VAE 乳液（醋酸乙烯-乙烯共聚乳液）

该乳液由醋酸乙烯和乙烯在外加压力下共聚而成。在 VAE 乳液中，乙烯的质量分数为 5%~30%。这种乳液的特点是黏结强度高，耐水性好，耐碱性好，成膜温度低。适用于配制消失模水基涂料，其技术指标为见表 4-35。

表 4-34　苯丙乳液的技术指标

项　　目	指　　标	项　　目	指　　标
外观	白色带蓝光乳液	机械稳定性 1600r/min	不破乳，不分层
钙离子稳定性（5% CaCl$_2$ 溶液）	不破乳，不分层	黏度/mPa·s	50~500
含固量（质量分数，%）	50±2	游离单体（质量分数，%）	≤1.0

表 4-35　VAE 乳液的技术指标

项　　目	指　　标	项　　目	指　　标
外观	白色的均匀乳状液	pH 值	4~5
蒸发剩余物（质量分数，%）	≥54.5	残存醋酸乙烯（质量分数，%）	≤1
黏度/mPa·s（25℃）	500~1000	乙烯含量（质量分数，%）	16±2

13. 松香

松香是从松木树脂中提炼出来的一种热塑性天然树脂，其外观为淡黄色半透明或淡褐色的块状物。具有脆性、易粉碎。松香的主要成分为松香酸 $C_{20}H_{30}O_2$ 和松香酸酐等不饱和化合物。松香的熔点为 75～135℃。受热时熔化，冷却后又恢复固态。松香不溶于水，适量溶解于乙醇，完全溶解于丙酮等有机溶剂。松香是醇基涂料常用的黏结剂，用它配制的涂料涂层不易开裂，浇注的铸件光洁。松香的黏结强度低于酚醛树脂。松香最好与酚醛树脂配合使用，有改性催干作用。松香的技术指标见表4-36。

表4-36　松香的技术指标

指标名称	特级	一级	二级	三级	四级	五级
色泽	微黄色	淡黄色	黄色	深黄色	黄棕色	黄红色
外观	透明					
软化点（环球法℃）	≥74				≥72	
酸值/（mgKOH/g）	≥164				≥162	
不皂化值（质量分数,%）	≤6				≤7	
机械杂质含量（质量分数,%）	≤0.05				≤0.07	

14. 酚醛树脂

酚醛树脂是苯酚和甲醛按一定摩尔比，在一定催化条件和一定温度下缩聚而成。常用的酚醛树脂有两种：

（1）热塑性酚醛树脂　当苯酚和甲醛的摩尔比大于1时，在酸性介质中缩聚而成的树脂即为热塑性树脂。壳型、型芯所用的树脂就是这一种，这种树脂为块状或粉状固体，可溶于乙醇，不溶于水。常用作醇基涂料黏结剂，水基涂料也可使用这种树脂，可将这种树脂溶解在乙醇中，再与水制备乳浊液，用膨润土或黏土作稳定剂，制得水基涂料。使用这种树脂时，应同时加入乌洛托品（六次甲基四胺），在涂层加热时，它提供亚甲基，使树脂固化从而获得较高强度。一些工厂的经验认为涂料中不加乌洛托品，只加热塑性酚醛树脂，也可获得较高强度。

醇基涂料中使用酚醛树脂可使涂层获得较高强度，若与聚乙烯醇缩丁醛配合作用，可使酚醛树脂的黏结力提高。表4-37列出了几种热塑性酚醛树脂的技术指标。

表4-37　几种热塑性酚醛树脂的技术指标

项　　目	2183树脂	2123树脂	PF-1 纯酚醛树脂	PF-6树脂
色泽		浅黄及棕色固体	浅黄透明	黄色固体块状
含固量（质量分数,%）		≥98.5	≥99	>98.5
软化点/℃	100～108	105～115	105～120	100～120
缩聚速度（加乌洛托品150℃）/s	60～90	60～100	60～100	60～100（125℃）
游离酚（%）	<5	<4	<1	<4
弹性模量/（×10⁴kg/m²）	7.38	13.05		
树脂迅速失重温度/℃	340（7.5%）	326（10%）	400（7.5%）	

（2）热固性酚醛树脂　当苯酚和甲醛的摩尔比小于1时，在碱性介质（氢氧化钡、碳酸钠、氨水等）中缩聚而成的树脂即为热固性树脂。这类树脂可溶于水，用于水基涂料。这种水溶性酚醛树脂加热后涂层固化产生较高强度。这种树脂的主要缺点是保存时间较短，一般为1～2个月，且游离酚含量高。铸造涂料用热固性酚醛树脂的技术指标见表4-38。

表4-38　铸造涂料用热固性酚醛树脂的技术指标

项　　目	2114树脂	2127树脂	3201树脂	PF-23树脂
色泽	淡色及淡棕色液体	棕色液体	淡黄色液体	浅黄和黄色液体
含固量（质量分数,%）	50～55	≥98.5	50～55	65～75
游离酚（质量分数,%）	<10	<20	<14	<10
黏度（涂4杯25℃）/s	15～30	120～180	—	7000～12000mPa·s

15. 硅酸乙酯

硅酸乙酯又称正硅酸乙酯，理论 SiO_2 含量（质量分数，下同）为 28%，它是四氯化硅（$SiCl_4$）和乙醇（C_2H_5OH）的聚合物。硅酸乙酯为无色易燃液体，有刺激性气味，相对密度（D_{20}）为 0.9356，沸点为 168.1℃，熔点为 110℃（升华），黏度（20℃）为 17.9mPa·s。在生产硅酸乙酯时，难免有水参与此反应，所以工业硅酸乙酯中不单含有正硅酸乙酯，还有其他类型的缩聚产物，它们的化学通式为 $(C_2H_5O)_{2(n+1)}Si_nO_{n-1}$。$n$ = 1、2、3、6，n 越大，其中 SiO_2 的含量就越多。国内生产的硅酸乙酯大多含 30% ~ 34% SiO_2，可称它为硅酸乙酯32，32 代表其中 SiO_2 的平均百分含量。

作为熔模铸造涂料黏结剂，硅酸乙酯必须水解后才能使用，因为硅酸乙酯本身不是溶胶，不起黏结作用，必须水解后才能成为硅酸溶胶。水溶解液的主要成分是硅酸溶胶和有机硅聚合物的均质溶液，一般水解液含 18% ~ 22% SiO_2，过高过低都不好。

硅酸乙酯能溶于乙醇、丙酮、汽油等有机溶剂中，但不溶于水，而能与水起水解反应。硅酸乙酯用作黏结剂时，涂层可风干固化，同时高温强度大。用作树脂砂型、砂芯涂料，可使铸件表面光洁。硅酸乙酯不仅在醇基涂料中可用作高温黏结剂，在水基涂料中也可使用。

4.2.5 助剂

消失模铸造或实型铸造涂料中的助剂主要有活化剂、消泡剂和防腐剂。

1. 活化剂

活化剂是指能降低溶剂（一般为水）表面张力和液/液界面张力及具有一定性能和结构的物质。活化剂具有亲水、亲油的性质，能起乳化、分散、增溶、润湿等一系列作用。活化剂一般由一个非极性的亲油基团和一个极性的亲水基团共同构成。这两个基团分处于分子两端，形成不对称结构。当活化剂溶于水后，水分子之间强烈的作用力（色散力、氢键等）就产生强烈的将活化剂的疏水端推出水相的趋势。一方面水分子在活化剂分子周围形成新的结构，另一方面活化剂分子的疏水基团之间相互吸引，发生自缔合作用，在一定条件下就形成胶束。

HLB 值常作为选择活化剂的依据，该值是指乳化剂分子结构中的亲水与疏水平衡值。它可以用来衡量活化剂中亲水部分和亲油部分在总的乳化性质中的贡献。HLB 值越大，表示其亲水性越高，反之，则亲油性越高。按照活化剂亲水基团的性质，可将活化剂划分为阴离子型、阳离子型、非离子型和两性活化剂。

阴离子型活化剂以阴离子为亲水基团，常用于碱性介质，即在 pH 值 >7 的条件下使用。常见的阴离子型活化剂有羧酸盐、硫酸酯盐、磺酸盐和磷酸酯盐四大类。例如扩散剂 N 或 NNO（亚甲基双萘磺酸钠），十二烷基苯磺酸钠等属阴离子型活化剂。阳离子型活化剂大多为有机胺类化合物，其亲水基团为阳离子，一般在酸性介质中（pH 值 <7）使用效果较好，在铸造生产中应用较少，但烷基季铵盐 [RN^+ (CH_3)$_3Cl^-$] 可用来制备有机膨润土。

非离子型活化剂溶解在水中形成水溶液时，不会离解成离子，而是以分子态存在。因此在使用中基本不受所处介质 pH 值的影响，也不受电解质的硬水影响，在铸造涂料中应用较广。在水基涂料中常用的有 JFC（聚氧乙烯醚类化合物）、OP—10（烷基酚与环氧乙烷缩合物）等，在醇基涂料中常用的有 OP—4、OP—7、平平加 O（高级脂肪醇聚氧乙烯醚）、T-80（又名吐温-80，失水山梨醇油酸酯聚氧乙烯醚）等。表 4-39 列出了消失模和实型铸造涂料中常用的活化剂。

2. 消泡剂

在水基涂料生产过程中，随着搅拌的进行，进入液体介质中的空气，不能以足够快的速度离去而形成气泡。而水基涂料中乳化剂、润湿剂等表面活性物质的存在又促进了稳定气泡的形成。气泡体系不是处于最低自由能状态，因而本身是一种不稳定状态，也就是说气泡本身是要破裂的。气泡的破裂经过三个阶段，即气泡的再分布、膜壁的变薄和膜的破裂。对于一般稳定的气泡体系，经历这三个阶段要很长的时间，因此在涂料生产中要加入消泡剂。

表 4-39　消失模和实型铸造涂料中常用的活化剂

型　号	主要组成	pH 值	HLB 值	属性	适用范围
MF	亚甲基双甲基萘磺酸钠（$C_{21}H_{18}S_2O_6Na_2$）	7~9		阴离子	分散、水基涂料
NNO（N）	亚甲基双萘磺酸钠（$C_{24}H_{14}O_6S_2Na_2$）	7~9		阴离子	分散、水基涂料
十二烷基苯磺酸钠	烷基苯磺酸钠　R ⟨⟩ R = C_{1-12}　－ SO_3Na,	7~8		阴离子	润湿、乳化、水基涂料
磷酸三钠	$Na_3PO_4 \cdot 12H_2O \cdot 10H_2O$	11.5		阴离子	润湿、分散、水基涂料
六偏磷酸钠	$(NaPO_3)_6$	5.8~6.5		阴离子	润湿、分散、水基涂料
三聚磷酸钠	$Na_5P_3O_{10}$	9.5~10.2		阴离子	润湿、分散、水基涂料
焦磷酸钠	$Na_4P_2O_7$	9.5~10.5		阴离子	分散、水基涂料
JFC	R-O-$(CH_2CH_2O)_nH$	6~8	12	非离子	润湿、渗透、水基涂料
OP—10	辛烷基酚聚氧乙烯醚	5~7		非离子	乳化、水基涂料
Triton x-100　x-102	浅黄色液体		13.5　14.6	非离子	优异的润湿及乳化性能水基涂料
平平加 O	高级脂肪醇聚氧乙烯醚	7~8.5	15.6	非离子	渗透、分散、乳化、水基、醇基涂料
T—80（吐温—80）	失水山梨醇油酸酯聚氧乙烯醚	5~7		非离子	润湿、分散、乳化、水基、醇基涂料均适用
OP—4	烷基酚与环氧乙烷缩合物	≈7	5	非离子	乳化、醇基涂料
OP—7	烷基酚与环氧乙烷缩合物	≈7	12	非离子	乳化、醇基涂料

　　在消泡剂加入水基涂料中后，它会扩散到气泡周围的水膜中，并以微细粒子形态渗入气泡体系中，在接触到气泡后即捕获气泡表面的憎水链端，再经过迅速铺展，形成很薄的双膜层，再进一步侵入到气泡体系中，低表面张力的消泡剂总是带动一些液体流向高表面张力的气泡体系中，促使膜壁逐渐变薄，最终导致气泡破裂，该过程如图 4-2 所示。

　　根据上述机理，消泡剂应具备以下特性：

　　1）其表面张力低于起泡介质的表面张力。

　　2）消泡剂和介质间存在一定程度的不相容性。

　　3）消泡剂的密度应小于介质的密度，以便它在介质表面发挥效用。

　　水溶性溶剂如甲醇、乙醇及丙酮会有一些消泡功能。它们是通过提高体系中的表面活性

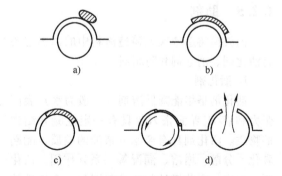

图 4-2　消泡剂的消泡机理
a）接触　b）散布　c）进入或置膜　d）破裂

物质的溶解性来起作用的。它们不能用作抑泡剂，因而其作用也是有限的。常见的消泡剂种类见表 4-40。

表 4-40 常见的消泡剂种类

类别	品 种
油脂	脂肪酸甘油酯、Span、蓖麻油
醇	α-乙基己醇、异辛醇、二异丁甲醇
磷酸酯	磷碳酸三丁酯、磷酸三辛酯
酰胺	二硬酯酰乙二胺、油酸三乙烯二胺
有机硅化合物	有机硅油
聚醚	聚醚类非离子活化剂、聚氧丙基甘油醚

3. 防霉杀菌剂

水基涂料常含有树脂、黏结剂和助剂等物质，这些物质往往是各种微生物的营养源，载液水又是生命要素，这些构成了微生物生长的条件。从水基涂料制造时起的一系列操作中就有导致水基涂料受到微生物污染的可能性。受污染的涂料，当达到一定湿度、温度、pH 值等条件后，如果没有抑制其生长的物质，微生物就开始频繁生长，于是涂料就发生霉变、变质，失去黏性。杀菌防霉的防腐剂是水基涂料不可缺少的助剂，简称防霉剂。

对防霉杀菌剂的要求如下：

1）杀菌比较全面，抗各种微生物，作用时间长，抑制霉菌生长所需的浓度低；对弱碱性环境中滋生的绝大多数霉菌和细菌都有良好的灭菌效果。

2）与涂料中各种组分的相容性良好，与其他组分不发生化学作用。

3）在 pH 值为 6~10（至少 7~9.5）的范围内储存稳定。

4）有很好的水溶性，因为微生物都是在水相中生长的，这样可以保证与其更好地接触，更快地杀菌。

5）在涂料中挥发性低，耐紫外线，抗氧化，耐温度变化。

6）对人体无毒或低毒，有良好的生物降解性和较低的环境毒性，减少对操作人员的刺激性。

能够满足上述全部要求的防霉杀菌剂实在太少，很多时候只能牺牲部分性能，目前世界上已采用的涂料防霉杀菌剂可归纳为以下几种类型：

1）取代芳烃类：如五氯苯酚（又称五氯酚）及其钠盐，四氯间苯二腈（TPN）邻苯基苯酚、溴乙酸苄酯、麝香草酚（又称百里酚）等。

2）杂环化合物：如 2-(4-噻唑基)苯并咪唑（TBZ）、苯丙咪唑氨基甲酸甲酯（BCM）、2-正辛基-4-异噻唑啉-3-酮等。

3）胺类化合物：如双硫代氨基甲酸酯、N-（氟代二氯甲硫基）酞酰亚胺等。

4）甲醛释放剂。

5）其他防霉杀菌剂：如 α-羟丙基甲酰磺酸盐、四氯苯醌，以及偏硼酸钡和氧化锌等。

铸造涂料中常用的防腐剂有麝香草酚、五氯苯酚、五氯酚钠、工业甲醛（又名福尔马林）等。工业甲醛加入量为 0.2~0.4g/t（涂料）。

4.3 消失模铸造及实型铸造涂料的配制

4.3.1 原材料的选择

（1）耐火粉料 消失模铸造和实型铸造涂料用耐火粉料主要根据铸造合金的种类和铸件大小来选择。铸钢件的浇注温度高，要选用耐火度高的耐火粉料，对于厚大的碳钢铸件和合金钢铸件，可选用锆石粉、白刚玉粉作为耐火粉料；对于中小型铸钢件可选用棕刚玉粉、铝矾土和硅粉，或者以锆石粉为主，加一部分莫来石粉；对于锰钢铸件要选用镁砂粉或镁橄榄石粉，以免形成 $MnO \cdot SiO_2$ 化学黏砂；对于大型铸铁件要选用锆石粉，鳞片石墨为主的耐火粉料；对于中小型铸铁件可选用土状石墨、铝矾土、硅粉、蓝晶石粉、镁砂粉等耐火粉料，还可以添加一定数量的云母、硅灰石、黑曜石以改善涂层的高温透气性。对于铝合金铸件可选用滑石粉、云母粉、蛭石粉。在消失模铸造中为了保证涂层的高温透气性，所选的耐火粉料应有合理的粒度级配。例如，100 目左右的颗粒应占 12% 左右（质量分数），小于 270 目的颗粒占 25%~28%（质量分数）。在实型铸造中，一般不须具有很高的涂层高温透气性，但对于大型铸件需要较多的耐高温粉料。

（2）载液　对消失模铸造涂料，考虑环保、施涂、烘干、发气量、成本等方面的要求，一般采用水作为载液，即水基涂料。对实型铸造，可选用水、甲醇、乙醇作为载液。

（3）黏结剂　水基涂料可选用白乳胶（聚醋酸乙烯乳液）、水溶性酚醛树脂、苯丙乳液（苯乙烯-丙烯酸乳液）、乙烯-醋酸乙烯乳液，为了改善黏性可加入少量黄原胶，为了增加高温强度可添加少量黏土。

（4）悬浮剂　对于水基涂料，可采用钠基膨润土或锂基膨润土作为悬浮剂。醇基涂料可用有机膨润土或锂基膨润土作为悬浮剂。

（5）助剂　水基消失模铸造涂料可选用

OP-10、平平加 O、JFC 或 $Triton_{x-100}$ 作为润湿分散剂，醇基涂料用 OP-4 或 OP-7 作为乳化剂。水基涂料可选用 SPA-202（上海市涂料研究所）作为消泡剂，选用麝香草酚或五氯酚钠、甲醛作为防腐剂。根据编者的经验，苯甲酸钠的防霉效果差，它不能杀死真菌，甲醛气味大，对操作工人健康不利。

4.3.2　配方的制定

消失模和实型铸造用模样涂料与一般砂型铸造涂料相比，有一些特殊要求。下列配方仅供参考。表4-41为消失模铸造水基模样涂料配方，表4-42为消失模铸造模样醇基涂料配方，表4-43为实型铸造模样水基涂料配方，表4-44为实型铸造模样醇基涂料配方。

表4-41　消失模铸造水基模样涂料配方（质量分数，%）

序号	耐火粉料	悬浮剂	黏结剂	载液	助剂	应用范围
1	铝矾土　60~70 云母　30~40	膨润土　3~4 黄原胶微量	VAE　8~10 黏土　6	水适量	JFC 适量 消泡剂适量 防腐剂适量	铸铁件
2	铝矾土　60 片状石墨　40	膨润土　4~6	白乳胶　2 糖浆　2	水适量	JFC 适量 消泡剂　0.02	铸铁件
3	莫莱石（200目）　72 锂辉石　20 硅灰石（100目）　8	膨润土　2~3 CMC　0.5	水溶性酚醛树脂 8	水适量	JFC 适量 消泡剂　0.02 防腐剂适量	铸铁件
4	硅粉　32 黑曜石（或珍珠岩）　25 锆石粉　23 土状石墨　20	膨润土　2~3 黄原胶微量	聚乙烯醇（固态）　2.0	水适量	JFC 适量 消泡剂微量 防腐剂适量	铸铁件
5	微细硅粉（粒径5μm）　80 石墨粉　20	钠膨润土　3 黄原胶微量	硫酸镁-水化合物　5	水　40	活化剂微量 消泡剂微量 防腐剂微量	铸铁件
6	黑曜石粉　80 石墨粉　20	钙膨润土　3 黄原胶微量	硫酸镁-水化合物　5	水　40	活化剂微量 消泡剂微量 防腐剂微量	铸铁件
7	硅粉　56 白云母　24 石墨　20	钙膨润土　3~5 黄原胶微量	醋酸乙烯酯 7.5	水　40	活化剂微量 消泡剂微量 防腐剂微量	铸铁件
8	硅粉　70 云母粉　30	膨润土　1.5 凹凸棒土　1	白乳胶　8 黄原胶微量	水适量	消泡剂微量 活化剂微量	铸铁件
9	球型耐火骨料 （200~280目）　80 （140~200目）　20	黄原胶　0.15 钠膨润土　2	丙烯酸酯胶　9	水适量	六偏磷酸钠微量 T-80 微量	大型铸铁件

（续）

序号	耐火粉料	悬浮剂	黏结剂	载液	助剂	应用范围
10	锆石粉　100	钠膨润土　2.5	白乳胶　2.5	水适量	石油磺酸　0.05 ~ 0.1	铸钢件
11	硅粉　96 滑石粉　4	膨润土　4 CMC　4	白乳胶　3 硅溶胶　6	水适量	碳酸钠　0.1 脱壳剂　0.1	中小铸钢件
12	棕刚玉　100	悬浮剂　8 CMC　0.3	白乳胶　3 硅溶胶　6	水适量	JFC 微量	铸钢件
13	镁橄榄石粉　98 滑石粉　2	膨润土　2.0 CMC　2.0	白乳胶　3 硅溶胶　6	水适量	碳酸钠　0.1	锰钢铸件
14	珠光粉　40 硅藻土　30 云母　30	凹凸棒土　2 CMC　0.3	白乳胶　2 硅溶胶　9	水适量	JFC　0.03	铝合金铸件
15	董青石　100	膨润土　2.7 CMC　0.5 ~ 1	黏结剂　1.5 ~ 2	水适量	$Na_3P_3O_3$　1 ~ 3	铝合金铸件
16	镁砂粉　30 ~ 50 珠光粉　20 ~ 40 云母粉　30	CMC　0.1 ~ 0.8	白乳胶　1 ~ 5	水适量	阻燃剂 SF_6　0.3 ~ 20 吸附剂　1 ~ 6	镁合金铸件

表 4-42　消失模铸造模样醇基涂料配方（质量分数，%）

序号	耐火粉料	悬浮剂	黏结剂	载液	助剂	应用范围
1	硅粉　　65 ~ 80 铝矾土　20 ~ 35	有机膨润土　2 ~ 4	PVB　0.2 ~ 0.4 酚醛树脂　3	乙醇 60 ~ 75	OP-4 微量	碳钢铸件
2	锆石粉　65 ~ 80 铝矾土　20 ~ 35	有机膨润土　1.5 ~ 3.5	PVB　0.2 ~ 0.4 酚醛树脂　3	乙醇适量	OP-4 微量	合金钢重大铸钢件
3	刚玉粉　65 ~ 80 铝矾土　20 ~ 35	有机膨润土　2 ~ 4	PVB　0.2 ~ 0.4 酚醛树脂　3	乙醇适量	OP-4 微量	合金钢重大铸件
4	镁砂粉　65 ~ 80 铝矾土　20 ~ 35	有机膨润土　2 ~ 4	PVB　0.2 ~ 0.4 酚醛树脂　3	乙醇适量	OP-4 微量	锰钢铸件
5	铬铁渣（高铬刚玉） 100	有机膨润土　2 ~ 3	酚醛树脂　2 ~ 3 PVB　0.2 ~ 0.4	乙醇适量	OP-4 微量	锰钢铸件
6	土状石墨　65 ~ 80 片状石墨　20 ~ 35	有机膨润土　2 ~ 4	PVB　0.2 ~ 0.4 酚醛树脂　3 ~ 5	乙醇适量	OP-4 微量	铸铁件
7	刚玉粉　33 ~ 60 锆矾土　33 ~ 53 土状石墨　7 ~ 14	有机膨润土　2 ~ 4	PVB　0.2 ~ 0.4 酚醛树脂　2 ~ 4	乙醇适量	OP-4 微量	重大铸铁件
8	铝矾土　66 ~ 84 土状石墨　8 ~ 17 片状石墨　8 ~ 17	有机膨润土　2 ~ 4	PVB　0.2 ~ 0.3 酚醛树脂　3 ~ 5	乙醇适量	OP-4 微量	铸铁件

注：消失模醇基涂料应采用高纯度乙醇或甲醇作为载液，以保证挥发干燥。

表 4-43　实型铸造模样水基涂料配方（质量分数，%）

序号	耐火粉料	悬浮剂	黏结剂	载液	助剂	应用范围
1	铝矾土　78 ~ 88 土状石墨　12 ~ 22	活化膨润土　3 ~ 5	糖浆　2 ~ 3	水适量	JFC 微量	铸铁件
2	土状石墨　60 ~ 70 片状石墨　20 ~ 30 铝矾土　10	活化膨润土　4 ~ 6	糖浆　3 ~ 4	水适量	JFC 微量	铸铁件

（续）

序号	耐火粉料	悬浮剂	黏结剂	载液	助剂	应用范围
3	铝粉膏　82 细黄砂　18	活化膨润土　2~4 CMC　1.5	水玻璃　2~4	水适量	JFC 微量	铸铁件
4	铝粉膏　70~80 硅粉　20~30	活化膨润土　2~4	VAE 适量	水适量	木质素磺 酸钙适量	铸铁件
5	铝粉膏　88 硅粉　12	活化膨润土　2~3	纸浆废液适量	水适量		铸铁件
6	土状石墨　80 片状石墨　10 硅粉　10	活化膨润土　4~6	VAE 适量	水适量	石棉纤维 适量	铸铁件
7	土状石墨　65 片状石墨　27 锆石粉　8	活化膨润土　3~5	纸浆废液适量	水适量	JPC 微量	铸铁件
8	锆石粉　100	活化膨润土　1.5	纸浆废液适量	水适量	JFC 微量	铸钢件
9	锆石粉　88 刚玉粉　12	活化膨润土　3	白乳胶　1 纸浆废液适量	水适量	JFC 微量	铸钢件
10	锆石粉　100	活化膨润土　2~3	纸浆废液适量	水适量	洗涤剂 0.5	铸钢件
11	锆石粉　100	活化膨润土　1.5~2 CMC 适量	白乳胶　2.0~2.5	水适量	石油磺酸 0.05~0.1	铸钢件

表 4-44　实型铸造模样醇基涂料配方（质量分数,%）

序号	耐火粉料	悬浮剂	黏结剂	载液	助剂	应用范围
1	铝矾土　60~70 土状石墨　20~25 片状石墨　10~15	有机膨润土　2~3	酚醛树脂　4~6 PVB　0.3	乙醇 50~65	OP-4 微量	铸铁件
2	刚玉粉　35~55 铝矾土　35~57 土状石墨　8~10	有机膨润土　1~3	酚醛树脂　3~5 PVB　0.2~0.3	乙醇 50~65	OP-4 微量	高要求 铸铁件
3	铝矾土　50 土状石墨　35 片状石墨　15	有机膨润土　1~3	酚醛树脂　4~6 PVB　0.3	乙醇 适量	OP-4 微量	铸铁件
4	土状石墨　76 片状石墨　24	有机膨润土　2~4	酚醛树脂　5 45~80胶　10	汽油适量	OP-4 微量	铸铁件
5	硅粉　66~83 铝矾土　17~34	有机膨润土　1~3	酚醛树脂　3~5 PVB　0.2~0.4	乙醇 58~75	OP-4 微量	碳素钢铸件
6	锆石粉　66~83 铝矾土　17~34	有机膨润土　1~3	酚醛树脂　2~4 PVB　0.2~0.4	乙醇 55~70	OP-4 微量	合金钢铸件
7	刚玉粉　66~83 铝矾土　17~34	有机膨润土　1~3	酚醛树脂　3~5 PVB　0.2~0.4	乙醇 58~75	OP-4 微量	合金钢铸件
8	镁砂粉　66~83 铝矾土　17~34	有机膨润土　1~3	酚醛树脂　3~5 PVB　0.2~0.4	乙醇 58~75	OP-4 微量	高锰钢铸件

（续）

序号	耐火粉料	悬浮剂	黏结剂	载液	助剂	应用范围
9	硅粉　100	有机膨润土　1~3	PVB 适量 电木漆　10~20	乙醇 100	硼酸 20~24	铸钢件
10	锆石粉　100	有机膨润土　1~3	酚醛树脂　3 45~80 胶　15	汽油 30	OP-4 微量	铸钢件
11	锆石粉　100	有机膨润土　1~3	酚醛树脂　2~4 松香　1	乙醇适量	OP-4 微量	铸钢件
12	滑石粉　100	有机膨润土　1~3	PVB 适量 酚醛树脂　0.2~0.3	乙醇适量	OP-4 微量	有色合金 铸件

表 4-45 为实型铸造用模样表面修补涂料配方，采用这类涂料是为了修补模样的表面缺陷和改善模样的表面粗糙度。该表中序号 1 涂料采用硝酸纤维素，是为了符合易汽化、残留少和成膜好等要求。实型铸造用涂料最好选用含氮量（质量分数）为 10.4%~11%，黏度为0.5~5s 的硝酸纤维素。序号（1 和 5）涂料选用乙醇作载液，乙醇并不能完全溶解硝酸纤维素，必须借助于助溶剂或增塑剂，如乙二醇乙醚酯、邻苯二甲酸二丁酯等，使其溶解在载液中。同时，为了使涂层呈连续、柔软、坚实的薄膜状，还要加入增塑软化剂、薄膜形成剂，如樟脑、蓖麻油等。

表 4-45 中序号 2 涂料属于型壁转移涂料，聚甲基丙烯酸甲酯涂料并非直接涂刷或喷涂在模样表面，而是预先将其喷涂在发泡模具的表面，使其形成一层薄膜，然后按照成形发泡工艺进行操作。在发泡过程中，这层薄膜受热软化而泡沫珠粒膨胀。借助薄膜与聚苯乙烯之间的良好黏结力，使其从模具的内腔脱离，转移到泡沫塑料模样表面，由此降低了模样的表面粗糙度值。该涂料的主要原材料是聚甲基丙烯酸甲酯，俗称（0 号）造牙粉，其相对分子质量为 20 万~30 万。用丙酮、二氯乙烷、醋酸丁酯和香蕉水组成的混合液作为溶剂。

表 4-45　实型铸造用模样表面修补涂料配方（质量分数,%）

硝酸纤维素涂料					
序号	硝酸纤维素	乙醇	乙二醇 乙醚酯	邻苯二甲酸 二丁酯	蓖麻油	樟脑
1	25	50	适量	3.12	3.13	适量

聚甲基丙烯酸甲酯涂料				
序号	聚甲基丙 烯酸甲酯	溶　剂			
		丙酮	二氧乙烷	醋酸丁酯	香蕉水
2	5	20	10	20	50

蜡基涂料					
序号	石蜡	硬脂酸	牛油	乙醇	苯	泡沫塑料粉末
3	100					适量
4	20		80			适量
5	10	40		43	7	

4.3.3　涂料的制备工艺和设备

1. 涂料制备工艺流程

如图 4-3 所示。先将膨润土、CMC 和水放入分散机的圆形机体中，搅拌成浆状，再加入耐火粉料继续搅拌，然后依次加入黏结剂、活化剂、消泡剂和防腐剂，搅拌均匀后出料到胶体磨中研磨后装桶备用。

2. 加工用设备

生产涂料所用设备包括分散设备和研磨

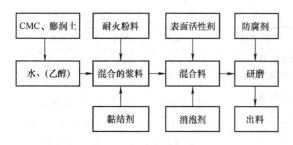

图4-3 涂料制备工艺流程

设备。

（1）分散设备 高速分散机的搅拌分散一般在高速分散机中进行。该机的叶轮是扁平的圆盘平板，沿叶轮边缘可以切割成各种锯齿状，以不同角度朝上弯、朝下弯、朝内弯和朝外弯，对粉料有很强的剪切作用。分散机的叶轮线速度应大于2000mm/s才能获得良好的分散效果。叶轮尺寸及其在圆桶中的安装位置如图4-4所示。由图4-4可见，料桶内径应等于叶轮外径 d 的2.8~4倍，叶轮到桶底距离 h_2 应等于叶轮外径 d 的0.5~1倍。h_1 为搅拌桶的最佳装料高度，$h_1 = (1~2) d$。

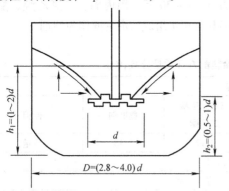

图4-4 分散机叶轮尺寸及其在圆桶中的安装位置

（2）研磨设备 研磨设备有胶体磨、球磨机和三辊研磨机等。

1）胶体磨有立式和卧式两类，图4-5所示为立式胶体磨结构。由图4-5可见，立式胶体磨是由特制的长轴电动机直接带动锥形的转齿高速转动，与通过底座调节盘支撑的定齿产生相对运动而加工物料的一种研磨机械。胶体磨的转齿和定齿之间的间隙可以调节得很小（例如可调节到1~5μm）。被磨细的物料在其间隙中受到冲击力、摩擦力、离心力和高频振动等的综合作用而被研磨，最终被粉碎成很细的微粒子，达到粉碎、搅拌、均质、分散和乳化的效果。

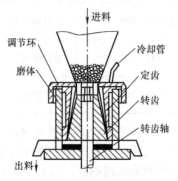

图4-5 立式胶体磨结构

2）球磨机是制备涂料的一种磨细设备。涂料中所有固体原料和溶剂等也一同装入滚筒内。当滚筒旋转时，由于涂料、水溶液、研磨体及筒壁间所产生的摩擦、撞击等作用，使涂料被粉碎，涂料各组元混合均匀。一般醇基涂料可用球磨机进行分散以提高涂料质量。如需更换涂料品种，应洗净滚筒和磨球后再启用。因为球磨机是在密闭状态下工作的，溶剂挥发损失少。但球磨机操作时噪声大，停机费事，上料、出料不方便，因此对采用分段加载液操作方法配制涂料的工序不适用。

3）三辊研磨机是涂料工业中常用的研磨设备，该机器有三个石质（花岗岩等）或钢质（经特殊处理的钢材）滚筒安装在金属制成的支架上，中心保持在同一直线上，水平安装，也可以稍有倾斜地安装，滚筒间距离和压力可以调节。钢质滚筒内芯可以是空的，用水冷却因研磨产生的摩擦热。物料由中后两滚筒及两块挡板组成的自然料斗加入，由于三个滚筒的旋转速度不同（转速从前向后顺次降低），物料经中、后两滚筒的相反异步旋转而引起急剧的摩擦翻动，强大的剪切外力破坏了物料颗粒内的结构应力，再经中、前两滚筒的二次高速研磨，从而达到迅速使被粉碎和分散的物料及各种原料的均匀混合。物料经研磨后被装在前面的刮刀刮下同时被收集到适当的容器中。图4-6所示为三辊机上压紧轮子的排列方式。

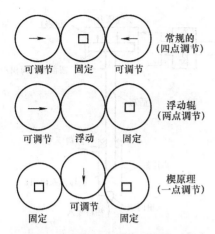

图4-6 三辊机上压紧轮子的排列方式

4.4 涂料的涂覆工艺及干燥

4.4.1 涂覆工艺

涂料的涂覆方法有刷涂、浸涂、喷涂和淋涂等。

1. 刷涂法

刷涂是最简单、最常用的一种涂覆方法，在单件小批生产中被广泛采用。刷涂一般使用掸笔类软刷子，刷涂时触变性涂料在刷子剪切力作用下变稀，涂料容易流动。刷涂时要保证有足够的涂层厚度，并完全覆盖泡沫塑料模样表面。在容易产生黏砂的部位要刷两次，等第一次涂层干后才能刷第二次。第一次刷涂时涂料较稀，第二次涂料较稠。

2. 浸涂法

用人工将泡沫塑料模样压入椭圆形或长方形涂料槽中，经过一定时间从槽内取出，等流淌下多余的涂料之后，再将泡沫塑料模样挂在烘干架上。涂料槽的另一端上方装有搅拌叶轮，使涂料始终处于被搅拌状态，不会发生沉淀。

此法生产效率高，容易得到光洁的涂层表面，要求涂料有较高的黏度以保证涂层厚度，涂料要有适当的剪切稀释性能，以获得均匀涂层。如涂料的剪切稀释能力太差则容易堆积，如剪切稀释能力过强则会造成严重流淌。

浸涂时，应选择合理的模样浸入涂料的方向、部位，防止泡沫塑料模样变形。

图4-7所示为日本新东工业株式会社矶野昭夫等设计的用于大批量生产的消失模浸涂装置。

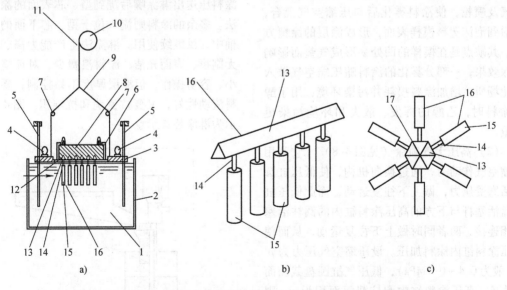

图4-7 日本新东工业株式会社设计的用于大批量生产的消失模浸涂装置
a）浸涂装置示意图 b）发泡模组合体斜视图 c）模样组合体平面图
1—涂料 2—涂料槽 3—框架 4—振动器 5—轴 6—夹紧附件 7—导向装置
8—模样固定夹具 9—分歧钢丝 10—平衡器 11—平衡机构 12—模样固定夹具凹部 13—连接部
14—内浇道 15—泡沫塑料模样 16—模样组合体 17—直浇道

浸涂操作程序：通过框架3的开口，把由泡沫塑料模样15连接成的模样组合体16安放到框架3上。然后从上部将模样固定夹具安装在泡沫塑料模样上面，使泡沫塑料模样固定。此时框架3沿轴5下降，泡沫塑料模样同时下降，直至泡沫塑料模样15完全浸没在涂料槽中。然后通过框架上特有的振动器4运转，使泡沫塑料模样15与框架3一起按规定的振动条件振动。振动完毕后，框架3上升，以便泡沫塑料模样上的涂料干燥，准备造型。

由于泡沫塑料模样15在振动状态浸入涂料液中，模样表面无残留气泡，因此能改善涂料在模样表面的附着性，使涂层均匀地附着。同时由于每次能涂挂多个泡沫塑料模样，缩短了涂挂时间。

3. 喷涂法

喷涂法是使涂料在一定压力下呈雾状、细小的液滴或粉状喷射到泡沫塑料模样表面而形成涂层的方法。该法生产能力高，适用于机械化流水生产、大面积的模样，容易得到表面光洁、无刷痕、厚度较均匀的涂层。喷涂法分为空气喷涂法和高压无气喷涂法。

（1）空气喷涂法　空气喷涂法是利用压缩空气及喷枪，使涂料雾化后与压缩空气混合，喷射到泡沫塑料模样表面，形成涂层的涂覆方法。其缺点是在模样的凹处易形成气垫而影响喷涂效果，一部分雾化的涂料随压缩空气散入作业场所，增加涂料损耗并污染环境，用于醇基涂料时，乙醇的挥发、散失和环境污染更严重。

（2）高压无气喷涂（见图4-8）　它利用压缩空气作动力，通过换向机构，使低压缸圆盘活塞受压力，做上下往复运动，而此低压缸圆盘活塞杆与下方的高压涂料缸内的圆柱活塞杆相连接，两者同时做上下往复运动，从而使高压涂料缸内涂料加压。设压缩空气压力为 p'（一般为 $0.4 \sim 0.7$MPa），低压气缸圆盘截面面积为 A，高压涂料缸内圆柱截面面积为 a，则涂料的压力 p 由式（4-2）计算。

$$p = \frac{p' \times A}{a} \text{ 或 } p \times a = p' \times A \qquad (4-2)$$

由式（4-2）可知，高压涂料缸内涂料压

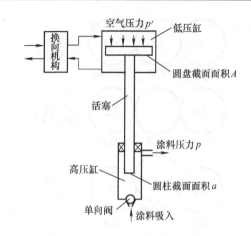

图4-8　高压无气喷涂机工作原理

力和圆柱塞截面面积之乘积等于低压气缸压缩空气的压力和圆盘活塞截面面积的乘积。增压前后的压力比等于大小两活塞截面面积之比。

高压无气喷涂的优点是喷涂效率高、无回弹，容易形成足够的涂层厚度，也有利于凹处的涂覆，涂料散失少，水基和醇基涂料都可应用。其缺点是设备复杂、维护不便、成本高，涂层质量一般、易堆积。

4. 淋涂法（流涂法）

淋涂法是一种低压浇涂方法。它是用泵将涂料压送出淋涂嘴后浇到型、芯表面的涂覆方法。多余的涂料则流入位于型、芯下面的涂料桶中，供继续使用。淋涂法生产能力高、涂层无刷痕、表面光洁、涂料浪费少、对环境污染小、容易操作，但涂层厚度不易控制，要求涂料流动性好，又要抗流淌和抗堆积。图4-9所示为淋涂装置示意。

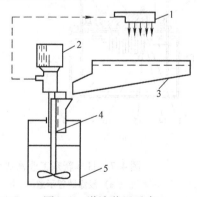

图4-9　淋涂装置示意
1—淋涂嘴　2—泵　3—砂型或
模样托架（有回收槽）　4—搅拌杆　5—涂料桶

4.4.2　涂料的烘干

水基涂料都要烘干。由于模样软化温度的限制，烘干温度通常控制在 45~55℃，烘干时间为 2~10h。烘干室中应通风良好，湿度不大于 30%。可采用电暖气热空气加热，烘干设备有鼓风干燥箱、干燥室或连续式烘干窑等。常用微波炉加快干燥速度。

烘干室内温度应尽可能均匀一致，以保证所有模组都能烘干透，为此应设法加强烘干室的热空气循环。烘干过程中应注意模组的合理放置和支撑，防止模样变形。

4.5　涂料的质量控制及缺陷防止

4.5.1　涂料的质量控制

涂料质量控制包括原辅材料质量控制、生产过程质量控制及成品质量检验等几个部分。

1. 原辅材料质量控制

原辅材料的质量对涂料的性能影响很大，对每种原料要制订合理的质量指标、必检项目、抽检项目等。原辅材料进厂要进行严格的检验并做好检验记录，如耐火粉料的化学成分、粒度、含水量、灼烧减量、耐火度，载液的纯度、气味、燃烧特性，悬浮剂的成胶特性等。要定期对检验记录进行统计分析。

2. 生产过程质量控制

生产过程质量控制主要包括质量控制计划、生产作业指导书的编制、配料的监督、现场取样化验、过程记录、样品保存、应急计划及设备管理等。

3. 生产成品质量检验

涂料出厂前要进行严格的检验。必检项目如密度、悬浮性、黏度等检验结果可绘制成统计图，实现工艺控制。如果涂料的性能值超出了允许范围，就要查找原因并采取相应措施。同时必须注意原辅材料质量的检查与控制，以便更好地保证涂料的质量。

4.5.2　涂料性能的检测方法

1. 涂料密度的测定

涂料的密度表示涂料中固体物质含量的多少，密度过小，每次涂刷时在模样表面形成的涂层厚度不够；密度过大，涂层就显得过厚，涂刷困难，表面不平，局部堆积。

测量密度通常采用量筒法。其测量过程是：将涂料仔细倒入容积为 100mL 的量筒中，用药物天平称出 100mL 涂料的质量，除以涂料的体积（100mL）即得出涂料的密度，即按式（4-3）计算。

$$\rho = \frac{m_2 - m_1}{V} \qquad (4-3)$$

式中　ρ——涂料密度（g/mL）；
　　　m_2——装料后量筒的质量（g）；
　　　m_1——空量筒的质量（g）；
　　　V——涂料体积，取 100mL。

2. 涂料浓度的测定

涂料的浓度和密度存在一定的关系。涂料的浓度可以利用波美比重计测量，用 °Be 表示。波美比重计有两种：重表，用于测量相对密度大于水的涂料；轻表，用于测量相对密度小于水的涂料。波美度与相对密度间的换算公式对涂料也适用。

$$波美度（°Be）= 145 - \frac{145}{相对密度（d）}$$
$$(4-4)$$

适用于相对密度大于 1 的涂料。

$$波美度（°Be）= \frac{140}{相对密度（d）} - 130$$
$$(4-5)$$

适用于相对密度小于 1 的涂料。

在大多数情况下，波美比重计的读数不一定可靠，因为它受涂料黏度和搅拌后静置时间的长短及操作技巧等因素的影响，因此只能作为参考指标。

3. 条件黏度的测定

涂料的条件黏度是指在特定条件下，涂料液体分子及固体颗粒阻碍涂料相对活动的程度，用时间秒（s）表示。

主要仪器：标准流杯（容积为 100mL，流

出口尺寸为 $\phi 5.8 \sim \phi 6.2mm$)、流杯架、气泡水准仪、0.63mm 筛网、秒表、刮尺和取样勺等。

检验方法：先检查流杯筒壁及流出口是否干净。将流杯放在流杯架上，用气泡水准仪将流杯上沿调整到水平，用勺舀出经搅拌均匀的试样约 120mL，以手指堵住流杯出口，再将通过 0.63mm 筛网的涂料倒入标准流杯中，直到涂料溢出到环形槽内为止，再用刮尺刮去多余的涂料。把承接器放在流杯下面，松开手指，同时按动秒表计时。当流杯流出口下的连续液流股开始中断而成滴状时，立即按停秒表，并记录流出时间，同时测量试样的温度，用流出时间（秒数）表示试样的条件黏度。

同一种涂料试样测定三次，取其平均值。各读数的误差不得超过 5%。

4. 悬浮率的测定

仪器：$\phi 30mm$ 刻度为 $0 \sim 100mL$ 带磨口塞量筒。

程序：将涂料倒入量筒中，使其达到 100mL 标高处，在静止状态，水基涂料放置 6h 和 24h，有机溶剂涂料放置 2h 和 24h，测量澄清层体积。结果表达式为：

$$C = \frac{100 - v}{100} \times 100\% \qquad (4-6)$$

式中　C——涂料的悬浮率；

　　　v——量筒中涂料柱上部澄清液层体积（mL）。

5. 含固量的测定

仪器：铝或玻璃配重盘，加热炉（最高温度为 $800 \sim 1000℃$），天平（感量为 0.1g），干燥器。

程序：在铝盘或配重盘中，称量（20 ± 0.1）g 涂料。

放在加热炉内加热到 $110 \sim 120℃$，保温 30min，直到完全干燥，细心操作以免沸腾、溅泼；称量并记录失质量，将烘干的涂料放入干燥器中。

结果表达式为：

$$液体含量 = \frac{失质量}{涂料质量} \times 100\% \qquad (4-7)$$

$$含固量 = \frac{涂料质量 - 失质量}{涂料质量} \times 100\% \qquad (4-8)$$

6. 涂层厚度

仪器：天平（感量为 0.1g），加热炉（最高温度为 $800 \sim 1000℃$）。

程序：称量聚苯乙烯泡沫模样质量，精确至 0.1g；测量模样的表面积（见图 4-10、图 4-11），称量模样和涂料的总重（湿态），称量模样和涂料的总重（干态）。

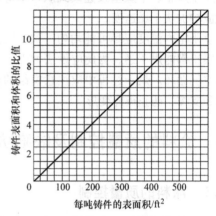

图 4-10　每吨铸件的表面积和体积的比值呈线性关系

注：$1ft^2 = 0.092930m^2$。

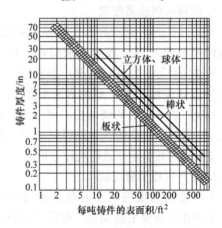

图 4-11　不同形状铸件的壁厚和铸件表面积之间的关系

注：$1in = 25.4mm$。

结果表达式为：

$$涂层厚度（湿态）=$$
$$\frac{涂料和模样总重（湿态）- 模样质量}{模样表面积 \times 涂料密度（湿态）} \qquad (4-9)$$

$$涂层厚度（干态）=$$

$$\frac{涂料和模样总重（干态）-模样质量}{模样表面积×涂料密度（干态）}$$

$$(4-10)$$

7. 强度

涂料强度包括室温强度、高温强度和残留强度。室温强度的作用是保证泡沫塑料模样在运输、填砂、振动时不变形、不被破坏；高温强度的作用是防止金属液浇注过程中涂层破裂，造成塌箱、黏砂等缺陷。残留强度则是决定浇注后涂层剥离难易程度的指标。

影响涂料强度的因素是黏结剂的种类和加入量。室温强度是由有机黏结剂和无机黏结剂共同形成的，影响最大的是有机黏结剂。高温强度主要取决于无机黏结剂，耐火材料的种类和粒度分布对涂料强度也有影响。

测定涂料强度的方法尚未标准化，下面介绍两种：

1）借用与测定型砂透气性相同的方法制作试样，试样长 50mm、宽 10mm、高 3mm，试样干燥后放在抗弯强度测定仪的支架上，从试样中部加载直至试样断裂为止（见图 4-12），试样强度按式（4-11）计算。

$$\sigma = \frac{3Wl}{2bh^2} \qquad (4-11)$$

式中　σ——抗弯强度（N/mm²）；

b——试样宽度，为 10mm；

W——总荷重（N）；

h——试样高度，为 3mm；

l——支点间距离，为 40mm。

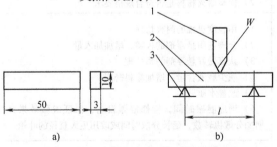

图 4-12　涂料抗弯强度测定示意图
a）试样　b）支架
1—压头　2—试样　3—支架

2）取一定配方的型砂 100g，捣制标准砂型试样（φ50mm×50mm），在试样上方空出 1.5mm 以涂刷涂料，待涂层干燥后，小心去除

砂样，然后测定涂层的强度，如图 4-13 所示。

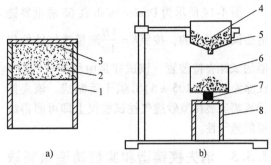

图 4-13　涂层强度测试示意图
a）试样　b）强度测试
1—试样筒　2—砂柱　3—涂料层　4—铁砂
5—漏斗　6—小栅　7—钢柱　8—试样筒

涂层的强度按式（4-12）计算。

$$\sigma = g\frac{G}{F} \qquad (4-12)$$

式中　σ——深层强度（MPa）；

g——重力加速度，取 9.8m/s²；

G——加载总质量（g）；

F——涂层面积（mm²）。

8. 透气性

涂料透气性分为室温透气性和高温透气性。其中高温透气性对铸件质量影响更大。影响透气性的因素较多，如涂料中耐火粉粒度分布、有机和无机物种类及含量、混制时间、涂层厚度、涂料的密度或涂料的含固量等。

到目前为止，国内尚没有标准的涂层透气性测定方法。不少单位提出了自己的测定方法。这些方法所用的试样、仪器和原理也不相同。从测试原理上大致可分为以下三类。

1）按透气性 $K = \frac{VH}{Apt}$ 的原理进行测定，其中 V 为通过试样的空气体积，H 为试样高度，A 为试样面积，p 为气体通过试样的压力，t 为一定量气体通过试样的时间。这类方法可以直接利用型砂透气性试验仪测定涂层透气性。

2）逐渐增加通过涂层试样气体的压力，直到试样破裂为止，用气体压力大小表示涂层透气性大小。压力越大，透气性越小。

3）测定涂层孔隙大小表示涂层透气性大小，可使用光学显微镜等测定涂层孔隙大小及分布。

图 4-14 所示为 Dhafer Salsh 在 65 届世界铸造会议上提出的，按照 $K = \dfrac{VH}{Apt}$ 测量透气性的仪器的试样夹持装置。该试样是由细铜丝筛网 3 浸涂涂料经（105 ± 5）℃烘干后制成。该夹持器直接安装在型砂透气性试验仪上即可测得涂层的透气性。

4.5.3　消失模铸造和实型铸造涂料缺陷防止措施

消失模铸造和实型铸造涂料常见缺陷成因及防止措施见表 4-46。

图 4-14　测定涂料透气性
的仪器的试样夹持装置
1—圆筒盖（钢）　2、4—橡胶密封圈
3—细铜丝筛网　5—钢套筒

表 4-46　消失模铸造和实型铸造涂料常见缺陷成因及防止措施

缺陷	可能的成因	防止措施
耐磨性差	1）黏结剂数量不足或质量差 2）某些黏结剂和悬浮剂未经必要的预处理 3）涂层太薄	1）适当增加黏结剂的含量或选用质量好的黏结剂 2）对这些黏结剂进行预处理后再配制涂料 3）适当提高涂料密度以增加涂层厚度
涂层透气性差	1）耐火粉料粒度级配、粒形选择不当 2）涂层太厚 3）降低透气性的附加物过量	1）增加耐火粉料的粒度和粒度分布的集中度，尽可能选用接近圆形的粉料 2）适当降低涂料密度，使涂层减薄 3）适当减少附加物的加入量
吸附性和绝热性差	1）耐火粉料品种选用不当 2）提高吸附性和绝热性的粉料含量不足 3）涂层太薄	1）选择粒度较细的硅藻土、硅灰石、云母粉，并配合吸附性强的凹凸棒黏土或海泡石黏土 2）提高吸附和绝热材料的比例 3）适当提高涂料密度，以增加涂层厚度
耐火度不够	1）选用的耐火粉料与合金种类不适应 2）耐火粉料中杂质多，耐火度低	1）根据铸件的合金种类、壁厚、浇注温度选择适当的耐火粉料 2）检验耐火粉料是否符合规格要求
涂料悬浮性差	1）耐火粉料颗粒太粗 2）悬浮剂选用不当或加入量不足 3）悬浮剂未充分引发溶胀 4）载液过多 5）使用了硬水 6）混碾时间太少，混碾不充分	1）用粒度更细的耐火粉料 2）合理选用悬浮剂的种类，增加加入量 3）认真做好悬浮剂的预处理 4）减少载液含量，增加涂料密度 5）改善水质 6）增加混碾时间，检修混碾设备，保证混碾效果，增加分散机转数，延长分散时间或改用更大直径的叶轮
涂刷性差	1）载液不足，涂料太稠 2）涂料内部结构薄弱，剪切稀释能力差 3）模样涂油质分型剂过多	1）补充载液，稀释涂料 2）提高悬浮性，使涂料具有足够的屈服值 3）制作模样时减少涂油质脱模剂数量，涂料中加入润湿剂
抗流淌性差	1）载液过量 2）活化剂太多 3）导致悬浮性、涂刷性差的原因	1）减少载液或添加膏状涂料，以增加稠度 2）适当减少活化剂 3）增加涂料内部结构，提高屈服值

4.6　配制消失模铸造涂料生产的关键技术

消失模铸造埋砂造型的模样，视泡沫塑料（EPS、STMMA）的品种不同和铸件材质的不同，涂覆在模样表面的涂料性能要求也不同；模样不透气、热变形温度低（约70℃左右）、对水的亲和力小、受热后发气量大等特点，决定了消失模涂料比其他铸造工艺通常使用的涂料要求更高，需要其特定的性能。

1. 消失模铸造涂料的技术要求

（1）涂层具有透气性　模样浇注时产生的气体及液体应容易从涂层空隙被真空泵抽吸至型砂内，从而使铸件干净。要使涂层获得良好透气性，可采用下列技术措施：

1）将不同种类和粒度的耐火骨料进行搭配（多级多峰）。

2）使用有机黏结剂。它在高温下分解可形成一些空洞，从而增加涂料的高温透气性。高温黏结剂若用水玻璃等配成，则涂料透气性较差，硬化后成板壁状而不透气。

3）加入适量的氧化剂。如氧化铁、Fe_3O_4、高锰酸钾（$2KMnO_4 \Rightarrow K_2Mn_2O_2 + O_2 \uparrow$）使型腔内形成氧化性气氛；同时 O_2 与模样受热分解生成的固态碳发生反应（$C + O_2 \Rightarrow CO_2$）有助于 C 的氧化消失（减少或消除了增碳的作用），CO_2 的产生反应为放热，所放出的热量又有利于模样热解，从而也改善了合金液的充型能力，使铸件避免了炭渣缺陷。

4）加入少量云母：$[KAl_2(AlSi_3O_{10})(OH \cdot F)_2]$ 片状结晶的硅酸盐，吸水性很小，鳞片具有弹性，晶格稳定，热化学稳定性好，增加涂层透气性。

（2）强度好　应具有常温和高温强度。常温的涂料强度便于模样上好涂料，并且烘干前后搬运过程中有一定强度；涂料层要具有高耐火度、低热膨胀系数，否则浇注过程中由于合金液的冲刷侵蚀作用，很容易将黏附不牢的涂料层冲刷剥落而卷入铸件，使其产生黏砂、夹渣、夹杂等缺陷。

（3）具有良好的润湿性和黏着性　模样（EPS、STMMA）为非极性材料，表面张力低，不易被水基涂料润湿、渗透。因此，涂料中需加入少量的活化剂并选择适当的黏结剂。黏结剂要与模样的黏附性好，这样涂挂后能在模样外表获得一定厚度的耐火涂层。反之，如涂料的黏附性差，则可造成涂层厚度不够或不均，甚至涂层不连续，从而很难获得优质铸件。

（4）干燥速度快　涂料在低温（低于60℃）下的干燥速度要快，不龟裂，并能形成坚固的耐火涂层。如果干燥速度慢，不仅影响生产效率，而且由于涂层长时间不能干燥、固化，可能会从模样表面脱落、翘起。

（5）发气量小　涂层一经烘干，在砂箱铸型中与浇入的高温合金液相接触，不得产生其他气体，否则在涂料中产生气体极易使涂层崩溃、脱落，所产生气体还会严重影响流体充型平稳性和充型质量。

（6）流淌性、涂挂性好　模样的涂层比较厚，要求涂料具有较高的屈服值和塑性变形能力，要严格控制涂料的流淌性，对以热固性树脂为黏结剂的涂料，在其中加入少量的触变剂，以提高涂料的涂挂性。

（7）易剥落，具有烧结剥落性　在单级和多级耐火材料的配比下，结合合金液性质，像造低温渣、多元渣一样，加入低熔点碱性或酸性氧化物，使其具有良好的烧结性剥落性，有利于清砂。

2. 消失模铸造涂料种类

依据所用的溶剂和黏结剂的性质通常可分为水基涂料、醇基涂料、树脂涂料3种。

（1）水基涂料　以水为溶剂，黏结剂品种较多，如聚乙烯醇、CMC、水玻璃等。水基涂料一般涂层较厚（0.5~2.0mm）。其强度也较醇基高，但水基涂料的透气性一般较差，常常在其中加入少量的发泡剂，涂层烘干后，发泡剂在涂层中会产生大量的毛细孔。在浇注时，模样分解产生的气体就能从这些毛细孔中被真空泵吸出。

（2）醇基涂料与树脂涂料　以酒精与树脂为溶剂和黏结剂。它们的干燥速度较快，又称快干涂料，不须加入发泡剂。涂料的透气性主要依靠涂料中的黏结剂或溶剂的挥发而产生。

快干涂层比水基涂层要薄，故透气性也较好。　　水基涂料与快干型涂料的比较见表4-47。

表4-47　水基涂料与快干型涂料的比较

项目	涂层厚度	干燥工艺	涂层强度	涂挂性	溃散性	透气性
水基涂料	1~2mm	60℃左右烘干	高	一般	差	较好
快干型涂料	0.5~1mm	晾干	低	好	好	较好

水基涂料层中含有大量的毛细孔，从而对高温液态合金液产生毛细吸力作用，使涂层清理时溃散性差，容易产生铸件黏砂现象。对于水基涂层可以增加厚度而使涂层强度升高；醇基涂料防黏砂、针刺功能好，但强度低。

涂料组成成分要根据铸件合金的性质，铸件的结构、大小、形状、厚薄、重量，组拼的模组，浇注温度、浇注速度、浇注工艺，真空泵吸抽气情况，以及当地材料物资资源而选定。

对于厚大件、重要零件、关键部位，也可将两种涂料结合起来使用，各扬其优点可获得优良的使用效果，即内层用醇基涂料不多于0.5mm而外层使用水基涂料。也可以两种交替使用，涂覆多层，铸件的防黏砂效果也理想。

3. 消失模铸造涂料的主要组成

基本成分是耐火材料、黏结剂和溶剂。有时为了改进某些性能，也可加入一些添加剂。例如，提高透气性可加入少量的发泡剂或细纤维颗粒段等。

（1）耐火材料　耐火材料也称骨料，起着最关键的作用，其他成分仅起黏结、分散、悬浮和助溶等辅助作用。耐火材料要选择耐火度高、烧结点适当、热膨胀系数小、不被金属及其氧化物润湿、来源广价格低的种类。

消失模铸造常用耐火材料如下：

1）锆英砂。是 $ZrO_2 \cdot SiO_2$，即正硅酸锆。耐火度高、抗黏结性能好，浇注铸钢件和大型铸铁件时多采用锆英粉。它可以减少铸件的清理量，使铸件表面光洁。

2）硅粉。SiO_2 在不同的温度下具有不同晶型转变，使其发生体积改变，从而产生不一致的稳定性，降低了它使用价值。一般用来浇注中小铸铁件、铸铝、铸铜等合金件。目前，消失模铸造主要用于中小件为多，故硅粉应用比较普遍。

3）氧化铝、刚玉粉。Al_2O_3 是一种性能优良的耐火材料，可用来浇注铸钢件或大型铸铁件。

4）石墨粉。广泛用作铸铁生产中的耐火材料之一，具有高耐火度，易氧化，热膨胀系数低，在 50×10^{-7} 以内。

5）碳化硅。SiC 粉体作为铸造高温合金用耐火骨料，其抗高温性能和防黏砂性能均十分理想。

6）蓝晶石。广泛作为消失模铸造涂料，剥离性较好。

耐火材料骨料的选用要与铸件合金性质及型砂相匹配。铸钢件常用棕刚玉粉、铝钒土粉、热铝矾土粉、硅粉、锆英粉、铬铁矿砂粉等；铸铁件常用硅粉、鳞片石墨、土状石墨、滑石粉等；铸铝件常用滑石粉、土状石墨、铝矾土粉等。

耐火骨料的颗粒太粗，使得涂料的悬浮性变差，铸件表面粗糙度大，但涂层透气性高；粒度太细（如纳米级）会增加涂料的强度，降低涂层的透气性，涂层容易产生裂纹。实践证明：不同粒级的耐火骨料适当搭配，可提高涂料密度，减少涂层的收缩而提高抗龟裂性能，颗粒配级（双峰、多峰搭配）后再由涂料的透气性和涂挂性能来综合考虑，在实践后调整。同时两种或以上耐火骨料的组合比例，对不同合金铸件可变更直至调配配料有抗黏结和铸件表面光洁的较佳效果。

（2）黏结剂和溶剂　一般作为悬浮稳定剂使用的膨润土和有机高分子化合物等都能起到黏结剂作用，但因其加入量受到限制，要获得涂层的强度还要再另加其他黏结剂。常用黏结剂分为无机和有机两大类。

1）无机黏结剂。如膨润土、水玻璃、硅溶胶、磷酸盐、硫酸盐等。

2）有机黏结剂。如糖浆、纸浆残液、水溶

或醇溶树脂、聚醋酸乙烯乳液（乳白胶）等。

消失模铸造涂料中可同时加入无机、有机黏结剂；同时将常温黏结剂（乳白胶、树脂）和高温黏结剂（水玻璃、硅溶胶）搭配使用。对模样常用黏结剂有纸浆残液、糖浆、羧甲基纤维素（CMC）、聚乙烯醇、聚乙烯醇缩丁醛、水玻璃等。可直接采用市场供应的黏结剂。

（3）悬浮稳定剂 使涂料具有悬浮稳定性和适当流变性能的材料。

1）水基涂料的悬浮稳定剂有钠基、锂基膨润土或活化膨润土。膨润土与某些有机高分子化合物一起使用效果更好，如羧甲基纤维素钠（CMC）、聚乙烯醇、糖浆、木质素磺酸钙等，以 CMC 为多用。

2）醇基涂料的悬浮稳定剂有聚乙烯醇缩丁醛（PUE）有机改性膨润土，钠基、锂基膨润土等。

（4）分散介质

1）水基涂料用水一般采用自来水即可。水的硬度（Ca、Mg 离子）对涂料性能会产生影响，当达到明显影响涂料的性能的程度时，则必须更换。

2）醇基涂料常用工业酒精为分散介质。

（5）添加剂 为改善涂料的某种性能而添加的少量物质。如加少量防腐剂以防止涂料中有机物质腐坏变质；为改善涂料的润湿性，消除涂料制备过程中产生的气泡而添加少量的消泡剂；为增加涂料的渗透深度而添加少量的渗透剂等。

4. 消失模铸造常用的涂料配方

涂料配方多种多样，也没有各厂通用的配方。各使用单位均是依据本单位铸件合金性质、型砂种类、铸件特征和本地资源状况而选配。

（1）水基涂料

1）纸浆残液涂料基本配方见表4-48。

表4-48 纸浆残液涂料基本配方（质量份）

硅粉	纸浆残液	膨润土	无水碳酸钙	聚醋酸乙烯溶液	水
100	6	1.5	5	1	适量

该涂料一般用于中小铸铁件、铝合金铸件。若将其中耐火骨料 SiO_2 换成锆英粉，则可用于铸钢件和厚大的铸铁件。其涂料流淌性较好，易浸涂，涂后涂料液易下淌，干燥后易吸潮，涂层干强度较低。

2）CMC（羧甲基纤维素钠）涂料基本配方见表4-49。

表4-49 CMC 涂料基本配方（质量份）

硅粉	CMC	膨润土	无水碳酸钙	聚醋酸乙烯溶液	水
100	8	1.5	4	2	适量

CMC 涂料与纸浆残液涂料相比，流淌性不及表4-48涂料。能改善劳动条件，不必浸涂后撒硅砂（粉），可进行多层涂挂，无须快速干燥设备，进普通烤箱或自然干燥均不会使上一层涂料层潮解脱落，干强度较高，适用于喷涂。

3）糖浆涂料基本配方见表4-50。

表4-50 糖浆涂料基本配方（质量份）

硅粉	糖浆	膨润土	无水碳酸钙	水
100	4～5	2～3	7	适量

糖浆涂料与表4-48、表4-49涂料用途相同，干强度比 CMC 涂料差一些，但其涂挂性能较好，浇注出的铸件表面比较光洁。

（2）有机溶剂快干涂料 以酒精为溶剂，聚乙烯醇缩丁醛为黏结剂。配制操作简单，涂挂上模样后，有结膜的性质，故浇注出的铸件较光滑。

配制时先将聚乙烯醇缩丁醛充分溶解到酒精溶剂中，不得有块状团絮状物；再将耐火骨料慢慢倒入混合溶剂中不断搅拌均匀即可。有机溶剂快干涂料的基本配方见表4-51。

表 4-51 有机溶剂快干涂料的基本配方（质量份）

序号	石墨粉	硅粉	镁砂粉	锆英粉	氧化铝	PVB	酒精	用途
1				100		3~5	100	合金钢、厚大碳钢件
2				100		3~5	100	合金钢、厚大碳钢件
3			100			3~5	100	高锰钢铸件
4					100	3~5	100	一般碳钢、铸铁件
5	50	50				1.5~3	47~48.5	铸铁件
6	50				50	1.5~3	47~48.5	厚大、高要求的铸铁件
7	100					3	100	小铸铁件

以酒精为溶剂，为防止酒精挥发后涂料结块，配制好的涂料应保存在密闭的容器中，用后随时封闭，以防挥发。

模样需要涂挂两层涂料时，外层涂料的透气性要好一些。为此，可在涂料中加少量发泡剂，如烷基磺酸钠、仲烷基磺酸钠或洗涤剂等。涂料干燥后涂层内形成许多微孔，能大大提高涂层的透气性。第一层涂料不宜加入发泡剂来提高透气性，否则易在铸件表面产生针刺、毛刺之类的缺陷。

5. 常用消失模铸造涂料搅拌机

（1）SJ-KF 调速涂料搅拌机　主要规格与参数见表 4-52。

表 4-52 主要规格与参数

规格型号	分散轮直径/mm	搅拌量/kg	升降行程/mm	液压泵功率/kW
SJ-KF-3kW 调速涂料搅拌机	150	100~300	800	0.5
SJ-KF-5.5kW 调速涂料搅拌机	200	100~400	800	0.5
SJ-KF-7.5kW 调速涂料搅拌机	250	200~500	800	0.75

1）SJ-KF 调速涂料搅拌机适用于消失模铸造、砂型铸造、化工行业的物料溶解、搅拌、混合与分散。

2）机架、液压站联体，电控柜和筒体单独设计摆放，操作方便、稳定。

3）机架升降用液压方式，回转 360°能一机多筒使用。

（2）SJ-KF 低速涂料搅拌机

1）筒体尺寸为 φ1200mm×550mm，筒体转速为 10~20 转/min。

2）高速搅拌配置好的涂料倒入筒内低速转动，防止沉淀以便模样浸涂。

3）按客户要求定制不同尺寸钢板筒体或不锈钢筒体。

（3）SJ-KF 涂料搅拌机

1）本机适用于消失模铸造、砂型铸造、化工行业的物料溶解、搅拌、混合与分散。

2）调速电动机固定于机架上、电动机直联搅拌轴传动。

3）调速电动机功率有 3kW、5.5kW、7.5kW 三种，调速范围为 0~1200r/min。

（4）SJ-400 热空气干燥床

1）流化干燥床根据客户需要另行购买。

2）机器可配自动上料装置，由光电开关控制料位，实现自动上料。

（5）涂料箱　若要使 EPS 模样、STMMA 模样或熔模精密铸造蜡模涂料均匀、无气泡，进行浸涂可以获得较好效果，如图 4-15 所示为涂料箱结构示意。

6. 涂料的干燥

（1）烘干涂料层（模样）　首先，将模样（含浇注系统，内浇道、横浇道、直浇道、集渣气冒口、冒口等）烘干，涂上水基涂料后必须进行干燥，以消除模样中的水分。模样的软化温度较低，在 80℃ 左右，故只能采用低温烘干或在阳光充足的室外放置 4~8h。烘干涂层

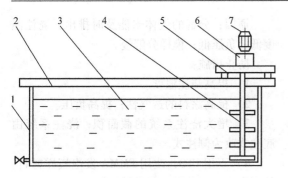

图 4-15 涂料箱结构示意
1—涂料箱 2—轨道 3—涂料 4—搅拌器
5—移动小车 6—减速器 7—电动机

（模样）时应注意以下事项：

1）烘干过程中，要注意模样的合理放置和支承，防止变形。

2）烘干结束时要检查是否彻底干燥（上下左右前后内外）。

3）烘干后的模样应放置在湿度较小的地方，放置稳妥以防受潮、变形等。

模样进入埋砂造型时，不论是人工搬运，还是机械化生产线运输链或带输送，务必保持模样质量。

烘干过程除控制温度外要注意控制湿度，一般湿度应不大于 30%，如在良好的通风良好的烘干设备中烘干则效果更好。烘干设备有鼓风干燥箱、干燥室及连续式或循环式干燥室，热源可采用电热、暖气供热。

为了缩短烘干时间，烘干（炉）需装有空气除湿系统，烘烤时空气湿度及其流动状态与烘干时间和温度有着同等的重要性。模样烘干达到干燥状态时重量恒定，烘干时间必须通过实验确定，涂层的干燥初期速度较快，一般有 70%～80% 的水分在全部干燥时间的 20%～30% 内即可脱水，剩余 20%～30% 的水分则需要整个烘干时间的 70%～80% 才能慢慢脱水，辅以远红外线和微波干燥方法，则会大大地加速模样的干燥。

（2）涂料的涂挂与烘干工艺 涂挂工艺的控制对于生产出合格的铸件是十分重要的。需要控制的主要因素之一是涂料的密度。涂料密度与其动态黏度、固体物含量、涂层厚度等参数有着直接的关系，故密度是控制涂料挂涂质量重要的环节。最好用容重法测定涂料密度，常用以波美比重计来测定，但这不是最精确的方法，因为涂料中结构的形成会使测试结果产生较大的波动（变化）。当搅拌停止后，搅拌和不搅拌对模样烘干后的涂层有明显的影响。为了得到较佳效果，涂料在使用过程中应进行搅拌并控制其温度、湿度，使之在剪切稀释状态下进行涂挂。这样可使涂挂的黏度和涂层的厚度均匀而稳定，使铸件划一，便于生产控制。

测量模样烘干后涂料层的重量是涂料均匀性最重要的指标。模样干涂料重量的合理范围只能通过浇注实践来确定。对涂料密度进行调整可以获得较理想的涂层重量。涂料层温度和搅拌工艺控制得当可以在恒定时间内达到均匀的涂层效果。这些因素都能直接影响涂料层的强度和透气性。

消失模铸造的涂料配制使用是决定铸件重量的关键因素之一。涂料配制、使用是系统工艺，要从原材料方面，对各种使用原料严格检验把关，选择匹配的搅拌设备和工艺，涂挂质量、烘干工艺、保管运输、使用等每道工序务必层层把关，人人管理质量，才能为获得合格铸件提供可靠保证。

4.7 消失模铸造涂料引起的铸件缺陷及防止

消失模铸件质量比较好，铸件的表面粗糙度低、尺寸精度高、同一种铸件的外形和壁厚一致性强、不会产生错箱及偏芯。消失模铸件也有特有的铸造缺陷，本节将介绍消失模铸造涂料引起的铸件缺陷及防止措施。

1. 气孔

特征：

① 铸件内部的气孔。

② 铸件表面的针状孔。

原因：

① 泡沫塑料模样被卷到金属液内部。

② 分解的气体被卷到金属液中。

防止措施：

1）不采用顶注浇注系统；不采用多层浇

注系统。

2）提高涂料的透气性。如在消失模涂料中加入云母 20% ~30%（质量分数，下同）或硅灰石 20% ~30%，采用圆形颗粒的耐火骨料，采用合理粒度级配的火骨料（>100 目 3% ~8%，100 ~280 目 12% ~37%，<280 目 60% ~80%）。

3）提高泡沫塑料的发泡倍数。

4）注意不要让铸型倾斜。

2. 黏砂

特征：黏砂分为机械黏砂和化学黏砂，机械黏砂的特征是在铸件表面存在砂粒和金属混合物，如在消失模铸件的黏砂部分和铸件间留有涂料；化学黏砂是金属液与涂层发生化学反应在铸件表面上形成的低熔点物质，如硅粉涂料与高锰钢中 MnO 形成的一系列低熔点化合物 [MnO·SiO$_2$（焰点 1270℃），2MnO·SiO$_2$（焰点 1320℃），3MnO·SiO$_2$（焰点 1200℃）] 而产生黏砂。又如硅粉也可以与铁液中的氧化铁反应生成低熔点的铁橄榄石（FeO·SiO$_2$），产生黏砂。

防止机械黏砂的措施：适当降低涂料的透气性，如增加细粒骨料的含量；降低真空度。

防止化学黏砂的措施：

1）根据铸造合金的种类选择耐火骨料。如对于合金钢铸件要选用锆英粉骨料或刚玉骨料，对于高锰钢铸件要选用镁砂粉或镁橄榄石等碱性耐火骨料。

2）避免搅拌时涂料中卷入气体；彻底排除涂料中卷入的气体。

3）改善涂料的涂挂性，保证涂料层有足够的强度。

4）一次性涂刷较厚涂料容易产生收缩裂纹，必要时可改为二次刷涂较稀的涂料或局部再刷一次涂料。

5）提高砂子的充填密度；检查一下造型机的振动参数是否在规定范围内。

6）防止漏涂；模样上锐角（尖角）部分的涂料容易开裂，尽量改为圆角。

3. 消失模铸件表面残渣

特征：铸件表面残留残渣（有比较光滑和皱折两种现象）。

原因：分解的气体未能及时排出；浇注温度低；负压低；模样分解慢。

防止措施：

1）提高浇注温度。

2）提高涂料的透气性；提高负压。

3）增大浇注系统的截面积；浇注系统由底注式改为侧注式。

4）不用 EPS，改用 PMMA 发泡模样材料；使用容易分解的黏结剂黏结模样。

5）在铁液最后流到的地方加一个暗冒口。

4. 夹杂异物

特征：铸件表面有夹渣（可能是少量涂料或铁液中的熔渣）。

原因：涂料强度不够；浇注系统的对接部位不合理；金属液不纯。

防止措施：

1）提高涂料强度。

2）精确计算浇注系统对接部位的尺寸。

3）对接部位刷涂料。

4）防止模样消失不完全。

5）精炼金属液；使用过滤网。

5. 节瘤、针刺

特征：消失模铸造模样涂层内表面存在密布的小气孔或局部形成大气泡，在负压浇注后铸件表面形成不同形状和大小的凸出物节瘤或针刺。

防止措施：保证涂料质量，不要使用变质发霉起泡的涂料，不能为怕麻烦和省料，只要是涂料就涂覆。涂料黏度要适当，涂挂黏着性良好，第一遍涂料应稀薄（应均匀涂覆在模样上），改进涂挂工艺，防止拐角出现鼓泡。防止黏砂的措施，对防止节瘤、针刺也能起一定作用。

6. 龟纹、网纹

特征：模样表面珠粒面融合不良，连接处出现凹沟间隙和细小珠粒纹路粗而深的龟纹（严重的形成似荔枝壳表面）。细小如网纹状的为网纹，因为模样珠粒质量不好、黏结不良，尤其是采用泡沫塑料板（型）加工的模样，其表面粗糙，涂料渗入其中，表面龟纹、网纹复印在涂料层上，从而在浇注后表面出现这些缺陷。

防止措施：尽管这类缺陷不是涂料引起的，但涂料表面起着间接形成铸件缺陷的作用，应从改善模样表面质量入手，选用细小的珠粒、合适的发泡剂含量；改进发泡成形工艺；采用合理的模样干燥工艺，防止局部急剧过热；对模样表面进行修饰，表面涂上光洁材料，如修补剂等，浸挂一层薄薄的即可，从而使表面光洁，没有网纹、龟纹。

7. 铸件、变形尺寸精度影响

特征：涂料性能、涂层厚度影响模样尺寸，从而影响铸件尺寸，尤其是薄壁件、细长件、结构件，在三维振实台紧实造型过程中，振动过分或不均匀使铸型变形，造成浇注后铸件变形和精度、尺寸偏差。

防止措施：采用符合涂料使用质量要求的涂料，涂料层能增强模样的表面强度，提高模样抗冲击性能，有一定的刚度，防止造型过程中模样因涂层强度、刚度不够而变形、偏差，同时也要与造型紧实加砂工艺等操作配合。首先控制好模样使用涂料，上涂料、模样烘干工艺，保证不因涂料因素引起模样变形，产生铸件尺寸偏差和精度偏差。

8. 消失模铸造使用涂料的特点和要求

特征：消失模铸造过程采用涂料，没有满足消失模特有工艺要求。除出现特色缺陷外，还有白斑、结炭、皱皮等。

防止措施：消失模铸造用涂料的特点和要求如下：

1）涂挂性。能很好地融合浸涂和涂刷，在模样表面干燥或烘干后不会分离、起皱皮、起壳。

2）流动性。模样涂层表面要光洁平整，表面粗糙度、厚薄均匀一致。

3）光洁性。模样表面粗糙度影响铸件表面粗糙度，模样表面务必涂覆专用的模样表面修补剂，使模样表面光洁，然后再挂涂料，修补剂能与模样一起完全汽化。

表面光洁涂料和耐火涂料必须满足消失模工艺要求。尤其是耐火涂料除了满足铸造工艺对涂料的要求外，干燥烘干后必须具备一定的刚度、强度。模样分解时有利于气体迅速排出（真空泵吸出），对不同铸造合金选择匹配的原

材料和涂料制作工艺与涂挂的操作工艺，才能防止因涂料而引起的各种缺陷。

4.8　消失模铸造涂料常见技术问题详解

1. 涂料强度不足如何处理？

涂料强度不足分两种情况，一是常态烘干强度，二是高温冲刷后的强度，两者不可互相替代，常态烘干强度高不等于高温强度高。

（1）烘干强度不足的3种原因　一是添加剂性能欠缺，二是添加剂加入量不足，三是骨料粉有问题。

1）同一骨料粉过粗过细对涂层烘干后强度都会有所影响，最佳选择范围是 180～250 目。

2）轻质骨料粉（比重小）往往不如比重大的骨料粉强度高，因为其形成的涂层致密度稍差，同等重量下其体积与覆盖面显然不同。

3）某些骨料粉中含有某种有害元素，必将严重削弱涂层干强度，比如 CaO、MgO 等，甚至还有一些莫名其妙的成分，其含量越大则涂层强度越低，而且浆液存放时间越长强度下降越明显。

（2）高温强度不足，根在添加剂性能低劣

常用的铸造涂料几乎都有一个致命的共性——不能持久经受高温冲刷，往往在 1600℃超过 40s 就顶不住了，所以要设置瓷管浇道。真正要解决这个问题，主要不在于骨料粉的耐火度，关键在于添加剂的高温强度（而且，浇注温度范围内，越高温，越强越硬），这就叫高温陶瓷化，其胜于陶瓷管的高温性能。

2. 涂料浆液有气泡如何处理？

气泡产生有如下原因：

1）涂料中有起化学反应产生气泡的组元，如橄榄石粉、铝矾土中的 CaO 等。

2）涂料浆液易发酵产生气泡，此气泡源于添加剂无防腐能力，是添加剂本身在水液中产生细菌发酵。

3）搅拌操作不当导致添加剂粉料空隙中的气体无法排溢而产生气泡。

解决方法——明白气泡的来源则可以简单

地消除：

1）凡含 CaO 等有害物多的骨料慎用——先与水浸润后加添加剂搅拌。

2）"稠"搅拌极利消除气泡。稠搅拌与碾压相似，实质上是增加被浸润的粉粒（团）之间的摩擦与挤压，从而强化水对粉的湿润，粉料百分百浸润则无气体藏身之处，当完全搅拌均匀时再补加水调节所需浓度，就不易有气泡在浆液中留存。如果"稀"搅拌，一旦添加剂与水先形成胶体，"粉团"中的气体就无法排溢。胶体中一个绿豆大的气泡被黏附力不小的胶体包围于其中，消泡剂想要冲破胶体把小气泡夺出来较为困难。很多所谓消泡剂加入涂料浆液中非但无法消泡，反而严重恶化涂料性能，而且有一种高度刺激性的恶臭，所以消泡剂的使用不要走进误区。

3. 消失模铸造涂料烘干后开裂怎么解决？

涂料烘干开裂除了添加剂的强度和抗裂性不佳而不能克服烘干收缩力外，还有其他 6 个因素：

1）骨料粉过细或不良成分过量（如铝矾土生料等）。

2）水浸润后的骨料粉烘干时收缩率过大（如膨润土）。

3）干燥温度不稳定（如正面太阳晒，反面阴凉）。

4）涂料厚薄悬殊（如转角处堆积很厚，而两侧直面很薄，类似于铸件热节缩裂）。

5）泡沫熟化不充分，烘干过程发生 3 次变形。

6）热气流速度过快导致各部位烘干应力有差异（比如烈日下刮大风或烘房内高温强对流）。

涂料烘干防裂措施：

1）提高添加剂的抗裂性（比如增加抗裂纤维含量）。

2）降低添加剂的收缩率（合理调节配方）。

3）骨料粉不要过细或透气性过低。

4）烘房内温度均衡，太阳能利用不要简单化为风吹日晒。

5）模样转角处的浆液不要流积过多过厚

（软毛刷处理或调换浆液流动方向）。

6）模样必须充分烘干熟化。

7）烘干温度控制在 60℃ 以下。

8）必要时可添加 2% ~3% 的硅溶胶增加抗裂性。

9）不要乱选用不明不白的添加剂、黏结剂之类的物料。

4. 消失模铸造涂料不挂膜怎么解决？

消失模铸造涂料不挂膜就是涂挂性差，涂挂性要从以下多方面去查找原因：

1）涂料的添加剂本身涂挂性不良。

2）同样的添加剂，如骨料的目数粗则必然涂挂性差。

3）同样的添加剂和同样的骨料，浓度过稀也必然涂挂性差。

4）骨料目数相同而骨料比重不同，必然是骨料比重大的涂挂性差。

5）涂料宜搅拌态或流动态使用，久置静态必然比流动或搅拌态涂挂性差。

6）久存发酵变质或脱水分层的涂料必然涂挂性差。

因此，出现消失模铸造涂料涂挂性不理想时，先究其原因再实施对策。

以骨料比重而言，很多人忽视或片面认识，比如宝珠砂之类，其比重是 $4 ~4.2g/cm^3$，硅粉的比重是 $2.2 ~2.4g/cm^3$，显然，如果骨料粉中宝珠砂粉占 100%，其结果必然是涂挂性相当差，所以在配制涂料时宝珠砂的比例一般不超过 35%。

5. 如何解决铸造涂料脱水（离浆）？

铸造涂料脱水是指涂料浆"收缩脱水"，又称"离浆"，其表现形式是在涂料浆的表面，或涂料浆与料池壁面之间的界面上析出一层水。脱水原因主要是涂料的悬浮体系不稳定，放置一段时间后其自身的网状胶凝结构的体积发生收缩，尤其是配加有较大量钠基膨润土的涂料更易出现这种脱水离浆的现象。

铸造涂料脱水（离浆）解决办法：

1）严格控制涂料组元的成分，少用或不用钠基膨润土之类的组元，且钠基土绝大多数是纯碱与普通膨润土复合而成，而非天然钠基。涂料中配加凹凸棒土防脱水效果较好。

2）提高涂料的粉液比，适当增加浓度。

3）密度过大的比例适当减少。

4）骨料粉的粒度不宜过粗。

5）加入微量而恰当的活化剂，以提高骨料的分散度。

6）有脱水的涂料往往在涂挂时易发生"破水"（流沟）缺陷，当脱水严重时，应及时搅拌，并在搅拌态使用，或者添加适当组元调节合适后尽快使用，勿再久置。离浆脱水过于严重的涂料不宜使用，需配加一定量的添加剂调节合格后使用，如已变质则报废不用。

6. 铸造涂料清理不脱壳怎么办？

按传统理论，涂料脱壳有两个条件：一是内层涂料不黏砂（化学黏砂、热化学黏砂、机械黏砂——渗透性黏砂），二是整个涂层能烧结成硬片。

涂层高温下瓷化是对涂料烧结理论的创新与发展。传统理论认为，钢液表面的 FeO 过量渗集于涂料层，降低和改善涂料层的烧结度，形成"锅巴层"。对于还原型的骨料涂层，铁液表面不易产生过量的 FeO，所以无法烧结成"锅巴层"，也就无法成片脱壳。按传统理论，不论是用硅粉还是抗黏砂能力最强的石墨粉作骨料时，都极难成片脱壳，原因是石墨粉高温下不烧结。不论是理想的烧结层还是高温陶瓷层，要想自动脱落都要具备同样的先决条件——涂料内层不黏砂。内层的添加剂和骨料粉的选择是不可忽视的。

7. 涂料敷补浇道接口严重冲刷黏砂怎么办？

首先要明确指出，装箱时用水涂料（或水泥巴）敷补接口是绝对错误的，是不允许的，否则此处在浇注高温钢铁液时必然产生"水气"爆炸而使涂层开裂或松脱，一旦冲开缺口，则钢铁液直接冲刷干砂层，铸件内必有大量砂眼。浇道是钢铁液进入型腔的唯一通道，而且此处温度最高，冲刷时间最长，冲力也最大，所以不管用什么东西去补浇道的黏结口，首先浇道应采用能经受长时间高温冲刷的涂料，在整个浇道耐高温耐冲刷的前提下，装箱时的黏结口必须用同样耐高温的瓷化型醇基涂料膏去敷补。所谓瓷化就是陶瓷化转变，变得如陶瓷薄片那样耐高温耐冲刷。这种醇基涂料用法很简单：100g 醇基 5 号粉 + 1000g 骨料粉 + 300g 左右质量分数为 90% 的酒精，混合搅拌成烂泥巴状往接口上抹涂即可。

8. 涂层鼓起易脱落怎么办？

涂层鼓起往往有手指甲大小或更大面积，常出现在刷完最后一层涂料烘干之后，碰之容易脱落。

出现这种现象多属于操作问题。根本原因是涂第一层涂料时，浆液未能与模样表面发生充分的浸润，未能把模样表面微小沟凹中的气体充分赶走，在烘干过程中，微小沟凹中的气体受热并集结膨胀，由于第一层涂料很薄，能较好地透气，没有明显的鼓起现象。涂到第二或第三层情况就不同了，涂第二、三层时，水分渗至第一层，第一层下面的沟凹中的气体依然存在，涂完第三层之后涂层厚度增大，且内外层干燥程度不同，外层的浆液在烘房内先结成膜，内层尚处湿态，此时透气性处于最差时段，内层被外层渗入的水湿润之后，与模样间的黏附力亦处于最弱状况，此时内层之下的气体受热膨胀则必把局部（手指甲般大小）涂层鼓起（1~2mm），这是"鼓泡"形成的根本原因。"鼓气"的来源与残留于模样表面的脱模剂的量及种类也大有关系，它的存在本身就削弱了涂料浆液的渗透性和黏附性，而且受热易挥发产生气体。解决办法如下：

1）第一层涂料一定要尽量与模样表面多摩擦——手摩擦、反复淋涂、刷涂、流动状态浸涂等均行之有效。

2）对模样表面受脱模剂污染的现象，宜用洗涤剂或酒精把模样表面擦一遍。

3）适当提高涂料的黏附性和渗透性，加入 2%~3% 硅溶胶（质量分数）有效。弄清其形成原因和气体的来源，消除之则轻而易举。

9. 涂料层出现针孔怎么办？

针孔与气泡有别，气泡往往指大于 1mm 的"泡"，针孔（针眼）指小于 1mm 的微孔，涂料层出现的针孔尺寸通常为 0.5~1mm，影响涂层的致密性和铸件的表面粗糙度。

产生针孔的原因：

1）涂料中有关组元之间发生化学反应产

生微气体。

2）粉料未充分被水浸润，表面的凹沟或内部微孔吸附气体被涂料浆液胶体所封闭，而当浆液静置若干时间后，即聚集成微"气泡"，烘干时即留下微孔。

3）模样在浸涂时速度过快，粗糙的模样表面上所吸附的气体未能及时排出而分散于浆液涂层之下，经干燥过程形成微孔。

4）涂料搅拌过程操作不当而使空气卷入浆液内。

针孔消除办法：

1）浸涂切忌贪快。涂料浆液与模样表面摩擦欠缺不到位是普遍被忽视的操作误区，可称"偷工减料"。

2）搅拌过速——贪快，烘温过高——贪快，欲速则不达，效果反之。

3）三种易产生微气孔的骨料要慎用：铝矾土（内部有微孔）、镁橄榄石粉（不仅有微孔且含少量 CaO）、高岭土煅烧后亦与铝矾土类同。如选用这些骨料，一是使用比例要合适，二是搅拌前最好先用水浸润一段时间，要在浆液胶体形成之前让微孔中的气体排出，让 CaO 先与水充分反应。

10. 涂料层在烘干过程湿态脱落怎么办？

涂料层在烘干过程湿态成片脱落的现象在一些单位时有发生，尤其是涂得越厚时越易湿态脱落，第一层脱落往往少见，第二或第三层脱落为多见。是涂层自身重力作用超过其与模样表面黏附力引起的成片脱落，可以肯定模样是平面朝下的部位脱落，不可能是上表面的涂层脱落。既然如此，就应纠正一下操作了。

1）涂层烘干增厚之后，再次浸涂时千万不要把模样在浆池中浸泡太久，避免本已烘干的第一层也浸润成"浆"。第一层应充分浸润，充分摩擦，久浸比快浸好，第二、三层则不然，浆液能均匀浸挂上即应尽快提出浆池。

2）第二、三层浸涂后只要不再流滴就应尽快进烘房烘干，久置不烘则外层水分很快向内层浸润，削弱内层与模样的黏附力。

3）厚层浸涂后，对于易浸润脱落的部位，尽可能不朝向地面，斜放、竖放或反放均可避免重力脱落。

4）适当在工艺允许范围内提高烘干温度，降低烘房湿度，增加房内热量流动，以加快烘干速度。

5）增加黏结剂的使用量，提高涂层黏附力。

6）尽量不用或少用吸水量大、密度大或过粗的骨料。

4.9　消失模铸造生产常见技术问题解决措施

1. 消失模铸造浇冒口系统工艺设计

消失模铸造工艺包括浇冒口系统设计、浇注温度控制、浇注操作控制、负压控制等。由于铸件品种繁多、形状各异，每个铸件的具体生产工艺都有各自的特点，并且千差万别。浇注系统在消失模铸造工艺中具有十分重要的地位，是铸件生产成败的一个关键。因为模样的存在，在浇注过程中模样汽化需要吸收热量，所以消失模设备铸造的浇注温度应略高于砂型铸造。

2. 消失模铸造为什么要放出气冒口？

消失模铸造放出气冒口，主要是为了工艺的补缩和排气，从而避免铸件产生缺陷和瑕疵（不光是表面的）；各种铸造均需要冒口，起到补缩排气的作用。

3. 消失模铸造横浇道和内浇道的长度怎么确定？

横浇道长度一般控制浇注时间，同时横浇道将铁液引入铸型，内浇道长度与横浇道和型腔间距有关，因为补缩或温度损失的问题，不宜过长。

4. 消失模铸造中制模样用的熟化仓的作用是什么？它的结构是怎样的？

消失模的模样制作过程中和"仓"能联系起来的设备有 3 个。

1）预发泡仓：其结构是一个圆柱形的搅拌桶，作用是将 EPS（珠粒）或共聚料珠粒搅拌加热到一定温度使珠粒预发泡到一定大小。

2）成形熟化仓：其结构是模具的成形模腔，作用是将预发泡后的珠粒注入其中继续发泡以得到形状和密度符合要求的模样（白模）。

3）干燥仓：即干燥设备（干燥房、干燥室、干燥箱等），作用是干燥成形的模样，使其达到工艺使用要求。

另外还有一个用纱网制成的容器，底部吹入自然风令预发泡过的珠粒在风力吹动下呈沸腾状，这个风吹沸腾冷却的过程叫作硫化，容器叫作硫化仓。

5. 消失模铸造云母基涂料成分有哪些？

消失模铸造云母基涂料成分（质量分数）为：镁砂粉 30% ~ 50%、珠光粉 20% ~ 40%、云母粉 15% ~ 30%、硅溶胶 3% ~ 9%、白乳胶 1% ~ 5%、聚丙烯酰胺 0.1% ~ 0.8%、羧甲基纤维素钠 0.1% ~ 0.8%、吸附剂 1% ~ 6%、阻燃剂 0.3% ~ 2%。制备时先将吸附剂、羧甲基纤维素钠、聚丙烯酰胺分别加水配成溶液，再与骨料及其他成分混合搅拌而成。云母基涂料能有效吸附泡沫塑料模样热解产生的液态产物，大大减少铸件的孔隙率，并在铸型 - 镁液界面间形成还原性保护气氛层，使镁合金表面形成保护膜，阻止氧化进行，防止浇注时镁合金在铸型内的燃烧，有利于获得表面光洁、无氧化皱皮的镁合金铸件。

6. 铸铁件的涂料能否成片无粉尘自行脱壳？

按传统的涂料理论，铸钢涂料多采用烧结型，涂料在钢液高温下易烧结，从而成片脱壳，铁液因 C、Si 含量较高，高温下不易氧化，其涂料多采用还原型而不易烧结，其强度在高温下几乎消失，故呈现粉砂状而脱落。采用高温快速瓷化的涂料可以轻松实现铸铁涂料如陶瓷薄片般自行脱壳而无粉尘。瓷化与烧结表现形式相似，但原理不完全相同。铸钢涂层烧结是利用钢液高温易氧化原理，在涂层与铸件之间产生氧化铁薄层，形成松脆可剥离层并使涂层烧结。烧结型涂料则是以特种组元迫使涂层在高温下瞬间（10s 之内）即向陶瓷化转变，从而使涂料薄层（1 ~ 2mm 厚）如陶瓷片般坚硬而质脆。天然植物粉在高温下极快碳化汽化而留下微孔，故使涂层硬如瓷片又具有高透气性。

石墨（鳞片或土状）是防铸铁件黏砂能力最强的还原型耐火骨料，配加石墨粉作为铸铁涂料，能具备最佳的自动脱壳效果。不粘则易脱，易脱并不等于能自行脱壳。涂层能自行脱壳的原理在于其瓷化了的高强涂料层与铸件间的收缩系数相差悬殊，故铸件冷却到 400℃ 左右（弹性变形高峰区）时，铸件收缩必将使涂层崩得四分五裂，裂而不粘必自行脱壳掉落，清理过程无粉尘污染。

7. 涂料烘干过程鼓泡易碰落是什么原因？怎么解决？

鼓泡是涂层下方（泡沫表面）的微量气体集结并受热膨胀所致。其表现形式是涂层烘干后被鼓起约 1mm 高的泡，即涂层与模样表面有 1mm 左右的空隙，多为指甲大小，碰之易脱落。解决这个问题，首先需要了解泡沫表面有许多微凹坑和微沟痕，当涂料浆与泡沫表面浸润渗透不充分时，泡沫表面沟凹中的气体未能全部赶尽，被涂料浆盖住，涂料浆是几乎没有透气性的，当浆下的气体受热运动而集结并膨胀时，有可能把尚未干透、黏附力还很低的涂料薄层鼓起，也就出现常说的鼓泡现象。气体的来源也与残留于模样表面的脱模剂（多属油剂类化学物）有关，它的存在本身就削弱了涂料浆与模样间的黏附力和涂层烘干后的黏附力，这种脱模剂烘干过程受热也容易产生挥发气体，从而导致涂层鼓泡。

解决办法：

1）模样浸涂时尽量使涂料浆与模样表面多发生摩擦（手擦、淋流流擦、涂料浆流动、模样多拖动等），让涂料浆与模样表面发生充分的浸润渗透，以利于赶走表面气体并提高粘附性。

2）模样表面受脱模剂污染过于严重时，宜用毛巾沾湿洗涤液或酒精把模样表面擦洗一遍，可防止"鼓泡"。适当提高涂料浆液的黏附性和渗透性。

8. 消失模铸造砂箱漏气会产生什么后果？

砂箱漏气，真空紧实环境被破坏，较为严重时可导致 4 个后果：塌箱；铸件局部不能成形；铸件内有大量型砂（白点）；局部（或全部）黏砂。

9. 消失模铸造浇注时有反喷现象是什么原因?

消失模铸造浇注时有反喷的关键是模样干燥不彻底。解决的根本方法是彻底干燥。加大透气性(涂料的粒度/涂料的物理组成/真空的力度和流量等)也是权宜之计。

合理的组型、浇道的合理工艺设置、浇注的方法流量阶段变化控制也是影响因素。

10. 消失模铸造不经过砂处理会有什么后果?

消失模铸造不经过砂处理会导致时间一长,型砂内的粉尘含量增加,严重影响透气性及耐火度,会产生塌箱、变形、气孔夹渣、黏砂等缺陷。因此,必须有砂处理,哪怕简易的也可,首先是产量低可以不上砂处理设备,但是要间隔一段时间处理下型砂内的粉尘、砂块、铁渣、杂物等。粉尘含量增加,严重影响透气性及耐火度,会产生塌箱、变形、气孔夹渣、黏砂等等铸造缺陷。如果产量小可以不上砂处理。

11. 消失模铸造高锰钢衬板螺孔里黏砂严重,和铁液混合在一起无法清理,但铸件表面没有黏砂,应如何处理?

螺孔里黏砂严重,和铁液混合在一起无法清理,但铸件表面没有黏砂,可以在埋箱前在该螺孔的位置进行填充或局部位置更换耐火度高的涂料。若立式底注消失模铸造高锰钢衬板,直浇道横截面尺寸是50mm×50mm,横浇道(也是内浇道)尺寸是10mm×20mm,出现顶部缩孔夹渣等缺陷,应该把浇口放在顶部,采用雨淋式浇注。

12. 为什么电炉消失模球体铸造壳体内部有积炭现象?

泡沫烧损完后积在壳体内表面或者死角出不来,自然会积炭。建议采用空壳浇注(先烧后浇),将烧损的残留物除干净后再进行浇注,这样化学成分是很有保障的。对低碳低合金钢都采用这种方法,几乎就没有积炭现象。

13. 消失模铸造,铸件表面不平整,车床车不动有解决的方法吗?

分析原因主要是:

1)涂料质量问题造成表面黏砂。涂料不好,铸件不平整同时黏砂,也会加工不动。

2)负压过高造成黏砂、棱角白口等(冷速度过快)。

3)材料本身成分和金相控制不当。

4)采用消失模后盲目提高浇注温度时过冷度过大;开箱过早。

5)铸件本身的化学成分和金相组织有问题。

解决办法包括铸造过程避免上述问题,已出现问题铸件可以退火处理。

14. 采用消失模铸造 DN1600、DN1400 的球墨铸铁大管件为啥铸件超重,有什么解决办法?

1)首先确认是否真的超重,如果确定那要看造型工艺,如果造型工艺没有问题,那就看铸件尺寸是否与图样相符,如果不相符,看模样是否不对,如果模样对,还是超重,就修改磨具,留上负余量,应该就会解决。

2)在浇注时的真空度不要太低,保证大于0.05MPa,要保证浇注后负压维持的时间大于铸件的凝固时间。

3)检查模样尺寸是否有问题,如有则可能是铸件模具问题,应予修正。

4)有可能是模样产生了变形,薄壁管件很容易产生变形,应该在工艺上下些功夫。

5)铸造生铁密度有问题(标号不对),应更换生铁。

15. 碳素激冷技术——消除缩孔、疏松、裂纹缺陷,提高硬度致密性

碳素材料主要有石墨、焦炭、煤矸石等,其对金属液结晶的激冷效果远胜于钢丸砂,最方便实用的使用技巧是局部柔性填充和箱中箱(大箱套小箱)激冷法——用量少,易回收,污染小,省成本,操作简便。碳素激冷与振动浇注双管齐下生产的铸件无疑可以达到高致密高耐磨的一流水平。此项技术发布于2010年,郧县铸造金属处理厂近期将碳素激冷技术与振动浇注同时实施,生产的 Cr27 铸铁锤体由原不足36kg/件增至38kg/件,致密度提高了5%以上（仅实施 50Hz 振动频率，提高到 150 ~ 200Hz 则效果更佳）。

16. 为什么灰铸铁件消失模铸造无皱皮，球铁铸件消失模铸造却皱皮严重？

皱皮就是铸件表面某个部位有皱纹，或称微波纹，波纹有波峰和波谷，检测波沟中的黑色粉末实质上是碳粉，刷之则露出条条细小杂乱的沟纹，称皱皮，影响铸件外观质量。皱皮波谷中的碳从何而来呢？显然泡沫模样在浇注时燃烧裂解，燃烧产生游离的碳粉在铁液表面集结成碳膜，当充型速度较快时，碳膜被水推向侧面或顶面。当集结的碳膜被挤破裂而又无法再漂离时，铁液凝固过程就必须形成皱皮缺陷，这就是皱皮的形成过程与原因。既然皱皮是碳膜所致，同样的泡沫模样，为什么灰铸铁皱皮缺陷极少，球铁皱皮缺陷却很易出现？根本原因是球铁在凝固时先发生石墨膨胀，当碳膜附着于铁液与涂料壳层之间时，如果不被破裂则铸件表面是一层薄匀的碳粉，不会出现皱皮，灰铸铁的铁液在凝固时是体收缩和线收缩同时进行的，碳膜不受挤压不破裂，所以灰铸件少有皱皮缺陷。球铁的铁液凝固过程则相反，石墨化膨胀易把本来连成一片的碳膜挤裂，裂纹的沟被铁液占位，形成皱皮。皱皮的形成源于碳和由碳粉集结而成的碳膜。

17. 如何防止消失模铸铁件牌号不高却经常加工困难？

此问题的形成原因主要有以下两点：

1）炉料中有较多难熔的硬质合金，熔炼温度不高时呈宏观质点存留于铁液中。

2）铁液炉前没孕育或没有得到良好的孕育，从而出现麻口或白口组织；消失模负压浇注出现激烈湍流，实型浇注尤甚。负压湍流易使悬浮于铁液中的磷共晶或难熔高硬度合金发生集结而形成加工硬点。

加工硬点问题实际上是磷共晶和高硬度难熔金属的集结。磷在铁素体中的溶解度随铁液中碳量增加和冷却速度下降而明显减少，很多低牌号的灰铸铁往往金属炉料较差，含磷量（质量分数）高达 0.1% 甚至更高。消失模干砂负压下铁液冷却速度缓慢，湍流现象增加，实型浇注使泡沫分解大量的碳，打破了磷的常规溶解度，生成磷共晶并呈粗块状分布，恶化了铸件的加工性能，所以消失模浇注的铸件出现加工不动的硬点，铸件硬度并不高。

解决措施：

1）合理使用金属炉料，尽可能降低铁液中的含碳量；提高熔炼温度，一般在金属炉料较杂的情况下最好在 1550℃ 以上再出炉。

2）加强炉前铁液孕育处理，使用变质效果较好的孕育剂；铁液出炉时在包内加入适量的稀土硅铁合金作净化处理。

4.10 常规的加热器室内加热烘干房及设计

搅拌好的涂料用浸、刷、淋和喷的方法涂覆模样，涂料的涂刷最好不要一次完成，一次完成涂刷会使涂层变厚，涂料易开裂，一般是分 2 或 3 次涂刷。每层涂料上完后必须烘干，才能进行下一轮涂刷或造型，如果涂层没有干透，浇注时铁液遇到水分会产生大量的气体造成反喷，消失模铸造中有操作失误时常发生反喷现象，如果反喷严重可能会危及浇注工的人身安全，必须给予重视；涂层如果没干透，涂料的透气性就差，气体无法及时排出，容易使铸件产生气孔、渣孔，造成不合格品。烘干也是消失模铸造过程中比较重要的一个环节。

因为 EPS 模样内部和涂层都含有水分，EPS 在 80℃ 左右就发生软化变形，合理的烘干温度应该在 45 ~ 50℃ 范围内。在烘干过程中除控制温度外，应该注意湿度的控制，湿度不能高，否则使涂料不能干透，会造成气孔缺陷，一般控制空气湿度不高于 30%。良好的烘干房应该温度分布均匀，可控，空气对流畅通，保温效果好，湿度调控合理。

1. 烘干涂层时应该注意 4 点

1）烘干过程中，要注意模样合理放置和支撑，防止变形。

2）模样放置位置不可近距离直对热风口，

以免吹裂涂层。

3）烘干结束时要检查是否彻底干燥（上下左右前后内外）。

4）烘干后的模样应放置在湿度较小的地方，放置稳妥以防受潮、变形等。

2. 设计烘干房，确定烘干房的面积

1）因为客户的产量和铸件是已知的，根据产量就可以计算出每小时需要的 EPS 模样数量 n，根据铸件尺寸计算出合适的烘干架尺寸和每个烘干架所能够放置的 EPS 模样数量 x，根据这两个数据就可以计算出单位时间所需的烘干架数量。

2）由工作制计算出一天所需的盛满模样的烘干架数量，根据车间布局和烘干架占地面积，计算出一天所需的摆满模样的烘干架的总占地面积。

3）根据工艺要求，模样烘干时间为 1～2 天，一次涂刷与二次涂刷烘干时间分别大约为半天，三次涂刷的烘干时间不低于一天，并且三次涂刷烘干房需储存可随时使用的黄模。

4）根据不同烘干房所需时间及物流运转得出，烘干房的面积不低于 4 天生产所需烘干架的总占地面积。

对于上面提到的烘干架，要方便拿取模样，每节的高度和烘干架宽度根据模样的尺寸确定，总高一般不超过 1.5m。烘干架的支撑可以用角钢、扁钢或钢筋制作，需要特别注意的是在采用角钢和扁钢的时候，应该让厚度方向竖直放置，也就是与模样接触的面越小越好。对于已经刷过涂料的模样，较宽的接触面有可能破坏涂层。

3. 烘干房内的烘干方式

常规的加热器室内加热烘干房通常采用电加热、蒸汽加热或电、汽混合加热的方式。目前，国内较为先进和实用的是温湿度自动调节和控制的节能保温烘干房。这种保温烘干房采用民间房屋加保温板，或者直接采用大约20cm厚的阻燃泡沫复合保温板和彩钢板制作，墙体和门缝都具有良好的密封性，保温效果好。模样烘干达到干燥状态时重量恒定，烘干时间必

须通过试验确定，涂层的干燥初期速度较快，一般有 70%～80% 的水分在全部干燥时间的20%～30% 内即可脱水，剩余的 20%～30% 的水分则需要整个烘干时间的 70%～80% 才能慢慢脱水。原因就是随着水分蒸发，房间内空气湿度过大，如在烘干房内安装空气除湿系统，加速空气流通，降低烘干房内空气湿度，则能大大加速模样的干燥。通过除湿系统除湿后的热空气还可以重新送回烘干房内，进行余热回收，循环利用，可以节省很大一部分资源。

温湿度自动调节和控制系统，就是采用温度和湿度检测装置实时监测烘干房内温度和湿度变化，如检测到温度偏高则关闭部分加热装置，湿度偏高则打开除湿系统进行除湿，整个过程无须人工干预，设定好范围后烘干房内部自动调节温湿度，节约资源。

目前流行的烘干技术主要是紫外烘干、红外烘干、电磁烘干和热风烘干。它们各有特色，广泛运用在各种机械设备和食品的烘干中。其中消失模铸造行业常用的烘干方式有热风烘干、电加热器烘干。

根据加热和散热方式和生产模式，可以把烘干房分成以下 3 类：

1）常规的加热器室内加热烘干房。

2）隧道式烘干房。

3）阳光采集式烘干房。

4. 消失模铸造烘干房要求及注意事项

（1）设计烘干房时就需要满足的要求　一般要求热干空气温度在 45～50℃ 范围，空气湿度≤30%，如在良好通风的烘干设备中烘干则效果更好。然后根据涂料的涂刷工序又把烘干房大致分为以下 3 类：

1）模样烘干房。

2）一次涂刷烘干房。

3）二次涂刷烘干房和三次涂刷烘干房，方便模样的分类储存和控制烘干时间。

（2）组型模样簇烘干房　烘干房的空间尺寸：根据烘干架层数与铸件尺寸，方便工人拿取模样，一般无特殊尺寸铸件（铸件尺寸在 1m 以内）情况下高度在 2.5m 内。烘干房门洞

尺寸：根据铸件尺寸定制烘干架，要求烘干架转弯方便，物流畅通。门洞尺寸过小不易于物流运转，一般宽度在 2.5~3m；而且，活动门要求密封性良好。

（3）烘干规范及注意事项　模样涂层烘干受 EPS 模样软化温度的限制，常采用低温或常温烘干。

大批量生产中，模样涂层烘干应控制在

40~50℃ 范围内，每次涂刷后干燥 8~12h。烘干过程中要注意以下事项：

1）烘干过程中注意模样的合理放置和支撑，防止模样变形。

2）模样放置位置不可近距离直对热风口，以免吹裂涂层。

3）必须烘干烘透。干燥后的模样应放置在湿度较小的地方，防止返潮。

第 5 章　消失模铸造及实型铸造造型材料和造型工艺

随着我国国民经济快速发展，采用消失模铸造及实型铸造造型材料和造型工艺生产的产品、产量、品种呈现出迅猛发展趋势，用消失模铸造及实型铸造造型材料和造型工艺生产的铸件，尺寸精确、表面光洁、棱角清晰、不合格品率低，并能节约造型工时、提高生产效率、改善劳动条件和生产环境。工艺技术水平和产品质量更是大步向前迈进。本章重点介绍消失模铸造及实型铸造造型材料和造型工艺。

5.1 消失模铸造常用的干砂及性能要求

5.1.1 消失模铸造常用的干砂

1. 硅砂

从内蒙古的通辽、赤峰，到河北围场一带广大的地区，蕴藏有大量的天然沉积硅砂，虽然 SiO_2 含量不太高［略高于 90%（质量分数）］，但粒形圆整，含泥量相当低，非常适合生产铸铁件。

目前，通辽、赤峰、围场一带已经建立了大量设备条件很好的采砂场，全都采用水力分级。按用户的要求，也供应含泥量低于 0.3%（质量分数）的擦洗砂。有的厂家还供应制造壳型、壳芯用的覆膜砂。这一带产出的天然硅砂，完全可以满足东北、华北地区铸铁件生产的需求。

江西鄱阳湖沿岸，也蕴藏有大量天然沉积硅砂，SiO_2 含量大致与通辽一带的硅砂相当，砂粒的形貌略逊一筹。这一地区的硅砂也已大量开采，并有完备的加工、处理设施，产品有水运之便，可满足华东及其周边地区铸铁件生产的需求。

河南省中牟、新郑一带也蕴藏有大量沉积硅砂，虽然 SiO_2 的质量分数只有 80% 左右，粒形也以多角形为主，但洛阳拖拉机公司长期的生产实践证明，其用于配制铸铁用黏土湿型砂是没有问题的。现在这一地区已建立了不少采砂场，大都装备有水洗、擦洗设备，是向河南、湖北等中原地区铸铁厂供应原砂的基地。

生产铸铁件所用的硅砂，除以上所述的三个主要基地外，辽宁、河北、山东、江苏、四川、湖北、湖南、陕西、甘肃及新疆等地，也都有规模较小的矿源。

生产铸钢件所用的硅砂，一般要求 SiO_2 的质量分数在 95% 以上。目前，主要产地是福建沿海一带，已逐步建立了很多规模相当大、设备条件良好的生产基地，产量完全可以满足我国铸钢行业的需求。

福建沿海产出的天然硅砂中 SiO_2 的质量分数一般都在 95% 左右，大部分都可用于生产铸钢件，按照当地的习惯，将其分为"海砂"和"沉积砂"两种。

海砂是取自海边潮间带附近的砂，杂质较多，SiO_2 的质量分数一般在 92% ~ 97% 范围内，但砂粒基本上为圆形。海砂开采方便，在某一矿点开采后，可在海潮的作用下得到自然的补充。

沉积砂大都沉积在海岸附近，矿点表面的覆盖土层大致厚 1m 左右，砂层一般在 4 ~ 8m 之间，供应的原砂 SiO_2 的质量分数大都在 97% 左右，但砂粒主要为多角形。

晋江地区沿海近百公里的海岸线一带都有硅砂矿源，目前主要生产供应海砂，年供砂量约 20 万 t。晋江中部砂区海砂的品位较高，SiO_2 的质量分数为 94% ~ 97%，适合制造铸钢件用。

福建东山岛是优质硅砂的主要产地。东山海砂的含泥量低，SiO_2 的质量分数为 95% ~ 97%。东山的沉积砂品位更高，主要产地是梧龙和山只。

福建平潭出产的硅砂主要是海砂和风积砂，SiO_2 的质量分数为 95% 左右，颗粒形状也较好。

福建长乐沿岸也有大量的硅砂可供开采，但其品位较晋江、东山和平潭的硅砂略低，SiO_2 的质量分数为 90%~95%。

除福建沿海以外，广东新会、台山一带，海南东方及儋州一带，也都出产可供生产铸钢件的硅砂。

2. 镁橄榄石砂

镁橄榄石型化合物，即是以镁橄榄石（其化学式为 Mg_2SiO_4）为原料聚合成的化合物。属硅酸盐矿物，存在于超基性火成岩中。宜昌纯镁橄榄石 Mg_2SiO_4 简写式为 M2S，其镁橄榄石含量（质量分数，下同）为 80%~90%，MgO 的含量为 4.3%~5.0%，有害杂质的含量极低，$w(Al_2O_3 + CaO) < 1.2\%$，$w(FeO + Fe_2O_3) < 10\%$，真密度为 $3.10~3.27g/cm^3$，莫氏硬度为 6.5~7.0 级。钙镁橄榄石含游离态 SiO_2 0.97%，纯镁橄榄石不含游离态 SiO_2，属世界公认的绿色无毒铸造材料。

铸造常用硅砂在生产高锰钢或较厚大铸钢件时，易产生严重黏砂。因此，要用价格贵得多的特种锆砂、铬铁矿砂、刚玉砂来代替。如用橄榄石砂不仅可生产出优质铸件，价格也远比特种砂便宜。因而橄榄石砂的用量呈增长势头。美国铸钢用 M2S 砂一直稳定在 4.5 万~5 万 t/年，日本约 3 万~4 万 t/年，前苏联用于铸造的 M2S 砂达 150 万 t/年。

（1）我国的橄榄石资源　我国已开发利用的橄榄石资源有三处，由于品种不同，其用途多异。

1）辽宁省营口大石桥的苦闪橄榄石，主要用途是经燃烧后作为耐火材料使用。

2）河南与陕西省交界的商洛山区也产钙镁橄榄石，储量约 5 亿 t。由于硬度低，原矿中 CaO、Al_2O_3 含量多，有易吸水自粉等特点，因而不适于作耐火材料。经水洗处理后可作复用性差的铸钢用砂，或当作高炉炼铁的添加剂用。

3）湖北宜昌太平溪的纯镁橄榄石岩，已探明总储量约 5 亿 t。由于原矿中 M2S 的矿物成分含量高、硬度高、影响耐火度的有害杂质含量极低，因而是一种优质的合金钢用型砂材料和良好的耐火材料。

（2）镁橄榄石的性质　镁橄榄石是一种弱碱性耐火材料，含有质量分数为 35%~55% 的氧化镁和相当数量的铁酸镁，MgO/SiO_2（摩尔比）为 0.94~1.33，以镁橄榄石 $2MgO \cdot SiO_2$ 为主晶相。具有一定的抗碱性熔渣能力，较高的耐火度和荷重软化温度，较强的抗氧化铁侵蚀能力。以橄榄岩、蛇纹岩、纯橄榄岩、滑石等为原料，加入适量的烧结镁砂，在氧化气氛中烧成。其烧成温度随镁砂加入量的增加而相应提高。

镁橄榄石砂是当今世界先进国家生产铸钢件，特别是高锰钢铸件采用的优良造型材料，具有耐高温、抗侵蚀、化学稳定性好等优点。该砂具有较高的耐火度（1710℃）和抗金属氧化侵蚀能力，能有效地防止铸件产生化学黏砂，保证得到光洁的铸造表面和清晰的铸件轮廓。该砂在所有温度下膨胀缓慢，且变形小，不会骤然膨胀，铸件不易产主夹砂缺陷。

（3）镁橄榄石砂的性能优点　镁橄榄石砂耐火度最高可达 1750℃，热稳定性好，高温体积膨胀小，抗热振性好，高温强度大，耐磨性好。镁橄榄石砂的化学成分和理化指标见表 5-1。

表 5-1　镁橄榄石砂的化学成分（质量分数）和理化指标

MgO	SiO_2	Fe_2O_3	Al_2O_3	Cr_2O_3	其他	酌烧减量	耐火度
>41%	<40%	<11%	<3%	不限	<1%	<3%	1710℃

（4）镁橄榄石砂规格　JB/T 6985—1993《铸造用镁橄榄石砂》中规定，作为铸造砂型材料，镁橄榄石砂分为镁橄榄石型砂和镁橄榄石颗粒砂两种。镁橄榄石型砂主要有 5#砂，6#

砂和7#砂。5#砂主粒度在20~40目，6#砂主粒度在40~70目，7#砂主粒度在70~120目。镁橄榄石颗粒砂主要规格有1~3mm、1~4mm、2~5mm、3~6mm、4~6mm和2mm等。

3. 人造宝珠砂

世界各国铸造行业中所用的原砂，一直都是以硅砂为主。目前全世界铸造行业每年耗用的原砂不少于6000万t，其中，硅砂所占的比重约在97%以上。硅砂中又以天然颗粒状沉积砂的用量最大，由破碎石英岩制成的人工硅砂用量小。硅砂最可取之处是储量丰富、价廉易得，这是任何其他矿砂无法与之相比的。具有适应铸造工况条件的一些特性，如：

1）有足够高的耐火度，能耐受绝大多数铸造合金浇注温度的作用。

2）颗粒坚硬，能耐受造型时的舂、压作用和旧砂再生时的冲击和摩擦。

3）在接近其熔点时仍有足以保持其形状的强度。

硅砂主要的缺点如下：

1）热稳定性差，在570℃左右发生相变，伴有甚大的体积膨胀，是铸件产生各种"膨胀缺陷"的根源，也是影响铸件尺寸精度和表面粗糙度主要因素。

2）高温下化学稳定性不好，易与FeO作用产生易熔的铁橄榄石，导致铸件表面黏砂。

3）破碎产生的粉尘易使作业人员患硅肺病。

在对铸件质量的要求日益提高，以及对环保和清洁生产的法规日益严格的今天，寻求硅砂的代用材料已是铸造行业重要的研究课题之一，各工业国家对此都相当重视。

铸造行业中广泛应用的非硅质砂主要有镁橄榄石砂、锆砂和铬铁矿砂。

锆砂具有多种适于作为铸造原砂的特性，是比较理想的造型材料。全世界锆砂的储量不多，主要产于澳大利亚和南非，价格高，制约了其在铸造生产中的应用，只在熔模铸造中使用较广。

镁橄榄石砂和铬铁矿储量较多，价格也比锆砂便宜，但两者都是由破碎矿石制得的，粒形不好，价格也比硅砂贵得多，目前只用于某些铸钢件。

寻求硅砂代用品的另一个途径是开发人工制造的颗粒材料。在这方面进行研究开发，近10多年来逐渐进入了实际应用阶段，并已在各国铸造行业显现出好的效果。

在人造砂的开发方面，炭粒砂、顽辉石砂、莫来石陶粒等均为美国或日本研发成功。我国在这方面已经有非常重要的自主创新成果，研制了高铝质的"宝珠砂"。我国河南洛阳一带，高铝矾土资源丰富，由生产企业与高等学校合作研制高铝质人造砂，现由凯林铸材公司、宝珠砂铸材公司等企业生产，这种产品最初的名称为宝珠砂。

宝珠砂的制造方法是选取优质铝矾土原料，置电弧炉中熔融，当熔融液自炉中流出时，用压缩空气流将其吹散、冷却后得到球形或接近于球形的颗粒，表面光滑。

宝珠砂具有多种优异的性能，适用于各种铸造合金和多种特种铸造工艺，价格低于锆砂和铬铁矿砂，受到外国的重视，早期的产品主要出口到日本，并由日本转销到其他国家，是目前世界上较为理想的新型铸造用砂，具有广阔的发展前景。

目前，我国宝珠砂的年产量大约在10万t以上，大部分都出口供外国使用，国内应用较少，近几年国内的用量逐渐有所增加。

铸造级宝珠砂（粒径10~300目）以优质铝土矿为原料，经重熔冶炼再喷吹成球形，球度大于95%，圆度大于95%，耐火度高于1800℃，强度大于65MPa，表面粗糙度低，透气性能好，是消失模铸造、精密铸造、覆膜砂、自硬砂的新型铸造材料，宝珠砂是人工型砂，中性，耐火度可达2000℃，在消失模铸造生产中进行了系统的应用试验，多家大型铸造企业通过对高铬磨球、印刷机墙板、高锰钢衬板、油田大四通等以及铸铁、球墨铸铁、高锰钢、高铬钢和碳素钢的应用试验表明，宝珠砂具有如下优点：既适用于碱性金属，又适用于酸性金属；沉降系数小，适用于复杂型腔箱体件，可防止填砂变形；横向填砂性能好，在φ50mm×200mm管腔中填砂无休止角；耐火度高，浇注碳钢厚壁件，腔内型砂不烧结、不粉化、不黏砂；不含 SiO_2，发生硅肺病轻，可称为绿化砂，宝珠砂的应用使过去不能做的铸件变为可能。

（1）宝珠砂主要技术指标

1）主要化学成分：$w(Al_2O_3) \geqslant 75\%$，$w(Fe_2O_3) \leqslant 5\%$，$w(TiO_2) \leqslant 5\%$，$w(SiO_2) = 5\% \sim 20\%$，其他为微量。

2）粒形：球形。

3）角形系数：$\leqslant 1.1$，极似球状。

4）密度（堆密度）：$1.95 \sim 2.05 g/cm^3$。

5）耐火度：$\geqslant 1790 ℃$（$1800 \sim 2000 ℃$）。

6）热膨胀系数：0.13%（$1000℃$ 加热 10min）。

7）规格：$10 \sim 14$ 目，$20 \sim 30$ 目，30 目，$40 \sim 70$ 目，$100 \sim 140$ 目，170 目。

（2）宝珠砂具有的优点

1）球状粒形。粒形接近球形，表面光滑，无凹凸脉纹。其流动性及填充性好，带来良好的成形性和铸型强度。溃散性好，易于清砂作业。黏结剂使用量较其他同类型砂有较大的节省。

2）热膨胀系数低。热膨胀系数与铬矿砂等特殊砂相同，所以，生产铸件的尺寸精度高，破裂及表面缺陷少，铸件成品率高。

3）耐破碎性好。宝珠砂的致密性好，强度高，即使重复再生使用也很少破碎，减少了铸造生产过程中的粉尘对生产环境的污染，再生性好，减少了废物排放，利于环境保护。

4）耐火性好。主要成分是氧化铝，所以耐火性好。耐火度 $\geqslant 1850℃$，能适用于铸造各种金属及合金。

5）堆密度较小。堆密度小，与铬矿砂、锆砂相比（密度）宝珠砂的密度较低，制作相同型（芯）时用砂质量比铬矿砂、锆砂大大降低，相应降低生产成本，按体积比计价，只有铬矿砂的 50%、锆砂的 30%。

6）中性材料。pH 值为 7.6，化学性能稳定，耐酸碱侵蚀，酸耗值低。对酸性、碱性结合剂均可使用，树脂加入量可减少 30% ~ 50%（质量分数，下同），水玻璃加入量低于或等于 4%。

（3）宝珠砂在消失模铸造上的应用　随着消失模铸造的不断兴起，如何降低铸件成本，增加铸件成品率，提高铸件质量，是摆在每个铸造工作者面前的一个难题。众所周知，要解决该类问题，关键在于型砂的选择。习惯上为了降低型砂成本，人们普遍选择廉价的硅砂或镁橄榄石砂，由于该种类型的砂子存在耐火度低、流动性差、透气性差等问题，在浇注过程中会产生很多的铸造缺陷，如夹砂、气孔、结疤、鼠尾等，尤其在合金钢铸造中更为明显。硅砂在后续砂处理过程中会产生的大量粉尘，使得生产车间环境非常恶劣，废砂数量增加，有效砂降低，回用率低下，不耐用，从综合角度考虑，成本反而有所增加。而宝珠砂集中了耐火度高、流动性好、透气性强等诸多优点，可以解决夹砂、气孔、结疤、鼠尾等铸造缺陷，从综合角度考虑，成本是减少的。影响铸件质量的几大要素及宝珠砂的优良性能如下：

1）耐火度。宝珠砂采用优质铝矾土为原料，通过高温电炉熔制而成。宝珠砂为球形颗粒，主要成分是三氧化二铝（Al_2O_3），耐火度可达 1900℃。硅砂的主要成分是二氧化硅（SiO_2），其耐火度低于 1700℃；硅砂在不同的温度下会有多种晶体出现，从而在浇注过程中再次降低型砂的耐火度。采用宝珠砂可明显减少机械和化学黏砂，大大减少清砂的劳动强度，并且不易产生夹砂、冲砂、气孔等缺陷。例如，某消失模铸造公司生产的高锰钢铸件，在使用宝珠砂之前黏砂、夹砂非常严重，每次都要花费大量的人力物力进行铸件表面的清理、打磨工作，既增加了铸件的生产成本，又使铸件表面质量不美观。在使用宝珠砂之后已完全消除了该类铸造缺陷，为此节省了成本 6%。宝珠砂的耐火度可与铬铁矿砂媲美，现已广泛应用到原来使用铬铁矿砂的铸造中。

2）流动性。由于宝珠砂为球形颗粒，其流动性非常好，造型时易紧实，且能保持良好的透气性，硅砂和镁橄榄石砂均为多角形砂，流动性较差。如成都正恒动力设备有限公司生产的发动机缸体，原采用镁橄榄石砂作为填充用砂，由于多角形砂的流动性差，多次出现鼠尾、结疤等缺陷。使用宝珠砂后这种现象已得到明显改观，提高成品率5%。实践证明，宝珠砂的流动性优于现有的各种型砂。

3）透气性。型砂的透气性主要取决于砂粒的大小、粒度分布、粒形和黏结剂种类等因素。在浇注过程中，如果型砂的透气性差，内部因高温发热而产生的大量气体就无法及时排出，从而发生呛火现象，在铸件中产生气孔、冷隔、浇不足等缺陷，甚至报废。硅砂和镁橄榄石砂均为多角形砂，它的透气性很差，而宝珠砂为球形颗粒，且粒度分布均匀，具有良好的透气性，可避免出现该类铸造缺陷。新疆库尔勒开元铸钢厂在生产高锰耐磨钢铸件时，先后使用过硅砂和镁橄榄石砂，效果都不理想，由于该两种砂的透气性差，熔化的泡沫塑料气体排不出，铸件表面产生大量结疤，而且浇注时因高温发热而产生的大量气体也无法排出，造成了气孔、结疤、浇不足等缺陷，选用了宝珠砂才解决了这种问题，铸件成品率提高了7%。

4）热膨胀系数。铸件在高温浇注过程中，由于型砂受热膨胀会造成形砂尺寸的微量改变，进而影响铸件尺寸的精度。型砂的热膨胀系数过大，还会造成夹砂、结疤、鼠尾等铸造缺陷。宝珠砂的热膨胀系数极小，在浇注过程中几乎没有膨胀现象，大大提高了铸件的精度，其性能可与锆砂媲美。河南新乡一带有很多厂家生产振动设备，其壁板上有很多小孔，由于其精度及耐火度的原因，原来使用锆砂作为铸造型砂，现使用宝珠砂，型砂成本降低了70%。

5）角形系数。角形系数差不利于型砂的均匀分布，砂粒间不易形成较好的黏结剂桥，造成形砂分散、紧实度不足、铸型强度低。角形系数差还会使型砂的流动性下降，不易紧实，进而影响型砂的强度和透气性，还容易产生起模性不好、机械黏砂等缺陷。宝珠砂是球形砂，具有极佳的角形系数，因而型砂集中、紧实度高，可避免该类缺陷的发生。河南辉县前进铸钢厂生产中型、大型铸钢件，原来使用铬铁矿砂铸造型砂，使用宝珠砂后，节省了型砂成本60%以上。

6）回用性能。由于硅砂是多角形砂，强度低，在造型及砂处理过程中型砂易碎裂，不但会产生很多的粉尘，污染生产环境，而且还会产生很多的废砂，导致其不耐用，据统计消失模铸造每次浇注清理出的废砂量是5%左右。而宝珠砂是球形砂，它的强度高、不易碎裂，可大大减少生产车间的粉尘量，降低砂处理工人的劳动强度及生产成本，降低废砂数量，增加有效回用砂的数量，从而大大降低型砂的损耗量。据吉林创新消失模设备有限公司统计，宝珠砂每年的损耗量在5%以下，直接抵消了宝珠砂由于价格高而造成的高成本，并降低了生产成本。据使用该砂的厂家测算，一次性增加的成本可在8~10个月中收回。

使用宝珠砂的实际价格只有锆砂的1/4、铬铁矿砂的1/2。更重要的是使用时降低了黏结剂加入量（消除和降低了黏结剂对铸件质量的负面影响），提高了铸件成品率和经济效益。

5.1.2　消失模铸造干砂性能及要求

消失模铸造常用的干砂是天然硅砂。干砂中含有大量粉尘，会降低透气性，浇注时阻碍气体的排出。砂粒粗大容易出现黏砂，铸件表面粗糙。

圆形或半多角形的干砂可提高透气性。一般干砂粒度分布要集中在1个筛号上，有助于保持透气性，圆形砂流动性和紧实性最好。多角型砂流动性稍差，适当紧实后抗黏砂性能较好，一般不使用复合形干砂，因为它在使用中容易破碎，会产生大量的粉尘。

对于生产铸铁件选用的硅砂，SiO_2 的质量分数最好大于90%，并且经过水洗，灰粉的质量分数小于3%以下，硅砂绝对不允许有水分或潮湿。颗粒组成采用40~70目或20~40目为宜。生产铸钢件选用硅砂，最好使用水洗硅砂，含 SiO_2 的质量分数大于95%，颗粒组成采用40~70目或20~40目。铸铝件可选用50~100目细砂。不同铸件种类对干砂性能的要求见表5-2。

洛阳几个厂生产的宝珠砂是圆形的，耐火度高。使用透气性好，是较理想的消失模铸造用砂。

表 5-2 不同铸件种类对干砂性能的要求

铸件种类	干砂种类	筛号/目	SiO$_2$（质量分数）	颗粒形状	备　注
铸铁件		40～70 或 20～40	>90%	圆形或半多角形	灰粉含量低，干燥，不允许有水分
铸钢件	天然硅砂	40～70 或 20～40	>95%		
铸铝件		50～100			

干砂粒度分布的变化对流动性、透气性、紧实性会产生重要的变化，因此应在干砂处理过程中加以控制。干砂应使用筛砂机去除团块和杂物，减少粉尘，大量生产车间要使用干砂冷却器控制干砂的温度，应降至 50℃ 以下才能使用，以免模样软化造成变形。干砂运输应稳定操作，控制粉尘含量，气力输送系统需要大的回转半径，压缩空气应干燥。灼烧减量是干砂性能一个重要的参数，它反映了模样热解残留物沉积在干砂上的有机物的数量，这种碳氢残余物的积累降低了干砂的流动性，当灼烧减量超过 0.25%～0.50%（质量分数）时更为明显。为精确测定灼烧减量，被测的干砂试样是单筛砂，因为有机物容易集中在颗粒小的砂粒上。

5.1.3　填砂紧实装箱技术及要求

消失模铸造干砂的填充、紧实一定得保证泡沫塑料模样不变形。干砂必须流到模样空腔、眼孔和外部凹陷部位，那么干砂的充填、紧实性就十分重要。消失模铸造工艺使用圆形和半多角形两种干砂。尽管干砂的圆整度和表面粗糙度的确对流动性有一定影响，但是这两种干砂在消失模铸造工艺中都有应用。我国秦皇岛、承德等地产圆粒硅砂。

大量流砂的形成会加剧泡沫塑料模样的变形。如果在砂箱的一侧加入过量的干砂，则干砂流过泡沫塑料模样簇时会使泡沫塑料模样弯曲。

泡沫塑料模样簇的放置方法和固定方式也很重要。如果在固定泡沫塑料模样簇时就开始振动，砂箱的振动会使泡沫塑料模样簇变形。埋一些型砂将泡沫塑料模样簇固定，或者制造专用夹具固定泡沫塑料模样簇，是可以使用的办法。适当、准确的振动是振实干砂的必要条件。通常干砂振动使泡沫塑料模样空腔处的充填和紧实同步进行而不发生变形。合适的振动可使干砂在数秒钟内充填紧实，并达到最大的密度，如此能够在加砂时使铸型得到紧实，缩短加砂周期。

填砂的速度必须与干砂紧实时间及充填泡沫塑料模样特殊内腔的水平砂流相匹配。若振幅过大会使砂流发生流态化，型壁坍塌、泡沫塑料模样膨胀等，造成铸件金属渗入与黏砂。过分振动，也会使砂箱中产生砂流，使泡沫塑料模样变形。加砂速度慢则延长了造型时间。当前用户应根据泡沫塑料模样的情况试验得出最佳的加砂量和振动时间。这一过程也是不可少的，有时可能会很花时间。

（1）填砂技术要求

1）砂床准备（即预填砂）。按金属种类和铸件大小考虑，砂箱底部一般预填干砂厚度在 100mm 以上，以便于模样安放，防止砂箱底部筛网损坏。

2）根据工艺要求，由人工或机械手放置模样并用干砂固定，模样放置的方向（填砂方向）应符合充填和紧实工艺的要求。

（2）填砂方法　由砂斗向砂箱内加砂有以下三种方法：

1）柔性加砂法。人为控制型砂落差，不损坏模样涂层，方便灵活，仔细按工艺要求操作，可达到良好效果。但是，速度慢，效率低。

2）螺旋给料器加入砂箱中（如树脂砂），可移动达到砂箱各部位，但落差不能调整。

3）雨淋式加砂。加砂斗底部有定量的料箱，抽掉阀板后，砂通过均匀分布的小孔流入砂箱，加料箱尺寸基本与砂箱尺寸相近，加砂均匀，冲击模样力最小，并可密封定量加砂，效果好，改善环境，但结构稍复杂。适于单一品种、大量流水生产线使用。

（3）填砂与振动配合方式

1）填砂过程中砂箱不振动，全部加完干砂后再振动。模样顶部干砂比底部干砂下降快，这样做肯定会造成细长复杂模样的变形。但此种方法操作简单，对于厚实而刚性较好的模样来说可满足要求。

2）边填砂边振动。填砂、紧实过程互相匹配，效果优于第一种，尤其是复杂模样，必须边加砂边振动，才能均匀充填模样的各个部分，减少模样变形，是生产上大多采用的方法。

（4）填砂操作注意事项

1）填砂前应检查砂箱抽气室隔离筛网有无破坏。

2）填砂埋箱过程中不能损伤模样，不能使涂层剥落。加砂要均匀，速度不能太快，均匀提高模样内外砂柱高度，长杆及其他刚度低的模样特别要注意防止弯曲变形。

3）对特别难于填砂的部位，应辅助人工充填，也可使用自硬砂芯解决局部填砂困难的地方，必要时开填砂工艺孔，再用EPS填上并用胶带纸封好。

4）干砂温度必须低于50℃。

5）顶部吃砂量，在采用负压的条件下低于50mm。

6）加砂工序需加强局部抽风罩，防止粉尘污染。

5.2　消失模铸造振动紧实、真空抽气系统及旧砂回用系统

5.2.1　振动紧实

预紧砂需要振动，振动后型砂密度增加10%~20%，振动紧实型砂最好在填砂过程中进行，以使型砂充入模样束内部空腔，保证干砂紧实而模样不发生变形。

在装箱振动时一定要把型砂振实，空腔处的振实尤为重要，此处需要的振实时间较长，根据多次的实践经验证明，加入砂箱中的型砂（松散状）振实后，其硬度约提高20%，直观

的比喻即加入砂箱中1m³的型砂，经过振实约为0.8m³。

无论是水平振动还是垂直振动，都必须使干砂迅速流到泡沫塑料模样的周围。绝大多数"砂流"只出现于砂箱中干砂表面10mm左右的部位，越靠近砂箱深处，干砂流动性越差，因为随着深度的增加，砂粒之间的摩擦力增加。振动的目的就是要克服砂粒之间的静摩擦力，使之产生相对运动，使干砂流到泡沫塑料模样周围和各个部位并充分紧实。

振动参数包括振动时间、振动方向、振动频率和振幅等。振动干砂时其运动是比较复杂的，十分准确的测量也是困难的，但是这并不影响装出比较理想的砂箱。不过，在装箱时应该根据泡沫塑料模样的几何情况选择振动的方向和时间。

振幅是指振动位移的幅值，可以用零到峰值幅度值或平方根幅值来描述，正弦信号的平方根幅值是零到峰值幅度值的0.707倍。正弦振动、加速度 G 的值，可以通过式（5-1）计算。

$$G = 4\pi f^2 A \qquad (5-1)$$

式中　G——加速度的数值；

f——频率；

A——零到峰值幅度值。

对于给定的加速度值，振幅与频率的平方成反比。因此，频率减小时，要产生一定的加速度所需的振幅急剧增加。

1. 振实台

振动方向对紧实有重要影响，大多数振动紧实设备是以垂直方向振动型砂，目前振动设备的振动方式有各种不同的设计：有一维振动、二维振动、三维振动到三维六方向振动。六方向振动是 X、X'、Y、Y'、Z、Z' 等正反六个方向的振动，以使不同方向的型腔都能够被干砂充填到位，并且能够振实。X、Y、Z 为顺时针方向振动；X'、Y'、Z' 为逆时针方向振动，如图5-1所示，振实台的四面和底部装有六个振动电动机，其功率为 0.2~0.75kW，振实台安装时，为了操作方便和车间现场的整齐美观一般都把它安置在负地面下，台面与地面平齐。振实台的体积根据铸件的几何尺寸而定。

沈阳中世机械电器设备有限公司的标准振实台的轮廓尺寸：台面为 1200mm × 1200mm，高度为 904mm。该厂为锦州某厂制造的高锰钢钢轨道叉的振实台，长度为 7m，具有 12 个振动电动机。振实台安装时必须水平，以保证砂子在受振动力时不偏移。

消失模铸造用振实台有一维、二维、三维等，二维、三维振实台的外形如图 5-2 所示。

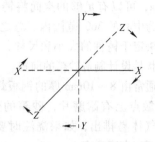

图 5-1　三维六方向振动示意图

a)　　　　　　　　　　　b)

c)　　　　　　　　　　　d)

图 5-2　二维、三维振实台外形
a）二维小型振实台　b）三维方向振实台　c）三维变频振实台　d）变频振实台

三维振实台有六个振动方向，为 X、X'、Y、Y'、Z、Z'。这六个方向的振动都能把型砂通过充实进模样的空腔部位。采用一维、二维、三维还是六维振动，需由铸件的空腔而定。

调频气垫振实台是无级变速的，它的频率在 10 ~ 80Hz 范围，在此之间可以根据铸件（泡沫塑料模样）大小选择频率，在停止振动时，它会逐渐停下来，保证振实后被包围在干砂中的泡沫塑料模样的稳定性。

变频振实台还可以气垫悬浮，刚度系数可调能增强振动效果。台面可调整高度，可用于流水线使用。它的基本工艺参数为：振动频率 10 ~ 80Hz，振动加速度 1 ~ 2g，振幅 0.5 ~ 2mm，气囊充气压力 0.3 ~ 0.7MPa，变频振实台如图 5-2d 所示。

常用的振动频率是 60Hz 左右，虽然也使用过更高的频率，但所选取的频率必须尽量避开砂箱或振实台的共振区，以使干砂紧实。共振会造成干砂紧实不均匀。振好后的型砂，在抽真空时会进一步提高型砂的紧实度，用手触摸有类似触摸石头的手感。因此，在浇注时不用加压箱铁。抽真空可以降低砂粒之间的气压并能提高砂粒之间的接触压力，增加相互之间的摩擦力。

2. 砂箱

消失模铸造砂箱的尺寸要尽可能的小，以降低干砂的用量，减少紧砂能源消耗，抑制砂流的形成，缩短充填和紧实时间。常用的砂箱尺寸为 750mm × 750mm × 700mm，以及 ϕ750mm 的圆形砂箱，高度为 1000mm，容砂量约为900kg，可以有足够的空间将铸件布置在以直浇道为中心的360°范围内。总之，砂箱的尺寸形状决定于铸件的大小和尺寸，即铸件的尺寸及形状是设计制造砂箱的前提。

砂箱通常由8~10mm厚的钢板焊接而成，振实台接触点上有耐磨片，砂箱的侧面有网孔，而使气体易排出，如果浇注时要抽真空，则砂箱上还应有真空室。

距离砂箱中心越远的泡沫塑料模样越容易变形，未固定紧的砂箱得到的振动能量小，不如靠近砂箱边的干砂容易紧实。无中心线的振动会减少重心处泡沫塑料模样的变形，然而重心处的干砂的振动不足，不能将干砂填入泡沫塑料模样的空腔内。因此需调整泡沫塑料模样簇的位置，避开砂箱的重心，得到正确的充填、紧实。砂箱的重心位于中心处，而略低于一半砂箱的高度。

砂箱的共振频率很重要，如果干砂的振动过程引起砂箱的共振，往往会导致泡沫塑料模样簇的变形。振实台的设计形式，也影响泡沫塑料模样簇的紧实效果。普通的造型系统使用圆形砂箱，砂箱放在三个传递振动的位置上，振实台采用两个相对旋转的电动机产生振动能量。使用加速度计监测振实台的振动状况使其处于良好状态。

在生产过程中，要求砂箱牢固可靠，振实台工作稳定，以保证生产的可靠性。

为了使泡沫塑料模样遇到高温的金属液在真空状态下汽化，而不是燃烧，在继续抽负压的过程中，将汽化的泡沫塑料产物，通过涂料、干砂吸抽出砂箱外。于是就诞生了专用砂箱。

常用的消失模铸造专用砂箱必须使泡沫塑料模样被高温金属液冲击取代时新产生的气体迅速地被负压抽出。根据这种要求消失模铸造常用的砂箱如下：

（1）单层底面空砂箱　使用6~8mm厚的钢板焊接而成，抽气管使用4in⊖管。这种砂箱只有一面排气，所以用在壁厚不大的泡沫塑料模样上比较适宜。

（2）单层壁而底部只放透气钢管砂箱　这

种砂箱制造比较简单，在放置钢管时，采取1.5~2in钢管，管上钻有φ6mm眼孔，眼孔之间相距30~40mm。一般布置4~5根，在出气端用一根大于那些管直径的钢管等距离地把它们焊在它的上面，从管的中部向箱外焊接一段φ2in×60mm的抽气管。

（3）五面空砂箱　在用钢板焊接的砂箱中的底部放钢管（管上钻有许多眼孔，包一层金属纱网）或者四壁都放置钢管用于抽气。五面空砂箱虽然制造比较麻烦，成本较高，但是它的抽气效果比较好。沈阳中世机械电器设备有限公司制造的 1000mm × 900mm×800mm的标准砂箱就是五面空砂箱，制造精细，焊缝平整牢固，使用方便，如图5-3所示。

图5-3　五面空砂箱

国外砂箱设计：常用砂箱直径为600~1000mm，高度为1000mm，如推荐使用φ750mm的圆形砂箱，容量约为900kg干砂，可以有足够的空间将铸件布置在以直浇道为中心的360°范围内。

振动接触点上有耐磨片。砂箱的侧面多有网孔使气体便于排出。离砂箱中心越远的模样越容易变形。未与振实台夹紧的砂箱中，砂箱的重心得到的振动能量小，不如靠近砂箱边的干砂容易紧实，重心处的干砂的振动不足虽然减少模样变形，但不能将干砂填入模样的内腔深处。因此，通常要调整模样簇的位置，避开砂箱的重心以得到正确的填充和紧实。砂箱的重心位置在中心处略低于一半砂箱的高度。砂箱的共振频率很重要，如果干砂振动过程引起砂箱的共振，会导致模样簇的变形。国外的许多生产线都不须通过抽真空进行浇注，因而简化了砂箱的结构设计，减少了投资（无须真空系统和管道，减少了浇注工序）。目前世界最先进的意大利球墨铸铁轮毂铸件生产线，铸件重40kg，平均壁厚为20mm，最厚处为40mm，所用圆砂箱结构简单，浇注时不抽真空，在没有冒口工艺的条件下，经解剖铸件检验，内部

⊖　1in=25.4mm。

质量致密，没有缩孔、缩松缺陷，也没有石墨膨胀造成形壁移动而影响尺寸精度。这样的铸件在国内进行工艺设计时砂箱必须考虑夹层，浇注时抽真空才能保证铸件质量，有三方面因素可供参考：

1）轮毂铸件形状相对比较简单，干砂充填紧实容易，工艺设计采取底注式，模样埋入砂箱深度高，目测在 800mm 以上，保证了足够厚度的紧实砂层，能够抵抗浇注时的上浮力。

2）砂箱结构上的特点。轮毂砂箱设计螺旋状箱肋，与模样贴近，起到了加固砂型的作用，可以抵抗球墨铸铁共晶凝固时膨胀力的影响，避免型壁移动造成尺寸偏差和内部缩松的问题。

3）浇注时自动放置浇口杯的框架是靠液压升降机构压在砂层表面上，起到了压铁的作用。

5.2.2　真空抽气系统

（1）负压系统的主要设备　湿式除尘器（过滤浇注时金属液将消失模铸造泡沫塑料模样汽化产生的烟）、水环式真空泵（抽负压用）、负压罐（稳定负压用）、气水分离器（把气和水分离开、并进一步除去灰尘）、废气净化装置（通过它对废气进行处理，使排入空气中的气体达到国家标准规定）、管路（连接上述各个部分设备成为一个完整的负压系统）和分配器（浇注时连接专用砂箱用）。负压系统设备如图 5-4 所示。图 5-4a、b 所示为负压系统设备安装图，图 5-4c 所示为装好泡沫塑料模样砂箱被装在负压系统分配器上待浇注的场景。

a)　　　　　　　　　　b)　　　　　　　　　　c)

图 5-4　负压系统设备
a）安装 1　b）安装 2　c）砂箱在负压系统分配器上待浇注

（2）负压的作用

1）紧实干砂，防止冲砂和崩散、型壁移动（尤其球墨铸铁更为重要）。

2）加快排气速度和排气量，降低界面气压，加快金属前沿推进速度，提高充型能力，有利于减少铸件表面缺陷。

3）提高复印性，使铸件轮廓更清晰。

4）密封下浇注，改善环境。

（3）负压大小范围　根据合金种类，选定负压范围，见表 5-3。

表 5-3　不同合金种类的负压范围

合金种类	铸铝	铸铁	铸钢
真空度范围/mmHg[①]	50 ~ 100	300 ~ 400	400 ~ 500

① 1mmHg = 133.322Pa。

铸件凝固形成外壳足以保持铸件时即可停止抽气，根据壁厚确定，一般负压作用时间为 5min 左右，为加快凝固冷却速度也可延长。铸件较小负压可选低些，质量大或一箱多铸可选高一些，顶注可选高一些，壁厚或瞬时发气量大也可选略高一些。在浇注过程中，负压会发生变化，开始浇注后负压降低，达到最低值后，又开始回升，最后恢复到初始值。浇注过程中真空度最高点不应低于（铸铁件）100mmHg，生产上最好控制在 200mmHg 以上，不允许出现正压状态，可通过阀门调节负压，保持在最低限以上。

5.2.3　旧砂回用系统

型砂使用一段时间以后，涂料屑和粉尘积多，应清理，通常采用过筛、水洗烘干最有效。干砂浇注后的再使用时温度必须降至 50℃以下，若过高会使泡沫塑料模样软化变形。

干砂经过使用后的灼烧减量是干砂性能的一个重要参数。它的减量值反映了从泡沫塑料模样热解残留物沉积在干砂上的有机物的数量。这种碳氢残余物的积累降低了干砂的流动性和透气性。尤其是干砂的灼烧减量超过 0.50%（质量分数）时更为明显。为了能够测定灼烧减量的精确值，被测试的干砂应是单一砂，因为有机物易集于颗粒小的砂粒上。碳氢化合物在粒度较小的干砂上的积累很明显，见表 5-4。这些细小颗粒必须被清除，以减少它的危害。

表 5-4　930℃时消失模铸造生产中旧砂中的灼烧减量

筛　号		灼烧减量（质量分数,%）	筛　　　号		灼烧减量（质量分数,%）
-16	+20	0.97	-70	+140	0.46
-20	+30	0.56	-140	+200	1.47
-30	+40	0.24	-200	+270	2.40
-40	+50	0.29	-270	+PaN	2.54
-50	+70	0.37			

砂处理系统的主要作用如下：

1）把上百摄氏度的砂降温到 50℃ 以下。

2）除去砂中涂料带入的灰尘。

3）供连续装箱使用的型砂。

4）磁选混入砂中的金属物等。

该系统的主要设备包括：落砂装置、振动输送机、斗式提升机、砂塔（储砂斗）、冷却床、螺旋给料器、雨淋式加砂器等，该系统运转程序如图 5-5 ~ 图 5-10 所示。

从漏砂器中漏下的旧砂通过振动输送机，旧砂在冷却床上运转就像水流一样，一边向前流一边冷却。旧砂被运输到 1 号斗式提升机的进砂处。1 号斗式提升机如图 5-8 所示。

1 号斗式提升机把旧砂提到储砂塔中供水冷却床再次冷却。水冷却床如图 5-9 所示。

图 5-5　翻箱机

图 5-6　除尘罩

图 5-7　振动输送机（水冷和无水冷）

图 5-8　1 号斗式提升机

图 5-9　水冷却床

图 5-10　2 号斗式提升机及雨淋加砂

水冷却床中布满了水管，底部采用风机吹动旧砂快速散热，冷却床顶端装有除尘管路随时把粉尘抽走，处理后的旧砂得到净化。净化后的旧砂被 2 号斗式提升机输送到供砂塔中供

装箱造型用。2 号斗式提升机如图 5-10 所示。

2 号斗式提升机把处理好的型砂输送到分配机上，分配机把型砂运送到供砂斗，供砂斗采用雨淋式加砂至砂箱中进行装箱造型。装好后通过轨道输送到浇注工位浇注。浇注工位如图 5-11 所示。

图 5-11　浇注工位

浇注后的砂箱在运转的途中进行冷却，待运到翻箱处，铸件已冷却到可以翻箱时就到翻箱工位进行翻箱取出铸件，旧砂漏到砂处理处进行处理，再进行下一循环生产，螺旋加砂装置如图 5-12 所示。

图 5-12　螺旋加砂装置

螺旋加砂方式通常用在生产量不大的情况下，振实台不直接放在它的下面也可以加砂。在生产线上往往采用雨淋式加砂。

目前消失模铸造砂处理生产线有两大类，一类是采用水平式冷却处理高温旧砂，二是立式冷却旧砂。立式冷却旧砂方式是：一冷一提（一次冷却，一次提升），双冷三提（两次冷却，三次提升），三冷四提（三次冷却，四次提升），等。采取哪种类型和方式应根据日产量的大小而定，沈阳中世电器设备有限公司已在全国供应各种冷却方式的生产线全套消失模铸造设备，在生产中应用良好。

5.3　有黏结剂的实型铸造材料

对一些大中型小批量铸件常使用有黏结剂型砂实型铸造。主要应用于机床床身、汽车覆盖模具铸件生产。呋喃树脂自硬砂造型是实型铸造最常用的方法，如水玻璃自硬砂、碱固化酚醛脲烷树脂自硬砂实型铸造较少应用。本节主要介绍呋喃树脂自硬砂所用的造型材料选择的技术问题。

为保证铸件质量，型砂应有高的透气性和低的发气性、较好的干强度、好的流动性。

由于泡沫塑料模样强度低、舂砂容易使模样变形，就需要型砂有足够的流动性，保证型砂填充到模样空腔部位和砂箱各处，并不需要很强力的舂砂就能使型砂紧实。另外，泡沫塑料模样受热会变形和汽化，不能进行铸型烘干。所以消失模铸造更适合使用自硬砂造型，自硬砂流动性好，只需微振和轻舂就能紧实，自硬后就会建立很好的强度，不须烘型。对一些大中型铸件常使用有黏结剂的型砂造型。

近年来铸造企业使用多种型砂，包括水玻璃自硬砂、水泥自硬砂、炉渣自硬砂、赤泥自硬砂、树脂自硬砂等。目前使用较多的为树脂自硬砂和水玻璃自硬砂。表 5-5 所列为部分企业用型砂配方。

表 5-5　部分企业用型砂配方

序号	配方（质量份）	应　用
1	硅砂 100、赤泥 4、水玻璃 7~8、水 5.5~6.5、发泡剂（M50 烷基磺酸钠）0.2	铸钢件
2	硅砂 100、中氮呋喃树脂（占原砂）0.8、对甲苯磺酸（占树脂）40、硅烷（占树脂）0.1~0.3	0.01~16t 各类机床铸铁件
3	硅砂 100、低氮呋喃树脂（占原砂）1.2~1.4、对甲苯磺酸（占树脂）30~60、硅烷（占树脂）0.1~0.3	机车铸铁件、球墨铸铁件

1. 树脂砂用原砂的选用

根据呋喃树脂的特性及硅砂的物理和化学特性，呋喃树脂砂原砂选用硅砂较合适。硅砂要求其具有以下特性：

（1）原砂 SiO_2 含量　SiO_2 含量要高、一般铸钢件 $w(SiO_2) \geqslant 97\%$、铸铁件 $w(SiO_2) \geqslant 90\%$、铝合金铸件 $w(SiO_2) \geqslant 85\%$。

（2）硅砂的灼烧减量　硅砂的灼烧减量是对硅砂中有机物和遇热可分解的无机盐等杂质的一种度量。这类杂质对型砂的使用性能、硬化特性和铸件质量都有有害的影响，应控制在较低水平，不得高于0.5%（质量分数）。

（3）砂的粒度　原砂的粒度对树脂自硬砂的强度、树脂耗量和金属渗透能力、铸件表面粗糙度、铸件的脉纹缺陷都有较大影响。树脂砂用硅砂不宜过粗或过细，过粗容易产生渗透性黏砂缺陷，过细则降低有效黏结含量，微粉含量也会增加，对提高砂型的强度不利，同时还降低透气性。铸钢件、铸铁件粒度相对要粗些，粒度要集中在主要筛号上下；小于140筛号的细粉应尽量少，质量分数不大于1%。形状接近圆形较好。两种粒度的砂子组合使用，对于节约树脂用量有一定效果。通过表5-6中试验数据可证明。

表5-6　砂粒度对砂型强度的影响

粒度/目	24h 抗拉强度/MPa
50/100	1.24
40/70	1.38

注：擦洗砂100，树脂1，固化剂40（质量份）。

（4）砂的酸耗值　酸耗值的大小直接影响呋喃树脂自硬砂的固化反应和固化剂耗量，在固化条件相同的情况下，脱模时间随酸耗值的增加而降低，酸耗值太高时，则固化反应难以进行，在最佳树脂用量下，树脂砂的终强度随酸耗值的增加而降低。

（5）泥量和微粉含量　硅砂中的泥分和微粉，由于其比表面积大，会恶化树脂砂的强度和表面稳定性，如果含泥量和微粉含量高，为保证型砂的工艺性能，必须增加树脂的加入量，这样必然增加成本，而且增加型砂的发气量和烧灼减量。树脂砂用硅砂的泥量应小于0.3%（质量分数，下同），微粉含量应小于0.5%。

（6）砂的含水量　硅砂中的含水量对自硬砂的强度有重要影响，试验表明含水量从0.2%增加至0.7%，自硬砂的抗拉强度下降50%。水分增加，黏结剂不易润湿砂粒，使树脂砂的强度下降，硅砂的含水量应小于0.2%。

（7）砂的角形系数　试验表明硅砂的角形系数从1.18增加到1.47，树脂砂的抗拉强度要降低70%。其性能和试验数据见表5-7。

由表5-7可以看出二者不同的部分主要包括酸耗值、角形系数，同样配比下24h抗拉强度差异较大。

由表5-8可以看出，由于选择的砂子不同，同样工艺强度下树脂的加入量相差很大，从降低成本考虑，经济效益显而易见。

表5-7　两种砂的性能和试验数据

分类	SiO₂ （质量分数,%）	酸耗值 /mL	灼烧减量 （质量分数,%）	粒度/目	含水量 （质量分数,%）	角形系数	微粉含量 （质量分数,%）	同样配比下24h 抗拉强度/MPa
A 砂	91.43	5.7	0.39	40/70	0.15	1.21	0.35	1.37
B 砂	93.69	6.25	0.56	40/70	0.18	1.35	0.53	0.86

表5-8　两种工艺配方

分　类	树脂 （质量分数,%）	固化剂 （质量分数,%）	24h 抗拉 强度/MPa
A 砂	0.8～1.1	25～55	0.6～0.9
B 砂	1.1～1.4	30～60	0.6～0.9

2. 树脂的选用

糠醇树脂是呋喃树脂系列产品中的一种。呋喃树脂是指以具有呋喃环的糠醇和糠醛作为原料生产的树脂类的总称，其在强酸作用下固化为不溶的固形物，种类有糠醇树脂、糠醛树脂、糠酮树脂、糠酮-甲醛树脂等。糠醇树脂是以糠醇为主体与甲醛缩聚而成的，外观为深褐色至黑色的液体或固体，耐热性和耐水性都很好，耐化学腐蚀性极强，对酸、碱、盐和有机溶液都有优良的抵抗力，是优良的防腐剂。糠醇树脂强度高，是木材、橡胶、金属和陶瓷等优良的黏结剂，也可用于生产涂料。糠醇树脂的一个重要用途是在铸造工艺中作为砂芯黏结剂，特别适用于大批量的机械制造，如生产汽车、军工、内燃机、柴油机、缝纫机等。用于铸造砂芯的黏结剂时，糠醇树脂具有以下特点：固化速度快，常温强度低，分解温度高；根据不同铸件的含碳量，可选择含氮量不同的树脂；发气量小，高温强度高，热膨胀性适中，脆性大，气孔倾向小，吸湿性大。加入尿素改性后可根据不同要求生产含氮量不同的糠醇树脂，以满足铸钢、铸铁和其他有色金属铸造工艺的要求。

我国糠醇树脂的生产始于1960年，有关单位对树脂的原材料、生产工艺、固化剂、制芯工艺、生产设备等进行了广泛、细致的研究，取得了丰富的资料。广州、南通、辽阳等地最先建厂生产糠醇树脂，由于生产工艺和设备简单，易操作，糠醇树脂的生产发展快，现有厂家50多个，大多产量不大（300～500t/年），也有具有一定规模、管理完善的企业，如山东圣泉集团就是糠醛、糠醇树脂一条龙生产。随着糠醛工业和糠醇工业的发展，许多民营糠醛厂以产品深加工的形式开始了糠醇树脂的生产，总产量大约在1.5万t。随着机械工业的发展，我国对糠醇树脂的需求量应在2万t/年以上，目前有一定量出口，若以糠醇树脂出口代替糠醛和糠醇出口，糠醇树脂生产的前景更为广阔。不断改进产品质量，增加产品品种，优化产品性能，扩大产品性能，扩大出口量，将会有力地促进我国呋喃树脂工业的发展。

（1）生产糠醇树脂的主要原料　生产糠醇树脂的主要原料是糠醇、甲醛和尿素，催化剂有氢氧化钠和醋酸，固化剂有对甲苯磺酸、二甲苯磺酸和苯磺酸等。

1）糠醇。糠醇是糠醛的衍生物，世界各国生产的糠醛有相当一部分加工成糠醇。糠醇是无色或淡黄色液体，微有芳香气味，暴露在日光和空气中会使颜色加深。糠醇可燃，相对分子质量为98.01，与水能混溶。除烷烃外糠醇能溶于大部分有机溶剂，不溶于石油烃，能溶解油脂、树脂、醋酸纤维、硝化纤维等。加热时，糠醇可以还原硝酸银的氨溶液。其对碱稳定，在酸作用下可发生树脂化。糠醇沸点（0.098MPa）170℃，凝固点（稳定态）为-14.63℃，密度为1.1285 g/cm^3，我国生产的糠醇纯度不低于99.0%（质量分数，下同）。用于糠醇树脂生产的糠醇应符合GB/T 14022的规定。

2）甲醛。甲醛为无色气体，对人的眼和鼻具有强烈特殊的刺激性。甲醛相对分子质量为30，沸点为-19.59℃，凝固点为-92℃，

气体的相对密度为1.067，爆炸极限为7%～73%（体积分数）。甲醛与皮肤接触会引起灼伤，操作现场应采用敞开式厂房，要自然通风。甲醛应存放于干燥通风、温度为21～25℃的库房，不宜存放过久。甲醛生产厂家较多，几乎各省市都有生产。用于糠醇树脂生产的甲醛，其含量应不低于37%，质量应符合GB/T 9009—2011的要求。

3）尿素。尿素又称脲或碳酰胺，为无色或白色的针或棒状结晶体，工业品为白色略带微红色固体颗粒，是常用的化学肥料，无嗅无味。尿素相对分子质量为60.06，密度为1.335g/cm^3，熔点为132.7℃，溶于水、醇，不溶于乙醚、氯仿。尿素溶液呈弱碱性，与酸作用生成盐，有水解作用。在高温下尿素可进行缩合反应，生成缩二脲、缩三脲和三聚氰酸。用于糠醇树脂生产的尿素应纯净，无杂质，氮含量应不低于46%，质量符合GB/T 2440—2017的要求。

（2）糠醇树脂的生产工艺和主要设备

1）主要设备。甲醛和糠醇高位计量罐各一个，应防腐；反应釜一个，应防腐；冷凝器一个；水贮罐一个；缓冲罐一个；真空泵一台。

2）糠醇树脂的生产工艺。

① 生成机理和结构。糠醇树脂生成的机理十分复杂，至今还没有彻底弄清楚，一般认为尿素与甲醛在弱碱性介质中进行加成，生成一羟甲基脲和二羟甲基脲，而后羟甲基衍生物再在弱酸性介质中与糠醇进行缩合反应，生成糠醇树脂。此产物是多种分子的混合物，相对分子质量在400～600范围内，分子结构是直链或支链型的。糠醇树脂是相对分子质量很大的低聚物，在酸的作用下，继续进行缩聚反应，可以生成更大的不溶的大分子，这就是树脂固化或变定。

② 糠醇树脂生产的投料比。在糠醇树脂生产过程中，糠醇、甲醛、尿素的比例可根据需要和实际经验来确定，一般没有固定比例。生产中的糠醇、甲醛、尿素的比例受温度、湿度、反应液的pH值、反应时间等各种因素的影响。这里给出产品成分（质量分数）的经验

数据：低氮，氮含量4%，为8:2:1.3；中氮，氮含量4.8%~5%，比例为8:2:1.6；高氮，氮含量7%~8%，比例为8:2:2.6。含氮量越高，产品黏度越高，低温强度越高，高温强度越低，反之亦然。为了更好地增加产品的强度，可加少量硅烷偶联剂，在高温环境时，这一点尤为必要。

3）生产工艺流程。先将甲醛加入釜中，在搅拌下加入尿素，并加总量1/4的糠醇，开蒸汽加热，并加氢氧化钠溶液调pH值。继续升温至98℃左右。此时可以从窥镜中看到有回流液，即反应产物产生。从见到回流液开始计时，15min即可，然后关闭蒸汽，开冷水降温。当温度降至60℃时，将余下的3/4糠醇用真空抽入釜中。加完糠醇后再用稀醋酸调pH值，使反应物的pH值在6.5左右（6.5±0.2）。然后真空脱水，脱水过程中蒸汽压力不宜过高，应不高于0.1MPa，脱水时间以脱水量为准。脱水量理论值为：甲醛质量×（100-37）%+加入催化剂中的水。脱水完成后，取样测pH值不小于6.5即可，此时破真空，闭汽，开水，冷至50℃以下放料。

（3）影响糠醇树脂性能的主要因素

1）原料配比。原料配比是影响树脂性能的关键因素。当甲醛用量过小时，得到的产物主要是一羟甲基脲，而一羟甲基脲很难生成树脂，往往使产品形成分层，影响产品质量。只有当甲醛用量适当时，在反应初期生成较多的二甲羟基脲，才能在缩聚反应时生成优质的树脂。如果甲醛用量过多，树脂中有过多的游离甲醛，一方面造成环境污染和生产操作困难，对操作人员身体健康有害，也会造成材料的浪费；另一方面也会降低固化后的耐水性，固化后的树脂缩水性增大，容易出现开裂。生产中尿素与甲醛（指纯品）的质量比约为1:（0.8~1），在实际生产中，由于甲醛有挥发性，实际配比为1:1.1左右。

糠醇的用量不低于80%（质量分数，下同）时，成品中氮含量低，树脂适于铸钢、铸铁。当糠醇用量不高于60%时，适于铸铁，成本低。

2）反应液的pH值。树脂的反应分两个阶段进行，即加成反应和缩聚反应，在这两个反应中对pH值的要求是不一样的，前者大而后者小。在加成反应阶段，尿素与甲醛反应生成一羟甲基脲和二羟甲基脲，反应是在pH值=7~8的弱碱性或中性环境中进行。如果反应在pH值≥9的强碱性环境下进行，甲醛会发生副反应生成甲酸，过多地消耗甲醛，加成反应速度变慢，生成的树脂放置会分层，影响树脂的强度和使用寿命。如果反应在pH值≤5的酸性环境中进行，易生成不溶于水的亚甲基脲的衍生物，pH值越小，亚甲基脲的衍生物的生成量越多。

在缩聚反应阶段，pH值主要影响反应速度，pH值大则反应速度慢，树脂缩聚速度慢势必影响生产周期，延长生产时间，造成原辅材料的浪费。如果pH值过小，则反应速度快，瞬间生成较大的分子，使反应速度很难控制，会出现凝胶现象，产品不能使用，造成浪费，影响生产。

为保证生产的正常，严格控制溶液的pH值是非常重要的，这是生产成败的关键，不可大意。

3）反应温度和时间。反应温度是对反应速度、产品质量有较大影响的一个重要因素，温度越高，反应速度越快。反应温度过高，一方面容易生成不溶于水的亚甲基脲的衍生物，另一方面会致使反应速度过快，容易产生凝胶，使生产不能正常进行。相反温度太低，反应速度过慢，将延长生产周期，影响生产量，增加各项消耗，增加成本，降低经济效益。为此在整个生产过程中必需严格控制反应温度，以保证生产的正常进行。

反应时间并不是一个独立因素，它受反应液pH值、反应温度、原料配比等诸因素的制约，如果其他条件都严格控制，反应时间越长，产品黏度越大。但也不能无限制地延长反应时间，应根据对产品质量的要求来掌握反应时间，以便得到相应的、理想的产品。

4）糠醇树脂生产应注意和需解决的问题。在糠醇树脂的生产中，虽然生产设备和工艺比较简单，但生产条件要求比较苛刻，条件控制和检测要精确，投料量一定要准确计量，投料比也要准确，并要按顺序投入。催化剂要稀释，决不能以浓酸、浓碱加入，加入催化剂时要慢，以便测出反应液真实的 pH 值，更不应把催化剂加过量。降低树脂中甲醛的含量，改善生产和使用操作条件，减少污染，是企业生产中亟待解决的问题。树脂中游离甲醛含量的多少是衡量树脂的一个重要技术指标，如果树脂中游离甲醛含量过高，会在混砂、造型、硬化等操作时释放出来，污染环境，危害操作者的身体健康。对树脂中游离甲醛的含量及操作环境中最大甲醛含量各国都有规定，在操作环境中英国规定的最高限量为 2×10^{-6}，日本为 5×10^{-6}，为了控制作业场地游离甲醛的含量，必须控制树脂中游离甲醛的含量，开发低甲醛含量的树脂，目前发达国家生产的呋喃树脂中游离甲醛的含量一般在 0.3%（质量分数，下同）以下，很多厂的产品中游离甲醛含量已降到 0.3% 以下。

要解决树脂中游离甲醛的含量，必须改进工艺，主要技术改进措施有：

1）改进原料甲醛和尿素的比值。降低甲醛和尿素的比值是减少树脂中游离甲醛最有效和最经济的措施，游离甲醛在树脂中的含量与树脂强度有很大的关系，增加甲醛的含量能增加树脂分子中的极性基团和侧链，从而增大内聚强度和黏结力，因此，应在不影响树脂的黏结力的前提下，合理降低甲醛和尿素的比值，以减少树脂中游离甲醛的含量。

2）在反应过程中，尿素分多次加入。这样在反应开始时，加大了甲醛和尿素的比值，有利于羟甲基脲的生成，使尿素有效地与未反应甲醛反应，也可降低树脂中游离甲醛的含量。

3）在低温下反应。由于尿素和甲醛生成羟甲基脲的反应是放热反应，反应在低温下进行，可以促进反应向有利于生成羟甲基脲的方向移动，来达到降低树脂中游离甲醛含量的目的。

4）加入助剂。在酸性条件下，糠醇可与一部分羟甲基脲发生缩聚反应，加入一些降醛剂，使它能在一定条件下与甲醛反应生成另一种物质，也可达到降低游离甲醛的目的。在降低游离甲醛含量时，会降低树脂的强度。若不

想影响树脂强度又要达到降低游离甲醛的目的，应适当加入增强剂，以补偿树脂强度的损失。改进糠醇树脂的加工工艺，降低消耗，可以降低糠醇树脂的使用成本，提高产品的竞争力。提高树脂质量，加入增强剂，改善树脂覆膜状况，减少树脂用量，可以降低铸件成本。尽量采用椭圆形砂箱，去掉棱角，减少砂量，降低砂铁比，同样可以降低铸件成本。铸件成本降下来了，糠醇树脂在制作砂芯中又有其他黏结剂不可比拟的优点，这将扩大糠醇树脂的市场，促进糠醇树脂工业的发展。

3. 树脂砂用固化剂的选用

每一种树脂都有一种与之相匹配的固化剂，在此条件下，树脂砂的抗拉强度较高，用量也较少。由表 5-9 可见，在同样砂子，同样树脂，两种固化剂加入量相同的情况下，抗拉强度相差 11%。在实际生产中应选择优质单一的树脂，并选择与之相匹配的固化剂，可获得最佳砂型质量，并节约生产成本。

表 5-9 不同固化剂的效果

项目分类	擦洗砂（质量份）	树脂（质量份）	固化剂（质量份）	24h 抗拉强度/MPa
A 厂家固化剂	100	1.0	40	1.30
B 厂家固化剂	100	1.0	40	1.47

注：固化剂加入量是树脂加入量的 40% ~50%。

呋喃树脂的固化过程十分复杂。目前认为呋喃树脂的固化是由于呋喃环中的共轭双键打开而交联形成体型结构所致。呋喃树脂的侧链中的其他活性基团在固化过程中可能也参与交联反应。实际上呋喃树脂的固化剂都是酸性物质。一般酚醛树脂的固化剂也可作为呋喃树脂的固化剂，如苯磺酰氯、对甲苯磺酰氯、硫酸乙酯、磷酸和对甲苯磺酸等。与酚醛树脂不同的是呋喃树脂对固化剂的酸度要求更高，例如呋喃树脂适用的硫酸乙酯的配比（体积比）是：98% 的硫酸:无水乙醇 = 2:1。上述化合物作为呋喃树脂的固化剂的一个严重的缺点是树脂与固化剂反应的放热量大，配制后的适用期短，操作不便，且固化反应激烈，放出较多水分易形成气泡，使固化后的制品抗渗性变差、脆性增大，因此要采用玻璃纤维增强就有困难。

新型呋喃树脂固化剂基本上解决了上述问题。这不但使呋喃树脂能与环氧树脂和不饱和聚酯树脂一样，可用来制作玻璃钢，而且又改善了呋喃树脂制品的力学性能。一般这些固化剂均和各厂生产的呋喃树脂配套使用，或与填料混合在一起出售。

尽管新型固化剂改善了呋喃树脂的固化工艺性能，但与环氧树脂和不饱和聚酯树脂相比，呋喃树脂的固化工艺仍是比较差的，如凝胶时间较长，完全固化所需的时间更长，这给在室温下较快速固化带来了困难。

4. 添加剂

为了改善自硬砂的某些性能，有时在配比中加入一些添加剂，常用的树脂自硬砂添加剂见表5-10。

表 5-10　常用树脂自硬砂添加剂

序号	名　称	加入量（占树脂的质量分数，%）	作　用
1	硅烷	0.1 ~ 0.3	偶联剂提高强度、降低树脂加入量
2	氧化铁粉	1 ~ 1.5	防冲砂
3	氧化铁粉	3 ~ 5	防止气孔
4	甘油	0.2 ~ 0.4	增加砂型（芯）韧性
5	苯二甲酸二丁酯	≈0.2	增加砂型（芯）韧性
6	邻苯二甲酸二辛酯	≈0.4	增加砂型（芯）韧性

呋喃树脂自硬砂加入少量作为偶联剂的硅烷，如KH550，可明显提高树脂砂的强度。硅烷对呋喃树脂自硬砂的增强作用会随时间的延长逐渐减弱，2个月后将逐渐消失。鉴于含硅烷树脂的这种特性，国内一般由用户在混树脂砂之前把硅烷加进树脂中搅匀，并尽快使用完。

5.4　有黏结剂的实型铸造工艺

5.4.1　呋喃树脂自硬砂实型铸造造型工艺

1. 呋喃树脂自硬砂混合料配比

呋喃树脂的加入量，一般占原砂重的1% ~ 2%，固化剂的加入量占树脂中的30%左右，添加剂的加入量参见表5-10。

2. 呋喃树脂自硬砂混制工艺

树脂自硬砂混制视所有混砂设备而异，最好采用连续式混砂机，此时一般是将原砂、固化剂、树脂一次快速混合而成，随混随用。当用间歇式混砂机时，可先加砂，开动混砂机后小心地加入固化剂，搅拌 1 ~ 2min 后加树脂，混匀后立即卸砂。

一些工厂采用双砂三混法，即将原砂分为两份，一份与固化剂混合，另一份与树脂混匀，再将两份砂合在一起混匀即可。但此法的树脂砂性能比单砂双混法（先加固化剂混匀后再加树脂混匀）的差。

3. 呋喃树脂自硬砂硬化工艺

树脂自硬砂混制时，当树脂与固化剂开始接触，硬化过程就随之开始，硬化速度与原砂温度、工作环境温度、湿度和固化剂种类及其加入量关系很大。

原砂温度最好在 20 ~ 25℃范围内，原砂温度过低则应适当加热，呋喃树脂砂的最佳硬化温度是20 ~ 30℃，原砂及工作环境温度过低，硬化速度过慢，延缓了脱模时间，降低了生产效率；温度过高，树脂自硬砂可使用时间过短，流动性变差，影响型、芯的紧实。为了控制好硬化速度，要控制好树脂自硬砂的可使用时间及脱模时间。

可使用时间与脱模时间的比值是表示某一黏结系统的固化特性，这种比值越大，表示固化特性越佳，一般为 0.3 ~ 0.5。

4. 树脂砂型的强化

（1）紧实强化　树脂砂虽然具有非常好的流动性，但造型时仍然需要紧实，通过紧实可以大幅提高铸型强度，试验数据见表5-11。

表 5-11　不同紧实方法的影响

分类	抗剪强度/MPa	抗压强度/MPa	抗拉强度/MPa	砂型密度/(g/cm³)
自重紧实	0.31	0.91	0.41	1.144
人工紧实	0.73	2.64	0.69	1.35

从表5-11可以看出，同样配比人工紧实以后树脂砂的抗剪强度提高135%，抗压强度提高190%，抗拉强度提高68%。所以在生产操

作中对砂型进行紧实是非常必要的，尤其是重要的部位，型砂难以到达的部位更要紧实。

（2）硅烷强化　树脂砂中最昂贵的成分是树脂，为节约树脂用量，许多厂家通过加硅烷来实现这一目的。有机硅烷偶联剂是一种具有双重化学性质的化合物，它能改善硅砂与树脂膜界面间黏结的性能。其分子中有两种性质不同的基团，一种基团"亲"无机物，它能与无机物表面相结合；另一种基团"亲"有机物，它能参与树脂联接键的结合，从而把两种性质上相差很远的两种材料"偶联"起来，达到良好的黏结效果，提高了附着强度，使树脂砂型的强度显著提高。但是，硅烷在全新砂与再生砂中所起的作用有所不同，试验数据见表5-12。

表 5-12　使用不同砂的强度提高比较

分类	树脂加入量（质量分数,%）	固化剂（质量分数,%）	24h 抗拉强度/MPa	加硅烷抗拉强度提高比例
擦洗砂	1.0	40	0.932	80%
	1.0（加0.2%硅烷）	40	1.64	
再生砂	1.0	40	0.38	30%
	1.0（加0.2%硅烷）	40	0.495	

由表5-12可见擦洗砂加硅烷抗拉强度可提高80%，但再生砂由于树脂膜的影响，加硅烷抗拉强度只能提高30%。

5. 树脂砂涂料的应用

在铸型与金属界面区，砂型受热后石英会膨胀造成砂型开裂，金属渗入形成黏砂或夹砂，使用耐火涂料，可使这类问题大为减少。

铸造用涂料从骨料来分可分为浅色涂料和黑色涂料，浅色涂料以锆石粉、铝矾土和莫来石等为骨料，黑色涂料主要以石墨为骨料；从载液来分可分为水基涂料和醇基快干涂料，浅色涂料的耐火性优于黑色涂料，成本较高。

从表5-13可以看出，醇基快干涂料砂型的抗拉强度高出水基涂料砂型的抗拉强度40%，同时从提高生产效率等方面综合考虑，醇基涂料优于水基涂料，在醇基涂料使用过程中需注意以下问题：

表 5-13　涂料对砂型强度的影响

砂芯原始强度	上水基石墨涂料150℃干燥30min抗拉强度	上醇基石墨涂料干燥后抗拉强度
1.4MPa	0.7MPa	0.98MPa

（1）涂料的渗透性　无论浅色涂料还是黑色涂料都要选择渗透性适宜的最佳相对密度，渗透性应大于1mm，因为涂料只有与砂型表层很好地结合在一起才能起到真正的抗黏砂作用。必要时可刷两遍相对密度不同的涂料，第一遍让涂料渗入砂型足够的厚度，第二遍增加涂层的厚度。

（2）砂型的时效　砂型脱膜后必须放置至少3h（24h最好）以后方可上涂料，否则会引起砂型开裂以及其他一些相关问题。

（3）注意对涂料的保护　实践证明，淋涂要比刷涂多用近10%的涂料，主要是由于淋涂时涂料散开面积大而乙醇又容易挥发而造成的。所以在使用中要注意对涂料的保护，避免浪费和不安全事故发生。

树脂自硬砂常用呋喃树脂和液态热固性酚醛树脂。呋喃树脂自硬砂采用酸作为固化剂，几种不同酸的酸性强弱次序：硫酸＞苯磺酸＞对甲苯磺酸＞磷酸。从催化效果来看强酸使树脂砂的硬化速度加快，但硬化后强度较低。反之，弱酸硬化速度慢，但硬化后强度较高。我国使用较多的呋喃树脂催化剂为二甲苯磺酸。

硅烷可提高树脂砂强度、热稳定性和抗吸湿性，被称为偶联剂，即它能使树脂和砂粒获得良好的结合。

合理地选用混砂机，采用正确的加料顺序和恰当的混砂时间有助于得到高质量的树脂自硬砂。其混砂工艺如下：

砂 + 固化剂 $\xrightarrow{\text{搅拌}}$ 加树脂 $\xrightarrow{\text{搅拌}}$ 出砂

上述顺序不可颠倒，否则局部会发生剧烈的硬化反应，缩短可使用时间。

5.4.2 自硬砂造型操作要点

由于型砂流动性好，可不用舂砂或稍加舂实即可，造型操作要点见表5-14。

表5-14 自硬砂造型操作要点

序号	名称	操 作 要 点
1	自硬砂配制	按配方准确称量出各种原辅材料，按混砂工艺规定顺序加料混制自硬砂
2	造底箱	一般是先舂底箱，作为稳定模样的基准面，也可在高砂箱底部填上一定厚度（100～200mm）自硬砂，舂实、刮平，作为稳定模样的基准面
3	安放泡沫塑料模样	按工艺规程将泡沫塑料模样和浇注系统安放好。但模样轻，易移位，应用手工或铲子将少量自硬砂填在模样和浇注系统底部周围，将其牢牢定位在底砂上，再套上砂箱
4	填自硬砂、造型	填自硬砂，稍加舂实。注意必要时要用手把靠近模样处的型砂均匀舂实。一般情况下自硬砂硬化速度快，要注意快速完成造型过程，保证每批型砂在其使用时间内用完

为改善泡沫塑料模样的汽化条件，加速铸型内气体逸出型外，造型时应注意内外通气道（模样的内通气道和铸型的外通气道）的设置。

生产中除在铸型上部多扎些气眼外，还应在铸型内沿模样的内外腔设置多条外通道。一般通气道形状为圆形，直径为20～100mm，铸件越重、尺寸越大，通气道要越多越大。铸型的内腔设置 $\phi40～\phi100mm$ 的外通道，外腔则沿模样外壁到砂箱间均匀设置 $\phi20～\phi50mm$ 外通道。浇注时，外通道的排气作用大，火焰和烟雾也十分强烈。为改善浇注条件可在较大的通气道（$>\phi30mm$）内填入干砂，让干砂过滤泡沫塑料模样高温分解产物，以消除或减少火焰和烟气。

1. 自硬砂工艺

通常用于铸造生产的自硬砂工艺有酸固化呋喃树脂自硬砂工艺和碱酚醛脲烷树脂自硬砂工艺（PEP SET工艺）以及水玻璃自硬砂工艺；前者多用于机床、泵、阀体行业等中小批量铸件的生产，PEP SET工艺多用于汽车铸造行业等批量较大的铸件生产。水玻璃自硬砂工艺常用于铸钢件生产。

所有自硬砂工艺所涉及的参数包括树脂（或黏结剂）组分、催化剂、添加剂及温度、水分含量、原砂质量、混砂及再生操作等。

（1）呋喃树脂自硬砂工艺 这是国内目前采用比较普遍且较为成熟的一种工艺，从树脂黏结剂等原辅材料到造型、制芯、再生设备等，国内都已形成一定的生产规模。

呋喃树脂自硬砂工艺能使砂型（芯）达到高的尺寸精度及砂铁（及其他合金）临界面的稳定性，且起模性好，又有高的抗拉强度和高温热强度，可用于脱箱造型，砂铁比可低于2:1，这种工艺一般用于单件小批量生产性质的铸铁生产中。是许多机床、泵、阀门等铸造行业的主要选择工艺之一。由于呋喃树脂砂高温退让性差，树脂中含有较多的氮，固化剂中含有硫等，因此一些壁厚不均的铸钢件容易造成热裂，厚大铸钢件易造成氮气孔，高牌号球墨铸铁件易造成球化衰退，低碳铸钢件还易造成增碳，如选用低氮低水分的高级呋喃树脂或采用不含氮和硫的碱酚醛树脂自硬砂（α-set法）可以解决上述问题。

呋喃树脂的加入量（质量分数，下同）通常是0.9%～2.0%（对型砂），催（固）化剂的加入量通常是20%～60%（对树脂）。为了提高铸型的强度和耐湿性，往往还加些硅烷耦合剂。

所有的树脂自硬砂工艺操作起来似乎相当简单，由于描述这些工艺的化学名词以及所使用的树脂组分、催化剂，以及各种必要的添加剂，对于某些人来说，是很难立即搞清楚的，而它们的固化机理都是大同小异的，故以酸固化呋喃树脂自硬砂工艺作论述。

1）树脂与催化（活性）剂。以各种不同的相对分子质量和不同链节形式构成的树脂紧紧包裹着砂粒，当砂粒注入砂箱后，振实使砂粒相互靠近，砂粒表面间被包围的树脂连接成树脂桥，固化形成的树脂桥将砂粒相互黏结。树脂固化时有两种微观现象：一种是交联反应，另一种是进一步形成分子交联体。在常温下固化交联反应速度慢，必须通过加热或加入固化剂来加速固化反应。如果说热芯盒工艺是靠加热这一强化手段，则树脂自硬砂工艺是靠固化剂（如酸）中的氢离子的活性与树脂的反应内热来达到树脂固化这一强化手段，这种即节能操作又简单的工艺正在不断地吸引越来越多的铸造界人士的注意。

树脂用量（质量分数，下同）占砂重的1%～1.5%，固化剂占树脂量的20%～45%。固化剂浓度过大，就使大分子的形成速度小于交联速度而很快固化，所形成的固化物就成为强度较低的小分子交联体。实际应用中这表示树脂砂的可操作时间过短，也不利于发挥树脂的作用。如果固化剂浓度过低，则树脂固化时间长，影响生产能力。在生产中根据节拍要求选择不同牌号及不同的树脂加入量，既可保证脱模周期，又能获最佳强度。

2）树脂自硬砂工艺操作温度。自硬砂顾名思义，是能在室温下以可控制的且可设定的速度硬化。在任何自硬砂工艺中，如何强调温度的重要性都不算过分。每一种树脂自硬砂工艺都有一个理想的操作温度，一般在24～32℃范围内选择。

温度保持不变是自硬砂工艺中最重要的因素。每天的温度变化比起其他因素更会引起许多问题。温度的控制也可以说是砂子的温度控制，所以设置砂温调节器非常必要。树脂、固化剂、砂箱及厂房环境的温度同样是很重要的。一般来说，如果其他因素保持不变，砂温每提高10℃，自硬砂固化速度将增加一倍。另外，同样的固化剂量，砂温每升高5℃，因固化速度加快而使起模时间缩短1/3～1/4。这是分子热运动加快，特别是固化剂氢离子热运动加快的缘故。所以当周围环境变化时，应及时更换固化剂加入量。最好严格控制回用砂的温度，使之保持在24～32℃范围内。这样可以使树脂和固（催）化剂品种、用量及工艺参数都保持相对的稳定。当然，在回用砂系统中设置砂温检测仪器是非常必要的。

砂箱温度在10℃以下时，可能使树脂砂永远不固化，因而铸件会产生黏砂及气孔等缺陷。用过量的固化剂硬化冷却的树脂系统也会造成铸件的气体缺陷和表面化学性质变化。所以，各厂家都已总结出最实用的生产经验从而有效地控制树脂砂操作温度，尽可能地少加催化剂。

如果砂温高于37℃，只要在再生设备中配置冷却装置即可解决。在四川柴油机厂树脂砂铸造车间的工厂设计中就用此法。实际生产中，由热的、提前固化的树脂砂所制成的砂芯（型）强度低且脆，亦即"过烧"。熔化金属冲蚀砂型表面并渗透到砂粒之间易造成夹砂、黏砂及铸痂。不过因热砂造成的不合格品要比冷砂少。当砂温超过46℃以上时，其制成的砂型（芯）在浇注之前就可看出很低的强度而抛弃不用。但是，冷的砂制成砂型（芯）在原处慢慢固化，不易直接察觉。

常温下树脂比较稳定，可以长时间贮存，这是因为树脂在温度较低时固化交联速度慢。树脂一旦与固化剂接触即可发生硬化反应。自硬砂混好后使用越早，所制成的型（芯）强度也越高，质量也越好。

3）水分对树脂砂的影响。树脂砂中水分来源于多种途径，树脂含水，固化剂溶液含水，原砂中含水，以及硬化反应时产生的水，有的厂家还使用水基涂料。水分的存在对固化反应及树脂砂强度都是不利的。

① 呋喃树脂。呋喃树脂是以含水量及含氮量而分类的，见表5-15。

表5-15　呋喃树脂分类及成分（质量分数，%）

级　　别	糠醇含量	氮	水分
低级呋喃树脂	40～60	5～10	10～30
中级呋喃树脂	60～80	2～5	5～15
高级呋喃树脂	大于80	小于2	1～7

从表5-15可以看出，含氮量和含水量越低

者，其树脂品质越高，价格也越昂贵。所以，国内目前使用的呋喃树脂，往往在其中添加少量的聚合物如尿素、甲醛等，使其改性，价格也较便宜。但其副作用包括混砂时释放的刺激性气味及氮气、氢气等，干扰操作环境。

②原砂的水分。原砂中的水分会冲淡酸固化剂的浓度而减慢硬化反应，砂中水分高于0.25%时，硬化速度明显减慢。

砂表面的水分易形成水膜，将树脂与砂粒隔开，减少黏接面从而降低砂型的强度。水分大则发气量也大且集中，会影响铸件质量。在湿度高的情况下，树脂砂硬化也较慢。因为呋喃树脂硬化时也会产生水分，此水分必须尽快完全蒸发，砂型才能完全硬化。呋喃树脂砂的硬化是自外向内进行的，所以应将原砂进行干燥处理，严格控制水分。

4）自硬砂的原砂形状与表面质量。砂型或砂芯是砂粒相互接触黏结形成的，砂粒的结合率越大，则越能发挥树脂的作用。而结合率大小，除与树脂砂紧实度相关外，还主要取决于砂粒的几何形状。实践证明，圆形或接近圆形的砂粒，其树脂砂强度较高。国外许多厂家之所以对砂再生很重视，主要原因是经过数次再生循环使用后的砂粒变成了圆形，再加上坚固的树脂膜连续覆盖着砂粒，能使砂型强度提高30%以上。在实际生产中，砂中细粉含量高于0.3%时，除隔离砂粒的有效接触外，还大量消耗树脂。所以对于含泥量大的原砂最好经水洗。在采购原砂时，优先考虑擦洗砂，经过擦洗的砂粒可除去砂粒表面不十分坚固的杂质薄膜。

原砂的pH值是影响树脂砂工艺的最敏感的一个因素。天然硅砂SiO_2含量高，pH值较低，吸酸值小；反之SiO_2含量低且多含金属盐类，使其pH值偏高，吸酸值高。从树脂砂硬化机理看，呋喃树脂砂中的酸性固化剂在混合过程中，要被硅砂表面的碱性氧化物中和一部分，故树脂的消耗不仅偏多，而且硬化也缓慢。

5）自硬砂的混砂操作和造型。混砂时先将固化剂与砂子混匀后再加入树脂，这样可避免酸混合不均匀而过早发生局部高浓度的固化剂和树脂的硬化反应。目前的双槽螺旋叶片式混砂机及单槽高速槽螺旋叶片式混砂机都是为适应树脂自硬砂工艺而出现的。碾盘式混砂机效果较差，混碾时需要长时间，这样就容易将已交联反应固化的树脂桥破坏，使砂型强度过低。尤其注意树脂和固化剂绝对不可以同时加入砂中，以免发生爆炸性的化学反应。

树脂黏结剂一经与固化剂混合，就会发生硬化反应。所以要根据砂型预计的硬化速度，在混砂机上设置快慢调节装置，使树脂黏结剂、固化剂的加入量服从快速、中速、慢速硬化要求，即生产能力的要求。所以在采购设备时，一定要注意混砂机性能及各种使用参数。连续槽式混砂机树脂、固化剂的计量是个关键，泵的流量误差分别为0.4%~0.9%和0.8%~1.5%。由于不同厂家所生产的树脂的黏度和密度有所不同，单位时间的流量也会不同。再加上操作环境温度影响，上述因素不可忽略，否则将使工艺不稳定而影响生产。

所有自硬砂系统都需要紧实，要在刚混好的型砂且其流动性好的情况下，用挤压或振动方法将砂紧实。呋喃自硬砂有一个特点，混制后其流动性很快丧失，砂型密度、抗拉强度、可紧实性也会降低。

与其他酸催化黏结剂系统一样，很重要的一点是不要在芯（型）盒分型面处使用干的滑石粉分型剂，因为其中的碱性成分会中和呋喃系统中的酸性固化剂。

呋喃树脂不需要特殊的贮存条件，在室温下长时间内仍能保持稳定。但是作为附加物加入树脂系统的硅烷偶联剂（国内为KH550）在100℉（37.5℃）以上时长期贮存会与树脂中的水分发生水解反应而失效。国外通用的偶联剂都是长效的，在未与酸性固化剂混合前，与树脂中的水分不会发生水解。这样贮存期可长达1年，且失效也不明显。美国联碳公司A-1100和日本信越KBM-903增强偶联剂就是此类型，该厂的树脂在使用时不加入硅烷可达到足够强度；如遇低温、高湿的恶劣环境，再补加1%~2%（质量分数）硅烷强度还可增加。

6）自硬砂型涂料。呋喃树脂自硬砂型和砂芯一般都需要上涂料，主要作用是提高它的耐高温强度和表面质量，同时也防止铸件气孔缺陷。树脂砂的涂料主要有两大类，一是水基涂料，二是醇基涂料。对于涂料的选择，其应耐火度高，具有良好的悬浮性、流平性和附着性，且不溶解呋喃树脂等。

水基涂料必须在树脂完全固化后使用，否则水很快会渗入树脂砂内层，且需要长时间烘烤，不然会加大发气量。醇基涂料也存在类似问题。国内醇基涂料使用的工业乙醇含量最高达 95%（体积分数），其余为水分。当火点燃后，表面会产生"湿斑"。所以涂醇基涂料后，要等溶剂挥发后，用喷灯烧烤或点燃烧掉溶剂。如果刷涂料后马上点燃烧烤，铸型会软化、塌箱、变形。另外，乙醇分解形成的水在燃烧时会渗入铸型内，使铸件形成针孔。

7）树脂砂再生。树脂自硬砂再生不论从经济、环保角度，还是从工艺角度，都是必要的。尤其是再生过程中残留的树脂惰性膜使砂粒变得圆整了。经验证明，由于树脂惰性膜的存在，使树脂黏结剂的加入量可相应地减少。另外，耐火度差的老化膜被除掉，残留的树脂惰性膜连续覆盖着的砂粒，其热强度和化学稳定性都非常好。甚至有的厂家将补充的新砂与回用砂同时均匀送入再生系统，使具有尖角的新砂与回用砂相互混合摩擦，效果更佳。

目前，对再生砂质量的控制主要是控制树脂灼烧减量（Loss on Ignition，LOI）。旧砂再生过程由于各种因素影响，所获得的 LOI 值也不同。如合金液温度、树脂加入量、再生系统工作参数、新砂补充量及粒度和粉尘含量、砂铁比等。起膜率越高，LOI 值越小，则树脂加入量也越高。控制再生砂的树脂灼烧减量并不意味着追求过低的 LOI 值。就强度而言将残留的树脂惰性膜太多去掉反而不妥，就经济性而言，增加树脂加入量也不合算。再生砂的 LOI 值一般控制见表 5-16。国外 LOI 值先进指标为：LOI 值 ≤1%。

表 5-16 再生砂的 LOI 值控制

（质量分数，%）

材质	灰铸铁	球墨铸铁	铸钢	有色合金
LOI 值	3~3.5	2.5~3	1~2	3

再生过程是一个多变量综合一体的动态过程，加强对各个控制点的测试并不断反馈，主要目的就是保持稳定合适的 LOI 值。根据铸件形状尺寸设定合理的砂铁比，一般小于 3。在保证砂型强度的前提下，降低树脂加入量。调整新砂初始加入量，并对粒度、杂质含量、含泥量、水分等参数加强控制。制订合适的浇注温度。根据树脂种类选择再生设备（如软再生或硬再生），呋喃树脂砂的再生多采用机械离心式的软再生法。增加型砂试验设备的投入。

8）呋喃树脂自硬砂系统设计。呋喃树脂自硬砂工艺适应性较强，尤其是机床、水泵、阀类等铸件毛坯的生产。一般多采用组芯（型）套箱工艺。设备主要以槽式连续混砂机为主，配以振实台、翻转起模机、辊道输送机组成的半机械化或机械化柔性生产线来进行多品种小批量生产。熔化多采用容量为 3t 或稍大一些的中（变）频熔化炉，加上通风环保设施的投入。呋喃树脂自硬砂工艺投资省，上马快，利用现有厂房和公用设施略加改造就可投产。表 5-17 所列为不同铸件产量与面积和投资的关系。

表 5-17 不同铸件产量与面积和投资的关系

序号	年产量 /t	车间面积 /m²	熔化炉工作量 /(t/h)	熔化设备投资 /万元	树脂砂系统 /万元	备 注
1	2000~4000	3000	3	200	400	（半）机械化线（含除尘及辅助设施）
2	4000~8000	5000	5	500	740	

与其他砂子相比，树脂自硬砂溃散性好，再生容易，选择合适的再生装置，95%（质量分数）的旧砂都可以再生回用。既节省了原砂资源，又减少了工业废弃物，既保护了环境又减少了公害。

针对中国目前树脂自硬砂工艺所采用的工艺方法、原辅材料，以及工艺设备的防尘防毒的实际情况，提出了以下综合评价：

① 树脂自硬砂工艺是一种比黏土砂工艺更为先进的铸件生产方法。它可大大提高生产能力和铸件尺寸精度并降低表面粗糙度值，可减少20%的清理工作量，可明显降低车间粉尘，车间噪声降低到70dB。

② 树脂自硬砂工艺的有毒气体主要是CO，在北方部分地区冬季浇注后的CO测定值超标，达到排放标准的2~11倍（而黏土砂超标2~6倍）。如果采取良好的通风措施，排放浓度可降低到50×10^{-6}以下。

③ 车间粉尘明显减少，但仍超过国家标准。主要是清理工部粉尘浓度相比黏土砂工艺明显增加。虽然树脂砂溃散性好且清理工作量较黏土砂工艺减少20%，但仍需加强通风除尘才能达到国家排放标准。

④ 在保证铸件质量的前提下，应严格控制砂铁比，合理选择树脂砂工艺，严格操作规程，保证砂温恒定，混制均匀并尽量降低树脂加入量。

⑤ 完善通风除尘系统，应根据具体情况选用通风排风设施。

（2）碱酚醛树脂自硬砂工艺（α-set工艺）（Phenolic/Ester）　此法是为克服呋喃树脂自硬砂的一些缺点发展起来的，国外称α-set工艺。由于其完全不含氮，固化剂不含硫，用于铸钢件、合金钢铸件不会产生氮气孔、针孔缺陷。由于碱酚醛树脂砂常温下只有部分树脂发生交联反应，在浇注金属受热时还有一个再硬化的过程，因此这种树脂砂的高温尺寸稳定性好，铸件尺寸精度高，因此在铸钢件特别是合金钢件、大型铸钢件的生产上应用越来越广。但碱酚醛树脂砂常温强度较低，树脂加入量较大，铸件成本较高。碱酚醛树脂砂的硬化剂是有机脂，硬化时间只能用脂的品种调节而不能用加入量调节。另外酚醛树脂黏度较大，可存放期短，使用中需要注意。

（3）酯硬化改性水玻璃砂工艺（Silicate/Ester）　普通水玻璃砂CO_2硬化（Silicate/CO_2）是目前我国用于铸钢件生产的主要工艺，环境好，操作方便，成本低（水玻璃加入量的质量分数为6%~8%），裂纹倾向小；缺点是溃散性差、落砂性能差、型（芯）的表面质量不好，铸件表面质量较差，旧砂再生困难。

为克服CO_2水玻璃砂的两大难题（溃散性差，旧砂再生难）开发的新一代水玻璃自硬砂。其基本原理是通过加入一定量的改性剂以提高水玻璃的黏结强度、降低型砂中水玻璃加入量［水玻璃加入量降低到2.5%~3.0%（质量分数）］，溃散性接近树脂砂。该自硬砂继承了CO_2水玻璃砂高温退让性好的优点，环保效果较好，因而在铸钢件生产上得到应用。在铁路系统广泛用于摇枕、侧架铸件（薄壁复杂件）的生产。该种工艺的黏结剂价格较之PEP SET及碱酚醛相对低一点，但一般机械再生的砂回收率只能达到80%左右，再生成本也相对较高，据一些用户反映其工艺稳定性相对差一点，可使用时间及强度随循环次数变化较大，再生砂做面砂使用时必须加入大量新砂。因此，该工艺一般用于有特殊要求的铸钢件生产，生产时应谨慎考虑。

（4）自硬砂工艺应用对比　呋喃树脂自硬砂工艺和酚醛聚氨酯（PEP SET工艺）及其他常用自硬砂工艺比较，各自应用范围见表5-18。通过表5-18自硬砂工艺对比可以看出，除铸钢件及其他特殊要求外，一般比较常用的仍然为呋喃树脂自硬砂工艺和PEP SET自硬砂工艺。两者树脂自硬机理是相同的，只是呋喃树脂砂中的酸性固化剂在混制过程中，要被硅砂表面的碱性氧化膜中和一部分，故树脂要多消耗一些。此外还应根据使用地区的气候选择，如果具有温差大和湿度大的特点，则采用PEP SET树脂自硬砂工艺就更合适。另外PEP SET工艺型砂流动性极佳。起模时间可以根据催化剂的加入量和操作温度进行调节，一般在2~15min内可调，且硬化均匀，适用于中小型铸件的快速生产，整个系统如果采用JIT（准时化）生产方式，则中间库存面积可减小，各制型（芯）生产线连续向组型（芯）工位提供合格型（芯）。涂料采用浸喷相结合方式，表面干燥炉为贯通热风循环式燃气干燥炉。烘干时间在10~15min内可调，温度在150~200℃内可调。组型（芯）工位全部采用手工装配方式，并配以悬挂起重机和平衡吊协助完成夹持、起吊、翻转等。套箱由电动葫芦吊运并循环使用。

表 5-18　常用自硬砂工艺应用范围

树脂砂类型	硬化特性	可操作时间/min	起模时间/min	适应范围或特点	备　注
呋喃树脂	树脂与硬化剂一接触就硬化	混好就用，就能生产优质铸件	≥15	机床、泵、阀、船舶等中小批量	硬化慢且吸湿性大
酸固化酚醛	树脂与硬化剂一接触就硬化		≥15	大型铸铁件及有色合金	呋喃替代品
碱酚醛树脂自硬砂（α-set 工艺）	增加硬化剂量可以增加硬化速度	操作性好	2 ~ 90	铸钢件和合金钢铸件，成本高，环境好，铸造性好	不含氮，固化剂不含硫
普通水玻璃 CO_2 硬化	环境友好，操作方便，成本低［水玻璃加入量（质量分数）为 6% ~ 8%］，裂纹倾向小			溃散性差，落砂性能差，型（芯）的表面性不好，铸件表面质量较差，旧砂再生困难	成本低，是目前我国用于铸钢件生产的主要型砂
酯硬化改性水玻璃砂工艺（克服 CO_2 水玻璃砂溃散性差、旧砂再生难的缺点）	水玻璃加入量（质量分数）为 2.0% ~ 3.0%，硬化的铸型储存性比水玻璃 CO_2 铸型好，使用方便，效果好			适用于各种铸件，操作环境好	溃散性改善，溃散性接近树脂砂或单一砂，裂纹倾向小。为水玻璃砂工艺的发展方向

自硬砂造型既可以在地面或简易辊道上进行，又可在数条开式或封闭布置的浇注冷却输送线上进行，然后进入落砂机。托型底板（如果有）由电动葫芦或其他简易运输工具运至造型制芯工位。

选择振动落砂机加上悬挂磁选机完成预处理，然后进入再生系统。再生系统包括破碎、脱膜、分选、冷却。实践证明，再生后残留在砂粒表面的惰性膜连续覆盖砂粒，不仅使砂粒变得圆整，而且热稳定性和高温强度也明显提高。

2. 自硬砂生产线

（1）自硬砂设备　自硬砂生产线一般包括混砂造型制芯系统和落砂再生系统。砂再生系统的选择至关重要。砂再生过程中的破碎、磁选、脱膜、筛分、去灰、冷却是一个综合处理过程。选择合适的吃砂量和砂铁比，保证落砂破碎性能，使进入再生系统的砂团小于 3mm 是重要一环。同样，根据自硬砂类型选择软再生或硬再生设备同样也很重要。如四川某柴油机厂年产 17500 台斯太尔发动机缸体的铸造车间设计中选择的 PEP SET 树脂砂再生设备为美国

DF 公司的机械旋转碰搓再生机。与日本太阳铸机公司的 RC 型离心再生机相似，属于软再生。日本 SINTON 公司、意大利 IMF 公司、美国 IMM 公司的气流撞击式再生设备属于硬再生，动能消耗大，脱膜率高，适合铸钢或牌号高的铸铁车间，但存在大量的耐磨易损件影响设备可靠性。德国 KLEIN 公司的机械振动式再生设备属于硬再生，对小型铸造车间较合适。

国内如无锡锡南铸造机械有限公司等厂家都已生产出各种型号的自硬砂混砂机及 5t/h、10t/h、15t/h、20t/h 机械离心式、机械振动式再生设备和热法再生设备，已有几十台套分别用于中小规模的自硬砂铸造车间，尤其是其自行研制开发生产的热法碱酚醛树脂砂、热法酯硬化水玻璃砂、树脂砂核心设备已达到国际同行业先进水平，近几年来为国内重机、造船、矿山机械、机车车辆、机床、石油机械、兵器工业、航空航天、发电设备等行业的大、中型企业提供了大量技术设备与服务。制造了 80 ~ 120t/h 大吨位混砂机，改变了大吨位混砂、造型、砂再生设备依靠国外进口的局面。

（2）自硬砂工艺的生产能力选择　从中国

目前自硬砂工艺应用状况来看，大约有500余家（200余条树脂自硬砂生产线）在使用该工艺。自硬砂黏结剂全年用量大约50000t，大部分为呋喃树脂。

自硬砂黏结剂有多种。常用的仍为呋喃树脂和水玻璃。选择何种黏结剂要根据本厂实际情况、铸件种类、生产纲领等综合考虑。选择尺度见表5-19。

表5-19　自硬砂工艺生产能力选择

工　艺	型芯年产量/个	铸件年产量/t	备　注
呋喃树脂	40000 左右	3000 ~ 10000	中小型铸造车间或阀、泵、机床行业铸造车间
碱酚醛树脂自硬砂（α-set 工艺）	15000 左右	3000 左右	大型铸钢件、合金钢铸件，成本高
普通水玻璃 CO_2 硬化	20000 左右	5000 左右	成本低，是目前我国用于铸钢件生产的主要工艺
酯硬化改性水玻璃砂工艺	20000 左右	5000 左右	溃散性大为改善，为水玻璃砂工艺的发展方向之一

如某柴油机厂铸造车间年产30000台份6110柴油机缸盖、凸轮轴、曲轴毛坯。如果用潮模砂高压造型线，则设备负荷率就显得低。采用PEP SET树脂自硬砂工艺比较合适。

又如某煤矿阀门厂年产1000t铸铁件和合金铸铁件，车间面积为1800m^2，采用呋喃树脂自硬砂工艺较为合适。如果订单扩大一倍以上，还可以在原场地改为PEP SET工艺来满足要求。

（3）黏结剂供应状况　自硬树脂黏结剂的主要供应商有济南圣泉股份有限公司、苏州兴业、杭州天宇化工、张家港鼎峰铸造材料、上海煌鹏化工、四川泸州化工厂、营口唐王科技（新型改型水玻璃）、沈阳铸造研究所、辽阳有机化工厂等厂家，生产呋喃树脂、酚醛树脂及水玻璃系列，年供应铸造用树脂5万t以上。表5-20所示为国内常用树脂的成分及适应范围。

表5-20　国内常用树脂的成分及适应范围

序　号	工艺	树脂种类	成分含量（质量分数）及配比	适应范围
1	呋喃树脂	低级呋喃树脂	含氮4% ~ 10%	灰铸铁件和有色合金铸件
2		中级呋喃树脂	含氮2% ~ 4%	球墨铸铁件和合金铸铁件
3		高级呋喃树脂	含氮<2%	铸钢件
4	碱酚醛树脂自硬砂工艺（α-set 工艺）	酚醛树脂	不含氮、硫	大型铸钢件、合金钢铸件
5	酯硬化改性水玻璃砂工艺	为克服 CO_2 水玻璃砂的两大难题（溃散性差、旧砂再生难）而开发的新一代水玻璃自硬砂	水玻璃2.5% ~ 3.0%	环保效果较好，用于特殊要求铸钢件生产

5.4.3　水玻璃砂造型工艺

树脂砂虽然具有铸件尺寸精度高、表面光洁、造型效率高、可以制造形状复杂和内部质量要求严格的铸件、旧砂回收再生容易等优点，但是树脂砂的生产成本高，环境污染严重，由于车间劳动保护和生产环境卫生方面的投资很大，树脂砂的应用受到一定限制。而水玻璃无色、无臭、无毒，在混砂、造型、硬化和浇注过程中都没有刺激性或有毒气体溢出。

1. 水玻璃砂的硬化方法

水玻璃砂的硬化方法可分为热硬法、气硬

法和自硬法三大类，常用的硬化方法主要有以下两种：

（1）普通 CO_2 气硬法　此法是水玻璃黏结剂领域里应用最早的一种快速成形工艺，由于设备简单，操作方便，使用灵活，成本低廉，在国内外大多数的铸钢件生产中得到了广泛的应用。CO_2 气体硬化水玻璃砂的主要优点是：硬化速度快，强度高；硬化后起模，铸件精度高。普通 CO_2 气体硬化水玻璃砂的缺点是：型（芯）砂强度低，水玻璃加入量（质量分数，下同）往往高达 7% ~ 8% 或者更多；含水量大，易吸潮；冬季硬透性差；溃散性差，旧砂再生困难，大量旧砂被废弃，造成环境的碱性污染。

（2）有机酯自硬法　此法是采用液体的有机酯代替 CO_2 气体作为水玻璃的硬化剂。这种硬化工艺的优点是：型（芯）砂具有较高的强度，水玻璃加入量可降至 3.5% 以下；冬季硬透性好，硬化速度可依生产及环境条件通过改变黏结剂和固化剂种类而调整（5 ~ 150min）；型（芯）砂溃散性好，铸件出砂清理容易，旧砂易干法再生，回用率 >80%，减少水玻璃碱性废弃砂对生态环境的污染，节约废弃砂的运输、占地等费用，节约优质硅砂资源；型砂热塑性好，发气量低，可以克服呋喃树脂砂生产铸钢件时易出现的裂纹、气孔等缺陷；可以克服 CO_2 水玻璃砂存在的砂型表面稳定性差、容易过吹等工艺问题，铸件质量和尺寸精度可与树脂砂相媲美；在所有自硬砂工艺中生产成本最低，劳动条件好。该硬化工艺的主要缺点是：型（芯）砂硬化速度较慢，流动性较差。

目前铸造生产中，有时采用复合硬化工艺，如短时吹 CO_2 达到起模强度后先起模，再吹热空气，或烘干，或利用有机酯自硬，或自然脱水干燥，以获得较大的终强度，提高生产效率。

2. 水玻璃砂铸造工艺控制的重点问题

（1）防止 CO_2 吹气硬化水玻璃砂型（芯）表面粉化技术　钠水玻璃砂吹 CO_2 硬化并放置一段时间后，有时在下型（芯）表面会出现像白霜一样的物质，严重降低该处表面强度，浇注时易产生冲砂缺陷。这种白色物质的主要成

分是 $NaHCO_3$，可能是由于钠水玻璃砂中含水分或 CO_2 过多而引起的，其生成的反应如下：

$$Na_2CO_3 + H_2O \longrightarrow NaHCO_3 + NaOH$$

$$Na_2O + 2CO_2 + H_2O \longrightarrow 2NaHCO_3$$

$NaHCO_3$ 易随水分向外迁移，使型、芯表面出现类似于霜的粉状物。

解决的工艺措施如下：

1）控制钠水玻璃砂的水分不要偏高（特别是雨季和冬季）。

2）吹 CO_2 时间不宜过长。硬化的型、芯不要久放，应及时合箱浇注。

3）在钠水玻璃砂中加入占砂 1%（质量分数）、密度为 $1.30g/cm^3$ 的糖浆，可以有效地防止表面粉化。

（2）提高水玻璃砂型（芯）抗吸湿性的措施　用 CO_2 或加热等方法硬化的钠水玻璃砂芯，装配在黏土湿型中，如果不及时浇注，砂芯强度将急剧降低，不仅可能出现蠕变，甚至断塌；在潮湿的环境中储放的砂芯，强度也明显降低。表 5-21 中给出了 CO_2 硬化钠水玻璃砂芯在相对湿度为 97% 的环境中放置 24h 时的强度值。在潮湿环境中存放失去强度的原因，是由于钠水玻璃重新发生水合作用。钠水玻璃黏结剂基体中的 NO^+ 与 OH^- 吸收水分并侵蚀基体，最后使硅氧键 Si—O—Si 断裂，致使钠水玻璃砂黏结强度显著降低。

表 5-21　钠水玻璃砂芯高湿度存放对其强度的影响

硬化方法	水玻璃模数 M		
	2.00	2.40	2.58
	抗拉强度/MPa		
CO_2 硬化 1h 后	0.41	0.34	0.34
CO_2 硬化 1h 后，再在相对湿度为 97% 的环境中存放 24h	0	0.21	0.2

解决的工艺措施如下：

1）在钠水玻璃中加入锂水玻璃，或在钠水玻璃中加入 Li_2CO_3、$CaCO_3$、$ZnCO_3$ 等无机附加物，由于能形成相对不溶的碳酸盐和硅酸盐，以及可减少游离的钠离子，可改善钠水玻璃黏结剂的抗吸湿性。

2）在钠水玻璃中加入少量有机材料或加入具有表面活性剂作用的有机物，黏结剂硬化

时，钠水玻璃凝胶内亲水的 Na^+ 和 OH^- 离子或为有机憎水基取代，或相互结合，外露的为有机憎水基，从而改善吸湿性。

3）提高水玻璃模数，因为高模数水玻璃的抗吸湿性比低模数水玻璃强。

4）在钠水玻璃砂中加入淀粉水解液。更好的方法是采用淀粉水解液对钠水玻璃改性。

（3）CO_2 吹气硬化水玻璃-碱性酚醛树脂砂复合工艺特点　有些中小企业为提高铸钢件质量；急需采用树脂砂工艺，由于经济能力有限，无力购置树脂砂再生设备，旧砂不能再生回用，生产成本高。为了寻找一条既提高铸件质量又不过多增加成本的有效途径，可结合 CO_2 吹气硬化水玻璃砂和 CO_2 吹气硬化碱性酚醛树脂砂的工艺特点，采用 CO_2 吹气硬化水玻璃-碱性酚醛树脂砂复合工艺，用碱性酚醛树脂砂作面砂，用水玻璃砂作背砂，同时吹 CO_2 硬化。

CO_2-碱性酚醛树脂砂所用的酚醛树脂是由苯酚和甲醛在强碱性催化剂作用下缩聚，并添加耦合剂而制成。其 pH 值 ≥ 13，黏度 $\leq 500mPa \cdot s$。酚醛树脂在砂中的加入量（质量分数）为 $3\% \sim 4\%$。当 CO_2 流量为 $0.8 \sim 1.0m^3/h$ 时，最佳吹气时间为 $30 \sim 60s$；吹气时间过短则砂芯硬化强度低；吹气时间过长，砂芯强度并不随之增长，而且浪费气体。

CO_2-碱性酚醛树脂砂不含 N、P、S 等有害元素，因此杜绝了这些元素引起的铸造缺陷，如气孔、表面微裂纹等；浇注时不释放 H_2S、SO_2 等有害气体，有利于环境保护；溃散性好，极易清理；尺寸精度高；生产效率高。

CO_2 吹气硬化水玻璃-碱性酚醛树脂砂复合工艺可广泛用于铸钢件、铸铁件、铜合金和轻合金铸件。该复合工艺是一种简便的工艺方法，其过程为：先将树脂砂和水玻璃砂分别混制好后，装入两个砂斗；再将混制好的树脂砂作为面砂加入砂箱并春实，面砂层厚度一般为 $30 \sim 50mm$；然后加入水玻璃砂作为背砂，填充紧实；最后向铸型内吹 CO_2 气体进行硬化。

吹气管的直径一般为 25mm，可硬化的范围为吹气管直径的 6 倍左右。吹气时间取决于砂型（芯）的尺寸大小、形状、气体流量、排气塞面积的大小。一般吹气时间控制在 $15 \sim 40s$。

吹硬砂型（芯）后即可起模。砂型（芯）的强度上升速度快。起模后半小时内刷上涂料，4h 后即可合箱浇注。

该复合工艺特别适合于没有树脂砂再生设备而又要生产高品质铸件的铸钢厂，工艺操作简便，工艺控制容易，生产的铸件与其他树脂砂生产的铸件质量相当。

CO_2 吹气硬化水玻璃砂也可与 CO_2 吹气硬化聚丙烯酸钠树脂砂复合，用于生产高品质的各种铸件。

（4）CO_2-有机酯复合硬化水玻璃砂工艺特点　近年来 CO_2-有机酯复合硬化水玻璃砂工艺有扩大应用的趋势。其工艺过程是：在混砂时加入一定数量的有机酯（一般为正常需要量之半或水玻璃质量的 $4\% \sim 6\%$）；造型完成后，吹 CO_2 硬化到脱模强度（一般要求抗压强度 0.5MPa 左右）；脱模后，有机酯继续硬化，型砂强度以较快速度升高；吹完 CO_2 再放置 $3 \sim 6h$ 后，砂型即可进行合箱和浇注。

其硬化机理是：水玻璃砂吹 CO_2 时，在气体压力差及浓度差的作用下，CO_2 气体将力图向型砂各方向流动，CO_2 气体与水玻璃接触后，立即与之反应生成凝胶。由于扩散作用，反应总是从外向里，外层先形成一层凝胶薄膜，阻碍 CO_2 气体和水玻璃继续进行反应。在短时间内，无论采用何种方法控制 CO_2 气体，使其和全部水玻璃反应是不可能的。据分析当型砂达到最佳吹气强度时，和 CO_2 气体反应的水玻璃约为 65%，这就是说水玻璃没有充分发挥黏结作用，至少有 35% 以上的水玻璃没有反应。而有机酯硬化剂能与黏结剂形成均匀的混合物，能充分发挥黏结剂的黏结作用，型（芯）砂的所有部分都以相同的速度建立强度。

提高水玻璃加入量，砂型终强度将增加，但是其残留强度也会增加，导致清砂困难。而水玻璃加入量过少时，其终强度过小，达不到使用要求。在实际生产中，一般把水玻璃加入量（质量分数）控制在 4% 左右。

单独用有机酯硬化时，一般有机酯的加入量为水玻璃量（质量分数）的 $8\% \sim 15\%$。采用复合硬化时，吹 CO_2 时估计已有一半左右的水玻璃硬化，还有一半左右的水玻璃还没有硬化。所以有机酯的加入量占水玻璃加入量（质量分数）的 4%～6% 是比较合适的。

采用复合硬化法，可以充分发挥 CO_2 硬化和有机酯硬化的双重优点，并能使水玻璃的黏结作用充分发挥出来，达到硬化速度快、起模早、强度高、溃散性好、成本低的综合效果。

但是 CO_2-有机酯复合硬化工艺需要比单纯的有机酯硬化法多加 0.5%～1%（质量分数）的水玻璃，这将给水玻璃旧砂的再生增大难度。

（5）水玻璃砂有效再生　若水玻璃旧砂中残留 Na_2O 过高，加入水玻璃混砂后，型砂没有足够的可使用时间，而且过多的 Na_2O 积累，会恶化硅砂的耐火度。因此水玻璃旧砂再生时要尽可能地去除残留 Na_2O。

水玻璃砂再生方法有湿法再生、干法再生、干热联合再生三种。

1）湿法再生。由于旧砂中的残留水玻璃能够溶于水，所以水玻璃旧砂可以用湿法再生。其工艺过程是：水玻璃旧砂先经磁选、粉碎、过筛、二次磁选，再浸泡在 10 倍左右的稀碱水中，并辅以强力搅拌，然后经过滤、淋洗、甩干烘干、冷却。

水玻璃砂湿法再生的特点如下：

① 旧砂中的 Na_2O 去除率一般可达 80% 以上，有的甚至可超过 90%。

② 再生砂回用率高，可达 95% 以上。

③ 再生砂可作为造型的面砂和单一砂使用。

④ 对于酯硬化水玻璃旧砂，能有效去除残留酯，延长再生砂混砂后的可使用时间。

但是，水玻璃砂湿法再生的工序繁多，设备庞大，占地大，能耗高，且需要排放大量的废水，湿砂要烘干，废水要处理后才能排放，再生费用几乎与新砂持平。

不同硬化工艺的水玻璃旧砂，湿法再生的难易程度不同。旧砂表面的失水高模数水玻璃可溶于水，但速度缓慢，特别是 CO_2 法水玻璃表层的不溶性硅凝胶自动溶解的过程更长，为了加速其溶解，往往必须采取搅拌或超声振动。烘干硬化为主的水玻璃旧砂吸湿性强，失水的水玻璃膜较易溶解于水。

2）干法再生。干法再生的原理是利用砂粒与砂粒之间及砂粒与机械之间的机械摩擦、撞击或高频振动，使砂粒表面的废水玻璃膜脱落，以达到去除残留 Na_2O 的目的。

水玻璃砂干法再生的工作原理如下：

① 预再生。预再生开始于振动落砂机。振动落砂机是一振动摩擦装置，从铸件上落下的砂块在落砂机的振动下逐渐破碎，由于振动时砂块与砂粒之间摩擦，去除了一部分废水玻璃膜。

② 再生。再生方式有逆流摩擦式、气流撞击式、机械离心式等，其中以逆流摩擦再生机的再生效果较好，Na_2O 去除率达 40%～50%。逆流摩擦式再生机的原理是：旋转的筒体和反向旋转的转子（叶轮）驱动砂流互相摩擦，达到去除砂粒表面水玻璃膜的目的。

③ 除尘。除尘至关重要，因为在整个再生过程中产生大量含有废水玻璃膜的粉尘，必须将这些粉尘去除掉，否则即使再生设备效果再好，脱膜率很高，仍然不能达到去除残留 Na_2O 的目的。而且旧砂粉尘含量高，会造成水玻璃加入量增加，进一步增加再生难度，这样就会形成一种恶性循环。

3）干热联合再生。砂粒表面的水玻璃膜在通常湿度条件下具有强的韧性，靠撞击和摩擦很难去除。为了提高砂粒的脱膜效率，可采用热法再生，即将旧砂加热到 180～200℃（酯硬化水玻璃旧砂加热到 300～350℃，以利去除残留有机酯），使水玻璃膜失水脆化，再进行撞击或摩擦，可使 Na_2O 去除率显著提高。

干热联合再生方法的残留 Na_2O 去除率可提高到 50%，一般可稳定在 40% 以上。

水玻璃旧砂干法再生的优点是：设备结构和系统布置较为简单，投资较少，二次污染较易解决。

水玻璃旧砂干法再生的缺点是：残留 Na_2O 去除率低，干法再生后的砂一般可用于混制造型的背砂，不宜作为面砂或芯砂。虽然延长再生加工时间可提高 Na_2O 去除率，但是砂粒容易破碎和粉化。采用干热联合再生，存在能源消耗增大和热砂冷却困难等问题。

第6章 消失模铸造及实型铸造工艺

6.1 消失模铸造工艺

6.1.1 消失模铸造工艺流程

消失模铸造工序的主要流程如图6-1所示。

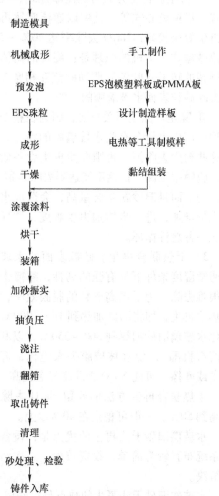

图 6-1 消失模铸造工序的主要流程

机械化制造泡沫塑料模样适用于大批量而且表面粗糙度要求的低铸件，这种方法制造泡沫塑料模样经济；手工制泡沫塑料模样适用于小批量而且铸件表面质量要求不十分高的情况。

消失模铸造工艺的详细流程如图6-2所示。

6.1.2 消失模铸造工艺方案的确定

消失模铸造工艺方案包括造型材料、造型方法的选择和消失模铸造浇注位置的确定。要想确定最佳消失模铸造工艺方案，首先应对零件的结构进行详细的工艺性分析。

1. 消失模铸造工艺方案制订原则

1）保证铸件质量。根据消失模铸造工艺过程及特点，工艺方案应首先保证铸件成形并最大限度地减少各种铸造缺陷，保证铸件质量。

2）考虑经济效益。工艺设计应考虑提高工艺出品率，模样如何组合实现合理的群铸，以提高生产能力，降低成本。

3）要考虑便于工人操作，减轻劳动强度和环保。

2. 消失模铸造工艺设计主要内容

1）绘制铸件图和模样图。根据产品图样、材质特点和零件的结构工艺性确定以下工艺参数：

① 零件机械加工部位的余量。

② 不能直接铸出的孔、台等部位。

③ 合金收缩和EPS模样收缩值。

④ 模样脱模斜度。

2）设计消失模铸造工艺方案。

① EPS模样在铸型中的位置。

② 确定浇注金属引入铸型的方式。

③ 一箱浇注铸件数量及布置。

3）消失模铸造浇注系统的结构和尺寸设计。

4）确定浇注规范，包括浇注温度、浇注时的负压大小和维持时间。

5）干砂充填紧实工艺。其他一些工艺因素，如干砂的要求、涂料及烘干、振动造型参数等通用性较大，不必每个铸件都单独设计（特殊铸件需单独考虑）。

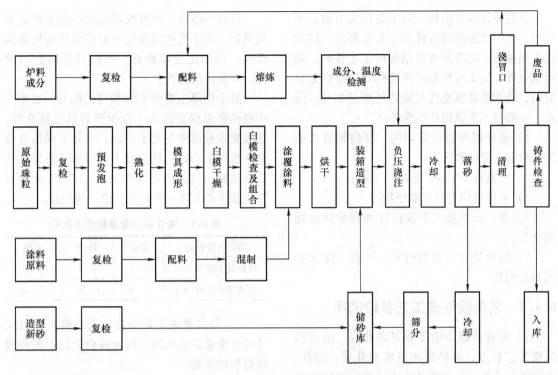

图 6-2　消失模铸造工艺的详细流程

3. 零件结构的工艺性

零件结构的铸造工艺性是指零件的结构应符合消失模铸造生产的要求，易于保证铸件质量，简化铸造工艺过程和降低成本。

对产品零件进行工艺审查、分析有两个作用：一是审查零件结构是否符合消失模铸造工艺的要求；二是在既定的零件结构条件下，考虑铸造过程中可能出现的主要缺陷，在工艺设计中采取措施予以防止。

由于消失模铸造的工艺特点，对设计铸件结构的自由度较大，没有传统砂型铸造工艺那样严格、受到较多的限制。消失模铸造虽然简化了造型工艺，但增加了大量其他工艺要求，如铸件结构的工艺性、模样制作方法、造型技术、浇注系统的设计和浇注技术等，都存在自己的特殊问题。

影响消失模铸件结构工艺性的关键因素有铸件结构的可填充性、铸件结构的抗变形性和铸件结构的可铸造性等。

（1）铸件结构的可填充性　所谓铸件结构的可填充性是指造型材料在振动紧实过程中填充到泡沫塑料模样周围死角部位的能力。即能否将松散流动的造型材料顺利地填满模样四周和内部的空腔，确保不出现填充不到的死角。如果有无法使造型材料填入的型腔，就必须考虑留有合适的工艺孔及预先充填自硬砂。

（2）铸件结构的抗变形性　泡沫塑料模样在加工制作、刷涂料、搬运、造型、振实、抽真空过程中，保持形状尺寸稳定的能力，称为铸件结构的抗变形性。

防止模样变形，不能仅仅依靠用抗弯强度高的聚苯乙烯泡沫塑料来制作消失模，提高铸件本身结构的抗变形能力也是十分必要的。因此，铸件结构应该尽可能紧凑、刚性好，避免用消失模铸造来生产长条形、薄壁大平面、悬臂梁、框架以及"Ⅱ"字样结构的铸件等，如果必须生产，则应增设一些临时工艺补偿结构，如工艺补肋、工艺拉肋、工艺支撑或工艺法兰等，浇注后再把它们去除。还可根据模样结构制作金属框架，将模样放置框架之上一同埋箱，浇注后倒箱取出反复用。

（3）金属液的凝固原则　同其他铸造方法一样，铸件结构应尽量遵循同时凝固和顺序凝固的原则。

合理设计铸件结构，对于获得无节瘤、无变形、无内部缺陷的铸件是十分重要的。同时也必须注意，在考虑铸件结构的工艺性时，其可填充性、抗变形性和可铸造性等应综合起来分析，特别是可填充性与铸造性更是如此。因此，一般有五个原则可供参考：

1) 铸件壁厚要尽量均匀，厚薄相差大的部位应有一定过渡区段。

2) 尽量减少较深、较细的不通孔。

3) 铸件结构有利于顺序凝固。

4) 细、长件和大平板应设加强肋防止翘曲变形。

5) 转角处应有圆滑过渡，要有一定大小的铸造圆角。

6.1.3　消失模铸造工艺参数选择

1) 可铸的最小壁厚和可铸孔径。由于消失模工艺特点，可铸最小壁厚和孔径、凸台、凹坑等细小部位的可能性大大提高。可铸孔比传统砂型铸造小而且孔间距离的尺寸十分容易保证，因此用消失模工艺生产的铸件大部分孔都可铸出，主要的限制是模具设计的可能性和合理性。

可铸的凸台、凹坑及其他细小部分更加不受限制，由于模样的涂层不影响铸件的轮廓和尺寸，再加之复印性好，所以只要能做出模样，就能铸出铸件。

最小壁厚主要受 EPS 模样的限制，在生产中模样要求保证截面上至少要容纳三颗珠粒，这就要求截面厚度大于 3mm，实际不同铸造合金在生产中均有一适宜最小壁厚和可铸最小孔径的限制，设计中可参考表 6-1。这方面数据可供参考并有待生产经验的进一步积累。

表 6-1　铸件最小壁厚和最小孔径

铸件合金种类	铸铝	铸铁	铸钢
可铸最小壁厚/mm	2 ~ 3	4 ~ 5	5 ~ 6
可铸最小孔径/mm	4 ~ 6	8 ~ 10	10 ~ 12

2) 消失模铸造收缩率，设计模具模腔尺寸时要考虑双重收缩，即金属合金的收缩和模样材料的收缩。

模样材料收缩，采用 EPS 时推荐收缩率为 0.5% ~ 0.7%，采用共聚树脂 EPS/PMMA 时推荐为 0.2% ~ 0.4%。金属合金的收缩与传统砂型铸造工艺相近，可参考表 6-2 所列数据。

表 6-2　铸件收缩率

铸件合金种类		铸　铝	灰铸铁	球墨铸铁	铸　钢
线收缩率（%）	自由收缩	1.8 ~ 2.0	0.9 ~ 1.2	1.2 ~ 1.5	1.8 ~ 2.0
	受阻收缩	1.6 ~ 1.9	0.6 ~ 1.0	0.8 ~ 1.2	1.6 ~ 1.8

设计时消失模铸造模样尺寸（$L_{模样}$）可按下式计算：

$$L_{模样} = L_{铸件} + K_1 \times L_{铸件}$$

式中　K_1——铸件收缩率，可查表 6-2。

设计模具模腔相应尺寸（$L_{模具}$）则可按下式计算：

$$L_{模具} = L_{铸件} + K_2 \times L_{模样}$$
$$\approx L_{铸件} + (K_1 + K_2) \times$$
$$L_{铸件} = L_{铸件}(1 + K_1 + K_2)$$

式中　K_2——模样材料收缩率。

当铸件尺寸很小时，也可以忽略不计收缩值。

3) 机械加工余量。消失模铸造尺寸精度高，铸件尺寸重复性好，因此加工量比砂型铸

造工艺要小，比熔模铸造略高，表 6-3 列出部分数据可供参考。铸件尺寸公差也介于普通砂型铸造和熔模铸造之间，表 6-4 列出数据可供参考。

表 6-3　机械加工余量　　（单位：mm）

铸件最大外轮廓尺寸		铸铝件	铸铁件	铸钢件
<50	顶面	1.5	2.5	3
	侧面、下面	1.0	2	2.5
50 ~ 100	顶面	1.5	3	3.5
	侧面、下面	1.0	2.5	3
100 ~ 200	顶面	2	3.5	4
	侧面、下面	1.5	3	3

（续）

铸件最大外轮廓尺寸		铸铝件	铸铁件	铸钢件
200 ~ 300	顶面	2.5	4	4.5
	侧面、下面	2	3.5	3.5
300 ~ 500	顶面	3.5	5	5
	侧面、下面	3	4	4
>500	顶面	4.5	6	6
	侧面、下面	4	5	5

表 6-4　铸件尺寸公差

铸件尺寸/mm	≤10	10 ~ 40	40 ~ 100	100 ~ 250	250 ~ 400
铸件公差/mm	≤0.05	≤1.2	≤1.8	≤2.2	≤3

4）消失模铸造起模斜度。消失模工艺突出优点是干砂造型，无须起模、下芯、合箱等工序，不须设计起模斜度，但在制作 EPS 模样的过程中，模具与模样间脱模时有一定的摩擦阻力，在模具设计时可考虑 0.5°脱模斜度。因为 EPS 模样有一定弹性，对于小尺寸也可以不考虑脱模斜度。

6.1.4　消失模铸造的浇注系统

1. 消失模铸造浇注位置的确定

确定浇注位置应考虑以下原则：

1）尽量立浇、斜浇，避免大平面朝上浇注，以保证金属液有一定的上升速度。

2）浇注位置应使金属液的浇注速度与模样热解速度相同，防止浇注速度慢或出现断流现象，引起塌箱缺陷。

3）模样在砂箱中的位置应有利于干砂充填，尽量避免水平面和水平向下的不通孔。

4）重要加工面处在下面或侧面，顶面最好是非加工面。

5）浇注位置还应有利于多层铸件的排列，在涂料和干砂充填紧实的过程中方便支撑和搬运，使模样某些部位可加固，防止变形。

2. 消失模铸造浇注方式的确定

消失模铸造浇注系统按金属液引入型腔的位置分为顶注、侧注、底注或几种方式综合使用。

（1）顶注　顶注充型所需时间最短，浇注速度快有利于防止塌箱；温度降低少，有利于防止浇不足和冷隔缺陷；工艺出品率高，顺序凝固补缩效果好；可以消除铸铁件碳缺陷，但因难控制金属液流，容易使 EPS 模样热解残留物卷入，增碳倾向降低。由于铝合金浇注时模样分解速度慢，型腔保持充满，可避免塌箱，一般薄壁件多采用顶注。

（2）侧注　金属液从模样中间引入，一般在铸件最大投影面积部位引入，可缩短内浇道的距离。采用顶注和侧注，铸件上表面出现碳缺陷的概率低。但卷入铸件内部的碳缺陷常常出现。

（3）底注　从模样底部引入金属液，上升平稳，充型速度慢，铸件上表面容易出现碳缺陷，尤其厚大件更为严重。因此应将厚大平面置于垂直方向而非水平方向。底注工艺最有利于金属充型，金属液前沿的分解产物在界面空隙中排出的同时，又能够支撑干砂型壁。一般厚大件应采取底注方式。

（4）阶梯式注入　分两层或多层引入金属液时采用中空直浇道，像传统空腔砂型铸造工艺一样，底层内浇道引入金属液最多，上层内浇道也同时进入金属液。如果采用实心直浇道时，大部分金属液从最上层内浇道引入，多层内浇道作用减弱。阶梯浇道引入金属液容易引起冷隔缺陷，一般在生产高大铸件时采用。

上述消失模铸造浇注方式，在一定条件下都能生产出合格的铸件。

消失模铸造浇注系统的选择原则如下：

1）消失模铸造引入金属液流，应使充型过程连续不断供应金属液不断流，金属液必须支撑干砂型壁，采用封闭式浇注系统最为有利［即内浇道截面面积最小，如 $A_内 : A_直 = 1 : (1.2 \sim 1.4)$］。

2）消失模铸造浇注系统的形式与传统工艺不同，不考虑复杂结构（如常用的离心式、阻流式、牛角式等），尽量减少浇注系统组成，常没有横浇道，只有直浇道和内浇道，以缩短金属液流动的距离。形状简单，以方形、长方形为主。

3）消失模铸造直浇道与铸件间距离（即内浇道长度）应保证充型过程不因温度升高而

使模样变形。

4）消失模铸造金属液压头，应超过金属液与EPS界面气体压力，以防呛火。呛火是金属液从直浇道反喷出来，中空直浇道和底注有利于避免反喷（同样适用于铸铝件）。高的直浇道（压头高）容易保证良好的铸件质量和浇注时的安全，对EPS/PMMA共聚树脂模样更为突出。

消失模铸造浇注系统是将合金液直接引入铸型型腔，其进入的合金液速度、温度（温度高低，热场分布）及渣、气的排除等直接影响铸件质量，故消失模铸造浇注系统的设计除遵循砂型铸造和熔模铸造的原则外，还必须考虑以下因素：

1）热量。砂型内的模样必须汽化，其整个空间由合金液注入。一般合金液的浇注温度比砂型铸造提高30~50℃，薄壁件提高80℃，提高浇注温度，有足够的热量来汽化模样。以提高50℃浇注温度，即1500℃高锰钢金属液浇注筛板为例，采用顶注浇注系统（直、横、内浇道合一），喉管浇口杯下接直、横、内浇道。若浇道偏大、偏多，则进入型腔的钢液温度过高、过快，使型腔内过热。产生的缺陷有：黏砂、化学黏砂，涂层开裂、剥落造成涨砂、结疤、鼓凸、多肉等，钢液进入过快、过猛、冲击力过大，温度又过高，使局部砂型溃崩、塌散，使铸件报废。同样的过热浇注温度，采用底注，直、横、内浇道截面面积过小，使钢液进入型腔时速度变慢，时间又过长，促使温度降低过多，以致局部地方模样未完全汽化。产生的缺陷有皱皮、黏砂、浇不到、缺肉、重皮、夹渣、夹杂、夹气等。所以必须考虑对铸件相适应的浇注系统，直、横、内浇道截面面积，以控制合金液进入型腔的速度、温度和热场的分布，才能获得合格铸件。

2）渣、杂的排除。模样受合金液提供热量后发生热解反应形成一次气相、液相和固相。气相主要由CO、CO_2、H_2、CH_4和相对分子质量较小的苯乙烯及它们的衍生物组成；液相由苯、甲苯、乙烯和玻璃态聚苯乙烯等液态烃基组成；固相由聚苯乙烯形成的光亮炭和焦油状残留物组成。其光亮炭、气相、液相形成

熔胶黏着状；液相二次分解形成二次气相和固相，液态中二聚物、三聚物及再聚物，会出现黏稠的沥青状黏液态，这些物质在整个浇注系统中，会随着合金液进入型腔而形成夹渣、夹杂。因此在合金液进入内浇道前设法在直、横、内浇道中端头或两端留有集渣坑（包），以利集中排除。内浇道截面面积的大小、分布、角度，要使进入型腔的合金液不产生湍流，而是平静和稳定地上升，利于浮出渣，最后将这些渣、杂纳入冒口或设置的集渣包中。所以设计浇注系统时必须考虑排渣等工艺措施。

3）排气。模样在高温合金液的作用下发生热解反应，尤其在1350~1550℃时急剧裂解，析出H_2可达48%。聚苯乙烯热解时析出气体（CnH_{2n}、H_2、CH_4等），800℃时为165~175cm^3/g，1000℃时为500~518cm^3/g，1200℃时为738~689cm^3/g。不同合金、不同浇注温度下的EPS发气量：锌合金450℃时为25cm^3/g，银合金750℃时为40cm^3/g，铸铁1300℃时为300cm^3/g，铸钢1550℃时为500~600cm^3/g。砂型内模样的大小、结构、形状、质量及布置起着决定性作用，加上浇注温度、浇注速度直接影响发气量。由于发气量在不同温度区间是不一样的，首先控制好在浇注过程中的模样发气量，浇注温度过高、速度又快，尤其是直浇道短粗，极易发生气体爆发，再加上真空泵吸气偏小，造成反喷，危及安全，设计控制模样发气量（密度、大小），使发气平稳有序；在平稳有序的浇注下，模样产生的气体、砂型中出来的气体和合金液析出的气体，及时由真空泵吸出或通过浇注系统的冒口（出气冒口）、集渣冒口逸出。必须协调好真空泵从砂箱中的上、中、下、底部吸气方向和热气上升的规律，使气体吸排干净，否则导致铸件缺陷。例如，砂箱底下吸气，真空泵吸气偏小，这样就导致铸件某处断面产生大量气孔。

4）型腔温度场。浇注系统尤其是内浇道截面面积的大小、分布，内浇道引入合金液方向，内浇道位置，都直接影响着型腔内温度场的分布均衡，低牌号铸铁、球墨铸铁和锰钢小中件（特别力学性能要求不高），其内浇道应

根据铸件质量大小、壁厚结构差异、尺寸、体积等情况，务必在铸件的壁薄处均布，整个型腔合金液的温度场分布便于同时结晶凝固；对于要求顺序凝固的铸件如碳钢、低合金钢、大中高锰钢、大中铸铁球墨铸铁件等，内浇道的选择要由顶注或底面进入，再设中、上的阶梯横、内浇道进入。这样使型腔的合金液下面温度低、上面温度高，有冒口处温度最高，便于顺序凝固和补缩。

总之，消失模铸造内浇道设置是决定型腔温度场的关键，要获得合格铸件必须遵循合金的凝固特征。

3. 消失模铸造浇注系统各组元截面面积

按铸件的结构、形状、大小、壁厚、尺寸、质量等初步确定浇注系统的结构，一般按照普通砂型铸造确定各组元截面面积的比例和具体尺寸，各单位的截面面积在一个较大范围变化，均可获得优质铸件。首先确定内浇道（最小截面尺寸），再按一定比例确定直浇道和横浇道的截面尺寸。计算方法有以下两种：

（1）经验法　传统砂型铸造工艺，经查表或经验公式计算后得到 $\sum A_{内}$，一般再增加 10% ~25% 即可，试验后及时调整。

（2）理论法　以水力学计算公式计算：

$$\sum A_{内} = G/(Mt \times 0.31\sqrt{H_P})$$

式中　$A_{内}$——内浇道最小截面积（cm^2）；

　　　G——铸件质量（kg）；

　　　M——铸件及浇注系统质量（kg）；

　　　t——浇注时间（s）；

　　　H_P——浇注平均压头高度（cm）。

采用封闭式：铸钢件：$A_{内}:A_{横}:A_{直} = 1:1.1:1.2$；铸铁件：$A_{内}:A_{横}:A_{直} = 1:1.2:1.4$。

采用开放式：$A_{内}:A_{横}:A_{直} = 1:(1.1 ~1.3):(1.2 ~1.5)$。

消失模铸造内浇道的大小、尺寸、形状、方向（角度），直接影响模样的汽化，如果套用砂型铸造中的三角浇道或薄片浇道、搭边浇道，其合金液容量少，散热周边面积多，会急剧降低进入型腔的合金液温度，等于设置了卡脖子冷区，影响模样汽化，宜用变截面式的内浇道。在与模样（铸铁模样）连接处，内浇道截面厚度应小于铸件壁厚的 1/2，最多不能超过 2/3，太厚形成小热节会产生倒补缩，使铸件内浇道根部（接合处）产生缩孔、缩松甚至夹渣、气孔。内浇道长度应尽可能短，太长了，易损失合金液热量，还易在其中形成小死角区，影响流股，一般据铸件大小按 20 ~100mm 确定。计算结果是一个参考值，通过浇注试验调整，有把握后可和模样联在一起发泡成形。

4. 耐火材料空心直浇道

当铸件较大、较高，选定的直浇道直径 $>\phi60$ 又较长（高）$>1.5m$ 时，采用空心直浇道。采用耐火材料空心管（常用陶瓷耐火管）更具有优势。

（1）优势

1）浇注温度降低的慢，保持合金液进入型腔温度，其保温性能好，减少了合金液流股向干砂传热，相对地提高或保持了浇注温度，使金属液快速平稳充型。

2）避免反喷。大型铸件，组串、组模的中小铸件，直浇道截面面积大，又高（长），尤其在一定温度区间发气量大，往往产生反喷。

3）克服掉砂。浇口杯下直浇道口上端、直浇道与横浇道连接处，均无模样，故不会引发掉砂、落砂、冲砂而出现白斑点（即 SiO_2 的干砂进入铸件）。

4）消除黑点。使合金液减少热量损失，更有利于型腔内模样汽化、裂解、液化、稀化而逸出，从而避免了因热量不足，剩余的碳氢化合物残留在铸件内而成"黑点"（焦炭点）甚至积炭、皱皮。

5）防止夹砂。没有了泡沫塑料直浇道或泡沫塑料空心直浇道，不会引发冲砂、落砂、掉砂而产生夹砂，如果底部嵌入耐火陶瓷过滤网一片，将渣、杂堵在型腔外，防止了夹渣（杂）。

6）有利于型腔内热场。型腔内合金液温度相对提高，有充分时间给予凝固，利于顺序凝固设置补缩；均衡化凝固热场均布，也有利于浮渣、浮杂。

7）减少不合格品。克服了消失模铸造常

见的一些缺陷，减少了因黑点、结碳、皱皮（尤其薄壁球墨铸铁件）、白点、白斑、夹砂、夹渣（杂）等引发的不合格品，提高了经济效益，且耐火陶瓷管价格也不贵。

（2）种类和黏结

1）空心管种类。耐火材料陶瓷管生产厂家，有常备产品供选择；也可以根据消失模铸造厂家对浇注系统设定而专制。例如，圆形、方形、异形的直浇道，浇口杯下端均可定制配合紧密无缝接口。一般常用直浇道、横浇道、内浇道均以方形、长方形为主，便于泡沫塑料板材的切割。多见浇口杯和空心直浇道为一整体。

2）黏结（装配）。

① 插入（嵌入）。将漏斗型空心管下端插入横浇道内，涂上黏结剂，使二者黏结为一体。

② 套入。空心管内径恰为泡沫塑料直浇道外径（可略大一些，泡沫塑料可压缩），套入段不上涂料。

③ 黏胶黏结。空心管端面、泡沫塑料直浇道端面均为平面，二端面外廓尺寸应一样大小、用黏结剂粘牢，包玻璃布，用胶带纸缠紧。

④ 黏结加耐火泥条。浇口杯和空心管端口均为平面，则将直浇道露出砂箱顶面 3 ~ 5mm，砂箱盖上塑料薄膜后，周边放一圈耐火泥条，上面放浇口杯在接面处用耐火泥条合接（如合箱封条泥），也可将浇口杯底面和直浇道空心管顶面用黏结剂粘牢，外圈用耐火泥浆涂刷。

浇注系统的选择还要考虑生产成本，即铸件的出品率，以较少的浇注系统质量获得较多合格铸件，只有在实践中适时调整，才能获得较佳铸件。

6.1.5　消失模铸造的冒口及保温发热冒口

浇入铸型的金属液，由于凝固时的体积收缩，往往会在铸件的厚实部位（最后热区）中心产生集中性的缩孔，或在铸件不易散热的其他部位产生分散性的缩松，严重降低了铸件的力学性能和使用性能。为了防止因凝固收缩引起的缺陷，有一部分金属液能给予及时补充的设置称为冒口。冒口设置除了起补缩，获得组织致密铸件的常规作用外，还要有提高铸件最后填充部分合金液的温度和集渣的作用，起着补缩和集渣的作用的冒口又称集渣冒口。

1. 消失模铸造冒口设置原则

1）冒口位置。冒口应设置在铸件可能产生缩孔或缩松的热节处或壁厚部位，以便凝固时提供补缩。

2）安放在合金液最后充型的部位或可逸气、集渣的位置。在整个凝固期间，冒口应有充足的金属液以补给铸件的收缩，可起到提高此处合金液温度的效果；冒口的金属液必须有足够的补缩压力和补缩通道，以使金属液能顺利地流到需补给的地方。

3）模样合金液充型的死角区设置冒口，以便集渣，同时避免该处产生气垫作用而造成铸件缺肉、轮廓不清晰。

4）冒口应有正确形状，使冒口所消耗的金属量最少。

2. 冒口的作用

冒口除了补缩铸件、防止缩孔和缩松之外还有以下作用：

1）明冒口具有出气孔的作用，在浇注过程中金属液逐渐充满型腔，型腔内的气可以通过冒口逸出。

2）用来调节铸件各部分的冷却速度，在设置内浇道位置时应着重考虑凝固顺序，对形状复杂而壁厚不均匀的铸件，单靠浇道来调节热场是不够的，尚需冷铁与冒口来配合。

3）明冒口可作为浇满铸型的标记，为了确保冒口处最后凝固，也可在该冒口处补注高温金属液。

4）有聚集、浮渣的作用，由于熔渣及浮砂、夹杂等相对密度小于金属液，有可能上浮到冒口，从而避免造成渣孔、砂孔和夹砂、夹渣等缺陷。

3. 冒口种类和形状

（1）普通冒口　普通冒口按在铸件上的位置分为：顶冒口、边冒口（侧冒口）、压边冒口；按与大气相通程度分为：明冒口、暗冒口。

(2) 特种冒口

1) 按加压方式分为: 大气压力冒口、压缩空气冒口、气弹冒口。

2) 按加热方式分为: 发热冒口、加氧冒口、电弧加热冒口、煤气加热冒口。

3) 按切割方式分为: 易割冒口。

(3) 冒口的形状　圆形、腰圆形用于明冒口, 球形常用于暗冒口, 其他还有压边冒口、耳冒口等。

4. 冒口计算及放置

确定冒口尺寸的方法如下:

1) 比例法。是根据铸件热节处的内切圆直径, 按比例确定冒口各部分的尺寸。此法比较简单, 应用广泛。

2) 模数法。是根据铸件被补缩部分的模数和冒口补缩范围内铸件的凝固收缩率两个条件确定冒口的尺寸, 计算比较繁杂, 但比较贴近实际, 适用于要求致密性高的铸件, 冒口模数 M_n 应略大于铸件模数 M_e。

3) 补偿液量法。先假定铸件的凝固速度和冒口的凝固速度相同, 冒口内供补缩的金属液是直径为 d_0 的球, 当铸件凝固完毕时, d_0 为冒口直径 $D_冒$ 和铸件厚度 δ 的差 (即 $d_0 = D_冒 - \delta$); 另外直径为 d_0 的球体积应该与铸件被补缩部分总的体积收缩值相等 (即体积收缩率), 只要计算出铸件被补缩部分的体积 ($V_件$), 即为补缩球的直径, 再用公式 $D_冒 = d_0 + \delta$ 求出冒口直径, 冒口高度取 $H_冒 = (1.15 \sim 1.8) D_冒$; 使冒口起到可靠补缩作用。

5. 消失模铸造冒口的安放位置

1) 冒口放置的位置应考虑合金的凝固特性, 如体收缩较大的铸钢、可锻铸铁和非铁合金等铸件采用顺序凝固的原则, 冒口应放置在铸件最后凝固的地方; 灰铸铁件和球墨铸铁件在凝固时有收缩和石墨析出的膨胀, 冒口不应放置在铸件的热节上 (以免增加几何热节, 反而会引起缩孔、缩松), 放在靠近热节处, 有利于浇注初始阶段的外补缩; 对于体收缩不大、线收缩较大的高锰钢铸件, 可以考虑顺序凝固, 也可以考虑均衡化凝固。这要根据该铸件的使用要求来决定, 如大件、用于耐磨件,

放置冒口和不放置冒口, 二者使用寿命长短就不同, 放置冒口铸件比没有放置冒口铸件的使用寿命要长 5% ~15%。

2) 冒口尽量放在铸件最高、最厚的部位, 以便利用金属液的自重进行补缩, 最好在低处铺放冷铁, 加速该处凝固, 更能充分利用冒口中金属液的自重或大气压力作用, 不断地向下面厚实部位补缩。

3) 铸件的不同高度上需要补缩时, 可按不同水平面放置冒口, 但不同高度上冒口补缩压力是不同的、不均衡的, 应采用冷铁将各个冒口补缩范围隔开, 否则高处的冒口不但要补缩低处铸件, 而且还要补缩低处的冒口, 反而使铸件在高处产生缩孔或缩松等缺陷。

4) 铸件的厚实部位是与较薄的部位相连接的, 那么每个厚实部位都必须设置冒口, 如齿轮坯, 其轮缘和轮壳壁往往比较厚, 连接的轮辐壁往往比较薄, 所以在轮缘和轮壳壁交界处和轮壳上需分别设置冒口。冒口的大小、个数、分布由具体的齿轮坯而定。

5) 冒口应不阻碍铸件的收缩。冒口不应放置在铸件应力集中处以免引发裂纹, 不能放置在铸件重要、受力较大的地方, 以免促进组织粗大、降低强度; 冒口尽量放置在加工面, 以减少非加工面清理精整量。

6) 对致密性要求高的铸件, 冒口应按其补缩有效距离进行设置, 最好配设冷铁, 使补缩区域范围划定, 达到冒口的有效作用。

7) 尽可能用一个冒口同时补缩一个铸件的几个热节或者几个铸件的热节, 这样节约冒口金属量, 可有效提高铸件工艺出品率。

8) 为了加强铸件的顺序凝固, 应尽可能使内浇道靠近冒口或通过冒口, 尤其是对扁平、板、短柱一类铸件采用搭边 (压边) 冒口时效果更佳。

6. 保温发热冒口

保温发热冒口是目前铸造生产中大量使用的发热保温冒口套。发热保温冒口套是在普通保温冒口套的基础上, 通过增加发热反应源提供热量, 以进一步提高保温冒口套补缩效率, 而迅速发展起来的。可以更好地提高冒口金属液利用率和铸件工艺出品率。

（1）保温冒口

1）保温材料。膨胀珍珠岩、漂珠、火山石、蛭石、低碳石墨、稻壳和稻壳灰。

2）保温冒口。将空心微珠（漂珠），空心微珠-膨胀珍珠岩，无机耐火纤维，有机耐火纤维，耐火骨料黏结剂，糊精、水玻璃、树脂等黏结剂，根据本地材料或合金特性及铸造需要的冒口特点（形状、大小、壁厚），像混制型砂一样，制作保温冒口。

3）使用时注意的问题。当金属液进入型腔时，高温气流冲刷使保温冒口物质分解剥蚀，物质回落入金属液中，随金属液流移动到铸件的某些部位而形成夹杂甚至气孔，因此在铸件工艺设计时应尽可能避免浇注系统的液流直接冲击保温冒口。对保温暗冒口应加强排气措施，减轻流股气流、热辐射对保温冒口的侵蚀、热击；对浇注速度较慢，所需浇注时间较长的铸件可在保温冒口与流股接触表面刷涂涂料以防保温冒口表面物质剥落。

（2）保温发热冒口

1）发热材料。铝粉、硅粉、镁渣粉、烟道灰（粉煤灰）、木炭、稻壳、糊精。糊精是由马铃薯粉或玉米粉与稀盐酸或硝酸混合热制而成，它是淀粉分解生成的复杂碳水化合物，其分子式为 $C_5H_{10}O_5$，有黄色和白色两种。黄糊精在水中溶解度大，比强度为 $4kg/cm^2$（1%，质量分数，下同）；白糊精在水中溶解度小，比强度为 $3kg/cm^2$（1%）；铸造上多采用黄糊精，市场上各工厂自己研制产品各异，α-淀粉、LYH-3 型糊精黏结剂等用于保温发热冒口。各地各厂应综合利用，尽管铝粉、硅粉发热剧烈，反应速度快，时间短，成本高，有的还是采用铝粉、硅粉；镁渣粉爆燃强烈，少数在产镁渣地区就地取材少量用之。常用粉煤灰、木炭、有机碳氢化合物废料。

2）保温发热冒口的混制。由于树脂价格高出糊精3～4倍，加糊精30%时强度达到同比例的水玻璃，但是混制后处理比使用糊精麻烦。目前使用保温发热冒口的以采用糊精为宜。

配比：发热材料、保温材料各50%干混3～10min，加入10%糊精混2～3min，然后加入黏结剂（树脂为佳，水玻璃也可），再加入需要达到保温发热冒口强度的糊精约30%。这种保温发热冒口混合制作简单，结合利用本地资源，成本低，效果好。

① 糊精用作黏结剂发热剂便于造型，制得冒口套强度高，经过密封包装的强度达到保温发热冒口套要求。

② 用保温、发热、耐温骨料糊精作黏结剂有利于改善发热材料特性，混制冒口套材料耐火度高，提高其补缩效率，节省金属液。

③ 利用发挥保温、发热提高冒口的热效率，使冒口最后凝固，以不断及时给铸件予以补缩。

保温发热冒口不能省去铸件需要冒口设置的数量，只能缩小每个普通冒口体积，使体积小、保温发热效率高的冒口能达到或超过普通冒口的效果，从而节省金属液。

3）保温发热冒口覆盖剂。保温发热冒口引用到消失模铸造尤其是大型铸钢件的生产中。由于消失模铸造过程中模样（一般 EPS 粒料）在浇注过程中经过汽化裂解后，尚有少量的残渣、柏油状经焦化、炭化后流入冒口（设置集渣包则另当别论），此时此处冒口除具有保温发热的热效率外，还应具有造渣作用。如果冒口顶面敞开，则又具备顶隔热，以阻止冒口很快散热，再配用大气压力冒口效果更佳。

常用冒口覆盖剂组成（质量分数）：

稻壳灰40%；漂珠20%；低碳石墨25%；粉煤灰5%；木炭5%；$CaF_2 + Na_2CO_3$5%。化学成分：20%～40% C；10%～30% SiO_2；5%～10% Al_2O_3；5%～10% CaF_2；10%～25% Fe_2O_3。

在保温发热冒口内置的覆盖剂，除有保温发热作用外，还有除渣、造渣的作用的有 SiO_2、CaO、Al_2O_3、CaF_2、MgO 等金属、非金属氧化物渣，多元的酸性、碱性氧化物的冶金物化反应的渣，可加入少量的氟石粉和碳酸钠以调整渣液的黏度和熔点，使其一直漂浮在冒口的顶面。

各厂均可结合铸件合金化，如碳钢、低合金钢和高锰钢而配制相适应的覆盖、发热保温造渣覆盖剂。

6.1.6　消失模铸造的浇注工艺

消失模铸造的浇注工艺包括浇注温度、浇注速度、浇注方式、真空度、真空度的保持时间、停泵等。

（1）浇注温度的确定　由于模样汽化是吸热反应，需要消耗金属液的热量，浇注温度应高一些，负压下浇注，充型能力大为提高，从顺利排除 EPS 固、液相产物角度也要求温度高一些，特别是球墨铸铁件为减少残碳、皱皮等缺陷，温度偏高些对质量有利。一般推荐消失模铸造工艺浇注温度比砂型铸造高 30～50℃，对于铸铁件，最后浇注的铸件其浇注温度应高于 1360℃，推荐的浇注温度范围见表 6-5。

表 6-5　采用消失模铸造工艺时合金浇注温度

合金种类	铸钢	球墨铸铁	灰铸铁	铝合金	铜合金
浇注温度/℃	1450～1700	1380～1450	1360～1420	700～750	1200～1500

（2）负压的范围和时间的确定　负压的作用如下：

1）紧实干砂，防止冲砂和崩散、型壁移动（尤其球墨铸铁更为重要）。

2）加快排气速度和排气量，降低界面气压；加快金属前沿推进速度，提高充型能力，有利于减少铸件表面缺陷。

3）提高复印性，使铸件轮廓更清晰。

4）密封下浇注，改善环境。

负压大小范围：根据合金种类选定真空度范围，见表 6-6。

表 6-6　不同合金的真空度范围

合金种类	铸　铝	铸　铁	铸　钢
真空度范围/mmHg	50～100	300～400	400～500

注：1mmHg = 133.322Pa。

铸件凝固形成外壳足以保持铸件时即可停止抽气，根据壁厚定，一般在 5min 左右，为加快凝固冷却速度也可延长负压作用时间。铸件较小负压可选低些，质量大或一箱多铸可选高一些，顶注可选高一些，壁厚或瞬时发气量大也可选略高一些。浇注过程中，负压会发生变化，开始浇注后负压降低，达到最低值后，又

开始回升，最后恢复到初始值，浇注过程真空度最高点不应低于（铸铁件）100mmHg，生产上最好控制在 200mmHg 以上，不允许出现正压状态，可通过阀门调节负压，保持在最低限以上。

（3）浇注操作　消失模铸造工艺中浇注时多使用较大的浇口杯，以防止浇注过程中出现断流而使铸型崩散，可以快速稳定浇注并保持静压头。浇口杯多采用砂型制造，生产常采用过滤网，它有助于防止浇注时直浇道的损坏并起滤渣的作用，或用铸钢、铸铁做的金属浇口杯。

消失模铸造在模样汽化快的情况下一般应尽快浇注。采用自动浇注机有利于稳定浇注速度，并能够在浇注时快速调整。手工浇注不便控制，不合格品率比自动浇注时的要高一些。

消失模铸造的浇注过程就是合金液充型、同时泡沫塑料模样汽化消失的过程。浇道始终要充满合金液，若不充满，由于涂料层强度有限，极容易发生型砂塌陷及进气现象，造成铸件缺陷。一般铸件应该控制合金液从底部往上反流，也就是底浇，有利于平稳充型，模样不容易形成很大的空腔。由于负压真空的吸力和重力作用，合金液充型速度很快，直浇道横截面面积不宜太大。消失模铸造的合金液浇注与传统砂型铸造的合金液浇注有所不同：传统砂型铸造采用敞口式，消失模铸造采用负压封闭式，而且必须是在浇口杯以下封闭。主要是不让空气进入浇道，浇注时浇口杯必须保持充满状态。合金液进入模样，其开始液化燃烧，并汽化消失，合金液前端短距离形成暂时的空腔。为防止合金液高温辐射熔化其他模样，形成空腔（导致塌砂），所以设计合金液充型的速度和泡沫塑料模样消失的速度大致相同。直浇道（内浇道）的位置选择整箱铸件最低位置，一般直浇道截面尺寸为 40mm×40mm。为防止铸件与浇道的距离过近，模样高温下变形和汽化，浇道适当离模样远一点。横浇道截面尺寸为 50mm×50mm。浇注时一定要设浇口杯，浇口杯的上口直径大于 200mm，下口截面面积和直浇道相等，高度约 300mm。浇口杯的主要作用是积蓄合金液，使直浇道瞬时充满，

合金液稳定快速下流。浇注时注意调节和控制负压真空度在一定范围内，浇注完毕后保持在一定负压状态下约 10～20min，负压停止、合金液冷凝后打箱。

浇注合金液时要稳、准、快。瞬时充满浇口杯并且快速不断流，浇注 1t 合金液约 1min，直至溢不出浇口杯为止。浇注开始就要大流量浇注，旋转合金包倾倒合金液时要稳、要快，浇注时快速连续浇注不得断流，始终保持浇口杯的充满状态。如果浇注的合金液断流，会吸进空气，有可能造成塌砂现象或使铸件增加气孔而导致铸件报废。由于负压真空的吸力作用，砂箱内合金液热量会散失一部分，泡沫塑料模样汽化时也需要热量消耗，所以合金液温度比传统砂型铸造的温度要略高30～100℃。

6.2 实型铸造工艺

6.2.1 实型铸造工艺流程

实型铸造工艺流程如图6-3所示。

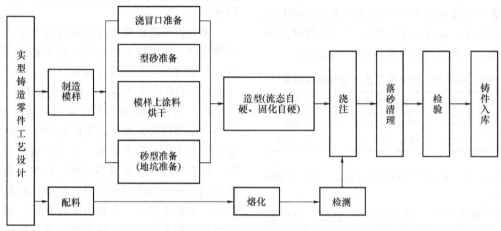

图6-3 实型铸造工艺流程

6.2.2 实型铸造工艺方案的确定

实型铸造工艺方案的确定原则基本遵循普通树脂砂铸造的工艺方案确定原则。实型铸造工艺设计前期的工作有：

（1）审图

1）对零件（毛坯）图进行结构分析。

2）了解铸件的最大外形尺寸、最小壁厚、复杂程度、重要部位、特殊的技术要求。

3）了解铸件的材料、成分，找出该铸件铸造的技术难点和重点。

（2）对本单位能力的确认

1）操作工的技术水平、设备能力（熔化能力、混砂机和砂处理能力、桥式起重机起吊能力、抛丸机和热处理炉的能力）等。

2）工装条件（现存的砂箱尺寸大小、造型场地大小、起吊工具情况、大件地坑大小等）。

3）检验设备（理化、金相、探伤、硬度、画线等）和检验员的水平。

检查以上各条能否满足图样的技术要求、检验要求及铸件生产要求。如果本单位能力不能满足铸件生产要求时，需要权衡是增加能力还是放弃铸造该零件。

6.2.3 实型铸造工艺设计

实型铸造大中型机床铸造工艺及其工艺参数的选定原则和木模工艺铸造基本相同，在保证铸件质量的前提下应充分考虑节约成本和便于工人操作，缩短工期。

1. 浇注位置的确定

1）铸件的重要加工面、主要的工作面和大平面尽可能放在底部或侧面。可以防止或减少气孔、砂孔、渣孔等缺陷产生，保证它们的质量；铸件的薄壁部位放在底部，以防浇不足。

2）便于采用能够保证铸件质量，符合铸件的凝固方式的一切措施。

3）尽量使造型填砂操作方便，提高造型速度以保障铸件尺寸准确性。浇注系统和冒口开设方便，铁液用量最少。

4）尽量减小砂箱尺寸，节约用砂。尽量借用现有的砂箱和工装，降低铸造生产成本。

2. 铸造工艺参数

（1）加工余量　小批和单件生产铸件的加工余量等级见表 6-7，成批和大量生产铸件的加工余量等级见表 6-8，机械加工余量数值的选取见表 6-9。

表 6-7　小批和单件生产铸件的加工余量等级

造型材料	加工余量等级					
	铸钢	灰铸铁	球墨铸铁	可锻铸铁	铜合金	轻金属合金
干、湿砂型	$\dfrac{13\sim15}{J}$	$\dfrac{13\sim15}{H}$	$\dfrac{13\sim15}{H}$	$\dfrac{13\sim15}{H}$	$\dfrac{13\sim15}{H}$	$\dfrac{11\sim13}{H}$
自硬砂	$\dfrac{12\sim14}{J}$	$\dfrac{11\sim13}{H}$	$\dfrac{11\sim13}{H}$	$\dfrac{11\sim13}{H}$	$\dfrac{10\sim12}{H}$	$\dfrac{10\sim12}{H}$

表 6-8　成批和大量生产铸件的加工余量等级

方　　法	要求的机械加工余量等级					
	铸件材料					
	铸钢	灰铸铁	球墨铸铁	可锻铸铁	铜合金	轻金属合金
砂型铸造手工造型	G–K	F–H	F–H	F–H	F–H	F–H
砂型铸造机器造型和充型	E–H	E–G	E–G	E–G	E–G	E–G
金属型（重力和低压铸造）	—	D–F	D–F	D–F	D–F	D–F
压力铸造	—	—	—	—	B–D	B–D
熔模铸造	E	E	E		E	E

注：本表还适用于未列出的由供需双方议定的工艺和材料。

表 6-9　机械加工余量的数值　　　　　　　（单位：mm）

最大尺寸[1]	要求的机械加工余量等级									
	A[2]	B[2]	C	D	E	F	G	H	J	K
≤40	0.1	0.1	0.2	0.3	0.4	0.5	0.5	0.7	1	1.4
>40~63	0.1	0.2	0.3	0.3	0.4	0.5	0.7	1	1.4	2
>63~100	0.2	0.3	0.4	0.5	0.7	1	1.4	2	2.8	4
>100~160	0.3	0.4	0.5	0.8	1.1	1.5	2.2	3	4	6
>160~250	0.3	0.5	0.7	1	1.4	2	2.8	4	5.5	8
>250~400	0.4	0.7	0.9	1.3	1.4	2.5	3.5	5	7	10
>400~630	0.5	0.8	1.1	1.5	2.2	3	4	6	9	12
>630~1000	0.6	0.9	1.2	1.8	2.5	3.5	5	7	10	14
>1000~1600	0.7	1	1.4	2	2.8	4	5.5	8	11	16
>1600~2500	0.8	1.1	1.6	2.2	3.2	4.5	6	9	14	18
>2500~4000	0.9	1.3	1.8	2.5	3.5	5	7	10	15	20
>4000~6300	1	1.4	2	2.8	4	5.5	7	11	16	22
>6300~10000	1.1	1.5	2.2	3	4.5	6	9	12	17	24

① 最终机械加工后铸件的最大轮廓尺寸。

② 等级 A 和 B 仅用于特殊场合，例如：在供需双方已就夹持面和基准面或基准目标商定模样装备、铸造工艺和机械加工工艺的成批生产的情况下。

铸铁件大件的主要参数有加工面要求精度、几何尺寸大小，更重要的是铸件质量，见表 6-10。大中型机床铸件机械加工余量见表 6-11。

表 6-10　实型铸造铸铁件大件加工余量

铸件质量/t	上面/mm	侧面/mm	下面/mm	特殊部位
10 ~ 30	15 ~ 20	10 ~ 20	10 ~ 15	机床导轨及特殊"长大"件及一些要求加工精度较高部位加工余量应加大 3 ~ 5mm
30 ~ 50	20 ~ 25	15 ~ 20	15 ~ 20	
50 ~ 80	25 ~ 30	20 ~ 25	20 ~ 25	
80 以上	35	25 ~ 30	25	

表 6-11　大中型机床铸件机械加工余量

部　位	铸件尺寸情况	铸件质量/t	各部位加工余量/mm				
			上部	下部	侧部	导轨各部	孔径（半径）
床身、立柱、横梁、工作台	长度≥3m	5 ~ 10	10 ~ 12	8 ~ 10	10	10	6
	长度≥5m	10 ~ 15	10 ~ 15	10 ~ 12	10	10 ~ 5	7
	长度≥8m	20 ~ 35	15 ~ 20	10 ~ 15	10 ~ 15	15 ~ 20	8
箱体类	1m × 1m × 1.5m	5 ~ 10	10 ~ 15	10	10	10	8
	1m × 2m × 2.5m	15 ~ 20	15 ~ 20	10	10	10	
	2m × 2.5m × 3.5m	20 ~ 30	15 ~ 20	15 ~ 20	10 ~ 15	15	
细长比较大工件	长：宽≥4 ~ 6m	5 ~ 10	15 ~ 20	15 ~ 20	12	15 ~ 20	8
	长：宽≥8 ~ 10m	10 ~ 15	20 ~ 25	15 ~ 20	15		

（2）收缩率　一般可按表 6-12 几种合金铸造线收缩率中的"自由收缩"栏选取。铸铁件为 1% ~ 1.25%，泡沫塑料模样本身的收缩率不考虑。特大的灰铸铁件线收缩率长度方向取 1.2%，宽度和高度方向取 1%。

表 6-12　几种合金的铸造线收缩率

合金种类		铸造线收缩率（%）	
		自由收缩	受阻收缩
灰铸铁	中小型铸件	1.0	0.9
	大中型铸件	0.9	0.8
	特大型铸件	0.8	0.7
	筒形铸件　长度方向	0.9	0.8
	筒形铸件　直径方向	0.7	0.5
孕育铸铁	HT250	1.0	0.8
	HT300	1.0	0.8
	HT350	1.5	1.40
黑心可锻铸铁	白口铸铁	1.75	1.5
	壁厚 > 25mm	0.75	0.5
	壁厚 < 25mm	1.0	0.75
	白心可锻铸铁	1.75	1.5
	球墨铸铁	1.0	0.8

（3）铸件最小铸出壁厚　铸件最小铸出壁厚一般按表 6-13 砂型铸件最小壁厚选取。

（4）铸铁件最小铸出孔　铸铁件最小铸出孔尺寸按表 6-14 选取。

表 6-13　铸件最小壁厚

（单位：mm）

铸件轮廓尺寸	铸件材料		
	灰铸铁	球墨铸铁	可锻铸铁
≤200 × 200	≈6	6	5
> 200 × 200	6 ~ 10	12	8
> 500 × 500	15 ~ 20	12	8

表 6-14　铸铁件最小铸出孔尺寸

（单位：mm）

壁　厚	最小孔径
8 ~ 10	6 ~ 10
20 ~ 25	10 ~ 15
40 ~ 50	15 ~ 30
50 ~ 100	35 ~ 50

注：球墨铸铁取上限。

3. 实型铸造浇注系统设计

实型铸造浇注系统设计对铸件质量影响较大，如果设计不合理，铸件会出现冷隔、皱皮、浇不足、气孔、积炭等缺陷，浇注系统设计及技术参数的正确选用是实型铸造大中型机床铸件技术控制的重点。浇注系统设计的原则如下：

1）铁液进入型腔应平稳流动，并有一定的流动和上升速度。

2）浇冒系统应有一定的充填与排气清渣和补缩作用。

3）要结合铸件的结构特点和不同质量，考虑浇注系统的合理位置，使铁液进入型腔流动距离最短，弯度最少，这样有助于在金属液流动过程中减少热量损失。树脂自硬砂实型铸造的发气量大，铁液充型流量大，在砂型发气前铁液迅速在型腔里建立起压力头。所以浇注系统要大一些。

树脂砂实型铸造的浇注系统一般也由浇口杯（浇口盆）、直浇道、横浇道、内浇道组成，它的作用是将高温铁液引入铸型。好的浇注系统应该使铁液充型平稳快速，不卷入气体和渣子，保证铸件品质。球墨铸铁铁液中含有 Mg 容易产生二次氧化渣，浇注系统更应该考虑铁液流动平稳。

（1）浇口杯（浇口盆）　是承接从浇包中浇出的高温铁液并导入直浇道。树脂砂实型铸造大中铸件居多，它的形状有盆形、带闸盆形等。

中等铸件可用浇口盆，它能承接较多的铁液，可以加快浇注速度。一般浇口盆的底部从后向前到直浇道方向有一个抬起的角度。铁液浇入浇口盆的后壁，顺底部的抬角向前流动，产生一个向上的分力，使铁液中的气和渣向上浮在浇口盆上表面，可以清除部分气体和熔渣。重要铸件的浇注系统可以设置过滤网。

大型铸件采用带闸浇口盆，闸板用树脂砂制造或用耐火陶瓷制作。也有使用拔塞浇口盆，塞头用铁芯包裹耐火泥制作，外面刷水基石墨涂料或石墨棒制作塞头。这种浇口盆容纳的铁液更多，挡渣效果好、液流稳、浇注速度大，用于重要铸件和大型铸件。

（2）直浇道　呋喃树脂砂实型铸造生产的中型铸件，直浇道一般为圆锥形。圆锥形最小直径就是计算直径。高大的和重大的铸件可使用耐火陶瓷管制作直浇道，耐火陶瓷管能承受大流量铁液冲刷，减少砂孔缺陷。直浇道应该高出铸件最高点一段距离，使铁液有一定的压

力头。

（3）横浇道　它改变铁液的流动方向。横浇道的作用除流过铁液外主要是挡渣，所以横浇道末端离最后的内浇道要有一定的长度，避开内浇道的虹吸作用。横浇道的截面为高梯形，有单向和双向两种。有时为了提高挡渣效果，用各种办法扩大局部横浇道截面面积，使铁液流速突然变慢，渣可以顺利上浮（也可以设置过滤网）。重要铸件或大型铸件实型铸造可以采用成形耐火陶瓷管。

（4）内浇道　内浇道直接把铁液引入铸型，它的位置十分重要。它决定了铸件在凝固过程中的温度场分布，对铸件的凝固方式起决定性的影响。内浇道的截面一般为扁薄形，高：宽 = 1：3～5。内浇道的厚度不大于其与铸件接触处壁厚的一半。当需要用浇注系统补缩铸件时可以加厚内浇道，注意内浇道和铸件接触处的热节不能太大，以免造成内浇道根部缩孔。内浇道开设原则为分散、多道，不加大内浇道与铸件接触处热节。内浇道开设应对铁液流动无阻碍。按内浇道的位置可分为：

1）底注。内浇道从铸件底部引入时，铁液上升平稳，渣和气排除顺利，但是应该考虑铸型内的铁液高度对内浇道的反压力，它会阻挡后期铁液快速浇入铸型，高大铸件需要适当加大浇道截面面积。采用底注式内浇道，对铸件高度≥350mm、特殊要求的铸件可开两层或多层内浇道。内浇道之间的距离一般控制在 80～100mm。浇注系统各组元横截面面积的比例控制在 $A_直：A_横：A_内 = 1：1.5：2$，直浇道采用空心陶瓷管。

2）顶注。内浇道从铸件顶面引入时，最先浇入的铁液流到铸型底面，铁液很快稳定下来，这些铁液温度低，先进入凝固阶段，而上面的铁液不断浇入铸型，可以很好地补充凝固部分的收缩。最后凝固的铁液量比较少，总的收缩率不多，可以用小冒口或者浇注系统的残液补缩。厚壁铸件（模数 2.5cm 以上）甚至可以用无冒口工艺。减少了铁液消耗，提高了铸件工艺出品率。

3）中注。内浇道从铸件中间部位引入时，对铸型下部相当于顶注；对铸型上部相当于底

注。一般分型面在铸件中间时，中注比较方便。

4）阶梯浇注。高深和较大的铸件可以使用阶梯内浇道。当浇入铸型的铁液上升到顶部时，铁液温度已经比较低，此时从顶部内浇道进入的铁液温度比较高，可以有效提高铸件上表面的质量。应该注意上下内浇道不要同时进铁液，以避免铁液在型腔内紊乱，造成铸造缺陷。下层内浇道的截面面积要大于直浇道截面面积。

大中型铸件多采用底注或中注内浇道，要求铁液充型平稳、快速。大中型机床铸件直浇道的数量可以设置两个或两个以上，有的大型铸件需放置4~5个直浇道。设定直浇道相互之间位置时应注意车间内起重设备的相对距离和位置，使之能吊起铁液浇包到设定的直浇道位置。

大型和特大型实型铸铁件浇注系统采用开放式 $A_直 : A_横 : A_内 = 1 : (1.25 \sim 1.5) : 2$，各部位的截面尺寸比普通中小型铸件要大，内浇道应多开，直浇道根据铸件几何尺寸大小，数量可以是一个或多个，直浇道位置设置应考虑两个因素：使铁液注入型腔要通畅，快速平稳；注意车间内起重设备之间的间隔距离。

直浇道顶部必须放置浇口盆，起到储存一定铁液，使浇注时不断流，铁液能在正常压力下流入的作用，可以防止浇注时从直浇道反喷。直浇道采用陶瓷浇注管，两个或两个以上直浇道可同时使用一个较大的浇口盆。

（5）其他

1）浇口窝。正对直浇道的底下设置浇口窝。它可以缓冲铁液的冲击，平稳改变铁液的运动方向，使铁液在横浇道中的流动趋于平稳。浇口窝的直径等于直浇道直径的2倍，深度也是直浇道直径的2倍。

2）在横浇道的末端设集渣包，让最先浇入的冷脏铁液存入集渣包，可以减少铸件渣、气孔缺陷。

3）高度大的壁厚均匀的铸铁件，可以采用雨淋浇口。有时先在铸件底部浇入小部分铁液，可以使上雨淋浇口浇入的铁液有个软垫一样的缓冲，减少铁液飞溅氧化程度。也有用反雨淋浇口的铸件。

4. 实型铸造的铸件冒口设计

实型铸造的铸件冒口设计基本等同于普通砂型铸造铸件的冒口设计，对于普通砂型铸造工艺（空腔铸型），冒口的主要作用是为金属液在铸型内凝固的过程提供补缩和排气、集渣。冒口的种类包括顶冒口、侧冒口、压边冒口、气压冒口、保温冒口、出气冒口等，冒口的选用是铸造工艺设计中的重要一环。一些资料介绍了对实型铸造（FM）工艺中冒口的选用，提出了在一定碳当量和一定浇注温度下，有一定的铸件模数时可不使用冒口，或用小明冒口代之。为提高大中型机床铸件的工艺出品率，明冒口改为暗冒口，由大变小，由多变少，获得了有益的效果。

实型铸造铸件的暗冒口大多安放在厚大部位的上方，以冒口和浇道相通为宜，有热合金液补入冒口中。实型铸造的出气冒口、集渣冒口大多安放在远离直浇道的位置上，设置出气冒口，采用 $\phi 20mm$、$\phi 30mm$ 铁管均可，数量根据铸件大小而定，出气冒口可排除一部分浇注过程中产生的炭化物，它也可作为合金液浇注到位的"观测点"，不能多放，因为合金液在型腔内应保持一定的压力。集渣冒口放置在铸件上部，多个均布。

由于机床铸件结构特点及其冶金质量要求，碳当量较低，加之大中型机床铸件铸型较大，使造型填砂、舂砂过程中易造成形砂强度和硬度不均匀等问题。实践证明用实型铸造工艺生产大中型机床铸件，有必要适当保留一定数量的暗冒口。

生产大中型机床铸件常用的两种暗冒口如图6-4所示。其中左图所示暗冒口适用于普通灰铸铁件，碳当量在 $3.4\% \sim 3.8\%$，浇注温度控制在 $1350 \sim 1380℃$。在采用暗冒口的同时，在铸件上部应放置适当数量的明排气冒口，出气冒口的直径控制在 $\phi 25 \sim \phi 35mm$，出气冒口之间的距离控制在 $0.6 \sim 1.2m$，尺寸见表6-15。右图中排气冒口和铸型（泡沫塑料模样）相连处使用泡沫塑料锥体，上面有陶瓷过滤网，面积为 $50mm \times 50mm$，厚度为 $8 \sim 10mm$，其作用是阻挡铁液从明排气冒口中喷出伤人。

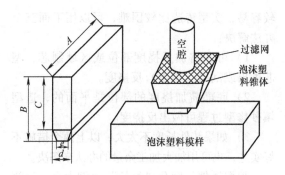

图 6-4　大中型机床铸件常用的两种暗冒口

表 6-15　暗冒口尺寸与铸件质量的关系

铸件质量 /t	暗冒口尺寸 /mm					冒口数量
	A	B	C	D	E	
≥20	100	150	120	50	15	根据铸件体积大小和结构而定
5～10	80	110	90	35	15	

5. 实型铸造冷铁的计算

实型铸造冷铁的计算与普通的树脂自硬砂铸造的冷铁计算基本相同。当铸件厚大或局部热节大时，冷却速度慢，会造成收缩缺陷。可用冷铁来调节铸件局部冷却速度，达到工艺设计需要的凝固模式。

设冷铁在浇注前的温度为 t_0，冷铁最高允许升温为 1150℃（不熔融）。

（1）冷铁吸热 Q

$$Q = G_冷 C \Delta t$$
$$= G_冷 C \times (1150 - 30)$$
$$= 1120 G_冷 C$$

式中　C——比热。

（2）铸件质量 G_1，需激冷处质量 G_2

1）球墨铸铁件是糊状凝固，冷铁对铸件有整体降温影响。设 t_1 为冷铁的吸热降温数，有

$$t_1 = \frac{Q}{G_1 C} = 1120 \frac{G_{冷1}}{G_1}$$

冷铁质量 $G_{冷1} = \dfrac{t_1 G_1}{1120}$

2）灰铸铁件中冷铁对铸件局部降温为 t_2

冷铁质量 $G_{冷2} = \dfrac{t_2 G_2}{1120}$

式中　$G_{冷1}$ 和 $G_{冷2}$——球墨铸铁和灰铸铁用的冷铁质量，（kg）。

一般降低温度数（t_1 和 t_2）均取 80～120℃为宜。

3）计算应用实例。

铸型型腔铁液质量为 500kg，需放冷铁的部分铸件质量为 220kg。设降温要求 $t_1 = t_2 = 80℃$。

① 当材料为球墨铸铁时，冷铁质量为 $G_{冷1}$，冷铁对全部铁液质量 500kg 起作用。

$$G_{冷1} = \frac{80 \times 500}{1120} kg = 35.71kg$$

② 当材料为灰铸铁时，冷铁质量为 $G_{冷2}$，冷铁仅对放置冷铁部分铁液质量 220kg 起作用

$$G_{冷2} = \frac{80 \times 220}{1120} kg = 15.71kg$$

（3）冷铁的厚度和尺寸

1）球墨铸铁的冷铁厚度约为冷却部位厚度的 0.8～1.0 倍。

2）灰铸铁的冷铁厚度一般不大于冷却部位厚度的 0.5 倍。冷铁太厚会引起局部白口或者硬度太高、甚至出现裂纹。

3）冷铁形状和尺寸与放置冷铁处铸件形状相符合。冷铁太薄冷却效果不好，且容易与铸件融合在一起。

4）连续放置的冷铁的相互间距与冷铁大小有关，大冷铁间距大，小冷铁间距小。中型铸件的冷铁间距可选 10～30mm。

5）起冷却作用的材料有：灰铸铁冷铁、石墨块、碳素砂、铬铁矿砂、锆砂、钢材，小的内冷铁可以采用新钉子，大的内冷铁可用螺纹钢焊成架子经抛丸后使用。

6）外冷铁形式有明和暗两种，暗冷铁效果比明冷铁好。

树脂砂实型铸造造型时内冷铁最好选用同材质的铁棒，插入部位可机械加工，如"车螺纹"以便更好地熔入铁液中，插入部位为全长的 1/2～2/3，直径选用要根据需冷却部位厚度而定，铁棒直径可取 $\phi20～\phi50mm$，铸件加工面不能使用内冷铁。外冷铁放置在需补缩的大断面处，底面、侧面铸件加工面均可放置，但上部不能放外冷铁，外冷铁的尺寸规范和普通砂型铸造及中小件实型铸造铸件基本相同。

外冷铁表面刷的涂料要比砂型多刷一次。

因为冷铁和型砂的线膨胀率不同，涂料厚一点可以使铸件表面冷铁痕减轻。

6. 反变形量和反变形措施

铸件在凝固过程中各处冷却速度不同，受铸件结构尺寸影响，壁厚大小不一，使铸件在收缩过程中产生铸造应力造成铸件变形。如大平板的大平面、机床导轨面、开口形铸件都容易产生变形。

一般采取的措施是放反变形量、增加铸件加工余量、设置拉肋、长薄部分的背面设置反变形肋。

铸铁件、大型特大型（几何尺寸较大的）铸件，特别是一些"细、长"比例较大的反变形处理：如机床床身类，铸造过程由于铸造内应力作用产生凹凸变形（俗称挠度），为了解决这个问题，在模样上做出反挠度来，砂型铸造和实型铸造都应考虑，砂型铸造做反挠度比较容易，实型铸造比较困难，可以用下面三个办法解决：

1）可在需加反挠度部位或区域制芯，型芯做出或刮出（填出）反挠度。

2）底部需加挠度的部位是平面的，造型填砂修型过程可做出反挠度。

3）如果铸件长度不太大，以上两个措施不好实施，也可用加大加工余量的办法来解决。

根据铸件长度及"细长"比例大小，反挠度一般选取 0.15% ~ 0.3%。

7. 大型铸件实型铸造和消失模铸造白区

大型铸件实型铸造和消失模铸造白区工艺流程如图 6-5 所示。规模生产的 FMC 及 EPC-V 铸造系统一般可以形象地划分为两大部分：白区、蓝区。FMC 及 EPC-V 的主要技术环节说明如下：

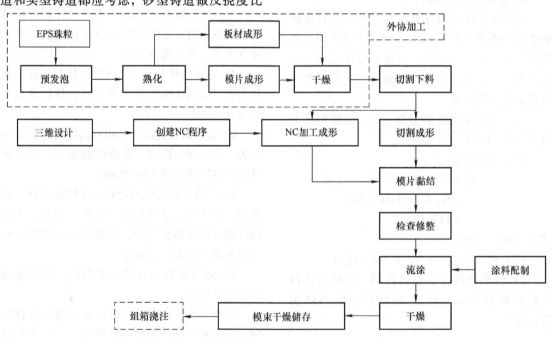

图 6-5　大型铸件实型铸造和消失模铸造白区工艺流程

1）模样材料通常称为珠粒，珠粒一般分为三种：EPS（聚苯乙烯）、STMMA（共聚树脂）和 PMMA（聚甲基丙烯酸甲酯）。三者都属于高分子材料。对于低碳钢铸件，模样材料中的碳容易使铸件表面产生积炭现象，导致碳缺陷。其中的 EPS [$w(C) = 92\%$]、STMMA [$\omega(C) = 60\% \sim 90\%$] 和 PMMA [$w(C) = 60\%$] 对铸件碳缺陷的影响程度依次减小。模样密度是其发气量的重要控制参数，上述三种材料的发气量从小到大依次为 EPS、STMMA 和 PMMA。同时，珠粒尺寸应根据所生产铸件的壁厚选择，一般情况下，厚大铸件选用较粗粒径的珠粒，薄壁铸件选用较细粒径的珠粒，使铸件最薄部位保持三个珠粒以上为宜。

2）泡沫塑料模样选择聚苯乙烯（EPS）板材，密度控制在 $17\sim20kg/m^3$ 范围内。

3）白区的两大关键环节：珠粒材料及成形工艺、涂料及施涂工艺。

4）模样成形技术要点：泡沫塑料板材通过门式电热丝切割机切割下料。模片通过数控机床加工成形（见图6-6、图6-7），或台式电热丝切割机切割成形，浇冒口可以通过切割成形或外协发泡成形。

图6-6 数控机床加工模样成形车间照片

图6-7 数控机床加工泡沫塑料模样成形照片

实型铸造设计在主要的汽车模具厂家进行时，铸造用的泡沫塑料模样由原来的手工制作转为了全数控加工，实体泡沫塑料模样的CAM编程也自然而然地成为CAM工作的一部分。日本有多家制造商可以提供泡沫塑料模样加工中心，国内也有两家公司可以提供类似产品。西安交大的三维泡沫塑料电热加工技术已获国家专利，还没有规模化用于铸造业的生产。为使国内中小企业容易接受产品价格、并节省空间，开发和研制了便携式快速切割设备（见图2-43）。该设备结构简单，除具备原设备主要功能外，在不使用时可快速拆卸，放置于墙边，大大节省了空间。如室内空间不够，可随意放置到室外使用。该设备成本也较原设备降低50%。

柱坐标快速切割技术见第2章2.3.9泡沫塑料模样的加工成形一节。

模片及浇冒口需要用热熔胶或冷胶黏结。

制作完成后的模样需要上涂料，一般控制涂层厚度为 $0.5\sim1mm$。涂料可提高消失模的刚度和强度，并使模样与干砂铸型隔离，防止金属液进入铸型产生黏砂及铸型塌陷，同时模样汽化后产生的高温分解产物要通过涂层逸出，所以涂层要有良好的透气性。涂料一般由耐火骨料、黏结剂、悬浮剂和附加物等组成，选择不同的配方和组分，各组成物的比例对涂料性能影响很大。涂料的性能直接关系到铸件的质量。涂料可以购买涂料生产单位供应的消失模涂料，备有涂料搅拌机设备则可自备混制。必须考虑呋喃树脂砂的型砂和黏结剂对涂料的作用，重点是考虑涂料干燥后在模样表面硬壳的强度能达到在流态自硬呋喃树脂砂的散布堆积下（自硬前）不变形的要求。目前国内已有多家消失模铸造涂料供应商，产品分别适用于铸钢件或铸铁件、大型铸件或小铸件，只有在达到很大的产量时，才有必要自己配置涂料。

8. 防变形、防开裂的措施

大型和特大型铸件几何尺寸较大，特别是有些高牌号和低合金铸件由于铸件应力大，易产生变形和开裂造成不合格品。降低铸件内应力、防止变形开裂的措施如下：

1）模样投产前，对其结构进行检测，在易开裂的部位放上"拉肋"，厚薄过渡处，加大圆角或局部加厚（不影响铸件性能的情况下），"细长"、比较大的易产生凹凸变形的铸件，考虑和准备反挠度工艺措施。

2）在保证铸件中材质技术要求的情况下，可适当提高铁液的碳当量。

3）延长箱内保温时间，是降低铸件内应力和防止变形开裂的有效方法之一。

4）热处理炉内时效处理和振动时效，是降低和消除铸件内应力的有效措施。

9. 造型砂和涂料

型砂颗粒度 20/40 目，旧砂再生处理后回用加入 10% ~ 20%（质量分数）的新砂；对冷硬呋喃树脂砂，型砂强度控制在 0.8 ~ 1MPa；涂料有两种，一种是水基石墨涂料工厂自制，一种是外购醇基涂料，一般刷两遍，第三遍补刷一些特殊部位及刷涂不到的地方。每次刷涂都要烘干后晒晾干，再刷第二遍，对于平面部位刷涂厚度为 1.5 ~ 2.0mm，特殊部位可刷厚一些为 2.5 ~ 3mm，对于大型、特大型铸件涂料性能，不能只考虑耐火度，更要注意涂料透气性的问题。

10. 造型，舂砂，锁箱，压箱

造型前应检查模样的变形情况。尽管在烘干过程中，模样一直是水平放置，但是由于模样每处所在的温度场不一致，导致涂料烘干收缩不均，造成模样的变形。具体做法是用压铁压住模样，用刀片检查模样分型面与造型底板是否存在过大的缝隙，在型砂覆盖住模样后再撤去压铁。

由于机床件基本是单件小批量生产，就必须熟悉其内外部结构，从而调整混砂时树脂或固化剂的含量，以满足模样手工造型的工艺要求。一般来说，对于机床件要求型砂硬化速度较冲模铸件稍慢些，型砂强度应较冲模铸件稍高些。对于一些型砂易烧结的结构，如深窄孔槽，为防止型砂烧结黏砂，还需准备一些蓄热系数更大的型砂，如铬铁矿砂或宝珠砂。为防止某些长孔漂芯，借鉴了传统造型使用芯撑和芯骨的做法。

造型舂砂操作要分别进行，从两端向中间进行，或从中间向两端进行均可。模样内腔和外壁填砂、舂砂厚度、高度要平行进行，力量要均匀，防止因舂砂造成模样变形或开裂。舂砂填砂时每层之间的连接（结合）应注意，如果砂层之间连接不好，浇注时会跑火或产生冷隔缺陷。大型、特大型铸件地坑造箱、锁箱、压箱工艺比砂箱造型困难。地坑中应预先埋好螺栓，如果铸件几何尺寸大，上箱可以几个联合使用，锁箱后一定要压箱，压箱重物放置要均匀。即造型时向砂箱或地坑中填砂应有一定的方向和顺序，不能随意从几个不同方向无目

的地乱填。其原则是：中小件从一个方向开始，大中件从两端向中心填砂，这样可防止型砂填充过程出现"空间"或局部舂砂不实、强度不够，造成铸件跑火、黏砂、变形等问题。

舂砂强度要均匀，在填砂和舂砂过程中应特别注意一些死角和孔洞要充填好、舂实，否则会出现黏砂。

造型过程中吃砂量控制很重要，铸件尺寸不同、质量不同、结构不同及造型方法不同，对吃砂量有不同的要求，应注意吃砂量过大会造成铸件用砂量加大，成本增加，吃砂量过小易造成铸件在浇注过程中崩箱和跑火，使铸件报废。吃砂量控制对于大中型机床铸件更为重要。

地坑造型与砂箱造型吃砂量控制要求不同，地坑造型要求吃砂量大，而砂箱造型吃砂量可以适当小一些。二者的砂铁比也不同，地坑造型的砂铁比大于砂箱造型。以 20 ~ 25t 机床床身为例，地坑造型与砂箱造型的吃砂量及砂铁比见表 6-16。

表 6-16　地坑造型与砂箱造型的吃砂量及砂铁比

造型方法	底部/mm	侧部/mm	上部/mm	砂铁比
地坑造型	250 ~ 300	300 ~ 350	200 ~ 250	3:1
砂箱造型	200 ~ 250	150 ~ 200	150 ~ 200	2.5:1

6.2.4　实型铸造的浇注工艺

实型铸造浇注大中型铸件、特大铸件以球墨铸铁为多，要根据铸件结构、形状和复杂程度及壁厚差异，灵活设置浇注系统。通常采用底注或阶梯浇注，可使金属液流股均匀进入，避免死角，平稳上升，热场分布均匀，引导残渣浮入冒口或集渣包。大多采用暗冒口"离开热节，但不远离热节"和"居高临下"的放置原则并起到局部区域的集渣、透气的作用。浇注系统要比木模造型的内、横、直浇道截面面积大 20% ~ 30%，便于迅速分解裂解 EPS 模样和充型。浇注工序是对铸件质量影响较大的工序之一，也是常被人们忽略的重要工序。实型铸造工艺金属液（铁液）浇入到型内产生极其复杂的物理化学反应，这些反应受很多因素影响，都直接影响铸件质量。

浇注过程中应随时观察浇口杯铁液情况，保证铁液在浇口杯中有一定的深度，给予铁液足够的静压力，有助于充型速度的提高。快的浇注速度可瞬间提供较多的热量，弥补由于泡沫塑料模样汽化吸收的热量。然而浇注速度又不能太快，太快会导致铁液急速冲击浇注系统，在型腔内形成湍流，易将塑料模样汽化渣卷入合金液中，不便于汽化渣的排出，形成渣孔缺陷。结合机床模样结构特点，经过探索认为，机床铸件浇注中的浇注速度应比冲模铸件浇注的快，大概应该控制在 45～100s 内。

（1）浇注温度　要比木模造型高出 30～50℃，有薄壁连接球墨铸铁件可提高 80℃。浇注温度对铸件质量影响较大，浇注温度偏低则铸件将出现浇不足（冷隔），表面出现皱皮，上部出现大量的积渣、积炭现象；反之浇注温度偏高，易出现大面积"黏砂"，铸件上部厚大部位出现缩松、缩凹，严重时会出现集中缩孔。实型铸造大中型机床铸件不同质量不同壁厚比较合适的浇注温度见表 6-17。

表 6-17　大中型机床铸件不同质量不同壁厚比较合适的浇注温度

铸件质量/t	铸件平均壁厚/mm	浇注温度/℃
0.5～2	20～30	1390～1410
5～10	30～40	1370～1390
10～15	40～60	1360～1380
15～25	45～65	1350～1370
>30	50～70	1340～1360

（2）浇注速度　采用慢—快—慢的方式，切忌流股中断，快时切不可使浇口杯处金属液外溢。对于消失模铸造的浇注充型速度问题，因为其涉及热传导及消失模在高温铁液作用下发生的固体、液体、气体等热解反应，变化复杂，计算复杂且困难。生产实践对此问题深有体会，浇注速度在一定程度上也影响铸件质量。大中型机床铸件合理的浇注和充型时间见表 6-18。在正常生产模样材料基本不变的情况下，不同的工艺设计、不同的浇注温度、不同型砂、不同涂料透气性，在浇注过程中操作工调整浇包的高低水平等均对浇注速度有一定影响。

表 6-18　大中型机床铸件合理的浇注和充型时间

铸件质量/t	直浇道数量	充型时间 t/min
0.5～2	1	2.5～3
5～10	2	2.5～3
10～20	2～4	2.5～3.5
20～35	3～5	2.5～3.5

（3）浇注时间　根据铸件大小、质量，结构情况和砂箱中的放置方向（平放、倾斜）或平做斜浇工艺而定。

（4）环保措施　由于 EPS 的模样和呋喃树脂（固化剂）在高温合金液作用下汽化、裂化、分解，产生大量黑烟和刺激的有机废气，恶化了车间工作环境，尤其是将砂箱顶面周围出气处引火点燃时，这些有机物废气燃烧产生细小飞丝般黑烟（即 EPS 模样的燃烧物）弥散在车间，故必须采取吸排风机吸入废气净化装置或吸入插进二级水池处理净化。

大中型机床铸件铁液浇注过程中操作工应注意三个问题：

1）直浇道设置两个或两个以上时，浇注时几个直浇道应同时开始浇注，如果某一个直浇道浇注滞后，容易在滞后的直浇道中造成反喷。

2）因为是大中型机床铸件，经常要采用座包浇注，应注意座包放置的高度，出铁口应有一定的压头，以保证合理的充型速度。

3）在浇包浇注操作时，应注意浇口盆中铁液的变化及铁液浇注速度的变化，应随时调整浇包的高度，以得到铁液浇入铸型合理的压头。

6.3　消失模铸造及实型铸造的铸件成形工艺

6.3.1　消失模铸造的铸件成形工艺

消失模铸造的铸件成形工艺的蓝区系统主要包括两部分，组箱造型及浇注系统、砂处理系统。适合大件组箱造型浇注系统生产线的关键设备包括底卸专用真空砂箱、三维变频振实台、雨淋加砂机等，砂箱采用蠕动式输送方式。砂处理系统最重要的环节是控制砂温，必须确保砂温≤40℃，目前最佳的设备是沸腾冷却床。

无论是机械化制作泡沫塑料模样还是手工制作泡沫塑料模样都离不开泡沫塑料模样组装这一重要的工序，这一工序的目的一是将分散的泡沫塑料模样块组装在一起；二是把浇注系统组装在铸件的泡沫塑料模样上；三是把许多中、小件组成装型簇，以便一箱多铸。

组箱造型工艺过程：选择黏结剂材料→检测黏结剂→检查黏结剂的颜色和均匀性→检查黏结剂的黏度、密度、软化点，参照 AST-MD2669 标准在 121℃时检测热力学黏度→模样分块检查→检查黏结面的质量→尺寸检查→模样分块组装→检查模样质量→检查黏结面质量→黏结剂的颜色检查。

6.3.2　实型铸造的铸件成形工艺

FMC 的蓝区就是树脂砂造型、再生系统，由于省去树脂砂制芯工部，故它比传统的树脂自硬砂工艺更为简化。FMC 更具优势，但要特别注意防止铸件变形、浇不足及夹渣等缺陷。

FMC 造型与木模造型工艺相同，模样放在砂箱中的位置应便于型砂的充填。对于有下凹和空槽的铸件，模样的开口部分应尽可能放置在上面和侧面，以利于流态砂的流动和充实，如果不得不放在下面，则在下凹或空凹等处必须人工轻轻地小心捣实、塞紧，以保证铸型部分有均匀足够的紧实度，对于大型铸件、特大型铸件，则在砂箱内逐步分层充实，可浇几吨、几十吨铸钢件。实型铸造的铸件成形工艺要注意五个重点工序的质量控制。

（1）实型铸造模样工序　实型铸造应该把好三道关：首先是泡沫塑料板材质量关。板材应满足一定的密度要求（17～20kg/m³），具有强度高、比重轻、发气量小的优点，且无明显疵点。制作之前应充分烘干，防止铸件气孔的产生。其次，严格按照图样制作，根据有关标准预留加工余量和收缩率，保证重要使用面的技术要求。模样组装黏结时，在保证强度的前提下，尽量减少黏结剂的用量，防止铸件气孔的产生，并采取自检、互检及终检，确保模样

制作的准确无误，最后模样制作完，表面应用砂纸抛光，保证表面粗糙度。

（2）实型铸造的涂料工序　实型铸造的涂料对铸件质量的影响，主要表现在涂料质量和生产过程中涂刷的质量。对于涂料自身的要求，主要是与聚苯乙烯塑料模样的附着力及与呋喃树脂的结合强度。其次是涂料的透气性和耐火度。前者要求涂料能较好地黏附在模样表面，不产生脱壳、脱落，并与铸型有一定的结合力，在金属液浇注充型过程中，不被金属液冲走，后者要求涂料在浇注时的透气性，排出汽化气体，并保证隔离开金属液不渗漏，以获得表面光洁的铸件。

（3）实型铸造的造型工序　由于生产的大型铸件居多，考虑泡沫塑料模样的发气量大，采取在模样下面的砂子里加排气管引出排气等手段，防止排气不畅所产生的崩箱、跑火等现象的发生。同时，实型铸造是采用呋喃树脂和苯磺酸反应固化，由于它们对设备腐蚀较严重，有时会产生树脂泵和酸泵的偷停现象，致使树脂和酸混不到型砂里，产生塌箱。

铸件的造型位置，浇冒口系统形状、大小、安放位置，对金属液的阻挡、排放能力，铸型的透气、排气效果，都是实型铸造工艺应该认真解决好的具体问题。实型铸造与传统砂型铸造的本质区别在于有聚苯乙烯泡沫塑料模样埋在铸型中，在浇注金属液过程中，模样液化、汽化，产生实型铸造独有的特殊性。这就需要实型铸造进行有其特色的工艺分析和相应的工艺设计。如何处理好聚苯乙烯泡沫塑料模样的液化、汽化及其排放是实型铸造工艺的关键，造型工艺要给予特殊关照。一个正确的工艺分析，对于获得完美的铸件至关重要。应该做好的就是选择合适的铸件造型位置，确定合理的浇冒口系统的形状、大小、安放位置，实现金属液浇注充型过程中，对金属液能适当阻挡、排放，金属液充型有序，能够使模样液化、汽化有序，脏冷的金属液和浇注过程中产生的熔渣、有害杂质都能被阻挡和排放到铸件外。为使铸型透气性适度，排气顺畅，铸造工艺设计时应采取相应工艺措施来满足这些工艺条件，才能生产出理想的铸件。

在进行铸造工艺制定时要考虑模样液化、汽化状态和顺序，实现模样液化、汽化有序和充分彻底。对于铸件造型位置的确定，主要是满足铸件使用要求和铸件生产操作方便。在确定浇冒口系统形状，大小，安放位置，阻挡渣、排气能力时，要考虑铸型的热量分布。浇注系统的设计要补缩、排渣、排放冷铁液、排气，调节型腔内热量分布，调整铸件凝固方式。设计好实型铸造生产的浇冒口系统，是处理好聚苯乙烯泡沫塑料模样液化、汽化、阻挡渣、排放，获得完美铸件的重要工艺措施。

应用呋喃自硬砂造型，铸型的刚度、强度及透气性都较好，这就给优先选择模样液化、汽化状态和顺序排放创造了较方便的条件。针对生产的汽车覆盖件模具，大部分质量集中在下部（即型面处），采取顶注模样液化、汽化完全充分，排放也较方便。补缩性较好，便于实现顺序凝固，节省了浇、冒口用量，提高了工艺出品率。对涂料强度要求较高时，浇注系统采用开放式，即横浇道要能挡渣、集气，并在横浇道端部设集渣包，既阻挡渣又缓压。当然，侧注、阶梯浇注使用也较广泛，完全底注式则极少采用。

（4）合金熔炼及实型铸造的浇注　合格的合金成分是铸件合格质量的基本保证，由于实型铸造模样汽化需要吸收一定热量，浇注温度明显高一些，要比传统铸造方法高 30~50℃，否则，模样就会汽化不良，铸件出现表面质量问题。冲天炉熔炼，中频保温炉调质、提温，充分保证了铁液的质量和浇注温度，高温铁液是保证铸件表面质量和内在质量的重要手段。

实型铸造生产中的合金浇注要注意泡沫塑料模样的液化、汽化状态和产物。其中液化、汽化吸热，同时在型腔内产生压力是最值得注意和必须适应的特点。浇注速度要适当，快了不行，慢了也不行，要视模样汽化、排气的情况而定。要掌握浇注速度，随流浇注，注意聚苯乙烯泡沫塑料模样导热性差。在浇注过程中模样的液化、汽化过程有先后顺序，同时，封闭的铸型内，模样汽化，在铸型内产生气体压力，这也是实型铸造的重要特性。造型工艺必须顺应其规律适当引导。在浇注上，根据电源短路原理，在模样的关键位置相邻安放两条导线，一旦铁液到过此处，报警器就会自动响起来，从而便于控制浇注速度。在浇满前的短暂时间内要缓流，在浇满型腔后还要用小流，继续点浇。这样浇注的主要目的是排渣、放流、放气，争取获得轮廓形状清晰的铸件。

（5）铸件打箱　根据铸件的大小、薄厚设定保温时间，严格控制打箱温度，由于大铸件外形轮廓尺寸较大，且结构各有特点，有的壁厚薄差别较大，打箱过早应力较大，容易产生开裂。由于树脂砂铸件的冷却速度较慢，具有缓冷特点，产生白口的倾向性较小，只要有足够的保温时间，铸造应力较小，变形较小。生产 8.3m 长的球墨铸铁床身，完全冷却后整体长度上的水平变形仅有 4mm。

6.4　消失模铸造及实型铸造的典型工艺质量控制

6.4.1　消失模铸造铸件工艺质量控制要点

1. 原辅材料的优化控制

消失模铸造生产需要的原辅材料大致分为模样原辅材料、干砂原辅材料、涂料原辅材料、合金熔炼原辅材料等。由于消失模铸造工艺是一项系统工程，原辅材料的选择尤为重要。控制各种原辅材料的质量和参数是消失模铸造的关键环节。

模样材料通常称之为珠粒，铸造上采用的珠粒一般分为两种类型，即聚苯乙烯（EPS）珠粒和聚甲基丙烯酸甲酯（PMMA）珠粒，二者都属于高分子材料。还有一种 EPS + PMMA 的聚合物 STMMA。对于低碳钢铸件，模样材料中的碳易使铸件表面产生增碳现象，从而导致各种碳缺陷。其中 EPS、STMMA、PMMA 对铸件的增碳影响程度依次减小。模样的密度是其发气量的重要控制参数，上述三种材料的发气量从小到大依次为 EPS、STMMA、PMMA。珠粒的尺寸应根据所生产铸件的壁厚选择，一般情况下厚大铸件选用较粗粒径的珠粒，薄壁铸件选用较细粒径的珠粒，使铸件最薄部位保持三个珠粒以上为宜。

模样材料的预发泡和成形控制也是技术成功的一个关键。一般情况下预发泡珠粒的密度控制在约 $24 \sim 30kg/m^3$ 范围内，其体积约为原珠粒体积的 30 倍。成形模样的密度控制在约 $20 \sim 25kg/m^3$ 范围内。

干砂是消失模铸造的造型材料，选择干砂应与生产的铸件材质有关，高温合金采用耐火度较高、颗粒较粗的干砂。干砂主要使用天然硅砂，应去除砂中的铁渣、粉尘和水分，并保持使用温度不高于50℃。

2. 涂料制配的控制

涂料是消失模铸造中必不可少的原料，现在许多铸造厂采用自制涂料。涂料的主要作用是提高模样的强度和刚度、防止破坏或变形，隔离金属液和铸型，排除模样汽化产物，保证铸件表面质量等。消失模涂料中耐火骨料主要有锆石粉、铝矾土、棕刚玉粉、硅粉、滑石粉、莫来石粉、蓝晶石粉、云母粉等。其粒径级配应兼顾防止黏砂和高温透气性，粒形有利于提高透气性，通常选择一定数量的球状颗粒，有利于模样汽化后气体的逸出或模样不完全分解的液化产物的排除。

消失模铸造涂料的载液多采用水基，其黏结剂主要包括黏土、水玻璃、糖浆、纸浆废液、白乳胶、硅溶胶等。在选择黏结剂时应考虑以下几个方面因素：高温发气性；涂挂性；涂层强度和刚度；侵蚀模样性等。悬浮剂用于防止涂料发生沉积、分层、结块，使涂料具有触变性。一般可采用膨润土、凹凸棒石黏土、有机高分子化合物及其复合体等。消失模涂料中还需添加表面活性剂，以增加涂料的涂挂性，提高涂料与模样表面的亲和性和结合强度。常加入其他添加剂，如消泡剂、减水剂、防腐剂、颜料等。要求涂层具有良好的强度、透气性、耐火度、绝热性、耐急冷急热性、吸湿性、清理性、涂挂性、悬浮性等。综合起来主要包括工作性能和工艺性能。

涂料的工作性能包括强度、透气性、耐火度、绝热性、耐急冷急热性等，主要是在浇注和冷却过程中应具有的性能，其中最重要的是强度和透气性。涂料的工艺性能包括涂挂性、悬浮性等，主要是在涂挂操作中所要求的性能。一般消失模铸造多采用水基涂料，涂料与模样一般不润湿，从而要求改进水基涂料的涂挂性。涂挂性是指模样涂挂涂料后一般需要悬挂干燥，希望涂料在涂挂后尽快达到不滴不淌的状态，确保涂料层的均匀性，减少环境污染。悬浮性是指涂料在使用过程中，涂料保持密度的均匀性，不发生沉积现象。

涂料的制配工艺控制是涂料技术的关键环节。国产涂料多采用碾混、辊混或搅拌工艺。

由于不同的合金对涂料的作用情况不同，要根据合金种类的不同研制相应的涂料，如铸铁涂料、铸钢涂料、有色合金涂料等。在涂料配置和混制过程中，应尽量使用合理的骨料级配，使骨料和黏结剂及其他添加剂混合均匀。除了涂料性能要求外，涂覆和烘干工艺对生产也具有一定影响。生产上多采用浸涂，最好是一次完成。也可以分两次涂覆，每次涂覆后要进行烘干，烘干时注意烘干温度的均匀性和烘干时间，保证涂层干燥彻底而不开裂。

消失模铸造用涂料的特点如下：

1）涂挂性。能够很容易浸涂或刷涂在模样的表面上，干燥、烘干后不分离起壳。

2）流动性。模样涂层表面要光洁平整，表面粗糙度、薄厚要均匀、一致。

3）光洁性。模样表面粗糙度影响铸件表面的粗糙度，模样表面务必涂覆专用模样表面修补涂料，光洁平滑涂膜（涂料）。然后再涂挂耐火骨料的涂料，且与模样能一起完全汽化。

表面光洁涂料和耐火涂料必须满足消失模工艺的要求。尤其是耐火涂料除了要满足铸造工艺对涂料的要求外，干燥烘干后还必须具备一定的刚度、强度，模样分解时有利于气体的迅速排除。所以，对不同铸造合金务必选择匹配的原料和涂料制作工艺与涂挂的操作工艺，这样才能防止因涂料引发的各种缺陷。

3. 消失模铸造工艺控制

消失模铸造工艺包括浇冒口系统设计、浇注温度控制、浇注操作控制、负压控制等。

浇注系统在消失模铸造工艺中具有十分重要的地位，是铸件生产成败的关键。在浇注系统设计时，由于模样簇的存在，使得金属液浇入后的行为与砂型铸造有很大的不同。因此浇注系统设计必定与砂型铸造有一定的区别。在设计浇注系统各部分截面尺寸时，应考虑消失模铸造金属液浇注时由于模样存在而产生的阻力，最小阻流面积应略大于砂型铸造。

由于铸件品种繁多、形状各异，每个铸件的具体生产工艺都有各自的特点，这些因素都直接影响到浇注系统设计结果的准确性。针对中小铸件可按铸件生产工艺特点进行分类，见表 6-19。模样簇组合方式可基本反映铸件的特点，以及铸件的补缩形式。浇注系统各部分截面尺寸与铸件大小、模样簇组合方式及每箱件数都有关系。设计新铸件的工艺应根据铸件特征，参照同类铸件浇注系统特点有针对性地进行计算。

表 6-19　铸件分类

模样簇组合方式	应用范围	补缩方式
一箱一件	较大的铸件	冒口补缩
组合在直浇道上（无横浇道）	小型铸件	直浇道（或冒口）补缩
组合在横浇道上	小型铸件	横浇道（或冒口）补缩
组合在冒口上	小型铸件	冒口补缩

因为模样的存在，在浇注过程中模样汽化需要吸收热量，所以消失模铸造的浇注温度应略高于砂型铸造。对于不同的合金材料，与砂型铸造相比消失模铸造浇注温度一般控制在高于砂型铸造 30~50℃。这高出 30~50℃ 的金属液的热量可满足模样汽化的需要。浇注温度过低铸件容易产生浇不足、冷隔、皱皮等缺陷；浇注温度过高铸件容易产生黏砂等缺陷。

消失模铸造浇注操作最忌讳的是断续浇注，这样容易使铸件产生冷隔缺陷，即先浇入的金属液温度降低，导致与后浇注的金属液之间产生冷隔。消失模铸造浇注系统多采用封闭式浇注系统，以保持浇注的平稳性。对此，浇口杯的形式与浇注操作是否平稳关系密切。浇注时应保持浇口杯内液面稳定，使浇注动压头平稳。

4. 消失模铸造的干砂和造型设备、砂处理、真空稳压

消失模铸造干砂造型是将模样埋入到砂箱中，在振实台上进行振动紧实，保证模样周围干砂充填到位并获得一定的紧实度，使型砂具有足够的强度抵抗金属液的冲击和压力。干砂造型第一步是向砂箱中加入干砂，加砂时为保证干砂的充填到位，首先在砂箱中加入一定厚度的底砂并振动紧实，然后放入模样簇再加入一定厚度的干砂，将模样簇埋入三分之一到二分之一，再进行适当振动，以促使干砂向模样内腔充填。最后填满砂箱进行振动，振动时间不宜过长，以保证模样不出现损坏和变形，同时保证涂料层不发生脱落和裂纹。

振动参数应根据铸件结构和模样簇形式进行选择，对于多数铸件，一般应采用垂直单向振动，对于结构比较复杂的铸件，可考虑采用单向水平振动或二维和三维振动。振动强度的大小对干砂造型影响较大，用振动加速度表示振动强度。对于一般复杂程度的铸件和模样簇，振动加速度在 $10~20m/s^2$ 范围内。振幅是影响模样保持一定刚度的重要振动参数，消失模铸造振幅一般在 $0.5~1mm$ 范围内。振动时间的选择比较微妙，应结合铸件和模样簇结构进行选择。总体上振动时间约控制在 $1~5min$ 范围内为宜。同时底砂、模样簇埋入一半时的振动时间尽量要短，可选择 $1~2min$，模样簇全部埋入后的振动时间一般控制在 $2~3min$ 即可。

（1）消失模铸造的干砂和造型的振实台

1）干砂。干砂的性能包括原砂的成分、形状、颗粒度和洁净度（含泥量和其他杂质的多少）。干砂的型砂中没有黏结剂、水分和添加剂及附加物。

① 耐火度。干砂的耐火度取决于干砂的种类和成分。一般硅砂（黄砂）多用于铸铁件。对于铸钢件和合金温度较高或壁厚较大的铸件宜用锆砂，对于高锰钢铸件宜用镁砂或镁橄榄石砂。

② 透气性。干砂的透气性取决于颗粒的大小。粒径大的透气性好，粒径小的透气性差。粒形以圆形的为好，多角菱形的较差。大件宜用 20/40 目（或 <20 目更粗一些），小件宜用 40/70 目（或 >70 目更细一些）。

③ 水分和温度。

a. 水分：干砂中水分应小于 1%（质量分数，下同）。水分太多极易引发许多铸造缺陷，如反喷、气孔、表面微孔等。

b. 消失模铸造干砂的温度（经浇注后砂处理温度）应低于 30 ~ 50℃，砂温太高易使模样在造型振实过程中发生变形、扭曲、凹陷。

④ 消失模铸造的紧实度。干砂的紧实度取决于干砂的密度和充填方式（振动强度）、干砂的粒形和粒度（粗细），并直接影响着真空泵抽气的透气性，影响铸件表面的炭黑、增碳等。

2）消失模铸造造型的振实台。振实台的作用是使干砂产生无定向振动，充满模样（组串、簇群）内外，达到一定的紧实度的型砂，不损害模样的状态。

① 消失模铸造的有效振动。振动造型时要只紧实干砂又不损害模样。采用高频低幅振动，频率为 30 ~ 80Hz，并根据不同的模样的不同布置选择并在充型过程中调整频率。振幅一般为 0.5 ~ 1.5mm，振动加速度为 10 ~ 20m/s^2。

② EPC 的振动模式。根据模样的不同（不同铸件）应有各种振动模式。垂直振动和两个方向的水平振动，可以采用一个方向的振动（如平衬板垂直布置、磨球组串），也可采用三个方向振动（三维振动、上下左右前后同时振动，适合于阀体、六通、复杂泵体等）。

③ 组构的弹性支撑能力。振实台支撑力应大于砂箱 + 型砂 + 台面的质量总和。如果振实台的举重力（支撑力）小于工作时的总质量之和，则影响造型或根本无法成形，甚至松散干砂，严重影响铸件质量。

振实台激振器要具有足够的激振力，使其达到要求的振幅和振动加速度。激振源应多点设置，以产生三维方向的往复式（无方向性）振动，以免造成形砂定向流动，致使模样受损及变形。

④ 消失模铸造振实台的性能。消失模铸造振实台应有足够的强度、刚度并具有抗振动疲劳的结构措施，台面有适合砂箱尺寸和装卡砂箱的机构，振动造型操作时噪声要小。

（2）消失模铸造的砂处理　消失模铸造干砂粉尘较大、降温慢、人工填砂工作强度大，

要实现连续式快速生产必须有砂处理系统及设备。

对型砂要筛分除块、除粉尘，使干砂保持良好的粒度状态，磁选去除金属夹杂物，干砂降温至 50℃以下。干砂的输送量大，也需要使用输送设备（提升、储存砂斗等）。

主要设备：筛分机、磁选机、冷却设备、水平输送机、斗提储砂斗、加砂器等。

经处理后的干砂质量（颗粒度、粉尘含量和水分等）和温度直接影响造型质量，从而影响铸件缺陷。

（3）真空稳压系统　负压是黑色合金消失模铸造的必要措施，是增加砂型强度和刚度的重要保证措施，同时也是将模样汽化产物排除的主要措施。负压的大小及保持时间与铸件材质和模样簇结构及涂料有关。对于透气性较好、涂层厚度小于 1mm 的模样，对铸铁件真空度大小一般在 0.04 ~ 0.06MPa 范围内，对于铸钢件取其上限。对于铸铝件真空度大小一般控制在 0.02 ~ 0.03MPa 范围内。负压保持时间依模样簇结构而定，每箱中模样簇数量较大的情况，可适当延长负压保持时间。一般是在铸件表层凝固结壳达到一定厚度后即可去负压。对于涂层较厚及涂料透气性较差的情况，可适当增大负压及保持时间。

1）真空稳压系统作用与要求。

① 真空稳压系统的作用。真空稳压系统为干砂负压砂箱提供稳定的负压场（真空度），使干砂在大气压力作用下定型。同时在浇注过程中将模样汽化、裂解产生的气体抽走，保证浇注顺利有序地进行。

② 真空稳压系统的要求。真空泵功率大小要与浇注时所连接的砂箱多少相匹配，尤其是模样（EPS 或 PMMA）的发气量相配合；为确保负压值平衡，要有足够的稳压空间和装置，且能准确地显示系统各部分的负压值，并能进行有效地调整。模样（EPS、PMMA）的高温裂解气体（有机有害气体）应能集中做无害处理。

2）真空稳压系统组成及操作。

① 组成。真空稳压系统由水环式真空泵、气水分离器、稳压过滤器、分配阀、真空胶管

等组成。砂箱（结构必须与工艺相匹配）自动线采用气动或机械装置，使真空稳压系统胶管与砂箱真空接口对接。自由工位时由人工插接真空胶管。

②操作。浇注时砂箱中充满紧实后的干砂，砂粒之间的气体约占砂箱容积内气体的30%。还有模样在高温金属的热冲击下迅速分解、裂解形成的大量气体，直浇道随流股带入的气体及上面密封塑料薄膜泄漏渗透进砂箱内的气体等。因此，选用的真空泵抽气量要大，对其真空度的精确度要求不是很高。决定真空泵的抽气量时要考虑的因素包括：浇注铸件模样的大小、数量、珠粒材料（EPS 或 PMMA）、合金材质（钢、铁、铜、铝等）、砂箱大小、同时浇注的砂箱数量等。消失模铸造最适用的真空泵是水环式真空泵，它抽气量大，可达到0.08MPa 以上，可在粉尘、烟气严重的条件下工作。浇注大型铸件或特大型铸件时，可采用两套稳压系统并联使用，浇注小铸件时使用一套稳压系统。浇注大型铸件、特大型铸件时，即使有一套稳压系统出现故障，另一套还可继续工作，以免迫使浇注终止而使铸件报废。

如果真空稳压系统不匹配，浇注时产生的气体不能及时排出，或真空系统出现故障，真空泵无法吸走气体，整个铸件表面就会发黑。

3）浇注系统及浇注工艺。

①浇注系统。消失模铸造铸铁件的浇注系统设置，既具有砂型铸造工艺的普遍性，又具有熔模铸造（组串、簇模组）的特性，更要满足模样（EPS 和 PMMA）在高温合金液流股的热冲击下因熔解、裂解、分解而产生的气体和残留物的透出和集结。浇冒系统的设计要使合金充型达到完美铸件的要求，并符合合金的凝固特性。

对于要求顺序凝固的铸件，冒口应设置在铸件的最高位置，以便起到补缩、集渣、集气的作用，冒口形状以球形、半球形、圆柱形（体积/表面积值较大的形状为佳，散热要慢）为主，也可设置多个冒口分散补缩。对于均衡化凝固的铸件，无须设置冒口，但必须根据模样分解、裂解、熔解的特点判断，也可设置集渣小冒口，仅起集渣、集气的作用（应放置在

残渣较集中，尤其是还未完全分解、裂解、熔解的泡沫塑料 EPS 的黏稠黑渣、气量集中的位置或死角顶端）。浇注系统设置以不使模样和涂料残余杂物进入铸件（内部或外表）为宜。

②浇注工艺。在浇注过程中金属液、模样及涂料、干砂铸型三者之间的相互作用和真空负压的作用，使其浇注工艺更为复杂。

a. 浇注温度。在金属液充型过程中，随着模样的汽化，势必会降低温度，从而影响充型速度。为了有足够的温度来汽化模样而不影响充型，浇注铸铁件时浇注温度要比砂型铸造提高 20～80℃，对铸钢件要提高 30～50℃，对有色合金铸件要提高 20～50℃。浇注温度对铸件质量最为敏感的是铸铁件，尤其是对一些复杂、要求高及薄壁铸铁件（球墨铸铁件为甚）更是如此。如模样密度小于 $20kg/m^3$ 的，其浇注温度要提高 20～50℃；模样密度小于 $30kg/m^3$ 的，浇注温度提高 40～80℃为宜。浇注温度不足容易引起皱皮，过高又易引发黏砂。

b. 浇注速度。较适宜的浇注速度应使金属液在铸型中充填速度等于或接近于模样的汽化速度。开始时流股过快、过急极易引起反喷、飞溅，流股过快过急还容易使铸型受到冲击，引起湍流，导致铸件出现气孔和夹渣、夹杂等缺陷。流股太慢或时断时续则极易引起冷隔、浇不足、对火或皱皮、积炭等缺陷，甚至塌型。

c. 浇注方式和浇包。

浇注方式：在消失模铸造工艺中浇注时使用较大的浇口杯，可防止浇注过程中出现断流而使铸型塌散，保持一定静压头达到流股稳定快速。浇口杯一般采用砂型制作，也可采用过滤网起到保护直浇道和过滤夹渣夹杂的作用。采用自动浇注机有利于稳定浇注速度，并可调整浇注速度的快慢。如采用加压方法从铸型底部充填金属液；采用真空技术将金属液吸入铸型等。手工浇注不利于控制，受操作的熟练程度和使用的浇包影响。浇包有旋转浇包和底漏浇包两种。

旋转浇包：浇包转动装置有蜗轮蜗杆式和行星齿轮式，后者更便于操作，可靠安全。其操作便于控制金属液的流速，靠倾转角度控制

流股，但浇包铁液表面浮渣，杂质极易同时被夹带随流进入型腔，所以必须注意挡渣、撇渣、排渣，以免引起铸件出现夹渣、夹杂等缺陷。

底漏浇包：由于金属液由浇包底部进入铸型，其金属液比较干净，保温效果好，热量损失小，压头大，流股速度快。其缺点是底包漏孔直径一定，难以控制金属液的流速（流量），底孔、塞杆要经常维修、更换。

对于消失模铸造是采用转包、茶壶包，还是底漏浇包，要由各厂的条件和铸件的特点决定。对于一般中小铸件，大多数厂都采用转包。

浇注温度、浇注速度和浇注方式是影响消失模铸件浇注的三个主要因素，既各自独立又彼此相互作用，可以互补。在实际生产中要根据铸件的种类、形状、大小、要求和工厂实际条件综合考虑，确定合适的浇注工艺，避免出现铸件缺陷。

4）真空度控制和停泵。

① 真空度对铸件质量的影响。对于消失模铸造工艺，真空度是最基本，也是最重要的因素。在消失模铸造工艺浇注过程中，负压的作用是紧实干砂铸型，防止冲砂、崩散及型壁移动；加快排气速度和排气量，降低金属液与模样界面气压，加快流股前沿的推进速度，提高充型能力，有利于减少铸件表面炭黑缺陷；抑制模样材料的燃烧，促使其汽化，改善环境；增加流股的流动性、成形性，使铸件轮廓更清晰、分明。

过度提高真空度，使流股穿透力显著提高，涂过涂料层会使铸件产生针刺、黏砂、结疤等缺陷。所以，对真空度的大小必须综合考虑加以控制。

② 砂箱内真空度下降的原因。在浇注时，从真空表上显示的真空度并不表示砂箱内的实际真空度，砂箱内的真空度会有一定程度的下降，原因如下：

a. 在浇注时，金属液流股溢出、飞溅，将上面的密封塑料薄膜烧穿，破坏砂箱内的密封状态；浇注开始时，直浇道没有被流股封住，吸入的空气受热发生膨胀。

b. 模样在流股的热冲击下突然产生大量的气体，透过涂层经干砂间隙从抽气室被真空泵吸出，需要经过一段距离和一定时间，此时砂箱内的真空度下降到最低值。随后，在砂箱恢复新的密封状态后，真空度又慢慢上升，直至浇注完毕，又基本恢复到初时的真空度。

在浇注过程中，铸铁件的真空度应不低于 0.015MPa，最好控制在 0.02MPa 以上，决不能出现正压状态，即控制阀门调节真空度，保持浇注过程的最低真空度。应采用抽气量大的真空泵，以便满足浇注时的抽气量，它与真空度是密切相关的。为保证真空度和抽气量之间的稳定和自行调节，可设置大储量的真空罐（带调压阀）来保证。

c. 停泵。所谓停泵时间，是指从浇注结束到撤除真空的这段时间。由于流股浇入模样汽化吸热和铸型的散热冷却作用，金属液在铸型中迅速冷却下来。当铸件表面结壳（铸造外壳）达到一定的厚度和强度（刚度）时，就可停泵释放真空，使铸件处于自由收缩状态，以减少铸造应力。停泵过早过快，铸件表面仍处在红热塑性低强度阶段，容易发生涨砂变形，影响铸件的尺寸精度；反之，停泵太晚，干砂铸型强度比砂型高（坚硬），铸件收缩受阻，增大铸造应力，引发热裂，甚至真空泵吸气过大局部吸冷铸件，引发冷却不均匀而产生裂纹。停泵时间可根据各厂具体情况，从实际初发加以调整。

在消失模铸造工艺中，引发铸件产生的缺陷，除上述这些主要因素外，在生产线上，如砂箱结构、气室、吸气口布置与铸件结构、合金种类等不匹配也会引发铸造缺陷；甚至在潮湿多雨的梅雨天、雪天，容易发生模样涂料层吸潮、干砂吸湿等，也会引发铸件缺陷。

5. 消失模铸造模样常见缺陷及防止

1）消失模铸造模样成形不完整，轮廓不明显、清晰。

产生原因：成形时珠粒量不足，未填满模具模腔或珠粒充填不均匀；珠粒粒度不合适，不均匀；模具模腔的分布、结构不合适；操作时珠粒进料不规范。

克服办法：珠粒大小要与铸件壁厚匹配，

薄壁模样应用小珠粒（最好用 PMMA、STMMA 珠粒）；调整模具模腔内部结构及通气孔的布置、大小、数量；手工填料时，适当振动或手工辅助填料；用压缩空气喷枪填料时应适当提高压力和调整进料方向。

2）消失模铸造模样融合不良，组合松散。

产生原因：蒸汽热量和温度不够，熟化时间过长；珠粒粒度预发泡太小或发泡剂含量太少；珠粒充型不均匀或未充满模具模腔。

克服办法：控制预发泡珠粒的相对密度，控制熟化；增加蒸汽的温度、时间和压力。

3）泡沫塑料模样外表正常，内部呈现颗粒未融结。

产生原因：蒸汽压力不足，未能进入模具模腔中心或模腔内充斥着冷空气；成形加热时间短，发泡剂含量太少；珠粒过期变质。

克服办法：提高模具的预热温度，使模具温度整体均匀；提高蒸汽压力，延长成形时间；控制珠粒的熟化时间及发泡剂用量；选用保质的珠粒。

4）泡沫塑料模样熔融、软化。

产生原因：成形温度过高，超过了珠粒的工艺规范；成形发泡时间太长；模具模腔通气孔太多、太大。

克服办法：降低成形发泡温度、压力；缩短成形发泡时间；调整模具模腔通气孔的大小、数量和分布。

5）泡沫塑料模样增大，膨胀变形。

产生原因：模具未充分冷却，温度过高；模样脱模过早、过快。

克服办法：冷却模具，使其不烫手；控制脱模时间。

6）泡沫塑料模样大平面收缩。

产生原因：冷却速度太快，时间太短；成形时间过长，导致模样大面积过热；模具过热。

克服办法：控制冷却速度、冷却时间；减少成形时间；将模样放入烘箱（40～50℃）内进行后进行处理促其均匀，使其不致收缩过甚而凹陷。

7）泡沫塑料模样局部收缩。

产生原因：加料不均匀；冷却不均匀；模具结构不合理或模具在蒸缸中放置不当，局部正对着蒸汽进口的过热区。

克服办法：控制加料均匀；调整模具壁厚和通气孔大小、数量和分布位置，以此控制冷却速度，使模具冷速均匀；改变模具在蒸缸中的位置，避免局部位置正对着蒸汽进口过热处。

8）泡沫塑料模样表面颗粒凸出。

产生原因：成形发泡时间过长；模具冷却速度太快。

克服办法：缩短成形发泡时间；降低模具冷却速度或在空气中缓冷；保证珠粒的质量。

9）泡沫塑料模样表面颗粒凹陷、粗糙不平。

产生原因：成形发泡时间太短；违反预发和熟化规范；发泡剂加入量太少；模具模腔通气孔大小、数量和分布不合理。

克服办法：延长成形发泡时间；缩短预发泡时间，降低成形加热温度，延长珠粒的熟化时间；使用干燥的珠粒或合格的珠粒；模具模腔通气孔的大小、数量、分布要合理。

10）泡沫塑料模样脱皮（剥层），微孔显露。

产生原因：模样与模具模腔表面发生黏结胶着。

克服办法：使用适当的脱模剂或润滑剂（如甲基硅油）。

11）泡沫塑料模样变形、损坏。

产生原因：模具工作表面没有润滑剂，甚至粗糙；模具结构不合理或取模工艺不当；冷却时间不够。

克服办法：及时加润滑油，保证模具工作表面光滑；修改模具结构、脱模斜度、取模工艺；延长模具冷却时间。

12）泡沫塑料模样飞边、毛刺。

产生原因：模具在分型面处配合不严或操作时未将模具锁紧闭合。

克服办法：模具分型面配合务必严密；飞边可削去或用砂纸磨光（但务必保持模样尺寸）。

13）泡沫塑料模样含冷凝水。

产生原因：颗粒融结不完全；冷却时水压

过高、时间过长；发泡珠粒较粗，成形加热时破裂成孔。

克服办法：成形加热时蒸汽压力要适当；调整冷却水的压力和通水时间；将模样放置在50~60℃的烘箱或干燥室热空气中进行干燥处理。

要保证消失模铸件的质量，必须使用合格的模样，模样的质量与珠粒材料（EPS、PMMA、STMMA）、模具、发泡工艺、成形设备和操作工艺等密切相关，任何参数和工艺操作都不能有问题。

总之，消失模铸造工艺是一个系统过程、系统工艺，务必从严管理各工序岗位，要进行全程记录，以便发现缺陷后及时分析寻找主要原因加以防止（克服），这样才能稳定地获得合格铸件。至于消失模铸造引起的铸件内在质量，包括力学性能、化学成分、金相组织等内部缺陷，则要针对具体铸件合金种类、铸件结构、消失模铸造工艺，通过调整化学成分、冷却速度（停泵开箱时间）、消失模铸造工艺、型内变质细化组织和合金化处理等方法加以克服。

6.4.2 呋喃树脂砂实型铸造铸件工艺质量控制要点

用呋喃树脂砂实型铸造生产的铸件，尺寸精确、表面光洁、棱角清晰、不合格品率低，并能节约造型工时、提高生产效率、改善劳动条件和生产环境。加强过程控制和现场管理，是提高产品质量的根本。

1. 铸造工艺质量的控制

1）树脂砂的特点是瞬间发气量大，高温溃散性好，易产生气孔、夹渣和冲砂缺陷，在设计浇注系统时，应坚持快速、平稳、分散的浇注原则，浇注系统的截面面积要比黏土砂工艺稍大一些，内浇道要分散放置。为提高挡渣能力，可在浇注系统中放置纤维过滤网或陶瓷过滤网；为避免冲砂，在大中型铸件的生产中，应采用陶瓷管做直浇道，直浇道下应放置耐火砖或陶瓷片。

2）树脂砂强度高、刚性好，铸件不易产生缩孔缺陷，故应采用相对较高的浇注温度，

以避免出现气孔和夹渣缺陷，厚大铸铁件的浇注温度也不应低于1320℃。

3）对于关键铸件，应制订详细的操作说明和生产注意事项，并在投产前向造型工进行宣贯，产品投产后，主管工艺员要现场跟踪，指导造型工人按工艺规范操作，以减少因操作失误造成的不合格品。

2. 型砂质量的控制

（1）原辅材料的选择及要求

1）原砂。树脂砂工艺对原砂的要求很高，我国北方地区只有大林、围场、乌海等地生产的擦洗砂能满足使用要求，原砂的粒度应根据主要产品的壁厚来确定，粒度为30/70目的烘干擦洗砂，其技术指标见表6-20。

表6-20 擦洗砂成分（质量分数）及技术指标

粒度	SiO₂含量	四筛含量	角形系数	含泥量	含水量
30/70目	>90%	>96%	≤1.3%	≤0.3%	≤0.3%

2）树脂、固化剂。国内生产树脂、固化剂的厂家很多，但具有自主研发能力、具备完善的检测设备和严密可靠的质量保证体系的厂家却屈指可数。济南圣泉集团股份有限公司生产的环保型呋喃树脂和磺酸固化剂，树脂加入量一般为原砂质量的0.9%~1.0%。呋喃树脂技术指标见表6-21。

表6-21 呋喃树脂技术指标

游离甲醛 （质量分数,%）	密度20℃ /(g/cm³)	黏度20℃ /(mPa·s)	含氮量 /(质量分数,%)
≤0.05	1.15~1.20	≤20	2.5~3.5

根据气温的变化，应选用不同总酸含量的磺酸固化剂，固化剂的加入量与固化剂的总酸含量、环境温度和型砂温度有直接关系，其加入量一般为树脂加入量的30%~65%。经过生产实践，初步确定了表6-22所示的固化剂总酸含量与环境温度的对应关系。

表6-22 固化剂总酸含量与环境温度的对应关系

环境温度/℃	0~10	10~20	20~30	30~40
固化剂总酸含量 （质量分数,%）	28~32	24~28	18~24	13~18

（2）型砂工艺参数的控制

1）可使用时间。通常把型砂24h的抗拉

强度只剩下 80% 的试样制作时间称为型砂的可使用时间。在生产过程中,将型砂表面开始固化的时间作为型砂的可使用时间,一般情况下,型砂的可使用时间应控制在 6~10min,对于大型铸型或砂芯,可使用时间可延长至 15min,可通过调整固化剂的加入量来控制型砂的可使用时间。

2)型砂强度。初强度是指型砂在 1h 的抗拉强度,型砂的初强度应控制在 1~4kg/cm²。终强度是指型砂在 24h 的抗拉强度,型砂的终强度应控制在 6~9kg/cm²,决不要追求过高的终强度,否则会增加树脂的加入量、生产成本和气孔缺陷倾向,同时也会给旧砂再生处理增加麻烦。

(3)再生砂的质量控制

1)灼烧减量的控制。灼烧减量是指旧砂经过再生后,残存在砂粒之间和砂粒表面的可燃物和可挥发物的含量。灼烧减量过高会增加型砂的发气量,一般应将再生砂的灼烧减量(质量分数)控制在 3% 以下。可通过补加新砂、向铸型中填充废砂块、降低砂铁比等手段降低灼烧减量。在正常情况下,再生砂的灼烧减量每两周检测一次,为保证检测的准确性,要求在砂温调节器上的筛网上,在不同的时间段分三次取样,以平均值作为判断依据。

2)微粉含量的控制。微粉含量是指再生砂中 140 目以下物质的含量。微粉含量越高,型砂的透气性越差,强度越低。要控制微粉含量,必须保证除尘器处于良好的工作状态,并每天定期反吹布袋,清理灰尘。再生砂的微粉含量每两周检测一次,微粉含量(质量分数)应≤0.8%。

3)砂温的控制。理想的砂温应控制在 15~30℃,如砂温超过 35℃,将使型砂的固化速度急剧加快,影响造型操作,导致型砂强度偏低,无法满足生产要求。在夏季环境温度最高会达到 40℃,在此情况下将砂温降到 30℃以下是十分困难的。因此必须采用水冷系统对再生砂进行降温。如果循环水的入水温度不高于 25℃,就能将砂温降到 32℃以下,当循环水的入水温度不低于 22℃时,降温效率将急剧下降,如配备冷冻机组,在炎热的夏季,可将循环水的入水温度控制在 7~12℃,砂温控制在 25~30℃。在冬季的正常生产情况下砂温不会低于 5℃,不会出现因砂温偏低而影响生产的情况。

3. 造型过程的质量控制

(1)混砂过程的质量控制

1)开机前应检查压缩空气压力是否满足使用要求,液料罐中的液料是否足够,并按规范要求对设备进行检查、润滑和液料回流。

2)按规范要求振打、反吹除尘布袋,及时清运除尘器中聚积的粉尘。

3)每天清理 1~2 次混砂槽,每次清理完成后都应在混砂槽内壁和刀杆、刀片上刷脱模剂。

4)混砂刀片的角度和刀片距混砂槽内衬的距离应符合规范要求。

5)当混砂槽内衬和混砂刀片因过度磨损而无法正常使用时,应及时更换。

6)当混砂过程出现异常时,应及时通知维修人员检修。

(2)冷铁使用过程的质量控制 使用醇基涂料时冷铁部位的涂料层不易点燃,极易在放置冷铁的部位产生蜂窝状气孔。为避免出现气孔缺陷,铸铁冷铁在使用的前一天或使用当天应进行抛丸处理,严禁使用表面锈蚀或有明显孔洞类缺陷的冷铁。冷铁在使用前应进行烘干处理,待使用的冷铁应放在支架上,以防吸潮。

(3)填砂过程的质量控制

1)潮湿的砂箱在使用前应进行烘干。

2)造型前应将模样底板垫平、垫实,避免造型填砂时底板变形。

3)当砂箱表面温度≥40℃时严禁造型填砂,否则与砂箱相接触的型砂会因固化速度过快,导致型砂强度急剧下降。

4)树脂砂虽然有良好的流动性,填砂时仍应用手或木棒对型砂进行紧实,以提高铸型的紧实度。特别是凹部、角部、活块、凸台下部以及浇注系统等部位必须舂实,否则容易产生机械黏砂和冲砂缺陷。

5)为降低生产成本,在吃砂量较大的空间应填充旧砂块,流到砂箱外面的型砂应作为背砂及时使用。

4. 熔注过程的质量控制

1）为了保证铁液的熔炼质量，采用冲天炉和工频感应炉双联熔炼工艺，用光谱仪现场测定铁液的化学成分，确保铁液成分符合工艺要求。

2）为了提高灰铸铁的强度、降低铁液的收缩倾向，配料时应加大废钢的使用量并在电炉内用增碳剂增碳。

3）由于树脂砂铸型的保温性能很好，厚大铸件为避免孕育衰退，对高牌号灰铸铁采用 Si-Sr-Ba 复合长效孕育剂孕育，对球墨铸铁采用 Si-Ba 复合长效孕育剂孕育处理。

4）为保证球墨铸铁质量的稳定性，所有球墨铸铁件均采用电炉熔炼，所用废钢均为碳素钢废钢；不同牌号的球墨铸铁采用不同型号的球化剂。为避免产生石墨漂浮和石墨变异，厚大球墨铸铁件均采用钇基重稀土球化剂。

5）因树脂砂发气量大，极易产生气孔和夹渣缺陷，故对熔注操作过程应严格控制，应坚持高温熔炼、适温浇注的原则。

6）应提高浇包的修砌质量，修包时应将包壁上黏附的熔渣清理干净，浇包在使用前应进行充分烘烤。应严格控制每包铁液的浇注数量，以保证浇注温度符合工艺要求，浇注前要认真扒渣，浇注时要精心操作，避免熔渣浇入铸型，避免铁液溢流过多。

7）应按规定的数量和规格浇注试棒并转移铸造标识号，认真、如实地填写浇注记录，确保浇注包次、浇注顺序、浇注温度、浇注时间与实际相符。

5. 清理过程的质量控制

应按工艺要求严格控制开箱时间，避免因开箱时间过早导致铸件变形，开箱时要精心操作，及时将定位销套、冷铁拣出。

铸件在脱箱后应进行预抛丸清理，以清除附着在铸件表面的浮砂，应根据铸件的结构确定吊挂方式和抛打时间，预抛后的铸件内外表面不应有明显的黏砂、氧化皮及铁锈。

清铲、打磨铸件时应选用合适的工具，清理冒口时应注意锤击方向，避免冒口根部挂肉。

对于非全加工的铸件，在清铲、打磨及热处理工序完成后应进行二次抛丸清理，清理后的铸件内外表面不应有黏砂、夹渣、氧化皮、铁锈及其他异物存在；抛丸清理后应将铸件中的铁丸清理干净。

喷漆前应将铸件上的砂子和浮灰清理干净，喷漆时漆膜厚度要均匀、致密，避免流痕，在油漆完全干燥前，严禁翻转和搬运铸件。

6. 落砂、再生过程的质量控制

为避免损伤铸件和砂箱，不允许将铸件带入落砂机，应尽量避免砂箱与落砂机台面的剧烈撞击，应及时将落砂机上的浇冒口、冷铁、定位销套等杂物清理干净。落砂时应避免将砂温不低于 150℃ 的型砂带入落砂机，以免损伤输送带。打箱时要将石墨冷铁及时从铸型中拣出，避免石墨冷铁表面氧化。

加新砂时严禁将湿砂加入提升机，如发现湿砂，应将其倒入落砂区并摊开，使其自然干燥。

砂再生系统起动前，操作者应将储气罐和油液分离器中的液体全部放出，并按规定给所有润滑点加油；除尘器每天起动前都应进行反吹，除尘系统运行正常后，方可起动砂再生系统。除尘布袋应定期更换。

如果砂温调节器的工作效能有所降低，就应该用压缩空气对砂温调节器进行反吹，将散热片上黏附的灰尘和杂物清理掉，必要时要对砂温调节器的水路系统进行除垢处理。

设备运行过程中操作者要加强巡视，如有异常，应及时通知维修人员检修。

7. 实型铸造质量控制经验

有的企业只储备一种型号的固化剂，在春秋季节由于气温变化无常，使用单一酸值的固化剂难以满足生产要求，导致型砂强度和可使用时间波动较大。为此，应同时储备两种酸值的固化剂，以适应气温的剧烈变化。在冬季由于保暖设施较差，铸造车间内环境温度低，在这种状况下如果使用和环境温度相同的凉砂箱造型，与砂箱接触的型砂固化速度十分缓慢，为了改善铸造车间的保暖条件，在必要时对凉砂箱进行预热，将填砂、造型时的砂箱温度控制在 10～20℃，保证冬季造型生产的正常进行。

对于生产数量较多的产品，在首次批量投产前，应进行工艺验证，避免产生批量不合品。在生产过程中如发现不合格品或铸造缺陷，应及时找出原因，对症下药，管理人员和技术人员应现场跟踪，保证各项改进措施能落到实处。

严格按计划组织生产，坚持均衡生产的原则，避免因生产组织不当造成不合格品。加强对设备的保养和维护，配备必要的备品、备件，认真贯彻执行设备点检制度，避免因设备停机造成的停产事故发生。

8. 树脂砂实型铸造设备选型注意的几个问题

除尘器的除尘能力至少要富余 40%；应选择合适的过滤风速；优先选用布袋除尘器，避免使用滤筒式除尘器。

1）落砂机不要安装在地坑内；振动电动机的位置应高于地面；振动电动机的密封装置要安全可靠。

2）在场地许可的情况下优先选用移动混砂机。混砂机的混砂槽应选用对开式结构；混砂槽内应附衬套；衬套应分成 2～3 节。在混砂机大臂驱动电动机上应安装变频软起动装置，避免混砂时因频繁换向导致减速机损坏。在带式输送机和斗式提升机的从动辊上应安装光电感应联锁保护装置，避免因传动带打滑导致型砂堆积。

3）砂温调节器的能力至少要富裕 20%；必要时应配备冷冻机。砂温调节器下部应安装反吹接头。应动态显示砂温调节器的进水和出水温度。

4）砂斗的储砂总量应满足 5 天以上的使用量。压缩空气的质量应满足使用要求。

5）安装设备时，应考虑设备的维修空间。

6.5　消失模铸造和实型铸造的典型大件工艺实例

20 世纪 90 年代我国国民经济得到快速发展，带动了实型铸造和消失模铸造技术的快速提高和生产的快速发展。由于这种新的铸造工艺所具有的特殊优点，使生产工艺路线变得简捷，生产周期缩短，铸件质量好而稳定，大量节省木材，生产过程清洁环保等，被广泛应用于汽车覆盖件模具、机床、矿山机械、化工机械等铸件毛坯的生产中。实型铸件和消失模铸件的材质已广泛应用于灰铸铁、低合金铸铁、铸钢、有色金属等方面。当今我国实型铸造和消失模铸造所用的原辅材料和各种生产装备均已实现了系列化和国产化。国内采用这种新工艺的铸造生产厂家快速增加，铸件产量大幅度提高。以河北省泊头市这个以铸造闻名的小城市为例，2010 年统计采用实型铸造和消失模铸造的专业铸造企业已达到 60 多家，同时采用普通砂型铸造和实型铸造及消失模铸造的企业占全市 500 余家铸造企业的 50%，其中采用实型铸造（FM 法）年产铸件 1 万～3 万 t 的企业有 5 家、年产 0.5 万～1 万 t 的铸造企业达 15 家以上，全市采用实型铸造和消失模铸造的铸件年产量达到 25 万 t，2011 年达到 28 万 t。近十年来，采用实型铸造和消失模铸造生产的铸件产量每年以 20% 的速度增长。

大型汽车模具铸件逐渐采用树脂砂实型铸造进行生产，部分企业直接采用消失模铸造生产。据统计我国采用实型铸造和消失模铸造生产汽车覆盖件模具产量已经突破 40 万 t，并呈继续上升趋势，说明实型铸造生产汽车模具铸件的工艺趋于成熟。实型铸造的主要生产工艺过程对环境的影响也逐渐显现出来，由于多数企业未采用负压浇注，泡沫塑料模样汽化后的废气对生产环境造成一定的影响。大型铸件采用负压浇注的消失模铸造工艺，在技术上有较大的难度，铸件胀箱和局部黏砂成了阻碍此类铸件采用消失模铸造工艺的关键。

2010 年采用消失模铸造工艺生产了重达 17t 的大型汽车模具铸件，当时成为中国铸件单重最大的消失模铸件。图 6-8 所示为 17t 大型

图 6-8　17t 大型汽车模具铸件的泡沫塑料模样

汽车模具铸件的泡沫塑料模样，图6-9所示为17t大型汽车模具铸件。

图6-9　17t大型汽车模具铸件

1. 大中型铸件消失模铸造工艺特点

（1）模样材料及其制作　模样材料采用聚苯乙烯（EPS）泡沫板材，经数控加工及人工黏结成形，并进行表面处理，模样整体尺寸精度和形状满足生产要求。模样板材的相对密度控制在$16 \sim 18 \text{kg/m}^3$。铸件模样可由用户提供，或按用户零件图样技术要求由公司加工制作。在投产前要对模样几何尺寸、结构形状进行严格检验，合格后方可投入生产。

（2）型砂和涂料　大型铸件的消失模铸造对型砂有一定的要求，保证其良好的充填性和透气性，经过试验对比，确定采用水洗硅砂，粒度10/20，$w(\text{SiO}_2) \geqslant 90\%$，水分含量 < 1%（质量分数）。涂料以水基涂料为主，根据不同材质及铸件质量、尺寸、大小，耐火骨料分别选用以石墨、刚玉粉、锆石粉为主的水基涂料。

由于模样尺寸结构较大，涂料的涂覆一般采用淋涂和刷涂相结合，一般涂刷两遍然后烘干，要求涂层要干透，在烘干室内大约烘干20h，烘干温度保持在$40 \sim 50 \text{℃}$范围内。

（3）铸造工艺参数选择　铸件的收缩率选取与普通砂型铸造工艺和实型铸造工艺基本相同。因为大中型铸件要求砂箱尺寸较大，为此砂箱强度设计、密封性要求较高，根据日常生产中铸件几何尺寸的不同，分别设计了十几种尺寸的砂箱，共计60余套。经过生产实践，负压加压方式采用侧抽气和底抽气相结合的方式效果较好。向砂箱中填砂采用雨淋式和直给式。

根据铸件尺寸结构不同，分别设计了十几个振实台，振幅控制在$0.8 \sim 1.3 \text{mm}$，振动频率控制在$50 \sim 80 \text{Hz}$。每次底砂加砂高度平均为100mm，振动时间控制在$15 \sim 20 \text{s}$。放入模样后每次加砂高度控制在400mm，砂箱分四次加满，总振动时间大约为1min，浇注真空度控制在$0.04 \sim 0.06 \text{MPa}$。

由于铸件几何尺寸不同，质量不同，厚度不同，浇注后铁液凝固时间也不同，撤除负压的时间根据铸件凝固时间而定。

浇注系统设计和浇注工艺：浇注系统设计原则和其他实型铸造工艺基本相同，要求铁液进入型腔内要"平稳快速"，同时适量降低铸件的工艺出品率。浇注系统设计成开放式浇注系统，各单元截面面积比例为：$A_{直} : A_{横} : A_{内} = 1 : (1.25 \sim 1.5) : (1.5 \sim 2)$。

浇注系统多采用底注式、侧注式，很少采用顶注式。高大铸件采用阶梯式浇注系统，分为多层内浇道，底注浇注系统采用从底部横浇道引出向上的浇道，再分出内浇道引入型腔。浇口杯采用呋喃树脂砂预制，也可采用专用陶瓷浇口杯。根据铸件材质、大小、壁厚情况不同，采用不同的浇注温度。

2. 技术问题及对策

1）对于铸件容易出现严重黏砂的部位，多发生在一些深孔、小孔内部、棱角、死角等部位。可采用如下办法解决：

① 根据不同材质、质量和尺寸的铸件，采用不同涂料，淋涂工艺和人工刷涂相结合。

② 对于易出现黏砂的小孔、深孔、死角等部位，预先用呋喃树脂砂充填好，冷硬后再放砂造型。

③ 控制好浇注温度是解决铸件黏砂的重要环节。

2）出现浇注塌箱、塌砂的情况，一般是因为砂子振动紧实度低，局部负压过低，使砂型局部强度过低，不能抵御铁液的充型冲击和重力作用，导致涂层破裂，铁液进入型砂中，最后造成塌箱，铸件报废。可采用如下方法解决：

① 加砂过程要均匀，振实强度和振幅大小根据铸件大小不同而确定，加砂过程中可以人

工辅助充填易出现"塌砂"的部位。

② 发现一些振实力达不到的部位和易出现塌砂的地方,可预先用树脂砂充填。

③ 可在砂箱上预放一些箱肋和箱带,以加强干砂振实时的附着力,增加其强度。

3)出现铸件变形和开裂情况的解决方法。

① 在模样进入车间前,要对其结构进行检查,找出易开裂和变形的部位,在厚薄过渡部位预放拉肋,热处理后可除去,在拐角部位加大圆角和坡度。细长比例较大的铸件可预制出"反挠度"(反变形)。

② 向砂箱中填砂要均匀,对薄壁铸件应特别注意。加砂不均匀,则振实时容易将模样挤压变形或开裂。

③ 控制好箱内的保温时间,防止铸件变形开裂,对于大型铸件尤为重要。

3. 重20t大型消失模铸件的生产实例

2011年11月泊头青峰机械公司采用消失模铸造工艺生产了一件重20t的汽车模具铸件。中国铸造协会实型消失模铸造分会鉴定认为这是目前世界上最大的消失模铸件。下面简单介绍其生产过程情况。

(1)铸件名称 汽车覆盖件模具下模;材质为HT300;铸件轮廓尺寸(长×宽×高)为4540mm×2400mm×800mm。

(2)泡沫塑料模样制作 客户提供图样,泡沫塑料模样由本企业制作,通过数控机床一次加工成形模样工作面,再经人工修磨,黏结组装成形;模样材料为EPS;模样密度为17.5kg/m³;模样净重为44.6kg。

(3)铸件毛坯加工余量 铸件上部17mm,侧面12mm,底部12mm。与树脂砂铸造相比,每个面加工余量减小3~5mm。

(4)砂箱、型砂及涂料 采用底吸和侧吸相结合的砂箱结构;型砂采用普通硅砂,粒度10/20;涂料由本厂自制,采用大中型铸件消失模铸造水基涂料。采用淋涂工艺,淋涂三遍,在烘干室干燥8~9h,涂层厚度控制在1.5~2mm。

(5)振动造型 采用雨淋式加砂和人工辅助加砂相结合;模样上的小孔及死角部位,提前用冷硬呋喃树脂砂充填好。为了加固和增强铸型强度,可插上钉子,达到呋喃树脂砂的初强度(工作强度)后,即可放入砂箱内加砂造型;加砂厚度到100~150mm时振动一次,振动时间为35~45s。加砂操作要均匀,一些特殊部位可以人工辅助捣实。振实台规格为4m×2.8m;浇注时加负压,真空度平均为0.05MPa,负压作用时间为25min。负压作用时间根据铸件质量、几何尺寸及壁厚而定。

(6)熔炼和浇注 采用两台10t中频无芯感应炉并用10t和15t浇包各一个。出炉铁液共计22t,分三次出铁液。铁液出炉温度控制在1510~1460℃,三炉次相隔约40~50min。浇注温度为1370~1400℃。浇注系统采用开放式,底注加侧注。两个直浇道在铸件长度方向对面放置,直浇道采用浇注陶瓷管。浇注时间为3min,箱内保温时间约为85h。

(7)铸件毛坯质量检测 铸件毛坯几何尺寸经检测符合图样及铸造工艺设计的技术要求。铸件表面光洁,无积炭、皱皮等缺陷,无气孔、砂眼、缩孔、缩松、变形、开裂等铸造缺陷。铸件材质通过化学成分分析,具体成分为:$w(C)=3.0\%$,$w(Si)=1.6\%$,$w(Mn)=0.9\%$,$w(P)=0.08\%$,$w(S)=0.04\%$,其他杂质元素未超标。铸件毛坯清理后,出厂前称量净重为20t。经中国铸造协会实型铸造分会鉴定后,认为是国内采用消失模铸造工艺生产的单重最大的铸件。浇注的铸件如图6-10所示。

图6-10 重20t的汽车模具消失模铸件

4. 消失模及实型铸造的典型铸件实例

(1)箱(壳)体类铸件 汽车、重型汽车、工程车和拖拉机的齿轮(变速)器壳体类铸件是在我国消失模铸造业中近5年发展最快和产量最大的产品。据2011年统计,箱体类铸件约占消失模铸件产量的30%~40%,其中

10000t 规模以上的厂家就有 6 家，其中山西华恩机制公司年产量达 30000t，陕西法士特集团铸造公司年产量达 40000t。不仅产量大，而且品种规格多（有百余种），质量范围达 10 ~ 500kg，且形状复杂，如图 6-11 ~ 图 6-13 所示。

陕西法士特集团公司铸造分公司采用消失模铸造工艺生产商用车变速器壳体，单件质量最重达 160 kg，外形尺寸约为 500mm × 300mm×300mm。如图 6-14、图 6-15 所示。

图 6-11　箱体铸件图（一）　　　图 6-12　箱体铸件图（二）　　　图 6-13　箱体铸件及泡沫塑料模样图

图 6-14　商用车变速器壳体模样刷涂料　　　图 6-15　单件最重 160 kg 变速器壳体
（500mm × 300mm × 300mm）

安徽合力股份有限公司生产叉车用变速器壳体、后盖等球墨铸铁件和灰铸铁件，年生产量达 15000t。其变速器壳体的轮廓尺寸为 480mm × 450mm × 360mm，铸件重 75kg，如图 6-16 所示，该壳体结构设计复杂，该产品一直出口美国。

（2）力学性能要求高的消失模铸钢件　铸钢件的增碳、增氢等问题是消失模铸钢企业面临的共同难题，这在很大程度上限制了消失模铸钢技术的应用范围，尤其是对力学性能要求高的铸钢件。江岸机车车辆厂豪晟机械责任有限公司是一家从事火车配件生产的消失模铸钢企业。十堰飞远汽车零部件公司是从事消失模铸钢件生产的企业，专一生产汽车后桥壳铸钢件，如图 6-17、图 6-18 所示。这类产品均涉及人身安全，因而要求铸钢件的增碳、增氢等缺陷控制在更小的范围内，是对我国消失模铸钢技术的挑战。

十堰龙岗铸造有限公司实型铸造的汽车凸模铸件，材质是 GM246，主要壁厚为 40mm，最大尺寸为长 1820mm、宽 1320mm、高 980mm，铸件总重 4100kg，凸模的泡沫塑料模样及铸件如图 6-19、图 6-20 所示。

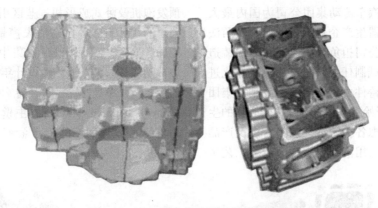

图 6-16　变速器壳体泡沫塑料模样及铸件

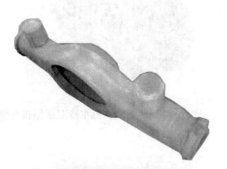

图 6-17　后桥壳泡沫塑料模样

图 6-18　后桥壳铸钢件

图 6-19　凸模的泡沫塑料模样

图 6-20　凸模铸件

（3）铝合金铸件的应用　消失模铸造铝合金铸件是我国的最薄弱环节。虽然早在 1993 年长春的第一汽车制造厂已成功地用消失模铸造法生产 CA488 发动机铝进气管，先后共生产了40 万件；而后，因该产品的淘汰而停产多年。近些年，我国先后有四川省屏山兴马精铸有限公司、福清市龙泰机械有限公司和温州瓯海实型铸造有限公司等企业对铝合金消失模铸造进

行开发和应用，取得了成功。图 6-21 所示为温州瓯海实铸公司生产成功的摩托艇水冷双层排气管（15.5kg，300mm × 220mm × φ120 ~ φ150mm），图6-22所示为游艇发动机水冷双层铝排气管（8.5kg，470mm × 170mm × 120mm）。虽然我国采用消失模铸造铝合金铸件产量很少仅有数千吨，从能生产成功这类复杂程度较高的铝铸件来看，中国在消失模铸铝铸件应用上

已具备一定水平。

　　陕西法士特汽车传动集团公司为国内最大的重型汽车变速器生产企业，其下属的陕西法士特集团铸造分公司担负着变速器壳体的铸造生产及新产品的试制任务，随着装备轻量化进一步发展，车辆铸件由铸铁向铸铝发展。集团公司从 2007 年开始筹备铝合金变速器壳体的生产技术，综合考虑各种铸造工艺的特点及产品结构，公司决定采用消失模铝合金铸造工艺生产变速器壳体，白区采用德国 Teubert 的全自动预发泡机及卧式成形机；蓝区引进美国 Vulcan 公司的 TRUFOAM 自动消失模铝合金自动线，德国 STRIKO WESTOFEN 的集中熔化炉、定量炉自动浇注。整条生产线设计年产 18 万件合格的铝合金变速器壳体，铸件最大尺寸为 600mm × 580mm × 400mm，主壁厚为 8mm，毛坯重约 45kg。生产的铝合金变速器壳体如图 6-23 和图 6-24 所示。

图 6-21　摩托艇水冷双层排气管

图 6-22　游艇发动机水冷双层铝排气管

图 6-23　铝合金变速器壳体（一）

图 6-24　铝合金变速器壳体（二）

第7章 消失模铸造及实型铸造的设备与工艺装备

7.1 消失模铸造的振实台及负压砂箱、负压设备

消失模铸造蓝区造型系统的设备主要有振动紧实设备、加砂设备和排尘装置。振动紧实设备按振动维数分为一维振实台、二维振实台、三维振实台;按控制方式分为普通式振实台、调频式振实台、定位式振实台;按振动方向分为垂直振实台、水平振实台、圆周振实台。加砂设备有定量式加砂器、快速雨淋加砂器、可旋转式刚性加砂器、柔性软管式加砂器、螺旋加砂器等。排尘装置有固定式与移动式两种,振实台为造型工部的关键设备。

7.1.1 消失模铸造振动紧实设备

1. 普通型振实台

图7-1所示是沈阳中世机械电器设备有限公司设计生产的普通型三维振实台,目前已在国

图7-1 普通型三维振实台

内铸造业及其他行业得到广泛的应用。该振实台采用多点直线及圆周振动的不同组合方式,实现三维振动使松散的型砂(干砂)紧实来固定泡沫塑料模样,主要用于负压铸造的造型工部。采用数显控制,振实时间可调,振动力大小可调,既能单步操作(单维、二维、三维)又能异步操作。有记忆功能,以保证同类铸件振实造型的一致性。普通型振实台主要技术规格参数见表7-1。

表7-1 普通型振实台主要技术规格参数

型　　号	承载力/t	质量/t	动力/kW	台面尺寸/mm	地脚中心尺寸/mm	备　　注
HSZP-Ⅰ	1/3/5	1.05 ~ 1.65	0.8/2.4/5.2	≤1220×1220	1000×1000	三维6点振动
HSZP-Ⅱ	5/8/12	1.25 ~ 2.25	5.2/6.25/9	≤1220×1520	1000×1300	三维6点振动
HSZP-Ⅲ	8/12/15	2.15 ~ 2.65	6.25/9/11.2	≤1620×1820	1400×1500	三维8点振动
HSZP-Ⅳ	12 ~ 50	2.25 ~ 12.5	9 ~ 37	根据要求制作		三维多点振动

2. 调频型三维振实台

除具备HSZP系列三维振实台的所有优点外,主要增强升降及调频控制系统。这样对于生产线的运行更加灵活便捷。同时采用数显调频控制系统,振动力大小可任意调节,振实时间可调,既能单步操作(一维、二维、三维)又可异步操作(三维)。并有记忆功能,以保证同类铸件振实造型的一致性。是沈阳中世机械电器设备有限公司根据力学及传动学,结合国内外有关资料和多年实际使用经验,专门为干砂负压铸造生产线而开发研制的。调频型三维振实台结构如图7-2所示,主要技术规格参数见表7-2。

图7-2 调频型三维振实台

表 7-2　调频型三维振实台主要技术规格参数

型　　号	承载力/t	质量/t	动力/kW	台面尺寸/mm	地脚中心尺寸/mm	备　　注
HSZB- Ⅰ	1/3/5	1.05 ~ 1.65	0.8/2.4/5.2	≤1220 × 1220	1000 × 1000	三维 6 点-变频升降
HSZB- Ⅱ	5/8/12	1.25 ~ 2.25	5.2/6.25/9	≤1220 × 1520	1000 × 1300	三维 6 点-变频升降
HSZB- Ⅲ	8/12/15	2.15 ~ 2.65	6.25/9/11.2	≤1620 × 1820	1400 × 1500	三维 8 点-变频升降
HSZB- Ⅳ	12 ~ 50	2.25 ~ 12.5	9 ~ 37	根据要求制作		三维多点-变频升降

3. 定位型三维振实台

它除具备 HSZB 系列三维振实台的所有优点外，主要增强自动控制、自动定位等功能。可实现无人值守自动运行。这样对于自动线的运行更加快速灵活便捷，减少人为因素影响。同时采用数显调频控制系统，振动力大小可任意调节，振实时间可调，既能单步操作（单维、多维）又可异步操作。并有记忆功能，以保证同类铸件振实造型的一致性。定位型三级振实台结构如图 7-3 所示，是沈阳中世机械电器设备有限公司根据力学及传动学，结合国内外有关资料和多年实际使用经验，专门为干砂负压铸造全自动生产线而开发研制的，是全自动生产线的主要核心设备之一。定位型三级振实台主要技术规格参数见表 7-3。

图 7-3　定位型三维振实台

表 7-3　定位型三级振实台主要技术规格参数

型　　号	承载力/t	质量/t	动力/kW	台面尺寸/mm	地脚中心尺寸/mm	备　　注
HSZX- Ⅰ	1/3/5	1.05 ~ 1.65	0.8/2.4/5.2	≤1220 × 1220	1000 × 1000	单维变频-自动升降定位
HSZX- Ⅱ	5/8/12	1.25 ~ 2.25	5.2/6.25/9	≤1220 × 1520	1000 × 1300	多点变频-自动升降定位
HSZX- Ⅲ	8/12/15	2.15 ~ 2.65	6.25/9/11.2	≤1620 × 1820	1400 × 1500	多点变频-自动升降定位
HSZX- Ⅳ	12 ~ 50	2.25 ~ 12.5	9 ~ 37	根据要求制作		多点变频-自动升降定位

7.1.2　消失模铸造蓝区加砂系统

根据生产线需要，加砂设备主要有：柔性软管式加砂器、可旋转式刚性加砂器、螺旋加砂机、快速雨淋加砂器等。

（1）柔性软管式加砂器和可旋转式刚性加砂器　结构简单，操作灵活，但加砂均匀度及加砂速度受限制，环境差、粉尘飞扬。一般适用于小型、产量小的企业生产中或作为其他加砂方式的补充。

（2）螺旋加砂机　优点是砂箱无须在加砂砂斗的下方，造型活动空间大，方便造型。既适用于自由工位造型加砂，又适用于流水线上作业，缺点是加砂均匀性差、效率低。螺旋加砂机主要有两种形式，一种为单臂螺旋加砂机，另一种为双臂螺旋加砂机。双臂螺旋加砂机适用于砂箱尺寸较大时，可大大增加作业范围，通过 PLC 可遥控现场工作。图 7-4 所示为常见的螺旋加砂机三维图，主要技术规格参数见表 7-4。

图 7-4　螺旋加砂机

表7-4　螺旋加砂机主要技术规格参数

型号	加砂长度/mm	功率/kW
HSGL-Ⅰ	1500	1.5
HSGL-Ⅱ	2000	2.2

（3）快速雨淋加砂器　特点是可快速均匀地给砂箱加砂。雨淋加砂器又分为定量式和可调式两种，其中定量式雨淋加砂器又分为料位差定量和加砂时间定量两种。图7-5所示为快速雨淋加砂器，图7-6所示为快速雨淋加砂器结构。

图7-5　快速雨淋加砂器

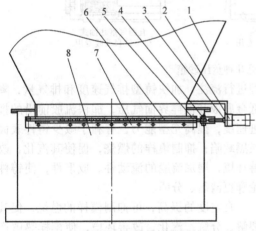

图7-6　快速雨淋加砂器结构
1—砂斗　2—气缸　3—固定架　4—铰链
5—活动板　6—固定板　7—固定法兰　8—抽尘罩

雨淋加砂器主要由驱动气缸、活动多孔雨淋闸板、固定支架、固定板多孔雨淋闸板及抽尘罩组成。加砂时由气缸驱动抽动活动闸板，使活动闸板与固定闸板的雨淋孔对齐。型砂从雨淋孔自然落下。可调节雨淋加砂器通过调节活动舌板与固定闸板的相对偏移量，可调节砂流量的大小。此种加砂方法加砂均匀、柔和、效率高，适合在自动流水线上使用，也是目前应用广泛的加砂方法。

应根据不同加砂方式的需要而选择不同的加砂器。在消失模铸造自动生产线上，造型工部的加砂分为底砂工位、造型工位和顶砂工位，底砂工位一般选择定量雨淋加砂器，造型工位一般选用可调式雨淋加砂器，顶砂工位选用柔性软管加砂器或定时雨淋加砂器。

均匀的加砂工段与振实工段通过PLC系统进行参数化控制，是实现良好造型效果的关键，也是实现消失模生产线的自动运行的前提。

7.1.3　消失模铸造负压砂箱

砂箱是铸造生产过程中最重要的工装之一，主要结构如图7-7所示。设计和选用一般考虑下面几个原则：

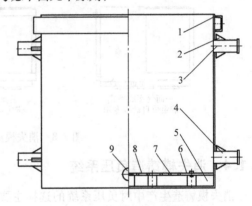

图7-7　砂箱主要结构
1—钢板　2—加强肋　3—吊轴　4—翻转轴　5—气室
6—支承套　7—筛网　8—保护板　9—抽气口

1）满足铸造工艺要求。砂箱的底面吃砂量一般为150～200mm，四周的吃砂量一般为100mm左右。铸件与铸件之间一般为30～100mm，顶部吃砂量一般为75～150mm。

2）砂箱要有足够的强度和刚度，要保证砂箱在使用过程、吊装、抽真空、浇注的状态下不变形。

3）砂箱的抽气面积。透气性要好，通气孔面积要小于或等于主抽气口的抽气面积并能满足砂箱内模样单位时间内发气量的及时排放。通气孔孔径通常为$\phi10～\phi16$mm，外用不锈钢网封闭。选择筛网时要考虑使用型砂的粒度，否则网孔太小易堵，太大易漏砂，一般选用 100 目的不锈钢筛网。

4）砂箱的筛网属于易损件，要考虑筛网更换的方便性与快捷性，筛网的设计要考虑人工换筛网时的操作范围，螺栓尽量采用快拧螺栓。

5）应尽可能标准化、通用化、系列化，经久耐用便于制造。常见的几种负压砂箱如图 7-8 所示。

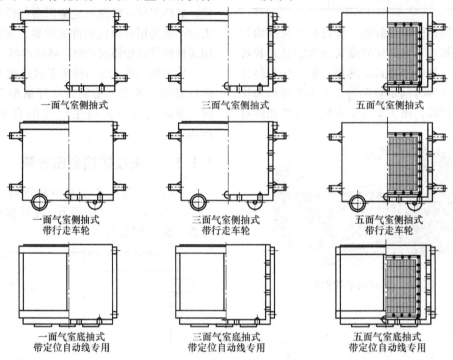

一面气室侧抽式　　　　　三面气室侧抽式　　　　　五面气室侧抽式

一面气室侧抽式带行走车轮　　　三面气室侧抽式带行走车轮　　　五面气室侧抽式带行走车轮

一面气室底抽式带定位自动线专用　　三面气室底抽式带定位自动线专用　　五面气室底抽式带定位自动线专用

图 7-8　消失模铸造常见几种负压砂箱

7.1.4　消失模铸造负压系统

消失模铸造生产中对负压系统的选择主要有四点要素：

1）根据砂箱的结构大小（此处主要是指砂箱内箱的大小）计算砂箱的有效容积和有效抽气面积。

2）根据每箱聚苯乙烯泡沫（EPS）模样的装箱量、装箱模样的体积和模样密度，计算 EPS 模样的汽化时的发气总量。

3）根据铸件的年产量、年有效工作时间，计算单位时间内的浇注总量。

4）真空泵的功率、抽气量、真空度及价格。

1. 抽真空的目的及作用

模样埋入砂箱中均布逐层加干砂振动紧实后，通过真空抽气将特制专用砂箱内砂粒间的空气抽走，使密封的砂箱内砂粒成形，砂型有一定的紧实度，在内部处于真负压状态下对铸型进行浇注，加快铸型排气速度和排气量，降低金属液和模样界面气压，加快流股前沿的推进速度，提高充型能力，有利于减少铸件表面炭黑缺陷；抑制模样的燃烧，促使其汽化，改善环境，增加流股的流动性、成形性，使铸件轮廓更清晰、分明。

真空度的提高，可抑制模样的燃烧，促其裂解、分解、汽化，改善环境，使模样热解产物在高温区停留的时间缩短，模样深度裂解的可能性减少。

通过抽真空系统真空泵的运转将铸造过程中模样分解、汽化后的有机物通过集气缸（室、仓）送入尾气净化装置进行处理，气水分离器去除水分，浓缩器对尾气进行浓缩后输入燃烧室，燃烧器向燃烧室喷焰，使尾气燃烧，生成 CO_2 和 H_2O 排入大气。

2. 真空泵的功率、抽气量、真空度的选择

一般采用下式计算：

$$Q_{max} = KBNV/60$$

式中　Q_{max}——最大抽气速率（m^3/min）；

$\quad\quad K$——EPS 模样总体积/型；

$\quad\quad B$——汽化倍率；

$\quad\quad N$——浇注砂箱速度（个/s）；

$\quad\quad V$——砂箱有效体积（m^3）。

一般中小厂通常采用的 SK 系列水环式真空泵即可满足要求，但随着铸造工艺及节能要求的不断提升，选用 2BE 系列（德国技术生产）水环式真空泵可使运行成本更低，且运行更稳定，维护更方便，尤其在消失模铸造工艺中其真空度对铸件质量有着密切影响。下面对消失模铸造中 SK 及 2BE 系列水环式真空泵的性能做对比，以在选型时做出正确的选择。

（1）水环式真空泵

1）SK 系列水环式真空泵。SK 系列水环式真空泵及压缩机是 20 世纪 80 年代国内开发的系列真空泵。SK 系列水环式真空泵在技术上已完全可由 2BV、2BE1 系列产品所取代。

主要特点：采用低档配置，灰铸铁叶轮、国产轴承等，价格较为低廉，对使用环境要求不高。真空度较差，效率较低。

2）2BE 系列水环式真空泵。2BE1 系列水环式真空泵及压缩机是结合德国进口产品先进技术，研制开发的高效节能产品。本系列泵为单级单作用结构，具有结构简单、维修方便、运行可靠、高效节能等优点。相对于目前国内广泛使用的 SK、2SK、SZ 系列水环式真空泵具有真空度高、功耗低、运行可靠等显著优点，是 SK、2SK、SZ 系列水环式真空泵的理想替代产品。

主要特点：轴承全部采用 NSK 或 NTN 原装进口轴承，保证了 2BE1 真空泵的叶轮精确

定位及运转过程中的高稳定性。

叶轮材质全部采用球墨铸铁铸造或钢板焊接，充分保证了 2BE1 真空泵叶轮在各种恶劣工况下的稳定性，且大大提高了 2BE1 真空泵的使用寿命。泵体全部采用钢板制作，提高了 2BE1 真空泵的使用寿命。2BE1 真空泵的轴套作为最易损坏的零件，全部采用高铬不锈钢制作，比普通材质寿命提高了 5 倍。带轮（带传动）采用标准高精度锥套带轮，运行可靠，传动带寿命长，拆卸方便。联轴器（直联传动）采用标准高强度弹性联轴器，弹性元件采用聚氨酯材质，运行稳定可靠，使用寿命长。

独特的上置式气水分离器节约空间，并有效降低了噪声。铸件全部采用树脂砂铸造，表面质量好。铸件表面无须打腻，使 2BE1 真空泵散热效果最佳。

（2）SK 及 2BE 系列水环式真空泵的性能

SK 及 2BE 系列水环式真空泵的性能对比见表 7-5。

表 7-5　SK 及 2BE 系列水环式真空泵的性能对比

项　目	SK 系列水环式真空泵	2BE 系列水环式真空泵
极限真空度/Pa	8000	3300
抽气速率范围/（m^3/min）	0.15 ~ 120	3.5 ~ 635
传动方式	直联	直联/带传动/减速器

可以看出 2BE 系列水环式真空泵相对 SK 系列水环式真空泵，极限真空度更高，抽气范围更广，连接方式选择更灵活。以 SK-30 和 2BE1252、2BE1253 举例说明，几种参数的对比见表 7-6。

表 7-6　SK-30 和 2BE1252、2BE1253 几种参数的对比

型　号	极限真空度/Pa	最大抽气速率/（m^3/min）	电动机功率/kW	最大轴功率/kW	转速/（r/min）
SK-30	8000	30	55	—	730
2BE1252（直）	3300	28.3	45	38	740
2BE1252（皮）	3300	30.8	55	49	832
2BE1253（直）	3300	29.2	45	37	560
2BE1253（皮）	3300	35.7	55	45	660

从以上对比可以看出，在满足相同真空度和抽气量的情况下，2BE 系列水环式真空泵在节能方面更有优势，在购置成本方面 SK 系列水环式真空泵可节约 10% ~ 30%。所用抽气量

不大的情况下可考虑用 SK 系列水环式真空泵
作为真空源。生产量较大且要求抽气量加大的
情况下选择 2BE 系列水环式真空泵在节约能
源、提高真空泵的使用寿命方面的优势是非常
明显的。

3. 水环式真空泵的正确安装操作使用

水环式真空泵操作简便，但务必正确使
用，以使其达到最佳的使用效果及长期稳定运
行。注意事项如下：

1）应水平安装在稳固的基础上，进气口
安装阀门，排气、排水口保持畅通，排气排水
管路不宜高于出口 1.5m，不可多弯，且管路的
管径不得小于泵口直径，以免增加管路阻力和
影响浇注流动。

2）管路连接保证无泄漏，否则影响其抽
气量及真空度稳定性。

3）焊接管路时防止焊渣等固体颗粒进入
泵内，初始使用前在进气口安装过滤网，并经
200h 以上的负荷工作运行后可根据实际情况拆
除，以免造成叶轮损坏。

4）开车前应调整联轴器的同心度或带轮
与泵带轴平行一致，松紧配合均匀，并点动观
察保证电动机转向正确。

5）打开供水阀门，调节合适的供水量，
避免泵内满水起动。

6）起动真空泵，打开进气阀门即可进行
抽真空并正常使用。

7）停水前先关闭进气口阀门，停止工作
液供应后即停泵。

8）冬季长时间停机时，应将泵内的水排
空，防止冰冻造成意外。

4. 负压机组

熔化浇注工部的设备主要由熔化工段的熔
化设备、浇注工段的负压系统组成。浇注工段
的负压系统主要由分体式负压机组、组合式负
压机组、负压分配器、接气连接管、自动负压
接通装置、循环水系统及控制系统组成。

1）组合式负压机组。HSFJ 系列的负压机
组具有稳压、滤气、抽气分配、气水分离等功
能，主要作用是在铸件浇注时，使干砂坚实固
型，并将消失模汽化产物及时抽出型腔。以获
取健全的铸件。是消失模铸造工艺生产所用的

主机核心设备之一，负压机组从早期的分体式
（见图 7-9）改为整体组合式（见图 7-10），具
有结构简单紧凑、安装容易、维护方便的优
点，同时也减少了抽取真空的管路阻力，提高
了设备的使用效率，常用的负压机组共有四种
规格，详细规格参数见表 7-7。

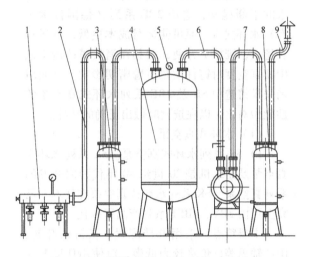

图 7-9　分体式负压机组结构示意图
1—负压分配器　2—负压延长管　3—滤气装置
4—稳压装置　5—真空表　6—负压连接管
7—真空机组　8—气水分离器　9—外接排气管

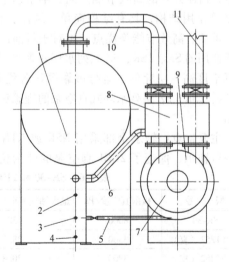

图 7-10　整体组合式负压机组结构示意图
1—稳压系统　2—水位计　3—进水口
4—排污口　5—泵进水管　6—回水管
7—电动机　8—分离箱　9—真空泵
10—连接管　11—排气管

表7-7　常用的负压机组规格参数

| 型号 | 抽气速率/(m³/min) | | 极限真空度 | | 功率 | 转速 | 接口尺寸 | 水耗量 | 对应产量 |
	最大	真空度为450mmHg	/mmHg	/MPa	/kW	/(r/min)	/mm	/(L/min)	/(t/年)
HSFJ-Ⅰ	6	27	710	0.093	11	1450	φ50	10～15	100～500
HSFJ-Ⅱ	12	27	710	0.093	18.5	980	φ90	20～30	1000～2000
HSFJ-Ⅲ	20	27	710	0.093	37	730	φ125	30～50	2000～3500
HSFJ-Ⅳ	30	27	710	0.093	55	730	φ145	50～60	3000～5000

2）负压分配器。图7-11 所示为负压分配器的外形三维图。负压分配器主要是在负压系统中起分配负压的作用，有二工位、三工位、四工位及多工位等形式，为结构件。

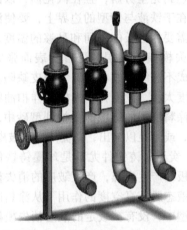

图 7-11　负压分配器的外形三维图

3）负压接通装置。抽接气装置就是将负压机组产生的真空经负压分配器分配与负压砂箱连接在一起的装置，按自动化程度的高低分为手工对接管和自动接通装置。手工对接一般采用橡胶接管、黑橡胶管、钢丝白塑料管和专用的负压管（即生活中常见的螺纹钢丝硅胶管），在市场上很容易买到。自动负压接通装置目前国内只用于自动生产线上。图 7-12 所示是沈阳中世机械电器设备有限公司开发生产用于全自动生产线上的 HSFT 型自动接通装置的结构示意。

5. 真空泵在使用中的常见问题及排除

真空泵在使用中的常见问题及排除方法见表 7-8。

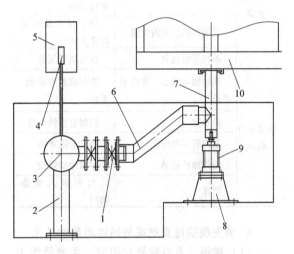

图 7-12　自动接通装置结构示意
1—双料阀门　2—分气包座　3—稳压气包　4—真空表
5—控制电柜　6—连接管　7—接气管　8—机体座
9—顶升机构　10—砂箱

表7-8　真空泵在使用中的常见问题及排除方法

常见问题	原　因	排除方法
抽气量不够	管路系统泄漏	检查管路系统并更改
	供水量过大或过小	调节合适的供水量
	盘根密封使用老化	更换调节盘根密封
	水环温度高	增高供水量
真空度不稳定	进气阀门没有打开	打开进气阀门
	管路系统泄漏	检查管路系统并更改
	盘根密封使用老化	更换、调整盘根密封
	水环温度高	减少供水量

（续）

常见问题	原　因	排除方法
电动机过载	满水运转工作	减少供水量
	排气管路高或阻力大	按要求更改排气管路
泵起动困难	水质较硬、内部结水垢	清理水垢
	固体颗粒进入泵内	检查叶轮是否受损，清除杂质，安装过滤网
	长期停机后泵内生锈	用手或工具转动叶轮数次
	填料压得过紧	拧松填料压盖
振动或有响声	联轴器不同心、带轮不平行	重新调整联轴器、带轮
	满水起动	控制合适供水量
	泵内有异物研磨	停泵清除异物
	地脚螺栓松动	拧紧地脚螺栓
	汽蚀	打开吸入管路阀门

6. 消失模铸造真空度与铸件质量的关系

（1）塌箱　真空度异常引发，主要是因为砂箱内的真空度太低，波动、高低不均，真空度急剧下降等。

1）砂箱内振动紧实的起始真空度定得太低，尤其是深腔内由于模样壁的阻隔作用，其真空度处于更低的状况。

2）浇注时金属液流股溢出飞溅，将顶面的密封塑料薄膜烧穿，破坏了箱内的密封状态，真空度急剧下降，甚至呈正压。

3）浇注时金属液没有将浇口杯直浇道密封住，大量气体受热时膨胀，使真空度急速下降。

4）浇注时模样受热瞬间汽化，大量气体不能及时被真空抽走，使砂箱内真空度分布不均，真空度下降。

5）抽真空能力不足，砂网眼被堵，管路受阻，真空泵水位不够，真空系统故障使抽气能力降低，真空度下降。

6）选配干砂摩擦因数小，同样的真空度达不到砂型紧实度、刚度和强度，真空度选用太小。

7）浇注位置不合理，大平面向上浇注时产生浮力过大，尤其是顶部干砂吃砂量小，真空度不够，高低不均，造成形砂流动，压差大小不同而引发塌箱程度各异。

总之，由于砂箱内真空度不足、不均、波动、急剧下降造成压力差使干砂流动（或蠕动），引起塌箱，造成铸件报废。

（2）真空度太小，引发铸件缺陷

1）皱皮。当模样和金属液流股接触时，分解为气态、液态、固态的成分；比如在铸铁的浇注温度条件下，46%的消失模模样分解达到气态和固态，54%的消失模模样在浇注完成后才能达到完全分解，且在汽化前，以液相的状态存在于铁液与铸型的边界上，要使液态完全汽化需要相当长的时间和足够的温度，这些液态消失模模样膜层，受自身表面张力而收缩，形成不连续条纹状，即为皱皮缺陷。同时若真空度太小，没能将消失模模样柏油状的液态通过涂料层间的缝隙而吸抽到型砂中，该抽而未抽，或不足以抽出，则促使生成皱皮。

2）炭黑。铸铁件尤其是球墨铸铁件含碳量高，极易产生炭黑，产生皱皮的消失模模样柏油状液态膜在真空度的作用下从涂料间隙吸抽到砂型中，没有被吸走的液态消失模模样产物在缺陷状态下又因高温金属液的灼热作用，产生焦化固态炭黑。真空度太小导致没有抽吸完而残余液态而焦化的炭粒，又不能被抽到砂型中，存在于铸件尤其是球墨铸铁件表面而形成炭黑。如果焦化炭微粒进入铸件内部，则大大地影响铸件力学性能，甚至使铸件报废。

3）黏结黏砂。消失模模样没有完全被分解为气体而热解为柏油状液态，尤其是低温区、冷区流股的前端、顶端、底角，同时真空度太小又没有被抽吸掉，因此，在该处冷却后，涂料渣同柏油、砂被黏结在一起，此黏砂为柏油物理状态黏砂，不同于机械黏砂和化学黏砂，是消失模模样受热解后产生柏油状液态产物而黏结黏砂。

4）增碳。尤其是低中碳铸钢件，铸件表面与受流股热解的消失模模样生成气相、液相、固相，其固相碳吸附在涂料层壁上和铸件接触造成渗碳、增碳，同时生成液相没有被吸抽走而冷却，受热灼烧而焦化、炭化，也使铸件表面增碳。

5）气孔。铸件表面或截面上的空洞。消失模模样受流股的热作用分解为固相、液相、气相。大量气体没有被真空泵抽吸走，或真空度太小无力吸抽，致使气体滞留在铸件中生成气孔。

6）浇不到，冷隔。消失模模样受流股热冲击，分解物为固、液、气三相，并由于浇注系统设计流股不甚流畅，降温后流股流动性降低，同时真空泵的抽速太小或作用达不到流股前端，型腔中受气、液阻力造成浇不到、冷隔，对接不上。

（3）真空度太大，引发铸件缺陷

1）白斑、白点和夹白（硅砂）。消失模模样各黏结处，浇口杯与直浇道黏结处，直浇道、横浇道、内浇道黏结处，内浇道与铸件，铸件与顶端冒口等这些黏结处，黏结不牢。原因是，黏结剂高温热强度差，在真空泵抽吸力太大的作用下，引起涂料层隙裂而落砂造成白斑、白点和夹白（硅砂）。砂粒落入较早的受铸件的灼热烘烤变成焙烧痕迹呈现粉白色或呈硅砂本色。

2）针刺、节瘤、结疤和黏砂。浇注温度较高，浇注速度较快，涂料热强度不足，在真空泵强力抽吸下，而出现针刺、节瘤、结疤和黏砂。

① 针刺。铸件表面出现像米粒大小的鼓凸起伏缺陷。

② 节瘤、结疤。涂料层破裂后，金属液在真空度强力作用下穿透涂料层并渗漏出与型砂熔结一起形成的节瘤、结疤。

③ 黏砂。在真空泵强力抽吸下，金属液通过涂料层的裂纹、孔隙、洞孔渗入干砂中，黏结在一起，有化学黏砂和机械黏砂（由金属液性质、涂料性质、干砂性质而产生）。

总之，在消失模铸造干砂造型中，其真空泵的抽气太小，时间长短，开停都密切关系到铸件的质量，实践中必须系统地与整体浇注工艺协调一致，才能获得合格铸件。

7.2 消失模铸造砂处理及设备

消失模铸造的砂处理是消失模铸造的最主要工序之一。它既是铸件质量稳定的关键环节，又是提高生产能力的重要保证，同时通过砂处理还可以实现"空中无粉尘，地下无型砂"的绿色铸造工艺要求。

没有配置砂处理系统的消失模铸造工艺，很难展现出消失模铸造生产环境优良的特点和确保产品质量的稳定性。

7.2.1 砂处理系统的作用及砂处理系统的工艺流程

消失模铸造砂处理的作用如下：

1）筛除型砂中的杂质、砂块、铁片等杂物。

2）磁选清除型砂中的铁豆等。

3）生产过程中对回用热砂进行冷却，将型砂温度降至50℃以下，使其达到造型填砂技术要求所规定的温度范围之内。

4）清除由于涂料的混入和型砂的裂解而掺入型砂中的粉尘，以保证型砂良好的透气性和实现"空中无粉尘"的要求。

5）储存型砂，以便实现整个消失模铸造生产过程中"地面无型砂"的环保要求。防止落砂、造型工序不能同步作业而形成相互干扰和制约，起到缓冲的作用。

6）进行型砂的输送。实现从落砂到装箱的输送自动化，摆脱对人工的依赖，以改善作业环境和工作条件。

砂处理系统工艺流程图如图7-13所示。新砂根据需要量，可不定期地在落砂栅格处加入。

落砂 ⟶ 振动输送筛分 ⟶ 提升 ⟶ 磁选 ⟶ 冷却 ⟶ 提升 ⟶ 二次冷却 ⟶ 提升 ⟶

⟶ 中间储存砂库 ⟶ 筛分 ⟶ 提升 ⟶ 输送带输送 ⟶ 在线砂库 ⟶ 填箱、造型

图 7-13 砂处理系统工艺流程图

7.2.2　砂处理系统的设计原则

由于砂处理量的差异，自动化程序要求的区别和环境温度、地域的不同，使砂处理的配置有较大的差别。因此设计时需要遵循以下原则：

1）在满足用户生产纲领及工艺质量要求的同时，还应具备一定的再发展空间。

2）结合企业不同的生产特点和作业环境，在设备布局上，要求充分考虑工艺流程的合理性，通盘考虑生产的组织、设备的维护、废料的处理等因素。既要有利于生产的管理、设备的维护，又要有利于物流的畅通，有效避免"瓶颈"交叉，为日后的生产安排、设备维护带来方便。

在设备配置上，以安全可靠、低成本运行、保护环境为原则，在确保适应铸造生产环境、满足工艺质量要求的前提下，尽可能降低一次性投资费用和设备装机容量，提高设备的可靠性，减少易损件的数量，从而降低设备的运行成本，为最大限度地提高企业经济效益奠定良好的基础。

3）出砂能力（小时用砂量）和日储砂量的确定，是关系到砂处理系统投资规模的重要指标，因此，必须根据铸件的日产量、日作业班次、砂箱尺寸和熔炼设备（电炉、冲天炉）等因素科学、经济、合理地选择，防止砂处理系统投资过大、有效利用率过低或者不能满足生产节拍，影响生产任务完成的弊端发生。

4）要根据地域和小时处理砂量的大小来确定是否采用二级冷却，不可造成投资费用的增加。

5）根据型砂的材料来确定冷却方式，对于密度较大的造型材料，如宝珠砂等，适宜配置滚筒式冷却设备；对于密度不大的造型材料，如硅砂、镁橄榄石砂等，适宜配置沸腾式冷却设备。

6）充分考虑用户对投资费用的接受程度。在选择砂处理线的配置时（是机械化、自动化还是简易生产线），一定要充分考虑既能保证生产需要，又能让用户在资金投入上可以接受。

7.2.3　消失模铸造砂处理系统设计与经济分析

消失模铸造工艺技术广泛应用于工业生产，在汽车行业，所生产的产品有铝合金铸件（如进气歧管、缸体、缸盖等）、铜合金、铸铁（如曲轴、缸盖、变速器箱体、排气管等）、球墨铸铁铸件（给水管件等）和铸钢铸件。国内外的生产实践显示了该技术独特的优越性。消失模铸造使用的是不添加任何附加物的干砂，而且型砂的重复利用率达到97%~99%。既要降低成本，又要实现清洁生产，此时砂处理就十分重要了。消失模砂处理的作用一是降低型砂温度，通过处理使温度不低于450℃的型砂得到降温，使温度降到不高于45℃的使用温度；二是除尘，通过处理除去型砂中的粉尘，降低车间的粉尘浓度；三是快速循环型砂，减少型砂储存量。

1. 消失模铸造砂处理系统设计方案

消失模砂处理系统的设计方案，大体上分为两类：

1）1990年—2005年期间，通常设计选用沸腾冷床和砂温调节器联合的形式。工艺流程是：落砂斗→振动筛分机→环链提升机→沸腾冷床→提升机→上带式输送机→双面犁式卸料器→砂温调节器→料位计→下带式输送机→气动卸砂机→提升机→中间带式输送机→加砂带式输送机→双面犁式卸料器→料位计→加砂仓+除尘系统离心风机。

2）2005年以后又出现了滚筒扬砂式冷却器和砂温调节器联合的形式。工艺流程是：落砂斗→振动筛分机→环链提升机→滚筒扬砂式冷却器→提升机→上带式输送机→双面犁式卸料器→砂温调节器→料位计→下带式输送机→气动卸砂机→提升机→中间带式输送机→加砂带式输送机→双面犁式卸料器→料位计→加砂仓+除尘系统离心风机。2010年又出现了无动力扬砂冷却器，砂处理系统得到了极大的简化。工艺流程是：振动落砂机→落砂斗→圆盘给料机→振动筛分机→环链提升机→无动力扬砂冷却器→环链提升机→无动力扬砂冷却器→环链提升机→无动力扬砂冷却器→提升机→加砂带式输送机→双面型式卸料器→料位计→加砂仓＋除尘系统离心风机。

2. 以30t/h处理型砂量为例进行比较

（1）配套设备名称及数量 各种形式砂处理系统的配套设备见表7-9。

表7-9 各种形式砂处理系统的配套设备

项目	沸腾式冷床	滚筒扬砂式冷却器	无动力扬砂冷却器
循环水用量	60t/h	60t/h	15t/h
高压鼓风机	1台		
砂温调节器	3个/30t	3个/30t	
气动卸料器	3套	3套	
环链提升机	1台	1台	3台
普通提升机	2台	2台	
带式输送机	4条	4条	
振动筛分机	1台	1台	
犁式卸料器	4套	4套	2套
料位计	12个	12个	6个
离心通风机	1套	1套	1套
振动落砂机			1台
圆盘给料机			1台

（2）配套设备功率 各种形式砂处理系统的配套设备功率见表7-10。

表7-10 各种形式砂处理系统的配套设备功率

（单位：kW）

配套设备	沸腾式冷床	滚筒扬砂式冷却器	无动力扬砂冷却器
循环水系统	15	15	3×3=9
高压鼓风机	55		
砂温调节器（水泵）	15×3=45	15×3=45	
滚筒驱动功率		11	
环链提升机	5.5	5.5	5.5×3=16.5
普通提升机	5.5×2=11	5.5×2=11	5.5
带式输送机	4×4=16	4×4=16	4
振动筛分机	3	3	3
离心通风机	37	37	37
振动落砂机			3
圆盘给料机			2
合计	187.5	143.5	80

（3）设备结构上的比较

1）沸腾冷床和砂温调节器联合的形式。

① 沸腾冷床结构复杂，钢材消耗量多达4~5t，占地面积和空间大，需要厂房建筑面积增多。

② 砂温调节器不仅体积庞大，结构复杂，1个砂温调节器的钢材消耗量大于7t。同样占地面积和空间很大，需要厂房建筑面积增加很多。一般1台沸腾冷床需要匹配3个砂温调节器。

③ 带式输送机多，至少要用3~4条。

④ 双面犁式卸料器也要多用2个。

⑤ 砂温调节器卸料需要气动卸料器3个。

⑥ 料位计用得多，多达12个。

⑦ 砂处理电控柜（PLC）复杂。

2）滚筒扬砂式冷却器和砂温调节器联合的形式。

① 滚筒扬砂式冷却器最小的是 $\phi1500mm×6000mm$，钢材消耗量大，价格较高，占地面积和空间大，需要的厂房建筑面积更多。

② 砂温调节器不仅体积庞大，结果复杂，1个砂温调节器的钢材消耗量>7t。同样占地面积和空间很大，需要厂房建筑面积大。一般1台沸腾冷床要匹配3个砂温调节器。

③ 带式输送机多，至少要用3~4条。

④ 双面犁式卸料器也要多用2个。

⑤ 砂温调节器卸料需要气动卸料器3个。

⑥ 料位计用得多，多达12个。

⑦ 砂处理电控柜（PLC）复杂。

3）2010年以后的设计形式。

① 无动力扬砂冷却器体积小，结构紧凑，钢材消耗量很少；占地面积很小，安放在提升机中间即可。

② 增加1个振动落砂机。

③ 增加1个圆盘给料机。

④ 砂处理控制柜（PLC）简单。

（4）效果上的比较 许多已应用消失模铸造生产线的进行生产的单位，他们的砂处理系统多是2台沸腾冷床串联使用，能耗就更高了。滚筒扬砂式冷却器的效果基本上可以达到型砂的使用要求。

设计的方案是四提三冷，即选用4台提升

机与3台无动力扬砂冷却器组合的形式,第二级无动力扬砂冷却器的出口型砂温度就已经很低了,对普通提升机传动带和带式输送机的橡胶带没有任何伤害。方案中增加了栅格落砂机和圆盘给料机。翻箱机将工件及型砂倾倒在栅格落砂机上,经过栅格落砂机的振动,就会把绝大部分的型砂振落在落砂斗中,减少型砂的流失。同时也将铸件上的涂料振落掉,将铸件输送到运输工具上运走。圆盘给料机设在落砂斗的正下方托住落下的热型砂,按需要量控制热型砂连续均匀地输送给振动筛分机,提高了振动筛分机的除尘和冷却作用。

(5) 投资成本　消失模铸造生产线砂处理系统占投资的比重是很大的。沸腾冷床和砂温调节器联合的形式多用了许多设备,而且像砂温调节器这样的设备,体积庞大,数量多,价格不菲,同时占地面积和空间都很大,投资就要增加许多。

滚筒扬砂式冷却器和砂温调节器联合的形式同样也多用了许多设备,如砂温调节器等,滚筒扬砂式冷却器占用空间和面积大,一般的厂房是容纳不了它的,投资也要增加许多。

无动力扬沙冷却器的形式结构紧凑,占地面积很小,少用了许多设备,特别是像砂温调节器这样的大型设备,根本就不选用,投资要省许多。

(6) 运行成本比较

1) 沸腾冷床和砂温调节器联合的形式。

① 投资增多,设备折旧费就高,生产成本增加。

② 电能消耗量大,187.5kW。费用提高,生产成本增加。

所以,光光投资多,生产成本也高。

2) 滚筒扬砂式冷却器和砂温调节器联合的形式。

① 投资增多,设备折旧费就高,生产成本无疑就加大。

② 电能消耗量大,143.5kW。费用提高,生产成本也增加。

所以,投资多生产成本也高。

3) 无动力扬砂冷却器的形式。

① 投资减少,设备折旧费就低,生产成本就下降。

② 电能消耗量少,80kW。费用降低,生产成本下降。

所以,不光是投资减少,而且,生产成本也得到了很大的下降。

(7) 三种设计方案的每吨型砂的耗电量

1) 沸腾冷床和砂温调节器联合的形式: $187.5kW/30t/h = 6.25kW \cdot h/t$。

2) 滚筒扬砂式冷却器和砂温调节器联合的形式: $143.5kW/30t/h = 4.78kW \cdot h/t$。

3) 无动力扬砂冷却器的形式: $80kW/30t/h = 2.67kW \cdot h/t$。

(8) 适应性能的比较

1) 沸腾冷床:密度大的型砂不宜选用沸腾冷床,如宝珠砂,密度大,沸腾不起来。

2) 滚筒扬砂式冷却器:滚筒扬砂式冷却器适应性较强,各种密度的型砂都可选用滚筒扬砂式冷却器。

3) 无动力扬砂冷却器:无动力扬砂冷却器适应性更强,各种密度的型砂都可选用无动力扬砂冷却器。

(9) 厂房的要求

1) 沸腾冷床和砂温调节器联合的形式,厂房的建筑面积要增加许多,高度要足够,否则无法安装。

2) 滚筒扬砂式冷却器和砂温调节器联合的形式,厂房的建筑面积要增加更多,高度要足够,否则安装不下。

3) 无动力扬砂冷却器精巧灵活,对厂房要求不高。消失模生产线的设计灵活,可以把砂处理系统放置到任何位置。例如,2012年为泰州某机床有限公司设计的消失模项目就是将砂处理系统设计在车间的一端,行车运行不到一跨。不仅不遮挡光线,而且整齐美观。

潍坊某公司年产10000t箱体铸件消失模生产线如图7-14所示。它的厂房跨度只有13m,行车距地面高度<6m,把砂处理系统安装在厂房里,将砂处理系统设计在车间的一端,行车运行不到一跨。不仅不遮挡光线,而且整齐美观。

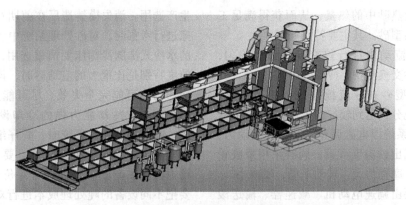

图 7-14　年产 10000t 箱体铸件的消失模生产线

采用无动力扬砂冷却系统，使生产线投资少，能耗低，生产成本大幅降低。同时无动力扬砂冷系统设计精巧灵活，对生产车间空间要求低，可灵活设计。是一种不可多得的低能耗、低成本的砂处理系统。

7.2.4　消失模铸造砂处理设备的关键

消失模铸造以其良好的工艺性能、较高的尺寸精度及"投资少，见效快，质量高，成本低，节约资源，有利于环境保护，经济效益显著"等诸多的优越性，已在国内外得到广泛推广。目前国内已有很多厂家采用消失模铸造工艺替代黏土砂、树脂砂、水玻璃砂铸造工艺，其根本是降低铸件成本，保证铸件尺寸精度，解决复杂铸件的成品率，提高铸件质量。消失模铸造通常由白区、黄区、蓝区等三大区域组成。铸造生产过程中这三大区域是相互独立又密不可分的。特别是蓝区中消失模铸造砂处理系统的正常运行，对前后工序的衔接起着非常重要的纽带作用。根据消失模铸造工艺的要求，其砂处理系统应具备落砂、分砂筛选、磁选、冷却、提升、存砂、除尘等功能。消失模铸造砂处理系统对除粉尘、除杂物和型砂冷却等都有较高要求，当前市场中有些砂处理系统在除尘和冷却能力上存在着严重的缺陷，导致型砂的温度不能冷却到设计要求（≤50℃），除尘效果又差，致使生产过程中常因为型砂温度过高而暂停使用，严重影响生产。

旧砂的筛分除渣、冷却和除尘是消失模铸造旧砂处理系统最重要的工艺及设备环节。针对消失模铸造砂处理特点设计生产的分砂筛选及冷却除尘设备，在国内一些消失模铸造厂砂处理线中发挥着重要的作用。

1. 冷却输送分砂器

冷却输送分砂器是将翻箱后的落砂经过储砂斗收集连续供料给冷却输送分砂器，此时的进砂温度局部可高达 400～500℃，筛板常选用耐热不锈钢板网，用于杂物的分离。冷却输送分砂器为双层，可进行杂物、砂粒及微粉的分选，是专门为消失模铸造的高温旧砂进行初步降温冷却输送而设计的。该机为多功能综合一体设备，既能给高温型砂降温又能分选出可用的型砂。由于设备主体中设有冷却水箱，过筛后的砂粒与冷却水箱上表面充分接触，砂粒的热量通过冷却水箱面板将热量间接传给冷却循环水而达到降温目的，一次降温可使型砂温度低于200℃。同时冷却水箱对振动电动机隔热起到保护作用。

冷却输送分砂器输送量大，分砂筛选充分，降温效果明显，是消失模铸造车间对热砂进行分砂筛选和初步降温的理想设备。

2. 水浴式冷却滚筒输送机

水浴式冷却滚筒输送机是消失模铸造砂处理的砂温调节及微粉去除的主要设备，它采用循环水通过分布在滚筒周围的水管进行水浴式喷淋，水与滚筒外壁充分接触，热砂传给滚筒的热量被循环水迅速带走，通过间接热交换降低砂温；同时，热砂在导流提升板的作用下，将混杂在砂中的微粉抛起，并使热砂在滚筒内空间中反复流动，由滚筒内的负压冷空气抽出微粉，并带走热砂中的热量，从而获得满足工艺要求的合格型砂。其主要特点如下：

1）砂在流动中进行热交换，降温均匀，冷空气与热砂交换更快，冷却效果好。

2）由于型砂在导流板作用下快速流动，使砂尘分离充分，达到较好的去除微粉作用。

3）传动系统以电磁调速电动机作为动力，滚筒速度根据出砂温度可调；同时采用橡胶轮胎驱动滚筒，摩擦力大，转动平稳，噪声小。

该机主要由调速电动机、减速器、输送滚筒主体、主（从）驱动装置及支架、集砂筒、导流提升叶片、水路系统、蓄水槽等组成。机型分为Ⅰ型、Ⅱ型、Ⅲ型。

3. 回转反吹扁袋除尘器

回转反吹扁袋除尘器是砂处理线除尘系统的必备设备，具有过滤面积大、除尘效率高、处理风量大的特点。

1）壳体按旋风除尘器流型设计，能起局部旋风作用，造型和结构设计比较先进合理，进风旋流挡圈对粗颗粒粉尘有较大的分离作用，可避免含尘气流对滤袋的直接冲击，可减轻滤袋负荷。其上盖为圆形拱顶，受力均匀，抗爆性能好。

2）采用了设备自带的高压风机反吹清灰，不受使用场合气源条件的限制，克服了压缩空气脉冲清灰的弊病。在筒身直径不变的条件下，采用长滤袋，风机安装在顶部，充分利用空间，占地面积小，处理气流量大。

3）采用了梯形扁布袋在圆筒内布置，结构简单紧凑，过滤面积指标高，采用较新型的分圈反吹机构，清灰效果甚佳，对具有一定温度及黏度的粉尘也能做到清除干净，并且反吹风量较小，节省清灰动力，滤袋振动幅度极小，可延长滤袋使用寿命。本布袋除尘器密封性能较高，漏风率小于7%。

4）采用了旋臂回转对环状布置的每个布袋分圈反吹清灰，除尘器最多只有两个滤袋在清灰，清灰工况并不影响除尘器的整体化效果。

5）顶盖设有回转揭盖装置及操作人孔，换袋时在顶部清洁室操作，不必揭开顶盖。

上述设备适合年产量为3000～10000t铸件

生产选用。消失模铸造厂在前期对设备生产厂家进行考察时，对砂处理系统中动力消耗极大的水冷式沸腾冷却床要慎重选用，当改变型砂粒度特别是比重大的宝珠砂时，该设备的沸腾冷却功能可能完全失效。尽可能选用耗能低、结构简单、冷却能力强的冷却设备是很重要的。在策划砂处理系统时，要仔细核算砂处理的实际成本及吨砂处理成本。要从设备总价、动力消耗、产能等方面综合评价砂处理系统。要把不同设备的吨处理成本进行对比，较高的费用将使生产成本增加，利润下降。

总之，作为消失模设备厂，要特别强调做好售后服务工作，要为用户做好更实际有效的工艺技术服务，解决某些设备遗留问题，提高建厂的成功率。铸造设备厂在消失模铸造设备上，要不断创新技术，大幅度降低能耗，不断提高设备工艺性能。这样消失模铸造中小企业就能快速正常发展，消失模铸造设备厂也将随之大发展和大提高。

7.2.5　典型砂处理生产线

年产3000～10000t消失模铸造砂处理线流程如图7-15～图7-17所示，消失模铸造简易砂处理生产线如图7-18所示。

7.2.6　砂处理常用设备

1. 振动输送筛分机

振动输送筛分机由槽体、不锈钢筛板、底座、弹簧和振动电动机组成，全部采用钢结构焊接而成，如图7-19所示。

振动槽内设有双层筛网，上层为不锈钢密布钻孔的大眼筛板，下层为小孔眼衬以80目的不锈钢筛。两台相对称的振动电动机固定在机体上，与槽体形成一定角度，电动机两端各有一个偏心块，偏心块回转产生离心力，其离心力在机体的横断面方向互相抵消，而在纵断面方向相互合成，合成后的激振力驱动型砂，在槽体上跳跃式前进，在前进过程中实现筛分、除尘和运送的功能。

由于振动槽较长，型砂在跳跃式前进的过程中可以散失部分热量，所以还有一定的冷却作用。

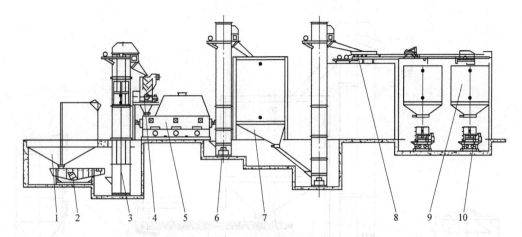

图 7-15 年产 3000t 消失模铸造砂处理线流程

1—落砂装置 2—振动输送筛分机 3—环链斗式提升机

4—风选、磁选机 5—水冷式沸腾冷却床 6—斗式提升机

7—中间砂库 8—带式输送机 9—日耗砂库 10—三维振实台

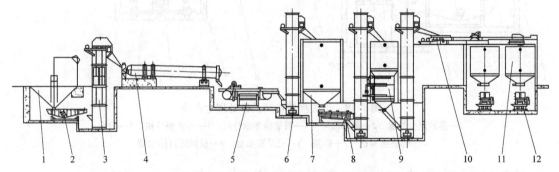

图 7-16 年产 5000t 消失模铸造砂处理线流程

1—落砂装置 2—振动输送筛分机 3—链式斗式提升机 4—水冷式滚筒冷却床

5—悬挂带式永磁分离机 6—斗式提升机 7—中间砂库 8—直线振动筛

9—砂温调节器 10—带式输送机 11—日耗砂库 12—三维振实台

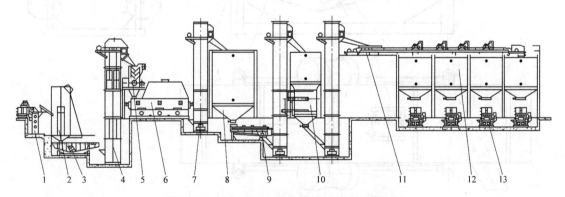

图 7-17 年产 10000t 消失模铸造砂处理线流程

1—液压翻箱机 2—落砂装置 3—振动筛分机 4—环链斗式提升机 5—风选、磁选机

6—水冷式沸腾冷却床 7—斗式提升机 8—中间砂库 9—直线振动筛 10—砂温调节器

11—带式输送机 12—日耗砂库 13—三维振实台

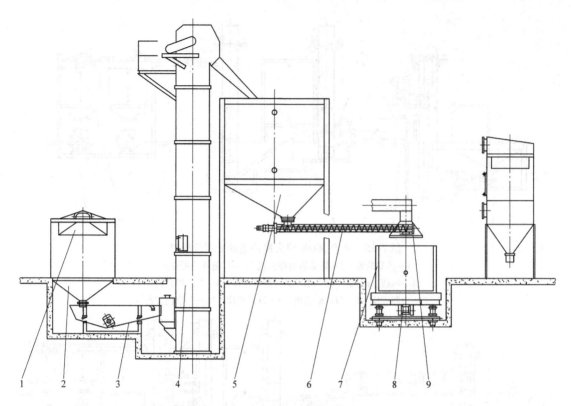

图 7-18 消失模铸造简易砂处理生产线

1—落砂除尘装置 2—落砂溜斗 3—振动输送筛分机 4—斗式提升机 5—砂库
6—螺旋给料机 7—砂箱 8—三维振实台 9—机械振打除尘器

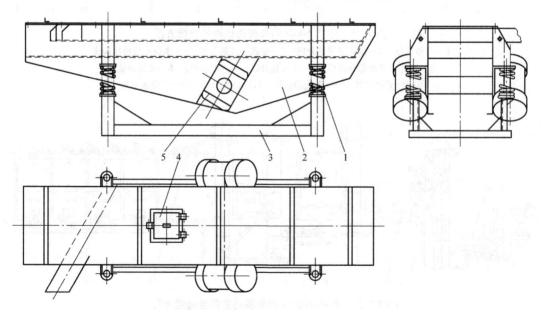

图 7-19 振动输送筛分机

1—弹簧 2—振动筛 3—底座 4—检查门 5—振动电动机

调整两块偏心块的夹角，即可以改变电动　　机激振力和激振幅的大小，进而达到某一特定生产能力需要的激振力和振幅，完成筛分和输送的作用。

振动电动机安装于槽体两侧，故拆卸、维修方便。由于无易损件，结构简单，能耗少，造价低，振动输送筛分机的生产能力可在 5～40t/h 范围内选择，适应范围宽，耐高温，适合在恶劣环境下工作，故国内消失模砂处理系统中多选此种振动输送筛分机。

2. 提升机

提升机是垂直提升型砂的最通用设备。其结构紧凑，维修方便，提升高度可根据需要选定，因此被广泛用于消失模铸造的砂处理系统中。斗式提升机分为链式和带式两种。

链式提升机采用金属链传动，由于整机全部为金属结构，因此耐高温性能较强。采用消失模铸造工艺，打箱时接触铸件的型砂温度可达 600℃以上，即便是经过落砂和水平筛分输送到斗式提升机的型砂，温度也可达 400℃左右。在此温度下，消失模铸造砂处理系统的一级提升，大部分采用链式提升机。

带式提升机是采用橡胶作为传动带的，由于造价比金属链的链式提升机低，所以在经过冷却处理后的型砂提升中，经常选用带式提升

机。带式提升机由驱动装置、拉紧装置、被动滚筒、输送带、料斗、机体等组成，如图 7-20 所示。链式提升机的规格型号和技术参数见表 7-11。

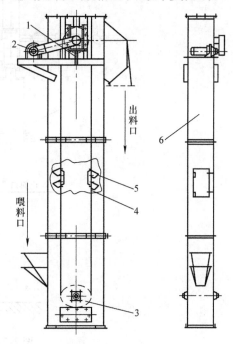

图 7-20　带式提升机
1—拉紧装置　2—驱动装置　3—被动滚筒
4—输送带　5—料斗　6—机体

表 7-11　链式提升机的规格型号和技术参数

型　号		D100		D160		D250		D350		D450	
料斗形式		S 制法	Q 制法	S 制法	Q 制法	S 制法	Q 制法	S 制法	Q 制法	S 制法	Q 制法
卸料方式		离心卸料									
输送量 /（m³/h）	$\phi=600mm$	5.5		8		21.6		42		69	
	$\phi=400mm$		4		3.1		11.8		25		48

在选用和配置斗式提升机时需要注意和重视以下问题：

1）型砂温度。

2）提升机的生产能力。

3）提升机的造价。

4）在确定提升机的高度时还要考虑车间高度，桥式起重机下弦梁至地面高度等条件。

3. 气力输送装置

气力输送装置由加料阀、料位器、进排气装置、消声器、罐体、控制阀等组成，如图 7-21 所示。该装置可以与输送管路、球形弯头、圆盘卸料阀等构成形砂的远距离输送、提

升系统。目前输送距离可达 250m，高度可提升 15m 以上，并且可实现多个卸料点的需要。

它的特点是：型砂以料柱形，靠压缩空气推动进行输送，每段料柱（管塞）保持一定的间隔，速度在 0.5～3m/min 范围内。由于运送速度较慢故对管道磨损较小。噪声小，占据空间小。由于气力输送装置相对提升机和带式输送机而言造价和运行成本较高，所以应用范围受到一定的影响。

气力输送装置的规格型号和技术参数见表 7-12。

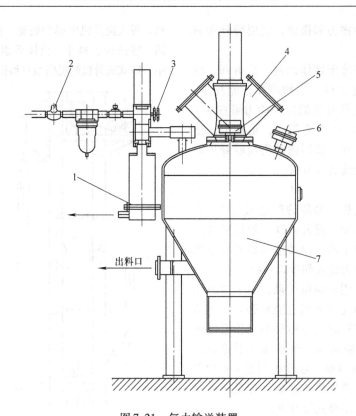

图 7-21　气力输送装置

1—消声器　2、3—控制阀　4—加料阀　5—高料位器　6—低料位器　7—发送罐体

表 7-12　气力输送装置的规格型号和技术参数

型　　号	容积/m³	生产能力/(t/h)	工作压力/MPa	参考管径 φ外/mm	耗气量/[m³/(t·s)]
QS3015	0.15	5 ~ 8	0.45 ~ 0.55	89	14
QS3030	0.3	8 ~ 10	0.45 ~ 0.55	108	14
QS3050	0.5	10 ~ 12	0.45 ~ 0.55	127	14
QS30100	1	12 ~ 15	0.45 ~ 0.55	145	14
QS30150	1.5	15 ~ 20	0.45 ~ 0.55	145	14
QS30200	2	20 ~ 30	0.45 ~ 0.55	≥159	14

4. 风选、磁选机

风选、磁选机的作用是清除型砂中的粉尘及由于浇注而产生的铁豆、铁片等夹杂物。大多数风选、磁选机都安装在冷却床的前段，以防止铁豆等进入冷却床而影响冷却床的性能发挥。

风选、磁选机由加料口、调节阀、机体、减速电动机、永磁分离滚筒、废料箱、磁轭调整手柄等组成，排风口接入除尘器管路中。

进入风选、磁选机的型砂，在百叶窗的调节下，以流幕状下落，其中粉尘被抽走，含有铁豆的型砂落在其下方的永磁滚筒上，进行磁选，达到铁砂分离的目的。

永磁滚筒由非磁材料制成的滚筒和装在滚筒内固定的磁轭所组成，如图 7-22 所示。由于滚筒和磁轭没有直接接触，并且滚筒内有冷空气吹入，使热量在传递、辐射、对流等方面强度减弱。因此改善了磁轭的高温恶劣工作环境，提高了磁选效果。为了克服永磁滚筒长期使用而磁性衰减的现象，设计时充分考虑拆卸的方便，以便磁场强度降低时充磁方便、快捷。只要处理好永磁滚筒的工作条件，磁选完全可以达到预期效果。

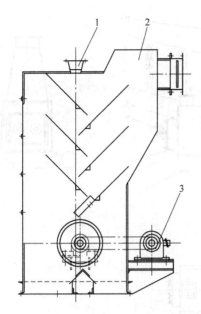

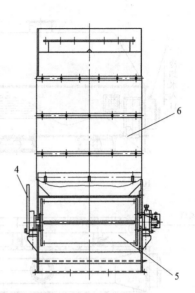

图 7-22　风选、磁选机结构示意图

1—加料口　2—机体　3—减速电动机　4—磁轭调整手柄　5—永磁分离滚筒　6—胶帘

5. 冷却设备

型砂的冷却设备是消失模铸造砂处理线的最主要组成设备之一，它起到降低砂温的关键作用。型砂温度过高将使泡沫塑料模样发生变形，导致铸件报废。因此，在砂处理系统中都要把型砂冷却作为关键技术性能指标来考虑。

（1）砂温调节器（立式热交换机）　砂温调节器是由若干冷却段叠加组成的整体，如图7-23所示。冷却段由机体、带有散热片的多排水管、带有双重孔板的调量板及手动闸板等组成。

图 7-23　砂温调节器

工作原理：型砂从其上部的储砂斗进入砂温调节器后，型砂靠重力从带有散热片的水管间缓慢降至底部，在其降落过程中充分与带有散热片的水管频繁接触进行热交换，由水管内的循环水将型砂中的热量带入循环水池中散发掉。在砂处理系统中，砂温调节器装有砂温传感器，当砂温高于设定值时，温度传感器发出指令将调量板关闭，将型砂储存在砂温调节器中，使型砂与带有散热片的水管有充分的热交换时间，直至砂温达到指定值时调量板打开，把储存在砂温调节器中的型砂排放到后序设备中，如此往返形成间歇式的储存、冷却、排放的热交换过程，从而保证了砂温设定的冷却效果。

（2）水冷式沸腾冷却床　水冷式沸腾冷却床是由风箱、沸腾箱、扩散箱、鼓风系统、排风系统、水循环系统组成的，如图7-24所示。

1）风箱。设在该机的最底层，作用是将进入风箱的高压风进行均量、均压，以保证进入沸腾箱后使干热砂能均匀良好地沸腾。

2）沸腾箱。此箱设在该机中部，箱中含有沸腾板、冷却水管及两端的进出口水箱。热砂的冷却主要在这里完成。从上口进入沸腾箱的热砂，被由沸腾板吹入的高压风沸腾成流态状，充分、均匀、不断地和冷却水管接触进行热交换，并连续不断地涌向出砂口，从而完成冷却水与砂的热交换。

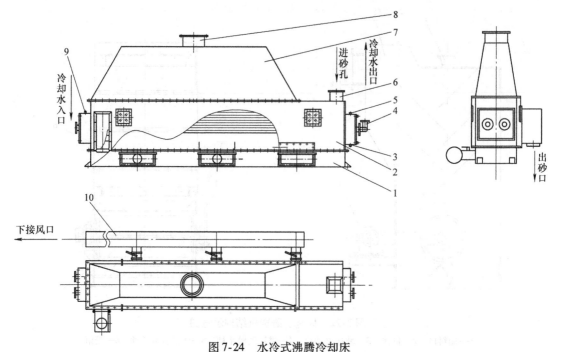

图 7-24　水冷式沸腾冷却床

1—风箱　2—冷却箱整体　3—放水孔　4—（进出水）三通　5—出水测温孔　6—进砂孔
7—除尘箱　8—除尘孔　9—进水测温口　10—进风管

同时沸腾的热砂还与常温空气进行热交换，新产生的含尘热气流向扩散箱，经除尘系统净化后排入大气中。沸腾箱的下部设有三个清理门，以便定时清理。

3）扩散箱。此箱设在该机的最上层，顶部的排风口与除尘系统相连接。由于排风系统的作用，使该箱内形成一定的负压，将沸腾箱中的含尘热空气上逸至排风孔进入除尘系统，从而完成热砂的冷却。

4）鼓风系统。该装置的作用是，将高压空气引入沸腾箱中使热砂沸腾起来。因此要求鼓入空气的压力必须能克服砂层、喷嘴孔眼和管道的阻力；风量要满足冷却热砂的需要；同时还要使热砂呈最佳沸腾状态。鼓风系统的三个进风管，设有三个手动蝶阀，用以调节高压风的风压和风量，以控制沸腾砂的定向流动和速度，从而达到卸砂与全系统的协调统一。

5）排风系统。该装置的作用是，将经过热交换的含尘热空气排入到除尘系统中去。为此要求风压既能克服除尘器和管道的阻力，又能使扩散箱形成一定负压，风量应考虑排风温度以及管道系统的漏风损失。

水冷式沸腾冷却床是目前消失模铸造砂处理系统中使用较多、应用范围较广的一种冷却设备。尽管它的结构复杂、能耗高、对型砂粒度要求严格，但它的冷却效果好，能满足工艺技术要求，所以仍被作为砂冷却设备。它的前端设备是风选、磁选机。磁选在这里的目的是防止铁豆进入冷却床，把冷却床的风帽堵死。由于磁选机采用了相应的改善其作业条件的多项措施，从而使磁选机效果得以正常发挥，因此也为沸腾冷却床的性能发挥创造了前提条件。在生产现场能看到沸腾冷却床不受铁豆影响而正常发挥作用。

沸腾冷却床的工作原理：热砂由上方的进料口进入沸腾箱中，被从底部风箱吹入的强压空气，通过喷嘴水平方向喷射而飞扬起来。飞扬的热砂在沸腾箱内不断地翻滚呈流态状，并与冷却水管均匀、充分地频繁接触进行热交换，同时鼓入的常温空气也与热砂进行热交换。其结果是，一部分热量被冷却水系统带入水池中，另一部分热量随含尘空气被排风系统抽入除尘器排除。

该机的冷却方式，既有水与热砂的热交

换，又有空气与热砂的热交换。热砂呈沸腾状的热交换效率要比静态高出几倍之多，所以被广大设计者优先采纳和使用。在进行热交换的同时，沸腾状干砂中的粉尘，随着热空气一起被抽入除尘器，使冷却后的干砂粉尘含量大大降低，保证了干砂良好的透气性，实现了降温、除尘的双重目的。水冷式沸腾冷却床的规格型号和技术参数见表7-13。

表7-13　水冷式沸腾冷却床的规格型号和技术参数

型　号	S8905B	S8910B	S8920B	S8930B	S8940B
生产能力/(t/h)	5	10	20	30	40
冷却面积/m³	30	35	55	75	95
冷却水量/(t/h)	20	25	30	45	60

（续）

型　号	S8905B	S8910B	S8920B	S8930B	S8940B
冷却温度/℃	20~25	20~25	20~25	20~25	20~25
鼓风量/(m³/h)	>4500	>5500	>7000	>9500	>11400
排风量/(m³/h)	>5500	>6500	>8000	>11500	>13500
功率/kW	18.5	30~37	37	55	75

（3）水冷式滚筒冷却床　水冷式滚筒冷却床是由滚筒、集尘罩、传动机构、雨淋管、进砂收尘管、轴流风机等组成的，如图7-25所示。滚筒转动由传动机构齿轮与滚筒齿轮圈传递动力，传动机构由电动机、减速器、V带、齿轮组成，具有传动可靠、承载能力大、运行平稳、使用寿命长、结构紧凑、安装维护方便等特点。

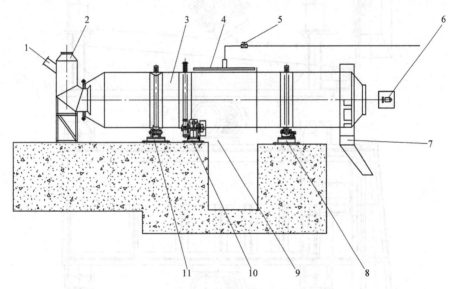

图7-25　水冷式滚筒冷却床
1—进砂口　2—收尘管　3—滚筒　4—雨淋管　5—球阀　6—轴流风机
7—集尘罩　8、11—支撑滚轮座　9—回水池　10—传动机构

水冷式滚筒冷却床利用型砂在输送过程中被滚筒内扬砂板按特定角速度反转、轴流风机吹风及对滚筒进行雨淋水冷来实现降温。轴流风机的吹风又有利于集尘。该机有出砂量大、能耗小、降温可靠、除尘效果好、噪声小等显著特点，是冷却型砂的理想设备之一。

该机的主要技术参数如下：
出砂量：5~20t/h。
滚筒直径：φ800~φ1500mm。
滚筒长度：6000~18000mm。
滚筒转速：3~6r/min。

功率：5.5~22kW。
冷却水量：15~40m³/h。

6. 中间砂库

在砂处理线中，若无特殊条件限制，一般都设有中间砂库，又称缓冲砂库、储存砂库等。

它的作用是储存型砂，使全线造型砂一直处于循环使用的封闭路线中，以实现"地上无砂粒"的绿色环保要求。

中间砂库的容量是按每日耗砂量及其他几个砂斗的容量设计的，它受车间和桥式起重机高度的制约，在设计时必须充分考虑这一点。

7. 惯性直线振动筛

在消失模铸造砂处理线中，对于处理砂量较大的生产线，经常配备 S45A 系列惯性直线振动筛，目的是进一步筛除型砂中的粉尘，使型砂中的粉尘得到彻底的去除。

S45A 系列惯性直线振动筛的振动原理为两个普通电动机分别驱动箱式激振器，并可以通过调节定、动偏心块夹角，实现调节激振器激振力的大小，以适应不同粒度的型砂的筛分，使其处于最佳的工作状态。

S45A 系列惯性直线振动筛由槽体、筛网、张紧螺栓、橡胶弹簧、出料口与粗料口及激振器、支架等部分组成。两个电动机驱动的箱式激振器对称安装在两侧，为保证两个激振器能同步运转，该筛体的两侧壁用钢管连接，以保证两个激振器之间的连接达到足够的刚性。其筛网由低碳钢钢丝制成，前后用钩头螺栓张紧，不仅可以消除筛网的高谐振动，同时更换方便，其结构如图 7-26 所示。

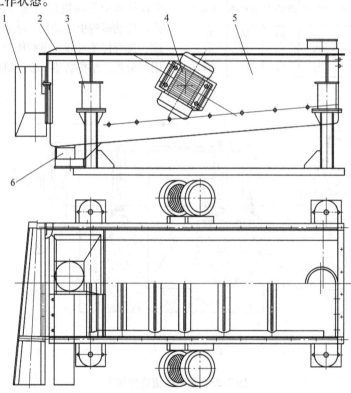

图 7-26　S45A 系列惯性直线振动筛

1—进料口　2—罩体　3—橡胶弹簧　4—振动电动机　5—槽体　6—出料口

S45A 系列惯性直线振动筛的工作原理：振动筛的运动特征是筛体的每一个振动周期，被筛物料都将跳离筛网，沿着几乎与筛网垂直的方向落下，因此有利于透筛。同时振动筛的振动频率较高，筛网的每一次振动就为物料创造了一次透筛的条件，在振动时还可以自动清理筛孔，防止堵塞。

该系列振动筛具有透筛效率高、振幅可调、能耗低、噪声小、维修方便的优点，其型号及技术参数见表 7-14。

表 7-14　S45A 系列惯性直线振动筛型号及技术参数

型　号	S456A	S457A	S458A	S459A	S4511A
筛网尺寸/mm	550×1300	650×1600	750×2000	900×2500	1100×3100
筛孔尺寸/mm	$6 \times 6(10 \times 10)$	$6 \times 6(10 \times 10)$	$6 \times 6(10 \times 10)$	$6 \times 6(12 \times 12)$	$6 \times 6(12 \times 12)$
生产能力/(m³/h)	6(10)	12(20)	24(40)	40(70)	70(100)

（续）

型　　号	S456A	S457A	S458A	S459A	S4511A
电动机功率/kW	2×0.75	2×1.1	2×2.2	2×2.2	2×3
振动器静力矩/(N·mm)	20×325	20×325	20×650	20×1250	20×1250
外形尺寸/mm	1650×1102×412	1964×1202×486	2380×1392×597	2935×1634×737	3600×1822×910
除尘风量/(m³/h)	1000	1600	2300	3500	5000
垂直动负荷/kg	228	314	438	543	743
水平动负荷/kg	98.7	136	190	235	321

注：括号中生产能力相当于筛孔中括号内筛孔尺寸的生产能力。

8. 电气控制自动化

在消失模铸造砂处理中，大多数采用 PLC 全线自动化程序控制。在设计中，同时设有自动和手动切换功能。

整条生产线各单元设备的起动、停止可实现如下运行方式：按下总起动按钮，整条线将顺序自动开机；当整条线符合停机条件时，整条线将自动关机，但是若其中某个单元设备不符合停机条件时，则该设备可继续运行，直至符合条件停机。下班关机时，只要按下总停止按钮则整条线将按顺序停机。

在消失模铸造砂处理线中一般设有各个单元设备的联锁保护功能，即当全线或单元设备运行时，若其中某一台设备出现故障停机，该设备则会显示红灯报警，并且此时该故障设备的前续设备均会立即停机而后续设备正常运行。从而防止了设备的超载运行，杜绝了设备事故的发生。整条线的电气控制不仅对各单元的设备进行控制，而且对砂库（斗）的料位器也进行停机、开机联动控制。

这种自动程序控制使整条砂处理系统摆脱了对人工的依赖性，改善了铸造环境，提高了生产效率。

9. 除尘器

由于消失模铸造砂处理中的粉尘不含水分，并且进入除尘器的含尘热风，其温度均不超过滤袋材料的耐热温度，故此大部分消失模铸造砂处理线均采用布袋除尘器。

这种除尘器是应用较多的一类。因为它具有除尘效率高、能满足严格的环保要求、运行稳定、适应能力强、处理风量范围广泛的特点，所以被广泛应用在烟气温度不高、不含水分的作业环境中。

袋式除尘器按清灰方法不同分为五类：机械运动类、分室反吹类、喷嘴反吹类、振动反吹并用类、脉冲喷吹类。

在设计消失模铸造砂处理线时，对于布袋除尘器的选配，除按"布袋除尘器选择原则"执行外，还要考虑其安装位置，如室内外的区别的客观环境因素。

10. 消失模铸造落砂设备

在消失模铸造砂处理线中，落砂有以下几种方式。

1) 对于生产效率要求不高的生产线，一般采用桥式起重机吊起，将欲落砂的砂箱放置在翻箱支架上，再用桥式起重机翻转砂箱，将热砂和铸件一起翻落在砂栅格床内，热砂进入砂处理线进行处理，铸件由桥式起重机吊入清理工部。

2) 液压翻箱机。在采用造型浇注的流水线方式时，或者生产效率要求较高的消失模生产线上，落砂经常用液压式翻箱机来完成。液压翻箱机的机构形式和工作原理如图 7-27 所示。液压式翻箱机按举起砂箱的方式分为抱夹式（见图 7-28）和底拖式两种。液压翻箱机主要由液压站系统和机械夹紧支架两大部分组成。

由于消失模铸造的型砂没有黏结剂，使得型砂流动性好，为落砂的简易创造了条件。由于铸件和型砂均处于高热状态下，其作业环境仍受到灰尘和热辐射的恶劣影响，为了改善这一作业环境，有的砂处理线在铸件搬运过程中，配备了落砂振动输送床和鳞板输送机，这样彻底改善了落砂的工作条件，使落砂时的铸件搬运变得轻松简单。

3) 自泄砂砂箱。自泄砂砂箱多用在较大的砂箱上，自泄砂砂箱在其底部留有泄砂口，在砂

图 7-27　液压翻箱机的机构形式和工作原理

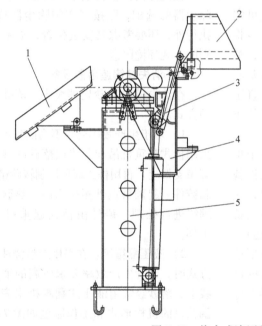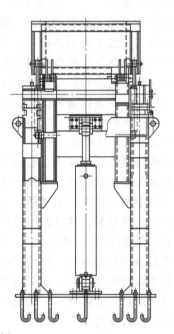

图 7-28　抱夹式液压翻箱机
1—溜槽　2—砂箱溜槽　3—翻转架翻转液压缸　4—翻转架　5—砂箱溜槽翻转液压缸

箱工作时，泄砂口处于密闭状态，不影响其真空负压的执行。当需要落砂时，将砂箱从造型线上运抵砂处理线的落砂处，利用机械装置打开泄砂口，将型砂从泄砂口流入砂处理线内，铸件由桥式起重机从砂箱内吊运至清理工部。此种方式在砂箱内会留有部分型砂，此型砂作为底砂不会对作业带来不利的影响，因此被广泛采用。需要注意的是，泄砂口一定要封闭严密，不能有漏砂、漏气现象。

11. 其他辅助设备

在消失模铸造砂处理线中除了上述各主要

设备外，尚需按各主要设备的性能差异分别配置辅助设备，如带式输送机、犁式卸料机、料位计、风量调节阀、自动加砂门等，才能构成一条完整可靠的砂处理线。

7.2.7　消失模铸造设备的维护与保养

1. 消失模铸造设备维护保养的重要性

设备是生产力三要素之一，是进行生产的物质工具。设备性能的好坏，对企业产品的数量、质量和成本等经济技术指标都有着决定性的影响，因此要严格按照设备的运转规律，抓好设备的正确使用、精心保养、科学维护，努力提高设备的完好率。为此需要有一套良好的设备维护保养制度。

操作人员和维（检）修人员应以主人翁的态度，做到正确使用、精心维护，用严肃的态度和科学的方法维护好设备。坚持维护与检修并重，以维护为主的原则。严格执行岗位责任制，实行设备的包机制，确保在用设备完好。

操作人员对所使用的设备，通过岗位练兵和学习技术，做到"四懂、三会"（懂性能、懂原理、懂结构、懂用途；会操作，会保养，会排除故障）。

操作人员有权制止他人私自动用自己操作的设备；未采取防范措施或未经主管部门审批超负荷使用设备，有权停止使用，发现设备运转不正常、超期不检修、安全位置不符合规定应立即上报，如不立即处理和采取相应措施，有权停止使用。

2. 操作人员必须做好的主要工作

1）正确使用设备，严格遵守操作规程，起动前认真准备，起动中反复检查，停车后妥善处理，搞好调整，认真执行操作指标，不准超速、超负荷运行。

2）精心维护、严格执行巡回检查制，定时按巡回检查路线对设备进行仔细检查，发现问题及时解决，排除隐患。搞好设备清洁、润滑、紧固、调整和防腐。保持零件、附件及工具完整无缺。

3）掌握设备故障的预防、判断和紧急处理措施，保持安全防护装置完整好用。

4）设备按计划运行，定期切换，配合检修人员搞好设备的检修工作，使其经常保持完好状态，保证随时可以启动运行，对备用设备要定时盘车，搞好防冻、防凝等工作。

5）认真填写设备运行记录、缺陷记录及调整日记。

6）经常保持设备和环境清洁卫生，做到设备见本色、门窗玻璃净。

7）搞好设备润滑。严格执行设备润滑管理制度，坚持"五定"：定点，定时，定质，定量，定人。同时对润滑部位和油箱等定期进行清洗换油。

8）操作人员必须认真执行交接班制度。

9）设备检修人员对所负责设备，应按时进行巡回检查，发现问题及时处理，配合操作人员搞好安全生产。

10）车间所有设备、管道等维护工作，必须有明确分工并及时做好防冻防凝、保温、保冷、防腐、堵漏等工作。

3. 消失模铸造设备主要部件维护保养方法

1）气路需注意经常排水。气路主要为生产线上所有气缸及升降气囊提供气压，通过电磁阀控制动作，为防止电磁阀损坏，导致设备不能正常动作，需经常排查生产线上各处气水分离器是否正常进行排水工作，其中地势较低处作为重点排查对象，重点检查位置有：①振实台下气水分离器，需做到每日检查；②雨淋加砂器旁气水分离器，每日检查；③砂温调节器下插板处气水分离器，每日检查；④其他位置气水分离器，每周检查。

2）对水路主要注意各个用水设备水位高度是否符合使用要求及冬季停工时排水。对水位要求较严格的设备为：负压系统各个罐体；砂温调节器水位高度。对冬季设备排水严格要求的设备为：水冷落砂器需完全排空；砂温调节器需完全排空；砂库水套需完全排空；循环泵体需完全排空。

3）油路主要注意事项：泵站液位是否满足液位计显示高度的2/3，如果液位较低需及时加油；保持油液清洁，严格按照《液压系统说明书》进行维护；维护泵站阀台清洁。

4. 常用元件的维护

（1）气缸

1）气缸的正常工作条件：介质、环境温度控制在 5 ~ 60℃ 范围内，工作压力一般为 0.1 ~ 1MPa。

2）使用中应定期检查气缸各部分是否有异常现象，各连接部分有无松动等。发现问题及时检修，防止事故发生。

3）气缸检修重新装配时，零件必须清洗干净，不得将脏物带入气缸内，特别需防止密封圈被剪切、划伤、损坏等。

4）气缸拆下长时间不使用时，活塞杆等露出部分应涂防锈油，进排气口应加防尘堵塞。

（2）电磁阀

1）每年定期检修是电磁阀可靠工作和长寿的最佳方法。电磁阀内部有2种情况，是妨碍电磁阀正常工作与缩短寿命原因。

① 接管内生锈，空压机的油氧化，产生碳粒焦油等杂物，混入管道。

② 管道中有尘粒、污垢、冷凝水等杂质进入阀体。

2）电磁阀安装后或长时间停用后再次投入运行时，须通入介质，试动作数次工作正常后方可正式使用。

3）在维护之前，必须切断电源，卸去介质压力。

4）拆开电磁阀进行清洗时可使用煤油清洗，但橡胶件需更换。

（3）振动电动机

1）检查内容　经常检查电动机表面卫生，有粉尘影响散热时及时清理，经常检查电动机地脚固定螺栓是否松动，松动时用力矩扳手紧固至要求力矩，检查振动是否异常。

2）处理方法　振动异常时停机，拆开偏心块护罩检查处理；偏心块防护罩密封是否严实；密封不严时停机处理；电动机出线电缆是否磨损；若磨损，停机处理；轴承是否缺油；运行中每2个月补加一次润滑脂，一年中修一次。

（4）摆线针轮减速机

1）该机适用连续工作制，允许正反向连转。

2）输出轴和输入轴的轴伸与其他零件配合时，不允许直接锤击，以防窜轴，损坏内部零件。

3）用联轴器连接工作机械与电动机时，应使两轴心线同轴，其同轴度应小于联轴器允差。

4）摆线针轮减速机安装后用手转动应轻松灵活。

5）卧式减速机轴心线应处于水平位置工作，必须倾斜时输出轴伸端向下与水平面夹角不应超过150°，立式减速机应垂直安装使用。

6）环境温度为-10~0℃时用L-CKC68（原N46、N68）润滑油；0℃~40℃时用L-CKC68~L-CKC220润滑油。

7）加换油制度。减速机以油浴润滑为主；第一次加油运转一周后应更换新油，并将内部油污冲净。以后每3~6个月更换一次油，运转中减速机体内储油量必须保持油面高度，不宜过多或过少，加油可打开通气帽或油杯盖补充。

8）采用油脂润滑的摆线针轮减速机更换油制度与润滑油一样。

5. 消失模铸造水环式真空泵的维护和使用方法

1）在正常的工作中要注意检查轴承的工作和润滑情况，其温度（轴承和外圆处）比环境温度一般高出15~20℃为宜，最高不允许超过35℃，即轴承架外圆处实际温度不应超过60℃；水环式真空泵定期向轴承体内加入轴承润滑机油或黄油。正常工作的轴承每年应加油3~4次，每年至少清洗轴承一次，并将润滑油全部更换。定期检查轴套的磨损情况，磨损较大后应及时更换。

2）在正常工作中还要定期压紧填料，在填料因磨损而不能保证所需要的密封性能时，应更换新填料。如果采用机械密封，发现泄漏现象，应检查机械密封的动静环是否已损坏或是辅助密封是否老化，如出现上述情况，均需要更换新零件。

3）在出现特殊声音时，可拆下两端盖上的压板，查看叶轮两端面是否与分配器研伤，还可检查排气阀板是否正常。

4）冬季应注意防冻，寒冬季节停机8h以上，需将泵体下部放水螺塞拧开放净内部水，防止冻裂。水环式真空泵长期停用，需将泵全部拆开，擦干水，将转动部位及结合处涂以油脂装好，妥善保管。

5）水环式真空泵使用时，先拧下真空泵泵体的引水螺塞灌注引水。特别是机械密封的水环真空泵（2BV，2BE）再起动电动机。

6）水环式真空泵点动电动机，试看电动机转向是否正确。开动电动机，当水环式真空泵正常运转后，打开出口压力表和进口真空泵，视其显示出适当压力后，逐渐打开闸阀，同时检查电动机负荷情况。若水环式真空泵有异常声音，应立即停车检查原因。

7）水环式真空泵要停止使用时，先关闭闸阀、压力表，然后停止电动机。

8）水环式真空泵经常调整填料压盖，保证填料室内的滴漏情况正常（以成滴漏出为宜）。

7.3　实型铸造（树脂砂）主要设备及工艺装备

实型铸造主要设备及工艺装备等同于树脂砂主要设备及工艺装备，限于篇幅，这里只介绍实型铸造生产必需的连续式混砂机、旧砂再生方法和设备。

7.3.1　大吨位、液压、升降超长臂、移动式连续混砂机

以前我国的大吨位混砂机几乎全部是从德国、日本和意大利等国进口，2006 年国产 60t/h 连续式混砂机诞生，成为混砂机制造综合能力和技术成熟性的标志，它是我国在混砂机技术领域内独立自主，开发创新所取得的重要成果。锡南铸造机械有限公司生产的目前国内最大的连续式混砂机（见图 7-29、图 7-30），表明我国关键的自硬砂铸造机械水平已经与世界的先进技术基本同步，并有所创新。大型铸件造型用混砂机最基本的功能要求是在能满足强生产能力前提下的均匀混砂的同时，还能升降和移动。

这种大吨位混砂机集中了机、电、材料、液压、气动、传感器和自动化控制的诸多高新技术于一体，具备了特大型铸件填砂造型需要的各种功能。

（1）60t/h 移动、升降式连续混砂机技术参数

生产能力：60t/h。

出砂口高度：1500～3000mm。

搅龙轴转速：420r/min。

大臂长度：9000mm。

小臂长度：2200mm。

升降范围：1500mm。

图 7-29　60t/h 移动、升降式连续混砂机

图 7-30　臂长为 12.6m 的超长臂 60t/h 连续式混砂机

移动速度：<10m/min。

（2）整体结构刚性技术

1）为了加强大吨位混砂机的整体刚性，大臂采用圆管，增加抗扭性能。

2）为了扩大混砂机定点工作范围，目前大臂最大的伸长已经做到 9m，加上搅龙 2.2m，混砂机双臂工作长度达到了 11.2m，采用高刚性、高强度的方管组合的吊架，悬挂并固定搅龙。

3）搅龙朝两侧转动时的驱动，采用硬齿面减速机构，提高加工精度，减少振动，并采用配重平衡技术。

（3）比例进砂技术　气动闸阀可根据每种可能的砂配比调整开量而确定砂输出量。一种特制的比例进砂由两个手动闸阀加两个气动闸阀组成。气动、手动结合，可满足新、旧砂的多种配比进入混砂机的要求。

（4）搅龙技术　搅龙技术是大吨位连续式混砂机混砂均匀的关键技术之一。

1）搅龙轴承不放在搅龙两端而置于吊架两端的侧板上，便于做成对开式结构，以利清理、维修和更换刀片或衬套。

2）采用加工精细的合金钢管轴。

3）合理的刀片形状、数量、布置，可靠的刀柄定位和紧固，刀柄采用合金钢镶焊加宽的硬质合金刀头。

4）采用了搅龙头部的反向刀片和气动延时（1～3s）闸门及自动控制技术，最大限度地减少头尾砂。

5）耐磨衬套技术，除尘、除气味系统。

（5）液料系统　液料系统是混砂机的心脏，最新的液料系统如下：

1）可供选择的高精度、耐腐蚀的从美国、日本进口或国产的齿轮泵、隔膜泵、磁力驱动泵，采用日本精磨陶瓷球作为单向阀的隔膜泵也很受用户青睐。

2）换向阀保证多余液料返回和进料管路的密封。

3）液料输送管采用金属丝强化的日本TOYOX专用液料管。

4）变频调节液料流量。电控柜操作面板上设有多种模拟量，通过手动切换开关，提供不同气温、砂温、湿度和砂种情况下进行液料配比的选择。

5）专利雾化喷嘴使液料在充分雾化的状态下与砂子均匀混合。

6）液料桶包括材料选用、过滤、恒温加热、测温、搅拌均匀、清洗、料位显示与控制、无料报警等技术。

7）根据温度变化和可使用时间的要求自动调节液料配比的智能系统。

（6）液压升降技术

1）为了适应不同地坑深度、不同高度铸件填砂造型的需要，采用可升降的混砂机。

2）采用液压升降，活塞杆一端与大臂相连，液压缸一端支承在转动的基座上。与电动推杆或普通气缸相比，承受载荷更大、更平稳可靠。

3）采用上位四连杆机构，保证在大臂升降过程中，下臂搅龙始终处于水平位置，结构紧凑美观，升降高度范围可达到 1.5m 以上，

加上地坑深度，可满足 6m 以上大型铸件造型的需要。

4）液压缸随大臂和基座一同可在平面180°范围内转动，加上整机在轨道上的移动，扩大了混砂机的工作面，有利于大型铸件的填砂造型。

5）基座利用驱动电动机和带外齿圈的回转轴承进行移动，同时装有软启动器。

（7）大吨位移动式连续混砂机台车技术

1）大吨位移动式连续混砂机台车载重量大，布置设备多，为了保证车架的高刚性和强度，对其载荷、刚度、挠度、轮距、轮压的均布和优化，以及纵横大梁的数量、布置、截面尺寸和形状等，均应按照材料力学原理进行精心设计。

2）大吨位移动式连续混砂机台车载荷大而不均匀，又特别要求起动和运行的平稳性。为此，一般采用多轮的独立驱动，以保证均匀的轮、轨间的附着力和多轮同步行走，避免出现蛇行轨迹。传动则应采用轴式硬齿面减速器。台车的主要技术参数如下：

车轮材质：ZG 310 – 570。

热处理：表面淬火，1mm。

轮系内侧距离偏差：±1.0mm。

轮系主轴平行度：1.0mm。

对角线误差：<2.0mm。

水平误差：<1.0mm。

3）变频控制（软起动器）起动、停止，按慢—快—慢动作，不但保证动作平稳，而且防止频繁起动、换向移动时的冲击损坏传动齿轮。

4）由于混砂机从台车一侧伸出，为平衡重心及安全考虑，在混砂机尾部安置了精确计算的平衡配重，它比在台车一侧加配重对回转轴承的损坏小。

5）安全系统。设计了防撞针、轨道清扫器和障碍物光电检测装置，起动行走预警器，运行速度变频可调器。

（8）快速加砂技术

1）大吨位移动式连续混砂机用砂量大，随车的储砂斗容量也大，一般的加砂方式是通过气力输送，借助地面的人工快速接头或特殊

的空中自动定位加砂机构来完成，一台最大的气力输送机每小时也只能输送 20～30t 砂子。如果使用 40t 容量的随车砂斗，填满时间需要 1～2h。这显然不能满足生产的需要，为了解决这一难题，采用了在气力输送卸砂口和随车储砂斗之间设置大容量（80～120t）空中缓冲斗，缓冲斗底部并设了几个快速重力卸砂口，以便在很短时间（几分钟内）填满随车储砂斗。根据生产需要，这样的中间储砂斗可设置 2～3 个，基本满足快速卸砂和无盲点卸砂。

2）随车砂斗、缓冲砂斗均设料位控制。

3）砂流稳定机构。为了减少混砂过程由于平车移动产生的振动导致混砂机进砂口砂流不稳定的现象，在随车砂斗和混砂机进砂口之间设置了防振、防尘软连接。

（9）电气控制系统　自动化控制是混砂机稳定、可靠运行的基本保证。混砂机主控制柜内 PLC 实施集中控制、模拟屏显示、手动/自动控制相结合、单动/联动相结合。

1）现场各单机附近均设有自动保护式急停按钮和相应的状况指示灯的手动按钮，供调试、维修和急停用。

2）电气元件包括 PLC、开关、变频器、各种继电器、断路器等均采用国内外品牌，如西门子、三菱、欧姆龙、施耐德等，PLC 采用模块化配置，预留 10% 的接点。

3）故障诊断、报警提示、打印报表、档案存储等功能一应俱全。

4）柜体采用"威图"产品，柜体内部组合式结构，外表牢固、美观的烤漆，加上良好的密封技术与所采用的品牌元器件，使电气系统整体和谐与完美。

（10）混砂机除尘器　混砂机均配有单独的单机除尘器。这种单机除尘器采用的是压缩空气脉冲喷吹布袋除尘器，其特点如下：

1）脉冲喷吹，吹—吸—停三态形成的强振荡气流，促进了滤袋外表积灰的溃散和剥离，提高了清灰效果。

2）进风处的窗栅结构，对含尘气体中的粗颗粒有一定的分离作用，使之进入灰斗，并减轻了对布袋的冲刷，有利于提高布袋寿命。

3）脉冲喷吹的压力约为普通高压风机反吹压力的 20 倍左右（1500～2500Pa），有利于强化清灰效果。

4）除了选用高效的清灰方式外，最关键的是要选用优质滤料，例如诺梅克斯、戈尔等。

7.3.2　旧砂再生方法和设备

旧砂再生关系到铸件成本、资源节约、环境保护等三个方面，目前国内大型、特大型铸件的生产用砂，主要有呋喃树脂砂、碱酚醛树脂砂和水玻璃砂三种。水玻璃砂除了 CO_2 硬化水玻璃砂以外，还有近两年来发展成熟的酯硬化水玻璃砂新工艺。

我国旧砂再生技术与装备经历了近 30 年的发展，也有了长足的进步，大型铸件旧砂再生方法和设备，根据用砂的不同，国内主要应用的方法还是机械再生，尤其是呋喃树脂砂，因为它的溃散性最好。对机械再生比较困难的旧砂，如碱酚醛树脂砂和酯硬化水玻璃砂，由于它们的旧砂具有一定的韧性，实践表明，用多级机械再生或热法再生，效果比较明显。

大型铸件旧砂再生设备和生产线的生产能力，国内外一般都在 10～40t/h 之间选用，由于振动设备自身的限制，单机最大生产能力达到 20t/h。因此，对于 30t/h、40t/h 的再生线需要两套并联。

1. 热法再生

（1）热法再生现状　热法再生是通过加热或焙烧，使韧性黏结剂膜经过脱水、去酯、有机物挥发燃烧和无机物被去除的过程。如意大利 FATA、SOGEMI、IMF 公司，德国的 KGT 公司等都制造、销售热法再生装备。在我国哈尔滨东安飞机制造有限公司、齐齐哈尔及牡丹江机车车辆厂都是采用进口的树脂砂热法再生设备。但进口设备昂贵，同时，酯硬化水玻璃砂新工艺推广应用，也有赖于热再生技术装备的开发、应用。无锡锡南铸机自主创新，在国内推出了以国内发明专利"铸造用砂焙烧炉"和实用新型专利"立式螺旋沸腾冷却器"组成的自硬砂热法再生线（见图7-31）。已有 11 条这样的热法再生线在国内的大、中型企业运行使用，并取得良好的技术、经济和社会效益。过去认为水玻璃砂旧砂再生难的课题终于有了突破性的进展，回收率达到85%以上，其他各项指标都满足工艺要求。

图7-31 自硬砂热法再生线

（2）热法再生焙烧炉 无锡锡南铸机铸造用砂焙烧炉和目前国内外大多数利用沸腾原理加热或焙烧的炉子不同。它根据使用对象即铸造用旧砂砂粒表面需要去除黏结剂薄膜使砂粒表面活化，以及砂粒本身导热性差，且不须加热到很高温度的这些特点，设计了一种完全新型的加热或焙烧炉，它能够使砂粒均匀、短暂地被加热到工艺要求的温度，去除黏结剂膜中的水分、有机或无机的物质，热效率高。炉膛上部包含一个特殊的蓄热室（热交换器），在这里上升热的气流和下落的散砂粒进行热交换，砂子被预热。炉膛的下部是一个燃烧室，燃烧器喷出的火焰喷入燃烧室，砂子穿过火焰，被短暂地高温灼烧，使砂粒表面的黏结剂薄膜脱水脆化，去除挥发物。因此，这种结构的炉子比较符合表面带黏结剂膜的砂粒加热、焙烧的特点和工艺要求，具有好的针对性、高的热效率，容易形成强的生产能力。

（3）热砂冷却设备 旧砂再生过程中，砂加热或焙烧后必然伴随着冷却。目前冷却设备也有多种形式，如卧式振动沸腾风冷冷却器、水冷的砂温调节器、水冷+沸腾风冷冷却器、立式螺旋沸腾风冷冷却器等。立式螺旋沸腾风冷冷却器和现有的各种热砂冷却器不同，其结构为：在一个圆形壳体内部中心有一个多孔圆筒，圆筒外壁有螺旋上升的沸腾槽，槽底开孔作为沸腾床；依靠移动，砂在沸腾槽中一边冷却、一边输送上升。其特点是：冷却线路长，冷却效果好，具有去灰作用和再生功能。

该设备性能参数：生产能力为 10~30t/h，进口砂温为 180~250℃，出口砂温室温为15~25℃。

夏季高温可辅之以使用工业冷风机，进入的空气要进行去湿干燥处理。

应根据不同的旧砂选用不同的冷却设备。呋喃树脂砂旧砂再生普遍选用带翅片的冷却水管的砂温调节器或卧式振动沸腾冷却床；对于酯硬化碱酚醛树脂砂旧砂或酯硬化水玻璃砂旧砂的冷却，由于砂的吸湿性，有时可能发黏，流动性不好，造成堵塞，故采用不带翅片的光管砂温调节器或立式螺旋沸腾冷却器。这些冷却设备，在夏季特别是在南方，还需要配冷风机或冷冻机，或将冰块投入水池，将水温或风温维持在 15~25℃。

2. 多级机械再生

根据大型铸件铸造所用不同旧砂的特点，选定最佳的再生方法和装备是必要的。呋喃树脂旧砂最简单的干法机械再生就是一台振动破碎机+气力输送中碰撞转向装置。其次是振动破碎机+二级离心（或搓擦）再生机，这也是应用较普遍的一种配置。

目前应用较多的仍是干法机械再生。再生设备除了离心再生机外，近些年又出现了一种卧式沸腾搓擦再生机。后者在相对旋转的两根轴上，各安装了10个烧结的硬质合金轮盘（见图7-32）。轮盘和沸腾的旧砂不断搓擦，对旧砂进行再生。关键是要调整好砂流量，保证一定深度的砂层，使轮盘埋入砂中，才能发挥最佳的脱膜再生效果。否则不及离心再生机有效，而且真空烧结或喷焊的硬质合金轮盘成本昂贵。但是，由于其轴承在罩壳外部，有风冷，因此轴承冷却条件较离心再生机优越。所以，在热法再生系统中，作为一级再生，第二级配离心再生机。

酯硬化碱酚醛树脂砂也被认为是一种再生回用难度较大的旧砂。因为膜中残留 >1.0% 的水、有机酯和少量钾，使树脂膜具有一定韧性。据资料报道，这种旧砂采用多级机械再生是有效的，在日本比较多地使用这种再生方法。串联3~4级离心机或卧式沸腾搓擦再生机，在加入新砂5%~10%（质量分数）时，

图 7-32　沸腾搓擦再生机的烧结
硬质合金搓擦轮盘

灼烧减量可达 1.2% ~1.4%（质量分数），一般的两级再生 LOI 水平；加入 30%（质量分数）新砂时灼烧减量高达 1.8% ~2.0%（质量分数）。多级机械再生还可以用最后一级或两级的短路灵活调整，以降低运行成本。

3. 铬铁矿砂分离设备

大型铸件铸造工艺的重要特点之一是采用了很多特种砂如铬铁矿砂作为面砂，从技术上考虑，不得不用这种砂，从经济上讲，又十分昂贵：一次性使用，不进行回收利用，代价太高。因此，铬铁矿砂分选设备也是大型铸件尤其是铸钢件应当考虑的重要设备之一（见图 7-33）。目前有"一重""宁夏共享"等几个大型铸钢厂有条件进口国外的铬铁矿砂分离设备，但价格昂贵。铬矿砂分离分下面四步：

图 7-33　铬铁矿砂分离设备

两级强磁选 + 相对密度分选 + 筛分（包括铬铁矿砂和其他磁性物质），通过第一级磁选后，硅砂进入气力发送罐，直接被回用。分离出的铬铁矿砂、磁性粒子再进行第二级相对密度分离，在振动沸腾床上，残留的硅砂（相对密度 1.5t/m³）和铬铁矿砂（相对密度 2.5t/m³）分离。第三级通过振动筛分离铬铁矿砂中的粗糙物。第四级通过强磁场分离铬铁矿砂中的铁磁颗粒和不能使用的铬铁矿砂。分离后的可使用的铬铁矿砂被气力输送到铬铁矿砂储砂斗。第一级的处理能力为 10t/h；第二到四级每级通过能力为 1.5t/h。除旧铬铁矿砂储砂斗外，系统还应有新铬铁矿砂储砂斗，以保证 20%（质量分数）的新铬铁矿砂和 80%（质量分数）的再生铬铁矿砂的混合使用。

铬铁矿砂分离设备的技术要求见表 7-15。

表 7-15　铬铁矿砂分离设备的技术要求

砂处理能力	10t/h（硅砂和铬铁矿砂的混合旧砂）
	1.5t/h（其余三级，铬铁矿砂的再净化）
分离后，硅砂在铬铁矿砂中的含量	<1.0%（质量分数）
分离后，铬铁矿砂在硅砂中的含量	<1.5%（质量分数）
电力消耗	10kW·h
排风量	7000m³/h

7.4　消失模铸造及实型铸造（树脂砂）铸件清理工艺与设备

7.4.1　铸件的清理方法

由于消失模铸造工艺中没有混砂、合型、下芯等工序，因此，消失模铸件与传统的砂型铸件相比，摆脱了因砂型、砂芯溃散性不好而给落砂、清理带来的困难和不便，并且省去了清铲铸件飞边、毛刺的工序，只需要进行去除冒口和打磨内浇道剩余部分即可。

与砂型铸造工艺相比，消失模铸造工艺不仅简化了工序，减轻了劳动强度，改善了工人的作业环境，提高了铸件的表面质量；同时收到了比较好的经济效益，充分体现出了消失模铸造工艺的优势和长处。

为使铸件表面光洁，清除铸件表面的氧化皮和局部黏砂是非常必要的一道工序。消失模铸件同砂型铸件一样也需要进行表面清理，只不过清理过程相对简便和时间缩短而已。

当前的清理方法主要以抛丸清理为主，滚筒清理、喷丸清理、化学清理等方法在消失模铸造生产中已经较少使用了。可根据铸件的外形尺寸、质量和批量大小，选择不同的抛丸清理设备。

7.4.2　抛丸清理设备的发展现状

清理设备仍以干法为主，湿法清理的应用进一步缩小。在国内随着树脂自硬砂工艺、溃散性较好的水玻璃砂等新工艺的扩大应用，水力清砂、水爆清砂等湿法工艺日趋淘汰，抛喷丸清理逐步在化工、机械、船舶、汽车、航空航天等行业得到广泛应用。随着经济发展和生产需求日益扩大，抛丸设备的品种、规格逐渐增多，综合性能大有改善，总体水平向着清理效率高、适用范围大、浅池坑或无地坑、维修工作量小、工作环境和劳动条件好的方向发展，特别是抛丸清理设备核心部件抛丸器的性能进一步提高。

单台抛丸器最大抛丸量从以前的300~400kg/min提高到1000kg/min左右。国外的多家公司都可以制造抛丸量从小于100kg/min到大于1000kg/min的抛丸器。山东开泰抛丸机械公司生产的单圆盘曲线叶片抛丸器，最大抛丸量可达700~890kg/min。在驱动方式上，广泛采用悬臂式和电动机直联式驱动，使其结构更紧凑，降低了功率消耗，减少了装配维修工作量。在旋转方向上，采用双旋向抛丸器，可以正反转交替抛射，改善了抛射效果，也延长了定向套、叶片的寿命。采用曲线叶片，提高了清理效率，延长了叶片寿命。直线叶片的安装更多地采用无夹具方式，借助离心力固定叶片，装拆快捷，更换八片叶片仅需5~10min。

在抛丸清理设备中，铸件运载装置的结构形式更趋多样化，铸件在抛射区的运动更趋合理。除了常用的几种运载装置外，还开发了摇床式、鼠笼式、机械手式等多种样式，扩展了组合式运载装置，在一机中设置两种不同的工件运载机构，扩大了应用范围，如Q5922型辊道吊链连续抛丸清理机。对于复杂件和重要件，采用特殊的运载机构作为专用设备，如曲轴抛丸清理机、铸管外壁抛丸清理机等。老的

运载形式也有新的发展，例如滚筒式增加了多种连续滚筒式（如Q61系列滚筒连续抛丸清理机）；例如吊链式清理机中吊链的运动方式，除连续式外，又有积放式和步进式，铸件在抛射区内停留时间可以调节，使不同的铸件都能取得满意的清理效果。吊钩式清理机中的吊钩，除能做自转外还可以正转和反转，并可采用变频调速，在抛射区内还可以左右摆动（如QH系列吊钩环轨式抛丸清理机），或左右位移（如Q3107C、QZJ013、QZJ030等机型），从而改善了铸件复杂表面和内腔的清理效果。清理设备的设计在重视改善劳动条件和环境保护方面都有了大提高，采用全封闭结构，如在抛丸室两侧设有密闭室，在抛丸室顶部及抛丸器开口处采取特殊密封措施，从而彻底防止弹丸飞出伤人；降低了设备噪声，方法如提高抛丸器叶轮机的加工精度，进行静、动平衡校正，增加安装抛丸器、侧室壁的刚度，或将抛丸器独立支撑安装；开发应用了低速高效抛丸器。

7.4.3　抛喷丸清理设备分类

传统清理分类按清理过程是否接触水等液体可分为干法清理（如抛喷丸清理等）和湿法清理（如电化学清理等）。按工作原理可分为摩擦式（如普通滚筒清理机）、弹丸冲击式（如抛丸、喷丸清理设备）和液压冲击式（如电液压清砂设备等）。按作业方式可分为间歇式和连续式。按适用范围可分为通用清理设备和专用清理机（如曲轴抛丸清理机）。目前国内外使用最多的是干法清理，其中又以抛（喷）丸清理为主。抛喷丸清理设备可分为普通滚筒清理设备、喷丸清理设备、抛丸清理设备和抛喷丸清理设备，如图7-34所示。抛丸清理设备在清理过程中使用广泛，根据工件形状及尺寸特点，可将其分为滚筒式、履带式、转台式、台车式、吊钩式、吊链式、吊钩转盘式、摇床式、机械手式、鼠笼式、辊道输送式和组合式等。最常用的抛丸清理设备有履带式抛丸清理机（见图7-35）、吊钩式抛丸清理机（见图7-36）、吊链式抛丸清理机（见图7-37）和辊道输送式抛丸清理机（见图7-38）。

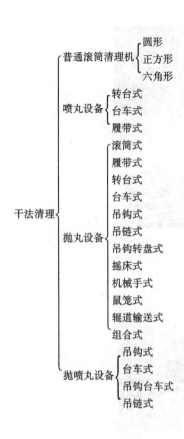

图 7-35 履带式抛丸清理机

图 7-34 抛喷丸清理设备分类

a）Q32 系列履带式抛丸清理机 b）15GN 履带式自动上料抛丸清理机

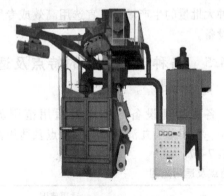

图 7-36 吊钩式抛丸清理机

图 7-37 吊链式抛丸清理机

7.4.4 清理设备的选择原则

针对铸件来说，铸件特点（尺寸、质量、形状和材质等）、生产性质（生产批量大小、铸件品种多少）和使用要求是选择清理方法和设备的主要依据。清理方法和设备的确定，应结合上道工序的生产工艺一并考虑。尽量采用

型砂溃散性好、落砂容易的型砂工艺；铸件尽量在落砂后进行清理，为清理创造有利条件。当采用抛丸落砂工艺时，在批量生产场合，落砂和表面清理宜分两道工序、在两道设备上进行。在干法清理和湿法清理都能满足要求的前提下，优先采用没有污水处理问题的干法清理；在干法清理中首先考虑效率高、能耗低的

图 7-38　辊道输送式抛丸清理机（钢板预处理线）

抛丸清理；对于复杂表面和内腔的铸件，根据铸件大小和生产批量，可选用鼠笼式、机械手式和清理时吊钩可以摆动或移位的吊钩式等形式的抛丸清理机或抛喷丸清理机。对于内腔复杂、狭小，清洁度要求很高的铸件，如液压件、阀类铸件，宜采用电化学清理。对于多品种小批量生产场合，宜选用对铸件大小适应性强的或设有两种运载装置的清理设备；对于少品种大批量的生产场合，宜选用高效或专用清理设备。

7.4.5　各种清理设备的特点及适用范围

各类清理设备的特点及适用范围见表7-16。常用抛喷丸清理设备的特点及适用范围见表7-17。

表 7-16　各类清理设备的特点及适用范围

设备类型		工作原理	特　　点	适用范围
干法清理	普通清理滚筒	利用铸件与生铁间及铸件间的碰撞和摩擦来清理铸件	1）结构简单，易于制造，造价低，维修量小 2）清理效果尚可，适应性广 3）效率低 4）噪声大，装卸料劳动强度大	主要用于单件小批量生产的中小型铸造车间，清理形状简单，不怕碰撞的小件和长件。多边形滚筒常用于纺织、印刷、缝纫等机械上的扁平件和长形件的清理

（续）

设备类型		工作原理	特　点	适用范围
干法清理	喷丸清理	利用压缩空气将弹丸或砂等颗粒高速喷射到铸件内外表面进行清砂和表面清理	1）结构较抛丸设备简单，喷丸机维修方便，喷枪指向灵活，能清理复杂表面，特别适于清理内腔 2）功率消耗较大 3）用于大面积清理时效率低 4）操作喷枪劳动强度大	适合清理产量不大的各类铸件；或与抛丸设备配合使用补充清理复杂外表面和内腔；喷砂则常用于小铸件，尤其是有色合金铸件的光整处理
	抛丸清理	利用高速旋转的抛丸器将弹丸抛向铸件内外表面进行清理	1）清理效果好，生产能力强 2）动力消耗少 3）劳动强度低 4）铸件运载装置形式多，适应性广 5）弹丸抛射方向不能任意改变，清理某些复杂件时效果差些，宜与喷丸设备配合使用	广泛用于清理各种大小铸件，是目前国内外清理设备的主导机种
湿法清理	电液压清砂	利用电液压效应产生的液力冲击波来清除铸件内外表面	1）清理效果好，效率高 2）能耗低 3）去除黏砂的效果不如电化学清理 4）一次性投资较大	适合清理批量生产的复杂中小件
	电化学清理	把铸件放在电解槽内的融熔电解液中，分别以铸件和槽体为电极通电，经一系列化学、电化学反应后，铸件外表和内腔的残砂、黏砂、氧化皮被清除	1）清理效果好，能把铸件内外表面，尤其是狭小深凹部位的黏砂和氧化皮清除干净 2）有利提高铸件表面的抗腐蚀性 3）生产能力较差，电耗较高 4）设备易腐蚀	适合清理内腔复杂、狭小和表面质量要求高的铸件如液压件、阀类铸件

表 7-17　常用抛喷丸清理设备的特点及适用范围

工件运载装置形式	设备名称	产品型号举例	工作原理简图示例	特点简述	适用范围
滚筒式	普通清理滚筒	Q116 Q168	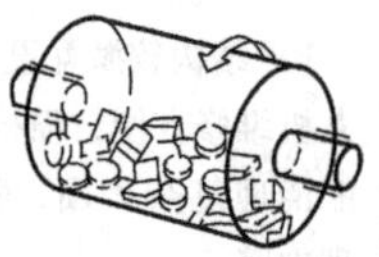	间歇作业, 结构简单适应性广; 效率不高, 噪声大, 装卸劳动强度较大	适合单件小批生产的中小车间清理形状简单、不怕碰撞的小铸件和长铸件
	水平滚筒抛丸清理滚筒	Q3110B Q3110E Q3100C Q3113B Q3113C Q3113D	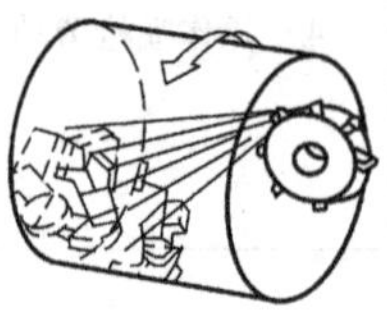	间歇作业, 结构紧凑, 造价低, 清理效果尚可; 噪声较大	适合清理 30kg 以下的不怕碰撞的铸件, 目前在国内应用较多
	倾斜滚筒抛丸清理滚筒	Q3313B	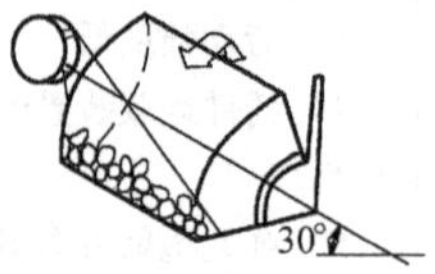	间歇作业, 滚筒轴线与水平呈 30° 角, 有利于工件翻滚, 清理质量好, 自动装卸料, 每一循环自动完成, 生产能力较强	适合大中型铸造车间清理中小铸件。既可单机使用, 又可组成清理自动线
	连续抛丸清理滚筒	Q6112 Q6116	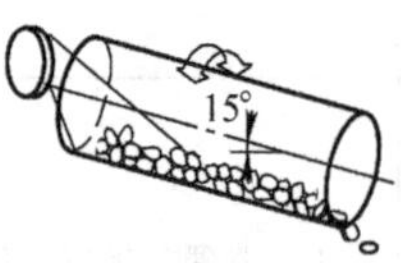	连续作业, 滚筒轴线倾斜 15°, 一端进料, 一端出料, 生产效率高, 清理效果好, 劳动强度低	适合大中型车间不太复杂的中小铸件表面清理, 既可单机使用, 又可组线生产
履带式	履带式抛丸清理机	Q326B Q326C Q326E Q328 Q3210A Q3210D 6GN-5R, 5M 15GN-6M		间歇作业, 装卸料机械化、自动化程度较高, 铸件翻滚平稳, 清理效果好, 噪声小; 设备密封性稍差	适合单件或大小批量生产的中小铸件的清理, 也适合怕磕碰的铸件。目前在国内外应用广泛
	连续式履带抛丸清理机	Q623	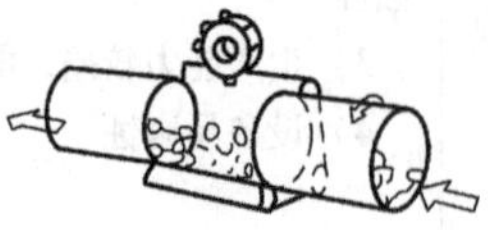	连续作业, 清理效果好, 生产能力强, 劳动强度低	适合大中批量生产的中小铸件清理

（续）

工件运载装置形式	设备名称	产品型号举例	工作原理简图示例	特点简述	适用范围
转台式	转台式喷丸清理机	Q2512	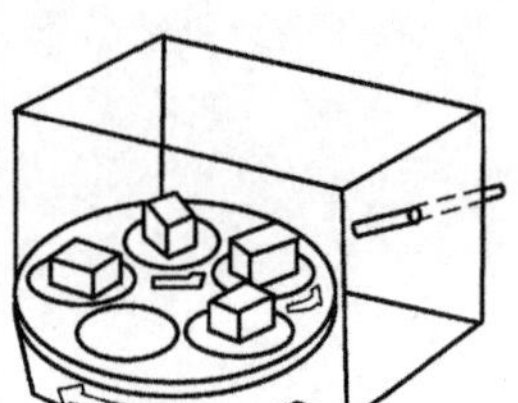	生产效率不高，铸件支撑面需翻转后才能清理	适于清理薄壁或易破裂变形的中小铸件和扁平类大中型铸件
	转台式抛丸清理机	Q3512 Q3516B Q3518 Q3525B（D）			
台车式	台车式喷丸清理机	Q265	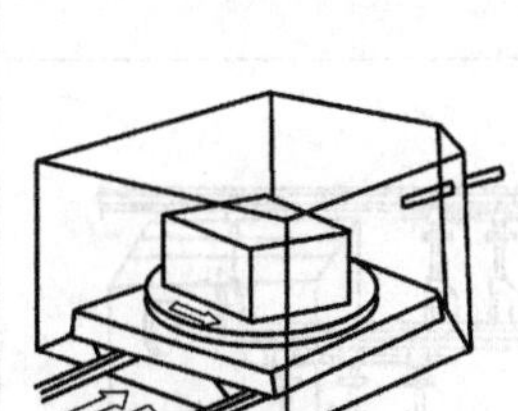	台车既能沿轨道进出清理室，清理时又能做平稳旋转运动，铸件支撑面需翻转后才能清理	适合清理大中型和重型铸件；也可采用抛喷丸结合作为具有落砂、表面清理等多功能设备
	台车式抛丸清理机	Q365C（D） Q3610（H） Q3620H Q3630	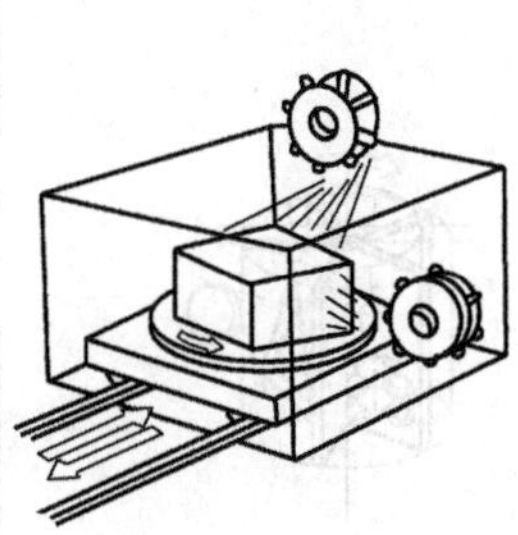	台车既能沿轨道进出清理室，清理时又能做平稳旋转运动，铸件支撑面需翻转后才能清理	适合清理大中型和重型铸件；也可采用抛喷丸结合作为具有落砂、表面清理等多功能设备
吊钩式	吊钩式抛丸清理机	Q378（D） Q378E（A） Q3730 Q3750 Q37100	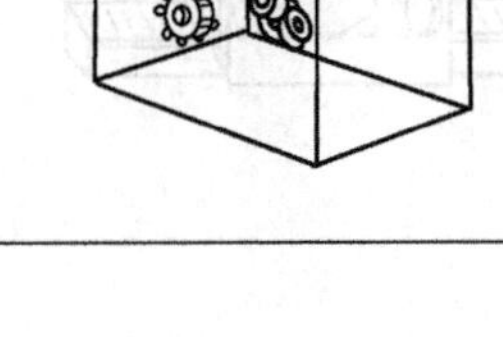	可设 1~3 个吊钩，一个吊钩在室内清理，其余吊钩在室外装卸	适合多品种小批量生产

（续）

工件运载装置形式	设备名称	产品型号举例	工作原理简图示例	特点简述	适用范围
吊链式	吊链连续式抛丸清理机	Q383C（D） Q384B（C,D） Q385 QZJ042A Q68 系列	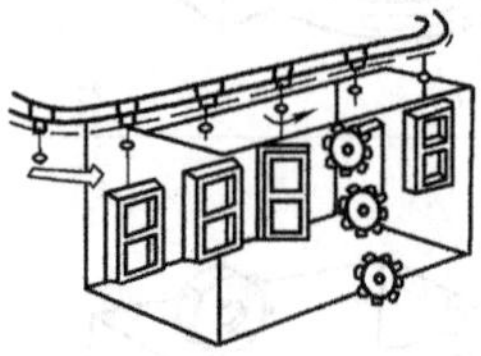	吊链匀速前进，连续作业，生产效率高，适应性广；吊链布置灵活，易于与上下工序组成流水作业，但每钩清理时间不可调节	适合大中批量中型铸件的清理
	吊链步进式抛丸清理机	Q483 Q485 Q423 Q425		吊链脉动前进，一步一钩或多钩，铸件在室内定位抛射，时间可调	适合各种批量的中型铸件清理，以及多品种和复杂铸件清理
	积放式抛丸清理机	Q582 Q583A Q584A（B,C） Q588	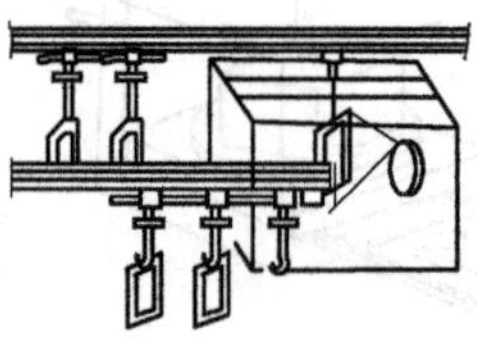	吊钩采用积放链输送，吊钩在抛射区内停留时间和吊钩的间距可调，操作灵活性大	适合大中批量，不同复杂程度的中型铸件的清理
吊钩（链）转盘式	吊钩转盘式抛丸清理机	Q3405 Q341	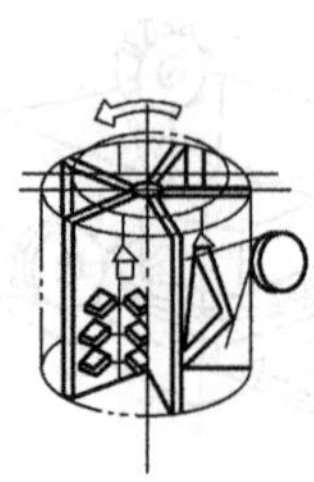	由吊钩（或吊链）和转盘结合组成铸件运载机构；结构紧凑占地面积小，造价低，可以连续作业	适合多品种、中小批量、中小型铸件的清理，尤其适合怕碰撞铸件和长形铸件的清理
辊道输送式	辊道连续抛丸清理机	Q69 系列	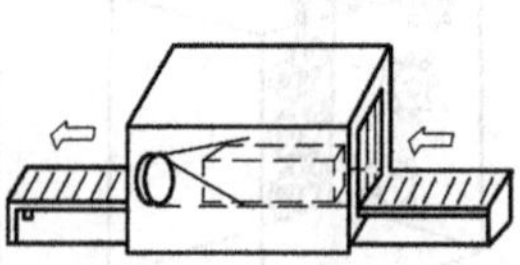	工件在辊道上可以接受来自顶部和两侧的抛射，受抛面积大，可以清理长度大于室体的工件	适合中小批量长形铸件和扁平铸件的清理，目前较多地用于型钢的除锈处理

（续）

工件运载装置形式	设备名称	产品型号举例	工作原理简图示例	特点简述	适用范围
鼠笼式	鼠笼式抛丸清理机	QL2D ZJ023 QSZ 系列 QS212A		铸件在鼠笼状工具内清理，清理过程按要求自动进行，清理质量好，生产效率高	适合批量生产的复杂铸件（如缸体、缸盖、齿轮箱）的清理
机械手式	机械手式抛丸清理机	QJ30 DV 系列 DS 系列		铸件在机械手夹持下可以实现各种运动，生产效率高，清理质量好，自动化程度高	既适合大批量，也可用于小批多品种中型铸件的清理，尤其适合缸体等复杂铸件清理

7.4.6 常用抛丸清理设备主要技术参数

抛丸清理是利用高速运转的抛丸器（俗称抛头）的叶轮产生离心力，将铁丸抛向铸件表面，借助铁丸的冲击作用，把铸件表面的残砂、黏砂和氧化皮清除掉的工艺。

抛丸清理设备按铸件的装卸方式分为吊链步进式、转轮式、台车式、吊钩式等；按室体结构分为滚筒式、履带式、固定室体等。抛丸清理设备主要由抛丸器、主辅室体、弹丸提升装置、丸砂分离器、装料机构、除尘器等组成（见图 7-39）。

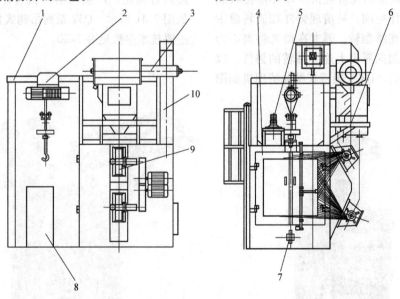

图 7-39 Q378E 吊钩抛丸清理机结构图

1—轨道及支架 2—吊钩系统 3—丸砂分离器 4—抛丸室体 5—自动系统 6—供丸系统
7—螺旋输送机 8—电气系统 9—抛丸器总成 10—提升机

1. 311 系列滚筒式抛丸清理机

Q311 系列滚筒式抛丸清理机是利用滚筒的旋转带动铸件翻转，同时设在筒体一端高速旋转的抛丸器利用叶轮将弹丸抛向滚筒内不断翻转的铸件上，使铸件表面获得均匀的清理。该设备主要使用于中小型铸件的表面清理。它具有造价低、节能、操作方便的特点。表 7-18 列出了 Q311 系列抛丸清理机的主要技术参数。

表 7-18　Q311 系列抛丸清理机的主要技术参数

参　　数	Q3110 I	Q3110 II	Q3113A
滚筒直径/mm	1000	1000	1300
载重/kg	300	300	600
最大单重/kg	15	15	30
生产能力/(kg/h)	600~1500	600~1500	2500~3500
滚筒转速/(r/min)	3	3	2.5
抛丸器功率/kW	7.5	7.5	11
抛丸量/(kg/min)	130	130	200
总功率/kW	9.7	10.8（布袋除尘）	14.7
外形尺寸（长×宽×高）/mm	2078×2165×3370	2078×2165×3370	2550×2340×2250

2. Q32 系列履带式抛丸清理机

Q32 系列履带抛丸清理机中以环形橡胶履带形成一个工作空间，被清理铸件在旋转履带的带动下做出连续翻转，弹丸在抛丸器离心力作用下，高速抛向履带上连续翻转的铸件，以达到清理的目的。Q326 履带式抛丸清理机如图 7-40 所示。

这种设备主要适用于对外观、棱角需要保持完好状态的中小型铸件的清理。Q32 系列履带式抛丸清理机的主要技术参数见表 7-19。

表 7-19　Q32 系列履带式抛丸清理机的主要技术参数

参　　数	Q326C	QT3210C	Q3210B
端盘直径/mm	650	1000	1000
端盘转速/(r/min)	3.6	3.6	3.5
单件最大质量/kg	15	30	30
最大载重/kg	200	600	600
生产能力/(kg/h)	800~1200	2500~3500	2000~3000
抛丸器功率/kW	7.5	11	11
抛丸量/(kg/min)	130	250	250
总功率/kW	11.95	24.3	19.07
外形尺寸（长×宽×高）/mm	1310×1640×3566	3972×2200×4868	1868×2200×4668

3. Q37、Q38、Q48、Q58 系列吊钩式抛丸清理机

Q37 系列吊钩式抛丸清理机是目前较受欢迎的抛丸清理设备之一。其主要特点是：采用无地坑结构，室体内完全采用耐磨件防护，配备高效的抛丸器，吊钩可升降、自转，进出装卸料自动化。该系列清理机有单、双钩两种，如图 7-41 所示。Q37 系列吊钩式抛丸清理机的主要技术参数见表 7-20。

图 7-40　Q326 履带式抛丸清理机

图 7-41　Q378B 吊钩式抛丸清理机

表7-20　Q37系列吊钩式抛丸清理机的主要技术参数

项　目	Q375 单钩	Q376BC 单钩	Q376BE 单钩	Q378BC 单钩	Q378BE 单钩	Q3710C 单钩	Q3710E 双钩
清理工件尺寸/mm	500×1000	650×1200	650×1200	900×1500	900×1500	1000×1500	1000×1500
单件载重量/kg	500~1000	500~1000	500~1000	800~1000	800~1000	1000	1000
抛丸量/(kg/min)	2×125	2×125	2×125	2×180	2×180	2×250	2×250
功率(不含除尘)/kW	18.25	18.25	19.95	28.45	30	37.65	39.25
外形尺寸(长×宽×高)/mm	2850×1900 ×4185	2960×2135 ×4300	3470×2135 ×4300	3708×2335 ×4780	3470×2135 ×4300	4820×3158 ×5480	5147×3158 ×5480

　　Q38（悬链连续式）、Q48系列（吊链步进式）、Q58系列（吊链积放式）均适用于大批量中小铸件的抛丸清理。铸件随吊链可连续运行或步进运行，或采用积放式运行，使铸件在装、卸及抛丸区进行抛丸时，可以处于运行或停止状态，以实现定点装卸和定点抛丸的程序。吊钩最大吊重可达2000kg。是大批量机械化生产的首选抛丸清理设备。

　　图7-42~图7-44所示分别为Q38系列、Q48系列、Q58系列抛丸清理机外形图，其主要技术参数分别见表7-21~表7-23。

图7-42　Q38系列悬链连续式抛丸清理机

图7-43　Q48系列吊链步进式抛丸清理机

图7-44　Q58系列吊链积放式抛丸清理机

表7-21　Q38系列悬链连续式抛丸清理机的主要技术参数

参　数	Q383	Q384	Q385
生产能力/(钩/h)	35~55	35~55	60~75
吊钩最大吊重/kg	300	400	500
吊钩间距/mm	600~800	600~800	600~1000
抛丸量/(kg/min)	4×200	4×250	6×250
提升机提升量/(t/h)	45	60	90
分离器分离量/(t/h)	45	60	90
通风量/(m³/h)	8000	10480	14500
清理室尺寸(长×宽×高)/m	5×1.8× 3.2	5×2.2× 2.6	6× 2.6×3.3
清理工件尺寸/mm	700×1600	700×1600	850×1900
功率/kW	73.1	82.8	131.7

表 7-22　Q48 系列吊链步进式抛丸清理机的主要技术参数

参　　数	Q483	Q485	Q4810
生产能力/(钩/h)	20	30 ~ 40	40 ~ 60
吊钩最大吊重/kg	300	500	1000
吊钩间距/mm	600 ~ 1000	600 ~ 1000	700 ~ 1400
抛丸量/(kg/min)	2 × 250	4 × 250	6 × 250
提升机提升量/(t/h)	30	60	90
分离器分离量/(t/h)	30	60	90
通风量/(m³/h)	5000	10480	14500
清理室尺寸(长 × 宽×高)/m	2.9 ×1.8 × 3.2	5 ×2.6 × 2.9	3 ×2.6 × 3
清理工件尺寸/mm	900 ×1600	900 ×1600	1300 ×1900
功率/kW	52.8	83.15	114.7

表 7-23　Q58 系列吊链积放式抛丸清理机的主要技术参数

参　　数	Q583	Q585	Q5810
生产能力/(钩/h)	40	40	40
吊钩最大吊重/kg	300	500	1000
吊钩间距/mm	500 ~ 900	500 ~ 1000	500 ~ 1300
抛丸量/(kg/min)	4 × 250	6 × 250	6 × 330
提升机提升量/(t/h)	60	90	120
分离器分离量/(t/h)	60	90	120
通风量/(m³/h)	10480	14500	18000
清理室尺寸(长 × 宽×高)/m	3.2 ×2 × 2.8	3.2 ×2.7 × 3	3.2 ×2.8 × 3.8
清理工件尺寸/mm	800 ×1600	800 ×1900	1200 ×2200
功率/kW	83.5	73.15	188

7.4.7　磨料参数选择与优化设计

磨料分为金属磨料和非金属磨料。金属磨料包括钢丸、钢砂、铁丸、铁砂、不锈钢丸、不锈钢砂、钢丝切丸和不锈钢丝切丸等，与非金属磨料相比具有较大优势，在清理中使用较多，比如1t 铁丸或铁砂的工作量相当于 50t 砂，1t 钢丸或钢砂的工作量相当于 200t 砂，经济效益明显。金属磨料的密度是非金属磨料的1.5 ~ 2.5 倍，金属磨料的清理效率和效果要优于非金属磨料。金属磨料的硬度、粒度和颗粒形状都有很大的选择范围。金属磨料含尘量和破碎率都低于非金属磨料，使用金属磨料的清理场地粉尘污染小，能见度高，清理质量容易得到保证，工作效率也高。金属磨料颗粒不会嵌入工件的基体。一些非金属磨料，例如铜炉渣磨料，硬度高，脆性大，磨料颗粒在撞击表面时就会有一部分嵌入金属基体，这些嵌入金属基体的磨料不太容易清理掉。下面只分析黑色金属磨料，在美国汽车工程师协会标准中，丸粒状金属磨料的粒度分为 14 种规格，砂粒状金属磨料的粒度规格有 12 种。丸粒状金属磨料的规格用字母"S"打头，砂粒状金属磨料的规格用字母"G"开头。铸钢丸磨料的规格如图 7-45 所示，铸钢砂磨料的规格如图 7-46 所示。

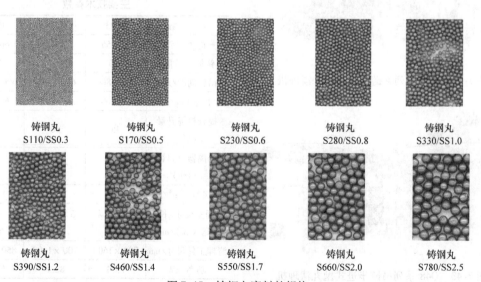

铸钢丸　　　　铸钢丸　　　　铸钢丸　　　　铸钢丸　　　　铸钢丸
S110/SS0.3　　S170/SS0.5　　S230/SS0.6　　S280/SS0.8　　S330/SS1.0

铸钢丸　　　　铸钢丸　　　　铸钢丸　　　　铸钢丸　　　　铸钢丸
S390/SS1.2　　S460/SS1.4　　S550/SS1.7　　S660/SS2.0　　S780/SS2.5

图 7-45　铸钢丸磨料的规格

铸钢砂　　　　　铸钢砂　　　　　铸钢砂　　　　　铸钢砂　　　　　铸钢砂
G120/SG0.2　　　G80/SG0.3　　　G50/SG0.4　　　G40/SG0.7　　　G25/SG1.0

铸钢砂　　　　　铸钢砂　　　　　铸钢砂　　　　　铸钢砂　　　　　铸钢砂
G18/SG1.2　　　G16/SG1.4　　　G14/SG1.7　　　G12/SG2.0　　　G10/SG2.5

图 7-46　铸钢砂磨料的规格

从清理效率和表面粗糙度考虑，通常把不同粒度的金属磨料混合后使用。比如 1.2mm 的钢丸（砂）和 0.6mm 的钢丸（砂）混合使用，既可以满足表面粗糙度的要求，又使清理效果和清洁度达到理想的程度。金属磨料都是在受控的环境条件下循环重复使用的，重复使用的次数可以高达 200 次。使用一段时间以后，原先磨料的粒度分布就会因为磨损和破碎而发生变化，大颗粒的磨料越来越少，钢砂的棱角逐渐变圆，表面粗糙度值就会降低。在发达国家的抛（喷）丸清理领域，习惯于把这时候的磨料状态称为"work mix"。良好的"work mix"中，大、中、小颗粒磨料的比例要恰当，各有各的作用：大颗粒磨料用以保证表面粗糙度，大颗粒磨料的另外一个作用是使表面上附着牢固的被清理物质（比如致密的氧化皮）松动；小颗粒磨料的覆盖率高，清理效率就高，可以进入大颗粒难以到达的狭缝或凹槽表面，提高清理质量。必须控制好这个"work mix"，使喷丸清理的效率、清理质量和表面粗糙度达到很好的统一。

7.5　去除铸件的浇冒口

7.5.1　铸件浇冒口的去除

消失模铸件浇冒口的去除方法和所用工具、设备同砂型铸件的处理方法相一致，有下面几种。

（1）锤击敲断法　该方法适用广泛，工具简单，手工作业劳动强度较大，在锤击作业时需要注意浇口冒口的锤击方向，避免将铸件本体部分连带浇口一起敲击掉。

（2）机械冲锯法　是利用具有一定速度和冲压力的冲头或齿刃来去除铸件冒口的一种方法。主要用于中小型轴类可锻铸铁件和球墨铸铁件的浇口冒口去除。常用的设备有压冲床、圆锯机、带锯机、弓锯机等。在用锯割操作时，锯片转速宜选低速，进给量宜采用小进给量；在用压力机切除浇冒口时，要用专用的钳子把铸件固定，将浇冒口放置在模具的刃口上，冲模、冲头须把牢。

在浇冒口切割方法中还有等离子切割法、导电切割法等，普及面不广。

7.5.2　铸钢件浇冒口的去除

铸钢件浇冒口的去除方法主要有氧乙炔焰切割法和树脂砂轮片切割法。

（1）氧乙炔焰切割　该方法又称气割，切割过程的实质就是金属的燃烧过程。用氧乙炔焰对被切割的金属块进行预热，预热的金属在氧气中燃烧，并放出燃烧热，氧气流将熔化后的金属氧化物吹掉，从而达到切割的目的。

一般铸件均在热处理前进行常温切割，而对于易裂铸件，如高锰钢铸件等，可在热处理后或者预热的情况下切割。

（2）树脂砂轮片切割 适合于用气割易造成铸件裂纹的铸件。

7.6 去除铸件的多余金属

由于消失模铸造的工艺特点，铸件不存在飞边、毛刺的现象，因此与砂型铸件相比，消失模铸件表面修整、铲平等工作量大幅度降低，只需将浇冒口残余部分铲平整即可。

目前清除浇冒口残余部分的方法主要以砂轮打磨为主；风动工具铲光法、碳弧切割法多用于大中型铸件表面的铲光。

砂轮机打磨法是利用砂轮上的大量尖锐颗粒去除铸件残余浇冒口的一种方法。

生产中常用的砂轮机有固定式、悬挂式、手提式三种；手提式按动力源又分为电动和风动两种。

砂轮机打磨时应注意以下几点：

1）砂轮材料应根据铸件的材质来选定。通常铸件的材质越硬，砂轮的材料就越软；反之，铸件的材质越软，砂轮的材料就应越硬。

2）打磨前应用木锤轻击砂轮，如声音清脆，便可使用；如声音破杂，则砂轮有裂纹，应停止使用，进行更换。

3）开动砂轮机后应等到速度平稳时进行打磨，通常砂轮的圆周速度为 $25 \sim 30m/s$，过高的速度容易造成砂轮的破裂。

4）打磨时应逐渐加力，不要用力过大，如在打磨过程中有异常声音，应立即停机检查。

5）对于批量较大的中小铸件，宜采用专用工夹具或专用磨床进行打磨，以提高生产能力。

第8章 铸铁及铸钢熔炼用中频感应炉

中频电源及中频感应炉作为金属熔炼生产设备,具有易于变换熔炼品种、便于控制熔炼质量,操作灵活简单和功率密度大、熔炼速度快、热效率高、起熔方便等诸多优点而受到了铸造生产厂家的青睐。很多铸造厂相继购买并安装了中频感应炉以替代传统的冲天炉和工频感应炉。

自1966年瑞士公司BBC研制成功第一台感应熔炼的晶闸管中频电源装置以来,各工业发达国家相继推出了系列产品,很快替代了传统的中频发电机旋转式变频电源和各种陈旧的冶炼设备和加热设备。由于晶闸管中频电源效率高,制造周期短,安装简单,易于实现自动化控制,其应用范围遍及感应熔炼。随着微电子技术的快速发展,中频电源应用微电子技术,控制功能大为扩展和增强,提高了可靠性、稳定性,电源功率越做越大,体积越做越小,成本也越来越少,受到了工业界人士的一致认可和欢迎。目前,世界上中频熔炼炉的容量已超过20t,保温炉容量已超过50t,各种金属自动化加热更是得到广泛使用。

获得高质量的消失模铸件的前提首先是应获得优质的合金铁液,熔炼炉是获得优质的原铁液的关键设备,如熔炼状况较好的冲天炉、中频感应炉或者二者双联。由于消失模铸造大部分属于中小件,中频感应炉又具有熔炼速度快、效率高、无环境污染、易于控制等突出优点,1～5t中频感应炉国产设备技术成熟,价格适中,用中频感应炉熔炼,可避免增硫、磷问题,使铁液中磷含量不大于0.07%(质量分数)、硫含量不大于0.05%(质量分数)。因而,中频感应炉成为中小型铸造企业生产ADI铸件的主选熔炼设备。为此,本章将重点阐述中频感应炉的工作原理及组成、感应炉成形炉衬的应用、中频感应炉的试炉及熔炼操作注意的问题、中频感应炉的维护保养与安全操作及事故处理、中频感应炉起动时的6种故障分析

及处理、中频感应炉运行中的14种故障处理等感应炉熔炼技术。

中频感应加热技术作为一门新兴的电器应用技术得到了迅速发展。新一代集成化感应加热电源技术已趋于成熟,随着自动调节、电子保护、监控环节的性能提高,整机的可靠性、稳定性及效率都有了改善,广泛应用于熔炼工业领域。感应加热具有加热速度快、效率高、无环境污染、易于控制等突出优点,因而迅速在冶金、机械制造等领域推广,成为中小型铸造企业快速熔炼的主要设备。

8.1 中频感应炉的工作原理及组成

8.1.1 中频感应炉的工作原理

感应炉类似一台空气芯(没有铁芯)的变压器,感应圈相当于变压器的主线圈,坩埚中的炉料相当于变压器的副线圈,但这个副线圈只有一圈而且是闭合的。当感应圈接通交流电源时,在感应圈中间产生交变磁场,交变磁场切割坩埚中的金属炉料,在炉料中形成感应电路——"涡流",炉料就是靠"涡流"加热和熔化的。感应炉熔炼是根据电磁感应原理,靠感应圈把电能传递给要熔炼的金属,在金属内部将电能转变为热能,以达到熔炼的目的。感应圈与熔炼的金属不是直接接触的,电能是通过电磁感应传递的,这就是感应炉与电弧炉等其他电炉在工作原理上的不同之处。

加热电源向感应圈通入交变电流而产生同频率的交流磁通,在感应圈内的炉料产生感应电动势,使炉料发热,按此原理进行的加热称为感应加热。

设磁通随时间 t 按正弦变化,即

$$\phi = \phi_m \sin\omega t \qquad (8-1)$$

式中 ϕ_m——磁通的幅值;

ω——加热电源角速度，$\omega = 2\pi f$，f 为加热电源的频率。

则感应电动势为

$$e = -\frac{\mathrm{d}\phi}{\mathrm{d}t} = -\phi_m \omega \cos\omega t = -\phi_m \sin(\omega t - \frac{\pi}{2})$$

$$(8-2)$$

为了将炉料加热到一定温度使之熔化，要求炉料中的感应电动势 e 尽可能地大，有两条途径：增大通过线圈的电流 I 或提高电源频率 f。在感应炉中，采用较高频率的电源，则磁场就较强，在同一金属内所产生的功率密度就较大，炉料受热速度较快。感应电流及炉料发热量的大小，不仅与炉料的外形有关，还与材料有关，与金属炉料的电阻率、磁导率有关。

炉料能否被加热到熔化，并达到要求的熔炼温度，首先取决于炉料中的感应电流（涡流）I 的大小，而感应电流 I 又取决于感应电动势 e，从电工学知

$$e = 4.44f\phi n \times 10^{-8} \qquad (8-3)$$

式中　e——感应电动势；

f——感应圈的电流频率；

ϕ——感应圈的磁通；

n——感应圈的圈数。

感应圈的圈数 n 受电源电压、电流、坩埚高度等因素的限制；由于感应圈中产生的磁力线被迫通过空气，而空气磁阻很大，使磁通较小。所以为增大感应电势通常是增加频率，故感应炉多采用中频电源。

由于电流的趋肤效应，感应炉熔炼中感应电流在炉料内并不是均匀分布的，绝大部分电流是集中在炉料表面上的薄层内流通。电流集中在炉料表面层的深度称为电流穿透深度，热量主要就发生在这一层炉料中。电流穿透深度 δ 可按式（8-4）计算

$$\delta = 5030\left(\frac{\rho}{\mu f}\right)^{\frac{1}{2}} \qquad (8-4)$$

式中　δ——电流穿透深度；

ρ——炉料的电阻率；

f——电流频率；

μ——炉料的相对磁导率。

可见电流频率越高，电流穿透深度越小，趋肤效应越严重。因此电源频率的选择要与坩埚容量及炉料块度相配合，以保证炉料快速熔化和提高电阻率。由于趋肤效应这一特点，还决定了感应炉坩埚内热区的分布：靠坩埚四壁的一层为高温区，坩埚底部及中部为较高温区，坩埚上部由于散热和磁力线的发散而成为低温区，这对感应炉熔炼的装料、熔化过程将产生直接的影响。

感应炉电路属于感性负载，功率因数很低。为抵消电感的影响，用配加电容器的方法来达到。电容器的容量可以根据电源频率，以线路的电流谐振来选择。谐振时，有

$$C = \frac{1}{\omega^2 L} = \frac{1}{4\pi^2 f^2 L} \qquad (8-5)$$

式中　C——电容器组的电容；

L——炉子的电感；

f——频率；

ω——角速度，$\omega = 2\pi f$。

随着炉料装入量、块度和种类的不同，以及炉料不断熔化的过程，感应炉的电感是在不断变化的。在熔炼过程中应当不断调整电容器，这样才能维持较高的功率因数，因此需要装设可变电容器。

在熔炼过程中，可以看到熔化了的金属液在坩埚的中心部分向上隆起，上下翻腾。这是因为在金属液中被感应生成的涡流的方向与感应圈中通过的电流方向正好相反，因此在它们之间产生了互相排斥的作用；另一方面，可以设想把坩埚内的外围金属柱分成一系列平行于感应圈的"圆环"，因为它们之间的感应电流方向相同，这些"圆环"之间将互相吸引，造成外围金属液柱力图压缩。这样，使熔化了的金属液被推向坩埚中心，引起搅拌。电磁搅拌作用有利于加渣、气体的排除及温度、合金成分的均匀化，但使金属液中部突起，必须增加渣量才能覆盖熔池，而渣量增加对炉衬寿命是不利的，因为当猛烈搅拌时，一部分炉渣可能被带入金属熔池，使金属熔渣增加，此外还会增强金属液对坩埚壁的机械冲刷。频率越高，电流的趋肤效应越强，电流穿透深度越小；而频率越低，电流的趋肤效应越弱，电流穿透深度越大。故在中频感应炉上看到的电磁搅拌作用比高频感应炉更加明显。

8.1.2 中频感应炉的组成

感应炉的构造如图 8-1 所示,用铜管单层卷制成感应圈,而在水冷感应圈内有耐火材料打结的坩埚用以容纳熔炼金属。感应炉通常由四部分组成:电源、炉体(主要是感应圈和感应圈内用耐火材料制备的坩埚)、电容器组(用来提高功率因数)、控制和操作系统。

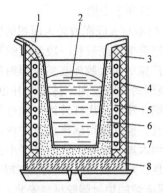

图 8-1 感应炉的构造
1—炉口耐火材料 2—合金液 3—绝缘支架
4—水冷感应圈 5—绝热绝缘保护层 6—坩埚炉衬
7—坩埚模子 8—耐火砖底板

1. 感应炉炉体部分

(1)感应炉的感应圈 感应圈是感应炉的心脏,通过感应圈将电磁能转变为热能,使坩埚中的金属炉料熔化,由矩形铜管绕制成多匝线圈呈螺旋形状,表面喷涂高强度绝缘漆,并用绝缘带包扎,中频感应炉匝与匝之间还涂抹耐火胶泥,感应圈上下方设有水冷环。

拆除炉衬时,为保护线圈绝缘,使用铁钎、风镐等禁止垂直打炉衬,以免碰坏线圈绝缘及铜管。感应圈突然漏水的原因多为感应圈对磁轭或周围固定支架绝缘击穿所形成。当发现此事故时立即停电,若在可视部位且微裂纹<0.5mm 可以对漏水部位进行绝缘处理,马上用环氧树脂等绝缘类胶进行修补,把漏水处表面封住,修补后停 30~60min 后,可降低电压、功率后继续开炉,待该炉内铁液倾倒完后再进行感应圈修理。如裂纹(洞)较大或在与坩埚壁靠近处,无法进行临时应急处理,则必须停炉倒完合金液打炉后再用胶或用银铜焊条焊接进行修补。可在黏胶中加填补剂铜粉(或使用铜铆钉),并在刮平最后一层黏胶后贴上一层

玻璃丝布,且在玻璃丝布外再刮一层黏结剂,经过如此处理并待 24h 后方可开炉使用;若要对裂纹(洞)进行焊补,为避免焊接时产生的高温把绝缘烧坏,用湿棉纱将靠近焊接处的绝缘部分水冷隔离,焊接时操作要快,焊好后去掉毛刺后再补包绝缘。

感应圈损伤时,需吊出进行修补并处理绝缘,在修补完毕包扎绝缘前必须进行耐水压试验(当要求冷却水压力为 2~3MPa 时对感应圈水管通以 0.5MPa 水压或气压,5~10min 无泄漏)。包扎绝缘先将感应圈匝间撑开一定节距,在需处理绝缘的感应圈铜管处喷(不具备条件也可采用涂刷)H 级绝缘磁漆,而后包扎绝缘带(有机硅玻璃粉云母带或环氧玻璃粉云母带)。绝缘带宽度一般为 20~30mm,采用半压半叠包(1/2 叠包),包扎绝缘带时密度要均匀,操作时要用力拉紧,使绝缘带牢贴在铜管上。感应圈的匝间绝缘除包扎绝缘带外,匝间还需垫上其他绝缘材料,一般采用有机硅柔软云母板。衬垫云母板时,垫在感应圈铜管壁上,外面包上绝缘带。线圈绝缘包扎完毕后进行感应圈整形校正。

整形好的感应圈需浸漆,不具备条件可进行涂刷绝缘漆,涂刷前应进行烘干处理,烘干处理的烘干升温保温曲线如图 8-2 所示,将感应圈送入时效电炉 80℃烘干 1h,待其冷至 60℃左右时即可涂刷(也可采取感应圈通 80~90℃的热水再进行喷漆,这样效果更好,不会产生气孔、流挂)。感应圈使用双 H 级浸渍绝缘漆,覆盖漆使用晾干有机硅红磁漆。感应圈一般刷两次绝缘漆,第一次刷双 H 级浸渍绝缘漆后,入炉烘干过程如图 8-2 所示。第二次刷双 H 级浸渍绝缘漆是为了加厚绝缘漆的覆盖层,为保护绝缘漆膜,第二次涂刷烘干(烘干工艺同第一次)后再在感应圈上覆盖涂刷一层晾干有机硅红磁漆(若要加快晾干速度可进炉 80℃烘干 1h,随炉冷却后出炉)。

(2)感应炉的磁轭 磁轭由优质硅钢片叠成,分布于感应圈外围,起支撑骨架作用,同时还起约束感应圈外部散漏磁通作用,以防金属构件发热。为防止磁轭与感应圈间的振动摩擦,引起感应圈的绝缘破损,在磁轭与线圈间

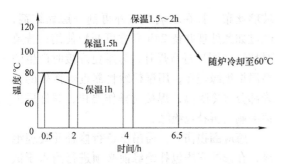

图8-2　感应圈刷浸渍绝缘漆烘干升温保温曲线

衬垫2~3mm石棉绝缘橡胶板用以吸振。经常检查磁轭的穿芯螺钉对磁轭硅钢片及对地都应有良好的绝缘（用1000V绝缘电阻表测量绝缘电阻值不低于1MΩ），其绝缘垫绝缘不好、炭化严重时会造成打火，导致感应圈损伤，中频感应炉的IGBT、可控硅等频繁过电流保护，甚至会造成逆变元件损坏。

（3）感应炉的水冷电缆　由于倾炉频繁易造成水冷电缆的可挠导线断丝，接线端部连接螺栓松动可能引起电流的不平衡，一般按倾炉次数确定水冷电缆寿命为三年，三年后需要更换，若螺栓变色，则需及时更新紧固。

（4）感应炉的炉衬　感应炉在生产中温度高，炉温变化大，还承受炉渣侵蚀及电磁搅拌，高温铁液直接冲刷坩埚炉衬，炉衬极易损伤，而筑炉成本高，延长感应炉炉衬使用寿命、降低筑炉频次对于降低成本来说相当重要。感应炉采用硅砂打结炉衬时，由于每天生产作业延续时间长短、冷料熔化次数的不同，加料、出铁及停炉等影响，其寿命也相差甚大，从几十炉到二百余炉次不等，这与炉衬打结、烘烤、烧结工艺及使用等因素有较大的关系。在炉衬打结前，应全面检查处理感应圈、磁轭、绝缘胶木支撑条、耐火胶泥、水冷系统、倾炉液压系统、电控系统等，确认完好后方能进行筑炉。

1）耐火胶泥的施工、修补。

① 耐火胶泥局部损坏处修补。将线圈胶泥上的杂物清掉，再用耐火胶泥进行必要的修补，修补后要保持表面光滑平整同心。

② 重新涂抹耐火胶泥。将涂料嵌进线圈匝间，涂层厚度约为6mm，表面光滑平整。当采用推出机构拆除旧炉衬时，涂层应做出上大

下小的光滑的倒锥形内表面，下部涂层厚度可为10~12mm。

③ 新耐火胶泥涂抹施工结束后，应使涂抹层与感应炉底/上部的支撑结构形成一个整体的平滑圆柱面，以便在炉衬受热膨胀或冷却时，可在其光滑表面自由伸缩，防止炉衬裂纹产生。

④ 耐火胶泥涂抹层完成后应用钢丝刷将其表面拉毛，以利于干燥。

⑤ 新线圈耐火胶泥或较大面积的胶泥涂抹层的修补至少需经较长一段时间的自然干燥期（不同厂家的耐火胶泥自然干燥时间有所不同）；小范围的线圈胶泥涂抹层修补也需6h的自然干燥期，建议可用红外线灯或电加热管作为烘干工具，也可用坩埚模放进炉内作为被加热体，使用木炭、木材、天然气等小火缓慢烘烤将其加热，均匀烘烤线圈胶泥涂抹层。

2）感应炉的炉衬侧壁材料安装。

① 中频感应炉安装炉衬侧壁绝缘层材料前需测量耐火胶泥涂抹层对地绝缘电阻，应不小于2MΩ。

② 工频感应炉按要求砌筑砖体后在感应圈内壁衬垫由玻璃丝布、云母板、石棉板等组成的绝缘保温层及坩埚报警电极板（网）等，保证绝缘层材料必须干燥，通常背衬材料比未砌筑炉衬时的炉膛高度长100mm。

③ 将炉衬侧壁材料顺其长度方向在炉内沿轴向紧贴胶泥涂抹层铺设，每块材料间搭接75mm，一端至少有100mm挂出于感应炉顶部，确认材料间搭接平整，用涨圈固定至感应圈内壁，铺炉底的石棉板保温层。

3）感应炉炉口浇注槽的砌筑。在筑炉前先砌筑好炉口浇注槽，可使浇注槽附近的炉衬垂直方向形成一个平滑的结合面，有利于防止或减少铁液穿透浇注槽下方形成横向裂纹，同时也在该处保持耐火材料纵向滑动面的连续性。

4）感应炉筑炉前的准备工作。目前一般工厂选取的都是专业炉衬材料厂配制好的"干打料"，需要什么种类和牌号只需要提供给供应商所在单位熔炼合金种类、最高使用温度、感应炉大小等参数即可。

① 要确保筑炉区域内、感应炉顶部和内部彻底清除所有灰尘、耐火材料颗粒、残留渣子及飞溅金属遗留物等一切可能在筑炉过程中掉落到炉衬材料中的杂物。

② 对炉衬材料，使用前必须检查是否回潮结块，如结块则要停用（要么将潮湿料仅仅用于修筑炉嘴），否则容易导致炉衬局部裂纹、剥落。

③ 清除炉衬材料包装袋上的灰尘，检查材料牌号和规格是否符合要求，拆开袋后的炉衬材料要经过磁选。

④ 所有位于工作区域的筑炉工作人员应穿着工作服，并将口袋中的易掉杂物取出放在工作区外，严禁在筑炉过程中吸烟。

⑤ 预混筑炉材料从袋中取出后，包装袋上的纸片、塑料片、绳等杂物均应收集起来集中存放，防止掉落到炉衬材料中去。

5）感应炉的筑炉。筑炉方法分为手工和电（气）动筑炉两种，现一般采用电（气）动筑炉法。电（气）动筑炉机由侧壁筑炉机和炉底筑炉机两部分组成。筑炉步骤如下：

① 炉底捣筑。

② 感应炉的坩埚模放置。坩埚模应连续焊接而成，否则通电时接缝处易打火。金属坩埚模外表面所有焊接处应铲平磨光，使用前应喷丸清除氧化铁锈，以免铁锈渗入硅砂炉衬与之结渣。焊缝必须打磨光滑不留锐角，坩埚的外

圆尺寸公差及同心度严格限制在5mm以内，以保证坩埚侧壁厚度的均匀。筑完炉底用水平仪检查炉底表面的水平度。将坩埚模小心放入炉底，确保它放置水平，用铅垂线将坩埚模定位于炉子中心，确保从炉底到炉顶的侧壁厚度均等。若坩埚底部侧壁厚度不均等而坩埚顶部侧壁厚度均等或相反情况，则说明炉底炉衬表面不水平或坩埚模不圆度较大。此时应起出坩埚模重新找平炉底炉衬表面或重新将坩埚模整圆。最后将坩埚模固定并将开炉熔块吊入坩埚模底部。

③ 感应炉的侧壁捣筑。操作时要严格控制振动时间，反复振动会造成粒度偏析，影响炉衬质量。筑好的炉衬在未干燥、未烧结之前，不宜倾动炉体，以免破坏尚不具备强度的炉衬。

6）感应炉的烘炉烧结。捣筑好的炉衬必须经过烘炉烧结才能使用，烧结的目的在于提高炉衬的致密性、强度和体积稳定性，以适应熔炼条件的需要。烧结质量对炉衬的寿命有决定性影响，必须制订烘炉烧结工艺，严格按工艺进行操作，不同供应商的筑炉材料、不同类型的感应炉烘炉烧结工艺有所不同，但其要领均为：低温缓慢烘，高温满炉烧结，炉料低碳少锈。以常用的3t中频熔炼炉为例，其炉衬烘炉曲线如图8-3所示，烘炉烧结分为三个阶段。

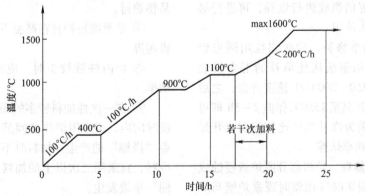

图8-3　3t中频熔炼炉炉衬烘炉曲线

要注意的问题：烘炉初期或天气湿度大或进水温度低时，感应圈上将凝聚水珠，缩小了感应圈匝距，造成感应圈匝间击穿短路过

电流。

采取措施：刚开炉时感应圈可小流量供水（注意不可太小），快速提高感应圈及其周围温

度，防止感应圈凝露现象产出。在开炉合闸前5～10min用手提喷灯对感应圈适当加热，感应圈及炉壁温度提高即不会产生凝露现象。

7）感应炉炉衬的修补。熔炼人员必须经常检查炉衬的侵蚀、裂纹状况，测量坩埚不同高度处的直径变化并进行记录，估计到炉衬寿命的中后期时，甚至应倒空铁液停炉检查。同时看感应炉最高熔化功率、电流及铁液翻动情况。据经验，炉衬在熔炼过程中受化学侵蚀和冲刷，其壁会逐渐变薄，当坩埚内径变大则意味着壁厚变薄，如均匀变薄达一定程度（一般达到65%～70%）就要中修或停炉重打。如局部损坏则可停炉修补防止漏炉，做到及时修补，才能达到经济运行。

① 局部损坏处的修理。由于某种原因炉衬局部损坏，若将整个炉衬报废重新打结浪费太大。对于<2mm的裂缝不经修补，在高温状态下可弥合。>2mm的纵深裂纹及炉底和炉膛的剥落烧蚀均需修补。修补混合料与打结料相同，首先要将损坏处被合金液和炉渣浸入的炉衬表面层剥掉，清除修补处残渣，并形成燕尾状的凹坑填以混合料（修补材料的粒度配比和炉衬材料一致，硼酸含量可稍高一些，也可加入少量水或水玻璃，使其成形容易），捣实抹平表面，并在修补面上压上一块合适的钢板，用250℃/h缓慢加热，5h后投入熔炼。现在还有可塑性修补料（同可塑性炉口料）更方便快捷，直接对清理好的裂纹进行填补，再进行必要的烘烤即可投入使用。

② 大面积剥落修补。炉底部位用圆形钢板，炉壁部位需用钢板压住填补的混合料表面。1250℃前用150～200℃/h速度升温，之后按60%额定功率升温至1550℃保温2～3h即可投入正常熔炼。因为修补部位比较脆弱，开始几炉用60%额定功率熔炼。

③ 炉口局部修理。炉口部分因炉渣侵蚀或操作不当而严重损坏时（出铁时观察炉壁与炉口交界处是否有裂缝，此种裂缝容易漏铁液和影响报警电极工作）应及时修补。修补时，仍将铁液和炉渣侵入的炉衬表面层剥除，套上合适的钢圈。炉衬工作一段时间后，为了加强新旧炉衬之间的结合力，在炉衬新露出的断口处

刷一层硼酸水，然后加入硅砂混合料，按正常的打结方法修筑炉口，修理完毕，适当加热修理部分即可投入烧结使用。有时炉口部分炉衬裂纹很深，这多为烧结不好造成的上下脱离，此时应重新打结炉口部分。

8）提高感应炉炉衬寿命的措施。

① 烧结后第一次熔化，一定要满炉熔化，使炉口部分得到充分的烧结。为了减少电磁搅拌作用对炉衬的侵蚀，熔化和烧结时要降低运行电压，其电压为额定电压的70%～80%（此时功率为额定功率的50%～60%）。烧结完成后应连续熔化几炉，有利于获得较完美的坩埚，对提高炉衬寿命有良好的作用。用于第一炉高温烧结炉衬及前几炉熔化的炉料含碳量应较低，不能装入生锈的炉料，金属屑在第一炉熔化时最好避免使用（因为金属屑能透入炉衬间隙渗透炉衬），另外也严禁添加密封管状料及潮湿料。熔炼过程中要避免加剧对炉衬侵蚀的工艺处理（如进行增碳等工艺）。

② 只有经过高温烧结炉衬表面才能形成良好的玻化烧结层，如果对高温烧结认识不足，升温到1500℃（甚至不到1500℃）就急于出铁，会造成石英晶变不彻底，烧结层疏松，降低炉衬使用寿命。烧结温度一定要高于最高熔炼温度30～40℃。

③ 及时除渣，在铁液高温过热前应先除一次渣；生产中要勤扒渣，否则等炉渣结壳扒渣易伤炉衬。

④ 尽量缩短炉衬在高温下的工作时间，不得超温。

⑤ 炉内铁液较少时，应降低炉子的输入功率。

⑥ 在一次性加料较多的场合下，在熔炼一段时间内，可采用炉体前倾某一角度的方式避免"搭棚"的产生。加料时不宜一次超量加入冷料，宜采用二次以上的加料方式，以防"搭棚"事故发生。

⑦ 炉料进行预热时，预热温度应低于600～700℃，否则炉料严重氧化，将降低炉衬的使用寿命。

⑧ 熔炼作业结束铁液出尽，防止迅速冷却使炉衬形成大裂纹，采取适当的缓冷措施（如

在坩埚盖上加石棉板；出铁口用保温砖和造型用砂堵住；炉盖和炉口间的缝隙用耐火黏土或造型用砂封住）。

（5）感应炉的坩埚漏炉报警装置　为确保安全生产，防止漏炉事故发生和扩大，及时判断炉衬使用情况，延长炉龄，设置坩埚漏炉报警系统很有必要。一般采用直流式报警装置，分别安装与铁液接触的不锈钢丝底电极（第一电极）和炉衬感应圈间的不锈钢板（网）侧电极（第二电极）。将电极引出头分别与报警装置相连，当金属液渗漏至侧电极时，电流上升很大至设定值，报警装置即动作。报警装置安装过程中必须检查引出线与电极间连接是否良好；引出线是否接地（对地电阻 >5kΩ）。在运行过程中有时因不锈钢丝在炉底熔断，可在铁液中插入导电棒用万用表测量。若不锈钢丝在炉衬内断开，则报警系统失灵，只能等下次重新筑炉时再铺设。报警发生后应检查是否为误报警（误报警主要有感应电动势干扰、引出线接地、炉衬潮湿），若排除误报警，则可确定炉衬损坏。

新炉衬在炉衬烘炉熔化前期，由于炉衬表面吸附水及硼酸结晶水析出，炉衬电阻减少，报警电流表读数上升，高时可达到报警值，但此时电流一般是逐渐上升的，在熔化几炉后会逐渐下降并恢复到正常范围，可以和一般漏炉报警的电流区别开来。有时出现在烘炉期间已呈下降趋势的报警电流又开始不断上升的异常情况，此时检查炉子，发现由于操作不慎，加入的铁料搭棚造成下部铁液熔化温度急剧上升超过烧结温度（1600℃ 以上），整个炉衬烧结得几乎只有严重玻化、坚硬的烧结层，而无过渡层和松散层，因此造成漏炉事故，这时烘炉期间的漏炉报警是正确的。

3t 中频熔炼炉采用的是另一种报警装置——接地泄电检测装置。该装置包括一个与电源相连的接地检测模块和一个位于炉内的接地泄电探测头，若合金液接触线圈，接地泄电探头会将线圈电流引导到接地，接地探头模块会探测到电流，并切断电源，停止线圈电弧击穿，防止合金液携带高压。可使用手持式接地泄电探头测试装置频繁定期检查炉子的接地泄探头系统是否完好可靠，以确保接地泄电探头完全接地，使操作人员和炉子的安全得到保障。

2. 感应炉的液压系统

由液压装置、操纵台、倾炉液压缸、炉盖液压缸等组成。应定期检查液压系统各密封处是否有渗漏情况，如发现应更换密封圈，各转动部位应定期加润滑油润滑（对倾炉的转动自润滑球面轴承，在加注润滑脂时需加到旧油溢出来为止），否则极易造成损坏。

许多企业对炉盖的重要作用认识不足，为了加料和观察方便，常常不关炉盖或弃之不用，殊不知炉盖会明显降低热损耗、提高效率，减少熔化所需时间及提高温度且改进炉旁的工作条件，炉盖对提高熔化率、降低电耗、延长炉衬寿命有着重要的作用。为防止飞溅火星引起油箱和油管着火，一般要求油箱和炉体之间用砖墙隔开，也有专门设置液压泵间放置油箱的。油管的敷设应离开地坑地面一定距离。为防止炉底泄漏造成事故，将固定架下方基础做成斜坡式地坑。侧面和底面，还有炉前坑侧面和底面应砌筑耐火砖，使泄漏金属液流入炉前坑内。曾经出现过由于油管设计不合理导致炉底漏铁液将油管烫坏无法将铁液紧急处理，导致烧损感应圈绝缘、水冷胶管、控制线路等的事故。

3. 感应炉的水冷系统

确保冷却水水质并定期检查有无水垢，如有水垢应立即清理，以确保冷却效果。一般工频感应炉的冷却水水质：pH 值为 6~9，硬度 <10mg 当量/L，总固体量不超过 250mg/L，冷却水温升 <25℃。用于中频电源的冷却水的水质：pH 值为 7~8，硬度 <1.5mg 当量/L，悬浮性固体物 <50mg/L，电阻率 >4000Ω·cm。循环水池中的循环水应定期化验，当循环水硬度超过 2mg 当量/L 时，应将系统中的循环水放空，重新更换。冷却水塔应定期排污，换取新的软水，以防管道及喷头堵塞，影响降温效果及炉衬使用寿命。

冷却水温度过高一般是由于冷却水管有异物堵塞，水流量减小，此时需停电用压缩空气吹水管来除去异物。另外，冷却水管有水垢，需及时进行除垢处理，采用 SS—103K 除垢清洗剂，一般投加浓度为 10kg/t，加大投药量可提高除垢效果；可采用浸泡方法，以松软厚水垢；若使用循环泵连续循环清洗液清洗，则效果更佳。而后加入 SS—580 高效缓蚀阻垢剂（正常运行使用浓度 100mg/L）。

4. 感应炉的电控系统

主电路和感应圈应定期清理表面的灰尘，铸造车间内导电金属粉尘、出铁时飞溅的铁豆等落在主铜排或感应圈表面，会引起其绝缘能力降低造成放电打火，极易造成电气元件损坏。可采用不含水的压缩空气进行吹除。主电路铜排连接螺钉也需定期检查紧固，否则由于接触电阻增加，会在连接处产生较大热量使其绝缘材料炭化造成漏电。

8.2　如何选购铸造中频感应炉

中频熔炼炉具有加热温度均匀、加热温度高、效率高、烧损少、闷热损失较小、熔炼过程电磁搅拌无须另增加搅拌机构、熔炼快速、熔炼量不受限制、工作环境温度相对较低、产生烟尘少等优点，因而成为现代铸造企业选择

的主要熔炼设备。

节能降耗，防污减排是社会经济可持续发展的重要手段，感应熔炼加热速度快、效率高、烧损少、热损失较小、车间温度相对较低，在改善劳动条件、降低劳动强度、净化车间环境等方面效果显著。对于铸铁感应炉来说有利于获得低硫铁液。可从有利于铸造企业生产和节约投资的角度出发，从熔炼炉电源负载主电路的形式、电源和炉体的配置方式、用电条件、产能要求、炉体结构、冷却系统、价格和质量、技术及售后服务进行有效选购。

8.2.1　中频电源负载主电路的两种主要形式

并联逆变中频电源和串联逆变中频电源的主电路原理如图 8-4、图 8-5 所示，两种中频电源主电路特点的比较见表 8-1。

目前中频电源逆变回路所用的电力电子器件主要是晶闸管和绝缘栅双极晶体管（IGBT），根据逆变器件的不同中频电源又分为四种，于是就有晶闸管并联型、晶闸管串联型、IGBT 并联型和 IGBT 串联型四种熔炼炉选购，四种熔炼炉特点的比较见表 8-2。

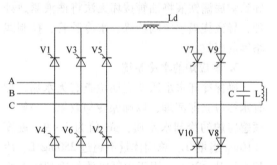

图 8-4　并联逆变中频电源主电路原理

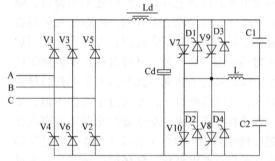

图 8-5　串联逆变中频电源主电路原理

表 8-1　两种中频电源主电路特点的比较

项　目	中频电源主电路的形式	
	并联型	串联型
输出电压波形	正弦波	矩形波
输出电流波形	矩形波	正弦波
感应圈基波电压	逆变输出电压	Q×逆变输出电压
感应圈基波电流	Q×逆变输出电流	逆变输出电流
直流滤波环节	大电抗	大电容
反并二极管	不用	用

（续）

项　目		中频电源主电路的形式	
		并联型	串联型
晶闸管	dU/dt	小	大
	dI/dt	大	小
换流重叠影响		串联电抗及分布电感引起换流重叠	无
对换流失败保护		容易	较难
负载适应性		范围较大	范围较小

表 8-2　四种熔炼炉特点的比较

项目	晶闸管并联型	晶闸管串联型	IGBT 并联型	IGBT 串联型
调功方式	调压调功	调频调功	调压调功	调频调功
功率因数	低功率运行低	始终较高	低功率运行低	始终较高
谐波含量	低功率运行高	高低功率运行变化不大	低功率运行高	高低功率运行变化不大
同功率同频率设备制造成本	较低	较高	较高	较高
维修难易程度	较低	较低	较高	较高
适合匹配炉体容量	大中小容量都容易匹配	大中容量	中小容量	中小容量

8.2.2　电源和炉体的配置方式

目前电源和炉体的常用配置有以下五种方式：

1）一套电源配一台炉体。这种方式没有备用炉体，投资少，占地面积小，炉体使用效率高，适用于间歇生产。

2）一套电源配两台炉体。这种方式两台炉体可轮换工作，互为备用，更换炉衬不影响生产，一般铸造车间都采用这种配置。可以在两台炉体间选配高性能大电流换炉开关进行切换，换炉更加方便。

3）N 套电源配 $N+1$ 台炉体。这种方式是多台炉体共用一台备用炉体，适用于需要大批量浇注的车间使用。电源之间炉体的切换可选用高性能大电流换炉开关。

4）一套电源配两台不同容量、不同用途的炉体。其中一台为熔炼，另一台为保温，炉体容量大小不一。如一套 3000kW 电源配一台 5t 熔炼炉、一台 20t 保温炉。两炉之间可采用高性能大电流换炉开关切换。

5）一套熔炼电源和一套保温电源配两台炉体。这种方式适用于小铸件生产。因小铸件浇包小，浇注时间长，钢液需要在炉内保温一定时间。因此一台电炉熔炼，另一台保温，这样两台炉体都能充分利用，提高生产效率。随着电源技术的不断进步，现在的一拖二方式（例如晶闸管或 IGBT 半桥串联逆变中频电源），即一套电源同时给两台炉体供电。其中一台炉体作为熔炼，另一台作为保温，电源功率根据需要在两台炉体之间任意分配。

8.2.3　铸造企业用电条件

1. 铸造企业变压器容量

对于行业比较常用的 SCR 全桥并联逆变中频电源，变压器容量和电源功率的数值关系为：变压器容量的数值 = 电源功率的数值 ×1.2。

对于 IGBT 半桥串联逆变中频电源（俗称一拖二，即一台熔炼一台保温，两台同时工作），变压器容量和电源功率的数值关系为：变压器容量的数值 = 电源功率的数值 ×1.1。

变压器为整流变压器，为了减少谐波的干扰，尽量专机专用，即一台中频电源配置一台整流变压器。

2. 铸造企业的变压器进线电压

对1000kW以下的中频电源一般采用三相五线制380V、50Hz工业用电，配置6脉冲的单整流中频电源；对1000kW以上的中频电源则侧重于使用660V进线电压（有的使用575V或750V，由于575V或750V是非标准的电压等级，配件不好选购，建议不要选择使用）配置12脉冲的双整流中频电源，对于3000kW以上的中频电源可以选择更高等级的进线电压（例如900V、1250V和1500V）配置12脉冲、18脉冲甚至24脉冲整流的中频电源。采用12脉冲以上高电压整流叠加为逆变器供电的原因有三个：一是通过提高进线电压提高额定工作电压；二是大功率产生的谐波会干扰电网，通过双整流可以获得较为平直的直流电流，负载电流为矩形波，负载电压接近正弦波，减少电网干扰对其他设备的冲击；三是由于铜耗占设备输入功率的15%左右，较高的电压在相同的功率输出条件下降低了铜排通过的电流，可有效地降低铜耗，因此较高的设备进线电压还具有节能的显著优点。

铸造企业追求高电压（1000kW使用900V进线电压）、低电流以达到节能目的，这样是以牺牲电炉的寿命为代价的，高电压容易造成电元器件寿命缩短，铜排、线缆疲乏，使感应炉寿命大打折扣。高电压对于感应炉生产厂来说在用材方面减少了原材料，节约了成本。感应炉厂家肯定是乐意这样做（高售价低成本）的，但对使用感应炉的铸造企业不利。

3. 配电柜的选择

作为中频感应炉的配电柜可以不选择低压电容补偿柜，因为现在一般配电柜厂家生产的低压电容补偿柜在中频感应炉运行时是不能正常使用的，这种低压电容补偿柜使用后会将中频感应炉产生的谐波放大，因此会造成一些低压电器件的损坏。若需要配低压电容补偿柜要请专门的制造厂家测试后专门设计制作。中频感应炉是一种较大功率的用电设备，而且一般都是连续性工作，开关容量和电压等级最好适当选高些。

中频感应炉的进线电压、变压器和配电柜的选择和安装除了结合上述内容选购外，还要事先征询当地供电部门意见，选购符合当地供电部门认可的设备。

8.2.4　炉体容量、电源功率和频率的选择

一般来说，按照单件的质量和每个工作日所需要的铁液的质量，可以确定中频感应炉的容量。然后确定中频电源的功率和频率。感应加热设备属于非标产品，目前国家没有形成标准。中频感应炉选型参数的普遍配置见表8-3。

表8-3　中频感应炉选型参数的普遍配置

序号	熔炼/t	功率/kW	频率/Hz
1	0.15	100	1000
2	0.25	160	1000
3	0.5	250	1000
4	0.75	350	1000
5	1.0	500	1000
6	1.5	750	1000
7	2	1000	500
8	3	1500	500
9	5	2500	500
10	8	4000	250
11	10	5000	250
12	12	6000	250
13	15	7500	250
14	20	10000	250

由表8-3可以看出，国内中频感应炉功率密度基本在500kW/t左右，与理论最佳值600～800kW相比较低，这主要是考虑炉衬寿命和生产管理的缘故。高功率密度下，电磁搅拌会对炉衬产生强烈的冲刷，对炉衬材料、筑炉的方法、熔炼工艺、材质、辅助的材料等要求较高。根据上述配置，每炉熔炼时间在75min（包括加料、打捞杂质、调质时间）。若需要缩短每炉次的熔炼时间，可在炉体的容量不变的情况下提高电源功率密度100kW/t。

1. 感应炉容量与功率和频率的配比选择

单位容量的感应炉熔炼速度是由所配的功率大小决定的，功率越大，熔炼速度越快。但有一个最经济的选择，表8-4所示是几种常用金属在单位时间内、单位容量内通常所配的功率密度和最大功率密度。

表 8-4　几种常用金属的功率密度

项目	通常功率密度 / (kW·h/t)	最大功率密度 / (kW·h/t)
铁	500	1000
钢	600	1200
铜	350	500
铝	600	1000

当向炉子输入一定功率时，熔炼金属中就会感应出电流，加热金属。同时，由于存在电磁力的作用，一旦金属熔化以后，就会产生金属液的运动，如图 8-6 所示。这一运动（搅拌）从溶池的中央开始，向线圈两端移动，由于金属受炉底和炉壁的约束，因而最终的运动总是向上的，在炉池的顶部形成一个驼峰。搅拌力与输入功率成正比，与频率的平方根成反比。工频坩埚式感应炉中搅拌力要比中频坩埚式感应炉大得多。中频坩埚式感应炉比工频坩埚式感应炉的功率密度大，在相同功率条件下，中频坩埚式感应炉比工频坩埚式感应炉炉体尺寸小。选择较高的功率密度就可以获得较快的熔炼速度，但是在高功率密度下，电磁搅拌会对炉

衬产生强烈的冲刷，对炉衬材料、筑炉的方法、熔炼工艺、材质和辅助的材料等要求较高，因此选择功率密度时还要考虑炉衬寿命和生产管理。为了限制搅拌力，在一定频率时就要限制单位容量输入功率，不同频率、不同容量感应炉（感应器）最大输入功率 P_g 可根据图 8-7 查出。

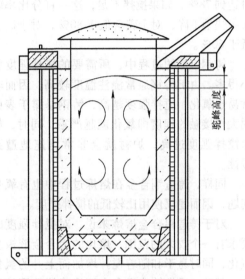

图 8-6　感应炉的金属液运动

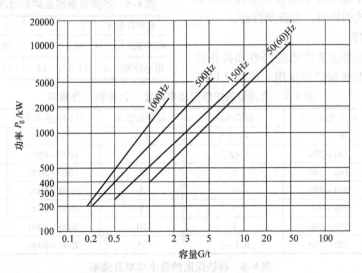

图 8-7　不同容量、频率下的功率选择

表示这一搅拌强度的最方便的办法，就是用驼峰高度对熔池直径的比值来表达。如果驼峰高度 H 为一个单位，熔池直径 D 为 10 个单位，则 $H/D = 1/10 = 0.1$。从经验可知，最合适的搅拌强度见表 8-5。

表 8-5　最合适的搅拌强度

金属	铸铁	铸钢	铸造铜合金	铸造铝合金
H/D 比值	0.125 ~ 0.2	0.07 ~ 0.125	0.07 ~ 0.15	0.035 ~ 0.05

为了能使铁液中的碳元素均匀分布，需要相对高的搅拌强度。一般在熔炼的最后阶段加入碳和硅元素，由于这两种元素都比较轻，因而需要比较强劲的搅拌，在搅拌强度和碳、硅的还原百分率之间存在一个直接的相互关系，如果搅拌不足，很大一部分碳和硅就会形成炉渣。对碳来说，良好的还原率可达到95%，硅可达到78%。如果搅拌不足，这一百分比率就会很快地下降，对于碳会低于80%，对于硅会低于60%。

铸钢熔炼的过程中，所需要的搅拌强度要小得多。由于铸钢通常浇注温度较高，因而非常易于氧化，搅拌强度越高，铸钢暴露于表面同大气接触的程度即氧化就越严重，同时，如果搅拌强度过高，炉衬就会非常迅速地遭到侵蚀。

同样，铸造铜合金在熔炼过程中也有氧化问题，因而建议使用比较低的搅拌强度。

对于铸造铝合金熔炼来说，对搅拌强度的要求有一个较大的范围，熔化的铝合金液极易氧化，同时易于和随着搅拌增加而上升的氢化合，因此，通常铸造铝合金熔炼建议采用较低的搅拌强度。对于形成合金成分，搅拌是必要的，熔炼某些形式的炉料，也需要搅拌。

2. 频率的选择

电流频率的选择主要考虑经济性和操作性能。经济性包括电费和炉衬费用。可以从以下三个方面来考虑：

（1）电效率　为了获得最高电效率，对于不同容量的炉子要选择合适的频率。从理论分析可知，当坩埚直径与电流透入深度之比为10左右时，感应炉的电效率最高。

（2）搅拌　适当的搅拌可使金属液和成分均匀，强烈搅拌会使炉衬迅速磨损，且导致金属液夹渣和产生气孔。采用工频坩埚式感应炉炼铸钢，炉衬寿命很短；熔炼铸铁及熔炼屑料，可利用搅拌使成分和温度均匀，并使屑料加速熔化；熔炼有色金属如铜合金、铝合金等，搅拌不宜过强，否则会使金属氧化烧损剧增。

（3）设备投资费　中频电源的价格随频率的提高而增加。

3. 不同容量感应炉的坩埚内径与坩埚壁厚的选择

表8-6列出了我国使用的中频感应炉的坩埚内径 D_2（cm）与坩埚壁厚 δ（cm）的关系。根据长期的经验及国内外常用配比推荐的熔炼炉额定功率配置（铁和钢）及频率见表8-7，推荐的铸铁保温炉最小功率及频率见表8-8。

表8-6　不同容量感应炉的坩埚内径与坩埚壁厚

电炉容量/t	1.5	3	5	10	20
坩埚内径 D_2/cm	61	73	90	113	141
坩埚壁厚 δ/cm	11.5	12	13	15	17

表8-7　常用熔炼炉额定功率配置（铁和钢）及频率

电炉容量/t	功率范围/kW	频率/kHz	电炉容量/t	功率范围/kW	频率/kHz
0.1	80~200	1~2.5	1.5	750~1250	0.5~1
0.15	100~200	1~2.5	2	1000~1500	0.5
0.25	160~250	1	3	1500~2000	0.5
0.35	200~350	1	5	2500~3000	0.3~0.5
0.5	250~400	1	8	4000~5000	0.3~0.5
0.75	350~600	1	10	5000~6000	0.2~0.4
1	500~750	0.5~1	15	7500~8000	0.2~0.3

表8-8　铸铁保温炉最小功率及频率

电炉容量/t	功率范围/kW	频率/kHz	电炉容量/t	功率范围/kW	频率/kHz
2	350	1	10	1000	0.2~0.5
3/4	400	0.5~1	12	1250	0.2~0.4
5/6	600	0.5	15	1500	0.2~0.3
8	750	0.5	20	2000	0.2

注：保温炉的功率水平是根据能够烧结炉衬所需要的最小功率而决定的。

4. 炉体结构选择

按照行业习惯，以减速机为倾炉方式的铝合金结构的感应炉俗称铝壳炉，以液压缸为倾炉方式的钢结构的感应炉俗称钢壳炉，两者的区别见表 8-9。

表 8-9　钢壳炉和铝壳炉的区别（以 1t 铸铁炉为例）

项目	钢壳炉	铝壳炉	项目	钢壳炉	铝壳炉
外壳材质	钢结构	铝合金	漏炉报警	有	无
倾炉机构	液压缸	减速机	能耗	580kW·h/t	630 kW·h/t
液压泵站	有	无	寿命	10 年	5~6 年
磁轭	有	无	价格	高	低
炉盖	有	无			

与铝壳炉相比，钢壳炉有以下优点：

1）坚固耐用，美观大方，尤其是大容量炉体，需要较强的刚性结构，从倾炉的安全角度，尽量使用钢壳炉。

2）硅钢片制成的磁轭对感应圈产生的磁力线起到了屏蔽作用，减少了漏磁，提高了热效率，增大了产量，可以节能5%左右。

3）炉盖的存在减少了热量的损失，也提高了设备的安全性。

4）使用寿命长，铝在高温下氧化比较严重，造成金属韧性疲乏。在铸造企业现场，经常看到使用一年左右的铝壳炉炉壳破烂不堪，而钢壳炉由于漏磁少，设备使用寿命大大超过铝壳炉。

5）安全性能钢壳炉要大大优于铝壳炉，铝壳炉在熔炼的时候由于高温、重压，铝壳容易变形，安全性差。钢壳炉使用液压倾炉，安全可靠。

5. 冷却系统选择

中频感应炉在有很多元器件工作时温度很高，必须通水冷却，才能保证设备安全可靠运行。传统做法是让水池有一定的开口或使用敞开式冷却水塔，用硬水直接进行冷却。往往因为水质不好而引起水路管壁结垢，造成循环水流量逐渐减少甚至堵塞，从而引起元器件损坏（例如 IGBT、可控硅等），因在冷却中使空气中的泥沙、污染物吸入水池内变成烂泥，有的还产生青苔草进入冷却循环水中，使设备老损快，使用寿命降低，延长熔炼炉出炉时间，造成费电费工，停产整修及清洗除垢不便等问题。中频感应炉若选择较好的循环水冷却系统，就会降低50%以上的设备故障率。

由于各种元器件对水质要求不同，例如晶闸管、IGBT 模块、电抗器和电容器等对水质要求高，感应圈和水冷电缆等对冷却水质要求低一些。因此在中频感应炉装置中，对晶闸管、IGBT 模块、电抗器和电容器等水质要求高的中频电源用去离子水进行冷却，对感应圈和水冷电缆等冷却水质要求低一些的部件用一般水过滤后进行冷却，目前使用的设备主要有板（或管）式换热器和全封闭水冷设备，三种冷却系统的优缺点见表 8-10。

全封闭水冷却系统工作原理如图 8-8 所示。

表 8-10　三种冷却系统的优缺点

项目	优点	缺点
传统的水池	成本低些 冬天防冻措施好做	腐烂并生长青苔草，吸入设备中产生结垢，水路不畅堵塞，温降减低导致故障率高 占地面积大，设备搬迁后水池很难再使用 循环水损耗大
板（或管）式换热器	成本低，一次性投入资金较少 占地面积小	换热效率低，会导致晶闸管等器件损坏 流道小，易堵塞，不适宜气-气换热或蒸汽冷凝 有温差应力存在，冷却降温能力小，清洗困难

（续）

项目	优点	缺点
全封闭水冷设备	全封闭式循环冷却，杜绝杂物引起的管路堵塞 采用软水循环冷却，无水垢生成引起的元器件过热损坏 占地面积小，移动方便 散热效率高，运行成本低 耗水量很小，符合节能环保要求	一次性投入资金较大 北方冬天需做防冻措施

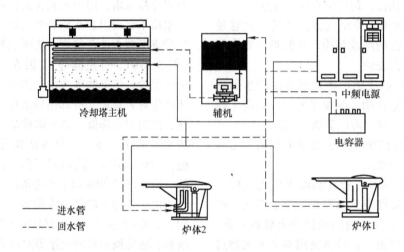

图8-8　全封闭水冷却系统工作原理

循环水在闭式冷却塔的盘管中循环，流体热量被盘管的管壁吸收后，通过顶部的风机把管壁的热量排出机外。当循环水温度较高时（超过设定的温度时）自动启动喷淋系统，喷淋水部分被湿热的管壁加热蒸发变成蒸汽，被流动的空气带走，未被蒸发的水滴在集水槽里循环使用。盘管里的流体封闭式循环，消耗量极小，喷淋水的消耗量也仅为单位流量的1%~2%。为防止突然停电，保证感应炉冷却，还要有备用发电机组或者要有一高位水塔。当感应炉停止熔炼时，坩埚温度还很高，感应圈还需继续通水，逐渐地冷却至室温。

8.2.5　价格和质量、技术及售后服务选择

在市场上不同生产厂家同型号的中频感应炉的价格有时差异很大，以铸造企业普遍应用

的1t感应炉为例，市场价格有时候相差1~2倍，这与炉子的结构、元器件选择、技术含量、售后服务和质量等多方面的因素有关。

1. 选材的不同

（1）炉壳和磁轭　铝壳炉的外壳选择，标准的1t铝壳炉的炉壳质量为400kg的铸造铝合金，厚度为40mm，有的厂炉壳是质量和厚度不够；钢壳炉最重要的是磁轭，同型号的钢壳炉的磁轭选择不同，价格差距大，一般应选用全新有取向的Z11的高磁导率冷轧硅钢片制造，硅钢片厚度为0.3mm，采用仿形结构，内弧面和感应圈的外圆弧度相同，使得磁轭可以紧贴感应圈外侧，最大限度地约束线圈向外散发磁力线，磁轭由两侧的不锈钢板和不锈钢夹持，焊接固定，通水冷却。

（2）铜管和铜排　感应炉的核心是感应圈，冷挤压铜管和铸造铜管的效果和价格相差

甚远。应该采用巨型截面的 T2 冷挤压铜管，铜管的表面绝缘处理采用静电喷涂，达到 H 级绝缘，为保护其绝缘强度，在表面用云母带和无碱玻璃丝带分别缠绕包扎一次，再涂防潮绝缘磁漆。线圈匝间留有一定间隙，在涂线圈内耐火胶泥时应使耐火胶泥渗入缝隙，加强线圈上的胶泥在线圈上的附着力，耐火胶泥涂好后内表面应光整，便于拆除炉衬，以保护线圈。线圈上下两端增加几匝不锈钢水冷圈，以增加整体刚性，有利于散热（有的厂家使用的是铸铜或者 T3 的铜管，导电性差，容易破裂漏水，应特别注意）。

（3）晶闸管　各厂家使用的晶闸管，质量一般是参差不齐的，质量好的晶闸管温度敏感度好，反应迅速，故障率低。所以选知名厂家的晶闸管，质量可靠、稳定（在选择时要求电炉厂家注明晶闸管的生产厂家，出示晶闸管厂家的产品合格证等，质量好的晶闸管有襄樊台基，西安西电等）。

（4）电源柜　正规厂家采用标准喷塑板柜壳，非薄钢板喷漆柜壳。电源柜尺寸规格都是标准的。不正规的厂家电源柜的高度、宽度和厚度不够，有的把电抗器搁置在电源柜外面。正规厂家中频电源内部都装有低压开关，不须用户另外配置电压开关柜。不正规厂家电源内部没有安装低压开关，无形增加了用户的费用（质量好的低压开关有天水长城、德力西等）。

（5）电容器　进行无功补偿的电容器最主要的是必须配备足量的数量，一般电容的补偿量数值是电源功率的 18～20 倍，即：电容补偿量（Kvar）＝（20～18）×电源功率。并选用正规厂家的电容器。

（6）电抗器　电抗器的主要材料是硅钢片，应该选用正规厂家生产的新品，不能用回收的二手硅钢片。

（7）水管卡子　中频感应炉成套设备中有大量的水管连接，严格来讲应该用不锈钢卡子，更好的是使用铜制的活结，活结安装和拆卸方便，不用维护。特别适合应用于水冷电缆上，有利于电流传输且不会发生漏水的情况，安全可靠。

除了上面 7 点外，还有其他的元器件的选择也很重要，比如逆变电容、电阻、水冷电缆、连接铜排、水管等，这些都会影响到设备的质量和价格，在选择购买的时候应注意，尽量要求感应炉生产厂家提供主要元器件的明细，不能只是单纯比价格而忽略了设备内部的结构和质量。由于中频感应炉是非标产品，先订购再生产制造，质量的好坏和价格息息相关。

2. 技术实力

正规的厂家为研究试验先进的技术投入了大量的人力物力，设备先进，技术精湛，在熔炼速度、电耗、操作复杂程度、故障等方面使用反映不同。很多的生产厂家不具备场内调试的条件，成本自然低一些，装配和调试工艺对质量的影响非常大，不同的厂家、不同的工艺、不同的价格也导致了不同的质量。

3. 售后服务

良好的售后服务是设备质量的保障，机电产品出故障是难免的，这就要需要良好的售后服务，正规的厂家有足够的技术人员和能力保障售后服务。中频感应炉在出厂前经过反复多次的静态和动态调试，有一年的保修期，在此期间任何非人为责任造成的设备故障，都会由生产厂家负责。总之，铸造企业应根据实际需要选择最适合企业现状的设备。

8.3　感应炉成形炉衬的应用

成形炉衬是指以各种不定形耐火材料混合配制而成，采用炉外预制成形的方法，适用于无芯感应炉熔炼各类黑色金属及有色合金的炉衬。1～3t 感应炉的成形炉衬生产技术比较成熟，价格适中，采用成形炉衬，可以节约捣制炉衬时间，不需要烘炉，节能省电，大大提高熔炼生产效率。

1. 成形炉衬在中国的开发与生产应用

20 世纪 80 年代，沈阳铸造研究所对适用于熔炼高温黑色金属的成形炉衬进行了开发。1997 年沈阳恒丰实业有限公司研制成功了以电熔镁砂（MgO）和高纯刚玉（Al_2O_3）为材质的成形炉衬，获得了多项国家专利。成形炉衬需要与其周边的耐火材料填充层组合才能构成一个完整的炉衬。成形炉衬与其周边的填充层形成了功能不同的双层结构：成形炉衬为盛装金属熔液的内层，填充层为保护感应圈的外层。沈阳恒丰实业有限公司率先发布了成形炉衬即为"炉胆"，填充层即为"安全衬"的新概念，其成形炉衬也以"炉胆"命名。

沈阳恒丰实业有限公司推出了企鹅牌系列炉胆，并制订了炉胆产品的企业标准Q/HF J02.01—1997。其某型企鹅牌炉胆的主要性能指标见表8-11，企鹅牌炉胆的钢液容量及对应感应圈的内径尺寸见表8-12。

表 8-11 某型企鹅牌炉胆的主要性能指标

MgO（质量分数,%）	Al_2O_3（质量分数,%）	体积密度/（g/cm^3）	耐压强度/MPa	耐火度/℃
67~96	4~33	≥2.85	≥30.0	>1790

表 8-12 企鹅牌炉胆的钢液容量及对应感应圈的内径尺寸

炉胆的钢液容量/kg	50	100	150	250	500	750	1000	1500	2000	3000
感应炉的线圈内径/mm	255	310	360	430	550	630	710	770	850	960

无芯感应炉的耐火炉衬按制作方法分为炉内捣制或振动整体式、炉内砌筑式和炉外预制成形式。国内的中小型感应炉的炉衬制作仍以炉内捣制或振动整体式为主，大型感应炉的炉衬制作以炉内砌筑式为主。国外耐火材料的厂商在中国仍以销售不定形耐火材料的捣打料、干振料为主。仅有少量的国外成形炉衬（容量为100kg左右）在外资或合资企业里得到应用。同样类型相比，国外成形炉衬的价格是国内成形炉衬价格的数倍甚至是几十倍，限制了国外生产的成形炉衬在中国的应用范围。

已经采用成形炉衬进行熔炼的生产企业只有数千家。成形炉衬以炉外成形制作的独特方式，具有质量好、寿命长及可以进行大规模工业化生产的优势。中国成形炉衬的生产及应用将会迎来一个崭新的高潮。

2. 使用成形炉衬的优点

1）安装简便，省时省力（仅为炉内捣制炉衬时间的20%左右）。

2）不需要烘炉，节能省电（节约燃料费用支出，省电15%以上）。

3）熔炼快速，提高效率（有功功率增大，熔炼时间缩短10%左右）。

4）钢液纯净，减少夹杂（防止耐火材料进入熔液造成夹杂，减少气孔）。

5）维护简单，更换快捷（只需简单养护修补，如机械部件更换）。

6）炉龄更长，出液量大（炼钢100炉次以上，炼铜200炉次以上）。

7）安全性高，避免穿炉（采用双层炉衬复合结构，有效防止渗液）。

8）寿命稳定，便于排产（寿命一致性好，方便生产计划的安排）。

3. 成形炉衬的材料

（1）不定形耐火材料及其酸碱性 无芯感应炉炉衬用不定形耐火材料主要有：硅砂（SiO_2），刚玉及高铝矾土（Al_2O_3），镁砂（MgO）。它们的酸碱性见表8-13 。

表 8-13 不定形耐火材料的酸碱性

材料	硅砂	锆砂	耐火黏土	莫来石	氧化铝	氧化铬	尖晶石	氧化镁
性能	酸	性		中	性		碱	性

（2）成形炉衬的材料组成 酸性耐火材料硅砂（SiO_2）不耐高温、易侵蚀受损，并进入熔液形成夹杂。碱性耐火材料（MgO）高温膨胀大、易开裂渗液，并使感应器短路。中性耐火材料刚玉及高铝矾土（Al_2O_3）既有很好的耐高温性、抗侵蚀性，又有很高的热稳定性、不易膨胀开裂三种耐火材料的主要性能见表8-14。

表 8-14　无芯感应炉炉衬常用耐火材料及其主要性能

| 种类 | 材质 | 化学组成（质量分数,%） | | | 热膨胀系数（%） | 抗热振性 | 热导率/[W/(m·K)] | 烧结性 | 最高使用温度/℃ |
		SiO₂	Al₂O₃	MgO					
酸性	天然石英质	>98			1.2~1.4	中	1.3	好	1650
	熔融石英质	>99							1650
中性	刚玉质		>98		0.8~1.0	高	2.5	差	1750
	高铝矾土质	<10	>80	20~45	0.8~1.0		2.5		1500
	铝尖晶石质			55~75	0.9~1.1		2.6		1750
碱性	镁质			>92	1.3~1.5	低	3.0	好	1800
	镁尖晶石质	>20		>75	1.1~1.3	中	2.7	差	1800

成形炉衬选用以高纯度刚玉（Al₂O₃）、电熔镁砂（MgO）为主要材料，并采用相应的结合剂，这样制成的成形炉衬同样也具备了优良性能。

（3）耐火材料的颗粒粒度配比　成形炉衬的耐火材料采用了多级颗粒粒度（6F~8F）甚至是更多级粒度（8F~12F）配比组合。这样才能使成形炉衬孔隙小，更加致密，结构均匀一致。

（4）结合剂　结合剂的作用是使耐火材料的骨料与粉料在一定温度下烧结形成均匀、致密、稳定的结合相。结合剂能够使耐火材料的烧结温度降低，以使用较低温度结合。过量地加入结合剂会使耐火材料因不耐高温而失效，因而要严格控制结合剂的添加量。结合剂主要有：硼酸（硼酐）、硅酸盐、磷酸盐、氯酸盐、金属卤素化合物、树脂类、α-Al₂O₃ 微粉等。不同的材料及熔炼不同种类的金属要选用不同的结合剂。

（5）改性材料的应用　通过添加少量的特殊材料，可以使耐火材料制成品的某些性能得到明显的改善。

1）以 α-Al₂O₃ 微粉作为结合添加剂可以有效地防止炉衬龟裂纹的产生。

2）适当添加合成尖晶石或合成尖晶石材料可以提高炉衬在渣线部位的高温抗渣化学反应侵蚀。

3）适当添加锆石粉可以增强炉衬的高温耐磨性能。特别是在倾倒熔液的侧面和炉口部位。

4）适当添加碳化硅或石墨粉末可以改善炉衬的挂渣现象。

5）适当添加高铬粉可以提高炉衬的高温抗机械冲击性能。

6）适当添加陶瓷纤维可增强成形炉衬的结合强度，防止裂纹的产生。

成形炉衬剖面图和成形炉衬安装完成示意图如图 8-9、图 8-10 所示。

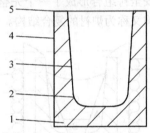

图 8-9　成形炉衬剖面图
1—底部　2—结合部　3—内壁　4—外壁　5—上沿

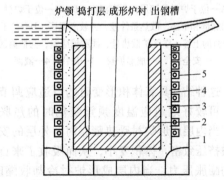

图 8-10　成形炉衬安装完成示意图
1—炉壳　2—成形炉衬　3—捣打层
4—石棉布　5—感应圈

4. 成形炉衬的形状及结构特征

（1）成形炉衬的形状　成形炉衬的形状为上端开口、中间空心、下部实底的圆柱形。其中心对称轴的剖面如图8-10所示。

（2）结构特征及力学性能

1）成形炉衬的外壁与外底面为直角，方便施工，安装易紧实。

2）成形炉衬的侧壁厚度由上至下向内逐渐增厚，有针对性地抵抗了由上至下逐渐增大的熔液静压力。

3）成形炉衬的内壁与底部结合部位为弧状连接，圆角半径大、结构预应力增强，更适应于承受热作用时侧壁膨胀外扩与熔液向下静压力的联合作用对炉衬结合部所造成的"撕裂"作用。

4）成形炉衬的底部较厚，更适应于承受熔液的正向静压力。

5. 成形炉衬的安装形式

（1）炉衬的复合结构　成形炉衬安装完成后如图8-11所示，由密度较高的成形炉衬与密度较低的安全衬组合形成了一个完整炉衬，这种双层结构又称为炉衬的复合结构。

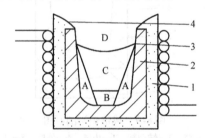

图8-11　炉衬内金属熔液的温度分布

A—位于炉衬的四周，为高温区　B、C—位于炉衬的底部和中部，散热条件差，为较高温区　D—位于炉衬的上部，空气扩散热量、线圈感应差，为低温区
1—安全衬　2—成形炉衬　3—渣线　4—液面

这种结构具有体积形变时的自适应调节能力，可较好地适应温度频繁变化时的热胀冷缩。当内层成形炉衬受热膨胀时，外层的安全衬被挤压致密，体积变小，从而吸收了来自内层的膨胀压力；当内层成形炉衬冷却收缩时，外层的安全衬则滑动填充，体积变大，从而充实了来自内层的收缩空隙。

（2）应力缓冲式炉衬　在熔炼金属的过程中，当达到烧结温度时，成形炉衬的热层界面才产生烧结，热面以下的过渡层并未烧结，并始终保持过渡层的紧实致密。这种不完全烧结的炉衬又称为应力缓冲式炉衬，其特点是可以有效地防止烧结层的裂纹在过渡层中继续延伸形成钻液。

6. 成形炉衬的烧结结构

（1）成形炉衬内的温度分布　金属熔液的温度在炉衬内并不是均匀一致的，其温度分布如图8-11所示。

（2）成形炉衬烧结的热分析　熔炼过程中，随着金属熔液液面的反复上升、下降，成形炉衬由内向外依次形成了烧结层、过渡层（半烧结层）、未烧结层（安全衬捣打层），其烧结剖面结构如图8-12所示。

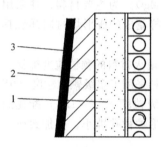

图8-12　成形炉衬烧结剖面
1—未烧结层　2—过渡层　3—烧结层

1）作为内衬的成形炉衬分布了烧结层、过渡层。烧结层、过渡层的留存厚度及保持时间的长短，决定了成形炉衬使用寿命的长短。由中性氧化物（Al_2O_3）和碱性氧化物（MgO）制成的成形炉衬在高温烧结后形成了铝镁尖晶石或镁铝尖晶石。由于尖晶石的线膨胀率较镁砂小，因而倒空熔液冷却时也不会产生严重的形变和裂纹。熔液满炉升温时，成形炉衬的热层界面因高温烧结形成尖晶石结合相致密的晶体而产生体积收缩，同时，过渡层中的镁砂（方镁石）却在高温作用下发生"二次尖晶石化"而产生体积膨胀，使过渡层更加致密。这样，烧结层的裂纹不会继续在过渡层中延伸。同时，作为烧结层的尖晶石高温抗渣化学侵蚀性好，从而保证了烧结层、过渡层的留存厚度，也延长了炉衬的使用寿命。

2）作为外衬的安全衬是未烧结层。安全衬层是经捣打而成，密度相对较低，因而能够很好地吸收与释放，配合反复熔炼时成形炉衬的膨胀与收缩。安全衬始终保持与感应圈的紧密接触，均匀散热，不致使感应圈过热变形。同时，安全衬相对松散的结构可以在成形炉衬失效时不致烧结开裂而造成钻液渗漏，保证感应圈的安全。

7. 成形炉衬的安装及使用

（1）成形炉衬的安装　成形炉衬安装时，安全衬捣打层应采用干法施工。这样可以防止安全衬因为去除水分的过程造成气孔和渗透；同时，也避免了由于长时间的低温烘烤造成成形炉衬表面的过氧化和潮气侵入，那样会使成形炉衬变得粉脆疏松。

1）准备材料：石棉布、水玻璃、结合剂、捣打料等。采用多级颗粒粒度（3F ~ 5F）配比，加入 1% 硼酸或硼酐作为结合剂，混拌均匀。

2）制作工具。第一次安装成形炉衬时，应按照生产厂商的现场指导技术人员的要求，制作安装的专用工具（捣叉、捣棍两用 2 ~ 3 把，捣锤一把）。

3）筑捣安全衬。

① 筑衬底：逐层加料用捣锤逐层捣实至成形炉衬安装的底面高度，刮平。用吊具（厂商提供）吊放成形炉衬居中，炉膛内以块料压实。

② 筑衬边：逐层加料用捣叉、捣棍配合，逐层捣实至炉口。

注意：安全衬一定要捣制紧实，否则会影响炉衬的使用效果和寿命。安全衬的厚度，一般情况下选择以下几种：25 ~ 45mm（容量50 ~ 500kg），45 ~ 55mm（容量 500 ~ 1000kg），55 ~ 65mm（容量 1000 ~ 2500kg），>65mm（容量 3000kg）。

4）用传统方法制作炉口、出液槽。

（2）成形炉衬的使用

1）冷炉初起。30kW（5min 观察循环水），50kW（15min 左右取热料烘炉口、出液槽），最大功率跟踪至炉料完全熔化。

2）停炉。熔液倒尽，炉口加盖封沙，循环水减少 1/3，水压降至 1.5at（147kPa）。

3）冷炉重起。将炉体倾斜至出液位置。以光源照明炉衬内壁并仔细检查。以补炉胶泥（厂商提供）修补裂纹、凹坑。

（3）注意事项　及时清渣，必须满炉熔炼，下料时要轻投轻放。尽量选用弱碱性造渣剂；炉口接缝处要及时清理，修补；成形炉衬存放在干燥、通风处。成形炉衬不具备机械加工性能，不可进行开口、钻孔等改动。

（4）需要特别关注的四个环节

1）安装环节。捣打时要确保安全衬的紧实，安装不实可能造成成形炉衬的开裂。

2）熔炼环节。防止投料冲击，防止结壳、"架桥"，及时除渣，炉口接缝处及时修补重筑，防止钻液。

3）停炉环节。熔液倒尽，加盖封沙，循环水减少 1/3，防止急冷急热产生裂纹。

4）修补环节。冷炉重起前要及时修补，防止烧结层剥落。

8. 使用寿命的判断方法

1）测量法。用尺测量炉膛内径已至成形炉衬外径的 4/5，或成形炉衬已完全耗尽。

2）读表法。接近成形炉衬使用寿命时，电流表指示电流陡然增大，电压变小。

3）炉内观察法。熔液出炉时从炉口观察炉膛内有局部发暗现象。

4）炉外观察法。熔液满炉时从炉外观察感应圈有发红的现象。

8.4　提高中频感应炉炉龄

提高中频感应炉炉龄，减少拆炉次数，减轻工人的劳动强度，从而提高生产能力、降低生产成本是众多中频感应炉使用厂家的管理者、使用者所一直关注的和不懈努力追求的一个目标。下面以中频感应炉常用的镁质炉衬材料为例，结合作者多年的生产与实践经验介绍提高镁质炉衬使用寿命不可忽视的要素。

炉龄又称炉衬寿命，是指中频感应炉炉衬从投入使用到更换新炉衬为止，一个炉役期间所炼合金的总炉数。是衡量中频感应炉生产水平的一项综合性指标。因此，炉龄的高低不仅代表着技术装备、工艺操作、生产管理等水平，也决定着中频感应炉的生产能力和生产成本的高低。中频感应炉具有体积小、自重轻、升温快、效率高等特点，主要用来熔炼铸铁和铸钢，近年来也有用它来熔炼不锈钢的。同时用中频感应炉熔炼，可避免增硫、增磷的问题。使铁液中的磷的质量分数不大于0.075%、硫的质量分数不大于0.05%。

中频感应炉的耐火材料比较简单，一般都是采用打结料；也有用坩埚的（即定型炉胆）。以2t中频感应炉、采用镁质炉衬材料、冶炼高锰钢为例介绍提高炉衬使用寿命的具体措施。

8.4.1 正确选择适合熔炼的优质炉衬材料

目前常用的炉衬材料按材料的化学性质大致可分为酸性、碱性和中性三大类；按物理性能可分为不定型材料、定型材料两大类。

1. 炉衬材料的特性

炉衬材料的化学成分和物理性能、化学特性对炉衬的使用寿命有很大的影响。耐火材料中的杂质在高温下能形成低熔点的化合物，从而降低了耐火材料的耐火度。随着耐火材料中杂质含量的增加，其耐火度也随之降低，炉衬的使用寿命也会随耐火材料耐火度的降低而下降。

为了延长炉衬的使用寿命，理论上要求耐火材料的纯度越高越好。在生产实践中高纯度的耐火材料随矿产资源的减少而减少，价格却一升再升。为使炉衬材料有一个较为理想的性价比与实用性，根据现行常用的、普通的炉衬用耐火材料的实际情况（理化指标），在炉衬用耐火材料中添加一定量的其他材料，使炉衬材料在高温状态下产生新的化合物及衍生化合物，就能较好地解决炉衬耐火度的问题。也就是说，充分利用现有的资源，可以开发复合炉衬材料应用到熔炼的生产实际中去。

不同的耐火材料由于其物理、化学性质不同，其对熔炼条件的适应能力也不同，如抗炉渣侵蚀能力、耐急冷急热性能等，因此炉衬的使用寿命差别很大。尤其是熔炼高锰钢时，不仅熔炼温度高，而且熔炼条件也比较恶劣，钢液中的Fe、Si、Al、Mn、C，渣中的CaO、SiO_2、FeO等对炉衬的侵蚀十分严重。从而导致炉衬的使用寿命大大降低。

以熔炼高锰钢、高碳钢为例，日常使用的硅砂炉衬材料就不能担此重任了。由于石英质酸性炉衬材料的耐火度低，体积膨胀率大，用于炼钢时，炉衬的寿命较低。由于硅砂的成本低，在熔炼铸铁上还是得到了应用，尤其是连续作业（坩埚温度保持在$800 \sim 1000℃$），其寿命高达百炉以上。因此，铸铁熔炼几乎全部使用石英质炉衬材料。

采用镁质、镁铝质、镁铬质等干式打结料（也就是常说的碱性炉衬材料）就能较好地解决炉衬材料耐火度低这一问题。

2. 镁质材料的特点

镁质炉衬材料的主要成分是MgO。MgO本身就是高熔点物质，同时MgO与Fe_2O_3能化合成镁铁矿〔$MgO + （FeO、Fe_2O_3）= MgO \cdot Fe_2O_3$〕，此化合物又能与$MgO$生成固熔物，两种物质都是高温耐火材料。为了使炉衬层有高的耐火度，必须使炉衬中MgO达到一定含量，如果MgO含量低，Fe_2O_3就会与CaO反应生成低熔点的铁酸钙。

MgO在高温状态下呈碱性，不与钢液中的MnO、Cr_2O_3等金属氧化物反应，抗钢液侵蚀能力强。因此，能有效延长炉衬的使用寿命。

一般来说，熔炼普通钢采用经过技术处理的冶金镁砂也就是中频感应炉专用镁砂，熔炼高锰钢采用中频感应炉专用镁砂加中档镁砂或高纯镁砂，熔炼不锈钢则采用电熔镁砂。

以常用的镁质耐火材料——冶金镁砂为例，它的理化指标为$w（MgO）\geqslant 88\%$、$w（CaO）\leqslant 4.5\%$、$w（SiO_2）\leqslant 4\%$、耐火度$\geqslant 1900℃$、灼减$\leqslant 0.6$。镁质炉衬材料的优点如下：

1）不易裂纹，渗钢和漏钢等事故率较低（这里所说的裂纹主要是横向裂纹。细小的纵向裂纹是碱性干式打结料的矿物质结构、化学成分及打结密度、熔融结果等因素所特有的）。

2）烧结层较薄、拆炉容易；炉衬外层干式打结料没有烧结，密度较低，保温效果较好。

3）不含水分等。

因此镁质干式打结料打结的炉衬几乎不用烘炉就可以直接使用。镁质干式打结料对于降低能耗和提高效率是非常有利的。一般镁质干式打结料的炉衬使用寿命在70炉次以上。

8.4.2 提高炉龄不可忽视的要素

1. 容积对炉衬使用寿命的影响

炉子的大小不同，其钢液对炉衬的静压力也不相同。炉衬的使用寿命随其容量的增大而下降。

目前采用的熔炼设备大多数是用非真空感应炉。随着炉子容量的增大，钢液对炉衬壁的静压强增加。一般而言，1t 炉的炉衬壁所承受的静压强是 150kg；10t 炉的炉衬壁所承受的静压强是 500kg。由此可见，炉子容量越大，炉衬壁承受静压强也越大。因此，大型炉内的钢液更容易沿炉衬耐火材料的毛细孔道向炉衬壁渗透，使炉衬很快被破坏掉。随着炉子的容量增大，所用电源的频率就会下降。频率越低搅拌力就越大，炉衬壁所承受的冲击力就越大。钢液中的电磁搅拌力与电源的频率的平方根成反比。3t 炉子的炉衬壁所承受的冲刷力为 150kg。所以，随着炉子容量增大，炉衬壁所承受的冲刷力也增加。

2. 熔炼的温度对炉衬材料的侵蚀

当熔炼温度大于 1700℃ 以上时，钢液的黏度也会急剧下降，炉衬的损毁速度就会加快，炉衬寿命会大幅度降低。因此，控制好熔炼温度将直接关系到炉衬的使用寿命。

由此可见，在镁质耐火材料中添加一定量的其他材料能较好地解决纯镁质炉衬材料的热膨胀的问题。

3. 钢液的成分对炉衬使用寿命的影响

钢液中的 Fe、Si、Al、Mn、C，甚至还包括金属蒸气、CO 气体等，以及渣中的 CaO、SiO_2、FeO 会顺着耐火材料毛细孔道渗入耐火材料内部。这些渗入成分沉积在耐火材料毛细孔道中，造成了耐火材料工作面的物理化学性能与原耐火材料基体的不连续性，在操作温度急变下将出现裂纹、剥落和结构疏松，这个损毁过程比溶解损毁过程严重得多。

4. 炉渣对炉衬材料的侵蚀

随着炉子容量增大，钢液表面散失的热量比例下降，炉渣温度比小容量炉子高，炉渣的流动性也比小容量炉子好，因而对炉衬的侵蚀加剧。大型感应炉多采用钢渣混出的方法出

钢，要求炉渣具有良好的流动性，才能满足出钢的条件。因此，渣线部位侵蚀严重，这是造成炉衬使用寿命下降的又一原因。由于以上原因，大型感应炉炉衬的使用寿命低于中小型感应炉，从提高炉衬的使用寿命来说，应适当增加感应炉炉衬的厚度。但是，随着炉衬壁厚度的增加，电阻值增大，无功损失增高，电效率下降。因此，炉衬壁的厚度必须限制在一定范围。选定合理的壁厚，即保证了高的电效率又确保了炉衬的使用寿命。

炉渣的碱度应当和炉衬材料相适应。镁质炉衬材料能被高 CaO 渣和 SiO_2 渣侵蚀。炉渣中 CaF 含量应得到控制，过量的 CaF 会侵蚀碱性炉衬，使渣线区过早熔蚀。碱性渣适用于镁质炉衬，酸性渣适用于石英质炉衬，镁铝质炉衬只能使用弱碱性或中性渣。当炉渣的碱度偏低时，对镁质炉衬侵蚀较为严重，炉衬的寿命随之降低；相反，当炉渣碱度较高时，对炉衬的侵蚀较轻微，炉衬的寿命相对提高。

当炉渣中的氟离子、金属锰离子等含量偏高时，对镁质炉衬侵蚀也较为严重，炉衬的寿命随之降低。

真空下进行无渣熔炼时，炉衬的使用寿命大于非真空熔炼时的寿命。这就证明了炉渣会使炉衬使用寿命下降。所以应根据炉渣的性质选择合适的炉衬材料。

5. 炉衬的打结密度对炉衬使用寿命的影响

炉衬的打结密度直接影响炉衬的使用寿命。因此选对炉衬材料只是为提高炉龄奠定了基础，那么提升炉衬的打结密度是提高炉龄的关键所在。要得到打结致密的炉衬（无论是干打、湿打）必须做到以下两点：

1）打结炉底：分 3~4 次填料、打结；打结炉壁：逐层打结，每层填料厚度不可大于 15cm。

2）每层打结完，必须将打结面刮毛，再打下一层，使接茬处充分结合，从根上杜绝断层现象。尤其是炉底与炉壁的结合处。打结炉衬前，必须认真、干净地清理现场。绝不允许将含有铁质的杂物混入炉衬材料中，从而避免因炉衬材料混入铁质杂物而在电势电压的作用下形成聚铁、凝铁现象，造成穿炉。

炉衬的打结质量好坏直接关系到烧结质

量。要求打结时砂料的粒度均匀分布，不产生粗细偏析，打结后的砂层致密度高。这样，烧结后产生裂纹的概率下降，有利于提高炉衬的使用寿命。

打结过程中最常见的缺陷有致密度低、不均匀和粗细粒度砂料分层（就是常说的粒度偏析）等现象。在含水较少或干法打结时尤其明显。

6. 炉衬的烧结程度对炉衬使用寿命的影响

炉衬的打结密度直接影响炉衬的使用寿命，而炉衬的烧结程度是决定炉衬强度的关键所在。因此，炉衬的烧结从低温区的升温速度到最后的烧结温度和保温时间，都对炉衬的烧结质量有着重要的影响。低温烘烤时蒸汽的逸出速度不能太快，以免在砂料中出现早期裂纹。炉衬中水分的来源有砂料吸附的水、结晶水和添加剂分解释放出的水分，在 800℃ 以下这些水分全部排除，所以在此区间要控制升温速度。炉子的容量越大越要降低升温速率，以避免蒸汽急速地从砂料中逸出。不同材质的砂料应选择相应、合适的烧结温度和保温时间，以便得到理想的烧结结构。

高温烧结时，炉衬的烧结结构是提高使用寿命的基础。烧结温度不够，烧结层厚度不足，会使炉衬的使用寿命明显降低。为了获得长寿命的炉衬，必须预先得到理想的烧结结构。

7. 补炉是提高炉龄的重要措施之一

开炉之后必须经常检查炉衬的侵蚀状况。当炉衬出现大的裂纹时即应修补（小的裂纹不须修补、它在高温状态下可自行弥合）。补炉时，应先将损坏处的表面层剥掉，用 5% 的硼酸水涂洗、再将与打结料相同的材料镶嵌于损坏处、用橡胶锤将其打实。开炉完毕，炉顶盖盖，避免炉衬温度急剧下降。炉衬急热急冷犹如正火，严重影响炉衬的组织结构而缩短其使用寿命。

8.5　中频感应炉的试炉及熔炼操作应注意的问题

1. 中频感应炉炉衬的烧结及烘烤

中频感应炉炉衬的烧结及烘烤要根据炉子的容量及选用的耐火材料，制订相应的筑炉、烘烤及烧结工艺。坩埚式中频感应炉烧结后的第一炉熔炼，必须满炉熔炼，让炉口部分得到充分的烧结。为了减少电磁搅拌作用对炉衬的侵蚀，中频感应炉熔炼和烧结时要降低电压运行（电压应为额定电压的 70%~80%）。

中频感应炉烧结完成后应连续熔炼几炉，以利于获得较好的坩埚，提高炉衬寿命。在前几炉熔炼时尽可能采用干净无锈的炉料，熔炼低碳铸铁，避免增碳等加剧炉衬侵蚀的工艺操作。

2. 中频感应炉熔炼操作应注意的问题

中频感应炉本身是电、水、油三种系统的统一体，不合理的操作会酿成事故。严格禁止下列操作：

1）将潮湿的炉料、熔剂加入炉膛内；用包衬有缺陷或潮湿的浇包接铁液。

2）发现炉衬有严重损害，仍然继续熔炼；对炉衬进行猛烈的机械冲击。

3）炉子在没有冷却水的情况下运行；铁液或炉体结构在不接地的情况下运行。

4）在没有正常的电气安全联锁保护的情况下运行。

5）在炉子通电的情况下，进行装料、捣打固体炉料、取样、添加大批合金、测温、扒渣等。

正确的做法如下：

1）如确有必要在通电情况下进行上述某些作业，应采取适当的安全措施，如穿绝缘鞋和戴石棉手套。炉子和其他配套电气设备修理工作应在断电情况下进行，断电的确实性需由控制盘上的仪表来证实。

2）炉子工作时监视熔炼过程中的金属温度、事故信号、冷却水温和流量。炉子功率因数调整到接近于 1，三相电流保持基本平衡。感应器等出口水温不应超过设计最大值。冷却水温度下限一般是以感应器外壁不结露作标准来确定，即是冷却水温度稍高于周围空气温度。若感应器表面已结露，则感应器被击穿的可能性大大增加。

3）铁液的化学成分和温度达到要求后，应及时断电和出铁。炉子连续熔炼时，应保留部分铁液作为下一炉的起熔液, 当起熔液的数量达到炉子额定容量的 50% 左右时, 炉子运行的经济效益最佳。由于生产条件限制, 不可能保留这么多的铁液, 但至少要保留炉子额定容量 20% ~ 25% 的铁液。

4) 熔炼作业结束铁液出尽, 为防止迅速冷却使炉衬形成大裂纹, 须采取适当的缓冷措施, 如在坩埚盖上加石棉板; 出铁口用保温砖和造型用砂堵住; 炉盖和炉口间的缝隙用耐火黏土或造型用砂封住。

对于容量较大的坩埚感应炉, 熔炼作业结束后, 设法避免炉衬完全冷却, 可采用下列方法:

1) 炉内保留部分铁液, 并低压通电, 将铁液温度保持在 1300℃ 左右。

2) 在坩埚内装电热器或用煤气燃烧器, 使坩埚炉衬温度保持在 900 ~ 1100℃ 的水平。

3) 停炉后, 将炉盖密封好, 并适当降低感应器冷却水流量, 使坩埚炉衬缓慢冷却到 1000℃ 左右, 然后将专门浇注的外形同坩埚而尺寸稍小一些的铸铁块吊入炉内, 并通电加热, 使其温度保持在 1000℃ 左右。当下一炉开始熔炼作业时, 该铸铁块即作为起熔块使用。

如果需要长时间停炉, 为了能较好地在完全冷却的情况下保管炉衬, 在坩埚内铁液出尽后, 吊入一块起熔块, 并使其温度升至 800 ~ 1000℃, 闭上炉盖, 停电, 让炉温缓慢冷却。经长期停炉的坩埚炉衬, 在再次熔炼使用前, 一定要认真检查和维修。熔炼时必须缓慢升温, 使炉衬中形成的细小裂纹自行弥合。

炉子在运行过程中应经常检查炉衬的状况, 以确保安全生产和提高炉衬寿命。必须避免以下五种常见的错误操作:

1) 炉衬没有按照规定的工艺进行打结、烘烤和烧结。

2) 炉衬材料成分及结晶形态不符合要求, 含有较多的杂质。

3) 熔炼后期铁液的过热温度超出允许范围。

4) 在装载固体料或者因排出炉料搭桥时, 进行猛烈机械冲击, 使坩埚炉衬受到严重损坏。

5) 停炉后, 炉衬急冷而产生大裂纹。

炉子中断使用时, 感应器的冷却水量可适当减小, 但不允许关闭冷却水, 否则炉衬的余热能把感应器的绝缘层烧毁。只有当炉衬表面温度降到 100℃ 以下时, 才能关闭感应器的冷却水。

8.6 中频感应炉的维护保养与安全操作及事故处理

近几年焦炭的价格持续上涨, 加之我国对节能减排环境保护力度的加大, 南方的铸造厂及靠近城市的铸铁厂将冲天炉熔炼改为中频感应炉熔炼, 中频感应炉有熔炼速度快、效率高、无环境污染等显著优点, 但新上中频感应炉的维护保养及工厂对其安全操作缺乏经验, 常造成设备及生产安全事故。为此, 应做好下述重要工作。

1. 中频感应炉的维护保养

中频感应炉的维护保养工作非常重要, 它能及时发现各种隐患, 避免重大事故, 延长使用寿命, 保证安全生产, 提高铸件质量, 降低成本。定期记录有关电参数、冷却水温及炉体各关键部位外壳 (炉底、炉侧、感应圈外壳、铜排等) 温度, 可随时监测电炉使用情况。定期起动柴油发电机, 以确保可靠运行。

1) 按规定时间对电炉进行定期保养、润滑、紧固 (如用无水压缩空气对感应圈、铜排、电控柜等进行系统除尘; 对各润滑部位进行润滑; 紧固螺栓)。

2) 每天观察水压表、水温表及检查输水胶管老化程度; 定期检查各个冷却水支路的流量, 确保管路没有堵塞, 管接头不漏水, 尤其是固体电源柜内的冷却水接头, 绝对不允许漏水, 如果发现漏水, 可将管接头卡箍上紧或更换卡箍; 定期检查水塔喷淋水池、膨胀水箱内存水量的多少, 并及时补充水; 要经常检查备用泵的状况, 每隔 3 ~ 5 天使用一次备用泵, 保证备用泵绝对运行可靠。

3) 检查电容器是否漏油。如果电容器接线端子处漏油, 可用扳手将接线端子底部的螺母紧固。

4）中期维护。用乙醇研磨交流进线侧瓷绝缘子、支架、整流部分的二极管、支架、电容器瓷绝缘子、IGBT（可控硅）主触点部分、逆变及中频交流铜排等；更换电器柜部分老化的输水水管，疏通水嘴瓶颈部位、IGBT（可控硅）水冷块，更换交流铜排绝缘板、个别电容器等。

2. 中频感应炉的安全操作要领

（1）中频感应炉开炉前的准备工作

1）检查炉衬，炉衬厚度（不包括石棉板）磨损至小于65mm甚至80mm时，必须修炉。

2）检查有无裂缝。3mm以上的裂缝，要填入炉衬材料进行修补；确保冷却水畅通。

（2）中频感应炉加料须知

1）放入起熔块后要检查起熔块是否确实放到炉底。

2）不得加入潮湿的炉料。实在不得已时，投入干的炉料后，将湿的炉料放在它的上面，采用熔化前靠炉内热量干燥的方法使水分蒸发。

3）切屑料应尽量放在出铁后的残留铁液上。一次投入量为炉容量的1/10以下，而且必须均匀投入。

4）不要加入管状或中空的炉料。这是由于炉料中空气急剧膨胀，可能有爆炸的危险。

5）不管炉料如何，都要在前次投入的炉料没有熔化完之前，投入下一次炉料。

6）如果使用铁锈和附砂多的炉料，或者一次加入冷料过多，则容易发生"搭桥"，必须经常检查液面避免"搭桥"。产生"搭桥"时，下部的铁液就会过热，引起下部炉衬的侵蚀，甚至渗漏铁液。

（3）中频感应炉铁液温度的管理　不要将出铁温度提高到超出需要值，过高的铁液温度会使炉衬寿命降低。由于在酸性炉衬中会产生反应：$SiO_2 + 2C = Si + 2CO$，这个反应在铁液到达1500℃以上时进行得很快，同时使铁液成分起变化：碳元素烧损，含硅量增高。

3. 中频感应炉的事故处理方法

对中频感应炉突发的非常事故，要沉着、冷静、正确地处理，可避免事故扩大，缩小影响范围。因此，要熟识感应炉可能产生的事故及这些事故的正确处理方法。

（1）中频感应炉停电、停水　由于供电网的过电流、接地等事故或感应炉本身事故引起感应炉停电。当控制回路与主回路接于同一电源时，则控制回路水泵也停止工作。若停电事故能在短时间内恢复，停电时间不超过10min，则不须动用备用水源，只要等待继续通电即可。但是，此时要做备用水源投入运行的准备，万一停电时间过长，感应器可立即接上备用水源。

中频感应炉停电10min以上，则需要接通备用水源。由于停电，线圈的供水停止，从铁液传导出来的热量较大。如果长期不通水，线圈中的水就可能变成蒸汽，破坏线圈冷却，与线圈相接的橡胶管和线圈的绝缘都会被烧坏。因此，对长时间停电，感应器可转向工业用水或开动汽油发动机水泵。因炉子处于停电状态，所以线圈通水量为通电熔炼的1/4～1/3即可。

停电时间在1h以内，用木炭盖住铁液面，防止散热，等待继续通电。一般来说，不必用其他措施，铁液温度下降也很有限。一台6t的保温炉，停电1h，温度仅下降50℃。

停电时间在1h以上，对于小容量的炉子来说，铁液有可能发生凝固。最好在铁液还具有流动性时，将液压泵的电源切换到备用电源，或用手动备用泵将铁液倒出。如果残留铁液在坩埚内暂时不能倒出，可加些硅铁来降低铁液的凝固温度，推迟其凝固速度。如果铁液已经开始凝固，则应设法破坏其表面结壳层，打一孔通向其内部，便于再次熔化时排出气体，防止气体热膨胀而引起爆炸事故。

若停电时间在1天以上，铁液就会完全凝固，温度也下降，即使重新通电熔化，会产生过电流，有可能不能通电。要尽早估计判断停电时间，停电在1天以上，尽早在熔液温度下降以前出铁。

冷炉料开始起熔期间发生停电，炉料还没有完全熔化，不必倾炉，保持原状，仅继续通水，等待下次通电时再起熔。

（2）中频感应炉漏铁液　中频感应炉漏铁液事故容易造成设备损坏，甚至危及人身安全，因此平时要尽量做好炉子的维护与保养工作，以免发生漏铁液事故。

当报警装置的警铃响时，应立即切断电源，巡查炉体周围，检查铁液是否漏出。若有漏出，立即倾炉，把铁液倒完。如果没有漏出，则按照漏炉报警检查程序进行检查和处理。如果确认铁液从炉衬中漏出碰到电极引起报警，则要把铁液倒完，修补炉衬或重新筑炉。筑炉、烘烤、烧结的方法不合理，或炉衬材料选用不当，在熔炼的头几炉就会产生漏炉。漏铁液是由于炉衬的破坏造成的。炉衬的厚度越薄，电效率越高，熔化速度越快，越容易漏铁液。

（3）中频感应炉冷却水事故

1）冷却水温度过高一般由下列原因产生：感应器冷却水水管有异物堵塞，水的流量减小，这时需要停电，并用压缩空气吹水管除去异物，但停水泵时间最好不要超过 15min。另一原因是线圈冷却水水道有水垢，根据冷却水水质的情况，必须每隔 1~2 年把线圈水道用盐酸酸洗一次；每隔半年取下软管检查水垢情况，如在水道上有明显的水垢堵塞，需要提前进行酸洗。

2）感应器水管突然漏水。漏水原因多是感应器对磁轭和固定支架绝缘击穿所形成的。当发生此事故时，立即停电，加强击穿处的绝缘处理，并用环氧树脂或其他绝缘胶等把漏水处表面封住，降低电压使用。把该炉铁液熔炼好、倒完后再进行炉子修理。若线圈水道大面积被击穿，无法用环氧树脂等临时封补漏水缺口，则只能停炉，倒完铁液进行修理。

8.7　中频感应炉起动时的 6 种故障分析及处理

1. 设备无法起动

起动时只有直流电流表有指示，直流电压表、中频电压表均无指示。这是一种最常见的故障现象，造成的可能原因如下：

1）逆变触发脉冲有缺脉冲现象。用示波器检查逆变脉冲（最好在晶闸管的 G-K 上检查），如发现有缺脉冲现象，检查连线是否有接触不良或开路，前级是否有脉冲输出。

2）逆变晶闸管击穿。用万用表测量 A~K 间阻值，在无冷却水的情况下，A~K 间值应大于 10kΩ，电阻为 0 时已坏。如果在测量时有两只损坏，可将一只的连接铜排拆除，然后判断是一只还是两只损坏。更换晶闸管，并检查晶闸管损坏原因（有关晶闸管损坏原因参见后面的晶闸管损坏原因分析）。

3）电容器击穿。用指针式万用表的 ×1kΩ 档测量电容器每个柱子对公共端有无充放电现象，若无说明该柱子已坏，拆除损坏的电容器极柱。

4）负载有短路、接地现象。可用 1000V 绝缘电阻表（摇表）测线圈对地电阻（无冷却水时），应大于 1MΩ，否则应排除短路点和接地点。

5）中频信号取样回路有开路或短路现象。用示波器观察各信号取样点的波形，或在不通电的情况下用万用表测量各信号取样回路的电阻值，查找开路点或短路点。重点检查一下中频反馈变压器，一次［侧］是否开路（泄放电感虚接引起）。

2. 起动较困难

起动后中频电压高出直流电压的一倍以上，且直流电流过大。造成这种故障的可能原因如下：

1）逆变回路有一只晶闸管损坏。当逆变回路有一只晶闸管损坏时，设备有时也可起动，但起动后会出现上述故障现象，更换损坏的晶闸管，并检查损坏原因。

2）逆变晶闸管有一只不导通，即"三条腿"工作。有可能是可晶闸管门极开路，或与之相连的导线松动、接触不良。

3）中频信号取样回路有开路或极性错误现象。这种原因多在采用交角法的线路中，中频电压信号开路或在维修其他故障时将中频电压信号的极性接反均会造成此故障现象。

4）变引前角移相电路出现故障。中频电源的负载是呈容性的，即电流超前于电压。在取样控制电路中，都设计了移相电路，如果移相电路出现故障也会造成此故障现象。

3. 起动困难

起动后直流电压最高只能升到400V，且电抗器振动大，声音沉闷。这种故障是三相全控整流桥故障，其主要原因如下：

1）整流晶闸管开路、击穿、软击穿或电参数性能下降。用示波器观察各整流晶闸管的管压降波形，查找出损坏的晶闸管后更换。当损坏的晶闸管击穿时，其管压降波形为一条直线；软击穿时电压升到一定时为一条直线，电参数下降时电压升到一定值时波形发生变化。如果出现上述现象，直流电流就会出现断流现象，造成电抗器振动。

2）缺少一组整流触发脉冲。用示波器分别检查各路触发脉冲（最好在晶闸管上检查），检查出没有脉冲的回路时，用倒推法确定故障位置，更换其损坏元件。当出现这种现象时，直流电压的输出波头就会缺少一个波头，造成电流断流，产生此故障现象。

3）整流晶闸管门极开路或短路。造成不能触发晶闸管。一般G-K间阻值在10～30Ω范围内。

4. 起动后马上停机

能够起动，但起动后又马上停机，设备处于不断重复起动状态。这种故障是属于扫频式起动方式的设备故障，其原因如下：

1）引前角过小，起动后由于换相失败而引起的重复起动，用示波器通过观察中频电压波形，将逆变引前角适当调大。

2）负载振荡频率信号在他励扫描频率信号范围的边沿位置，重新调整他励扫描频率的扫描范围。

5. 起动后过电流跳闸

设备起动后，当功率升到一定值时设备易产生过电流保护动作，有时会烧坏晶闸管，重新起动，现象依然如故。这种故障现象一般是由以下原因引起的：

1）如果在刚起动后低电压下易产生过电流，则是逆变引前角太小而使逆变晶闸管不能可靠关断产生的。

2）逆变晶闸管水冷套内断水或散热效果下降，更换水冷套。有时观察水冷套的出水量和压力是足够的，但经常由于水质问题，在水冷套的壁上附着了一层水垢，由于水垢是一种导热性极差的物质，虽然有足够的水流量流过，但因为水垢的隔离使其散热效果大大降低。其判断方法是：将功率运行在较低于该过电流值的功率下约10min，迅速停机，停机后迅速用手触摸晶闸管的芯部，若感到烫手，则该故障是由此原因引起的。

3）槽路连接导线有接触不良和断线情况，检查槽路连接导线，根据实际情况酌情处理。当槽路连接导线有接触不良和断线情况时，功率升到一定值后会产生打火现象，影响了设备的正常工作，从而导致设备保护动作。有时因打火会在晶闸管两端产生瞬时过电压，如果过电压保护动作来不及，会烧坏晶闸管元件。该现象经常会出现过电压、过电流同时动作。

6. 起动无反应

设备起动时无任何反应，经观察，控制线路板上的断相指示灯亮。这种故障是由以下原因引起的：快速熔断器烧断。一般快速熔断器都有熔断指示，可通过观察其指示来判断熔断器是否烧坏，但有时因快速熔断器使用时间过久或质量原因，不指示或指示不明确，需断电或用万用表测量。处理方法是：更换快速熔断器，分析烧断原因。一般烧断快速熔断器的原因有以下四种：

1）设备在长时间大功率、大电流的条件下运行造成快速熔断器发热，使熔芯热熔。

2）整流负载或中频负载短路，造成瞬时大电流冲击，烧坏快速熔断器，应检查其负载回路。

3）整流控制电路故障造成瞬时大电流冲击，应对整流电路进行检查。

4）主令开关的触头烧坏或前级供电系统有断相故障，用万用表的交流电压档测量每一级的线电压，判断故障位置。

8.8　中频感应炉运行中的14种故障处理

1）设备运行时直流电流已达到额定值，但直流电压和中频电压低，用示波器观察其中频电压波形，波形正常且逆变引前角也正常。

故障分析及处理：该故障是由于负载的阻抗过低引起的，须重新调整负载阻抗。

① 在升压负载的电路中，由于串联补偿电容器的损坏将其拆除，没有更换，或者一味地要求高功率而无节制地增加补偿电容器，使负载的补偿量过度，都会造成此故障现象。处理方法：重新调整补偿电容器的补偿量，使设备能在额定功率下运行。

② 感应器有匝间短路现象，当感应器有匝间短路现象时其负载的阻抗会随之降低。匝间短路有两种可能：感应器的铜管直接短路；感应器的固定胶木柱严重炭化，由于炭具有导电特性，故造成感应器匝间由于炭化的胶木使匝间直接连接造成匝间短路。处理方法：排除匝间短路现象。

2）运行时直流电压、中频电压均已达到额定值，但直流电流小、功率低。

故障分析及处理：该故障现象是由于负载阻抗高引起的。

① 负载补偿电容器的补偿量不足——增加补偿电容器。

② 槽路（LC 振荡回路）连接导线的节点接触电阻过大——由于长时间的使用，其槽路铜排的连接处受灰尘的影响，使其接触电阻增大，造成负载的阻抗增高，出现此故障现象。

3）运行正常直流电流指示偏高，如果将电流设定在额定值，则电压太低，且功率表的指示值与直流电压、直流电流的乘积不符。

故障分析：功率的指示值与电压、电流的乘积不符，说明仪表的显示值可能有误。电压值可采用万用表的直流电压档去校对，电流值可通过用钳形电流表测量进线电流，然后除以 0.816 的办法来校对。如果不符，则说明电流表指示不准确。

直流电流表的值是取自分流器上产生的 75mV 电压信号，在使用时间较长、使用环境较恶劣的条件下，分流器上的接线与分流器之间存在污垢或氧化现象，接触电阻增大，使分流器上产生的电压增高，大于 75mV，致使直流电流表的指示偏大。

处理方法：处理分流器与其接线间的污垢和氧化层。

4）运行正常，但停机后起动无任何反应也无任何保护指示。

故障分析及处理：

① 中频起动开关损坏。中频起动开关在中频停止位置时处于接地状态（接在开关的闭点），如果开关损坏，则无法打开接地状态，设备处于保护状态，故起动无反应。处理方法：更换中频起动开关。

② 给定电路中，给定信号中断。在给定电路中，信号给定过程中某处开路，致使无法对整流脉冲进行移相，也会造成此故障现象。处理方法：采用倒推法对给定电路进行检查。

5）频繁烧坏晶闸管元件，更换新晶闸管后，马上烧坏。

故障分析及处理：

① 晶闸管在反相关断时，承受反向电压的瞬时毛刺电压过高。在中频电源的主电路中，瞬时反相毛刺电压是靠阻容吸收电路来吸收的。如果吸收电路中电阻、电容开路均会使反相毛刺电压过高而烧坏晶闸管。

在断电的情况下用万用表测量吸收电阻阻值、吸收电容容量，判断是否阻容吸收回路出现故障。连接线松动也会产生高压。

② 负载对地绝缘能力降低。负载回路的绝缘能力降低，引起负载对地间打火，干扰了脉冲的触发时间，或在晶闸管两端形成高压，烧坏晶闸管元件。

③ 脉冲触发回路故障。在设备运行时如果突然丢失触发脉冲，将造成逆变晶闸管开路，中频电源输出端产生高压，烧坏晶闸管。这种故障一般是逆变脉冲形成的电路故障，可用示波器进行检查，也可能是逆变脉冲引线接触不良，可用手摇晃导线接头，找出故障位置。

④ 设备在运行时负载开路。当设备正在大功率运行时，如果突然负载处于开路状态，将在输出端形成高压而烧坏元件。

⑤ 设备在运行时负载短路。当设备在大功率运行时，如果负载突然处于短路状态。将对晶闸管有一个很大的短路电流冲击，若过电流保护动作来不及保护，将烧坏晶闸管。

⑥ 保护系统故障（保护失灵）。晶闸管能否安全，主要是靠保护系统来保证的，如果保

护系统出现故障，设备稍有工作不正常，将威胁到晶闸管的安全。所以，当晶闸管烧坏时对保护系统的检查是必不可少的。

⑦ 晶闸管冷却系统故障。晶闸管在工作时发热量很大，需要对其冷却才能保证正常工作，一般晶闸管的冷却有两种方式：一种是水冷，另一种是风冷。水冷的应用较为广泛，风冷一般只用于100kW以下的电源设备。

⑧ 电抗器故障。电抗器内部打火会造成逆变侧的电流断续，也会在逆变输入侧产生高压烧坏晶闸管。另外，如果在维修中更换了电抗器，而电抗器的电感量、铁心面积小于要求值，会使电抗器在大电流工作时，因磁饱和失去限流作用而烧坏晶闸管。

⑨ 换相电感有渗水情况，匝间绝缘能力降低引起电流不稳定。

6）起动设备时，打开中频起动开关主电路开关保护跳闸或过电流保护。

故障分析：

① 功率调节旋钮在最高位置。除淬火负载，其他负载要求设备在起动时将功率调节旋钮放在最小位置，如果不在最小位置，就会因电流冲击太大而过电流保护或主电路开关保护跳闸。

② 电流调节器故障，尤其是电流互感器损坏或接线开路时，起动无电流反馈抑制，直流电压就会直接冲到最大（$\alpha = 0°$），直流电流也会直接冲击到最大值，造成过电流保护或主电路开关跳闸。

处理方法：检查电流互感器是否损坏，电流互感器至电路板的接线是否有断线情况，电流调节器部分是否有元器件损坏、开路现象。

7）中频变压器烧坏，更换后起动设备依旧烧坏中频变压器。

故障分析及处理：这种故障常见于采用升压负载的设备，主要是因为泄放电感虚接开路引起的。在升压负载中，串联电容器组和并联电容器组两端的电压不可能绝对一致，在两组补偿电容器放电时，由于端电压不一致，其放电时间的长短也不一样，则电压高的放电时间长，于是这组电容器还没有完全放电完成时又开始充电过程，在此电容器组上就会积累直流电荷，这些直流电荷要通过泄放电感进行释放，如果泄放电感开路，电容器上积累的直流电荷就会通过中频变压器释放，由于中频变压器的容量很小，承受不了这么大的电流流过，导致中频变压器烧坏。

8）在升压负载中泄放电感发热甚至烧坏。

故障分析及处理：引起泄放电感发热的原因如下：

① 如果串并联组电容器的容量差别大，会造成直流电荷释放的电流增大，若泄放电感的容量较小就会引起发热。

② 逆变脉冲不对称。逆变器对逆变脉冲的要求是两组脉冲互差180°，若逆变脉冲互差不是180°，则逆变输出电压的正负半周的时间也不一致，导致补偿电容器在一个周期内两次充电的时间不一致，那么时间长的半周给电容器充的电还未放完时，时间短的半周已开始给电容器充电，在电容器上就积累了一定电荷。逆变电压正负半周的时间差别越大，直流电荷就越高，流过泄放电感的电流就越大，当电流达到一定程度时，泄放电感就会引起发热现象甚至烧毁。所以，当泄放电感发热时，一定要仔细检查逆变脉冲的对称度，如果不对称就应分析原因，检查逆变脉冲形成电路，解决逆变脉冲不对称现象。在逆变脉冲形成电路中，两路脉冲形成电路应是对称的。如果出现逆变脉冲不对称，一般可能是由于电容器容量、电阻阻值变化引起的，也可能是集成电路内部参数变化引起的。

③ 逆变晶闸管有一只烧坏。当一只逆变晶闸管烧坏后，设备常常可以起动，这时如果不注意观察设备的运行状态，让设备带病工作，中频输出电压波形是畸变的波形。

通过上面的分析，可以看出泄放电感流过的电流很大，引起其发热或烧坏。

9）起动成功后频率比原来高许多，有时不好起动。

故障分析及处理：这多数是负载问题。

① 负载线圈匝间有短路现象，可能线间搭接或有导电铁屑、铜丝等。

② 负载电容器有柱子开路，或电容连接线有严重打火，造成内部容量发生变化。

10）容易起动，但升电压时容易过电压，有时过电压、过电流同时出现。

故障分析及处理：这种现象是由于以下原因引起的：

① 起动时容易过电压，说明逆变引前角过大，造成逆变毛刺电压过高，易使过电压保护动作。在扫频电路中，过电压后有使逆变桥直通放电的功能，此时如果电流也大，则过电流保护也会动作。

② 电源柜体内部的主电路有虚接、绝缘能力降低的情况，有打火现象。

③ 负载线圈或电容器有虚接、绝缘能力降低的情况，有打火现象。

④ 逆变晶闸管触发有不可靠因素，连线松动或门极开路。

11）起动和运行正常，当直流电压升到 500V 以上时，直流电压下降，出现波动，甚至过电流，有时烧断快速熔断器。

故障分析及处理：这是整流移相电路的问题：

① 控制板上的零线未接。控制板上的同步信号电路有的需要零线，如果缺少，就会出现移相偏差，导通角 α 超过 0°。

② 用户没有将零线接入柜体或零线虚接。

③ 整流电路的 W4 电位器（调节 150°）有问题，当调节过量时，导通角 α 超过 0°。有时控制板上前端给定电路有问题时，也会出现导通角 α 超过 0° 的现象。

12）可以起动但是电压升不高，易产生过电流或过电压故障，同时可以观察到断相故障灯一闪一闪。

故障分析及处理：这与上面 3 号故障有相似之处，但又不同，是三相进线电源有问题。

① 进线接触器有一个触头接触不好，在加电压时，衔铁吸力减弱，造成断相。

② 大功率的电源，进线断路器有一个触头接触不好。

③ 从 4 号、6 号、2 号整流晶闸管引入的同步信号线 K4、K6、K2 线接触不良。

④ 高压端有触头接触不好，有拉弧放电现象。

13）可以起动但电压升不高，电抗器声音特别大、沉闷，电压升起时很不稳定，有颤抖。不时有过电流或过电压故障，有时甚至烧坏逆变管，但断开逆变电路整流部分是好的。

故障分析及处理：这种故障多数是电抗器有问题。

① 电抗器的电感量比正常的大，出现磁路饱和，起不到续流滤波作用，也不能隔开交流和直流端的电流，电抗器线圈匝数比正常的多。

② 电抗器气隙板比正常的薄，电感量变大，此时要加厚气隙板。

③ 电抗器的线圈匝间有渗水、匝间绝缘能力降低出现打火放电现象。

14）对新熔炼炉，在开始烘炉可以起动，电压可以升高达到最大值，但烘炉一段时间后，停机后再也不好起动，起来后电压也升不高，有时自己停振或过电流。

故障分析及处理：这种故障多数是感应器匝间有问题。

① 对刚打结好的炉衬，由于打结料在烘炉时会产生大量的水分，故使感应器匝间聚集了大量的水珠，造成匝间绝缘能力降低，此时烘炉电压不应很高，待烘干后再提高电压。

② 有的感应器线圈没有浸绝缘漆就直接用打结料打结，这种炉子更要注意烘炉时的水分多少。

③ 有的打结的透热炉在使用一段时间后，打结料会出现微小的缝隙，此时如果感应器绝缘没有处理好，就会有少量的氧化皮进入感应圈的匝间，造成匝间短路，易产生过电流现象。最好感应器线圈用云母带缠绕再浸漆、烘干，最后打结，效果较好。

8.9 中频感应炉熔炼操作规程

1. 熔炼前的准备与检查

1）必须详细检查设备。对照交接班记录，发现问题及时汇报。未经处理不得擅自开炉。

2）检查电气、液压、冷却水三大系统的仪表是否均完好。

3）检查汇流母线、水冷电缆、电气元件各连接处有无变色、烧结、松脱。

4）检查液压、冷却水路是否有泄漏情况，有问题应立即解决，冷却水不足时应补足。

5）检查设备的安全防护装置是否完好。

6）检查保护屏蔽，绝缘材料及其他保护装置是否处于适当位置。

7）检查中频感应炉的相关设备是否处于完好状态。

2. 熔炼中的操作步骤

1）确认设备在安全正常的情况下，按规定的"中频感应炉熔炼工艺规程"进行冶炼。

2）送中频感应炉控制室内的总电源，给中频感应炉供电。

3）起动 VIP 电源的冷却水泵和炉体的冷却水泵。检查水及油回路应无泄漏，压力仪表显示应正常。

4）按室外冷却塔的实际情况起动相应的控制。

5）按高电压的送电操作规定，送高压电源。

6）按实际需要选择中频感应炉的主电源。即接通 VIP 控制电源钥匙开关、选定隔离开关后并合上，然后合上主电路的断路器开关。

7）按红色停止按钮，使 AC 中断器复位。

8）检查测试接地泄漏检测器保护装置应完好。

9）选定中频感应炉熔炼控制模式，起动高频控制开关，将控制旋钮调到适当的功率进行熔炼。

3. 熔炼停止的操作步骤

1）将控制旋钮转到零，关闭高频控制开关。

2）起动水泵的定时开关，时间设定应大于 8h。

3）关闭主电路的二把断路器开关，关闭 VIP 控制电源的钥匙开关，并取走钥匙。

4）关闭主电路的隔离开关。

5）关闭高电压开关，关闭与中频感应炉相关设备的电源。

4. 熔炼注意事项

1）炉前操作工在扒渣、测温、取样、出炉时必须关闭高频控制开关。

2）熔炼中炉前必须一直保持有人，防止炉前异情的发生。

3）遇到停电等特殊情况时，立即起动直流泵冷却系统，同时起动汽油泵倒出铁液，在直流泵无效的情况下，启用应急水冷系统。

4）直通泵冷却系统、汽油泵液压系统每月试用一次，并做好试验结果的记录。

5）熔炼结束后，整理好所有的工具物品、原材料，并清理好工作场地。

第9章　铸造合金熔炼及质量控制

9.1　铸铁及铸铁件的成形过程

铸铁一般是指碳的质量分数在 2.0% 以上的多组元的铁碳合金。工业上的铸铁中碳的质量分数一般都在 2.5%～4.0% 范围内。铸铁的基本元素为铁、碳、硅，常存在的元素为锰、硫、磷。碳、硅、锰、硫、磷被称为铸铁的五元素。铸铁是用途很广的铸造合金，它成本低，产量大，种类繁多，可以制造出各种性能的铸

件。如广泛应用于发动机缸体/缸盖的灰铸铁，由于吸振性能好，铸造性能好，强度、耐磨性、耐蚀性之间有很好的配合，成为制造特等复杂形状铸件的首选。

9.1.1　铸铁的分类及铸铁牌号的表示方法

1. 铸铁的分类

铸铁的种类较多，通常按断口特征、化学成分、石墨形态、使用性能等进行分类，见表 9-1。

表 9-1　铸铁的分类

分类方法	类 别			特 征
按断口特征	灰口铸铁			断口呈暗灰色，碳主要以石墨形式存在，少量溶于基体中，部分以碳化铁形式组成珠光体
	白口铸铁			断口呈白亮的放射冰碴状，碳大部分以碳化铁形式存在，少量溶于基体，没有石墨
	麻口铸铁			断口呈白亮而带有灰墨斑点的花茬状。组织中自由碳化物与石墨并存
按化学成分	普通铸铁			一般由原生铁、回炉铁和废钢熔炼而成。碳、硅、锰、硫、磷等的元素含量在规定的范围以内，不加特殊合金元素
	合金铸铁	低合金铸铁		通常合金元素含量在 3% 以下（质量分数）
		中合金铸铁		通常合金元素含量在 3%～10% 范围内（质量分数）
		高合金铸铁		通常合金元素含量在 10% 以上（质量分数）
按石墨形态	灰铸铁			片状石墨
	球墨铸铁			球状石墨
	蠕墨铸铁			蠕虫状石墨
	白口铸铁			无石墨，碳绝大部分以渗碳体形式存在
	可锻铸铁			团絮状石墨
按使用性能	以力学性能为主	灰铸铁		有一定强度、好的减振性能和铸造性能
		球墨铸铁	铁素体	有较高的韧性和塑性
			珠光体-铁素体型	有较高的强度和韧性
			珠光体型	有较高的强度和耐磨性
			贝氏体型	有很高的强度和耐磨性
		蠕墨铸铁		有较高的强度和导热性
		可锻铸铁	珠光体型	有较高的强度和耐磨性
			铁素体型	有较高的韧性和强度

（续）

分类方法	类　别			特　征
按使用性能为主	以特殊性能为主	耐磨铸铁	白口铸铁 普通白口铸铁	耐磨，脆
			合金白口铸铁	耐磨，有一定强度
			冷硬铸铁	冷硬层硬度高，耐磨，其余部分有一定强度
			机床类耐磨铸铁	含 P、Cu、Ti、V、Mo 或稀土，耐磨
			动力机械类耐磨铸铁	含 Cr、Mo、B 等
		耐热铸铁		含 Si、Cr、Al 等合金，耐热
		耐蚀铸铁		含 Si、Al、Mo 或稀土等合金，耐腐蚀

2. 铸铁牌号的表示方法

各种铸铁的名称、代号及牌号的表示方法是由 GB/T 5612—2008《铸铁牌号表示方法》规定的。铸铁牌号表示方法实例见表 9-2。

表 9-2　铸铁牌号表示方法

铸铁名称	代号	牌号表示方法实例
灰铸铁	HT	
灰铸铁	HT	HT250，HTCr-300
奥氏体灰铸铁	HTA	HTANi20Cr2
冷硬灰铸铁	HTL	HTLCr1Ni1Mo
耐磨灰铸铁	HTM	HTMCu1CrMo
耐热灰铸铁	HTR	HTRCr
耐蚀灰铸铁	HTS	HTSNi2Cr
球墨铸铁	QT	
球墨铸铁	QT	QT400-18
奥氏体球墨铸铁	QTA	QTANi30Cr3
冷硬球墨铸铁	QTL	QTLCr Mo
耐磨球墨铸铁	QTM	QTMMn8-30
耐热球墨铸铁	QTR	QTRSi5
耐蚀球墨铸铁	QTS	QTSNi20Cr2
蠕墨铸铁	RuT	RuT420
可锻铸铁	KT	
白心可锻铸铁	KTB	KTB350-04
黑心可锻铸铁	KTH	KTH350-10
珠光体可锻铸铁	KTZ	KTZ650-02
白口铸铁	BT	
耐磨白口铸铁	BTM	BTMCr15Mo
耐热白口铸铁	BTR	BTRCr16
耐蚀白口铸铁	BTS	BTSCr28

各种铸铁代号，由表示该铸铁特征的汉语拼音字母的第一个大写正体字母组成，当两种铸铁代号相同时，在大写字母后加小写字母来区别。合金元素以其元素符号和名义含量（质量分数小于 1% 时，一般不标注）表示。后面第一组数字表示抗拉强度，第二组数字表示断后伸长率。示例说明如下：

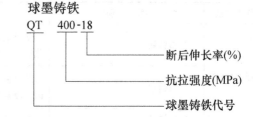

球墨铸铁
QT　400-18

- 断后伸长率(%)
- 抗拉强度(MPa)
- 球墨铸铁代号

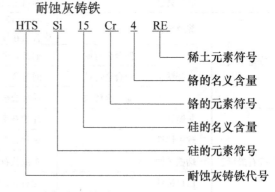

耐蚀灰铸铁
HTS　Si　15　Cr　4　RE

- 稀土元素符号
- 铬的名义含量
- 铬的元素符号
- 硅的名义含量
- 硅的元素符号
- 耐蚀灰铸铁代号

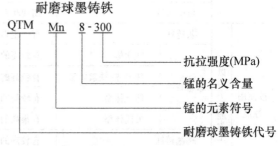

耐磨球墨铸铁
QTM　Mn　8-300

- 抗拉强度(MPa)
- 锰的名义含量
- 锰的元素符号
- 耐磨球墨铸铁代号

3. 各种铸铁的特点和应用

各种铸铁的特点和应用见表 9-3。

表9-3 各种铸铁的特点和应用

名称及牌号			性能特点	应 用
灰铸铁	低牌号	HT100	强度低，好的减振性和铸造性能	力学性能要求不高的零件
		HT150		
	高牌号	HT200	较好的强度和耐磨性，好的减振性和铸造性能	承受中等静载荷的零件，耐中等压力的液压件
		HT250		
		HT300	较高的强度和耐磨性，较好的减振性	承受较大静载荷的零件，耐较高压力的液压件
		HT350		
球墨铸铁	铁素体	QT400-18	高韧性和塑性	承受高的冲击、振动和扭转，要求高的韧性和塑性的零件
		QT400-15		
		QT450-10		
	铁素体+珠光体	QT500-7	较高的韧性和强度	承受较大动载荷和静载荷的零件
	珠光体+铁素体	QT700-2	较高的强度和耐磨性	要求较高强度和耐磨性的动载荷零件
	珠光体	QT800-2		
	贝氏体或回火马氏体	QT900-2	很高的强度和耐磨性	要求很高的强度和耐磨性，受力条件恶劣的动载荷零件
蠕墨铸铁	铁素体+珠光体	RuT300	强度、硬度适中，热导率较高	要求较高强度和热疲劳性能的零件
	珠光体+铁素体	RuT350	强度、硬度高，耐磨性、导热性较好	要求较高强度、硬度和耐磨性的零件
	珠光体	RuT400	强度高，耐磨性好，导热性能好	要求高强度、耐磨性的零件
		RuT450		

应该指出，各种铸铁作为工程结构材料的应用极其广泛，各种铸铁在制成铸铁件时的技术要求、力学性能、硬度、硬度与抗拉强度的关系以及加工余量、热处理和检验规则等，国家标准及行业标准都做出具体的规范，可根据具体情况查阅相关的标准。

9.1.2 铁-碳相图

铸铁基础理论离不开铁-碳相图，铁-碳相图对铸铁生产有理论指导意义。铁-碳相图是金属学研究人员，通过对大量 $w(C) = 0 \sim 5.0\%$ 的钢铁试样液冷后绘制的温度与 $w(C)$ 的相图。铸铁是铁-碳相图中 $w(C) = 2.0\% \sim 5.0\%$ 的部分。铁-碳相图中 $w(C) = 0 \sim 5.0\%$ 的范围，是铸铁工作者必须了解的内容。铁-碳相图如图9-1所示。

多数铸铁中的碳是以游离状态存在的，游离碳结晶组成石墨。铸铁中分散聚集的石墨呈片状、蠕虫状、球团状和球状，石墨的强度极低，削弱铸铁的力学性能。铸铁中的 Fe 与微量 C 组成铁碳合金是实际意义的钢，称为基体。铁-碳相图中：

A 点是 $w(C) = 0$ 的纯铁熔点。

ABCD 曲线是液相线，此线以上部分（至汽化线）均为液态。

BCEJ 四边形是奥氏体+液体，ECF 线以下部分铸铁完全凝固。

SK 线与 ECF 线之间是奥氏体+石墨（奥氏体+渗碳体），共析温度 SK 线以下部分，奥氏体分解成铁素体+珠光体+石墨。

铸铁含硅量对共晶体的含碳量及奥氏体的溶碳量有重大影响，所以铁-碳相图中共晶点的碳含量为：

$$w(C) = 4.3\% - \frac{w(Si + P)}{3} \qquad (9-1)$$

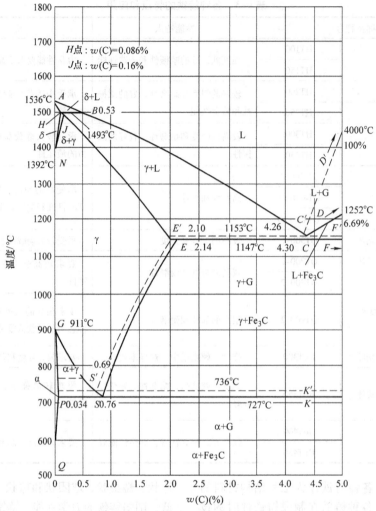

图 9-1　铁-碳相图

G—石墨　Fe₃C—渗碳体

奥氏体溶碳量减少说明石墨碳含量增加，此时铸铁石墨化程度高。反之，奥氏体溶碳量增加说明石墨碳含量减少，铸铁石墨化程度低。

$$铸铁石墨化程度 = 石墨碳含量/铸铁总碳量 \quad (9\text{-}2)$$

一般将影响共晶点实际含碳量的元素折算成含碳量，与实际含碳量叠加引出碳当量（CE）的概念。

$$CE = w（C_{实际}） + \frac{w（Si + P）}{3} \quad (9\text{-}3)$$

铸铁实际含碳量偏离共晶点碳当量的程度称为共晶度 S_C。

$$S_C = \frac{w（C_{实际}）}{w（C_{共晶}）} = \frac{w（C_{实际}）}{CE} - \frac{1}{3w（Si + P）} \quad (9\text{-}4)$$

式中　$w（C_{实际}）$——铸铁实际含碳量。

　　　$w（C_{共晶}）$——铸铁稳定态共晶点的含碳量。（碳当量去除 Si、P 折算影响量）

$S_C = 1$ 时，该铸铁为共晶成分铸铁；$S_C > 1$ 时，该铸铁为过共晶铸铁；$S_C < 1$ 时，该铸铁为亚共晶铸铁。

9.1.3　铸铁的凝固与组织控制

1. 铁液的过冷

熔融金属温度下降到熔点 $T_{熔}$时并没有真正

结晶凝固，而是需要冷却到熔点以下某一温度 $T_{过冷}$ 时金属液才结晶凝固，这种现象称为过冷。金属的熔点与金属实际结晶凝固温度之差称为过冷度，以 ΔT 表示，$\Delta T = T_{熔} - T_{过冷}$，铸铁也是这样。

冶金热力学表明：金属的稳定状态是其自由能最低状态，金属由液态转变为固态，系统的自由能升高，要获得结晶过程需要能量，必须使实际结晶温度低于理论结晶温度得到相变能量。金属固态与液态两相自由能之差与过冷度成正比。

铁液在均质形核条件下，过冷度要达到 $200 \sim 230℃$，而异质形核可以使铸铁的过冷度为 $20℃$。在过冷度大的条件下凝固的铸件，会造成铸铁材料的偏析加重，内应力增大，以致铸件在冷却过程中就可能产生开裂。

2. 石墨与奥氏体结晶

铁液中石墨结晶凝固的晶核经过冷形成晶胚，晶胚长大成为晶核，称为均质形核。铁液石墨均质形核需要很大的过冷度，所以石墨的形核主要是异质形核。

铁液中存在大量杂质，每 $1cm^3$ 铁液中有氧化物质点约 500 万个。这些杂质成为石墨结晶晶核还必须具备：

1) 杂质某晶面与石墨晶面的失配度要小，才能具备足够的形核能力。

2) 铁液-晶核的界面能必须大于铁液-石墨的界面能，石墨才能向晶核依附。

石墨的形态有片状、蠕虫状、团球状和球状，这些形状对基体的应力集中程度的影响决定铸铁的抗拉强度。异质形核有如云层中的尘埃，能促进蒸汽依附尘埃形成雨滴。加入孕育剂增加铁液的异质核心，减少铁液凝固的过冷度，可以获得良好的石墨形态。灰铸铁中石墨细小，强度得到提高。球墨铸铁中石墨球数量多且圆整，强度得到保证。

奥氏体形核首先在型壁处产生，奥氏体形核过程为：晶胚→晶核→晶体。C、Mn、S、P等元素富集的成分过冷，也促进形核过程。铁液因温度梯度和充型过程产生流动，使尚未长大的枝晶脱落，C、Ti、V、Cr、Al、Zr等元素的碳化物、氮化物和碳氮化物，都是奥氏体的

形核物质。

奥氏体结晶形态为多面体，继而分枝发展成树枝晶，树枝晶在足够的生长空间里自由生长形成。从铁-碳相图看，该枝晶在亚共晶成分大的情况下极易生成。奥氏体枝晶有两种形态：

1) 树枝状枝晶的一次晶轴较长，二次晶轴明显，奥氏体枝晶长度增加呈方向性排列。当亚共晶成分大且过冷度大于形成 A 型或 B 型石墨过冷度时，容易生成 E 型枝晶石墨。

2) 框架枝晶的一次晶轴短，二次晶轴不明显，枝晶排列无规律、无方向性。这时亚共晶成分并不大，但过冷度较大，在框架枝晶间隙容易生成 D 型石墨。

材料的结构决定材料的性能。奥氏体枝晶在铸铁中有如钢筋混凝土中的钢筋，细密的奥氏体枝晶有如细实的钢丝，提高了铸铁的抗拉强度。铸铁提高奥氏体枝晶数量可以提高强度，影响奥氏体枝晶数量的因素如下：

1) 化学成分。亚共晶铸铁碳当量低，奥氏体枝晶数量增多。$w(Mn) \leqslant 2.0\%$ 时，Mn 含量增加、奥氏体数量增加。Ti、V、Cr、Mo、Zr、Al、Ce、B、Bi 增加奥氏体枝晶数量，凡是阻碍石墨化的元素都增加奥氏体枝晶数量，作用强弱与元素形成碳化物能力的顺序一致。

2) 冷却速度。冷却速度提高促使奥氏体枝晶数量增加。

3) 孕育处理与铁液过热。孕育处理时减小过冷，将减少奥氏体枝晶数量。铁液过热程度高，增大过冷，初生奥氏体枝晶数量增多。目前学界对孕育与初生奥氏体枝晶及共晶团的成核与生长过程的影响的研究尚不够深入。加强孕育与奥氏体枝晶关系的研究意义重大。

3. 共晶结晶

多元合金的铸铁从来就不是均质体。从铁-碳相图可以看出，亚共晶铁液在液相线以下，首先结晶出奥氏体，剩余的铁液中 C 逐渐增加。当析出足够的奥氏体以致 C 达到共晶含碳量时，产生共晶反应。同样，过共晶铁液石墨结晶后，剩余铁液中 C 逐渐减少，直到达到共晶含碳量，于是发生共晶反应。

所谓共晶反应就是铁液同时析出奥氏体与

石墨的过程。以每个石墨核心为中心所形成的石墨-奥氏体两相共生生长的共晶晶粒称为共晶团。亚共晶铸铁凝固后,初析奥氏体枝晶与共晶团以及各个共晶团相互衔接成整体。

共晶石墨过冷度比初生石墨大,此时石墨生长受奥氏体约束,所以共晶石墨普遍比初生石墨短很多。共晶团轮廓形状受过冷度影响分为三种类型:

1) 团球状。大的过冷度使共晶奥氏体快速生长,促进平滑界面形成。

2) 锯齿状。较小过冷度促使共晶奥氏体生长速度慢于石墨,石墨片领先进入铁液,导致共晶团凝固前沿参差不齐形成锯齿状界面。

3) 竹叶状。极低过冷度条件下,共晶团内石墨分枝缺乏动力,外形轮廓随石墨片成竹叶状。

共晶石墨A、B、D、E型,分别在不同化学成分及过冷条件下形成。对共晶石墨过冷度,A型<B型<E型<D型。

A型石墨:在过冷度不大、成核能力较强的铁液中生成,由于石墨分枝不很发达,所以石墨分布比较均匀。A型石墨是早期形成的片状石墨,石墨片长度接近初生相。

B型石墨:形状似菊花,心部是短片状石墨,外部由较长卷曲片状石墨包围。B型石墨是在碳、硅含量较高(共晶或近共晶成分),铸件冷却速度较大的灰铸铁件(活塞环、离心铸造缸套)中形成的。B型石墨实质是从心部向外部,D型向A型的转变。

D型石墨:又称过冷石墨,过冷造成石墨强烈分枝且分散度大,形成大量尺寸为2~4μm的细小石墨(低倍率观察为点状)。大量弯曲短片状D型石墨缩短碳的扩散距离,使石墨周边奥氏体转化成共生铁素体。由于D型石墨铸铁奥氏体枝晶数量多,短小卷曲石墨割裂基体作用小,共晶团外形轮廓呈团球状。其实D型石墨铸铁的碳硅含量近共晶时硬度低,抗拉强度高。生产D型石墨铸铁件可以采用金属型铸造或向高碳当量铁液中加Ti制取。

E型石墨:不属于过冷石墨,但过冷度比A型石墨大。碳当量较低(亚共晶程度大),奥氏体枝晶发达,共晶石墨沿枝晶方向排列有明显方向性。E型石墨严重影响灰铸铁的强度,避免方法为同时提高铁液碳硅当量,采用稀土孕育剂或加入促进并细化珠光体的合金。

4. 灰铸铁的孕育与共晶团

消失模铸造要求更高的浇注温度,铁液过热大结晶核心减少,孕育显得更为重要。铸铁过冷度大,共晶团数少,铸铁件白口程度高。灰铸铁孕育是借助孕育剂增加石墨结晶核心,其目的如下:

1) 促进铸铁石墨化,减少铸铁件白口(渗碳体)数量。

2) 控制石墨形态,减少D型石墨及与其共生的铁素体,获得4~6级A型石墨。

3) 适当增加共晶团数,促进细片状珠光体形成。

4) 减少断面敏感性,提高抗拉强度,降低铸铁硬度,改善切削性能。

孕育效果可以从是否达到上述四项目来考量,也可以从孕育前后过冷度的变化来检测孕育效果。片状石墨的过冷度为15~20℃,孕育后灰铸铁力求6~8℃的相对过冷度,为防止出现疏松等缺陷,生产上把相对过冷度小于4℃的称为过度孕育。

复合孕育剂在石墨化孕育剂的基础上,添加合金元素Cr、Mn、Mo、Mg、Ti、Ce、Sb、La,可以提高铸铁过冷程度,细化晶粒,增加奥氏体枝晶数量及促进珠光体形成,此原理已在高碳铸铁(制动鼓铸件)中得到应用。

灰铸铁铁液中硫化物作为石墨晶核,低含S量不利提高共晶团数。当$w(S)<0.3\%$时,共晶团数显著减少,孕育效果大大降低。铁液中Mn、Nb、N增加共晶团数,Ti、V降低共晶团数。各种孕育剂对形成共晶团数的影响,依次排列为:CaSi>ZrSi>FeSi75>BaSi>SrSi。

CaSi孕育剂减少过冷增加共晶团数的能力最大,对消除D型石墨较为有效。生产实践证明,单独从减少D型石墨的效果来看,减慢冷却速度更有效。孕育处理使得共晶团数增加,并不意味强度一定增长,用BaSi、REFeSi孕育处理的灰铸铁的共晶团数比用CaSi少,获得的强度反而高。CaSi孕育剂对灰铸铁共晶团数的作用见表9-4。

表 9-4　CaSi 孕育剂对灰铸铁共晶团数的作用

CaSi 加入量（质量分数,%）	0	0.05	0.1	0.2
共晶过冷度 /℃	24	15	4	2
共晶团数/（个/cm²）	55	108	160	215

灰铸铁共晶团数增加，铸铁的缩松倾向增大，防止铸铁件缩松的共晶团数应控制在 350 个/cm² 以下。生产中发现：用 SrSi 孕育的灰铸铁，共晶团数变化不大，消除白口的能力却很强。因此，为防止铸铁件渗漏，SrSi 孕育剂常用于泵、阀、缸体和缸盖的孕育处理。灰铸铁共晶团数与缩松程度见表 9-5。

表 9-5　灰铸铁共晶团数与缩松程度

缩松程度	微量	少量	较严重	严重
共晶团数（个/cm²）	≤250	320~400	500~600	≥650

5. 影响铸铁组织和性能的因素

（1）化学成分的影响　碳和硅是普通灰铸铁中最主要的两个元素，对铸铁的组织和性能起着决定性的影响。两者都是促进石墨化的元素。碳和硅不仅能改变铸铁组织中的石墨的数量，还能改变石墨的大小和分布。随着硅和碳（尤其是碳）含量的提高，石墨片明显粗化；随着含碳量的增加，形成细小枝晶间石墨所必需的冷却速度也提高。除了对凝固石墨化的影响外，碳和硅也能促进共析石墨化，使基体中珠光体数量减少，铁素体数量增加，硅的作用尤其明显。碳能减少过冷度，硅对过冷度无明显影响。故随着碳当量或碳含量的增加，共晶团变粗。

1）硫和锰的影响。硫以 FeS 的形式溶解于铁液中，结晶时与铁形成低熔点共晶 Fe + FeS（熔点约为 985℃），位于晶界上妨碍碳原子的扩散，故硫是阻碍石墨化作用较强的元素。硫能提高过冷度，因而细化共晶团。

锰阻碍凝固石墨化作用不强烈，而阻碍共析转变石墨化的作用比较明显。故锰略有增大铸铁形成白口的倾向，并促进珠光体的形成。

在铸铁中硫和锰是同时存在的，两者在高温下形成高熔点的 MnS，抵消了各自单独存在时所表现的阻碍石墨化作用。为了抵消硫，所必需

的锰量为硫量的 1.7 倍。实际上取 $w(Mn) = 1.7w(S) + 0.3\%$ 或 $w(Mn) = 3.3w(S)$。其目的是使锰除中和硫以外，尚有余量，可使基体中珠光体增加并细化，提高力学性能。

2）磷的影响。磷能均匀溶于铁液，和硅相似，能使铸铁共晶点左移，每 1% 的磷能使共晶点含碳量降低 0.3% 左右，因此在计算碳当量时，若把磷量计算在内，就应以 $CE = w(C) + 1/[3w(Si + P)]$ 表示。磷又能使共晶温度降低。

磷对石墨化的影响不大。实践证明在磷的质量分数为 1% 时，磷没有明显的石墨化作用，但磷能细化共晶团。

磷易偏析。当磷的质量分数超过 0.05%~0.15% 时，在铸铁中就可能形成二元磷共晶（Fe₃P-Fe）或三元磷共晶（Fe₃P-FeC-Fe）。磷共晶的熔点低，故呈网状，或多边形分布在晶界上，由于磷共晶硬而脆，它能降低铸铁的力学性能，尤其是韧性。

3）其他元素的影响。在铸铁中，根据需要，加入各种合金元素，如镍、钛、铜、铝、铬、钒、镁、铈、硼、碲、锡等，这些相对数量不多的合金元素的作用，主要表现在铁素体和珠光体的相对数量及珠光体分散度变化上。其规律是，凡是阻碍共析石墨化的元素，都增大了基体中珠光体的数量。大多数元素（除钴外）也都能使共析转变的过冷度增加，从而使珠光体细化，促进索氏体、托氏体的形成。多数元素对共晶石墨化有阻碍作用。生产上利用这一特点，将其与适当的碳、硅量相配合，可作为获得细小石墨的手段。

（2）冷却速度的影响　冷却速度影响铸铁组织的实质，在于改变了过冷度的大小。冷却速度增大，铸铁的过冷度也增大。两种灰铸铁的冷却速度与共晶过冷度之间的对应关系，见表 9-6 和表 9-7。

表 9-6　灰铸铁的冷却速度与共晶过冷度之间的对应关系（一）

冷却速度/（℃/s）	16	56	97	158	319	383
共晶过冷度/℃	8	20	27	36	44	46

注：灰铸铁的化学成分：$w(C) = 3.09\%$，$w(Si) = 1.87\%$，$w(Mn) = 0.46\%$，$w(S) = 0.099\%$。

$w(Mn)$

表9-7 灰铸铁的冷却速度与共晶过冷度之间的对应关系（二）

冷却速度/（℃/s）	50	77	168	266
共晶过冷度/℃	13	22	28	40

注：灰铸铁的化学成分：$w(C)=3.16\%$，$w(Si)=2.5\%$，$w(Mn)=0.14\%$，$w(S)=0.072\%$。

冷却速度越大，结晶过程偏离平衡条件越远，实际转变温度越低。因此，虽然铸铁化学成分相同，但以不同速度冷却时，可以在较大范围内获得各种组织。

铸铁共晶阶段的冷却速度可在很大的范围内改变铸铁的铸态组织，得到灰铸铁或白口铸铁。改变共析转变时的冷却速度，其转变产物也会有很大的变化，在共析过冷度较小时的共析转变从奥氏体中直接析出石墨；过冷度较大时，则形成珠光体+铁素体或珠光体。

对于一般铸铁的组织来说，共晶凝固时的石墨化问题和共析转变时珠光体转变的环节是两个关键问题。

影响冷却速度的主要有以下三个因素。

1）铸件的大小和壁厚。铸件尺寸大且壁厚，冷却速度慢，易出现粗大石墨片；铸件尺寸小或壁厚逐渐减薄，可出现细小的石墨片，直至出现共晶渗碳体。

2）铸型条件。不同铸型材料具有不同的导热能力，能导致不同的冷却速度。干砂型导热较慢，湿砂型导热较快，金属型更快，石墨型最快。有时可以利用各种导热能力不同的材料来调节各处的冷却速度。如用冷铁加快局部厚壁部分的冷却速度，用热导率低的材料减缓某些薄壁部分的冷却速度，以获得所需要的组织。

3）浇注温度。对铸件的冷却速度略有影响，如提高浇注温度，则在铁液凝固以前把型腔加热到较高的温度，降低了铸件通过型壁向外散热的能力，所以延缓了冷却速度。这既可以促进共晶阶段石墨化，又可以促进共析阶段石墨化。因此提高浇注温度可稍使石墨粗化，但实践中很少用调节浇注温度的办法来控制石墨尺寸。

（3）孕育处理的影响 铁液进入铸型之前，在一定条件下（如需要有一定的过热温度、一定的化学成分、合适的加入方法等）向铁液中加入一定物质（孕育剂）以改变铁液的凝固过程，改善铸态组织，提高铸件性能的方法，称为孕育处理。它在灰铸铁、球墨铸铁的生产中得到了广泛的应用。

在生产高强度灰铸铁时，往往要求铁液过热并适当降低碳硅含量，它伴随着形核能力的降低，因此往往会出现过冷石墨，甚至还会有一些自由渗碳体出现。

孕育处理能降低铁液的过冷倾向，促进铁液按稳定系进行共晶凝固，形成较理想的石墨形态，同时还能细化晶粒，提高组织和性能的均匀性，降低对冷却速度的敏感性，使铸铁的力学性能得到改善。在生产高牌号铸铁件及薄壁铸铁件过程中，几乎都进行孕育处理，它是在过冷度较大的铁液中加入硅铁或其他孕育剂，如锶钡孕育剂、硅钡孕育剂等，使铁液在很短的时间内形成大量的均匀分布的结晶核心，细化了共晶团和石墨，使石墨由枝晶状D型、E型分布变成细小均匀的A型分布。这样提高了不同壁厚处组织的均匀性。有些孕育剂如硅钙，还有一定的脱硫作用，可使石墨变短变厚。

（4）炉料的影响 炉料通常是通过遗传性来影响铸铁组织的。在生产实践中，往往是更换炉料后，虽然铁液的主要化学成分不变，但铸铁的组织（石墨化程度、白口倾向及石墨形态，甚至基体组织）都会发生变化。这是由于炉料自身的冶金因素，如石墨的粗细、微量元素的存在，含气、非金属夹杂物等在熔炼过程中转嫁于铸铁，使之在一定程度上保留了炉料原有的某些性质。如炉料原生铁的石墨粗大，则铸铁石墨相对较大；炉料含气量较多，则铸铁含气量多，白口倾向增加。实践证明，适当地采用多种炉料相配，可以使受遗传性的影响减少。

（5）铁液过热的影响 在一定范围内，提高铁液的过热温度、高温静置的时间，都会导致铸铁的石墨及基体组织的细化，使铸铁强度提高，硬度下降。一般认为，灰铸铁铁液的出炉温度上限在1500~1550℃范围，所以在此范围内总希望出铁温度高一些。在生产现场常说的"高温出炉、低温浇注"对铸铁组织的作用机理，可以解释如下：

1）从铁液成核能力来看，过热会减少铁液中原有的石墨结晶核心，在铁液冷却过程中，依靠增大了的过冷度进行凝固时，能提供大量的石墨核心，使石墨和基体组织都得到改善。

2）过热温度的提高，铁液中的含氮量、含氢量略有上升，1450℃以后的含氧量大幅度下降，铁液的纯净度有了提高。较高的含氮量除了易引起针孔缺陷外，对铸铁的抗拉强度和硬度也有提高作用。总之，过热温度在1500℃以下提高时，石墨数量减少，化合碳数量增加。高于1500℃时，则完全相反。

6. 灰铸铁的基体组织和石墨状态

灰铸铁是由基体组织、石墨、共晶团、碳化物和磷共晶等构成的工程材料，灰铸铁力学性能的高低是由其材料的金相组织决定的。灰铸铁的金相组织主要是由片状石墨、金属基体和晶界的共晶物组成的。

（1）灰铸铁的基体组织 按组织特征，铸态或经热处理后灰铸铁基体可以是铁素体、奥氏体、莱氏体、珠光体、贝氏体和马氏体。

1）铁素体是碳或其他元素在体心立方铁中的固溶体。其特性是塑性与韧性高，但强度和硬度较低。

2）奥氏体是碳或其他元素在面心立方铁中的固溶体。其特性是有较好的塑性和韧性，强度和硬度比铁素体高。

3）莱氏体是奥氏体与渗碳体的共晶组织，其中奥氏体在共析温度下分解为铁素体与渗碳体。其特性是硬而脆。

4）珠光体是奥氏体的共析产物，为铁素体与渗碳体的机械混合物，通常两者交替排列成层片状。用淬火、回火的方法，使珠光体中的渗碳体由片状变成粒状的珠光体，称为粒状珠光体。其特性是具有良好的力学性能和耐磨性能，珠光体片越细，性能越好。粒状珠光体比片状珠光体力学性能更好，冲击韧度更佳。

5）贝氏体是奥氏体在低于550℃和高于马氏体转变温度范围内的分解产物，由铁素体与渗碳体组成。在较高温度时分解为上贝氏体，在较低温度时分解为下贝氏体。上贝氏体塑性好，但强度低，故不采用。下贝氏体强度、硬度高，有足够的塑性和韧性，综合性能好。

6）马氏体是奥氏体过冷至马氏体转变温度以下的亚稳定相，它是在体心立方铁中的过饱和固溶体。其特性是硬而脆，耐磨。

（2）灰铸铁件中的石墨状态 石墨是灰铸铁中碳以游离状态存在的一种形式。其特性是强度、塑性、硬度很低，软而脆，密度约为2.25g/cm³，约为铁的1/3，即约3%（质量分数）的游离碳就能在铸铁中形成占体积10%的石墨。石墨存在于基体中，很显然会削弱基体的强度，相当于在基体中存在的裂口，使基体强度得不到充分发挥。但是，石墨在基体中有利于提高减振性和耐磨性。石墨对基体的破坏程度与灰铸铁中的石墨状态、大小、数量和分布形式有关。片状石墨的分布状态与铸铁的过冷度有关。

（3）石墨长度 按标准，石墨长度分为八级。按放大100倍时石墨长度从不大于1.5mm到不小于100mm分为8级。多数情况下，灰铸铁件的石墨长度在2～6级。

（4）共晶团 铸铁共晶转变时，剩余液相转变为奥氏体和石墨的共晶组织，称为共晶团。灰铸铁的强度随着共晶团的细化而提高。按照标准规定，灰铸铁共晶团数根据在选择放大倍数（10倍或40倍）下直径 $\phi70mm$ 的图片中共晶团的数量（个数），按 A、B 两组分为1～8级，即单位面积中实际共晶团数量从小于130个/cm²到大于1040个/cm²的8级。增加共晶团的数量可以明显减少白口倾向。灰铸铁共晶团数受炉料、化学成分、熔炼工艺、孕育剂与孕育方法、冷却速度等各种因素的影响。过多的共晶团不仅会增加铸件的缩孔、缩松倾向，而且结晶时的"糊状凝固"方式，以及共晶膨胀引起的型壁移动都会增加铸件缩松、渗漏的倾向。合适的共晶团只能按各自的生产条件来选择。

（5）碳化物 灰铸铁中的碳化物通常是铁和碳的化合物（Fe_3C），其特性硬而脆，强度差。按其分布的形状可分为针条状、网状、块状和莱氏体状；按其在大多数视场中的百分比分6级进行评定。

当铸铁中碳、硅量偏低，或存在稳定碳化物元素（Mo、V、Cr等）或壁薄时，就容易出现碳化物。除了渗碳体（Fe_3C）外，锰、铬等元素可溶解到渗碳体中，组成合金渗碳体。钼、铬、钛等元素，也可以与碳形成化合物，如TiC、MoC。通常把铸铁组织中的渗碳体、合金渗碳体等统称为碳化物，在铁液结晶过程中碳形成石墨或是碳化物。

碳化物硬而脆，当它以硬化相镶嵌在基体上时，则显著地降低铸铁的强度，且使铸铁切削性能变差。因此往往在生产实践中采用热处理（退火）等工艺措施来限制或消除碳化物。但是，碳化物具有良好的减摩性和耐磨性。因此，对于某些减摩铸铁（如钒钛系、硼系铸铁）和耐磨铸铁（如白口铸铁、冷硬铸铁），应改善碳化物的数量、分布或结构，提高其减摩性和耐磨性。

（6）磷共晶　铸铁是多元合金，由于碳、硅、锰、硫等元素对磷的作用，再加上磷本身的偏析，其溶解度就更低。当磷含量超过某一极限值时，铸铁中就会出现磷共晶。铸铁在凝固的过程中，初生奥氏体以枝晶状组织形成后，由于偏析，高磷相被"挤"到枝晶间。因此，其后结晶的磷共晶大部分分布在奥氏体晶粒的交界处，形成了多角形弯曲的结构，且往往使铸件伴有各种缺陷，如夹杂、晶界缩松。磷共晶有二元磷共晶和三元磷共晶。在磷-铁二元合金中，磷在 α-Fe 中的最大溶解度为0.25%（1150℃）。在磷-铁-碳三元合金中，由于磷与碳存在相互排斥的作用，磷的溶解度随着含碳量的增加而下降，如在高温 α-Fe 中，当碳的质量分数提高到3.5%时，磷的溶解度仅为0.3%。

二元磷共晶和三元磷共晶都硬而脆，由于存在于晶界，破坏了金属基体的连续性，会降低金属的力学性能，尤其是韧性。所以作为结构材料的铸铁件，一般应控制磷共晶含量。

另一方面，磷共晶构成了基体组织中的硬化相，可以显著提高铸铁的减摩性。而三元磷共晶极硬而脆，易碎裂脱落，成为磨料，加剧零件的磨损。所以，在多数情况下，含磷铸铁基体组织要求的是二元磷共晶而不是三元磷共晶。高磷铸铁理想的磷共晶结构应是断续的碎网状，细小而均匀。

磷共晶主要有以下影响因素：

1）化学成分的影响。磷的质量分数超过0.06%时，铸铁中就会出现二元磷共晶或三元磷共晶；石墨化元素一般促成二元磷共晶；反石墨化元素一般促成三元磷共晶和磷共晶-碳化物的复合物。

2）冷却速度的影响。冷却速度缓慢，磷共晶粗大，反之则细小；缓冷有利于三元磷共晶中共晶渗碳体的分解，故可出现二元磷共晶。

3）浇注温度的影响。提高铁液浇注温度，可使磷共晶减少，且易形成二元磷共晶；反之，则易形成三元磷共晶和磷共晶-碳化物复合物。在实践中当铁液浇注温度大于1340℃时，对于二元磷共晶生成有利。

4）孕育处理的影响。孕育充分，多次孕育处理能细化磷共晶，减少三元磷共晶和磷共晶-碳化物的复合物。

5）适当地进行热处理对磷共晶的形态数量也有重要的影响。

磷共晶按其数量百分比分为6级；按其在共晶团晶界的分布形式可分为孤立块状、均匀分布、断续网状及连续网状四种。

7. 合金元素对灰铸铁性能的影响

合金元素对灰铸铁性能的影响见表9-8 ~ 表9-10。

表9-8　五大元素对灰铸铁性能的影响

碳	含碳量（碳当量）低，可以减少石墨数量，细化石墨，增加初析奥氏体枝晶量，提高灰铸铁力学性能，但会导致铸造性能低，铸件断面敏感性增大，内应力增加，硬度上升，切削性能差等。灰铸铁低合金化有利于消除单纯降低碳的负面影响
硅	强烈促进石墨化，分解渗碳体，减少白口。孕育的硅石墨化效果比铁液中的硅大得多。孕育前铸铁 $w(Si)$ = 1.2% ~ 1.4%，孕育后 $w(Si)$ = 1.5% ~ 1.8%。硅固溶于铁素体增加铁素体量，降低灰铸铁力学性能

（续）

锰	较强烈地促进并稳定珠光体，提高灰铸铁强度。$w(Mn) = 0.4\% \sim 1.2\%$
磷	有致密性要求，$w(P) \leqslant 0.06\%$；有耐磨性和铁液流动性要求，$w(P) = 0.3\% \sim 1.5\%$
硫	$w(S) = 0.05\% \sim 0.06\%$ 时，既能确保孕育效果，又是铸铁强度高低拐点。$w(S) < 0.3\%$ 时，晶核数目少

表 9-9　合金元素对灰铸铁性能的影响

铜	石墨化能力约为 1/5 硅，有效增加珠光体量，提高灰铸铁力学性能
镍	石墨化能力约为 1/3 硅，$w(Ni) < 3\%$ 时可用提高力学性能，$w(Ni) = 3\% \sim 8\%$ 时可用作耐磨材料
铬	反石墨化能力与硅石墨化能力对等。致密灰铸铁的 $w(Cr) < 0.35\%$
钼	细化石墨、细化珠光体，易形成脆性 P-Mo 共晶，加 Mo 应降低 P 含量，强化铸铁基体
钨	稳定碳化物元素，细化石墨、细化珠光体作用稍弱于钼，提高淬透性作用较钼弱
锰	阻碍石墨化能力弱，促进形成细珠光体、索氏体，$w(Mn) > 7\%$ 时得奥氏体
钒	强烈形成碳化物，细化石墨、增加珠光体，价格高，很少单独使用
铌	细化石墨、细化珠光体作用强，微合金化加入 $w(Nb) \leqslant 0.015\%$，改善强韧性、焊接性
钛	强化铁素体，细颗粒碳化钛、氮化钛在铸铁中提高耐磨性。增加铸铁过冷度

表 9-10　微量元素在铸铁中的作用

锡	加入 $w(Sn) = 0.04\% \sim 0.08\%$ 可得到 100% 珠光体，强度提高一级。过量增加脆性
锑	加入 $w(Sb) \leqslant 0.02\%$，增加珠光体，不产生白口，铸铁中残留约 85%，注意回炉料管理
铋	细化共晶团，细化并增多石墨，增加灰铸铁白口倾向，凝固后分布在晶界，降低铸铁强度
铅	$w(Pb) \leqslant 0.002\%$，防止网状或魏氏石墨产生，恶化 A 型石墨使之变尖变长，降低强度
锌	细化石墨，增加化合碳。$w(Zn) = 0.3\%$ 增加铸铁含氮量 1 倍，提高强度

　　获得高强度灰铸铁，应力求 100% 细小珠光体基体。基体中 30% 的铁素体和 100% 的珠光体抗拉强度相差 35MPa，粗细珠光体之间抗拉强度相差 100MPa。生产中常用 Cr + Mo + Cu、Cu + Mo + Ni、Cu + Mo、Cu + Cr、Cu + Sn、Cu + V 等配合使用，以得到细小珠光体组织。低熔点金属 Sn、Sb 形成石墨/金属界面薄层，阻碍 C 向石墨扩散，阻止铁素体产生。灰铸铁中 $w(Sn) = 0.04\% \sim 0.08\%$ 或 $w(Sb) = 0.006\% \sim 0.01\%$，即可得到 100% 的珠光体。但 Sb 仅对增加硬度有作用。过量的 Sn、Sb 生成 $FeSn_2$、$FeSb_2$ 凝聚在晶界，引起强度和韧性的降低，$w(Sn) = 0.02\% \sim 0.04\%$ 为好。

　　奥氏体枝晶是铸铁基体骨架，其数量、粗细影响铸铁力学性能。加入合金增加和细化奥氏体枝晶。亚共晶铸铁不加合金奥氏体枝晶方向性较强，二次枝晶不发达且间距较大。加入合金元素后，铁液可提高碳当量而不致降低强度，同时又能减小白口倾向，改善铸造性能，不易产生缩孔和缩松。灰铸铁采用高碳低硅配料，可以防止硅增加铁素体、粗化珠光体，抵消合金元素的有害影响，提高灰铸铁的冶金质量。

8. 铸铁的熔炼与过热

　　铁液的纯净度、熔炼温度、化学成分是冶金质量的三项指标，与铁液熔炼关系重大。

　　高温铁液流动性好，利于气体和渣的上浮，石墨和基体组织细密，提高强度降低硬度。在铁液中发生反应：$SiO_2 + 2C = Si + 2CO\uparrow$ 时，氧以 CO 形式逸出，铁液开始沸腾，沸腾温度约为 1475℃，此时逸出气体使夹渣上浮、溶氧下降，提高纯净度，冶金质量高。

　　工业发达国家对灰铸铁化学成分控制精度要求甚高，如 $\Delta w(C) \leqslant \pm 0.05\%$，$\Delta w(Si) \leqslant \pm 0.10\%$。

　　熔炼时铁液化学成分稳定，保证铸件的可复制性。例如美国某缸盖生产厂生产相当 HT275 牌号铸铁，化学成分控制见表 9-11，可以作为国内铸造工厂控制铁液化学成分的借鉴。国外合金灰铸铁化学成分见表 9-12。

表 9-11　美国某缸盖生产工厂缸盖灰铸铁（相当 HT275）化学成分

项　目	化学成分（质量分数,%）									
	CE	C	Si	Mn	P	S	Cr	Mo	Cu	Ni
最高上限成分	4.13	3.42	2.22	0.70	0.070	0.10	0.4	0.50	0.95	1.20
控制上限成分	4.07	3.37	2.19	0.65	0.052	0.08	0.37	0.43	0.92	1.13
目标成分	4.01	3.32	2.12	0.60	0.042	0.06	0.30	0.36	0.85	1.06
控制下限成分	3.95	3.27	2.07	0.55	0.032	0.05	0.23	0.33	0.78	1.03
最低下限成分	3.89	3.22	2.02	0.40	0.03	0.05	0.20	0.30	0.75	1.00

表 9-12　国外合金灰铸铁化学成分（质量分数,%）

CE	C	Si	Mn	P	S	Cr	Cu	Mo
4.05	3.3～3.5	1.8～2.1	0.6～0.8	≤0.1	0.05～0.08	0.2～0.3	0.3～0.7	0.3～0.4

据介绍：德国某缸体铸造厂，20t 冲天炉与 8t 中频感应炉双联，炉料为全部废钢加碳化硅，铸造焦固定碳≥90%，冲天炉出铁温度不低于1540℃，缸体浇注温度约为1420℃，大大减少缸体最易出现的气孔，冷却速度减慢降低白口倾向，提高加工性能。无论冲天炉还是电炉熔炼，加入0.7%～1.0%（质量分数）的碳化硅都有助于提高铁液纯净度。灰铸铁加入 SiC 预处理，可促进 A 型石墨形成，改善冶金质量。熔炉对冶金质量的影响：冲天炉最优，感应炉次之，电弧炉较差。

9. 灰铸铁冶金质量指标

化学成分相同，炉料与熔炼工艺不同，铸铁性能不尽相同。灰铸铁冶金质量指标有：

$$成熟度 = \frac{抗拉强度实测值（\phi 30\ 试棒）}{（800～1000）S_C} \tag{9-5}$$

$$硬化度 = \frac{硬度实测值（\phi 30\ 试棒）}{（344～530）S_C} \tag{9-6}$$

$$品质系数 = \frac{成熟度}{硬化度}$$
$$= \frac{实测抗拉强度 \times （344～530）S_C}{实测硬度 \times （800～1000）S_C} \tag{9-7}$$

对于某铸件 S_C 是常数，$（344～530）S_C/（800～1000）S_C$ 也是常数，那么，实测抗拉强度高，实测硬度低，得到的品质系数好。

品质系数值一般在0.7～1.5范围内，力求大于1.0。综合工艺控制好的灰铸铁，品质系数高，弹性模量 E_0 值和共晶团数也高。抗拉强度高而硬度低的灰铸铁冶金质量好，切削性能好，加工成本低。良好的孕育处理能提高品质系数15%～20%。经大量实践数据处理得表9-13，可以看出三者之间的关系。

表 9-13　灰铸铁品质系数与弹性模量、共晶团数预测表

品质系数 = 实测抗拉强度/实测硬度	1.0	1.1	1.2	1.3	1.4	1.5	1.6
E_0 值/GPa	122.5	127.8	133.0	138.2	143.7	148.7	154.0
共晶团数/（个/cm²）	45	75	130	210	360	600	1000

10. 球墨铸铁件的基体组织和石墨状态

（1）球墨铸铁的基体组织　球墨铸铁的基体组织取决于化学成分、一次结晶和二次结晶过程，可以是铁素体、珠光体（包括片间距细小的索氏体和托氏体）、奥氏体、贝氏体（包括上贝氏体和下贝氏体）和马氏体。其中，在生产中大多数球墨铸铁基体组织是由铁素体和珠光体组成的（包括纯铁素体或纯珠光体基体组织）。

1）珠光体和铁素体基体的球墨铸铁。根据 GB/T 9441—2009《球墨铸铁金相检验》评定珠光体数量。其百分比，按大多数视场对照标准图谱进行评定，并按石墨大小分为 A、B 两组，与珠光体数量（体积分数,%）对应的则是铁素体数量（体积分数,%），两者相加按百分之百计。珠光体因其片间距不同，分为粗片状珠光体、片状珠光体和细片状珠光体。

2）奥氏体基体的球墨铸铁。含有大量稳

定奥氏体元素镍和锰时，即可在铸态下获得奥氏体基体组织。在奥氏体化处理中，由于工艺条件不同，还可以得到以上贝氏体为基体的球墨铸铁、以下贝氏体为基体的球墨铸铁、以回火马氏体为基体的球墨铸铁。

在生产中常根据球墨铸铁件使用条件的要求，对球墨铸铁的基体组织进行严格的控制：

① 对于铁素体高韧性球墨铸铁来说，如 QT400-18 基体组织中铁素体体积分数应超过 90%，珠光体体积分数应小于 10%，游离渗碳体体积分数应小于 3%，磷共晶体积分数应小于 1%。QT450-10 基体组织中铁素体体积分数应大于 85%，珠光体体积分数应小于 15%，渗碳体体积分数应小于 3%，磷共晶体积分数应小于 1%。

② 对于珠光体高强度球墨铸铁来说，如 QT600-3、QT700-2、QT800-2，基体为珠光体或索氏体、少量的铁素体，应严格控制游离渗碳体，消除三元磷共晶。

③ 对于贝氏体高强度球墨铸铁来说，如 QT900-2，其基体以贝氏体为主，没有游离渗碳体，微量磷共晶。

基体对球墨铸铁的力学性能影响很大，改变基体可大幅度地改变球墨铸铁的力学性能。如珠光体球墨铸铁的抗拉强度与硬度比铁素体球墨铸铁高出 50% 以上，铁素体球墨铸铁的断后伸长率又几乎是珠光体球墨铸铁的 3~5 倍。

根据球墨铸铁件的使用条件，合理调整球墨铸铁的基体组织，是充分发挥材料潜能的重要途径之一。

（2）球墨铸铁的孕育与石墨球数　球墨铸铁中的石墨状态，包括石墨形态、石墨分布和球化率以及球化的圆整程度，都直接影响球墨铸铁的力学性能，包括强度、断后伸长率及在动载荷下的力学性能——冲击韧度、疲劳强度。

既然孕育的作用是增加铁液石墨结晶的异质核心，那么球墨铸铁与灰铸铁孕育采用的孕育剂基本相同。球墨铸铁由于 Mg 的作用，石墨成球的过冷度很大，一般在 29℃ 以上。球化处理后的铁液 S、O 含量大大减少，铁液纯净度明显提高。只球化不孕育的球墨铸铁铁液，

石墨核心数少，白口非常严重，铸件硬度高，力学性能差，难以加工。铸铁凝固过程析出石墨产生体积膨胀，冶金质量、冷却速度和化学成分影响膨胀体积和时序。

相同化学成分和冷却速度，冶金质量好，液态收缩、体积膨胀和二次收缩值都小，铸件形成缩孔、缩松和铸型膨胀变形倾向小。石墨球数多，提高低温冲击吸收能量，降低韧脆转变温度，促使共晶团界面平滑，利于补缩和提高致密度。石墨球数应大于界定球墨铸铁品质的临界数。

1）球墨铸铁中的石墨形态，通常是指在光学显微镜下放大 100 倍观察所呈现的形状，可以看到有球状石墨、团片状石墨以及枝晶状石墨，在机械工业行业标准中都有描述。石墨的球化率分为 6 级。在稀土镁球墨铸铁中，石墨的圆整度虽然是影响铸件力学性能的重要因素，但是由于稀土在球墨铸铁中强化了基体，减弱了石墨圆整度对力学性能的影响，所以在检验时，往往不用球化率的概念来评定球化质量，而是按照既考虑各种形状石墨数量的百分比，又考虑它们分布的特点进行评级。在生产中，有时还会遇到开花状石墨、枝晶状石墨。少量单独出现的开花状石墨，在各级中可允许存在，除一级外也允许极个别的视场有少量的枝晶状石墨。

2）影响球墨铸铁的石墨状态（包括石墨数量、大小、形状及球化率、球化等级）的主要因素有化学成分、铁液的熔炼工艺和铁液的孕育、球化工艺及冷却速度等。

要使石墨由片状变为良好的球状，铁液必须具备三个条件：一是原铁液中碳、硅含量高，硫、氧含量尽量低 $[w(S) < 0.04\%]$；二是球化处理后的铁液须残留一定的球化元素，如镁、稀土。纯镁处理时，镁在处理后铁液中的残留量应大于 0.03%（质量分数，下同），但不得大于 0.1%，在稀土-镁处理时，镁的残留量应小于 0.03%，稀土的残留量应小于 0.02%；一般镁的残留量在 0.03%~0.06% 范围内；三是铁液中避免存在过量的干扰元素，如铋、铅、锑、锡、铝、钛等，防止石墨畸变。

原铁液的熔炼与球化处理工艺对球墨铸铁的石墨状态同样具有重要的影响。从配料开始，要做到高碳、低硅、控制干扰元素。选择优质生铁，最好使用球墨铸铁的专用生铁。在熔炼中要使铁液充分过热，当出炉铁液温度达到1480℃以上时，有利于得到小球径的石墨。

球化剂、孕育剂的选择与球化工艺对球化质量起重要作用。当前，我国球化剂、孕育剂的商品化和系列化有了很大进展。市场上有除FeSi75外的硅钡孕育剂、锶钡孕育剂等多种孕育剂。球化剂有专供电炉熔炼和专供冲天炉熔炼铁液的球化剂；有供处理铁素体球墨铸铁的球化剂，有供处理珠光体球墨铸铁的球化剂，已成系列。生产实践证明，只要选择适当，正确使用，效果一般较好。

球化处理工艺方法，有广泛应用在生产实践中的冲入法，要注意的是根据处理铁液的量，合理选择球化剂的块度。处理5t以下的铁液球化剂的块度一般在15～25mm范围内。放在浇包的一侧，并加以覆盖剂，从球化剂的对面一侧冲入铁液的2/5～3/4，反应完毕后，再冲入余量铁液，孕育、扒渣后浇注。球墨铸铁生产中的扒渣环节是很重要的，关系着球化效果和产品质量，应该引起现场操作的高度重视。还有适合于使用纯镁作球化剂的压力加镁法，以及适合于大量流水线生产的型内球化处理方法。

铁液温度是影响球化处理，特别是冲入法处理的重要因素。通常处理温度在1400～1430℃范围内。

经过球化处理后的铁液到浇注的时间停留过长，石墨球数量减少，球径变大，有球化衰退现象，最好在10min之内，不要超过15 min。

孕育处理对球墨铸铁提高球化等级起重要作用。采用二次孕育方法，球化率可提高0.5～1级。采用浇口杯孕育、漏斗包孕育、硅铁棒瞬时浇包孕育等均能有效减小球径，提高球化等级1～2级。

采用长效孕育剂或瞬时孕育工艺，用大剂量孕育剂并缩短浇注时间，控制孕育时铁液温度不要过高，孕育处理的铁液加覆盖剂防止铁液与大气中的氧作用，延缓孕育衰退。

铸件壁厚超过100mm时，通常称为大断面球墨铸铁件。因为其冷却速度慢，铁液中的反球化元素（S、O）及其他表面活性元素有充分时间扩散，破坏石墨在铁液中的球状生长及奥氏体壳的稳定性，孕育作用也会明显衰退，所以，球状石墨也会严重畸变为枝晶状。

在生产现场，通过观察火苗、观察铁液表面膜、观察三角试片等方法，也可以对球化处理效果做出初步判断。

球化处理后的铁液，在补加铁液搅拌、倒包时，铁液表面有火苗蹿出，这是镁蒸气燃烧逸出的现象。火苗多、长、有力，表明球化好，但铁液温度偏高时，火苗有萎缩现象。

球化处理后，铁液中溶有镁，故铁液表面有一层氧化皱皮，观察该层氧化膜的状况，可以判断球化是否良好。铁液表面白亮平稳，为球化良好。铁液表面翻腾，则表明球化不良。因为铁液中溶解的镁很少，铁液表面的氧化膜是 SiO_2，SiO_2 的膜被碳不断地还原成 CO 和 CO_2，使铁液表面翻腾不止。而球化良好时，表面皱皮中存在足够量的 MgO，它不能被铁液中的碳还原成 CO 和 CO_2，故铁液表面不翻腾而白亮平整。

常用的截面尺寸为宽25mm、高50mm的三角试片砂型浇入球墨铸铁铁液，试片空冷至暗红色，淬水，打断。入水方式以试片底部开始缓慢入水。然后观察断口，同时配合听声音和闻气味，判断球化效果。断口呈银灰色，组织较细，中间有缩松（稀土镁球墨铸铁的中心缩松不如镁球墨铸铁明显），三角试片的两侧和顶部有缩凹，悬空敲击声清脆（如钢音），试片击断面遇水有电石味，说明球化良好。球化不良，则断口呈银灰色，但夹有分散黑色点，越往中心越多，悬空敲击声音发闷。已经球化而孕育量不足时，断口试样呈麻口或白口，晶粒不明显，呈放射状，需补足孕育剂。

11. 蠕墨铸铁件的基体组织和石墨状态

蠕墨铸铁的强度、塑性高于普通灰铸铁，铸造性能优于球墨铸铁，具有良好的热疲劳性能和导热性能，在柴油机气缸盖、液压阀、机床床身、钢锭模、玻璃模具等铸件生产中得到了广泛的应用。

蠕墨铸铁的石墨形状是蠕虫状石墨和球状石墨共存的混合状态。典型蠕虫状石墨共晶团成长和宏观状态类似片状石墨共晶团，不同的是石墨不在共晶团间穿插，而连接共晶团的一般是球状石墨及其基体框架。从二维形状来看，蠕虫状石墨接近片状石墨，只是长度比片状石墨小，端部圆而钝，似蠕虫。

20 世纪 60 年代，我国在高碳硅铁液中加入稀土硅铁合金，制成的稀土高强度铸铁，其性能超过 HT300 灰铸铁的指标。当时生产高强度铸铁件如机床铸件，需要大量较为短缺的废钢，因而试图在低牌号铸铁中加入不同量的稀土以节省废钢，从而获得高牌号灰铸铁，试验中发现，具有蠕虫状石墨的铸铁强度大幅度提高。当时称为蠕虫状石墨铸铁，现在称为蠕墨铸铁。

通常铸态蠕墨铸铁的基体组织是铁素体组织，这是因为蠕墨铸铁的含碳量偏高，特别是由于蠕虫状石墨的强烈分枝，导致在凝固过程中，大量的碳原子扩散距离缩短，因而形成铁素体。

要获得珠光体基体或其他基体组织的蠕墨铸铁，必须加入合金元素或采取特殊的热处理工艺。

蠕墨铸铁在生产上得到了广泛的应用，奥迪轿车的 V8 型蠕墨铸铁气缸体，铁液在感应炉熔炼，化学成分为：$w(C) = 3.3\% \sim 3.5\%$，$w(Si) = 2.10\% \sim 2.25\%$，$w(Mn) = 0.25\% \sim 0.30\%$，$w(S) = 0.010\% \sim 0.014\%$，$w(P) < 0.03\%$，$w(Cr) < 0.06\%$。使用含镁 5% 的铁硅镁合金作蠕化剂，蠕虫状石墨数量在气缸体所要求性能的壁厚处达到 90% 以上，实际抗拉强度达到 450MPa（要求 400MPa）；第二汽车制造厂的 EQ140 汽车发动机排气管生产中应用蠕墨铸铁，利用其耐热性能，提高了排气管的使用寿命；某液压件厂用蠕墨铸铁生产液压件，对解决渗漏、不耐压问题，效果明显。

蠕墨铸铁机床铸件的抗拉强度比灰铸铁提高 30% ~ 60%，弹性模量提高 30% ~ 50%，机床的大修期由灰铸铁的 3 ~ 5 年延长到 8 ~ 10 年；蠕墨铸铁的榨糖机轧辊本体的抗拉强度比原用中磷中锰合金铸铁的抗拉强度提高一倍，

冒口颈处的抗拉强度为 160 ~ 300MPa，轧辊底部的抗拉强度为 250 ~ 400MPa，硬度在 230HBW 左右。

12. 可锻铸铁的基本组织和石墨状态

可锻铸铁是一种由白口铸坯经过石墨化或氧化脱碳可锻化处理，改变其金相组织或成分而获得较高韧性的铸铁，又称玛钢、韧铁。

可锻铸铁按热处理条件不同，可分为石墨化退火可锻铸铁和脱碳退火可锻铸铁两类。

脱碳退火可锻铸铁断口呈白色，称为白心可锻铸铁。石墨化退火可锻铸铁，当组织为铁素体 + 石墨时，断口呈黑绒色，称黑心可锻铸铁；当组织为珠光体 + 石墨时，断口虽不是黑绒色而呈银灰色，但沿用旧习，将石墨化退火可锻铸铁一律称为黑心可锻铸铁。为了不混淆概念，近年来，人们已将具有珠光体基体的石墨化退火可锻铸铁，称为珠光体可锻铸铁。

白口铸铁在中性气氛中热处理，使渗碳体分解成团絮状石墨与铁素体，正常断口呈黑绒状并带有灰色外围，这是黑心可锻铸铁。只进行第一阶段石墨化退火，得到基体是珠光体和团絮状石墨的是珠光体可锻铸铁。这种石墨化退火可锻铸铁生产周期短，韧性好，壁厚限制范围比白心可锻铸铁宽，应用较广。

脱碳退火可锻铸铁是白口铸铁在氧化性气氛中退火，产生几乎是全部脱碳的可锻铸铁，这是白心可锻铸铁，正常断口呈白色。这种铸铁因退火周期长，只限于制作薄壁小件。

由于可锻铸铁生产中热处理能源消耗大，生产周期长，特别是球墨铸铁的发展，可锻铸铁铸件在全部铸件生产中所占份额越来越小，2004 年的统计只占 1.4% 以下，并且这个比例还在逐年减少。

9.1.4　球墨铸铁生产质量控制技术

1. 球墨铸铁牌号与试样

球墨铸铁依照抗拉强度、屈服强度、断后伸长率、布氏硬度制定各种牌号，GB/T 1348 中对单铸试样和附铸试样有详细规定。单铸试块应由与铸件相同的铸型或相同型砂单独铸造而成，并由与被测铸件同批铁液的后期浇注产生。

球墨铸铁 U 形、Y 形单铸试块及试块尺寸　　见图 9-2、图 9-3 和表 9-14、表 9-15。

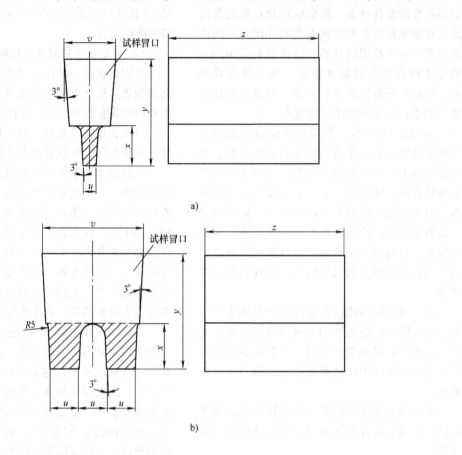

a)

b)

图 9-2　U 形单铸试块
a) Ⅰ、Ⅱa、Ⅲ、Ⅳ型　b) Ⅱb 型

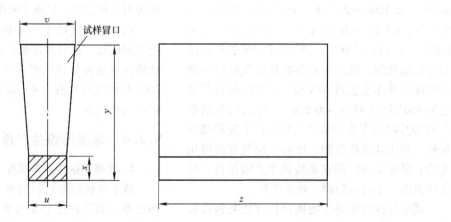

图 9-3　Y 形单铸试块

表9-14　U形单铸试块尺寸

试块类型	试 块 尺 寸/mm					试块的吃砂量/mm
	u	v	x	y	z	
I	12.5	40	30	80	根据拉伸试样的不同规格尺寸自行确定。一般可定为：Lc + 2 × 50 + 60	I、IIa和IIb型吃砂量≥40，III和IV型吃砂量≥80
IIa	25	55	40	100		
IIb	25	90	40 ~ 50	100		
III	50	90	60	150		
IV	75	125	65	165		

注：1. y尺寸数值供参考。

　　2. 对薄壁或金属型铸件，拉伸试样也可以取自 u < 12.5mm 的尺寸。

表9-15　Y形单铸试块尺寸

试块类型	试 块 尺 寸/mm					试块的吃砂量/mm
	u	v	x	y	z	
I	12.5	40	25	135	参照拉伸试样尺寸图，一般定为：Lc + 2 × 50 + 60	I和II型吃砂量≥40，III和IV型吃砂量≥80
II	25	55	40	140		
III	50	100	50	150		
IV	75	125	65	175		

拉伸试样外形尺寸如图9-4所示。

球墨铸铁单铸试样的力学性能见表9-16。

球墨铸铁冲击试样如图9-5所示，单铸试样 V 型缺口的冲击吸收能量见表9-17。

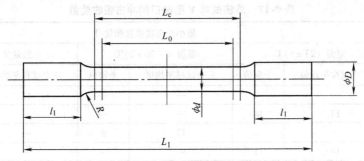

图9-4　拉伸试样外形尺寸

表9-16　单铸试样的力学性能

牌　号	抗拉强度 R_m /MPa ≥	规定塑性延伸强度 $R_{p0.2}$/MPa ≥	断后伸长率 $A(\%)$ ≥	布氏硬度 HBW	主要基体组织
QT350-22L	350	220	22	≤160	铁素体
QT350-22R	350	220	22	≤160	铁素体
QT350-22	350	220	22	≤160	铁素体
QT400-18L	400	240	18	120 ~ 175	铁素体
QT400-18R	400	250	18	120 ~ 175	铁素体
QT400-18	400	250	18	120 ~ 175	铁素体
QT400-15	400	250	15	120 ~ 180	铁素体
QT450-15	450	310	10	160 ~ 210	铁素体
QT500-7	500	320	7	170 ~ 230	铁素体 + 珠光体

（续）

牌　号	抗拉强度 R_m /MPa ≥	规定塑性延伸强度 $R_{p0.2}$/MPa ≥	断后伸长率 A(%) ≥	布氏硬度 HBW	主要基体组织
QT550-5	550	350	5	180~250	铁素体+珠光体
QT600-3	600	370	3	190~270	珠光体+铁素体
QT700-2	700	420	2	225~305	珠光体
QT800-2	800	480	2	245~335	珠光体或索氏体
QT900-2	900	600	2	280~360	回火马氏体或托氏体+索氏体

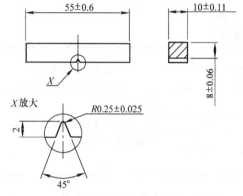

图 9-5　冲击试样

当铸件质量不小于2000kg、壁厚为30~200mm时，优先采用附铸试块；当铸件质量不小于2000kg、壁厚大于200mm时，应采用附铸试块。附铸试块在铸件上的位置应考虑不影响浇注系统、不增加铸件的缩孔缩松等因素。非铸态铸件，附铸试块应热处理后去除测试。

球墨铸铁附铸试样的力学性能见表9-18。

球墨铸铁附铸试块与铸件连接的形状尺寸如图9-6所示，球墨铸铁附铸试块尺寸见表9-19。

表 9-17　单铸试样 V 型缺口的冲击吸收能量

牌　号	最小冲击功吸收能量/J					
	室温（23±5）℃		低温（-20±2）℃		低温（-40±2）℃	
	三个试样平均值	个别值	三个试样平均值	个别值	三个试样平均值	个别值
QT350-22L	—	—	—	—	12	9
QT350-22R	17	14	—	—	—	—
QT400-18L	—	—	12	9	—	—
QT400-18R	14	11	—	—	—	—

表 9-18　球墨铸铁附铸试样的力学性能

铸件牌号	壁厚 /mm	抗拉强度 R_m/MPa ≥	规定塑性延伸强度 $R_{p0.2}$/MPa ≥	断后伸长率 A(%) ≥	布氏硬度 HBW	主要基体组织
QT350-22AL	≤30	350	220	22	≤160	铁素体
	>30~60	330	210	18		
	>60~200	320	200	15		
QT350-22AR	≤30	350	220	22	≤160	铁素体
	>30~60	330	210	18		
	>60~200	320	200	15		
QT350-22A	≤30	350	220	22	≤160	铁素体
	>30~60	330	210	18		
	>60~200	320	200	15		

（续）

铸件牌号	壁厚 /mm	抗拉强度 R_m/MPa ≥	规定塑性延伸强度 $R_{p0.2}$/MPa ≥	断后伸长率 A(%) ≥	布氏硬度 HBW	主要基体组织
QT400-18AL	≤30	380	240	18	120~175	铁素体
	>30~60	370	230	15		
	>60~200	360	220	12		
QT400-18AR	≤30	400	250	18	120~175	铁素体
	>30~60	390	250	15		
	>60~200	370	240	12		
QT400-18A	≤30	400	250	18	120~175	铁素体
	>30~60	390	250	15		
	>60~200	370	240	12		
QT400-15A	≤30	400	250	15	120~180	铁素体
	>30~60	390	250	14		
	>60~200	370	240	11		
QT450-10A	≤30	450	310	10	160~210	铁素体
	>30~60	420	280	9		
	>60~200	390	260	8		
QT500-7A	≤30	500	320	7	170~230	铁素体 + 珠光体
	>30~60	450	300	7		
	>60~200	420	290	5		
QT550-5A	≤30	550	350	5	180~250	铁素体 + 珠光体
	>30~60	520	330	4		
	>60~200	500	320	3		
QT600-3A	≤30	600	370	3	190~270	珠光体 + 铁素体
	>30~60	600	360	2		
	>60~200	550	340	1		
QT700-2A	≤30	700	420	2	225~305	珠光体
	>30~60	700	400	2		
	>60~200	650	380	1		
QT800-2A	≤30	800	480	2	245~335	珠光体或索氏体
	>30~60	由供需双方协定				
	>60~200					
QT900-2A	≤30	900	600	2	280~360	回火马氏体 + 索氏体或托氏体
	>30~60	由供需双方协定				
	>60~200					

　　球墨铸铁原铁液经镁和稀土的脱氧去硫净化以后，达到石墨成球的过冷度 ΔT 在 29~35℃。REMgSiFe 高碳低硅从来都是球墨铸铁化学成分控制的原则。铁液的杂质含量会一直削弱力学性能，应力求避免。

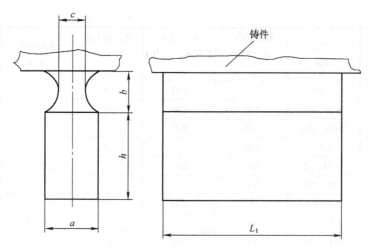

图9-6　球墨铸铁附铸试块

表9-19　球墨铸铁附铸试块尺寸　　　　　　（单位：mm）

类型	铸件的主要壁厚	a	b ≤	c ≥	h	L_t
A	≤12.5	15	11	7.5	20~30	参照拉伸试样尺寸图一般定为：$Lc + 2 \times 50 + 60$
B	>12.5~30	25	19	12.5	30~40	
C	>30~60	40	30	20	40~65	
D	>60~200	70	52.5	35	65~105	

2. 铸态球墨铸铁

（1）普通铸态铁素体球墨铸铁　高温和对冲击韧性有要求的球墨铸铁零件，期望单一铁素体基体，减少复合相（珠光体）渗碳体在高温下分解变形。结构性零件和汽配零件需要较高的塑性和韧性，铁素体球墨铸铁是很好的选择。

对于铸态铁素体球墨铸铁，可以提高铁液中Si的质量分数至2.5%～3.0%（应力求低硅），使用低锰、低磷生铁，珠光体形成元素（Cu、Cr、Sn、Sb等）尽量低。增加炉料中纯净度高、杂质量少的生铁和废钢投料比例。在确保球化的基础上，减少残留镁和残留稀土量。采用含La的球化合金可以增加球墨铸铁基体铁素体量。

铸铁的铁素体体积分数关系式为：

$$F = 96.1 e^{-P_x} \times 100\% \quad (9-8)$$

式中　F——铁素体的体积分数；

e——自然对数的底；

P_x——珠光体系数，$P_x = 3.0w(\mathrm{Mn}) - 2.65w(\mathrm{Si}) + 5.3 + 7.75w(\mathrm{Cu}) + 90w(\mathrm{Sn}) + 357w(\mathrm{Pb}) + 333w(\mathrm{Bi}) + 20.1w(\mathrm{As}) + 9.6w(\mathrm{Cr}) + 71.1w(\mathrm{Sb})$。

P_x 表达式中各元素含量的临界范围见表9-20。

表9-20　P_x 表达式中各元素含量的临界范围

元素	Mn	Si	Cu	Sn	Pb	Bi	As	Cr	Sb
含量（质量分数,%)	≤1.0	2.1~3.1	≤0.2	≤0.02	≤0.005	≤0.005	≤0.01	≤0.15	≤0.005

某发动机排气歧管要求铁素体的体积分数大于90%，只需对照式（9-8）减少铸铁中珠光体形成元素和微量干扰元素的含量。采用高效孕育剂，运用滞后孕育手段，可以消除白口和增加铸态铁素体量，同时增加单位面积石墨球数。对低温工况铁素体球墨铸铁，则要求严格限制Si、Mn、P的上限。

铸铁五大基本元素对球墨铸铁的影响见表9-21。

表 9-21　铸铁五大基本元素对球墨铸铁的影响

碳的影响	硅的影响	锰的影响	磷的影响	硫的影响
含碳量高析出石墨多，石墨球数量多，圆整度好。含碳量高，残留镁相应高。含碳量低，残留镁可减少	硅是促进石墨化元素，含硅量高，铁素体量增多；含硅量低，珠光体量增加。硅高低温脆性温度上移	锰提高抗拉强度，但降低断后伸长率和冲击韧度，提高韧脆转变温度，含锰量高珠光体量增加	磷是有害元素，$w(P)$ ≤0.06%	硫是反石墨化元素，$w(S)$ ≤0.02%

（2）铸态珠光体球墨铸铁　铸态球墨铸铁不能用加 Cr、V、Mo 的办法提高珠光体量，不过当含 Cr 量较少 [$w(Cr) < 0.18\%$] 时，铬不会增加球墨铸铁一次渗碳体数量，也不会增加脆性。但是，如果此时含有微量锡，则这样低的含铬量也会使球墨铸铁的脆性增大。

球墨铸铁的含硫量低，少量 Mn 即引发偏析，Mn、Cr 的偏析导致韧脆转变温度升高，引起脆性断裂，截面越大越严重，铸态球墨铸铁必须采用低锰生铁。铸态珠光体球墨铸铁中 $w(Si)$ 应在 2.0% ~ 2.4% 范围内，硅高可提高脆性转变温度，铸态容易产生铁素体。

铸态球墨铸铁最佳控制珠光体的措施是加质量分数为 0.5% ~ 1.5% 的 Cu，当 $w(Cu) < 0.4\%$ 时对珠光体数量没有明显影响，$w(Cu) >$

2.0% 时出现的富铜相将恶化材料力学性能。球墨铸铁 $w(P) > 0.05\%$ 时会出现磷共晶，对冲击韧度及韧脆转变温度影响极大。国内铸态球墨铸铁要求 $w(P) < 0.06\%$，国外则要求 $w(P) < 0.04\%$。加 Ce 可以改变磷共晶的形貌与分布，Ce 的磷化物熔点高，结晶前期呈孤立圆形析出物，弱化负面影响。

Ti、Sb、Bi、As、Pb 是球化干扰元素，形成晶间碳化物恶化力学性能。在铸件球化的前提下，调整球化合金加入量，使得残留镁和残留稀土保持最低水平，减少白口倾向。资料介绍：联合添加 $w(Mn) = 0.5\%$，$w(Cu) = 1.0\%$ 可生产铸态全珠光体球墨铸铁。

球墨铸铁件推荐化学成分见表 9-22。

表 9-22　球墨铸铁件推荐化学成分

基体组织	化学成分（质量分数,%）						
	C	Si	Mn	P	S	Mg残	RE残
铁素体	3.6 ~ 3.9	2.3 ~ 2.5	≤0.3	≤0.06	≤0.02	0.03 ~ 0.06	0.01 ~ 0.02
珠光体	3.6 ~ 3.8	2.0 ~ 2.4	≤0.3	≤0.06	≤0.02	0.03 ~ 0.06	0.02 ~ 0.03
低温铁素体[①]	3.5 ~ 3.8	1.9 ~ 2.1	≤0.2	≤0.03	≤0.01	0.04 ~ 0.08	0 ~ 0.006

① 低温铁素体大型厚壁球墨铸铁件，必须采用高纯生铁，Mg残取上限，RE残 小于 0.006%。C、Si 量，厚壁件取下限，薄壁件取上限；Mg残 反之。壁厚大于 50 ~ 60mm 的球墨铸铁件，RE残 宜取下限。

3. 球化处理的方法

（1）冲入法（sandwich）　冲入法在国外称三明治法，需要注意的事项有：

1）球化处理包内铁液的高径比 H/D 为 1.5 ~ 2，如果用球化包处理半包铁液，则违背要求高径比的初衷。

2）处理包的包坑深度，在装入球化剂和覆盖剂后尚余 20 ~ 25mm，铁液进入包坑与覆盖剂熔融成半固态物质，延缓球化合金过早爆发，可以提高 Mg 的收得率。

3）凹坑的宽度以 1/4 ~ 1/3 包底直径为

好，投影面积小的凹坑增加深度，有利延缓爆发。

4）及时清除熔渣，使每包球化合金装入凹坑情况相同。

（2）盖包法（Tundish）　盖包法是冲入法的延伸，增加一个包盖优点如下：球化效果稳定，提高镁的吸收率，节约球化剂用量 30%；减少球化处理的铁液温降；氧化渣量减少 50%；较少车间烟尘和光污染。

（3）G.F 转包法（G.F Turn ladle）　资料介绍：1971 年瑞士乔治·费歇尔公司首先公布

了特制转包，用纯镁进行球化处理的方法。转包法可以用于 $w(S) \leq 0.3\%$ 的原铁液，适用于浇注量大或大量生产的球墨铸铁件。转包法处理温度为1500℃，镁的吸收率可达40%，反应时间为 $60 \sim 120s$，球墨铸铁石墨圆整，球化率高。纯镁转包法成本低于 FeSiMgRE 球化合金，利于生产含硅较低的球墨铸铁。转包法已在世界各国许多工厂采用，据参加国际铸造展的专家介绍，发达国家多采用 G. F 转包法。

（4）型内法（in-mold process） 工业发达国家采用型内球化处理工艺较多，球化合金可采用 $2 \sim 6mm$ 的粒度。表9-23所列数据说明了型内球化法的优点，相同材质的球墨铸铁抗拉强度能从520MPa提高到720MPa，断后伸长率从2%提高到4%。泡沫陶瓷过滤网与型内球化或型内孕育联用，显著提高铸铁性能。过滤网的微孔破坏铁液中短序排列的晶粒，有利于得到等轴晶。

近年来，铸造学者提倡清洁铁液，认为铁液中存在大量夹杂物和熔渣，其中Ⅰ类渣是无害微粒状，对抗拉强度和脆性影响甚微；Ⅱ类渣为隐形黏稠状，在金属晶体间形成纳米级渣膜，电子显微镜难以识别，削弱强度；Ⅲ类为

团块状，浇注系统没能阻挡，进入型腔的渣粒对铸件表面加工或力学性能危害很大。泡沫陶瓷过滤网可以有效阻止Ⅱ、Ⅲ类渣的进入。

型内球化法还存在一些技术难点，美、英、加等国家已取得很多相关专利，国内铸造企业在应用型内球化法时，应该有充足的技术储备，不可忽视它的技术难点。

表9-23 型内球化处理与普通球化处理铸件力学性能比较

处理方法	抗拉强度/MPa	断后伸长率(%)	布氏硬度/HBW
普通球化法	520	2	210
型内球化法	720	4	220

（5）喂丝法（Core Wire Injection Process） 喂丝法即芯线插入法，球化合金颗粒由0.3mm铁皮包裹成芯线，通过喂线机器，以一定的速度插入铁液包底部。芯线内球化合金含镁量高达20%～30%，进入铁液硅量少，可以增加球墨铸铁回炉料的投入。喂丝法的加镁量准确，目前采用球化反应室阻隔铁液激烈沸腾，喂丝法球化处理仍需不断改进。不同球化处理方法镁的吸收率和技术特点比较见表9-24。

表9-24 不同球化处理方法镁的吸收率和技术特点比较

球化处理方法	冲入法	盖包法	G. F 转包法	型内法	喂丝法
镁的吸收率(%)	30～40	60	40	80	40～50
技术特点	操作简便	质优、价廉	节能降耗、去硫	降耗、提高强度	减硅易控

表9-25是根据铸件的壁厚，推荐较为合适的球墨铸铁中残留镁和残留稀土量。在铸件球化的前提下，残留镁和残留稀土量应尽可能低，这样既节约镁和稀土用量，又可以减少MgS熔渣，减少白口、缩孔、缩松倾向。

表9-25 根据铸件壁厚确定残留镁和残留稀土量

壁厚/mm	≤25	25～50	50～100	100～250	≥250
$w(Mg_{残})$ (%)	0.028～0.040	0.035～0.045	0.045～0.060	0.060～0.080	≥0.090
$w(RE_{残})$ (%)	≤0.015	0.010～0.020	0.020～0.030	0～0.006[1]	0[1][2]

① 采用重稀土可小于0.018%。

② 采用无稀土球化剂。

9.1.5 蠕墨铸铁生产质量控制技术

在1948年，英国 M. Morrogh 发布"用铈制取球墨铸铁"的论文中就提到"在亚共晶铁液

中加铈，可获蠕虫状石墨"。1965年 J. W. Estcs 等基于其有比灰铸铁更高的强度和比球墨铸铁更高的导热性，设想其具有高的抗热疲劳性能而首先建议采用蠕墨铸铁。此后国外许多国家

相继开展了此方面的研究及应用。

1. 蠕墨铸铁的组织特点

蠕墨铸铁中的石墨呈蠕虫状，是介于片状石墨及球状石墨之间的中间状态类型石墨，它既具有共晶团内部石墨互相连续的片状石墨的组织特征，又具有石墨头部较圆、位相特点和球状石墨相似的特征。普通蠕墨铸铁的铸态组织中铁素体含量较高，共晶团内部多为铁素体，共晶团之间多为珠光体，由此造成了断口呈"花脸"状。其形成原因一般认为与以下因素有关。

1）石墨的形态。共晶团内分枝多，碳原子扩散距离小，以及由于蠕虫状石墨是 A 向和 C 向交替优势生长形成的（其表面既有基面又有棱面使表面较粗糙且增加了石墨）奥氏体界面，碳原子易扩散并依附于蠕虫状石墨上析出。

2）元素的偏析。测试结果表明共晶团内部 Si 较高，而共晶团间 Mn、Cr 等元素较高。可采用合金化（如 Cr、Mn、Cu、Sn、Sb 等），经正火处理等方法提高珠光体含量，从而提高强度，改善耐磨性。

2. 蠕墨铸铁的性能特点

蠕墨铸铁的力学性能如抗拉强度、断后伸长率、冲击韧度介于灰铸铁和球墨铸铁之间。蠕墨铸铁的牌号有 RuT260、RuT300、RuT350、RuT400、RuT450 五种，即其抗拉强度最低为 260MPa，一般不高于 450MPa。蠕墨铸铁的热导率远高于球墨铸铁，低于相近成分的灰铸铁。由于蠕墨铸铁的碳当量较高（一般接近共晶点），其热导率一般高于低碳当量高强度灰铸铁或合金灰铸铁。另外，蠕墨铸铁的热膨胀系数较普通灰铸铁高但低于高强度灰铸铁。

蠕墨铸铁的铸造性能较球墨铸铁及高强度灰铸铁好，易于获得致密的健全铸件，铸造工艺较简单，且组织及力学性能的壁厚敏感性小。这也是用蠕墨铸铁替代高强度灰铸铁或强度要求不太高的球墨铸铁的主要原因之一。蠕墨铸铁的切削加工性能与球墨铸铁类似，比灰铸铁差。这是蠕墨铸铁应用于发动机缸体等有待于解决的问题之一。

由于蠕墨铸铁的导热性好于球墨铸铁和高强度灰铸铁，在交变温度条件下产生的热应力较小，且强度较高、石墨端部较圆钝，不易产生应力集中，从而其抗热疲劳性能比球墨铸铁和灰铸铁都好。这是蠕墨铸铁最典型的优点。因此其是钢锭模、气缸盖、排气管、玻璃模具、制动盘等在交变温度条件下工作的零部件的较理想材料。

因蠕墨铸铁的缩孔、缩松倾向比球墨铸铁和高强度灰铸铁小，致密性比较好，从而可用于替代高强度灰铸铁或合金灰铸铁制造耐压件，如内燃机气缸盖、液压阀体等，不仅降低耐压试验中的渗漏不合格品率，而且可提高工艺出品率。试验证明蠕墨铸铁的耐磨性比灰铸铁好。

3. 蠕墨铸铁的蠕化与孕育处理工艺

(1) 原材料

1）生铁。最好选用硫、磷含量低且稳定，硅含量不太高的球墨铸铁生铁（如 Q12、Q14）。

2）回炉料。最好用蠕墨铸铁或球墨铸铁的回炉料，灰铸铁回炉料因硫含量较高不宜采用。

3）废钢。由于碳当量对蠕墨铸铁的强度影响较小，为改善其铸造性能，一般要求碳当量接近共晶成分，所以废钢用量较少，一般选用低碳废钢。

4）蠕化剂。我国稀土资源丰富，在蠕墨铸铁生产中主要应用为以稀土为主的蠕化剂。为扩大获得蠕化剂加入量范围，改善生产稳定性，蠕化剂通常由球化元素（如 Mg、RE、Ca 等）＋反球化元素（如 Ti、Al 等）组成。

按成分可分为镁系蠕化剂（包括镁钛合金、镁钛稀土合金、镁钛铝合金等）、稀土系蠕化剂（包括 1#稀土、稀土钙、稀土镁、稀土镁锌、稀土锌镁铝等）、钙系蠕化剂（包括钙镁硅、稀土钙等）。其中应用较广泛的是 1#稀土（最好含有一定的钛）和稀土镁钛。前者蠕化范围较宽，蠕化率较高，但白口倾向较大，而后者蠕化率较低（常伴有球墨）、白口倾向较小，适应于塑性、韧性要求较高的铸件。

5）孕育剂。主要目的是消除白口、细化组织。常用的孕育剂是 FeSi75。当铸件厚度较大时，为避免孕育衰退，最好用含钙、钡、锶的孕育剂。

（2）熔炼设备及对熔炼的要求　蠕墨铸铁的生产对熔炼的基本要求是铁液温度高（1400～1480℃）、杂质少（尤其含硫量低且稳定）、成分均匀、能耗少、污染小。冲天炉具有生产成本低、连续生产量大等优点，但温度一般较低、成分均匀性较差、含硫量较高（质量分数一般为0.06%～0.12%）、蠕化剂消耗量较大且环境污染较重。为了提高铁液温度、降低焦耗量，最好用热风冲天炉。中频感应炉应用也比较广，用冲天炉熔炼，用感应炉保温调整成分、温度，发挥其优点。

（3）蠕墨铸铁对原铁液成分的要求及配料　蠕墨铸铁的成分取决于铸件的性能要求及使用条件，原铁液成分应能确保最终成分和便于炉前处理。通常对原铁液的成分有如下要求：碳高、硅适当低、磷低（特殊耐磨蠕墨铸铁除外）、硫适当低且稳定，其他元素如锰、铬、钼、铜、镍等根据要求确定。配料应根据原铁液成分要求确定，就普通蠕墨铸铁而言，一般成分（质量分数）生铁大于50%，回炉料小于40%，废钢10%～20%。

（4）蠕墨铸铁的蠕化处理方法　蠕化处理方法主要决定于蠕化剂的种类。对于有自爆能力的蠕化剂（含镁、锌等低沸点元素），用包底冲入法（类似于球墨铸铁的处理）；对于无自爆能力的蠕化剂（如1#稀土等），则用随流冲入法、包内冲入法或中间包处理法。蠕化剂的加入量主要取决于蠕化剂中球化元素的含量、原铁液的含硫量及处理温度。对于电炉铁液，1#稀土的加入量（质量分数）一般为0.5%～0.8%，而对于冲天炉铁液应加入量（质量分数）为1.5%～2.0%。

（5）蠕墨铸铁的孕育处理　孕育处理的目的是消除由球化元素Mg、RE引起的白口倾向，同时细化组织、改善性能。孕育处理的方法主要有随流孕育、包内孕育、浮硅孕育等。

（6）蠕墨铸铁的炉前检验与控制　炉前检验是保证铸件组织性能、降低不合格品率的关键措施。常用的炉前检验与控制的方法主要有以下三种。

1）成分测定法。对铁液取样，用化学方法分析含硫量，据此确定蠕化剂的加入量，或蠕化处理后取样、用光谱确定球化元素及硫的残留量。

2）断口观察法。蠕化处理和孕育处理后取三角试样，冷却至暗红色水冷、砸断，根据断口判断蠕化和孕育效果。

3）其他方法。其他方法如快速金相法、热分析法、氧电势法等。

上述方法中，应用最广泛的方法是断口观察法和成分测定法。

对于检测不合格的铁液应进行补救，如变灰时应补加蠕化剂并搅拌均匀；蠕化率太低（成球墨铸铁）可采用补加铁液或延时浇注（必须在铁液温度足够高时）的方法；当白口倾向太大时，可采用补加硅铁或浮硅二次孕育的方法。

（7）蠕墨铸铁件的热处理　蠕墨铸铁件的热处理工艺通常有去应力退火、铁素体化退火和正火。

4. 蠕墨铸铁的应用

蠕墨铸铁具有介于灰铸铁和球墨铸铁之间的良好性能，如抗拉强度及屈服强度高于高强度灰铸铁而低于球墨铸铁，热传导性、耐热疲劳性、切削加工性及减振性又近似于一般灰铸铁，它的疲劳极限和冲击韧性虽不如球墨铸铁，但明显优于灰铸铁。其铸造性能接近于灰铸铁，铸造工艺简单，铸件成品率高。由于蠕墨铸铁具有这些优异的综合性能，具有广阔的应用领域。蠕墨铸铁可优先考虑在以下五类零件中应用。

1）零件在温度交变工况下工作，要求有好的热疲劳性能，包括有高的耐开裂、耐龟裂和抗变形能力，如汽车排气管、钢锭模等零件。蠕墨铸铁有优良耐热疲劳性能，铁素体基体蠕墨铸铁排气管工作温度允许达到700℃，高硅 $[w(Si)=4\%]$ 钼蠕墨铸铁排气管工作温度甚至允许高达870℃。

2）零件经受剧烈的滑动摩擦和温度的急剧变化，并对强度和耐磨性有高要求时，宜选用珠光体基体蠕墨铸铁，蠕化率宜大于80%，如制动鼓、制动片等。

3）零件对强度有较高的要求，兼有耐磨

性、致密性、耐热性、抗振动等多种要求。例如缸体、缸盖，宜选用蠕化率大于80%的混合基体或珠光体基体的蠕墨铸铁。

4）需要轻量化的零件，采用蠕墨铸铁成本远低于铸铝件，不增加任何工厂改造投资，将原设计的灰铸铁件改为蠕墨铸铁件，在达到原设计强度的条件下，质量可减少20%～30%，如变速器壳体等。

5）要求致密性很高的铸件，原先采用合金化或低碳当量孕育铸铁，其结构又不宜改为球墨铸铁件（因缩松难以解决），铁液工艺出品率低，成本高，可采用高蠕化率蠕墨铸铁，如液压元件。

9.1.6 高铬铸铁的种类、成分

随着工业的迅速发展，对高铬白口铸铁的要求、使用范围也越来越广，目前，我国制定了高铬铸铁磨球、高铬白口铸铁的牌号、化学成分和硬度的国家标准及行业标准，见表9-26。

英国高铬耐磨白口铸铁的牌号、化学成分和硬度见表9-27。

表9-26 高铬铸铁磨球、高铬白口铸铁种类、化学成分

牌号	化学成分（质量分数,%）									硬度 HRC	
	C	Si	Mn	Cr	Mo	Cu	Ni	P	S	淬火	非淬火
ZQCr26	2.0～2.8	≤1.0	0.5～1.5	22～28	0～0.1	0～1.5	0～1.5	≤0.10	≤0.06	≥56	≥45
ZQCr20	2.0～2.8	≤1.0	0.5～1.5	18～22	0～2.5	0～1.5	0～1.5	≤0.10	≤0.06		
ZQCr15	2.0～3.0	≤1.0	0.5～1.5	13～17	0～3.0	0～1.5	0～1.5	≤0.10	≤0.06		
KmTBCr12	2.0～3.3	<1.5	<2.0	11～14	<1.2	<2.5	<2.5	<0.10	<0.06	铸态 >46 硬化态 >56 退火 <41	
KmTBCr15Mo	2.0～3.3	<1.2	<2.0	14～18	<1.2	<2.5	<2.5	<0.10	<0.06		
KmTBCr20Mo	2.0～3.3	<1.2	<2.0	18～23	<1.2	<2.5	<2.5	<0.10	<0.06		
KmTBCr26	2.0～3.3	<1.2	<2.0	23～30	<2.0	<2.5	<2.5	<0.10	<0.06		
ZQCr26	2.0～3.3	≤1.2	<2.0	23～30	<3.0	<2.5	<2.5	<0.10	<0.06	硬化态≥56	
ZQCr15	2.0～3.3	≤1.2	<2.0	14～18	<3.0	<1.2	<2.5	<0.10	<0.06	硬化态≥58	
ZQCr12	2.0～3.3	≤1.5	<2.0	11～14	<3.0	<1.2	<2.5	<0.10	<0.06	硬化态≥58	
KmTBCr15Mo	2.0～3.3	≤1.2	<2.0	14～18	<3.0	<2.0	<2.5	<0.10	<0.06	硬化态≥58	

表9-27 高铬耐磨白口铸铁的牌号、化学成分和硬度

牌号	化学成分（质量分数,%）									硬度 HBW	备注
	C	Si	Mn	Cr	Mo	Cu	Ni	P	S		
3A	1.8～3.0	≤0.10	0.5～1.5	14～17	≤2.5	≤2.0	≤2.0	≤0.10	≤0.10	>600	英国 BS 铸造标准
3B	3.0～3.6	≤0.10	0.5～1.5	14～17	≤3.0	≤2.0	≤2.0	≤0.10	≤0.10	>650	
3C	1.8～3.0	≤0.10	0.5～1.5	17～22	≤3.0	≤2.0	≤2.0	≤0.10	≤0.10	>600	
3D	2.0～2.8	≤0.10	0.5～1.5	22～28	≤1.5	≤2.0	≤2.0	≤0.10	≤0.10	>600	
3E	2.8～3.5	≤0.10	0.5～1.5	22～28	≤1.5	≤2.0	≤2.0	≤0.10	≤0.10	>600	
3F	2.0～2.7	≤0.10	0.5～1.5	11～13	≤2.5	≤2.0	≤2.0	≤0.10	≤0.10	>600	
3D	2.7～3.4	≤0.10	0.5～1.5	11～13	≤3.0	≤2.0	≤2.0	≤0.10	≤0.10	>650	

在高合金白口耐磨铸铁中用的最广泛的是铬的质量分数为12%～26%的高铬白口铸铁。在这类铸铁的金相组织中，Cr与C形成M_7C_3型碳化物。在Fe-Cr-C系液相面图（见图9-7）中选定化学成分以后，可预计到刚凝固后铸铁中应有的组成体。从图9-7中可见，大多数高铬铸铁具有亚共晶成分（图中细点表示三角区的大部分）。图9-8所示是Fe-Cr-C系简化的室温切面图。由此两图可以看到：

1）高碳低铬时，容易出现M_3C。

2）低碳高铬时，容易出现M_4C。

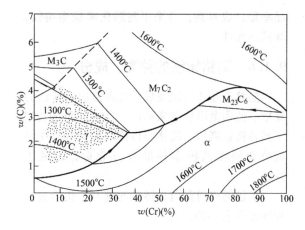

图 9-7　Fe-Cr-C 系液相面图

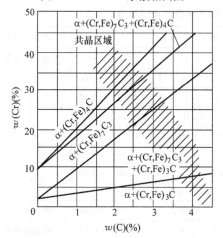

图 9-8　Fe-Cr-C 系简化的室温切面图

3) 碳与铬配合于三角区域中，可得到 M_7C_3。

4) 在平衡条件下，室温时只有铁素体是稳定的。

5) 随铬量增加，共晶碳量不断下降。$w(Cr)=5\%$ 时共晶碳量约为 3.9%；$w(Cr)=13\%$ 则减至 3.6%；$w(Cr)=25\%$ 时又减至 3.3%；$w(Cr)=28\%$ 时为 2.8%。

从图 9-7 可见，刚凝固的铸铁中金属基体应该是奥氏体，此奥氏体只有在高温时才是稳定的，而且被碳、铬、钼等元素所饱和。温度降低时奥氏体将发生转变。为了提高高铬白口铸铁的耐磨性，希望奥氏体能充分转变成马氏体，但铸态下这种转变是不充分的，甚至会出现珠光体类的转变产物，所以高铬白口铸铁通常需要高温热处理来获得马氏体。在加热到高温以后，析出二次碳化物，然后在冷却时奥氏体可能转变成马氏体。

对高铬白口铸铁的牌号，美国 Climas 公司的规定比较详细，见表 9-28；表中 15-3 是指含（质量分数，下同）Cr15% Mo3%，15-2-1 是指含 Cr15% Mo2% Cu1%。同一牌号高铬白口铸铁中又以碳的高低来区分。低碳的韧性好而硬度低，适用于冲击载荷比较大的场合；高碳的则适用于冲击载荷比较小的场合，表现出良好的耐磨性。20-2-1 适用于厚壁件。

表 9-28　美国 Climas 公司的高铬白口铸铁

化学成分（质量分数，%）	15-3				15-2-1	20-2-1
	超高碳	高碳	中碳	低碳		
C	3.6~4.3	3.2~3.6	2.8~3.2	2.4~2.8	2.8~3.5	2.6~2.9
Cr	14~16	14~16	14~16	14~16	14~16	18~21
Mo	2.5~3.0	2.2~3.0	2.5~3.0	2.4~2.8	1.9~2.2	1.4~2.0
Cu	—	—	—	—	0.5~1.2	0.5~1.2
Mn	0.7~1.0	0.7~1.0	0.5~0.8	0.5~0.8	0.6~0.9	0.6~0.9
Si	0.3~0.8	0.3~0.8	0.3~0.8	0.3~0.8	0.4~0.5	0.6~0.9
S	<0.05	<0.05	<0.05	<0.05	<0.05	<0.05
P	<0.10	<0.10	<0.10	<0.10	<0.06	<0.06
空冷时不析出珠光体的最大截面/mm	—	70	90	120	200	>200
硬度 HRC　铸态	—	51~56	50~54	44~48	50~55	50~54
硬度 HRC　淬火	—	62~67	60~65	58~63	60~67	60~67
硬度 HRC　退火	—	40~44	37~42	35~40	40~44	38~43

注：碳为下限时，大断面中可能出现贝氏体。

高铬白口铸铁中的主要合金元素是铬。铬的质量分数至少高于 9% 才可能可靠地得到 M_7C_3。铬除与碳形成碳化物外，尚有部分溶解于奥氏体中，起提高淬透性的作用。淬透性随 Cr/C 的增加而提高（见图 9-9）。基体中 $w(Cr)$ 可以用下式估算：

$$w(Cr) = 1.95\% \frac{w(Cr)}{w(C)} - 2.47\%$$

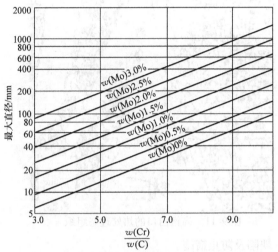

图 9-9 高铬白口铸铁中碳、铬、钼
与空冷淬透最大直径的关系

高铬白口铸铁中常用的 $w(Cr)/w(C)$ 为 4 ~ 8。在无其他合金元素时，空冷能淬透的直径只有 $\phi10 \sim \phi40mm$，淬透性相当差。提高碳量能增加碳化物数量，其效果比提高铬量更为显著。碳化物百分数 K 可以用下式估算

$$K = 11.3w(C) + 0.5w(Cr) - 13.4\%$$

增加碳化物数量能提高耐磨性，但会降低韧性，并且也降低淬透性，故必须用其他合金元素来弥补淬透性的不足。

钼有一部分进入碳化物，一部分融入奥氏体，融入的钼量可以提高淬透性（见图 9-9），而且钼降低马氏体转变温度 Ms 的作用不太大。当钼和铜联合使用时，提高淬透性的作用更大（见表 9-28 中的 20-2-1 牌号）。

镍不溶于碳化物，全部进入奥氏体，可以充分提高淬透性的作用，但降低 Ms 的作用比钼大。大多数合金元素均降低 Ms，当加入 1%（质量分数）时，各元素对 Ms 的影响为：Si 提高 22℃，Cr 提高 5℃，Mo 降低 7℃，Cu 降低 17℃，Ni 降低 41℃ [$w(Ni) < 2\%$]，Ni 降低 14℃ [$w(Ni) > 2\%$ 时]，Mn 降低 40℃。

铜能提高淬透性，作用小于镍。铜在奥氏体中的溶解度有限，其质量分数常在 2% 以下。

锰稳定奥氏体，但剧烈降低 Ms，带来大量残留奥氏体。

硅降低淬透性，所以硅的质量分数一般限制在 0.8% 以下。但硅提高 Ms，故当锰量用得高时，允许把硅的质量分数提高到 1.0% ~ 1.2%。

钒可使碳化物球化。钒的质量分数为 0.1% ~ 0.5% 可细化激冷白口铸铁的组织，也能减少粗大的柱状晶组织。铸态时，钒与碳结合既生成初生碳化物，又生成二次碳化物，使基体中的碳量有所降低，提高 Ms，可获得铸态马氏体。在 2.5C - 1.5Si - 0.5Mn - 15Cr 铸铁中加入 1% 的 Mo 及 4% 的 V（质量分数），即可在 $\phi22 \sim \phi152mm$ 直径范围内得到马氏体基体。由于钒价昂贵，此法只用于不宜热处理的铸件。

硼能提高碳化物的硬度，且能生成很硬的化合物。硼溶入金属基体中能有效地提高基体的显微硬度。硼对 Ms 的影响很小，薄件在铸态也能得到马氏体。铸态中各组织的硬度见表 9-29。

表 9-29 铸态中各组织的硬度

组织	显微硬度 HV5				
	B0.11%	B0.35%	B0.57%	B0.89%	B1.26%
奥氏体	478	481	467		
马氏体					950
共晶碳化物	1565	1570	751	862	1891 ~ 2688
初生碳化物			1783 ~ 2135	1600 ~ 2200	1953

注：铸铁化学成分为：$w(C) = 2.6\% \sim 2.8\%$，$w(Cr) = 16\% \sim 18\%$，$w(Mo) = 0.07\%$，$w(Si) < 1.0\%$，$w(Mn) < 0.8\%$，$w(S) < 0.15\%$，$w(P) < 0.03\%$。

高铬白口铸铁的金相组织随化学成分和冷却速度而定。薄铸件在铸态可能得到奥氏体组织（见图 9-10），但若淬透性不足或铸件较厚，则铸态基体可能是奥氏体、马氏体、珠光体的混合物。经高温处理后，由于二次碳化物的析出，降低基体中碳和铬含量，才能获得马氏体组织，往往伴随有数量不等的残留奥氏体。由于弥散的二次碳化物分布在基体中，使得在光学显微镜下很难分辨出基体的真正面貌（见图 9-11）。

图 9-10　高铬白口铸铁的铸态组织

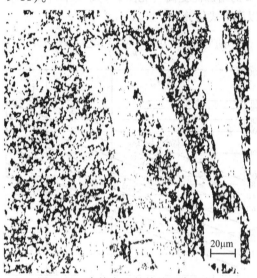

图 9-11　高铬白口的热处理态组织

9.1.7　耐热铸铁的化学成分、性能及使用特点

耐热铸铁与耐热铸钢相比，具有成本低、铸造容易的特点，在工业生产中应用广泛。下面重点介绍耐热铸铁的化学成分、性能及使用特点，各种耐热铸铁的选用，耐热铸铁的常见缺陷及防止措施。

1. 耐热铸铁的化学成分、性能及使用特点

1）硅系耐热铸铁的化学成分、性能及使用特点见表 9-30。

2）铝系耐热铸铁的化学成分与性能见表 9-31。

表 9-30　硅系耐热铸铁的化学成分、性能及使用特点

铸铁类别	化学成分（质量分数,%)						耐热温度 /℃	室温下 R_m/ MPa	使用说明
	C	Si	Mn	P	S	其他			
中硅耐热铸铁 HTRSi5	2.2 ~ 3.0	5.0 ~ 6.0	<1.0	<0.2	<0.12	Cr 0.5 ~ 0.9	850	>198	用于空气及炉气介质。介质中有蒸汽时，寿命降低，强度低，脆性大
中硅球墨铸铁	2.8 ~ 3.4	3.5 ~ 4.5	<0.7	<0.1	<0.03	Mg 0.03 ~ 0.06 RE 0.01 ~ 0.04	600 ~ 750	>440	用于空气及炉气介质。介质中有蒸汽时，寿命降低
	2.6 ~ 3.2	4.5 ~ 5.5	<0.7	<0.1	<0.03	Mg 0.03 ~ 0.065 RE 0.015 ~ 0.04	750 ~ 900	>343	$w(\mathrm{Si})>4.5\%$ 时，能承受一定动载荷和温度急变。Si 提高，则耐热性增加，其余性能下降；$w(\mathrm{Si})>5.5\%$，裂脆倾向显著增加
中硅球墨铸铁 QTRSi5	2.4 ~ 3.0	5.0 ~ 6.0	<0.7	<0.1	<0.03	Mg 0.04 ~ 0.07 RE 0.015 ~ 0.04	900 ~ 950	>216	
中硅球墨铸铁	2.4 ~ 2.8	6.0 ~ 6.5	<0.7	<0.1	<0.03	Mg 0.05 ~ 0.08 RE 0.015 ~ 0.03	950 ~ 1000	>196	

表 9-31　铝系耐热铸铁的化学成分与性能

铸铁类别	化学成分（质量分数,%)						耐热温度 /℃	室温下 R_m /MPa
	C	Si	Mn	P	S	其他		
中铝球墨铸铁	2.5~3.0	1.6~2.3	0.6~0.8	<0.2	<0.03	Al 5.5~7.0	700	
高铝铸铁	1.2~2.0	1.3~2.0	0.6~0.8	<0.2	<0.03	Al 20~24	900~950	108~167
高铝球墨铸铁	1.7~2.2	1.0~2.0	0.4~0.8	<0.2	<0.01	Al 21~24	1000~1100	245~412

用于空气及炉气介质。介质中有蒸汽时其耐热性能优于硅系耐热铸铁。有良好的抗硫性能，但耐温度急变性较差。

3）铝硅耐热铸铁的化学成分与性能见表 9-32。

表 9-32　铝硅耐热铸铁的化学成分与性能

铸铁类别	化学成分（质量分数,%)						耐热温度 /℃	室温下 R_m /MPa
	C	Si	Mn	P	S	其他		
铝硅球墨铸铁	2.4~2.9	4.4~5.4	<0.5	<0.1	<0.02	Al 4.0~5.0	950~1050	216~270

4）铬系耐热铸铁的化学成分、性能及使用特点。铬系耐热铸铁比同类的铝硅耐热铸铁强度高，铬系耐热铸铁的工作温度随含铬量的增加而提高。一般分 $w(Cr)$ =0.5%~2.0% 的低铬耐热铸铁，$w(Cr)$ =16%~20% 的高铬耐热铸铁，$w(Cr)$ =28%~32% 的高铬耐热铸铁。常用铬系耐热铸铁的化学成分、性能及使用特点见表 9-33。

表 9-33　常用铬系耐热铸铁的化学成分、性能及使用特点

铸铁类别	化学成分（质量分数,%)						耐热温度 /℃	室温下的 R_m /MPa	使用说明
	C	Si	Mn	P	S	其他			
低铬耐热铸铁 HTRCr	2.8~3.6	1.5~2.5	<1.0	<0.3	<0.12	Cr 0.5~1.1	600	>177	用于空气及炉气介质。能承受一定动载荷，耐热温度急变性较好，加工性好
低铬耐热铸铁 HTRCr2	2.8~3.6	1.7~2.7	<1.0	<0.3	<0.12	Cr 1.2~1.9	650	>147	
高铬铸铁	0.5~1.0	0.5~1.3	0.5~0.8	≤0.1	<0.08	Cr 26~30	1000~1100	373~402	用于空气及炉气介质，有蒸汽的情况。耐热性优于硅系铸铁，有优良的抗硫性能，不宜用于温度急变性场合
	1.5~2.2	1.3~1.7	0.5~0.8	≤0.1	≤0.1	Cr 32~36	1100~1200	294~422	

2. 耐热铸铁的选用

耐热铸铁的工作温度按其抗氧化、抗生长指标来选择，一般耐热铸铁抗氧化平均速度不大于 0.5g/(m²·h)，生长率不大于 0.2%。耐热铸铁的选用见表 9-34。

表 9-34　耐热铸铁的选用

最高使用温度/℃	铸铁类别	用途举例
650	低铬铸铁 HTRCr	托架、炉排、风帽、煤气发生炉的闸门护条、平炉冷却柜
	低铬铸铁 HTRCr2	油炉喷气嘴、炉条、熔炼炉铁耙和耙齿
600~750	中硅铸铁 [$w(Si)$ =3.5%~4.5%]	炼油厂加热炉、各种砖架、火格子、大铊、化工转化炉的各种砖架

（续）

最高使用温度/℃	铸铁类别	用途举例
750～900	中硅铸铁 $[w(Si)=4.5\%\sim5.5\%]$	炼油厂加热炉中间管板、炉底管板、炉顶管板、烟道挡板、遮烟板、化工转化炉低温处的工作管板、锅炉燃烧喷嘴等
900～950	铝硅球墨铸铁$[w(Al+Si)=8\%\sim9\%]$ 中硅球墨铸铁$[w(Si)=5\%\sim6\%]$ 高铝球墨铸铁$[w(Al)=20\%\sim24\%]$	加热炉炉底板、化铝电阻炉坩埚
950～1050	铝硅球墨铸铁$[w(Al+Si)=8.5\%\sim10\%]$ 高铝球墨铸铁$[w(Al)=21\%\sim24\%]$	加热炉炉底板、渗碳罐、粉末冶金铁粉还原坩埚换热器
1000～1100	高铝球墨铸铁$[w(Al)=21\%\sim24\%]$ 高铬铸铁$[w(Cr)=26\%\sim30\%]$	热加炉炉底板、炉子传送链构件
1100～1200	高铬铸铁$[w(Cr)=32\%\sim36\%]$	热加炉炉底板、炉子传送链构件

3. 耐热铸铁的常见缺陷及防止措施（见表 9-35）

表 9-35　耐热铸铁的常见缺陷及防止措施

铸铁类别	缺陷	产生原因	防止措施
硅系耐热铸铁	冷裂	1）硅提高铸铁的韧脆转变温度，硅锰易偏析，因此铸铁脆性很大 2）铸铁导热性不良，（球墨铸铁更甚），热应力较大	1）严格控制化学成分：在满足耐热性要求的前提下，硅越低越好，$w(P)>0.15\%$，球墨铸铁中最好$w(Mn)<0.4\%$或$\leq0.7\%$，中硅灰铸铁加入少量的 Cr 或稀土以细化石墨，降低脆性 2）增加型芯砂退让性，消除浇道、飞边、毛刺对铸件收缩的阻碍 3）延缓打箱时间，脆裂敏感铸件要 12～24h 后打箱 4）铸件设计要加大圆角半径，避免壁厚急变 5）去应力或铁素体化退火
铝系耐热铸铁	冷裂	中铝铸铁特别是高铝铸铁容易发生，其原因是 1）由于高、中铝铸铁有大的线收缩值及不良的导热性，铸造应力很大 2）高铝铸铁高中温时脆性较大	1）严格控制化学成分：高铝铸铁中铝量不能过高或过低，球墨铸铁中残留稀土量不能过高 2）金相组织中不能出现碳化物，以防止高铝灰铸铁中石墨过于粗大 3）打箱时间要晚，打箱后避免吹风急冷，但要早松开砂箱，使铸件自由收缩 4）加大铸件圆角半径，避免壁厚急变 5）增加型砂、芯砂退让性 6）浇口分布应使铸件温度尽量均匀
	夹杂及冷隔	铝极易被氧化，形成 Al_2O_3 膜（在熔炼浇注时及在铸型中都会产生）。当氧化膜卷入铁液中时，形成夹杂缺陷 当氧化膜在铸铁表面形成时，则造成冷隔缺陷	1）铁液平稳迅速充满型腔，防止型腔中几个流股对冲形成翻腾 2）浇注时不能断流 3）采用低注或倾斜浇注。扁平内浇道可使铁液进入型腔时覆盖面大。内浇道截面面积比普通灰铸铁大 10%～15% 以上 4）浇注系统的设计要注意挡渣、集渣 5）注意型腔排气
	石墨漂浮	铝使硅在铸铁内的溶解度显著降低，高、中铝铸铁都易产生石墨漂浮	1）$w(Al)=20\%\sim24\%$ 的铸铁，碳的质量分数应小于 2.0%，高铝球墨铸铁可以较高 2）加铝后铁液充分镇静、保温，让石墨充分上浮 3）加入稀土合金

（续）

铸铁类别	缺陷	产生原因	防止措施
铬系耐热铸铁	冷裂	高、中铬铸铁脆性及收缩都较大，故较易产生冷裂。但冷裂倾向比高铝及高硅铸铁小	1）控制碳、硅量不要过高 2）其他工艺措施与硅、铝系铸铁基本相同
	缩孔、缩松	高、中铬铸铁有较大的缩孔与缩松倾向	壁厚较大铸件应设置冒口或冷铁
	冷隔	高、中铬铸铁含铬量高，易氧化形成 Cr_2O_3 的膜，造成冷隔	1）提高浇注温度 2）加快浇注速度 3）浇注系统设计应尽量避免不同方向的金属流汇合及金属流在型腔内流动过长和产生流动死角，浇道截面积适当加大

9.2　铸钢及其熔炼

与铸铁材料相比，铸钢材料具有以下特点。

1）具有较好的力学性能。铸钢材料一般具有较高的强度、塑性和韧性，因而在机械工业中较多地用于制造承受重载荷与冲击、振动的铸件。一些合金钢还用来制造具有特殊要求（如耐磨、耐蚀、耐高温等）的铸件。

2）具有良好的焊接性。铸钢材料一般均具有良好的焊接性，因而可以用焊补的方法修复铸造缺陷，获得更加完美、优良的铸件。还可利用这一特点采用铸-焊结合的工艺制造结构更加复杂的大型铸件。

3）生产成本较高。铸钢材料的铸造性能较差，工艺出品率较低，而且其熔炼过程比较复杂，对造型材料的质量要求也较高，所以铸钢件的生产成本比较高。

铸钢材料的熔炼方法受到铸造其他工序过程的制约，较多地采用三相电弧炉和感应炉炼钢。电弧炉炼钢质量较高，熔炼周期适中，便于组织生产；感应炉炼钢工艺简单，且随着废钢质量的精细化，其炼钢质量也能得到保证，多用于生产中、小铸件。电弧炉设备也在向大型化发展，平炉已逐步被电弧炉所取代。随着科学技术的发展，炉外精炼技术得到了进一步的发展与推广，使钢液中的含气量和非金属夹杂物含量大大减少，为生产高强度铸钢和超高强度铸钢创造了条件。

9.2.1　铸钢的种类、性质及应用

铸钢主要包括铸造碳钢、铸造低合金钢和铸造高合金钢。

1. 铸造碳钢

铸造碳钢是以碳为主加合金元素的钢种，其 $w(C) = 0.10\% \sim 0.60\%$，属于亚共析钢。其中 $w(C) < 0.20\%$ 的属于低碳铸钢，$w(C) = 0.20\% \sim 0.50\%$ 的属于中碳铸钢，$w(C) > 0.50\%$ 的属于高碳铸钢。

铸造碳钢中的化学元素除铁、碳外，主要还包括硅、锰、磷和硫。其中起主要作用的是碳，它直接影响碳钢的金相组织和力学性能；硅、锰在一定程度上对碳钢起强化作用。在铸造碳钢的规格范围内，硅、锰对力学性能的影响不显著，不过，它们作为脱氧剂在碳钢中起到脱氧的作用，可以降低氧的有害影响，锰还可以通过与硫化合消除硫的有害作用，所以硅和锰是碳钢中的有益元素；磷、硫是碳钢中的有害元素，降低碳钢的力学性能，硫易促使铸钢件产生热裂，磷使碳钢的韧性降低，促使铸钢件产生冷裂，所以其含量越低越好。

碳钢中多少存在一些气体和非金属夹杂物。它们对碳钢的性能都是有害的。碳钢中的气体主要是氢、氧和氮。它们溶解在钢液中，浇注以后在铸钢件的冷却、凝固过程中，它们或直接析出或通过化学反应产生气体，在铸钢件中形成气孔。碳钢中溶解的少量氢、氧还会显著降低碳钢的塑性和韧性；少量的氮对碳钢有细化晶粒、提高力学性能的作用，当含氮量

增多时它也显著降低碳钢的塑性和冲击韧性。

根据 GB/T 11352—2009，铸造碳钢按其力学性能的不同要求规定了五种牌号，见表 9-36。牌号中"ZG"表示铸钢，紧随其后的一组

数字表示最小屈服强度，横线后的一组数字表示最小抗拉强度。如 ZG 230-450，表示该种牌号碳钢的最小屈服强度是230MPa，最小抗拉强度是450MPa。

表 9-36 工程用铸造碳钢的力学性能

铸钢牌号	屈服强度 /MPa	抗拉强度 /MPa	断后伸长率 （%）	根据合同选择		
				断面收缩率 （%）	冲击吸收能量	
					KV/J	KU/J
ZG 200-400	200	400	25	40	30	47
ZG 230-450	230	450	22	32	25	35
ZG 270-500	270	500	18	25	22	27
ZG 310-570	310	570	15	21	15	24
ZG 340-640	340	640	10	18	10	16

在标准中对各牌号铸造碳钢的化学成分要求只给出了上限值，这说明对碳钢材料的质量要求已经从偏重于化学成分转向偏重于力学性能。由于化学成分对碳钢的力学性能存在必然的影响，而且碳、硅、锰含量过低时铸钢也有过氧化的危险，所以建议在生产中要确定一个合理的下限值。表 9-37 所给出的下限值供参考（上限与 GB/T 11352—2009 的要求相同）。

与铸铁相比，铸造碳钢的铸造性能较差。由于碳钢的熔点较高，结晶温度区间较宽，收缩率较大，所以铸造碳钢的流动性比较低，钢液容易氧化，形成夹杂，铸钢件易产生热裂和冷裂、缩孔和缩松的倾向及产生气孔的可能性都比较大。铸造碳钢的性能特点与应用见表 9-38。

表 9-37 一般工程用铸造碳钢的化学成分

铸钢牌号	化学成分（质量分数,%）									
	C	Si	Mn	S、P	残余元素					
					Ni	Cr	Cu	Mo	V	残留元素总量
ZG 200-400	0.20		0.80							
ZG 230-450	0.30									
ZG 270-500	0.40	0.60		≤0.035	≤0.40	≤0.35	≤0.40	≤0.20	≤0.05	≤1.00
ZG 310-570	0.50		0.90							
ZG 340-640	0.60									

注：对上限碳的质量分数每减少 0.01%，允许锰的质量分数增加 0.04%。

表 9-38 铸造碳钢的性能特点与应用

牌号	主要性能特点	应用举例
ZG 200-400	有良好的塑性、韧性和焊接性	用于受力不大，要求韧性的各种机械零件，如机座、变速器壳等
ZG 230-450	有一定的强度和较好的塑性、韧性，良好的焊接性，可加工性尚好	用于受力不大，要求韧性的各种机械零件，如砧座、轴承盖、外壳、犁柱、底板、阀体等
ZG 270-500	有较好的塑性和强度，良好的铸造性能，焊接性尚好	应用广泛，用于轧钢机机架、轴承座、连杆、箱体、横梁、曲拐、缸体等
ZG 310-570	强度和可加工性良好	用于制造负荷较高的耐磨零件，如辊子、缸体、制动轮、大齿轮等
ZG 340-640	有较高强度、硬度和耐磨性，可加工性中等，焊接性较差，流动性好，裂纹敏感性较差	用作齿轮、棘轮、叉头等

注意，铸造碳钢是在自然温度条件和不太高的加热温度条件下使用的钢种，其正常使用的温度在 -40 ~ 400℃ 范围。当环境温度低于 -40℃ 时，碳钢的韧性大幅度降低，易使铸钢件产生裂纹；当环境温度超过 400℃ 时，碳钢的强度会下降，即发生"软化"。

2. 铸造低合金钢

铸造低合金钢是在铸造碳钢化学成分基础上加入少量的一种或几种合金元素所构成的钢种。其合金元素的总含量（质量分数，下同）不超过 5%。与铸造碳钢相比，铸造低合金钢具有较好的力学性能和使用性能，能减轻铸钢件的质量，提高铸钢件的使用寿命。低合金钢具有与碳钢相近的铸造性能，比较适合铸造生产。我国铸造低合金钢牌号的表示法为：最前面用 "ZG" 表示铸钢，其后是公称含碳量的万分之一，后面是一系列的合金元素符号和代表该合金元素含量的数字。此数字的标注方法规定如下：

合金元素平均含量（%）	标注的数字
<1.50	不标注
1.50 ~ 2.49	2
2.50 ~ 3.49	3

牌号后面标注 "A" 表示优质合金钢，即 $w(S) < 0.03\%$，$w(P) < 0.035\%$。

随着工业发展的需要，对铸钢件的质量要求越来越高，对有害元素磷、硫含量的要求也越来越严格，如铁道车辆上安装的摇枕、侧架铸钢件所用的低合金钢标准 TB/T 3012—2016 已将磷、硫含量限制在 0.030%（质量分数）以下，有些制造厂也将优质钢标准中的磷、硫含量定在 0.020%（质量分数）以下。

铸造低合金钢的主要类别见表 9-39。

表 9-39　铸造低合金钢的主要类别

普通铸造低合金钢	锰系铸造低合金钢、铬系铸造低合金钢、镍系铸造低合金钢
低合金高强度铸钢	低合金高强度铸钢、低合金超高强度铸钢、微量合金化铸钢
特种铸造低合金	高温用低合金铸钢、低温用铸造低合金钢、耐磨用铸造低合金钢

我国目前应用广泛的当属其中的锰系和铬系铸造低合金钢。

（1）锰系铸造低合金钢　在铸造碳钢中，将锰的质量分数提高至 1.10% ~ 1.80% 时，就成为铸造低锰钢。在这个范围内，锰能提高铸钢的强度、硬度和淬透性，而不降低塑性。含锰量更高时就会损害钢的塑性。此钢种经热处理后可获得良好的综合力学性能。单元锰钢的最大缺点是在热处理时过热敏感性大，易产生回火脆性，因此，可在其中加入其他元素而形成多元锰钢，如锰硅钢、锰硅铬钢等。

锰硅钢是将锰钢中硅的质量分数提高至 0.60% ~ 0.80% 而形成的钢种。其表面硬度和耐磨性较好，常用来铸造齿轮等传动零件；经调质处理后，具有良好的抗海水侵蚀能力，可用作船用零件及水压机工作缸、水轮机转子等。

锰硅钢的缺点也是易产生回火脆性，所以回火后应快速冷却。

往锰硅钢中再加入质量分数为 0.50% ~ 0.80% 的铬，则成为锰硅铬钢。它具有更高的硬度和耐磨性，常用于铸造重型机械中的大齿轮等。当壁厚不大时，可用来代替高强度铬镍钢。由于淬透性好，铸造壁厚达 100mm 的铸钢件也可用热处理的方法强化。

（2）铬系铸造低合金钢　单元铬钢主要是 ZG40Cr1，铬使钢的淬透性和耐回火性提高，使铁素体强化但不降低塑性，所以此钢种常用于制造齿轮等重要受力零件。

单元铬钢的导热性差，所以铸钢件的热裂倾向较大。

在单元铬钢中加入适量的钼，能提高钢的高温强度；在铬钢中加入少量的钒，可提高钢的强度和韧性，但使淬透性降低，这种钢主要用于截面较小、力学性能要求较高的零件。

在铬钼钢中加入少量的钒，就成为热强钢，可在 450 ~ 650℃ 的条件下应用，用于制造汽轮机高压缸和主汽阀等重要铸钢件。由于此钢种在细化晶粒的同时，又保持了高的淬透性，所以也可以用作大截面的重要铸钢件，如大型汽轮机转子、大齿轮等。

（3）镍系铸造低合金钢　镍在钢中固溶于

铁素体中，使钢的强度、韧性上升，并提高钢的淬透性和抗氧化性，特别是能有效地提高钢的低温韧性。$w(\text{Ni}) = 1.0\% \sim 1.5\%$ 的镍低合金钢用于对韧性要求高的大型铸钢件，如造船中用于制造舷柱和艇柱。$w(\text{Ni}) = 1.0\% \sim 5.0\%$ 的镍低合金钢属于低温用钢，可用于 -73℃、-101℃ 和 -115℃ 的低温条件。

镍与铬共存时，提高淬透性的作用尤为明显。镍铬钢具有高淬透性和高韧性，主要用于高负荷、受冲击的调质零件。

以铬和钼作为辅助强化元素的镍铬钼低合金钢具有良好的综合力学性能，近年来在铁路系统得到推广应用，如铁道货车的钩缓装置的主要铸钢件均采用 ZG25MnCrNiMo。

（4）低合金高强度铸钢　随着合金化与炉外精炼、电渣熔铸等冶炼技术的发展，具有高强度和高韧性的低合金高强度铸钢（屈服强度在 420MPa 以上）和低合金超高强度铸钢（屈服强度在 750MPa 以上）在生产中得到应用，如 ZG35Cr1Mo 及美国牌号中的 70 钢、100 钢和 HY100 钢均属于低合金高强度钢，美国牌号中的 HY130 和 D6a 均属于超高强度钢。HY130 钢需经 AOD 法生产，D6a 钢需经电渣熔铸法生产，并且它们要经过特定的热处理工艺才能达到超高强度的要求。

微量合金化铸钢是低合金高强度铸钢的一项重要发展。它是以钒、铌、钛、锆、硼和稀土作为合金元素，每种元素的含量（质量分数）一般不超过 0.10% 而构成的低合金钢。这种钢目前有两个钢种，即钒、铌系和硼系微量合金化铸钢。

钒-铌系微量合金化铸钢的优点是具有良好的综合力学性能，同时还具有良好的焊接性能。在钢中加入钒并通过热处理可使其得到进一步的强化。

硼可取代铬、镍、钼等贵重的合金元素来提高钢的淬透性，使铸钢通过调质的方法获得高强度和高韧性，当 $w(\text{B}) > 0.0025\%$ 时易造成"硼脆"，严重降低钢的冲击韧性，所以硼钢的含硼量通常取其规格含量 0.001% ~ 0.005%（质量分数）的中下限。此种钢的牌号有 ZG40B、ZG40MnB、ZG40CrB、ZG40MnMoB、ZG40MnVB、ZG40CrMnMoVB 等。

（5）特种铸造低合金钢　高温用铸造低合金钢的主要合金元素为锰、钒、钼。这种钢具有较大的抗高温软化能力，广泛用于制作在 600℃ 以下工作的阀类配件和汽轮机铸钢件。

大多数高温用铸造低合金钢钼的质量分数为 0.5% ~ 1.0%、铬的质量分数为 3% 以下。铬的加入是为了提高钢的抗氧化能力，并提高钢中碳化物的稳定性。在有些复杂的钢种中还含有镍、锰或钒，进行多元合金化，进一步改善钢的高温性能。这种钢的牌号及用途如下：

ZG20CrMo 用于汽轮机气缸、隔板。

ZG20CrMoV 用于汽轮机汽室、气缸。

ZG15CrMo1V 用于 570℃ 以下工作的高压阀门。

一般的钢都存在韧脆性转变温度。当零件的工作温度低于这个温度时，就会出现脆性。在钢中加入镍、锰就会降低铁素体的韧脆性转变温度，使钢在较低的温度下仍保持较高的韧性；在钢中加入钒、钛、铌和稀土元素，可以通过细化钢的晶粒和显微组织而使钢的韧脆性转变温度降低。这类钢就是低温用铸造低合金钢。

我国的低温用铸造低合金钢的牌号及使用温度为：ZG16Mn（-40℃）、ZG09Mn2V（-70℃）、ZG06MnNb（-90℃）、ZG06AlNbCuN（-120℃）。

在炼钢过程中，用铝作终脱氧有利于细化晶粒，提高钢的低温性能。

耐磨钢主要要求高硬度，同时也要有一定的强度和韧性。由于碳对钢的硬度具有决定性的影响，所以耐磨钢大都为高碳钢（碳的质量分数可达 0.70% ~ 0.90%）。耐磨用铸造低合金钢包括珠光体-渗碳体耐磨钢、马氏体耐磨钢和奥氏体-贝氏体耐磨钢。用于采矿工业上的典型钢种是高碳珠光体类铬钼及铬钼镍钢。钢中的铬和铝是稳定珠光体的元素，并可显著地提高钢的淬透性，质量分数为 2% 以下的铬还可以改善钢的塑性。

通过同时加入几种提高钢的淬透性的合金元素，使钢具有马氏体组织，可以获得高的硬度和耐磨性，如美国研制的硅锰铬钼及硅锰铬钼镍马氏体空气硬化耐磨铸钢。近年来研制成的奥氏体-贝氏体耐磨钢具有高硬度和良好的韧性，经热处理后可得到很高的强度、塑性和耐磨性。

铸造低合金钢的铸造性能，与相同含碳量的碳钢相近，合金元素的加入对其铸造性能也产生了一些影响。一般来说，铬、钼、钒、钛、铝等降低钢液的流动性，而锰、镍、铜等提高钢液的流动性。由于一般的铸造低合金钢中往往同时含有这两类的合金元素，所以流动性变化不大。

一般的合金元素降低钢的导热性，使钢的冷却变慢。这一方面使钢的晶粒粗大，影响钢的力学性能，另一方面使钢在冷却时的热应力和相变应力增加，使铸钢件产生裂纹的倾向，特别是冷裂的倾向更为严重，其中尤以铬、锰、钼等元素的影响更为突出。

合金元素对钢的热裂倾向影响比较复杂。能够形成氧化夹杂物的元素如铬、钼等，使钢的热裂倾向增大，而能够起到细化晶粒作用的元素如钛、锆和钒等，可以提高钢的热裂抗力，所以能降低钢的热裂倾向。用稀土元素对钢液进行变质处理，可以大大减轻钢中硫和氧的有害作用，也可以显著降低钢的热裂倾向。

（6）铸造中、低合金耐磨钢 中、低合金耐磨钢中通常含有硅、锰、铬、钼、钒、钨、镍、钛、硼、铜、稀土等。美国很多大中型球磨机的衬板都用铬钼硅锰或铬钼钢制造，美国的大多数磨球都用中高碳的铬钼钢制造。在较高温度（如 200～500℃）的磨料磨损条件下工作的工件或由于摩擦热使表面经受较高温度的工件，可采用铬钼钒、铬钼钒镍或铬钼钒钨等合金耐磨钢，这类钢淬火后经中温或高温回火时，有二次硬化效应。

合金元素在钢中的作用与其在钢中的存在形式有直接关系。合金元素在钢中一般溶于铁素体或结合于碳化物中，也有的合金元素进入非金属夹杂物或金属间化合物中，还有的处于游离状态。通常形成化合物存在于晶界，也可以碳化物的形态出现在非金属夹杂物中。铸造中、低合金耐磨钢合金元素有四个作用：

1）强化铁素体。固溶于铁素体中的合金元素均能在不同程度上提高钢的屈服强度、抗拉强度及硬度。其中多种合金元素在提高强度的同时使塑性降低，因此对钢的冲击韧性也带来不同影响。例如，P、Si、Mn 强烈提高铁素体的强度和硬度，Cr、Mo、V、W 则较弱，Si、Mn 强烈降低铁素体塑性和冲击韧性，少量的 Mn、Cr、Ni 能使塑性和冲击韧性稍有提高。

2）细化珠光体。多数合金元素使共析碳含量降低，促进珠光体含量增加，一些合金元素（如 Mn、Ni）使共析温度降低，使珠光体分散度增加，细化珠光体，有利于钢的强度提高。

某些合金元素的碳化物或氮化物能在钢液凝固过程中成为非均质晶核，促进晶粒细化，使钢的强韧性提高。常见合金元素对钢晶粒度的影响见表 9-40。

表 9-40 常见合金元素对钢晶粒度的影响

元素	Mn	Si	Cr	Ni	Cu	Co	W	Mo	V	Al	Ti	Nb
影响	有所粗化	影响不大	细化	影响不大	影响不大	影响不大	细化	细化	显著细化	细化	强烈细化	细化

3）改善钢的低温韧性。凡是能细化晶粒、细化组织的合金元素都能使钢的冲击吸收能量提高，使钢临界韧脆转变温度（DBTT）降低，使低温韧性提高。Mn、Ni 虽对晶粒度影响不大，甚至有粗化现象，但 Mn、Ni 的加入，使珠光体组织细化，使低温韧性提高。

4）提高耐磨性。作为耐磨用途的钢，需要高的硬度和一定的韧性储备以抵抗磨损。有代表性的是马氏体耐磨钢和高锰钢，合金元素在这两种钢中的作用见表 9-41。

表9-41　合金元素在马氏体耐磨钢和高锰钢中的作用

元素	马氏体耐磨钢	高锰钢
Mn	降低临界冷却速度，促进马氏体形成，钢中 $w(\mathrm{Mn})$ = 1.3% ~ 1.8%	1）促使钢形成高韧性的奥氏体 2）与碳配合，使钢具有加工硬化能力，提高耐磨性，钢中 $w(\mathrm{Mn})$ = 10% ~ 14%
Si	促进马氏体形成，提高钢的屈服强度。钢中 $w(\mathrm{Si})$ = 0.7% ~ 1.0%	脱氧剂，超过 0.5% 时，促使碳化物粗化，降低耐磨性，控制量为 $w(\mathrm{Si})$ = 0.3% ~ 0.8%
Cr	增加淬透性，促进马氏体形成，钢中 $w(\mathrm{Cr})$ = 0.5% ~ 1%	提高屈服强度，防止变形，提高耐磨性
Mo	增加淬透性，促进马氏体形成，钢中 $w(\mathrm{Mo})$ = 0.25% ~ 0.75%	减少碳化物，促进碳化物弥散析出，改善耐磨性
Ni	增加淬透性，促进韧性马氏体形成，钢中 $w(\mathrm{Ni})$ = 1.4% ~ 1.7%	用于大断面零件，阻止碳化物析出，易获得单相奥氏体组织
C	基本元素，促进马氏体钢硬度增加，降低钢的韧性，钢中 $w(\mathrm{C})$ = 0.3% ~ 0.6%	与 Mn 配合 [$w(\mathrm{Mn})/w(\mathrm{C})$ = 8% ~ 11%]，促进加工硬化，提高钢的耐磨性

（7）耐磨低合金钢　耐磨低合金钢的合金成分总量小于 5%，其主要合金元素有锰、硅、铬、钼、镍等。对于耐磨钢，最主要的性能是硬度，还要有一定的强度和韧性。耐磨低合金钢一般都采取热处理，以形成珠光体、贝氏体或马氏体。耐磨低合金钢的化学成分见表 9-42，表 9-42 中所列的牌号都是我国研制和应用的。与国外的耐磨低合金钢相比较，有相当一部分牌号加入了稀土元素，稀土的加入改善了钢的组织，提高了其力学性能和耐磨性。有些低合金钢还加入了硼，以提高其淬透性。

表9-42　耐磨低合金钢的化学成分

牌号	化学成分（质量分数，%）							
	C	Si	Mn	Cr	Mo	P	S	其他
ZG42Cr2MnSi2MoCe	0.38 ~ 0.48	1.5 ~ 2.0	0.8 ~ 1.1	1.8 ~ 2.2	适量	≤0.055	≤0.035	
ZG40CrMn2SiMo	0.38 ~ 0.45	0.9 ~ 1.5	1.5 ~ 1.8	0.9 ~ 1.4	0.2 ~ 0.3	≤0.04	≤0.04	
ZG40CrMnSi2MoRE	0.35 ~ 0.45	0.8 ~ 1.2	0.8 ~ 2.5	0.8 ~ 1.5	0.3 ~ 0.5	≤0.04	≤0.04	RE 0.04
ZG70CrMnMoBRE	0.65 ~ 0.75	0.25 ~ 0.45	1.0 ~ 1.5	1.0 ~ 1.5	0.3 ~ 0.5	≤0.03	≤0.03	B 0.0008 ~ 0.0025 RE 0.06 ~ 0.20
ZG31Mn2SiRE	0.26 ~ 0.36	0.7 ~ 0.8	1.3 ~ 1.7			≤0.04	≤0.04	RE 0.15 ~ 0.25
ZG75MnCr2NiMo	0.70 ~ 0.80	0.40 ~ 0.50	0.8 ~ 1.0	2.0 ~ 2.5	0.3 ~ 0.4	≤0.12	≤0.12	Ni 0.6 ~ 0.8
ZG35Cr2MnSiMoRE	0.28 ~ 0.35	1.1 ~ 1.4	0.8 ~ 1.1	1.8 ~ 2.2	0.3 ~ 0.4	≤0.03	≤0.03	RE 0.05
ZG28Mn2MoVB	0.25 ~ 0.31	0.3 ~ 1.8	1.4 ~ 1.8		0.1 ~ 0.4	≤0.035	≤0.040	B 0.001 ~ 0.005 V 0.06 ~ 0.12
ZG20CrMn2MoBRE	0.20	0.5	2.0	1.0	0.3	0.030	0.035	B 0.0004 RE 0.05

1）化学成分的选择。

① 碳。碳含量对耐磨低合金铸钢组织和性能影响较大，耐磨低合金铸钢一般都在淬火回火状态下使用，在其他合金元素不变的前提下，改变碳含量，其组织和性能会发生根本性的变化。水淬耐磨低合金钢的碳含量（质量分

数，下同）一般不可低于 0.27%，$w(C)$ < 0.27% 虽然可获得板条马氏体 + 残留奥氏体或板条马氏体 + 贝氏体 + 残留奥氏体组织和良好的塑性、韧性，淬火后耐磨钢的硬度较低（≤45HRC），耐磨性不足。$w(C)$ > 0.33% 时，硬度增加不多，韧性急剧降低。当耐磨钢的 $w(C)$ > 0.38% 时，水淬出现淬火裂纹，恶化耐磨钢的使用性能。所以水淬耐磨低合金钢的最佳碳含量范围可控制在 $w(C)$ = 0.28% ~ 0.33%，这时低合金耐磨钢既可获得较高的硬度（49 ~ 51HRC），又可获得最佳的强韧性配合。

② 硅。它是缩小 γ 相区的元素，使 A_3 点（α-Fe⇌γ-Fe 同素异构转变点）上升，A_4 点（γ-Fe⇌δ-Fe 同素异构转变点）降低，S 点左移，几乎不影响 Ms 点。Si 虽然升高 A_3 点，有利于 γ→α 转变，由于 Si 能溶于 Fe_3C，使渗碳体不稳定，阻碍渗碳体的析出和聚集，因而提高了钢的淬透性和耐回火性。但硅对淬透性的影响远低于 Mn、Cr。大部分 Si 溶于铁素体中，强化作用很大，能显著提高钢的屈服强度、屈强比和硬度，它比 Mn 钢的强度更大，耐磨性更好。当 $w(Si)$ < 1.0% 时，并不降低塑性；当 $w(Si)$ < 1.5% 时，不增加回火脆性。在马氏体耐磨钢中，一般 $w(Si)$ ≤ 1.5%。否则，钢的韧性大大降低，并增加回火脆性。Si 强烈降低钢的导热性，促使铁素体在加热过程中晶粒粗化，增加钢的过热敏感性和铸钢件的热裂倾向。一般低合金马氏体耐磨钢中的 Si 含量可控制在 $w(Si)$ = 0.8% ~ 1.4%。

在中低碳贝氏体钢中，Si 具有强烈抑制碳化物析出的作用。在 Ms 点上进行空冷或等温转变时，铁素体自奥氏体晶界向晶粒内部长大。在此温度范围，碳原子有一定的扩散能力。部分碳原子通过铁素体奥氏体相界面向奥氏体扩散。在铁素体板条间形成富碳的奥氏体薄膜。Si 强烈抑制碳化物析出使富碳奥氏体具有高的稳定性，Ms 温度低于室温。等温转变及随后的冷却过程中，没有碳化物析出，也不发生奥氏体分解，而获得铁素体和富碳奥氏体的双相组织。当钢中 $w(Si)$ > 1.6% 时，中低碳贝氏体钢的韧性显著提高。当 $w(Si)$ = 2.4% 时，

钢的硬度明显下降。由于 Si 对碳化物析出的阻碍作用，使未转变的奥氏体富碳，得到无碳化物贝氏体，铁素体条片间或片内的残留奥氏体取代了渗碳体，消除了渗碳体的有害作用。硅在贝氏体铸钢中也存在不利影响，对铸态组织通过钢液的树枝状结晶方式，使枝干和枝间存在明显的成分不一致，枝晶干的 C、Si、Mn、Cr 含量较低，转变时先形成贝氏体和马氏体。而枝晶间的 C、Si、Mn、Cr 含量较高，使 Bs 和 Ms 都低于由钢成分所确定的值。所以在铸态组织枝晶间存在相当数量的块状残留奥氏体，这对贝氏体钢的冲击韧度是有害的。在中低碳贝氏体钢中，Si 含量应控制在 $w(Si)$ = 1.6% ~ 2.0% 范围内。

在高碳贝氏体钢中，Si 的作用与中低碳贝氏体钢类似，只是 Si 的范围提高了。在 $w(Si)$ = 1.85% ~ 3.8% 时，高碳贝氏体钢的硬度几乎不变，冲击韧度先逐渐升高，后有所下降。当 $w(Si)$ = 2.6% 时达到最大值，抗拉强度逐渐降低。当 $w(Si)$ < 1.85% 时，由于 Si 抑制碳化物的作用较弱，在等温转变过程中首先在奥氏体晶界析出贝氏体，未转变的奥氏体在随后的冷却过程中转变为马氏体，因此具有高的强度、硬度，而冲击韧度较低。当 $w(Si)$ ≈ 2.64% 时，Si 抑制碳化物析出作用显著增强，使贝氏体生长时排除的碳富集到奥氏体中，提高了奥氏体的稳定性，其显微组织由板条状贝氏体和其间分布的富碳残留奥氏体组成。材料强度有所下降，冲击韧度提高，但硬度不变。当钢中碳含量提高到 $w(C)$ ≈ 3.8% 时，组织中出现了大量的未转变奥氏体组织，导致贝氏体钢的强度和冲击韧度下降。只有提高奥氏体化温度，使奥氏体中的碳迅速均匀化，才能避免未转变奥氏体的出现。但过高的奥氏体化温度可导致贝氏体、铁素体粗化，影响贝氏体钢的力学性能。因此，高碳贝氏体钢的 Si 含量一般可控制在 $w(Si)$ = 2.5% ~ 2.7%。

③ 锰。它是主要的强化元素，大部分溶入铁素体，强化基体，其余 Mn 生成 Mn_3C，它与 Fe_3C 能相互溶解，在钢中生成 $(FeMn)_3C$ 型碳化物。Mn 使 A_4 点升高，A_3 点下降，并使 S 点、E 点左移，所以可增加钢中珠光体的数量。

由于 Mn 降低 α-Fe→γ-Fe 相变温度和 Ms 温度，降低奥氏体分解（析出碳化物）速度，因而大大提高钢的淬透性。但 Mn 是过热敏感性元素，淬火时加热温度过高，会引起晶粒粗大。Mn 含量过高，易形成仿晶型组织，出现大量网状铁素体，增加钢的回火脆性倾向，并会导致钢淬火组织中残留奥氏体量增加，所以耐磨低合金钢中 Mn 含量一般控制在 $w(Mn) = 1.0\% \sim 2.0\%$。

④ 铬。它是耐磨钢的主要合金元素之一，与钢中的碳和铁形成合金渗碳体 $(FeCr)_3C$ 和合金碳化物 $(FeCr)_7C_3$，能部分溶入固溶体中，强化基体，提高钢的淬透性，尤其与 Mn、Si 合理搭配，能大大提高淬透性。Cr 具有较大的耐回火性，能使厚端面的性能均匀。在耐磨低合金钢中 Cr 的含量不宜太高，否则会导致淬火、回火组织中残留奥氏体量增加。一般可控制在 $w(Cr) = 0.5\% \sim 1.2\%$。

⑤ 钼。它在耐磨低合金钢中能够有效地细化铸态组织。热处理时能强烈抑制奥氏体向珠光体转变，稳定热处理组织。在 Cr-Mo-Si 耐磨低合金钢中，加入 Mo 能急剧提高其淬透性和断面均匀性，防止回火脆性的发生，提高耐回火性改善冲击韧度，增加钢的抗热疲劳性能。由于 Mo 价格昂贵，故根据零件的尺寸和壁厚，加入量一般控制在 $w(Mo) = 0.2\% \sim 1.2\%$。

⑥ 镍。它和碳不形成碳化物，但和铁以互溶的形式存在于钢中的 α 相和 γ 相中，使之强化，并通过细化 α 相的晶粒，改善钢的低温性能，能强烈稳定奥氏体，提高钢的淬透性而不降低钢的韧性。Ni 也是具有一定耐蚀性的元素，对酸、碱、盐及大气都具有一定的耐蚀性，含 Ni 的低合金钢还有较高的耐腐蚀疲劳性能。Ni 价格昂贵，只能根据耐磨零件的大小及工况条件来确定其使用量，通常加入量 $w(Ni) = 0.4\% \sim 1.5\%$，在含 Cr 的耐磨钢中，Ni 的加入量一般控制在 $w(Ni)/w(Cr) \approx 2$。

⑦ 铜。它和碳不形成碳化物，它在 Fe 中的溶解度不大，和 Fe 不能形成连续的固溶体。Cu 在 Fe 中的溶解度随温度的降低而剧降。可通过适当的热处理产生沉淀硬化作用。Cu 还具有类似 Ni 的作用，能提高钢的淬透性和基体的电极电位，增加钢的耐蚀性。这一点对湿磨条件下工作的耐磨铸件尤其重要，耐磨钢中 Cu 的加入量一般为 $w(Cu) = 0.3\% \sim 1.0\%$。过高的 Cu 含量对耐磨铸钢无益。

⑧ 微量元素。在耐磨低合金铸钢中加入微量元素是提高其性能最有效的方法之一，我国有丰富的钒、钛、硼及稀土资源，一些铁矿石中就含有丰富的钒和钛。耐磨低合金铸钢中加入钒、钛可细化铸态组织，产生沉淀强化作用，增加硬相质点的数量，弥补碳含量低造成的硬度不足。硼可提高钢的冲击韧度，增加钢的淬透性。稀土不仅可有效细化铸态组织，净化晶界，改善碳化物和夹杂物的形态及分布，提高耐磨低合金铸钢的抗疲劳性及抗疲劳剥落性，还可使耐磨低合金铸钢保持足够的韧性。微量元素的加入量可根据工况条件和生产成本决定，一般钛可控制在 $w(Ti) = 0.02\% \sim 0.1\%$；稀土控制在 $w(RE) = 0.12\% \sim 0.15\%$；硼可控制在 $w(B) = 0.005\% \sim 0.007\%$；钒控制在 $w(V) = 0.07\% \sim 0.3\%$。

2）耐磨低合金钢的性能。耐磨低合金钢的性能见表 9-43。

表 9-43 耐磨低合金钢的性能

牌号	热处理法	抗拉强度/MPa	断后伸长率	冲击韧度/(J/cm²)	硬度 HRC	金相（体积分数）	应用情况
ZG42Cr2MnSi2MoCe	油冷淬火回火	1745		33.3	51~57	$M_回 + A_{残留}$ (4.9%)	球磨机衬板。超过日本 KX601 衬板技术水平
ZG40CrMn2SiMo	油冷淬火回火	1100~1700		30~70	50~55	M + B (10%~15%)	球磨机衬板

（续）

牌号	热处理法	抗拉强度/MPa	断后伸长率	冲击韧度/(J/cm²)	硬度HRC	金相（体积分数）	应用情况
ZG40CrMnSi2MoRE	油冷淬火回火	1600		60 ~ 80	50 ~ 53	M + B下 + 回火托氏体	球磨机衬板使用寿命比高锰钢提高 1.5 倍
ZG70CrMnMoBRE	水淬空冷	1727	2.4%	22.5	53	M + B	铁矿山球磨机衬板，比高锰钢耐磨性提高 40%以上
ZG30Mn2SiRE	水淬回火	1171 ~ 1356	5% ~ 10%	≥10.6	43 ~ 52	M + B	水泥磨机衬板，耐磨性比高锰钢提高 1 ~ 1.6 倍；采石颚式破碎机衬板，耐磨性与优质高锰钢相同而成本低 10%
ZG75MnCr2NiMo	退火后调质处理	858.7		8.8	345HBW		EM-TO 中速磨煤机空心大钢球
ZG35Cr2MnSiMoRE	水淬低温回火	1372	2%	>19.6	50	M	矿山球磨机衬板，铲车斗齿，犁尖
ZG28Mn2MoVB	水淬低温回火					M	φ5.5m × 1.8m 铁矿球磨机衬板，比高锰钢使用寿命提高 30% ~ 50%
ZG20CrMn2MoBRE	水淬回火						锤式破碎机锤头，使用寿命与高锰钢相同

3）热处理。水淬耐磨铸钢具有良好的韧性和较低的成本，可用于大、中型耐磨件。实际采用水淬热处理的钢种很多，以几种常见的耐磨低合金铸钢为例，进行相关热处理工艺说明。

① 水淬耐磨钢。

a. ZG30Mn2SiREB。其化学成分见表 9-44，该耐磨铸钢的热处理工艺采用奥氏体化温区 1000 ~ 1050℃，保温时间根据装炉量确定，一般控制在 2.5 ~ 3.5h 内，水冷淬火，回火温度为 200℃，保温 3 ~ 4h。

表 9-44　ZG30Mn2SiREB 的化学成分（质量分数,%）

C	Si	Mn	S	P	RE	B
0.25 ~ 0.35	0.8 ~ 1.1	1.0 ~ 1.6	≤0.03	≤0.03	0.1 ~ 0.15	0.005 ~ 0.007

该耐磨铸钢的淬火回火组织由不同比例的板条马氏体和片状马氏体组成，板条马氏体所占比例较大，且板条马氏体间存在残留奥氏体薄膜，在马氏体晶内、晶界上分布回火碳化物和球状夹杂物，这种组织具有良好的硬度和强韧性配合，适用于非强烈冲击工况。

b. ZG30CrMn2SiREB。其化学成分见表 9-45。为了使 ZG30CrMn2SiREB 在非强烈冲击条件下获得最佳的韧性储备，在 1050℃ 淬火，150 ~ 200℃ 回火，可获得最大的冲击韧度。因此该铸钢的最佳热处理工艺可确定为在 650℃均热 1h，再加热至 1000 ~ 1050℃，根据装炉量可确定保温时间，一般确定为2.5 ~ 3.5h，回火温度为 150 ~ 200℃，回火时间为 3h。

表 9-45　ZG30CrMn2SiREB 的化学成分（质量分数,%）

C	Si	Mn	S	Cr	P	RE	B
0.27 ~ 0.33	0.8 ~ 1.1	1.0 ~ 1.5	≤0.03	0.8 ~ 1.2	≤0.03	0.10 ~ 0.15	0.005 ~ 0.007

马氏体耐磨铸钢的淬火回火组织主要由板条马氏体 + 少量残留奥氏体 + 回火碳化物 + 球状夹杂物组成，板条马氏体细小且排列整齐。该铸钢经 1050℃ 淬火，在 150 ~ 200℃ 回火处理后，不仅具有高的硬度，而且具有高的强韧性和高的断裂韧度，因此它可应用于各类非强烈冲击条件下工作的耐磨件。

c. ZG30CrMnSiNiMoCuRE。耐磨铸钢件不仅承受矿石的冲击磨损，而且受到矿浆的腐蚀磨损，矿山湿磨条件下矿浆的腐蚀磨损作用是铸钢件磨损的重要原因之一。耐磨耐蚀铸钢 ZG30CrMnSiNiMoCuRE 的化学成分见表 9-46，经 1000 ~ 1050℃ 淬火，200℃ 回火处理后，达到最佳的强度、硬度和韧性的配合，可适用于生产中型以下矿山耐磨件。

表 9-46　ZG30CrMnSiNiMoCuRE 的化学成分（质量分数,%）

C	Si	Mn	Cr	Ni	Mo	Cu	RE
0.30 ~ 0.35	0.8 ~ 1.2	0.8 ~ 1.3	0.8 ~ 1.2	1.0 ~ 1.2	0.2 ~ 0.5	0.5 ~ 1.5	0.1 ~ 0.2

该耐磨耐蚀铸钢的组织为一定的高密度位错马氏体和片状马氏体的混合物和夹杂物，板条马氏体的板条马氏体束细小，发展齐整。片状马氏体被板条马氏体所包围，夹杂物以细小的球状弥散分布在晶内和晶界上。由于铸钢的力学性能取决于其组织组成物的性能，ZG30CrMnSiNiMoCuRE 的组织为高密度位错型板条马氏体，这预示着其有高的强韧性。

d. ZG30CrMnSiMoTi。其化学成分见表 9-47，在 900℃、950℃、1000℃ 奥氏体化淬火 + 250℃ 回火处理后，随着淬火温度的提高，ZG30CrMnSiMoTi 的屈服强度和冲击韧度均有提高，对抗拉强度和硬度影响不大，伸长率降低。可见提高淬火温度能在不降低硬度的情况下提高 ZG30CrMnSiMoTi 的冲击韧度。

表 9-47　ZG30CrMnSiMoTi 的化学成分（质量分数,%）

C	Si	Mn	Cr	Mo	Ti	S、P
0.28 ~ 0.34	0.8 ~ 1.2	1.2 ~ 1.7	1.0 ~ 1.5	0.25 ~ 0.5	0.08 ~ 0.12	≤0.04

该耐磨铸钢是针对矿山球磨机衬板的工况条件研制的一种水淬 + 回火耐磨铸钢，具有合适的金相组织，因此具有较高的本体硬度和韧性。

e. ZG28Mn2MoVBCu。其化学成分见表 9-48，经 880℃ 淬火 + 200℃ 回火后抗拉强度、硬度和冲击韧度均比较低。提高淬火温度，使铸钢在 1000℃ 淬火 + 200℃ 回火后，ZG28Mn2MoVBCu 的抗拉强度、硬度和冲击韧度都得到明显提高。因此，选择 1000℃ 淬火 + 200℃ 回火作为 ZG28Mn2MoVBCu 的热处理工艺。

表 9-48　ZG28Mn2MoVBCu 的化学成分（质量分数,%）

C	Si	Mn	Mo	V	Cu	B	S、P
0.25 ~ 0.31	0.3 ~ 0.4	1.4 ~ 1.8	0.2 ~ 0.4	0.08 ~ 0.12	0.2 ~ 0.4	0.002 ~ 0.005	≤0.03

ZG28Mn2MoVBCu 是针对大直径自磨机衬板研制的一种水淬 + 回火耐磨铸钢，它经淬火

和低温回火后可获得板条马氏体+残留奥氏体组织，具有较高的本体硬度和韧性配合，可适用于制造自磨机衬板。

② 油淬和空淬耐磨铸钢　水淬耐磨铸钢虽然具有良好的韧性和较低成本的优点，可适用于大、中型耐磨件使用，由于水淬耐磨铸钢的含碳量较低，淬火后零件的硬度较低，因此，铸钢的耐磨性不足。为了满足低冲击、高耐磨性工况条件下零件的要求，采用增加含碳量，提高硬度，适当地牺牲韧性，并通过变质处理的方法以改善组织提高零件耐磨性。增加含碳量虽可以提高铸钢的硬度和耐磨性，但淬火时易产生淬火裂纹，降低工件的使用寿命，因此采用油淬。

a. ZG35Si2MnCr2MoV。该耐磨铸钢是针对工程机械的各类齿尖、挖掘机斗齿、铲齿研制的一种新型耐磨材料。对齿尖材料的性能主要有五方面要求：高强度、高硬度；一定的韧性、塑性；良好的耐回火性；良好的模锻工艺性；热处理工艺稳定性。必须综合考虑，以确定新材料成分（见表9-49）。

表 9-49　ZG35Si2MnCr2MoV 的化学成分（质量分数,%）

C	Si	Mn	Cr	Mo	V	S	P
0.30~0.40	0.80~1.40	1.00~1.60	1.50~2.50	0.50~1.00	0.10~0.50	<0.03	<0.03

ZG35Si2MnCr2MoV 在1000℃加热淬火的金相组织为板条状马氏体，因此试验铸钢有较好的韧塑性。较高的淬火温度可以使板条间存有残留奥氏体膜，这种组织具有很好的强韧性，并具有很好的耐回火性。该耐磨铸钢在1000℃淬火，230℃回火或550℃回火后，具有良好的强韧性配合。

b. ZG38SiMn2BRE。该耐磨铸钢具有耐磨性能优良、强度高、合金含量少、成本低等特点，可替代高锰钢作为耐磨衬板材料，解决了高锰钢衬板因屈服强度较低、抵抗变形能力差易使衬板变形等问题，其耐磨性是高锰钢衬板的1.5倍。其化学成分见表9-50。

表 9-50　ZG38SiMn2BRE 的化学成分（质量分数,%）

C	Si	Mn	B	RE	S	P
0.35~0.42	0.6~0.9	1.5~2.5	0.001~0.003	0.02~0.04	<0.04	<0.04

注：钢中 RE 残留量 Ca 适量。

ZG38SiMn2BRE 的热处理工艺是根据中碳马氏体钢的相变临界点，确定奥氏体化温度为850℃，保温时间为1h，在水玻璃溶液中淬火，然后进行200℃、250℃回火处理，回火时间为2h。

ZG38SiMn2BRE 的铸态组织由块状铁素体+珠光体组成。经850℃淬火、200℃回火后的显微组织为回火马氏体+残留奥氏体。850℃淬火、250℃回火后的组织也为回火马氏体+残留奥氏体。

c. ZG50SiMnCrCuRE。该耐磨铸钢是针对中、小型球磨机衬板在湿式腐蚀磨损工况条件下研制的一种新型耐磨材料，其化学成分见表9-51。

表 9-51　ZG50SiMnCrCuRE 的化学成分（质量分数,%）

C	Si	Mn	Cr	Cu	S	P	RE
0.45~0.55	0.6~1.2	1.3~1.8	1.5~2.5	0.5~1.0	<0.03	<0.03	0.1~1.5

该耐磨铸钢衬板经高温淬火加低温回火，再经一次常温淬火加低温回火后，衬板具有较理想的性能。所以采用的热处理工艺为：650℃均热后升至1000℃，保温2h淬火，200℃回火；然后再进行一次常温热处理，即加热至650℃均热后升至820℃，再保温2h油淬，230℃回火。

采用上述工艺先进行一次高温淬火，可使

合金元素充分扩散和均匀化，使一些微量元素溶于奥氏体中。这种钢的马氏体组织在低温回火时有韧性极大值，可利用提高奥氏体化温度的办法使韧性极大值再增高。由于未溶第二相质点的数量、大小和形状都影响马氏体的韧性，所以提高奥氏体化温度，第二相质点能减少，显然对提高淬火马氏体的强韧性有利。由于锰的存在，使钢的过热倾向严重，奥氏体晶粒在高温下易于长大，所以淬火后得到粗大的马氏体组织，不利于综合力学性能的提高。因此，再采用二次油淬，可使粗大马氏体明显减少，这对强度和韧性是有利的。

d. ZG50SiMnCr2Mo。该耐磨铸钢是针对锤式破碎机锤头研制的一种具有良好耐磨性的耐磨材料，它适用于生产中、小型锤式破碎机锤头，其化学成分见表9-52。

表9-52 ZG50SiMnCr2Mo 的化学成分（质量分数，%）

C	Si	Mn	Cr	Mo
0.45~0.53	0.8~1.0	1.0~1.4	2.0~3.0	0.2~0.4

为了使 ZG50SiMnCr2Mo 获得足够的耐磨性，发挥合金元素的作用，对铸钢件进行淬火 + 回火热处理。当铸钢件分别进行风淬和水淬时，发现水淬的铸钢件，即使经过回火处理，其韧性仍很低，而且大部分出现显微裂纹，而风淬未出现裂纹，经回火处理后韧性也较好，因而铸钢件的淬火确定为风淬。当锤头风淬温度为 820℃ 时，硬度为 42HRC；温度提高到 920℃ 时硬度为 53HRC；淬火温度升到 970℃，硬度反而下降至 48HRC。因而选定 920℃ 为合适的淬火温度。

e. Cr-Ni-Mo 耐磨铸钢。该耐磨铸钢是针对锤式破碎机锤头研制的一种新型耐磨材料。锤头的工况条件是极其复杂的，锤头的大小、破碎物料的岩相特性及块度的大小均影响锤头材质的选择，合适的材质会取得良好的使用效果。通过化学成分及热处理工艺的调整，可以使 Cr-Ni-Mo 耐磨低合金铸钢的硬度和冲击韧度在较大的范围内变化，以适应不同的工况条件对材料硬度和韧性的要求，其化学成分见表9-53。

表9-53 Cr-Ni-Mo 耐磨铸钢的化学成分（质量分数，%）

C	Si	Mn	Cr	Ni	Mo	S	P
0.3~0.7	0.8~1.2	1.0~1.5	1.5~2.5	0.5~1.5	0.2~1.0	<0.04	<0.04

Cr-Ni-Mo 耐磨铸钢的组织和性能取决于其化学成分和热处理工艺。在化学成分一定的条件下，主要取决于热处理工艺，即淬火温度、淬火冷却介质和回火温度。为简化热处理操作，适应中、小型企业的生产，选择空冷淬火。随淬火温度的提高，Cr-Ni-Mo 低合金耐磨铸钢的冲击韧度提高，在 920℃ 硬度最高，940℃ 时硬度有所下降。当回火温度提高时，其硬度降低，冲击韧度提高；当回火温度高于 350℃ 后冲击韧度下降。500℃ 回火时，冲击韧度和硬度均降至最低点，说明此时出现回火脆性。回火温度超过 500℃，冲击韧度和硬度均有所提高，硬度提高是由于碳化物析出引起的二次硬化造成的，所以回火温度通常选择在 350℃ 以下。由此可见，该钢种的淬火温度以 920~950℃ 为宜，回火温度范围通常选择在 300~350℃。

3. 铸造高合金钢

铸造高合金钢中加入合金元素（一种或几种）总的质量分数均在 10% 以上。大量合金元素的加入，使钢的组织发生了根本变化，并具有特殊的使用性能，如铸造高锰钢的抗冲击磨损性能、铸造不锈钢的耐蚀性、铸造耐热钢的高温性能、铸造低温钢的耐低温性能等。铸造高合金钢实际上均属于特种铸钢。由于铸造高合金钢中含有大量的合金元素，所以在铸造性能、焊接性、可加工性等方面均比碳钢和低合金钢差。

（1）铸造高锰钢 铸造高锰钢是最通用的一种铸造耐磨钢。在冶金矿山机械上、履带式拖拉机和军用坦克上都装有用耐磨钢制成的零件。这些零件在受到重力冲击和挤压的条件下经受摩擦，或受到高速运动的磨粒的冲刷和磨损，工作条件非常恶劣。因此，此钢种不但要有高硬度，且还要有足够的韧性和强度。

铸造高锰钢中锰的公称质量分数为 13%，铸态组织为奥氏体 + 碳化物。其中碳的质量分数达到 1% 左右，其作用一是扩大奥氏体区，促使奥氏体组织的形成；二是促使钢的加工硬化。高锰钢的牌号和化学成分见表 9-54。

表 9-54　高锰钢的牌号和化学成分

牌号	化学成分（质量分数，%）								
	C	Si	Mn	P	S	Cr	Mo	Ni	W
ZG120Mn7Mo1	1.05 ~ 1.35	0.3 ~ 0.9	6 ~ 8	≤0.060	≤0.040	—	0.9 ~ 1.2	—	—
ZG110Mn13Mo1	0.75 ~ 1.35	0.3 ~ 0.9	11 ~ 14	≤0.060	≤0.040	—	0.9 ~ 1.2	—	—
ZG100Mn13	0.90 ~ 1.05	0.3 ~ 0.9	11 ~ 14	≤0.060	≤0.040	—	—	—	—
ZG120Mn13	1.05 ~ 1.35	0.3 ~ 0.9	11 ~ 14	≤0.060	≤0.040	—	—	—	—
ZG120Mn13Cr2	1.05 ~ 1.35	0.3 ~ 0.9	11 ~ 14	≤0.060	≤0.040	1.5 ~ 2.5	—	—	—
ZG120Mn13W1	1.05 ~ 1.35	0.3 ~ 0.9	11 ~ 14	≤0.060	≤0.040	—	—	—	0.9 ~ 1.2
ZG120Mn13Ni3	1.05 ~ 1.35	0.3 ~ 0.9	11 ~ 14	≤0.060	≤0.040	—	—	3 ~ 4	—
ZG90Mn14Mo1	0.70 ~ 1.00	0.3 ~ 0.6	13 ~ 15	≤0.070	≤0.040	—	1.0 ~ 1.8	—	—
ZG120Mn17	1.05 ~ 1.35	0.3 ~ 0.9	16 ~ 19	≤0.060	≤0.040	—	—	—	—
ZG120Mn17Cr2	1.05 ~ 1.35	0.3 ~ 0.9	16 ~ 19	≤0.060	≤0.040	1.5 ~ 2.5	—	—	—

注：允许加入微量 V、Ti、Nb、B 和 RE 等元素。

铸造高锰钢的铸造性能表现在四个方面。

1）流动性好。适合铸造薄壁和结构复杂的铸钢件。

2）热裂倾向大。铸造高锰钢线收缩大，高温强度低，热裂倾向大。

3）铸钢件热应力大。由于铸造高锰钢的导热性差，所以铸钢件中的热应力较大，在使用气割的方法切割冒口时容易产生裂纹。这种钢应尽量少用冒口。必须使用时，可采用易割冒口。

4）容易产生化学黏砂。这是由于铸造高锰钢中有较多碱性的 MnO，它与砂中的 SiO_2 可以发生化学反应，所以应采用碱性或中性的耐火材料作为铸型或砂芯的表面涂料，如镁砂粉或铬矿粉等。在铸造小铸钢件时，可采用湿砂型而不必刷涂料。

（2）铸造不锈钢　不锈钢又称耐蚀钢，主要用于制造化工设备中需经受液体或气体腐蚀的铸钢件。铸造不锈钢的钢种很多，其分类可以按主要化学成分或钢中的特征元素分类，分为铬不锈钢、铬镍不锈钢、铬锰氮不锈钢等；也可以按组织结构分为铁素体不锈钢、奥氏体不锈钢、马氏体不锈钢及双相不锈钢等。

使不锈钢具有耐蚀性的合金元素主要是铬。当钢中含铬量达到一定的浓度以上时，就会在钢的晶粒表面形成一层致密的、主要由 Cr_2O_3 构成的膜，在氧化性酸类（如硝酸）中具有很高的化学稳定性。加入一些镍、钼和铜后，还可提高其对硫酸等弱氧化性介质的耐蚀性。

铸造铬不锈钢的牌号有 ZG15Cr13 和 ZG20Cr13，此钢在空气及弱腐蚀性介质（如盐水和稀硝酸）中，在温度不超过30℃的条件下具有良好的耐蚀性，在食品、医药和化工设备上用得较多。

为了提高钢的耐蚀性，将铬的公称质量分数提高至 28%，就成为铸造高铬不锈钢。这种钢对硝酸的耐蚀性很高，适用于制造硝酸浓缩设备的容器、管道、阀体和泵，也可以用来制造生产氯酸钠和磷酸等设备的零件。由于其中碳的质量分数较高，可达 1.0%，所以力学性能较差，硬而且脆，不能承受冲击，这个弱点限制了它的应用。

铸造铬不锈钢一般属于铁素体、马氏体型

不锈钢，在平衡状态下得到的金相组织是铁素体和碳化物，但由于铬能提高钢的淬透性，所以铸态下得到的金相组织为铁素体、马氏体和碳化物。经热处理后，钢的金相组织在 $w(C) < 0.08\%$ 时为单一的铁素体，在 $w(C) = 0.10\% \sim 0.15\%$ 时为铁素体 + 马氏体，在 $w(C) = 0.15\% \sim 0.25\%$ 时为单一的马氏体。

铸造铬镍不锈钢属于奥氏体型的不锈钢。钢中铬的公称质量分数为 18%，此时加镍 8%（质量分数），可得到单一的奥氏体组织。这种钢耐蚀性良好，并有较好的力学性能，应用广泛，如化学工业及其他领域使用的耐腐蚀的泵、阀等设备的零件，即采用此类钢种。铬镍不锈钢的牌号为 ZG12Cr18Ni9、ZG12Cr18Ni9Ti、ZG06Cr17Ni12Mo2Ti 等。

为了防止钢中铬的碳化物析出，引起晶间腐蚀，降低钢的耐蚀性，一方面要尽可能地降低含碳量，另一方面就是往钢中加入钛或铌等强碳化物形成元素，减少和阻止铬的碳化物的形成和析出。往钢中加入钼是为了提高钢对硫酸的耐蚀性。

在铬锰氮不锈钢中，锰和氮的作用是代替镍，扩大奥氏体区，提高钢溶解碳的能力。其牌号为 ZG12Cr18Mn13Mo2CuN。这种钢与铬镍不锈钢相比，在硝酸介质中的耐蚀性相近，在硫酸介质中的耐蚀性更优，力学性能也更高。此钢种在铸造性能方面，流动性好，但易产生气孔、缩孔和化学黏砂。

为满足水力发电和其他工业的需要，国内国外还开发了耐磨耐蚀铸钢，其中包括镍铬钼马氏体铸造不锈钢和析出硬化型（又称沉淀硬化型）不锈钢。

随着石油化工业、军事工业、海洋开发等领域的迅速发展，对不锈钢提出了更高的要求。近年来又出现了一些超级不锈钢（如超级奥氏体不锈钢、超级铁素体不锈钢、超级马氏体不锈钢和超级双相不锈钢等）和各种具有特殊用途和特殊功能的功能性不锈钢（如新型医用无镍奥氏体不锈钢、抗菌不锈钢等）。

（3）铸造耐热钢　铸造耐热钢是指在高温下仍能保持良好性能的钢种。钢的高温性能包括抗氧化性和热强性两个方面，相应地将耐热钢分为抗氧化钢和热强钢两种。

生产上常用的耐热温度在 800℃ 以上的钢种有高铬钢（如 ZGCr29Si2）、铬镍钢（如 ZG40Cr25Ni20）、铬锰氮钢（如 ZG30Cr18Mn12Si2N）等。

热强钢的种类很多，按金相组织可分为珠光体型、马氏体型和奥氏体型，在选用时，应根据工作温度、受力情况及介质的腐蚀作用等要求综合考虑。

（4）铸造低温钢　低温用铸造低合金钢的使用温度在 $-40 \sim -110℃$ 范围。在更低的温度条件下（如 $-162℃$、$-196℃$），则需要具有奥氏体组织的铸造低温钢。通常使用的铸造低温钢是铬镍不锈钢。为了防止碳化物析出，使钢变脆，有时还使用含铬、镍更高的钢种，如 ZG06Cr18Ni12 和 ZG40Cr25Ni20 等。这类铬镍钢在低温下具有良好的塑性和冲击韧度。

9.2.2　铸钢的熔炼

铸钢的消失模铸造以中小件为主，国内外主要用中频感应炉熔炼，或中频感应炉熔炼 + 炉外精炼。常用铸造碳钢及合金钢中频感应炉熔炼在 9.4.13 和 9.4.14 中介绍。

9.3　铸造有色金属及其合金

有色金属：除铁、锰、铬以外的所有金属统称为有色金属，如：

1）轻金属：Al、Mg、Be、Li。

2）重金属：Pb、Cu、Ni、Hg。

3）贵金属：Au、Ag、Pt、Pd。

4）稀有金属：W、Mo、V、Ti、Nb、Zr、Ta。

5）放射性金属：Ra、U。

有色金属及其合金与钢铁材料相比，具有许多特性：

1）Al、Mg、Ti 及其合金密度小。

2）Au、Cu、Ag 及其合金导电性好。

3）Ni、Mo、Nb、Co 及其合金耐高温。

4）Cr、Ni、Ti 及其合金具有优良的耐蚀性。

有色金属及其合金的应用在国民经济中占

重要地位。如飞机制造业中，轻金属占总质量的95%，钢铁及其他材料占5%。近年来，汽车制造业中铝合金、镁合金的使用量越来越多，而镁合金在家电、信息产业中的应用近年来急剧增长（年递增20%）。镁合金是最轻的工程金属材料，强度高，导热性好，减振性好，电磁屏蔽能力强，加工性好（压铸表面质量高），易回收利用，属绿色环保材料。我国是镁资源大国，储量和原镁产量居首位，约占世界总量的1/3以上，主要分布在西部地区，长期以来，由于技术水平落后，镁只能作为初级产品低价出口，而镁的精加工产品却大量进口。钛及其合金不论在化学介质中，还是在海水或淡水中都有良好的耐蚀性。

9.3.1　铝及铝合金

1. 纯铝性能、用途及牌号

1）用量最大的有色金属，呈银白色。

2）面心立方晶格，塑性好（$A = 50\%$，$Z = 80\%$），适于形变加工。

3）熔点低660℃，密度小（2.7g/cm³），是一种轻金属材料。

4）导电性和导热性较好，仅次于银和铜。

5）对大气有良好的耐蚀性（Al_2O_3），但对酸、碱、盐的耐蚀性差。

6）强度低，$R_m = 80 \sim 100MPa$，冷塑变后提高到 $R_m = 150 \sim 200MPa$。

工业纯铝很少用于制造机械零件，多用于制作电线、电缆及要求导热、耐蚀且受轻载的用品或器皿。

2. 铝合金的成分、组织和性能特点

（1）成分　纯铝的力学性能不高，为了提高铝的力学性能，在铝中加入 Cu、Zn、Mg、Si、Mn、RE 等元素制成铝合金。铝合金仍保持纯铝的密度小、耐蚀性好等特点，但力学性能高得多。

（2）组织特点　合金元素在铝中的溶解度一般都是有限的，因此铝合金组织中除了形成铝基固溶体（α）外，还有第二相（金属间化合物）出现。$CuAl_2$（θ 相）；Mg_2Si（β 相）；Al_2CuMg（S 相），二元铝合金相图的基本形式为有限固溶体类型。

（3）性能特点　铝合金和钢铁材料的性能对比见表 9-55。

表 9-55　铝合金和钢铁材料的性能对比

性能	低碳钢	低合金钢	高合金钢	铸铁	铝合金
相对密度	1.0	1.0	1.0	0.92	0.35
相对比强度极限	1.0	1.6	2.5	0.60	1.8
相对比屈服极限	1.0	1.7	4.2	0.70	2.9 ~ 4.3
相对比刚度	1.0	1.0	1.0	0.51	8.5

3. 铝合金的分类

根据合金元素的含量和加工工艺性能特点，铝合金分为变形铝合金、铸造铝合金两大类。铝合金相图如图9-12所示。

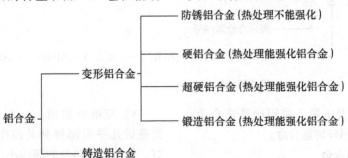

（1）铸造铝合金　具有共晶成分的合金具有优良的铸造性能。铸造铝合金为了保证足够的力学性能，并不完全都是共晶成分，只是合金元素含量较高，在8% ~ 25%（质量分数）范围内。

（2）变形铝合金　这类铝合金要经冷、热

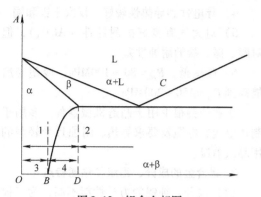

图 9-12　铝合金相图

1—变形铝合金　2—铸造铝合金　3—不能热处理
强化的铝合金　4—能热处理强化的铝合金

加工成各种型材，因此要求具有良好的冷热加工工艺性能，组织中不允许有过多的脆性第二相。所以变形铝合金中合金元素的含量比较低，一般不超过相图中 B 点的成分。合金元素总量小于5%（质量分数）。

变形铝合金按其成分和性能特点，又可分为不能热处理强化的铝合金和可热处理强化的铝合金。不能热处理强化的铝合金，合金含量少于相图中 B 点的成分，其中包括一些热处理强化效果不明显的合金。这类合金具有良好的耐蚀性，故称防锈铝合金。可热处理强化的铝合金，合金元素含量位于 B、D 之间，可通过热处理显著提高力学性能，包括硬铝合金、超硬铝合金及锻造铝合金。

4. 铝合金的强化机理

（1）固溶强化　合金元素加入纯铝中，形成铝基固溶体，其固溶强化作用，使其强度提高。

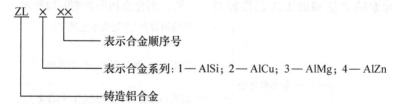

例如：ZL102 表示第 2 号铝硅铸造合金；ZL405 表示第 5 号铝锌铸造合金。

6. 常用铸造铝合金

（1）Al-Si 系铸造铝合金（硅铝明）　不含其他合金元素的称为简单硅铝明，除硅外尚有其他合金元素的称为特殊硅铝明。

铝的合金化一般都形成有限固溶体，且都具有较大的极限溶解度。

（2）时效强化　由于铝没有同素异构转变，故其热处理相变与钢不同。铝合金的热处理强化，主要是由于合金元素在铝中有较大固溶度且随温度降低而急剧减小，故铝合金经加热到一定温度淬火后，可以得到过饱和的铝基固溶体。这种过饱和的铝基固溶体放置在室温或加热到某温度时，其强度、硬度随时间的延长而提高，塑性、韧性则降低，这一过程称为时效（时效强化）。淬火加时效处理是铝合金强化的重要手段。

（3）过剩相强化　当铝中加入的合金元素超过其极限溶解度时，淬火加热时便有一部分不能溶入固溶体的第二相出现，成为过剩相。这类过剩相多为硬而脆的金属间化合物，起阻碍滑移和位错运动的作用，使铝合金强度、硬度提高，但塑性、韧性下降，过剩相过多时，合金变脆，强度急剧下降。对于铸造铝合金来说，过剩相强化是主要手段。

（4）细化晶粒强化　在铝合金中添加微量合金元素细化组织是提高力学性能的另一种重要手段。细化组织包括细化铝合金固溶体基体和过剩相组织。

铸造铝合金常加入微量变质剂（2/3NaF + 1/3NaCl）进行变质处理。变形铝合金中添加微量的钛、锆、铍及稀土元素，它们能形成难溶化合物，在合金结晶时作为非自发晶核，起细化晶粒作用，以提高强度及塑性。

5. 铸造铝合金的表示方法

1）简单硅铝明。$w(\text{Si}) = 11\% \sim 13\%$，铸造后几乎全部得到共晶组织，因而流动性好，铸造发生热裂的倾向小，但铸件致密度不高。可采用压铸，增加致密度。

2）特殊硅铝明。为了增加铝合金强度，向合金加入能形成强化相 $CuAl_2$（θ相）、Mg_2Si

（β 相）、Al_2CuMg（S 相）的合金元素 Cu、Mg。

（2）Al-Cu 系铸造铝合金 合金中含有少量共晶组织，故铸造性能不好，耐蚀性及强度也低于硅铝明，应用较少。如 ZL201、ZL203 等。

（3）Al-Mg 系铸造铝合金 如 ZL301、ZL302，优点：耐蚀性好，强度高，密度小（$2.55g/cm^3$，比纯铝还轻）；缺点：铸造性能差。

（4）Al-Zn 系铸造铝合金 如 ZL401，优点：铸造性能好，强度高（铸造冷却时自行淬火），经时效后就有较高的强度，价格低；缺点：耐蚀性差，热裂倾向大。

9.3.2 铜及铜合金

1. 铜的性质

1）具有面心晶格，无同素异构转变。

2）密度为 $8.94g/cm^3$，熔点为 $1083℃$，无磁性。

3）导热性好，仅次于银（Ag、Cu、Au、Mg、Zn、Ni、Cd、Co、Fe、Pt、Sn、Pb，导电性由强减弱的顺序）。

4）具有较高的化学稳定性。

在大气、淡水中均有优良的耐蚀性；在温水中耐蚀性较差。在大多非氧性介质中（HF、HCl）耐蚀性较好，而在氧化性介质中（HNO_3、H_2SO_4）易被腐蚀。

5）优良的成形加工性、焊接性、塑性，强度较低。

硬度为 3.5HBW，抗拉强度为 200 ~ 240MPa，屈服强度为 60 ~ 70MPa，断后伸长率为 50%。

冷变形加工可显著提高纯铜的强度和硬度，但塑性、电导率降低，经退火后可消除加工硬化现象。

2. 杂质对铜性能的影响

工业纯铜中的常见杂质有：氧、硫、铅、铋、砷、磷等。这些杂质的存在均使铜的电导率降低。

（1）热脆现象 产生原因：铅、铋杂质存在，铅、铋与铜能形成熔点很低的共晶体 [Cu + Bi（270℃），Cu + Pb（326℃）]，且沿晶界分布，热加工时（820 ~ 860℃），晶格熔化→热脆。因此应严格控制铅、铋含量 [$w(Pb) = 0.005\% ~ 0.03\%$，$w(Bi) = 0.002\% ~ 0.003\%$]。

（2）冷脆现象 产生原因：硫、氧杂质存在。硫、氧与铜形成共晶体 [$Cu + Cu_2S$（1067℃），$Cu + Cu_2O$（1065℃）]，且沿晶界分布，熔点较高，不会引起热脆。但 Cu_2S、Cu_2O 属于脆性化合物，冷加工时易产生脆性开裂。因此应严格控制硫、氧含量 [$w(S) ≤ 0.0015\%$，$w(O) = 0.0015\% ~ 0.05\%$]。

（3）氢病 含有氧的纯铜在含有氢气或一氧化碳等还原性气氛中加热时，氢气及一氧化碳气体会渗入铜中，与氧发生反应，形成不溶于铜的蒸汽和二氧化碳（$2H + O_2 → 2H_2O$，$2CO + O_2 → 2CO_2$），在局部产生很大的应力，造成微裂纹，使铜在随后的加工或使用过程中发生断裂，这种现象称为氢病。故含氧高的铜应在氧化性气氛中进行退火、热加工。

3. 工业纯铜的表示方法

纯铜：

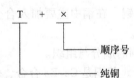

示例：T1 ~ T4。

无氧铜：

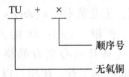

示例：TU1，TU2。

磷脱氧铜：

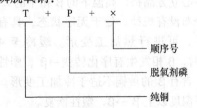

示例：TP1 ~ TP4。

4. 铜的合金化

纯铜的强度不高（$R_m = 200 ~ 240MPa$，$R_e = 60 ~ 70MPa$，$A = 50\%$），虽然冷加工硬化

可以适当提高强度，但是 Cu 的塑性、电导率下降，因此常加入合金元素，通过固溶、淬火时效和形成过剩相来强化材料，提高合金的性能。主要固溶强化元素有 Zn、Sn、Al、Mn、Ni 等；Be、Ti、Zr、Cr 等为常用的沉淀强化元素。

（1）固溶强化　加入 Zn、Sn、Al、Ni 等合金元素，形成铜的固溶体产生固溶强化，使铜的强度升高。

（2）时效强化　Be、Si 在 Cu 中的溶解度随温度的降低而降低，使合金具有时效强化的功能。

（3）过剩相强化　合金元素的加入量超过铜的最大溶解度时，便产生过剩相，使合金强度提高。但过剩相数量太多时，合金脆化，强度下降。

（4）细化晶粒强化　Cu 中加入少量 Fe、Ni 等合金元素，能细化晶粒，提高其强度。

5. 铜合金的分类

按成形方法分类：变形铜合金及铸造铜合金。按化学成分分类：黄铜、青铜和白铜三大类。

（1）黄铜　在铜中主要加入合金元素锌所形成的合金。

1）黄铜的成分与组织。

① 成分。黄铜是 Cu-Zn 合金，包括简单黄铜（普通黄铜），$w(Zn) < 5\%$；复杂黄铜（特殊黄铜），为 Cu-Zn + 其他合金元素。

② 组织。工业黄铜 [$w(Zn) < 5\%$]，室温组织是 α 相、β 相。α 相：Zn 溶入 Cu 形成的有限固溶体（具有面心立方晶格），塑性好，具有优良的成形加工性。β 相：以电子化合物 CuZn 为基的固溶体，电子浓度 3/2（β 相），具有体心立方晶格，高温下的 β 相中的 Zn、Cu 原子分布没有规律，处于无序状态，具有良好的塑性，可进行热加工变形。缓冷至 456 ~ 468℃时，β 相发生有序化转变→β′，塑性显著降低，含有 β′ 的黄铜不适于冷加工变形。加热到有序温度以上 β′→β，塑性恢复。

工业黄铜按组织分类：单项黄铜 α，$w(Cu) = 62.4\% ~ 100\%$；两相黄铜 α + β，$w(Cu) = 56\% ~ 62.4\%$。

2）合金元素 Zn 含量对黄铜性能的影响。

Zn 含量对黄铜的物理、力学与工艺性能有很大影响。

当 $w(Zn) < 32\%$ 时，黄铜组织为单相 α 固溶体，Zn 含量上升导致强度、塑性提高，可进行冷、热加工；当 $32\% < w(Zn) < 45\%$ 时，Zn 含量上升导致强度提高、塑性降低，黄铜组织为双相 α + β′，可进行热加工，但不适合冷变形加工；当 $w(Zn) > 45\%$ 时，Zn 含量上升导致→强度、塑性降低。

加入 Al、Sn、Ni、Mn 等进一步提高合金强度和耐蚀性；加入 Si、Pb 等可提高耐磨性。

① 随着 Zn 含量增加，黄铜的导电性、导热性降低。

② 随着 Zn 含量增加，当组织为单 α 相时，黄铜的强度、塑性都提高；$w(Zn) = 30\% ~ 32\%$ 时，塑性 A 达到最大；继续增加 Zn 含量，由于 β′ 出现，塑性下降，而强度 R_m 继续提高，$w(Zn) = 45\% ~ 46\%$ 时，合金进入单相 β′ 区，R_m 急剧降低。

③ 随着 Zn 含量增加，黄铜"自裂"倾向增大。

"自裂"：$w(Zn) > 20\%$ 的黄铜，经冷变形后，在潮湿的大气或海水中，尤其有氨存在时，会发生自动破裂（应力腐蚀破裂）。

防止自裂的措施：

a. 低温去应力退火 260 ~ 300℃，1 ~ 2h。

b. 加入 Sn、Si、Al、Ni 等元素。

c. 表面镀 Sn 或 Zn。

④ 黄铜的铸造性能良好，$w(Zn) < 10\%$ 或 $w(Zn) > 38\%$ 时，由于结晶温度间隙较小，流动性好。

3）黄铜分类。按其成分分为普通黄铜和特殊黄铜，普通黄铜是由铜和锌组成的二元合金，特殊黄铜是在普通黄铜中加入其他合金元素组成的多元合金。

按加工方法分为：压力加工黄铜和铸造黄铜。

4）黄铜的牌号。

普通黄铜：

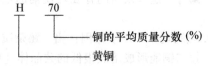

特殊黄铜：

H Pb 59 - 1

主加合金元素 Pb 的质量分数为 1%

含铜量的平均质量分数 (%)

主加合金元素

黄铜

铸造黄铜：

Z Cu Zn 38

$w(Zn)=38\%$

普通黄铜合金

铸造黄铜

5）黄铜的性能和应用。$R_m \approx 320 \sim 600MPa$，$A \approx 50\%$，价格便宜，因此日用品都用黄铜；工程上制造弹壳、散热器、冷凝器管道等构件；特殊黄铜可用于制造防海水侵蚀的船舶机械零件，如轴承、齿轮、螺旋桨叶和仪表，化工用耐蚀零件等。

6）经冷加工的黄铜制品存在残余应力，易发生应力腐蚀开裂，应进行去应力退火。

（2）青铜 是指黄铜和白铜以外的其他铜合金。其中铜锡合金称为锡青铜，其他青铜称为特殊青铜。一般来说，青铜的耐磨性比黄铜好，所以在机械制造中青铜用得比较多。

1）铸造牌号。铸造合金：ZCuSn10Pb1。

2）青铜的分类、性能及应用。

① 锡青铜。

a. 组织。Cu-Sn 合金相图非常复杂，由几个包晶转变和共析转变组成，转变产物有：α、β、γ、δ、ε 等相。

α 相：Sn 在 Cu 中的置换固溶体，具有面心立方晶格，塑性良好，适于冷热变形加工。

β 相：以电子化合物 Cu_5Sn 为基的固溶体，电子浓度 3/2，体心立方晶格。586℃以上稳定存在，塑性良好，适于热加工；586℃发生共析反应，形成 α + β 相，塑性急剧降低。

γ 相：以电子化合物为基的固溶体，晶格结构尚未确定，只能在 520℃以上稳定存在，520℃发生共析反应，分解为 α + δ 相。

δ 相：以电子化合物 $Cu_{31}Sn_8$ 为基的固溶体，电子浓度 21/13，具有复杂立方晶格，硬而脆。δ 相很稳定，在 350℃发生共析转变，形成 α + ε 相。但转变速度极其缓慢，一般很难进行。只有经 70% ~ 80% 的变形，数千小时退火，才能完成转变，故称 δ 相是青铜的基本室温组织。

ε 相：以电子化合物 Cu_3Sn 为基的固溶体，密排六方晶格，硬而脆，在青铜中无使用价值。

b. Sn 含量对青铜性能的影响。Sn 含量较低时，Sn 含量上升导致 R_m 提高，塑性 A 变化不大；$w(Sn) > 7\%$ 时，由于组织中出现 δ 相，塑性急剧降低；$w(Sn) > 20\%$ 时，不仅塑性降低，强度也急剧下降。故工业上锡青铜 $w(Sn) = 3\% \sim 14\%$；压力加工锡青铜 $w(Sn) = 6\% \sim 7\%$、铸造锡青铜 $w(Sn) = 10\% \sim 14\%$。

c. 锡青铜的铸造性能。$w(Sn)$ 在 $3\% \sim 14\%$ 范围内，青铜的结晶温度间隔很大，流动性差，易产生偏析，铸造性能差，但铸造收缩率很小，是有色合金中收缩率最小的合金，可用来生产形状复杂、气密性要求不高的铸件。

d. 其他合金元素（磷、镁、铅等）。P 脱氧，$w(P) = 0.02\% \sim 0.035\%$ 时改善铸造性能，提高强度；Zn 节约部分锡，缩小合金结晶温度间隔，改善铸造性能，提高铸件气密性；Pb 提高耐磨性。

e. 青铜的其他性能。良好的耐蚀性（除酸外），优于纯铜和黄铜；无磁性，冲击不产生火花，无冷脆现象，耐磨性高（δ 相）；锡青铜在大气、淡水、海水和蒸汽中具有良好的耐蚀性，但在酸类及氨水中其耐蚀性较差；$w(Sn) < 7\%$ 的锡青铜为 α 单相固溶体，塑性好，适于压力加工；$w(Sn) > 7\%$ 的锡青铜，由于塑性差，只适于铸造加工，且铸造性能一般（流动性差，易形成疏松，组织不致密，但收缩小）；青铜的耐磨性好；压力加工锡青铜多用于制造导电弹性元件和轴瓦、轴套等耐磨零件；铸造锡青铜一般用于铸造气密性要求不高的铸件和艺术品。

② 铝青铜。在铜中主要加入合金元素铝所形成的铜合金。

a. 组织。常用铝青铜的 $w(Al) < 12\%$，组织为 α、β、$γ_2$。

α 相：Al 在 Cu 中的固溶体，面心立方晶格，塑性好。

β 相：以电子化合物 Cu_3Al 为基的固溶体，电子浓度 3/2，体心立方晶格，565℃ 以上稳定存在，565℃ 发生共析反应，形成 $\alpha + \gamma_2$ 相。但是，必须充分缓冷，快冷（ > 5 ~ 6℃/min）时 $\beta \rightarrow \alpha + \gamma_2$ 被抑制，而发生类似钢的马氏体转变，形成密排六方晶格的介稳态 β′ 相，β′ 相适量且分布均匀时强度高，数量太多则合金变脆。

γ_2 相：以电子化合物 Cu_9Al_4 为基的固溶体，复杂立方晶格，硬而脆。

b. Al 含量对铝青铜性能的影响。Al 含量上升导致度、塑性提高，$w(Al) > 4\% ~ 5\%$ 时，塑性降低；$w(Al) > 7\% ~ 8\%$ 时，塑性急剧降低；$w(Al) > 10\% ~ 11\%$ 时，强度降低；故压力加工铝青铜 $w(Al) = 5\% ~ 7\%$、铸造铝青铜 $w(Al) > 7\% ~ 12\%$。

c. 其他元素。Fe 细化晶粒；Mn 提高强度、耐蚀性，不降低塑性；Ni 提高耐蚀性、耐磨性、热强度。

d. 铝青铜特点。比黄铜和锡青铜具有更高的强度、耐磨性和耐蚀性，并易于获得致密的铸件；$w(Al) = 5\% ~ 7\%$ 的铝青铜塑性好，一般为压力加工铝青铜，如 ZCuAl9Mn2；主要用作强度和耐磨性较高的耐磨零件（如齿轮、蜗杆、轴套等）；$w(Al) = 8\% ~ 10\%$ 的铝青铜塑性低，一般为铸造铝青铜，主要用作仪器、仪表中的耐蚀弹性零件。

③ 铍青铜。在铜中主要加入合金元素铍所形成的铜合金。

铍青铜经固溶时效处理强化后，其抗拉强度 $R_m = 1250MPa$，断后伸长率 $A = 2\% ~ 4\%$，疲劳抗力高，弹性好；而且耐蚀、耐热、耐磨等性能均好于其他铜合金；导电性和导热性优良，而且具有无磁性、受冲击时无火花等优点；主要用于制造精密仪器、仪表的弹性元件、耐磨零件等。

9.4　铸铁及铸钢熔炼质量控制实例

9.4.1　高强度灰铸铁件的生产工艺

近年来适应具体生产条件和不同铸件要求（薄壁）的高强度灰铸铁的生产方法，归纳起来有四种。

1. 强化孕育铸铁炉料中加入较多的废钢

强化孕育铸铁炉料中加入较多的废钢，采用优质铸造焦，以得到出炉温度大于 1500℃ 和高碳当量的铁液，用高效孕育剂强化孕育，从而得到高强度灰铸铁。过去生产孕育铸铁依靠加入较多废钢，降低碳量来提高强度，这种方法工艺性能不好，白口倾向大，尤其是对薄壁铸件（最小壁厚 3 ~ 10mm）。近代高强度孕育铸铁不用这种方法，靠高效孕育剂来强化孕育，提高性能。一般的方法是：$w(CE) = 3.9\% ~ 4.1\%$ 时，温度为 1480℃ 左右，要求铁液氧化少，采用 Si-Ca、Cr-Si-Ca、RE-Ca-Ba、Si-Ca、Si-Fe 复合、稀土复合等高效孕育剂，进行孕育处理。例如某厂 5t 冲天炉，利用铸造焦，炉料中加入 40%（质量分数）以上废钢，总焦比为 7 时，铁液温度为 1520 ~ 1540℃，炉渣中氧化铁含量（质量分数）低（1.8% ~ 3.0%）。经特种孕育剂孕育处理，当 $w(CE) = 4.28\%$ 时，试棒抗拉强度可达 250MPa，相对强度 RG = 1.28，硬度 229HBW，珠光体的体积分数大于 98%。又如某单位通过提高铁液过热温度，然后采用 RE-Ca-Ba 孕育剂对铁液进行孕育处理，浇注一批缸盖铸件，当 $w(CE) = 3.9\% ~ 4.05\%$ 时，抗拉强度 $R_m = 285 ~ 304MPa$，相对强度 RG = 1.1 ~ 1.21，石墨形态好，加工后水压试验没发现缩松和漏水现象。

2. 合成铸铁工艺

所谓合成铸铁工艺就是用感应炉熔炼，炉料中用 50%（质量分数）以上的废钢，其余为回炉铁和铁屑，经增碳处理得到的铁液。这种方法的优点如下：

1）炉料采用大量废钢不用生铁，降低了铸铁成本。

2）可获得含磷量低的铁液，减少磷对缸体、缸盖等薄壁高强度灰铸铁件缩松和渗漏缺陷的影响。

3）可避免生铁遗传性影响，铸铁石墨形态好，珠光体含量高，力学性能好，在同样碳当量时强度可比冲天炉铸铁提高 1 ~ 2 个牌号。

某汽车厂利用合成铸铁工艺熔炼高强度灰铸铁生产缸体，效果好，结果表明：

① 采用合成铸铁熔炼工艺浇注的缸体力学性能高，当 $w(CE) = 4.0\%$ 时，抗拉强度 $R_m > 250MPa$，比冲天炉熔炼提高一个牌号。

② 铁液断面敏感性小，缸体不同厚度断面及阶梯试块断面硬度分布均匀。

③ 铸铁含磷量低，含杂质少，克服铸件渗漏缺陷。

④ 成本低，熔炼工艺简单易行，容易掌握。

3. 低合金化孕育铸铁调整原铁液的化学成分使其达到较高碳当量

低合金化孕育铸铁调整原铁液的化学成分使其达到较高碳当量，炉内（或包内）加入少量铬、铜、钼等合金元素，获得高温低合金化铁液，再经孕育处理得到石墨细小、珠光体含量高、片间距小的组织，从而获得高强度铸铁。国外广泛用这种方法生产高强度灰铸铁，效果比较稳定，合金元素多是 Cu、Cr、Mo、Ni 等。最大优点是可使缸体、缸盖薄壁部分的基体组织得到 95%（体积分数）以上珠光体，硬度差小。

4. 调整铸铁常规化学成分及比例

调整铸铁常规化学成分及比例，获得高强度、低应力灰铸铁，在碳当量保持不变的情况下，适当提高 $w(Si)/w(C)$ 比值是提高机床铸件强度和刚度的重要途径。通过调整化学成分，特别是改变 $w(Si)/w(C)$ 比值，使 $w(Si)/w(C) = 0.5 \sim 0.9$，再加上适当的孕育处理和合金化，可以获得具有良好综合性能的高强度灰铸铁件。

$w(Si)/w(C)$ 比值的规律如下：

1）在相同碳当量下，$w(Si)/w(C)$ 比值高，抗拉强度可提高 $30 \sim 60MPa$，相对强度高，相对硬度低，弹性性能好。

2）在相同碳当量下，$w(Si)/w(C)$ 比值增加，残余应力有降低趋势，应力倾向也较小。

3）提高 $w(Si)/w(C)$ 比值，白口倾向小，断面敏感性小，而对铁液流动性、线收缩率无影响。

调整锰、硅含量，使 $w(Mn)$ 比 $w(Si)$ 高 $0.2\% \sim 1.3\%$ 以上，得到另一种高强度低应力铸铁。灰铸铁 $w(Mn)$ 在 $1.5\% \sim 3.0\%$ 范围内，

提高含 Mn 量，尤其是当含 Mn 量大于含 Si 量后，能显著细化共晶团，易于获得 D、E 型石墨和细珠光体基体。另外，控制灰铸铁中 Mn、Si 差值和 Mn 的绝对值，使 $w(Mn)$、$w(Si)$ 差值在 $0 \sim 0.5\%$，$w(Mn) > 2\%$，还可以在灰铸铁中得到不同类型的硬化相。控制 $w(Mn)$、$w(Si)$ 差值和 $w(Mn)$ 值，就能获得力学性能高，硬度均匀，耐压致密性好和耐磨性能好的高强度灰铸铁。这种高锰灰铸铁件在机床、缸套、液压件三个行业部分生产厂中生产，取得较好的效果。

9.4.2 减少孕育铸铁收缩倾向的工艺措施

生产高强度孕育铸件，收缩倾向大，收缩问题如果不能较好地解决，铸件就会产生大量的收缩缺陷。解决材质的收缩问题，总的原则是要有较高的碳硅当量，高碳当量加合金化的工艺比低碳当量少加合金化的工艺收缩倾向小。在选择高碳硅当量前提下，减少收缩的措施可以从以下几个方面考虑。

1. 促进石墨化的工艺措施是减少收缩的最好措施

对电炉熔炼，增碳技术的应用是解决铁液收缩的关键技术。铁液凝固过程中的石墨析出产生石墨化膨胀，良好的石墨化会减少铁液的收缩倾向，增碳技术是较好的合成铸铁生产技术的核心。由于加入增碳剂提高了铁液的石墨化能力，因此采用全废钢熔炼加增碳剂的合成铸铁生产工艺，铁液的收缩倾向小。传统的观念认为多加废钢会增大铁液的收缩倾向，不愿意多用废钢，喜欢多用一些生铁，这在生产上是不合适的。

熔炼中多用生铁，生铁中有许多粗大的过共晶石墨，这种粗大的过共晶石墨具有遗传性。如果采用低温熔炼，粗大的石墨难以消除，粗大的石墨从液态遗传到了固态，使凝固过程中本来应该产生的石墨化析出的膨胀作用削弱，使铁液中凝固过程中的收缩倾向增大，粗大的石墨又降低了材料的性能。因此，大量用生铁同用废钢增碳合成铸铁生产工艺相比，缺点如下：

1）强度性能低。同样成分经对比试验确定，性能低半个牌号。

2）收缩倾向大。同样条件下，比废钢增碳合成铸铁生产工艺收缩大。

对电炉熔炼，增碳合成铸铁生产技术的核心是使用高质量的增碳剂。采用废钢增碳工艺，增碳剂质量的好坏决定了铁液质量的好坏，增碳合成铸铁生产工艺能否获得好的石墨化效果，减少铁液收缩，主要取决于增碳剂。增碳剂一定要选用经过了高温石墨化处理的晶体石墨增碳剂，只有经过高温石墨化处理，碳原子才能从原来的无序排列变成片状排列，片状石墨才能成为石墨形核的最好核心，促进石墨化。

对冲天炉熔炼，高温熔炼是最关键的技术指标，高温熔炼可以有效消除生铁粗大石墨的遗传性。高温熔炼可以提高渗碳率，减少配料中的生铁加入量。以渗碳方式获得的碳活性好，要比多加生铁带来的碳有更好石墨化作用，铸件的石墨形态更好，分布更均匀。石墨的形态好，就会提高材质的性能，包括切削性能；石墨化效果好，能减少铁液的收缩倾向。

2. 提高原铁液的硅量，控制孕育量

灰铸铁中的硅一部分是原铁液中的硅，一部分是孕育处理带入的硅。许多企业喜欢原铁液中硅量低，用较大的孕育量孕育处理。这种做法并不科学，大量的孕育处理会增大收缩倾向。孕育处理是为了增加结晶核心的数量，促进石墨化，少量的孕育处理 [0.2% ~ 0.4%（质量分数）] 就可以达到这个目的。从工艺控制来说，孕育量应该相对的稳定，不能有较大的变化，这就要求原铁液的硅量也要相应稳定。提高原铁液的硅量，既可减少白口的收缩倾向，又能发挥硅固溶强化基体的作用，性能反而不降低。

目前比较科学的做法是提高灰铸铁原铁液的含硅量，孕育量控制在0.3%（质量分数）左右，发挥硅的固溶强化作用，对提高强度有利，也对减少铸件收缩有利。

3. 合金化的方法对铁液收缩有较大的影响

合金化能有效提高铸铁材质的性能，灰铸铁常用的合金元素是铬、钼、铜、锡、镍。

铬：铬能有效提高灰铸铁的性能，铬的白口倾向比较大是大家最顾忌的问题，加入量太大，会出现碳化物。至于铬的上限如何控制，不同的加铬工艺上限有所不同，如果铬加入到原铁液中，其上限不要超过0.35%（质量分数），提高原铁液中的铬量会使铁液白口倾向和收缩倾向增大，非常有害。

另一种加铬的工艺不是提高原铁液铬量，而是将铬加至铁液包中，用冲入法冲入。这种工艺会大大减少铁液的白口倾向和收缩倾向，同前一种工艺相比，同样的铬量，白口倾向和收缩倾向会减少一半以上。这种加铬方式，铬的上限可控制到0.45%（质量分数）。

钼：钼的特性与铬非常相似。由于钼的价格昂贵，加钼会大幅度增加成本，因此尽可能少加钼，多加一些铬。用冲入法加铬、加钼是减少合金化收缩的有效措施。

4. 铁液浇注温度对收缩的影响

温度高铁液收缩倾向大，要控制浇注温度在合理的范围内是非常重要的，浇注温度如果高于工艺规定的合理的温度20~30℃，收缩倾向就会大幅增加。生产中要注意这样一种现象，第一包铁液的浇注温度会低一些，随后温度会越来越高，如果不加以控制，铸件就有可能产生收缩缺陷。生产中第一包铁液要烫包，烫好包之后再用，而且第一包铁液浇注温度要控制在下限，不要在上限，防止温度不断升高。电炉熔炼控制好浇注温度，是防止铸件产生收缩不合格品的关键措施。

5. 铁液氧化倾向大收缩倾向也大

铁液氧化倾向大是非常有害的，氧化倾向大也会增大收缩倾向。为了降低铁液氧化，冲天炉熔炼就要实现高温熔炼，电炉熔炼就要实现快速熔炼。由于电炉增碳技术的应用，使铁液的氧化进一步降低，所以电炉熔炼也可以生产出低氧化、低收缩的铁液。只要严格控制好温度，用电炉熔炼生产复杂的缸体、缸盖铸件也很有优势。

9.4.3 防止铸铁件白口的工艺措施

铸铁件生产中出现的白口就是游离渗碳体。由于渗碳体的硬度高，性脆，所以存在白口的铸铁件切削加工困难，轻则加快刀具的磨损，重则造成断毁而中断生产。

1. 铸铁的结晶凝固过程

（1）铁液降温过程中成分的调整　凡由两种元素以上组成的液态合金，在降温过程中必然"调整"其成分以组成熔点最低的共晶体再进行共晶结晶凝固。对于铁碳合金，当原始铁液为亚共晶成分时，其"调整"是先期析出低碳奥氏体，使余下的铁液含碳量富集至共晶点成分；如为过共晶铁液，则先析出高碳相的初析渗碳体或初析石墨；至于成分恰好是共晶成分的铁液，直接进入共晶结晶凝固。由铁－碳相图可知，共晶点如按稳定平衡（虚线）进行，其 $w(C) = 4.26\%$，温度为 1154℃；如按介质稳定平衡（实线）进行，相应的 $w(C) = 4.30\%$，温度为 1148℃。

（2）结晶凝固和过冷度　金属的液-固相转变即凝固必须以结晶的形式实现，这一转换应是同步的，但实际并非完全如此。从物理学的观点来看，凝固与结晶是两个不同的概念。前者指物质的物态变化，后者表示物质以结晶的形式出现，它既可以发生在物态转变时，也可以发生于不变的同一物态下，而且，结晶必须有晶核的存在。当金属（合金）冷却降温至理论（极其缓慢的冷速下）液固相转变温度时，本应该结晶凝固，但由于此时晶核数量不足（晶核的产生是随着温度的下降与时间的推移而逐步加速，直至峰值开始结晶），因此不能结晶凝固。这时，金属液被迫继续降温直至所生晶核足够时才开始结晶凝固。这一现象称为"过冷"，其温差则为"过冷度"。可见，过冷可以视为是"调节"金属凝固与结晶两者间不同步而又必须同步（统一起来）的"缓冲器"。

铁－碳相图是二元相图，实际生产中都是铁碳硅三元合金，而硅的影响约为碳的 1/3，故以碳当量取代碳量予以表述。对于三元合金，共晶点将随着硅量的升高使稳定和介稳定平衡线的温度差扩大，而合金元素（如铬等）的加入则使其变窄。另一方面，为借助通行的相图以简捷、明晰地解释结晶凝固过程，故仍依循二元相图。

（3）共晶转变　不考虑调整成分时析出奥氏体形成的拐点。如铁液过冷度不大，整个共晶转变将在稳定与介稳定两平衡线之间以稳定状态完成，铸件组织为共晶石墨加奥氏体（灰口）。

共晶转变是在恒温下完成，冷却曲线应在此形成平台，但实际记录的冷却曲线在平台后段有一微突线段，这是由于释出结晶潜热所致。

如果铁液过冷度较大，共晶转变将有部分在介稳定平衡线以下进行，从而形成麻口或造成多量游离渗碳体。

若铁液过冷度很大，共晶转变将全部在介稳定平衡线以下完成，此时将形成全白口。

至于过共晶铁液，有三种可能，只是液态拐点处调整成分时所析出的是初析渗碳体或初析石墨，而不是奥氏体。关于共晶铁液，因不须调整成分将直接进入共晶转变，液态曲线段呈直线而无拐点。

无论原铁液成分如何，当它们进入共晶点时，进行转变所可能出现的几种形式也将是相同的，都取决于该瞬间铁液的过冷度这唯一的因数。

因此，三种铸铁在共晶转变结束时的状态是，亚共晶和共晶铸铁为共晶渗碳体或共晶石墨加共晶奥氏体，视过冷度大小（即按介稳定或稳定）而定。而过共晶铸铁也是这样但外加初析渗碳体或初析石墨（取决于铁液成分调整时过冷度的大小而定），此时铸件已全部固化。

（4）共晶转变结束后继续降温后的变化　上述三种铸铁中已形成的相（组织），除奥氏体外此后都不再发生变化。而奥氏体（包括亚共晶铸铁在液态成分调整时先期析出的初析奥氏体）则是可变的，这是因为，奥氏体虽是固态但它的碳溶解度将随温度的下降而减低，即要开始析出过饱和的碳直至共晶点为止，所析出的碳可能是次析渗碳体，也可能是次析石墨，也要视过冷度的大小而定，前者按介稳定平衡进行，起始温度 1148℃，$w(C) = 2.11\%$，后者按稳定平衡转变，相应的温度为 1154℃，$w(C) = 2.08\%$。

2. 白口的产生

促进自发晶核的存在将会有助于减轻白口倾向。根据生产实践和试验研究，白口产生的影响因素有三种：冷却速率、化学成分和冶金因素。

（1）冷却速率的影响　冷却速率越快，铁液将被迫延时，即降至更低的温度结晶，因而过冷度更大，铸件产生白口的趋势也越大。

碳在铁中的最大溶解度是 6.67%，这恰好是 Fe_3C 中 C 所占 Fe_3C 的质量分数。由此可见，C 在铁液中是以 Fe_3C 形式存在的，快冷将有利于 Fe_3C 保留下来，分解毕竟需要时间，哪怕是瞬间。

（2）化学成分的影响

1）硅的影响。Si 在铁液中以 FeSi 的形式存在，C 是以 Fe_3C 的形式存在，但前者的亲和力大于后者，也就是能促使 Fe_3C 分解，从而增加了自发晶核产生的倾向，降低铁液的过冷度；另一方面，基于合金元素越多，其熔点越低的特性，随着硅量的增加，两平衡线间的温差将加大。

2）铬的影响。与 Si 相反，Cr 倾向于形成碳化铬并与碳化铁构成稳定性更强的复合碳化物，显然，它将阻碍自发晶核的形成（加大过冷度），从而有利于白口的产生。

（3）冶金因素的影响　对白口产生影响的除冷却速率和化学成分以外的其他一切因素都称为冶金因素，包括原辅材料、炉料组成、熔炼炉、炉衬材料、熔炼工艺、温度、铁液中微量元素与未熔质点、炉前处理、出炉及浇注温度等。

3. 白口的消除

（1）冷却速率　决定铸件冷却速率的因素有以下三个方面：

1）在其他条件相同的情况下，浇注温度越高，铁液充型后的降温梯度（冷速）将越小，因而过冷度降低白口产生的趋势减弱。因此要确定合适的浇注温度。

2）各种铸型成形材料（介质）的比热容和热导率差异很大，散热、冷速也不相同。即使是同一种造型材料，例如应用最广泛的湿型砂铸型，高压造型的砂型冷速最慢，手工造型

最大，一般机器造型居中，这是三种造型方式所用型砂含水量不同的缘故。同一车间的同一铸件，如果型砂水分出现波动，铸件的白口倾向也将发生变化。

3）随着铸件质量、壁厚和形状结构的差异，其冷却速率也不一样（包括同一铸件的不同部位，甚至浇注系统的改动），产生白口的倾向也各不相同。

从生产现场来看，浇注温度偏低是造成铸件产生白口的最显著也是最常见的原因。

（2）化学成分　在所有影响铸件出现白口的因素之中，就实际生产来看，最常发生的原因是碳当量偏低，其次是铬、锰含量高。因此一旦出现白口问题，首先要从这两个方面加以核查。

（3）冶金因素　熔炼炉的影响，相同炉料组合和相同熔炼成分的感应炉灰铸铁铁液的抗拉强度较冲天炉熔炼的约高出半个级别，但铁液流动性在相同温度下却明显较低，同时白口和缩松倾向加大，即前者的材质性能较好而工艺性下降。

这是因为感应炉熔炼的铁液所形成的非自发晶核较冲天炉少，同时由于铁液纯净度高，产生自发晶核的能力也下降；另一方面还存在炉内磁场涡流引起的搅动，碳、硅等元素的烧损和金属液含气量的改变等都导致晶核的消减。

为克服磁场涡流的负面效应，在用中频感应炉熔炼时，如果出现铁液已熔化但因故不能出炉，延滞出炉时间超过 1h 的情况，生产者应考虑适当调高碳当量或（和）增强孕育。因此从提高铸件质量方面，快节奏生产是可取的。

因生铁价格较高，不少工厂采用废钢增碳工艺。这不仅降低了生产成本，同时也改善了铁液质量，但所用增碳剂应是经高温冶炼的石墨化增碳剂，否则其增核作用很弱，碳收得率低且不稳定。

4. 孕育处理

自从 19 世纪 40 年代密烘公司利用硅铁孕育处理灰铸铁以来，几乎所有铸造车间都对所生产的灰铸铁、球墨铸铁、蠕墨铸铁和可锻铸铁，采取不相同的孕育剂及孕育方式进行炉前

处理，以达到改善材质等多方面的目的。

当硅铁粉粒熔入铁液时，瞬间使微区内的铁液形成高硅状态，作为载体的 FeSi 促使 Fe_3C 分解析出 C，立即与硅铁中的 Al 和 Ca 化合成 Al_3C_4 和 CaC_2，这两种物质的晶体与石墨的构造相接近，从而成为非自发晶核。商品级的 FeSi75，基于熔炼温度的制约，从熔渣中 Al_2O_3 被还原并进入硅铁中的 $w(Al)$ 在 0.5% ~1.5% 范围，而 $w(Ca)$ 则为 0.5% ~1.0%。硅铁中该两元素的含量范围非常适合作为铸铁的孕育剂。Ca 的还原较难，故很少超过 1%，而 $w(Al)$ 则不宜超过 5%，因为稍高的 Al 就可能导致湿砂型铸件出现针孔缺陷。所以结晶硅（纯硅）不具有孕育效应，而 45 级硅铁孕育作用很弱。

在灰铸铁中，FeSi75 的孕育作用在加入后约 30s 达到峰值，随即迅速衰退，至 1min 已衰退近半，3min 以后几乎完全消失。衰退的原因是 Al_3C_4 和 CaC_2 受到铁液中 FeO 和 FeS（氧和硫在铁液中是以化合态存在而非单质）的氧化破坏。如灰铸铁铁液中的 $w(S) < 0.06\%$，孕育效应不明显，适宜的铁液中 $w(S)$ 应为约 0.1%。这是电炉熔炼所不可能达到的，因此必须加入硫化铁矿粉或硫黄进行增硫。

孕育处理对灰铸铁的唯一缺点是推迟铁液"结壳"时间，从而增加铸件缩松倾向。因此，灰铸铁的孕育量不宜超过 0.3%（质量分数）。

为解决孕育衰退的问题，所采用的抗衰退（长效）孕育剂一般是含锆、锶、钡等元素之一或之二的硅铁。孕育元素含量范围窄、成分稳定、抗衰退时间长、粒度均一是抗衰退孕育剂优质品牌的特点。抗衰退是因为锆、锶、钡等元素可以和碳化合成与石墨结构相近的碳化物，而且它们抗铁液氧化能力（稳定性）远高出碳化铝和碳化钙。

用 FeSi75 进行瞬间孕育，不论对机械化倾转包浇注、步进式造型线浇口定位浇注、造型-浇注生产线同步连续运转浇注，还是地面手包浇注，都可以采用螺旋给料器、漏斗气动或人工操作，以及直接用定量勺撒入砂型直浇道内的方式进行随流或型内孕育。

由于促进自发晶核形成的途径受多方面的制约，例如提高碳当量虽然有效但程度有限，避免合金元素也难以实现。尤其是目前铸铁发展的大方向是提高强度水平，降低碳当量和加入合金都是不得不采取的措施，故高牌号铸铁的白口倾向更大。

对比起来，增加非自发晶核则相对容易进行，而且措施多，效果显著，孕育处理即是最适合的途径之一。扩大并改进抗衰退孕育剂和瞬时孕育处理。瞬时孕育的加入量约为 0.1%（质量分数），粒度在 0.3~0.5mm 范围内。

灰铸铁的碳当量一旦超过共晶点，铸件必将出现粗大的初析（C 型）石墨，甚至出现漂浮石墨，或者产生粗大的初析渗碳体。对于球墨铸铁，有的中小件，碳当量高达 4.7%，甚至更高，既未发生石墨飘浮，也未见到石墨球集聚，呈连续条状或"开花状"石墨（残余稀土量未超标），表明它仍应归属亚共晶范围。这是球墨铸铁因加镁后铁液纯净度高、过冷度大的缘故。因此，有的铸铁学者认为，球墨铸铁的实际共晶点位于铁-碳相图上的右侧。

铸件出现"白口"问题，可以从冷却速率、化学成分、冶金因素等方面控制，加强孕育处理和临时增加瞬时孕育处理是消除白口的最有效措施。

9.4.4　电炉熔炼铸铁的质量控制

铸件品种多、批量小、要求高，各种铸件对铁液的要求差别大，熔炼多采用大中型中频感应炉，这就给熔炼和铁液质量控制带来一定难度。

1) 有时候铁液牌号需求与熔炼安排难以协调，造成生产线上铸型浇不完，影响造型线运转，或者炉内铁液无铸型可浇注，致使铁液长时间在炉内保温，对质量和生产运转都不利。

2) 炉子容量大，同一炉浇注多种牌号铸件会增加能耗、降低生产能力，并且不利于保证质量。

3) 大小、厚度不一的同牌号铸件需要成分不同的铁液浇注，只按牌号组织熔炼不能满足要求。

4) 同一牌号铁液可有不同配方，成本各

不相同，每种配方往往只适合某些铸件。

因此，应如何按照铸件生产需求，综合熔炼和造型能力，做出多种预案，减少熔炼过程成分调整次数，使熔炼生产尽可能稳定正常进行，以提高生产效益和质量。

1. 铁液保温技术

铁液在高温下保温，会引起温度变化、元素烧损、溶入气体及其他铁液状态变化。针对上述情况，可采取以下措施：

1) 长时间保温应尽量降低保温温度，如加入少量干净、干燥的回炉料降温，并用玻璃等材料造渣覆盖铁液表面。

2) 保温结束后，用增碳剂、各种合金调整成分。这些添加剂完全熔化后，20min 内不能出铁，以保证铁液能充分吸收。

3) 球墨铸铁增碳剂加入量增多时，应将铁液升温至 1550℃以上，并且至少保温 30min，才能使铁液充分吸收。否则，铸件厚大部位宏观断面上会出现一层类似石墨漂浮，金相检查是粗细、长短不等的条状为主，夹有一些块状石墨的石墨层。

4) 灰铸铁如果在增碳剂、合金钢完全熔化后就出铁，孕育效果较差，铸件厚大部位会出现组织疏松。

2. 铁液成分选择

同一炉铁液浇注几种牌号铸件时，宜按成分为中间成分、批量又较大或较重要的牌号进行配料，并略微偏高一些；出铁时用不同孕育剂（如碳硅孕育剂、钡硅合金、稀土钙钡合金等）及合金（电解铜或其他合金）调整牌号，效果较好。在熔炼球墨铸铁时，宜按高碳牌号配料，因为在保温、出铁过程中碳会烧损。在高碳牌号出铁完毕后，可以加入废钢降碳。这样做对铁液质量影响较小，速度快。如果用相反方法，也就是用增碳法调整成分，会引起铁液质量波动较大，调整时间长，容易发生增碳剂吸收不好和孕育效果不良的状况。在出铁过程中，炉内碳量会不断降低，最好使用孕育剂进行调节，只有在碳量降低较多时才进行增碳。

3. 铁液品种变换技术

当炉内尚剩余有球墨铸铁铁液，要改为熔炼灰铸铁铁液时，如果剩余铁液较多，最好升温到 1550℃，并保温一段时间，否则铸件组织会出现许多杂乱、破碎的石墨条、块，即使经过孕育处理，也难以获得 A 型石墨，从而影响铸件性能。如果炉内剩余的是灰铸铁铁液，要改为熔炼铁素体球墨铸铁，则应考虑含锰量和反球化元素是否过高，在选用生铁时就要注意。由于炉料不干净或熔炼控制不好会导致铁液严重氧化，影响铸件基体组织和石墨形态，引起孕育不良和球化不良，白口和缩松、缩孔倾向大，气孔、渣孔多等问题，因此要选用洁净、干燥的炉料。增碳、增硅处理带有一定的脱氧作用，故当铁液氧化严重时可以考虑使用碳化硅、硅钙合金、铝硅铁、稀土镁等进行脱氧，然后适当升温和保温。

4. 铁液保温溶气的防止

铁液在高温保温时间较长（如超过 1h），应考虑防止铁液氧化和溶气问题，特别是树脂砂芯较多的缸体、箱体类铸件，要防止产生氮气孔。

5. 铁液增碳技术

采用焦炭粉增碳价格便宜，但如果用量较大会带来问题：一是烟尘大，污染环境；二是增碳量大；三是烧损大，电耗增大。电极碎块含碳量高，含硫量低，用于 500kW 以上的变频电炉，由于熔炼时间很短，升温速度快，电极碎块在短时间内很难溶解吸收，特别是要在出铁过程中增碳时，更难以吸收。增碳剂原料和制造工艺不同，使用工艺也不同，必须进行试验。铁液加入增碳剂后一定要有足够的保温时间，时间长短与增碳剂的种类、生产工艺和铁液温度有关，否则会导致产生铸件石墨形态异常、材质异常等现象。一般而言，如果加入量大，建议熔炼温度要达到或超过 1520℃，保温时间在 15min 以上。熔炼过程中增碳时，宜在炉料刚开始熔化，看得见铁液时，分批加入增碳剂，不要一次加入太多。在熔化期间加入总量的 90% ~ 95%（质量分数），剩余少量在成分调整时加入。

6. 按质量和成本合理优化组织生产控制

单纯从造型或熔炼角度考虑生产安排，难以兼顾生产、质量和成本问题。因此，只有进行动态的、整体的平衡，才可能取得最好的经济效益。但需要下面几个条件：

1）熔炼技术有较强的应变能力。

2）造型能力可调整增强，能快速转换造型品种。

3）生产线应保证以较低成本的产量投产。

9.4.5　高强度铸铁中频感应炉熔炼的炉前控制

变速器壳体（见图9-13）是汽车的基础件

之一，它是多级齿轮的骨架，不仅要承重，还要经得起许多高强度螺栓在拧紧时所引起的局部较大压应力，铸件本身必须具有较高的耐压性及耐蚀性，所以铸件不得有疏松、晶粒粗大等缺陷，以免其润滑与冷却液渗漏。一般采用HT200作为壳体材料，其铸件质量不能适应汽车工业不断提高整体质量的要求。需要添加微量Cr、Mo、Cu等合金元素，获得以珠光体基体为主的高强度，以适应壳体的使用性能。

图9-13　变速器壳体铸件

1. 高强度灰铸铁成分的设计

变速器壳体材质为HT250，硬度低于200HBW，要求易切削加工，进行油压试验不渗漏。在铸铁中添加微量多元合金成分，选择合理的工艺参数，可使铸件具有一定的化学成分和冷却速度，获得理想的金相组织和力学性能。要保证力学性能，必须控制好基体组织和石墨形态，采用高强度低合金化孕育铸铁的成分设计。

1）考虑铁液碳当量与冷却速度的影响。碳当量过高，铸件厚壁处冷却速度缓慢，铸件厚壁处易产生晶粒粗大、组织疏松，油压试验易产生渗漏；若碳当量过低，铸件薄壁处易形成硬点或局部硬区，导致切削性能变差。将碳当量控制在3.95%~4.05%（质量分数）时，既可保证材质的力学性能，又可使其铁液的凝固温度范围变窄，为铁液实现"低温"浇注创造了条件，而且有利于消除铸件的气孔、缩孔缺陷。

2）考虑合金元素的作用。铬、铜元素在共晶转变中，铬阻碍石墨化，促进碳化物（白口）生成；而铜则起促进石墨化作用，可减少白口。两元素相互作用在一定程度上得到中和，避免在共晶转变中产生渗碳体而导致铸件薄壁处形成白口或硬度提高；在共析转变中，铬和铜都可以起到稳定和细化珠光体的复合作

用，但各自的作用又不尽相同。以恰当比例配合，能更好地发挥两者各自的作用。在$w(Cr)=0.2\%$的灰铸铁中加入铜，使$w(Cu)<2.0\%$，铜不仅促进珠光体转变，提高并稳定珠光体量和细化珠光体，促进A型石墨产生和均化石墨形态；铜还能少许提高$w(Cr)>0.2\%$的灰铸铁的流动性，这尤其对壳体薄壁类铸件有利，复合加入铬、铜可使铸件致密性进一步提高。因此对于要求耐渗漏的铸件，加入适量的铬、铜，有利于改善材质本身的致密性，提高其抗渗漏能力。

珠光体基体是高强度灰铸铁生产希望获得的组织，因为只有以珠光体为基体的铸铁强度高、耐磨性好。锡能有效地增加基体组织中珠光体含量，并促进和稳定珠光体形成，生产实践的结论是把含锡量控制在0.07%~0.09%（质量分数）。

2. 严把原辅材料质量关

原辅材料入厂必须取样分析，绝不使用不合格的原辅材料。要保证高质量的原铁液，必须选用高碳、低磷、低硫、低干扰（生铁供应商要有微量元素分析报告单）元素的生铁；选用纯净的废钢，对其所含成分Cr、Mo、Sn、V、Ti、Ni、Cu等微量元素以化验结果决定取

舍，对能稳定珠光体的废钢成分优先选用。生铁和废钢必须经过除锈处理后方能使用，附着油污的要经 250℃ 烘烤。

对铁合金、孕育剂应定点采购，力求成分稳定，块度（粒度）合格，分类堆放，避免受潮。这样可避免铸铁炉料"遗传性"带来的缺陷。

使用前准确计量是熔炼合格铁液的质量保证。感应炉熔炼严禁炉料中混有密封器皿和易爆物。

3. 高强度灰铸铁配料原则

1）配料计算要掌握中频感应炉熔炼过程中元素的变化规律。如炉衬属酸性材料，铁液温度高于 1500℃，在 Si 的加入量上只能取下限，而 C 必须取上限。掌握各种入炉金属材料的化学成分和各元素烧损与还原规律，对回炉铁（浇冒口、报废铸件）的分类堆放、编号记载，提出成分明确的严格要求。炉内还原的元素在配料时减去，炉内烧损的元素在配料时补上。

2）合金元素以一次性配入为原则，除 Si 以外其他配料时取中限，合金（Mo、Cr、Cu、Sn 等）可在熔清扒渣后加入，在酸性炉中烧损较少。C、Si 在扒渣及孕育时还可以补充。感应炉熔炼铸铁，遵循先增碳后加硅的原则。

3）对 P、S 含量的控制。P、S 含量主要来源于新生铁，可以通过选择炉料将 P、S 含量控制在要求范围内，所以必须使新生铁的 $w(P) < 0.06\%$，$w(S) < 0.04\%$，这样在配料计算时 P、S 含量就可以不予考虑［铸件的技术要求：$w(P) \leqslant 0.06\%$，$w(S) \leqslant 0.04\%$］。

4）入炉的所有金属材料均应严格要求准确计量。

4. 高强度灰铸铁中频感应炉熔炼的控制

要根据中频感应炉的冶金特性编制合理的熔炼工艺，从装料、温度控制及在各不同温度下加入合金、增碳剂、造渣剂到出铁温度各个环节进行严格控制，力求用最短的熔炼时间、最小的合金烧损与氧化，达到控制和稳定金相组织，提高铸件质量的目的。生产实践中将整个熔炼过程分为三期温度（熔清温度、扒渣温度和出炉温度）进行控制。

1）熔清温度。即取样温度以前的熔化期，决定着合金元素的吸收与化学成分的平衡，因此要避免高温熔化加料，避免搭棚"结壳"，否则铁液处于沸腾或高温状态，碳元素烧损加剧，硅元素不断在还原，铁液氧化加剧，杂质增加。按工艺要求，熔炼温度控制在 1365℃ 以下，取样温度控制在 1410～1430℃，取样温度低了则铁合金未熔化完，取得试样化学成分无代表性；温度过高，合金烧损或还原，还会影响到精炼期的成分调整。取样后应控制中频感应炉功率，在炉前质量管理仪对化学成分显示出结果后恰好进入到扒渣温度。

2）扒渣温度。扒渣温度是决定铁液质量的重要环节，因为它与成分稳定、孕育处理的效果密切相关，并直接影响到出铁温度的控制。扒渣温度过高加剧铁液石墨晶核烧损和硅的还原，特别是对于酸性炉衬来说，理论上铁液含硅偏高后将产生排碳作用，影响按稳定系结晶，存在着产生反白口的倾向；若温度过低，铁液长时间被裸露，碳、硅烧损严重。再次调整成分时，不仅延长熔炼时间使铁液过热，而且易使成分失控，增大铁液的过冷度，使正常结晶受到破坏。

3）出炉温度。为保证浇注和孕育的最佳温度，一般控制出炉温度在 1520～1550℃。出炉温度的高与低都会对铸铁的结晶和孕育效果带来影响，如果温度过高（超过工艺规定温度 30℃ 以上），尽管炉前快速分析结果 C、Si 也适中，但试浇三角试片白口深度会过大或中心部位显现麻口。出现这种情况即使采取措施向炉内补加碳或增大孕育量，实践效果也是欠佳，且需在调低中频感应炉功率后，进行炉内降温处理，即向炉内加入铁液总量 10%～15% 经烘烤的新生铁，这样试片断口心部麻口就转为灰口，顶尖的白口深度变小。若持续高温时间较长，采取以上方法后，仍须采取炉内补碳措施。出铁温度按浇注温度控制，壳体类铸铁件合适的浇注温度为 1420～1460℃，能够实现"高温出炉，适温浇注"。因为出炉温度低将导致浇注温度低于 1380℃，不利于脱硫、除气，而且特别影响孕育处理效果，随着温度的降低，冷隔、轮廓不清等问题也明显增加。

5. 高强度灰铸铁铁液的孕育处理

对生产变速器壳体用 HT250 进行孕育处理，以提高材质的耐磨性，使铸件的组织和性能得以明显改善，显著提高各断面上的硬度值，稳定厚断面上的珠光体量，可改善其壁厚的敏感性和铸件在机械加工时良好的切削性能，尤其是对防止壳体铸件的疏松、渗漏有特殊作用。

1) 孕育剂的加入量依生产壳体铸件的壁厚、化学成分和浇注温度等因素确定，以壁厚处不出现疏松、渗漏，壁薄处不出现硬区为原则。

生产证明，Si、Ba、Ca、Si-Fe 孕育剂是高强度灰铸铁最为理想的孕育剂，此孕育剂发挥了 Ba 的抗衰退能力且提高了 A 型石墨占有率，还发挥了 Sr 的特强消除白口能力，以及 Ca 和 Si 所起的辅助孕育和渗透作用。这种强强组合的孕育剂，是生产高强度铸铁孕育处理时较为理想的选择。

2) 孕育次数与孕育效果。随孕育次数增加，铸铁内部石墨分布均匀程度改善，A 型石墨占有率和石墨长度区别较大。经两次以上孕育的 A 型石墨占有率高，分布均匀，长度适中。更重要的是多次孕育促使非自发晶核数量增多，强化了基体，从而提高并稳定了铸铁的强度。

经随流复合孕育处理，并以漏斗式孕育包用钡硅铁 + FeSi75 孕育后，避免铁液随流孕育滞后于浇注是控制孕育效果的关键。孕育处理后的铁液应在限定时间内浇注完毕，一般不超过 8min，包内二次孕育 3~5min 孕育效果最佳。硅钡孕育剂可消除 HT250 的白口，改善其石墨形状、分布，消除 E、D 型过冷石墨。因为 E 型石墨和铁素体组织将使材质致密性降低，严重恶化抗渗漏性能。

6. 生产效果

铸件上最薄处无白口产生，其抗拉强度均达到 HT250 以上。试棒硬度达到 190~230HBW。壳体本体解剖，硬度在 190HBW 左右。铸件的品质系数显著提高，金相组织达到国外样机壳体铸造水平，珠光体的体积分数在 80% 以上，满足了减速器壳体的强度要求，其力学性能达到了国外同类机型变速器壳体的材

质水平。

9.4.6　球墨铸铁化学成分设计原则

球墨铸铁主要通过控制基体组织及球墨形态分布和比例，来获得不同的力学性能和使用性能。要获得一定的力学性能和使用性能，首先要得到一定的金相组织（基体及球化级别等）；要保证一定的金相组织，必须依靠化学成分、熔炼、球化孕育工艺及凝固过程来保证。

1. 球墨铸铁化学成分设计依据

1) 球墨铸铁的牌号及性能要求。

2) 铸件的形状、尺寸、质量及冷却速度。

3) 铸造工艺状况，如砂型、冷铁、冒口、球化孕育处理工艺。

4) 铸态还是热处理状态。

5) 原辅材料条件。

2. 球墨铸铁化学成分常规五大元素

（1）碳当量和碳　碳当量，无论是铸态球墨铸铁，还是热处理球墨铸铁，无论是铁素体球墨铸铁、珠光体球墨铸铁，还是混合基体球墨铸铁都是重要的参数。碳当量 CE 与铸件壁厚参考表 9-56。

表 9-56　碳当量与铸件壁厚

壁厚/mm	25~50	50~100	>100
CE（质量分数,%）	4.7~4.4	4.5~4.3	4.4~4.1

如果采用纯净的低锰炉料，CE 取下限；如果促进碳化物形成元素（Mn、Cr、V、Mo）含量较高，$Mg_残$、$RE_残$ 较高或者孕育不充分，CE 取上限。在不引起石墨漂浮的条件下，适当提高 CE，有利改善流动性和石墨化膨胀补缩。

确定 CE 后，根据高碳低硅强化孕育技术原则，$w(C)$ 选取 3.5%~3.9%，厚大铸件取下限，薄小铸件取上限。总之，应以确保充分的石墨化，防止石墨漂浮，改善铸造性能为准则。

（2）硅　对于铁素体球墨铸铁，在满足石墨化要求的条件下，尽可能控制较低的终硅量。选用炉料 P、Mn 含量较低时，硅含量稍高影响不大，若炉料 P、Mn 含量较高时，硅含量高则脆性增加，珠光体球墨铸铁硅含量应低于铁素体球墨铸铁硅含量。

采用高效强化孕育工艺，倒包孕育、随流孕育，可以减小孕育处理增硅，在保证获得预定基体组织时，又降低了终硅含量。

（3）锰　各种球墨铸铁要求设计成分中锰含量均较低，尤其是铸态的大断面球墨铸铁及铁素体球墨铸铁。

（4）磷　属于有害元素，对于有低温工作要求的铁素体球墨铸铁，应严格控制较低的磷含量。对于冲天炉、中频感应炉熔炼，只能靠严格的生铁、废钢等炉料来保证。

（5）硫　也为有害元素，力保原铁液中较低的硫含量，以求球化稳定，减少夹渣，节约球化剂用量。电炉熔炼时，$w(S) \leqslant 0.02$ 较好。

3. 铸态铁素体球墨铸铁生产技术要点

1）使用低 Mn 低 P 的纯净炉料，严格限制白口化、反球墨铸铁元素含量。

2）强化孕育、倒包孕育、随流孕育等后期孕育工艺，或使用复合孕育剂等增加石墨球数的孕育剂。

3）控制终硅含量，在保证铁素体量的条件下尽量降低硅含量。

4）生产高韧性 QT400-18 及 QT400-18AL 时，要求 Si、Mn、P 含量更低。炉料中含有干扰元素时，可少量添加稀土。一般采用退火工艺。三种铁素体球墨铸铁推荐化学成分见表 9-57。

表 9-57　三种铁素体球墨铸铁推荐化学成分

种类	化学成分（质量分数,%）						
	C	Si	Mn	P	S	Mg残	RE残
铸态铁素体球墨铸铁	3.5~3.9	2.5~3.0	≤0.3	≤0.06	≤0.02	0.03~0.06	0.02~0.04
退火铁素体球墨铸铁	3.5~3.9	2.0~2.7	≤0.6	≤0.06	≤0.02	0.03~0.06	0.02~0.04
QT400-18Al	3.5~3.9	1.4~2.0	≤0.2	≤0.03	≤0.01	0.04~0.06	

4. 珠光体球墨铸铁

对硅含量，小铸件取上限，大铸件取下限，只要不出现渗碳体，终硅含量尽量低。由于锰易偏析和形成碳化物，不宜依靠添加锰获取珠光体组织，尤其是大断面或特别薄小铸件，其锰含量应按下限控制。铸态或大断面铸件应添加 Cu 或同时添加 Cu 和 Mo。也可以添加 Ni（质量分数 ≤ 2.0%）、V（质量分数 ≤ 0.3%）、Sn（质量分数为 0.05%~0.10%）等，以稳定珠光体。表 9-58 列出了推荐珠光体球墨铸铁化学成分。

表 9-58　推荐珠光体球墨铸铁化学成分

状态	化学成分（质量分数,%）						
	C	Si	Mn	P	S	Cu	Mo
铸态	3.6~3.8	2.1~2.5	0.3~0.5	≤0.06	≤0.02	0.5~1.0	0~0.2
热处理	3.5~3.7	2.0~2.4	0.4~0.8	≤0.06	≤0.02	0~1.0	0~0.2

铸态珠光体球墨铸铁生产应遵循下列原则：

1）严格控制炉料，避免含有强烈促进形成碳化物的元素（如 Cr、V、Mo、Te 等），含锰量也不宜过高，避免铸态下形成渗碳体。

2）强化孕育防止形成碳化物，可采用稳定孕育剂。

3）根据铸件壁厚和牌号要求，适量添加稳定珠光体，且不促进形成碳化物的元素，如 Cu、Ni、Sn 等。

4）生产高强度高韧性珠光体球墨铸铁时应选用纯净炉料，严格控制碳化物形成元素、干扰元素及 P、S 等有害杂质元素。

5. 球化元素

在保证球化合格的原则下，力求较小的镁和稀土的添加量和较低的残留量。原铁液硫含量低时，则允许残留镁和稀土较低，不致迅速出现球化衰退。含有反球化元素（V、Ti 等）较多时，要适量增加稀土量，生产铸态高韧性铁素体球墨铸铁，球化应以 Mg 为主，少用稀土强孕育，以减少白口倾向。砂型铸造稀土镁球墨铸铁球化元素残留量控制与主要壁厚的关系见表 9-59。

根据球墨铸铁化学成分选定原则，希望采用干扰元素，促进白口化元素，P、S 杂质元素与 Si、Mn 元素含量低的生铁及废钢炉料。

表 9-59　砂型铸造稀土镁球墨铸铁球化元素残留量控制与主要壁厚关系

壁厚/mm	25～50	50～100	100～250
$Mg_残$（质量分数,%）	0.030～0.045	0.035～0.050	0.040～0.080
$RE_残$（质量分数,%）	0.020～0.030	0.030～0.040	0～0.060

9.4.7　球化剂的选用原则与常用球化工艺

球墨铸铁的组织与性能取决于铸铁的成分和结晶条件以及所用球化剂的质量，球化剂是目前获得球墨铸铁的主要手段之一。加入铁液中能使石墨在结晶生长时长成球状的元素称为球化元素。球化能力强的元素（如 Mg、Ce、Ca 等）都是很强的脱氧及去硫元素，并在铁液中不溶解，与铁液中的碳能结合。实用的目前是 Mg、Ce（或 Ce 与 La 等的混合稀土元素）和 Y 三种。球化元素的分类见表 9-60。

表 9-60　球化元素的分类

球化能力	球化元素	球化条件
强	镁、铈、镧、钙、钇	一般条件
中	锂、锶、钡、钍	要求原铁液硫含量极低
弱	钠、钾、锌、镉、锡、铝	冷却速度要快，原铁液硫含量极低

某些元素存在铁液中会使石墨在生长时无法长成球状，这些元素称为反球化元素。为了保证石墨的良好球化，应对铁液中反球化元素的含量加以限制。

1. 球化剂的类型

球化剂包括镁硅系合金、稀土镁硅系合金、钙系合金（日本用得较多）、镍镁系合金、纯镁合金、稀土合金。其中应用最为广泛的是稀土镁硅铁合金，钙镁球化剂主要是日本生产

和应用，如日本信越（SHIN - ETSU）生产的钙系合金 NC5、NC10、NC15、NC20、NC25 中镁含量为 4% ～28%（质量分数），但钙含量变化较小，其变化范围为 20% ～ 31%（质量分数）；此类合金白口倾向小，但要求处理温度高，处理后渣量大。镍镁合金在美洲、欧洲均有应用，这些合金的优点是相对密度大，反应平稳，镍可起合金化作用，价格贵，在我国较少应用。纯镁合金处理时，要用专用的压力加镁包，镁的吸收率高，但处理安全措施极为严格，生产中应用比较少。

稀土是发明球墨铸铁时使用的球化剂，它的发现推进了球墨铸铁应用的进程。稀土价格较高，白口倾向大，过量会使石墨变态，现在已不作为球化剂单独使用，仅作为辅助球化元素。

用镁粉和铁粉及所设计的硅含量直接加压成形，这种球化剂中硅含量很低，通常称为低硅压块状球化剂，因而为后续的孕育提供了大的余地，有利于生产铸态球墨铸铁。但这种合金易漂浮，处理效果波动大，处理时最好跟块状球化剂混合使用。可将镁粉、铁粉包覆在薄钢板或钢板中，将其快速送入铁液中达到球化目的。这种球化剂较贵，且设备投资大，但处理时合金吸收率高，因此处理球墨铸铁的总成本几乎没有提高。粉状球化剂使用时，将镁粉与抑制剂混合放入包内，并使铁液从合金表面上流过，逐层与合金反应达到球化效果，这种专门工艺称为 MC。

2. 球化剂的选用原则及应用

（1）金属炉料中干扰球化元素的含量

1）生铁中 Ti 含量较高，如 VTi 生铁，球化剂应含有适量的稀土。

2）当炉料中干扰元素含量较高时，应选用稀土含量较高的球化剂。

3）采用高纯生铁时，可以用镁硅铁合金球化剂。

4）球化剂中稀土含量应保证球化后 $w(RE_残) \geq 0.024\%$。

（2）原铁液温度和硫含量　高温低硫铁液，选用低镁低稀土球化剂。如电炉铁液 1460～1520℃，$w(S) = 0.02\% ～ 0.04\%$，可选

用 FeSiMg8RE3、FeSiMg7RE2；$w(S) \leqslant 0.02\%$，可用 FeSiMg6RE2。

（3）生产工艺及铸件的要求　铸态铁素体球墨铸铁选用低稀土球化剂，厚大断面球墨铸铁选用钇基重稀土球化剂，铸态珠光体球墨铸铁可用含铜、含镍球化剂。

（4）球化工艺　比较常用的球化工艺是冲入法，广泛适合各种温度和硫含量的铁液球化及各种批量生产的各类铸件。铁液温度与稀土镁硅铁的镁含量关系见表 9-61。

表 9-61　铁液温度与稀土镁硅铁的镁含量关系

铁液温度/℃	1400～1450	1450～1500	1500～1550
$w(Mg)(\%)$	8～10	6～8	5～6

目前国内外在球墨铸铁生产中主要应用火法冶炼的合金，压块球化剂、包芯线球化剂、粉状球化剂应用得很少，火法冶炼的球化剂在生产中应用占 90% 以上。目前在这类合金中增加 Ba、Ca、Pb、Cu、Ni 等，以达到控制基体的目的，对合金中的氧化镁含量已有限量指标。

3. 常用球化工艺——冲入法

堤坝或凹坑内面积占包底的 40%～50%，堤高或坑深应可容纳添加的球化剂和覆盖剂。

1）球化剂装载。处理 0.5～3t、1400～1430℃铁液时，球化剂粒度为 15～30mm，粉状物含量不大于 10%（质量分数），温度低时不可用粉状物。先将处理包预热至 >600～800℃（暗红或红色），清除包底残渣铁块。向堤坝或凹坑内装入球化剂，平底包可放入一侧。上面覆盖硅铁，其粒度小于或等于球化剂粒度。然后再覆盖无锈铁屑或草灰、碳酸钠、珍珠岩集渣剂等。铁液温度过高时，可盖铁（钢）板；铁液温度较高时，要注意舂紧和覆盖操作。

2）冲入铁液。铁液冲向未放置球化剂的一侧。冲入 1/2～2/3 铁液，其深度为 250～260mm。冲入后反应沸腾约 1min 以上。如反应太迟，可用钢钎捅破覆盖层，沸腾将要结束时，再冲入其余铁液。处理量较少时也可一次冲满。补加铁液时可随流添加孕育剂。处理完

毕，加集渣剂如草灰、珍珠岩，搅拌后彻底扒渣，再覆盖保温剂如草灰、珍珠岩等。处理后 0.5～3t 包铁液降温 50～100℃，大包降温较少。

3）球化情况判断。铁液冲入一定高度（>250～260mm）后开始起爆，均匀持续沸腾足够时间（>1min），表示反应正常。反应过猛喷出铁液表示烧损过大，反应时间过短或过长均属不正常现象。补加铁液时液面逸出镁光及白黄火焰表示正常。处理后铁液表面易形成氧化膜表示正常。将铁液搅拌后深入液面下取样，浇三角试样或圆棒检查球化情况。

4）安全防护。操作者戴手套、口罩、穿工作服，防止含稀土合金粉末侵入人体。防止起爆时飞溅烫伤。观察球化反应时戴防护眼镜。

4. 球化剂在使用中的问题及质量因素控制指标

影响球化剂质量的因素有：成分、粒度、形状、密度、氧化镁含量等。

1）球化剂成分不准。

2）球化剂粉化，合金粒度不合要求。

3）球化剂密度波动大、有些球化剂上浮快，反应过于激烈，安全无保证。

4）氧化镁含量过高，球化处理不良，球化剂加入量过大。

5）球化处理后衰退快。

6）球化后白口倾向大。

合金生产厂应提供质量合格的产品。首先要完善氧化镁分析，严格控制原辅材料，控制促进合金粉化的元素和干扰元素，加强管理；其次要严格执行准确的熔炼工艺，控制好影响球化剂质量的主要指标；三要提供用户所要求的粒度；四要对生产的工人进行培训，让工人懂得合金特性及准确的使用方法。合金生产厂家应与使用厂家配合，普及提高对球墨铸铁的认识和生产技术水平。

9.4.8　孕育剂的选用及常用孕育工艺

浇注前向铁液中添加少量物质，引起某种反应，影响生核过程并改善凝固特性的处理工艺称为孕育处理，孕育处理是球墨铸铁生产中的一

个重要环节。孕育处理具有以下三个目的：

1) 消除结晶过冷倾向。球墨铸铁铁液的结晶过冷倾向较灰铸铁大，而且球墨铸铁的结晶过冷倾向不随铁液碳硅含量的高低而变化，有较大的白口倾向。

2) 促进石墨球化。孕育处理能增加石墨核心，细化球状石墨，提高球状石墨生长的相对稳定性，提高石墨球的圆整度。

3) 减小晶间偏析。孕育处理使共晶团细化，从而可减小共晶团间的偏析程度，提高铸铁的塑性和韧性。由于球墨铸铁在球化或孕育处理中会带入铁液较多的硅，从而高的硅含量会降低球墨铸铁的塑性和韧性，因此应对铁液孕育后的终硅含量加以控制。

孕育是球墨铸铁生产的必备工序，因为铁液经球化处理后硫、氧含量明显降低，纯净度显著提高，石墨核心数减少。此外，铁液中存在残留镁使其过冷度增大。只球化而不孕育的球墨铸铁熔液凝固时，石墨核心数过少，白口倾向强烈，因此球化处理后必须进行孕育处理。另外，球墨铸铁的孕育除能增多石墨球数外，还能改善石墨球的圆整度，提高球化率。

孕育处理时，孕育剂中各种元素与高温铁液产生不同的物化反应。反应产物或直接作为石墨核心，或对原夹杂物粒子进行催化，使石墨核心数增加。

球墨铸铁原铁液中添加球化剂后过冷倾向增大，再添加孕育剂后减小过冷，抑制渗碳体析出，促进析出大量细小圆整的石墨球孕育是保证凝固结晶过程中析出正常球状石墨的重要条件之一，对于铸态球墨铸铁尤为重要。

1. 孕育剂的选用

硅铁的瞬时孕育效果较好。大型厚壁铸件或浇注和运输时间较长时，可选用钡硅铁。

2. 常用孕育工艺

(1) 炉前孕育　冲入法球化时，孕育剂部分覆盖于球化剂上，由出铁槽冲入包内，根据浇包容量选定孕育剂粒度，见表 9-62。硅铁加入量一般为 0.2% ~ 0.8%（质量分数），铁素体球墨铸铁按上限，其量应根据炉前三角试样白口宽度及铸件要求进行调整。钡硅铁约减少 1/4 ~ 1/3。此法须控制孕育后浇注时间，以防

孕育衰退，必要时可用长效孕育剂。

表 9-62　各种粒度孕育剂适用范围

粒度尺寸 /mm	0.2 ~ 1	0.5 ~ 2	1.5 ~ 6	3 ~ 12	8 ~ 32
浇包容量 /kg	≤20	20 ~ 200	200 ~ 1000	500 ~ 2000	2000 ~ 10000

(2) 倒包孕育法　在炉前孕育的基础上，在浇注前从运转包倒入浇注包时再次添加孕育剂，可随流添加、包底添加，也可在表面添加后搅拌。可以进行 2 ~ 3 次，添加时间越接近浇注效果越好，孕育量也可减少。添加量依铸件壁厚、基体要求、铸型条件及铁液温度而定，一般为 0.1% ~ 0.5%（质量分数）。

(3) 浇口杯孕育法　在炉前孕育的基础上，将粒度为 0.2 ~ 0.8mm 的孕育剂放入带拔塞的定量浇口杯或撒在浇注铁液流上，硅铁加入量为 0.1% ~ 0.2%（质量分数）。该方法适用于大型铸件。

(4) 浇包漏斗随流孕育法　茶壶式浇包或气压浇注炉侧装有可控制出口流量的漏斗，控制自动开关使漏斗内的孕育剂在浇注期间均匀地随铁液流入铸型，添加量为 0.10% ~ 0.15%（质量分数）。铸件壁厚为 30 ~ 100mm 时，孕育剂粒度为 20 ~ 40 目；壁厚 < 30mm 时，孕育剂粒度为 40 ~ 200 目。该方法适用于中小铸件流水线大量生产或批量生产，孕育效果优于炉前法和倒包孕育法。

3. 提高孕育效果的措施

衡量球墨铸铁孕育效果的方法是检查石墨球数的增加状况及观察衰减时间。提高孕育效果的措施如下：

1) 选择强效孕育剂。在以硅铁为基的孕育剂中，最好含少量的 Al、Ca、Ce、Sr、Ba 等元素。

2) 保证球化后铁液必要的硫含量。过低的硫含量不利于提高石墨球数，对球化后 $w(S) = 0.005\%$ 的铁液，用 FeS_2 进行后孕育使硫提高到 $w(S) = 0.012\%$，发现石墨形状不受影响，但石墨球数却由 528 个/mm^2 增加到585 个/mm^2。

3) 改善处理方法。尽量缩短孕育至凝固

的时间，因为所有孕育剂的孕育效果都在刚加入瞬间为最大，之后立即发生衰退，不存在衰退的酝酿期。能缩短孕育至凝固时间的孕育方法有二次孕育、瞬时孕育、随流孕育、浇口杯孕育、浇道孕育、型内孕育等，其中以型内孕育的时间为最短。

4）提高冷却速度。铸件的冷却速度显著影响孕育效果，薄壁铸件孕育后的石墨球数明显增多。按 Loper 的观点，随过冷度增大，异质核心的成核有效性中可以接受的失配度数值变大。换句话说，提高冷却速度，增大过冷度后，可使更多的颗粒激活作为石墨的成核剂。

9.4.9　球化处理后球化率检测技术

1. 炉前试样检验法

（1）取样　球化孕育处理搅拌扒渣后，从表面下取铁液浇入试样的砂型中。待中心全部凝固后取出，表面呈暗红色。底面向下淬入水中冷却，打断观察断口，采用 $\phi15 \sim \phi30mm$ 圆棒试样。

（2）判断方法　试样淬火过早可能判误，铸件（尤其后期浇注者）的球化等级可低于炉前试样。此法可结合球化处理过程中的现象辅助判断，为控制球化工艺质量的手段，不作为检验产品质量的依靠。炉前三角试样球化判断法见表 9-63。

表 9-63　炉前三角试样球化判断法

项目	球化良好	球化不良
外形	试样边缘呈较大圆角	试样棱角清晰
表面缩陷	浇注位置上表面及侧面明显缩瘪	无缩陷
断口形态	断口细密如绒或银白色细密断口	断口暗灰粗晶粒或银白色分布细小的小黑点
缩松	断口中心有缩松	无缩松
白口	端口尖角白口清晰	完全无白口、且断口暗灰
敲击声	清脆金属声、声频较高	低哑如击木声
气味	遇水有类似 H_2S 气味	遇水无臭味

2. 炉前快速金相检验

为判断球化处理是否成功，在球化孕育处理搅拌扒渣后，深入液面下取样浇注 $\phi10 \sim \phi30mm$ 圆棒，中心凝固后淬火冷却，用细砂轮磨平，用润滑脂将 120 号刚玉砂布贴于抛光盘上细磨，将石蜡 10% ~ 20%、硬脂酸 10% ~ 20%、800 号金刚砂 60% ~ 80%组成的抛光蜡涂于帆布抛光盘上抛光试样。也可先用 H_2O 10mL、HNO_3 10mL、$FeCl_3$ 1g 混合后加 20%（体积分数）水制成的溶液浸蚀试样 10 ~ 15s，用 1000 ~ 2000 号 Al_2O_3 粉水悬浮液抛光。注意转动试样时防止抛出石墨，揩净蜡或抛光液后观察金相。由于试样冷却快，石墨小，可用 200 倍显微镜观察。注意炉前试样球化级别应高于铸件，此法为控制手段，不作为检验依据。常规金相检验应从最后浇注的铸件或规定的试块、试样上取样。

3. 超声波声速法检验

球墨铸铁检测是保证其质量的重要措施。在线分析，即产品在生产过程中进行分析，以确定其质量，已有不少单位在大批量生产条件下利用超声波对铸件质量进行分析。超声波声速法适用于生产工艺稳定的工厂，应根据该厂生产条件确定自己的超声声速与球化等级的关系，在相对稳定的条件下评定。

在利用超声波测定铸铁组织时，灰铸铁的声速为 4500m/s，蠕墨铸铁的声速为 5400m/s，球墨铸铁的声速为 5600m/s。根据在铸铁中高频衰减率的变化也可判断铸铁类型，球墨铸铁中心频率为 5MHz，灰铸铁仅为 1.5MHz。目前还有单位用超声波进行球化级别的测定，已可测定合格的球化级别和不合格的产品（3 级和 4 级之间）。超声波在铸铁中的传播速度随球化率提高而加快，可据此判断球化等级。

（1）取样　可用炉前试样或铸件检测。检测部位应能正确测定厚度，测定误差 <0.5%。检测表面应平直，无影响检测结果的毛刺、氧化皮、黏砂及油漆。相对平面平行度误差不大于 3°。

（2）仪器　可采用球化率分选仪，也可采用超声波声速测量仪。工作频率为 1 ~ 5MHz，测时分辨率 ≥0.01μs 或测厚分辨率 ≥0.01mm，不稳定度 ≥0.2%，测量非线性 ≤0.2%。

（3）测试方法　参见 JB/T 9219—2016

《球墨铸铁　超声声速测定方法》。

4. 其他方法

（1）音频法　对固定形状、尺寸、基体组织的铸件敲击后，用音频计测定其音频，以数字显示。球化等级越高，其音频越高。测定出的频率高于合格频率值时显示铸件球化合格，用此法可测定粗加工后的曲轴（但有时尚有误检）。也可用音频共振法检测形状对称的铸件。音频法受基体组织等多因素影响，可靠性较低。

（2）热分析法　将球化处理后的铁液浇入 $\phi 47mm \times 70mm$ 或其他形状尺寸的树脂砂样杯中，用热电偶测定冷却曲线，与不同球化等级的标准曲线比较，由人工或自动估测其球化等级（有些仪器可自动显示出球化率）。此法在生产工艺和原辅材料稳定的条件下采用，但影响热分析曲线的因素较多，易误检。

9.4.10　熔炼过程测温及取试样

1）全熔后，去净铁液表面渣子测温。

2）脱氧，取样分析原铁液五大元素（化学分析）。

3）调整成分（C），再取原铁液分析 C、S、Mn。

4）测温出炉，球化孕育处理。

5）球化孕育处理，浇三角试样，判断球化结果。

6）浇注基尔试样一组三个（测 R_m、A、a_K、HBW、五大元素及 $Mg_{残}$、$RE_{残}$、基体组织、球化率、石墨球大小）。

7）测温后，浇注铸件（附铸试样一组三样）。

8）剩余浇注一组三样。

9.4.11　电炉熔炼合成铸铁技术

高韧性球墨铸铁生产质量控制的关键是使铸件的组织具有高的铁素体含量、较高的球化率、直径细小而多的石墨含量，这是高韧性球墨铸铁力学性能合格的根本。要获得高韧性球墨铸铁必须有优质的铸造生铁来保证。

电炉熔炼合成铸铁的关键是增碳剂、调 Mn 造渣辅料、工业碳素废铁的选择及加入，以及冶炼质量控制，使用增碳剂增加碳含量，调整化学成分，改善铸铁的组织和性能；利用价格相对低廉的工业碳素废铁，降低成本；为了获得更好的增碳效果，生产中选用晶体石墨增碳剂。晶体石墨增碳剂主要用于高韧性球墨铸铁件（风电球墨铸铁件）、奥贝球墨铸铁件及大型复杂的灰铸铁及球墨铸铁柴油机缸体、缸盖的生产。应用晶体石墨增碳剂 + 废钢 + 大量回炉料是低成本生产高附加值高性能球墨铸铁件的新技术。本节着重介绍熔炼合成铸铁用的晶体石墨增碳剂，以及熔炼合成铸铁显著提高铸造厂效益的实例。

1. 碳及晶体石墨增碳剂材料特性

碳在常压下的熔点为 3550℃，沸点为 4194℃，3500℃开始升华，它是熔点最高的元素，且在高温下不发生晶态变化，几乎不软化、不变形。碳的同素异构体有无定形碳、石墨和金刚石。不同结构的碳密度不相同，无定形碳密度约为 $1.98g/cm^3$，石墨密度约为 $2.3g/cm^3$，金刚石密度约为 $3.51g/cm^3$，性能差别大。含碳晶体有一重要的特点是在无氧条件下加热，晶体结构会向更完整、更紧密的状态转变。无定形碳，如焦炭、木炭、炭黑等，在高温作用下可转变为石墨。石墨在高温、高压作用下可转变为金刚石。

（1）碳质材料　碳质材料是由碳元素组成的一类非金属材料。由于晶体结构和层片配列的变化，可以衍生出品种繁多的同素异构体。所有的同素异构体，在晶体结构上都是以金刚石或石墨为基础的。

1）金刚石。金刚石晶体属等轴晶系，原子晶格为面心正立方，原子间距为 0.154nm，是碳的同素异构体中原子排列最紧密的一种。金刚石的莫氏硬度为 10 级。

2）石墨。石墨为六方层片状结晶，石墨质软（莫氏硬度为 2～3 级），呈黑色，有光泽，并有润滑感。石墨可分为天然石墨和人造石墨两类，都是铸造行业中广泛应用的材料。

① 天然石墨。天然石墨中有鳞片状石墨和微晶石墨两种。我国是天然石墨产量最大的国家，产地主要有湖南、内蒙古、黑龙江、福建、广东、吉林等。俄罗斯、朝鲜、韩国、澳

大利亚、墨西哥、马达加斯加、印度、斯里兰卡、加拿大和美国也有高储量的天然石墨矿。其中斯里兰卡出产的块状石墨是目前所知的纯度最高的天然石墨，其中的碳含量接近100%。通常开采得到的天然石墨中混有大量脉石和其他杂质，如要求品位较高，就需要用浮选法提取：先将矿料粉碎，加水研磨制成矿浆，再用石灰或碱将矿浆调成弱碱性，并加入水玻璃抑制脉石，然后用筛分设备将石墨从大量脉石中分离出来。在浮选槽内加入煤油之类的捕集剂，再经离心分离和干燥，可以得到碳的质量分数为70%～95%的石墨。碳的质量分数在95%以上的石墨，需用化学方法萃取，或加热到高温使其中的氧化物杂质分解、挥发。

② 人造石墨。在高温和惰性气氛中，无定形碳可以转变为石墨。先将富碳的碳质材料压制成形，加热到2500～3000℃，在非氧化性气氛中进行石墨化。晶体石墨增碳剂大部分都是采用这种方法制备的。

3）无定形碳。无定形碳也是六方层片状结晶，与石墨不同之处在于六角形的配列不完整，层间距离略大。常见的无定形碳材料有焦炭、木炭、炭黑、活性炭等。

（2）增碳剂的类别及成分　增碳剂的主要成分是碳。但碳在增碳剂中的存在形式可能是非晶态或结晶态。与非晶体增碳剂相比，晶体增碳剂的增碳速度明显要快，未做球化处理原铁液的白口深度小，球墨铸铁基体中铁素体含量高，石墨球数多，石墨形态更圆整。依据碳在增碳剂中的存在形态，分为石墨增碳剂和非石墨增碳剂。石墨增碳剂有废石墨电极、石墨电极边角料及碎屑、自然石墨压粒、石墨化焦等，碳化硅（SiC）具有和石墨相似的六方结构，因而也被列为石墨增碳剂的一种特殊形态。废石墨增碳剂包括沥青焦、煅烧石墨焦、乙炔焦炭压粒、煅烧无烟煤增碳剂等。常用增碳剂的主要成分见表9-64，晶体石墨增碳剂的化学成分：$w(C) \geq 96\%$，$w(水分) \leq 1.5\%$，$w(灰分) < 1\%$，$w(Fe_2O_3) < 0.5\%$，$w(Al_2O_3) < 0.45\%$，不含硫、磷。

表9-64　增碳剂主要成分（质量分数，%）

增碳剂类别	碳	灰分	硫	挥发物	水分
Desulco	99.9	<0.10	0.015	<0.100	
电极石墨	99.9	0.20	0.010	0.099	
G1 电极石墨	≥98	≤0.50	<0.10	≤0.50	<0.5
G2 电极石墨	≥95	≤4.00	<0.10	≤1.20	<0.5
电极石墨碎屑	97.5	0.40	0.05	0.15	0.15
石墨压块（粒）	97.5	0.30	0.07	2.20	
沥青焦	99.7	0.04	0.01	0.22	
低硫煅烧石油焦	99.2	0.80	0.09	0.25	0.25
中硫煅烧石油焦	98.4	0.22	0.85	0.05	0.25
碳质	≥95	≤0.64	<0.10	≤0.51	<1.0
煅烧无烟煤	>95	<4	<0.3	<1	<1
	>95	<4	<0.3	<1	<1
	>94	<5	<0.3	<1	<1

2. 增碳剂的增碳行为

增碳剂的增碳是通过碳在铁液中的溶解和扩散进行的。当铁碳合金中碳的质量分数为2.1%时，石墨增碳剂中的石墨可直接在铁液中溶解直溶。而非石墨增碳剂的直溶现象几乎不存在，只是随着时间的推移，碳在铁液中逐渐的扩散溶解。石墨增碳剂的增碳速度显著高于非石墨增碳剂。对所有石墨铸铁，石墨增碳剂中的石墨，可作为先共晶晶核和共晶石墨晶核。由不同的配料比使用碳质增碳剂和不采用增碳工艺，在铁液化学成分中含量相同的条件下，经过增碳处理的铸铁中氮含量增加，但可以形成氮化硼等，可以作为石墨结晶核心的基底，为石墨创造良好的形核成长条件。因此，增碳剂在增加铁液含碳量的同时，能改善铁液凝固后的组织和性能。

增碳速度是单位时间内碳增加的百分数。吸收率是增碳剂中碳被铁液吸收的比率。铁液增碳速度及对增碳剂中碳的吸收率受下列因素影响：增碳剂种类、增碳剂颗粒、增碳处理温度、铁液组成、铁液的搅拌程度。石墨电极的增碳效率较快，电炉熔炼一般吸收率为85%左右。铁液搅拌越强，增碳效率越高，在1450℃可达90%。

3. 晶体石墨增碳剂对铸件微观组织及质量的影响

铸件的力学性能取决于铸件的组织，而铸件的组织取决于铸件的化学成分及凝固过程。铸铁凝固过程有两种重要的形核条件：一种是奥氏体形核，另一种是石墨形核。石墨和铸造硅铁在 Ca、Ba、Sr、Al、Ce、Zr、Mn 等元素的促进下有利于先共晶及共晶石墨晶核的形成。研究表明，含有上述活性元素的氧硫复杂化合物具有活性的结晶核心，在铸铁凝固过程中可促进石墨形核。铁液中适当尺寸、没有溶解的石墨质点，可以促进先共晶和共晶石墨析出核心。为了增加球墨铸铁球状石墨的数量，必须加强增加形成球状石墨核心的技术措施，其中铁液的石墨质点有助于提高球状石墨核心数量。结晶核心总是异质的核心。晶体结构的碳可以显著提高铁液的形核状态，其中有六方结构的石墨增碳剂。碳化硅（SiC）由于具有和石墨相似的六方结构，也被看作是石墨增碳剂的一种特殊形态。石墨结构的增碳剂可增加铁液中晶核点的数量，从而提高铁液的形核能力。生产实践表明，使用质地致密的石墨增碳剂后，球墨铸铁中铁素体的体积分数平均提高10%~15%，对断后伸长率有特别要求的铁素体球墨铸铁是非常有价值的。用石墨结构的增碳剂生产球墨铸铁得到的球状石墨数量是使用非石墨增碳剂球墨铸铁得到的球状石墨数量的400%。

应用晶体石墨增碳剂+工业碳素废铁+大量回炉料电炉熔炼，是低成本生产高附加值高性能球墨铸铁件的新技术。

4. 晶体石墨增碳剂的使用方法及晶体石墨粒度要求

在增碳剂使用过程中，增碳剂既有增碳吸收，又有氧化损耗。不同形态和颗粒大小的增碳剂对吸收和损耗有不同的影响，例如石墨压块（粒）、石墨电极碎屑，具有较大的表面面积浸润在铁液中，增碳吸收率高；增碳剂颗粒小，在增碳速度较快的同时，氧化损耗速度也较快。因此，生产中应根据熔炉类型，炉膛直径和容量大小，以及增碳剂的加入方法等，正确选择增碳剂类型及颗粒大小。使用增碳剂增碳的主要方法，是将增碳剂作为炉料直接投入炉内的投入法。在工艺要求炉外增碳时，常采用包内喷粉或出铁增碳法。

（1）炉内投入法 适用于感应炉熔炼时使用，依据工艺要求具体方法分为：

1）中频感应炉熔炼，可按配比或碳当量要求随炉料加入炉中下部位，回收率可达95%以上。

2）铁液熔清后碳量不足调整碳分时，先去净炉中熔渣，再加增碳剂，通过铁液升温、电磁搅拌和人工搅拌使碳溶解吸收，回收率可在90%左右。

3）有的工厂采用所谓低温增碳工艺，即炉料只熔化一部分，在熔化铁液温度较低情况下，全部增碳剂一次性加入铁液中，同时用固体炉料将其压入铁液中不让其露出铁液表面。

配料及加料顺序与晶体石墨增碳剂的使用方法：钢铁料配料大多都采用20%~30%（质量分数）的回炉料+工业碳素废铁，回炉料配量以车间回炉料的多少确定，不超过30%（质量分数）为宜。加料顺序是炉底先加入回炉料，随后加入工业碳素废铁，大功率送电。

在炉料熔化60%（质量分数）时加入配料晶体增碳剂总量的一半，加入晶体增碳剂后继续提高炉温加料熔化，剩余部分的60%（质量分数）在炉料全部熔化扒完渣后加入，不断搅拌直到增碳剂完全溶解后取样分析。取样后炉内铁液用覆盖剂保护，炉子保温。

最后剩余晶体增碳剂（粒度为 0.5 ~ 1.0mm）覆盖在包中球化剂上，起促进石墨形核及孕育的作用。

晶体石墨粒度要求：1t 以下电炉熔炼晶体石墨粒度为 0.5 ~ 2.5mm，1 ~ 3t 电炉熔炼晶体石墨粒度为 2.5 ~ 5mm，3 ~ 10t 电炉熔炼晶体石墨粒度为 5.0 ~ 15mm，覆盖在浇包中球化剂上的晶体石墨粒度为 0.5 ~ 1.0mm。

（2）炉外增碳　选用焦炭粉作增碳剂，包内喷粉，吹入量为 40kg/t，预期能使铁液碳的质量分数从 2% 增加到 4%。增碳过程随着铁液碳含量逐渐升高，碳量利用率下降，增碳前铁液温度为 1600℃，增碳后平均为 1299℃。喷焦炭粉增碳，一般采用氮气作为载体，在工业生产条件下，用压缩空气更方便，压缩空气中配入过量碳粉吹入高温铁液中，与压缩空气中的氧燃烧产生 CO，化学反应热可补偿部分温降，CO 的还原气氛利于改善增碳效果。

出铁时增碳，可将粒度 0.5 ~ 1.0mm 的增碳剂放到包内，或从出铁槽随流冲入，出完铁液后充分搅拌，尽可能使碳溶解吸收，碳的回收率在 55% 左右。

5. 晶体石墨增碳剂的新用途

在生产高韧性风电球墨铸铁件、奥贝球墨铸铁件及大型复杂球墨铸铁柴油机缸体、缸盖过程中，经常遇到球化分级比 2 级低又比 3 级高、石墨球不圆整、石墨球直径达不到 6 级以上、消失模铸造生产灰铸铁载货汽车变速器箱体出现了 D 型石墨等情况，采取了常规的工艺措施都难以解决问题。在生产配料、熔化、球化、孕育工艺不进行大的改变的情况下，出铁时按 1.5 ~ 2.0kg/t$_{铁液}$ 包中冲入 0.5 ~ 1.0mm 的晶体增碳剂（覆盖在球化剂上），这些问题就可得到解决。实践证明：运用特定晶体增碳剂会对提高高韧性球墨铸铁风电铸件、奥贝球墨铸铁件及大型复杂球墨铸铁柴油机缸体、缸盖的球化率，改善石墨球圆整度，减小石墨球直径起到有益的作用。消失模铸造生产载货汽车变速器灰铸铁箱体，对消除 D 型石墨有明显的效果。

6. 使用晶体石墨增碳剂注意的事项

配料增碳，增碳剂随炉料加入电炉下部

（5 ~ 15mm 颗粒），碳收得率一般为 95%；铁液、钢液补碳，先扒净钢液表面的渣子加入（0.5 ~ 2.5mm），碳收得率一般为 92%。

加增碳剂熔炼灰铸铁、球墨铸铁时，不要频繁加入覆盖剂，不要频繁扒渣，以免增碳剂没有溶解完就与覆盖剂混合，同渣子一起从炉中扒出。

第一次使用时注意需要先进行 2 ~ 3 炉试验，以确定增碳剂的碳收得率。

石墨增碳剂用于提高球化率、改善石墨球圆整度、减小石墨球直径、消除 D 型石墨、细化晶粒时，粒度一定要细，本身要干燥，否则容易引起球墨铸铁的夹杂及气孔缺陷。

7. 合成铸铁的熔炼中碳、硅、锰的控制

对于合成铸铁配料，炉料中带入的硫、磷含量极低。合成铸铁熔炼质量控制的关键是碳、硅、锰的控制，传统熔炼碳主要依靠配料来保证，但合成铸铁的熔炼由于碳受增碳剂的类型、粒度、加入方法，以及增碳过程温度的影响，碳吸收率变化大，因此碳必须依靠配料、严格的熔炼工艺及炉前快速检测来调整。炉前快速检测主要使用快速热分析仪和直读光谱仪进行。对于酸性炉，合成铸铁的熔炼硅较为稳定，依靠配料控制，但合成铸铁铁液在 1580℃ 以上于酸性炉内停滞时间太长，会出现碳快速下降，硅快速大幅增高的情况。合成铸铁的 Mn 通过调整 Mn 造渣辅料的加入量来控制。

8. 合成铸铁的生产应用实例

（1）采用电炉合成铸铁工艺生产高韧性球墨铸铁　对于风电球墨铸铁件，国内大多采用树脂砂造型制芯，中频感应炉或电弧炉熔炼工艺铸造。在采用中频感应炉熔炼时，利用工业碳素废铁熔炼合成铸铁。经陕西、广东、浙江、山东、辽宁等铸造厂生产球墨铸铁 5 万 t 以上的应用证明，应用合成铸铁生产技术在不增加铸造企业设备投入，不增加人力投资的情况下，降低高韧性球墨铸铁直接生产成本约 800 元/t 左右。传统工艺和合成工艺熔炼 1t QT400-18 铁液投炉料配比及成本分别见表 9-65、表 9-66。对于一个年生产球墨铸铁 2 万 t 的铸造厂，一年降低生产成本约 1600 万元，同时不合格品率降低，可降低成本约400万元左右。应用这一技术，年生产球墨铸铁2万t的铸造厂每年综合降低生产成本2000万元左右。

表 9-65　传统工艺熔炼 1t QT400-18 铁液投炉料配比及成本

炉料	配比（质量份）	质量/kg	单价/元	金额/元
Q10 生铁	75	750	5.6	4200
废钢	5	50	4.0	200
回炉料	20	200	5.8	1160
硅铁	0.7	7	9.0	63
脱硫剂	1.5	15	1.5	23
造渣剂	0.4	4	3.5	14
孕育剂	1.0	10	12.0	120
球化剂	1.4	14	12.0	168
合计		1050		5948

表 9-66　合成工艺熔炼 1t QT400-18 铁液投炉料配比及成本

材料	配比（质量份）	质量/kg	单价/元	金额/元
工业废钢	80	800	4.0	3200
回炉料	20	200	5.8	1160
A 辅料	3.5	35	6.4	224
B 辅料	1.2	12	2.0	24
孕育剂	1.0	10	12.0	120
球化剂	1.4	14	12.0	168
合计		1071		4896

中频感应炉及电弧炉熔炼，采用工业碳素废铁熔炼技术，生产高韧球墨铸铁可以使球墨铸铁的韧性和强度等性能得到提升，铸件的基体晶粒组织会均匀化、细化，铁液的纯净度更高，石墨化的效果也更稳定突出。工业碳素废铁中的杂质元素较少，成分稳定，经过高温熔炼，消除了铸造用生铁的不良遗传效应，熔炼出的铁液具有较高的质量。由于风电铸件要求进行低温冲击韧性检测，所以必须保证铁液足够纯净。因此原材料选择要求严格，一般对生铁的纯度要求高，要使用反球化元素、Mg 消耗量尽量低的生铁和杂质含量少、成分可知的废钢。但对于采用工业碳素废铁作为主要原材料的熔炼技术，用同类回炉料，相对而言，原

材料选择余地就较宽。

将采用该工艺浇注的 QT400-18 轮毂铸件进行解剖取样，做铸态金相和理化分析。结果表明，金相组织中球化级别达到2级，石墨大小为6级以上，铁素体的体积分数大于90%，抗拉强度及 -20℃ 低温冲击韧性检验均达到要求。

对于电炉生产合成铸铁，由于不用铸造生铁，原材料只是工业碳素废铁及回炉料，采购管理相对容易。球化剂、孕育剂选择要求与电炉非合成球墨铸铁生产相同，由于电炉的温度、化学成分容易控制，对于一般铸造工厂，降低了生产高韧性球墨铸铁的技术难度，减少了球化不良的影响，提高了合格率，降低了生产综合成本，提高了生产效益。

（2）采用电炉合成铸铁工艺生产等温淬火球墨铸铁（ADI）后板簧支架　等温淬火球墨铸铁是将球墨铸铁加热至奥氏体温度（850 ~950℃），保温（1~2h）至奥氏体为碳所饱和，然后急冷至使铸件不生成珠光体并高于马氏体开始形成温度（Ms），在此温度（250 ~380℃）保持足够长的时间（1.5 ~3.5h）生成针状铁素体和高碳奥氏体的热处理态铸铁。等温淬火球墨铸铁具有较高的强度（R_m >1000MPa）、塑性（$A > 10\%$）与韧性（无缺口冲击吸收能量 >100J）。近几年，由于球墨铸铁生产技术的进步，等温淬火球墨铸铁的应用在扩大，产量在不断增加。载货汽车后板簧支架服役条件恶劣，既承受较大的破坏载荷，又承受由冲击载荷形成的錾削式磨损。原来一般采用退火的 ZG 270-500 经中频感应淬火制造，质量大，耐磨性差，使用寿命低。尤其是对于12 ~16t 载货汽车运行3000 ~5000km 时经常出现钩头部位严重磨损、螺栓孔耳部及支架断裂等问题，欧、美发达国家因石油能源的紧缺、加之市场对汽车减重及节能要求较高，已有等温淬火球墨铸铁（ADI）后板簧支架装车应用。等温淬火球墨铸铁的强度比同等韧性的普通球墨铸铁高1倍，与低合金钢的强度相当，但其弹性模量低20%，如果将载货汽车车桥后板簧支架由原来的 ZG 270-500 材质改为等温淬火球

墨铸铁（ADI），后板簧支架的自重将减轻 40% 以上，耐磨性将得到很大的改善，使用寿命将提高。

1) 后板簧支架等温淬火球墨铸铁（ADI）化学成分。等温淬火球墨铸铁基本化学成分与普通球墨铸铁（QT400-15）近似，Si 含量偏高，Mn 含量要低，要注意控制微量元素。各元素为：$w(C) = 3.4\% \sim 3.7\%$，$w(Si) = 2.2\% \sim 2.70\%$，$w(Mn) < 0.35\%$，$w(P) < 0.02\%$，$w(S) < 0.03\%$，$w(Cu) = 0.2\% \sim 0.65\%$，$w(Ni) = 0.3\% \sim 1.0\%$，$w(Mo) = 0.2\% \sim 0.4\%$，$w(Mg) < 0.04\%$，$w(Ce) < 0.02\%$，$w(Sn) < 0.01\%$，$w(Sb) < 0.01\%$，$w(Ti) < 0.03\%$，$w(Al) < 0.04\%$。

S 应被严格限制，以保证球化成功，防止过多的夹杂物产生和球化衰退。P 为有害元素，促进脆性。Mo、Ni、Mn、Cu 是效果由强变弱的促进硬度的元素。Mn 应低于普通球墨铸铁，因为 Mn 有显著的偏析倾向，致使石墨分布不均匀。Cu 可以部分消除 Mn 的不利影响，在使用 Cu 后，$w(Mn)$ 可放宽至 0.5%。加入合金元素 Cu、Mo、Ni、Nb 可以提高淬透性及力学性能。干扰元素 Ti、Sn、Sb、V 等破坏球形，要用稀土元素中和，但 Ce 过多反球化，应加以控制。

2) 后板簧支架球墨铸铁原件的铸造工艺。关键是要控制后板簧支架球墨铸铁原件的原始组织，球化率 >90%，球化级别为 1~2 级；石墨大小为 6~8 级，石墨球数 >150~200 个/mm²，形状圆整，分布均匀；共晶体要均匀、细密。基体铁素体的体积分数为 95% 以上，尽量减少珠光体。采用倒包孕育、随流孕育等晚期孕育技术，孕育要充分，以产生足够的石墨核心，保证球化效果，防止渗碳体产生，碳化物和非金属夹杂物的质量分数总和小于 0.5%。球化处理后 15min 内浇注完毕，防止球化衰退。每一个铸件都要附铸金相试块，用于检查球化级别。

采用先进的成形方法和合理的浇冒口设计技术，防止铸件产生缩孔、缩松、气孔、夹渣等缺陷。孔洞和显微缩松的体积分数 <1%。只有提供完善的原始铸件，才能保证等温淬火球墨铸铁的高稳定性和可靠性。金属型铸造、砂型铸造冷铁与浇冒口配合设计技术是制造无缺陷后板簧支架等温淬火球墨铸铁原件先进的成形方法，这种方法铸件冷却快，石墨球数又多又圆整。

采用电炉合成铸铁工艺，通过晶体石墨增碳剂 + 工业碳素废铁 + 调 Mn 造渣辅料的配合，低 S、低 P 的成分控制变得容易。近万件等温淬火球墨铸铁后板簧支架装到 12~16t 载货汽车上应用表明：将 12~16t 载货汽车后板簧支架由原退火的 ZG 270-500 经中频感应淬火改为等温淬火球墨铸铁，可满足其服役条件，抗拉强度 R_m 为 1000MPa 左右，断后伸长率 A 在 10% 以上，硬度为 30~35HRC。铸造要求高而健全的后板簧支架球墨铸铁原件技术及合理的热处理工艺控制技术是生产等温淬火球墨铸铁（ADI）后板簧支架的关键。

等温淬火球墨铸铁（ADI）的承载能力为 ZG 270-500 承载能力的 200% 以上，后板簧支架改为等温淬火球墨铸铁的自重将减轻 40% 以上。等温淬火球墨铸铁（ADI）有较高的性价比，在载货汽车、铁路车辆、工程机械、矿山机械的高强度、耐磨结构件的开发应用上有广阔的市场前景。

(3) 3t 重的 QT700-2 风电星行架铸件合成铸铁的熔炼工艺技术　3t 重的 QT700-2 风电星行架铸件，三个 φ220mm 大断面热节相互簇拥的结构，要求此处本体球化级别达到 2 级，石墨大小 6 级以上，珠光体体积分数大于 85%，φ260mm × 800mm 内壁硬度比 φ460mm × 800mm 外壁硬度低。在天津、河北两家铸造厂生产时，采用了高价本溪生铁、高价重稀土球化剂、高价长效孕育剂、放置大量冷铁、低温浇注等所有工艺措施，不合格品率在 30% 以上，勉强合格的铸件表面质量差，甚至有气孔，产生 200 多件近 1000t 不合格品。

当然星行架是风电架铸件中技术要求高、生产难度大的铸件，采用合成铸铁工艺及大断面球墨铸铁凝固结晶专用技术，上述问题就不难解决。

(4) 用电极石墨、煅烧无烟煤增碳剂生产合成铸铁　采用中频感应炉，用工业碳素废铁和回炉铁，用晶体石墨增碳、用碳化硅增碳熔炼合成铸铁，所用炉料化学成分见表 9-67。合成铸铁炉料配比见表 9-68。

表 9-67　炉料化学成分（质量分数，%）

炉料	C	Si	Mn	P	S
工业碳素废铁	0.3~0.5	0.4~0.8	0.4~0.7		
回炉铁	~3.40	~2.20	~0.70	~0.025	~0.02
碳化硅	30	70			
晶体石墨	>98				

表 9-68　合成铸铁炉料配比

炉料	工业碳素废铁	晶体石墨	回炉料
配比（质量份）	60~80	2~5	40~20

经试验和批量验证，合成铸铁克服了生铁遗传性，在 $w(CE)=4.1\%$ 时，抗拉强度大于 250MPa，比冲天炉熔炼的大致可提高一个牌号。

（5）用增碳剂生产灰铸铁缸套　缸套化学成分为：$w(C)=3.2\%~3.25\%$、$w(Si)=1.05\%~1.23\%$、$w(Mn)=0.76\%~0.85\%$、$w(Cu)=1.25\%~1.30\%$、$w(V)=0.03\%~0.15\%$、$w(B)=0.030\%~0.038\%$、$w(S)\geqslant0.35\%$、$w(P)\geqslant0.35\%$，采用三种废钢用量生产缸套，三种配料比例和增碳剂用量（质量分数）分别是：①不用增碳剂，废钢 25%，生铁 40%，回炉料 35%；②增碳剂 0.8%，废钢 35%，生铁 40%，回炉料 25%；③增碳剂 1.0%，废钢 35%，生铁 35%，回炉料 30%。用直读光谱仪测得最终化学成分。用缸套附铸试块测得的组织与力学性能见表 9-69。

表 9-69　缸套附铸试块测得的组织与力学性能

项目	组织						力学性能		
	石墨组织		基体组织（体积分数，%）				R_m/MPa	A（%）	HBW
	类型	片长（级）	珠光体	铁素体	磷共晶+渗碳体				
缸套①	A	2	82	10	8		189	0.34	180
缸套②	A	3	92	2	6		255	0.24	208
缸套③	A	3~4	95	0	5		295	0.48	249

从生产结果看出，增碳处理后，石墨细化 1~2 级且呈 A 型，基体中珠光体量增多，铁素体量减少，力学性能得到改善。

9.4.12　蠕墨铸铁的电炉生产与质量控制

蠕墨铸铁是 20 世纪 60 年代发展起来的一种新型工程材料，它广泛用于汽车发动机缸体、缸盖、排气管、增压器壳体、活塞环及工程机械等产品上。蠕墨铸铁是合格的化学成分铁液经蠕化处理而成。其组织中石墨呈蠕虫状和少量团球状，它的强度、塑性、韧性、抗疲劳性都高于灰铸铁，但又有灰铸铁的减振、导热性和铸造性能。蠕墨铸铁的石墨形态介于灰铸铁的片状石墨与球墨铸铁的球状石墨之间，它的蠕化处理工艺范围很窄，蠕化效果的稳定性难度大。如果蠕化处理过度，就变成球墨铸铁；蠕化处理不足就变成灰铸铁。要获得理想的蠕化效果，必须加强各道生产工序的管理和控制。

1. 蠕墨铸铁的原材料选择

（1）铸造生铁　蠕墨铸铁所使用的生铁应高碳低硅低硫。除选用球墨铸铁生铁外，还可以选用 Z14、Z16、Z18，但要求 $w(P)\leqslant0.07\%$，$w(Si)\leqslant0.04\%$，注意生铁的产地和被采用的情况，不宜盲目采购使用。

（2）回炉料　回炉料应选蠕墨铸铁或球墨铸铁回炉料，以及蠕墨铸铁或球墨铸铁的铁屑。尽量采用本单位的，如采用外单位的，应了解其成分。

（3）废钢　废钢是用于调整碳量的主要材料。应选用少锈无油、成分明确的碳素结构钢。

（4）蠕化剂及孕育剂　目前市场上的蠕化剂种类较多，大体上可分为以 RE 为基的蠕化剂、以 Mg 为基的蠕化剂和以 Ca 为基的蠕化剂。在选用蠕化剂时，应考虑适用、经济。建议选用以 Mg 为基的蠕化剂。

蠕化处理后的铁液白口倾向大，必须加入

孕育剂进行孕育处理。常用的孕育剂有硅钡、硅铁（75%硅）等。前者的孕育效果比后者好，建议选用硅钡孕育剂。

2. 蠕墨铸铁的牌号

蠕墨铸铁根据单铸试块的抗拉强度分五个牌号，见表9-70。

表9-70　蠕墨铸铁的牌号

牌号	抗拉强度/MPa	屈服强度/MPa	断后伸长率（%）	硬度值 HBW	蠕化率 VG（%）≥	主要基体组织
	≥					
RuT420	420	335	0.75	200～280		珠光体
RuT380	380	300	0.75	193～274		珠光体
RuT340	340	270	1.0	170～249	50	珠光体 + 铁素体
RuT300	300	240	1.5	140～217		铁素体 + 珠光体
RuT260	260	195	3	121～197		铁素体

3. 蠕墨铸铁化学成分的选择

（1）碳当量（CE）和碳（C）　蠕墨铸铁的化学成分中碳当量可以在比较宽的范围内变化，从亚共晶到过共晶。但为使铁液有良好的铸造性能、高的致密性，通常采用接近共晶或过共晶成分，即 $w(CE) = 4.3\% \sim 4.6\%$，$w(C) = 3.6\% \sim 4.1\%$ 为宜。提高碳当量有助于减少白口倾向，减少铸件缩孔、缩松；但石墨数量增加，减少珠光体量，会使得蠕墨铸铁强度显著降低。

（2）硅（Si）　硅对基体组织有较大影响，硅量增加，铁素体量增加，珠光体量减少。一般蠕墨铸铁最终的 $w(Si) = 2.0\% \sim 3.0\%$。中硅耐热蠕墨铸铁 $[w(Si) = 3.5\% \sim 4.5\%]$ 的高温力学性能接近中硅球墨铸铁，抗氧化性能接近普通球墨铸铁，加入适量 Mo 后，热疲劳性能比球墨铸铁、灰铸铁要高得多，多用于汽车排气歧管等。

（3）锰（Mn）　锰是促进珠光体生成的元素，它固溶于铁素体中，可提高强度，降低韧性。但由于蠕墨铸铁中石墨分枝多，这种作用有所减弱。一般生产铸态铁素体蠕墨铸铁时，$w(Mn)$ 应低于 0.4%，而生产高强度、高硬度蠕墨铸铁时，$w(Mn)$ 控制为 0.5% ～ 1.0%，对耐磨性有要求时，$w(Mn)$ 可高达 2.6%。

（4）磷（P）及硫（S）　磷含量高易在蠕墨铸铁的基体晶界上形成磷共晶而降低韧性，增加脆性。因此磷是有害元素，除耐磨件外，$w(P)$ 应控制在 0.06% 以下。

硫在蠕墨铸铁中是反蠕化元素。当蠕墨铸铁的原铁液中，$w(S) \geqslant 0.03\%$ 时，硫首先与蠕化剂反应，大量消耗蠕化元素，形成硫化物夹杂，剩下的蠕化元素才能起到蠕化作用。正是由于硫的存在，又在一定程度上拓宽了蠕化剂量的加入范围，有利于蠕化稳定。因此，不必要求过低的硫含量，但要保持稳定，实际生产中电炉熔炼要求 $w(S)$ 控制在 0.03% 以下，冲天炉熔炼要求 $w(S)$ 控制在 0.06% 以下。

（5）合金元素　蠕墨铸铁可以加入某些合金元素来改善基体组织，提高性能。如单独加入或联合加入 Cn、Cr、No、Sn 等合金元素来增加、细化、稳定珠光体，达到提高强度，增加硬度的目的。

铸态铁素体蠕墨铸铁的成分：$w(C) = 3.6\% \sim 3.8\%$，$w(Si) = 2.7\% \sim 3.0\%$，$w(Mn) \leqslant 0.4\%$，$w(P) < 0.06\%$，$w(S) \leqslant 0.02\%$，$w(Mg_{残}) = 0.01\% \sim 0.018\%$，$w(RE_{残}) = 0.01\% \sim 0.02\%$，比如 RuT260。

铸态珠光体蠕墨铸铁的成分：$w(C) = 3.6\% \sim 3.9\%$，$w(Si) = 2.1\% \sim 2.5\%$，$w(Mn) = 0.5\% \sim 0.8\%$，$w(P) < 0.06\%$，$w(S) \leqslant 0.02\%$，$w(Cu) = 0.4\% \sim 0.6\%$，$w(Sn) = 0.02\% \sim 0.04\%$，$w(Mg_{残}) = 0.007\% \sim 0.015\%$，$w(RE_{残}) = 0.01\% \sim 0.02\%$，比如 RuT420、RuT380。

4. 蠕化处理和孕育处理

蠕化处理是生产蠕墨铸铁的重要环节。常

见的蠕化处理方法有冲入法、随流加入法、盖包法、喂丝法、冲入加喂丝法等。这些处理方法都与球墨铸铁的球化处理方法相似，只是蠕墨铸铁对铁液成分的在线检测要求更高。无论是冲天炉、中频感应炉，还是冲天炉-电炉双联熔炼，蠕化处理都必须对原铁液成分进行检测和分析。蠕化率根据铸件要求确定，国内通常将蠕化率高于 50% 定为合格，国外蠕墨铸铁的蠕化率高于 80% 为合格。蠕化剂的加入量是影响蠕化率的直接因素，应根据铁液熔炼方式、原铁液成分（主要是硫含量）、出炉温度、铸件壁厚、蠕化剂成分和处理方法以及浇注时间的长短来确定。蠕化剂加入量不足或蠕化处理时操作不当，都容易造成蠕化不良。蠕化剂加入过量，易出现球化率高蠕化率低，铸件中产生较多渗碳体，形成白口。因此，选择蠕化剂和决定蠕化剂加入量应慎重。

孕育处理在蠕墨铸铁生产中也很重要。孕育处理的作用主要是消除蠕化处理造成的白口倾向，延缓蠕化衰退时间，促进石墨析出，提高蠕化率，细化晶粒。孕育剂的加入量一般为处理铁液总量 0.4% ~0.8%（质量分数）的硅钡或 FeSi75，采用炉前孕育和瞬时孕育处理方式。

5. 蠕墨铸铁铁液温度的控制

铁液出炉温度的高低影响蠕化率。铁液出炉温度过高，会加大蠕化剂的烧损，蠕化反应的速度加快，而且也过多地消耗能源；如果出铁温度过低，蠕化反应的速度慢，为了保证浇注温度，就得尽快浇注，从蠕化孕育处理到浇注的时间间隔必须缩短，很难保证蠕化效果。因此，应根据生产条件和铸件的情况选择适当的出铁温度。建议出铁温度控制在 1420~1480℃。

6. 蠕墨铸铁蠕化率的检测方法

（1）三角试片法　三角试片法检验蠕化效果是目前炉前普遍采用的一种方便直观的方法。此法是用蠕化处理后的铁液浇注三角试片，待冷至暗红色后取出，用水激冷。如果三角试片两侧有轻微凹缩，顶面略有凹陷，断口呈银白色，组织致密，中间有缩松，能见到均匀分布的小黑斑点，且断口有锯齿状不平整，敲击声音有类似球墨铸铁"铛"的声音，说明

蠕化效果良好；如果断口呈暗灰色或白口过大，顶部和两侧无凹缩，断口近乎平整，敲击响声弱小，说明蠕化效果不良，白口过大也说明蠕化效果不好，或者说明铁液已球化；如果断口呈灰黑色，组织粗松，说明未蠕化。

（2）炉前快速金相法　金相试样为 $\phi20mm \times 25mm$（视铸件大小、厚薄而定）。金相观察试样蠕化率应低于要求 10% 左右。

（3）热分析法　用热分析仪对蠕化处理后的铁液试样进行分析判断，可减少人为因素造成蠕化率控制的失误。

建议在生产蠕墨铸铁时同时采用这些控制蠕化率的方法，以确保蠕化率的稳定。

7. 蠕墨铸铁的浇注时间控制

从蠕化处理和孕育处理结束到浇注的时间间隔的长短，对蠕墨铸铁的蠕化率有很大影响。实践表明，蠕化率是随着蠕化处理后时间的延长呈抛物线变化的，蠕化率开始呈上升趋势，达到最大值后，随着时间的推移开始下降，蠕化衰退。大约在 22min 后衰退加速。因此，浇注时最好控制在 20min 以内浇完。

8. 防止蠕化不良与蠕化衰退的对策

（1）防止蠕化不良的对策

1）蠕化不良的特征。炉前三角试片观察，断口暗灰色，两侧无凹缩，中间无缩松，断口晶粒粗大；金相观察，片状石墨数量较多，高于 10%（体积分数）。

2）蠕化不良产生的原因。原铁液硫含量高；铁液氧化严重；炉前处理操作不当（铁液放多，或蠕化剂量不足）；铁液温度过高，蠕化剂烧损大；干扰元素过多等。

3）防止及补救措施。

① 严格炉前工艺操作。铁液和蠕化剂、孕育剂定量要准确；出铁液温度不宜过高；蠕化剂放入浇包底部要压实，覆盖好；出铁液时铁液流不能直接冲入蠕化剂；蠕化处理后要搅拌扒渣，加入保温覆盖剂。

② 严防不必要的干扰反蠕化元素摄入。如炉前三角试片检验发现蠕化不良时，应立即扒掉保温覆盖剂，补加蠕化剂和孕育剂，搅拌取样；或者通过倒包补加蠕化剂的方法。电炉熔炼时补加量为铁液量的 0.2% ~0.3%（质量分

数），冲天炉熔炼时为 0.5%～0.8%（质量分数），再取样判断蠕化情况，确认蠕化良好方可浇注。此时浇注要快，防止铁液因降温导致铸件浇不足或冷隔。

（2）防止蠕化率低、球化率高的对策

1）蠕化率低、球化率高的特征。炉前三角试片观察，断口呈银灰色或银白色；两侧凹缩和中心部位缩松严重；金相观察，球墨数高于蠕墨数，体积分数大于 50%。

2）蠕化率低球化率高的产生原因：主要是处理过量，蠕化剂加入量过多或处理的铁液量过少所造成的。

3）防止及补救措施。

① 严格操作规程，蠕化剂及铁液定量要准确。

② 掌握和控制铁液中硫成分的含量，不要有大的波动。

③ 合理选择和使用蠕化剂，已熟练掌握并且被生产证明能稳定蠕化效果的蠕化剂不要轻易变更。

蠕化率低、球化率高时，可通过补加铁液，降低铁液中残留镁的含量，来提高蠕化率；也可通过延长浇注时间，让铁液中的镁消耗一些，来提高蠕化率。可根据三角试片白口宽度决定孕育与否及孕育剂的加入量。

（3）蠕化衰退

1）蠕化衰退的特征。炉前处理三角试片观察较正常，但浇注到中后期浇注的三角试片出现蠕化不良现象，说明蠕化衰退；从铸件断口看，呈暗灰色，敲击声音嘶哑，相当于敲击灰铸铁的声音；从金相组织看，片状石墨多，体积分数大于 10%。

2）蠕化衰退产生的原因。蠕化衰退产生的原因有：蠕化孕育处理后浇注时间过长；处理后铁液表面覆盖不好，铁液氧化，蠕化元素损失；铸件壁厚大，铸件冷却过慢。

3）防止及补救措施。

① 操作迅速准确，处理后应及时浇注，不要停留时间过长。

② 处理后的铁液表面要扒清渣，要保温覆盖。

③ 对于厚大铸件，要适当过量蠕化处理，在铸件壁厚部位采取强冷工艺措施。

实际生产中通常在浇注中后期再浇注三角试片复检，若出现蠕化衰退时，包内铁液较多，温度较高，允许补加蠕化剂、孕育剂，待三角试片检验合格后方可浇注。如果铁液温度不高，铁液不多，则停止处理和浇注，或倒掉，或倒入电炉内。

9. 国内外蠕墨铸铁应用及生产工艺情况

近年来，蠕墨铸铁的应用，特别是在欧洲，得到了长足的进展。随着发动机爆发压力的不断提高，对铸件材质性能的要求越来越高，蠕墨铸铁的应用也越来越多。目前在国外已经批量应用蠕墨铸铁的发动机铸件，主要是轿车发动机的缸体、缸盖。在载货汽车发动机方面，已经批量应用蠕墨铸铁的发动机铸件，主要有达夫公司（DAF）重型发动机的缸体、缸盖，MAN 公司的 D20 缸体、缸盖。我国应用要早于国外，应用领域也较广，但用于发动机铸件的例子主要有上海圣德曼、庆铃铸造公司和第二汽车制造厂的蠕墨铸铁排气管、无锡柴油机厂和大连柴油机厂的蠕墨铸铁缸盖等。

蠕墨铸铁的蠕化处理范围本身就很窄，国外又要求更高的蠕化率，所以必须采用合适的生产技术与相应的蠕化剂。

国外蠕墨铸铁的应用主要以发动机铸件为代表。由于国外对蠕墨铸铁的蠕化率要求较高，因此形成了一些炉前控制方法，采取严格的蠕墨铸铁生产工艺来生产蠕墨铸铁材料铸件。这些蠕墨铸铁生产工艺有：SinterCast 工艺、OxyCast 工艺、NovaCast 工艺、Backerud 工艺等，其中 SinterCast 工艺是典型的蠕墨铸铁生产工艺。

国内蠕墨铸铁生产工艺除在蠕化剂方面做了大量工作，使用了很多种类的蠕化剂外，处理控制工艺比较简单，个别采用三角试片及炉前快速金相分析，基本上没有良好的质量控制手段。由于缺乏有效的过程控制手段，这些应用还处在较低的水平上。存在的问题主要是蠕化成功率较低、铸件的蠕化率较低、铸件本体的珠光体含量较低。

10. 蠕墨铸铁的技术路线

国Ⅲ、国Ⅳ排放的重型发动机的爆发压力

要求及功率档次，对关键铸件气缸体、气缸盖提出了更高的材质要求。目前，对于灰铸铁来说，HT250 牌号已是作为这些批量生产的复杂铸件的极限。一是从工艺角度，性能再往上提高的难度很大；二是从成本角度，采用贵重合金，也将带来成本的提高。因此对于国Ⅲ、国Ⅳ排放的重型发动机气缸体、气缸盖仍然采用高性能灰铸铁，按照确定的高强度灰铸铁稳定生产的技术路线走下去，进一步稳定和提高其性能，但随着发动机爆发压力的继续提高，对于未来新产品的关键铸件采用蠕墨铸铁材料是很有可能的。蠕墨铸铁的技术路线内容如下：

由于蠕墨铸铁的开发需要进行大量的工作，开发周期较长，因此蠕墨铸铁的开发应用分两步走：第一步，采用一些控制手段，研究蠕墨铸铁的生产工艺参数，探索蠕墨铸铁的铸造工艺、材质性能参数；第二步，根据产品需要，在第一步开发研究已经掌握蠕墨铸铁工艺、性能的基础上，引进像 SinterCast 工艺那样先进的蠕墨铸铁生产工艺，来投入蠕墨铸铁的批量生产。

蠕墨铸铁的蠕化处理工艺范围窄，在某种程度上它比处理球墨铸铁更难，稳定性更差，要求更严。但只要严格科学管理，重视各个环节和各道工序的操作工艺规程，加强炉前炉后的检测和工艺过程控制，就能稳定地获得所需要的蠕化效果，生产出合格的蠕墨铸铁产品。

9.4.13　铸钢的感应炉熔炼技术

由感应炉熔炼特点所决定，感应炉炼钢过程一般无氧化期，熔化后即直接进入精炼期。因此感应炉炼钢可分为装料、熔化、精炼和出钢浇注四个阶段。

1. 装料

在装料前，首先应迅速清理净坩埚内残钢残渣，并检查炉衬，局部侵蚀严重处可用细颗粒耐火材料以少许液体黏结剂调合修补。坩埚内有小纵裂纹一般可继续使用，但由于横裂纹在熔炼中受到炉料重力作用会继续扩大，极易引起漏钢事故，所以应根据情况决定是否继续熔炼。

要根据金属料的熔点及坩埚内温度分布合理装料。不易氧化的难熔炉料应装在坩埚壁四周的高温区和坩埚中、下部的较高温区；易氧化炉料应在熔炼过程中陆续加入；易挥发炉料一般可待炉料基本熔化后加入熔池。应在炉底部位装一些熔点较低的小块炉料，尽快形成熔池，以利于整个炉料的熔化。

装料情况对于熔化速度影响极大，为保证快速熔化，坩埚中炉料应装得尽量密实，这就要求大小料块搭配装入。装料应"下紧上松"，以免发生"搭桥"和便于捅料。

为了早期成渣，覆盖钢液，在装料前可在坩埚底部加入少许造渣材料。也可以先在坩埚底部加入一些小块金属料，然后再加造渣材料，这样就可以防止坩埚底部越炼温度越高。

2. 熔化

炉料熔化期在整个熔炼过程中占时间较长（一般 2/3 以上），且伴随着金属熔池的氧化和吸气。为加快熔炼速度，保证熔炼工作的质量，在整个熔化过程中要不断调整电容，保证较高的功率因数。在熔化期应尽量采用大功率快速熔化，以减少熔池的氧化、吸气和提高生产能力。

在熔炼过程中，应防止坩埚上部熔料焊接的"搭桥"现象。"搭桥"会使下部已熔化的钢液过热，而增加吸气和合金元素烧损，延长熔炼时间，应当极力避免。加强捅料操作，这对于缩短熔化期，防止"搭桥"现象是很有效的措施。为减少金属氧化和精炼工作创造条件，熔化期应及时往炉内加入造渣材料，时刻注意不要露出钢液。这样，在炉料熔清后，就可形成流动性良好的炉渣。

3. 精炼

精炼期的主要任务是脱氧、合金化和调整钢液温度，而炉渣在整个熔炼过程中起着十分重要的作用。

（1）炉渣　感应炉熔炼由于炉渣温度低，选择炉渣应特别注意选用低熔点、流动性良好的炉渣。酸性坩埚熔炼时多用普通窗玻璃造渣。在碱性坩埚中，造渣材料可用 $w(CaO) = 55\% \sim 65\%$，$w(CaF_2) = 38\% \sim 40\%$，$w(MgO) = 5\% \sim 7\%$ 或 $w(CaO) = 70\%$，$w(CaF_2) = 30\%$；熔炼 S、P 规格较宽而不含 Al、Ti 的钢种，可造 $w(CaO) = 45\%$、$w(CaF_2) = 10\%$、$w(火砖粉) =$

40%、$w(MgO)=5\%$ 的中性渣，此渣熔点低，反应快，侵蚀性不强，坩埚寿命长；熔炼 S、P 要求严格及含 Al、Ti 的钢种，可造 $w(CaO)=55\%$、$w(CaF_2)=40\%$、$w(MgO)=5\%$ 的碱性渣，此渣除 S、P 能力强，在连续生产中，应用广泛。

在感应炉中熔炼一些极易氧化的合金（如高铝合金）时，可以用食盐及氯化钾的混合物或冰晶石造渣。加入这些材料，在金属液面上可以迅速形成薄渣，使金属与空气很好地隔离开，从而减少金属的氧化。

渣料在使用前应挑出杂质，化学成分应符合要求，碾成一定的粒度，并经高温焙烧才能使用。熔炼过程中，应随时调整炉渣，造成的渣子应非常活跃，有一定黏度。炉渣太黏，精炼反应进行不好；而炉渣过稀，金属液吸气量增加，又会加剧坩埚的侵蚀。这些对熔炼工作都是不利的。

渣量也应控制适量。渣量太少，不能充分覆盖钢液；渣量太大，增加热量损耗和金属损失。感应炉熔炼渣料一般控制在金属量的 2%～3%。

（2）脱氧 脱氧是感应炉熔炼中最重要的任务之一。感应炉熔炼合金，采用扩散脱氧与沉淀脱氧相结合的综合脱氧法。感应炉熔炼使用的扩散脱氧剂有 C 粉或电石粉、Fe-Si 粉、Al 粉、Si-Ca 粉、Al-CaO 等。实践表明，C 粉、Fe-Si 粉只有在金属不怕增碳或增硅时才能使用；Fe-Si 粉和 Al 粉单独使用时，不及 Si-Ca 粉和 Al-CaO 效果好。为保证脱氧效果，应适当控制金属液温度，温度太低扩散脱氧反应不易进行。脱氧剂应分批均匀地撒在渣面上，加入后，轻轻"点渣"加速反应进行。反应未完，不要搅动金属液。

感应炉熔炼使用的沉淀脱氧剂有 Al 块、Ti 块、Al-Mg、Ni-B、Al-Ba、Si-Ca、金属 Ce、金属 Ca 等。往炉内插入沉淀脱氧剂时，应沿坩埚壁插入，借电磁搅拌力将脱氧剂带向熔池深处。应当指出，从脱氧反应来看，脱氧剂量越多，越有利于脱氧进行得完全。但在一定熔炼设备、熔炼工艺条件下，脱氧只能达到一定的水平，也就是说，只能最大限度地降低氧，而不能彻底地去除氧。这一方面是由于任何脱氧剂的脱氧能力都是有限度的，另一方面是钢

渣之间也存在氧的平衡问题，此外还有耐火材料的作用、空气的氧化等。加入过量的脱氧剂，不但增加脱氧剂的消耗，也达不到预期的效果，反而增加钢中的杂质含量，甚至影响合金成分，所以应当根据所炼钢种和生产实践经验，确定合宜的脱氧剂用量。感应炉熔炼中，一般扩散脱氧剂用量占装入量为：$w(Al\text{-}CaO)=0.4\%～0.6\%$；$w(Si\text{-}Ca 粉)=0.2\%～0.4\%$；$w(Fe\text{-}Si 粉)=0.3\%～0.5\%$；$w(Al 粉)=0.1\%～0.3\%$。一般沉淀脱氧剂用量占装入量为：$w(Al 块)=0.05\%～0.1\%$；$w(Al\text{-}Ba 块)=0.1\%～0.2\%$；$w(Si\text{-}Ca 块)=0.04\%～0.2\%$。

（3）感应炉熔炼的温度控制 熔炼过程实际上是高温物理化学过程。有足够的温度才能正常进行脱氧等冶金反应，保证非金属夹杂物的排除和化学成分的均匀性。但是熔炼过程温度过高，金属液大量吸气，氧化加剧，并与坩埚作用，使合金性能降低，因此一定要控制适当的精炼温度。此外，任何合金都要求一定范围的出钢温度。出钢温度过低，会造成疏松、结疤、夹渣等缺陷；如出钢温度过高，坩埚浇注系统耐火材料被金属液严重冲刷，金属二次氧化厉害，使合金中气体、夹杂量增加，金属中合金元素偏析严重，甚至产生内裂，影响合金质量。合宜的精炼温度要求保证冶金反应正常进行，合金不致过热。精炼温度应当根据钢种和熔炼条件决定。可以根据精炼钢种的凝固点、开始浇注温度，以及钢液在出钢和镇静过程中的温度下降数，来确定合适的出钢温度。

感应炉熔炼比较合理的供电制度是：以最大功率送电使炉料快速熔化，待炉料全熔后，即将功率降下来，但不是降到很低，而是能够在精炼期缓慢升温，有足够的电磁搅拌作用。这样到脱氧完好，合金化完成，精炼期结束时，钢液正好调到理想的出钢温度，即可翻炉出钢。

4. 出钢浇注

当化学成分合格，钢液脱氧良好，温度合适时即可出钢。

中频感应炉是中小型铸钢快速熔炼的主要设备。晶闸管中频电源是一种将工频电能转化为中频电能的变频器，是中频感应炉的核心。

它由整流电路、逆变电路和自动调节与保护三大部分组成。晶闸管中频电源工作的稳定性、可靠性是中频感应炉安全快速熔炼的根本。为了保证铸钢快速熔炼，必须从装料、炉料熔化、精炼到出钢浇注的四个阶段对熔炼过程加强控制与操作。

9.4.14　铸钢的感应炉熔炼工艺

许多中小型铸钢厂，由于铸件大小及产量的限制，铸钢生产大多采用感应炉熔炼，如何合理控制熔炼工艺对生产优质铸钢件非常重要。在工业生产中酸性炉衬和碱性衬炉都是有用的。由于炉渣的反应能力较弱，所以用碱性炉炼钢时，脱磷和脱硫的效果也非常有限。一般情况下，待炉料全部熔化后，即进行脱氧，调整化学成分和出钢。

1. 感应炉熔炼铸钢的基本工艺

（1）感应炉坩埚的打结　打结坩埚的材料分为两种：一种用于打结坩埚的下部，即与钢液接触的部分，称为炉衬材料；另一种用于打结坩埚的上部，即炉口部分，称为炉领材料。这两种材料在性能方面的要求是：炉衬材料的耐火度要高，炉领材料的烧结强度要比较高。

酸性感应炉炉衬材料及配比（质量份）为：粒度 5～6mm 硅砂 25，2～3mm 硅砂 20，0.5～1.0mm 硅砂 30，硅粉 25，外加硼酸 1.5～2.0。炉领材料及配比（质量份）为：粒度 1～2mm 硅砂 30，0.2～0.5mm 硅砂 50，硅粉 20，外加水玻璃 10。其中硅砂的成分要求为：$w(SiO_2) \geqslant 99\%$；硼酸中 $w(B_2O_3) \geqslant 98\%$，粒度小于 0.5mm。

碱性感应炉炉衬材料及配比（质量份）为：粒度 2～4mm 镁砂 15，0.8～1mm 镁砂 55，小于 0.5mm 镁砂 30，外加硼酸 1.5～1.8。炉领材料及配比（质量份）为：粒度 1～2mm 镁砂 40，小于 1mm 镁砂 40，耐火黏土 20，外加适量的水玻璃。其中镁砂的成分要求为 $w(MgO) \geqslant 88\%$，$w(CaO) \leqslant 5\%$，$w(SiO_2) \leqslant 4\%$。

在打结炉衬以前，先在炉底板上和感应线圈内面铺上一层石棉板或玻璃丝布，以起到隔热和绝缘作用，然后打结坩埚底。坩埚底打结好后，放上坩埚模样并找正位置，固定好。之后用捣固叉分几层打结坩埚壁。当打结到感应线圈以上的高度后，换用炉领材料继续打结。坩埚模样是用 5～7mm 厚的钢板按坩埚内部形状焊接成的。在坩埚打结完后，不要去除，因为在通电烘炉时，它能起到感应加热的作用，并在熔炼第一炉钢时随炉料一起熔化。

坩埚打结好以后，先要自然干燥一段时间，然后进行烘烤。先将木材和焦炭装入坩埚模样内，点火进行缓慢烘烤，然后再通电烘烤。可以采取间断通电的方法进行缓慢烘烤，以免把炉衬烤裂。烘烤时间一般不少于 8h。用酸性炉熔炼第一炉钢时，最好往炉中加入 0.5%～1%（质量分数）的碎玻璃，以使坩埚表面挂上一层釉面，保护炉衬。以后每炼一炉钢后，视炉衬损坏情况进行补炉。第一次开炉时，最好连续多熔炼几炉，以使坩埚材料充分烧结。每次停炉后要用盖将炉口盖好，以防坩埚冷速过快而开裂。

现在也有专门提供成形坩埚的供应商，为铸钢企业提供成形的坩埚，使用起来方便。

（2）感应炉装料　感应炉炼钢一般不采用氧化法，为减少气体和夹杂物的来源，要求炉料表面清洁、干燥、无锈、无油污，而且磷、硫含量要低。用碱性感应炉炼钢时，炉料中磷、硫含量可以略高些，应按所炼钢种的化学成分要求精确配料。炉料要装得紧密，以利于导磁和导电。炉料的尺寸不应过大，要与坩埚的尺寸相适应。装料时必须停电操作，以免发生触电事故。

为加速炉料的熔化，大块的炉料应装在坩埚壁的附近，小块料装在中间部分和炉底，因为靠坩埚壁炉温高些，其他处低些。大块料的空隙中间要用小块料充填紧密，这样既能快速熔化，又能减少耗电量。

（3）感应炉的熔化　炉料装好后就可以通电熔化。在开始的 10min 内用较小的功率（40%～60%）给电，以防电流波动太大。当电流趋于稳定以后，就可以用大功率熔化，直到全部熔清。在熔炼的过程中为防止炉料"搭桥"，经常要用炉料钎捅料。当大部分炉料熔化后，加入造渣材料造渣。

酸性造渣材料成分（质量分数）：造型用硅砂 65%，碎石灰 15%，氟石粉 20%。也可以用碎玻璃造渣。

碱性造渣材料成分（质量分数）：石灰 80%，氟石 20%。当炉料中磷、硫含量较高时，在熔清后扒除大部分炉渣另造新渣。

酸性感应炉内脱磷和脱硫方法见表 9-71。

表 9-71　酸性感应炉内脱磷和脱硫方法

	项目	脱磷	脱硫
1	造渣材料及加入量（占钢液质量分数）	碱性造渣材料（石灰与氟石质量比为 3∶1）加入量 3% ~ 3.5%，氧化皮加入量 1% ~ 1.4%	碱性造渣材料（石灰与氟石质量比为 3∶1）加入量 2.5% ~ 3%，炭粉和硅铁粉加入量 1%
2	处理时间	炉料熔清后及时处理	还原末期进行处理
3	钢液温度条件	在钢液温度较低时（1520℃左右）进行处理	在钢液温度较高时（1580 ~ 1620℃）进行处理
4	处理方法	钢液温度约为 1520℃时扒除原有炉渣，加入氧化皮搅拌钢液，送电 1 ~ 3min，升温至 1540℃左右，加入碱性造渣材料并送电 3 ~ 5min，然后降温至 1480℃左右，扒净炉渣再造酸性炉渣	出钢前 4 ~ 5min，将配好的造渣材料加入炉内，送电 2 ~ 3min，然后加入炭粉和硅铁粉，并及时出钢
5	较好的炉渣成分（质量分数）	CaO 40% ~ 60%，SiO$_2$ 15% ~ 20%，FeO 10% ~ 15%，MnO 3% ~ 6%，P$_2$O$_5$ 0.5% ~ 2%（炉渣碱度 $R = 2 ~ 3.5$）	CaO 40% ~ 60%，SiO$_2$ 20% ~ 30%，MnO 1% ~ 1.5%，FeO < 0.8%（炉渣碱度 $R = 2 ~ 3$）
6	处理效果（质量分数）	脱磷效率：15% ~ 20%	脱硫效率：30% ~ 40%

（4）感应炉脱氧和出钢　采用不氧化法炼钢时，炉料熔清后即可以进行脱氧。酸性炉一般采用沉淀脱氧法，即将锰铁、硅铁等脱氧剂直接加到钢液中。碱性炉可以采用扩散脱氧法。脱氧剂可用碳粉和硅铁粉，或用硅钙粉和铝粉（熔炼低碳钢种时）。还原过程进行到炉渣变白为止。脱氧以后，调整化学成分，插铝进行终脱氧。终脱氧后停电，倾炉出钢。需要注意的是炼钢过程中加入的所有材料都必须是清洁干燥的，造渣材料和铁合金要经过高温烘烤，以防止带入气体和使钢液降温过多。

2. 合金钢的感应炉熔炼

感应炉不氧化法炼钢，合金元素的氧化烧损较少，所以适宜熔炼各种合金钢，但酸性感应炉不适合熔炼含高锰成分的钢种，这是因为熔炼过程中产生的大量 MnO 是碱性氧化物，会严重腐蚀酸性炉衬。感应炉不氧化法炼钢合金元素的加入时间和收得率见表 9-72。

表 9-72　感应炉不氧化法炼钢合金元素的加入时间和收得率

元素名称	合金名称	适宜加入时间	收得率（%）
镍	电解镍	装料时	100
铜	电解铜	装料时	100
钼	钼铁	装料时	酸性 98，碱性 100
钨	钨铁	装料时	酸性 98，碱性 100
铌	铌铁	装料时（碱性）	100
铬	铬铁	装料时	酸性 95，碱性 97 ~ 98

（续）

元素名称	合金名称	适宜加入时间	收得率（%）
锰	锰铁、金属锰	酸性出钢前 7～10min，碱性还原期	酸性 90，碱性 94～97
硅	硅铁	出钢前 7～10min	90
铝	电解铝	出钢前 3～5min	93～95
钒	钒铁	酸性出钢前 5～7min，碱性还原期	酸性 92～95，碱性 95～98
氮	氮化锰、氮化铬	还原期	85～95
钛	钛铁	出钢前，插铝后加入（碱性）	85～92
硼	硼铁	出钢前加入，或出钢时冲入包内（碱性）	50

3. 碱性感应炉熔炼控制

碱性感应炉熔炼有不氧化法和氧化法。不氧化法冶熔过程包括打结坩埚、装料、熔化、脱氧和出钢。炉衬坩埚的打结方法、炉料和装料的原则、熔化过程及操作要点大体与酸性感应炉不氧化法炼钢相同。由于碱性感应炉能起到一些脱磷和脱硫的作用，炉料的平均磷含量和硫含量允许高一些。造渣材料的成分（质量分数）为石灰 80%，氟石 20%。当炉料中磷、硫含量较高时，在炉料熔清时，可扒除大部分炉渣，另造新渣。

采用扩散脱氧法，脱氧材料为炭粉和硅铁粉（熔炼低碳钢种时不用炭粉和硅铁粉，而用硅钙粉和铝粉）。还原过程进行到炉渣变白为止，调整钢液的化学成分，然后插铝脱氧，停电，出钢。

4. 中频感应炉炼钢实例

（1）碳钢碱性感应炉氧化法熔炼工艺　见表 9-73。

表 9-73　碳钢碱性感应炉氧化法熔炼工艺

时期	序号	工序	操作摘要
熔化期	1	通电熔化	开始通电时供给 60% 的功率，待电流冲击停止后，逐渐将功率增至最大值
	2	捣料助熔	随着坩埚下部炉料熔化，随时注意捣料，防止"搭桥"，并继续添加炉料
	3	造渣	大部分炉料熔化后，加入造渣材料（石灰粉与氟石粉的质量比为 1:2）造渣覆盖钢液，造渣材料加入量为 1%～1.5%（质量分数）
	4	取样扒渣	炉料熔化 95% 时，取 1 号试样分析 C、P 含量，并将其余炉料加入炉内。炉料熔清后，将功率降至 40%～50%，倾炉扒出全部炉渣，并补入造渣材料另造新渣
氧化期	5	氧化脱碳	钢液化学成分合格，温度达到 1500℃（光）以上，进行脱碳，脱碳可用矿石法
	6	估碳取样	估计钢液含碳量达到规格成分的下限，取 2 号试样进行全分析
还原期	7	脱氧	造渣材料清后，往渣面上加脱氧剂（石灰粉与铝粉的质量比为 1:2）进行扩散脱氧。脱氧过程中可用石灰粉和氟石粉调整炉渣的黏度，使炉渣具有良好的流动性
	8	调整成分	根据 2 号试样分析结果，调整钢液化学成分，含硅量应在出钢前 10min 内调整
	9	测温、制作圆杯试样	测量钢液温度，并制作圆杯试样，检查钢液脱氧情况
	10	终脱氧	钢液达到出钢温度，圆杯试样收缩良好准备出钢，出钢前插铝 0.8kg/t 终脱氧
	11	出钢	插铝后 2～3min 内停电倾炉出钢，出钢后在盛钢桶取样，做成品钢化学分析
	12	浇注	钢液镇静 3～5min 后浇注

ZG 310-570 通常在酸性炉中熔炼，其化学成分和炉料的计算成分见表9-74。炉料中 ZG 310-570 的回炉料不超过70%。操作规程如下：

表9-74　ZG310-570 的化学成分和炉料计算成分（质量分数,%）

元素	C	Si	Mn	P	S	Cr	Ni
规格上限	0.5	0.6	0.9	0.04	0.04	—	—
炉料	0.53 ~ 0.58	0.25 ~ 0.30	1.10 ~ 1.50	< 0.045	< 0.045	< 0.30	< 0.30

1）在坩埚底部装入部分小块料和电极碎料（增碳剂用量少于20kg时，可在熔化后加入），然后紧密地装入回炉料和新钢料。

2）通电熔化。整个熔炼过程在熔剂覆盖下进行。熔剂的成分（质量分数）为80%硅砂和20%碎玻璃。

3）全部炉料熔化后，升温至 1610 ~ 1620℃，加入预热好的锰铁和硅铁（合金元素加入剂）。

4）升温至 1640 ~ 1650℃，除去熔渣，造新渣覆盖。

5）依次加入质量分数为 0.2% 的锰铁、0.1% 的硅铁和0.1%的铝进行脱氧。

6）升温至 1650 ~ 1670℃，扒净熔渣，出钢浇注。

（2）低合金钢的感应炉氧化法熔炼工艺 ZG30CrMnSi 的熔炼，根据 ZG30CrMnSi 的化学成分，可用酸性炉也可用碱性炉熔炼。在碱性坩埚中熔炼时采用质量分数为80%的石灰、10%的氟石和10%的镁砂造渣，在酸性坩埚中熔炼时采用质量分数为80%的硅砂和20%的碎玻璃造渣。由于 ZG30CrMnSi 在不同性质的坩埚中熔炼时锰和硅的烧损量相差大，配料时应采取不同的炉料计算成分，见表9-75。在酸性坩埚中硅的烧损量较小，一般小于5%（质量分数），锰的烧损量很大。在碱性坩埚中硅的烧损量较大。

表9-75　ZG30CrMnSi 的炉料计算成分（质量分数,%）

元素	C	Cr	Mn	Si	P	S	Ni	W	Mo	V
规格要求	0.28 ~ 0.38	0.50 ~ 0.80	0.90 ~ 1.20	0.50 ~ 0.75	≤0.035	≤0.035	—	≤0.40	≤0.20	≤0.20
酸性炉用料	0.40 ~ 0.43	0.80 ~ 0.95	1.50 ~ 1.80	0.75 ~ 0.85	≤0.035	≤0.035	<0.40	≤0.40	≤0.20	≤0.20
碱性炉用料	0.40 ~ 0.43	0.80 ~ 0.95	1.40 ~ 1.50	1.10 ~ 1.30	≤0.035	≤0.035	<0.40	≤0.40	≤0.20	≤0.20

操作过程如下：

1）首先在坩埚底部撒上一层 10 ~ 20mm 厚的熔剂，装入部分小料，然后装入铬铁和碎电极，最后紧密地装入回炉料及新钢料。

2）通电熔化。出现钢液时撒熔剂覆盖，熔化中不断向下捅料，炉料全部熔化后加入钼铁。升温至 1600 ~ 1610℃ 时，推开熔渣加入预热好的锰铁和硅铁（合金化），搅拌后覆盖熔剂。

3）升温至 1640℃ 时，换渣并脱氧，先加 0.15% ~ 0.20%（质量分数）锰铁，后加 0.05% ~ 0.10%（质量分数）硅铁。继续升温至 1640 ~ 1650℃，加 0.10% ~ 0.20%（质量分数）硅钙或 0.08% ~ 0.10%（质量分数）铝进行终脱氧。

4）停电，扒渣，出钢浇注。

（3）高合金钢的碱性感应炉不氧化熔炼工艺　以 ZG12Cr18Ni9Ti 的熔炼为例（见表9-76），根据 ZG12Cr18Ni9Ti 的成分特点在熔炼中必须注意：

1）碳含量低，必须采用含碳原材料，钢液中氧含量高，必须充分脱氧。

2）要保证钢中有足够的钛含量，并注意钛的加入时间。

表 9-76 ZG12Cr18Ni9Ti 不锈钢碱性感应炉不氧化熔炼工艺

时期	序号	工序	操作摘要
熔化期	1	通电熔化	开始通电 6~8min 内供给 60% 的功率,待电流冲击停止后逐渐将功率增至最大值
	2	捣料助熔	随着坩埚下部炉料熔化,随时注意捣料,防止"搭桥",并陆续添加炉料
	3	造渣	大部分炉料熔化后,加入造渣材料(石灰粉与氟石粉的质量比为1:2)造渣覆盖钢液,造渣材料加入量为 1%~1.5%(质量分数)
	4	取样扒渣	炉料熔化 95% 时,取试样做全分析,并将其余炉料加入炉内。炉料熔清后,将功率降至 40%~50%,倾炉扒渣,另造新渣
还原期	5	脱氧	造渣材料化清后,往渣面上加脱氧剂(石灰粉与铝粉的质量比为1:2)进行扩散脱氧。脱氧过程可用石灰粉和氟石粉调整炉渣的黏度,使炉渣具有良好的流动性
	6	调整成分	根据化学分析结果调整钢液化学成分,其中含硅量应在出钢前 10min 以内调整
	7	测温、制作圆杯试样	测量钢液温度,并制作圆杯试样,检查钢液脱氧情况
	8	加钛铁	钢液温度达到 1630~1650℃(偶)以上,圆杯试样收缩良好时扒除一半炉渣后,加入钛铁(将钛铁压入钢液内)
	9	终脱氧	钛铁熔清后准备出钢,出钢前插铝 1kg/t 进行终脱氧
出钢	10	出钢	插铝后 2~3min 内停电倾炉出钢,出钢后在盛钢桶取试样进行成品钢液化学分析
	11	浇注	钢液在盛钢桶中镇静 3~5min 后浇注

ZG12Cr18Ni9Ti 在碱性坩埚中熔炼,其化学成分和炉料计算成分见表 9-77。

表 9-77 ZG12Cr18Ni9Ti 的化学成分与炉料计算成分(质量分数,%)

元素	C	Si	Mn	Cr	Ni	Ti	S	P
规格	≤0.12	≤1.0	1.0~2.0	17.0~20.0	8.0~11.00	≈0.8	≤0.03	≤0.045
炉料	<0.12	≤0.7	≤1.8	18.0~19.0	9.0~11.0	0.9~1.0	<0.03	<0.045

操作过程如下:

1)先在坩埚底部撒上一层熔剂,依次加入锰(作脱氧剂,其用量不超过合金允许的锰量)、铬、镍和纯铁,然后紧密地装入回炉料、重熔料及 ZG12Cr18Ni9Ti 新料。

2)通电熔化。随熔随将未装完的炉料陆续加入并覆盖上熔剂。炉料全部熔化后升温至 1560~1580℃,加入硅铁然后换渣。

3)升温至 1600~1620℃ 时插入 0.1%(质量分数)的硅钙脱氧,并覆盖熔剂。继续升温至 1610~1630℃ 时加 0.2% 的 Al 进行脱氧。

4)钢液温度达到 1630~1650℃,圆杯试样收缩良好时,扒除一半炉渣,然后加钛铁,并将钛铁压入钢液内。

5)钢液在熔剂覆盖下停电静止几分钟后除渣、出钢、浇注。

9.4.15 铸钢件生产浇注温度及浇注速度的控制

浇注温度是铸钢件生产中一个重要的工艺参数,对铸件质量有直接影响。如果浇注温度过高,钢液的液态和凝固态的体收缩也会增大,铸件产生缩孔(松)的概率增加,同时铸件产生热裂的可能性随之增大,钢液温度高会导致铸型表面层软化,产生化学反应造成铸件黏砂、包砂等缺陷。如果浇注温度过低,会造成铸件浇不足、冷隔、缺肉等缺陷,尤其是薄壁铸件、小型铸件和一些复杂结构的铸件会更突出。因此对浇注温度的选择要十分重视。

浇注速度快可以使钢液比较快地充满铸型,

减少钢液的氧化，也有利于减少铸件各部分温差，从而减少裂纹产生的可能。浇注速度过快，钢液对铸型的冲刷力增大导致冲砂机会增加，同时铸件产生缩孔的可能性也会增加。浇注速度慢能在一定程度上补偿液态和凝固状态产生的体收缩，有利于补偿减少铸件的缩孔，但是浇注速度过慢会加大铸件各部分温差，砂型受钢液烘烤时间长易使砂型表面脱落，同时还可能使铸件产生裂纹、冷隔、夹砂等缺陷。

1. 浇注温度及控制

适宜的浇注温度应依据铸件的钢种、大小、壁的薄厚、复杂程度和铸型条件（预热或不预热）等来决定。对厚大的铸件，比较易裂的铸件可选择较低一些的浇注温度；对薄壁铸件、小铸件、形状结构比较复杂不易浇注的铸件，应采用高一些的浇注温度。同时也可以参考以前生产过相似铸件的浇注温度，碳钢铸件适宜的浇注温度见表9-78。消失模铸造及实型铸造碳钢铸件浇注温度比表9-78相应高出30~50℃。低合金钢铸件的浇注温度可以参照相同或相近碳含量的碳钢铸件的浇注温度。

表9-78　碳钢铸件的浇注温度

铸件类型	壁厚/mm	质量/kg	浇注温度/℃			
			ZG 230-450	ZG 270-500	ZG 310-570	ZG 340-640
小型壁薄铸件结构复杂铸件	6~20	<100	1460~1480	1450~1470	1440~1460	1430~1450
	12~25	<500	1450~1470	1440~1460	1430~1450	1420~1440
	20~30	<3000	1440~1460	1430~1450	1420~1440	1410~1430
中等铸件	30~75	<5000	1435~1460	1430~1445	1425~1450	1415~1440
厚大铸件	70~150	2500~5000	1440~1460	1450~1470	1420~1440	1410~1430
重型铸件	150~500	>5000	1430~1450	1420~1440	1410~1430	1400~1420
形状简单铸件	<500	>3000	1425~1450	1420~1445	1405~1430	1400~1425

2. 浇注速度的控制

浇注速度是通过浇注时间来反映的，主要依据铸件的大小、壁厚及铸件结构的复杂程度来决定，通常依据计算和同类铸件的经验决定。一般情况下，对薄壁铸件和比较复杂的铸件采用比较快的浇注速度，防止钢液在铸型中降温产生冷隔和浇不足的缺陷。在铸件有较大平面时也应浇得快一些，防止浇注时间长钢液对大平面铸型的烘烤引起铸型起皮，造成脱落或夹砂。中小型铸件的浇注时间见表9-79。

表9-79　中小型铸件的浇注时间

铸件质量/kg	浇注时间/s	铸件质量/kg	浇注时间/s
≤100	<10	>500~1000	<60
>100~300	<20	>1000	全流浇注
>300~500	<30		

浇注速度与浇注温度是互相联系的，可以在一定的范围内互相补偿。在浇注温度过高时，可以适当放慢浇注速度，以减少高温钢液的影响。浇注温度稍低时，可以适当加快浇注速度。浇注速度通过操作者来控制，翻包时可以通过手轮调节器的倾斜角度大小控制钢液的流量，同时为了可靠地控制浇注速度，在底注漏包浇注时可依据浇包口在全流浇注时流完的时间来决定注口砖的直径。表9-80为容量6t的浇包采用不同规格的注口砖全流浇完的时间。

表9-80　不同规格的注口砖全流浇完的时间

注口直径/mm	全流浇完时间/s	浇注质量速度/(kg/s)
35	<300	>20
40	<230	>26
45	<200	>30
50	<180	>34
55	<160	>40
70	<100	>60

3. 浇注操作及注意事项

1）浇注前应核对好铸件的牌号，把准备

浇注的砂型按顺序排列好，把浇口排列在一条直线上，以利于起重机运行和方便浇注。同时检查浇注通道是否畅通，地面有无积水，是否潮湿和有无易燃易爆物品，如发生意外应便于疏散。还要检查铸型的压铁是否够用或箱卡是否锁紧，以防止在浇注时跑火。准备好必要的工具和材料，如撬杠、样勺（在浇注时须取样时）及覆盖冒口用的发热剂、保温剂等材料。

2）浇注时盛钢桶的注钢口要对准铸型的浇口杯，防止钢液浇到型外。同时与浇口杯的距离不要太高，尽量减少钢液与空气接触的时间，最大限度地减少二次氧化。浇注初期钢液流要小一些，做到细流浇注减少钢液对铸型的冲刷，同时也要防止飞溅，然后再逐步加大，充型中不能断流并保持液流笔直光滑。通常是先浇注小铸件、薄壁铸件和结构比较复杂的铸件，后浇注较大和厚实一些的铸件。如果浇包烘烤不好，考虑浇包底部钢液温度可能较低，也可以先浇一件稍大一些的铸件。在钢液上升到冒口时，要适当减缓一下液流，放慢一些浇注速度再浇注到冒口需要高度。这样既可防止钢液溢出，又可防止抬箱和跑火，对补偿钢液的液态和凝固态的体收缩也有一定的好处。对稍大一些的铸件，在冒口上升到一定高度时停止浇注，可以从冒口上面补偿钢液，也称点冒口或点浇等。冒口补偿钢液的作用是提高冒口中钢液的温度，延缓冒口凝固时间，以提高冒口的补缩能力，以利于消除铸件的缩孔和缩松。点冒口可以在钢液上升到冒口一定高度后

立即进行，也可以在稍停一会儿后，在浇完另一箱或几箱铸件后再返回来进行点浇。当然这一定要在冒口或补缩通道凝固之前进行。每浇完一箱后，对底注的盛钢桶要注意收流，轻轻关闭塞杆，防止塞杆与注口砖之间粘连而影响后面的浇注。

3）浇注过程中一旦发生砂型漏钢跑火时，应立即采取措施堵住，同时采用细流减缓浇注速度给疏堵创造条件。有溢出冒口的情况时，应用撬杠把刚凝固的飞边取掉，防止其阻碍收缩和落砂困难。

4）浇注过程中如发现浇注温度偏高时，可在浇完一箱后稍停一会儿再进行浇注，但也不能停的时间过长，防止芯杆塞头与注口砖粘连而打不开注口。也可以采用细流缓慢浇注的办法来克服。如发现注口关不严，滴漏钢液，在滴漏较轻时，可用样勺接住，防止液滴落到铸型中造成质量隐患。如果滴漏严重，则应在铸型外面缓流。

5）如果工艺规定在浇注过程中取成品成分试样时，应用样勺接取钢液取样，并做好炉号的记录。

6）浇注完一箱后，应立即在冒口上撒上发热剂和保温剂进行覆盖，以延缓冒口的凝固保温时间，提高冒口补缩效率。同时应撬动浇口杯或取下浇口杯。浇注后如有剩余钢液，应浇到事先在固定位置备好的合料模内，或者浇到备好的干砂坑内，并注意浇完后表面不要撒砂，以免有人误踏到上面。

第10章 消失模铸造及实型铸造的三废处理与防止措施

环境、资源、人口问题已被国际社会公认为是影响21世纪可持续发展的三大问题。我国政府已将保护环境确定为一项基本国策，并制定了经济建设、环境建设同步规划、同步实施、同步发展，实行经济效益、环境效益相统一的方针，保护、治理、改善环境已得到全社会的共识。

一般污染物分为两大类，一类是固体或液体的悬浮状污染物，另一类是气态污染物。消失模铸造车间的污染物主要是干砂粉尘和模样材料在高温下热解产生的黑色烟雾和有机物废气。此外，设备运行过程中产生的废水、噪声对环境也有一定影响。

粉尘的定义是由自然力或机械力产生的，能够悬浮于空气中的固体微小颗粒。国际上将粒径小于75μm的固体悬浮物定义为粉尘。在通风除尘技术中，一般将1～200μm乃至更大粒径的固体悬浮物均视为粉尘。向空气中散放粉尘的地点或设备称作尘源。含有固体微粒或粉尘的空气称为含尘空气。

气态污染物是指在常温下呈气态的有机物和无机物，如一氧化碳、二氧化碳、二氧化硫、氮氧化合物、碳氢化合物等。

粉尘的危害程度与其物理和化学性质有关。例如，空气中粉尘浓度越大，二氧化硅含量越高，小于2μm的细小颗粒越多，其危害程度越大。根据我国环境保护的有关规定，厂房内含有10%以上游离二氧化硅的粉尘，其最高允许浓度为2mg/m³；如果含有80%以上游离二氧化硅的粉尘，其最高浓度不宜超过1mg/m³。经过局部通风除尘后，向大气中排放的容许浓度为100mg/m³[$w(SiO_2) > 10\%$]和150mg/m³[$w(SiO_2) < 10\%$]。

消失模铸造工艺使用的型砂是无黏结剂的干砂，工艺优点如下：

1）简化了开箱落砂操作，消除了落砂机带来的噪声。

2）简化了铸件清理过程，无须清理砂芯，消除了铸件清理产生的粉尘。

3）型砂中没有黏结剂和附加物，消除了黏结剂和附加物产生的大量废气。

4）旧砂可以多次循环使用，回用率大大提高，旧砂回用过程中固体废弃物相比采用黏结剂的砂型铸造工艺大大减少。

消失模铸造工艺的缺点主要表现在粉尘污染、有机物废气和黑色烟尘等方面：

1）干砂给消失模铸造工艺带来了许多优点，同时也会造成填砂、造型、砂处理各工位硅砂的粉尘含量明显提高。

2）EPS是消失模铸造最常用的泡沫材料，是一种含苯环的高分子聚合物，遇到高温金属液发生热解，会产生许多芳香族化合物，如苯乙烯、苯、甲苯、乙苯及多环芳香烃等。这些热解产物一部分散发到空气中污染了大气，一部分凝聚在造型材料的表面污染了旧砂。

3）EPS在高温下与氧气接触进行不充分燃烧，将产生大量的炭黑，炭黑排出到铸型外形成浓烈的黑烟，残留在型腔内也易造成铸件的碳缺陷。因此，EPS燃烧产生的炭黑如不及时消除或加以防止，不仅会污染大气、恶化浇注条件，还会影响铸件的质量。

因此消失模铸造车间环境保护的重点是采取有效治理措施，确保排至车间外部的空气污染物浓度达到国家标准的规定。

10.1 干砂粉尘除尘处理

消失模铸造车间的粉尘、烟雾主要来源于造型工部、砂处理工部、熔炼工部和铸件清理工部等，车间各工部的主要污染源及粉尘、废气污染物见表10-1。

表 10-1　各工部的主要污染源及粉尘、废气污染物

序号	工部	作业	散发物种类
1	熔炼	冲天炉	粉尘、炭粒、烟雾、金属氧化物、二氧化硫、一氧化碳
		感应炉	粉尘、烟雾、金属氧化物
2	造型、浇注	造型	干砂粉尘
		浇注	有机物废气、黑色烟尘、金属氧化物
3	砂处理	翻箱机、振动筛分机、冷却滚筒、沸腾冷却、带式输送机等	砂、粉尘、烟雾、蒸汽、金属氧化物
4	清理	抛丸、喷丸	粉尘
		打磨、清铲	金属颗粒、砂粉尘、砂轮磨屑
		涂漆	挥发性气体、气雾、废水

从砂处理工部流程可以看出，粉尘污染来源于造型、振动落砂、冷却、过筛、输送等几个扬尘点，铸造车间的干砂粉尘治理应重点放在这几个部位，并对其进行综合治理。为了减少造型工位空气中硅砂粉尘的含量，应在造型工位加强除尘措施，需要设置除尘器将空气净化后排入大气。

除尘系统由局部吸风罩、风管、除尘器和风机组成。其中局部吸风罩用于捕捉有害物质，它的形状、性能和安装位置对除尘系统的技术和经济指标均有很大影响。风管将除尘系统的设备连成一个整体。风机是系统的动力，为防止风机的磨损和腐蚀，通常将风机放在除尘器后面。除尘器捕集气流中的粉尘，其效率高低将直接影响厂房内和厂区的环境，而且也将影响风机叶轮的寿命。

除尘器是用于捕集、分离悬浮于空气或气体中粉尘粒子的设备，又称收尘器、集尘器、滤尘器、过滤器等。在除尘过程中，气体是粉尘颗粒物的载体，气体、粉尘粒子的性质会影响除尘器的功能和效果。尘粒具有形状、粒径、密度、比表面积四大基本特性，还具有磨损性、荷电性、湿润性、黏着性及爆炸性等重要性质。

除尘器按不同分类方法可以分为许多类型，不同种类的除尘器用于不同性质的粉尘和不同条件。除尘器按除尘作用力原理分类（见表 10-2）。

表 10-2　常用除尘器类型与性能

形式	除尘作用力	除尘器种类	适用范围				不同粒径效率（%）			投资比较
			粒径/μm	浓度/(g/m³)	温度/℃	阻力/Pa	50μm	5μm	1μm	
干式	重力	重力除尘	>15	>10	<400	200~1000	96	16	3	<1
	惯性力	惯性除尘	>20	<100	<400	400~1200	95	20	5	1
	离心力	旋风除尘	>5	<100	<400	400~2000	94	27	8	2
	静电力	电除尘	>0.05	<30	<300	200~300	>99	99	86	6~8.5
	惯性力	袋式振打	>0.1	3~10	<300	800~2000	>99	>99	99	67
	扩散力	袋式脉冲					100	>99	99	6~7.2
	筛分	袋式反吹					100	>99	99	6~7.5

（续）

形式	除尘作用力	除尘器种类	适用范围				不同粒径效率（%）			投资比较
			粒径/μm	浓度/(g/m³)	温度/℃	阻力/Pa	50μm	5μm	1μm	
湿式	惯性力	自激式	0.05 ~ 100	< 100	< 400	800 ~ 1000	100	93	40	2.7
	扩散力	喷雾式		< 10	< 400		100	96	75	2.6
	凝集力	文氏管		< 100	< 800	5000 ~ 10000	100	> 99	93	4.7
	静电力	湿式电除尘	> 0.05	< 100	< 400	300 ~ 400	> 98	98	98	6 ~ 9

按除尘设备除尘机理与功能的不同，除尘器分为以下七种类型。

1）重力与惯性除尘装置，包括重力沉降室、挡板式除尘器。

2）旋风除尘装置，包括单筒旋风除尘器、多筒旋风除尘器。

3）湿式除尘装置，包括喷淋式除尘器、冲激式除尘器、水膜除尘器、泡沫除尘器、斜栅式除尘器、文氏管除尘器。

4）过滤层除尘器，包括颗粒层除尘器、多孔材料除尘器、纸质过滤器、纤维填充过滤器。

5）袋式除尘装置，包括机械振动式除尘器、电振动式除尘器、分室反吹式除尘器、喷嘴反吹式除尘器、振动式除尘器、脉冲喷吹式除尘器。

6）静电除尘装置，包括板式静电除尘器、管式静电除尘器、湿式静电除尘器。

7）组合式除尘器，包括为提高除尘效率，往往在前级设粗颗粒除尘装置，后级设细颗粒除尘装置的各类串联组合式除尘装置。

此外，随着大气污染控制的日趋严格，在烟气除尘装置中有时增加烟气脱硫功能，派生出烟气除尘脱硫装置。

除尘器性能包括处理气体流量、除尘效率、排放浓度、压力损失（或称阻力）、漏风率等，除尘器技术性能和检测方法见表 10-3。

表 10-3　除尘器技术性能和检测方法

序号	技术性能	检测方法
1	处理风量/（m³/h）	皮托管法
2	漏风率（%）	风量（碳）平衡法
3	设备阻力/Pa	全压差法
4	除尘效率（%）	重量平衡法
5	排放浓度/（mg/m³）	滤筒计重法

10.1.1　旋风除尘器

气流在做旋转运动时，气流中的粉尘颗粒会因受离心力的作用从气流中分离出来。利用离心力进行除尘的设备称为旋风除尘器，或称旋风分离器。旋风除尘器中的气流经过多圈反复旋转，气流旋转的线速度很快，因此旋转气流中粒子受到的离心力比重力大得多，有利于粉尘颗粒的分离。

旋风除尘器结构简单、造价低廉、维修方便，故广泛用于铸造工厂，它的缺点是对 10μm 以下的细尘粒除尘效率低，一般用于除去较粗尘粒的情况，其阻力为 0.6 ~ 1.4kPa。对要求不高的场所，可以采用旋风除尘器除尘；对要求较高的场所，常把它作为多级除尘系统的第一级。对 5 ~ 10μm 以下粉尘，还须采用袋式除尘器或湿法除尘器。

旋风除尘器的结构如图 10-1 所示，由带锥形底的外圆筒、进气管、排气管（内圆筒）、圆锥筒和储灰箱、排灰阀五部分组成。排气管插入外圆筒形成内圆筒，进气管与外圆筒相切，外圆筒下部是圆锥筒，圆锥筒下部是储灰箱。

含尘气流以一定速度从进气口进入除尘器后，由于受到外圆筒上盖及内圆筒壁的限流，迫使气流做自上而下的旋转运动，通常把这种运动称为外旋流。在气流旋转过程中形成很大的离心力。尘粒在离心力的作用下，逐渐被甩向外壁，并在重力的作用下沿外壁旋转下落，进入储灰箱。旋转下降的外旋流因受到锥体收缩的影响渐渐向中心汇集，下降到一定程度时，开始返回上升，形成一股自下而上的旋转

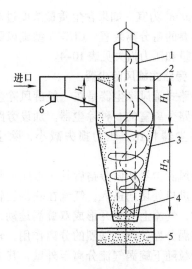

图 10-1　旋风除尘器的结构
1—内圆筒　2—外圆筒　3—圆锥筒
4—排灰阀　5—储灰箱　6—测压孔

运动，一般把这种运动称为内旋流。内旋流不含大颗粒粉尘，所以比较干净，可以经内筒排向大气。但是，由于内、外两个旋转气流的互相干扰和渗透，容易把沉于底部的尘粉带起，其中一部分细小的粒子又被带走。这就是除尘器内部的二次飞扬现象。为减少二次飞扬，提高除尘效率，在圆锥体下部往往设置阻气排尘装置。

在选择旋风除尘器时应注意以下几个方面的问题：

1）旋风除尘器净化气体量应与实际需要处理的含尘气体量一致。选择除尘器直径时应尽量小些。如果要求通过的风量较大，可采用若干个小直径的旋风除尘器并联。如气体量与多管旋风除尘器相符，应该尽量选择多管除尘器。

2）旋风除尘器入口风速要保持在18~23m/s。低于18m/s时，其除尘效率下降；高于23m/s时，除尘效率提高不明显，但阻力损失增加，耗电量会增加很多。

3）选择除尘器时，要根据工况考虑阻力损失及结构型式，尽可能减少动力消耗，且应便于制造、维护。

4）旋风除尘器能捕集到的最小尘粒应等于或稍小于被处理气体的粉尘粒度。

5）旋风除尘器结构的密封要好，确保不漏风。尤其是负压操作，更应注意卸料锁风装置的可靠性。

6）易燃易爆粉尘，应设有防爆装置。防爆装置的通常做法是在入口管道上加一个安全防爆阀门。

7）当粉尘黏性较小时，最大允许含尘质量浓度与旋风筒直径有关，直径越大，允许含尘质量浓度也越大。

旋风除尘器的结构型式较多，按气流进入的方式不同，可大致分为切向进入和轴向进入两大类。按结构型式分为圆筒体、长锥体、旁通式、扩散式。目前国内生产的旋风除尘器有30 余种，即普通型旋风除尘器、旁路式旋风除尘器、扩散式旋风除尘器、直流式旋风除尘器、旋流式旋风除尘器、双级蜗壳旋风除尘器、多管旋风除尘器及特殊型式的旋风除尘器等。每一种旋风除尘器都有各自的优点，也存在着某些不足。因此，在选用时应根据粉尘和烟气的性质综合考虑。

1. 普通型旋风除尘器

普通型旋风除尘器是指基本上按标准尺寸定型，并在气流入口、出口和卸灰口按最佳参数设计的旋风除尘器，其中有代表性的是 CLT/A 型旋风除尘器等。CLT/A 的新型号是XLT/A。

CLT/A 型旋风除尘器的结构如图 10-2 所示。普通型旋风除尘器的工作原理是含尘气体从进口处沿切向并向下 15° 斜度进入，气流急速旋转运动，气流中的粉尘产生强烈的离心分离作用。大部分颗粒的粉尘被分离到外壁，碰撞后沿外壁下落至锥体和卸灰阀处排出。分离粉尘后的气体旋转向中心从排气管排出。为了减少气体出口的阻力损失，把出口设计成蜗壳形，这是该除尘器的特点之一。除尘器的圆筒直径每 150~800mm 为一级。同一圆筒直径又有单筒、双筒、三筒、四筒、六筒等组合形式。每种组合按其出口方式分又有 X、Y 两种。X 形一般用于负压操作系统；Y 形可用于正压或负压操作系统。

该型号除尘器适用于分离密度和颗粒较大的干燥、非纤维性粉尘。单独使用时，进口粉

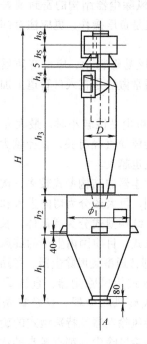

图 10-2 CLT/A 型旋风除尘器的结构

尘浓度以不大于 1.5g/m³ 为宜；当它作为多级除尘系统的第一级使用时，进口含尘浓度以不大于30g/m³ 为宜。如果含尘质量浓度过高，应采用必要的粗分离装置。CLT/A 型旋风除尘器处理气量和压力损失见表 10-4。

2. 旁路式旋风除尘器

旁路式旋风除尘器是在一般旋风除尘器上增设旁路分离室的一种除尘器。加设旁路后与一般除尘器相比，压力损失减小，除尘效率提高。

旋风除尘器加设旁路后其工作原理是含尘气体从进口处切向进入，气流在获得旋转运动的同时，气流上下分开形成双旋涡运动，粉尘在双旋涡分界处产生强烈的分离作用，较粗的粉尘颗粒随下旋涡气流分离至外壁，其中部分粉尘由旁路分离室中部洞口引出，余下的粉尘由向下气流带入灰斗。上旋涡气流对细颗粒粉尘有聚集作用，从而提高除尘效率。这部分较细的粉尘颗粒，由上旋涡气流带向上部，在顶盖下形成强烈旋转的上粉尘环，并与上旋涡气流一起进入旁路分离室上部洞口，经回风口引入锥体内与内部气流汇合，净化后的气体由排气管排出，分离出的粉尘进入料斗。

表 10-4　CLT/A 型旋风除尘器处理气量和压力损失

组合方式	进口气流速度/(m/s)	型号										
		CLT/A -3.0	CLT/A -3.5	CLT/A -4.0	CLT/A -4.5	CLT/A -5.0	CLT/A -5.5	CLT/A -6.0	CLT/A -6.5	CLT/A -7.0	CLT/A -7.5	CLT/A -8.0
		筒径/mm										
		300	350	400	450	500	550	600	650	700	750	800
		处理气量/（m³/h）										
单筒	12	670	910	1180	1500	1860	2240	2670	3130	3630	4170	1750
	15	830	1140	1480	1870	2320	2800	3340	3920	4540	5210	5940
	18	1000	1360	1780	2250	2780	3360	4000	4700	5440	6250	7130
双筒	12	1340	1820	2360	3000	3720	4480	5340	6260	7260	8340	9500
	15	1660	2280	2960	3740	4640	5600	6680	7840	9080	10420	11880
	18	2000	2720	3560	4500	5560	6720	8000	9100	10880	12500	14260

进口气流速度/(m/s)	压力损失/Pa	
	X 型	Y 型
12	480	431
15	755	676
18	1078	970

旁路式除尘器有两种型式，CLP/A 型呈半螺旋形；CLP/B 型呈全螺旋形。CLP/A 型旋风除尘器外形呈双锥体。上锥体圆锥角较大，有利于生成粉尘环，降低径向速度，减小设备阻力。避免将分离出的粉尘随中心气流排出去。CLP/B 型旋风除尘器是单锥体形，且只有较小的圆锥角，锥体较长，从而能提高除尘效率，但相应的压力损失也较大。CLP/A 型旋风除尘

器结构原理如图 10-3 所示，CLP/B 型旋风除尘器结构原理如图 10-4 所示。它们的分离效果都比较高，但结构较复杂。

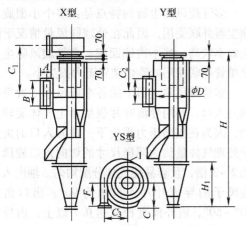

图 10-3　CLP/A 型旋风除尘器的结构

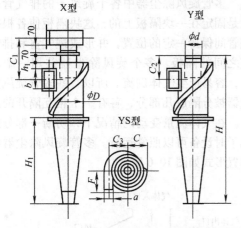

图 10-4　CLP/B 型旋风除尘器的结构

CLP/A、CLP/B 型旋风除尘器根据在风机前后位置的不同分为吸入式 X 型和压入式 Y 型。其主要性能表见表 10-5、表 10-6。

表 10-5　CLP/A 型旋风除尘器主要性能

参数	型号	进口风速/（m/s）		
		12	15	17
风量/（m³/h）	CLP/A - 3.0	830	1040	1180
	CLP/A - 4.2	1570	1960	2200
	CLP/A - 5.4	2420	3030	3430
	CLP/A - 7.0	4200	5250	5950
	CLP/A - 8.2	5720	7150	8100
	CLP/A - 9.4	7780	9720	11000
	CLP/A - 10.6	9800	12250	13900
阻力/mmH₂O[①]	X 型	70	110	140
	Y 型	60	94	126

① 1mmH₂O = 9.80665Pa。

表 10-6　CLP/B 型旋风除尘器主要性能

参数	型号	进口风速/（m/s）		
		12	16	20
风量/（m³/h）	CLP/B - 3.0	700	930	1160
	CLP/B - 4.2	1350	1800	2250
	CLP/B - 5.4	2200	2950	3700
	CLP/B - 7.0	3800	5100	6350
	CLP/B - 8.2	5200	6900	8650
	CLP/B - 9.4	6800	9000	11300
	CLP/B - 10.6	8550	11400	14300
阻力/mmH₂O	X 型	70	110	140
	Y 型	60	94	126

3. 扩散式旋风除尘器

扩散式旋风除尘器的特点是锥体上小下大，底部有反射屏。具有除尘效率高，结构简单和压力损失适中等优点。适用于捕集干燥的、非纤维性的颗粒粉尘。

扩散式旋风除尘器的工作原理是含尘气体经矩形进气管沿切向进入除尘器筒体，粉尘在离心力的作用下分离到外壁，并随气流向下旋转运动，大部分气流受反射屏的反射作用，旋转上升经排气管排出。小部分气流随粉尘经反射屏和锥体之间的环缝进入灰斗，进入灰斗的气体速度降低，由于惯性作用，粉尘落入灰斗内由卸灰阀排出，气体则经反射屏的透气孔上升至排气管排出。倒锥体的作用是，它可以逐渐增大自锥体壁至锥体中心的距离，减小了含尘气体由锥体中心短路到排气管的可能性。反射屏的作用是使已经被分离的粉尘沿着锥体与反射屏之间的环缝落入灰斗，防止上升的净化气体重新把细微粉上卷起带走，因而提高了除尘效率。

CLK 型旋风除尘器是扩散式旋风除尘器，其结构如图 10-5 所示。这种除尘器可以单筒使用，也可以多筒组合使用。

扩散式旋风除尘器对入口粉尘负荷有良好的适应性。当入口粉尘浓度在每立方米含尘量数克至上百克范围内变化时，对除尘效率影响不大，一般可达90%以上。但是这种除尘器对风量变化的适应性较差，不适宜在低于70%的额定负荷下运行。设备阻力一般在 800～1200Pa 范围内，比其他类型的旋风除尘器稍

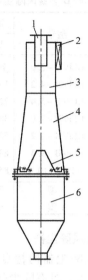

图 10-5　CLK 型旋风除尘器的结构
1—排气管　2—进气管　3—筒体
4—锥体　5—反射屏　6—灰斗

高。由于入口粉尘浓度高，入口速度大，因而粉尘对筒体的磨损比较严重，如果采用耐磨的衬里，则可延长使用寿命，减少维修工作量。

4. 多管旋风除尘器

多管旋风除尘器是指多个旋风除尘器并联组成一体，共用进气室和排气室，以及灰斗，形成的多管除尘器。多管旋风除尘器中每个旋风子应大小适中，数量适中，内径不能太小，太小容易堵塞。

多管旋风除尘器的特点是：多个小型旋风除尘器并联使用，因此在处理同风量情况下除尘效率较高；减小占地面积；多管旋风除尘器比单管并联使用的除尘装置阻力损失小。

多管旋风除尘器中的各个旋风子一般采用轴向入口，利用导流叶片强制含尘气体旋转流动，因为在相同压力损失下，轴向入口的旋风子处理气体量约为同样尺寸的切向入口旋风子的 2 ~ 3 倍，且容易使气体分配均匀。轴向入口旋风子的导流叶片入口角为 90°，出口角为 40° ~ 50°，内外筒直径比达 0.7 以上，内外筒长度比为 0.6 ~ 0.8。

多管旋风除尘器中各个旋风子的排气管一般是固定在一块隔板上的，这块隔板使各根排气管间保持一定的位置，并形成进气室和排气室之间的隔板。多个旋风除尘器共用一个灰斗，容易产生气体倒流。所以有些多管旋风除尘器被分隔成几部分，各有一个相互隔开的灰斗。在气体流量变动的情况下，切断一部分旋风子时设备可以照常运行。多管旋风除尘器的布置形式如图 10-6 所示。

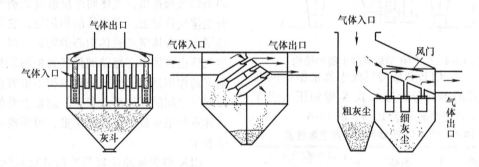

图 10-6　多管旋风除尘器的布置形式

10.1.2　袋式除尘器

袋式除尘器是指利用纤维性滤袋捕集粉尘的除尘设备。滤袋的材质有天然纤维、化学合成纤维、玻璃纤维、金属纤维或其他材料。用这些材料织造成滤布，再把滤布缝制成各种形状的滤袋，如圆形、扇形、波纹形或菱形等。

用滤袋进行过滤与分离粉尘颗粒时，可以让含尘气体从滤袋外部进入内部，把粉尘分离在滤袋外表面，也可以使含尘气体从滤袋内部流向外部，将粉尘分离在滤袋内表面。不同纤维织成的滤袋有不同的性能。常用的涤纶绒布使用温度一般不超过 120℃；经过硅酮树脂处理的玻璃纤维滤袋使用温度一般不超过 250℃；棉毛织物一般适用于没有腐蚀性，温度在 90℃ 以下的含尘气体。

袋滤器能捕捉比滤料网眼还小的粉尘，因为它的工作原理不仅是依靠网眼的过滤作用，而且还通过拦截、碰撞、扩散、重力沉降和静电吸引等作用，将尘粒推移并阻留在滤料表面上。当有足够的粉尘被阻留在滤料上时，便形成起滤网作用的积尘层，就能过滤更细小的颗粒。袋式除尘器的除尘效率高且稳定，对于 $2\mu m$ 以上的粉尘，其效率可达 99.9% 以上，且造价较低，管理简单，维修方便。

按过滤方向分类可分为内滤式袋式除尘器和外滤式袋式除尘器。按进气口位置分类可分为下进风袋式除尘器和上进风袋式除尘器。按除尘器内压力分类可分为正压式除尘器、负压式除尘器和微压式除尘器。按除尘器滤料形状分类可分为圆形袋式除尘器、扁袋式除尘器、菱形袋式除尘器和双重袋式除尘器。根据清灰方法的不同，可将袋式除尘器分为机械振动类、分室反吹类、喷嘴反吹类、脉冲喷吹类、机械回转反吹类五种类型。脉冲反吹式布袋除尘器由于其脉冲反吹强度和频率可调节，清灰效果好，是目前应用最为广泛的除尘装置。

袋式除尘器的优点如下：

1）袋滤器处理的风量范围很宽，对细颗粒粉尘的除尘效果显著，除尘效率不受烟气成分、含尘质量浓度、颗粒分散度及粉尘比电阻等粉尘性质的影响；流速对袋式除尘器出口排放浓度的影响不大。

2）对微细尘捕集率一般可达 99.9% 以上，排放质量浓度小于 $50mg/m^3$，甚至更小。

3）袋式除尘器用于收集高铝、高硅粉尘时，具有明显优势。

4）结构和维护均较简单，一般采用分室结构，并在设计中留有余地，使除尘器可轮换检修而不影响设备的运行。

5）袋式除尘器的投资和运行费用低。

袋式除尘器存在如下不足：

1）它的缺点是阻力损失较大，一般为 $1.0\sim1.5kPa$，对气流的湿度和温度有一定要求。运行阻力较大，造成了系统阻力大，需要

除尘器后的引风机功率大；经过一段时间后，滤袋表面的积尘层太厚使其阻力增大，因此应定期地对滤袋进行清灰工作。

2）滤袋寿命有限，更换滤袋费用高，工作量大。

3）化学纤维滤袋不能承受高温烟气，对通过烟气中的水分含量和油性物质含量也有较严格的要求。

反吹风清灰是利用与过滤气流相反的气流，使滤袋变形造成粉尘层脱落的一种清灰方式。除了滤袋变形外，反吹气流速度也是粉尘层脱落的重要原因。采用这种清灰方式的清灰气流，可以由系统主风机提供，也可设置单独风机供给。根据清灰气流在滤袋内的压力状况，若采用正压方式，称为正压反吹风清灰；若采用负压方式，称为负压反吸风清灰。反吹风清灰的机理，一方面是由于反向的清灰气流直接冲击尘块；另一方面由于气流方向的改变，滤袋产生胀缩变形而使尘块脱落。反吹气流的大小直接影响清灰效果。

脉冲喷吹清灰是利用 $0.15\sim0.7MPa$ 压缩空气在极短暂的时间内高速喷入滤袋，同时诱导数倍于喷射气流的空气形成空气波，使滤袋由袋口至底部产生急剧的膨胀和冲击振动，造成很强的清落积尘作用。

脉冲喷吹清灰作用很强，而且其强度和频率都可调节，清灰效果好，可允许较高的过滤风速，相应的阻力为 $1000\sim1500Pa$，因此在处理相同的风量情况下，滤袋面积相比机械振动清灰和反吹风清灰要少。不足之处是需要充足的压缩空气，当供给的压缩空气压力不能满足喷吹要求时，清灰效果大大降低。

图 10-7 所示是压缩空气反吹袋式除尘器的工作原理。在除尘器的壳体内装有一定数量的吊架，吊架外面套着上端敞口的过滤袋。当含尘气流由下部进入壳体并通过滤袋上升时，粉尘被阻留在过滤袋的外表面，气体则通过滤袋上的网眼进入袋中并从顶部排出，使空气获得净化。

每当气流经过过滤袋时，大的颗粒与气体分离，落入集尘器下部。较细的尘粒可能黏附或堵塞在纤维的缝隙中，形成一定厚度的粉尘

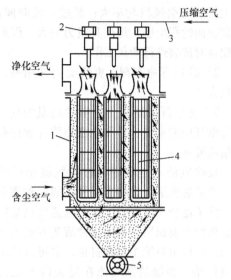

图10-7　压缩空气反吹袋式除尘器的工作原理
1—除尘器壳体　2—气阀　3—压缩空气管道
4—过滤袋　5—锁气器

层，于是降低了除尘的效率。因此必须采取措施破坏粉尘层。过去常用敲打的办法抖动袋子，使粉尘层破坏脱落。但这需要复杂的机械传动装置，而且袋子易于损坏。近年来采用压缩空气周期性反吹的方法，效果很好。

含尘气流在过滤袋外流动，当使用一定时间后，形成粉尘层。在每个过滤袋敞口的上方设有压缩空气喷嘴，由电磁阀控制定期轮流向过滤袋内吹压缩空气，将附着于过滤袋外表面的粉尘吹落到下部的集尘斗中。由于过滤袋的卸灰工作是分组依次进行的，故不致影响除尘器的日常工作。单机袋式除尘器的主要技术参数见表10-7。

表10-7　单机袋式除尘器的主要技术参数

型号	DMD-32	DMD-48	DMD-64	DMD-80	DMD-96	DMD-112
处理风量/(m³/h)	1500~2100	2100~3200	2900~4300	4000~6000	5200~7000	6000~9000
过滤面积/m²	24	36	48	60	72	84
过滤风速/(m/min)	1.0~1.5	1.0~1.5	1.0~1.5	1.1~1.7	1.2~1.7	1.2~1.8
滤袋数量/条	32	48	64	80	96	112
入口气体温度/℃	≤120					
设备阻力/Pa	≤1200					
入口粉尘浓度/(mg/m³)	≤200					
出口粉尘浓度/(mg/m³)	≤50					
清灰气体压力/MPa	0.4~0.6					
气体消耗/(m³/min)	0.10	0.14	0.20	0.24	0.29	0.34
承受负压/Pa	5000					
脉冲阀数量/个	4	6	8	10	12	14
电动机功率/kW	1.5	3.0	3.0	5.5	5.5	7.5

10.1.3　颗粒层除尘器

颗粒层除尘器是一种高效除尘器，该除尘器对气体温度、湿度、粉尘浓度和风量的敏感性较小，工作时这些因素对除尘效率影响不大。颗粒层除尘器的工作原理与袋式除尘器相似，主要靠筛滤、惯性碰撞、截留及扩散作用等使粉尘附着于颗粒滤料及尘粒表面。过滤效率随颗粒层厚度及其积附粉尘层厚度的增加而

提高，压力损失也随之提高。颗粒层相当于一个微孔筛，粉尘通过细小弯曲的孔隙而被截留，当粉尘越粗，过滤层的颗粒越细时，筛滤作用也就越显著。

惯性碰撞的作用是指，在集尘气体流经颗粒层中弯曲通道时，粉尘惯性较大，容易撞在颗粒上失去动能而被截留。流速越大，惯性碰撞作用越明显。但气流速度大，冲刷力也强，细小的粉尘可能被冲刷带出颗粒层。当气流速

度很低时，粉尘也能借助重力作用而沉积在颗粒层内。由于颗粒层比织物滤料的厚度大得多，接触凝聚更为充分。

颗粒滤层捕集粉尘的能力很强，但至今还没有计算效率的实用公式，只能凭实际测定或靠经验来确定。对除尘效率影响最大的是过滤风速，其次是粉尘性质、滤层厚度和粒径配比。一般来说，过滤风速增加，除尘效率降低很快，阻力也不断增加。因此，建议过滤风速以不超过 30m/min 为宜。

粉尘的浓度和分散度对除尘效率的影响也较大。若气体含尘浓度较大，粒径较粗的粉尘的除尘效率就高。

增加滤层厚度可提高收尘效率，但不显著，而其阻力增加更为显著，这一点和多级除尘器串联使用规律是一样的。因此滤层不宜太厚，一般取 100 ~ 150mm。

变化滤层粒径配比，对除尘效果影响不大，但其阻力则随细颗粒配比的增加而增加。因此，粒料宜选用均一粒径，且粒径不宜太细。

由于这些因素很难从理论上做出定量的描述，因此，最佳颗粒滤层设计还是要通过试验来确定。

颗粒层除尘器的主要优点如下：

1）可以耐高温，选择适当的过滤材料，使用温度可达 350 ~ 400℃。

2）过滤能力不受粉尘比电阻影响，除尘效率较高。

3）滤料价廉，可以就地取材，适当选取滤料，还可对有害气体进行吸收，可以达到净化有害气体的作用。

4）滤料耐久、耐腐蚀、耐磨损，使用寿命比较长。

颗粒层除尘器是利用如硅石、砾石等颗粒状物料作填料层的内滤式除尘装置。用硅砂作滤料时，可耐温 350 ~ 400℃，气体中偶有火星也不会引起燃烧。

颗粒层除尘器的缺点如下：

1）过滤速度具有局限性，设备庞大，占地面积大，除非采用多层结构来减小占地面积；但多层结构复杂不易管理维护。

2）对微细粉尘的除尘效率不高。

3）入口含尘浓度不能太高，否则会导致过于频繁的清灰。

4）阻力损失较大，一般为 0.9 ~ 1.3kPa。

我国目前使用的颗粒层除尘器有塔式旋风颗粒层除尘器和沸腾床颗粒层除尘器。对于塔式旋风颗粒层除尘器，含尘气体经旋风除尘器预净化后引入带梳耙的颗粒层，使细粉尘被阻留在填料表面颗粒层空隙中。填料层厚度一般为 100 ~ 150mm，滤料常用粒径为 2 ~ 4.5mm 的硅砂，过滤气体速度为 30 ~ 40m/min，清灰时反吹空气以 45 ~ 50m/min 的气速按相反方向吹进颗粒层，使颗粒层处于活动状态，同时旋转梳耙搅动颗粒层。反吹时间为 15min，反吹周期为 30 ~ 40min，总压力损失为 1700 ~ 2000Pa，总除尘效率在 95% 以上。反吹清灰的含尘气流返回旋风除尘器。这类除尘器常采用 3 ~ 20 个筒的多筒结构，排列成单行或双行。每个单筒可连续运行 1 ~ 4h。沸腾颗粒层除尘器不设梳耙清灰，反吹清灰风速较大，为 50 ~ 70m/min，使颗粒层处于沸腾状态。

旋风颗粒层除尘器实际上是一个两级除尘器。它的下部筒体相当于一个旋风式除尘器，利用离心力的作用将较粗颗粒从气流中分离出来；上部筒体装有颗粒过滤层，相当于袋式除尘器的作用。

旋风颗粒层除尘器的结构如图 10-8 所示。颗粒层除尘器工作时粉尘被阻留在颗粒层中。含尘气流由切向进入旋风分离器，较粗的尘粒下落，细尘粒由气流带动经排出管进入过滤室，由上向下通过颗粒层，细尘粒就黏附在硅砂表面或滞留在颗粒层的空隙中，净化后的气体则经过净气排出管排出。清灰时，液压缸使阀门下降，关闭净气排出管，同时将反吹气流进气口打开。反吹气流反向通过颗粒层，梳耙也在电动机的驱动下进行搅拌，层中粉尘被反吹气流携带，经过排出管进入旋风分离器，由于气流速度降低，可使大部分尘粒沉降。

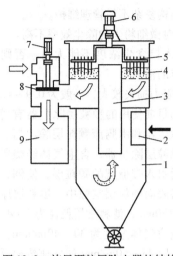

图 10-8　旋风颗粒层除尘器的结构
1—旋风分离器　2—含尘气流入口　3—排出管
4—颗粒层　5—梳耙　6—电动机　7—液压缸
8—阀门　9—净气排出管

10.1.4　湿式除尘器

　　湿式除尘器又称洗涤式除尘器，是一种利用水或其他液体与含尘气体相互接触，伴随有传热、传质的过程，经过洗涤使尘粒与气体分离的设备。

　　湿式除尘器优点是：设备投资少，构造比较简单；净化效率较高，能够除掉 $0.1\mu m$ 以上的尘粒；设备本身没有运动部件，不易发生故障；在除尘过程中还有降温冷却，增加湿度和净化有害、有毒气体等作用，非常适合于高温、高湿烟气及非纤维性粉尘的处理；可净化易燃及有害气体。

　　湿式除尘器缺点是：消耗一定量的水或其他液体，除尘之后需要对污水进行处理，以防止二次污染；粉尘的回收困难；易受酸、碱性

气体腐蚀，应考虑防腐；黏性的粉尘易发生堵塞及挂灰现象；冬季需考虑防冻问题。

　　湿法除尘适用于处理与水不发生化学反应、不发生黏结现象的各类粉尘。对于有疏水性的粉尘，单纯用清水会降低除尘效率，向水中加净化剂可大大改善除尘效果。

　　冲激式除尘器是一种湿式除尘器，其结构如图 10-9 所示。它利用气流本身的动能激起水花，将水分散成细小的水滴用以捕捉粉尘。冲激式除尘器含尘气流由入口进入设备内并向下冲击水面，部分大颗粒即沉降于水中，其余粉尘随气流通过 S 形通道向上运动。高速的气流激起大量水花和泡沫，使尘粒频繁地与水滴碰撞而被捕捉并沉降。含有一定水分的气流继续上升，经过挡水板时气流突然转向，水滴被分离下落。除尘器的水面要达到 S 形通道，而且要定期换水；污泥沉降于器底，也要定期排出。这种除尘器的除尘效率高，阻力损失为 $1.0 \sim 1.6kPa$，它的缺点是对污泥的运输处理比较麻烦。CCJ/A 型冲激式除尘器的主要技术参数见表10-8。

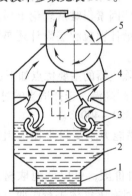

图 10-9　冲激式除尘器的结构
1—排泥刮板输送机　2—水池　3—S 形通道
4—含尘气流入口　5—风机

表 10-8　CCJ/A 型冲激式除尘器的主要技术参数

规格型号	进口风速 /(m/s)	处理风量 /(m³/h)	阻力 /(kg/m²)	耗水量 /(t/h)	效率(%)	质量/kg
CCJ/A－5		5000		0.16		809
CCJ/A－7		7000		0.23		1058
CCJ/A－10		10000		0.33		1212
CCJ/A－14	18	14000	100 ~ 160	0.46	99	2430
CCJ/A－20		20000		0.66		3370
CCJ/A－30		30000		0.98		4132
CCJ/A－40		40000		1.32		5239
CCJ/A－60		60000		1.97		6984

10.1.5　静电除尘器

高压静电除尘法以除尘效率高、处理粉尘的颗粒范围宽、压力损失小、运行稳定可靠性高、投产后维护管理方便等一系列优点成为工业生产中应用日益广泛的一种先进的除尘方法，静电除尘器是利用静电力将气体中的粉尘或液滴分离出来的除尘设备，又称电除尘器、静电收尘器。电除尘器在冶炼、水泥、煤气、电站锅炉、硫酸、造纸等工业中得到了广泛应用。

静电除尘器是利用直流高压电源产生的强电场使气体电离，产生电晕放电，进而使悬浮尘粒荷电，并在电场力的作用下，将悬浮尘粒从气体中分离出来并加以捕集的除尘装置。它由两个极性相反的电极组成，电晕极产生电晕放电，集尘极收集荷电粉尘。在两电极之间通以直流高压电，两电极之间就形成非均匀电场，在电晕极附近便产生电晕放电，使电极间气体电离，电离生成的带电离子在驱向电晕极（负极性）、集尘极（正极性并接地）的运动中与悬浮于气体中的粉尘微粒相碰撞并附着在上面，即形成粉尘荷电，荷电的粉尘在电场力的作用下会被驱往集尘极并沉积在上面，实现对粉尘的捕捉。

静电除尘器的种类和结构型式很多，但都基于相同的工作原理。如图 10-10 所示是管极式静电除尘器的工作原理。接地的金属管称为收尘极（或称集尘极），和置于圆管中心靠重锤张紧的放电极（或称电晕极）构成管极式静电除尘器。工作时含尘气体从除尘器下部进入，向上通过一个足以使气体电离的静电场，产生大量的正负离子和电子并使粉尘荷电，荷电粉尘在电场力的作用下向集尘极运动并在收尘极上沉积，从而达到粉尘和气体分离的目的。当收尘极上的粉尘达到一定厚度时，通过清灰机构使灰尘落入灰斗中排出。静电除尘的工作原理包括电晕放电、气体电离、粒子荷电、粒子沉积、清灰等过程。

静电除尘的基本过程分为以下四个阶段：

（1）气体的电离阶段　在静电除尘器的电晕极和收尘极板间施加高电压，使电晕极发生

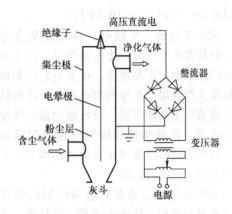

图 10-10　管极式静电除尘器的工作原理

电晕产生大量的电子及正离子。电子在电场力作用下向电晕外区移动，而正离子则向电晕极移动。电子不断积累能量，并且由于活性比较大而在前进过程中依附在分子及粒子上形成负离子，或者与分子及粒子碰撞从而产生正离子和新的电子。

（2）粉尘荷电阶段　在电场力作用下，在电晕极附近的电晕区内，正离子立即被电晕极表面吸引失去电荷；自由电子和负离子因受电场力的驱使和扩散作用向集尘电极移动，于是在两极之间的大部分空间内都存在着自由电子和负离子，含尘气流通过这部分空间时，自由电子、负离子与粉尘碰撞而结合在一起，实现了粉尘荷电。

（3）收尘阶段　在电场力的作用下，荷电粉尘移向集尘极，经过一段时间后，到达集尘极表面，释放出所带电荷并沉积其上，逐渐形成一层粉尘薄层。

（4）清灰阶段　当收尘极板表面的粉尘达到一定量时，要以振打或其他方法将粉尘清除至灰斗输出。若捕捉的是液体油雾，则自然流下，采用其他方法收集。

采用静电除尘，既需要存在使粉尘荷电的电场，也要有使荷电粉尘颗粒分离的电场。一般的静电除尘器采用荷电电场和分离电场合一的方法，也有采用两个电场的，称为双区供电方式。

静电除尘器的电源由控制箱、升压变压器和整流器组成。电源输出的电压高低对除尘效率有很大影响。因此，静电除尘器运行电压需

保持在 40~75kV 乃至 100kV 以上。

比电阻过低，尘粒难以保持在集尘电极上，致使其重返气流。比电阻过高，到达集尘电极的尘粒电荷不易放出，在尘层之间形成电压梯度会产生局部击穿和放电现象。这些情况都会造成除尘效率下降。静电除尘器的性能受粉尘性质、设备构造和烟气流速等因素的影响。粉尘的比电阻是评价导电性的指标，它对除尘效率有直接的影响。

静电除尘器主要参数包括电场内烟气流速、有效截面积、比收尘面积、电场数、电场长度、极板间距、极线间距、临界电压、驱进速度、除尘效率等。

静电除尘器通常包括除尘器机械本体和供电装置两大部分。其中除尘器机械本体主要包括电晕电极装置、收尘电极装置、清灰装置、气流分布装置及除尘器外壳等。

静电除尘器的主要优点如下：

1）压力损失小，一般为 200~500Pa。

2）处理烟气量大，可达 105~106m³/h。

3）能耗低，低至 0.2~0.4kW·h/1000m³。

4）对细粉尘有很高的捕集效率，可高于 99%。

5）可在高温或强腐蚀性气体环境中操作。

6）适用于大型的工程，处理的气体量越大，它的经济效益越明显。

静电除尘器的缺点如下：

1）设备庞大，占地面积大。

2）耗用钢材多，一次性投资大。

3）结构较复杂，制造、安装的精度要求高。

4）对粉尘的比电阻有一定要求。

10.2　消失模铸造车间废气处理

消失模铸造在浇注过程中，模样材料发生热解，会产生一些苯类有机废气。虽然这些有机废气在车间内的浓度较低，不会危害操作工人的身体健康，但是它们集中排放到车间外浓度较高，在排入到大气之前须进行净化处理。国外已经使用了专门的催化燃烧装置来处理消失模铸造车间的有机废气。

消失模铸造车间排放的含苯环的芳香族气体属于有机废气的范畴。近年来，有机废气的净化技术有了很大的发展。模样材料在高温下的热解产物主要包括苯、甲苯、乙苯、苯乙烯、多聚体及其他微量气态产物和一些小分子气态产物，还有部分液态产物。在金属液流动前沿的气隙中，气态产物的成分与浇注温度有关。EPS 高温下与少量氧气接触进行了不充分的燃烧将产生大量的炭黑，炭黑排出到铸型外形成浓烈的黑烟，残留在铸型中也易造成铸件的碳缺陷。

10.2.1　消失模铸造尾气测定

消失模铸造车间气体平均浓度的采集可使用大气采样器，记录采集时间和采集流量来分析一定时间内的气体的平均浓度，从而为尾气净化提供依据。气相色谱仪的作用主要是将采集的气体进行分析，从而确定气体的成分，分析采样净化前和净化后的气体成分来验证净化效果。大气采样器采集的气体分析主要是对工人经常活动的工位（浇注工位、造型工位及开箱落砂工位、真空泵排出口）测定气体浓度的大概范围，从而确定尾气浓度是否超标。这种采样的结果只是尾气扩散到空气中的平均浓度，要对尾气的实际浓度进行分析，还可以采用直接的方法。消失模铸造生产间不同取样位置有机废气的浓度见表 10-9。

表 10-9　不同取样位置有机废气的浓度

（单位：mg/m³）

废气种类	线切割工位	浇冒口处	开箱处	真空泵排出口	抽气管道内
苯	8.9	1.2	1.9	45.5	887.2
甲苯	21.7	1.0	微量	8.6	249.8
乙苯	82.9	微量	微量	微量	7.8
苯乙烯	978.8	微量	微量	15.2	684.1

由表 10-9 可以看出主要的污染物为：苯、甲苯和苯乙烯。在消失模铸造车间内，浇冒口处和开箱处有机废气浓度远小于环境标准，不会对浇注工人造成危害。然而，抽气管道中的苯等有害气体含量远超过了国家标准，经过水

环式真空泵冷却后，部分有机废气遇循环水后会冷凝下来，因而真空泵排出口处废气浓度大大下降，但是苯含量仍然超标，另外苯系物不溶于水，冷凝在水中的废气仍会从水中逸出，冷凝在水中的有机废气也可能造成水体污染。因此，最好是在抽气管道中的废气经过真空泵之前就对其进行净化处理。由线切割方法制造泡沫塑料模样产生的气体直接扩散到空气中，在通风条件良好的情况下，各物质含量均较低；如果通风不良，各种蒸气不能及时扩散，就易沉积在操作台附近，严重危害操作工人的身体健康。

由以上的分析结果而知，浇注工位、造型工位及开箱落砂工位排放的气体含量低，仅含有少量的苯蒸气，而且浓度远小于环境标准规定。真空泵排出口的尾气平均浓度已经超过标

准规定，是一个污染源，只需要将真空泵排出口气体的各个组成净化即可。

10.2.2　尾气净化方法的选择

工业废气净化方法大体上可以分为无机废气和有机废气两大类。无机废气中最典型的有 CO_2、SO_2 及 N_xO_y 等，它们多为燃煤、汽车废气、焚烧场所产生，其对环境的危害已经为大家所熟悉。有机废气如涂装、印染、石化等行业排放的废气，有机废气的污染问题越来越严重，也逐渐受到了人们的重视，其中三苯废气（苯、甲苯、二甲苯）就是最为典型的有机废气。消失模铸造车间排放的含苯环的芳香族气体属于有机废气的范畴。近年来，有机废气的净化技术有了很大的发展，常用有机废气的净化方法归纳于表 10-10。

表 10-10　常用有机废气的净化方法

净化方法		基本原理	主要设备	特点	应用举例
液体吸收法		将废气通过吸收液，由物理吸附或化学吸附作用来净化废气	填料塔或乙醇塔	能够处理的气体量大，缺点是填料塔容易堵塞	用柴油吸附苯废气
固体吸附法		废气与多孔性的固体吸附剂接触时，能被固体表面吸引并凝聚在表面而净化	固定床	主要用于低浓度、毒性大的有害气体	活性炭吸附治理氯乙烯废气
冷凝法		在低温下使有机物冷凝	冷凝器	用于高浓度易凝有害气体，净化效率低，多与其他方法联用	用冷凝吸附法来回收氯甲烷
燃烧法	直接燃烧法	高浓度的易燃有机废气直接燃烧	焚烧炉	要求废气具有较高的浓度和热值，净化效率低	火炬直接燃烧
	热力燃烧法	加热使有机废气燃烧	焚烧炉	消耗大量的燃料和能源，燃烧温度很高	应用较少
	催化燃烧法	使可燃性气体在催化剂表面吸附、活化后燃烧	催化焚烧炉	起燃温度低，耗能少，缺点是催化剂容易中毒	烘漆尾气催化燃烧处理

液体吸收法根据吸收原理可分为物理吸收法和化学吸收法，化学吸收法的净化效率一般比物理吸收法高，但很难找到适合吸收成分复杂苯类气体的高效吸收液，因此一般不用液体吸收法来净化消失模铸造尾气。固体吸收法中活性炭是一种常见的有机废气吸收剂，但是消失模铸造尾气中含有大量的苯乙烯单体，它在常温下就容易在活性炭表面聚合成黏稠状的低聚体，这样一方面大大降低了活性炭表面活

性，另一方面也给活性炭的再生处理带来了麻烦。冷凝法一般用于净化含量较高而且容易凝结的有机废气，不适合处理消失模铸造尾气。燃烧法具有上述几种方法都没有的优点，燃烧产物是 CO_2 和 H_2O，直接排放到空气中不会造成二次污染。燃烧法可分为直接燃烧、热力燃烧和催化燃烧三种方法，考虑消失模铸造生产车间间歇式的特点，要想得到高净化效率和低能耗，催化燃烧法是一种比较适合于消失模铸

造尾气处理的方法。

10.2.3 催化燃烧的原理

催化燃烧法是处理有机废气的有效方法。一般有机废气受热完全燃烧的温度是 800～900℃，而通过催化剂仅在 300～400℃ 就可实现完全燃烧。其中所用的催化剂是用多孔的陶瓷材料作载体，将铂、钯等贵金属及镍、锰、铬等金属氧化物等活性组分经过一定的处理负载于陶瓷载体上而制得。当有毒、有害的气体成分通过催化剂表面时，催化剂表面的活性组分能够吸附这些成分，降低它们燃烧反应的活化能，从而使废气在较低温度下发生完全转化。催化燃烧法的优点是起燃温度低、耗能少，缺点是催化剂容易中毒。在催化剂的作用下，使苯类有机废气能在较低的反应温度下变成无毒的蒸汽和二氧化碳，从而实现达标排放。反应原理可用下面方程式表示：

$$C_xH_y + \left(x + \frac{y}{4}\right)O_2 \rightarrow xCO_2 + \frac{y}{2}H_2O$$

10.2.4 催化剂的选择

消失模铸造尾气的净化选择催化燃烧作为净化方法，在催化燃烧的过程中，最重要的是选择合适的催化剂来进行。催化燃烧中所使用的催化剂主要有颗粒状和蜂窝型两种物理构型。颗粒状的缺点是气体阻力大，容易磨损和被气体堵塞。蜂窝催化剂克服了上述缺点，蜂窝骨架是由大量的薄壁平行直通孔道构成的整块，自由空间大，几何外表面也大，自身不产生粉尘，也不容易被粉尘堵塞，因而气体阻力小，通常只有相同厚度颗粒床的 1/20，大大节省了动力。针对消失模铸造的特点，应选择性能较优的蜂窝状催化剂。苯类有机气体催化剂包括 TFJF（KMF）系列有机废气净化催化剂，HPA（KMK）系列，NZP（KMK）系列，FM（KMC）系列。HPA（KMK）系列催化剂采用 $\gamma - Al_2O_3$ 为载体，以贵金属 Pt、Pd 为主要活性成分，用高分散率均匀分布的方法制备而成，是一种新型高效的有机废气净化催化剂。产品主要适用于苯类有机气体的催化反应，反应起始温度低、活性高、空速适应范围宽；当

苯类有机物浓度在 2000～8000mg/m³ 范围内、反应气入口温度为 180～300℃ 时，净化效果 ≥98%；耐热性能好，可耐受 900℃ 高温的短时期冲击；使用寿命长，不少于 20000h，并可按用户使用年限要求定制。

10.2.5 废气净化流程及设备

在负压消失模铸造工艺中，要使负压砂箱保持一定的真空度，水环式真空泵与砂箱之间不能串接气体阻力较大的设备。因此为了不影响整个负压消失模铸造工艺的运行，催化燃烧设备必须置于水环式真空泵之后，这样在催化燃烧设备中必须添加一个动力源。一般这种气体在管道内流动的动力由风机来提供。考虑风机在整个催化燃烧流程中的位置，可分两种方案：一是将风机置于催化反应器前，称为前置工艺；一是将风机置于催化反应器之后，称为后置工艺。

后置工艺的优点是风机处在整个流程的最后，风机以前的管道中都处于负压状态，不会造成未被净化的废气泄漏而污染环境；缺点是如果换热器的换热效果不好，催化燃烧装置中排放的高温烟气将与风机的叶片接触，可能使风机损坏。考虑净化装置中净化废气是首要任务，所以在废气净化装置中，风机一般置于净化反应器后面，因此优选后置工艺。催化燃烧设备主要包括催化床、预热室、换热器等几个主要部分。催化燃烧设备的制造过程主要包括催化床、预热室、换热器的设计。实际处理的负压消失模铸造工艺中，由于生产规模较小，排放的废气量较小，预热所需的能量较少，为了减少设备投资成本可以省掉换热器，另外为了避免热空气对风机的影响，采用补充冷空气的方法来冷却，确定的流程如图 10-11 所示。催化燃烧设备的结构如图 10-12 所示。

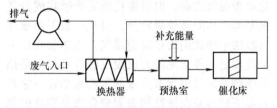

图 10-11 后置处理工艺流程

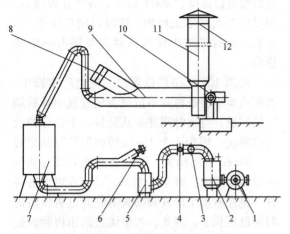

图 10-12 催化燃烧设备的结构

1—水环式真空泵 2—气水分离器 3—应急阀
4—废气截止阀 5—储气罐 6—新鲜空气阀
7—催化燃烧炉 8—冷却空气阀 9—进风管
10—风机 11—出风管 12—风帽

在催化燃烧过程中，在催化燃烧炉的进口和出口分别用注射器取样，然后进行气相色谱分析。废气净化处理前后浓度检测结果统计见表 10-11。经多次检测，净化后出口废气浓度达到下述指标：苯 <10mg/m³，甲苯 <1mg/m³，苯乙烯 <3mg/m³。由检测结果可以看出废气净化效率达到99%以上，并实现了达标排放。消除了消失模铸造车间水环式真空泵散发的臭味，解决了消失模铸造工艺中的尾气排放问题。催化燃烧净化处理废气浓度检测结果见表 10-11。

表 10-11 催化燃烧净化处理废气浓度检测结果

预热温度/℃	催化床温度/℃	污染物	进口浓度/(mg/m³)	出口浓度/(mg/m³)	转化率(%)
180	402	苯	758	7.4	99.0
		甲苯	219	0.2	99.9
		苯乙烯	456	2.1	99.5
200	423	苯	3278	2.2	99.9
		甲苯	452	0.4	99.9
		苯乙烯	2947	2.9	99.9
220	517	苯	2941	<0.01	≈100
		甲苯	475	<0.01	≈100
		苯乙烯	1302	<0.01	≈100

10.3 实型铸造生产浇注产生的烟尘分析与治理

为提高我国铸造工业的技术水平，进一步促进和引导铸造产业更加有序地可持续发展，国家工业和信息化部于 2013 年 5 月公布了"铸造行业准入条件"。"准入条件"对铸造业的能源消耗、环境保护、职业健康安全、劳动保护等都做了明文规定和严格的标准要求。对于铸造业来说的当务之急，就是不论国家政策还是铸造生产实践要求，节能减排、保护环境、清洁生产已经被提到重要议事日程。实型铸造作为一项低成本高效益的铸造工艺，在机床和汽车模具等大中型铸件单件小批量生产中发挥着主要作用。实型铸造由于造型后无须脱模、下芯、合箱等工序，生产效率极大提高。由于实型铸造的模样无须脱出，由此造成的浇注烟尘和环境污染也成为实型铸造的一大问题。

在实型铸造浇注过程中，泡沫模样燃烧气化和树脂砂中树脂、固化剂受热反应，产生大量的烟尘和异味，对车间环境造成污染，对工人健康产生危害，排放后对大气环境造成污染。实型铸造浇注产生的烟气比其他铸造工艺多几倍到十几倍，成为实型铸造工艺发展的障碍。实型铸造在我国生产实践 50 多年来，虽然在污染治理方面已经取得了很大的进步，但与当前节能减排的要求还有一定的差距。

1. 烟尘的来源

实型铸造工艺浇注过程产生的烟尘主要来源于几个方面：

1）泡沫模样的燃烧气化：浇注过程高温金属液超过 1300℃，在此高温下直接作用于泡沫模样，由此产生大量的烟尘。在此温度下泡沫模样的发气量大于 760cm³/g，浇注铸铝时浇注温度在 750℃ 左右，此时模样的发气量为 230cm³/g。

2）涂料受热发气：实型铸造模样的涂料的发气量，在浇注温度下一般为 60 ~ 117cm³/g。

3）树脂砂铸型发气：型砂中的树脂、固化剂在浇注温度下也会产生大量的气体。气体的主要成分为甲苯、乙苯、聚乙烯、CO、CO_2、氧化物等。

从浇注开始，在铸件充型及凝固冷却的全过程中，整体的发气量与多种因素有关，不同铸件材质、不同铸件大小、不同铸件结构、不同生产方式，实型铸造的发气量有很大的不同。

2. 发气量与时间的关系

在实型铸造工艺中，根据多年多家企业生产实践的观察结果，从铸件浇注到冷却凝固后期打箱时间变化与发气量的关系分析如图 10-13 所示。图 10-13 并非是实型铸造实验数据的总结，而是对生产实践的观察结果，铸件的大小、重量、结构不同，发气量有较大差异，此图是以 1～2t 铸件为例得到的。

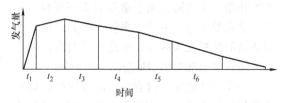

图 10-13 发气量与时间的关系

t_1——浇注温度为 1350～1380℃，铁液流经直浇道、横浇道到内浇道进入铸件型腔的总时间为 5～10s。发气量包括泡沫直浇道、横浇道和内浇道及其四周型砂的发气，以及浇道系统模样涂料的发气。

t_2——铁液温度在 1300～1350℃时进入型腔，发气的材料包括大部分泡沫模样，大部分涂料，以及靠近铸件 40～50mm 范围的型砂，发气持续时间为 4～6min，最长可持续 8～10min。

t_3——此时铁液温度降低到 1000～1100℃，型腔内泡沫模样发生熔化、汽化，主要发气来源是残余的泡沫模样，另外涂料在靠近铸件 50～80mm 的型砂范围内也发气。发气持续时间为 10～15min。

t_4——此时铁液温度已降到 800℃左右，铸件开始凝固。发气的材料包括铸件周围的型砂和少量的残余泡沫和涂料，发气持续时间为 10～15min。

t_5、t_6——各种残余物质发气量大大减少，

此时温度已经降到 800℃以下，发气比较微弱，对操作工人基本无影响。这段时间持续 10min 左右，此时排放出的气体对大气还有一定的影响。

从图 10-13 中可以看出，在生产实践中，要解决实型铸造树脂砂造型浇注过程中排放烟气的问题，持续时间并非几分钟、十几分钟就可以解决，因为 1 个 1～2t 铸件发气时间也要 30～40min 才能结束，消除全部或大部分烟气才能得到解决。对于 1 个 10t、20t 或更大的铸件，浇注后烟尘排放和彻底清除其危害所需的时间就更长了。因此，实型铸造采用树脂砂造型，解决消烟除尘的问题和采用的工艺措施一定要考虑铸件大小、发气量、发气速度和排烟除尘时间之间的关系。

3. 解决的办法

经过对部分铸造企业的考察调研，实型铸造浇注烟尘治理的设计思路和采取的措施如下：

（1）在砂箱的中箱侧壁抽负压，上箱的顶部和底箱不抽负压 这种方法对于实型铸造浇注的消烟除尘，消除和减少铸件外部积炭、皱皮起到积极作用和效果。

（2）在上箱顶部、中箱、底箱全部都抽负压 此时与负压干砂消失模铸造工艺相似，这种方法虽然可行，但砂箱设计制造费用较高，抽负压的时间及能源消耗较大，这些都要统筹考虑。

（3）浇注过程中只在上箱顶部抽负压 有的厂家在实验和试生产，有的厂家试生产失败。对于大中型铸件和合金铸铁件，采用这种方法出现过具有代表性的、共性的铸造缺陷：

① 铸件硬度差别加大。

② 分型面上部的铸件上部、侧面上部、局部区域出现较深的积炭、集渣等夹杂物。

③ 铸件几何尺寸较复杂的薄壁处出现裂纹和规律性变形。

经与生产厂家有关技术人员和操作人员进行调研和座谈讨论，认定原因是在实型铸造生产汽车覆盖件模具铸件、机床铸件等大中型铸件时，浇注系统多采用底注和侧底注式，铁液

从底部进入型腔,铁液在上升过程中消耗大量热能,使泡沫模样熔化、燃烧和气化。若铸件高度大,上下部分的温度梯度较大,实型铸造具有浇注后凝固时间较慢的特点,如果砂箱上部抽负压,真空度为0.04~0.06MPa,尚未完全凝固的铁液在负压作用下,将把浮在铁液上部的渣子、碳化物吸到铸件中某个特定部位,如铸件上部,形成集中性的较大"渣团",影响铸件表面粗糙度。如果渣团较深且处在铸件主要部位,将造成铸件缺陷。

由于采用底注式、侧底注式浇注,铸件上下形成较大温度梯度,上部铁液温度较低,加上抽负压加快冷却速度,造成铸件硬度差加大,严重时造成铸件断面薄壁处开裂和铸件变形。

采用上箱顶部抽负压解决实型铸造浇注产生的烟尘,要注意和防止以上问题的发生。

(4)定点浇注集中消烟除尘 造型合箱后树脂砂冷硬到一定强度,吊运到指定地点进行浇注。浇注地点上方设有排烟罩,采用常规吸风除尘系统,即排烟罩—管路—除尘—管路—风机—无害化排空。定点浇注排烟除尘的装置及原理如下:

1)排烟罩设计原则。除尘罩的长度应大于车间正常生产最大铸件时使用的砂箱长度,除尘罩的安装高度(距离地面)为:最大砂箱高度+(1~1.5m),排烟罩可以转动30°~40°,如图10-14所示。

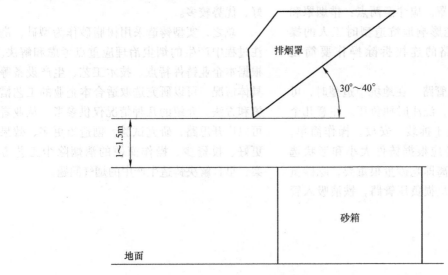

图10-14 排烟罩的安装位置

排烟罩数量:考虑车间面积及熔炼设备结构尺寸、每次铁液熔化重量、可浇注砂箱的个数,充分考虑铸件大小及烟尘排放的时间,建议使用2~3个排烟罩,几个排烟罩均设置可调节阀门,并可单独使用,可同时开启,风速大小可调节。

排烟罩风速的选择:浇注时在砂箱上部排烟,排烟罩会有烟气也会有微尘被吸入。排烟罩入口风速选取偏大些为宜,一般为25~35m/s。

2)除尘器选择。在浇注过程中排放的烟气和周围环境的温度较高,上箱的出气冒口和浇注系统中的铁液常常会出现"反喷",引起铁液飞溅,喷出的物质包括铁液和燃烧形成的碳化物及渣子。建议选择的除尘器以两级除尘为宜。第一级为简单机械式旋风除尘器,用于除去较大的颗粒,并起到冷却降温作用。

第二级可选用布袋式、静电式、活性炭式,以及水浴式除尘器等。

3)风机的选用。根据烟尘排放量及砂箱体积确定风机风量,例如,重2t的铸件其砂箱体积一般为4~5m³,排烟罩的面积为3×1m,1个排烟罩的风量取4000~5000m³/h,如果3个排烟罩则取12000~15000m³/h,风管内风速可取 10~15m/s，风机一般选用普通 4-72 型风机，电动机功率为 25~30kW。

以上数据供选用时参考，应以设计计算为准。

4. 地坑造型排烟除尘

实型铸造大型和特大型铸件一般多采用地坑造型，也需要考虑排烟除尘问题。单件小批量生产大型和特大型铸件是实型铸造工艺的特色之一，很多企业为了节约砂箱制作费用，缩短铸件生产周期，多采用地坑造型工艺进行生产。由于地坑造型多用来生产大件和特大件，如从 10、20t 到 8~100t，浇注时的烟尘更大，危害更严重，更应采取排烟除尘的措施。

（1）移动排烟罩　在地坑周边安放活动的可拆卸可移动排烟罩。应注意两点：排烟罩和除尘管路设置不能影响地坑造型时工人的操作；排烟罩和管路的连接拆除操作要简便可行。

（2）埋入抽气管路　在地坑中造型时，可提前埋入抽气管路，浇注时抽负压。注意几个问题：真空管路便于拆装、安放，操作简单；真空管路埋设路径应根据铸件大小和形状选择，距离铸件的距离即吃砂量很重要，吃砂量太小，高温铁液将烧损负压管路，铁液吸入管内造成整个负压系统被破坏。吃砂量太大，效果不理想。

5. 生产实例

简单介绍国内几个实型铸造生产企业在消烟除尘工作方面的动态。

1）北京某汽模铸件生产企业：采用砂箱上中下侧面抽负压法，已经使用多年，收到一定效果。

2）吉林某汽车零部件生产企业、河北保定某大型汽模铸造企业：改扩建铸造车间设计时考虑采用定点浇注工艺。

3）河北泊头市几个较大型铸造企业：生产大中件型实型铸件多采用地坑造型，他们认为地坑造型对消烟除尘措施、安放排烟罩比较好，优势较多。

总之，实型铸造采用树脂砂作为型砂，浇注过程中产生的烟尘治理应重点考虑和解决。根据本企业铸件特点、技术工艺、生产设备等具体情况，可以研究选取适合本企业的工艺措施和方法。介绍的几种情况仅供参考，从业者可以广开思路，研究试验，创造出更多、效果更好、投资少、操作简便的消烟除尘工艺方案，早日解决铸造生产中的烟气问题。

第11章 消失模铸造生产线及车间设计

消失模铸造生产线及车间的设计主要以合理性与节能减排为基础采用成本倒推法的方法进行，主要遵循的原则为：车间的利用率要高、整体布局的合理性要好、投资预算的成本回收期要短，同时要考虑各生产工段间的顺畅性、生产的连贯实用性、生产的安全性、可持续发展性及经济性。消失模铸造生产线及车间基本设计流程如图11-1所示。

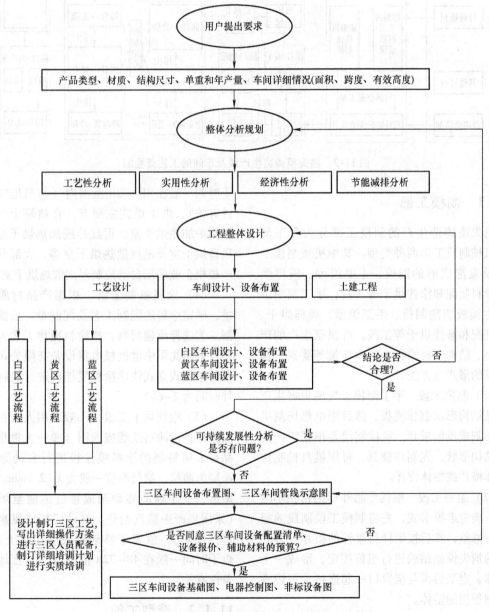

图11-1 消失模铸造生产线及车间基本设计流程图

11.1 消失模铸造生产线及车间设计概述

消失模铸造车间主要由白区、黄区、蓝区三部分组成。消失模铸造生产线的构成一般共设五个工部——由白区、黄区组成消失模铸造的制模工部以及蓝区的造型工部、浇注熔化工部、旧砂处理工部和清整工部。采用流水线生产增加一个砂箱循环工部，可提高生产效率。一般所述的消失模生产线，主要是指蓝区流水生产线。消失模铸造生产线及车间的工艺流程图如图11-2所示。

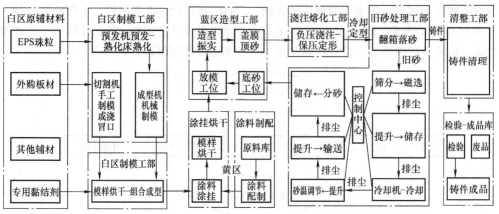

图 11-2 消失模铸造生产线及车间的工艺流程图

11.1.1 制模工部

消失模铸造生产的制模工部分为手工制模、机械制模工部两种类型。其中机械制模工部分设发泡成形的制模、主要组型、模样烘干、涂料制配和涂挂烘干等工段；手工制模工部分为模板切割制模、手工组型、模样烘干、涂料制配和涂挂烘干等工段。可根据生产的产品大小、结构、材质和小时模样量等要素，选择制模的形式与方法。

（1）制模工段 手工制模首先要根据生产的产品结构形状制作模板，然后用电热切割机分片切割成单体模片。机械制模要根据生产的产品结构形状，先制作模具，再用模具机制作成分体模片或整体模样。

（2）组型工段 根据产品外形结构和小时产量，确定组模形式，先将制模工段制成的模片进行修整，然后按图样将单件的模片一起用专用的消失模黏结胶进行组模固定，形成一个单元体，定型后再与浇冒口一起连接成一簇满足造型使用的整体。

（3）白区烘干工段 将组合后的模样整体放置于架车或固定架在烘干室内进行烘干，烘干时间一般在48~72h范围内（与当地气候条件有关），烘干形式主要有，自然晾干、简易煤炭炉加热烘干室、远红外线加热烘干室、热风幕烘干室及蒸汽散热烘干室等。大部分有生产规模企业采用自动控制蒸汽散热烘干室。

（4）涂料备制工段 根据产品材质与产量，确定涂料的配制工艺及配制量。按涂料配制工艺选择原辅材料，按涂料搅拌工艺人工配制，采用沈阳中世机械电器设备有限公司新开发的蜗轮式立式快速涂料搅拌机进行混制（搅拌时间为2~6h）。

（5）涂挂烘干工段 一般采用人工在涂料浸涂池进行涂料浸蘸或涂刷（单一大批量的产品可采用特制的涂料喷涂机进行自动涂挂），涂层为两层，涂层厚度一般为1~2.5mm。人工搬运，采用辅助移动架或悬链运输至烘干室（采用生产中蒸汽余热、红外线板或煤炭炉等进行加热），放置于移动架或固定架上烘干，烘干时间一般在48~72h范围内（与当地气候条件有关）。

11.1.2 造型工部

根据生产的产品产量、结构、材质等，首

先进行工艺分析，再进行铸造工艺设计，确定砂箱的结构与有效尺寸、每箱产品的质量及浇注的量、产品的装箱数量与装箱形式、造型数量与造型时间、造型原砂的粒度与材质等，然后选择造型工部的设备。造型工部设备主要有振实台、加砂器、加砂砂斗及控制系统等。

11.1.3　熔化浇注工部

根据铸件材质与小时浇注质量，设计熔化系统；根据造型工部与产品工艺的要求，确定浇注速度、真空度、合金液凝固时间等工艺参数，设计真空系统，选择浇注工部设备。浇注工部设备主要由负压机组、负压管道、分配器、负压接通（柔性软管或自动接通装置）和浇注设备等组成。

11.1.4　旧砂处理工部

根据砂箱大小、小时造型数量、吨铸件型砂消耗量计算小时型砂处理量。按铸件材质、类型确定型砂，用翻箱与造型型砂温差及干净度等主要技术参数，确定配套型砂处理系统。旧砂处理工部具有下列功能：铸件与型砂分离、粗筛（清除混入砂中的涂料片及大块等杂物）、提升、缓存、冷却［浇注过的高温砂子从进砂口温度（一般为 200℃）降温至出砂口的 50℃以下］、磁选（清除混入砂中的铁豆等杂物）、储存、输送、分砂（通过卸料器分配型砂到各个用砂工位）。旧砂处理工部一般采用自动化控制生产。

11.1.5　蓝区清整工部

依据小时铸件产量与结构型式设计清整工部。

11.1.6　蓝区循环工部

主要用于闭环式及全自动生产线中。循环工部主要采用自动循环控制系统，也称蓝区流水线。主要有三种形式：

1）砂箱带行走轮放置于轨道上。

2）砂箱不带行走轮，地面设辊轮。

3）轨道小车系统。

一般采用液压系统作动力使砂箱直线运行，具有自动拨正、自动定位功能；砂箱换向采用电动行车结构式摆渡小车，具有自动定位、修正等功能；落砂工部采用桥式起重机与落砂架组合或自动翻箱机进行作业，保证生产线安全的运行。主要有电动摆渡小车、拨正机构、定位机构、推箱系统、液压站、砂箱移动小车、负压砂箱、落砂架（或自动翻箱机）及中央控制系统等设备。

所以本章所述的消失模铸造生产线，主要指蓝区生产线。

11.2　消失模铸造生产线的基本类型

消失模铸造生产线按组成形式不同分为简易生产线、开放式生产线、闭环式生产线、全自动流水生产线等几种，如图 11-3 所示。

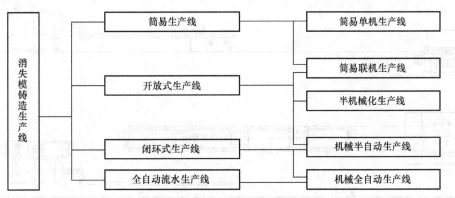

图 11-3　消失模铸造生产线类型

11.2.1 简易单机生产线

用最小的投资实现 EPC-V 的工艺。此种生产线采用电热切割机手工制模或外购模样。挂完涂料后烘干或在日光下晾干，造型采用三维振实台振实、人工加砂。浇注时采用负压机组、手工连接抽气，手动调节。简易单机生产线三维图如图 11-4 所示，图 11-5 所示为简易单机生产线布置图。

此种简易单机生产线的旧砂采用人工自然冷却，然后通过人工或机械抓斗将冷却后的旧砂送入落砂装置，通过筛分输送机进行筛分、负压吸砂系统送入加砂砂斗中，以供造型使用。负压吸砂系统还可以进行简单的排尘。具有筛分、吸送砂、快速加砂及简单除尘的功能，用最小的投资实现消失模铸造的半机械化生产，减少了造型时人工装砂、筛砂的劳动强度，提高了生产效率。具有用人少、投入少、上马快、占地面积小等优点。负压吸砂生产线布置如图 11-6 所示，图 11-7 所示为负压吸砂生产线三维图。

11.2.2 简易联机生产线

图 11-8 所示的生产线为简易联机生产线。此种生产线同简易单机生产线一样，旧砂的冷却采用人工自然冷却方式，然后通过人工或抓斗将冷却后的旧砂送入落砂装置中，经过筛分输送机进行筛分后再通过斗式提升机送到加砂砂斗中。加砂砂斗下设雨淋加砂器，造型时可对砂箱进行快速均匀的加砂。用人工推运放在轨道上的砂箱，浇注后的砂箱通过电动过渡小车送到落砂处进行翻箱，旧砂进入自然冷却区，对部分耐磨类铸件可通过直接淬火进行热处理，这样可以省去大部分热处理费用。此种生产线投资少、效率高。

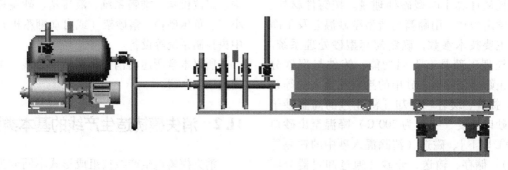

图 11-4　简易单机生产线

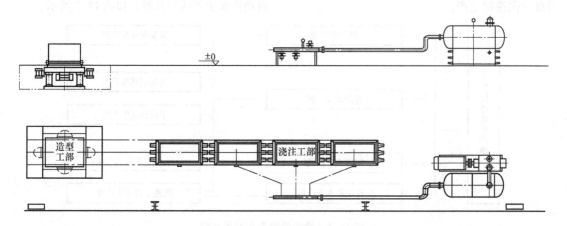

图 11-5　简易单机生产线布置

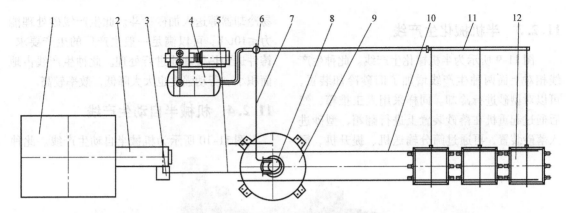

图 11-6　负压吸砂生产线布置

1—落砂装置　2—筛分输送机　3—负压吸砂装置　4—负压机组　5—负压吸砂管　6—负压转接器　7—负压加长管
8—旋风分离器　9—加砂斗　10—轨道　11—负压分配器　12—砂箱

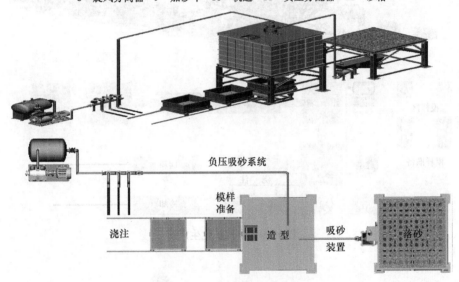

图 11-7　负压吸砂生产线

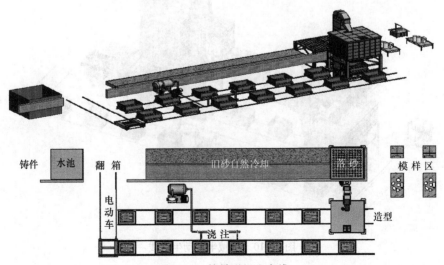

图 11-8　简易联机生产线

11.2.3　半机械化生产线

图 11-9 所示为半机械化生产线。此种生产线相对上面两种生产线增加了旧砂冷却装置，可以对型砂进行冷却。同样采用人工推箱，然后通过起重机在落砂装置上进行翻箱，型砂进入落砂装置，再通过筛分输送机、提升机、简

易冷却器等送入加砂砂斗。此生产线砂处理能力≤10t/h，可以满足一般生产厂的生产要求。铸件送到热处理池进行处理。此种生产线占地面积小、劳动强度也大大降低，效率较高。

11.2.4　机械半自动生产线

图 11-10 所示为机械半自动生产线。此种

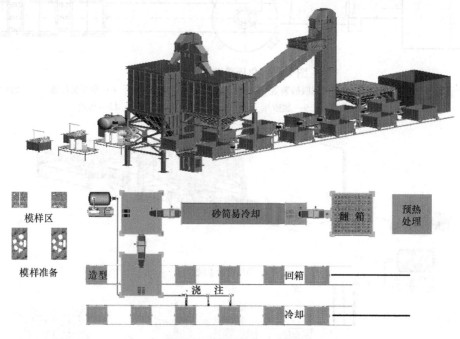

图 11-9　半机械化生产线

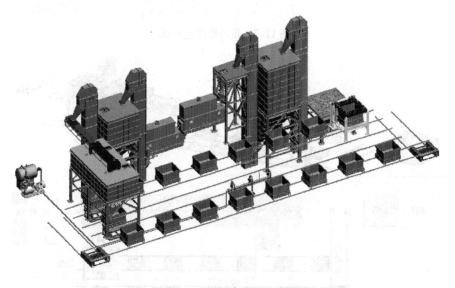

图 11-10　机械半自动生产线

生产线适用于年产 5000~10000t 耐磨类铸件的生产企业。旧砂处理采用全自动控制,制模可采用手工与半机械制模,增加摆渡车与翻箱机,可实现连续生产。翻箱机翻箱后热砂自动进入落砂装置,铸件送到热处理池进行处理。此生产线砂处理能力≤30t/h,生产线占地面积在 600m² 左右,基本可实现"空中无尘、地上无砂"的绿色生产。可以满足大部分生产厂的生产要求,是目前大部分有生产规模企业的首选方案。此种生产线用人数量较少,劳动强度也大大降低,效率较半机械化生产线提高很多。

11.2.5 开放式生产线

图 11-11 所示为开放式半自动生产线。此种生产线相对简易单机生产线增加了型砂处理系统,砂箱运输采用人工或半机械化推箱,翻箱落砂工部采用起重机配合落砂架在落砂装

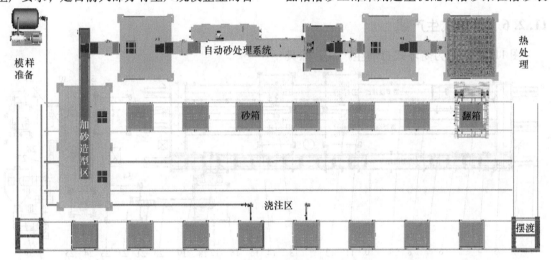

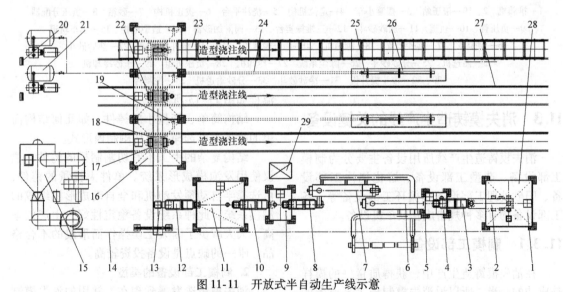

图 11-11 开放式半自动生产线示意

1—落砂装置 2—筛分输送机 3—链斗提升机 4—分砂砂斗 5—强力磁选机 6、7—干砂冷却机
8、10、12—带斗提升机 9—砂温调节器 11—冷砂砂斗 13—带式输送机 14—除尘管
15—除尘系统 16—加砂砂斗 17—三维振实台 18—雨淋加砂器 19—造型电柜
20—负压机组 21—负压电柜 22—梨式卸料器 23—砂箱 24—负压管道 25—负压分配器
26—浇注平台 27—轨道 28—落砂抽尘罩 29—砂处理控制台

置上进行翻箱操作，铸件送到清理车间进行处理。型砂进入落砂装置，通过筛分、提升、磁选、冷却、调温、输送、分砂、除尘等工序处理后，得到可回用的型砂，再送入加砂砂斗以备造型使用。此种生产线具有高效、节能、投入少、上马快、劳动强度低、占地面积小等优点，可以满足大部分生产企业的生产要求。其中型砂处理工部采用全自动分段控制，用相对少的投资实现了消失模的"绿色节约化"半自动生产。

备开放式生产线所有的功能外，闭环式生产线的砂箱循环工部增加了摆渡小车及推箱系统、翻箱落砂工部采用自动翻箱系统。可实现连续生产，基本可实现"空中无尘、地上无砂"的绿色节约化的生产。可以满足大部分生产厂的生产要求，是目前大部分有生产规模企业的首选方案。此种生产线用人数量较少、劳动强度也大大降低，效率较开放式生产线提高很多。

11.2.6　闭环式生产线

图 11-12 所示为闭环式自动生产线，除具

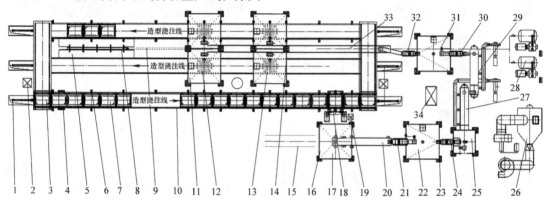

图 11-12　闭环式自动生产线示意

1—推箱机　2、19—液压站　3—摆渡小车　4—定位机构　5—浇注平台　6—拨正机构　7—砂箱　8—负压分配器
9—负压管　10—轨道　11—加砂砂斗　12—三维振实台　13—雨淋加砂器　14—造型电柜　15—小车轨道
16—除尘罩　17—落砂装置　18—翻箱机　20—筛分输送机　21、24—链斗提升机　22—热砂砂斗
23—磁选机　25—分砂砂斗　26—除尘系统　27—冷却机　28—负压机组　29—干砂冷却机
30、32—带斗提升机　31—冷砂砂斗　33—分砂输送机　34—控制台

11.3　消失模铸造生产线的关键设备

消失模铸造生产线所用设备主要分为制模工部设备、造型工部设备、熔化浇注工部设备、旧砂处理工部设备和循环工部设备等，各工部设备均有多种规格成套及单机设备。

11.3.1　制模工部设备

在消失模铸造生产中，获得质量好的模样是成功的一半，所以说消失模制模工部设备的选择至关重要。

1. 制模系统设备的选型

主要根据铸件的年生产量、铸件类型与结构尺寸等相关因素来考虑。制模系统设备选型

流程如图 11-13 所示。

结构简单、产量小的铸件，如几何结构简单的衬板类可选择手工切割制模形式。

结构复杂的手工不宜切割制模的铸件，建议使用发泡模成形系统。单件大批量的铸件，可选择半自动预发泡机和全自动成形机组成的制模系统。此种系统设备稳定性好，生产效率高，大大减少了因人工误操作而形成的不合格品，唯一的缺点是设备投资较高。

2. 制模工部设备的类型

消失模铸造发展到现在，常用的消失模制模工部的设备主要有：白区发泡工段的真空预发泡机、珠粒熟化床；连续式蒸汽预发泡机、间歇式蒸汽预发泡机、蒸箱、丝杠式半自动成形机、丝杠式全自动成形机、液压式半自动成

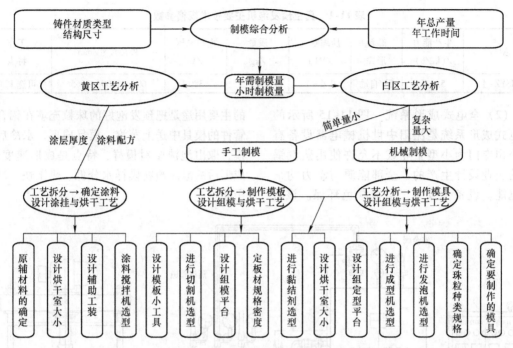

图 11-13　制模系统设备选型流程

型机、液压式全自动成形机和全电式成形系统；组模烘干工段主要由烘干室及温控系统组成。下面介绍一种真空预发泡机＋电热蒸汽发生器与模样成形机，此种制模系统投资不是很大，而且节能环保。

（1）真空预发泡机　该设备为机电一体化设计，不须要配备压缩空气等动力设备。因其无须蒸汽，也不用配套干燥熟化设备。该机生产的珠粒具有粒度均匀、熟化时间短及质量稳定等优点，所以对于无蒸汽源小型生产工厂特别适用。该设备体积小、自重轻、无地基安装，是消失模铸造中白区的主要设备之一。也是各院校及各研究单位的首选设备。其结构如图 11-14 所示，主要技术规格参数见表 11-1。

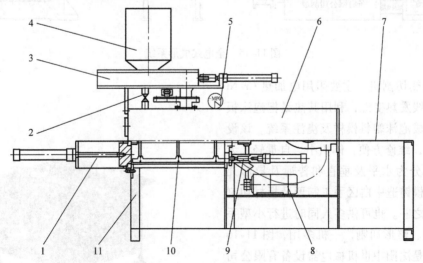

图 11-14　真空预发泡机结构示意

1—气动出料系统　2—定型进水口　3—加料系统　4—进料杯　5—真空表

6—上保护盖　7—控制箱　8—电动机　9—进气系统　10—搅拌叶　11—机体座

表 11-1 真空预发泡机主要技术规格参数

型号	生产能力 /(kg/h)	卸料 形式	压缩空气 /MPa	质量 /kg	电源电压 /V	外形尺寸/mm	工作 特点
HSYZ- Ⅰ	5 ~ 15	手/自动	0.6 ~ 1	545	380	600 × 1800 × 1665	可选 PLC

（2）全电式成形系统　图 11-15 所示的全电式成形系统是沈阳中世机械电器设备有限公司专门为小型企业或不允许使用蒸汽锅炉的企业设计生产的，全部能源与动力均采用电能。设备免安装、节能绿色环保。该机的主要用途是把预发泡好的珠粒充填在铝合金管件的模具中送上蒸汽，模具成形，水冷后脱模，取出泡沫塑料模样，特点是成形速度快，成形后的泡沫塑料模样水分低、烘干快，环境干净。

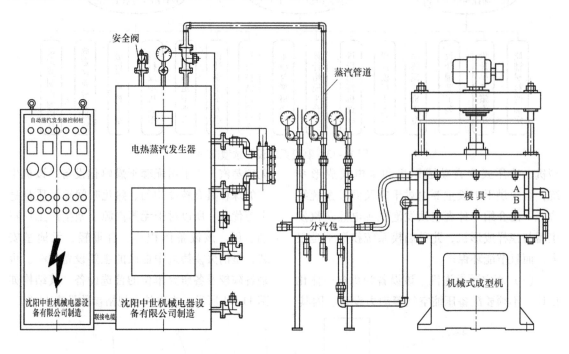

图 11-15 全电式成形系统

（3）电热切割机　主要采用电加热 Cr- Ni 丝，使电阻线发热变红，利用其热量把泡沫板熔化切开制成泡沫塑料模样及浇注系统。该设备结构简单，维修方便，体积小，自重轻，无地基安装，分为水平及垂直和普通及异形几种，是消失模铸造中白区手工制形及板材切割的主要设备之一。也可供多人同时进行小型手工电热切割、整形切割，一机多用，图 11-16 所示的设备是沈阳中世机械电器设备有限公司设计生产的主要产品，主要技术规格参数见表 11-2。

图 11-16 HSQP 电热切割机

表 11-2　电热切割机主要技术规格参数

型号	生产能力/(m/h)	电容量/kW	外形尺寸(长×宽×高)/mm	质量/kg	工作特点
HSQP- I	180 ~ 200	0.7	1200 × 1200 × 1450	100	手工切割
HSQY- I	180 ~ 200	2.5	1200 × 1200 × 1450	300	仿型切割、手动调速、调温

11.3.2　造型工部设备

造型系统设备是消失模铸造生产中蓝区的最核心设备，是消失模铸造的重要组成部分，是消失模铸造必备的主机设备。造型系统设备的好坏直接影响消失模铸造生产的成功与否，所以说消失模蓝区造型系统设备的选择也是相当重要的。

1. 造型工部设备的选型

主要是根据铸件的年生产总量、铸件类型和结构、砂箱的大小、每箱铸件的数量、箱内模样的放置形式、浇冒口的设置等相关因素来考虑的。消失模铸造造型工部设备选型流程如图 11-17 所示。

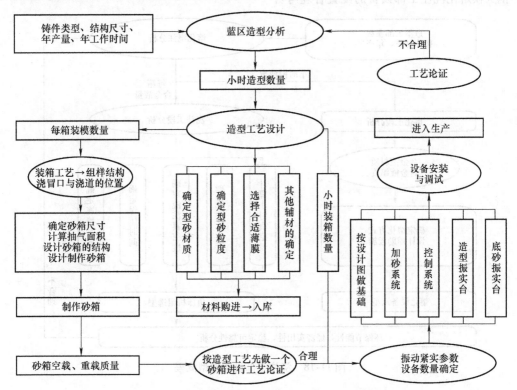

图 11-17　消失模铸造造型工部设备选型流程

2. 造型工部设备的类型

消失模铸造发展到现在，常用的消失模铸造蓝区造型系统的设备主要有：振动紧实设备、加砂设备和排尘装置。振动紧实设备按振动维数分为一维振实台、二维振实台、三维振实台；按控制方式分为普通式振实台、调频式振实台、定位式振实台；按振动方向分为垂直振实台、水平振实台、圆周振实台。加砂设备有：定量式加砂器、雨淋加砂器、刚性管式加砂器、柔性管式加砂器、螺旋加砂器等。排尘装置有固定式与移动式两种类型。振实台为造型工部的关键设备。

(1) 普通型振实台　详见 7.1.1 节。

(2) 调频型三维振实台　详见 7.1.1 节。

(3) 定位型三维振实台　详见 7.1.1 节。

1) 加砂系统。详见 7.1.2 节。

2) 负压砂箱。详见 7.1.3 节。

11.3.3　熔化浇注工部设备

熔化浇注工部最关键的系统为浇注工段的负压系统。负压系统是消失模铸造生产中特有的最重要的核心部分，消失模铸造中通过负压系统抽取负压使密封的砂箱形成真空状态并进行浇注，聚苯乙烯泡沫（EPS）模样在高温及真空状态汽化而形成大分子，由负压通过砂箱的排气孔抽出。EPS模样完全由金属液置换，并在真空状态下定型。

1. 熔化浇注工部设备的选型

消失模熔化浇注工部设备的配置合理与否直接影响到铸件质量与产量，若浇注工段的负压机组配置不合理，配置小了会造成铸件塌箱、夹渣等缺陷；配置太大则会造成铸件黏砂、吸铁等缺陷。同理，若熔化工段的设备配置太大，会造成能源浪费；配置太小则产量上不去。所以合理地进行设备的配置是相当重要的。首先要根据熔化浇注工部的参数来制订合理的浇注工艺并选择配备合适的设备。浇注工部设备选型流程如图11-18所示。

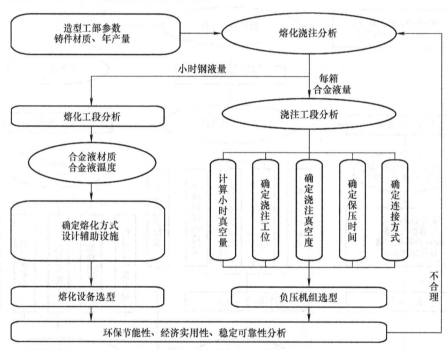

图11-18　浇注工部设备选型流程

消失模铸造生产中对负压系统的选择主要考虑以下几点：

1）根据砂箱的结构、大小（此处主要是指砂箱内箱的大小）来计算砂箱的有效容积和有效抽气面积。

2）根据每箱EPS模样的装箱量、装箱模样的体积和模样密度，计算EPS模样汽化时的发气总量。

3）根据铸件的年产量、年有效工作时间，计算单位时间内的浇注总量。

4）真空泵的功率、抽气量、真空度及价格。

2. 负压机组

详见7.1.4节。

11.3.4　旧砂处理工部设备

旧砂处理工部设备是消失模铸造实现净洁化、机械自动化生产的重要系统设备，详见第7章。旧砂处理工部在消失模铸造生产线中也是重要的组成部分，主要适用于铸件产量大（人工简单处理旧砂不能满足生产的需求）、连续生产且对旧砂处理温度、干净度有一定要求的企业。

1. 旧砂处理工部设备的选型

旧砂处理工部设备的选择主要考虑砂箱的大小、单箱的装砂量、小时的装箱数量、翻箱落砂后的砂温与造型用砂要求的砂温温差和小时砂处理总量等因素。旧砂处理工部设备选型流程如图 11-19 所示。

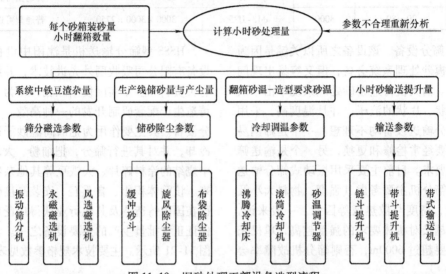

图 11-19　旧砂处理工部设备选型流程

2. 旧砂处理工部设备的构成

旧砂处理系统主要由落砂设备、筛分设备、提升设备、磁选设备、冷却设备、输送设备、储砂设备、除尘设备和控制设备组成。按照不同的旧砂处理量，可选择不同级别的旧砂处理系统。常见的旧砂处理系统有不含冷却的负压吸砂系统、无冷却的落筛提加砂系统、二提一冷筛磁除系统、三提二冷筛磁除分储系统、四提三冷筛磁除分储系统、五提三冷筛磁除分储系统等多种组合形式。以上的旧砂处理系统分别适合旧砂处理量为 5t/h、10t/h、15t/h、20t/h、25t/h、30t/h 的生产线。旧砂处理设备分项介绍见设备部分。

砂处理系统有两台设备最为关键，一个是砂冷却机，另一个是筛分输送机。下面介绍消失模典型的砂处理生产线布置图，此说明作为第 7 章的补充说明。

（1）落砂设备　落砂设备是砂处理系统中的第一台设备，主要功能为消失模铸造翻箱后，把铸件与砂子分离。旧砂透过落砂设备上的网板孔送往砂处理系统中的筛分混合输送机。铸件留在网板上，经起重机或平台车或悬链运送到清理工部。落砂设备是用于消失模铸造生产的分离砂箱、型砂与铸件的设备。沈阳中世机械电器设备有限公司设计制造的落砂装置按用途分为简易自由落体落砂装置、振动清砂型落砂装置、全自动落砂装置三种。

落砂装置的选择主要考虑造型砂箱的外形尺寸，网板要有足够的强度，在其长期使用中不易变形，网孔尺寸要适中，否则会造成堵漏。主要结构如图 11-20 所示，主要技术规格

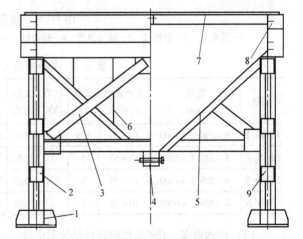

图 11-20　落砂装置主要结构

1—底脚板　2—立柱　3—斜筋板　4—出料闸门　5—斗体

6—立筋　7—落砂网板　8—上体支架　9—缀板

参数见表 11-3。

表 11-3 落砂装置主要技术规格参数

型号	生产能力/(t/h)	质量/kg	落砂孔/mm	有效尺寸（长×宽×高)/mm	备注
HSFP-Ⅱ	15~30	2000	φ13-JJ25	2200×2200×2250	普通型可选除尘
HSFP-Ⅲ	20~80	3000	φ13-JJ25	3000×3000×2750	普通型可选除尘

（2）筛分设备 该设备之所以关键是因为它是消失模砂处理系统必备，但又容易出现问题的设备。消失模铸造型砂处理系统中由于旧砂含有块状、片状的渣子，并且温度高，采用一般的筛分输送设备均不理想。一个是筛网易损坏，需要经常检修和更换，另一个是输送筛分达不到要求。目前主要采用振动式筛分输送机。选择筛分机主要考虑其强度、物料大小及安装位置、高度与散热区等因素。一般来说，输送长度越长对机体要求的强度越高，单机长度最好不要超过 6000m，否则筛分机故障率会提高。

HSSS 型筛分输送机是沈阳中世机械电器设备有限公司吸收国外先进技术，并结合国内有关资料和多年实际使用经验，专为干砂负压铸造生产配套研制开发的一种高效、节能的筛分设备。其主要作用为把旧高温砂子进行初步冷却，并对其进行筛分，把细粉、大块、旧砂中烧结的涂料碎片、大铁豆等其他杂物过滤出来。该筛体积小、自重轻、安装高度低，目前已在国内铸造业及其他行业获得广泛应用，是保证正常批量生产的主要设备之一。其结构如图 11-21 所示。主要技术规格参数见表 11-4。

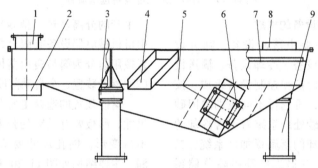

图 11-21 筛分输送机结构

1—排尘口 2—出料口 3—减振弹簧 4—排渣口 5—机体 6—振动器 7—筛网 8—进料口 9—底座

表 11-4 筛分输送机主要技术规格参数

型号	规格/mm	生产能力/(t/h)	质量/t	动力/kW	工作方式	振幅/mm	频率/(次/min)	筛面层数	筛网规格	外形尺寸(长×宽×高)/mm
HSSS-Ⅰ	$B=500/L=2000$	10~50	1.5	1.5	连续	3~4.5	3000	1~2	6目	2500×1050×1070
HSSS-Ⅱ	$B=500/L=3000$	10~50	2	3	连续	3~4.5	3000	1~2	6目	3500×1170×1070
HSSS-Ⅲ	$B=500/L=4000$	10~50	3	4.4	连续	3~4.5	1500	1~2	6目	4500×1150×1220
HSSS-Ⅳ	$B=500/L=6000$	10~50	3	6	连续	3~4.5	1500	1~2	6目	6500×1150×1220

（3）磁选设备 HSCX 型磁选机是沈阳中世机械电器设备有限公司设计生产的一种高效率磁选分离设备。通过磁力吸附型砂中的磁性物质，除去型砂中带磁性的块状及散状物料，经刮板刮入废料桶中。该设备也适用于建材、冶金、化工等行业物料的磁选，并可根据用户要求，将机体制成全封闭结构以便于密封除尘。主要用于铸造车间型砂处理系统，一般安装在分砂砂斗下出料

口或分砂砂斗上进料口。主要结构如图 11-22 所 示，主要技术规格参数见表 11-5。

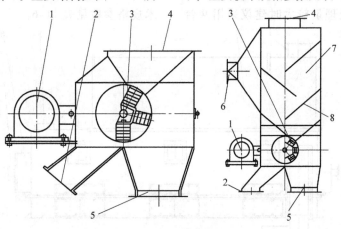

图 11-22　磁选机结构

1—动力源　2—出渣口　3—磁场源　4—进料口　5—出料口　6—进风口　7—机体　8—导料板

表 11-5　磁选机主要技术规格参数

型号	生产/(t/h)	质量/t	动力/kW	工作方式	磁感应强度/GS	外形尺寸（长×宽×高）/mm	工作特点
HSCX-Ⅰ	10～30	0.5	0.55	连续式	1500～9000	660×905×800	永磁

（4）冷却设备　消失模铸造翻箱后的砂温很高，尤其是在流水线的生产场合，不允许在生产线上有太长的冷却时间，还有的时候需要利用铸件的余热进行热处理。出箱后的砂温高达 200～300℃。因为消失模铸造使用泡沫塑料模样进行造型，要求砂温不能超过 50℃，所以旧砂冷却在消失模铸造生产线中是最重要最关键的部分，选择合适、好用、冷却效果好的冷却设备尤为重要。

1）冷却设备选择应考虑的因素。

① 原砂。原砂的主要化学成分、粒度、密度等。

② 出箱后旧砂的起始温度、造型时可允许的砂温等。

③ 最重要的是小时砂处理量，此处的处理量是实际生产中的砂处理量，并非是理论设计的参数量。

2）型砂冷却系统设备主要类型。借鉴老式黏土砂、水玻璃砂、树脂砂及"V"法铸造中旧砂冷却方法。消失模铸造生产线中砂处理有多种冷却设备，如冷却提升机、振动冷却机、滚筒冷却机、吹风式冷却器、水管换热冷却器和沸腾式冷却床等。冷却提升机、振动冷却机、滚筒冷却机、吹风式冷却器、水管换热

冷却器等几种冷却设备只适合砂处理较小量的生产线，一旦小时砂处理量超过 10t，以上几种冷却设备就不能满足生产需求；由沈阳中世机械电器设备有限公司开发研制的干沸腾冷却机则是一种高效、节能的冷却设备，特别适合于要求砂处理量大的生产企业。国内大多数消失模铸造旧砂处理的冷却都采用干砂沸腾冷却机作为主要的冷却方式。

① 干砂沸腾冷却机。它是沈阳中世机械电器设备有限公司在吸收国外先进技术基础上，结合国内有关资料和多年实际使用经验，专为 30～100 目颗粒干状物料研制开发的一种高效、节能的冷却设备，其结构如图 11-23 所示。该机是粒状物料冷却、料尘分离的关键设备，采用风悬浮与水冷相结合的方法对物料进行净化、冷却输送。该机设有温控装置，通过控制可让闸门实现自动开闭；当物料达到使用温度时闸门自动开启，物料从闸门流出；联机使用可实现整条生产线的自动运行。干砂沸腾冷却机主要在 10～60t/h 型砂处理系统中用于旧砂的冷却、净化，是保证批量生产的主要设备之一。目前已在国内铸造业及其他行业获得广泛应用，并得到了用户的肯定。所以说沸腾冷却机是

目前最理想的冷却设备之一，其运行可靠、维护方便；当砂处理量较大时建议采用两台沸腾床串联使用，冷却效果会更好。主要技术规格参数见表11-6。

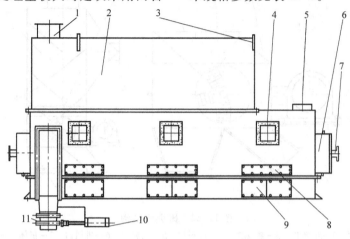

图 11-23　干砂沸腾冷却机结构

1—排尘口　2—集尘箱　3—吊耳　4—观察口　5—进料口　6—冷却体
7—进水口　8—维修口　9—排渣口　10—气缸　11—出料闸门

表 11-6　干砂沸腾冷却机主要技术规格参数

型号	输送长度 /mm	生产能力 /(t/h)	动力 /kW	外形尺寸 （长×宽×高）/mm	进出料口 高度/mm	卸料 形式	安装斜度	风量 /(m³/min)	水量 /(m³/h)
HSLW-Ⅰ	L=4000	8~15	18.5	4344×1854×2434	1450/−400	左/右	0/10°/20°/30°	5153	25
HSLW-Ⅱ	L=4000	10~35	37	4344×1854×2434	1450/−400	左/右	0/10°/20°/30°	7376	30
HSLW-Ⅲ	L=6000	15~50	55	6344×1854×2434	1450/−400	左/右	0/10°/20°/30°	9988	50
HSLW-Ⅳ	L=8000	20~60	75	8344×1854×2434	1450/−400	左/右	0/10°/20°/30°	11649	60

② 砂温调节器。砂温调节器是从树脂砂、水玻璃砂再生产系统嫁接过来的冷却设备。主要采用水管换热的原理，通过调节进水温度起到调节砂温的作用。为了提高效率，砂温调节器的冷却水管上有散热片，增加散热面积。设有测温系统与物料系统控制，与其他砂处理联机，可实现自动控制。

砂温调节器的设计、制造、安装都应确保整个截面的一致性。要求进水温度保持在20℃左右。

因消失模铸造中采用的是无黏结剂的干砂，其流动性好，但冷却速度慢。国内许多种砂温调节器因冷却水套设计不合理和控制系统落后，所以在实际生产中并不能很好地起到调节降温的效果，并且容易造成物料的堵塞。由沈阳中世机械电器设备有限公司开发研制的二代高效砂温调节器，在传统的砂温调节器基础上改进了冷却水循环系统并增加了多工位间隙式控制系统，真正做到冷却散热系统的100%利用率，使其冷却效果大幅度提高。其主要结构如图11-24所示，主要技术规格参数见表11-7。

图 11-24　砂温调节器主要结构

表 11-7　砂温调节器主要技术规格参数

型号	生产能力 /(t/h)	工作 方式	外形尺寸 (长×宽×高)/mm	卸料口 高/mm	卸料口 形式	热交换面 积/m²	气压 /MPa	水压 /MPa	用水量 /(m³/h)
HSLL-Ⅰ	15～20	间歇	1400×1400×H	1250	正/侧	180	0.4～0.6	0.25	20
HSLL-Ⅱ	20～25	间歇	1400×2000×H	1250	正/侧	265	0.4～0.6	0.25	35
HSLL-Ⅲ	35～50	间歇	2000×2000×H	1250	正/侧	380	0.4～0.6	0.25	30
HSLW-Ⅳ	20～60	间歇	2000×3000×H	1250	正/侧	600	0.4～0.6	0.25	35

（5）输送设备　消失模铸造系统中旧砂的输送方式很多，主要取决于旧砂本身的特征（原砂种类、粒度及分布等）和旧砂状态（温度、是否经过筛分、磁选等）及输送量等，常用的输送设备有振动输送机、链斗提升机、带斗提升机、振动提升机、螺旋输送机、带式输送机、气力输送装置和负砂吸送装置。

旧砂冷却前，因温度高只能采用振动输送机、链斗提升机、振动提升机和螺旋输送机等，实践证明，斗式提升机和带式输送机在消失模生产中输送效率最高，运行成本最低，具有备件标准化程度高易于购买、维修方便等优点，所以得到大部分用户的青睐。下面介绍几种常用的输送设备。

1）HSTH 链斗提升机是一种环链离心斗式提升机，提升机由运行部分（料斗、链条）和驱动部分（电动机、减速器、主动轮）的上部分区段、带有拉紧装置的下部分区段（从动轮）、中间节和制动系统组成。

链斗提升机是由两根锻造的环形链条，与上部链轮形成的摩擦力来传动，因此运行平稳安静，料斗在环形链条上间隔布置，用"掐取法"进行装载，利用"离心投料法"进行卸料。

链斗提升机适用于提升干式粉状、粒状及小块状的物料，如煤、水泥、石块、砂、黏土、矿石等，由于提升机牵引机构采用环形钢链，所以允许输送高温的物料，特别适用于消失模铸造热砂的提升。

根据提升物料的不同可选择不同的料斗，如深圆底形或浅圆底形料斗。一般提升干燥松散的材料，如水泥、煤块、碎石等，选用深圆底的料斗；提升易结块、难于提升的材料，选用浅圆底的料斗。

根据安装位置及进出料口的位置，可选择不同的制式。

常用的链斗提升机有 HSTH250、HSTH300 及 HSTH400 三种型号，输送量在 10～60m³/h 范围，提升高度在 4.5～30m 范围。沈阳中世机械电器设备有限公司制造的链斗提升机在专用链条提升机基础上进行了改进，较传统的效率更高，能耗及故障率更低，并且维修更加快捷方便。图 11-25 所示为提升机三维效果图，其主要技术规格参数见表 11-8。

图 11-25　提升机三维效果图

表 11-8　提升机主要技术规格参数

提升机 型号	输送量 /(m³/h)	料斗 容量/kg	料斗 斗距/mm	运行牵引链条 节距/mm	运行牵引链条 速度/(m/s)	运行牵引链条 直径/mm	运行牵引链条 破裂强度/N	功率 /kW
HSTH250	10～15	2.6～3.5	400	50	1.25	16	125440	5.5
HSTH300	15～30	4～5.5	450	50	1.25	18	125440	7.5
HSTH400	30～60	10.5～10	500	50	1.25	22	125440	11

2) HSTD 带斗提升机是一种传动带离心斗式提升机，提升机由运行部分（料斗、传动带）和驱动部分（电动机、减速器、主动轮）的上部分区段、带有拉紧装置的下部分区段（从动轮）、中间节和制动系统组成。

带斗提升机是由高强度传动带，与上部主动轮形成的摩擦力来传动的，因此运行平稳安静，料斗在传动带上间隔布置，用"专用螺钉"进行装载，利用"离心投料法"进行卸料。

带斗提升机适用于提升干式粉状、粒状及小块状的物料，如煤、水泥、石块、砂、黏土、矿石等，由于提升机牵引机构采用传动带，所以不允许输送高温的物料。在消失模铸造生产中用于冷却后型砂的提升。

根据提升物料的不同可选择不同的料斗，如深圆底形或浅圆底形料斗。一般提升干燥的松散的材料，如水泥、煤块、碎石等选用深圆底的料斗；提升易结块、难于提升的材料，选择浅圆底的料斗。

根据安装位置及进出料口的位置，可选择不同的制式。

常用的 HSTD 带斗提升机有 HSTD160、HSTD250、HSTD350 及 HSTD450 四种型号，输送量在 10 ~ 60m³/h 范围，提升高度在 4.5 ~ 30m 范围。沈阳中世机械电器设备有限公司制造的带斗提升机在传统的带式提升机基础上改进驱动系统，较传统的效率更高，能耗及故障率更低，采用外置轴承法，使的维修更加快捷方便。其外形如图 11-25 所示，主要技术规格参数见表 11-9。

表 11-9　HSTD 带斗提升机主要技术规格参数

提升机型号	输送量/(m³/h)	料斗		转速/(r/min)	传动带			功率/kW
		容量/kg	斗距/mm		宽度/mm	直径/mm	皮带线层数	
HSTD160	8 ~ 15	0.75 ~ 1.2	200	47.5	160	14	4	4.5
HSTD250	15 ~ 25	2.8 ~ 3.9	300	47.5	240	16	5	5.5
HSTD350	25 ~ 35	7 ~ 7.8	400	47.5	300	18	7	7.5
HSTD450	35 ~ 60	13.5 ~ 14	500	47.5	450	22	7	11

3) HSSD 带式输送机具有输送量大、结构简单、维修方便、部件标准化等优点，广泛地应用于机械、矿山、冶金、煤炭和粮食等部门，用来输送松散的物料或成品物件，根据输送工艺要求，可以单台输送、也可以多台组合或与其他输送设备组成水平或倾斜的输送系统，以满足不同布置形式的作业需要。普通的带式输送机可在环境温度 - 20 ~ 40℃ 范围内使用，输送物料温度在50℃ 以下，采用耐热胶带时，根据具体的耐热性能而定，一般可输送 120℃ 的物料。

铸造行业常用带式输送机主要技术规格参数见表 11-10。

表 11-10　铸造行业常用带式输送机主要技术规格参数

带宽/mm	带速/(m/s)	输送量/(m³/h)		建议输送量/(m³/h)		减速器允许功率/kW	张紧行程/mm
		平行	槽形	平行	槽形		
500	1	50	105	35	85	5.5	300/500/800
650	1	88	180	60	140	7.5	300/500/800
800	1	130	270	95	220	10	300/500/800
1000	1	180	360	140	290	15	500/800

4) HSTB 板链式提升机有别于上述两类提升机，板链提升机采用链板作为主要传动部件代替传动带及链条。该提升机是一种应用广泛的垂直提升设备，用来提升各种物料，如矿石、煤、水泥熟料等。

板链提升机特点如下：

① 提升范围广。这类提升机对物料的种类、特性及块度的要求少。可提升粉状、粒状

和块状物料，而且可提升磨琢性物料。物料的温度不能高于 250℃。

②提升能力大。该系列提升机具有 BL15～BL50 多种规格，提升能力为 15～60m³/h。

③驱动功率小。这类提升机采取流入喂料，重力诱导式卸料，且采用密集型布置的大容量料斗输送，链速低，提升量大。物料提升时几乎无回料现象，因此驱动功率小，理论计算轴功率是环链提升机的 25%～45%。

④使用寿命长。提升机的喂料采用流入式，材料之间很少发生挤压和碰撞现象，本机的设计保证物料在喂料、提升和卸料中不会撒落，这就防止了磨粒磨损，输送链采用板链式高强度耐磨链条，延长了链条和链斗的使用寿

命。国外同类产品在生产中的长期应用实践表明，输送链的使用寿命超过 5 年。

⑤提升高度高。该系列提升机链速低，运行平稳，且采用板链式高强度耐磨链条，因此可得到较高的提升高度（高达 50m）。

⑥运行可靠性好。先进的设计原理保证了整机的运行可靠性，无故障时间超过 30000h。

⑦密封性好，环境污染小；操作、维修方便，易损件少；使用成本低，结构精度高，机壳经折边、焊接，刚性好，外观漂亮。

⑧尺寸小。与同等提升量的其他各种提升机相比，这种提升机的尺寸较小；主要技术规格参数见表 11-11。

表 11-11　板链提升机主要技术规格参数

型号	提升量 /(m³/h)	料斗			运行部件质量	物料最大块度/mm				
		容积/L	斗距/mm	斗速/(m/min)		占百分比（%）				
						10	25	50	75	100
HSTB15	15	2.5	203.2	29.8	28	65	50	40	30	25
HSTB30	32	7.8	304.8	30.1	35	90	75	58	47	40
ZLTB50	60	14.7	304.8	30.1	64	90	75	58	47	40

5）HSSL 螺旋输送机是机械、冶金、建材、化工、粮食及机械加工等部门广泛应用的一种连续输送设备。

从输送物料位移方向的角度划分，螺旋输送机分为水平式螺旋输送机和垂直式螺旋输送机两大类型，主要用于对各种粉状、颗粒状和小块状等松散物料的水平输送和垂直提升，该机不适宜输送易变质、黏性大、易结块或高温、怕压、有较大腐蚀性的特殊物料。

螺旋输送机一般由输送机本体、进出料口及驱动装置三大部分组成。螺旋输送机的螺旋叶片有实体螺旋面、带式螺旋面和叶片螺旋面三种形式，其中，叶片式螺旋面应用相对较少，主要用于输送黏度较大和可压性的物料，这种螺旋面型，在完成输送作业过程中，同时具有对物料的搅拌、混合等功能。

螺旋输送机与其他输送设备相比，具有整机截面尺寸小、密封性好、运行平稳可靠、可中间多点装料和卸料、安全、维修简便等优点。

螺旋输送机使用环境温度通常为 -20～

50℃。水平螺旋输送机输送物料温度应低于 200℃；输送机倾角 β 一般应小于 20°；输送距离一般小于 40m，最大不超过 70m。垂直型螺旋输送机输送物料温度一般不高于 80℃，垂直提升高度不超过 8m。

鉴于螺旋输送机的应用范围及功能特点，用户在选型时，应根据使用环境及输送物料情况充分考虑，统筹兼顾，合理选定，以避免不必要的损失和麻烦。

螺旋输送机是国家定型产品。GX 型、LS 型和 LC 型螺旋输送机均是技术成熟稳定且渐已标准化的通用输送设备。

GX 型螺旋输送机的螺旋直径共有 150mm、200mm、250mm、300mm、400mm、500mm、600mm 七种规格，机身最短为 3m，最长可达 70m，级差为 0.5m，根据不同现场需要可组成相应输送系统，用于水平或倾角小于 20°的单向输送。

LS 型螺旋输送机的螺旋直径为 100～1250mm，共有 11 种规格，驱动方式有单端驱动和双端驱动两种；LS 型螺旋输送机机身长度

每0.5m为一档，根据不同现场可组成相应输送系统，与GX型螺旋输送机一样，用于水平或倾角小于20°的单向输送。

LC型垂直螺旋输送机适宜于垂直或有较大倾角的输送粉状或粒状、黏性不大、松装密度为$0.5 \sim 1.3 t/m^3$的干燥物料。LC型垂直螺旋输送机螺旋直径有200mm、250mm、315mm等几种定型规格，最大提升高度一般不超过8m，机身高度每0.5m为一档，根据不同的现场需要可组成相应提升输送系统。主要结构如图11-26所示，主要技术规格参数见表11-12、表11-13。

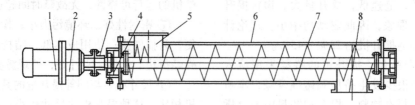

图11-26　螺旋输送机主要结构

1—动力源　2—机座　3—铰链　4—连接机架　5—进料口　6—机体　7—叶片　8—出料口

表11-12　螺旋输送机主要技术规格参数（一）

规格	螺旋直径 /mm	螺旋速度 /(r/min)	输送量 /m³	输送高度 /m	电动机型号	输送高度 /m	电动机型号
LC200	200	450	28.5	2.5 ~5.5	Y100L2-43	7.5 ~10	Y132S-45.5
LC250	250	415	51	6.0 ~7.0	Y112M-44	6 ~7.5	Y160M-67.5
LC315	315	380	95	2.5 ~4.0	Y132M1-64	6.5 ~8.0	Y180L-615

表11-13　螺旋输送机主要技术规格参数（二）

规格型号	LS100	LS160	LS200	LS250	LS315	LS400	LS500	LS630	LS800	LS1000	LS1250
螺旋直径/mm	100	160	200	250	315	400	500	630	800	1000	1250
螺距/mm	100	160	200	250	315	355	400	450	500	560	630
螺旋搅龙轴转速 n/(r/min)	140	112	100	90	80	71	63	50	40	32	25
处理能力 Q/(t/h)	2.2	8	14	24	34	64	100	145	208	300	388
螺旋搅龙轴转速 n/(r/min)	112	90	80	71	63	56	50	40	32	25	20
处理能力 Q/(t/h)	1.7	7	12	20	26	52	80	116	165	230	320
螺旋搅龙轴转速 n/(r/min)	90	71	63	56	50	45	40	32	25	20	16
处理能力 Q/(t/h)	1.4	6	10	16	21	41	64	94	130	180	260
螺旋搅龙轴转速 n/(r/min)	71	50	50	45	40	36	32	25	20	16	13
处理能力 Q/(t/h)	1.1	4	7	13	16	34	52	80	110	150	200

（左侧纵向标注：技术参数）

说明：表中所列各参数均是定型产品在标态、额定工况下的参考数值；处理量Q是指物料粒度分布均匀、松装密度为$1.2 \sim 1.6 t/m^3$、含水率不大于5%的砂石类物料参考值。

6）HSTQ气力输送装置。气力输送设备是以压缩空气为动能的封闭式的输送硅砂和类似的颗粒状干燥物料（含水率不大于1.5%）的新型输送设备。气力输送的种类很多，就消失模铸造涉及的密相气力输送装置的特点如下：

① 物料在输送管道内以0.5~2m/s的低速密相脉动式流动，物料不易破碎，管道磨损小。

② 整个压送时间内物料都以低速密相输送，尾气少，节约压缩空气；压送罐罐体容积利用率高，外形尺寸小。

③ 采用柔性进料接管和球形弯头，管道布

置灵活、安装方便、使用寿命长。

④ 选用 PLC 和先进可靠的料位计及其他优质产品，确保设备运行安全可靠。

⑤ 电控程序设自检功能，凡遇故障，除音响报警外，故障灯也会灯光闪烁报警。

⑥ 系统可在 0.8MPa 的工作压力下运行，以满足长距离输送的要求。

气力输送装置的结构：整套气力输送装置由气动蝶阀、进料管、压送罐装置、输送管道及相应的气控系统和电控系统组成。压送罐装置为该设备的主要工作部件，它由罐体，进料阀，排气阀和上下料位计控制器等组成。输送管道的各个部件可按要求选择配置，这些部件包括增压器、球形弯头、球形三通和卸料阀等。气控系统的电控系统保证整套装置协调工作，达到输送目的。

HSTQ 型系列密相气力输送装置的主要技术特点是：特殊设计的发送罐，球形弯头，三通，卸料阀，增压阀，可确保使用寿命，方便维护；高的砂气比，实现密相输送，耗气少，

磨损低；封闭输送，实现清洁生产；方便设计布置安装。HSTQ 型系列气力输送装置如图 11-27 所示，主要技术规格参数见表 11-14。

图 11-27　HSTQ 型系列气力输送装置

（6）除尘系统　消失模铸造是铸造清洁生产工艺，消失模铸造生产线必须选配适用可靠的除尘系统。在选择除尘器前，首先应该做好除尘系统设计及总体策划。所有合格的除尘系统应满足以下基本要求：环保排放要求；除尘系统各部分配置合理；除尘系统应该优化。

表 11-14　HSTQ 型系列气力输送装置主要技术规格参数

气力输送装置型号	发送器有效容积/m³	输送管公称直径/mm	输送能力/(t/h)	最大输送距离/m		最大工作压力/MPa	耗气量/(m³/t 砂)
				水平	垂直		
HSTQ300	0.3	80	80	120	12	0.8	18
HSTQ500	0.5	100	100	120	12	0.8	18
HSTQ750	0.75	125	125	120	12	0.8	18
HSTQ1000	1.0	125	125	120	12	0.8	18

消失模铸造常用的除尘器包括布袋除尘器、旋风除尘器和由沈阳中世机械电器设备有限公司开发生产的 HSPS 型水浴除尘器。

回转反吹除尘器含尘气流由切向进入过滤室上部空间，大颗粒及凝聚尘粒在离心力的作用下沿筒壁旋落灰斗，轻微粉尘弥漫于过滤袋间空隙，从而被滤袋阻留，净化空气通过滤袋经天花板上滤袋导口汇集于清洁室，由通风机吸入而排于大气中。随着过滤的进行，阻力逐渐增加，当达到反吹风控制阻力上限时，由差压变送器（或时间继电器）发出信号自动起动反吹风机构工作，具有足够动量的反吹风气流由旋壁喷口吹入滤袋导口，阻挡过滤气流并改变袋内压力情况，引起滤袋实质性振击，抖落

粉尘，旋壁分圈逐个反吹，当滤袋阻力降到下限时，反吹风机构自动停止工作。

回转反吹袋式除尘器喷嘴为口形或圆形，通过回转运动，依次与各个滤袋净气出口相对，进行反吹清灰。这种除尘器进口按旋风除尘器设计，采用梯形滤袋在圆筒内布置并自带高压反吹风机，所以减轻了滤袋的粉尘负荷，增大了过滤面积，提高了滤袋寿命，且使用时不受压缩空气源的限制。它还具有高效率、低阻力、维护方便、运行可靠、结构紧凑等优点，适用于铸造车间等细微粉尘的工艺回收和除尘净化。回转反吹布袋除尘器的结构如图 11-28 所示，主要技术规格参数见表 11-15。

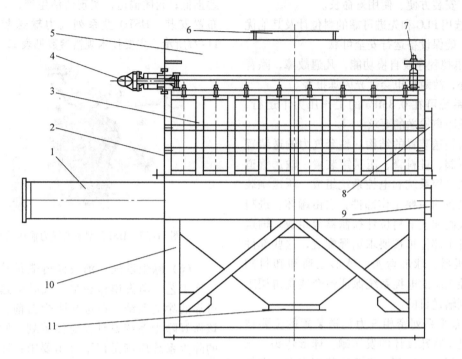

图 11-28　回转反吹布袋除尘器的结构

1—进尘口　2—上箱体　3—布袋　4—振动电动机　5—净尘箱　6—抽风口
7—减振机构　8—检修门　9—观察口　10—机座　11—出渣口

表 11-15　回转反吹布袋除尘器主要技术规格参数

型号		过滤面积		袋长 /m	圈数 /圈	袋数 /条	过滤量 /(m³ /min)	设备阻力 /kPa	处理风量 /(m³/h)	除尘率 (%)	入口粉尘浓度 /(g/m³)	使用温度 /℃
		公称 /m²	实际 /m²									
ZY-24ZC200	A	40	38	2	1	24	1~1.5	0.8~1.3	2280~3420			
	B						1.5~2	1.1~1.6	4560~5700			
ZY-24ZC300	A	60	57	3	1	24	1~1.5	0.8~1.3	3420~5130			
	B						1.5~2	1.1~1.6	6840~8550			
ZY-24ZC400	A	80	76	4	1	24	1~1.5	0.8~1.3	4560~6840			
	B						1.5~2	1.1~1.6	9120~11400			
ZY-72ZC200	A	110	104	2	2	72	1~1.5	0.8~1.3	6840~10260			
	B						1.5~2	1.1~1.6	13680~17100			
ZY-72ZC300	A	170	170	3	2	72	1~1.5	0.8~1.3	10200~15300			
	B						1.5~2	1.1~1.6	20400~25500			
ZY-72ZC400	A	230	228	1	2	72	1~1.5	0.8~1.3	13680~20520			
	B						1.5~2	1.1~1.6	27360~34600	99.75	<15	120
ZY-144ZC300	A	340	340	3	3	144	1~1.5	0.8~1.3	20400~30600			
	B						1.5~2	1.1~1.6	40800~51000			
ZY-144ZC400	A	450	445	4	3	144	1~1.5	0.8~1.3	27300~40950			
	B						1.5~2	1.1~1.6	54600~68250			
ZY-144ZC500	A	570	569	5	3	144	1~1.5	0.8~1.3	34140~51210			
	B						1.5~2	1.1~1.6	68280~85350			
ZY-240ZC400	A	760	758	4	4	240	1~1.5	0.8~1.3	45480~68220			
	B						1.5~2	1.1~1.6	90960~113700			
ZY-240ZC500	A	950	950	5	4	240	1~1.5	0.8~1.3	57000~85500			
	B						1.5~2	1.1~1.6	114000~142500			
ZY-240ZC600	A	1140	1138	6	4	240	1~1.5	0.8~1.3	68280~102420			
	B						1.5~2	1.1~1.6	136560~170700			

11.3.5　循环工部

循环系统主要用于消失模铸造半自动与全自动生产闭环式生产线。主要作用是使生产线可以连续不断地运行，提高生产线系统设备的利用率。

1. 循环工部设备的选型

循环工部设备的选择主要考虑产品的产量、产品结构形状、每箱铸件的装箱数量和总体投资预算等因素。一般来说，生产线的自动化程度越高，投资越大，生产效率越高，综合性成本越低。如汽车箱体类铸件就特别适合使用全自动生产线。循环工部设备选型流程如图11-29所示。

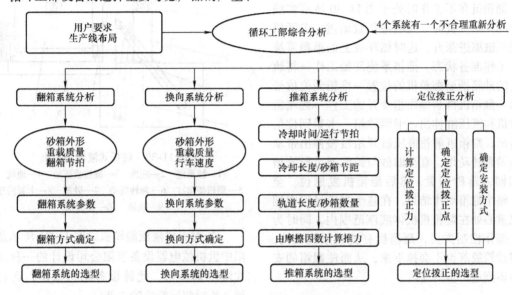

图 11-29　循环工部设备选型流程

2. 循环工部设备的构成

循环工部设备主要由落砂的半自动翻箱系统、全自动翻箱系统、手动与电动摆渡小车式的换向系统、卷扬机拉或推箱机推运砂箱行走的推箱系统、拨正机构与定位机构组成的拨正定位系统和液压动力系统等设备组成。换向系统常用的设备是电动摆渡小车。生产线上常用的推箱系统为液压推箱系统。翻箱系统及换向系统为循环工部最关键的设备。

（1）翻箱系统　翻箱系统在铸造生产中是必不可少的设备。不同结构的砂箱需要设计不同的落砂方式，消失模铸造生产线一般有砂箱底卸落砂、起重机与落砂架组合翻转式落砂、全自动翻箱机翻转式落砂几种方式。

1）砂箱底卸落砂。此种落砂方式是在砂箱的下部开一圆形孔，使旧砂通过该孔自由落下，此种方式落砂效率较低，只适合产量小且车间无起重设备或起重能力小的企业使用，另一缺点是底部落砂口处密封不好易漏气，影响

砂箱内的真空度，进而影响产品质量，过去有部分生产线采用此种落砂方式，在实际生产中造成了很多麻烦，有的企业被迫进行了改造，不但浪费了投资，也影响了生产。所以现在很少有企业选择此种落砂方式。

2）起重机翻转方式。此种落砂方式采用起重机将砂箱吊起并将带有偏心翻转轴的砂箱放置于落砂装置上的特制落砂架上的 U 形槽内，这样通过落下吊绳，砂箱依其翻转轴在 U 形槽内做圆周运动并翻出铸件与旧砂，其结构简单实用。不用额外的投资即可实现自由落砂，而且操作简单，效率很高。所以大部分企业在实际生产中使用此种落砂方式。

3）全自动翻箱机。全自动翻箱机有底托式液压翻箱机、对夹式液压翻箱机、提升式液压翻箱机三种。

图 11-30 所示是沈阳中世机械电器设备有限公司设计的一种底托式液压翻箱机，此种设备结构紧凑，运行平稳。

① 底托式液压翻箱机。主要由翻箱液压缸、底座、翻转机架、卡紧机构、导流槽及控制系统组成。各部分相互协调、紧密配合完成翻箱任务。此种翻箱机主要用在轨道和带轮砂箱组成的自动循环生产线中，目前在陕西某铸造公司的年产 10000t 铸件的生产线得到了成功的应用。

底托式液压翻箱机工作原理如下：

翻箱机在不工作时处于图 11-30 所示实线部分的原始位置时，翻箱液压缸缩进、卡紧机构液压缸缩进张开。这时循环线上的推箱系统处于工作准备状态，推箱系统开始工作→将轨道上的砂箱推至翻箱机的位置→推箱到位信号给出→翻箱机得到操作指令开始工作→翻箱机卡紧机构液压缸伸出，卡紧砂箱→卡紧到位信号给出，翻箱机翻箱液压缸开始慢慢伸出带动砂箱做翻转动作，直至旧砂与铸件通过导流槽一起倾入落砂装置，然后翻箱机复原位。至此，整个翻箱动作结束。在整个翻箱过程中翻箱机重心处在翻箱机机体底座范围内，同时为防止操作控制失灵，翻箱机有机械限位机构，即使砂箱脱落也不会掉下来，从而使翻箱的安全性得到进一步的提高。

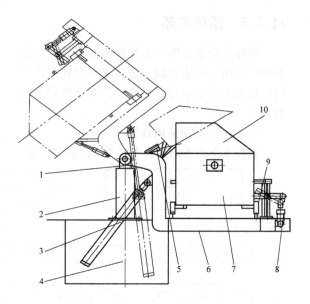

图 11-30　底托式液压翻箱机
1—轴承座　2—底座　3—翻箱液压缸　4—地坑
5—翻箱架顶缸　6—翻转机架　7—砂箱　8—卡紧液压缸
9—轨道　10—导流槽

② 对夹式液压翻箱机。图 11-31 所示是沈阳中世机械电器设备有限公司设计的一种对夹式液压翻箱机，此种设备结构紧凑，运行平稳，长时间运行故障率低。

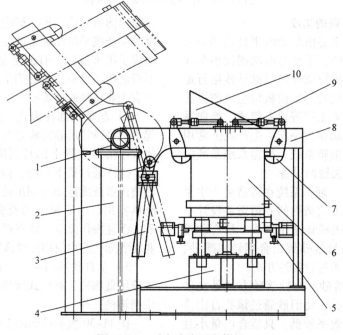

图 11-31　对夹式液压翻箱机
1—轴承座　2—底座　3—翻箱液压缸　4—举升机构　5—轨道　6—砂箱　7—卡紧钩　8—翻转机架　9—卡紧液压缸　10—导流槽

该翻箱机由翻箱液压缸、底座、翻转机架、举升机构、卡紧机构、定位机构、导流槽及自动控制系统组成。各部分相互协调、紧密配合完成翻箱任务。此种翻箱机主要用在轨道、小车、砂箱等组成的自动循环生产线中。该设备目前在郑州的一家年产 5000t 的高铁配件企业和陕西的一家年产 20 万件汽车箱件的铸造公司得到成功的应用，设备实现了长时间无故障运行。

对夹式液压翻箱机工作原理：翻箱机在不工作时处于图 11-31 所示实线部分的原始位置时，翻箱液压缸缩进、卡紧机构液压缸缩进张开。这时循环线上的推箱系统处于工作准备状态，推箱系统开始工作→将轨道上的砂箱推至翻箱机的位置→推箱到位信号给出→翻箱机得到操作指令开始工作→翻箱机卡紧机构液压缸伸出，卡紧砂箱→卡紧到位信号给出，翻箱机翻箱液压缸开始慢慢伸出带动砂箱做翻转动作，直至旧砂与铸件通过导流槽一起倾入落砂装置，然后翻箱机复原位。至此，整个翻箱动作结束。在整个翻箱过程中翻箱机重心处在翻箱机机体底座范围内，同时为防止操作控制失灵，翻箱机有机械限位机构，即使砂箱脱落也不会掉下来，从而使翻箱的安全性得到进一步的提高。

③ 提升式液压翻箱机。基本工作原理与对夹式液压翻箱机基本相同，结构组成相对对夹式液压翻箱机取消了举升机构，同时卡紧机构由对夹式改成了提升式。此种翻箱机主要用在辊道式循环生产线上，在国外使用较多。

因铸造生产线中砂箱大小不一，所以此种翻箱机属于非标设备，一般根据用户需求进行设计。各部分参数不一样。

（2）换向系统　换向系统主要用于消失模铸造半自动与全自动生产闭环式生产线中的砂箱换向。主要作用是减少起重机的使用率，使生产线可以连续不断地运行。

1）换向系统设备选择因素。换向系统设备的选择主要考虑生产线上砂箱在单位时间内需换向的数量、砂箱的大小、结构形状、砂箱空载质量、砂箱满载质量和总体投资预算等因素。

2）换向系统设备主要类型。换向系统设备主要有起重机吊运形式、人工摆渡小车、电动摆渡小车、双作用液压换向系统等几种。下面介绍两种常用的换向设备。

① 人工摆渡小车。此种小车无动力驱动系统，只在简单的轮式平车上增加两条垂直轨道。基本结构同电动摆渡小车。此种小车适用于在人力范围内可推动砂箱的小型开放式生产线，在国内部分企业中得到应用。

② 电动摆渡小车。基本结构如图 11-32 所示。电动摆渡小车主要由主动轮、从动轮、车体、换向轨道、自锁电动机、变速器及控制系统组成。在国内大部分开放式、闭环式、半自动、全自动生产线中得到了广泛的应用。是目前最简单、最实用、最经济的换向系统。

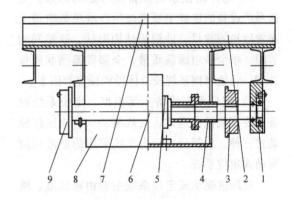

图 11-32　电动摆渡小车

1—轴承座　2—车体　3—主动轮　4—联轴器　5—自锁电动机　6—减速器　7—换向轨道　8—箱体　9—从动轮

（3）推箱系统　推箱系统主要用于消失模铸造半自动与全自动生产闭环式生产线中的砂箱在轨道上的运输。主要作用是减少起重机的使用率，降低工人的劳动强度，使生产线可以高速连续不断地运行。

1）推箱系统设备选择因素。推箱系统设备的选择主要考虑生产线单条轨道上布置砂箱的数量、砂箱的大小、结构形状、砂箱间的节距、全部砂箱满载质量总和、轮轨摩擦系统及总体投资预算等因素。

2）推箱系统设备主要类型。推箱系统设备主要有卷扬机形式、液压推箱机两种。大部分自动生产线采用的是液压推箱系统。

由沈阳中世机械电器设备有限公司设计生产的液压推箱机主要由液压缸、液压站、行程控制系统、防撞触头、电控系统组成。由于系统较简单，在此不再详述。

（4）定位系统 定位系统主要用于消失模铸造全自动生产闭环式生产线中的砂箱在轨道上、摆渡小车上及翻箱机上的定位。主要作用是在推箱系统停止工作时减少砂箱小车在轨道上的自然移动量、在翻箱机上的对位偏移量和在摆渡小车行走过程中的砂箱摆动量，防止生产线上砂箱与摆渡小车上砂箱的碰撞和翻箱机与砂箱的定位不准，从而杜绝生产线的误动作导致生产线的异常，使生产线可以高速顺畅不断地运行。

1）选择定位系统设备要考虑的因素。定位系统设备的选择主要考虑生产线单条轨道上布置砂箱的数量、砂箱的结构形状、砂箱间的节距、单个砂箱满载质量、全部砂箱满载质量总和、轮轨摩擦系统及总体投资预算等因素。

2）定位系统设备主要类型。定位系统设备主要有机械止退式、气缸驱动式、液压缸驱动式三种。大部分自动生产线采用的是液压缸驱动式定位系统。

液压缸驱动式定位系统主要由液压缸、液压站、行程控制系统、机架、电控系统组成。

（5）拨正系统 拨正系统主要用于消失模铸造自动生产线中的砂箱在轨道上、轮与轨道间的间距的调节、生产线上砂箱与摆渡小车上移动轨道的对位及翻箱机与砂箱的辅助定位。主要作用是在推箱系统工作过程中减少砂箱小车在轨道上的偏移量，保证二者之间的正常间隙、在翻箱机上的对位偏移量和生产线上砂箱小车与摆渡小车上轨道的对位偏移量，防止生产线上砂箱上不去摆渡小车，以及翻箱机与砂箱的定位不准，从而杜绝生产线的误动作导致生产线的异常，使生产线可以高速顺畅不断地运行。

1）选择拨正系统设备要考虑的因素。拨正系统设备的选择主要考虑生产线单条轨道上布置砂箱的数量、砂箱间的间隙、单个砂箱满

载质量、轮轨摩擦系统等因素。

2）拨正系统设备主要类型。拨正系统设备主要有机械滚轮式、气缸拨正式两种。气缸拨正式拨正机构在实际生产应用中常常因砂箱偏量过大而调整不过来，有时因误操作，气缸顶出时推箱系统工作，损坏气缸。所以，气缸式拨正机构现很少在生产线应用。反之，机械滚轮式拨正机构由于具有结构简单、运行稳定、不易损坏等优点，所以在大部分自动线中被选用。

由沈阳中世机械电器设备有限公司设计生产的机械滚轮式拨正机构主要由定位调节底座、定位轮、调整机架组成。

11.3.6 控制系统

控制系统在消失模铸造生产线中处于最重要的位置，就像人的大脑控制身体的行为一样。优良的控制系统是实现自动化生产的前提。沈阳中世机械电器设备有限公司是国内最早设计生产消失模专用控制系统的企业，为消失模铸造生产线共研制生产出多系列的PLC控制系统，其质量好，运行故障率低，价格合理，得到了广大用户的好评。

1. 控制系统设备的选型

控制系统设备的选择主要考虑单机设备的功率、单机设备相位、单机设备回路数，电器元件的生产企业，生产线上的需控制设备数量、每台设备的功率、回路、控制电压，设备整机的可靠性、稳定性、实用性、自动化程度、保质期和价格等。

2. 控制系统设备的构成

消失模铸造生产线中的控制系统按其在消失模生产中的用途主要分为以下几种：造型控制系统、浇注控制系统、落砂控制系统、循环控制系统、旧砂处理控制系统和中央控制系统。单机控制主要有普通式造型电柜、调频式造型电柜、普通式负压电柜、调频式负压电柜、负压接通电柜、翻箱机控制柜、摆渡车控制柜、推箱机控制柜、负压吸砂电柜、砂处理电柜、模样机控制柜和循环线信号柜等。

（1）造型控制系统 主要由造型控制柜、

连接线缆、触控开关和相关辅材组成。

造型控制电柜是干砂负压实型铸造生产线专用的新型工业控制装置，主要部件采用抗干扰能力强、质量稳定可靠的元件。主要是用在造型工位的三维振实台的控制。该产品具有设备体积小、自重轻、安装方便、维修简单、故障率低等优点。同时它可用在其他的控制场地。造型控制电柜如图 11-33 所示，主要技术规格参数见表 11-16。

图 11-33　造型控制电柜

表 11-16　造型控制电柜主要技术规格参数

型号	控制工位	容量/kW	质量/kg	外形尺寸（长×宽×高）/mm	电压/V	控制形式	备注
HSKZ- I	2/6/8	10	50～60	400×600×200	380	手/半自动	数显/调频可选
HSKZ- II	6/8/10	15	60～80	400×600×200	380	手/半自动	数显/调频可选
HSKZ- III	8/10/12	20	70～120	400×600×200	380	手/半自动	数显/调频可选

（2）浇注控制系统　主要由负压控制柜、连接线缆（用户自备）、转换开关、负压接通电柜（自动生产线专用）和相关辅材（用户现场自备）组成。

负压控制电柜是干砂负压实型铸造生产线专用的新型工业控制装置，主要控制干砂负压铸造生产的负压机组工位，主要部件采用抗干扰能力强、质量稳定可靠的元件。调频系列控制台采用进口调频器，它是以微处理机为基础的无触点设备。该产品具有设备体积小、自重轻、安装方便、维修简单、故障率低等优点。

负压控制电柜如图 11-34 所示，主要技术规格参数见表 11-17。

图 11-34　负压控制电柜

表 11-17　负压控制电柜主要技术规格参数

型号	起动	容量/kW	质量/kg	外形尺寸（长×宽×高）/mm	电压/V	控制形式	备注
HSKF- I	星角	11	50～60	400×600×200	380	手动/半自动	数显/调频可选
HSKF- II	星角	18.5	60～80	400×600×200	380	手动/半自动	数显/调频可选
HSKF- III	星角	37	70～120	400×600×200	380	手动/半自动	数显/调频可选

（3）单线控制系统　单线控制系统主要是为各个需要单独控制的设备配套生产的。主要有摆渡车控制柜、翻箱机控制柜、成形机控制柜等，下面主要介绍振实台异地调频式控制柜。

振实台异地调频式控制柜是专为各种场地单台设备开发的新型工业控制装置，主要部件采用抗干扰能力强、工作灵活可靠、维修方便的可编程序控制器（PLC）。它是以微处理机为

基础的无触点设备，改变程序即可适应改变了的生产工艺，是一种容易扩充功能的电子控制装置。采用单步及联动相结合的人性化操作。主要用在消失模生产的白区及开式生产线的摆渡工位，以及其他需要控制的地方。振实台异地调频式控制柜如图 11-35 所示，主要技术规格参数见表 11-18。

3. 旧砂处理控制系统

旧砂处理控制系统主要用于消失模铸造生

产线旧砂处理工部设备的控制，主要由砂处理控制台、基座及连接线缆（由用户自备）、安装辅助材料如桥架、绑线、膨胀螺栓（由用户自备）等组成。砂处理控制系统主要控制流程如图11-36所示。

　　砂处理控制台是干砂负压消失模铸造生产线新型工业控制装置，主要部件采用抗干扰能力强、工作灵活可靠、维修方便的可编程序控制器（PLC）。它是以微处理机为基础的无触点

图11-35　振实台异地调频式控制柜

表11-18　振实台异地调频式控制柜主要技术规格参数

型号	控制工位	容量/kW	质量/kg	外形尺寸（长×宽×高）/mm	电压/V	控制形式	备注
HSKG-Ⅰ	2~4	40	100~180	1100×600×450	380	手动/半自动	PLC数显控制
HSKG-Ⅱ	5~8	100	200~240	1450×600×450	380	手动/半自动	PLC数显控制

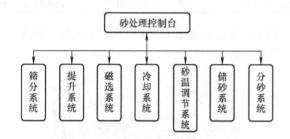

图11-36　砂处理控制系统主要控制流程

设备，改变程序即可适应改变了的生产工艺，是一种容易扩充功能的电子控制装置。采用单步及联动相结合的人性化操作。全线的操作分多段，可单独/联动运行。通过以上流程操作可满足各种条件下消失模铸造工艺对干砂供应

的要求，能保证整条生产线连续运转。砂处理控制台如图11-37所示，主要技术规格参数见表11-19。

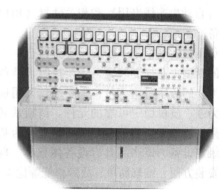

图11-37　砂处理控制台

表11-19　砂处理控制台主要技术规格参数

型号	控制工位	容量/kW	质量/kg	外形尺寸（长×宽×高）/mm	电压/V	控制形式	备注
HSKS-Ⅰ	2~4	40	160~180	1100×600×450	380	手动/半自动	简易砂处理负压吸送
HSKS-Ⅱ	5~8	100	200~240	780×1000×1200	380	手动/半自动	二提一冷筛磁除
HSKS-Ⅲ	8~12	150	360~400	850×1200×1400	380	手动/半自动	三提二冷筛磁除
HSKS-Ⅳ	11~16	200	380~460	850×1600×1400	380	手动/半自动	四提三冷筛磁除

　　中央控制系统主要用在闭环式自动生产线中，用来联络各个单机控制台、各个信号源，使各个需要控制的设备与控制点有效地结合起来，进行程序化的控制，来完成整条生产线的控制任务。主要由中央控制台、信号联络柜、控制电缆、安装辅材（由用户提供的如桥架、

绑线、膨胀螺栓）等组成。中央控制系统控制流程如图11-38所示。

　　中央控制台是干砂负压实型铸造全自动生产线新型工业控制装置，主要部件采用抗干扰能力强、工作灵活可靠、维修方便的可编程序控制器（PLC）。它是以微处理机为基础的无触

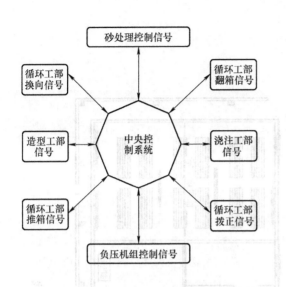

图 11-38　中央控制系统控制流程

点设备，改变程序即可适应改变了的生产工艺，是一种容易扩充功能的电子控制装置。采

用单步及联动相结合的人性化操作。全线的操作分多段，可单独/联动运行。通过以上流程操作可满足各种条件下全自动生产线运行的要求，能保证整条生产线连续运转。中央控制台如图 11-39 所示，主要技术规格参数见表 11-20。

图 11-39　中央控制台

表 11-20　中央控制台主要技术规格参数

型号	控制工位	容量/kW	质量/kg	外形尺寸（长×宽×高）/mm	电压/V	控制形式	备注
HSKX-Ⅰ	5～8	100	200～240	780×1000×1200	380	手动/半自动	PLC 控制
HSKX-Ⅱ	8～12	150	360～400	850×1200×1400	380	手动/半自动	PLC 控制
HSKX-Ⅲ	10～16	200	380～460	850×1600×1400	380	手动/半自动	PLC 控制

11.4　消失模铸造生产线设计实例

下面以几条生产线来进行进一步的说明，以便读者能更好地熟知消失模铸造车间的设计，使这一"绿色节约化"的环保铸造方法得到更广泛的应用。

11.4.1　沈阳中世机械电器设备有限公司年产 5000t 铁路配件的消失模铸造自动生产线

年产 5000t 铁路配件的消失模铸造自动生产线如图 11-40 所示，整条生产线占地面积约为 2160m²，其中制模工部占一半。其采用的主要设备与工艺如下：

此生产线生产的铸件为高铁构件，每件质量为 0.85kg，材质为球墨铸铁，年产量为 5000t，年工作时间 3904h（244 天、每天两班、

每班 8h），即小时造型浇注量约为 1280kg。图 11-41 为车间实景图。

经过分析与厂家沟通决定，设计白区、黄区采用半自动生产线；蓝区的造型、浇注、型砂处理采用自动生产线。

1. 制模工部

由白区与黄区组成，制模工部数据见表 11-21。

1）白区预发成形工段。根据表 11-22 中的数据选择采用沈阳中世机械电器设备有限公司生产的 HSYJ-Ⅰ 型的蒸汽间歇式预发泡机进行原料预发泡，制作原料熟化仓进行熟化，采用 HSCL-Ⅲ 型半自动丝杠型模样机进行制模。

2）白区组模烘干工段。根据模样结构，选择组模方式为人工修整模样与电热切割机制作浇道或浇口杯等，人工组装，再放置于定型平台上进行定型与检查。

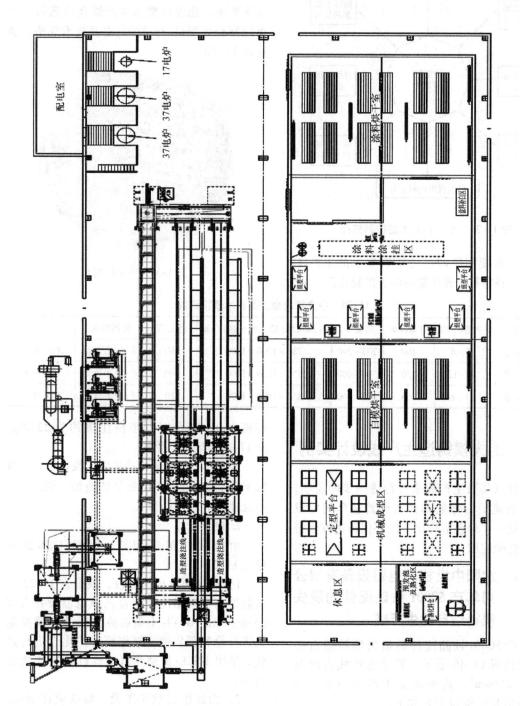

图 11-40　年产 5000t 铁路配件的消失模铸造自动生产线

图 11-41　车间实景图

表 11-21　制模工部数据

原料预发泡		机械成形				组合模样		模样烘干		涂料制备		涂挂烘干	
珠粒 /(kg/h)	熟化时间 /h	模样 /(件/h)	模片 /(片/h)	模具结构 /(片/模)	模具规格 (长×宽) /mm	组模 /(件/h)	定型 /(件/h)	模样量 /(件/h)	缓冲量 (200%)	涂料量 /(kg/t 铸件)	模样量 /(件/h)	模样缓冲量	
4.05	4~10	1708	1708	16	900×1200	1708	1708	1708	3416	5~15	1708	3416	

3）黄区涂料制备工段。按涂料搅拌工艺人工进行配制。根据小时需用涂料量设计采用沈阳中世机械电器设备有限公司新开发的HSJP-Ⅰ型蜗轮式立式快速涂料搅拌机进行混制。

4）黄区涂挂烘干工段。采用人工在浸涂池进行涂料浸蘸或涂刷，涂层为两次、涂层厚度为1.0mm。人工辅助运输至烘干室，放置于固定架上烘干，时间在48h左右。

烘干室设计采用蒸汽锅炉来保证白、黄两个区的烘干室使用，烘干室工作温度在55℃左右。

制模工部设备配置见表11-22和表11-23。

按工艺流程蓝区分为造型、浇注、型砂处理及砂箱循环等几个工部。相关数据见表11-24。

根据表11-24参数设计砂箱，每箱放模样为六组，每组20个，合计每箱质量为102kg。小时造型为1280kg/120kg＝12.5箱，砂箱布满整条生产线。

表 11-22　制模工部设备配置（一）

锅炉		发泡机		熟化仓		成形机		定型平台	
规格 /(t/h)	数量 /台	规格 /(kg/h)	数量 /台	规格 /(kg/h)	数量 /台	规格 /(kg/h)	数量 /台	规格 /(kg/h)	数量 /台
2	1	5~15	1	1200×1200×2400	2	1200×1500	10	2400×1200×800	6

表 11-23　制模工部设备配置（二）

模样烘干			涂料机		涂挂槽		黄模烘干		
烘干架		烘干室					烘干架		烘干室
规格 /(kg/h)	数量 /台	面积 /m²	规格 /(kg/h)	数量 /台	规格 /(kg/h)	数量 /台	规格 /(kg/h)	数量 /台	规格 /(kg/h)
3000×800×2400	16	300	50	2	2400×1200×300	4	3000×800×2400	16	300

表 11-24 蓝区相关数据

用户数据			铸件		造型工艺			砂箱			铸件	
年生产总量/t	年工作时间/h	质量/(kg/h)	单重/(kg/件)	规格/mm	装箱结构	箱件/(件/箱)	箱重/(kg/箱)	规格/mm	箱数/(箱/h)	容积/m³	定型/min	冷却/min
5000	3904	1280	0.85	50×100×175	井字形	120	102	1000×900×800	12.5	0.72	30	60

2. 造型工部

依据消失模工艺造型工部设计成由底砂、放模、造型、盖膜加顶砂等工位组成的一条造型线。底砂工位与造型工位设计为无人值守型,自动完成工作。放模与盖膜各设置一人辅助完成造型,造型工部参数见表 11-25,设备配置见表 11-28。

表 11-25 造型工部参数

造型参数	底砂			放模	造型						顶砂		
	加砂/min	振动/min	刮平/min	放模/min	加砂/min	振动/min	组合/min	固定/min	加砂/min	振动/min	刮平/min	盖膜/min	顶砂/min
	0.25	0.25	0.5	1.5	0.5	0.5	1.5	0.5	0.5	0.5	0.5	0.5	0.5
每箱时间	因造型工部四工位同步运行,故只计算一个工位最长时间,造型时间为 4min												
造型时间	因造型与浇注工部间隔运行,故每小时实际造型时间为 30min												
实际箱数	30min/4(min/箱)=7.5 箱												
需求箱数	12.5 箱/h												
造型工部	12.5 箱/7.5 箱=1.67 个(设两条造型线)												

3. 浇注工部

浇注工部设计采用自动浇注机完成浇注工作,浇注工部参数见表 11-26,设备配置见表 11-28。

表 11-26 浇注工部参数

浇注箱数	同造型工部为 12.5 箱/h
浇注时间	依据生产经验,单箱浇注时间约为 0.5min
	每个小时内总浇注时间:12.5 箱×0.5min/箱=6.1min
浇注工位	单造型浇注线设计 7 个浇注工位,一次完成浇注
浇注工部	12.5(箱/h)/7 工位=1.79 个(设两条浇注线)

综上所述,整条流水线设计运行节拍为 4min 一箱,15 箱/h。

4. 旧砂处理工部

旧砂处理工部参数见表 11-27,依据砂处理量,设计旧砂处理线采用沈阳中世机械电器设备有限公司生产四提三冷全自动砂处理生产线,控制系统采用的是 HSKS 型砂处理控制台(PLC 主控),砂斗满自动停止,砂斗空自动起动,有故障自动报警。采用单步及联动相结合的人性化操作。全线的操作分为 A 段、B 段、C 段;既可单独控制,又可联合运行。设备配置见表 11-28。

表 11-27 旧砂处理工部参数

砂箱	型砂			翻箱	砂处理量		砂温		循环水			净度	
容积/m³	粒度/(目)	材质	密度/(g/cm³)	数量/(箱/h)	实际/(t/h)	设计/(t/h)	翻箱/℃	造型/℃	进口/℃	出口/℃	水量/(m³/min)	含铁/(%)	含尘/(%)
0.72	40~70	SiO₂	1.6	15	17.28	25	≤200	≤50	≤28	≤45	≥60	≤1	≤1

表 11-28 蓝区设备配置

序号	产品名称	产品型号	产品规格/mm	数量/台	功率/kW	性能简要说明
蓝区（造型工部设备）-主机设备						
1	底砂振实台	HSZP-Ⅱ	1320×1020×910	2	3	单维二点-自动定位升降
2	造型振实台	HSZB-Ⅲ	1520×1220×910	2	5	多点振动-定位升降调频
3	振实台电柜	HSKZ-Ⅱ	600×480×220	4	—	数显控制-手动/半自动控制
4	加砂砂斗	HSDJ-Ⅲ	3000×3000×4500	4		储存型砂供造型使用
5	雨淋加砂器	HSDY-Ⅱ	1100×1300×120	4		快速均匀加砂
蓝区（浇注工部设备）-主机设备						
1	负压机组	HSFJ-Ⅲ	20m³/min	2	37	稳压分离-滤气净化
2	负压电柜	HSKF-Ⅱ	600×480×220	2	—	数显控制-手动/半自动
3	负压分配系统	HSFT-Ⅱ		2		负压分配
蓝区（型砂处理工部）-四提三冷						
1	筛分输送机	HSSS-Ⅱ	B=600 L=3000	1	1.5	筛分净化-振动输送
2	链式提升机	HSTH300	H高按工厂要求确定	2	7.5	热砂提升
3	1#磁选机	HSCX-Ⅰ		1	0.55	除去带磁物质-净化环境
4	干砂冷却机	HSLW-Ⅰ	L=4000	2	37	主冷净化-储存输送
5	带斗提升机	HSTD250	H高按工厂要求确定	3	7.5	冷砂提升
6	砂温调节器	HSLL-Ⅰ	1400×2000×H	1		砂温调节分流储存
7	分砂输送机	HSSS-Ⅱ	B500 H550 L6000	1	4	型砂运输-分砂
8	砂处理电柜	HSKS-Ⅶ	1200×1600×1400	1	—	PLC自动控制
9	除尘系统	HSPD-Ⅰ		1	37	风机及管道

5. 循环工部

设计采用了沈阳中世机械电器设备有限公司生产的对夹式自动翻箱机、机械式定位机构、液压式拨正机构、推箱系统、电动摆渡小车、中央控制台和与砂箱配套的轮轨小车系统。系统控制采用沈阳中世机械电器设备有限公司生产的中央控制台（PLC）+各信号站与砂处理一起联机控制，来实现生产线的自动运行，详细配置见表 11-29。

表 11-29 循环工部详细配置

序号	产品名称	产品型号	数量/台	功率/kW	性能简要说明
蓝区（砂箱循环工部）-轨道小车系统					
1	全自动翻箱机		1	11	翻转落砂
2	定位机构		12		砂箱定位
3	拨正机构		36		砂箱调整
4	推箱系统		3		推动砂箱
5	摆渡小车		2		砂箱换向
6	推箱液压站		1	7.5	推箱系统动力
7	移动小车	HSSC-Ⅰ	30	—	拖运砂箱
8	负压砂箱	HSXD-Ⅱ	30	—	装箱造型

11.4.2 国外某企业年产 20000t 管件的消失模自动生产线

国外某企业年产 20000t 管件的消失模自动生产线如图 11-42 所示。其采用的主要设备与工艺如下：

根据用户要求提供的管件产量 20000t/年的铸件类型与分类数量见表 11-30。

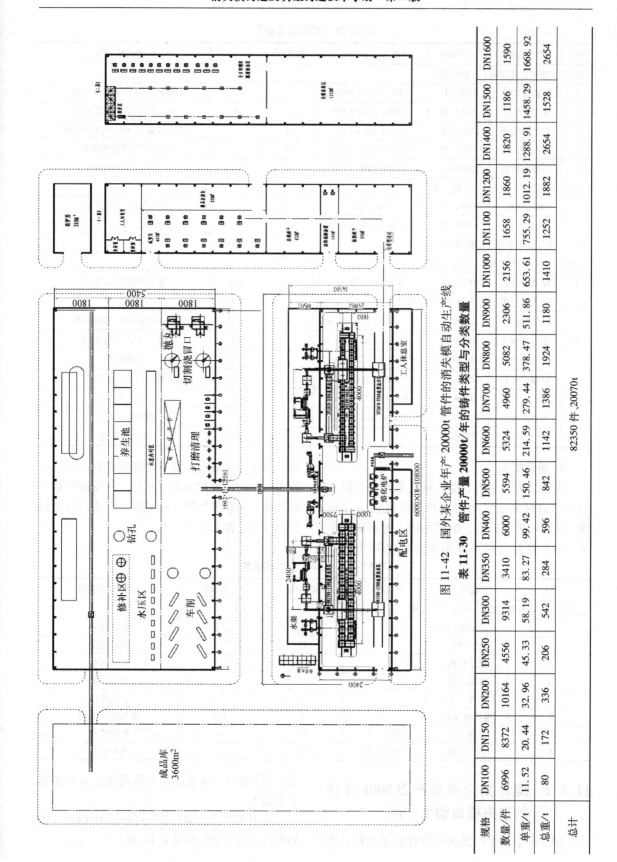

图 11-42　国外某企业年产 20000t 管件的消失模自动生产线

表 11-30　管件产量 20000t/年的铸件类型与分类数量

规格	DN100	DN150	DN200	DN250	DN300	DN350	DN400	DN500	DN600	DN700	DN800	DN900	DN1000	DN1100	DN1200	DN1400	DN1500	DN1600
数量/件	6996	8372	10164	4556	9314	3410	6000	5594	5324	4960	5082	2306	2156	1658	1860	1820	1186	1590
单重/t	11.52	20.44	32.96	45.33	58.19	83.27	99.42	150.46	214.59	279.44	378.47	511.86	653.61	755.29	1012.19	1288.91	1458.29	1668.92
总重/t	80	172	336	206	542	284	596	842	1142	1386	1924	1180	1410	1252	1882	2654	1528	2654
总计																		

82350 件，20070t

白区由沈阳中世机械电器设备有限公司设计，白区设计为二层车间，一层为机械成形区和黄区烘干区，二层为手工切割组型区和模样烘干室。蓝区主要布置在主车间内，成对称布置。全套设备配置见表 11-28。三区总占地面积为 9360m²，其中白区为 2880m²、黄区为 2160m²、蓝区为 4320m²。详细参数见表 11-31。

1）白区采用半自动化生产，设计机械成形、组模烘干两个工段。

2）黄区采用半机械化生产，设计涂料制备和涂挂烘干两个工段。

工艺流程为预发泡→熟化→成形→烘干→组模→涂料涂挂→烘干→组模。

车间一层布置模具区、成形区、浸涂区、涂层烘干区及模样缓冲区；按模样大小结构制作专用的模样架车，成形机根据生产能力计算装备 12 台，安装在车间一侧、平行二排，中间预留换模、出模片通道。每两台成形机设置一个模样固定平台和一个烘干架车，当模样放满后由人工将其运至升降机送到二层的模样烘干室。涂料区设在成形区另一侧，两台快速涂料搅拌机放置于涂料区侧面，另侧安放两台慢速涂

料搅拌机和四个涂料涂挂槽；当模样烘干组模后先由架车经另一升降机送至涂料涂挂区进行涂挂，涂挂后放在侧流槽上，空出的稀涂料现送到搅拌机中回用，空干后先推入涂层烘干室进行烘干，烘干完成后将其送到造型缓冲区等待造型。

车间二层布置预发泡、黏结组模、模样烘干和模样缓冲。预发泡设计在成形区上方，预发后的珠粒经风力输送到熟化仓，熟化后经管道输送到成形区料斗，供成形使用。预发泡及熟化仓周围采用 1800mm 的高护栏间隔。黏结组模区设计组型平台、切割机，粘组后的模样放在专用架车上送到模样烘干室进行烘干，烘干后将模样与架车一起经升降机送到一层的涂料涂挂区。烘干室采用保温彩板搭建。采用蒸汽锅炉作为成形与烘干的热源。

3）蓝区由造型、浇注、旧砂处理等工部组成。设计两条环形生产线和四个大件自由工位：其中一条环形生产线主要生产 $\phi100 \sim \phi500$mm 的管件、另一条环形生产线生产 $\phi600 \sim \phi1100$mm 的管件、四个自由工位分别生产的管件规格为 $\phi1200$mm、$\phi1400$mm、$\phi1500$mm、$\phi1600$mm。

表 11-31　年产 20000t 消失模管件的详细参数

造型数据	1#环线	2#环线	3#自由	4#自由	5#自由	6#自由
年造型量/t	3058	8294	1882	2654	1528	2654
年工时/h	3904	3904				
每箱质量/kg	130.54	354.08	1012.19	1288.91	1458.29	1668.92
年总箱数/个	23424	23424	1860	1820	1186	1590
小时箱数/个	6	6	0.48	0.47	0.31	0.41
砂箱规格/m	1.2×1×1.2	1.6×1.4×1.2	1.6×1.8×1.8	1.8×2×2.4	2×2.2×2.6	2.4×2.4×3
砂箱容积/m³	1.44	2.69	5.2	8.64	10.92	17.28
每箱砂重/t	2.3	4.3	8.32	13.82	17.47	27.65
砂处理量/(t/h)	13.8	25.8	4	6.5	5.42	11.06

① 造型工部。设计六个单元，其中两个环形生产线的造型工部由 HSZX 底砂振实台、HSZX 造型振实台、HSDJ 型加砂砂斗、HSGY 型雨淋加砂器和 HSKZ 型控制系统组成。其他四个自由造型工部各由 HSZB 型振实台、HSDJ 型加砂砂斗、HSG 型加砂器和 HSKZ 型控制台组成。造型工部设计组样区，在组样区的组样平台上将单体模样组合成模样簇，并装好浇冒

口。底砂工位完成工作后砂箱→位移→到放模工位时，人工将组后的模样簇放入砂箱并固定→位移→造型工位，进行加砂造型→位移→顶砂盖膜工位完成盖膜加顶砂，环形生产线上每六箱为一个单元。然后通过步进式位移直到送到浇注工部（此时造型工部停止工作）。

② 浇注工部。设计四个，其中两个环形生产线为固定的浇注工部和两个自由浇注工部。

浇注的设备配置有 HSFJ 型负压机组、负压分配器、HSKF 型控制台和浇注平台等。环形生产线的浇注工部满六箱时，开始浇注（此时造型工部停止工作），至六箱全部浇注完成并且最后一箱保压完成后进入下一单元循环。

③ 旧砂处理工部。设计两个，其中 1# 环形生产线、5# 自由、6# 自由造型工部共用一个；2# 环形生产线、3# 自由、4# 自由造型工部共用一个。每个工部设计砂处理能力为 35t/h，由 HSBP 型落砂装置、HSSS 型筛分输送机、HSCX 型强力磁选机、HSTH 型链斗提升机、HSLW 型干砂冷却机、HSLL 型砂温调节器、HSTD 型带斗提升机、HSSD 型带式输送机、HSPD 型除尘系统、HSD 系列砂斗和 HSKS 系列砂处理控制台组成。

旧砂处理流程为落砂→粗筛→磁选→提升→储存→细筛→提升→分砂→冷却→提升→调节→提升→储存→提升→分砂→除尘。环形生产线上的落砂采用沈阳中世机械电器设备有限公司设计生产的对夹式自动翻箱机，自由工位上的落砂采用起重机 + 落砂架的方式进行落砂，筛分、冷却、磁选、输送及除尘采用沈阳中世机械电器设备有限公司设计生产的五提三冷全自动砂处理系统。落砂后旧砂经落砂装置进入砂处理系统，铸件经起重机运输到清整工部。

④ 循环工部。在两条环形生产线上各设一个循环工部，采用步进式循环系统。步进式循环系统由沈阳中世机械电器设备有限公司生产的轨道小车系统、液压推箱系统、摆渡换向系统和自动翻箱系统组成。全线采用 PLC 中央控制系统，总控制点设计在造型工部，由造型工部控制整个循环工部的运行。全线加装故障报警系统，即有任一处故障全线即刻停止运行，防止损坏设备。此工部的中央控制系统与旧砂处理、造型、浇注工部互联可实现两条环形生产线的自动化运行。根据环形生产线上生产的管件结构大小等特性设计铸件在砂箱内的冷却时间约为 1h，循环线运行节拍为 5min，所以冷却线长为 12 个净箱位。

⑤ 熔化工部。采用六套中频感应炉（2t 两套、1t 四套），平均每套熔化周期为 1h。在熔化工部设置排尘系统，防止熔化过程中烟尘过大，影响生产环境。

⑥ 清整工部。单独占用一个车间，占地面积同蓝区消失模生产线部分为 4320m²。主要设备由抛丸机、清砂机、除尘系统、磨光机、浇冒口切割机等组成。精整工部流程为切除浇冒口→抛丸→打磨→打压→加工→内衬→最后表面防腐（喷漆、喷塑等）。采用斧式冒口去除机或等离子切割机进行浇冒口的切除；采用双钩式抛丸机进行抛丸，采用手动砂轮进行打磨；送到车削中心进行加工，小管件采用普通的 40 车床，大管件采用立车和落地式镗床进行加工；再由桥式起重机运送到水压试验区进行水压试验，根据不同类型管件设计三台液压式水压试验机，φ500mm 以下管件一台、φ500～φ1000mm 管件一台、φ1100mm 以上管件一台。合格后的管件送到钻床处，一般用普通摇臂钻加工钻孔；钻孔完成后吊到涂衬处进行涂衬，涂衬后放入养生池养生；最后在喷涂间进行表面防腐处理，一般有刷漆、喷漆及喷塑两种工艺。

整条生产线的控制系统主机采用进口 PLC，元件采用国产电器件。设备运行稳定，故障率低。

生产线主要设备详细配置见表 11-32。

表 11-32　生产线主要设备详细配置

序号	产品名称	产品型号	产品规格/mm	数量/台	性能简要说明
一、白区（制模组模工部）-含黄区					
1	预发泡机	HSYJ- I	φ500	1	预发泡 EPS 珠粒
2	EPC 成机	HSCL- I	1000×800×650	2	机械制作模样
3	EPC 成机		1200×1000×750	4	
4	EPC 成机		1400×1200×850	2	
5	EPC 成机	HSCL- III	1600×1400×950	2	
6	EPC 成机		1800×1600×1100	2	

（续）

序号	产品名称	产品型号	产品规格/mm	数量/台	性能简要说明
一、白区（制模组模工部）-含黄区					
7	电热切割机	HSQP-Ⅰ	1200×1200×1450	2	电热切割浇冒口
8	涂料搅拌机	HSJP-Ⅰ		4	制作专用涂料
二、蓝区（造型工部设备）-主机设备					
1	造型振实台	HSZB-Ⅲ		8	多点振动-定位升降调频
2	振实台电柜	HSKZ-Ⅱ	600×480×220	8	数显控制-手动/半自动控制
3	雨淋加砂器	HSDY-Ⅱ		8	快速均匀加砂
三、蓝区（浇注工部设备）-主机设备					
1	负压机组	HSFJ-Ⅲ	20m³/min	8	稳压分离-滤气净化
2	负压电柜	HSKF-Ⅱ	600×480×220	8	数显控制-手动/半自动
3	负压分配系统	HSFT-Ⅱ		6	负压分配
四、蓝区（型砂处理工部）-四提三冷					
1	筛分输送机	HSSS-Ⅱ	$B=600L=3000$	4	筛分净化-振动输送
2	链式提升机	HSTH300	H 高根据工厂要求确定	4	热砂提升
3	1#磁选机	HSCX-Ⅰ		4	除去带磁物质-净化环境
4	干砂冷却机	HSLW-Ⅰ	$L=4000$	4	主冷净化-储存输送
5	带斗提升机	HSTD250	H 高根据工厂要求确定	6	冷砂提升
6	砂温调节器	HSLL-Ⅰ	1400×2000×H	2	砂温调节分流储存
7	分砂输送机	HSSS-Ⅱ	B500 H550 L6000	2	型砂运输-分砂
8	砂处理电柜	HSKS-Ⅶ	1200×1600×1400	2	PLC 自动控制
9	除尘系统	HSPD-Ⅰ		2	风机及管道
五、蓝区（砂箱循环工部）-轨道小车					
1	推箱系统			6	推动砂箱
2	摆渡小车			4	砂箱换向
3	自动翻箱机				自动流水线
4	简易翻箱机				手动线
5	轨道小车系统				自动流水线

11.5　消失模铸造应用实例和车间实景

11.5.1　年产 10000t 耐磨、耐热铸件消失模铸造车间

图 11-43 所示为沈阳中世机械电器设备有限公司 2007 年为某公司设计交付的年产 10000t 耐磨、耐热铸件消失模铸造车间（蓝区）的工艺平面布置图。图 11-44 所示为生产线实景图。该车间包括熔化工部、造型工部、砂处理工部、清理热处理工部，造型工部和砂处理工部组成一条开放式半自动生产线，该线为机械驱动、柔性连接的消失模铸造生产线。

该消失模铸造车间主要的产品对象为：衬板、齿板、筛板、算条、算板、锤头等各类耐磨、耐热铸钢件，材质为 Mn 系及 Cr 系耐磨、耐热材料。为蓝区配套的模样车间（白区和黄区）面积为 2000m²，主要工艺设备有预发泡沫机一台、成形机四台、大板切割机一台、组模平台六台、涂料配制及搅拌机一台、模样烘干室两个等。

1）熔化工部：采用三套中频感应炉（2t 两套、1t 一套），平均每套熔化周期为 1h。

2）造型工部：采用的机械驱动、柔性连接消失模铸造半自动线的主要技术参数如下：

① 负压砂箱。

形式：翻转式负压砂箱。

尺寸（mm）：1500×1200×1100（1400）。

平均每箱产品质量：750kg。

平均每箱浇注质量：1000kg。

② 造型工部。

造型节拍：4~6 箱/h。

关键设备：带自动定位的三维振实台，雨淋加砂器。

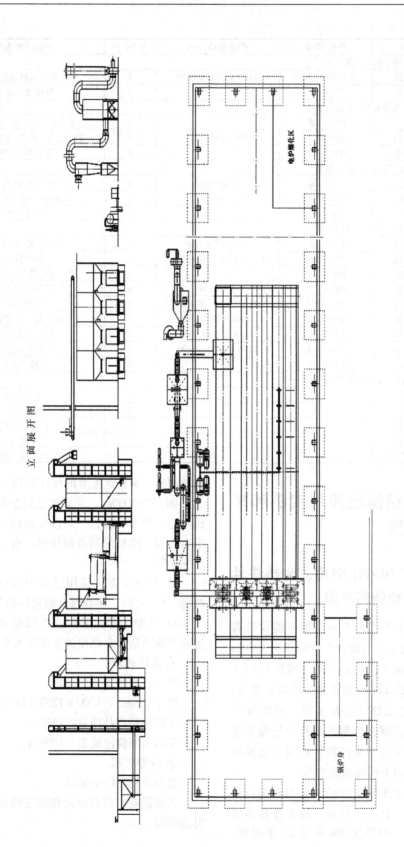

图 11-43　年产 10000t 耐磨、耐热铸件消失模铸造车间

图 11-44 生产线实景图

3）箱内冷却时间：2～3h。

4）旧砂处理工部。

处理能力：20～25t/h。

砂温控制：≤45℃。

砂处理关键设备：HSLW 型沸腾冷却床，HSLL 砂温调节器等。

控制方式：PLC 集中控制＋单元控制分站。

5）清理和热处理工部：包括单钩抛丸清理机、电加热台式热处理炉，高锰钢铸件需要做水韧处理（淬火＋低温回火）。

11.5.2 年产 5000t 箱体铸铁件消失模铸造车间（单班）

图 11-45 所示为沈阳中世机械电器设备有限公司为河北某汽车铸件有限公司设计制造的年产 5000t 箱体铸铁件消失模铸造车间的平面布置图。它包括熔化工部、造型工部、砂处理工部、涂料及烘干工部、清理工部、模样成形及黏结工部。

熔化工部采用中频感应熔化炉熔化精炼；造型工部采用定位式三维振动紧实台，闭环式造型生产线；砂处理工部采用五提三冷系统；涂料及烘干工部采用浸涂法和架车式烘干室；清理工部采用抛丸清理机；膜片成形及黏结工部采用半自动成形机和专用黏结设备。

（1）生产纲领 年产合格铸件 5000t，见表 11-33。

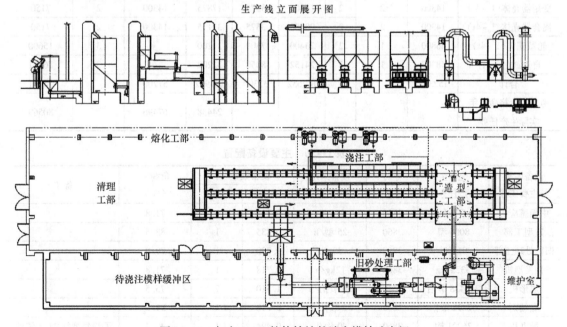

图 11-45 年产 5000t 箱体铸铁件消失模铸造车间

（2）主要工艺设备的选择与计算

1）考虑不合格品率后的造型、制模设备的实际生产任务见表 11-34。（以 100 个铸件为例）

2）制模、黏结、造型任务统计见表 11-35。

3）主要设备配置见表 11-36。

4）主要数据及技术经济指标，见表 11-37。

表 11-33　年产合格铸件

产品名称	尺寸 /mm	单位质量 /kg	材质	主要壁厚 /mm	铸件质量 /t	铸件数量 /件
变速器壳体	505 × 395 × 395	60	HT250	8	1716	28600
变矩器壳体	460 × 414 × 220	40	HT250	8	572	14300
离合器壳体	520 × 433 × 255	27	HT250	10	390	14300
轮毂	φ258 × 135	15.5	QT450-10	22	728	46800
自动鼓	φ350 × 175	33	HT250	15	1594	48303
合计					5000	152303

表 11-34　考虑不合格品率后的造型、制模设备的实际生产任务

工序	合格铸件/件	不合格品率（%）	实际生产的铸件/件
浇注	100	8	108
浸涂	108	2	110
模片	110	2	112
模样	112	5	118
制模	116	10	130

表 11-35　制模、黏结、造型任务统计

产品名称	总数量 /(件/年)	每模模片 /(个/件)	每模浇道	年制模数 /年	年浇道数 /件	年制模数 /件	每年黏结数 /件	每型铸件 /(个/件)	全年铸型数 /型
变速器壳体(1~3t)	28600	4	2	57200	14300	71500	28600	1	28600
变矩器壳体(1~4t)	14300	2	2	14300	3575	17875	14300	2	7150
离合器壳体(1~4t)	14300	2	2	28600	3575	32175	14300	2	7150
轮毂壳体(1~4t)	46800	1	2	23400	7800	31200		3	15600
自动鼓(1~4t)	48303	1	2	24152	8050	32202		3	16101
合计	152303			147652	37300	184952	57200		74601
考虑不合格品后年实际生产任务						24438	67496		80569

表 11-36　主要设备配置

设备名称与主要工部	全年生产任务	年时基数	设备采用的生产能力	设备数量/台 计算	设备数量/台 采用	负荷率（%）	备注
中频感应炉	7764	3860	2.8t/h	0.718	1	71.8	
造型工部	8056 型	3860	25 型/h	0.835	1	83.5	
旧砂处理工部	91492t	3860	30t/h	0.790	1	79.0	
预发泡机	33250kg	3860	12kg/h	0.718	1	71.8	
成形机	240438 节拍	5310	30 节拍/h	1.510	2	75.5	
黏结剂	67496 节拍	3860	55 节拍/h	0.318	1	31.8	
抛丸机	76221 钩	3860	40 钩/h	0.494	1	49.4	平均每型挂 22 个铸件

表 11-37　主要数据及技术经济指标

项目	指标	项目	指标
合格铸件年产量	5000t	车间综合能耗	3573t（标煤）
车间总面积	5105m²	每平方米面积年产量	0.89t/m²
车间工作人员	111 人	每位职工年产量	45t/（年·人）
车间设备台数	73 台	每吨合格铸件新增工艺投资	0.67 万元
工艺投资	3349 万元（含 205 万美元）	每吨合格铸件综合能耗	714kg（标煤）

11.5.3　全自动消失模铸造生产线

图 11-46 所示为沈阳中世机械电器设备有限公司为国内某汽车铸造公司设计提供的年产 200000 件（每箱一件）汽车箱体件全自动消失模铸造生产线蓝区布置图。图 11-47 所示为生产线建成后蓝区车间实景图。

生产线整体设计要求与相关用户提供的数据见表 11-38。

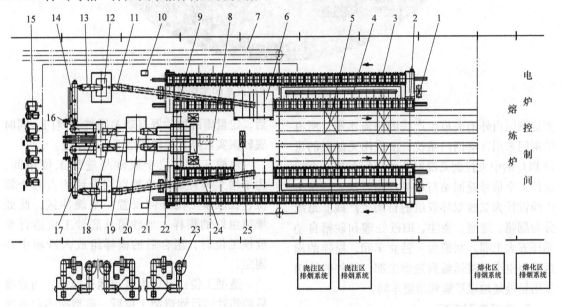

图 11-46　全自动消失模铸造生产线蓝区布置图

1—推箱系统　2—摆渡小车　3—冷却线　4—浇注工部　5—浇注机　6—造型工部　7—模样循环链
8—铸件悬挂链　9—分砂输送机　10—砂处理控制台　11、13、18、21—提升机　12—冷砂砂斗
14、16—干砂冷却机　15—负压机组　17—分砂砂斗　19—振动筛　20—热砂砂斗　22—筛分机
23—除尘系统　24—翻箱工部　25—中央控制台

表 11-38　整体设计要求与相关用户提供的数据

年产量/件	工作天数	工作班制	工作班时	产品种类	铸件材质	产品规格（长×宽）/mm	单重/kg	车间轨高/m	车间跨度/m	车间长度/m
200000	345	3	8	箱体类	HT200	596×595×453	100	10	21	100

注：用户要求此条生产线设计成国内外自动化程度最高的全自动生产线。

因用户生产的产品属单件大批量，仅一种规格，所以适合采用闭环式自动线。为提高产品质量，保证振动造型的效果，减少工件的变形概率，有利于自动翻箱和自动化定位浇注的实现，设计为每箱一件；为改善生产环境，采用全封闭落砂与半封闭造型；为提高自动化程

图 11-47　全自动生产线蓝区车间实景图

度达到国内外消失模生产线的一流水平，所有的闸门采用自动闸门系统，由采用无触点的进口 PLC 的中央控制系统对全线进行程控，全线设计多个信号返回站与单机控制系统。整条生产线设计为双线双环双组的自动生产线。每线分为翻箱、造型、浇注、旧砂处理和砂箱自动循环五大工部。制模为一独立车间，模样的输送采用空中悬链运输到造型工部，铸件的输送采用悬链经地道运输到清整车间。

1. 蓝区造型工部

造型工部为双线双组形式，每条造型线设计为底砂、放模、造型、盖膜加顶砂等工位，为串联直线移动。蓝区造型工部生产实景如图 11-48 所示。

底砂工位：设计成无人值守型工位（由造型工位控制其自动运行）采用沈阳中世机械电器设备有限公司设计生产的 HSZX 型底砂振实台、HSGY 型定量雨淋加砂器、HSDJ 型加砂砂斗和 HSKZ 型控制系统。生产线造型工部前进一个箱位，此时的底砂振实台自动升起，定位顶起线上的砂箱，同时定量雨淋加砂器气动闸门自动开启并向砂箱内快速加底砂，同时底砂振实台开始振动，紧实底砂，当底砂加入完成

后，定量雨淋加砂器自动关闭气动闸门，同时底砂振实台停止振动并落下，归原位。

放模工位：位于底砂与造型工位中间，为了增大模样组的放置空间设计约占两个箱位，在放模工位外侧设置一个缓冲区，此处堆放组好的模样，当砂箱从底砂工位运行至放模工位时，组合后的模样组放入砂箱中并固定。

造型工位：设计为自动运行模式，当放模后的箱砂运行到造型工位后，造型振实台自动升起、定位，顶起砂箱，同时雨淋加砂器的气动闸门自动开启，并加砂，造型振实台振动紧实型砂，当砂箱内的型砂加满后，雨淋加砂器气动闸门自动关闭，停止加砂，造型振实台停止振动，同时落下，归原位。造好的砂箱送到盖膜加顶砂工位。

因造型工部的四个工位在生产线上同步运行，所以造型时间以放模工位用时或造型工位用时为主，一般哪个工位用时长，造型时间只计算哪个工位。此生产线的最长造型节拍为2min。整个造型工部共设置一人辅助完成造型，造型工部参数见表 11-39。消失模生产线造型工部设备配置见表 11-40。

图 11-48　蓝区造型工部实景图

表 11-39　造型工部参数

造型参数	造型工部分段用时											
	底砂		放模			造型				顶砂		
	加砂/min	振动/min	刮平/min	放模/min	固定/min	加砂/min	振动/min	加砂/min	振动/min	刮平/min	盖膜/min	顶砂/min
	0.25	0.25	0.5	1.5	0.5	0.5	0.5	0.5	0.5	0.5	0.5	0.5
每箱时间	因造型工部四工位同步运行，故只算最长工位用时，造型时间为 2.0min											

表 11-40　造型工部设备配置

工位	产品名称	产品型号	产品规格/mm	数量/台	性能简要说明	备注
1# 造型工位	底砂振实台	HSZX-Ⅱ	1220×1020×910	2	单维二点-自动定位升降	ZS
	振实台电柜	HSKZ-Ⅱ	600×480×220	2	数显控制-手动/半自动控制	ZS
	加砂砂斗	HSDJ-Ⅲ	3000×3000×4500	2	储存型砂供造型使用	ZS
	雨淋加砂器	HSGY-Ⅱ	700×700×120	2	快速均匀加砂	ZS
	造型排尘罩			2	造型时排尘	ZS
放模工位			无专用设备			
2# 造型工位	造型振实台			2	单维二点-定位升降调频	GK
	振实台电柜			2	数显控制-手动/半自动控制	GK
	加砂砂斗	HSDJ-Ⅲ	3000×3000×4500	2	储存型砂供造型使用	ZS
	雨淋加砂器			2	快速均匀加砂	GK
	排尘罩			2	造型时排尘	ZS
盖膜顶砂	定量加砂器				快速均匀加砂	ZS
	薄膜架					

2. 蓝区浇注工部

浇注工部设计采用沈阳中世机械电器设备有限公司生产的四台一体式负压机组组成一个真空站完成抽负压作业。小时浇注箱数同造型工部，每个浇注线上设计 15 个浇注工位，每 15 个工位共用两个负压分配器，真空的供给采用双路供给（其中一路为备用），中间设计快速切换开关，当某台负压机组发生故障需要维修时，另一套马上可接着工作，这样不影响浇注工部的正常工作。负压分配器与砂箱抽气口连接方式采用沈阳中世机械电器设备有限公司设计生产的自动接通装置。当造好型的砂箱运至浇注工部，且所有工位摆满待浇注的砂箱后，点运浇注，负压机组自动起动，负压接通装置自动升起与砂箱对接，自动接通真空，使砂箱形成真空状态，此时浇注机可依次对砂箱进行浇注，每浇注完一箱，砂箱实行自动定时保压，当最后一箱保压完成后。负压接通装置自动关闭，并自动落下复原位。设备配置见表 11-41。

表 11-41　浇注工部设备配置

产品名称	产品型号	产品规格	数量/台	性能简要说明	备注
自动浇注机			2	二维运行-自动定位浇注	JF
负压机组	HSFJ-Ⅲ	20m³/min	4	稳压分离-滤气净化	ZS
负压电柜	HSKF-Ⅱ	600mm×480mm×220mm	4	数显控制-手动/半自动控制	ZS
负压分配系统	HSFP-Ⅱ	φ159mm	2	负压分配	ZS
尾气处理器			4	浇注时净化尾气	ZS
自动接通装置	HSFT-Ⅱ	φ110mm	30	快速接通砂箱	ZS

3. 蓝区旧砂处理工部

采用（PLC）单步及联动相结合的人性化操作。全线的操作分 A 段、B 段、C 段，既可单独运行，又可联动。采用自动控制，砂斗满自动停止，砂斗空自动起动，有故障自动报警。其优点是：较传统方式（单线控制系统）节省水、气、电力等资源达 20% 左右，处理量大，作业环境好，噪声小，易实现长距离输送，故障率低。每个系统部分都连接到除尘系统中，多级除尘达到生产车间"空中无尘、地面无砂"，是 EPC—V 绿色节约化铸造的必要保证。

A 段：主要作用是将落砂装置落砂后的砂子经筛分输送机粗筛→磁选机的头道磁选→通过链斗提升机送往热砂砂斗中。

B 段：主要作用是将热砂砂斗中的型砂经振动输送机的二次细筛→磁选机二次磁选→链

斗提升机运送→分砂砂斗分流→送到双级 HSLW 型干砂冷却机中进行冷却。

C 段：主要作用是将 HSLW 干砂冷却机中的型砂经带斗提升机→砂温调节器→带斗提升机提升→冷砂砂斗的缓存→带斗提升机再次提升→分砂输送机送到各个加砂砂斗中。

因为此条生产线设计为 24h 连续不断运行，整条生产线对旧砂处理能力及全线设备运行的稳定性要求很高。所以选择优良的设备对整条生产线安全、平稳、无故障的运行是非常重要

的。经分析与反复论证，最后决定采用沈阳中世机械电器设备有限公司设计生产的 HS 牌的全自动旧砂处理系统。

理论上每小时砂处理量为 46.08t，实际生产中有时是集中落砂，所以砂处理设计实际按 50t/h。因生产线设计为双线双环系统，所以单线旧砂处理工部设计为 25t/h。根据单线小时砂处理量及当地生产条件确定采用五提三冷的砂处理系统。设备配置见表 11-42。

表 11-42　旧砂处理工部设备配置

序号	产品名称	产品型号	产品规格/mm	数量/台	性能简要说明	备注
1	落砂装置	HSBP-Ⅱ	3000×4600×H	1	砂件分离（用户自制）	ZS
2	筛分输送机	HSSS-Ⅱ	B=600 L=3000	2	筛分净化（振动输送）	ZS
3	1#磁选机	HSCX-Ⅰ		2	除去带磁物质（净化环境）	ZS
4	1#链式提升机	HSTH250	H 高根据工厂要求确定	2	热砂提升（输送）	ZS
5	1#热砂砂斗	HSDR-Ⅲ	3000×4600×H	1	热砂储存缓冲（用户自制）	ZS
6	振动输送机	HSSZ-Ⅱ	B=600 L=3000	2	筛分净化（振动输送）	ZS
7	1#磁选机	HSCX-Ⅰ		2	除去带磁物质（净化环境）	ZS
8	2#链式提升机	HSTH250	H 高根据工厂要求确定	2	热砂提升（输送）	ZS
9	2#分砂砂斗	HSDF-Ⅲ	1400×4600×H	1	热砂缓存调流（用户自制）	ZS
10	干砂冷却机	HSLW-Ⅰ	L=4000	4	主冷净化（储存输送）	ZS
11	3#带斗提升机	HSTD250	H 高根据工厂要求确定	2	冷砂提升（输送）	ZS
12	砂温调节器			2	调温冷却（间歇运行）	GK
13	4#带斗提升机	HSTD250	H 高根据工厂要求确定	2	冷砂提升（输送）	ZS
14	4#冷砂砂斗	HSDL-Ⅲ	3000×300×H	2	热砂储存缓存（用户自制）	ZS
15	5#带斗提升机	HSTD250	H 高根据工厂要求确定	2	冷砂提升（输送）	ZS
16	分砂输送机	HSSS-Ⅱ	B500 H550 L6000	2	型砂运输（分砂卸料）	ZS
17	除尘系统	HSPD-Ⅰ		3	旋风布袋（双级除尘）	ZS
18	风机及管道			1	用户现场配做	ZS
19	落砂除尘室			1	用户现场配做	ZS
20	砂处理电柜	HSKS-Ⅶ	1200×1600×1400	2	PLC 自动控制	ZS

4. 蓝区砂箱循环工部

采用自动流水线作业，模样由空中悬链输送系统自动运到流水线工部，铸件由空中悬链输送系统送出流水线到清理车间。

整条生产线设计为两套独立的单环双组姐妹线，每条生产线独立运行，每条生产线上的循环工部主要采用自动循环控制系统。在轨道上设计砂箱移动小车，而砂箱放于小车上，在造型时，砂箱与小车脱离，小车不参与振动，砂箱与砂箱不接触，这样就可以避免在造型时因振动时高速摩擦对碰块的磨损造成整条线间节距的变化，而造成砂箱推不到位的现象，使得循环工部

不能正常运行。砂箱与小车的位移采用更为可靠的液压推箱机进行，推动力使砂箱进行直线运行，在每条单线上隔箱等距设置机械自动拨正机构，确保砂箱小车在运行过程中延轨道上做平行的直线运动，不产生偏移，从而不增大车轮与轨道的摩擦力，使小车的使用寿命更长。在生产线的二端、自动翻箱机和造型工部处设计自动定位机构，这样可保证砂箱、自动翻箱机与振实台正确对位和生产线上砂箱与摆渡小车上的砂箱始终保持一定的间距而不发生刮碰。砂箱换向采用沈阳中世机械电器设备有限公司设计生产的电动行车结构式摆渡小车，在小车上设置定位机构，使

得砂箱小车在摆渡小车行走的过程中不来回摆动。若摆动很容易与生产线上的砂箱小车产生碰撞，会造成生产线的故障。落砂工部采用自动翻箱机进行作业，本线采用沈阳中世机械电器设备有限公司生产的对夹式自动翻箱机，其具有自动举升、自动定位、自动夹紧、自动翻箱和机械限位等功能。该自动翻箱机完成一次自动翻箱动作，全部用时约为2min。此种自动翻箱机具有运行稳定、生产效率高、故障率低和维修容易等优点。循环工部运行节拍可调节为1.5~5min。循环工部相关数据见表11-43，设备配置见表11-44。

表 11-43 循环工部相关数据

砂箱节距 /mm	环线砂箱 /个	冷却时间 /min	冷却砂箱 /个	循环节拍 /min	定位点 /（个/线）	造型时间 /min	循环节拍 /min
1300	77	120	30	2~4	6	≤2	≤2

表 11-44 循环工部设备配置

序号	产品名称	产品型号	产品规格	数量	性能简要说明	备注
1	自动翻箱机	HSFX-Ⅱ	5t	2	自动翻箱（落砂出件）	ZS
2	推箱系统		5t	4	液压驱动（推运砂箱）	ZS
3	拨正机构			32	液压驱动（拨正砂箱）	ZS
4	定位机构			16	液压驱动（定位砂箱）	ZS
5	摆渡小车	HSSC-Ⅱ	1200mm×1600mm×450mm	4	砂箱输送（变向）	ZS
6	中央控制台	HSKX-Ⅲ	1600mm×1400mm×850mm	2	PLC自动控制	ZS
7	翻箱液压站		60L	2	翻箱机动力	ZS
8	推箱液压站		60L	4	推箱机动力	ZS
9	移动小车	HSSC-Ⅰ		154	移动砂箱	ZS
10	负压砂箱	HSXD-Ⅱ		154	装箱造型	ZS

整条生产线的设计节能环保"绿色节约化"，充分考虑了设备的维修、维护、检修和操作的方便性，预留了足够大的操作空间，在各设备上设置了检修平台、维修通道，为保证其操作的安全性，在平台上设计了800mm高的防护栏。在设备的基础地沟处均设置了地沟盖板，在设备的循环运行部分设置防护栏。所有移动的设备表面喷涂醒目的黄色面漆。固定不动的设备为绿色面漆，如图11-49所示。

图11-50所示为熔化工部实景图（带除尘

图11-49 生产车间实景图

系统），图 11-51 所示为落砂除尘封闭室实景图，图 11-52 所示为负压系统实景图（带冷却与尾气处理）。为保证安全，在生产线的四周运行警告灯。

此条生产线是国内最先进的消失模全自动生产线，经过一年多实际运行，全部达到或超过生产线设计要求，受到用户的好评。

其他均为铸造车间通用配置，此处不再细述。

11.5.4　其他生产线实景图

其他生产线实景图如图 11-53 所示。

图 11-50　熔化工部实景图（带除尘）

图 11-51　落砂除尘封闭室实景图

图 11-52　负压系统实景图（带冷却与尾气处理）

图 11-53 其他生产线实景图

11.5.5　消失模铸造自动化生产线的设计

实现铸造生产过程机械化、自动化和专业化，追求工序简单、劳动强度轻、生产效率高、铸件质量好、精度高、环保等要求已成为现代铸造技术发展的必然趋势。消失模铸造新工艺的出现是铸造生产的一次大革命，消失模铸造自动化生产线的设计实现了铸造生产的自动化。

虽然消失模铸造开放线的设计出现达到了一般客户的要求，在大批量生产、生产周期短、劳动力受限制、连续浇注、铸件运转设备少的情况下，开放线受到了一定的限制，消失模铸造自动化生产线在弥补开放线各种缺陷的基础上打破了各种限制。烟台四方铸造设备工程有限公司现已先后设计、制造投入正常生产使用的十几条消失模铸造自动化生产线。

1. 确定自动化生产线的生产规格要求

根据用户生产的铸件尺寸规格设计出砂箱尺寸，进行产品生产纲领计算，再根据车间情况进行生产线整体布局。即计算出每天每小时生产铸件的质量。从而计算出生产线每小时的砂处理量，选择合理的消失模砂处理系统。生产规格的计算：

1）计算生产纲领（按每种铸件每年生产的件数计算）。

2）根据铸件图样进行工艺分析。

3）根据生产纲领与国内平均水平的生产定额，并结合工厂的具体条件制订铸件的不合格品率、造型和制模的不合格品率。

4）确定砂箱大小及每箱模样上的铸件数量。

5）计算出造型工部、真空系统、砂处理系统的型号、规格、技术参数和数量。

6）选择铸造生产线的布置形式，计算生产线的生产节拍等。

2. 消失模铸造全自动化生产线的砂处理系统

1）消失模铸造的砂处理量要满足生产纲领的需要。通过计算可选择合理的砂处理量，现已开发出 5t/h、10t/h、20t/h、30t/h、40t/h、50t/h、60t/h 及更大的 120t/h 砂处理线。

2）砂处理系统中各个设备的技术规格、参数均要满足砂处理量的要求。

3）消失模砂处理系统的功能应满足以下要求：

① 落砂筛分。筛分分二级，一级筛分由振动输送筛分机筛除翻箱落砂中大于 $\phi5mm$ 的杂物；二级筛分由直线振动筛筛除小于 10 目及大于 100 目的不适用的细砂和杂物，增加砂子的透气性。

② 风选、磁选功能。风选机靠自身调节使干热砂形成流幕状下落，砂、尘的分级靠调节阀、调节风量的大小来控制。永磁分离滚筒进行砂铁分离。

磁选后的干砂落到下个工序的连接设备中，磁选出的铁豆、飞边等流入废料箱内。粉尘从风选机的除尘口进入除尘系统。

③ 采用二级旧砂冷却方式，可保证流水线的连续生产运行。热砂的冷却问题是消失模铸造生产线组成和设计时需要重点考虑的技术问题，也是能否达到生产线的设计生产纲领的关键。根据消失模生产中热砂的冷却速度慢的特点，采用了二级旧砂冷却方式。落砂时砂子的温度由 500℃ 经此环节使砂温冷却到 50℃ 以下。冷却环节通常采用一级水冷式沸腾冷却床冷却，二级采用砂温调节器冷却。沸腾冷却床的冷却方式，既有水与热砂的热交换，又有空气与热砂的热交换。热砂呈沸腾状态要比静态状的热交换效率高出几倍之多。所以本机的冷却效果好于其他的各类冷却装置。在进行热交换的同时，沸腾状态的干砂中，粉尘随着热交换形成的热空气一起被抽入除尘器，使冷却的干砂粉尘含量大大降低，保持干砂良好的透气性，实现了降温、除尘的双重目的。砂温调节器是靠砂子与循环水管间的蠕动接触实现砂温调节，适用于自动流水线生产。

④ 砂输送环节。砂输送在落砂时砂温很高，采用振动输送机、链式提升机可保证高温砂子的输送，并且使用性能良好。经过冷却后的砂子可以选用带式提升机和带式输送机实现砂子在高度和水平距离间输送。

⑤ 生产线的控制。生产线的控制采用 PLC 全自动控制。控制方式分别由模拟屏、触摸屏及工业计算机控制。

⑥ 除尘系统。消失模铸造砂处理生产线除尘系统要根据砂处理量及生产线选用设备。通过计算砂处理系统的除尘风量，选择除尘器风机的功率，完成除尘系统管路的设计，每个扬尘点均设风量调节阀以控制各管路合理的风量。

3. 消失模铸造全自动生产线砂箱运行

消失模铸造自动化生产线砂箱的运行实现了全自动化。特种砂箱在辊道或轨道上运行，由液压推箱机、电动过渡小车、全自动液压翻箱机实现。砂箱的运行时间与生产线节拍一致，由触摸屏自动控制运行节拍，实现砂箱全自动化运行的要求。整个砂箱运行线布置流畅、简洁。

4. 真空负压系统

消失模铸造的造型和浇注过程通常是在真空条件下进行的，由特制砂箱和负压系统组成一个封闭系统。

真空泵是真空消失模铸造中最基本的设备。由真空泵、湿法除尘器、稳压罐及气水分离器、水箱及管路附件组成真空负压系统。选择真空泵的原则是抽气量要大，而对它所能达到的真空度要求并不高。生产中决定真空泵的抽气量时，可考虑三个因素：浇注的铸件大小；浇注的金属材质；砂箱大小及同时浇注用的砂箱数量。有关文献指出，"FV"法真空泵的动力消耗可按下式计算：

$$W = kn(V_1 + \beta mQ)$$

式中　　W——真空泵的电动机功率（kW）；

k——安全稳定生产系数，取 $2 \sim 6 kW/m^3$；

n——砂箱个数；

V_1——砂箱体积（m^3）；

β——安全系数，取 $\beta = 3 \sim 10$；

m——每个砂箱内消失模模样的质量（kg）；

Q——为聚苯乙烯泡沫塑料的发气量（m^3/kg）。

浇注时必须保护密封塑料薄膜不烧失，否则将显著降低铸型的真空度。自动线采用固定式真空对接机、自动或移动式真空对接机完成真空对接抽负压。

5. 消失模铸造全自动化生产线的造型工部

自动线的造型工部可分解成六个工位，即加底砂振实、放模样、加砂振实、铺盖模、加盖砂、放浇口杯。

消失模铸造紧实时常用的加砂方式有三种：软管人工加砂、螺旋给料加砂和雨淋加砂。雨淋式加砂主要靠调整多孔闸板中的动板与静板的相对位置来改变漏砂孔的横截面面积的大小，进而改变"砂雨"的大小（即改变加砂速度）。此种加砂方式加砂均匀，效率高，适合在自动流水线上使用，也是目前应用较广泛的加砂方法之一。

振动紧实。消失模铸造由于采用无黏结剂的干砂来填充模样，通常只需用振动的方法来实现紧实。振动紧实台是消失模铸造中的关键设备之一。

确定生产线中振实台的规格参数。首先根据铸件外形尺寸制订消失模铸造工艺，从而确定砂箱的规格。由砂箱尺寸选择合适的振实台台面尺寸。通过计算砂箱和砂子的质量来确定振实台的额定承载力、激振力大小和振动电动机功率。目前，烟台四方铸造设备工程有限公司使用的振动紧实设备为变频三维振实台。采用高频振动电动机进行三维微振紧实，三维振实台具有不同的振动模式，根据不同形状的零件，通过无级变频调节不同的振动模式，使干砂快速到达模样各处，形成足够的紧实度，保证浇注后得到轮廓清晰、尺寸精确的铸件。

6. 消失模铸造全自动化生产线的优点

1）生产线采用全自动控制，缩短生产周期，生产效率高。

2）自动化程度高，操作简单，降低劳动强度，节省劳动力。自动线与消失模开放线相比劳动强度低，更省劳动力。如5000t/年单班生产造型工部仅用三个人，10000t/年单班生产造型工部仅用五个人，解决用工荒，降低劳动力成本。

3）工艺技术容易掌握，生产管理方便。

消失模自动化生产线是在开放线的基础上进行的技术革新，它的出现是铸造企业由初始的消失模生产线向自动化流水线控制发展的必然趋势。公司在现有的基础上进行技术创新，不断改现有设备，研发新设备，进一步提高消失模铸造自动生产线的自动化程度，为满足不同客户的需求而不断进取，不断努力。年产10000t消失模铸造自动化生产线工程案例之一如图 11-54 所示。

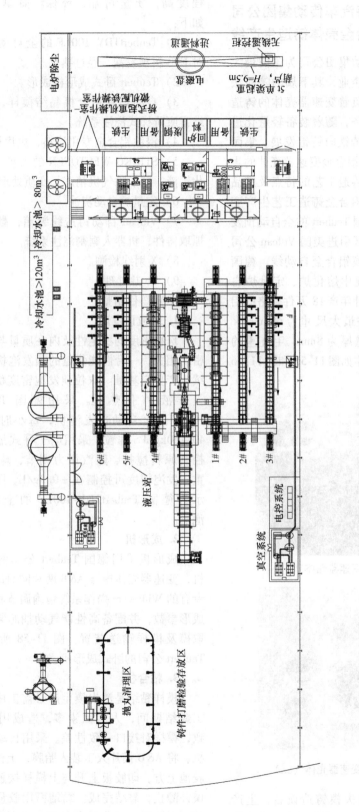

图 11-54　年产 10000t 消失模铸造自动化生产线工程图

11.5.6 陕西法士特汽车传动集团公司消失模铝合金壳体铸造生产线

陕西法士特汽车传动集团公司为国内最大的重型汽车变速器生产企业，其下属的陕西法士特集团铸造分公司担负着变速器壳体的铸造生产及新产品的试制任务，随着装备轻量化进一步发展，车辆铸件由铸铁向铸铝发展。集团公司从 2007 年开始筹备铝合金变速器壳体的生产技术，综合考虑各种铸造工艺的特点及产品结构，决定采用消失模铝合金铸造工艺生产变速器壳体，白区采用德国 Teubert 的全自动预发泡机及卧式成形机；蓝区引进美国 Vulcan 公司的 TRUFOAM 自动消失模铝合金自动线、德国 STRIKO WESTOFEN 的集中熔化炉、定量炉自动浇注。整条生产线设计年产 18 万件合格的铝合金变速器壳体，铸件最大尺寸为 600mm × 580mm × 400mm，主要壁厚为 8mm，毛坯重约 45kg。铝合金变速器壳体如图 11-55 和图 11-56 所示。

图 11-55　铝合金变速器壳体（一）

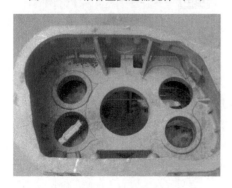

图 11-56　铝合金变速器壳体（二）

采用国际先进的消失模铸造设备，生产 40kg 以上铝合金大壳体，生产效率高，自动化程度高，质量可靠，环保。简单工艺流程如下：

1）TeubertTDV-100LF 的全自动预发泡机对 EPS 料预发泡，经过熟化。

2）Teubert 卧式成形机成形。

3）自动热胶粘合机黏结模样，熟化，黏结富康阶梯式浇注系统。

4）浸涂铝合金专用涂料，烘房烘烤。

5）STRIKO WESTOFEN 的天然气熔化炉熔化铝液，转子除气机精炼，变质处理。

6）定量炉自动浇注。

7）Vulcan 自动铸造线装箱，翻箱机器人抓取铸件，机器人锯割浇注系统。

8）X 射线检测。

9）T6 热处理。

10）铸件精整。

1. 珠粒预发泡

珠粒密度的稳定性及内在质量与铸件质量密切相关，一台性能优越的预发泡机能够为后续生产奠定基础。珠粒预发泡密度稳定，决定模样液/汽化热耗。采用德国 TeubertTDV-100LF 的全自动预发泡机，每小时可预发泡 40~50kgEPS 珠粒，采用电子秤式加料，自动控制原料搅拌、蒸汽压力调节，珠粒密度称重。发泡精度可控制在 ±0.3g/L。图 11-57 所示为德国 TeubertTDV-100LF 的全自动预发泡机。

2. 成形机

成形机采用德国 Teubert 公司的卧式成形机，变速器壳体模样 A&B 两片同时成形，通过专有的 Wintecam 操作系统精确调节和控制模样成形参数，并配备高性能气动抽芯装置、自动取模及模样输送装置。图 11-58 所示为德国 Teubert 公司的卧式成形机。

3. 粘合机

模样黏结是消失模生产必需工序，在用手工黏结期间，人为因素多，造成用胶量不一致，模样对接口一致性差。采用自动热胶粘合机，将 A&B 模片人工装入胎膜，上模移动至热胶池上方，印胶板上升与上模样接触，然后合模并静止，黏结完成。黏结面用胶量均匀、平整、无缝隙，操作重复性好，黏结质量稳定。

图 11-59 所示为自动热胶粘合机，图 11-60 所示为自动热胶粘合机黏结的模样。

图 11-57　德国 TeubertTDV-100LF 的全自动预发泡机

图 11-58　德国 Teubert 公司的卧式成形机

图 11-59　自动热胶粘合机

图 11-60　自动热胶粘合机黏结的模样

4. 造型线

Vulcan 自动铸造系统的设计标准：循环时间为 100s，砂箱总数为 42 个，砂箱尺寸为 800mm × 800mm × 1000mm。整条线自动化程度高，定量炉可以精确到 0.1kg 铝液质量，砂箱到位后自动注入铝液，翻箱时一台 ABB 机器人用于将炙热的铸件从砂箱中取出并在水槽中清洗、去除涂料，然后放到自动输送带上，顺利到达切割单元。等候在那里的另一台 ABB 机器人完成浇注系统切除工作。Vulcan 自动铸造线如图 11-61 所示。

TRUFOAM 自动砂箱搬运系统用于在线的填砂/振实、浇注、冷却和翻箱。该系统采用液压伺服驱动，推箱速度平稳可调，能实现砂箱在振实台、浇注站点和翻箱工位上的正确定位。另外，砂箱在轨道上运行，敞开式钢支撑结构和驱动系统使维修和清洁更方便。

砂箱填砂系统：该套系统的操作与振实台的控制系统相连接，并由振实台的控制系统来控制。该移动闸门由液压驱动，三工位流砂控制包括流砂的开/关，砂的流量控制与振实台的需求量相连接，使工作的重复性好，加砂更均匀。

图 11-61　Vulcan 自动铸造线

VECTOR-FLO 振实系统：整条线的核心在于振实系统具有的特性、灵活性和可编程序性，因为振动幅度是程控的，从接近零到设备最大的振幅，产生纵向和横向的振动；在振实循环时"On-the-fly"变化振动方向、振幅和相关的振相；程序菜单中的巨大的灵活性可迅速改变砂箱的振动力，包括瞬时从开始振动到结束振动。

翻箱锯割系统：一套完整的液压驱动装置，上面带有一个夹紧器用来锁定砂箱的上部分，然后提升和成弧形翻转，倒出砂箱内的砂和铸件。该装置不但速度可调，使砂优先于铸件倒出，以最大程度防止铸件碰坏，而且可防止在失去液压动力或动力发生故障时夹紧装置不会脱开。生产过程中，砂箱倾 45°时，机器人手臂伸入抓住浇口杯，将毛坯抓出，随后浸入水池摆动，涮掉毛坯表面残余涂料。最后机器人平稳将毛坯放在输送带上进入锯割间。如图 11-62 所示。

图 11-62　机器人锯割浇注系统

砂处理系统：砂处理系统由热砂振动输送机、热砂斗式提升机、砂冷却器、储砂罐、带式输送机组成，保证每小时 50t 的处理量。并配备新砂添加、旧砂取出系统，自动添加 5% ~ 10% 的新砂，排除相应的旧砂。

5. 熔化设备

德国 STRIKO WESTOFEN 的天然气熔化炉，铝液接触铁器机会很少，铝液增铁甚微，完全满足 ZL101A 对铁含量的控制。熔化能力 2.5t/h，铝液烧损率小于 2%，天然气使用量 78m³/t。铝液处理配有炉内精炼、转子除气机，如图 11-63 所示。另外还配备了定量浇注炉，如图 11-64 所示。

图 11-63　天然气熔化炉

设备自 2009 年投入生产使用，运行平稳，故障率低，从数量、质量上保证铝合金变速器壳体生产。

图 11-64　定量浇注炉

11.5.7　年产 3 万 t 非标大件消失模生产线的设计与运行管理

近 30 年来，国外建成了很多自动化程度很高的消失模铸造生产线，产生了很大的经济效益。主要生产的产品有两大类：发动机类，管件类。单件重量一般不超过 200kg。消失模铸造生产线也不断地建成投产，单条线的生产能力一般为 1000 ~ 5000t，最大一般不超过 10000t。所生产的产品也以发动机类和管件类等中小件为主。重量 1t 以上铸件的消失模铸造还没有真正实现上线运行，直接影响了非标大型铸件的生产效率。建设生产能力为 30000t/年的非标大件消失模铸造生产线的实践，详细介绍了非标大件消失模铸造生产线的设计及设备选型的关键所在。河北天宇高科冶金铸造有限公司的主要产品是钢铁公司所需的冷却设备。单件重量一般为 1 ~ 3t，尺寸规格繁多，轮廓尺寸一般为 1 ~ 2m。对 1 个合同批量，总重量有几百吨，数量三四百件，品种却多达几十种，是典型的非标大件产品。根据企业发展需要，公司建设年产 30000t 的非标大件消失模铸造生产线，这在行业内尚属首例。

1. 生产线的设计原则

1）年产 30000t 非标大型铸件，材质为灰铸铁和球墨铸铁。

2）生产线能够实现自动运行，物流通畅，整洁美观；尽量节省投资。

3）模样采用手工制作黏结成形，烘干室自动控制温度和湿度，保证烘干效率和效果。

4）环保节能，减少人工消耗，减轻工人的劳动强度；满足消失模生产工艺的要求。

2. 生产线的方案制定

（1）砂箱规格　该生产线所生产的产品为厚板类铸件，长度尺寸一般为 1000 ~ 2000mm，宽度一般为 600 ~ 900mm，厚度一般为 100 ~ 400mm。由于生产线要实现自动运行，砂箱规格要一致，因此按照最大件的尺寸确定砂箱内部尺寸。对于厚大件吃砂量不应小于 200mm，按照此原则砂箱内部尺寸设计为 2400mm × 1400mm × 1500mm。

（2）生产节拍　按照每年有效生产时间 300 天计算，每天产量为 100t，平均单件重量按照 1.7t 计算，每天产量为 100/1.7 ≈ 60 件。每箱 1 件，即每天生产 60 箱。工作时间按每天 8h 计算，生产线运行节拍为 8min/箱。

（3）生产线条数　由于生产线的运行节拍为 8min/箱，造型分为加底砂、放模样、加型砂、覆封箱膜加盖砂四工位。一条造型线即可满足需要。每天产量为 60 件（箱），造型和浇注要交替运行，因此每条线砂箱数量定为 30 箱，每天完成 2 条线的浇注，即 60 箱。由于产品为厚大件，按照产品制造的工艺要求，铸件浇注后的保温时间要达到 24 ~ 48h。因此，浇注（保温）线需要为 4 条，每天 2 条，交替进行，以达到保温 24 ~ 48h 的要求。

（4）每条浇注（保温）线浇注位置的数量　按照铸件的材质及规格尺寸，确定每箱的浇注时间为 1 ~ 2min，辅助时间为 2min，因此浇注一箱的时间为 3 ~ 4min。浇注后负压的保持时间为 20min，这段时间生产线要停止运行，即停摆。一条浇注线从真空管路对接抽负压开始，到该条线保压结束恢复运行的时间为 $(4n + 20)$ min，其中 n 是该条线浇注位置的数量。要实现连续生产，应该保证浇注区一条线在保压时，另一条线在浇注。两条线交替运行。按照 $(4n + 20) = 8n$，计算出 $n = 5$。即每条线的浇注位置为 5 个时，即可满足生产线的连续运行。

（5）砂处理能力　砂箱容积为 2.4m × 1.4m × 1.5m ≈ 5m³，砂子的装箱密度按照 1.6t/m³ 计算，每箱砂子的重量为 1.6t × 5 = 8t，每天的耗砂量为 8t × 60 = 480t，按照 8h 计算，每小时的砂处理能力为 480/8 = 60t/h。

3. 生产线的设备选型

1）生产线采取全自动开式线运行，共五条生产线，其中一条造型翻箱线，4条浇注冷却线，每条线30个砂箱，依靠摆渡小车跨线转运砂箱，布置方案如图11-65所示。摆渡小车采用变频电动机传动及变频控制，运行平稳，定位准确，速度可调，制动可靠。生产线的运行采用液压推动，根据每条线的总重量计算液压缸的推力，以满足运行要求。生产线的砂箱运行由PLC控制，可以实现自动/手动灵活切换。

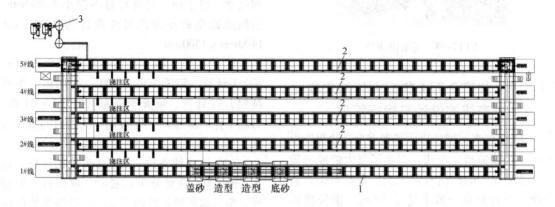

图11-65　生产线布置方案

1—造型翻箱线　2—浇注冷却线　3—真空系统

2）造型工部由4个工位完成，全部采用雨淋加砂装置，3个工位振动加砂造型，加底砂选用5t单维振实台，造型采用两台10t三维变频振实台，最后1个工位完成加盖砂工作。振实台均采用空气弹簧，气动夹紧，保证紧实效果。

3）真空系统采用节能型2BE真空泵3台，2用1备，砂箱负压采用自动（手控）接通装置，每条线设5个真空自动对接装置，真空自动对接装置既可单独控制，也可同时对接，并可独立调压。

4）目前，砂处理能力为60t/h的砂处理系统尚不成熟，为了保证砂处理效果，均衡生产，选用两条国内目前比较成熟的30t/h砂处理设备并联使用，布置方案如图11-66所示，实物照片如图11-67所示。每条线可以分别运行，也可同时运行，以满足不同生产能力的需求。每条砂处理线降温设备采用3级冷却：沸腾冷却床＋水冷砂库＋砂温调节器。每个降温单元的出口位置设有砂温监控装置，一旦砂温超出预定范围可立即向上一级反馈信号，自动执行相应动作，保证砂温满足造型工艺要求。

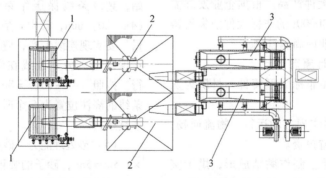

图11-66　砂处理工部设备布置方案

1—砂温调节器　2—水冷砂库　3—沸腾冷却床

图 11-67　砂处理工部实物照片

砂处理线的参数如下：

砂处理量：60t/h；

在线砂库总容量：大于 350t；

粉尘含量：小于 0.2%；

采用型砂：20/40 ~ 30/50（天然铸造海砂、硅砂）；

型砂回收率：大于 95%；

造型砂温度：小于 50℃。

砂处理工部的生产过程如下：

翻箱后铸件落在落砂格栅上，由行车将铸件转运至清理工部。炽热的干砂通过落砂格栅，均匀地流入振动输送筛分机，经过筛分后，砂中的杂质、砂块、铁豆等流入废料斗。筛分的热砂由板链提升机提升进入磁选机进行砂、铁的磁选分离。经磁选后的热砂均匀地流入沸腾冷却床。热砂呈流态化，充分与水冷管接触进行热交换，直至冷却床末端从出砂口流入斗式提升机。在此过程中砂中的粉尘随热风从水冷却床的扩散箱进入除尘系统。冷却的干砂由带斗提升机提升送入中间水冷砂库。

中间水冷砂库的作用如下：

① 大量储存备用砂，使全线造型砂一直处于循环使用的封闭线路中，以改善工人的作业环境。

② 缓冲用砂量：当生产过程落砂与造型不须同步作业时，中间砂库发挥作用，可保证砂量的均衡。

③ 降温：当夏季气温过高或砂温超出造型工艺要求时，自动开启中间水冷砂库的供水系统，对中间砂库的砂子进行冷却，以保证生产正常运行。当砂温能够满足造型工艺要求时，中间水冷砂库的供水系统自动关闭，以节省能源。

中间砂库的干砂经二次筛分后被提升机送到砂温调节器，对型砂进行冷却。然后经带斗提升机与带式输送机分别送入每个日耗砂库中。为了确保冷却后旧砂的温度满足工艺要求，日耗砂库也采用水冷式。

5）翻箱落砂。

浇注后的砂箱总重量大约为 11 ~ 13t，如果采用目前消失模生产线普遍采用的在线翻箱方式，翻箱支架及液压缸将非常庞大，同时对砂箱的刚度和强度要求也会大大提高，导致设备成本急剧增加，并且运行过程中容易出现故障。因此，采用了柔性翻箱机构线外翻箱的方式。浇注、冷却后的铸件随砂箱一起运至翻箱处进行翻箱。柔性翻箱机构由电动葫芦、吊具、翻箱支架等几部分组成，当砂箱到达翻箱工位后，由电动葫芦将砂箱吊至翻箱支架上，以翻箱支架为转轴进行翻箱，翻箱速度和角度均可以自由控制。砂箱受力均衡，对砂箱的强度及刚度要求不高。由于生产节拍为 8min/箱，砂箱在翻箱后有足够的回位时间。

6）主要技术及配置。

生产线完全可以达到除放置模样及浇注以外的全线全自动运行。整个工艺系统为间歇式，生产线的驱动及控制装置由机械、液压、电动、气动等组成。绝大部分动作由电动机与执行液压缸完成。全线设计一个集中控制室，采用PLC可编程序控制器，对全线所有动作及液压系统进行控制，达到全线路相关分装置动作的联锁、互锁、手自双控的要求。

4. 生产线的实际运行效果

目前，30000t/年非标大件消失模铸造生产线已经正式生产运行，如图11-68所示。

图11-68　30000t/年非标大件消失模铸造生产线

整条线实现了自动运行，生产线的操作人员（包括造型、浇注、翻箱）为10人，实现了日产60箱的生产目标，实现了清洁生产，劳动强度大大降低。实践证明，30000t/年非标大件消失模铸造生产线完全达到了预期效果，经济效益显著。

1）非标大件的消失模铸造是完全可以实现上线自动运行的。工人的劳动强度大大降低，产品质量得到提高，可以实现清洁生产。由于非标大件的砂箱大，加砂造型时间长，最好在造型线上多设计几个造型工位，串联运行，使1个造型过程在几个工位上去完成。这样可以更好地保证造型操作的质量，避免出现由于造型时间不够导致工人操作不到位的现象。

2）对于大件生产来说，由于铸件较厚大，需要的保压及冷却的时间较长，因此浇注工位的数量及冷却段的长度要充足，以满足保压及冷却的需要。

3）非标大件的消失模生产线，要考虑砂处理系统的可靠性和柔性，系统的冷却能力要充足，要综合采用多种降温形式，以保证型砂最好的降温效果。尤其是在夏季，这是保证整条生产线正常运行的关键。

4）真空泵的选择要保证抽负压的要求。

大件浇注时发气量急剧增大，负压系统要有足够大的抽吸能力，保证型内负压水平，避免塌箱。

11.5.8　消失模铸造步进式机械化生产线设计（李云雷，蔡明湖，张秉才）

消失模铸造技术具有低碳、低污染、低排放、低成本、低劳动强度的强大优势，容易实现清洁生产，符合环保要求。多年来许多企业纷纷上马，但真正取得实际效果并坚持长久的并不多。因为他们所见到的只是有形资产——消失模设备即硬件，对无形资产——消失模铸造工艺技术即软件，却看不到实质。舍得花大价钱购买硬件——设备，却不愿意在工艺技术上投入。消失模铸造工艺的核心技术在白区工部，消失模铸造项目的成败，50%～60%取决于模样；其次为涂层，大约占30%。EPS模样的成形操作工艺规程及其设备的选配十分重要。锅炉也属于白区工部的设备，要想制作出高质量的模样，必须是高压（≥0.7MPa）蒸汽锅炉，产汽量根据生产量而定。要想把消失模铸造项目做好，首先必须做好白区工部。

要想搞好消失模铸造，不仅要具有全面的

铸造理论知识，更重要的是要具有丰富的铸造生产实践经验，因为消失模铸造是高新技术。强化企业管理是消失模铸造项目取得成功的极其重要的一环。尤其是操作工艺规程必须实实在在地落实到操作人员的岗位上；操作过程中还必须用经济手段进行管理。有形资产——消失模铸造需要的所有设备即硬件，都是为工艺技术服务的。

1. 设计依据

设计依据是企业提供的生产大纲，生产大纲的内容包括：

1）生产哪个类型的铸件？如水泵类铸件、箱体类铸件、缸体类铸件、给水管件等。铸件的材质是什么？如灰铸铁、球墨铸铁、铸钢等。

2）铸件的外形尺寸大小，如长、宽、高是多少。铸件的单件重量是多大，铸件的壁厚是多少；一年生产多少吨铸件。

3）冶炼设备，如中频电炉等。炉子吨位等。

4）厂房是什么结构？尤其是厂房的长、宽、高（指行车大梁下面到地平面的距离）。

5）工作制度是8h工作制还是24h工作制？一年生产多少天？

2. 消失模铸造步进式机械化生产线的设备

（1）负压砂箱 根据企业提供生产大纲的具体要求，设计负压砂箱的容积（长、宽、高），确定每一箱生产铸件的净重，如何与冶炼炉匹配能达到最佳状态，确定生产线的生产节拍（即完成一箱造型需要的时间）。负压砂箱还是振实台和消失模铸造砂处理系统设计的重要依据。负压砂箱的技术要求如下：

1）负压砂箱排气面积。砂箱要有充足的排气面积，能使浇注时EPS气化、燃烧等所产生的物质，及时、顺畅地排出铸件型腔。负压砂箱多数是五面都设有若干孔眼，内外箱板之间设有负压室。

2）负压砂箱刚度。要有很好的刚度，在造型、运转和翻箱过程中不能产生变形，尤其是在运转过程中更是如此，不然会破坏已经装在箱内的模样而造成不合格品。设计负压砂箱使用的钢板厚度≥8mm，箱口和较重要的部位采用槽钢加固。

3）负压砂箱形状。负压砂箱是1个长方体，不得产生歪斜扭曲，不能有任何变形。

4）负压砂箱尺寸。生产线上采用的负压砂箱尺寸要准确，一定要按图样技术要求加工，尤其是运行方向的中心距，偏差不超出±0.5mm。

5）负压砂箱气密性。消失模铸造在浇注过程中需要抽负压，一般真空度控制在0.03～0.05MPa范围。如果砂箱漏气，型砂不能定型是浇不成铸件的。EPS的残留物也不能及时排出铸件，极易造成铸造缺陷。

无论是自由工位式，还是步进式机械化生产线，都需要用负压砂箱。它对消失模铸造工艺技术的成败起到极其重要的作用。负压砂箱也是使用频率最高的、使用量最大的设备。

（2）振实台 振实台的作用是将合格的EPS模样组（簇）放进专用的砂箱中，填入干砂经微振紧实形成合格的铸型，以待浇注金属液。

1）振实台的设计。

① 振动条件下干砂充填和紧实的机理。

在激振力的作用下，振实台产生相应频率和振幅的振动；与此同时，砂箱内干砂受惯性力的作用，在砂层内产生挤压力；振动波也在砂层内迅速传播，砂粒之间摩擦力的大小和方向也随着不断变化。砂粒之间、砂层之间的摩擦力大大削弱，干砂流动性显著提高。于是在挤压力的作用下；在良好流动性的促进下，干砂克服摩擦阻力，由挤压力大的区域向着挤压力小、密度小的区域移动，达到充填和紧实的目的。

② 振动时间与振动加速度对砂箱内干砂平均紧实度的影响。

图11-69中曲线表示了砂箱内干砂分别经过一维水平振动（Y方向）、一维垂直振动（Z方向）和Y-Z的二维振动后平均紧实度变化情况。从图中可以看出：

a. 随着振动时间增加，干砂紧实度不断提高。从振动开始到30s左右，紧实度提高较快。30s后紧实度增幅较小。要使紧实度进一步提高，必须加长振动时间，增幅却随着时间的增

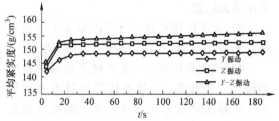

图 11-69 振动时间、振动方式与平均紧实度的关系

长而越来越小。时间过长，又会使干砂产生翻动现象，模样易产生变形。要获得一定干砂紧实度，对于每个振实台来说都有一个最佳振动时间。

b. 施加的振动加速度大，干砂的平均紧实度就高。振动加速度大，施加于砂粒的能量大，有足够能量驱使砂粒之间移动而填充那些因振动加速度小、无法使砂粒产生位移而存在的那一小部分空隙，因此，干砂紧实度就高。

③ 振实台主要参数的选择。

参振质量：

$$m = m_{本} + m_{有}$$

式中　$m_{本}$——振实台本身参与振动的质量，包括振实台面框架和振动电动机的质量；

　　　$m_{有}$——有效参振质量，包括砂箱和干砂的质量。

激振力：

$$F = Pmg$$

式中　P——抛掷指数；

　　　g——重力加速度。

一般取 P 为 1.1～1.3，使激振力略大于参振质量，砂箱处于微微抛起的状态。

振动加速度：

$$a = \omega^2 \cdot A$$

式中　a——加速度；

　　　ω——振动圆频率，$\omega = 2\pi f = 2\pi n/60$；

　　　A——振幅。

通常振动加速度 a 选择（1～2）g，振幅 A 选择 0.5～0.75mm，效果更好。

2）台面框架的强度和刚度。

如果没有足够的强度和刚度，一些部位就容易产生开裂和疲劳破坏；而且由于框架本身变形对振动的缓冲和对能量的吸收，也削弱了对干砂的充填和紧实作用。为此，材料的选用

应得当，关键部位结构合理；布局对称；重点加固；焊接牢固又不过烧，尽可能地防止应力集中。同时，尽量减小台面框架结构本身质量，使 $m_{本} : m_{有} = 0.2～0.25$ 较为理想。

3）振实台的定义。

从振源上讲，在 Z 方向安装了振子叫作一维；在 Z、X 两个方向安装了振子叫作二维；同时在 Z、X、Y 三个方向都安装了振子叫作三维。振实台不管怎样安装振子和安装多少个振子，所产生的激振力是万向的，型砂发生的位移也是万向的。因为它在悬浮状态下振动，又没有任何导向设施。

设计的振实台在 Z 方向没有安装振子，只是在 X、Y 两个方向上安装了振子；振子既不是水平安装又不是垂直安装，而是倾斜一定的角度。实践证明这样设计振实台取得了满意的效果。振子旋转方向消除了相互抵消的作用。方便安装、调试、接线和维修。

（3）传输设备

1）液压推箱机。负压砂箱的传动是选用液压系统，运行平稳，定位精确，速度可调，推力适中。

2）运转车。造型线、浇注线、凝固保温线之间使用运转车衔接。设计的运转车要结构简单，运行平稳，定位准确。

（4）加砂仓　加砂仓是储存装箱造型工位用型砂的砂库，它的容积是根据厂房空间和造型用砂量确定的。

设计的加砂仓安装了雨淋加砂器，雨淋加砂器距离负压砂箱上口尺寸比较小，减少型砂落下时的冲击力，有效保护模样涂层不被破坏。

设计的加砂仓在砂箱前进方向，每一个加砂仓都安装了自由加砂器。增加了工位，方便装箱造型，提高造型速度。

（5）行走装置

1）辊道滚轮组。生产线上用辊道滚轮组数量较多，安装时要求严格；同时，对负压砂箱底托的形状和尺寸要求更严格。

2）砂箱轮组。生产线上用砂箱轮组数量较少，并与负压砂箱一同制作，安装定位准确；同时，对负压砂箱底托的形状和尺寸要求不严格。

（6）液压翻箱机　液压翻箱机的功能是把凝固保温已经完成的砂箱（含型砂和铸件）倾翻，将型砂及铸件倾倒在栅格落砂机上。减少人员，降低劳动强度，改善劳动环境；同时，方便型砂和铸件的集中搜集，便于集中除尘。

设计制造的液压翻箱机有液压缸专门控制的导砂装置，保证翻箱过程中型砂不外漏，同时还起到辅助夹紧作用。用四支液压缸牢牢地夹紧砂箱底托，翻箱过程中砂箱不会移动。所以，在翻箱过程中型砂不会外漏。运行平稳，安全可靠。

3. 步进式机械化生产线的设计

装箱造型、浇注等工序只能是按节拍有节奏地进行，如装箱造型是 5min 一箱还是 10min 一箱，这是因为装箱造型是人工操作。年产 10000t 铸件，生产大纲 24h/天，300 天/年。要根据铸件的大小和复杂程度，设计造型与浇注工艺，是采用层浇还是串浇？一箱的装箱造型时间需要多长，是 5min 还是 10min？每一箱铸件的净重是多少公斤？假如一箱内的铸件净重是 300kg，1h 必须造型 6 箱，才能满足生产大纲的要求。以往的设计方案是 1 条造型线、1 个造型工位、1 个振实台、1 个加砂仓，振实台安放在加砂仓下方。加底砂、安放模样、加砂造型、安装浇注系统、覆盖塑料薄膜、加保护砂层等，这么多的工序都在这一个工位完成。特别是多层组型，难度更大，造型速度慢，需要很长的时间才能完成一箱的造型。如果达不到生产大纲的要求，只好增加造型线的数量。有时是设计 2 条或 3 条造型线，设备增多，负压砂箱数量大幅度增加，利用率低，投资加大。同时，厂房建筑面积也要增加很多，投资更大。2016 年公司设计为一条造型线，两条较短的浇注线，配合一条凝固保温、翻箱线，就能满足生产大纲年产 10000t 铸件的要求。方案是一条造型线设计 3 个加砂仓、4 个振实台、6 个工位。工艺流程如下：

加底砂（第 1 个加砂仓工位）→振实，刮平，安放模样、利用自由加砂器加砂固定并辅助振实（第 1 个安放模样工位）→加砂振实（第 2 个加砂仓工位）→安放第 2 层模样或安装浇注系统，加砂固定并辅助振实（第 2 个安放模样工位）→加砂振实，安装浇注系统和加砂振实（第 3 个加砂仓工位）→覆盖塑料薄膜、加保护砂层，（覆盖塑料薄膜、加保护砂层工位）。

采用合并、分解的方案，不仅减少造型线数量，还极大地降低负压砂箱数量和其他辅助设备的用量，节省一次性投资，提高利用率，降低生产成本。此设计方案的特点如下：

1）1 条造型线相当于 3 条造型线的功效。

2）分解了造型工位的工序。1 个工位完成的工作分解成 6 个工序，在 6 个工位分别完成。

3）设有 2 个专用的安放模样簇工位。活动空间大，操作方便，尤其适合小件多层多串装箱造型的操作。

4）在每个加砂仓上都安装了自由加砂器，相当于增加了工位，提高了装箱造型速度。操作更专业化了。

冠县某公司设计的 10000t/年生产线、烟台某公司设计的 8500t/年生产线、福建某公司设计的 10000t/年生产线、潍坊某公司设计的 10000t/年生产线都是这样的方案，苏州某公司的 25000t/年缸体、水泵类铸件消失模铸造生产线也完全类同于这样的方案，如图 11-70、图 11-71、图 11-72 所示。

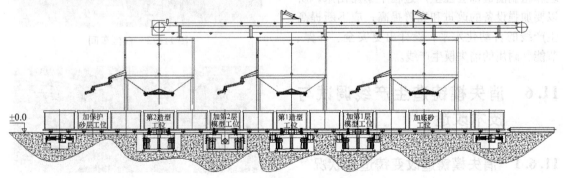

图 11-70　造型线示意图

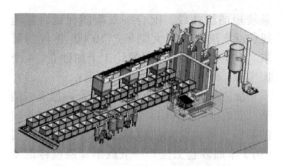

图 11-71　潍坊某公司 10000t/年消失
模铸造步进式机械化生产线

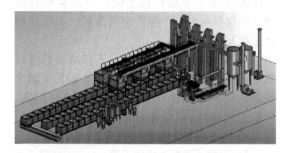

图 11-72　苏州某公司 25000t/年消失
模铸造步进式机械化生产线

4. 负压系统

真空机组是由水浴罐、负压罐、气水分离罐和真空泵组成的。从负压砂箱抽过来的气体一定要经过水浴处理，否则真空泵磨损太快。真空泵的水位一定要合理控制，水位高度不能超过泵腔的 2/3，并且始终保持高度值不变。消失模铸造步进式机械化生产线一定要设计负压自动接通装置，自动接通和自动脱离，最大限度地减少人员需求。

消失模生产线的设计、制造、安装、调试及正常生产是一个系统工程。任何环节的不合理和粗制滥造都会在生产过程中暴露出来；所以要加强设备的改进和完善提高；应不断提高生产线的自动化水平，设计出更安全、环保、节能、耐用的消失模生产线。

11.6　消失模铸造生产线调试与技术改造

11.6.1　消失模铸造改变铸造业状况

国内多家汽车公司投资建造了消失模铸造生产线，大批量生产高牌号铸铁缸体、球墨铸铁进排气管和铝合金气缸盖铸件。消失模铸造与其他铸造方法相比工序大为简化，由于不须分型、不须取模、没有砂芯、不用下芯、不须合箱；不用配置型砂和芯砂，砂处理设备也削减了破碎再生的工序。减少车间人员劳动强度。同时建立消失模铸造工厂，所雇员工数量少于传统铸造工厂。提高铸件精度，可获得形状结构复杂、可 100% 重复生产的高精度铸件，可使铸件壁厚偏差控制在 $-0.15 \sim +0.15$mm 范围内。减少加工余量，可以减小机加工余量，对某些零件甚至可以不加工。

一般传统的工业铸造厂环境都比较恶劣，在生产过程中会产生很多的粉尘，这对于工人的身体是有害的。消失模铸造改善了铸造状况，白区与黄区为零粉尘车间（见图 11-73），在蓝区（见图 11-74）除尘系统可以将粉尘 100% 收集于一处。EPS 和 STMMA 在燃烧时产生一氧化碳、二氧化碳、水及其他碳氢化合物气体，其含量均低于欧洲允许的标准。采用催化裂解方法净化消失模铸造废气，由华中科技大学牵头组织，研制了国内首台废气净化设备。目标：废气净化率达 99% ~ 100%；消失模铸造废气排放远优于国家排放标准。研制开发的我国首台消失模铸造废气净化装置，解决了消失模绿色铸造的关键技术问题，为以后环保工作推广奠定基础。

图 11-73　白区车间

图 11-74　蓝区车间

消失模铸造减少了粉尘、烟尘和噪声污染，大大改善了铸造工人的劳动环境，降低了劳动强度。简化了工艺操作，白区与黄区主要工序为打模样、切模样、组型、涂刷（见图 11-75），蓝区主要为造型、浇注工序，都极大化地降低工人的劳动强度，通过短时间的训练可以成为娴熟的工人，较高的铸造精度可以降低清理工作量。

消失模铸造属于半精密铸造，铸件尺寸形状精确，铸件的表面粗糙度低，取消了砂芯和制芯工部，根除了由于制芯、下芯造成的铸造缺陷和不合格品。不合箱、不取模，大大简化了造型工艺，消除了因取模、合箱引起的铸造缺陷和不合格品等。铸件产品如图 11-76 所示。

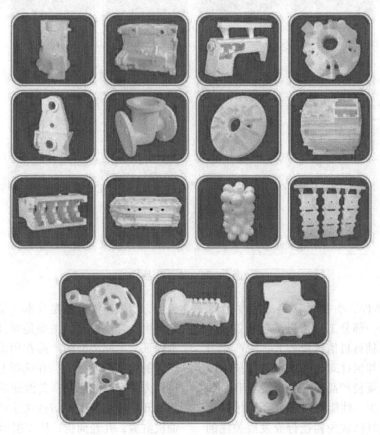

图 11-75　模样

我国消失模铸造主要有汽车配件、工程机械、管件和耐磨、耐热铸件，其中铸铁件约占 85%，铸钢件占 12% 左右，铝铸件不足 3%。我国的消失模生产在 20 世纪 90 年代初期发展较快。据统计 1995 年消失模（包括实型）铸件产量不足 2 万吨；到 2005 年消失模（包括实型）铸件产量约 38.5 万吨，十年产量几乎翻了 20 倍，其中消失模铸件为 25.5 万吨，实型铸件约为 13 万吨。由于消失模（实型）铸造的历史比砂型铸造短，生产经验总结和理论研究都不够，随着今后国内外的发展，积累更为丰富的生产经验和研究成果，将使消失模（实型）铸造工艺的设计更加完善，成本进一步降低，更进一步提高铸件质量。

11.6.2 消失模铸造法进行铸造车间技改的问题（张忠明，袁中岳，林尤栋）

消失模铸造法由于投资少、上马快，劳动条件好，用该法生产的铸件竞争力强，因此在中、小型铸造车间的技术改造中倍受关注。目前我国能够生产铸件的厂家中，绝大多数是中、

图 11-76　铸件产品

小型厂，属于单件、小批量、多品种生产性质，而且有相当一部分工厂铸造工艺装备、技术水平落后，原辅材料消耗量较大，生产能力较为低下，因此如何针对这些企业进行技术改造，以较少的投资使产品更精密、更美观、效率更高、能耗更少、性能更可靠、环境污染更少、劳动条件更好已成为铸造行业发展关注的焦点。消失模铸造法有其自身的工艺特点，有一定的技术要求，也有其一定的适用范围。只要掌握了其规律，严格控制各个技术环节，消失模铸造法将不失为中、小型铸造车间的技术改造的一种适用工艺。用消失模铸造法进行中小型铸造车间的技术改造时，必须根据该法特点确定合适的起步产品，严格控制消失模和涂料品质，合理地选择砂箱和振实台，采用与生产实际相符合的生产线形式。

1. 选择最佳起步产品

所谓最佳起步产品，是指本部门应用消失模铸造法生产的第一种产品。从理论上讲，消失模铸造法能生产各种尺寸、任何复杂程度的铸件，消失模铸造法是技术含量很高的铸造工艺，生产合格铸件，主要是靠技术和生产装置来保证。不同类型的产品在用消失模铸造法生产时的难度相差很大，在选择起步产品时，应遵循先易后难的原则。美国通用汽车公司 1982 年就开始应用消失模铸造法生产复杂的 6 缸柴油机缸盖，几经周折，比美国福特公司 1984 年建成的用消失模铸造法生产进排气管线还晚投产就是一个很好的例子。日本先将消失模铸造法用于生产量大、使用面广的管件，在降低生产成本方面取得了显著的效益，然后才推广到阀门、箱体等铸件上。因此最佳起步产品应是最典型、最可能取得效益的铸件。大量实践证明，消失模铸造法最适合生产由多个型芯形成内腔的、壁厚为 8～25mm、具有复杂分型面的、尺寸一致性要求高的铸件，铸件的最佳质量范围为 5～100kg，批量为 20～20000 件/月，典型的铸件有异形弯管、电动机外壳、变速器箱体、低压阀门、进排气管、制动盘、磨球、衬板等。

2. 确保消失模的品质

模样品质好坏是决定消失模铸造成败的关键之一，消失模铸造生产的铸件是否优质，50%~60% 取决于模样的品质，消失模铸造模样除外观要求轮廓清晰、珠粒融合好、表面光滑外，其密度应控制在 18~26kg/m³ 范围，即发泡倍率在 35~60 倍范围，壁厚越大，密度的取值应越小。即使壁厚在 5mm 左右时，密度也不应大于 26kg/m³，模样的密度一般控制在 22kg/m³ 为宜。现在用于消失模铸造模样的材料有 EPS（聚苯乙烯）、PMMA（聚甲基丙烯酸甲酯）和 EPS + PMMA 的共聚物等。国外专用于消失模铸造模样的珠粒已商品化，如美国 ARCO 的 F-271T 系列，德国 BASF 的 VP-351 系列，日本三菱油化的 FMC300、500、600 系列和日本积水的 CL300、500、600 系列等，国内温州华塑集团生产用于消失模铸造的 PMMA 材料，由于各种原因，该产品尚未在国内得到推广应用。目前国内消失模铸造厂家所用的模样原材料，大多都选用包装行业用的 EPS 珠粒，在品位上很难满足要求，特别是生产壁厚在 5mm 以下的铸件，这类铸件对珠粒、模样等有更高的要求。少数厂家从国外购入专用珠粒，成本较高，一般厂家难以接受。在目前的情况下，对于壁厚在 5mm 以上的模样，可以通过精选包装用的 EPS 珠粒，如选用国产的 4 号、5 号珠粒，保证珠粒在预发前，发泡剂含量在 5.5% 以上，再严格控制预发和成形工艺，提高模样的品质，以满足需要。

3. 采用优质的商品化的专用消失模铸造涂料

涂料的性能和涂挂品质是消失模铸造法生产优质铸件的另一关键。消失模铸造法中涂料涂挂在模样的外侧，涂料的厚度不影响铸件的尺寸精度，涂料的作用除了防止黏砂、使铸件获得光洁的表面外，主要是保护模样表面、提高模样刚度并确保在浇注过程中，金属液与模样置换时铸型的稳定性，同时使模样气化产生的大量气体能迅速外逸，消失模铸造涂料除应具备传统铸造涂料的性能之外，在强度与透气性方面要求更高。大量的生产实践证明，即使采用相同的涂料组分，由于配制工艺和原材料的品位稳定性不同，各批涂料之间的品质也有较大的差异，因此生产厂自行配制涂料，一定要保证各批涂料性能的一致性。

4. 合理地选用砂箱的结构

砂箱结构和参数是对消失模铸造生产线影响最大的要素。用于消失模铸造法的砂箱，其断面形状有圆形、长方形，抽气方式有底抽式和侧抽式，其容积有 1m³ 以下，也有高达 2m³ 甚至更大的，视其产品尺寸和生产线的自动化程度而定。在圆形、小体积砂箱中，振动波通过砂箱壁向内传递快，砂型密度大而均匀，由于体积小，加砂时间短，因此适合单一产品的自动化生产。对于产品种类多的厂家，宜用容积为 1~2m³ 的砂箱，这种砂箱组型灵活、适应性强，砂箱容纳铸件量大，多用结构简单的底抽式。由于砂箱的体积大，振动波通过砂箱壁向砂箱中心传递时逐渐衰减，因此砂箱内砂子的紧实度各处不均匀，尤其对结构复杂铸件的品质影响更大。为此应尽可能地将难以填砂的复杂模样部分远离砂箱中心，以选取较好的填砂位置，每次振动紧砂时，砂层的高度不应大于 250mm。

5. 选用空气弹簧振实台

振动可以减少干砂的内摩擦力、提高砂子的流动性，增加砂子的充填密度。干砂的密度越高，铸型的稳定性越好，特别是在不抽真空的条件下浇注时，要求尽可能高的砂型密度，振动或填砂不当，也容易引起模样变形，因此振动是对消失模铸造铸件品质影响很大的因素之一。消失模铸造的振实台有一维的、二维的，还有三维的，对于一些简单的铸件，一维振动便可满足要求，复杂铸件则需采用三维振动。振实台多采用惯性电动机激振，有的为了防止模样变形，使在不同砂柱高度时振动效果一样，采用变频惯性激振电动机，变频惯性激振电动机的成本较高。振实台的弹性系统，对振动效果影响很大，有螺旋弹簧、橡胶弹簧、空气弹簧和组合弹簧等各种形式。消失模铸造在填砂和紧实过程中，是边加砂边振动或加砂和振动交替进行，振动系统的负荷是变化的。螺旋弹簧的刚度是一定的，当负荷变化时，系统的自振频率随之变化，因此功能不稳定，且逐渐变差。空气弹簧系统的刚度是随载荷变化的, 当载荷变化时, 系统的自振频率基本不变, 只要激振力足够大, 空气弹簧振动系统都能得到满意的实砂效果。因此消失模铸造法应首选空气弹簧振实台。

6. 选择合适的生产线布置方案

消失模铸造生产线应具有加砂紧实、砂箱运送、砂箱翻转和干砂冷却等功能。根据产品的产量、规模、批量的不同, 可以采用不同形式的生产线。生产线布置和组织生产灵活是消失模铸造生产线优于传统砂型铸造生产线的一大特点。国内消失模铸造生产线的投资, 根据机械化自动化程度和生产规模的不同, 由几十万元到几千万元不等, 其差别很大。最简单的生产线, 除消失模制造部分 (可外协) 和熔化清理部分外, 消失模铸造生产线的主体造型、浇注部分应包含的装置包括: 专用砂箱, 加砂与振动紧实装置, 抽真空装置, 砂箱翻转装置, 砂冷却回收装置和除尘装置。

11.6.3　小型消失模铸造必需设备及资金

目前, 从熔模精密铸造厂、黏土砂铸造厂、树脂砂铸造厂或车间, 增添最简单的消失模铸造工艺, 投产后均能获得较佳效益。比如嵌镶式高铬铸铁和 ZG 270 - 500 的锤柄双金属铸造, 耐热铸钢、耐热铸铁炉条、炉算, 高锰钢筛板等 (见图 11-77)。充分发挥出消失模铸造的优势: 投资少, 见效快, 收益好。本节拟中小铸造厂 (车间) 要采用消失模铸造生产铸件, 以小规模年产 2000t 计, 根据多年建设消失模铸造生产线的实践经验, 将必需配置的设备 (设施) 做个概况。生产场地的建线布置及铸造工艺可根据各单位的条件和铸件情况可灵活柔性安排。

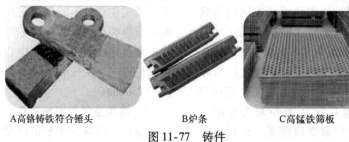

　　A高铬铸铁符合锤头　　　　　B炉条　　　　　　C高锰铁筛板

图 11-77　铸件

1. 白区 EPS 模样

1) 小规模消失模铸造用模样可采用外购大板料 EPS, 用电热丝切割加工; 对铸件单一且铸造量较大的情况可与当地生产 EPS 发泡成形包装的企业合作, 用模具成形委托加工。前者为 0.03 ~ 0.04 元/g, 后者为 0.08 ~ 0.12 元/g。

① 电热丝切割手工操作台 1 台, 约 1 万元。

② 模样黏结热熔电炉、消失模专用胶等, 0.5 万元。

③ 涂料搅拌机: 高速、调速, 1 台, 1 万 ~ 2 万元。

④ 自制模样涂料烘房, 1 间, 约 0.5 万元。

2) 模具与发泡成形, 需配备环保锅炉、预发泡机、成形机和工段建线, 需增加投资 20 万 ~ 30 万元。如地处热电厂旁或本厂有蒸汽, 则不必增加锅炉。

2. 消失模铸造蓝区

(1) 造型设备

1) 负压系统: 选用 SK20 水环式真空泵, 功率为 37kW, 约 2 万元, 如图 11-78 所示。

2) 振实台: 根据铸件及工艺可选 1 台或 2 台, 2 万 ~ 4 万元; 如果铸件单一, 如炉条为 10kg 左右/件, 则振实台可选用 2 只振动电动机单维振动, 可少于 2 万元/台, 降低投资。振实台如图 11-79 所示。

3) 振实台电控柜: 控制三维六方向 (上下左右前后) 变频振动, 约 1 万元; 单维二方向 (上下) 则少于 1 万元。

4) 专用砂箱: 其尺寸、抽气布置根据铸件大小及形状, 设计制作一般需要 6 ~ 10 个, 钢材自制, 约 3 万元, 如图 11-80 所示。

(2) 砂处理设备 (见图 11-81)

图 11-78　水环式真空泵

图 11-79　振实台

图 11-80　砂箱

图 11-81　砂处理设备

1）小规模生产的砂处理设备，共计约 10 万元。包括：漏砂床（落砂器），输送床（带），1 号提升机，分砂塔，水冷却塔，2 号提升机，储砂斗，螺旋式供砂器或雨淋式供砂器，微机控制柜，协调控制每一步的停止与运转。

2）铸造设备厂家生产的砂处理设备，20 万～30 万元。

（3）除尘设备与尾气处理（见图 11-82）

1）风机、管路、沉淀池，约 2 万元。

2）真空泵排气置尾气处理，约 1 万元。

图 11-82　除尘设备

（4）熔炼设备（见图 11-83）

图 11-83　中频感应电炉

1）对原有铸造车间有熔炼设备的按消失模铸造工艺作适当控制，使之与其匹配。

2）新建厂采用0.5t中频感应电炉需2台，将功率提高，使熔炼出的金属液量增加，4万元。

3. 消失模铸造材料

（1）型砂　根据厂家实际生产不同铸件需要采用相适应的型砂。

1）高锰钢：镁橄榄石砂、镁砂、铝矾土砂。

2）碳钢、合金钢：硅砂、铬铁矿砂、宝珠砂。

3）铸铁、灰铸铁、球铁、合金铸铁：硅砂、宝珠砂。

（2）涂料

1）各单位可根据具体铸件选购对应的用之有效的现成商品涂料，成本高；比如干粉涂料每吨2400元，对溶剂（水、酒精）一半加入搅拌均匀后用。干粉涂料便于运输、保存，使用取量随机，避免变质。

2）各单位可根据本地区的耐火材料资源，采购其他一些涂料辅助材料，混配出适合铸造工艺的自制涂料，成本低，低于1500元/t。

3）涂料搅拌机，自己制造，使涂料浸涂在模样上成为均匀涂层。

（3）模样黏结剂

1）热胶。

① 进口热胶性能较佳，但固化凝固较快，价格偏高，一般小规模企业选用得较少。

② 国产热胶，杭州斓麟公司的高档热胶KP－6X和通用热胶KP－5X各项性能指标均符合消失模铸造模样黏结组模的要求，胶棒型热胶还可用胶枪施工。专用热胶棒如图11-84所示，控温电热熔胶枪如图11-85所示。

图 11-84　专用热胶棒

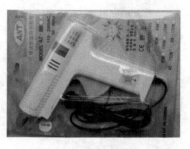

图 11-85　控温电热熔胶枪

2）冷胶（见图11-86）。

① 进口水溶性冷胶，价格高，需配备专用涂胶机。

② 国产冷胶，杭州斓麟公司的专用冷胶KP－4X适合大多数的黏结场合。

4. EPS废料粉碎机（见图11-87）

专用于做切割板料后留下来的废料回收粉碎，经处理的EPS细颗粒可用于当填料、做修补及制造EPS型材，约1万元。

图 11-86　专用冷胶

图 11-87　EPS废料粉碎机

第12章　消失模铸造及实型铸造工艺实例

12.1　消失模铸造发动机缸体

消失模铸造是将与铸件尺寸形状相似的泡沫模样黏结组合成模样簇，刷涂耐火涂料并烘干后埋在干砂中振动造型，在常压或负压下浇注使模样汽化，由金属液占据模样位置，凝固冷却后形成铸件的新型铸造方法。消失模铸造每生产1个铸件要消耗1个泡沫模样，增加了预发泡和发泡成形的工序，减少了型（芯）砂制备、制芯、造型、下芯等许多烦琐工序。发动机缸体通常由气缸、缸筒冷却水套、缸盖结合面强力螺孔、出砂工艺孔、气门挺杆孔、主油道系、机油回路孔、机油泵孔、凸轮轴孔（汽油机多为顶置凸轮，设置在缸盖面上）、曲轴孔、曲轴箱、油底壳法兰、滤清器法兰、飞轮壳法兰、冷却水泵法兰、机油冷却器法兰、各种强化筋条和辐板等组成。发动机缸体、盖的制造水平是衡量国家的制造业水平的重要标志之一，消失模铸造技术使得这类零件设计更为柔性、集成度更高，减轻了铸件重量，提高了燃油效率。

1. 消失模铸造发动机缸体泡沫模具设计及制造技术快速发展

复杂泡沫模样要借助三维设计进行多个模块的曲面分片。各模片在黏结时借用黏结胎模完成模片曲面精确黏结。

（1）四缸缸盖分4片黏结组合成形　考虑进气道和出气道成形的复杂异形，浇注时需要下型芯，因此必须从气道中间分出两2片，气道外腔全为封闭空间结构，再考虑泡沫模样成形的可操作性，再分出2片，共4片。实物如图12-1所示。

（2）四缸缸体分4片黏结组合成形　分主体2个大片和2个小片，这样分片的优点是：活块少便于操作，分片成形制模率高，简化了零件结构，充料过程中有利于珠粒的填充，可

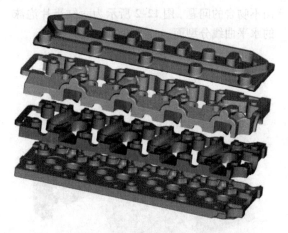

图12-1　四缸缸盖泡沫模样4片黏结组合成形

采用自动抽芯顶出机构，提高生产效率。

（3）六缸半片泡沫的水平曲线分型面　六缸机体消失模模具分型面的建立使用了各种分型面的建立方法，主要过程步骤如下：

1）使用填充、延拓、拉伸等曲面命令建立主分型面，将模具毛坯分割成凸凹模2个实体。

2）在凸凹模2个实体中建立小分型面，采用实体化元件的方法做出小的外抽芯、内抽芯活块及镶件。

分型面常用的构造方法主要有三种。

1）在三维造型建立过程中的各剖面曲线上设置分型点，这些分型点在造型后会自动形成一条结构线。由于这条结构线的形成算法与实体或曲面构造时的算法一致，所以此线必定是分型线。

2）在造型时已绘制出各个剖面的特征曲线，以这些曲线作为基准，逐个剖面地绘制出分模点，然后构造分模曲线。

3）曲面过于复杂或无法通过其他方法找出其分模线的位置时可采用投影法，即在曲面外的1个平面内构造曲线，然后将该曲线对曲面作投影，可以得到位于曲面上的空间曲线，该曲线即为分模曲线。将分模曲线作为分模面

的边界曲线，适当地增加网格，构造出光顺的异形分模曲面。对于相同的边界曲线及相同的网络，其算法完全相同，采用相同方法形成的边界可以建构完全吻合的曲面，避免了设计者最担心的泡沫模片的结合面以及凸、凹模分模面不吻合的问题。图12-2所示为六缸半片泡沫的水平曲线分型面。

图12-2 六缸半片泡沫的水平曲线分型面

2. 消失模铸造发动机缸体生产过程

汽车发动机缸体缸盖消失模泡沫模样的结构复杂系数为一级，在生产过程中很难将其一次性发泡成形。参照零件的自身结构特点和消失模铸造工艺特点，将产品泡沫模样进行分片处理，并对每一个模片进行结构工艺设计，以利于发泡成形。每一个产品泡沫模样分片数量的多少及模片结构工艺设计的优劣直接关系到消失模铸造工艺项目的成败和消失模铸造生产效率的高低。

对于要求大批量生产的汽车行业发动机缸体消失模铸件，采用水平分型和将曲轴箱沿脱模方向进行局部封实并从曲轴箱的外壁在局部封实部位进行等壁厚镂空内凹处理的完全自动化制模和完全自动化黏合方案较佳。无论铸件的材质如何变动，其铸件的泡沫模片的成形质量、脱模的便利性和整体模样的黏合质量方面的要求是一样的。对于发动机缸盖的泡沫模样分型方案比较一致的做法是水平逐层切割，原则是保证包含进排气道的模片能在两开合的模具结构中实现顺利脱模。对于局部厚大的泡沫模样和较深的孔，可以采用两端封实中间镂空的处理工艺。这样既可以节约珠原料，又可以减少碳夹杂和表面富碳给铸件带来的不良影响。

经过充分时效后的泡沫模片，按照一定的黏合工艺完成产品泡沫模样的组装工作后，尽量在7个工作日内实现铸件的浇注成形工作。如果泡沫模样黏合完毕后存放时间过长，容易发生泡沫模片脱胶现象。若脱胶层的深度超越了铸件的机械加工余量范围，就会由于涂料的内渗而造成铸件内部产生夹涂料现象，进而导致铸件在高压试水时出现渗漏缺陷。

泡沫模样簇组装好后，最好采取一次性浸涂涂料的工艺。这时只要将涂料的波美度适当提高一些即可。涂层的厚度在0.5mm左右。如果采用两次浸涂工艺，即第一次浸涂烘干后再进行第二次浸涂烘干，即使涂层的厚度仍维持在0.5mm左右，其涂料层的透气性和对液相泡沫的吸附性都会极大地降低。容易在铸件内产生碳夹杂、表面富碳和气孔。这主要是由于第二层涂料将第一涂料层上的微孔覆盖了许多造成的。为了保证模样簇的一次浸涂工艺获得成功，泡沫模片设计就要注意避免产品结构中出现直角或交接面过渡不畅的现象，不然会在浸涂时产生大量的气泡，在浸涂后的涂层上产生裂纹，进而影响浸涂效果。

普通砂型铸造预留的一些工艺出砂孔，在消失模铸造工艺布局时依然需要，甚至还要多开一些工艺孔。因为消失模铸造既要有进砂和出砂孔，又要有涂料的进入和流出孔。不要以为消失模铸造工艺可以少要甚至不要工艺出砂孔；普通砂型铸造在容易产生缩松和气孔的地方设置的保温冒口和溢流冒口，同样也适用于消失模铸造；普通砂型铸造在组织生产时要密切关注天气的变化，消失模铸造也同样要密切关注天气的变化。因为空气的湿度和大气的温度对铸造产品的质量有很大的影响。

12.2　消失模铸造工艺无冒口生产发动机多种缸体（蔡明湖，李云雷，张秉才）

消失模铸造（EPC）是一种近无余量、精确成形并且容易实现清洁生产的全新技术，也是一门集塑料、化工、机械、铸造为一体的综合性多学科的铸造新技术系统工程。消失模铸造技术开始广泛应用于工业生产，尤其是在我国各行各业中得到了飞速的发展。在汽车行业，所生产的产品有铝合金（如进气歧管、缸体、缸盖等）、铜合金、铸铁（如曲轴、缸盖、变速器箱体、排气管等）和铸钢。缸体和缸盖是发动机制造难度较大的铸件，属于薄壁复杂件，具有尺寸精度和表面质量要求高、水套及油道还需进行压力试验等工艺难点。采用传统的黏土砂铸造工艺生产，劳动环境太差，劳动强度又大，用人多，成本高。采用树脂砂工艺生产，虽然造型环境有所改善，劳动强度有所降低；浇注时烟气很大，气味难闻，成本更高。采用消失模铸造可以提高尺寸及表面质量，降低成本等优势。

1. 消失模铸造生产发动机缸体工艺分析

首先要对发动机缸体进行严格认真的工艺分析。缸体造型时在砂箱中放置的位置和形式，一箱浇注几件；浇注系统的设计，1 个浇口杯和直浇道浇注几件，内浇道设在什么位置；采用什么形式浇注系统，浇注时间是多少等。为缸体生产线的设计和模具的制造提供必要的技术参数。

2. 发动机缸体生产线的设计

发动机缸体绝大多数都是批量或大批量生产。生产线的生产设计能力大多数都在 5000 ～ 10000t/年。经过计算，设计为步进式机械化生产线，造型 6 ~ 8 箱/h。以 485（70kg/件）缸体为例，1 箱设计 2 个浇口杯，1 个浇口杯浇注 2 件，1 箱浇注 4 件，工艺出品率 >90%。

砂处理系统是选用节约型消失模砂处理系统，采用 PLC 控制。处理型砂 30t/h 左右，型砂温度不高于 45℃。图 12-3 所示为生产线三维模拟图。

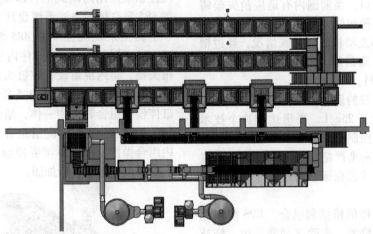

图 12-3　生产线三维模拟图

3. 消失模铸造发动机缸体模具设计

获得精确铸件的前提条件是提供大批量的密度低、表面光洁、尺寸精确的 EPS 模样。EPS 模样制造是消失模铸造的关键技术之一。

要达到上述要求就必须有高质量的模具。EPS 模具制造不仅要选择技术力量雄厚、设备先进、诚实守信的 EPS 模具制造商，而且还要与制造商进行充分的信息交流。根据缸体铸造工艺，为解决清砂及水套、油道渗漏问题，通过与模具制造商的研究决定了缸体的分型方案，以 485 缸体为例，总体为对称分型，成 4 件主体模片（见图 12-4），保证整体强度，有利于成形。

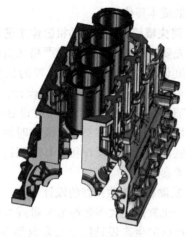

图 12-4　模片三维图

4. 发动机多种缸体消失模铸造 EPS 模样制造

消失模铸造项目的成败 50% ~ 60% 取决于 EPS 模样。下面说明如何获得密度低、表面光洁、尺寸精确的 EPS 模样。

（1）EPS 材料的筛选　1990 ~ 1992 年赤峰某企业做消失模工业化生产项目时，在国内找不到适应消失模铸造的可发性聚苯乙烯珠粒，只好以 60 万元/t 的价格从美国进口和25 万元/t 的价格从日本进口。当前国内有适应消失模铸造技术要求的各种规格型号的可发性聚苯乙烯珠粒。此处根据发动机缸体特殊情况，经过精心筛选，选择了嘉昌牌 B107 型号的 EPS 作为 EPS 模样的原材料。

（2）EPS 珠粒的预发泡　将 EPS 模样密度严格控制在不大于 25g/L。要想达到这个技术要求，必须严格控制 EPS 珠粒的预发密度。把 EPS 珠粒的预发密度严格控制在 20 ~ 21g/L 范围内，只有这样才能保证获得不大于 25g/L 的模样密度。

（3）EPS 模样的精整和组合　EPS 模样充分时效后要精心修整，去除飞刺和毛边，修补被损坏的表面，修平结合面，并兼有检查功能。将精修完全合格的模块、浇注系统等利用冷胶或热熔胶黏结成模样组。所有结合部都要黏结牢固，利用专用的双面胶带纸严格密封。

5. 涂料涂层

消失模铸造涂层涂料也十分重要，消失模铸造的成功率在 30% 左右，取决于 EPS 模样涂料。

（1）涂料骨料　涂料的骨料对涂料性能的影响极大，对消失模铸造的成败很关键。选择润湿性很好的原料作为骨料，而且是复合型骨料。这样一来不仅涂料易于脱落，而且透气性高，EPS 汽化、燃烧的残留物容易通过涂层溢出，避免铸造缺陷的产生。

（2）涂料黏结剂　黏结剂对涂料的工作性能和工艺性能极为重要。采用无机黏结剂和有机黏结剂联合应用的复合型黏结剂，既能保证涂料的强度（低温、高温），又能使涂料具有很高的高温透气性，利于 EPS 的残留物溢出涂层外，容易获得无铸造缺陷的铸件。钠基膨润土既是无机黏结剂又是极好的悬浮剂。

（3）EPS 模样涂层　涂料涂层增加 EPS 模样的刚度和强度，把 EPS 模样与型砂隔离开，使铸件不会产生黏砂。涂层厚度不能太厚也不能太薄，严格控制涂层厚度在 0.8 ~ 1.5mm 范围内。不然起不到应有的作用。

6. 发动机多种缸体消失模铸造浇注系统

对于结构复杂壁又薄的发动机多种缸体来说，浇注系统的设计尤为重要。一是浇注系统的形式，二是内浇道的设置位置。缸体铸件的浇注系统采用封闭式的，即 $A_直 > A_横 > A_内$。例如 485 型缸体的浇注系统设计为 1.11∶1.11∶1，一个浇注系统浇注 2 件 485 型缸体，用时在 22 ~ 23s 范围内。缸体铸件内浇道的位置设计很关键，将内浇道设置在缸头顶面上，采用顶注雨淋式内浇道，如图 12-5 所示。将内浇道与缸体模样组合黏结为一体，结合部进行严格密封处理。直浇道、内浇道组合为一体，减少箱内组合操作。涂层厚度要控制在 ≥ 1.5mm，并同时用玻璃丝布进行加固。

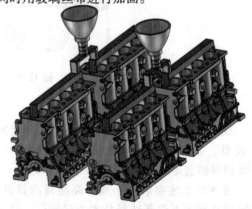

图 12-5　模样与浇道组合效果

浇注系统的涂料涂层不仅要厚，而且要具有高高温强度。

7. 发动机多种缸体消失模铸造真空度和浇注温度

缸体铸件在浇注时，采用每一箱严格单独控制，保证每一箱的真空度在浇注过程中始终是恒定的。严格控制真空度在 0.03~0.05MPa 范围内。

缸体铸件的最终浇注温度 >1450℃。

采用消失模工艺生产发动机缸体，采取这些措施生产的缸体铸件成品率 >95%，合格的铸件加工合格率为 100%，没有发现铸造缺陷。这些铸件没有设置补缩冒口，工艺出品率高达 90% 以上。

12.3　康明斯发动机缸体消失模铸造

发动机缸体、缸盖的制造水平是衡量一个国家制造业水平的重要标志之一，在很大程度上代表了一个国家汽车工业的发展水平。不断提高发动机功率，降低燃油消耗量和减少尾气排放是汽车工业自身发展的内在需求，也是外部环境的客观要求。缸体毛坯的铸造成形过程既有传统的砂型铸造工艺，又有最新的消失模铸造工艺。与传统的砂型铸造相比，消失模铸造具有以下优点：

1）取消了混砂、制芯工序，省去了传统造型工序中分箱、起模、修型、下芯及合箱等操作，大大简化了落砂、铸件清理及砂处理工序，因而缩短了生产周期。

2）一方面由于在负压下铸型刚度大，铸铁件易于实现自补缩，从而减小了铸件所需的冒口尺寸；另一方面由于泡沫模样簇的组装自由度高，易于实现一型多件浇注成形，提高了工艺出品率。

3）消失模铸件机械加工余量小（2.5~3.5mm），壁厚均匀度高，孔径大于7mm 的内部型腔都可以直接铸出，铸件重量同比普通砂型铸件减轻 8%~12%。

4）消失模造型干砂中无须黏结剂和添加物（煤粉、膨润土、水），既节约了大量的原材料，又有利于旧砂循环使用，减轻环境污染。

湿式缸体（镶缸筒）和干式缸体（带缸筒整体一次铸造成形）类铸件较适合用消失模工艺铸造。根据生产情况发现工艺成熟之后，缸体类铸件合格率比一般的箱体类铸件的合格率要高。主要原因在于箱体类铸件的模样变形有一定的随机性，缸体本身的结构决定了其本身不容易产生变形缺陷。开发的缸体类铸件也是以湿式缸体类为主，干式缸体为辅。其中湿式以 2105、2108、4102、3102、6DF 等系列的缸体为代表，干式缸体以康明斯 6102 为代表。湿式缸体类铸件已实现批量生产；康明斯干式缸体 6102 铸造工艺取得实质性突破。

1. 模具的设计开发

合适好用制作精良的模具是泡沫成形的关键，收缩率的参数选择是模具设计中的关键所在。针对康明斯 6102 干式缸体，长度方向收缩率取 2.2%，高度方向收缩率取 1.6%。

其次，湿式缸体和干式缸体铸造的最大难点就是水道、油道的渗漏问题。这跟模具的分型方案和尺寸确定都有重要关系。首先分型面在水、油道处尽量不要太多（即分型面不宜太多），过多会导致该处用胶量过大或者没有黏结到位而导致渗涂料现象（特别是水道的黏结缝是不容易检查的）。缸体主要壁厚为 5mm 左右，渗入的涂料和黏结剂汽化不完全留下的碳化物很容易就穿透壁厚造成打压时渗漏。因此模具分型方案的确定，首先需要解决的是如何在水道和油道处不黏结或少黏结。通过多次三维模拟，确定了康明斯 6102 缸体分模方案（见图 12-6）：整个模样由 5 件模片组成，对称

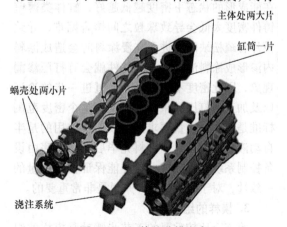

图 12-6　缸体的分模方案

主体处两大片

缸筒一片

蜗壳处两小片

浇注系统

分成两件主体模样，保证缸体整体尺寸不会变形。

对于这类复杂铸件，编制详细和可行的工艺文件是非常重要的。对所有模片进行编号和命名，以便编制标准文件。模片组合效果图如图12-7所示。

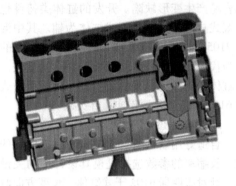

图12-7　模片组合效果图

其次就是尺寸问题，常规的消失模铸件习惯将铸件的壁厚取下限，将铸件的整体重量减轻，以此来体现消失模铸造的优势，这对于发动机缸体这样的铸件来讲是不可取的。为了提高铸件的一次打压合格率，所有水道和油道的壁厚都应该取上限，以增加上述范围内的壁厚。根据浇注工艺，还有一些关键尺寸也应该适当调整。

2. 模样的成形

由于缸体的壁厚较薄，采用龙王牌的 P - S 珠粒或 4S 料来成形，预发密度控制在 22 ~ 24g/L 范围内。传统消失模工艺铸件强调的是在能成形的状态下密度越低越好，缸体类薄壁铸件密度太低会导致珠粒之间熔合困难，导致模片有疏松缺陷，进而在浸涂料时会造成涂料内渗形成涂料渣，浇注的铸件就会有打压渗漏现象，因此密度不宜太低。通过进一步的论证以及加工后打压结果表明，制订这个密度范围标准是能满足质量要求的。成形机采用的是半自动液压型，即人工加料完毕后其余工序由设备控制系统自动完成，这样能保证模样质量的一致性，对于大批量生产来说是非常重要的。

3. 模样的组合

第三个比较重要的工艺步骤就是模样的组合，这个工序有以下重点需要注意：

（1）模样一定要彻底烘干（包括浇注系统）　每批次模样都要有它们的烘干记录。组合前应该检查每一批次的尾件烘干情况，尾件烘干意味着该批次模样烘干，可以进行组合。组合前对每一件模样都要做称重记录，并用油画笔写在规定的地方。重量超标的要单独制订浇注参数。

（2）用胶量的控制　理论上讲胶的危害比模样的危害要大得多，实践中也证明了这一点，因此应该控制胶的用量，特别在水道和油道的黏结面上更是如此。当模样组合完毕后再整体称重，以该重量减去模样本身的重量就是胶重，发现超标的作上醒目标志，以便在后续工序通过提高浇注温度或者真空度来解决。

（3）黏结缝的修补　缸体类铸件属于复杂系数较大的一类铸件，特别是水道腔，该处最为复杂，模具上很难将该处一次成形出来，比如6102缸体的泵壳。在该处就形成了一处流程相当长的两层黏结缝，如果该处的黏结缝处理不好，那么在水压试验中就会出现渗漏现象。这在质量要求过程中是不允许的。采用方法是一次黏结完毕后在所有的黏结缝处均匀涂上一层自行配制的消失模专用修补膏，该修补膏能完全覆盖黏结缝，在高温下能完全汽化，避免了浸涂过程中由于涂料的渗入造成的涂料渣，从而杜绝了在打压过程中发生渗漏而造成产品报废的情况。

4. 浇注系统设计

浇注方式采取上雨淋式顶浇为主，如图12-8所示。

图12-8　六缸发动机顶注工艺

5. 涂料工艺

缸体类铸件对涂料的要求除了一般性能要

求外，还有两点值得特别重视。

（1）涂料在常温下的抗裂纹性　涂料在常温下的抗裂纹性要好。缸体的水道腔是非常复杂的，涂料在该处容易堆积，堆积过厚的水基涂料在烘干的过程中很容易出现裂纹，这些裂纹是很难被发现的。如果处理不好，浇注时将会导致水套黏砂。水道的黏砂常常无法清理而导致铸件报废。

（2）涂料的剥离性能　缸体水道近似于一个封闭的容器。在抛丸过程当中钢丸无法进入水道腔内部，如果涂料的剥离性能不好的话则水道内腔的涂料层将无法清理。采取在涂料中加入助溶剂的办法，通过多次调整满足了使用要求。

6. 造型与浇注

缸体材质属于 HT250 低合金铸铁，要求 $w(Cu) = 0.2\% \sim 0.4\%$，$w(Cr) = 0.15\% \sim 0.25\%$。其他五大元素的控制范围：$w(C) = 3.2\% \sim 3.35\%$，$w(Si) = 1.85\% \sim 2.05\%$，$w(Mn) = 0.8\% \sim 0.95\%$，$w(P) \leqslant 0.08\%$，$w(S) = 0.05\% \sim 0.07\%$。

配料：废钢 60%、生铁 20%、回炉料 20%，FeSi75 孕育。

通过炉前快速热分析仪保证化学成分，需要注意的是 Cr 应该在炉前取样后加入，以免干扰炉前分析仪，铜直接加入铁液包。铁液出炉温度为 1590℃，浇注温度为 1490℃，真空度保持在 0.04MPa ~ 0.05MPa，浇注时间 30s 左右（铸件重量 167kg），通过强度检查和硬度检查，上述化学成分能满足用户要求。

生产证明缸体适合消失模铸造工艺。其中模具分型设计保证关键部位黏结面最小，水道、油道的壁厚取上限、顶注方式、快速浇注工艺这三方面是保证缸体质量的重点。

12.4　消失模铸造低合金铸铁发动机缸体（高成勋）

消失模造型采用干砂，无须黏结剂和添加物（煤粉、膨润土、水等），这样节约了大量的原辅材料又利于旧砂循环使用，减轻了对环境的污染。

消失模铸造每生产 1 个铸件要消耗 1 个泡沫模样，增加了预发泡和发泡成形的工序，减少了型（芯）砂制备、制芯、造型、下芯等许多烦琐工序。发动机缸体由气缸、缸筒冷却水套、缸盖结合面强力螺孔、气门挺杆孔、主油道系统、机油回路孔、机油泵孔、凸轮轴孔、曲轴孔、曲轴箱、油底壳法兰、滤清器法兰、飞轮壳法兰、冷却水泵法兰、机油冷却器法兰、各种加强肋和辐板等组成。发动机缸体制造水平是衡量国家的制造业水平的重要标志之一，现已正常大批量生产；一次合格率达 95% 以上。

1. 缸体模具设计制造

目前国内外在柴油机和汽油机发动机缸体的泡沫模样的结构工艺设计上有不同，分型方案的处理是一致的。经过多年的生产实践，分型方案的处理主要是出于泡沫模片的成形质量、脱模的方便性和整体模样的黏合质量来考虑的，对于发动机缸体的泡沫模样分型方案，比较一致的做法是水平逐层切割，原则是保证包含进排气道的模片能在两开合的模具结构中实现顺利脱模。根据国内外几种具有代表性的发动机缸体消失模工艺方案，采用水平分型和将曲轴箱沿脱模方向进行局部封实并从曲轴箱的外壁在局部封实部位进行等壁厚镂空内凹处理的分型分模方案较佳。图 12-9 所示为缸体分型分模。

消失模铸造工艺在设备符合铸造工艺要求的前提下；消失模铸造成败 50% ~ 60% 取决于泡沫模样质量；同理可知模具制作质量直接影响泡沫模样质量；所以在泡沫模具制作上必须选择模具制造技术力量雄厚、设备先进、诚实守信的模具制造商。

2. 模料预发及熟化

当前国内有适应消失模铸造技术要求的各种规格型号的可发性聚苯乙烯珠粒的厂家有好几家。根据发动机缸体特殊情况，对这几家产品试用，选择嘉昌牌 B107 型号的 EPS 料作为泡沫模样的原材料。将 EPS 泡沫模样密度严格控制在 23 ~ 24g/L 范围内。要想达到这一技术要求，就必须严格控制 EPS 珠粒的预发泡堆积密度。把 EPS 珠粒的预发泡堆积密度严格控制在 20 ~ 21g/L，才能保证获得 23 ~ 24g/L 的泡沫模样密度。EPS 料经预发泡机发泡后，EPS 料要在熟化仓中熟化 4 ~ 8h 后才能使用。

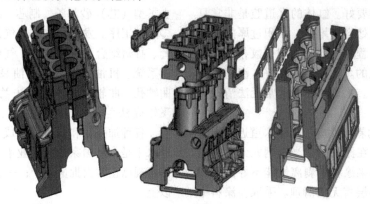

图 12-9　缸体分型分模

3. 泡沫成形及熟化

泡沫成形采用液压半自动成形机，通过模具的优化设计实现缸体模样缸套和曲轴箱体一次成形，从根本上解决了变形及尺寸精度问题，最大限度地降低了黏胶对铸件质量影响。为使泡沫模样中水分及发泡剂扩散挥发，以及减轻残留水分及发泡剂对铸造过程的不利影响，要求泡沫模样在常温条件下自然时效 20 天。

4. 泡沫模样烘干

泡沫模样及成形浇注系统在组装黏结完整模样之前，需在 40 ~ 50℃，相对湿度小于 30% 条件下采用独立的烘干室烘干处理，直至泡沫模样、浇注系统等泡沫模样干透。

5. 泡沫模样的精整和黏结组合

泡沫模样充分时效后要精心修整，去除飞边和毛刺，修补被损坏的表面，修平结合面，并检查修整质量和泡沫模样关键几何尺寸。将检测完全合格的泡沫模样及泡沫浇注系统等利用冷胶和热熔胶黏结成模样组。发动机缸体泡沫模样结构复杂，目前采用人工黏结方式，为能有足够的操作时间，采用冷胶黏结缸体泡沫模样分型分模面，浇注系统则用热熔胶黏结合面。操作时涂抹胶水要均匀，在满足黏结前提下，一定要尽量少用胶。黏结牢固并用双面胶带纸严格密封。

6. 浸涂涂料及烘干

采用三门峡阳光生产的商品消失模涂料用于缸体铸件，经过试验对比，该涂料综合性能优，性价比高，该涂料需两次涂抹；泡沫模样组按涂料次数分别烘干。严格控制涂层厚度在 0.8 ~ 1.2mm 范围内。

7. 缸体的浇注系统

对于结构复杂薄壁的发动机缸体来说，浇注系统的设计尤为重要。一是浇注系统的形式，二是内浇道的设置位置。1 个浇注系统浇注 2 件缸体铸件，用时在 35 ~ 40s 范围内。缸体铸件内浇道的位置设计很关键，采用多点进水的内浇道。图 12-10 所示为缸体浇注系统。

8. 造型

造型选用 30 ~ 50 目的干砂造型。装箱前要对涂层做认真细致的检查，细小的裂痕必须用快干的涂料进行修补。同时要认真检查模样是否有变形，发生变形时必须退回。采用五抽式负压专用砂箱；每箱埋 4 个泡沫模样。振实台采用气囊调频锁紧，砂箱锁紧后加底砂，厚 120mm，振实后、刮出倾斜角再摆放泡沫模样。模样摆放时要使浇杯尽可能靠箱边以利于浇注操作。填砂分两次进行，第一次填砂的高度和缸体端平或略高一些。调节适合的频率振动，时间不能过长，10 ~ 20s 即可。第二次填砂是覆盖砂。覆盖砂要有足够的厚度，从而能保证足够的吃砂量，防止胀箱。缸体铸件的浇注系统已经确定，填砂的高度以振实后的砂平面低于浇口杯端面 15mm 为准。型砂振实后砂面要刮平，不得成丘陵状。塑料薄膜由填砂埋型人员覆盖，薄膜覆盖后要加保护砂，保护砂层厚大于 20mm，也要刮平。浇口杯要充分暴露。埋箱过程中，埋型人员要按工艺要求进行操作。埋好型的砂箱，要根据工艺要求插挂好工艺卡，移至浇注工位。

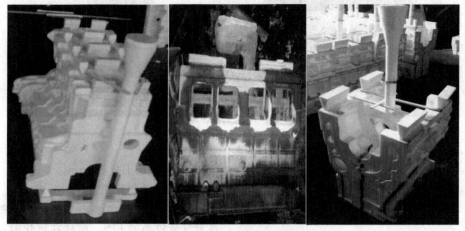

图 12-10　缸体浇注系统

9. 合金铁液熔炼

发动机缸体材质 HT250 低合金铸件，元素含量：$w(C) = 3.10\% \sim 3.30\%$；$w(Si) = 1.60\% \sim 1.80\%$；$w(Mn) = 0.60\% \sim 0.75\%$；$w(P) = 0.040\% \sim 0.050\%$；$w(S) = 0.050\% \sim 0.060\%$。$w(Cu) = 0.6\% \sim 1.0\%$，$w(Cr) = 0.3\% \sim 0.5\%$，抗拉强度不低于 250 MPa；铸件需经消除内应力处理，硬度为 $187 \sim 255HBW$，硬度差不大于 40HBW，1.5t 中频电炉出炉温度控制在 1540~1560℃范围内。

10. 浇注及冷却落砂

浇注人员要检查保护砂层是否有足够的厚度，浇口杯位置是否合适，位置是否对准，真空泵是否运行正常，负压是否平稳；浇包选用茶壶型。浇包烘烤呈暗红色才能使用，浇注人员和天车操作人员都要培训上岗，浇注要有专人负责。浇铁液之前，浇包一定要降到最佳高度和位置，浇包嘴尽可能接近浇杯，使第一滴铁液能准确浇到浇杯的中心位置。开始浇注初先用小流试浇，待浇口杯燃烧冒出黑烟，听到吸水声后就要加大流量。根据经验判断，吸水声音减小以后就快要满了。此时，应提前收流，由大流变成小流，使浇口杯充满又不外溢。浇注真空度控制在 $0.040 \sim 0.045MPa$ 范围内。现场的浇注是每包铁液浇 4 箱，每箱 4 个缸体，缸体铸件的最终浇注温度要高于 1430℃。铸件在砂箱中冷却 1.5h 后开始落砂。

消失模工艺生产发动机缸体，采取这些措施生产的缸体铸件成品率高于 95%，经检验合格的铸件加工合格率 99%，铸件工艺出品率高达 91%。图 12-11 所示为缸体铸件，图 12-12 所示为机加工缸体。通过模样分片工艺优化设计及生产实际验证，分析缸体铸件结构特点，针对不同结构缸体而采用不同的模具结构，通过模片优化设计来解决消失模铸造的一些工艺问题。

图 12-11　缸体铸件

图 12-12　机加工缸体

12.5　装载机变速箱箱体消失模铸造技术（曹宗安）

采用消失模铸造生产 15 系列装载机复杂变速箱 816 箱体，在生产过程中的模具设计、模样制作、浇注工艺方面加强控制措施，成功获得合格铸件。

1. 箱体的特点和难点

铸件材质 HT250，质量为 125kg，铸件外形尺寸为 689mm × 525mm × 168mm，主要壁厚为 8mm，外壁和内腔各有一处串油孔，尺寸精度为 CT6 级。要求铸件无砂眼，无气孔，且机加工面较多。

由于箱体壁薄，在模样成形起模时由于用水和气压将模样顶出，导致模样容易变形。箱体串油孔需在铸造时直接铸出，最小油孔为 $\phi10mm \times 50$ 的 U 形串油孔。在振动埋箱时油孔内充填干砂困难。铸件在浇注时容易出现冷隔皱皮等现象。

2. 模具的设计

1）根据箱体结构，铸件从中心开模（即分型面），模样外轮廓为两件模样组合。

2）为控制模样的尺寸和壁厚，将模具分型面设计为 5mm 的分模定位。

3）为解决油孔问题，油孔处做成活块并单独开模，油孔处根据图样尺寸做成空腔。

4）为控制模样表面质量，在制作时确保模具受热均匀，模具内腔壁厚均为 12mm 左右。

5）模样增加 1.5% 的收缩率（模样为 0.5%，铸件为 1%）。

6）模具脱模斜度为 0.5°。

7）铸件加工量为 4mm。

3. 模样的制作工艺

（1）原始珠粒的选择　根据铸件的壁厚选择发气量较小的 EPS。模样在汽化时，密度越大，发气量越大，对金属液充型的阻力越大，铸件越容易出现多种质量问题。在保证密度的前提下，模样要有足够的强度，才能确保在制模、搬运、造型时不变形、损坏。根据这些特点选用 EPS PKF – 501XL 型号的 EPS 珠粒，原始粒径为 $\phi0.4 \sim \phi0.6mm$，发泡倍率为 30 ~ 50 倍。

（2）原始珠粒的预发泡　根据铸件需求选择预发密度为 24 ~ 26kg/m³。预发过程采用 SL – KF – 450 间歇式预发泡机，夹层预热温度控制在 90 ~ 100℃，内腔预热温度控制在 80 ~ 95℃ 时打开出料口，吹干内腔残留水分，关闭出料口，加入称好质量的 EPS 原始珠粒。当内腔温度达到 82 ~ 86℃ 时，珠粒在 3 ~ 4s 内迅速膨胀，当料筒内预发珠粒上面达到需求的高度时关闭进气阀，打开压缩空气进气阀，预发后的珠粒在空气中熟化 10min 后，即可放料。预发后的珠粒应在 12h 内用完。

（3）模样的成形

1）首先打开蒸汽阀预热模具，以减少成形时模具内的冷凝水，预热 10 ~ 15s 后，关闭蒸汽阀，使用压缩空气吹干模具内的水分，用压缩空气将珠粒吸入料枪内充入模具内腔。

2）打开蒸汽阀，模具内压力应保持在 0.10MPa ~ 0.12MPa，加热时间为 30 ~ 40s，然后关闭蒸汽阀。

3）打开空气阀，用空气与水的压力将模样顶出脱离模具，然后取下模样。

4）模样在空气中自然干燥 4～8h，待尺寸稳定后放入烘干室。烘干温度保持在 40～50℃。

（4）模样组合（见图 12-13）　1 个箱体铸件的模样由 6 个模块组合而成。在黏结过程中要严格控制模样的尺寸和黏结缝隙，模样的黏结缝隙采用纸条和乳胶密封，防止在涂料涂挂时进入模样缝隙。组合完成的模样由专职技术人员检验，检验合格后流入下道工序。

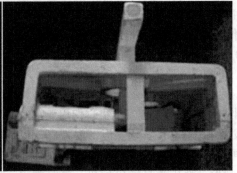

图 12-13　模样的组合

（5）防止变形和油孔填砂困难

1）变形与冷隔：为防止铸件变形和冷隔，在黏结模样时，在模样内腔薄弱处增加三道防变形加强肋，以提高模样的强度和刚度。

2）充填干砂：为解决油道充填干砂难的问题，采用了金属芯盒，用覆膜砂做成油道砂芯，表面涂好涂料，在黏结模样时放入油道孔内，型芯两端增加 30mm 的芯头，可预防在浇注时泡沫汽化后砂芯移位，同时也解决了充填干砂的困难。

4. 浇注工艺

1）竖浇道采用密度为 18kg/m³ 的大板切割而成，浇注方式为阶梯式，内浇道与模样内腔防变形加强肋相连，以提高浇注速度和充型速度，防止冷隔皱皮现象。

2）采用 5t 热风冲天炉熔炼，铁液出炉温度控制在 1490～1510℃，浇注温度为 1460～1480℃，浇注时真空度保持在 0.035MPa，浇注后保持 10min，停止负压。

通过对浇注后的铸件进行检验，铸件表面光滑，实物尺寸符合图样要求。根据实验证实，只要控制好模样制作和浇注过程，对于箱体类复杂油孔、油道充填干砂困难的问题，采用覆膜砂下芯的工艺是完全可以解决的。

12.6　传动轴箱体消失模铸造工艺（乔华振，申振宗）

300 型传动轴箱体属壁薄箱体件，多孔，中空，无拉筋，容易变形。铸件内在质量要求严格，要做打压试验，防止发生组合后出现漏油现象。多轴配合对几何尺寸要求也比较严格，几何尺寸为 700mm×320mm×320mm，材质 HT250，单体重 78kg，壁厚 7mm。消失模铸造在薄壁箱体件上应用时，模样摆放要能立勿卧，内浇道设置要顶注优先多点切入。泡沫模样密度要尽可能低，浇注温度要尽可能高。

1. 消失模铸造工艺设计原则

传动轴箱体是铸铁件，可采用 EPS 制作泡沫模样，传动箱体长度 700mm，壁厚 7mm，属于较长的薄壁件，为了保证模片强度和表面粗糙度较好，宜采用小珠粒制模，并要达到一定密度。

（1）模样摆放姿势　消失模铸件的泡沫模样在砂箱内的摆放姿势要遵循能立勿卧的原则。工件有 700mm 长度，壁薄，如果要直立放置，则在填砂和振动紧实过程中极易发生整体扭曲和侧壁变形。所以采用箱向上的侧立方式摆放。不仅加砂操作方便，砂层厚度也较小（涨力小），发生模样变形的可能性也相对小。

（2）内浇道引入位置　传动轴箱体属薄壁件，薄壁件的内浇道设计原则顶注优先重力充型；多点引入热量均衡。所以，确定顶注多浇道。

（3）浇注温度　因为壁薄，模样密度较高，浇注温度应高于常规浇注温度。

2. 传动轴箱体消失模铸造工艺

（1）泡沫　模样的制作铝合金模具，一机双模片，组合成一件传动轴箱体模样。

1）预发泡。珠粒预发泡采用吉宁消失模提供的半自动正压间歇预发泡机。使用龙王牌P4S可发聚苯乙烯珠粒，预发泡密度为20g/L，熟化时间10h。

2）成形。液压半自动成形机，蒸汽管道压力为50N/cm，压缩空气压力为60N/cm，冷却水温度为30℃，模具合模间隙为2mm，PLC程序控制。

3）模样黏结。模片常温干燥12h后入烘房干燥36h，黏结剂使用冷胶，模片间缝隙用双面胶带糊严平。为防止变形，模样黏结在平玻璃板上操作，黏结后放置在玻璃板上继续干燥。

（2）浇注　系统工艺参数顶注，双侧壁顶部共设置四处内浇道，内浇道截面为70mm×30mm，内浇道截面为70mm×6mm，采用斜面过渡，以利于清除，不留残根。对称的两组内浇道，通过"工"字形横浇道连接。横浇道与直浇道连接处下方设置缓冲包（蓄能包）（见图12-14），传动轴箱体内腔无拉筋及中隔，铸件冷却过程中箱体上口没有收缩拉力，为防止上口尺寸收缩不到位，预先采用工艺木条将上口牵拉至额定尺寸后固定防变形（见图12-15）。空心直浇道为$\phi40mm×\phi20mm$，压头高度为250mm，锥形泡珠空心浇杯为$\phi150mm×\phi200mm×150mm$。（见图12-16）。

（3）涂料　铸铁水基涂料适量加入中性水后高速搅拌2h使用。涂挂二遍不得有露白，涂层厚度为0.8～1.0mm。泡沫模样涂刷涂料前要彻底烘干，烘干过程要绘制干燥曲线。

烘房温度：恒温45℃，风扇搅动，烘模架要定时转动方向，防止模样变形。

（4）填砂装箱造型　双侧吸及角气室真空

图12-14　横浇道与直浇道连接处下方设置缓冲包

图12-15　采用工艺木条防变形措施

图12-16　$\phi150mm×\phi200mm×150mm$
锥形泡珠空心浇杯

砂箱。30～50#围场天然砂，球形，经870℃相变去除结晶水。

底砂厚150mm，刮平振实后放置泡沫模样（见图12-17），每箱3件（见图12-18），先用布袋加砂固定泡沫模样（见图12-19）。再加砂至平模样上口后，进行第一次振动紧实，紧实方式及时间由PLC控制（见图12-20）。

第一次紧实后，雨淋快速加砂（见图12-21）至平直浇道高度，进行第二次振动紧实（见图12-22），然后加砂平浇杯，第三次紧实。

图 12-17　底砂厚 150mm 刮平振实

图 12-18　每箱放置泡沫模样 3 件

图 12-19　布袋加砂固定泡沫模样

图 12-20　第一次振动紧实

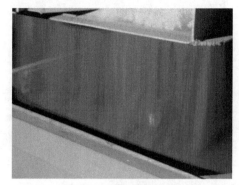

图 12-21　雨淋快速加砂

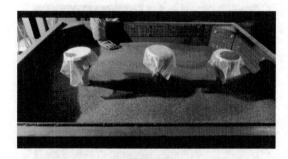

图 12-22　进行第二次振动紧实

为防止浇注过程中铁液流破坏口杯，可采用树脂砂作保护（见图 12-23 ~ 图 12-27）。

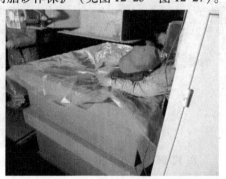

图 12-23　密封箱口

（5）浇注铁液　茶壶浇包，烘包至暗红色（约 800℃）。铁液出炉温度为 1530℃，迅速扒渣后，用聚渣剂覆盖铁液表面聚渣及保温。首箱浇注温度高于 1480℃，末包浇注温度不得低于 1420℃。多种铸件同时浇注时，先浇薄壁件，后浇厚壁件；相同铸件一起浇注时，先浇模样重量重的件，后浇模样重量轻的件（见图 12-28）。真空度为 0.06MPa。

图 12-24　密封浇口杯

图 12-28　真空浇注

图 12-25　采用树脂砂保护浇口杯

图 12-26　采用树脂砂强化浇口杯

图 12-29　铸件出箱

（6）出箱清理　浇注后负压维持时间 5min，保温 4h 后开箱出件（见图 12-29 ～ 图 12-32）。

图 12-30　清理浇冒口掉铸件

采用消失模铸造箱体类铸件，不用制芯、下芯、合箱等，减少了很多工序环节，从根本上克服了偏芯、漂芯导致壁厚不均匀的缺陷，特别是薄壁件，壁厚不均匀会导致渗漏发生，后果严重。消失模铸造的工艺在实际操作必须注意细节管理，任何一个环节的细小疏漏都可

图 12-27　清理树脂砂强化浇口杯的浮砂

图 12-31　抛丸后的铸件

图 12-32　待检验铸件

以导致不合格品产生。消失模铸造的不合格品产生原因不在工艺,常常在管理上的松懈。

12.7　大型中空箱体铸件的消失模铸造工艺（李增民）

　　大型中空箱体铸件消失模铸造常出现塌箱、胀箱、浇不足等缺陷。其中,中空箱体铸件塌箱缺陷是由于铸件内腔真空度不足,及铸件外侧局部真空度过高,造成铸件内外巨大压差,导致铸型溃散而塌箱。同时,金属液及模样汽化压力造成的巨大抬箱力使铸件内腔砂胎上浮,相当于砂型铸造的漂芯,造成铸件局部变形而报废。以河北华民铸造有限公司生产的九模拉丝机箱体为例,分析消失模铸造易出现的铸造缺陷的原因并提出防止措施。九模拉丝机箱体铸件壁厚 22mm,材质为 HT200,结构属于大型中空薄壁铸件。机械加工面主要为 9个圆孔,加工面虽不多,但要求铸件不漏油,表面不允许有冷隔、裂纹、缩孔和穿透性缺陷,以及严重夹杂类缺陷。在使用消失模铸造的过程中,容易出现胀箱、塌箱、浇不足等缺

陷。由于铸件过长,使铸件内部负压不易保持,容易出现塌箱等缺陷。通过采取特殊的工艺措施,可以减轻或消除这类缺陷。

1. 模样支架应用

　　箱体铸件属于大型铸件,且单件生产,模样不适合用模具生产,可采用泡沫板材通过切割加工制作出来。对于薄壁中空铸件,模样强度低,易变形,涂覆涂料后易出现塌型使模样报废。为此在生产模样时需采用支架支撑模样。大型中空箱体铸件的消失模铸造工艺从模样生产到涂覆涂料,再到放入砂箱、填砂振动,直到浇注凝固,支架都要一直与模样匹配。

2. 铸造工艺

　　（1）浇注系统　采用封闭式浇注系统,在浇注开始后金属液很快充满浇注系统,铸件成品率较高,撇渣能力强,浇注初期也有一定阻渣作用。鉴于侧面阶梯浇注的特点,如金属液注入型腔必须自下而上分层进行,因此直浇道不封闭,通过内浇道分层引入金属液,金属液对铸型冲击力小,充型平稳。铸件上部可获得高温金属液,有利于补缩,又不会造成铸型严重局部过热,因此兼有顶注和底注的优点。阶梯侧注使金属液充型平稳,适于壁厚均匀的铸件。

　　采用侧注阶梯浇注有两种选择,可在铸件空腔内部放置内浇道,也可在铸件外部放置。内浇道放在铸件内部容易充型,不易保证型腔内部负压,易出现塌箱缺陷,因此选择在铸件外部放置浇注系统。

　　（2）浇注工艺、浇注温度的确定　负压浇注使金属液充型能力大大提高,浇注时由于模样热解汽化为吸热,要消耗金属液热量。从模样热解顺利的要求出发,浇注温度一般要比空腔铸造高一些,因此铸件浇注温度确定为 1450℃。负压参数在消失模铸造生产中,负压在整个铸造过程中的作用包括:

　　1）紧实干砂,防止冲砂和铸型溃散、型壁移动。

　　2）加快排气速度,降低界面气压,加快金属液前沿速度,提高充型能力,有利于减少铸铁件表面碳缺陷。

3）使铸件轮廓更加清晰；在密封条件下浇注改善工作环境。

合理选择负压大小和保压时间是消失模铸造浇注成功的关键，负压选择应根据合金种类和铸件大小及其结构进行。一般情况下合金密度越大则真空度也应选择较大，铸件尺寸较大真空度也较大。铸铁件真空度为 0.05MPa，负压保持时间以保证铸件凝固至保持其尺寸结构稳定时为准。中小型铸件一般浇注结束后保持负压 5~8mim。此铸件浇注时间约为 1mim，负压保持时间大约为 9min，由于此铸件为中空结构，内部空腔仅靠砂箱底部及四侧负压作用，达不到所要求的真空度，容易造成空腔中干砂紧实度过小，无法抵御金属液的冲刷和浮力作用，极易造成塌箱和内部砂胎移动。因此，可在中空部位加设抽气管路来弥补局部负压过低的问题。

对于铸件的中空结构，内部添加的抽气管路内径为 100mm，选用内有钢丝的橡胶管，管壁开设小孔再用丝网缠绕。管路与箱壁的负压室联通，使浇注时模样内外同时达到相应的真空度和负压保持时间。

此铸件结构较大，浇注金属液质量大，为保证浇注时金属液的上升速度，采用立浇。立浇时金属液产生的巨大抬箱力容易造成铸件顶部干砂上移出现胀箱。为此，一般可在砂箱上顶部施加压铁，以抵抗金属液的浮力，保持铸件尺寸精度，提高铸件成形率。

总之，采用消失模铸造生产大型中空铸件时，由于中空部位负压作用较弱，适当加局部负压管路、提高内腔负压，可以使模样内外负压一致；高大铸件采用立浇阶梯浇注系统，可提高金属液的上升速度；砂箱顶部加压铁，可防止金属液的巨大抬箱力造成铸件内部砂胎上浮。特殊结构的铸件需要采用特殊的工艺措施，保证型砂强度及刚度、一定的浇注速度，并抵御金属液抬箱等造成铸件塌箱、胀箱、型壁移动、砂胎上浮等铸造缺陷。对于九模拉丝机箱体铸件，经过采取这些措施，铸件无塌箱、胀箱、抬箱，铸件表面及尺寸结构良好。

12.8　大型复杂箱体件的消失模铸造工艺（张俊祥，范随长，郭亚辉）

消失模铸造工艺较适宜的材质为灰铸铁。最适合的铸件种类为结构复杂（尤其是具有复杂内腔）、模样不易分型、造型困难、需要使用大量砂芯的铸件。这类铸件能充分体现消失模铸造工艺的优越性和经济效益。各种箱（壳）体类灰铸铁件在消失模铸造工艺中得到了广泛应用。齿轮箱是一种结构形状复杂，尺寸、重量较大的零件，材质为 HT250。它有 4 个相通的型腔和一个单独的型腔，腔体内有四十几条加强肋，外部有 4 条受力的悬臂及十几个凸台，内部及外表许多部位都有很严格的尺寸及几何公差。平均壁厚为 15mm，局部厚处为 80mm。外形尺寸 1050mm × 925mm × 750mm，铸件实体体积约 0.085m³，质量约 615kg。由于该铸件结构复杂，尺寸重量较大，不易在造型线上生产。原工艺采用自硬砂手工造型生产。由于其复杂的外形和内腔结构，需要做出几十个砂芯、活块，而且有些部位砂芯套砂芯，造型操作十分复杂困难。这种工艺生产出来的铸件外表粗糙、尺寸精度低，而且消耗大量的树脂砂。因此，发挥消失模铸造工艺的优点，用来生产齿轮箱有较大的经济效益和技术效益。

1. 齿轮箱消失模铸造工艺

（1）模样的制作　采用普通的 EPS 发泡成形。根据模样尺寸精度与刚性，减少多次拼接造成误差和变形的原则，齿轮箱的模样分为四片制出，用冷胶黏结成形。考虑铸件尺寸较大，在上涂料和造型时模样将会承受较大的作用力，模样材料密度取较大一些，为 24~26kg/m³。浇注系统选用合适的泡沫塑料（EPS）板材，用电热切割的方法制作后，与模样黏结。

（2）浇注系统设计　铸件在砂箱中可以有不同的放置方式，可采用底注、侧注、顶注、阶梯式浇注等不同的浇注方式，它们有各自的特点。浇注系统的设置要考虑模样在砂箱中摆放的位置，便于填砂紧实，形成合适的凝固方式。根据铸件的结构特点和生产经验，分别设计了几种浇注系统方案，应用计算机数字技术，进行铸件的凝固模拟和充型过程模拟分析，从而进行工艺设计及优化。参考计算机模拟结果，依据便于金属液充型和热解产物顺利排出，有利于铸件补缩，防止铸型溃散塌箱及黏砂、变形等缺陷，有利于造型时填充型砂，对原设计的浇注系统方案进行完善优化，最终决定采用将较大开口向上的铸件卧式放置的侧浇方案。横浇道围绕着铸件的两个侧面排列，直浇道设在横浇道的拐角处，内浇道在横浇道的两条边上，根据箱体的结构各设置 3 个。$A_直:A_横:A_内 = 1.4:2:1$，为了减少铸件的夹渣、皱皮、积炭等缺陷，在模样顶部及某些端部设置一些用于出气集渣的小冒口片。

（3）涂料　消失模铸造涂料用浸涂法施涂，有生产效率高、节省涂料、涂层均匀等优点。由于泡沫模样密度小（与涂料密度相差几十倍），且本身强度又很低，浸涂时浮力大，因此仅适用于模样可浸入或半浸入涂料中的中小件和壁厚件。

齿轮箱的模样是一个尺寸较大的空腔壳体，十分容易在一些受力部位产生变形和断裂。经测算，它在涂料液中产生的浮力超过130kg，人力是完全不可能把它浸入到涂料中去的。对这类模样只能用喷淋、刷涂的方法施涂。为此，在涂料槽底部加装一泥浆泵，连接上喷淋管，使涂料可源源不断地从管口流出，具有喷淋功能。上涂料时通过翻转模样，将涂料喷淋到各个部位。泥浆泵及其管路，还起着对槽中涂料进行循环搅拌的作用。

涂料使用自制的水基铝矾土涂料。涂层厚度控制在 1.2mm 左右。由于模样在施涂过程中需不断地翻转，而且要多人合作完成，浇注系统容易碰掉或损坏。因此，把模样及浇注系统分开上涂料，烘干后再组装起来，并进行必要的修补、烘干，供浇注用。模样的烘干温度以45 ~ 55℃为宜。

（4）造型砂箱　负压抽气采用的是底抽和侧抽相结合的方式。干砂选用内蒙古产硅砂，粒度为 30/50 目，其主要化学成分见表 12-1。

由于雨淋式加砂有利于干砂的均匀加入，可以避免对模样造成强烈的冲刷和撞击，损坏模样和涂料层。加砂方式采用雨淋式加砂为主，辅以柔性加砂管。振实由可变频的三维振实台完成。

表 12-1　硅砂主要化学成分（质量分数，%）

SiO$_2$	Fe$_2$O$_3$	K$_2$O	Na$_2$O	MgO	含泥量
92.82	0.97	0.99	—	0.13	0.04

（5）熔化和浇注　根据图样对毛坯的材料要求，铁液熔炼和炉前孕育处理工艺完全按HT250 材质控制。考虑消失模铸造工艺铸件在干砂中冷却较慢，铸件本体的硬度和强度会比普通砂型铸造低，对铁液进行了适当的合金化。

由于泡沫模样的存在，浇注过程中会消耗一定的热量，因此消失模铸造的浇注温度一般应比普通砂型铸造高一些。铸件复杂程度不同、壁厚不同，浇注温度也应不同。由于齿轮箱较大，也不属于薄壁类铸件，它的热容量大，对型砂的热作用时间长。由于浇注温度太高，在负压的作用下，铁液在凝固过程中会穿过涂料层，渗入型砂中并黏附在铸件表面，形成黏砂现象。根据齿轮箱的结构特点，将浇注温度控制在 1380℃ ~ 1430℃ 范围内。浇注时保证直浇道始终处于充满的状态。始浇真空度选择 0.04 ~ 0.05MPa，控制在浇注过程中的真空度不低于 0.02MPa。根据经验，每个铸件的浇注时间应控制在 40 ~ 50s。

2. 生产结果

生产及其调试在年产 1000t 铸件的小型消失模生产线上进行。根据所选的工艺参数，通过生产调试，最终生产出合格的齿轮箱。用消失模铸造工艺生产齿轮箱铸件，不但简化了造型方法，节省了大量的树脂砂，而且外观清晰，尺寸精度高，充分体现了消失模铸造工艺的优势。结果表明，选定的工艺方案是切实可行的。

生产过程中抽查检测铁液化学成分及30mm 单铸试棒的力学性能，见表 12-2。

表 12-2　铁液化学成分（质量分数）及 30mm 单铸试棒的力学性能

序号	C（%）	Si（%）	Mn（%）	P（%）	S（%）	Cr（%）	Cu（%）	抗拉强度/MPa
1	3.20	2.00	0.51	0.077	0.062	0.25	0.36	290/275
2	3.22	2.00	0.96	0.080	0.065	0.24	0.31	273/276
3	3.06	1.87	0.85	0.044	0.23	0.30	0.28	285/281

灰铸铁件的冷却条件不同，使同一炉铁液浇注的标准试棒和铸件本体的性能有一定的差别。对表 12-2 中序号 1 的铸件进行了铸件本体检测，取样的部位为箱体端部，厚度 33mm，取两个试样检测其抗拉强度分别为 233MPa、221MPa，金相组织按 GB/T 7216—2009《灰铸铁金相检验》评定，石墨形状为 A 型，长度为 4 级，珠光体数量 98%，无碳化物存在。从以上数据可以看出，消失模铸造工艺生产的齿轮箱，其铸件本体性能符合 GB/T 9439—2010《灰铸铁件》规定的数值（195MPa）。铸件本体性能与试棒性能的差别，与普通砂型铸造相差不多。

3. 消失模铸造工艺生产大型复杂箱体类铸件的体会

1）对于尺寸较大的空腔类铸件，涂料用浸涂的方法不宜实现。因为模样在涂料液中的浮力太大，手持的部位或其他较薄弱的地方很容易损坏。对这种大型空壳类零件，淋涂法是较适宜的工艺方法。用淋涂方法上第二遍及更多遍涂料时，应尽量减少涂料液与模样的作用时间，因为时间长了上一层涂料会彻底润湿，容易与第二遍涂挂上的涂料层一起从模样上脱落。

2）加砂时遇到水平面结构时，如箱体内的分腔隔板，要注意先将其下底面填砂并振实，再向上面填砂。严禁在水平面底部没有紧实的情况下在其上面加砂及振实，造成水平面随着上面堆积的型砂下沉而变形。其他易发生变形部位（如悬壁结构）也应在易变形部位紧固后再继续加砂振实。在模样的腔体部分，应保证腔体内外所加的型砂大致平衡，避免模样在振实过程发生外凸或内凹变形的现象。

3）几个内腔相连或单个腔体存在的箱（壳）体，内腔与其他处连接截面若太小，浇注过程中铁液产生的浮力大于连接截面的强度时，将会使箱体内腔砂型与其连接部分断裂而上浮或移动，造成铸件一侧壁厚减薄或穿透形成与内腔形状相同的透孔，另一侧壁厚增加。解决的办法有：适当增加真空度，以加强连接截面的抗拉或抗剪切能力；在易断裂处插入金属加强肋，也就是相当于砂芯的芯骨，加强此处的抗破坏能力。在浇注过程中要注意观察砂箱内的负压状况，真空度不要出现太大的波动。出现真空度突然下降时，要适时进行调整。

4）对于尺寸较大和结构复杂的壳体类铸件来说，生产中有其独有的特点。由于消失模铸造的铸型刚度在负压的作用下很高，退让性不好，对铸件在凝固后的收缩影响很大，以致造成铸件有的部位没有缩尺，而有的部位缩尺正常的现象。对于尺寸较大的铸件，缩尺可能有 8mm 以上，这样的误差就有可能造成铸件报废。造型时在型砂中需要的位置加入形状、尺寸合适的泡沫塑料块，尽早卸除负压，开箱时间早一些等，都是减少铸件收缩障碍的措施。因此，在铸造工艺设计时，应根据铸件的结构及尺寸情况，考虑自由收缩和受阻收缩，确定合适的缩尺。大型壳体类铸件在造型时，由于表面积较大，型腔内外受到型砂的作用力很大，泡沫模样的强度很低，极易变形。因此应根据每一种铸件的结构特点，制订加砂、振实造型工艺并采取合适的加固措施。

12.9　单中间轴类变速器壳体 EPS 模样缺陷分析及防止（刘高峰，李宇龙）

重型车变速器单中间轴壳体 J70 – 1701015 的工艺参数：外形尺寸 480mm × 300mm × 400mm，最小壁厚 8mm，最大厚度 43mm，如图 12-33 所示。在单中间轴变速器壳体消失模铸件开始生产时不合格品率居高不下，其中因

EPS 模样成形引起的不合格品约占总不合格品的 15% 左右，为了解决这一问题，技术人员边摸索边总结，最终将模样不合格品率控制在 5% 以下。在用 EPS 制模片的过程中，发现 3 种缺陷最难解决。下面将对遇到单中间轴壳体铸件产品缺陷时的分析和解决问题的办法做详细说明。

图 12-33　单中间轴壳体铸件模样

1. 模样变形

（1）出模时引起变形　模具在消失模模样生产中有着很重要的位置，直接决定着模样的质量。活块的设计、气塞的布置、模具的壁厚、冷却管路的设计乃是模具制造的关键。J70 - 1701015 单中间轴壳体，壁厚约 8mm 左右，较均匀，形状复杂程度一般，由两组模片黏结组合而成。模具由外协厂家制造，成形过程中充料、珠粒融合都没有问题，出模后取力器与制动器连接处变形，最大可达到 3mm，几乎每一件都存在同样问题（见图 12-34）。

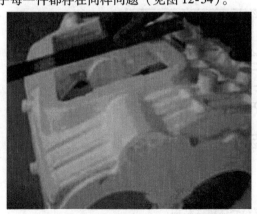

图 12-34　出模操作引起模样变形

分析模具结构，此处有两个倒档凸台，为了脱模方便，此处设计成活块成形，出模过程中因活块重量和阻力过大，与模具配合面摩擦严重，导致出模时活块成形部分变形。模样在出模过程中没有完全冷却，强度很差，很小的外力都会导致其变形。针对上述原因将模具脱模斜度增加到 1°。在实心活块上将中间部分挖掉且打上气塞以减轻活块重量，将此处模具壁厚不均匀处修配均匀；脱模时注意操作方法，先用手托住图示变形部位将活块取出再用手托住其他部分取出模片；给模具上不容易脱模部分加脱模剂；将活块与模具配合面修磨光滑。两端面变形模样向内弯曲是冷却不均造成的，上模冷却水打开后，先积聚到模具上模下端，下端急剧冷却收缩，模具上端冷却水不足，冷却较慢，造成变形。打开模具，重新调整喷淋管结构，使模具上下同时冷却，问题得以解决。对于变形尚未完全消除的模样，在刚出模后采用校正工装进行校正，使变形减小。

（2）烘干过程中变形　模样烘干过程中的变形主要由烘干室的温度、湿度、模样放置等因素决定，温度控制在 45~55℃，湿度在 30% 以下。模样在成形完后，两片黏结放在模样架上，模样架上的摆放方法直接关系到烘干过程中的变形问题，因此将模样两片粘在一起，大口面朝下放置，这样可以有效地避免在烘干过程中造成的变形。

（3）黏结过程中变形　模样在出模、烘干过程如果没有变形，在黏结过程中可能引起变形。黏结过程中的变形主要分为以下两类：

1）在两片模片涂胶对粘的过程中，因孔或平面对不齐，最终使模样定型后变形。对工人进行专业培训，制订合理的检验制度，用管理的办法让操作者认真对待每一件模样。

2）在模片黏结过程中由于黏结时的挤压力造成的变形。这类变形用加防变形筋的办法可以解决。

2. 模样表面局部缺料，周围珠粒内凹

如图 12-35 所示部分位于 8mm 的壁厚上，可以看出，模样表面珠粒萎缩且痕迹严重，模样强度极差，分析过程：此处为平面，没有拐角，周围珠粒融合充分饱满，排除充料口位置不当造成缺料原因；仔细观察其处有气塞，打开模具检查是否为气塞问题，检查正常；排除这两种原因，再检查模具此处是否冷凝水未除尽。原因分析：在成形时水占据了珠粒位置，在脱模后才会造成图示缺陷。解决办法：每次在成形前用空压气将模具表面积水吹干后制50模，所有模样都没有出现上图缺陷。

图 12-35　模样表面缺料缺陷

3. 表面珠粒外凸

单中间轴壳体 J70 – 1701015 倒档凸台处出现表面珠粒外凸缺陷。

（1）模样在出模时冷却不到位的珠粒外凸

珠粒在模具中成形的过程中，因冷却系统效果不到位造成模样在出模时厚大部分脱离模具制约后，造成表面珠粒外凸缺陷。为了解决这一问题，将模具此处的气塞位置重新调整，效果较好。

（2）烘干室温度过高，3次发泡珠粒外凸

发现模样在进烘干室之前经检验检查珠粒无外凸现象，但在烘干室烘干后模样局部出现外凸缺陷。最后查当天温度记录发现烘干室温度达到68℃，温度超出了工艺要求，将温度调到50℃，再从烘干室出来的模样没有珠粒外凸缺陷。

12.10　双中间轴变速箱壳体消失模浇注系统形式分析及应用（马红兵，姜建柱）

法士特集团铸造公司是1个专业的消失模铸件生产单位，铸件的品种多，具有近30000t铸件的年生产能力，其中重型双中间轴壳体是其主导产品，由于铸件结构的特殊性原因，浇注系统的设计难度较大。消失模铸件的浇注系统既具有普通的砂型铸造的普遍性，同时又具有熔模精密铸造串浇的特殊性，更要满足铸件模样的熔解、裂解及金属液充型的要求，因此消失模铸造中浇注系统的设计至关重要，浇注系统设计得合理与否，将直接决定铸件的质量。下面就双中间轴变速箱壳体浇注系统设计及改进所做的工作进行探讨。

1. 变速箱壳体装箱工艺分析

变速箱壳体材质 HT200，单重86kg，主要壁厚7.8mm，底板厚22mm。双中间轴变速箱壳体属于典型的薄壁壳类灰铸铁件，主体包括主箱与副箱两部分。主箱底板上有3个中心孔，副箱一端开口，副箱隔板厚20mm，上有5个通孔。外形尺寸为 510mm × 350mm × 480mm，结构如图 12-36 所示。

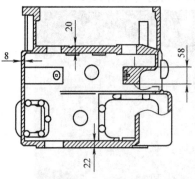

图 12-36　双中间轴变速箱壳体铸件结构

铸型在砂箱内的布置必须遵循便于填砂紧实、便于铁液平稳充型、便于防止铸型变形的三大原则，因此，优先采用副箱口面朝上的装箱工艺。

2. 变速箱壳体浇注系统设计

（1）铸件工艺参数及浇道截面积的计算　G 为铸件的浇注重量：90 ~ 100kg；ρ 为金属液密度：7.25g/cm³；C 为铸件高度：480mm；P 为内浇道以上型腔高度。

根据铸件的浇注重量查得双中间轴变速箱壳体内浇道的截面积为 9.3cm²，为了使金属液顺利充型浇注过程中不致产生砂型踏箱，浇注系统截面积比为 $A_内 : A_横 : A_直 = 1 : 1.2 : 1.4$。

消失模铸造充型过程中，金属液使铸型泡沫汽化，产生界面气体压力，造成充型速度降低。一般情况下消失模铸造的浇注系统比传统的砂型铸造要大一些，内浇道截面积取 11.2cm²。按照封闭式浇注系统的设计截面比，横浇道的截面积为 13.44cm²；直浇道的截面积为 15.68cm²；直浇道直径为 45mm。

（2）浇注系统方式的选择　浇注系统按照金属引入型腔的位置不同，分为顶注式浇注系统、侧中注式浇注系统、底注式浇注系统三种基本方式。为了比较这三种浇注方式的优劣，分别对三种浇注方式进行试验。

1）雨淋顶注式浇注系统。如图 12-37 所示，采用中频电炉熔化，浇注温度为 1450 ~ 1480℃，浇注真空度为 0.03 ~ 0.04MPa。雨淋顶注式浇注系统如俯视图所示，1 个中空直浇道连接 1 个横浇道，横浇道上分布 8 个内浇道。试验表明：采用顶注式浇注系统，铁液的充型速度特别快，仅 15 ~ 16s/箱；浇注过程中直浇道不容易充满，吸气现象严重。所生产的铸件合格率只有 30% ~ 40%，大部分铸件侧壁处存在大量的小气孔，铸件夹砂、夹渣缺陷严重。

消失模铸造雨淋顶注式浇注系统的优点是充型速度快，不需要太高的浇注温度，能够使铸件形成正向的温度梯度，有利于实现顺序方式凝固和补缩，能够利用前期的石墨化膨胀，使铁液的收缩率减少。消失模顶注式与传统的砂型铸造的浇注存在明显的区别，消失模铸造顶注式铁液是自上而下充型，气体不容易排

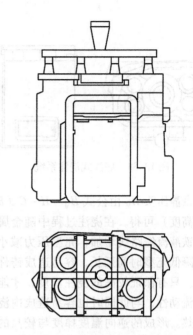

图 12-37　雨淋顶注式浇注系统

出，金属前沿气隙压力大，容易形成气孔；消失模铸造顶注时铸型上部并不是完全处于铁液的充盈状态，造成铸型内局域真空，负压瞬间降低，极易造成涂料层破裂，形成夹砂缺陷，而且雨淋顶注式浇注系统铁液前沿的气隙压力随铸型内铁液量的增加而加大，多股冷流铁液交汇处铁液湍流，容易产生夹杂与冷隔缺陷。消失模铸件除形状简单的厚大件外，一般不建议采用顶注式浇注系统。

2）底注式浇注系统。试验采用中频电炉熔化，浇注温度为 1460 ~ 1490℃，浇注真空度为 0.04 ~ 0.06MPa。底注式浇注系统如图 12-38 所示，1 个中空直浇道连接 1 个横浇道，横浇道上对称分布 2 个内浇道。试验表明：采用底注式浇注系统，铁液的充型过程平稳，浇注速度达 20s/箱，所生产的铸件合格率达到 89% 左右，部分铸件副箱侧壁处以夹杂缺陷为主。

消失模铸造底注式浇注系统铁液从铸型下部充填，充型过程铁液流动平稳，浇道始终处于充满状态，有利于挡渣，不容易产生冲击、氧化以及卷入气体，产生的渣子容易通过集渣包或者冒口消除；广泛用于浇注各种复杂件。底注式浇注系统也有它的不足之处，消失模浇注铁液在铸型内是一种受阻流动，充型能力

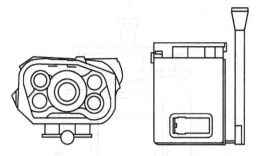

图 12-38 底注式浇注系统

差。剩余静压头 H_M 由公式 $H_M = H - C$（H——直浇道高度）可得，在浇注过程中随金属液面上升，铁液流经路线增加，充型压力减小，充型能力降低充型时间延长，容易造成铸件薄壁处夹杂。只有保证较高的浇注温度，才能提高铁液的流动性，与此同时也容易造成内浇道处局部过热。形成的逆向温度梯度与较高的浇注温度使铸件的上部厚大部位缩孔倾向增加，铸件黏砂严重。

3）侧中注式浇注系统。试验采用中频电炉熔化，浇注温度为 1470 ~ 1480℃，浇注时真空度为 0.04 ~ 0.06MPa。中注式浇注系统如图 12-39 所示，1 个中空直浇道连接 1 个横浇道，横浇道上对称分布 2 个内浇道。试验结果表明中注式浇注系统的优缺点介于前两者之间，铸件中上部两侧面存在大量小气孔与夹渣，该浇

注系统主要应用于高度不大、形状简单的中小铸件。试验及分析表明针对双中间轴变速箱壳体这一类薄壁复杂件，采用底注式浇注系统较为合理。

（3）浇注静压头 H_P 的计算 计算平均静压头的公式为

$$H_P = H - P^2 / 2C$$

铸型工艺方案确定以后，直浇道的高度与位置已定，剩余静压头为

$$H_M = L \tan\alpha = 134mm$$

式中 L——直浇道中心到铸件的最远端或者最高处的距离；

α——铸件的压力角。它随铸件壁厚增加而减小，取 10° ~ 12°，消失模铸造应该更大一些。可以校核剩余静压头高度是否足够大。

3. 浇注系统的优化

生产过程中，为了克服单一底注式浇注系统的一些不足，结合底注式浇注系统和阶梯式浇注系统的各自特点，自行设计了一种底注反浇的 U 形浇道应用于生产，取得了理想的效果。

该浇注系统由 1 个中空直浇道连接 1 个 U 形横浇道，横浇道两边各对称分布 3 个内浇道，如图 12-40 所示。结果表明铸件表面质量好，副箱侧壁部位夹杂缺陷明显减少，生产的铸件合格率平均达到 94% 以上。

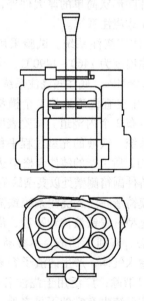

图 12-39 中注式浇注系统

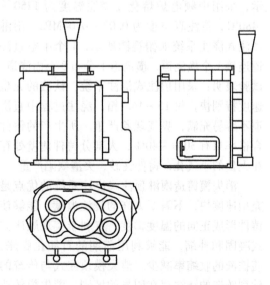

图 12-40 U 形横浇道的浇注系统

采用优化的浇注系统有 6 个优点：

1）浇注过程中铁液自下而上攀爬，各层的内浇道依次打开充型，避免了阶梯式浇注系统的"乱浇"现象。这种浇注方式能够在铸件内部形成一种阶段性负向而整体上呈正向的温度梯度，使铸件的凝固方式接近同时凝固，收缩倾向减小。

2）铁液自下而上的充型方式及正向的温度梯度分布对铸型排气及渣子上浮有利。

3）保持了底注式浇注系统的优点，铁液的充型过程平稳，不容易卷气。

4）各层内浇道间距小，所以各股铁液汇合处的温度接近，容易融合到一起，不会形成冷隔类缺陷。

5）流经各个内浇道的铁液量减少，内浇道部位过热程度减轻，不容易产生黏砂缺陷。

6）与单纯底注式浇注系统相比，这种浇注系统的充型能力提高，可以适当地降低铁液的浇注温度。

这种浇注系统的不足就是涂层与补涂工序操作困难，铸件的工艺出品率降低等。实践证明，生产中合理搭配使用多种浇注系统方式，能够取得比较理想的效果。

12.11　变速器壳体消失模铸造质量控制（高成勋）

变速器壳体采用消失模铸造工艺生产批量较大的一类壳体铸件。其材质为 HT250，轮廓尺寸为 410mm × 310mm × 320mm，主要壁厚为 6mm。公司从 2007 年底开始采用消失模工艺生产变速器壳体类铸件，2008 年进入小批量生产阶段，其间变形、夹渣、铁包砂、冷隔，一直是铸件报废的主要原因，严重影响了产品的合格率和生产成本。为此，公司对变速器壳类铸件变形、夹渣、铁包砂、冷隔缺陷产生的原因进行了分析，并通过一系列工艺试验，对工艺进行逐步改进，不合格品率大大降低。

根据消失模铸造原理和变速器壳体铸件的结构特性，通过增设支撑肋、控制 EPS 泡沫塑料密度、采用合理的浇注系统和造型工艺等措施，来预防变速器壳体变形、夹渣、铁包砂、

冷隔等缺陷的产生，提高铸件产品的合格率。

1. 变速器壳体变形缺陷及控制

（1）变形产生的原因分析　薄壁类壳体铸件的内腔有较大的空间，致使铸件结构不连续。由于铸件结构的特殊性，容易在浸涂和振实过程中产生变形，不合格品率高达 15% 左右。

（2）变形缺陷的工艺改进　铸件变形是模样在浸涂和振实过程中，涂料和型砂在不同方向施加给泡沫塑料模样的力大小不一致所致。通过分析，认为可以在模样上口增加支撑肋，利用支撑肋对模样的反作用力来平衡浸涂和振实中涂料和型砂对模样的作用力，从而起到防止变形的作用。

2. 变速器壳体夹渣缺陷及控制

（1）夹渣产生的原因　在生产变速器壳体铸件初期，夹渣缺陷不合格品率高达 25%，通过分析判定了产生夹渣缺陷的来源：一方面，在浇注时，模样产生大量固相和液相产物，当固相和液相产物不能及时排出时，残留在铸件内部，就会形成消失模铸造特有的夹渣缺陷，模样密度越大产生的固相和液相产物就越多；另一方面，浇注过程中铁液渗入模样的涂料中，铸件凝固后形成夹渣缺陷。此两种原因产生的夹渣缺陷外观特征都为黑色块状分布。这种夹渣的缺陷既存在于铸件外表面，又存在于铸件内部。

（2）夹渣缺陷的控制　对夹渣缺陷产生的原因，可通过采用低密度泡沫模样、设置合理浇冒口系统、提高浇注温度、增加涂层和型砂透气性、提高模样表面质量以防止涂料渗入泡沫模样等措施来防治夹渣缺陷的产生。分析这些影响因素，增大负压、提高浇注温度和涂层及砂型的透气性又会引起渗铁、黏砂及其他缺陷，所以应从模样密度和浇冒口系统两方面着手解决。

1）采用低密度模样。模样密度越低，产生的固相和液相产物越少，模样密度的高低是通过预发珠粒的密度来控制的。由于变速器壳体铸件主要壁厚为 6mm，属薄壁件，因此，预发泡珠粒密度过低势必影响模样的表面质量，同时涂料更易渗入模样，反而增加夹渣的概

率。通过分析，选取 20～22g/L、22～24g/L、23～25g/L 等三种珠粒预发密度对模样质量和夹渣缺陷进行对比。对各种密度进行小批量试验，结果发现预发泡密度在 23～25g/L 时，其各项技术指标都比较好，通过使用 23～25g/L 的预发泡珠粒，其壳体的夹渣不合格品率控制在小于 5%。

2）采用合理浇注系统。以前的浇注系统直浇道全部采用 EPS 泡沫板材经手工切割黏结而成，在加工和使用中有相当大的局限性，具体有以下两点：

① 采用电阻丝切割，切割面粗糙，且原材料为泡沫板材，预发泡密度小，为 13～15g/L，造成成形过程中的珠粒间隙大，涂料易渗入。

② 由板材切割成的浇注系统形状为实心正方体，有棱有角，浇注时铁液冲刷大，高温铁液不能直接进入浇道底部，铁液降温大，在浇注过程中反喷现象严重。

鉴于以上原因，对以前的直浇道进行改进，设计使用中空圆柱形直浇道。首先对于表面粗糙度问题，设计一套模具，由成形机直接成形，使浇注系统的制造与模样的制造有了相同的过程，这样可以通过控制预发泡密度来控制表面粗糙度及密度。其次，对其形状也进行了改进，为保证铁液温度以及减小铁液对涂层的冲刷，在形状上采用直径为 36mm 的圆柱形。再者，根据消失模铸造原理，在浇注过程中高温铁液要将 EPS 泡沫塑料模样汽化燃烧，此过程势必会造成铁液温度的损失，因此在保证强度的情况下，EPS 泡沫塑料使用越少越好，为此将其做成中空，内圆取直径为 20mm。

在使用过程中，两者比较中空圆柱形直浇道具有以下优点：圆柱形表面积小且成形制造，表面平整光滑，减少铸件中形成夹渣的倾向；浇注初期，铁液直接进入浇道底部，铁液温度损耗少，缩短了浇注时间。

3. 变速器壳体铁包砂缺陷分析及控制

死角是铸造的一大难题，不论是湿型铸造还是消失模铸造，砂子都不易填补死角区。消失模铸造中，在造型时砂子不易流入死角区，砂子的紧实度降低，没有足够的型砂支撑涂层，由于铁液的高温、高密度、高流量，极

易冲破涂层产生渗铁等缺陷。针对此种情况，根据经验调整振动频率，采用三维振实台，振动加速度的范围在 1～2g。根据不同铸件调整振实时间和振实频率，当振实时间短、振实频率低时，振实效果很不理想；当振实时间长、振实频率高时，往往会把已经振实的型砂又再次振松。经过试验将振实时间控制在 20s，振实频率控制在 45～50Hz。填砂过程为：加入底砂然后振实，放入泡沫塑料模样，然后分两次进行填砂。第一次填砂的高度和箱体持平或略高一些，操作的目的是将各个不易进砂的位置通过人工辅助填砂手段加满加实型砂，使死角处的砂子紧实度提高。第二次填砂是覆盖砂，覆盖砂要有足够的厚度，从而保证足够的吃砂量。型砂的紧实度高，则渗铁的问题得到解决，铁包砂的缺陷得到控制。

4. 变速器壳体冷隔缺陷分析和控制

冷隔是变速器壳体薄壁铸件的又一个主要缺陷。浇注薄壁的壳体铸件时，铁液流动速度比厚大铸件慢，流动时间长，温度降低快，在铁液最后到达的地方，因温度消耗过大，出现不能完全融合，而形成冷隔，针对其缺陷，采取了以下措施：提高铁液的出炉温度和浇注温度，浇注温度的高低是铸件产生冷隔缺陷的主要原因，将铁液的出炉温度提高到 1560℃，浇注温度不低于 1480℃，冷隔缺陷的问题得到了解决。

通过大量的生产试验证明：使用支撑肋可以防止泡沫塑料模样变形；采用预发泡密度为 23～25g/L 的泡沫塑料模样以及成形的中空圆柱形直浇道有效地解决了夹渣缺陷；通过调整振实参数和人工辅助填砂解决了铁包砂缺陷；提高铁液的出炉温度和浇注温度使冷隔缺陷问题得到了有效的控制。

12. 12　消失模铸件的夹渣缺陷分析及控制（白金帅，汪继明）

夹砂作为消失模铸件所特有的白色缺陷，常出现在铸件的直浇道、横浇道和内浇道的连接处，以及铸件的突出拐角等部位。夹砂缺陷很难修补挽救，铸件只要有夹砂就只能报废。

消失模铸件夹砂缺陷主要受浇注系统连接方式、涂料强度和透气性以及浇注系统与浇口杯连接方式的影响。通过分析这些因素，并结合生产实际，提出了降低夹砂缺陷的有效途径。

1. 铸件夹砂缺陷分析

一个成品铸件要经过数道工序和数个工人的密切配合才能得到。因此，铸件缺陷的产生是在整个工艺流程和操作过程中一步步积累、放大，最终才使铸件报废的。要从源头上解决铸件夹砂缺陷，首先必须找到砂子进入砂型的原因，对这些原因进行分析，从而解决问题。通过认真分析，发现铸件夹砂缺陷的产生与以下三个因素有关：

（1）模样的连接部位　模样成形熟化后要和浇注系统（直浇道、横浇道和内浇道）黏结在一起，在各个连接部位采用热熔胶直接将直浇道、横浇道、内浇道黏结在一起（见图 12-41），然后直接浸涂涂料。采用这种连接方式，如果热熔胶黏结的部位外面漏胶过多，涂料不容易涂挂，且涂层厚度较薄。由于热熔胶和模样分解、分化、汽化熔解不同步，其分解、分化、汽化时，破坏了周边涂料层。再加上浇注时高温铁液始终要流过浇注系统，对这些部位的冲刷比较严重，周边的涂料层也容易被破坏，从而使干砂粒进入铁液，并随之进入铸件，形成夹砂缺陷；在模样的分型面处如果涂胶不均匀，容易留下空隙，在浸涂涂料时使涂料内渗，浇注时铁液不断地冲刷内渗的涂料，不仅会把涂料冲进铸件，而且容易把型砂冲进铸件，造成铸件夹砂。

图 12-41　铸件浇注系统布置图

（2）涂料的强度　涂料作为消失模铸造的关键技术之一，对消失模铸造工艺的成功与否起着至关重要的作用。使用消失模铸造涂料不仅是为了防止黏砂，提高表面质量，降低表面粗糙度值。更重要的是提高泡沫塑料模样的强度与刚度，防止在运输、填砂及振动造型时，模样遭破坏或变形，并且将金属液和铸型分开。如果涂料的强度不够，在振动造型时容易破裂，导致浇注时涂料破裂部位出现金属液，与铸型接触，并对铸型进行冲刷，将砂粒带入铁液，从而形成夹砂缺陷。

采用底注式浇注系统（见图 12-42），直浇道内腔中空，长度为 680mm，加上浇注时浇包口与浇口杯之间的距离，铁液下落的总高在 1000 ~ 1200mm。由于铁液下落的总高度过高，当金属液流与横浇道接触时有很大的速度，在浇注初始阶段，铁液下落带来相当大的冲击力。如与直浇道连接的横浇道外部的涂料强度不够，容易被冲破将砂粒卷进铸件。

图 12-42　铸件底浇注布置图

横浇道、内浇道和铸件底面是高温铁液的流经区，充型过程中始终处于高温环境之下，如涂料的高温强度不够，线胀系数过高，那么在铁液的流动和冲刷下很容易破裂，甚至发生溃散，引起铸件夹砂。

（3）浇注反喷造成的夹砂　模样干燥度不够，涂料没有烘干，造型的含水量大，涂料的透气性差，浇注系统设计不合理等会造成反喷。如反喷严重，容易将浇口杯托起，使浇口杯与型砂连通，在负压的作用下砂粒被吸入砂型而造成铸件夹砂。

2. 夹砂控制措施

针对上述问题，主要采取了以下措施进行控制：

（1）更换黏结材料，改变黏结方式　针对生产中存在的热熔胶外漏过多，涂料涂挂困难的现状，在原工艺热熔胶黏结直浇道、横浇道、内浇道的基础上，又增加了一层双面胶带，从而改进黏结处涂料涂挂性不好的缺陷。在浸涂涂料中，这些容易进砂的薄弱部位不仅能够顺利涂上涂料，且避免了热熔胶在连接部位存在缝隙，容易冲破的缺点。

（2）控制造成浇注反喷的因素

1）EPS 模样密度控制在 $18 \sim 22 kg/m^3$，模样要干燥，上涂料后要干燥，减少水分和发气量。

2）增加涂料的透气性，控制好涂层厚度（0.4 ~ 0.8mm）以便模样裂解后气体及时溢出。

3）设计合理的浇注系统，金属液充型平稳。要保证模样裂解气体溢出型腔而被吸排出去，应有足够的金属液压头，保证浇注系统金属液的截面压力大于金属液和 EPS 泡沫塑料之间的气隙压力，减少反喷。

（3）研制高温强度涂料加强薄弱部位　由于直浇道上半部有很长一段距离还没有透气性，可以把这一段用各种手段将涂层涂得厚一些、牢固一些，以防外界的砂子因真空度低而压坏直浇道，从而产生夹砂缺陷。具体做法如下：将模样按正常的浸涂工艺涂刷并烘干后，再将直浇道用自制的高温强度涂料浸涂一遍，并且把其他薄弱部位加强，然后烘干。图 12-43 所示为直浇道涂层的涂刷情况，这种高温强度涂料透气性很差，但是不论是在常温还是高温下都能保证很好的强度，并且在浇注过程中始终能够保持足够的强度和耐冲击性，能够抵御高真空度下型砂的挤压而不溃散，从而防止砂粒进入铸件。

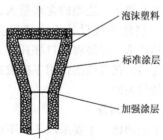

图 12-43　直浇道涂层分布图

根据生产中存在的问题，对原有商品涂料进行改进，效果不明显。通过不断努力，最终配制出高温强度和透气性能较好的新型涂料。

（4）设计适合浇注系统的浇口杯　解决铸件夹砂缺陷的主要方法如下：

1）对于较大的铸件，由于浇注时间较长，可采用流钢砖、自硬砂制作的直浇道连接浇口杯，如图 12-44 所示。

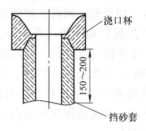

图 12-44　用耐火材料制作直浇道示意图

2）对中小铸件，可把直浇道与浇口杯制成一体，在其上一边刷涂料一边绕玻璃丝布，增强此处的强度，增加涂层的厚度，如图 12-45 所示。

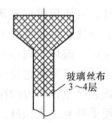

图 12-45　缠绕玻璃丝布示意图

3）可用泡沫塑料切成挡砂套，刷上涂料，按图 12-44 所示连接直浇道和浇口杯，此时挡砂套不宜太厚。以上方法都为制作和填箱操作增加了一些困难，并且浇口杯都是一次性使用，经济适用性差。根据多年生产的经验，结合铸件生产过程中易出现的问题，设计出可重复利用的铸钢浇口杯，并改进浇口杯与直浇道的连接方式，采用嵌入式连接，减小甚至隔绝了砂粒流入浇道的空间，使塑料薄膜被烫破后，真空反吸时无法让砂粒通过，从而避免铸件夹砂。

（5）加强管理规范操作，控制效果　严格执行工艺规程，规范工人的操作，做好工艺过程控制，对提高铸件成品率，降低夹砂缺陷有重要意义。

针对铸件夹砂缺陷产生的原因，在生产过程中逐步采用以上解决措施，并且不断地加强管理，致使夹砂铸件数量大幅减少，铸件夹砂率也不断下降，取得了良好的控制效果。

3. 效果

在热熔胶裸漏部位贴上双面胶带，有利于涂料涂挂，能够有效减少由于热熔胶外漏造成的漏白，从而减少夹砂缺陷。合理的浇口杯与直浇道连接方式，能够有效地阻挡高真空度下砂粒的反吸进入。

提高涂料的透气性，有利于减少浇注反喷，防止减少浇注过程中浇口杯被抬起，从而降低铸件进砂的可能性。在直浇道容易冲破进砂的部位施涂高温高强度涂料，能显著减少直浇道冲破进砂。

12.13 明冒口在消失模铸造中的应用（郭跃广）

用消失模铸造壳体类铸铁件，一般在易集渣部位放置排渣冒口。铸造装载机大型变速器壳体，在改用单边阶梯浇注系统后，其远离浇道的另一侧面上的上部铁液温度降低快、残存加渣多，出现铸件气密性试验时多处渗漏等质量问题，在顶部放置多个暗冒口仍无法解决。经过多次试验，使用了可使容积扩大的明冒口，使该处低温劣质铁液往上冒至明冒口，使铸件得到铁液，消除了铸件的渗漏。

铸型中能储存一定量的金属液，以对铸件进行补缩，防止产生缩孔和缩松的"空腔"称为冒口。冒口除对铸件凝固的液态收缩起补充金属液的作用，避免产生缩孔、缩松外，还有出气、排渣及置换、接纳浇道远端的低温劣质铁液的作用。用消失模工艺铸造的装载机大型变速器壳体，质量为 260kg，材质为 HT200，结构复杂，外形尺寸较大，铸件不允许有砂眼、气孔、夹渣、冷隔、裂纹等缺陷，在最高气压 7MPa 下保压 10min 不能渗漏。

1. 环形浇道铸件油底壳面朝下工艺

这种浇注系统的优点为：填砂死角减少，振实质量得到保证；单边阶梯浇道模样可以整体压出，不存在手工加接直浇道，外围尺寸

小，便于浇道黏结和实现涂料浸涂，大大提高了生产效率。

浇注系统的缺点是：填砂振实死角多，预先对死角覆树脂砂工作量大；环形浇道环绕于铸件的三个侧面，外围尺寸大，手工加接直浇道多，不利于浇道黏结和涂料的浸涂等。采用单边阶梯浇注系统及铸件油地面壳改为朝上工艺。右侧为单边浇注系统，浇口杯由泡沫塑料模代替，浇注顶部装有五个暗冒口。

2. 改用单边阶梯浇注系统工艺

此浇注系统的缺点集中于远离浇道的另一侧面上部，虽然在该处顶端及附近增加了多个暗冒口并且适当提高了浇注温度（1480 ± 5）℃，还是有 50% 以上铸件在该处产生皱皮和夹渣，该处在气密性试验时仍有较多渗漏。分析其原因如下：

1）用消失模铸造壳体类铸件，存在 EPS 泡沫塑料模样汽化不良易产生夹渣的问题，将壳体模样总量控制在 1.2kg 以下，继续降低模样密度难度大。

2）铸件外形尺寸为 1032mm × 590mm × 606mm，即按浇注位置看，整体高度为 1032mm；外形最大宽度和厚度位于铸件的中下部；高度的最高顶端为朝上的油底壳面，是外径为 440mm × 180mm 的长方的"回"字形开口，四角为 R40mm 过渡，四周壁厚为 25mm。铸件外形轮廓总体为：中、下部大，上部变小，最后的夹渣物将上浮于变小的上部。

3）浇注系统为单边三层阶梯，层间距为 200mm 左右，每层两个内浇道引入铁液，共六个内浇道分布于左侧面总高度的上半部分，前沿铁液及夹渣物最后将富集于远离浇道的另一侧面，即右侧面上部，低温铁液又使该处的泡沫塑料模样汽化不良，易产生皱皮和夹渣，该处进行气密性试验发现渗漏。

3. 最优化工艺

1）进一步提高浇注温度至 1500℃ 以上时，右侧面上部皱皮和夹渣明显减少，气密性试验渗漏有较大改善，同时出现两个问题：铁液入口的左侧面及内表面由于铁液温度高而黏砂严重；左侧面上的油底壳面由于铁液过热，该部位（壁厚 25mm 的中线处）机械加工后出现缩

松。靠进一步提高浇注温度不可取。

2）考虑加大右侧面上部的暗冒口来置换低温劣质铁液，冒口根部尺寸及宽度最大只能取 20mm（壁厚 25mm），长度最大取 100mm，冒口根部尺寸受限，不宜补贴，要将暗冒口做大，难于操作，也是不可取的。

3）用明冒口来置换低温铁液。在右侧上部原暗冒口的顶部，加接一段直径为 45mm 的泡沫塑料空心管（另一端用薄膜包住，防填砂时进砂）。该泡沫塑料管同直浇道一样，在填砂后露出覆盖的塑料薄膜表面，像放置浇口杯一样安放上浇口杯（使用方形陶瓷浇口杯），该浇口杯即为明冒口，右侧一暗冒口上安装明冒口，明冒口由泡沫塑料模代替，如图 12-46 所示。

图 12-46　壳体铸铁件优化工艺简图

浇注前（负压开启后），用 $\phi3 \sim \phi5mm$ 的铁线将与明冒口连接的泡沫塑料管处的薄膜插个孔，再用 $\phi600mm$ 高度约 1200mm 的薄铁皮桶（无底无盖），罩住明冒口。浇注后期小孔会先冒出少量气体（作为铁液浇注上来的信号），随后一股泡沫塑料汽化烟气进入铁皮桶并从上口冒出，同时低温劣质铁液被排入容积较大的明冒口。

4. 使用冒口的效果分析

1）浇注后，同时对明冒口和浇口杯的铁液进行测温，明冒口的铁液温度比浇口杯的铁液温度要低约 20℃，表面结壳时间比浇口杯的表面结壳时间要早约 120s，说明了明冒口接纳的是低温铁液。

2）从明冒口表面及侧面可以看到较多的夹杂物，原来易产生皱皮和夹渣的右侧上部则变得光滑洁净，甚至其上与明冒口连接的暗冒口表面也是光滑的，说明了低温劣质铁液被较好地置换了。

3）经 150 个铸件的气密性试验，右侧面上部基本消除了渗漏问题。使用明冒口后，铸造装载机变速器壳体的气密性试验合格率明显提高。

消失模铸造大型壳体类铸件在泡沫塑料密度无法继续降低，使用单边侧面浇注系统工艺时，在远离浇道的另一侧面的顶部放置明冒口，是使该低温劣质铁液得到置换，以消除铸件产生皱皮和夹渣的一个可行的有效方法，该方法操作简单。

12. 14　柱塞泵体的消失模铸造（刘斌）

对某厂柱塞泵体消失模铸造的工艺设计和 20t/班消失模铸造生产线设计，通过工艺试验和试生产确定了有别于常规的铸造工艺，满足了扩大生产能力和大批量流水线生产机械加工的需要，一种用于大批量生产小型铸件（柱塞泵体）的新颖的消失模铸造水平充型立式串铸工艺，有效地消除了缩孔、缩松、夹渣及铸铁件炭渣缺陷，使综合不合格品率稳定在 2% ~ 3%。

1. 铸造工艺分析

（1）柱塞泵体铸件的结构特点

1）该铸件属于小型厚壁实心铸件，如图 12-47 所示。长 150mm，宽 125mm，高 85mm，质量 2.6kg。

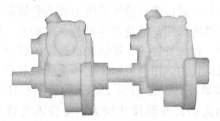

图 12-47　柱塞泵体模样

2）在外表面分布需加工的十个凸台。

（2）技术要求

1）工作压力：15.68MPa。

2）材质：HT200。

3）硬度：180～220HBW。

4）铸件不允许有缩孔、缩松、夹渣、气孔、裂纹、黏砂等缺陷。

（3）铸件加工条件　在大批量生产流水线上加工，对铸件表面粗糙度和尺寸精度有较高要求，要保证能顺利定位、装卡、加工。原来的黏土砂湿型手工造型不能满足这一要求，在装卡前需增加一道加工工序，同时加工量大。

根据以上分析，该铸件适于采用消失模铸造工艺，同时可满足大批量流水线机械加工对铸件表面质量的要求，从而成倍提高铸造生产能力和提高机械加工效率。该件为耐高压液压件，因此在消失模铸造工艺设计时，要采取措施重点消除缩孔、缩松及消失模铸造特有的炭渣缺陷。因为是厚壁实心铸件，应充分利用铸铁的石墨化膨胀消除铸件的收缩缺陷。同时，因为是小件，要采取群铸，所以在工艺设计时要考虑尽量提高制模生产能力，减少黏结、组模、浸涂、搬运等工作量，方便各工序的操作。

2. 铸造工艺设计

（1）模样制作

1）整体模样，模具一模四串，一串四件，一模共16件。每串四件模样靠 $\phi20_0^{+0.1}\times40$mm 圆柱形内浇道连接成一串，如图12-48所示。

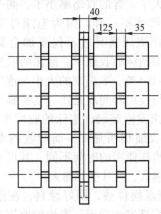

图 12-48　模样组示意图

2）直浇道、横浇道全部发泡成形，截面尺寸均为 40mm×30mm，在横浇道上做出直径为 $\phi20_0^{+0.1}$mm、深5mm的孔，用于和内浇道连接，如图12-49所示。

3）EPS珠粒直径：0.4～0.6mm。

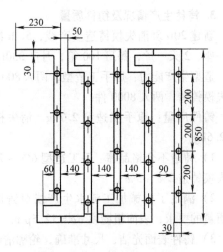

图 12-49　柱塞泵体浇注系统

4）模样密度：20～23g/L。

5）模样质量：（检查模样密度）一个模样（含内浇道）不大于8.6g；一串模样（含内浇道）不大于33.4g。

（2）组模　先将直浇道与横浇道一端黏结在一起，横浇道另一端黏结一过桥，以便在铸型充满前阻止铁液流入下层直浇道，再将每串模样从中间断开，分成两段，分别黏结在横浇道两侧对应的深5mm的孔内，横浇道两侧分别黏结四串，计16件，为一组模样组。一箱五层，即五组模样组。

（3）浸涂及干燥　采用石墨粉涂料，活化膨润土为黏结剂，并填加有机黏结剂和悬浮剂，每次浸涂一组模样组，一次浸涂，再检查补涂一次。涂层厚度为0.6～0.8mm，在蒸汽干燥室内45～55℃温度下烘干。

（4）造型　砂箱内尺寸为 1000mm×850mm×900mm，振实台为三维振实台。模样组分五层布置，每层16件，每箱80件。将第一层模样组放入砂箱内加砂后振动紧实，然后将第二层模样组与第一层直浇道黏结，加砂后振动紧实，依次操作，整个砂箱振动紧实时长不超过1.5min。

（5）浇注　真空度为0.045MPa，浇注温度为1371～1400℃，开始浇注时注意挡渣；铁液充填顺序为：首先是最上一层，充填完毕后流入下一层，依次向下充填，最后是最下一层。

3. 铸件生产情况及铸件质量

新建 20t/班消失模铸造生产线，5t/h 冲天炉一座，2 天一炉，每班 100 箱，月产 330t。

造型生产能力：原手工造型，两人 800 件；消失模铸造，两人 8000 件。

铸件质量：原手工造型 2.7kg，消失模铸造 2.6kg。

1）铸造不合格品率：手工造型 6% ~ 7%，消失模铸造 2% ~3%。

2）满足了机械加工流水生产线对铸件表面质量的要求，表面粗糙度 $Ra = 12.5\mu m$。

3）铸件表面光洁，尺寸准确，轮廓清晰。

4. 柱塞泵体的新工艺特点

1）采用直浇道和横浇道相同的截面尺寸，逐层水平充型，铁液流动平稳，这是消失模铸造模样汽化完全、消除炭渣缺陷的基本条件之一。浇注系统横截面面积比为：$A_直 : A_横 : A_内 = 1 : 1 : 4.18$。

2）采用圆柱形内浇道，并与横浇道榫卯连接，增加了内浇道强度，保证了在浸涂、造型和搬运过程中不会损坏。

3）横浇道靠内浇道与第一个铸件连接，第一个铸件又靠第二个铸件的内浇道与第二个铸件连接，浇注时从横浇道到第一个铸件再到第二个铸件存在着温度梯度。第一个铸件通过第二个铸件内浇道补偿第二个铸件的液态收缩，而横浇道通过第一个铸件的内浇道补偿第一个铸件的液态收缩。

4）圆柱形内浇道起到了冒口颈的作用。铁液充型过程中将内浇道不断加热，由于圆柱形散热慢，能较长时间使内浇道中的铁液处于液态，使横浇道或上一个铸件的铁液能补充下一个铸件的液态收缩；同时在铸件凝固收缩前凝固，使铸件在刚性铸型中靠石墨化膨胀，补偿凝固收缩，有效消除缩孔、缩松缺陷。

5）采用耐火度高、相对密度小的石墨粉作为耐火材料，涂料相对密度低，浸涂浮力小，悬浮性好，耐火度高，一次浸涂可获得较厚光洁涂层，在保证铸件质量的前提下提高了浸涂工作效率。

6）操作较为简单方便。

12.15　飞轮壳消失模铸造工艺
（李晓霞，郑宝泉）

E37F4 - 1600401 型飞轮壳几何尺寸为 $\phi489mm \times 152mm$，最薄壁厚为 8mm，材质为 HT250，零件质量为 36kg。飞轮壳体属薄壁箱体件，市场需求量很大，适合采用消失模铸造方法大批生产。飞轮壳在消失模铸造过程中要解决的主要工艺难题是铸件变形。经现场认真观察，发现铸件变形的主要原因如下：

1）泡沫模样出模后，如放置不平，此时泡沫还比较软，自身强度不足，待泡沫模样冷结后就发生了水平方向扭曲变形。

2）泡沫模样失圆。测量时不同位置的直径读数差距很大。发生模样失圆的原因是，泡沫模样充料时，通常只有一两个加料口进料，模样圆周壁接近进料口位置的泡沫密度高于远离加料口位置的泡沫密度，在熟化干燥过程中，各部位的收缩率不一致，产生应力，导致变形失圆。

3）不同模样的内径尺寸不一致，有的件内圆加工量很小，有的件内圆加工量很大。加工量小的件外圆增大，加工量大的件外圆变小，壁变薄，铸件报废。换言之就是有些模样的收缩率大了，有的收缩率小了。同一模具出来的模样尺寸不一样。因为泡沫自身有收缩率，在制作泡沫模具时不仅要加金属的收缩率，还要加泡沫的收缩率。泡沫的收缩率通常为 0.3% ~0.6%，收缩率的大小与泡沫的密度成反比，与使用时间成正比。在模具尺寸确定以后，泡沫发泡越轻，泡沫的收缩率就越大，泡沫自身收缩很明显，一周后收缩率就很小了。如果模样使用的时间不同，其尺寸就会不同，直径越大，尺寸变化越大。

4）组成模样簇，刷好涂料，在涂料烘干过程中也容易发生变形。发生的原因是，烘房内空气没有搅动，或模样架没有经常变换方向，导致部分涂料先干，部分涂料后干，涂料产生应力发生变形。

5）埋箱时因加砂方式不当，或振动时间控制不当，或振实台产生定向砂流都会导致模样变形。

6）出件时，铸件半掩半露，或在通风道放置，急剧降温也会导致变形。

1. 飞轮壳消失模铸造工艺

（1）预发泡

1）预发泡机：ZY2000BD 型正压间歇式半自动珠粒预发泡机。

2）发泡原料："龙王牌 GH-4S 可发聚苯乙烯珠粒"，距出厂时间 50 天，测量发泡剂含量为 6.5%。

3）预发密度为 20g/L，偏差为 ±0.5g。

4）熟化时间控制在 5h，96h 以内用完；必须清除结块及死珠粒。

（2）成形

1）成形机：CXB1210 型液压半自动成形机。

2）压缩空气压力为 0.6MPa，水压为 0.3MPa，蒸汽压力为 0.5~0.6MPa。

3）增压罐加料，增压罐出口压力为 0.08~0.1MPa。

4）模具合模间隙为 5mm。

5）模样完整无缺陷（无过烧或夹生情况）（见图 12-50）。

图 12-50　模样完整无缺陷

（3）模样熟化

1）出模后软热状态时，放置在玻璃平板上并在上部略施压力（可用瓷砖板）防止变形，此操作是防止模样水平扭曲变形的重要措施（见图 12-51）。

2）自然干燥 12h。

3）气温高于 15℃时，可以常温熟化干燥，气温低于 15℃时，须进烘房熟化干燥。

（4）烘干

1）确定烘干时间，一般控制在 3~6 天内，防止因模样放置时间过长而超过最大设计收缩率，尺寸变小；

2）模样烘房温度为 35~40℃，相对湿度为 30%~50%。

图 12-51　防止模样水平扭曲变形的重要措施

（5）黏结

1）根据图样要求，打磨模样外表飞边毛刺，用纸胶带、双面胶、修补膏修补凹坑、破坏损坏等缺陷。

2）均匀涂刷冷胶，组合分片模样，并用纸胶带将黏结缝隙封严。

3）检查内腔尺寸，偏差控制在 ±0.5mm，制作定位工装（见图 12-52），校正圆度（见图 12-53），用木条拉筋固定尺寸，此项操作防止发生失圆变形（工装尺寸：高 500mm，ϕ492mm）。

图 12-52　制作定位工装

图 12-53　校正圆度

4）依据黏结图或样件黏结浇冒口、木条，热熔胶温度、用量适中，不得有漏胶现象，尤其要防止因用力过大导致模样变形，两层模样间距为60mm（见图12-54）。

图 12-54　两层模样间距为60mm

（6）刷涂

1）采用水基高强度高透气性涂料，严格按照涂料配方混制涂料。

2）控制本体涂层厚度在 0.8~1.0mm，浇注系统涂层厚度在 3~5mm，分二次浸涂刷。

3）每遍涂料烘干时间控制在 8h 以上，烘干温度控制在 45~50℃。

4）埋箱前要检查涂层，涂层要求无裂缝，无漏白（见图12-55）。

图 12-55　涂层无裂缝，无漏白

（7）埋箱

1）采用 TQSW-Q-1813 型 PLC 调频锁紧气囊悬浮可倾斜振实台。

2）造型用砂型号：20~30 目宝珠砂。

3）均匀填砂，加底砂 150mm 高，第一次振实，时间 10~30s。

4）将砂放置在第二层模样高 20mm 处，第三次振实 10~30s。

5）局部塞砂要求紧密，振实。

6）浇口杯要高出砂面以上 15mm，防止外溢铁液反流。

7）装箱过程防止变形，盖砂控制在 100mm 以上（见图12-56）。

（8）浇注　出炉温度为 1550~1580℃，浇注温度为 1450~1480℃，浇注速度遵循慢-快-稳的原则，扒渣挡渣要仔细，浇注对包要准，包嘴尽量放低，浇注过程中铁液是流入而不是冲入，避免进砂（见图12-57）。

图 12-56　装箱过程

图 12-57　浇注过程

（9）落砂出件　浇注后保压 5~8min 然后泄压，1~2h 后翻箱再冷却 2h 即可抛丸，进抛丸机前应敲掉涂料表层的黏砂（见图12-58~图12-63）。

图 12-58　保压 5~8min 后泄压

图 12-59　1~2h 后翻箱

图 12-60 翻箱再冷却 2h

图 12-61 待清理铸件

图 12-62 铸件抛丸

图 12-63 抛丸后铸件两个面照片

（10）检验

1）外观检测，有没有冷隔，进渣，出铁瘤等宏观缺陷，喷漆要求均匀无漏。

2）尺寸检验，上端面内腔尺寸偏差控制在 ±1mm，平面变形控制在 2mm 以内。

3）力学性能检测要求及时准确，抗拉强度控制在 230MPa 左右标准，硬度控制在 250HBW 标准下限。

2. 消失模铸造泡沫模样变形原因

消失模铸造泡沫模样变形的原因有以下两种：

（1）机械变形 如放置不平、填砂及紧实不当导致的变形。

（2）应力变形 珠粒加料不均，模样不同位置的密度差异大，烧干，特别是涂料烧干时受热不均，可导致应力变形。

薄壁壳体类模样防止变形的有效措施，一是出型后平整放置，二是工装校正后用木条或泡沫牵拉定型，谨慎操作效果很好。

3. 薄壁壳体类消失模铸造工艺卡（见表 12-3）

表 12-3 薄壁壳体类消失模铸造工艺卡

消失模铸造工艺卡			产品名称	飞轮壳
			产品型号	
序号	工序名称	工序内容	设备	检查项目及检测仪器
1	预发泡	1）检查 EPS 原料是否在使用期范围（冬春季 5 个月，夏秋季 2~3 个月） 2）预发泡密度控制在 22.5~23.5g/L 范围 3）熟化时间控制在 2h 以上，96h 使用完 4）通过筛分去除结块及死珠粒	预发泡机，电子天平（量程 0~2000g 精度 0.1g），量杯，筛网	1）外腔温度控制在 90~105℃ 2）内腔温度控制在 85~100℃ 3）1000mL 量杯测量预发泡密度在 22.5~23.5g/L 4）便携式干燥计测量熟化珠粒水分
2	成形	1）检查预发泡珠粒是否满足成形需求 2）通过控制蒸汽时间获得表面完整无缺的模样（无过烧或夹生），表面质量好 3）模样熟化：自然干燥 12h，放在平板上防变形；烘房烘干，通过烘干曲线确定时间，控制在 48~72h	手动成形机，半自动液压成形机，增压罐，防变形平台，压力表，温湿度控制仪	1）增压罐出口压力为 0.08~0.1MPa 2）压缩空气压力为 0.6MPa 3）蒸汽压力为 0.5~0.6MPa 4）冷却水压力为 0.3MPa 5）模样表面质量：目测 6）烘房温度为 45~55℃，相对湿度≤30%

（续）

消失模铸造工艺卡				产品名称	飞轮壳
				产品型号	
序号	工序名称		工序内容	设备	检查项目及检测仪器
3	黏结组合		1）按图样要求打磨模样表面毛刺及气塞，用纸胶带及双面胶，修补凹坑，破坏损坏等 2）均匀涂刷冷胶，组合模片，并用胶带将黏结缝隙封严 3）检查内腔尺寸，其偏差控制在 ±0.5mm，用木条拉筋固定尺寸 4）依据黏结图或样件黏结浇冒口，木条。热溶胶温度、用量适中，不得有漏胶现象	板尺，卡尺，高度尺，热熔胶枪，胶棒，黏结工装	黏结尺寸控制见模样组合示意图
4	涂覆		1）严格按涂料配方混制，涂 2~3 层 2）涂层厚度控制在 0.8~1.5mm，大件取上限，小件取下限 3）涂料烘干时间控制在 8h，烘干温度 50~60℃ 4）浸涂无气泡，无漏白，涂层均匀，一遍干透后再涂下一遍；浇注系统涂层在 2mm 左右 5）涂料修补要求无裂纹，无漏白 6）按要求组合模样及浇注系统	电子秤，波美度计，立式变频调速搅拌机	
5	装箱真空浇注		1）底砂要求 150mm，盖砂控制在 100~200mm 2）局部塞砂要紧实，振动时间为 10~30s 3）浇口杯要高出砂面 30mm 4）出炉温度为 1550~1580℃，浇注速度遵循慢-快-慢，扒渣挡渣要仔细，浇注对包要准，避免冲砂 5）浇注 1~3h，翻箱冷却 2h 后抛丸	测温枪，真空表	出炉温度为 1550℃以上 浇注温度为 1450℃以上 真空度为 0.045MPa 保压时间为 10~15min
6	检验		1）外观检验：有没有冷隔，进渣，铁瘤黏砂 2）尺寸检验：上端面内腔尺寸偏差控制在 ±1mm，平面变形控制在 2mm 以下 3）力学性能：抗拉强度在 230MPa 左右，硬度在 250HBW 以下 4）喷漆要求均匀无漏	卡尺，检验平台，高度尺	检验标准
设计	审核	会签		审定	批准

12.16　消失模铸造康明斯飞轮壳渣孔预防措施

　　康明斯飞轮壳材质为 HT250，质量为 60kg，尺寸为 600mm × 500mm × 200mm，最小厚度为 10mm，最大厚度为 18mm，采用消失模铸造 2 件/箱，生产初期飞轮壳渣孔及变形造成的不合格品严重，直接影响效益。

1. 飞轮壳形状及铸造工艺

　　飞轮壳 163 的形状如图 12-64 所示，飞轮壳 163 的铸造工艺如图 12-65 所示，浇口杯及直浇道尺寸如图 12-66 所示。

2. 飞轮壳的渣孔及变形缺陷

　　渣孔、气孔占 7.9%，主要集中在铸件浇注最高点（见图 12-65），椭圆占 5.7%，要求

图 12-64　飞轮壳 163 的形状

图 12-65　飞轮壳 163 的铸造工艺

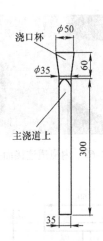

图 12-66　浇口杯及直浇道尺寸

大圆面尺寸为 ϕ551.5 ~ ϕ554.5mm，实际浇注出铸件尺寸最小达 ϕ546 ~ ϕ548.5mm，最大达 ϕ558 ~ ϕ561mm。

厂外加工质量：发现左右侧耳加工后存在非夹砂状砂眼，在加工不合格品中占 42%，如图 12-67 所示。浇注最高点加工后缺陷占加工后不合格品 23%，如图 12-68 所示。内浇道连接面夹砂，占加工后不合格品 15%，如图 12-69 所示。

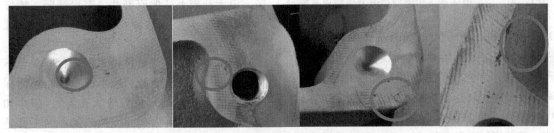

图 12-67　左右侧耳加工后存在非夹砂状砂眼

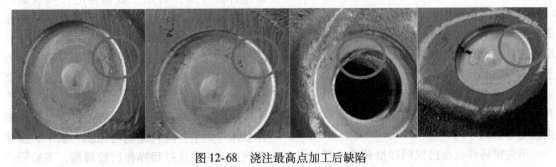

图 12-68　浇注最高点加工后缺陷

3. 消失模铸造飞轮壳浇注系统

消失模铸造飞轮壳浇注系统见图 12-65、图 12-66、图 12-70。

出炉温度为 1550 ~ 1560℃，飞轮壳浇注温度为 1380 ~ 1480℃，浇注时有专人配合保证浇注中浇包平稳不晃动，专人控制保证真空度在

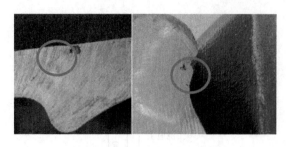

图 12-69　内浇道连接面夹砂

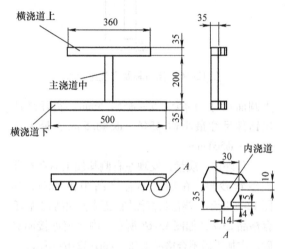

图 12-70　消失模铸造飞轮壳横浇道及内浇道系统

0.03 ~ 0.04MPa。专人负责用铁钎拨动挡渣棉做好挡渣工作。开始时慢浇以防模样汽化太快产生喷溅，待浇注系统冲开后加快浇注速度，吸气声音越大就越加快浇注速度，没有声音应中速浇注，待快浇满时转入慢浇。浇注完一箱，移动浇包准备浇注下一箱。每炉铁液出炉后浇注时间不能超过 10min，最终控制在 5 ~ 8min。浇注完毕不得马上停止负压，保持此时的压力 10 ~ 15min 后方可停止负压，浇注后保压真空度和浇注时一致，最低不能低于 0.03MPa。

4. 消失模铸造飞轮壳产生孔眼（渣孔、砂孔）、缩孔（松）、缩坑（凹陷）/内部非金属夹杂物等原因

消失模铸件也会出现同砂型铸造一样的孔眼（渣孔、砂孔）、缩孔（松）、缩坑（凹陷）/内部非金属夹杂物等缺陷和特有的网纹和较深的龟纹等缺陷。消失模铸造铸件也会出现缺陷，如非金属夹杂物等。但是，其形态特点、形成条件及防止措施有所不同，采用合理工艺严格操作，消失模铸造可获得铸件表面光洁，且内部十分健全合格的铸件，而工艺不同则会产生严重的内部缺陷，通过无损探伤或机械加工后可发现。

（1）渣孔　金属液带入熔渣及模样裂解的固相产物因不能排出而积存，漂浮在铸件表面。喷丸清理后，铸件表面仍会有渣痕的不规则孔洞。模样热解产物夹杂物产生原因是，模样受高温金属液热解后形成一部分固相和液相产物，不能及时排出，残留在铸件内部形成了消失模铸造特有的柏油（沥青）状焦化（炭化）后黑色块团状夹杂物。熔渣夹杂物产生原因是，浇注时金属液带入熔渣而未排出，留在铸件内中形成夹渣（点、团块状熔渣）。

（2）缩孔（松）及缩坑（凹陷）　消失模铸造铸件的补缩冒口的设置比普通砂型铸造的冒口设置要随意得多，但同样大小的冒口的补缩能力却不及普通砂型铸造，因为消失模铸造的金属液进入冒口的温度往往较低，冒口耐压力也较低，铸件与内浇道及冒口连接处的热区，由于补缩不良形成缩孔、缩松缺陷。铸件厚大部分由于补缩不足形成缩坑（凹陷），往往出现在最后凝固的较大表面上。

（3）网纹、龟纹　模样表面珠粒间融合不良，连接处的凹沟间隙和细小珠粒纹路粗而深的为龟纹（严重时形成粒珠状表面），细小如网状纹的为网纹。出现此类缺陷的原因主要是模样珠粒质量不好，黏结不良，尤其是取用泡沫塑料板（型）材加工成模样时，其表面粗糙，涂料渗入其间，表面龟纹、网纹复印在涂料层上，浇注后表面也出现这些缺陷。

5. 消失模铸造飞轮壳产生孔眼（渣孔、砂孔）、缩孔（松）、缩坑（凹陷）/内部非金属夹杂物防止措施

从消失模铸造生产质量控制过程分析，模样制作与烘干，涂料配制与涂刷、烘干，浇注系统设计、浇注过程操作比较规范，飞轮壳产生孔眼（渣孔、砂孔）、缩孔（松）、缩坑（凹陷）/内部非金属夹杂物的主要原因在于铁液浇入型中温度偏低，造成模样汽化不良，形成泡沫渣孔，提高浇注温度是关键。由于生产中对凉浇包采用铁液烫，即容易使铁液吸气降温，又加大电耗，而且效果差，建议修建烤包炉，将浇包烤透，到 500～600℃。

（1）渣孔防止措施　采用低密度模样提高浇注温度，浇冒口系统利于排渣或采用集渣包（冒口）而集中，铸件冷却后去掉。

金属液熔炼除渣要干净，严格挡渣操作，浇冒口系统设计要方便排渣、集渣，提高浇注温度以便渣淬浮集，也可选用除渣性能较好的浇包及设置过滤网挡渣。

型砂夹杂物防止措施：模样与内浇道、模样转角连接过渡要圆滑，尽量防止存在尖角而夹持砂粒；涂料性能要好，涂挂要均匀；模样组合不要在砂箱内操作，切忌边填砂边黏结模样。

涂料夹杂物防止措施：改善涂料性能，提高涂层强度；模样组合时结合部（转角）要严密处理，以防涂料渗入角缝隙中起团块。

（2）缩孔、缩松及缩坑（凹陷）防止措施　提高金属液的浇冒口补缩能力，使液流从冒口处经过保持冒口最后凝固；采用发热、保温冒口；充分利用直浇道补缩（组串铸件），采用合理的浇冒口系统。提高浇注温度，增加补缩冒口的体积，并选用合理的冒口形状（体积大、表面积小、散热慢的形体）；提高冒口温度，从冒口进入金属液，保温发热冒口，或配合使用冷铁。浇注球墨铸铁时，浇注后立即加大负压，提高铸型刚度，以防产生缩孔（松）。

（3）网纹、龟状的防止措施　改善模样表面质量，选用细小的珠粒；选择合适的发泡剂含量，改进发泡成形的工艺；选择模样干燥合理的工艺，防止局部急剧过热；对模样表面进行修饰，在模样表面涂上光洁材料，如塑料、浸挂一层薄薄的石蜡、涂上一层硝酸纤维素涂层等，可以改善汽化模的表面质量，使浇注出的铸件没有晶粒网状及龟纹。

12.17　薄壁类汽车离合器壳消失模铸造控制（刘永其，郑国威，周杰敏）

薄壁类离合器壳 646L（见图 12-71），其平均壁厚在6mm 左右，质量为18kg，大圆直径

为450mm 左右，从开始试产到大批量生产，主要的质量问题是变形。根据设备和产品的实际情况，总结出了适合生产该类薄壁离合器壳的工艺方法，其中影响此类产品变形的最关键工序是埋箱造型工序，通过合理的结构设计优化、铸造工艺设计等，抑制此类零件变形。

图 12-71　薄壁类 646L 离合器壳

1. 铸件结构设计优化

薄壁类离合器壳铸件塑料模片在成形、刷涂料、搬运、填充、振实、抽真空过程中，容易变形，因此要求铸件结构尽可能紧凑、刚度尽可能好。

铸件结构设计时除考虑传统铸造结构要求外，最重要的是重点考虑消失模铸造工艺易变形的特殊性，在不影响性能的前提下，适当增加刷涂料、造型埋箱过程中受力部位壁厚、工艺补贴及设计反变形量，有利于防止因变形而影响铸件尺寸。同时铸件结构设计还应考虑成形发泡的泡塑珠粒可填料性及造型振实过程中的干砂可填充性，防止因进料不足影响强度，以及因填砂不均匀而造成变形。设置加强肋和加大受力部位壁厚以增加模片刚度如图 12-72 所示。

图 12-73 为设置工艺补贴的示例，模片直径 AB 方向因在造型过程中 A 处有一个窗口，此处受力小，直径 CD 方向受力大，实践证明铸件在直径 AB 方向比直径 CD 方向小2～4mm，导致在机加工车止口面时直径 CD 方向车不出而报废，因此在直径 AB 方向附件的外圆壁厚可适当加大 2～4mm，以减少因止口车不出报废的情况。

2. 铸造工艺设计

（1）成形工艺设计　成形时取模片要双手

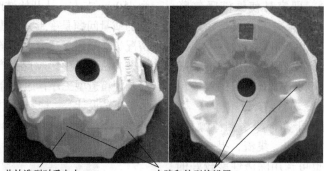

此处造型时受力大，　　　内腔和外型均设置
加大此处壁厚　　　　　加强肋，增加刚度

图 12-72　铸件结构设计设置加强肋和加大受力部位壁厚以增加模片刚度

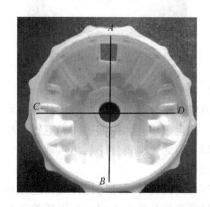

图 12-73　直径 *AB* 方向附近外圆壁厚
可适当增加 2 ~ 4mm

均匀用力拿取，不可单手拿取（见图 12-74）。成形后的摆放和烘干也会对模片的变形有影响，如图 12-75 所示。

（2）粘模工艺设计　影响此类产品变形的关键工序是埋箱造型，往往通过在粘模工序采取有效的工艺措施来控制变形。在粘模工序通过采用工装（见图 12-76）和设置防变形拉筋（见 12-77）以增加模片刚强度，用来抵抗埋箱造型带来的影响。

（3）检验控制　在模片成形后到粘模前先后经过两道检验，均是将模片放在平板上进行的，如图 12-78 所示，变形超过 2mm 的报废，小于 2mm 的流入下道工序。

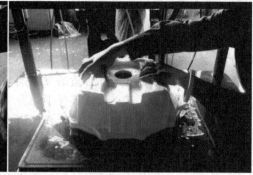

不正确　　　　　　　　　　　正确

图 12-74　成形后取模片

（4）涂料及烘烤工艺　薄壁类离合器壳铸件容易变形，为保证泡沫塑料模在运输、填砂、振动时不变形、不破坏，涂料应该具备较高的室温强度；因复杂箱体类铸件需较高的浇注温度，金属液浇注和成形过程中涂层易破裂，造成塌箱、黏砂等缺陷，同时涂料应具有较高的高温强度。涂料的这两个强度指标是至关重要的。另外薄壁复杂箱体挂涂料后的烘烤过程是保证铸件尺寸的关键环节之一。烘烤温度不宜过高，受热应均匀，防止局部脱水过快

而变形。同时采用合理支撑，用压块等工装限制易变形部位。

通过铸件设计结构优化可以增加模片刚度，减小变形；通过合理的成形工艺和粘模工艺设计辅以合适的检验方法可有效减少铸件变形；保证涂料的强度对控制变形有明显作用；此类铸件变形控制在 0.5% 以下。

成形后的模片处于收缩期，弹性较大，放大架上受力不均匀易变形

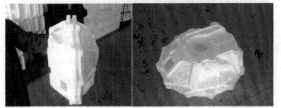

成形后的摆放和烘干的摆放用胶带纸把两个产品对半黏合并放在平面上

图 12-75　成形后模片的摆放和烘干

图 12-76　用来矫正和固定的工装

图 12-77　设置多个三角形的拉筋增加刚强度
（用来固定的木片厚度达 8mm 以上）

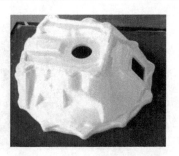

图 12-78　用来检验模片变形的平台

12.18　叉车变矩器壳体的消失模铸造（徐玎玎）

1. 消失模铸造技术难点

变矩器壳体属于薄壳箱体类铸件，其消失模铸造技术难点如下：

1）铸件结构复杂，呈圆形开口箱体型结构，箱体平均壁厚为 8 mm，箱头为薄壳盆口，侧面有开口或中空结构，箱底有大的加工平面，整体结构显得较为单薄，容易变形。

2）铸件表面及内在质量要求较高，铸件不同部位壁厚相差大（见图 12-79），薄壁处易变形，容易出现缩孔缩松等铸造缺陷。设计要求薄壳盆口不能变形，内部不允许存在缩松、缩孔。

3）产品结构复杂，需分片成形后黏结（见图 12-80），必须合理设计成形模具，以保证模样的表面质量和尺寸。

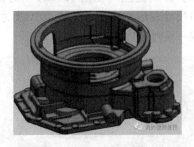

图 12-79　变矩器壳体三维示意图

2. 消失模铸造工艺

通过合理设计模具，调整模样成形工艺参数、修整模具尺寸，得到质量优良的分片模样，黏结后用于后期浇注。由于成形模样壁厚较小，结构单薄，容易变形，而且浇注时容易抬箱，尺寸难以保证，要经过试制。试制过程可以分为以下两个工艺：

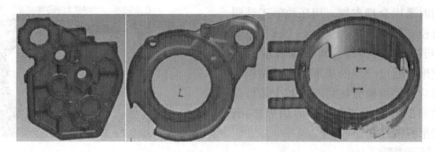

图 12-80　变矩器壳体分片示意图

（1）立式浇注（见图 12-81）　由于消失模铸造纵向与横向的收缩率不一致，导致盆口尺寸变形，加工时反映变形问题尤为突出。采用木条作十字支撑后，尺寸变形仍无法保证加工要求，不能形成批量生产。

图 12-81　变矩器壳体立式浇注示意图

（2）卧式浇注（见图 12-82）　为彻底解决盆口尺寸变形，浇注方式由立式改为卧式，并采取一系列预防措施。

图 12-82　变矩器壳体卧式浇注示意图

1）减小变形。盆口水平放置，各个方向的收缩率一致，盆口尺寸变形小，解决了外圆尺寸加工问题。

2）优化浇注工艺。加大陶瓷直浇道直径，提高充型速度，减少铸件的抬箱问题。

3）二次喷涂或刷涂。对浸涂后的模样进行二次喷涂，在内腔拐角等狭小处补刷涂料，减少铸件黏砂情况。

4）添加溢流冒口。几个狭小油孔处于铸件的最远端位置，为了防止黑疤，手工黏结溢流冒口。

利用铸造模拟软件对铸件的浇注过程和凝固过程进行数值模拟，修正铁液在铸型中的充型模式和铸件凝固温度场变化模式，进一步优化铸造工艺。合理的铸造工艺、稳定的消失模成形控制技术、严格的成分控制技术、高质量的金属液熔炼控制技术很好地解决了产品试制过程中遇到的抬箱、变形、黏砂、夹渣夹砂等问题，确保铸件材质性能满足设计要求。经过几轮试制和工艺调整，批量生产的合格变矩器壳体铸件如图 12-83 所示。

图 12-83　变矩器壳体铸件

3. 铸件主要性能指标

采用消失模铸造大批量生产变矩器壳体很好地解决了铸件尺寸大、易变形、易产生碳缺陷等难题，铸件各项性能指标优良。

1）铸件的尺寸精度达到 CT6～7 级；表面粗糙度达到 $Ra6.3～12.5\mu m$；铸件的加工余量达到 MAE～MAF 级；铸件的质量公差达到 MT4～MT5 级。铸件的化学成分、金相组织、力学性能等内在质量满足图样设计要求，符合材质的标准要求。

2）铸件加工后，表面质量、内部质量均能完全满足客户需求。

叉车变矩器壳体消失模铸造实现了批量生产，且综合不合格品率小于 1%，加工质量稳定。铸件由树脂砂铸造改为消失模铸造后，铸件综合成本降低了 1000 元/t。铸件生产效率高、成本低、尺寸精度高、表面粗糙度低，完全符合客户的需求。

12.19 消失模铸造的转炉炉口工艺（铁金艳，沈猛）

转炉炉口是炼钢转炉的关键部件之一。转炉炉体由炉帽、炉壳（炉身）、炉底三部分组成。在炉帽顶部设有圆形炉口，以便于加料、插入氧枪、排出炉气和倒渣。为了减小炉口上的黏结物、加强炉口刚性、减小炉口变形，目前普遍采用的是水冷炉口。一旦水冷炉口出现漏水现象，就必须停炉来更换。因此对炉口的制造质量要求很高，炉口材质必须具有良好的高温机械性能和较高的导热性能。提高炉口的制造质量，是冶金设备行业的重要课题之一。炉口的外形尺寸为 4m 左右，目前炉口的制作主要是以木质模样、树脂砂造型工艺为主，生产成本高、制作流程长、产品质量不易保证。

1. 水冷炉口的结构型式及工艺要点

（1）水冷炉口的结构型式 水冷炉口有两种基本的结构型式：钢板焊接结构，埋管铸造结构。

1）钢板焊接结构是用锰钢板焊接成圆形水箱式炉口，炉口内部采用普通钢板焊接出冷却水道。这种冷却水通道在冷却水通过时有死角，在使用过程中冷却水不能顺畅流动，有涡流现象，造成水箱内水温局部过高。由于炉口受到的热应力的频繁变化，造成水箱焊缝应力

过大，极易开裂漏水。冷却水如果进入炉内，会造成大的安全事故，所以钢板焊接式炉口存在较大的安全隐患。目前这种结构基本上已经淘汰。

2）埋管铸造炉口有整体圆式和分体组合式两种。整体圆式炉口为整体圆法兰形结构（见图 12-84）。分体组合式炉口由 2～6 部分组成一个整体（见图 12-85）。铸造炉口内的冷却水是通过均布在炉口内部的冷却水管在炉口本体内顺畅流动的，本体冷却均匀，能够满足冷却强度的需求。

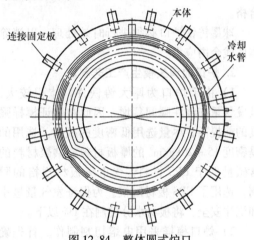

图 12-84 整体圆式炉口

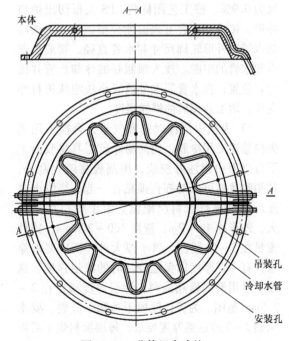

图 12-85 分体组合式炉口

（2）埋管铸造炉口的工艺要点 埋管铸造炉口本体的材质为高韧性球墨铸铁。内铸冷却水管为 20#钢无缝钢管，按图样尺寸由弯管机械冷弯成形。成形后对钢管外表面进行抛丸除锈，然后对钢管表面喷涂特制的防渗碳涂料，以避免铸造时钢管表面渗碳，影响炉口使用寿命。

铁液球化采用专用技术，充分保证炉口的材质质量。

炉口铸造完成后必须进行水压试验，压力为 2MPa，保压 5min，无压降及渗漏现象为合格。

球墨铸铁炉口必须进行时效处理，以消除本体残余内应力。

2. 炉口的消失模生产工艺制定

1）由于炉口为厚大铸铁件，体积较大，其发气量在浇注瞬间猛增，因此在保证模样强度的前提下，尽量选用低密度的板材。选用的是密度 15~20kg/m³ 的厚板材料。共聚材料的含碳量低于 EPS 材料，受市场板材规格的限制，选用了 EPS 板材制模。为保证发气量最小和浇注安全，将板材水分控制在 1%以下。

2）炉口模样采用电熔切割制作。首先确定模样缩尺，根据经验确定球墨铸铁炉口的缩尺为 0.9%。按工艺图样将 EPS 大板切出炉口外形，按冷却水管上表面做分型面切开，按冷却水管的外形轮廓尺寸和水管直径，切成放置冷却水管的空腔。放入预制好的冷却水管并固定好位置，在水管间隙处放置小块泡沫板材作支撑，增加合模后的模样强度。

3）为减少浇注时的发气量，合模采用消失模铸造专用冷胶，用简易涂胶工具将胶沿上下分型面边缘注好胶线，用刮板将胶线刮平，稍稍晾置就可以对齐合模粘在一起，待胶上强度后即可进行涂料层施涂。由于炉口尺寸较大，外形达 4m×2m，壁厚 100~200mm，铸件重量在 2~5t 范围，属于厚大件，所以要求涂层具有一定厚度以保证浇注时的涂层强度，选用了专用消失模用涂料，涂层厚度确定在 2~2.5mm 范围。为保证涂层干透和不开裂，要求涂刷 2~3 遍达到厚度要求，每层涂料烘干后再涂另一层，烘干房内要求温度在 35~60℃，相

对湿度控制在 30%左右，第一层涂料不要太厚，而且要由低温区逐渐进入高温区，让涂料缓慢干燥，避免因温度升高过快和涂层太厚产生裂纹，第二层涂料必须在第一层彻底干燥后再涂，这样才能保证模样烘干质量。

4）砂箱设计：单件分体组合式炉口的外形轮廓尺寸约为 4m×2m，厚度包括冷却水管为 1m。按以下原则考虑吃砂量：长度方向单边吃砂量按 150mm 宽度考虑，装卡工装及浇注系统按 500mm 总吃砂量考虑，底砂按 300mm、上砂按 200mm、盖砂按 100mm 考虑，确定砂箱内腔尺寸为 4.3m×1.5m×2.6m。为保证浇注时气体的顺利排出，采用了五面抽气室双层砂箱，并选用 SK20 真空泵 1 台来满足浇注时的需要。

5）采用 20/40 目干砂造型，三维振实台振实，以增大砂箱内干砂堆密度。干砂不要一次填满，要分层填入，每层振实后再填入一层，以利于干砂均匀充入模样内腔和周围，保证干砂紧实而模样不变形。

6）浇注温度的确定：由于泡沫模样汽化是吸热过程，需要消耗金属液的热量，浇注温度应高些，负压浇注充型能力大为提高，从顺利排出固、液相产物的角度考虑也要求温度高些，特别是球铁件为减少积炭、皱皮等缺陷，温度高些对质量有利，转炉炉口有内铸冷却水管，温度过高容易造成水管熔化，确定浇注温度控制在 1330~1350℃。

7）浇注时负压参数的确定：消失模工艺在浇注时负压的作用主要是紧实干砂，防止冲砂、塌箱和型壁移动。并且加快排气速度和排气量，降低界面气压，加速金属液前沿推进速度，提高充型能力，有利于减少铸件表面缺陷。同时可以起到密封下浇注，改善环境的作用。经试验球墨铸铁炉口浇注时的真空度以 0.060~0.070MPa 为宜。

根据多年生产炉口的实践，浇注后 30min 石墨化即可进行完毕，故此确定在浇注 35min 后撤除负压。

8）浇注系统按砂型铸造浇注系统增大 10%~20%。考虑铸件较高，为增加上部温度，减少碳缺陷等，采用中部阶梯浇注系统。在炉

口上端设置顶置冒口，以利于排气和聚渣。

9）撤除负压后，保温 30h 打箱。采用机械翻箱，在落砂处由除尘器将粉尘排出车间，高温干砂落入振动筛，经筛分后，高温砂子进入带斗提升机入沸腾冷却床，由带斗提升机送入磁选机，再经过一次筛分后进入热交换器，将砂子进一步冷却，温度低于 45℃ 后，由带斗提升机送入输送带注入造型用砂仓备用。

3. 产品质量检验

经检验，铸铁炉口的附铸试块的抗拉强度 ≥380MPa，伸长率 ≥14%；芯部解剖取样，抗拉强度 ≥360MPa，伸长率 ≥10%。铸件表面无气孔、积炭、皱皮等缺陷。消失模铸造炉口外观质量明显好于砂型铸造（见图 12-86 和图 12-87）。

4. 新工艺的实际应用效果

树脂砂铸造工艺与消失模铸造工艺的材料消耗比较见表 12-4。

天宇高科冶金铸造有限公司每年生产水冷转炉炉口 3000t 左右，为国内 60 多家钢铁企业提供 30～200t 转炉所需的水冷炉口。采用消失模工艺生产的炉口使用寿命达到了 15000～20000 炉次。

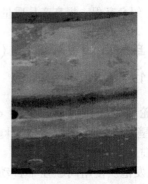

图 12-86　砂型铸造炉口外观质量

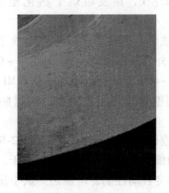

图 12-87　消失模铸造炉口外观质量

表 12-4　树脂砂铸造工艺与消失模铸造工艺的材料消耗比较

序号	树脂砂铸造		消失模铸造	
	材料或工序名称	价格/（元/t）	材料或工序名称	价格/（元/t）
1	模样（包括人工）	120	EPS 原料 + 人工（包括下管）	350
2	树脂	528.5	树脂	0
3	固化剂	37.4	固化剂	0
4	涂料	33.5	涂料	60
5	硅砂	44.2	硅砂	10
6	铸造人工	250	铸造人工	250
7	合计	1013.6	合计	670
8	消失模工艺降低材料消耗 =（1013.6 − 670）元/t = 343.6 元/t			

1）采用消失模工艺生产的转炉炉口表面质量和内在质量稳定，生产中要注意工艺参数的控制。

2）由于转炉炉口属于大型铸件，因此砂箱、振实台等生产设备属于非标设备，需要根据实际情况进行设计，以保证造型质量。采用消失模工艺生产成本低，经济效益明显，还可

以提高产品的市场竞争力。

3）消失模工艺生产转炉炉口对工人的技术水平要求较低，同时劳动强度低，车间环境大大改善，可实现清洁生产，环保节能。采用消失模工艺生产转炉炉口的实践，说明了在采取合理工艺参数的前提下，消失模工艺是一项适用于大型埋管铸件生产的先进技术。可实现

节能降耗、绿色环保、提高产品质量的目标。

12.20　单缸轮消失模铸造（任振星，任陆海，赵清祯）

单缸轮铸铁铸件轮廓尺寸为 $\phi400mm \times 60mm$，薄壁厚 10mm，铸件重约 15kg。

（1）白区

1）预发泡。使用间歇性半自动蒸汽预发泡机，发泡原料为龙王料（EPS），预发后珠粒密度约 23g/L，预发后烘干熟化至少 5h 后使用。

2）成形。使用单丝杠半自动成形机，运行平稳。外界条件设定：蒸汽压 0.4～0.6MPa，水压 0.3～0.4 MPa，气压 0.6～0.8 MPa，手动冲料。调整设置好运行参数，注意防止模样变形。

3）模样。浇注系统模样如图 12-88 所示。将合格的模样放入烘干房内进行烘干。烘干房采用温湿度自动控制，电加热。烘干房温度设置为 45℃，相对湿度设置为 16% 以下。模样放入烘干房内烘干 2～3 天，以称量模样重量不变为准，方可进入涂刷环节。

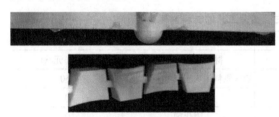

图 12-88　浇注系统模样

铸件结构简单，整体结构不复杂，属于平板铸件，这样的铸件容易实现一箱多件，故尽量合理利用砂箱，增加铸件的工艺出品率。根据铸件的结构、砂箱大小、熔炼炉和浇包的大小，确定了铸件立交顶注式，每箱采用 4 组模样簇，每组 7 件，共 28 件。内浇道由 50mm × 50mm 变为 10mm × 80mm，高 60mm，与模样结合处为弧度；横浇道为 50mm × 50mm × 900mm；直浇道为 $\phi60mm$；中部为 $\phi40mm$ 空心，高 120mm。其中直浇道与横浇道连接处有一个圆柱凸台，用来储存冷料峰头。模样簇如图 12-89 所示。

图 12-89　模样簇

（2）黄区　涂料作为消失模铸造的关键技术之一，对消失模铸造工艺的成功与否起着至关重要的作用，是获得健全铸件必不可少的一个重要的工艺环节，消失模铸造工艺对涂料的选择及涂挂工艺的要求尤为重要。灰铸铁消失模用涂料必须具有良好的透气性、触变性及保温性等。

泡沫模样表面刷涂料，目的是防止黏砂，降低铸件表面粗糙度；同时，模样刷涂烘干后强度大幅度提高，可有效防止铸件变形。涂料应具有良好的透气性、合适的强度和耐火度。

1）涂料按照规定配比进行搅拌。涂刷采用浸涂方式，因此搅拌 30min，波美度达到 1.6 左右即可。

2）对模样分 2 次进行涂刷，以便每层涂料彻底干透。烘干房温度设置在 50℃，湿度设置为 20% 以下。涂刷第一遍之前将内浇道和轮子用热胶黏结（见图 12-90），浇道之间的黏结处用胶带粘上，防止涂上涂料，便于日后黏结。涂刷一遍 24h 之后，再涂刷第二遍，浇道及浇口涂刷三遍。两遍后模样涂料厚度达到约 1.5mm，浇道处达到 2～3mm。

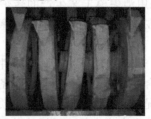

图 12-90　模样分 2 次涂刷涂料

3）模样浸涂后，置于烘干架子上放入烘干房内进行烘干，防止模样有涂料堆积。模样放入烘干房内如图 12-91 所示。

4）模样簇。将涂刷完毕的模样和浇道在模样支架上用热胶黏结，模样组完后，在两侧用木条固定，防止变形。对于黏结处，还需用涂料补刷。

图 12-91　涂刷涂料模样簇烘干

（3）蓝区

1）埋箱造型。由黄区将模样簇转移到蓝区时，将模样簇放在小车上，防止移动过程中模样簇出现损坏，涂料开裂（见图 12-92）。加底砂 150mm，振动 30s。将模样簇放入砂箱中，用木棍固定。加砂至砂箱一半，将木棍取出，继续加砂，埋完箱振动 4′30″~5′。待砂子振实后，覆上薄膜。在薄膜上方加 10cm 的砂子。

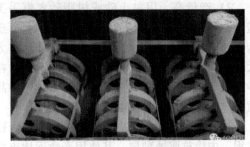

图 12-92　模样簇装箱

2）浇注铁液。铁液浇注前做好除渣工作，出炉温度为 1420 ~ 1450℃，真空度为 0.055MPa。图 12-93 所示为密封抽真空，图 12-94 所示为浇注铁液后保压。浇注后以 0.02MPa 的真空度保压 10min。浇口杯为移动式浇口杯。浇注时注意控制浇注速度，一般节奏为慢 - 快 - 慢。在铁液不反喷的情况下尽量加快浇注速度，尽量控制在 20s 左右。

通过对制订的工艺流程的严格执行，可以

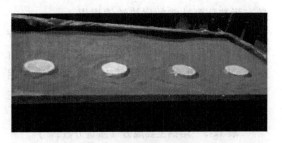

图 12-93　密封抽负压

图 12-94　浇注铁液后保压

获得合格的铸件，并且能够获得令人满意的铸件出品率和成品率。

12.21　消失模铸造铁坩埚新工艺

铸造老工艺即以木模（金属模）为模样，用黏土砂、树脂砂分上下箱经捣实制型，然后取出木模以成上下型腔合箱而浇注；铸造新工艺指的消失模铸造，以及中小型砂车间（工厂）的实型铸造技术。

五金之都制造小五金需要大量的铝合金，其周边有大大小小的废铝再生和铝渣提炼作坊、小工厂，熔炼过程均需要使用铸铁坩埚，尽管价格不高，但使用寿命很短，为了满足市场需要，采用消失模铸造工艺。坩埚材料可采用灰铸铁、耐热耐蚀铸铁、蠕墨铸铁、耐热球墨铸铁，其内壁涂刷抗腐蚀涂料。

1. 铸铁坩埚的使用性能要求

（1）耐热　根据坩埚使用条件，有的 24h 连续工作，有的两班（16h）间隙运作，故选择灰铸铁 HT250（市场上大多供应的最简易、最便宜的坩埚如 $\phi500mm \times 500mm$，约 15kg，售价 700 ~ 800 元/只，使用寿命短，几天，几十炉就破裂损坏），为了提高坩埚的使用寿命，可采用蠕墨铸铁坩埚、耐热球墨铸铁坩埚以及具有耐热防腐性能的耐热铸铁坩埚。

（2）抗腐蚀　在熔炼铝屑和铝渣时，成分复杂，均加熔剂以熔炼出铝。一般常用熔剂由 KCl、NaCl 和几种氟盐等组成，根据铝屑和铝渣所含杂质、夹杂物不同，有几种熔剂，其主要成分见表 12-5。

表 12-5　熔剂主要成分（质量分数,%）

序号	NaCl	KCl	冰晶石	萤石	氟盐
1	40	45	5	5	5
2	40	40	5	5	10
3	35	40	5	5	15

根据熔炼铝屑、铝渣出现的氧化夹杂黏度，为了清渣方便，可再加些低熔点氧化物，如 LiO、CaO、SiO_2 等，根据每批铝屑、铝渣熔炼出现渣的酸碱度而随时选择。总之，为了熔炼回收铝，在熔炼熔渣还原出铝的过程中，Cl_2、F_2 及其他腐蚀性气体和物质对坩埚起着激烈的腐蚀作用。

（3）耐热抗腐　首先以铸铁为基础，选用各种不同牌号、成分的耐热铸铁；其次，坩埚造成品后，在内壁涂玻璃状涂料的防腐效果甚佳。

2. 坩埚消失模铸造的浇注系统

图 12-95 所示为坩埚铸件，一般采用常规的消失模铸造工艺。

图 12-95　坩埚铸件

1）坩埚底部朝上，口向下，采用反雨淋八道内浇道，顺序连接横浇道、直浇道及浇口杯。

2）阶梯注。坩埚底部朝上，口向下（稍倾斜），下、中、上三道横浇道（内浇道）连接直浇道，上接浇口杯。

3）顶注。坩埚底部朝下，口向上，顺序连接浇口杯、直浇道（短）、横浇道，接内浇道（6 口、4 口、2 口）等。

由于消失模铸造浇注系统的布置比较灵活机动，试制的坩埚经过客户试用后反馈，以底在下二道内浇道（左右对称）连横浇道，接短直浇道连浇口杯为最佳。该工艺简单，浇冒系统量小。

3. 坩埚的使用寿命

对于 HT200、耐热铸铁、蠕墨铸铁、耐热合金球墨铸铁等材质，只要将坩埚底部朝上，无论何种浇注系统，经过用户使用后，仅比冲天炉熔炼浇注的坩埚使用寿命略长一点，体现不出明显的优势。将坩埚底朝下，采用顶注（左右内浇道进铁液），对不同化学成分、基体的灰铸铁坩埚内表面上涂料（玻璃陶瓷状釉层），其使用寿命会显著延长，以每天 16h（二班）计可达半个月或 1 个月。

4. 新老铸造工艺的坩埚性能对比

消失模铸造坩埚工艺相比冲天炉熔炼、黏土砂或树脂砂造型的铸造工艺具有较大的优势：

1）品质好。采用中频感应炉熔炼、消失模铸造工艺，铸件化学成分、基体组织均匀。

2）产量高。用黏土砂或树脂砂木模手工造型，特别是黏土砂，用刮板造型或木模造型，芯盒制芯，如果坩埚底朝下，则泥芯太大、太重，必须使用泥芯骨钢铁（圆钢）吊在砂箱挡（加横条）上，故产量提不高，铸件品质又差，不能与消失模铸造坩埚竞争。

3）寿命长。用消失模铸造浇注的灰铸铁坩埚，内涂抗腐蚀釉层，其使用寿命远比市场上普通砂铸造坩埚长，一般工艺坩埚价格为 5000 ~ 6000 元/t，消失模铸造坩埚为 7000 ~ 8000 元/t，其优势已明显。由于模样制作方便灵活，需求量大的发泡成形，需求量小的用手工切割黏结，可满足用户不同尺寸坩埚的需要。

5. 坩埚消失模铸造应注意问题

1）坩埚的泡沫塑料手工制作，可以应用 EPS 型材，也可以应用 EPS 包装材料进行电热丝切割黏结而成。为防坩埚浇注受热后变形、失圆，应竖直分段堆积黏结而成，切忌轴向分块黏结。

2）涂料要选用实型铸造铸铁涂料，首先要保证烘干后能保持一定强度和刚度，在自硬树脂砂（或黏土砂）的型砂冲击制型时不使模样变形。

3）浇注系统应参照消失模铸造便于集渣、排气，尽管它与消失模铸造不同，亦可在大气压力下浇注。

如果浇注坩埚铸铁液不希望 EPS 受热分解出的 C、H、O、N 参与铁液作用，可将模样先烧除净型腔中灰尘，再浇。如果采取先烧后浇，则必须考虑模样上涂料转移到砂型上的问题，否则，浇注后极易在砂型表面黏砂。

12.22　电机壳体消失模铸造过程质量控制

之前国内一般采用潮模砂铸造生产中小电机壳，效率低，工人劳动强度大，产品外观质量不好，造型与清理工作量大。随着消失模铸造的广泛应用，许多企业采用消失模铸造生产电机壳体，因技术的限制，机制模样表面连续性差，铸出的铸件表面质量不好，并有夹渣、加砂、冷隔、变形等缺陷，从而影响消失模铸造电机壳的发展。如果从原材料预发，模样烘干，刷涂及干燥，组型工艺到埋箱造型和浇注方面进行严格控制，可以很好地解决消失模铸造电机壳生产出现的质量问题。电机壳类铸件非常适合消失模铸造工艺，控制的关键点有变形、散热片光洁度、材质、防爆面的要求（防爆类型电机）等。散热片的表面质量要求高，原始珠粒直径不应大于 0.5mm，局部缺陷采用模样专用修补膏修补，浇注工艺以雨淋式、串浇工艺为主。国内运城品冠为西门子消失模铸造 80 ~ 280 各种型号中小电机壳铸件，每年市场供货在 10000t 以上，运城品冠消失模铸造 80 ~ 280 各种型号中小电机壳铸件占西门子电机壳市场份额超过 60%。消失模铸造电机壳被中国民营科技企业协会授予绿色节能产品。75 ~280 中小型电机壳选用消失模铸造显示了无与伦比的优越性及高性价比；对 75 ~ 132 各种型号中小电机壳模样，国内许多铸造企业主要采用手工模具箱式成形生产；160 ~ 225 各种型号中小电机壳模样采用手工模具蒸缸式成形生产。运城品冠消失模铸造可以稳定大批生产 355 型较大型电机壳。运城市品冠机壳制造有限公司、江苏东门子机电科技有限公司已经成功稳定地采用消失模铸造大批量生产 75 ~ 355 各种型号的电机壳，运城市品冠机壳制造有限公司消失模铸造各种形式的高质量电机壳年产 10000t 以上，江苏东门子机电科技有限公司消失模铸造各种形式的高品质电机壳年产 20000t 以上，被认为是目前采用消失模铸造出口及高档电机壳铸件质量及性价比最佳企业，消失模铸造各种形式的电机壳质量控制居于国际领先水平，大型电机作为重型机械驱动的主要形式，应用非常广泛。然而中心 400 ~600 甚至更大的电机壳由于消失模铸造技术问题较多，仍采用树脂砂铸造，如 355 采用树脂砂铸造，加工余量大、起模斜度大，单重超过 580kg，比消失模铸造的机壳重 150kg，同时，表面质量差，树脂砂铸造尺寸精度在 CT11 ~ CT12 级，消失模铸造尺寸精度在 CT7 ~ CT9 级，并且树脂砂铸造生产效率低，消失模铸造批量生产效率极高，尺寸集中度好，有利于数控加工中心高速加工。但是大中型机壳消失模铸造也有易变形、夹砂、硬度差等质量控制难点，这也是大中型电机壳国内外消失模铸造很少有实现批量生产的原因所在。400 以上的特大型电机壳由于批量小，模具成本高，适于特大型电机壳模样生产的特大型成形机尚处于开发研制过程，400 以上的特大型电机壳铸造主流方式仍是树脂砂铸造。

1. 一般消失模铸造工艺及存在问题分析

中小电机壳铸件，材质 HT200，采用顶注式浇注系统，直浇道为 $\phi40mm \times 50mm$，4 条横浇道（截面尺寸 20mm × 15mm）均布于圆周，内浇道尺寸为 2mm×10mm；涂料刷涂 3 层，厚度为 1.3 ~ 1.5mm，间断性烘干（白天锅炉烧 8h，之后靠余热进行烘干），浇注温度 1580℃左右，浇注真空度为 0.040 ~ 0.055MPa，保压 6min。按原工艺进行浇注，电机壳铸件如图 12-96 所示。

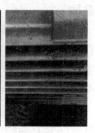

图 12-96　原工艺浇注电机壳铸件

铸件表面缺陷主要为夹砂、夹渣、冷隔，产生此类缺陷的主要原因如下：

1）模样密度过大，浇注温度偏低，导致模样未完全汽化，在铁液作用下形成的玻璃体经打砂处理形成渣眼，控制模样的密度，尽可能提高浇注温度和速度，在电机壳支座部位增设集渣冒口，使冷却的铁液及渣子等杂质上浮至集渣冒口。

2）铸件表面出现麻坑状缺陷，模样连续性不好，模样充型不实或预发不良，导致铸件表面粗糙度大，出现麻坑口。

3）铁液除渣处理不到位并且挡渣效果不好，铁液中渣子及浮渣剂随铁液进入型腔；此问题可通过多次打渣，正确放置挡渣岩棉并使用铁片进行覆盖等方式进行预防。

4）浇口杯及内浇道等连接部位有缝隙或相黏结部位涂料强度不够，铁液冲刷涂料导致涂料层剥落产生冲砂；预防此问题可通过增加浇注系统涂刷层数、增加涂料强度等措施控制，同时注意涂料返潮，从烘干房拿出后立即进行埋箱造型并当天浇注。

5）浇注温度为 1550～1580℃，温度偏高，灰铸铁涂料强度可能不够，从而产生冲砂。

6）铸件抛丸处理，使用粒度 0.8mm 的钢丸比粒度 12mm 的钢丸表面质量要好很多，粒度小表面较细腻，根据铸件表面质量要求可选用不同抛丸速度，即选用不同转速的电动机。

2. 工艺优化及过程控制

此次工艺以出口 ABB 的 225 型号电机壳为例，主要尺寸：直径 343mm，高度 420mm，壁厚 5mm，散热片共 60 片，厚度 5mm，片间空隙深 40mm。结构如图 12-97 所示，此件表面质量要求很高，不允许存在任何缺陷。

图 12-97　改进工艺生产的电机壳铸件

（1）泡沫珠粒预发　使用龙王 EPS 料，也可以使用嘉昌 B-107 共聚料，因铸件壁厚较薄且散热片较密集，为控制模样变形量，将预发密度控制在 24～25g/L，预发过程关注主管道压力及和内温度的变化，间断性测量密度，确保珠粒密度及大小的均匀性，为之后模样表面质量奠定良好基础。主蒸汽管道压力保持在 0.06MPa，缸箱内压力设置为 0.04MPa，加热时间为 3min。

（2）模样成形　对 75～132 各种型号中小电机壳模样，国内许多铸造企业主要采用手工模具箱式成形生产，对 160～225 各种型号中小电机壳模样采用手工模具蒸缸式成形生产。一台箱式成形机，4 套大小相近的模具，2 位生产工人，2 组充料枪，这样的生产组合搭配，模样生产效率最高，蒸汽消耗最低。手动模具选用好材料，保养维护较好时，经济寿命可达 5 万次。图 12-98 所示的模具结构设有 3～6 处充料口，因模具结构原因，先后加料顺序不同会出现某处位置充不实的现象。

图 12-99 所示为模样充不实的缺陷，经过反复试验，确定充料枪加料顺序，同时因充料手法不同，模样表面质量变化大，此过程对操作者操作水平要求较高。打制过程注意检查模

图 12-98 手工模具结构

样表面质量，图 12-100 所示为表面连续性差，有针尖状缺陷，图 12-101 所示表面料生且加不满的珠粒凹凸不平的缺陷。产生此类缺陷的原因如下：

图 12-99 模样充不实的缺陷

图 12-100 表面连续性差有针尖状缺陷

1）模具表面水分未吹净造成的水占位，合模前吹净模腔表面的水珠即可。

2）珠粒放置时间长（超过 2 天），珠粒内部成分挥发，通蒸汽时珠粒不能完全膨胀。

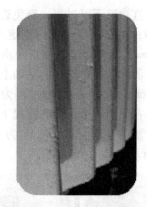

图 12-101 表面料生且加不满的珠粒凹凸不平的缺陷

3）主加热时间短及腔内压较低，珠粒未完全膨胀。

4）预发密度小，颗粒大，发泡后不能全部填满空隙等，经过调整打出高质量的模样，如图 12-102 所示。

图 12-102 经过调整打出高质量的模样

（3）模样烘干 烘干房设置温度一般为 40~50℃，相对湿度控制在 15% 以下，根据环境高湿度的特点（相对湿度达 80% 以上），温度低于 50℃ 时相对湿度都在 18% 以上，将温度调到 50℃，相对湿度可控制在 15%。打好的模样尽快放入烘干房内进行烘干定型，烘干过程中进行间断性称重，重量不变化后即为烘干，要求模样烘干时间不低于 3 天。模样烘干过程中应该称重并记录在每批次泡沫的首尾上再烘干再称重，直至重量再没有减下去可视为烘干，泡沫在烘干过程中温度不可过高，否则泡沫外形将变形而里面水分很难干透。

（4）组型 采用顶注式浇注系统，浇注系

统设计时，直浇道不可过短，避免近距离冲刷而吞食泡沫；梅花状浇道的内浇道不可过短，控制在20mm，否则浇道下方近距离冲刷严重产生铁瘤；浇注系统在原来的基础上扩大内浇道尺寸至5mm×10mm。组型过程为控制端面圆椭圆度，在使用矫形工装的前提下黏结木条并在底端黏结三角形支架作为支撑，如图12-103所示。

图12-103　顶注式浇注系统

（5）涂料刷涂及烘干　运城品冠的涂料，专门研制的电机壳消失模铸造专用硅砂特种复合水基涂料，成本特别低，严格的混制工艺适合较高的浇注温度，铸件冷却后剥离性好。第一遍涂料波美度为1.6，烘干时间不低于12h，第二遍涂料波美度为1.7~1.8，烘干时间不低于20h，两遍涂料总厚度在1.2~1.5mm即可。整个涂料操作过程中模样保持直立方式，转动时受力点为直浇道及底部三角支撑架端点，烘干房设置温度为50℃，相对湿度为18%，烘干过程中间断性测量黄模重量，间隔时间不低于4h，重量不变化后即为烘干，修补后放置时间不低于8h后可埋箱浇注。待浇注的模样应单独放置，决不可与刚刷涂的模样放在一个烘干房，防止吸潮。浸涂前尽可能提前将干稠的涂料刷在比较窄小的散热片中和拐角地方，或浸涂干燥后再补刷该处防止黏砂。在搬运中要检查涂料的开裂和露白。

（6）装箱造型　烘干后的黄模在埋箱前一直存放于烘干房内不间断地烘干，随埋箱随拿。

底砂厚150mm，刮平后振动，砂箱底部放砂不可过多、过高，否则将造成汽化不完善、抽气缓慢、负压不真实，轻则冷隔局部溃散，重则垮箱。布袋放砂时不可速度过猛和局部堆积过多，否则将会因冲击力过大而产生变形，振动时间不可过短，否则将造成砂子松软，局部黏砂。浇口杯颈要做硬化处理，防止浇口杯下方涨粗和冲砂。放置黄模，加砂至浇口杯位置后进行振动，覆盖薄膜及覆盖砂，对浇口杯进行处理，确保浇注过程中砂子不进入浇注系统，如12-104所示。使用真空泵前做到提前检查和清洗罐内的粉尘和砂粒，做到浇一箱开一个负压管，不是所有砂箱的负压都打开，否则负压不够。

（7）浇注　浇注温度为1550℃，真空度为0.05MPa，保压12min，铸件单重73kg，持续快速完成浇注。出炉前准备浇包，浇包表面不得附有渣子、釉子等杂质，浇包口处无散砂且包嘴密实，出炉后打渣，将岩棉覆盖在包口处并压铁板，防止渣子进入型腔。浇口杯体积尽可能大一些，方便加快浇注速度，封住浇口杯否则会边浇注边有空气进去产生碴气孔。这样操作可减少以下产生不合格品的缺陷：

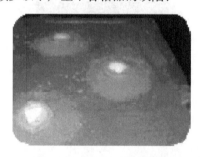

图12-104　浇口杯密封浇注过程不进砂

1）铸件黑点。采用纸质浇道管能达到较好的保温绝热，相对提高进入铸型的金属液温度，同时泡沫塑料量的减少（纸质浇道管取代模样直浇道），使得有足够的热量将EPS或PMMA热解、汽化，尤其是EPS液化量大幅降低，有充分热量裂解、汽化而逸出涂料层外，避免了剩余的碳化物残留在铸件内形成黑点，减少和避免积炭、皱皮缺陷的形成。

2）夹砂。采用纸质浇道管可以避免直浇道引发落砂、冲砂而导致的铸件夹砂。如果在直浇道下端嵌入耐火过滤网，更使金属液浇入浇口杯直浇道后的渣（杂质）堵在铸型之外，从而预防夹砂、夹杂缺陷。

3. 结果分析及工艺改进再优化

铸件经抛丸清理后，铸件散热片黏砂严重但可脱落，没有铁包砂，如图 12-105 所示，铸件中下部位区域性表面夹渣气孔。

图 12-105　铸件中下部位区域性表面的夹渣气孔缺陷

分析黏砂原因是：由于涂料薄导致耐火度不够，出现区域性渣气孔是由于浇注温度偏低，铸件薄铁液温度不足以使模样汽化而造成。工艺改进方案是：散热片间涂料刷涂 3 遍，提高浇注温度至 1530℃。清理后铸件散热片间仍然黏砂，比之前较轻，铸件中下部位仍有渣气孔缺陷，如图 12-106 所示。

图 12-106　散热片内黏砂及中下部夹渣气孔

黏砂问题及铸件渣气孔比之前有所好转，浇注温度和速度均在要求范围内。分析发现黏砂位置均布在对称两侧，涂料出现问题的可能性比较低，可能是由于型砂紧实度不够导致，黏砂位置在埋箱时对应的振实台方向为 X 方向；夹渣气孔成区域性有规律的存在，其他位置没有此类缺陷，结合埋箱过程，在振动过程中黄模倾斜，导致浇注过程铁液不按设想方式充型，位置较高部位铁液进入量少，降温快，成棚状凝固，组织不致密而产生疏松。

改进方案：调整振实台 X 方向振动电动机偏心块，使重合度达到 90%；埋箱过程底砂要求使用刮板刮平，振动过程中黄模不可倾斜，或倾斜后到达浇注位，用垫片将砂箱垫高，使黄模尽可能保持水平，浇注过程要先求稳再求快，结果如图 12-107 所示，彻底解决上述问题。

4. 总结

消失模铸造电机壳类薄壁铸件，从模样原材料到铸件成品，模样的烘干控制、浇口设计与黏结方法、涂料的配制与烘干、搬运造型与摆放、振动时间与浇口杯连接及浇口杯颈保护、真空布置与抽气量、铁液包嘴形状与长度、浇注温度与负压大小、浇口杯大小与浇注速度、保压时间与撤压等所经历的各个环节都需严格把控，严格控制好各个工艺环节，以保证工艺的实施，主要设备如振实台、负压系统、浇包等均需调整到最佳状态。

图 12-107　改进完毕的消失模铸造电机壳铸件

12.23　铁牛懒卧艺术品消失模铸造（邢振国）

"铁牛懒卧"是湖北省黄石市东方山古八景之一。2013 年黄石市佛教协会计划恢复该景点，由国家一级美术师王晓愚先生创意设计，制作了 1 个用于铸造铁牛的玻璃钢模型，如图 12-108 所示。

1. 模样雕刻

由民间艺术家赵改军参照玻璃钢模型进行

图 12-108　铸造铁牛的玻璃钢模型

消失模模样的雕刻，选用国产一般 EPS 泡沫塑料板材黏结成和牛轮廓尺寸大小相近的长方板块，用自制泡沫锯和切割工具进行外部雕刻，泥胎等可用加法雕刻，泡沫雕刻是减法雕刻，一旦雕刻多了，不易补上，尤其是薄层不易填补，必须粘上一厚层泡沫再雕刻，因而需要精心雕刻。雕刻好后表面用细砂纸打磨，达到表面质量要求，如图 12-109 所示。

图 12-109　铁牛懒卧模样

2. 涂料涂覆和烘干

为了保证表面质量，先涂覆一层实型石墨涂料，待烘干后再涂覆一层实型白色复合涂料，以增加模样强度，整个涂层厚度不低于 2mm，更重要的是必须干透，涂层不易脱落。

3. 造型和浇注

1) 为了减轻艺术品重量，模样必须做成中空的，如果模样直接做成中空的就会降低模样强度，刷涂料和造型时会变形而无法操作，应在模样刷涂料烘干后甚至造型后再想法做成中空。对牛头等造型后不易挖空的地方，涂料烘干后切割开，挖孔后再粘上，注意处理好接口。

2) 优先选择砂箱造型，底平面为分箱面，填砂紧实后翻箱；没有合适砂箱时也可以采用地坑造型，注意把型砂填实。

3) 下箱翻箱后或地坑填砂紧实刮平后，掏空中间模样，注意控制壁厚在 20mm 左右，同时在内部设置多道内浇道，内部填砂要细心，拐角处要填实，同时不要撞坏浇口。

4) 放置上箱，留多个 15mm × 30mm 出气孔，如图 12-110 所示。

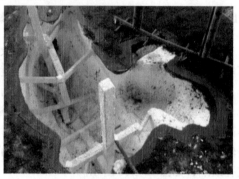

图 12-110　铁牛懒卧铸铁艺术品造型过程

5) 敞口向上浇注，抬箱力较大，为避免胀箱和跑火，压箱铁应足够重，经测算压箱铁重量不低于 20t。

6) 采用中频电炉熔炼，材质选择 HT200，浇注温度高于一般铸件浇注温度，选择 (1380 ± 20)℃；浇口畅通后快速浇注，出气孔上铁后慢速补浇，直至出气孔溢出铁液。

7) 铸件型内冷却足够时间，扒箱清砂后抛丸处理，能不修磨尽量不修磨，保持铸铁铸造原色，如图 12-111 所示。

图 12-111　清理打磨后的"铁牛懒卧"铸铁艺术品

该铸铁艺术品长 2.6m，重 2.16t，是目前采用消失模整体铸造的较大铸铁艺术品。2013年 9 月 19 日，"铁牛懒卧"安置于东方山上，正式恢复"铁牛懒卧"景点。

12.24 风电发电机端盖低温球墨铸铁件的消失模铸造（邓宏运）

风电的关键设备——风力发电铸件是高韧性的球墨铸铁件。风电设备在自然环境下服役，在 -40℃低温下工作时，容易产生脆性断裂，维修成本大，所以发电机端盖、发电机壳体、轮毂、底座等铸件采用低温高韧性球墨铸铁。同时，球墨铸铁有较好的综合性能，相对于铸钢件成形工艺性好，生产成本较低。风电设备球墨铸造铁件牌号一般为 QT400 - 18AL，低温冲击韧度高于 12J/cm² （ -20℃），或欧洲标准 EN - GJS - 400 - 18U - LT。国产 5GW 风电铸件按国家标准验收，铸件端面加工后做超声波探伤，不许有影响铸件强度的缩松、裂纹、砂眼等缺陷。风电设备球墨铸铁件国内外多采用树脂砂铸造，目前尚未见到消失模铸造风电设备球墨铸铁件的报道，介绍低温高韧性球墨铸铁发电机端盖的消失模铸造工艺。选用采用 EPS 板材加工而成，EPS 板材的密度为 18kg/m³，发电机端盖低温高韧度球墨铸铁件表面质量好，没有夹渣、加砂、冷隔、变形等缺陷。文中分析了消失模铸造生产低温球铁的原材料、化学成分选择、球化处理、孕育处理等工艺过程。消失模铸造低温高韧性球墨铸铁发电机端盖铸件力学性能、材质达到了同类

产品先进的技术水平，可批量生产。详细介绍发电机端盖的消失模铸造生产过程。

1. 端盖铸造工艺分析

端盖是风力发电机上重要的球墨铸铁件，牌号为 QT400 - 18AL，前端盖铸件重 216kg，后端盖铸件重 226kg，轮廓尺寸为 $\phi1148mm \times 72mm$，平均壁厚为 28mm，铸件整体壁厚均匀。铸件有尺寸公差、重量公差要求，表面粗糙度 $Ra = 50\mu m$。

GB/T 1348—2009《球墨铸铁件》标准中 QT400 - 18AL 牌号的力学性能见表 12-6，低温冲击韧度按欧洲标准 EN - 400 - 18U - LT 达到 12J/cm² （ -20℃）。球墨铸铁较高的冲击韧度、断后伸长率，较低的脆 - 韧性转变温度，生产要求明显高于普通球铁。从金相组织上要求基体组织为铁素体，球状石墨圆整、细小、分布均匀，不能含有渗碳体和磷共晶。因此，应当严格控制铸件的化学成分，如原材料、球化剂，采用合理的球化工艺和孕育工艺，以达到高的球化率和石墨球数。

表 12-6　GB/T 1348—2009 球墨铸铁力学性能

材料牌号	壁厚 /mm	抗拉强度 /MPa	屈服强度 /MPa	伸长度 （%）
QT400 - 18AL	$t \leqslant 30$	≥380	≥240	≥18
	$30 < t \leqslant 60$	≥370	≥230	≥15
	$60 < t \leqslant 200$	≥360	≥220	≥12

端盖铸造工艺如图 12-112 所示，壁厚部位用腰形压边冒口实现液态补缩。按球铁生产工艺和铸件形状设计浇注系统：①圆形端盖用随形横浇道，多内浇道，铁液快速平稳充满铸型，

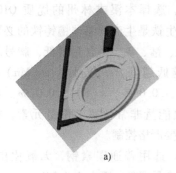
a)

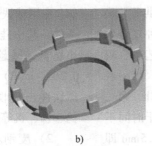
b)

c)

图 12-112　前后端盖铸造工艺方案

a）方案 1　b）方案 2　c）方案 3

保证散热筋轮廓清晰；②横浇道、浇口杯有撇渣功能；③有较高的压头，保证筋轮廓清晰。

通过计算机数值模拟，在生产之前预知铸件充型凝固的整个过程，并可以预测铸造缺陷的产生部位，便可根据预测结果采取相应工艺改进措施，避免在生产中产生铸造缺陷，提高铸件的内部质量，从而达到缩短铸件试制周期、降低生产成本及提高材料利用率的最终目的。采用 ProCAST 软件对主轴铸件进行了铸造工艺数值模拟，根据凝固过程模拟结果对铸造工艺进行了优化改进。综合分析采用了如图 12-112c 所示的工艺方案，下平面加工余量为 6mm，上平面加工余量为 8mm，优化后工艺如图 12-113 所示。

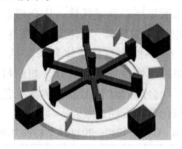

图 12-113　前后端盖优化后铸造工艺

2. 端盖泡沫模样的制作与装箱造型

（1）前后端盖泡沫模样　前后端盖泡沫模采用 EPS 板材加工而成，EPS 板材的密度为 18kg/m³。浇冒系统选用同样密度的 EPS 板材，端盖及浇冒系统模样按工艺尺寸切割打磨后，按工艺图要求组合。为了保证筋轮廓清晰，在上箱设置大量的 4mm × 120mm × 100mm 排气孔，否则筋有不被充满的可能。

（2）端盖泡沫模样的涂料涂刷与烘干　采用专门研制的消失模铸造专用硅砂特种复合水基涂料，成本特别低，严格的混制工艺适合较高的浇注温度，铸件冷却后剥离性好。第一遍涂料波美度在 1.6，烘干时间不低于 12h，第二及第三遍涂料波美度在 1.7 ~ 1.8，烘干时间不低于 20h，两遍涂料总厚度在 1.2 ~ 1.5mm 即可。整个涂料操作过程中模样保持直立方式，转动时受力点为直浇道及底部三角支撑架端点，烘干房设置温度为 50℃，相对湿度为

18%，烘干过程中间断性测量黄模重量，间隔时间不低于 4h，重量不变化后即为烘干，修补后放置时间不低于 8h 后可埋箱浇注。待浇注的模样应单独放置，决不可与刚刷涂的模样放在一个烘干房，防止吸潮。浸涂前尽可能提前将干稠的涂料刷在比较窄小的散热片中和拐角地方，或浸涂干燥后再补刷该处防止黏砂。在搬运中要检查涂料的开裂和露白。

（3）装箱造型　烘干后的黄模在埋箱前一直存放于烘干房内不间断地烘干，随埋箱随拿。底砂厚 150mm，刮平后振动，砂箱底部放砂不可过多、过高，否则将造成汽化不完善、抽气缓慢、负压不真实，轻则冷隔局部溃散，重则垮箱。布袋放砂时不可速度过猛和局部堆积过多，否则将会因冲击力过大而产生变形，振动时间不可过短，否则将造成砂子松软，局部黏砂。浇口杯颈要做硬化处理，防止浇口杯下方涨粗和冲砂。放置黄模，加砂至浇口杯位置后进行振动，覆盖薄膜及覆盖砂，对浇口杯进行处理，确保浇注过程中砂子不进入浇注系统。

铸件化学成分相同的情况下，金相组织与共析阶段的冷却速度有关。铸件在铸型中的冷却速度越慢，基体组织中铁素体含量越高。铸件吃砂量越大，浇注温度越高，砂型保温性能越好，开箱时间越长，铸件在型砂中冷却速度就越慢，转变的铁素体组织越多。

3. 铸造端盖熔炼工控制

（1）原材料的控制

1）生铁。选择本溪或林州的优质 Q10、Q12 专用球铁生铁是生产低温球墨铸铁的必要条件，其中硅、锰、硫、磷含量要低，牌号越小越低，锰越低越好，一般要求 $w(Mn) < 0.2\%$，$w(P) < 0.06\%$，$w(S) < 0.02\%$。对球铁冲击吸收能量非常敏感的微量元素，如钨、锑、钒等要严格控制。

2）废钢。选用普通碳素钢，无氧化皮，成分稳定。锰含量要低，不大于 0.3%。

3）球化剂。镁是球铁的主要球化元素，镁与铁液中的氧、硫等元素化合，起到球化作

用。镁含量少了造成球化不良，多了容易形成石墨球畸形，氧化夹杂物（MgO）。稀土起辅助球化作用，残留量过高时会恶化石墨形状。选择低镁低稀土铁素体型钇基稀土球化剂 DQT，稀土和镁的残留量要控制在 $w(RE_残)$ = 0.03% ~ 0.04%，$w(Mg_残)$ = 0.04% ~ 0.05%。

4）孕育剂。采用铁素体型球铁专用长效孕育剂。两次孕育处理后，石墨球细小、圆整、均布、球化等级高。用量比 FeSi75 减少 30% ~ 50%，石墨化能力提高 3 倍，相应地可减少 FeSi75 的加入量，降低铁液的增硅量，因为球化剂和孕育剂增硅量可达 1.1% 以上。

（2）化学成分控制

1）碳。据铸件壁厚与造型方法，碳含量（质量分数，下同）控制在 3.6% ~ 3.9%，既有较好的石墨化能力，又不产生石墨粗大、漂浮现象。

2）硅。硅是强烈促进石墨化的元素，同时降低低温冲击韧度。当硅含量大于 2.4% 时，球墨铸铁冲击韧度很难超过 $10J/cm^2$（-20℃），一般将硅控制在 2.2% ~ 2.4% 范围。

3）锰。锰在铁素体球铁凝固过程中，容易在共晶边界上产生偏析，形成碳化物，增加珠光体量，对韧性有不利影响。生产中尽量选择低锰生铁，锰含量不得大于 0.2%，越低越好。

4）磷。磷在铸铁中的溶解度较低，当磷含量大于 0.05% 时，在球铁凝固过程中二元磷共晶或三元磷共晶。磷共晶在晶界分布，质硬，恶化了力学性能，降低了低温球铁的冲击韧度。生产中应尽量限制磷含量。共晶团边界形成的磷共晶容易成为珠光体的核心，从而促进晶界形成珠光体，降低球铁的塑性、韧性，因而其含量也是越低越好，应控制 $w(P)$ < 0.04%。

5）硫。硫与镁、稀土亲和力强，消耗球化剂，造成球化反应不稳定，形成外来夹杂物 MgS、RES，应控制 $w(S)$ < 0.025%。

6）镍。为了提高铸件的低温韧性，应添加适量的镍，控制 $w(Ni)$ = 0.5% ~ 1.0%。

根据分析，端盖合理的化学成分（质量分数）为：$w(C)$ = 3.65% ~ 3.9%，$w(Si)$ = 2.1% ~ 2.4%，$w(Mn)$ < 0.2%，$w(S)$ < 0.025%，$w(P)$ < 0.04%，$w(RE_残)$ = 0.03% ~ 0.04%，$w(Mg_残)$ = 0.04% ~ 0.05%，$w(Ni)$ = 0.3% ~ 0.6%。

（3）熔炼工艺控制　采用中频电炉熔炼可获得优质的铁液。只有铁液化学成分稳定，提高石墨球数，获得铁素体基体组织，石墨球数达到 120 ~ 180 个/mm^2，球化率大于 92%，铸件断后伸长率、低温冲击韧度才能稳定。

原材料配比。生铁加入量在 70% 左右，废钢加入量在 5% ~ 8%，回炉料在 20% 以上，硅铁在 0.5% ~ 0.8%，熔炼时采用石墨增碳。碳熔点高，首先加入炉底，靠扩散溶解的方式进入铁液，在铁液中形成大量的碳微晶，是共晶或共析石墨的外来形核基底，有利于细化晶粒，增加石墨球数。熔炼时为防止锰含量过高，用 FeSi75 脱氧，如果脱氧不充分，铁液会强烈翻腾，碳烧损变大；如果 FeSi75 用量过多，会增加硅的含量。生铁、废铁、回炉料要稳定。

原铁液化学成分为：$w(C)$ = 3.65% ~ 3.9%，$w(Si)$ = 1.1% ~ 1.3%，$w(Mn)$ < 0.2%，$w(Ni)$ = 0.4% ~ 0.5%，$w(S)$ < 0.03%，$w(P)$ < 0.05%。

（4）球化处理与孕育处理　选用低镁低稀土球化剂，成分为：$w(Mg)$ = 5% ~ 7%，$w(RE)$ = 1.5% ~ 2.5%，$w(MgO)$ < 1.0%，组织致密均匀，化学成分稳定，粒度为 3 ~ 10mm。球化处理采用堤坝冲入法，出铁液温度控制在 1480 ~ 1500℃，球化剂加入量为出铁液重量的 1.2% ~ 1.45%。为了达到好的球化孕育效果，球化剂孕育剂要预先烘烤，在出铁液前放入堤坝内，覆盖一层铁屑或珍珠岩。孕育处理是低温球墨铸铁生产的关键，孕育的效果决定了石墨球的直径和圆整度，因此孕育处理分两次进行。

1）包内孕育：球化剂加入后，在其表面

覆盖 3 ~ 6mm 的硅钡孕育剂，加入量（质量分数）为 0.65%。

2）随流孕育：采用 Si - Ca - Ba - Bi 孕育剂，粒度为 0.2 ~ 0.8mm，加入量（质量分数）为 0.25%。

（5）浇注工艺控制　浇注温度控制在 1420 ~ 1450℃，浇注温度太低或断流，会引起铸件上面筋不清晰或充填不满。浇注时应采取快速、平稳注入的原则，注意及时挡渣。

4. 热处理工艺

由于铸件存在不均衡凝固，铸态组织中可能会存在渗碳体和磷共晶，铁素体晶界存在珠光体，为了保证铸件基体中铁素体含量达到 95% 以上，采用高温铁素体化退火工艺处理。热处理工艺为：加热到 910 ~ 940℃保温 2 ~ 5h，使碳化物分解溶入奥氏体中，再冷却到 720 ~ 740℃保温 3 ~ 6h，然后随炉冷却到 580℃之后空冷，铸件室温组织为石墨球 + 铁素体。可以消除碳化物，增加铁素体含量，提高铸件断后伸长率和冲击韧度。

5. 生产结果

采用消失模铸造生产发电机端盖的加工后尺寸和重量符合要求，加工端面 100% 超声波探伤合格，没有发现缩松、裂纹、砂眼等缺陷。QT400 - 10AL 球铁化学成分为 $w(C) = 3.6\%$，$w(Si) = 2.3\%$，$w(Mn) = 0.15\%$，$w(S) = 0.025\%$，$w(P) = 0.035\%$，$w(RE_{残}) = 0.034\%$，$w(Mg_{残}) = 0.037\%$ 时，金相组织完全达到国家规定的标准，断后伸长率稳定在 20% 以上，低温冲击韧度高于 $12J/cm^2$（ $-20℃$），见表 12-7。

表 12-7　金相组织和力学性能

编号	抗拉强度/MPa	屈服强度/MPa	断后伸长率（%）	-20℃低温冲击韧度/(J/cm²)	硬度 HBW	球化等级	铁素体含量（%）
1	420	270	21	16	155	2 ~ 3	95
2	416	250	26	19	145	2	97
3	424	280	22	18	150	2	95

6. 总结

消失模铸造发电机端盖低温高韧度球墨铸铁件，模样采用 EPS 板材加工而成，EPS 板材的密度为 $18kg/m^3$，发电机端盖低温高韧度球墨铸铁件表面质量好，没有夹渣、加砂、冷隔、变形等缺陷，消失模发电机端盖类低温高韧度球墨铸铁件时，原材料选用本溪或林州的优质 Q10、Q12 专用球铁生铁，严格控制硅、锰、硫、磷含量，合理的化学成分为：$w(C) = 3.65\% ~ 3.9\%$，$w(Si) = 2.1\% ~ 2.4\%$，$w(Mn) < 0.2\%$，$w(S) < 0.025\%$，$w(P) < 0.04\%$，$w(RE_{残}) = 0.03\% ~ 0.04\%$，$w(Mg_{残}) = 0.04\% ~ 0.05\%$，$w(Ni) = 0.3\% ~ 0.6\%$。基体金相组织为全铁素体，不能含有渗碳体和磷共晶，采用低镁低稀土铁素体球化剂，合理的球化工艺、孕育工艺，获得高的球化率、细小分散的石墨球，有利于提高球墨铸铁的断后伸长率、低温冲击韧度，生产合格的铸件。

12.25　铸铁管件消失模铸造工艺及质量控制（袁东洲）

山西阳城县华王通用离心铸管厂专业化生产建筑用铸铁管件及铸铁管，铸铁管件用消失模铸造，铸铁直管是采用离心铸造，产品 95% 销售到北美和欧亚市场。柔性接口的铸铁管、管件材质按美国 ASTM- A888 标准和欧共体 DINEN877-2000 标准生产。阐述消失模铸造生产铸铁管件生产过程及常见的铸造缺陷，通过对三大主要缺陷分析，合理地找到形成缺陷的主要原因，提出的具体措施经过生产实践的证明，具有实用性，易于操作。

1. 生产过程及材料控制

建筑管道用的管件采用消失模铸造工艺，EPS 模样是用间歇式蒸汽预发泡机发泡后经熟化，在半自动立式成形机上二次发泡压制成形为模样片，然后人工再把模样片黏结成与铸件完全一样的泡沫塑料模件，再将单个模件组合成模簇并黏结上浇冒系统，有时候还需要加上工艺支撑架（防止铸造过程变形），将每个整体模样簇多次涂覆耐火涂料并干燥后，在三维振动机上填砂装箱造型。采用干砂负压实型消失模铸造工艺，0.5t 中频感应炉熔炼。

（1）消失模模料的选择　为了使消失模铸造获得优质的铸件，首先要获取优质的消失模模样,而优质的消失模模样取决于与铸造合金相适应的粒料(比如铸造专用 EPS、PMMA、STMMA 等),EPS 是应用最早而且最广泛使用在消失模铸造上的模样材料,不仅价格比较便宜,而且属于普通泡沫塑料模料,易于采购。铸造不承压的管道用排水管件,聚苯乙烯 EPS 制作的泡沫塑料模样可以满足其要求。

(2)造型材料的要求　消失模铸造中使用的原砂就是造型材料,对于生产灰铸铁的管件来说,一般采用硅砂作为填砂造型的原砂,干砂的化学成分要求,只要 SiO_2 的质量分数在 90% ~ 95% 就可满足。高质量的消失模铸件必须在透气性良好的型砂中获得,因为在浇注过程中泡沫塑料模样的分解物排除主要是靠干砂和涂料,无黏结剂的干砂其主要特性就是具备良好透气性;对消失模铸造填砂造型用的干砂角形系数和粒度应该严格控制。就洁净的干砂而言,透气性取决于原砂粒度大小;就原砂几何形状而言,圆形砂的流动性与紧实性最好,角形砂相对圆形砂透气性较高。干砂粒度大小不要分散,否则会降低振实后的型砂透气性。

要严格控制造型用的干砂温度。泡沫塑料的热稳定性很低,使用的干砂如果温度过高就会使泡沫塑料模样软化,增加模样变形;为防止模样的受热变形,超过 60℃ 的型砂就必须进行降温,降温后才允许再次使用。

(3)工艺过程及控制措施

1)涂料与涂挂。铸铁管件消失模铸造时涂料的配制同样也应满足其性能要求:高的耐火度,可防止黏砂;高的强度,可防止在振实时干砂摩擦和模样变形;良好的透气性,可快速透逸出模样汽化的裂解物等;优良的涂挂性能,可保证一定的涂层厚度;较强的附着力,可避免在涂挂过程脱落、开裂等。模样挂上涂料后,在 10s 左右停止流淌,经多次涂挂后保证干燥后具有 0.8 ~ 1.2mm 的涂层厚度;然后进入烘干室,在 45 ~ 60℃ 的常温下干燥 12 ~ 16h 后,方可允许装箱,准备进行下道工序作业。

2)填砂造型工艺过程如下:

第 1 步是放底砂:在砂箱内放厚度约 100mm 左右的底砂,开动三维振实机,让其底部振实,小于 2min。所用型砂含水量不得超过 1%,温度不超过 45℃,粒度要求在 20 ~ 40 目,优先使用宝珠砂。

第 2 步是放模:将砂箱底部刮平,模样之间距、模样与砂箱四周距离为 80 ~ 100mm 左右,模样顶部吃砂量在 200mm 左右,以防止浇注时铁液烧坏砂箱的钢网,漏铁液,毁坏砂箱。

第 3 步是填砂造型:放置好模样之后,慢慢采用往复式向模样内外腔循环落砂。当砂能盖住模样之后即开始振动,振动时间大约为 2min,振动的同时,应用手对模样内腔砂子不易填实的部位进行辅助充填。然后继续填砂同时振动,至离砂箱顶部高度约 50mm 时停止填砂。

第 4 步是覆膜、放浇口杯:去除直浇道顶部的涂料,覆盖厚度为 0.05mm 的塑料薄膜,将砂箱封严,塑料薄膜绝对不得破损或过小,以免影响真空度,然后在塑料薄膜上面再盖一层约 30mm 厚的保护砂。

最后是将砂箱吊到浇注位置,并在直浇道上方的四周用封箱泥密封严,将浇口杯放在直浇道的正上方,浇口杯外面用砂围起,放好浇口杯的砂箱不要移动,以免浇口杯移位或掉入砂粒、杂物。

2. 铸铁管件的浇注工艺

(1)浇注系统设计　用消失模工艺生产管件,在考虑浇注系统时,根据试制确定采用无冒口的浇注系统,以提高工艺出品率;力求浇注入铸型的铁液快速、平稳、有序,这样对保证和改善铸件内在的质量非常关键。设计时是以单件计算的,就消失模铸造尽量考虑群铸,这样才能最大限度地发挥其优越性。

以 T 形三通管件为例(见图 12-114),浇注时间为 3s,用公式 $t = K_t \left(\sqrt[3]{G} + \sqrt{G} \right)$ 计算,其中 K_t 为因负压的存在而使充型时间减少的因素系数,选择为 0.85。浇注系统横截面面积分别为 $A_直 = 6.8 cm^2$,$A_横 = 3.4 cm^2$,$A_内 = 1.3 cm^2$。每件的内浇道为雨淋式,四个内浇道厚度均为铸件壁厚的 2/3。为了给 EPS 汽化物和其他杂质一个去处,开始还设计了溢流冒口;实践中剖析检查冒口无杂质后，就不再安装冒口。

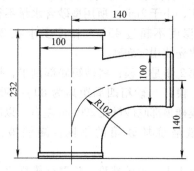

图 12-114　T 形三通管件

（2）浇注与抽真空　当炉内铁液温度升至1500℃左右时，调低功率开始出炉，起动真空泵，将其真空度调整到 0.03 ~ 0.05MPa。浇注按常规，慢－快－慢进行，浇注完毕，待砂箱抽真空达 1min 之后，方可撤去负压管，进行下一箱浇注。浇注的时候必须做到以下要点：

1）浇注时保持平稳、快速、连续充填铁液，防止出现充型过程中铁液流股时大时小、闪流、断流现象。

2）负压是消失模铸造中最重要和最基本的因素。浇注过程中真空度可以稍高一点（＞0.035 ~ 0.055MPa）。

3）停泵释放真空，使铸件处于自由收缩，以减少铸造应力。停泵太早，铸件表面还没有完全凝固，结壳层强度低，容易造成铸件变形，影响铸件的尺寸精度；停泵太晚，由于真空实型铸型的强度比砂型高，铸件收缩受阻碍，增加了铸造应力，容易产生热裂。停泵释放真空时间应依据铸件结构、铸件大小及壁厚来确定。生产薄壁的管件时，浇注完即可停泵释放真空。

（3）其他工艺控制　浇注完毕，停放 2h以后才允许开箱。要让铸件在砂箱里面充分凝固、冷却，在定型之后慢慢开箱，否则也会造成管件变形。要小心地去除浇冒口。出箱后的铸件应分炉次堆放，便于检验与检测铸件质量。

3. 铸造缺陷分析及控制

（1）夹渣缺陷　夹渣缺陷分为非金属夹渣物和金属渣夹杂物两大类。非金属夹渣物均为无规则块状物，分布在铸件内部，主要是型砂和涂料夹杂物，这类夹杂物的主要成分是SiO_2；金属渣夹杂物均为点、团状熔渣和模样热解时残留在铸件内部的黑色团状夹杂物，主要是熔渣和聚苯乙烯热解产物夹杂物，主要成分是碳（见图 12-115）。

图 12-115　夹渣缺陷

1）夹渣产生的原因：

① 浇注过程中涂层因裂纹、剥落、破坏进入液态铁液中；渗入模样组合部（角）的涂料被铁液流冲刷掉进流股，铸件凝固后形成留在内部的涂料点，为黑色的团块状夹杂。

② 在浇注过程中，干型砂被冲入铁液中不能排出，存在于铸件内部形成夹砂，为白色的团、块状夹杂。

③ 浇注时，铁液带入熔渣，由于铁液温度低不能上浮而又未排出，进入铸件内部后，形成点、块状熔渣类夹杂物。

④ 泡沫塑料模样在高温铁液中汽化热解后生成大量气体和裂解物，不能及时排除，残留在铸件内部形成了消失模铸造特有的柏油（沥青）状焦化（炭化）后黑色块、团状夹杂物。

2）防止夹渣缺陷的措施：

① 制备均匀、连续的黏附性能好的涂层，提高涂层强度。

② 模样与内浇道圆滑过渡，尽量防止尖角砂块存在，保证结合部位黏结牢固，防止涂料渗入缝隙中；尤其是对直浇道与浇口杯的连接处要吻合并做好密封，防止型砂黏结及钻入铁液中。

③ 提高浇注温度，加强扒渣和挡渣操作，浇注即将结束时可适当放慢浇注速度，注意收流，使模样汽化气体和残渣有充分时间排除到

砂箱外和上升到铸件顶部。还可采用过滤网过滤金属液。

④ 进行造型作业时，模样组黏结不要在砂箱内操作，切忌边填砂边黏结模样组。

⑤ 采用低发气量、低密度 EPS 材料，在铸件的最高处或死角处设置集渣冒口，在铸件冷却后去掉。

（2）铸件变形　消失模铸造中的铸件变形，是指生产的铸件几何形状与图样不符，比如铸件弯曲、椭圆、壁厚不均等。

1）铸管变形的原因。消失模铸造中的铸管变形，是在制模、浸涂料、填砂造型工序上的不规范操作所致。

① 模样制作。组合模样与图样不符。

② 耐火涂层制备过程中操作不当，如浸涂方法和烘干时模样放置不妥。

③ 填砂造型及振动紧实操作不当，引起模样变形。

④ 浇注时模样局部受热或浇注过程中铸型内真空分布不合理。

2）防止铸管变形的技术措施：

① 制模工序：

a. 预发泡时，如果进入蒸汽预发泡机中的加热蒸汽夹带的水分较多，或加热蒸汽冷凝水不能及时排出；在二次发泡压型时 EPS 颗粒虽比较均匀，但含水量高，干燥（即熟化）时间又短或熟化温度偏低（<25℃），明显的珠粒结成小块或团状，这时制作的模样极易变形。

b. 预发珠粒熟化时间的控制，一般应为 12~18h，预发珠粒熟化时间控制不严，则模样尺寸波动较大，质量也难以保证。

c. 制模时使用较高的蒸汽压力可减少模样熟化的收缩率。

d. 控制压型时模样成形后的冷却程度，取模前要使模样充分冷却，要求必须在 65℃ 以下且二次发泡终止，以得到尺寸稳定性较好的模样，且防止顶出取下模样时模样变形。

e. 为稳定模样尺寸，必须在 50~60℃ 干燥 8~12h 后再取出模样。

f. 加工艺撑或固定套，都是防止模样变形的工艺技术措施。

② 黏结和组模工序：

a. 黏结剂的质量、黏结操作工艺影响黏结组合后模样的精度和准确性。

b. 对结构不紧凑、刚性低（薄壁）的铸件，组模时采取必要工艺措施，加设工艺撑，要准确测量、紧实合理、支设到位，以提高模样的刚性。

c. 涂层厚度适当，不宜过厚，也不能太薄。涂料层能增强模样的表面强度，提高模样的抗冲击性能，从而可防止造型过程中的模样变形，提高铸件尺寸精度。烘干时放置合理，防止模样受力不均而产生变形。

③ 填砂造型工序：

a. 直浇道与铸件之间、模样簇之间距离不能太近，按要求相隔距离大于 150mm，这是防止模样局部受热不均的基本条件。

b. 合理的填砂位置，使模样的大平面处于垂直或倾斜浇注位置，这样可以控制铸件不变形或少变形。

c. 合理选择振动工艺参数，要使干砂充满模样各个部位，防止干砂局部不够紧实，过分振动也会使模样变形，从而造成铸件变形和尺寸偏差。

（3）皱皮缺陷　皱皮缺陷是阻碍消失模铸造规模化生产铸铁管件的最大因素和影响铸管表面质量的关键。对于铸铁管件用消失模铸造来说，最常见的缺陷就是皱皮（见图 12-116）。

图 12-116　皱皮缺陷

这是因为游离碳不容易渗入铸件表层而沉积在铸件和铸型的浅表，是聚苯乙烯固态残渣的一种存在形式。这些高温碳局部堆积过多，形成滴瘤状和波纹状的皱皮缺陷，导致铸管表面粗糙，严重影响了铸管的表面质量。

1) 产生皱皮的原因。铸件产生皱皮的根本原因就是模样汽化不完全、不彻底，影响模样汽化的因素很多，所以造成铸管皱皮的原因也就很多。最主要的原因包括以下四点：

① 模样材料的影响。高温铁液在热解模样时泡沫塑料的汽化和分解总是不完全，这样残存的模样材料可能积聚在铁液上面或紧贴在型壁上，易形成不同程度的皱皮缺陷。

② 合金材质的影响。高牌号铸铁件和低牌号铸铁件产生皱皮程度都不相同，在生产实践中发现，含碳量越高，产生皱皮的概率越大。碳含量较高就使聚苯乙烯高温分解的固态产物无法熔入合金内，只得滞留在液体面上，在铸铁件表面容易形成这种影响外观质量的缺陷。

③ 浇注温度和速度的影响。铸管的皱皮缺陷随铁液温度的提高相应减轻，浇注温度越低，皱皮缺陷就越严重。适当提高浇注温度有利于泡沫塑料的汽化，有利于提高充型能力，对减少铸管皱皮缺陷、改善表面质量很有益处。同时，提高浇注速度也有利于铁液充满型腔及缩短浇注时间，还可以提高泡沫塑料的汽化速度，弥补了消失模铸件冷却速度快的不足，降低了铸管因皱皮所致的不合格品率。

④ 浇注系统的影响。设计消失模铸管时，必须根据消失模铸造的特性，既要考虑铁液尽可能快地充满型腔，同时还要求铸型内的气体很快逸出铸型，高温铁液进入型腔平稳，能把泡沫塑料模样汽化的残渣排挤到型砂中去。浇注系统要能保证快速充型，使其有利于泡沫塑料模样的汽化和防止皱皮缺陷的形成。另外，还要考虑型砂的透气性。

2) 消除铸管皱皮的技术措施：

① 采用低密度的 EPS 或 PMMA 制作模样；严格控制预发泡时的模料密度，模料密度在 $18 \sim 24 kg/m^3$ 较为适宜。

② 模样及浇注系统。尽可能把模样做成空心的；浇注系统尽可能做成空心直浇道，有

条件也可以把横浇道做成空心的。

③ 对浇注工序的控制。浇注用浇包必须干燥，适当提高浇注温度和浇注速度。

④ 合理控制真空度。由于负压，在缺氧浇注时模样汽化物是很少的，且能通过干型砂被抽出去。

⑤ 提高涂层的透气性，应控制好耐火材料的粒度、配比，主要是把涂层厚度掌握好，上完涂料的模样必须干透，当然包括浇注系统在内。其他还有在熔炼配料时，把化学成分中的碳取下限；降低碳当量，减少自由碳数量。如果中频感应炉是硅砂打结的炉衬，配料时化学成分中的硅也适当取下限。

铸造企业管理是个系统工程，不管任何一个环节、任何一道工序出了问题，都会带来满盘皆输的结果，因而铸件质量好坏主要取决于管理，所以才有"三分技术，七分管理"的说法。

12.26　消失模铸造生产球墨铸铁汽车轮毂（高成勋）

消失模铸造生产球墨铸铁经常出现疏松、碳缺陷、黏砂、变形等缺陷。通过合理设计工艺，严格控制，结合生产实践，对 QT500-7 消失模铸造工艺进行改进，使工艺更合理，获得了较好的技术经济效果。

采用消失模铸造生产汽车变速器壳体、变速器盖、工程车离合器压盖压盘及汽车轮毂等铸件，材质牌号为 QT500-7（铸态），球化剂级别≥Ⅲ级，基体组织（体积分数）：珠光体＋铁素体（珠光体＞50%）、碳化物＜30%、磷共晶＜10%。本节将对消失模铸造工艺生产汽车轮毂进行介绍。

1. 泡沫模具的成形、组合及振动造型

消失模铸造用的泡沫塑料是直接影响铸件质量的关键因素之一。选用 STMMA 可发性共聚树脂珠粒，降低了铸件碳缺陷的产生。考虑泡沫塑料模样的强度，发泡粒珠的密度控制在 $18 \sim 20 kg/m^3$，严格控制预发泡工艺，控制珠粒密度波动，得到的模样表面质量高、紧实度均匀。将成形合格的泡沫塑料模样干燥后，按

照工艺要求进行组合，采用底注式浇注系统，在泡沫塑料模样的最高处开设集渣冒口。

采用三维振实台振动，及边填砂边振实的方式进行填砂，控制好型砂的粒度和粉尘含量。

2. 浇注及真空度的控制

消失模铸造中泡沫塑料模样的消失是一个复杂的物理、化学过程，最终导致铁液温度降低，浇注时间增加。根据生产经验和工艺试验确定浇注温度控制在 1400~1460℃，真空度控制在 0.03~0.05MPa。

3. 铁液的熔炼和球化工艺

（1）原辅材料要求　生产优质铸件的前提条件是其原辅材料的控制。一般选择 Q10 专用生铁作为主要原辅材料。炉料要保持清洁、干燥，成分要稳定，炉料中杂质太多会影响球化处理质量。

（2）铁液的质量控制　采用中频感应炉熔炼。铁液的质量好则凝固时能够形成的石墨量就多，共晶团细小，能有效地克服组织疏松。球墨铸铁金属液的流动性不如灰铸铁，铁液出炉温度高有利于脱硫、除气、净化铁液及强化孕育，球墨铸铁在处理过程中要降温，为保证浇注温度，球墨铸铁铁液出炉温度要求控制在 1480~1540℃，在熔炼过程中要防止氧化，在浇注过程中不能使炉渣进入铁液，否则影响球墨铸铁件的质量。在熔炼和孕育过程中，Mg、RE 和 P、S 的成分波动小，而 C、Si、Mn 则由于原辅材料等原因波动较大，对球墨铸铁的力学性能会产生直接影响。

（3）球化、孕育处理　球墨铸铁的球化处理是使石墨球化，同时除去 S 及杂质等，球化质量决定石墨的圆整度和球化级别。球化是高强度球墨铸铁的首要条件，球墨的大小、数量及分布情况，对于其力学性能有很大的影响。球化剂的种类多，选用球化剂 FeSiMg8RE3，根据球墨铸铁的牌号及铁液中 S 的含量，其加入量为 1.2%~1.5%（质量分数），粒度为 5~15mm，球化处理采用冲入法，具有简便、灵活、方便等优点。

孕育处理是球墨铸铁生产中的一个重要环节，其作用是增加球墨数，并使石墨细化、圆整、分布均匀，分散共晶团和石墨的大小及数量。孕育处理的种类多，采用 FeSi75 孕育剂，粒度为 3~15mm，加入量为 1.2%~1.6%（质量分数），分两次孕育处理。

球化剂和孕育剂需经 300℃左右预热处理，浇包预热至暗红色（700~800℃）。控制铁液化学成分，进行球化和孕育处理，目的是改善球墨铸铁的金相组织，使其符合铸件技术要求。

4. 常见缺陷及分析

（1）缩松　试制中铸件缩松缺陷达 20%左右，试图通过增加冒口补缩的方法解决，效果不太明显。经过分析，主要是型砂的强度不够，因此在浇注后持续保压 30min，这样缩松就消除了。

（2）黏砂　黏砂多为机械黏砂，经常出现在法兰盘下部的内腔处，多数是因为振动不实所致，造成铁包砂难以清除。由于黏砂的部位有一致性，在法兰盘下部的内腔处用手工加砂，可以基本消除黏砂现象。

（3）变形　由于零件壁厚不均匀，零件在制模、熟化、挂涂、造型过程中稍有不慎就会导致模样变形。针对以上环节，在黏结工序专门采取了加固措施；在涂覆工序专门设置检验涂覆质量；振动造型时严格控制工艺参数。通过这些措施，解决了铸件变形的问题。

5. 效果

在原料选择上，STMMA 共聚晶粒是解决球墨铸铁炭黑缺陷的首选材料，能提高铸件外观质量。铸件采用底注式多点浇注无冒口的工艺方案，提高了铸件的出品率。

12.27　大口径球墨铸铁管件消失模铸造技术（高成勋）

球墨铸铁管件是典型的薄壁壳体铸件。采用该工艺使其生产周期缩短，工艺流程变简单，铸件尺寸达到稳定，表面质量获得了提高，且能精确成形优质的球墨铸铁管件。

球墨铸铁管及管件具有 3 个功能：对管线实现小口径大流量；对管线实现高压远距离输送；防止管线爆管。出口球墨铸铁管件要求表面质量高，几何尺寸严，单件水压试验达 2.5MPa。

消失模铸造球墨铸铁管件生产工艺具有生产周期短、工艺先进、表面质量好（其管件表面粗糙度达 12.5μm）等特点。消失模铸造投资少、见效快、应用范围广泛，是一种几乎没有加工余量，且能精确成形的铸造工艺，容易实现清洁、批量化生产。特别是球墨铸铁管件因规格品种多、供货周期短、交货期急，更适合采用消失模铸造工艺生产，通过在生产实践中对大口径球墨铸铁管件泡沫原材料选型、发泡成形、泡沫模样组装、泡沫模样涂挂、浇注系统设计、辅助支撑设计、熔炼浇注等进行控制确保产品生产质量符合技术要求。

1. 消失模铸造大口径球墨铸铁管件的工艺流程

1）制作泡塑模样，组合浇注系统，汽化模表面刷、喷特制涂料并烘干。

2）将特制砂箱置于振动工作台上，填入底砂（干砂）振实，刮平，将烘干的泡沫模样放于底砂上，填满干砂（边填砂边振实）；用农用塑料薄膜覆盖，放上浇口杯，接真空系统

抽真空，干砂紧固成形后，进行浇注，泡沫模样汽化，金属液取代其位置。

3）继续抽真空，待铸件冷凝后翻箱，从松散的干砂中取出铸件。

4）落砂，抛丸，切割浇冒口；清理打磨，加工，进行水压检验；内外防腐；包装堆放。

2. 大口径球墨铸铁管件消失模铸造工艺参数选定

（1）泡沫模样 泡沫模样材料采用普通的 EPS 发泡成形。为保证泡沫模样尺寸精度与刚性，减少多次拼接造成误差和变形的原则，大口径球墨铸铁管件的泡沫模样一般由四个部位组成（承口部位、插口部位、管体部位、法兰部位），用冷胶黏结成形。考虑铸件尺寸较大，在上涂料和造型时模样将会承受到较大的作用力，泡沫模样密度取 22~24kg/m³。浇注系统选用 20kg/m³ 泡沫塑料（EPS）板材制作。图 12-117 所示为大口径球墨铸铁管件泡沫模样。

（2）浇注系统 铸件在砂箱中可以有不同的放置位置，可采用底注式、侧注式、顶注式、阶梯式等不同的浇注方式，这些浇注方式各有各的特点。浇注系统的设置要考虑模样在

图 12-117　大口径球墨铸铁管件泡沫模样

砂箱中摆放的状态，原则是便于填砂紧实，形成合适的凝固方式，方便金属液充型和热解产物顺利排出，防止铸型溃散塌箱及黏砂、变形等缺陷，有利于造型时填充型砂。根据铸件的结构特点分别设计了几种浇注系统方案，根据管件在砂箱中的具体状态来确定浇注形式：一般采用阶梯式、中注式或顶注式。横浇道和内浇道在管件管体内壁或承口（或

法兰）端面；直浇道设在横浇道的交叉处。浇注系统横截面面积比为 $A_{直}:A_{横}:A_{内}=1:(4\sim6):(1\sim2)$。

（3）涂料 消失模铸造涂料采用浸涂法施涂，有生产效率高、节省涂料、涂层均匀等优点。由于泡沫模样密度小（与涂料密度相差几十倍），且本身强度又很低，浸涂时浮力大，因此仅适用于模样可浸入或半浸入涂料中的中

小型管件。大口径管件泡沫塑料模样，只能用喷淋、刷涂、淋涂的方法施涂。为此，在涂料槽底部加装一泥浆泵连接上喷淋管，使涂料可源源不断地从管口流出，具有喷淋功能。上涂料时通过翻转模样，将涂料喷淋到各个部位。泥浆泵及其管路，还起着对槽中涂料进行循环搅拌的作用。涂料选用三门峡阳光特配的球墨铸铁管件涂料。涂层厚度控制在 1.0 ~ 1.5mm。由于泡沫模样在施涂过程中需翻转，而且要多人合作完成，浇注系统容易碰掉或损坏。因此，把模样及浇注系统分开上涂料，烘干后再组装起来，并进行必要的修补、烘干，供浇注用。模样的烘干温度为 40 ~ 50℃。

（4）造型　砂箱的负压抽气采用的是底抽和侧抽相结合的方式。干砂选用海砂，粒度为 20/40 目，采用雨淋式加砂与柔性加砂相结合的加砂方式。这样可以避免对模样造成强烈的冲刷，损坏泡沫模样和涂料层。加砂方式以雨淋式加砂为主，柔性加砂为辅。采用可变频的三维振实台来造型装箱。

（5）管件防变形　消失模铸造球墨铸铁管件易变形。造成变形的主要因素在制模、涂料、填砂造型等工序上，导致管件几何尺寸不符合标准。大口径球墨铸铁管件更容易产生变形，所以采用树脂砂圆环支撑的办法解决变形，或组合采用内加支撑环、外部加入支撑钢带的复合措施来防止。防变形圈形式如图 12-118 所示。

图 12-118　防变形圈

（6）熔化和浇注　根据 ISO 2531 标准规定；球墨铸铁管件材质一般选择 QT450 - 10，铁液熔炼和炉前孕育处理工艺完全按 QT450 - 10 材质控制。考虑消失模铸造工艺铸件在干砂中冷却较慢，对铁液做了适当的合金化。对于消失模铸造来说，由于泡沫模样的存在，浇注过程会消耗一定的热量，因此消失模铸造的浇注温度一般比普通砂型铸造要高。管件规格型号不同、壁厚不同，浇注温度也不同。由于大口径球墨铸铁管件轮廓尺寸较大，属于薄壁类铸件，要求浇注温度要高，但是在负压的作用下高温铁液易渗入型砂中造成铸件表面黏砂形成黏砂缺陷。根据具体的管件规格型号确定浇注温度；一般浇注温度控制在 1420 ~ 1460℃。浇注时保证直浇道始终处于充满的状态，真空度控制在 0.040 ~ 0.045MPa，浇注时间控制在 45 ~ 60s。浇注完毕的保压时间控制在 20 ~ 25min，浇注完毕的真空度控制在 0.025 ~ 0.030MPa，出箱时间控制在 120 ~ 150min。大口径球墨铸铁管件如图 12-119 所示。

图 12-119　大口径球墨铸铁管件

按照以上工艺生产的大口径球墨铸铁管件表面光洁，外观美观，壁厚均匀，同时铸件尺寸达到 ISO 2531 和 GB/T 13295 的要求。采用消失模铸造工艺，产品质量得到了提高，生产成本也得以降低。

12.28　消失模铸造球铁管件的生产控制

对铁液的熔炼工艺和球化孕育处理、浇包及浇口杯的修砌、涂料烘干、浇注系统设计、浇注操作控制及浇注温度控制、浇注系统涂料层控制等各个工艺环节的精心设计与控制这些影响铸件质量的因素，在生产现场管理控制中，加强生产一线的质量工艺监督管理，对工序质量严格把关及对操作人员严格培训，杜绝人为因素的干扰，取得了显著效果，铸件质量及生产效率得到了稳定提高。

1. 消失模铸造球铁管件生产现状

消失模铸造球铁管件在铸管行业形成规模的已有多家，如新兴桃江管件厂、营口鑫鹏管件厂、四川省川建管道有限公司等多家企业，年产量均达万吨以上。消失模铸造球铁管件在生产过程控制中，普遍出现的难题是管件金相球化级别、水压一打率两个指标低于树脂砂型铸造管件。从生产工艺的角度来分析比较，树脂砂型生产工艺为空腔铸造，模样在造完型后及时取出，在合型浇注过程中，只要保证铁液纯净度，型腔无浮砂杂质，加强浇注工艺，则浇注的管件水压一打率基本上都普遍较高，不足之处是管件规格型号太多，模具成本投入过高，且砂箱工装设备复杂，成本投入巨大，不利于大批量组织多规格多型号的管件生产。消失模铸造工艺的优点是砂箱比较规范专业、通用性强，模具可互换组装，同时模样不需分型面、无须合型，法兰端面、孔眼无须加工，且制模方便，泡沫模样直接构成铸件型腔，不再取出模样，容易组织大批量生产，总体投资成本较对较低；缺点是特有的铸造缺陷如塌型、重皮皱纹、冷隔等不易控制。控制的关键在

于，在浇注过程中，铁液需不断置换分解泡沫模样，同时分解产生的汽化物在负压下，通过专用砂箱被及时抽走。在消失模浇注过程中，由于铁液需置换分解泡沫模样，铁液温度会下降，泡沫模样分解不完全的情况下，便有部分泡沫残留碳化物包夹在铁液内外，形成"碳缺陷"，造成铸件基体不致密，组织疏松，对管壁构成一定的影响，在管件外表面形成如重皮、皱纹、冷隔等常见的铸造缺陷，在打水压过程中，容易导致渗漏。

消失模铸造工艺控制生产技术人员经过大量的生产实践，在解决这两个难点问题采取了相应措施，取得了较好的效果。

(1) 熔炼工艺　采用两台电炉熔炼，原铁液的硫含量大大降低，基本上硫含量（质量分数）可稳定控制在0.03%以下，通过采购生铁控制其他微量元素，如铬、砷、铅、钛等有害元素不得超标，应符合球铁采购标准。同时对熔炼铁液的化学成分严格控制，在铁液中兑入10%~20%的钢坯，铁液碳当量控制在4.3%上下，控制铁液成分为：$w(C)=3.6\%$~3.8%；$w(Si)=1.2\%$~1.5%；$w(Mn)\leq0.4\%$；$w(P)\leq0.07\%$；$w(S)\leq0.03\%$。

(2) 球化孕育处理　采用堤坝式冲入法球化方式，其中球化剂采用 QRMg8RE2，加入量为1.4%~1.6%，孕育剂采用 FeSi75，加入量控制在1.4%~1.6%，管件成分控制在 $w(C)=3.4\%$~3.6%；$w(Si)=2.6\%$~2.7%；$w(Mn)\leq0.4\%$；$w(P)\leq0.07\%$；$w(S)\leq0.015\%$；$w(Mg_{残})=0.04\%$~0.05%。

(3) 浇注温度　消失模铸造球铁管件的浇注温度根据管壁厚而定，一般应大于1460℃。

管件的金相组织检查，球化级别为2~4级，铁素体含量大于80%，抗拉强度为450~500MPa，伸长率为10%~12%，完全符合国家标准的规定。消失模铸造球铁管件，控制好铁液材质，加强熔炼工艺和化学成分控制，严格球化孕育处理关键工序，是铸件获得优良金相组织的前提。强化现场工艺管理，减少人为操作波动性，有助于管件金相及力学性能质量

稳定。

2. 消失模铸造球铁管件工艺控制

消失模铸造球铁管件的水压—打率稳定提高。一般对于水压试验的管件及其他铸件来说，铁液的纯净度至关重要，具体涉及铁液熔炼、球化孕育处理后渣滓的去除、浇注用铁液包、浇口杯等工具耐火层的修砌质量，铸件的浇注系统设置的合理性，浇注过程中铁液的避渣处理等环节。

1）熔炼时，除了严格按化学成分进行配料外，在选用生铁、废钢、回炉铁之前，尽可能不让原材料锈蚀严重、氧化杂质过多，对过多的浮土渣滓应先筛除，在熔炼成铁液后，应在电炉内及时打渣，铁液出铁温度一般不低于 1510℃，在高温过热铁液中，铁液中残渣、硫化物会上浮至表面，应撒上铸造用聚渣剂进行去除，以提高铁液纯净度。

2）球化孕育处理会增加铁液中的渣滓量，大量硫化物及合金辅料成分均会随着球化反应时铁液的不断涌动而上浮，必须快速及时去除以上杂物，并撒上保温覆盖剂以减少铁液降温氧化过程中硫化物的二次产生。

3）浇注前对铁液包、浇口杯等贮水工具应修砌彻底，刷上耐火涂料并烘烤干，尽可能杜绝浇注环节中耐火料脱落进入铁液造成的二次渣滓；同时对球化包、浇注包在使用前还应先放入部分铁液进行预热，避免铁液降温，以利于提高铁液流动性、充型性。

4）浇注系统的设置和浇注人员的素质是控制合格铸件的关键。目前，消失模铸造工艺均采用干砂填充埋箱真空负压下浇注，铁液在分解置换泡沫时，若铁液浇注速度滞后于泡沫分解速度，在负压状态下，干砂快速位移，替换泡沫模样分解后空隙，便会出现"塌型"铸造缺陷，直接导致铸件报废。铁液温度较低，或浇注系统设置不合理，铁液在置换分解泡沫时，铁液凝固结晶加快，泡沫未能全部分解便包裹在铁液内，造成"碳缺陷"渗漏或报废。

为了减少塌型、冷隔等铸造缺陷，消失模铸造工艺基本上都采用开放式浇注系统，以利

于铁液快速置换分解泡沫模样，充型良好。此浇注系统由于充型速度较快，铁液对浇注系统的冲刷力相对较大，在直浇道、横浇道、内浇道的接合部位普遍易出现凸起、铁夹砂、多瘤等铸造缺陷，造成涂料层破裂而型砂随铁液进入型腔，日常生产中部分管件在水压试验渗漏部位进行剖析时，发现管壁断口内含有一定的砂料，从而导致水压渗漏。综合分析，一般 DN400 规格以下管件由于高度有限，适合用顶注浇注系统，DN500 规格以上管件由于普遍较高，适合用阶梯式浇注系统，以减缓浇注冲刷。总的来说，浇注系统的设置，应全面考虑铸件的形状尺寸，以保证充型快、铁液补缩合理、流程尽可能短，以减少降温。

5）浇注系统涂料层强度的控制：为了减少浇注过程中铁液对涂料的破坏，要求浇道涂料强度应高一些，在浇道转角处适当增加涂层厚度，且烘烤干燥以确保强度，尽可能以圆角过渡减缓死角冲刷。

12.29　蠕墨铸铁气缸盖的消失模铸造工艺（中国北方发动机研究所）

消失模铸造法是一种近无余量精确成形的工艺，其特点是采用遇金属液即消失的泡沫塑料做模样，无须起模，既无分型面又无型芯，模样无起模斜度，为铸件结构设计提供充分的自由度。铸件无飞边毛刺，还减小了由于型芯块组合而造成的尺寸误差，铸件尺寸精度和表面粗糙度分别可达 CT5 ~ CT7，$Ra = 6.3$ ~ $12.51\mu m$，接近熔模铸造水平。由于填充砂采用干砂，根除了由水分、黏结剂和附加物带来的缺陷，铸件不合格品率显著下降，铸件质量显著提高。

消失模铸造法的噪声、一氧化碳气体和硅石粉尘危害明显减小，工人劳动强度大大降低，劳动环境显著改善，容易实现机械化、自动化和清洁生产。与传统铸造工艺相比，消失模铸造技术设备投资可减少 30% ~ 50%（成本下降的幅度取决于零件批量、复杂程度及加工装配时间的节省等）。

以生产铸铁汽车配件为主的美国 Citation Foam 公司于 20 世纪 80 年代初期开始采用消失模铸造技术生产铸铁件，成为美国生产铸铁件的知名消失模铸造公司，其球墨铸铁离合器轴在砂型铸造时由三个部件组装而成，改为消失模铸造后，为一个整体铸件，既减轻了铸件质量，又节约了铸件的加工和装配费用。差速器壳体消失模铸造与砂型铸造相比，铸件壁厚减薄，铸件质量减轻 15%，多处小孔改为铸出，机械加工量减少 50%。目前国内的消失模铸造技术也已成熟。某车辆厂的 6110 柴油机，采用蠕墨铸铁整体生产六缸气缸盖后，水压试验合格率从 73% 提高到 95%，成功解决了导杆孔、螺栓孔等处的严重渗漏和喷油嘴旁气道壁因热疲劳导致的开裂等问题。中国北方发动机研究所的兰银在、靳永标、陈泽忠进行了蠕墨铸铁气缸盖的消失模铸造工艺研究。

1. 蠕墨铸铁气缸盖的消失模铸造工艺

目前可用于蠕墨铸铁气缸盖成形的铸造方式有砂型铸造、金属型铸造、消失模铸造等，各种铸造方式的优缺点见表 12-8。由表 12-8 可以看出，砂型铸造气缸盖组织致密性差、尺寸偏差不易控制，很难满足高功率发动机对气缸盖近乎苛刻的制造要求。金属型铸造和消失模铸造的显著特点使铸件组织致密、尺寸精度高，能够满足气缸盖结构复杂、气密性、耐疲劳性要求高的精密铸件成形要求，金属型铸造投入成本较高，金属型修改困难。

表 12-8　几种铸造方式比较

成形方式	铸件 致密性	力学 性能	铸造操作 复杂程度	尺寸 精度	投入 成本
砂型铸造	低	低	高	低	低
金属型铸造	高	高	高	高	高
消失模铸造	高	高	低	高	中

（1）消失模铸造蠕墨铸铁气缸盖模样制作及工艺方案　根据消失模铸造的特点，结合整体气缸盖的复杂结构型式，泡沫塑料模样分四片制造，如图 12-120 所示。成形后在靠模中黏结成整体，需设计制造四套两分模模具和一套装配靠模，模具的设计采用三维模具设计软件 ProE 设计，由加工中心加工成形。

图 12-120　气缸盖消失模模样

泡沫塑料 EPS 珠粒经过预发泡后填入模具，连同模具一起置于蒸汽中，珠粒进一步发泡，充满模具模腔，脱模后在温室中进一步熟化发泡的珠粒，尺寸检验合格后在靠模中黏结成模样整体，然后黏结浇注系统模样并涂挂涂料，烘干后埋入专用干砂中，振动紧实并用真空泵抽负压，将熔炼好的蠕墨铸铁铁液迅速浇入已抽成负压的砂型中。

（2）蠕墨铸铁熔炼工艺　根据蠕墨铸铁的使用特性，采用 RuT300，其力学性能及应用见表 12-9。RuT300 基体为铁素体 + 珠光体，强度和硬度适中，有一定的塑性、韧性，热导率较高，致密性较好，适用于制造要求强度较高和承受热疲劳的零件，对于整体气缸盖，采用 500kg 中频感应炉熔炼，采用稀土合金作为蠕化剂，FeSi75 大孕育量二次孕育和浮硅孕育以消除稀土合金的白口倾向和孕育衰退问题。合金化学成分见表 12-10。

表 12-9　RuT300 的力学性能及应用

R_m/ MPa	R_e/ MPa	A (%)	硬度 HBW	基体组织	应用举例
≥300	≥240	≥1.5	140～217	P + F	排气管、变速器壳体、气缸盖、液压件、纺织机械零件

表 12-10　RuT300 主要化学成分（质量分数,%）

C	Si	Mn	S	P	Fe
3.4~3.6	2.4~3.0	0.4~0.6	≤0.06	≤0.07	余量

（3）气缸盖结构工艺性及参数设计

1）可铸的最小壁厚和可铸孔径。对于蠕墨铸铁来说,可铸最小壁厚为 4~5mm,可铸最小孔径为 8~10mm。

2）铸造收缩率。消失模铸造在设计模具时应考虑模具模腔的尺寸为双重收缩率,即金属的收缩率和模样的收缩率。模样材料的收缩率采用 EPS 时为 0.5%~0.7%,采用 EPS + PMMA 时为 0.2%~0.4%。合金的收缩率与传统砂型铸造工艺相近。在设计模样尺寸时,可

参考以下公式计算。

$$L_{模样} = L_{铸件} + K_1 L_{工铸件} \quad (12-1)$$

在设计模具模腔尺寸时可参考以下公式计算。

$$L_{模具} = L_{模样} + K_2 L_{模样} \quad (12-2)$$

式中　K_1——合金的收缩率;

　　　K_2——模样材料的收缩率,可查表求得。

3）机械加工余量。消失模铸造尺寸精度高于砂型铸造,铸件的重复性较好,因此加工余量小于砂型铸造,比熔模铸造稍高,表 12-11 列出部分数据。铸件尺寸公差也介于普通砂型铸造和熔模铸造之间,见表 12-12。

表 12-11　消失模铸造机械加工余量

铸件最大外轮廓尺寸/mm	位置	加工余量/mm	铸件最大外轮廓尺寸/mm	位置	加工余量/mm
<50	顶面	2.5	200~300	顶面	4.0
	侧下面	2.0		侧下面	3.5
50~100	顶面	3.0	300~500	顶面	5.0
	侧下面	2.5		侧下面	4.0
100~200	顶面	3.5	>500	顶面	6.0
	侧下面	3.0		侧下面	5.0

表 12-12　铸件尺寸公差

铸件基本尺寸/mm	≤10	>10~40	>40~100	>100~250	>250~400
铸件基本公差/mm	≤0.05	≤1.2	≤1.8	≤2.2	≤3

4）浇注位置。尽量立浇、斜浇,避免大平面向上,保证金属液的上升速度;浇注位置应使金属液上升速度与模样热解速度保持同步,防止浇注速度过慢或出现断流;模样在砂箱中的方位应有利于干砂填充;重要加工面位于下面或侧面,顶面最好是非加工面;浇注位置有利于多层铸件排列。

5）浇注方式。充型要快速浇,有利于防止塌箱,温降少,避免浇不足和冷隔缺陷,工艺出品率高,顺序凝固补缩好,有利于消除碳缺陷,合理控制金属液流,减少 EPS 热解残留物卷入。

6）内浇道尺寸设计。理论计算结果只是参考值,须经浇注试验调整。理论计算公式如下:

$$\sum F_{内} = \frac{G}{\mu t 0.31 H_P^{\frac{1}{2}}} \quad (12-3)$$

式中　$F_内$——内浇道横截面面积（cm²）;

　　　G——浇注总质量（kg）;

　　　μ——流量系数,可以参考传统工艺查表,一般按照阻力偏小来取,铸铁件为 0.40~0.60;

　　　H_P——压头高度（cm）;

　　　t——浇注时间（s）。浇注时间可按下式计算:

$$t = K_t^3 G^{\frac{1}{2}} \quad (12-4)$$

式中　$K_t < 1$,一般取 0.85。

7）浇注工艺。确定合适的浇注温度,模样消失是吸热反应,所以浇注温度应稍高一些。在浇注过程中需要排除 EPS 的固相和液相产物,对于铸铁件,为减少残炭缺陷和皱皮缺

陷,提高温度有利于提高铸件质量。一般推荐比砂型铸造工艺提高 30～50℃。蠕墨铸铁的浇注温度可以控制在 1350～1500℃。负压的作用是紧实干砂,加快排气速度,提高铸件复印性。密封浇注有利于改善环境。铸铁的真空度范围一般在 0.3～0.4MPa,负压在铸件凝固形成外壳足以保持铸件形状结构后即可卸除,负压时间一般取 5～10min。

8) 冒口设计。消失模铸造冒口一般放在铸件的热节部位,不受造型起模的限制,起撇渣作用的冒口放在铸件顶部。消失模冒口均采用暗冒口,一般采用球形冒口。

2. 结果

为了验证消失模铸造生产的蠕墨铸铁气缸盖是否适用于增压柴油机的工况条件,某厂试验人员将气缸盖直接装在柴油机上,进行台架试验,验证其可行性。将此气缸盖装在 170kW、2500r/min 的 AKZW-01 柴油机上,经过 1200h 的耐久试验,没有发现气缸盖变形、紧固螺栓松弛、柴油机结合面窜气及冲缸垫的情况。采用消失模铸造生产的蠕墨铸铁气缸盖应用于增压柴油机是可行的。消失模铸造生产蠕墨铸铁件要严格控制模样的密度,不要超过 20kg/m³;合理选择浇注温度,最低浇注温度不能低于 1350℃;合理设置浇注系统和冒口,把热解的残渣通过排渣冒口排出,即使少量留在铸件中也尽量排到加工面上可以去除的加工余量内。

12.30 消失模铸造高强度合金蠕墨铸铁勺头的应用(李志翔)

近年来,随着选矿厂给矿条件的不断改善及处理矿量的逐年增大,勺头类高锰钢耐磨铸件的工况条件随之发生显著变化,由强冲击磨损变为强摩擦磨损,其使用寿命逐年下降,仅为 3～4 个月,通过成分优化试验、熔炼工艺研究、浇注工艺研究、填砂工艺研究、打箱和清理工艺研究、热处理工艺研究、试验相关数据的收集、整理、分析,确定规模化生产方案,将产品投入工业性试验,产品使用效果良好,达到了研究一种经济且适应工况条件改变的高

强度合金蠕墨铸铁,以实现大幅度降低生产成本及安全运行的目的。

1. 试验的工序过程

(1) 成分优化 材质的性能是由它的金相组织所决定的,金相组织又是由它的化学成分和铸造工艺决定的。

1) 碳。取较低的碳,是为了在保证有效地形成蠕虫状石墨的前提下,避免消失模铸造时的增碳,使碳成分偏高,借鉴生产复相球墨铸铁磨球的成分优化经验,经正交试验取碳的质量分数为 2.8%～3.2%。

2) 硅。是促进石墨化元素,能抑制碳化物的形成,对蠕虫状石墨的形成起外来晶核的孕育作用,借鉴生产复相球墨铸铁磨球的成分优化经验,经正交试验取硅的质量分数为 2.8%～3.2%。

3) 锰。本材质的复相组织和各项性能的取得,主要依赖锰,锰能有效提高勺头的淬透性,锰量过高有可能产生大量的碳化物和残留奥氏体,是形成马氏体 + 托氏体复相组织的主要元素。但硅能有效抑止锰碳化物的形成倾向,借鉴生产复相球墨铸铁磨球的成分优化经验,经正交试验取锰的质量分数为 2.1%～2.4%。

4) 钼。是很强的珠光体元素,又能强化珠光体中的铁素体,有利于提高基体的强度和韧性;钼对淬透性的作用也得到一定的发挥,有利于勺头内外硬度均匀化和基体组织的细化,借鉴生产复相球墨铸铁磨球的成分优化经验,经正交试验取硅的质量分数为 0.2%～0.4%。

5) 硼。是强烈提高淬透性的元素,硼的质量分数达到 0.02%(甚至 0.01%)就有明显作用,过高的含硼量则会导致形成硼的碳化物,从而使硼失去提高基体淬透性的作用,借鉴生产复相球墨铸铁磨球的成分优化经验,经正交试验取硼的质量分数为 0.01%～0.02%。

6) 稀土镁蠕化处理。是获得蠕虫状石墨的基本方法。经优化后的材质成分见表 12-13。

表 12-13 优化后的材质成分 (质量分数,%)

C	Si	Mn	Mo	B
3.0	3.0	2.2	0.2	0.01

(2) 熔炼工艺控制 采用 750 kg 中频感应炉熔炼,并进行炉前蠕化、孕育处理。加料顺

序及操作要点：严格按正常加料顺序加料即先加生铁、废钢，待炉料熔清扒渣，出炉前 10 ~ 15min 加入锰铁，3 ~ 5min 加入硅铁，球化剂、孕育剂在包内加入，注入铁液后充分搅拌，以防止成分偏析；之后加入集渣材料，使铁液充分洁净。注：所有加入的合金料都应预先在炉口预热。出炉温度为 1500 ~ 1550℃，最佳控制点为 1550℃。

（3）填砂工艺　勺头结构如图 12-121 所示。通过对勺头结构图分析研究，确定勺头泡沫塑料模样在砂箱中所处的位置如图 12-122a 所示，浇注成形铸件如图 12-122b 所示。采用该填砂工艺，可保障铁液平稳充型，泡沫塑料模样汽化排气通畅，确保形成最佳温度梯度，有利于铸件的有效补缩。

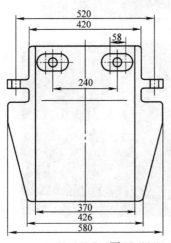

图 12-121　勺头结构简图

（4）浇注工艺

1）铸件连接之间的浇冒系统的设计，是保证无缩孔、缩松，生产合格铸件的最关键控制手段，经反复试验，优化方案见图 12-122。

2）浇注温度。浇注温度是保障泡沫塑料模样充分汽化、铸件有效补缩的关键参数，浇注温度为 1350 ~ 1380℃。

3）采用冲入法进行蠕化处理，处理过程在堤坝式浇包内进行，蠕化剂选用稀土硅铁镁合金（GB/T 4138），粒度要求在 8 ~ 10mm，加入量为 1.5% ~ 2.0%（质量分数，根据铁液中硫含量高低而调整）。

4）孕育剂采用 FeSi75（GB/T 2272），粒度为 8 ~ 10mm，孕育剂加入量为 0.9% ~ 1.3%（质量分数）。

5）处理后的铁液，先浇注三角试样，观察断口，若蠕化良好，则可进行浇注。否则，应加强孕育或浇注灰铸铁件。

（5）打箱、清理工艺　通过此工艺研究，保障铸件在砂型内有最充足的保温时间，消除铸件成形时所产生的各种应力，避免铸件产生

开裂、变形等缺陷，通过多年生产经验总结，结合本次研究结果分析，确定最佳打箱、清理时间是铸件保温 24h 后进行。

（6）热处理工艺　在箱式电阻炉中加热，采用了两种淬火方式，水玻璃溶液模拟等温淬火和风机强冷淬火，经相关数据分析，优化最佳热处理方案，其加热工艺如图 12-123 所示。

1）水玻璃溶液模拟等温淬火工艺。

① 淬火冷却介质采用水玻璃溶液，水玻璃原液要求模数 $M = 1.25 ~ 2.4$，杂质含量 <1%（质量分数）。

② 加水后配成的淬火液相对密度应保持在 1.12 ~ 1.14 范围内。

③ 水玻璃淬火液的理想使用温度为 20 ~ 60℃，极限使用温度不得高于 70℃、低于 10℃。为保证淬火液温度在使用时不升高，不断搅拌淬火池，待温度冷却均匀后，方能再次出炉淬火。

2）风机强冷淬火工艺。

① 淬火冷却介质采用高速流动空气。

② 风机正对加热后工件进行强风冷却；为

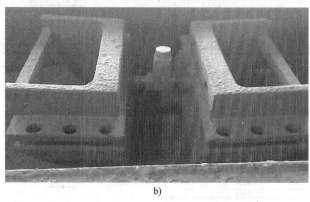

图 12-122　勺头泡沫塑料模样及浇注成形铸件
a）勺头泡沫塑料模样　b）勺头浇注成形铸件

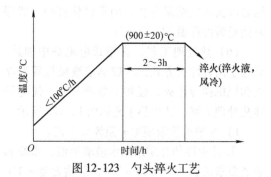

图 12-123　勺头淬火工艺

保证淬火组织的均匀性，要求不断翻动工件。

3）淬火后工件的回火工艺（见图 12-124）。

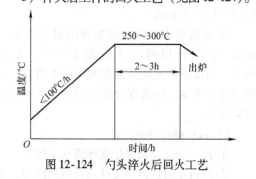

图 12-124　勺头淬火后回火工艺

高强度合金蠕墨铸铁经水溶性介质淬火或强风冷却处理后，其基体组织主要为马氏体、托氏体，同时含少量残留奥氏体和碳化物。此时的高强度合金蠕墨铸铁组织较不稳定，内应力很大，因而强度较低、脆性较大。为此，淬火后的高强度合金蠕墨铸铁必须进行回火处理，以便消除应力，稳定组织，适当地降低硬度，从而获得良好的韧性。回火过程首先是残留奥氏体的转变，转变产物与回火温度有关，其次是马氏体的分解过程。通常情况下，回火温度在 200～300℃时，残留奥氏体的减少幅度很小，只有 2% 左右。这说明硅锰合金蠕墨铸铁淬火后其残留奥氏体的稳定性很好。

2. 试验方法及结果分析

（1）试验方法及金相物理试验　工艺性试验：先后开炉三炉次，主要实现对熔炼成分、铁液温度的最佳控制及生产勺头方法的确定，对三个试样进行了抽样金相检验、冲击试验、解剖宏观观察等试验，并对一件试验产品进行了破坏性试验。

工业性试验：将试验产品一组（两件）投入金堆城钼业公司百花岑选矿厂6号球磨机进行了五个多月的工业性试验。试验所采用试样为同炉浇注、同炉热处理。冲击韧度通过JB30A型冲击试验机试验。

（2）性能及组织分析

1）力学性能分析。高强度合金蠕墨铸铁材料之所以具有较好的韧性和较高的硬度，是由金相显微组织是马氏体、托氏体混合组织决定的。铸态和经过不同热处理的试样，其硬度值见表12-14，冲击韧度见表12-15。

表12-14 不同热处理态高强度合金蠕墨铸铁的洛氏硬度值（HRC）

状态	铸态	等温淬火	强风冷却
10点平均硬度	21.7	57	26.5

表12-15 不同热处理态高强度合金蠕墨铸铁的冲击韧度值 α_K （单位：J/cm^2）

状态	铸态	等温淬火	强风冷却
冲击韧度	6.16	5.94	8.62

由表12-14、表12-15可见，经过强风冷却加回火处理后的试样与铸态试样相比，硬度略微提高，但是冲击韧度明显提高，这是因为强风冷却只是对基体组织进行了细化，而基体组织的类型仍然是以珠光体型组织为主。强风冷却后的试样保持了铸态时的托氏体和索氏体组织，因此强风冷却后的试样和铸态试样都拥有较好的韧性；经水玻璃溶液模拟等温淬火加回火处理后的试样和铸态试样相比，冲击韧度变化不大，但硬度得到了显著提高，这是由于水玻璃溶液模拟等温淬火使试样的基体组织充分转变成了马氏体且基体得到了细化，因此试样具有较好综合性能。

表12-16是共析钢等温转变的组织及特征。由表12-16可见，托氏体组织是珠光体类组织中硬度最高的，而因为是珠光体型组织，又具有良好的韧性。勺头的工作环境要求其具有良好的韧性和耐磨性，因此，在设计勺头组织时选择基体组织为托氏体组织。

表12-16 共析钢等温转变组织及特征

转变温度范围/℃	转变产物	过冷程度	层片间距 $S_0/\mu m$	转变产物硬度 HRC
高于650	珠光体	小	≥0.3	<25
约600~650	索氏体	中	0.1~0.3	25~30
约500~600	托氏体	大	≤0.15	35~37
约350~500	上贝氏体	更大	—	40~45
约250~350	下贝氏体	很大	—	45~55
约80~250	马氏体	极大	—	60~65

2）组织分析。由图12-125的金相照片可见，铸态试样的金相显微组织为蠕虫状石墨＋奥氏体及少量碳化物；由图12-126的金相照片可见，水玻璃溶液模拟等温淬火加回火试样的金相显微组织为蠕虫状石墨＋马氏体＋少量奥氏体及蠕虫状石墨；由图12-127的金相照片可见，强风冷却加回火试样的金相显微组织为蠕虫状石墨＋奥氏体及少量碳化物，只是组织与铸态相比，得到了细化。

（3）方案优化

1）最佳化学成分：$w(C)=3.0\%$，$w(Si)=3.0\%$，$w(Mn)=2.2\%$，$w(Mo)=0.2\%$，$w(B)=0.01\%$。

2）最佳熔炼温度：1550~1650℃；最佳浇注温度：1350~1380℃。

3）最佳填砂工艺（见图12-122）：工作位置朝下，立式填砂工艺。

4）最佳打箱、清理时间：铸件保温24h后。

5）最佳热处理工艺：水玻璃溶液模拟等温淬火加回火工艺。

3. 最常见铸造问题及防止措施

（1）蠕化衰退原因及防止措施 高硫低温氧化严重的铁液经蠕化处理后形成的硫化物、氧化物夹渣未充分上浮，扒渣不充分，铁液覆盖不好，空气中的氧通过渣层或直接进入铁液，使有效的蠕化元素氧化并使活性氧增加，是使蠕化衰退的重要原因。渣中的硫也可重新进入铁液，消耗其中的球化元素，在铁液运输、搅拌、倒包过程中，镁聚集、上浮、逸出而被氧化，因此使有效残留球化元素减少，造成蠕化衰退。此外，孕育衰退也使蠕虫数量减

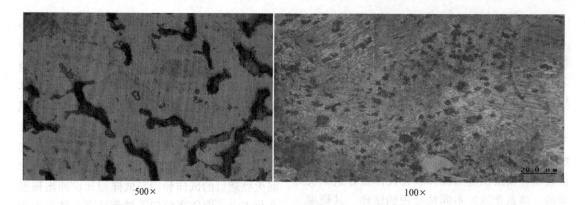

图 12-125 铸态金相显微组织

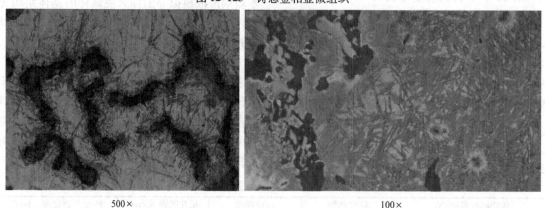

图 12-126 模拟等温淬火加回火金相显微组织

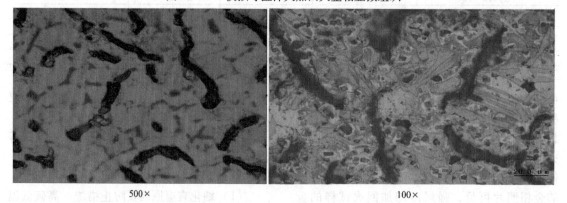

图 12-127 强风冷却加回火金相显微组织

少而导致蠕虫形态恶化。造成蠕化不良的上述因素也加快蠕化衰退。

应尽量降低原铁液硫、氧含量,适当控制温度。可添加稀渣剂使渣充分上浮并充分扒渣,扒净渣后加草灰、冰晶石粉、石墨粉或其他覆盖剂以隔离空气。加包盖或采用密封式浇注包,采用氮气或氩气保护可有效防止球化衰退。应加快浇注,尽量减少倒包、运输及停留时间。采用钇基重稀土镁蠕化剂,其衰退时间可延长 1.5~2 倍,轻稀土镁蠕化剂衰退时间也略长于镁蠕化剂。必要时也可适当增加蠕化剂添加量。由于孕育衰退引起的石墨形态恶化,在补充孕育后可以改善。

(2) 缩孔、缩松影响因素及预防措施 碳当量低增加缩孔缩松倾向。磷共晶削弱凝固外壳强度，三元磷共晶减少石墨化膨胀，因此磷含量高显著增大缩松倾向。钼增加碳化物稳定性，尤其在高磷条件下易形成碳化物-磷共晶复合物，更增加缩松、缩孔倾向。残留镁量过高增大缩松、缩孔倾向，适量残留稀土量可减少缩松，过高也增大两者倾向。因此应提高铁液碳当量、降低磷含量，在保证球化条件下尽量降低稀土镁残留量，并合理使用钼。提高铸型刚度，如高压造型、树脂砂型、金属型覆砂可减少缩孔、缩松，同时提高铁液碳当量，适当降低浇注温度，采用薄而宽的内浇道使其在二次膨胀前凝固封闭，利用石墨化膨胀补偿铁液液态收缩和凝固收缩，可以消除缩孔、缩松。

（3）皮下气孔预防措施　浇注温度不得低于 1300℃。残留镁量高时，还应相应提高浇注温度；在保证蠕化条件下尽量降低残留镁量，适当使用稀土；采用开放式多流道浇注系统，使铁液平稳流入型腔，避免在型腔内翻动，控制型砂水分不高于 5.5%（质量分数），配入煤粉 8%～15%（质量分数）可燃烧成 CO 抑制水汽与镁反应形成 H_2（铸型表面喷涂锭子油也可起到同样作用）；铸型表面撒冰晶石粉，高温下与水汽反应形成 HF 气体保护铁液免受反应，控制铁液含铝量。严格控制炉料干燥少锈，冲天炉除湿送风，减少铁液中气体，采用少氮或无氮树脂砂等。

（4）应力变形和裂纹防止措施　适当提高碳当量，降低含磷量，加强孕育及必要的铸型工艺措施。

（5）夹渣影响因素及预防措施　形成一次夹渣的重要原因是原铁液硫含量高，氧化严重。根本预防措施是降低原铁液硫、氧含量，提高温度。生成二次渣的主要原因是残留镁量过高，提高了氧化膜形成温度。主要措施是在保证蠕化条件下尽量降低残留镁量［中小铸件不超过 0.055%（质量分数）］，加入适量稀土可降低形膜温度；蠕化处理时加 0.16%（质量分数）冰晶石，处理后表面再撒入 0.3%（质量分数），用以稀渣并生成 AlF_3 气体和 MgF_2 膜以减少二次氧化。这种方法主要用于防止大铸件的夹渣，浇注温度不得低于 1300℃，使得浇注温度高于形膜温度，可防止形成二次渣。浇注系统设计应使充型平稳，在易出现夹砂部位设置排渣冒口。安设过滤网可阻止一次渣进入型腔。

4. 效益及结果

高强度合金蠕墨铸铁的勺头成本为 5400 元/t，高锰钢生产成本为 7000 元/t，相比降低了 1600 元/t；经实际工况条件下的使用证明，本产品使用寿命可达五个半月，与高锰钢生产产品寿命三四个月相比，工作寿命延长了一个半月至两个半月，减少了停机检修次数，具有较好的经济效益和社会效益。

通过对国内生产技术现状的调研，经过由小型试验过渡到生产试验的研究，优化出了勺头生产方案，并确定了确保生产高质量铸件的工艺措施及缺陷的防治措施。其主要结论如下：

1）高强度合金蠕墨铸铁勺头，最佳化学成分：$w(C) = 3.0\%$，$w(Si) = 3.0\%$，$w(Mn) = 2.2\%$，$w(Mo) = 0.2\%$，$w(B) = 0.01\%$；配合消失模铸造和蠕化处理，可以得到：

① 比较理想的金相显微组织：基体为马氏体、托氏体的复相组织，少量锰的碳化物分布均匀，碳化物的体积分数为 5% 左右。

② 较好的耐磨性能和较高的冲击韧度（$\alpha_K > 5J/cm^2$）及多冲疲劳性能；较高的硬度，>55HRC。

2）上述金相组织和性能的获得是在多种元素和特定的工艺条件共同作用的结果，其中：

① 碳含量取下限，有利于形成蠕虫状石墨。

② 较高的硅含量，有利于抑制锰碳化物的形成，提高了材料的韧性。硅的最佳质量分数为 2.8%～3.2%。

③ 淬火态下马氏体、托氏体复相组织的形成，是该材质获得高耐磨性的决定因素。

④ 消失模铸造勺头组织致密，性能改善。

3）勺头在 $\phi3.6m \times 4m$ 磨机湿磨条件下应用具有良好的效果，并长达 5 个月以上。

12.31 耐磨铸件的消失模铸造生产（李茂林）

对于颚式破碎机颚板，圆锥破碎机轧臼壁、破碎壁，锤式破碎机锤头、筛板，球磨机筒体衬板、隔仓板、篦板，中速磨辊，挖掘机斗齿等耐磨件，采用消失模铸造后，这些耐磨件尺寸精确、外观光洁、质量好，而且生产能力强。随着消失模生产技术的不断创新和发展，克服其不足，将消失模和 V 法生产相互配合使用，在耐磨铸件生产上应该大力推广，取得更大的经济效益和社会效益。

1. 耐磨铸件消失模铸造的工艺过程

下面以挖掘机斗齿为例来说明耐磨铸件消失模铸造的工艺过程，如图 12-128 ~ 图 12-135 所示。

图 12-128　耐磨材料消失模生产线

图 12-129　斗齿消失模成形机

图 12-130　斗齿消失模模样

图 12-131　刷完涂料烘干过的斗齿

图 12-132　组装烘干过的斗齿

图 12-133　40/70 目宝珠砂振实

图 12-134　一箱生产 32 支斗齿图

图 12-135　经过热处理的斗齿成品

2. 消失模铸造耐磨铸件特点

（1）用消失模铸造耐磨铸件的优点

1）铸件尺寸准确，表面质量好，表面很少有铸造缺陷，有利于提高铸件耐磨性能。

2）可以生产高锰钢材料，高铬铸铁系列材料和合金钢系列耐磨材料；小型薄壁高锰钢铸件可以在浇注凝固后立即提出水淬，节约人力和能源；中小厂采用消失模生产工艺占地少，投资少，上马快，更为合适。

3）采用干硅砂，宝珠砂等，旧砂可以96%回用，解决了废砂处理的老大难问题，有利于环保和低碳经济；对于球磨机隔仓板、篦板及破碎机篦板类铸件，采用消失模生产尺寸准确，更为有利。

（2）消失模铸造工艺的不足

1）生产厚大铸件时泡沫夹渣不易排出。某厂采用消失模铸造的 120kg 大锤头，使用中断裂（见图 12-136），就是泡沫夹渣造成的。断口上的泡沫夹渣如图 12-137 所示。

图 12-136　断裂的大锤头

图 12-137　断口可见泡沫夹渣

2）消失模铸造设备厂家提供设备的同时，应该提供相应铸件的生产工艺，消失模铸件的浇冒口设计应该有规范可循，应该推广采用CAE分析系统对浇注成形和凝固进行模拟，以确定合理的浇注系统。

总之，耐磨铸件应根据铸件形状特点选择采用消失模铸造和 V 法铸造方法，生产外观内在优质的耐磨材料；有利于节能环保，提高经济效益和社会效益；各生产企业可以根据各自的场地、资金等情况，选择采用不同规模的消失模铸造和 V 法铸造生产工艺。每一种生产工艺都有其特点和不足；应该发扬其特点，严格按其固有的生产工艺生产优质产品。按消失模铸造首先要根据铸件不同壁厚选择不同密度的泡沫材料加工成形，选择相应的涂料进行浸涂及刷涂，烘干，严格控制浇注温度和浇注速度，控制合适的真空度等参数，才能生产出好产品。同样根据耐磨铸件使用的不同部位采用高锰钢系列材料、高铬铸铁系列材料和合金钢系列耐磨材料；采用严格的熔炼工艺和热处理工艺，使耐磨铸件外观和内在质量均优质，提高材料耐磨性能。

由于采用新的铸造方法，生产厂家会有一定的投入，按照优质优价，及性价比不同，产品价位会适当提高。

（3）消失模铸造生产注意事项

1）厚件泡沫密度应该为 $16 \sim 18 kg/m^3$；采用强度高、透气性好的涂料等。

2）模样必须烘干，涂料必须烘干，刷一遍烘干后再刷二遍，整体烘干透；涂料厚度为 $1.2 \sim 1.5mm$。

3）浇注系统根据铸件情况合理设计；直、横、内浇道连接处要采用涂料泥封好；底砂为 $100 \sim 120mm$ 厚。

4）合理控制真空度，一般为 $0.045 \sim 0.055MPa$；先烧后浇为 $0.06 \sim 0.08MPa$。

5）浇注温度：合金钢为 $1570 \sim 1610℃$；高锰钢为 $1450 \sim 1480℃$。

6）浇注速度，出钢后镇静 5min，低温度浇注越快越好，浇口杯始终要充满钢液。

7）铸件要开通天出气孔；特别要加强档渣和排气。

12.32　消失模铸造双金属复合锤头
（刘根生，冯晓虎，魏笑一）

采用负压实型铸造定量法、隔板法、镶铸法三种复合工艺进行试验研究对比，结果表明，采用负压实型铸造定量法铸造的复合锤头的结合面为犬牙交错的冶金结合；采用负压实型铸造固－液镶铸工艺，应用新工艺对锤柄预处理，镶铸的复合锤头的结合面不是冶金结合，属于融合黏结界面。此应用锤头不脱落，同时镶铸的锤柄可以有效地改善消失模铸造晶粒粗大的弊端，提高锤头的耐磨性。

目前，中小型选矿点、建材选矿点多采用甩锤式破碎机，根据破碎机型号不同选用不同的甩锤规格，但几何形状基本类同。由于其服役条件十分恶劣，传统的高锰钢甩锤通常连续旋转使用2～7天就报废，锤头消耗量很大。为

了降低消耗，人们对破碎用锤头的材质与制造工艺进行了大量的研究工作，采用传统砂型铸造双金属复合锤头已有很多成功的先例。采用消失模铸造工艺铸造双金属复合锤头，对于提高生产效率、降低消耗、改善劳动条件是十分有利的。在锤头材质相同的条件下，复合锤头双金属界面的结构能否满足要求，是评价复合锤头质量好坏的重要方面，其结合界面融合的优劣将直接影响到复合锤头的使用寿命。采用消失模铸造双金属复合锤头，镶铸工艺和两种金属结合界面融合的效果将是试验研究的重点。

1. 双金属复合锤头的材质

关于双金属复合锤头材质和热处理工艺研究的报道很多，本试验研究消失模铸造双金属复合锤头的材质为：锤头部分采用高铬铸铁，锤柄部分采用 ZG310－570，其化学成分见表12-17。

表 12-17　复合锤头的化学成分（质量分数，%）

	C	Si	Mn	P	S	Cr	Mo	Ni	Cu	RE－Si
锤头部分	2.8～3.0	0.5～0.8	0.6～1.2	< 0.06	< 0.05	24～26	0.4～0.6	0.3～0.5	0.3～0.5	0.3（加入量）
锤柄部分	0.35～0.45	0.4～0.6	0.4～0.6	< 0.04	< 0.04	—	—	—	—	0.3（加入量）

2. 消失模铸造双金属复合锤头工艺

根据破碎机用复合锤头的材质和结构特点以及失模铸造工艺特性，试验研究拟订了三种工艺方案试验。

（1）双液双浇道定量法　采用离心铸造和普通砂型铸造工艺，利用双液定量法铸造双金属铸件比较容易控制，由于消失模铸造浇注过程中金属液充填的独特性，采用双液定量法铸造复合锤头，铸件工艺设计及浇注工艺必须经过试验来确定。本试验复合锤头工艺设计采用双浇道，在双金属结合面同一水平位置上设置定量的锤柄金属液溢流包，在浇注时严格控制双金属液浇注间隔时间，真空度控制保证成形即可，不宜过高，对于使用内口尺寸为600mm×500mm×600mm 的砂箱，真空度控制在0.4～0.5MPa 范围内为宜。

（2）双液双浇道隔板法　20世纪80年代，沈阳铸造研究所、河北工业大学等单位采用隔板法铸造双金属复合衬板获得成功，尚未见到利用负压实型铸造工艺采用隔板法铸造双金属

产品的报道。

本试验采用模具成形整个锤头的 EPS 模样，然后在头与柄过渡段的适当位置将锤头 EPS 模样切开，选择合适的隔板置于锤头和锤柄之间，对于锤厚 60～80mm，质量为 20～50kg 的锤头，采用厚 0.5mm，材质为 A3 的冷轧钢板，隔板要经过相应表面处理，钻孔，覆以助融剂，锤头和锤柄分别设置合理的内浇道和直浇道，工艺如图 12-138 所示。锤柄浇注温度为 1480℃，锤头浇注温度为 1420℃，涂料及烘干等工艺与其他件负压实型铸造工艺相同。

（3）镶铸法　采用砂型铸造镶铸复合锤头，锤柄可以进行预先预热，采用消失模镶铸工艺，锤柄预热温度不可超过60℃，只能保持40～50℃的烘干温度。其工艺过程为：首先参照图 12-139 制作锤头与锤柄的 EPS 模样，采用消失模法铸造出锤柄，然后清除锤柄表面杂物、磨平棱角、喷丸处理、涂覆保护剂，再将锤柄与锤头 EPS 模镶接在一起（见图 12-140），并在锤头 EPS 模上黏结定量溢流包和冒口模，

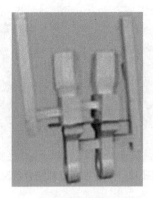

图 12-138　双浇道锤头 EPS 模样

其余后续工序按正常消失模铸造工艺进行。适当提高锤头的浇注温度，高铬铸铁浇注温度控制在 1450℃左右为宜。

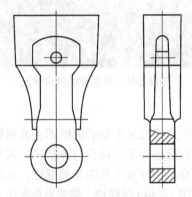

图 12-139　头与柄镶铸简图

图 12-140　镶接好的复合锤头 EPS 模样

3. 复合锤头界面分析

双金属复合铸造中，双金属复合界面将发生一系列的物理与化学变化，铸造工艺不同，界面结合方式不同，操作工艺的差异也直接影响到界面的结合质量，双金属复合锤头界面结合的优劣是影响复合锤头使用性能的关键。试验切开分析了 3 种方案铸造复合锤头，发现 3 种工艺方案铸造锤头复合界面各具特点。

（1）双液定量法铸造复合锤头界面　采用消失模双液定量浇注铸造完毕后，沿锤头宽度方向中心线垂直切开，将锤头与锤柄结合部位用砂轮磨光并抛光，观察其结合界面。结果发现，结合界面呈相互犬牙交错形状，两种金属如此相互交错、深入渗透的特殊结合只有在特殊充填条件下才能形成。由负压实型铸造的充型特性，即附壁上升的充填特性（见图 12-141）可知，首先定量浇注的锤柄材料 45 钢液体充填了锤柄型腔，在负压作用下，45 钢液体沿型壁上升到锤头部分，45 钢浇注完毕，接着浇注锤头高铬铸铁材料液体，在重力和型腔负压作用下，高铬铸铁液弥补 45 钢空缺的部分，并充满整个剩余的型腔和冒口，凝固后便得到如图 12-142 所示的锤头材料和锤柄材料明显相互深入交错的界面。取某段结合面用光学显微镜放大 100 倍观察（见图 12-143），锤头高铬铸铁明显渗入锤柄 45 钢材料之中，界面处有一定的混合并产生了很好的冶金结合。如此结合的双金属锤头不会发生锤头与柄脱脱节。采用消失模双液定量浇注法铸造的复合锤头，能够获得很好的复合界面。

在锤头材质和热处理工艺等相同的条件下，都采用定量法双浇道铸造，应用消失模铸造的锤头不如重力浇注砂型铸造的锤头耐磨耐用，不如采用复合金属型铸造的锤头使用寿命长。这是由于消失模铸造的锤头内在组织明显比砂型铸造的粗大，不如复合金属型铸造的锤头的内在组织致密细腻所致。本试验曾采用了型腔显微激冷方法来改善消失模铸造的锤头内在组织粗大的问题，并取得了一定的效果，该工艺生产稳定性差。

（2）双液隔板法浇注的锤头界面　采用消失模双液隔板法铸造完毕后，沿锤头横向中心线垂直切开，将锤头与钢板和锤柄结合部位进行磨平抛光，宏观上可看到钢板向上弓起的清晰结合界面，锤头与锤柄被一条上弓的曲线隔开，由于事先钢板表面经过特殊处理，可以看到锤头－钢板－锤柄三者结合得比较紧密，宏

图 12-141　消失模铸造附壁上升充填特性

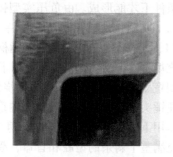

图 12-142　定量浇注界面宏观结合状况

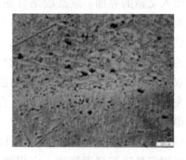

图 12-143　定量法界面显微结合状况

观上看不到缝隙，如图 12-144 所示。经再次砂纸抛光腐蚀，用光学显微镜放大 100 倍观察，看到高铬铸铁的锤头材料组织与锤头与铸造 45 钢的锤柄材料被钢板材料所隔开，仍未见到任何间隙，三者虽不是很好的冶金结合，但三者相互熔结较好，（见图 12-145）。

（3）固 - 液镶铸锤头界面　有关镶铸复合锤头研究的报道多采砂型铸造镶铸工艺。为了使锤柄与锤头能够很好地结合，在镶铸浇注前对锤柄的预热是必不可少的工艺条件，有的甚至把锤柄预热到 700 ~ 800℃。在消失模铸造条件下对锤柄进行预热无法实现，因为采用消失模固 - 液镶铸时，是将锤柄预先镶到锤头的 EPS 模中，将锤柄预热到 60℃ 以上也是不允

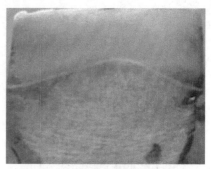

图 12-144　界面宏观结合状况

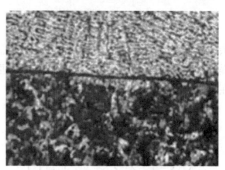

图 12-145　界面显微结合状况

许的。

在生产中发现采取消失模固 - 液镶铸工艺铸造的复合锤头发生锤头与锤柄脱离现象，检查其复合甩锤外观可见明显的缝隙，从该锤头取下如图 12-146 的样快，抛光后可见锤柄与锤头有明显的缝隙，如图 12-147 所示。再将其铸造的复合锤头在压力机上进行破坏试验，在压力作用下锤头很快从锤柄镶合部位剥离下来，且锤柄上锈迹斑斑，如图 12-148 所示。

图 12-146　用线切割机切下试块

鉴于消失模铸造工艺的特点，采用消失模固 - 液镶铸时，试验采取了以下工艺措施：

1）将铸造好的锤柄进行喷丸、酸浸、水洗、烘干等除锈去污处理。

2）烘干后立即均匀涂覆助熔剂。

图 12-147　锤头与锤柄间有明显缝隙

图 12-148　压力下锤头剥离落露出锤柄图

3）预埋 EPS 模前将预处理好的锤柄放于 30～50℃的干燥房内存放 6h 以上。

4）改变原浇冒口设计并增加适当的溢流冒口设置。

5）浇注锤头部分时适当提高浇注温度，一般浇注温度为 1500℃左右。

采用上述工艺铸造的锤头外观镶铸完好，无明显缝隙，如图 12-149 所示。图 12-150 是线切割下来的试块抛光后的照片，未发现明显的间隙，取结合较好的部位放大 200 倍进行金相观察，锤头材料和锤柄材料镶合界面平直，结合间隙很小，已有一定的熔合，未见有冶金结合，还可看到由于锤柄的激冷作用，与锤柄接触的锤头部分有明显的激冷层，整个锤头的

图 12-149　镶铸较好的锤头

金相组织比较细腻，这样的组织对提高锤头的耐磨性能大有益处（见图 12-151）。

图 12-150　镶铸较好的锤头宏观结合状况

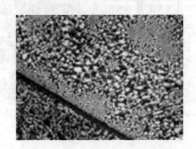

图 12-151　镶铸较好的锤头显微结合状况

12.33　混凝土泵车臂架输送双金属复合弯管消失模铸造（郭亚军，叶开平，孔德选）

臂架输送弯管是高压混凝土泵车中的易损部件，尤其是其弯管外侧，对部件耐磨性及韧性均有较高要求。基于消失模铸造技术，利用双金属液固复合铸造工艺制备了双金属界面冶金结合良好的复合弯管，实现双金属复合弯管耐磨性与韧性的统一，提高了臂架输送弯管的使用寿命。

混凝土泵车采用远距离高压传输方式进行物料传送，高速混凝土在通过输送弯管时产生大的离心力，加剧了输送弯管外侧的磨损及腐蚀，其外侧管壁的磨损速度远大于直管部位管壁的磨损速度。由于单一材质管件往往不能兼具良好耐磨性及韧性于一身，使用过程中输送弯管外侧磨穿或断裂现象时有发生，使用寿命较短，更换频繁且耗时费力，成本较高。目前高压混凝土泵车输送弯管多采用装配复合弯管，其外管采用韧性较好的钢管，内层采用耐磨性能良好的高铬铸铁，如图 12-152 所示。

其装配复合工艺为：推制外层钢管→铸造内层耐磨管→装配钢管与耐磨管→焊接连接端部及钢管→压力填充层间缝隙→涂覆油漆→出厂。由于工艺本身存在的局限性，在压力填充层间缝隙时，经常由于缝隙过小且填充料流动性不好，间隙内部气压较大阻碍层间物料填充导致层间缝隙填充不足，造成外层钢管与内层耐磨体间存在较大缝隙，无法有效地将混凝土的冲击力传给外层钢管，致使装配复合弯管整体韧性不足，影响使用寿命，如图 12-153 所示。

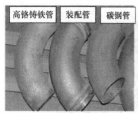

图 12-152　装配复合弯管

图 12-153　装配复合弯管横截面
及其层间填充物与空隙分布图

由于现有装配复合工艺较为烦琐，存在层间缝隙难以完全填充、无法有效传递冲击力导致装配复合弯管韧性不足、难以提高臂架输送弯管的有效寿命的问题，双金属复合弯管生产实现双金属界面无缝冶金结合，提高了复合弯管寿命，对高压混凝土泵车事业的发展显得尤为重要。

1. 双金属弯管材料

现有常用耐磨弯管材质为高锰钢及高铬铸铁。高锰钢主要应用在高冲击负荷下的各种大型破碎机易损件，冲击力较小时很难发挥其加工硬化效果而导致寿命较短，且其热膨胀系数与碳钢相差较大，极易产生收缩缝隙而发生双金属分离现象。相对而言，高铬白口铸铁韧性

不足，但其耐磨性能良好，且其热膨胀系数与低碳钢相当，可通过适当的工艺控制使其与低碳钢进行复合。故本试验采用内层耐磨材质为 KmTBCr26 的白口铸铁。为充分提高输送弯管的韧性以及其抗冲击能力，双金属外层材质一般选用韧性及焊接性能良好的低碳钢及低合金钢，试验双金属弯管外层材质选用 20 钢。通过复合铸造把耐磨性好而韧性差的高铬白口铸铁和韧性好而耐磨性差的钢制成双金属复合材料，从而使耐磨性和韧性达到理想的配合。试验得到三一重工娄底中源新材料有限公司的大力支持，采用其发泡成形的弯管泡沫模样作为复合弯管内衬模样。

2. 消失模双金属弯管复合铸造工艺

双金属复合弯管的生产采用消失模空壳铸造与振动浇注工艺相结合的液固双金属复合铸造工艺，其工艺流程如下：内管泡沫模具设计制造→发泡成形内管模样→组装外层钢管与内管泡沫模样→涂挂涂料 + 撒砂→烘干涂层→装箱造型→无/有真空条件下烧空泡沫 + 预热钢管→无/有振动浇注→开箱清理铸件。

试验采用消失模空壳振动液固双金属复合铸造工艺，其工艺原理如图 12-154 所示。

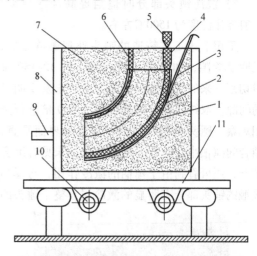

图 12-154　液固双金属复合铸造工艺原理图
1—内层泡沫　2—外层钢管　3—热电偶　4—浇冒口
5—火焰　6—出气孔　7—干砂　8—砂箱　9—抽气口
10—振实台　11—振动电动机

（1）造型工艺

1）发泡成形内管高铬铸铁泡沫模样，并

进行烘干。

2）将烘干后的内管模样装入到钢管中，并用热熔胶封住两端的缝隙。

3）黏结浇冒口与出气孔，浇冒口位于复合管厚壁处，出气孔位于复合管薄壁处。

4）浸涂高强度耐火涂料 1 ~ 2mm，在最后一层涂料上撒 200 ~ 220 目硅砂并放入烘干房进行烘干处理。

5）涂料烘干后将其放入消失模负压砂箱中造型，砂箱中填充 30 ~ 50 目的干砂，并将砂箱置于高频振实台上。振实台的振动频率为 50 ~ 200Hz，振幅为 0.5 ~ 1mm，振动电动机的转速为 500 ~ 2500r/min。

（2）燃烧泡沫及预热空壳　将砂箱与真空系统连接，打开真空系统使砂箱内真空度依次为 0MPa、0.02MPa、0.04MPa、0.06MPa，用乙炔和氧气为燃料的火焰枪燃烧砂型内部泡沫

模样，先用火焰燃出气孔烧 1min，然后从浇冒口处燃烧泡沫 1min 左右直至内部泡沫模样烧空后继续用火焰对钢管外侧内壁进行预热 5min 左右，待钢管外侧内壁充分预热，随即停止加热。

（3）浇注工艺　按照 KmTBCr26 成分配比进行配料并进行熔炼，打开高频振实台进行振动浇注，细化晶粒。浇注温度为 1400 ~ 1500℃，高频振实台的振动频率为 50 ~ 200Hz，振幅为 0.5 ~ 1mm，振动电动机的转速为 500 ~ 2500r/min。

3. 实验结果与分析

（1）真空度对双金属界面复合程度的影响分别对真空度在 0MPa、-0.02MPa、-0.04MPa、-0.06MPa 下所铸复合弯管利用线切割从弯管中部截开，观察其截面并比较双金属界面冶金结合状态，如图 12-155 所示。

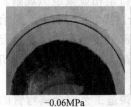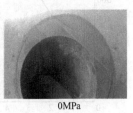

图 12-155　不同真空度下复合弯管双金属界面结合情况照片

从图中可以看出，随着真空度的增大，双金属结合界面间所产生的收缩缝隙越来越大。真空度为 0MPa 时，双金属复合弯管外侧厚壁处双金属冶金结合良好；真空度为 -0.02MPa 时，仅有壁厚最大处（火焰燃烧正下方）存在双金属冶金结合，其余部分均存在收缩缝隙；真空度为 -0.04MPa、-0.06MPa 时，双金属界面完全分离，且真空度增加，收缩缝隙变大。

通过使热电偶及测温仪在不同真空度下对火焰燃烧泡沫及后续预热钢管过程进行温度测定，测得钢管外侧外壁温度变化曲线如图 12-156所示。

从图 12-156 可以看出，随着砂箱内真空度的增加，钢管外侧外壁温度呈下降趋

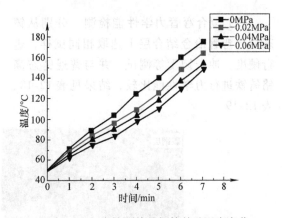

图 12-156　火焰预热处钢管外壁温度变化

势，真空度越小，火焰预热热量散失越少，钢管内壁温度越高，内壁预热效果越好，双金属界面结合情况越好；反之，真空度越

大，火焰燃烧泡沫及预热钢管所产生的热量散失越多，钢管温度越低，越不利于双金属界面形成冶金结合。

由于无法直接测量砂箱内不同真空度下火焰预热处钢管内壁的温度，试验采用火焰枪在空气中直接加热钢管外壁并测量其温度变化，如图12-157所示。从图中可以看出，由于钢管外壁与空气存在热交换，当加热至3min时，火焰加热产生热量与钢管散热达到相对平衡状态，钢管外壁温度达600℃左右，因此，无真空密闭砂箱内经5min火焰预热后钢管内壁预热温度应为600~800℃，有充足热量使其与高温高铬铸铁金属液形成冶金结合状态。

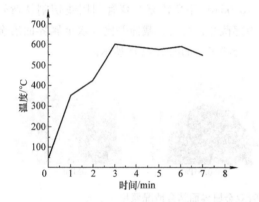

图12-157　火焰直接加热处钢管外壁温度变化

（2）复合弯管力学性能检测　分别从铸态复合弯管冶金结合层上选取相同试样，进行硬度、冲击韧度等测试，并与普通铸态高铬铸铁进行力学性能比较，结果见表12-18、表12-19。

表12-18　铸态高铬铸铁冲击韧度和硬度测试结果

编号	尺寸规格/mm	a_K/（J/cm²）	硬度　HRC
1	10×10×55	8	51
2	10×10×55	8	49
3	10×10×55	6	49
4	10×10×55	8	50
5	10×10×55	8	51
平均值	—	7.6	50

表12-19　铸态复合层冲击韧度和硬度测试结果

编号	尺寸规格/mm	a_K/（J/cm²）	硬度　HRC
1	10×10×55	26	52
2	10×10×55	24	52
3	10×10×55	26	49
4	10×10×55	26	51
5	10×10×55	26	52
平均值	—	25.6	51.2

（3）复合层金相组织　从复合弯管横断面上切取复合层试样进行金相显微组织观察。由图12-158可知，复合层界面结合良好，呈冶金结合状态；结合界面部分发生弯曲，呈锯齿状相互咬合，界面能较高，抵抗沿界面的剪切变形能力较强。

通过消失模复合铸造工艺双金属弯管的一体化制备可简化其生产及装配工序，同时降低了双金属弯管的生产成本；消失模双金属复合铸造工艺可提高双金属弯管的抗冲击能力，其冲击韧度 a_K 最高可达26J/cm²，通过振动浇注工艺也使耐磨层硬度略有提高；双金属弯管复合层金相显示，实现了双金属界面的有效冶金结合，且结合界面犬牙交错，相互咬合，具有较高的界面能，抗剪切能力较强。

图12-158　复合层界面金相组织

12.34　ZG 310 – 570 与镍铬钼钒钢·双液复合浇注高强高韧耐磨大型螺杆（刘玉满）

垃圾炭化回收环保处理机是新一代垃圾处理的创新装置，其基本工作原理就是使生活垃圾通过强力挤压和摩擦升温发生炭化，并在推进挤压式螺杆作用下挤出炭棒——再生洁净化能源，推进挤压式螺杆（视装置的型号不同：长 3 ~ 5m，重 1 ~ 4t）是整套装置中最关键的高端高要求铸件。

本样机关键的部件是长达 3 ~ 5m 的推进挤压式高强耐磨螺杆，历经在多地多家铸造厂漫长的试验，终未能在铸造工艺和铸件材质上过关。其主要问题如下：

1）螺杆铸造整体弯曲变形，无法加工，更无法装配使用，轴线方向（3 ~ 5m）头尾弯曲变形度达 50 ~ 60mm，完全是废品。

2）采用单一材质合金整体铸造时，高硬度则无法加工，低硬度则极易磨损不耐用。采用不同合金分体铸造再焊接组合则更糟糕——两者焊接性能差异大，易裂，难以承受巨大扭矩。

1. 技术关键

既要高强度，又要高硬度、高耐磨的大型螺杆，在结构和材质上分为两段：动力传动装配段（A 段）和推进挤压强力摩擦段（B 段 + C 段），如图 12-159 所示。技术关键点如下：

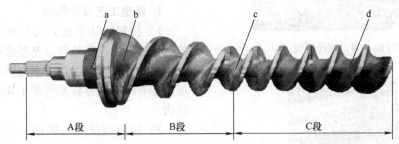

图 12-159　新一代垃圾炭化回收装置的核心部件——推进挤压式螺杆

1）螺杆长度视装置型号不同在 3 ~ 5m 范围内选择，一头粗大（$\phi660 ~ \phi1100$mm），一头细长（$\phi130 ~ \phi230$mm），铸件头尾轴线方向弯曲变形程度必须限制在 5mm 之内。

2）螺杆在工作时承受着巨大的扭矩和挤压力，从头到尾都必须是高强高韧的合金材料整体铸出，B 段 + C 段不仅要求高强高韧，还必须具有高硬度和高耐磨耐用性。

巨长螺杆与螺套之间的装配间隙仅限 1mm 之内，故而螺杆必须全加工，A 段为碳钢，B 段 + C 段为镍铬钼钒钢，既要保证加工性能，又要保证 B 段 + C 段的高硬度耐磨性，解决难题（矛盾），必须采用特殊的二次热处理工艺。

镍铬钼钒钢钢淬火温度为 950 ~ 980℃，已按装配精度加工好的右端严防氧化皮肤脱落。

2. 技术措施

1）A 段采用 ZG 310 – 570，B 段 + C 段采用 ZG35CrNiMoV 双合金液 – 液复合熔铸工艺，并确保两液界面的接触熔合高度准确无误——采用高灵敏、直观可见的电控法。

2）采用消失模铸造工艺：立浇（大头朝下，小头朝上，两液分界可控）；负压富氧先烧空后浇注（防增碳）；高频振场边振动边结晶（致密无缺陷）。螺杆制模如图 12-160 所示。

3）全段（A 段 + B 段 + C 段）采用的特耐烧耐振高温陶瓷化光洁型桂林 5 号涂料（烧不垮、振不裂、不黏砂）。螺杆开箱取件（涂料自脱）如图 12-161 所示。

4）模样制作→涂烘涂料→装箱造型→开箱取件→热处理等全程采用科学有效的防变形工艺措施。

3. 技术效果

1）两液界面熔铸完美，整个铸件（A 段、B 段、C 段）加工前后均无缺陷。

2）整个铸件二次热处理前后轴线方向的弯曲变形程度均小于 5mm。

3）铸件加工前后达到了高强、高韧、高

图 12-160　螺杆制模

图 12-161　螺杆开箱取件（涂料自脱）

耐磨耐用的预期效果，实现了批量生产。

4）终了热处理前、后的硬度分布（硬度测试位置 a ~ d 如图 12-159 所示）：

前：a——HBW146；b——HBW150；c——HBW165；d——HBW182。

后：a——HBW198；b——HBW201；c——HBW394；d——HBW412。

12.35　原料磨衬板消失模铸造的浇注工艺设计

原料磨是氧化铝生产的大型设备，主要承担矿浆制备任务，原料磨仓内装 $\phi 80 \sim \phi 100mm$ 钢球，磨体内衬直径为 $\phi 2600mm$，衬板材质为高锰钢，质量为 67 ~ 75kg。衬板表面要求平整光滑，局部凸起≤2mm，铸造尺寸偏差不超出 ±2mm。要求内部质量致密，无影响强度的铸造缺陷。用消失模负压铸造生产该铸件。消失模铸造大大提高了该铸件的表面质量、规整度和尺寸精度，内部组织致密，完全达到铸件装配和使用的质量要求。

1. 铸造工艺设计原则

1）控制浇注系统始终呈充满状态。消失模铸造的浇注过程是钢液充型的同时塑料模汽化消失的过程，浇道若有不充满时，由于涂料层强度有限，极容易发生砂子塌陷，造成铸件缺肉。

2）控制钢液从底部往上返，有利于平稳充型，不容易形成空的内腔。

3）由于真空的吸力作用，在重力和吸力作用下钢液充型速度加快，浇注系统适宜偏大些。

2. 浇注系统形式

浇注方式选择：立浇，底注，铸件间距70 ~ 100mm 放一列共13 件（1t 炉，钢包容量1t）。

1）负压消失模铸造与砂型铸造的不同之处在于：一般铸钢件采用开放式系统，消失模铸造采用封闭式系统，且必须是在内浇道处封闭，这主要是因为内浇道之前的浇道必须保持充满状态。

2）内浇道的大小和开设位置。钢液进入砂型后，塑料模开始燃烧汽化消失，液流前端形成暂时的空腔。为防钢液高温辐射熔化模样，形成较大的空腔而塌砂，设计钢液充型的速度和模样消失的速度大致相同，钢液充型速度宜快，内浇道比以往设计略大。

内浇道的位置选择在铸件浇注最低位置上 20 ~ 30mm 处。根据普通砂型铸造的浇注系统设计，计算出内浇道的大小，放大 1/3 后，内浇道截面大小为 30×20mm。

为防止铸件与横浇道的离得近，使模样高温下变形和熔融，内浇道适当放长，设计长度为 50mm。

3）横浇道的截面尺寸为 70mm×60mm。

4）直浇道的截面尺寸为 70mm×70mm。

5）浇口杯：浇注压头大于 200～250mm 时一定要设浇口杯。浇口杯的主要作用是积蓄钢液，使直浇道截面瞬时充满，钢液整齐稳定下流。

3. 真空度选择

浇注时注意调节和控制真空度在 0.02～0.03MPa 范围，浇注后保持在同样的真空度约 10min。

4. 浇注注意事项

1）浇注要诀：瞬时充满浇口杯，快速连续不断流。浇注一开始，就要大口浇注，保证浇口杯立时充满，所以底注浇包的注口比一般钢包注口大 50%，旋转包浇注时，旋转要快、稳，浇注时快速连续浇注，不得断流。保持浇口杯始终呈充满状态。如果断流，吸进气体就会造成塌砂或气孔，导致铸件报废。

2）浇注温度稍高。由于真空作用，砂箱内钢液热量散失，和塑料模熔化、汽化等消耗热量，所以浇注温度比砂型铸造的浇注高 30～50℃。

3）浇注后 0.5～1.0h 打箱。

5. 优势与缺陷

消失模铸造原料磨高锰钢衬板，有效地控制了铸件表面黏砂、披缝等缺陷。衬板虽然无冒口补缩，但是内部组织致密，无气孔、缩孔等缺陷。达到优质产品的质量品级。同时极大地提高了批量生产效率，节省了大量的砂箱、砂子、黏土等原材料和相应的人力。缺陷是模样存在变形，消耗量大，成本高。所以应加强对模样的随时抽检。

12.36　几个典型件的消失模铸造工艺

1. 斗齿铲齿工艺

根据斗齿铲齿生产的实际操作总结目前低合金钢、低碳钢存在的问题，并从工艺角度尝试得出解决方案。

（1）原生产工艺

1）斗齿铲齿质量约 8kg，材质为铬稀土合金；每箱上下两层，每层 8 件（大箱）。

2）浇注系统直浇道尺寸：40mm×40mm×400mm；横浇道尺寸：30mm×40mm×500mm；内浇道尺寸：40mm×30mm×50mm；浇口杯尺寸：φ200mm×150mm。

3）浇注温度为 1650℃，炉前化验碳含量（质量分数）为 0.27%～0.28%。

4）浇注时负压为 -0.06MPa，保压 3～5min，翻箱时间为 20min。

斗齿铲齿翻箱后的缺陷，碳含量（质量分数）没下到 0.28%～0.30%，内浇道敲掉后斗齿有缩孔尺寸为 15mm×15mm，斗齿上部内腔壁厚处有缩孔尺寸 15mm×20mm，内外严重黏砂；铁液利用率低。

（2）改进后消失模铸造工艺

1）小砂箱每箱 4 件梅花状内浇道，浇道系统直浇道尺寸：φ35mm×420；内浇道尺寸：140mm×40mm×30mm。

2）浇注温度为 1600～1620℃。

3）浇注时负压为 -0.06MPa，燃烧时间每箱 4min，保压 3min。

生产过程中严格挡渣、打渣；控制烘模温度和时间，产品干燥性较好；产品黏结时注意内浇道黏结位置和大小，造型注意细节操作，检查露白和涂层开裂、钢液出炉时控制出炉温度，同时注意浇注速度，翻箱后碳含量（质量分数）平均在 0.24%～0.26%，表面质量好，自动脱壳，内浇道敲掉后没有缩孔，铁液利用率提高 70% 左右。

2. 低碳钢消失模铸造工艺

由于低碳钢碳含量低，加工时容易出现局部缩松和表面碳缺陷，在生产过程中应注意以下两个主要环节：

1）选用比较大的浇口杯和较快的浇注速度，提高浇注温度。

2）内浇道尽量开设在壁薄的地方，截面积不可过大，小型件采取串联顶注，浇注温度不可过低。

材质为 ZG 270-500，产品质量为 40kg 左右，要求外观无铸造缺陷，加工钻眼处无缩松，每件顶端设冒口 2 个，每 2 件冒口中部相串联到直浇道，每箱 4 组共 8 件，4 个浇口杯，浇注温度为 1650℃，负压为 -0.45MPa，在浇注时有严重的反喷现象，翻箱后产品中上部出现碳缺陷和蛤蟆状缺陷，冒口切割后有缩孔，里圈环状有充型不完整缺陷，凹槽处有气眼，加工有缩松和冲砂现象，产品外部呈凹凸不齐的琉璃状，分析发现以下因素：

1）浇注方案不合理，浇道系统和冒口设计不正确，涂料过厚不透气。

2）造型干砂颗粒过大、粉尘过多，沙箱内负压管设计不合理。调整各方案后效果明显改善。

3）浇注温度和负压过低。

解决问题的有效措施如下：

1）采用配制涂料，上涂两遍，涂层厚度在 2.0mm 左右。

2）采取多米诺骨牌形式浇注系统形成串浇，冒口设在产品的环状上整体随圆，每组 4 件，最后 1 件设通天冒口，浇注温度为 1670℃，负压为 -0.55MPa。

3）造型前将钢筋条插在要钻眼的地方形成冷铁。

4）由于模样所用料是共聚物，为减少反喷现象，在浇注前先点火烧通浇注系统再浇注。

5）翻箱后产品脱壳比较理想，产品内的渣缺陷集中在冒口上，冒口切割无缩孔现象，充型完整，加工无缩松缺陷。

3. 球铁消失模铸造工艺

生产球铁时要了解球铁的特性。提高碳当量可增大石墨化膨胀，减少缩孔缩松的同时还可提高球铁的流动性。在生产过程中应注意炉前的配料要合理，控制好孕育的同时也要考虑浇注温度，适当提高浇注温度有利于补缩并适当的镇静一下，且有利于金属夹杂物的上浮聚集。太高会增加铁液的收缩率，对缩松缩孔不利，通常以 1450～1480℃浇注为好，最高温度不可超过 1500℃。

浇道系统工艺设计要配合浇注温度，冒口形状尽量采取圆形或椭圆形，适当增加内浇道的个数，直浇道采用圆形而且小于横浇道，力

求做到顺序凝固，配合较大的浇口杯，提高浇注速度以免产生球化衰退。

浇注温度不可过低，否则金属氧化物因金属液而黏度太高，不易上浮到表面而残留在铁液内，引起夹渣现象。浇注温度过高铁液将会吞食泡沫，表面的熔渣将变得稀薄，不易从铁液表面去除。

4. 用竹签（木条）搭接拉筋工艺

竹签搭接拉筋现场实际操作上可获得理想的工作效益，大大提高工作时效，同时也节约成本，减少上涂时间、黏结时间、补涂时间、装箱造型操作时间。此工艺技术用于 40kg 以下的产品，在模样上相互搭接可防止产品变形。具体操作如下：

1）先将模样黏结好内浇道；将已粘好的内浇道模样黏结在横浇道上，根据不同材质要求黏结好冒口。

2）在产品相连处打上热溶胶，粘上竹签形成串联，并且和冒口浇道同时粘上。

3）工艺优点：产品和浇道系统同时上涂，同时造型，减少了每单件产品上涂、补涂、箱内箱外组合的次数，对小型件挂葡萄状形式特别优越，也防止产品上涂的变形和造型落砂的变形。

5. 深孔预埋砂工艺

消失模铸造经常遇到深孔盲孔的堵塞和烧结现象，严重影响工人的清理，甚至会造成铸件报废。现场操作通常采用树脂砂来做预埋和充填工作，需要一定时间等待它硬固，成本高，发气量大。此项工艺操作相对简单，清理快速方便。

1）产品必须在烘干房经过上涂烘干透彻。

2）材料：水玻璃，70 目左右的干砂或树脂砂，焦炭粉，锯末粉，土石墨粉，二氧化碳。

3）水玻璃加水 10% 稀释待用，100% 干砂，20% 土石墨，10% 锯末粉，15% 焦炭粉。

4）将干粉掺和在一起搅拌，加 12%～15% 水玻璃调合。

5）将调合好的自硬砂塞在深孔处并插上气眼；打开二氧化碳吹干自硬，即可造型。

本工艺在生产中的清理方便，甚至可以用铁钉来捅。成本少，操作简单，时间较短。

6. 可复用的浇口杯制作

经过多年的现场操作，企业采用此浇口杯的生产成本大大降低，节约了工人制作浇口杯的时间，具体实施方式如下：

1）首先将模样下料：尺寸为 180mm × 200mm × 200mm。用白铁皮剪模样样板 2 个，尺寸为 ϕ200mm – ϕ170mm，ϕ150mm – ϕ50mm。

2）将铁皮样板钉上钉眼，放在下好的泡沫上，插上钉子在切割台上切割模样，使模样形成漏斗状。

3）再切割 50mm 厚的 ϕ200mm – ϕ170mm 泡沫圈。将泡沫圈粘贴在漏斗上方。

4）在浇口杯从上往下 50mm 距离处挖出槽孔或用砂子磨出沟槽状。

5）在浇口杯下方往上 50mm 距离处也磨出沟槽状。

6）在切割台上将浇口杯垂直的方向中心二分为一切割，形成两个半圆形。

7）黏结内浇道，横浇道上涂料烘干。造型组合好后，等待浇注。

8）浇注材质最好为普通牌号钢或耐热钢。清理打磨后，将两个半圆组合在一起用铁丝拧在沟槽上、里面刷涂 3、4 次，厚度控制在 4 ~ 5mm 左右烘干。浇注前将此浇口杯放在直浇道上方。

9）浇注完后，可等待表面凝固后或铁液没凝固前撬开浇口杯，也可松开铁丝敲下来然后再重新紧固铁丝。

10）里面再刷一遍涂料，由于浇口杯处于高温状，所以就边刷边干。

11）此时将刷好的浇口杯放在另一箱产品的砂箱上等待浇注。

制作 5 个浇口杯可循环反复使用；如第一包铁液浇注 4 箱后在等待下一炉出铁前，就可将前 4 箱的浇口杯取下，刷涂、拧紧放置。此浇口杯可节约成本，制作简单，反复使用率比较高，操作也简单。

12.37　高锰钢筛板消失模铸造（章舟）

高锰钢筛板是选矿、建材、冶金等各种矿石颗粒过筛的常用耐磨合金铸件，尤其用于振动条件下的过筛，一般 ZGMn13 使用寿命只有几个月，改用 ZGMn13Cr2，在消失模铸造工艺下生产的各种尺寸（筛孔大小的）筛板，经过多年厂家使用后其寿命增加 2 ~ 4 倍以上，深受用户欢迎。

1. 模组造型与模样涂料

（1）模样　市场供应 EPS 板材价格为 230 ~ 350 元/m³，密度在 16 ~ 25kg/m³，EPS 模样线收缩率为 0.3% ~ 0.5%，高锰钢线收缩率较大，一般为 2.50%，在干砂真空条件下浇注线收缩率为 3.0% ~ 3.5%，按筛板图样要求考虑消失模铸造的铸造工艺，计算好收缩率，然后，用电热丝在模样切割机平台上切割，再用外直径为筛孔大小的空心薄钢管（或铜管）逐一揿出，模样需要量较多时，可用模具一次或几次揿出圆孔，制成筛板模样。

（2）涂料

1）镁橄榄石砂（粉）涂料：

成分：镁橄榄石砂（粉）粒径 0.053mm，100kg，钠基膨润土 6 ~ 10kg，无水碳酸钠 1 ~ 3kg，CMC 0.5 ~ 1.0kg，黏结剂 2 ~ 3kg，白乳胶 3 ~ 4kg，水适量。

混制：镁橄榄石粉 + 膨润土 + 无水碳酸钠 + 黏结剂搅拌均匀 + CMC（先水溶）+ 白乳胶搅拌 4h 出料（涂料）。

此种涂料必须注意镁橄榄石粉中 SiO_2（石英）的质量分数不大于 40%，否则往往影响涂料的作用，因为 SiO_2 和 MnO 会产生化学反应而黏砂。

2）镁砂粉（电熔镁砂粉）涂料：

成分：镁砂粉（电熔镁砂粉）100kg，纯碱（Na_2CO_3）2kg，膨润土 8kg，CMC1.0kg，BY（水溶性树脂）2.0kg，白乳胶 2kg 和水适量。

混制：滚筒式搅拌机搅拌 8h 即可。

耐火材料据市场供应可购棕刚玉粉，经电熔处理后的铝矾土矿石，宝珠砂的粉料也可。根据购得模样板材情况，如果涂挂不易则可在涂料中加入少量活性剂（T-10 或松节油）0.5% ~ 1.0%（占耐火材料的质量分数）。

（3）模组、模样组串

1）筛板模样的内浇道，砂箱尺寸为1900mm×1600mm×1600mm，每箱24件筛板，每件内浇道为冂形，宽度为10mm、长度为40mm、高度为20mm、间距为100mm。横浇道连接24个内浇道，在横浇道中间设直浇道，在直浇道上设浇口杯，顶注，按均衡凝固设计浇注系统。

2）刷涂料。将每件筛板模样进烘房经45～55℃烘干；用手工刷涂一遍涂料，尤其要注意筛板每个洞孔内壁都要涂刷均匀，然后烘干，再刷第二遍，再进烘房烘干；将直浇道、横浇道、内浇道筛板模样黏结成一组串，涂上二遍涂料，烘干后准备造型。吊装搬运造型时特别要小心，因为板薄面积大，板与板之间距离60mm，故不能有振摆、晃动，以免组串变形。

3）砂型。砂箱尺寸为1900mm×1600mm×1600mm，每箱24件筛板，每件重20～30kg，总共480～720kg（据筛板种类而定），配置成套；型砂有两种：镁橄榄石砂，价格便宜，有时会出现黏砂，排气性没有宝珠砂好；宝珠砂（电熔Al_2O_3砂），耐火度比镁橄榄石砂高，排气性好，不易黏砂，易清砂，价格贵，均为20～40目的颗粒料。

造型时，先在砂箱底部铺150mm厚的砂，振实，刮平，再将筛板串组吊放入砂箱内，居中，布袋式落砂斗均匀加砂，边振实边加砂，至型砂离砂箱顶面高10～20mm时停止加砂，顶面铺塑料薄膜，用干砂压盖好，放置好浇口杯，待浇注。

橡胶式三维振实台，振动电动机频率为50Hz，振动时间为60～90s，振幅为0.3～0.5mm，振实时，砂箱的砂粒产生运动，干砂振实后密度越高，铸型的稳定性越好，不易塌砂，浇出的筛板件也好。模样筛板的洞孔是EPS板材用加热的空心薄钢管捅出，洞孔笔直，没有砂型铸造时必须有的起模斜度，故更易将筛板内每个洞孔干砂填紧实，对于材料为ZGMn13-4的筛板，更加体现出用消失模铸造的优势。

2. 熔炼

ZGM13-4的化学成分：$w(C) = 0.91\%$～

1.30%，$w(Mn) = 11.0\% \sim 14.0\%$，$w(Si) = 0.30\% \sim 0.80\%$，$w(Cr) = 1.50\% \sim 2.50\%$，$w(S) \leqslant 0.040\%$，$w(P) \leqslant 0.07\%$，尽管原料来源较杂，有废锰钢、碳钢、含铬合金钢，有锰铁、铬铁，经过熔炼后调整其化学成分达到标准要求。用1.0t中频感应炉按熔炼高锰钢操作工艺进行，进行适量稀土变质处理，得到晶粒细化的铸件。

3. 浇注、落砂、水韧处理

（1）浇注　砂型、金属型浇注温度为1350～1450℃，对消失模铸造的干砂型，把浇注温度再提高30～50℃甚至100℃，视消失模的材料（EPS，铸造专用EPS，STMMA，PMMA）和消失模薄厚、质量，浇注系统等来决定浇注温度，对于10mm×1000mm×1000mm板内ϕ10mm孔均布30×36个洞孔筛板，其浇注温度控制在1480～1550℃。砂箱内控制真空度为0.015～0.025MPa，由于砂箱内有筛板组串模样24块，每箱浇注块ZGMn13-4毛重为20～30kg，加浇冒系统共480～720kg，出炉钢液总量应多于1000kg，即一炉一包一箱浇成筛板，浇注完毕后，过3～5min去除负压。

（2）落砂　因为高锰钢的导热性差，易产生热裂和冷裂，故铸件在砂箱里的保温时间要充分，往往浇注是在晚上，用低谷电时开炉熔炼后浇注，保温24h后，再开箱、清砂。

（3）水韧处理　为了便于吊装，每块筛板内横浇道暂时保留，待水韧处理后再除去，筛板每块质量不大，仅厚10mm，故加热炉内装炉时，一片一片叠起，一堆一堆装炉均匀，使每块筛板在炉内受热均匀，冷炉升温40～100℃/h，升温至650℃，保温1.0～2.0h，再升温至1050～1100℃，保温1.0h左右，高于950℃水淬，水池的水温应保持在40℃以下，水池最好水量多，且为流动状态，池底下部进冷水，上部流出热水，不断循环保持水温，才能得到优质的筛板。

12.38　高锰钢拦焦机侧板消失模铸造技术

侧板是冶金设备拦焦机上的备件，为保证

其在拦焦机上的装配性和互换性，设计要求铸件各端面和螺栓通孔需进行加工，其加工精度如图 12-162 所示。工作条件是承受冲击磨损，材质为高锰钢（ZGMn13），原来侧板生产采用砂型铸造方法进行水韧处理。但在采用陶瓷刀具进行加工过程中发现，刀具磨损严重，加工成本高，且加工效率极低，因此采用消失模铸造工艺进行生产。消失模铸造是一种无加工余量、精确成形的新工艺，无须起模，无分型面和砂芯，因而生产出的铸件无飞边、毛刺和起模斜度，减少了由于型芯组合而造成的尺寸误差。消失模铸造生产的铸件，尺寸精度可达 0.25~0.3mm，表面粗糙度 Ra 值可达 6.3~12.5μm，接近精密铸造水平。

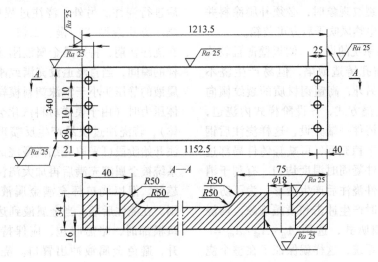

图 12-162　拦焦机侧板图

1. 拦焦机侧板的技术条件

铸件表面需光滑平整，结构尺寸为 1213.5mm×340mm×（20~35）mm，质量为 70kg，表面粗糙度 Ra 值为 50μm，表面及内部不得存在缩孔、缩松、夹渣、气孔和砂眼等铸造缺陷，$R_m \geqslant 637MPa$，$R_{eL} \geqslant 343MPa$，$\alpha_K \geqslant 196J/cm^2$，硬度≥180HBW。

2. 拦焦机侧板的消失模铸造工艺

（1）泡沫塑料模样的制作　由于消失模铸造时铸件收缩阻碍小，因此线收缩率要比砂型铸造大一些，铸件收缩率取 2.8%。消失模铸造铸件的尺寸精度和表面粗糙度取决于泡沫塑料模样的质量，没有高质量的模样就不可能得到高质量的消失模铸件。在生产中采用密度为 16~24kg/m³ 的泡沫塑料板，依据铸件工艺图制作样板，然后用电热丝切割器将其加工成铸件形状，再手工磨光。为去除水分并使模样尺寸稳定，将制作完的泡沫塑料模样放入烘干窑内进行干燥处理，干燥温度为 40~50℃，时间为 5h 左右。

（2）涂料的涂刷及干燥　水基镁砂粉涂料，即以镁砂粉作为耐火填料，以羧甲基纤维素（CMC）、白乳胶和膨润土为黏结剂。涂料的组成配比见表 12-20。

表 12-20　涂料的组成配比（质量分数,%）

镁砂粉	羧甲基纤维素	白乳胶	膨润土	助剂	水
100	1.0/1.2	0.8/1.5	4.0/6.0	0.2/0.4	适量

涂料在刷涂前，必须先搅拌一下，搅拌时间为 20~30min。涂料涂刷两次，涂层厚度依据铸件合金种类、结构形状及尺寸大小来选定。涂层过薄，对模样的强化作用小；过厚则使透气性下降，且涂层易开裂剥落。浇注温度较高且压头较大时，宜采用较厚的涂层。由于侧板轮廓尺寸较大、壁薄，为防止浇注时产生浇不足，应采用较高的浇注温度，因此要求涂刷较厚的涂层，铸件外表面涂层厚度为 2.0mm，孔内涂层厚度为 1.2mm，涂刷完第一遍的涂层干燥后，再涂刷一遍，然后用混有黏结剂的镁砂粉（270 目）将螺栓孔堵上、捣实，

在40~50℃的烘干窑内干燥。烘干时应注意以下三点：

1）放在特制的托架上烘干，以防止模样变形。

2）必须烘干、烘透。干燥后的模样应放置在湿度较小的地方，以防止吸潮。

3）发现涂刷完涂料并已烘干后的模样有漏白或涂料层有裂纹现象时，必须补刷涂料并继续烘干，或用电热风吹干后方可装箱。

（3）浇冒口系统的设计　侧板壁薄且较均匀，不易产生缩孔铸造缺陷，但易产生浇不足、变形缺陷。另外，高锰钢材质的裂纹倾向大，因此采用立浇方式，开设阶梯式内浇道，上下两层，并从铸件一端开设，这样浇注后钢液由下而上逐层平稳充型，可减轻铸件局部过热的问题，使铸件凝固时温度均匀，有利于消除裂纹及防止铸件浇注后产生变形。为了防止金属液进入铸型时产生冲击和喷溅现象，内浇道做成变截面喇叭式，选用 $A_{直}:A_{横}:A_{内}=$ 3:2.8:1 的浇注系统，这样就保证了在整个浇注过程中铸型始终处于封闭的负压下。在浇注过程中，由于泡沫塑料模样裂解产生的气体、焦状体、残余渣物常浮挤至远离浇道的铸件顶端，因此在远离浇道的顶端处设置了出气、集渣冒口。

（4）装箱及振实　采用筛孔直径为50~100目的干燥硅砂装箱，在上端敞开的砂箱里，先填入100mm厚度的底砂，开动振实台，按 X、Y 方向的按钮进行振实，振实时间为40~50s左右。刮好底砂后将模样按规定的位置摆放在底砂上并加以稳定，然后装厚100mm左右的砂层，按 X、Y 轴方向按钮振实一次，再安装横浇道和直浇道。浇注系统连接处一定要去净涂料层，黏结好并加铁钉固定，搭接后凡模样有漏白的地方要用涂料涂好，用电热风吹干。当砂子埋到铸件模样的2/3高时，按 X、Y、Z 轴方向按钮振实，将砂子装满后，再振动一次。最后将砂子刮平，覆盖塑料布，放上浇口杯。塑料布上覆盖厚20mm左右的干砂，上面盖保护钢板，以免浇注时铁液飞溅，损坏塑料布，破坏真空。

（5）浇注　钢液由1t中频感应炉熔炼，采用转包式盛钢桶浇注，出钢前要彻底进行烘烤。当达到规定的出钢温度（1550℃）时将钢液从炉中倒入浇包里，并镇静钢液，扒去表面浮渣，在钢液表面上撒上保温剂，浇注温度控制在1450~1490℃。浇注前开动真空泵抽真空，将真空度控制在0.06~0.09MPa范围内方可浇注，浇注时浇包必须对准浇口杯中心，然后进行浇注。另外，浇注过程中要注意挡渣。浇注方法遵循"一慢、二快、三稳"的原则。在浇注初期，特别是金属液刚接触泡沫塑料模样的瞬间，当直浇道没充满或刚开始浇注时金属液的静压头小于泡沫塑料模样分解产物的气体压力时（由于模样材料汽化会产生大量的气体），若浇注过快易产生反喷现象，因此在浇注开始阶段可采取先细流慢浇的方法，待浇注系统被金属液充满后再加大浇注速度，且越快越好，但以浇口杯充满金属液而不外溢为原则。在浇注后期，当金属液到达模样顶部或冒口根部时，略需收包，应保持金属液平稳上升，避免金属液冲出冒口。浇注过程不可中断，必须保持连续地注入金属液，直至铸型全部充满。否则，就易造成塌箱现象。浇注后10min将负压关闭，再过5min后打箱落砂。

3. 铸件质量检验

（1）铸件外观质量　将打箱落砂冷却到室温的铸件，用清砂工具敲击，螺栓孔内残留的镁砂粉全部脱落，经检测，螺栓孔内表面光洁，铸件各部位尺寸及表面粗糙度均符合图样要求。

（2）铸件内在质量　将生产出的铸件用气割解剖，观察其各部分截面，发现均无缩孔、缩松、夹渣、气孔和砂眼等铸造缺陷，能够保证侧板的技术要求。

（3）铸件金相组织和力学性能　侧板采用1050℃（1.5h）水冷的水韧热处理工艺，经观察，铸件金相组织为奥氏体。对力学性能进行了检测，符合侧板的技术要求。

12.39　美卓矿机衬板的消失模铸造（郑晋宝）

采用消失模真空负压工艺铸造出口铸件美

卓矿机衬板，材质为 ZGMn13，质量为 140kg，外形尺寸为 1000mm×240mm×95mm（55mm），铸件安装面机械加工，装配孔及其他部位铸造成品，铸造尺寸公差等级为 CT11。限定严格的化学成分，要求单相、细晶粒奥氏体组织。铸件内部、外部不能有任何宏观缺陷。并要求 25mm×3mm 铸字及产品表面防锈处理。在工艺大方向合理可行的基础上，通过在生产过程中的及时调整和控制，按国际质量标准和质检标准要求完成产品的生产。

1. 工艺设计方案及指导思想

（1）模样　选用密度为 18kg/m³ 的聚苯乙烯泡沫板，手工拼接制模。

（2）线收缩率　（按铸件浇注位置）厚 2.5%、宽 2.7%、高 3%～3.4%，加工余量为 4mm。

（3）工艺修正值　为保证铸件实际尺寸在公差的范围内，对孔径、孔距、基准尺寸等限差尺寸进行了工艺修正控制。

（4）模样涂料　自制氧化镁水基涂料，浸泡式涂挂，涂层厚度不小于 2mm，要求均匀，必须干透、不开裂。

（5）装配孔　涂料干透后，镁砂打芯，干燥处理。

（6）浇注系统　内浇道：φ35mm 底返式两道；横浇道：55mm×75mm；直浇道：75mm×75mm。

（7）冒口　铸件浇注位置，顶部，每件设 200mm×85mm（45mm）×360mm（总高含保温剂空腔）冒口一个，为提高冒口补缩效果，要求制模时，在冒口内顶部，预先放入 0.5kg 保温剂。

（8）组箱　铸件垂直组箱，每箱四件，均匀填砂，充分振实。

（9）熔炼、浇注　中频感应炉，碱性炉衬熔炼。按高锰钢材质配料，常规熔炼工艺操作。茶壶包浇注，出钢后钢液在包内镇静不少于 5min，以便渣、气上浮，净化钢液，细化晶粒。

浇注温度为 1410～1430℃，真空度为 0.05MPa，保压 10min，箱内保温 3h。

（10）质量检验　按模样的平面、侧面形状及孔径、孔距位置，做漏模样板逐一质量检验模样，并记录原始数据。对铸件的结构、形状、尺寸和质量情况进行全面的检验，认真处理好各种可见缺陷。

2. 生产工艺实践

（1）采用底返式浇道　消失模铸造存在模样分解汽化，在设计浇注系统时，除考虑铸造共性原则外，重点要考虑充型时金属液与模样之间气隙的大小、平衡及模样热解物的排出。

为了有利于排气、浮渣，便于实现顺序凝固，有利于铸件的补缩，并避免模样遇高温金属液后的大面积同时分解汽化，出现气隙跨度过大造成塌箱。美卓矿机衬板不能平卧式浇注，也不宜侧立浇注，衬板直立浇注高度大，但如何设置浇道是工艺方案中首先要解决的问题，在满足充型平稳，有利于泡沫塑料模样汽化物上浮、排出的同时，重要的是避免浇注过程中的塌箱问题。若采用底侧式浇注，只能在铸件的靠下部位放一道内浇道。虽有利于平稳充型，汽化物上浮，但很难保证在短时间内完成浇注，还有可能造成塌箱缺陷。在一道直浇道情况下的侧面阶梯浇注，基于消失模浇注金属液特殊的流动方式，浇注无法控制钢液从最底部内浇道逐层向上充填。消失模的浇注是一个换质的过程。在泡沫塑料模样的阻碍及金属液的热力作用下，特别是实心直浇道时，钢液先从最上部内浇道进入，随后从下部、上部混合进入形成紊乱的充型方式，造成特有的夹气、加渣等白色缺陷。因此，确定双浇道底返式的浇注方案，满足了衬板的浇注需要。

（2）冒口设计　高锰钢的体收缩率为 6.7%，负压状态有利于改善金属液结晶、凝固过程的自补缩条件，但对于质量为 140kg 的美卓矿机衬板来讲，解决补缩，以争取高密度铸件，仍是铸造工艺的重要的内容。

根据金属补缩及冒口设计原理，计算得出满足铸件质量需要并经过修正的冒口数据。为得到良好铸件，最简单最直接的办法是加大冒口尺寸。但这样带来的附加后果，一是降低了钢液的利用率，二是增加了整体模样的高度和工装高度，造成相关工作量的增加。将冒口上顶部掏空，作为保温剂的存放处，在整体模样刷涂料干燥后，组箱时，将保温剂加入并认真封闭，这样浇注时钢液进入冒口与保温剂接触，保温剂即将起到放热、保温、延缓冒口内的钢液结晶凝固的作用，进而达到强制补缩的目的。用这个办法，非常好地解决了消失模铸造冒口的强制补缩问题。实现了高致密度的组织结构，满足了产品的技术要求。

（3）铸造线收缩率与工艺修正参数的有机结合　美卓矿机衬板是在垂直、真空状态下浇注的，受金属液的自重、热力作用、负压影响。铸件在生产中出现了不同的、非常复杂的线收缩率，经过了两次试铸、调整，掌握的铸件实际线收缩率竟然在 2.5% ～3.4% 的大范围内，高度位置尺寸 1000mm，线收缩率为 3.4%，两孔间尺寸 400mm 的线收缩率仅为 2.5%。多亏工艺设计者具有丰富的工作经验和分析能力，否则衬板也许就会失败在尺寸精确无法满足 CT11 级的要求上。尽管如此，除宽度、厚度尺寸，在不同的位置，也有 1mm 左右的差异，这与金属液的热力作用、负压、填砂紧实度，有重要的关系。

（4）自制镁橄榄石涂料　在耐火、透气、剥落等方面，满足了高锰钢消失模铸造的要求。

（5）浇注温度、浇注速度、负压值选择厚壁铸件浇注时，在负压作用下容易产生附壁效应，过快的充型速度，使金属液沿铸件四壁超前运动，将尚未来得及热解的模样包裹在铸件中而造成气孔、渣孔等缺陷。因而浇注速度和负压值的确定，必须根据铸件材质、壁厚、浇注温度、内浇道位置等因素综合考虑。

衬板的浇注工艺，基本上满足了质量需要，只是在浇注温度控制上，还有相当的一部分偏高或较高，而且更重要的是浇注过程挡渣不利，致使钢液中的夹渣进入铸型，形成渣孔缺陷。

12.40 高锰钢衬板消失模铸造的浇注工艺设计（泊头迅达机械铸造有限公司）

氧化铝原料磨主要承担矿浆制备任务，原料磨仓内装 $\phi 80 \sim \phi 100mm$ 钢球，磨体内衬直径为 $\phi 2600mm$，衬板材质为高锰钢，质量为 $67 \sim 75kg$。衬板表面要求平整光滑，局部凸起不大于 2mm，铸造尺寸偏差不超出 ±2mm。要求内部质量致密，无影响强度的铸造缺陷。原料磨衬板利用消失模负压铸造生产。消失模负压铸造大大降低了该铸件的表面粗糙度，提高了其规整度和尺寸精度，内部组织致密，完全达到铸件装配和使用的质量要求。

1. 铸造工艺设计原则

1）控制浇注系统始终呈充满状态，负压消失模铸造的浇注过程是钢液充型的同时泡沫塑料模样汽化消失的过程，浇道若有不充满时，由于涂料层强度有限，极容易发生铸型塌陷，造成铸件缺肉。

2）采用底注式，利于钢液平稳充型，不容易形成空腔。

3）由于真空吸力作用，在重力和吸力作用下，钢液充型速度加快，浇注系统适宜偏大。

2. 浇注系统形式

浇注方式选择立浇，底注，铸件间距 70～100mm，放一列共 13 件（1t 炉，钢包容量 1t）。

1）负压消失模铸造与砂型铸造的不同之处在于：一般铸钢件采用开放式浇注系统，而负压消失模铸造采用封闭式浇注系统，而且必须在内浇道处封闭，这是由于内浇道之前的浇道必须保持充满状态。

2）内浇道的大小和开设位置。钢液进入模样后，模样开始燃烧汽化消失，液流前端形成暂时的空腔。为防止钢液高温辐射汽化模样，形成较大的空腔而塌砂，设计钢液充型的速度和模样汽化的速度大致相同，钢液充型速度宜快，内浇道比以往设计略大。

内浇道的位置选择在铸件浇注最低位置向上 20～30mm 处。根据普通砂型铸造的浇注系统设计，计算出内浇道的大小，放大 1/3 后确定，内浇道截面尺寸为 30mm×20mm。

为防止铸件与横浇道距离太近，使模样高温下变形和熔融，内浇道适当放长，设计长度为 50mm。

3）横浇道截面尺寸为 70mm×60mm。

4）直浇道截面尺寸为 70mm×70mm。

5）浇注压头大于 200～250mm 时一定要设

浇口杯。浇口杯的主要作用是积蓄钢液，使直浇道截面瞬时充满，钢液整齐稳定下流。

3. 真空度选择

浇注时注意调节和控制真空度在 0.02 ~ 0.03MPa 范围，浇注后保持在同样的真空度约 10min。

12.41 不锈钢薄壁件的消失模铸造工艺研究（丁宏，董晟全等）

主要研究了一种不锈钢薄壁铸件的近净形消失模铸造工艺，讨论了模料的选择、浇注系统的设计、浇注温度及速度、合金熔炼等因素对铸件成形和组织性能的影响。试验表明，一浇一冒式所浇注的铸件，缺陷很少，有利于铸件的批量生产。

1. 试验过程

（1）模样制造 制造消失模模样的原材料有 PS、STMMA、PMMA，为了有利于金属液的充型，避免铸件浇不足现象的发生，选用发气量较小的 EPS 作为模样材料。为了得到良好的模样表面状态，在成形时，模样最小壁厚部位要在最小壁厚方向至少排列三颗以上珠粒，所选择的最大原始珠粒直径（mm） = 铸件最小壁厚（mm）×1/3×1/3，保护管的壁厚为 2.5 ~ 4.5mm，选用粒径为 0.3 ~ 0.4mm 的泡沫塑料珠粒（EPS 珠粒），经蒸汽间歇式预发泡→熟化→蒸锅发泡成形，得到表面好、强度高、密度为 20 ~ 26kg/m³ 的泡沫塑料模样。模样出型后放置 2 周以上，以使水分蒸发并保持尺寸稳定。在试验过程中采用了不同的浇注方案，浇道按照不同的浇注方案用 ESS 热熔胶人工黏结到模样上，直浇道均做成中空以减少发气量，模样串经浸涂水基保温涂料后，放入鼓风式烘箱中以 50℃烘干 4 ~ 6h，出炉后放在干燥处以备使用。

（2）造型 本试验所采用砂箱的尺寸为 1200mm × 800mm × 600mm。在侧壁设置抽气管，并将其用管道引出箱体外与真空系统连接。造型时，将砂箱放在自行设计制造的三维振实台上，人工填入干砂，硅砂粒度为 40 ~ 70 目。先在砂箱底部铺 150mm 厚的砂，振实，刮平，再将模组放入砂箱内，布袋式落砂斗均匀加砂，边振动，边加砂，至型砂离砂箱顶面 15 ~ 20mm 时停止加砂，干砂振实后密度越高，铸型的稳定性越好，不易塌砂。在顶面铺塑料薄膜，用干砂压盖好，放置好浇口杯，等待浇注。

（3）浇注 在工艺设计上选用了四种方案：顶注雨淋式，底注式，阶梯式，一浇一冒式，如图 12-163 所示。

零件的材料为 ZG12Cr18Ni9Ti，采用消失模铸造工艺的浇注温度必须高于传统的铸造的浇注温度，这是因为泡沫塑料模样热解时要吸收金属液的热量，同时铸型也要吸收金属液的热量，降低了金属液的温度；同时，不锈钢的流动性差，因此，为了保证金属液的充型能力，要求钢液的浇注温度高于普通浇注温度，定为 1620 ~ 1650℃，浇注速度为 7 ~ 8kg/s。

浇注前开动真空泵，真空度控制在 0.04 ~ 0.05MPa。浇注过程要求平稳、快速，操作按"先慢、后快、再慢"的节奏进行，即刚开始时慢浇，将直浇道点通后立即大流量快浇，待要充满铸型时再放慢浇注速度，直到浇口杯中的金属液面不再下降为止。一旦浇注过程开始，便不可断流，否则将导致浇注失败。浇注过程中不要中断抽气，保证泡沫塑料模样热解的气态和液态产物通过涂料层迅速逸出，以利于金属液充填和控制充填形态，防止铸件产生夹渣和气孔缺陷。浇注完毕，待 4 ~ 6min 后去除真空。

2. 试验结果分析

采用雨淋式顶注式浇注后，发现铸件中有不少气孔，如图 12-164 所示，部分浇不足。分析认为雨淋式顶注之所以产生气孔，是由于雨淋式顶注是从顶部直接向下浇注，当模样遇到金属液而汽化时，所生成的气体没有完全排出，留在铸件的内部，所以产生了大量的气孔。

消失模铸造钢液温度高，泡沫塑料模样分解速度快，再加上负压的作用，大量的气体和液态分解产物产生很大的型内压力而冲击涂层，为保证钢液的顺利充型，适当厚度和强度的涂层是十分必要的。但是，涂层厚度增加，降低了

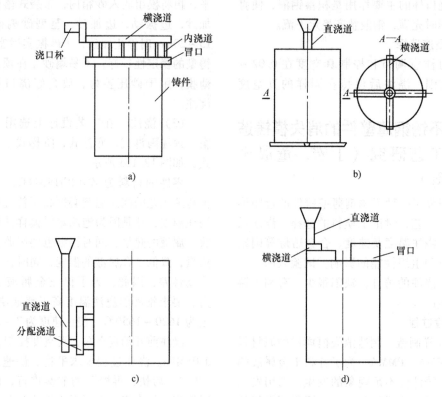

图 12-163　浇注方案

a）顶注雨淋式　b）底注式　c）阶梯式　d）—浇—冒式

涂层的孔隙率，使透气性降低，抑制了泡沫塑料模样汽化产物的排出，也最终导致了气孔缺陷的形成。

　　采用底注式浇注，浇注后发现气孔和疏松仍然存在，数量也较少，如图 12-165 所示。由于铸钢浇注温度较高，浇注时瞬间发气量很大，气体不能被及时排出，特别是钢液在湍流状态时将气体卷入其中，形成气孔，疏松是由于上部没有得到足够金属液的补缩造成的。此方案的优点在于，内浇道很短，发气量较少，金属液到达铸件流经的距离短，有利于快速充型。

　　采用阶梯式浇注，气孔缺陷几乎没有了，但铸件上部的夹渣、缩松的缺陷却没有消失，如图 12-166 所示。经分析认为是由于采用底部阶梯式浇注，铸件从下往上顺序凝固，当凝固到最上方时，已经没有足够的金属液进行补充了，所以在铸件的上部留有少量的缩松。采用此浇注方案的优点是：由于直浇道比较多，使

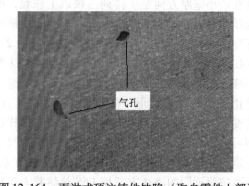

图 12-164　雨淋式顶注铸件缺陷（取自零件上部）

得浇注速度不会过快，随着泡沫塑料模样的逐渐汽化，金属液能平稳充型，气隙压力较小。

　　从前三次的试验可以看出，雨淋式浇注的充型能力很好，并且有很强的补缩能力，但由于浇注温度高，在瞬间产生大量的气体不容易排出，容易造成大量的气孔缺陷，还有就是由于气体汽化很快，金属液来不及补充，容易造成塌箱。但是，如果单方面为了避免气孔而采用阶梯式浇注，虽然能够避免气孔，却又会因

（1）外缸套 ZG25SiMn 增碳量测试　对其中 2 件外缸套分部位取样化验其碳含量，进行增碳分析，外缸套 1～6 试验取样部位标准碳含量（质量分数，下同）为 0.22%～0.28%，测试含量分别为：0.32%、0.29%、0.30%、0.31%、0.30%、0.29%。外缸套增碳量在 0.04% 左右，生产如果按下限配碳，将外缸套碳含量控制在 0.28% 以下，可确保外缸套韧度。

（2）造成 ZG25SiMn 外缸套含碳量超标的原因

1）外缸套模样材料密度控制不合理。如果外缸套模样材料密度高，外缸套模样浇注过程热解时碳含量高，使外缸套在浇注过程中液相及雾状游离碳含量高，造成外缸套渗碳机会增大。

2）外缸套模样组合黏结面多。造成外缸套模样在组合黏结时用胶量增大，则其热解产物的碳含量增高。模样黏结剂选择不合理，一是对黏结剂的材料质量成分含量未作要求，采用了碳含量高的黏结剂；二是所选黏结剂的黏结能力差，造成模样组合黏结时的用胶量大；增大了外缸套浇注过程中黏结剂热解产物的碳含量，增大了外缸套渗碳机会。

3）外缸套 ZG25SiMn 熔炼配料中碳含量未严格控制。

4）外缸套浇注系统初期顶注设计不合理。在生产 ZG25SiMn 外缸套时，外缸套模样热解产物中碳扩散到钢液中机会增大，造成渗碳增碳。抽真空系统与浇注砂箱或铸件浇注工艺造型的配置不合理，造成浇注过程砂箱内的真空度偏差过大，或真空度不足，使模样的热解产物无法迅速快捷地排出浇注型腔，造成外缸套的渗碳或积炭。模样在浇注时汽化时间过长，浇注时的充型方式设置不合理，造成模样的热解产物不能顺利进入集渣腔或冒口中，延长了热解产物中液相和固相的接触反应时间，从而增大了外缸套的渗碳机会。

如浇注充型的流程过长会造成浇注过程钢液温度低，尤其是对铸件壁厚增大浇注钢液的凝固速度慢，造成液相-固态停留时间较长，促使了钢液与模样热解产物的作用时间增长，

加大了外缸套件的渗碳与积炭量。

5）铸造模样的涂料层及浇注砂箱中的型砂透气性差。浇注过程中模样及模样组合黏结剂遇到浇注钢液进行模样热解时的热解产物，不能迅速排出外缸套。

（3）解决 ZG25SiMn 外缸套铸件碳含量超标措施　针对消失模铸造低碳合金钢外缸套件时，各种可能造成碳含量超标的原因，采用消失模铸造低碳 ZG25SiMn 外缸套件应注意以下五个要点。

1）采用中频感应炉熔炼，严格控制低碳合金钢 ZG25SiMn 的配料和选料操作。配料选料准确，按下限配碳保证熔炼配料 ZG25SiMn 成分符合铸造技术要求，这个是消失模铸造低碳合金钢 ZG25SiMn 外缸套成分控制的关键。

2）选择碳含量低的泡沫塑料或预发珠粒制作外缸套模样。用 EPS 材质制作外缸套模样将使外缸套浇注过程中钢液的碳含量增加 0.04%～0.08%。保证外缸套模样制作技术要求和浇注时不出现因泡沫塑料质量引起的其他缺陷时，制作外缸套模样的泡沫密度越小，对减少铸件的渗碳积炭现象越好。

3）提高外缸套模样的制作质量。外缸套模样能整体制作时不应组合制作，要尽量减少外缸套模样的黏结面。进行模样黏结时要保证模样的黏结组合面光滑平整，尽量减少黏结用胶量，降低胶的热解产物量即降低了热解产物的碳含量。选用碳含量低或无碳的黏结剂。即采用消失模铸造黏结专用胶进行模样组合黏结，不使用碳含量高的低质普通胶黏结。在模样组合黏结时，在保证胶的黏结温度及黏结强度的前提下，要尽量减少黏结剂的用量，从而减少黏结剂的热解产物。

4）选择合理的浇注系统。要尽可能使外缸套浇注过程中加快模样泡沫塑料的汽化，尽量减少及错开其热解产物中液相与固相接触和反应的时间，从而减少或避免外缸套的渗碳发生。选择并确定外缸套件合适的浇注温度和浇注速度。浇注温度提高和浇注速度提高，将造成铸件模样热解加快，不易完全汽化，使热解的产物在液相中的量增加，同时因钢液与模样的间隙较小，液相中的热解产物常被挤出间

隙，被挤到模样涂料层和金属液之间或钢液流动的冷角、死角，造成接触面增加，碳浓度增加，渗碳量也将增大。

5）低碳合金钢外缸套浇注时，要提高砂箱真空度。浇注时抽真空能加速热解产物逸出涂层到型腔外，从而减少模样热解产物的浓度和接触时间，降低或避免铸钢件的渗碳、积炭现象。石英型砂粒度要求 20/40 目，浇注时真空度为 0.03 ~ 0.06MPa。如果真空度过大将会产生铸件黏砂及其他缺陷。

低碳钢外缸套件浇注应尽可能采用阶梯式浇注方法，使钢液的充型流动平稳，模样热解产物能顺利进入集渣腔或溢流冒口中，从而降低和减少模样热解产物中液相和固相的接触反应时间，降低和消除增碳概率。采用顶注式浇注系统对低碳钢外缸套浇注，将造成外缸套、渗碳、积炭倾向加大。

采用中频熔炼消失模铸造低碳钢铸钢件时，应严格控制熔炼配料的碳含量，采用碳含量小、杂质少的优质回炉料进行熔炼铸造，完全能生产出优质低碳合金钢 ZG25SiMn 外缸套件。这些技术控制措施，对解决消失模铸造低中碳钢件的铸件表面增碳和低中碳钢铸件碳含量超标的问题有参考价值。

12.43　电解铝阳极钢爪消失模铸造生产技术

阳极炭块组成阳极组，阳极钢爪有平行三爪、四爪，立体四爪、六爪、八爪，双阳极钢爪等型号，材质属于铸造碳钢。阳极钢爪头部的中心距有严格的要求，其中立体四爪、六爪、八爪，双阳极钢爪由于其中心距数量多，方向为二维，尺寸控制难度大。

1. 阳极钢爪的材质及技术要求

阳极钢爪的材质是 ZG 230 –450 化学成分：$w(C) \leq 0.30\%$，$w(Si) \leq 0.60\%$，$w(Mn) \leq 0.90\%$，$w(S) \leq 0.035\%$，$w(P) \leq 0.035\%$，残余元素 $w(Ni) \leq 0.040\%$，$w(Cr) \leq 0.035\%$，$w(Cu) \leq 0.040\%$，$w(Mo) \leq 0.020\%$，$w(V) \leq 0.05\%$，力学性能要求：断后伸长率 $A \geq 22\%$，断面收缩率 $Z \geq 32\%$，冲击韧度 $\geq 35J/cm^2$，阳

极钢爪夹持阳极炭块并给电解槽传输强大的直流电流，每个钢爪通过的平均电流达 6800A，阳极钢爪导电性能的好坏直接影响电解铝生产效率及经济效益。如果钢爪铸件有夹杂、气孔、缩孔（松）等缺陷，将减小钢爪的有效截面，降低钢爪致密度，影响阳极钢爪的导电性。试验表明，试样表面存在轻微空洞时电阻比无缺陷时增高 2.54 ~ 32.5μΩ·cm。

2. 阳极钢爪泡沫模样模具的制作

根据客户图样要求制作铝模具，对消失模铸造工艺的审定既包括对零件的铸造工艺的审定，又含有对泡沫模样的成形工艺的审定。对泡沫模样进行工艺审定的目的是，在设计模具之前提出对泡沫模样结构的改进意见，将可能出现的问题化解在模具设计之前。比如壁厚的审定，一般泡沫模样的壁厚控制在不低于5mm，至少保证在泡沫模样壁厚的纵向不低于3 颗泡沫颗粒排位；对于局部较厚的泡沫模样采用掏空的方法来处理。例如电解铝用的 4 爪电极，采取掏空结构将泡沫模样设计为两半片黏结组合成形，黏结后形成中空结构节省泡沫原材料，保证壁厚使充料顺畅即可。如图 12-170 和图 12-171 所示。

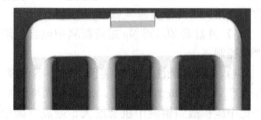

图 12-170　四爪电极泡沫模样

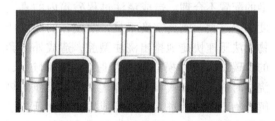

图 12-171　中空四爪电极泡沫模样

（1）阳极钢爪泡沫模样铝模具收缩率　根据铸件大小确定发泡模具的模腔尺寸时，应将泡沫模样的收缩率和铸件的收缩率一起计算在内。模具收缩率 = 泡沫收缩率 + 铝金属收缩率。

（2）阳极钢爪泡沫模样铝模具充料口设计

模具冲料口的设计是获得优质泡沫模样的关键之一，对于泡沫模样尤其是复杂薄壁泡沫模样，泡沫珠粒在模具中充填不均匀或不紧实会使模样出现残缺不全或融合不充分等缺陷，影响产品的表面质量。往模具模腔充填泡沫珠粒的方法有手工填料、料枪射料和负压吸料等，其中料枪射料用得较普遍。料枪设计应提前考虑以下三个方面：

1）料枪口尽量对着壁厚的地方，使料粒有充分的运动空间。

2）通常采用主副料枪结合的方法完成模腔充料，先用主料枪将模腔大部分充满，再用副料枪补充充满窄小的角落。副料枪一般设计在产品壁薄筋深的地方。料枪口直径大于泡沫模样充料处壁厚。

3）料枪设计也有一些特殊的情况：通过外抽芯镶件设计料枪，洛阳刘氏模具采用的办法是双料管。

在模具上选择位置开设注料口时，应遵循的原则为：进料顺，排气畅，受阻小，使泡沫模样充填紧实，密度均匀。对于大件或复杂件，若一个注料口不够，可设计多个注料口。

（3）阳极钢爪泡沫模样模具分型面的设计

1）分型面设计应遵从两个原则：保证泡沫模样的尺寸精度，便于泡沫模样从模具中取出；有利于模具加工、装配。

复杂泡沫模样（如封闭内腔或外形需多处分型的泡沫模样），先对其分片处理再确定每片泡沫的分型面。

2）模具分型面设计要考虑两个因素对分型面的影响：手工拆装模具分型面首先考虑沿泡沫三维中间设计，这样在模具打开后，方便

手工取出；预开模具充料，进行机制模分型面设计时，沿产品最大外轮廓复制出分型面，沿分型面最大外轮廓做出预开面，即模具在充料前，移动模先抬起一段高度，增大模具模腔，使泡沫颗粒更顺畅地进入模具模腔。

（4）芯块和抽芯机构设计　对于局部不易取模之处，可设计芯块和抽芯机构，使泡沫模样在一副模具中整体做出，这样既保证了泡沫模样的精度，又能省去黏结工序。芯块及抽芯机构是发泡模具设计的难点，设计时注意以下三点：

1）为了活块和抽芯的安全性（避免损伤压坏），活块要尽可能的小而轻。

2）定位要合理，装配紧密，不宜松动，开合模顺利，易脱模。

3）避免活块卡在泡沫内取不出来，或取出时伤到泡沫；避免在活块上产生薄壁和尖角。

抽芯块分为外抽芯和内抽芯两大类。外抽芯常用于形成泡沫模样上的水平孔洞或不易脱模的局部外形，而内抽芯主要用于不易脱模的局部内腔。抽芯机构主要有手动抽芯和气动抽芯两种。

3. 阳极钢爪泡沫模样的发泡成形制作

生产泡沫模样模具，时间大约在 2 周左右。模具到厂后先少量制作阳极钢爪泡沫模样进行试验。将铸造缩量计算在内，测量是否跟图样的几何尺寸相符，确认合格后再进行批量生产阳极钢爪泡沫模样，如图 12-172 所示。并定期抽验以确保每个阳极钢爪泡沫模样符合图样要求。每个铸件不同钢爪的泡沫模样需要分解制作各部分，然后进行各部分的黏结，包括浇道、冒口等，黏结后测量整体铸件的几何尺寸，如无异状，模样进入烘干室。

图 12-172　发泡成形的阳极钢爪泡沫模样

4. 阳极钢爪泡沫模样的烘干及涂料涂挂

（1）阳极钢爪泡沫模样烘干　烘干室内温度要控制在 45 ~ 55℃ 范围内，至少 40h 后可出烘干室。

（2）涂刷涂料　涂料是消失模铸造中必不可少的原料。涂料的主要作用是提高模样的强度和刚度、防止破坏或变形，隔离金属液和铸型，排除模样汽化产物，保证铸件表面质量等。消失模铸造多采用水基涂料。郑州翔宇铸造材料有限公司生产的消失模铸造白色干粉状环保型涂料，加水搅拌后即可使用，特别适用于大批量浸涂工艺。主要是在涂挂操作中及浇注和冷却过程中，涂层具有良好的强度、透气性、耐火度、绝热性、耐急冷急热性、吸湿性、清理性、涂挂性、悬浮性等。涂挂性是指模样涂挂涂料后一般需要悬挂干燥，涂料在涂挂后尽快达到不滴不淌，确保涂料层的均匀性，减少环境污染。悬浮性是指涂料在使用过程中，涂料保持密度的均匀性，不发生沉积现象。涂层覆着力强，无气泡，不开裂。浇注后涂层呈壳状剥落。铸件不黏砂，表面光洁。

涂挂涂料后再回到烘干室，烘干涂料层。涂料的配制和模样的前期烘干同步进行。涂料不得有气泡，而且涂挂性能要非常好，涂料层干燥后的厚度应在 1 ~ 1.5mm 左右，适宜的涂刷次数为 2 ~ 3 遍。

（3）影响钢爪尺寸涂料涂刷的因素　收缩率及结构因素，如六爪、八爪结构中心部位厚大、肩部薄，凝固冷却速度不同，热应力造成钢爪翘曲变形，引起钢爪爪部尺寸变化；工艺因素包括模样成形、涂脸涂刷、烘干、装箱、浇注等工艺环节，会引起钢爪的尺寸变化。这样就要求涂料涂刷采用勺瓢泼浇的方法，不能用力按压模样。模样烘干时爪部在下，工艺加强肋紧靠烘干支架。

5. 阳极钢爪泡沫模样装箱

根据浇注工艺，横梁和平台方向朝下，爪头向上（三爪、四爪），为的是保证平台和横梁的钢液结构密实，爪腿及冒口热量大，能保住钢液温度以对钢梁进行补缩，使铸件不出现缩松和缩空。冒口设计质量应是铸件质量的 30% ~ 40%，冒口的位置必须在爪头上方。三爪、四爪阳极钢爪泡沫模样装箱一般在每箱 3 ~ 4 件。如图 12-173 所示，采用顶注，原工艺中浇冒口设置在 4 个爪头处，优化后将浇冒口放在钢爪的上部平台上，实际浇注验证该工艺生产铸件质量较好，节约了机加工成本，大幅度提高了生产效率。阳极钢爪在生产运行期间在线周期长，因此必须有良好的导电性和足够的强度才能满足要求。横梁和平台方向朝上，爪头向下（八爪）安放较大的保温冒口，工艺出品率高。装箱时要轻拿轻放，保证模样尺寸不变形，八爪阳极钢爪泡沫模样装箱一般每箱 1 件，如图 12-174 所示，装箱时的型砂要隔 20 ~ 400mm 厚度振动一次，三维振实台人工控制振实次数，直到装满，行车吊入浇注位置待浇注。

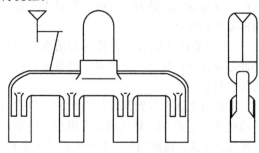

图 12-173　四爪阳极钢爪工艺

图 12-174　八爪阳极钢爪泡沫模样装箱

6. 钢液冶炼及浇注

ZG 230 - 450 采用中频感应炉冶炼，稀土净化钢液，四元复合脱氧剂脱氧，较好地改善了钢的金属夹杂物形态及分布，获得晶界干净的铸钢组织，可以提高钢爪的导电性。在浇注前真空系统要检查好，最好跟砂箱连接调试一次。钢液出炉之前进行炉前化验，材质合格后方可出炉。按照铸造工艺浇注完毕抽真空 10 ~ 20min 左右，停真空泵后等 1 ~ 2h 后翻箱。

7. 铸件清理及铸件的机械加工

冷却后清理铸件表面，如图 12-175 所示，消失模铸造工艺容易清理掉型砂，把它吊入半成品处切割冒浇口等，切割时要注意不能把铸件割伤，完毕后进入下一流程。把合格毛坯产品装入热处理炉窑中，根据铸件材质要求，选择热处理的炉子和处理时间及温度，以保证铸件的屈服强度和抗拉强度为准绳。铸件表面清理合格，进入机械加工车间。

选用适合铸件的设备进行机械加工，如图

12-176 所示。因铸件的几何尺寸要求特别严格，故使用多铣头双面铣床，一次性机械加工成形，避免了多次拆装铸件时的机械加工误差。或者采用自制专用铣床，并设计阳极钢爪专用夹具，机械加工效率高，容易保证尺寸。

8. 消失模铸造阳极钢爪常见缺陷防止措施

（1）阳极钢爪黏砂产生原因及解决措施

阳极钢爪黏砂是指型砂烧结成小团或轻微铁液与型砂熔合粘到铸件上。

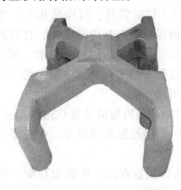

图 12-175　八爪阳极钢铸件照片

图 12-176　八爪阳极钢铸件专用铣床加工照片

主要原因如下：

1）涂料耐火度不高；涂层太薄，涂刷不均匀；涂层不干。

2）型砂耐火度不高；型砂不干燥；粒度过大；真空度偏高。

解决措施如下：

1）控制涂料干重 5 ~ 6kg，层厚 2mm，冒口周围热节处适当增加厚度，涂层涂刷要均匀，在浇注使用时涂层应彻底干燥。

2）涂料耐火度及型砂耐火度达到要求，

不使用潮湿的型砂。合理调整浇注真空度，避免渗透性黏砂。

（2）阳极钢爪气孔产生原因及防止措施

气孔是浇注过程中产生的气体不能及时排出而形成的。

产生原因如下：

1）炉内及包内脱氧不到位；钢液包内衬未烤干使用。

2）浇注速度控制不好，铸型内气体不能排出；负压系统及砂箱排气效果不好。

3）型砂及涂料透气性差，涂料层不干等；模样密度过大。

防止措施如下：

1）脱氧剂照要求使用，确保炉内及包内脱氧到位。在使用新钢液包前内衬必须干燥。

2）检查负压系统及砂箱透气性，确保排气效果良好。控制好浇注节奏，确保铸型内产生的气体及浇注过程中带入的气体从铸型排出。型砂及涂层必须干燥，型砂及涂层透气性良好。模样密度控制在 19 ~ 20kg/m³。

（3）阳极钢爪夹渣产生原因及防止措施
夹渣是渣子在浇注过程中进入铸件内形成的。

产生原因如下：

1）炉内铁液除渣不净；钢液包内衬打结及烧结不好；钢液包使用周期长，包嘴处理不干净。

2）挡渣不到位；造型砂从冒口处进入铁液内，熔化形成渣子；涂料耐火度不够，涂层不耐冲刷。

防止措施如下：

1）加强炉工打渣责任，打净渣出炉。钢液包打包前要确保耐火土及硅砂质量，打好的包内衬、包嘴打结及烧结达到使用要求。钢液包包嘴在使用过程中经常处理，确保无残余渣子，不超期使用钢液包。

2）浇注时做好包内除渣及浇注过程挡渣。造型工在造型时严格按照要求操作，避免型砂掉入铸型内。

3）加强涂料质量管理，确保涂料耐火度及涂层达到高温使用要求。

（4）铸瘤产生原因及防止措施　造型砂紧实度不够，在浇注过程中铁液冲破涂层进入型砂内形成砂包铁。

产生原因如下：

1）振动参数不合理；造型砂不干燥、粒度偏大或粉尘过多。

2）真空度不够；涂料层强度低、涂料层有裂纹，涂层薄。

防止措施如下：

1）确保振动平台运行正常，合理调理振动参数，保证型砂达到最佳紧实度。定期对真空泵进行维护，确保排气量及真空度达到使用要求；每班对气水分离器、稳压储气罐及分气包内积水、积砂进行检查；经常检查真空胶管是否透气畅通。根据型砂淘汰量及时补充新砂。

2）定期更换砂箱筛网，经常对砂箱气室透气性进行检查，确保砂箱不漏气，筛网不破损、网孔不黏砂。

3）做好装箱前涂料层检查，确保无裂纹、无露白。确保涂料强度达到要求，横梁下涂层厚度达到 2~3mm。

9. 结论

1）消失模铸造阳极钢爪选用专业消失模铸造厂家间生产的消失模铸造白色干粉状环保型铸钢涂料，使用时加水搅拌后就可使用，涂层具有良好的强度、透气性、耐火度、绝热性、耐急冷急热性、吸湿性、清理性、涂挂性、悬浮性等。涂挂不滴不淌，确保涂料层的均匀性。使用中涂料保持密度的均匀性，不发生沉积现象，涂层覆着力强，无气泡，不开裂。浇注后涂层呈壳状剥落。铸件不黏砂，表面光洁。减少了环境污染。

2）八爪阳极钢爪横梁和平台方向朝上，爪头向下，冒口根部有缩孔，通过加大冒口或安放保温冒口可以获得致密的铸件。

3）多铣头双面铣床一次性机械加工成形，或自制专用铣床并设计钢爪专用夹具，机械加工效率高。

12.44　铸钢冷却壁的消失模工艺生产（郭增亮）

冷却壁为炼铁高炉的一种炉体冷却设备，为板状埋管铸造结构，长度为 1.5~2m，宽度为 0.8~1m，厚度为 200mm 左右，单件质量约 2~3t，为典型的非标大件，结构示意如图 12-177 所示。冷却壁在高炉的炉缸、炉腹、炉腰、炉身等部位安装使用，其作用是冷却炉体，维持高炉操作炉型，维持炉壳的结构强度，从而保证高炉的安全生产。工作环境温度

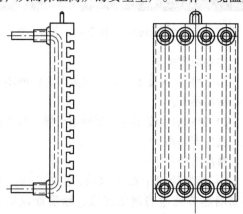

图 12-177　冷却壁结构示意

高，还需承受炉料的磨损、熔渣的侵蚀和煤气流的冲刷，这就要求其必须具备良好的冷却性能，并且要具有高的热强度、耐热冲击、抗急冷急热性等综合性能。

冷却壁根据材质可分为铸铁冷却壁、铸钢冷却壁和铜冷却壁三大类。目前，高炉使用的冷却壁大多为铸铁材质，随着高炉强化冶炼的要求不断提高，铸铁冷却壁性能越来越难以满足高炉熔化带的要求。铜冷却壁虽然各种性能都比较优越，因其高额的制造成本，只在大型高炉的关键部位逐渐推广应用，在大量的中小型高炉上应用还是相当有限。铸钢冷却壁由于其材质的固有特性，具有制造成本比铜冷却壁低廉、综合导热性能明显优于铸铁冷却壁的综合优势。因此，铸钢冷却壁目前在中小型高炉上得到了越来越广泛的应用。

铸钢冷却壁的材质为 ZG 230 - 450，内铸钢管材质为 20 钢，两者化学成分接近，熔点接近，因此如何解决在浇注过程中 20 钢材质的内铸钢管不被熔穿和变形，并且使得基体与钢管之间熔合良好、无间隙、无热阻层，成了生产铸钢冷却壁的关键所在。传统生产工艺是水玻璃砂造型，综合采用多种冷却方式对钢管进行冷却来实现的，目前采用水玻璃砂铸造工艺生产铸钢冷却壁的技术已经基本成熟。采用消失模铸造技术生产铸钢冷却壁，原有水玻璃砂工艺的防止钢管熔穿和变形的技术措施不再适用，同时又出现了新的工艺技术难题，即铸钢冷却壁表面增碳的问题。

1. 消失模铸钢件增碳原因分析

消失模铸钢整个生产过程造成铸钢件增碳的因素有六个方面：

1）冷却壁属于非标铸件，并且内铸钢管，无法采用模具直接成形。模样制作均为采用 EPS 板材切割成模片，然后组合黏结而成，EPS 板材的碳含量高，并且组模时使用碳含量较高的黏结剂，造成钢液浇注充型后钢液处在高碳含量的环境下凝固，形成增碳。

2）由于模样模片复杂，组合后需要有较高强度，因此黏结剂和修补膏的使用量较大，造成成品模样中具有较高的碳含量。

3）浇注系统设计不合理。浇注系统没有

在铸件浇注时在型腔内创造高温无氧条件，而是使得空气随钢液浇注进入型腔，模样以燃烧的方式消失，生成大量游离碳。

4）涂料及型砂的透气性差。涂料品质差或涂层太厚及型砂粒度太细都会影响模样的汽化产物在负压下快速排出型腔。

5）钢液浇注时的真空度选择不合理。真空度过低会影响模样汽化产物排出型腔的速度，造成汽化产物与钢液接触时间延长。

6）浇注温度低。钢液浇入型腔后，模样汽化要吸收大量的热量，浇注温度过低，模样热解的时间延长，汽化产物与钢液共同接触的时间随之增长，加大了对铸钢件的渗碳和增碳量。

2. 消失模铸钢件增碳的防止措施

对于杜绝或减少铸钢件的增碳，可以从三方面制订防止措施，一是减少增碳来源；二是增强排碳渠道；三是尽可能控制模样热解产物形态，使模样汽化消失而非燃烧消失，这点要求型腔内形成高温无氧环境，严禁浇注时的空气进入型腔。针对铸钢件增碳原因，综合分析和实践验证制订了防止措施：

1）采用碳含量低、密度低的模样材料。可采用 PMMA、STMMA 或共聚料。为了降低成本亦可采用 EPS 板材，要严格控制密度，最好控制在 $18kg/m^3$ 以下。选择碳含量低、汽化完全的黏结剂，推荐采用进口亚什兰热胶，并要严格控制使用量。规范实际操作，尽量避免使用修补膏。

2）合理设计浇注系统。浇注系统要能在型腔内创造高温无氧的条件，不能在浇注过程中任由空气被吸入型腔。在消失模铸造工艺中，不能单纯地考虑浇注系统是开放的还是封闭的，而应根据通过直浇道钢液的重量去确定。如何确保在浇注过程中顺利的封闭住直浇道，避免空气的吸入才是浇注系统设计的重点内容。

3）模样涂料的涂刷厚度要合适，并且要选择合适粒度的型砂来造型。在能够保证浇注时强度需要的前提下，尽量减薄涂料涂层厚度，厚大件一般涂料厚度为 1.2 ~ 2.5mm 即可满足要求。型砂粒度不能太细，过细将会影响透气性，不利于模样分解产物的排出。型砂粒度推荐选定为30/50目。

4) 选择合理的真空度。合理的真空度能够快速有效地将模样分解产物抽出型腔，缩短分解产物与钢液的作用时间。铸钢厚大件真空度可选定在0.06～0.07MPa。

5) 选定合适的浇注温度。一般情况下消失模工艺铸钢大件的浇注温度要比水玻璃砂型铸造工艺高出30～50℃。也要根据铸件的具体情况来定。

3. 避免内铸钢管在钢液浇注过程中熔穿、变形的措施

水玻璃砂生产铸钢冷却壁，其浇注温度一般将高达1550～1580℃，远高于内铸钢管的熔点。如何保证在浇注过程中内铸钢管不熔穿、不变形，并且使铸钢基体与内铸钢管表面熔合良好、无间隙、无热阻层，是铸钢冷却壁生产技术的关键。消失模工艺生产需要有更高的浇注温度，因此这一问题表现得更为突出。

在合理工艺措施的控制下实现铸钢冷却壁的生产。采用技术措施主要有六个方面：

1) 在型腔内按照实际需要合理设置内冷铁，以改变浇注后的温度场，降低内铸钢管周围的钢液温度，使内铸钢管不致熔穿。

2) 在内铸钢管内充填固体冷却介质，对浇注时钢管周围的钢液产生激冷作用，改变温度场分布，充填的冷却介质又对钢管内壁起到支撑作用，防止钢管变形。

3) 对内铸钢管进行彻底的抛丸除锈处理，使表层达到一定的粗糙度，促使内铸钢管表层与钢液的融合。并且消除其对整体导热性能的影响。

4) 在保证铸件成形的前提下，适当降低浇注温度，可以将浇注温度控制在1560～1570℃。

5) 合理设置浇注系统，尤其是内浇道的位置，绝对要避免钢液对内铸钢管的直接冲刷。

4. 消失模铸造铸钢冷却壁的生产

选定试制冷却壁，外形尺寸为1800mm×850mm，厚度为240mm，质量为1900kg，材质为ZG 230-450，内铸钢管材质为20钢，钢管规格为$\phi 60mm \times 8mm$。

(1) 模样制作　将弯制成形的钢管，按照工艺要求，定位组合，并在管内填充固体冷却介质。按照铸钢工艺确定的缩尺2%，将模样板材在切割机上按工艺要求切割成所需模片。然后，将组合好的内铸钢管下入成形模片内，按照要求定位后，用黏结剂合模固定，至此模样制作完毕。生产时从实际出发，模料采用EPS板材，密度为16kg/m³;，黏结剂采用国产热胶。

(2) 涂刷涂料及烘干　冷却壁属于厚大件，所以要求涂层料层需具备一定厚度以保证浇注时的型壳强度，采用了消失模铸钢专用涂料，涂层厚度确定在2～2.5mm范围。为保证涂层干透且不开裂，要求涂刷3遍达到厚度要求，每层涂料必须烘干后才可涂刷下一遍。烘干房内温度要求在45～55℃，湿度控制在30%左右。

(3) 砂箱、振实台及型砂　砂箱内腔尺寸为2.4m×1.3m×1.5m，可满足吃砂量要求。砂箱采用五面抽气室双层砂箱，选用SK20真空泵1台来满足负压要求。采用20/40目硅砂造型，用三维振实台振实，以增大砂箱内干砂堆密度。造型时，型砂分四层加入，分层振实。

(4) 浇注温度的确定及真空度的确定　模样汽化会损耗钢液的热量，浇注温度应适当高一些，同时高温有利于模样热解产物的顺利排出，降低铸件增碳概率，对铸件质量有利。冷却壁为有管铸件，温度过高易使钢管被熔穿、变形。综合考虑，确定浇注温度控制在1560～1570℃。

浇注时负压的作用主要是紧实型砂，防止冲砂、塌箱及型壁移动。而且能加速模样汽化产物排出和提高金属液的充型能力，有利于减少铸件表面缺陷。由于钢液浇注温度比较高，浇注时瞬时产气量较大，需要有较高的负压加快汽化产物的排出。负压过高会加大钢液的渗透能力，严重时会形成黏砂和烧结。综合考虑以上因素，确定真空度为0.06～0.07MPa。

(5) 浇注系统的设计　浇注系统按型砂铸造系统增大10%～20%。为保证铸件快速充型，浇注采取横向竖浇，顶注方式。为了浇注时给型腔内创造一种高温无氧的环境条件，将直浇道加长设计成曲折状与横浇道连接，形成

1 个缓冲段，浇注时可以将直浇道密封以阻止空气进入。浇注时液流平稳，没有空气被抽入的现象，该浇注系统能够阻止空气进入型腔。

（6）钢液的熔炼，浇注及冷却　采用 5t 中频感应电炉熔炼，严格规范配料计算和炉前操作，再结合炉前的化验和脱氧处理，确保了钢液成分的合格与稳定，保证了材质质量。

造型完成后，将砂箱移至待浇区。钢液在炉内取样进行化学成分检测，合格后脱氧出钢。浇注前要对真空系统进行全面检查，确保真空度达到要求。浇注时间为 50s，浇注过程中注意不能断流，浇口杯要保持充满状态，避免吸气。浇注完保压 30min，然后停真空泵撤除负压，自然冷却 24h 后，方可翻箱取出铸件。

（7）铸件的清理及检验　翻箱后的铸件去除浇冒口后发现铸件表面有局部黏砂。原因主要是涂层厚度不均匀所致。钢管内的冷却介质的清理是决定铸钢冷却壁生产成功与否的关键。实践证明，采用压缩空气吹扫，同时辅助手工清理工具可以顺利清理钢管内部。

铸件的表面、芯部、试棒检验的化学成分见表 12-21。材质符合 ZG 230 - 450 的化学成分要求。

表 12-21　铸件的表面、芯部、试棒检验ZG 230 - 450 的化学成分（质量分数, %）

试样名称	C	Si	Mn	S	P	备注
炉前试样	0.191	0.414	0.532	0.029	0.02	
表面试样 1	0.106	0.577	0.728	0.026	0.037	表面下 5mm 内取样
表面试样 2	0.19	0.456	0.644	0.029	0.032	表面下 5mm 内取样
芯部试样	0.27	0.597	0.832	0.026	0.032	
消失模试棒	0.205	0.376	0.521	0.032	0.035	

对附铸试块进行回火处理，然后采用冷加工方法制取拉力试棒，在万能材料试验机上检测其力学性能，抗拉强度≥450MPa，断后伸长率≥25%。

铸件表面无积炭、气孔等缺陷。采用消失模生产的铸钢冷却壁外观质量明显优于砂型铸造，如图 12-178 和图 12-179 所示。采用上述防止增碳措施，取得了明显的效果，技术措施

可以应用于大中型低碳钢铸件的生产。

图 12-178　消失模铸造冷却壁

图 12-179　水玻璃砂铸造冷却壁

去除钢管内部固体冷却介质后，用工业内窥镜观察钢管内部，钢管内壁光洁，固体冷却介质没有出现与管壁粘连的现象。通过对铸件进行剖切（横剖及纵剖），也验证了这一结果，如图 12-180、图 12-181 所示。用放大镜观察，内铸钢管表层与铸钢本体有熔合现象，两者之间无明显间隙存在，且钢管未发生变形，基本达到了熔而不穿的理想状态。

图 12-180　铸件钢管纵剖面

为了更清楚准确地观察内铸钢管表层与铸钢本体的熔合状况，对两者接触的部位取样进行了金相观察，发现结合部位没有明显的物理间隙，实现了冶金结合。

消失模铸造生产铸钢冷却壁表面质量内部质量稳定。生产中要注意工艺参数控制，通过严格控制模样用料、组模工艺、钢液熔炼以及各项工艺参数，可以使铸钢件的增碳现象得到

图 12-181　铸件钢管横剖面

有效改善。采取消失模工艺生产铸钢冷却壁,通过在钢管中添加固体冷却介质,可以实现钢管与基体的有效熔合,达到熔而不穿的理想状态。厚大铸钢件由于钢液量大,热容量较大,涂层的各项指标要严格控制。涂层厚度要达到要求,否则会出现黏砂现象。

12.45　轮类铸钢件消失模铸造补缩系统的设计

轮类的铸钢件结构有三部分——轮缘,轮辐及轮毂。一般砂型铸造是平放,在轮缘和轮毂处放置冒口和冷铁,消失模铸造工艺性有别于普通砂型铸造,其补缩系统的设计都是从空腔铸造演变来的,如何正确设计消失模铸钢件补缩系统?下面在应用中对轮类补缩系统工艺进行论述。

1. 立浇浇冒一体补缩系统设计

轮类铸钢消失模铸造补缩系统的工艺原则是浇冒统一。将冒口放在轮缘的圆弧面上,并使用圆形的轻质保温冒口,造型时立放,从上面唯一的冒口浇注,浇注后用不少于冒口质量的15%的发热剂覆盖冒口,分两次添加,并点注冒口1~3次。在轮毂的轴孔处中填实树脂铬矿砂或铁砂,若轮缘热节相对较大时,可放置外冷铁,若轮毂热节超过200mm,实施强制冷却,以达到与轮辐同时凝固的目的。浇注后根据热节大小,真空度保持10~20min以上。

2. 立浇浇冒一体补缩系统优势

1)消失模的干砂型腔,热导率低,不利于铸钢件形成致密的结晶组织。在轮缘的下半部放置外冷铁,同时减小冒口,工艺出品率可提高到80%~85%,细化初始结晶粒度,优化铸件的品质。

2)开放式的快速顶注,在不发生反喷的情况下,越快越好。燃烧残物浮在钢液表面,随圆弧被推到冒口中,没有可停滞的死角,减少了轮缘和轮毂部位的夹渣缺陷。

3)浇注时吸入的空气,使 EPS 大部分燃烧,生成 CO、CO_2 和少量的游离碳,然后随高温气体排出型腔,降低了铸钢件的增碳概率,同时型腔中的还原性气体阻止了钢液由于浇注飞溅而发生的二次氧化。

4)EPS 燃烧放出大量的热,减缓了钢液的温度下降。该工艺实际的浇注温度与砂型相差无几,避免了一般消失模负压铸造提高浇注温度所带来的缺陷。

3. 补缩系统实施中的注意事项

模样用 EPS 不放任何阻燃添加剂。双幅轮类同样适用该工艺。为更有效地防止钢液的二次氧化,熔化期间对钢液实行精炼、净化、联合脱氧等措施。脱氧剂的加入量提高 0.05%(质量分数),其中应含有 RE、Al、Ca、Ba 等元素。EPS 燃烧比热解产气量大10倍,为防反喷,涂层的透气性应在 40%~60%,也就有 40%~60% 气体从冒口逸出。轮类大小不一,热节相差很大,涂层同时要抗冲击和经受长时间的高温侵蚀。

轮缘的热节在 100mm 以下,涂料用 200 目左右的骨料,涂层厚度在 2mm 左右。

热节在 100~200mm 范围,用 180~200 目、120~160 目两种骨料配合,涂层厚度在 2~6mm 范围。

热节在 200mm 以上,或质量超过 1500kg,用 180~200 目、120~160 目、60~100 目三种骨料配合,涂层厚度在 6mm 以上。造型干砂用铬矿砂或宝珠砂。

直径超过 1000mm 的轮类,另设阶梯形浇注系统,内浇道与工件垂直,不得开在轮毂处。最上一个内浇道在距工件 50mm 处的冒口根部。

系统必须与铸件硬结合。此工艺涂层较厚,调配涂料的透气性时,用氧化铝粉和硅粉配合每种粒度的骨料。在涂料达到使用透气性能后,有机物越少越好。

大多理论倾向涂层中的有机物能增加高温透气性。这只能适用于 2mm 以下的涂层，若涂层加厚，在快速浇注下，涂层中的有机物没来得及分解，钢液已充满型腔。若有机物过多，在高温高压与真空的作用下形成大量的微孔，钢液会随微孔被抽出型腔，形成难以清除的铁包砂。

4. 其他工艺措施

如批量生产，有两种方法可获得满意的铸件。第一种是增加涂料中有机物的用量提高涂层的干强度，先烧后浇，涂层厚度在 4mm 以上。第二种是使用硅胶涂料，涂 3~4 遍，涂一遍撒一层干砂，涂层厚度应大于 15mm，在950℃焙烧后，埋空壳负压浇注。

12.46 低合金钢连接座消失模铸造工艺与质量控制

连接座是煤矿井下转载机和刮板运输机的重要铸件，材质多选择 ZG25SiMn，质量在30~80kg 范围，过去多采用水玻璃砂铸造或树脂砂铸造，铸件表面质量差，独立大冒口工艺出品率低，切割修磨冒口工作量大。消失模铸造由于绿色环保的铸造模式、铸件光洁规则产品质量好、生产成本低，适用于铸件的大批量生产及特殊铸件生产。由于各厂家消失模生产线的建设状况、生产工艺条件、技术参数等设置的限制，铸造低中碳钢件时，铸件表面增碳和低中碳钢铸件碳含量超标的现象较为普遍。消失模铸造中只要对生产工艺技术参数、生产工艺条件、生产运行操作进行严格的控制管理，解决消失模铸造低合金连接座铸件表面增碳和低中碳钢铸件碳含量超标的问题，完全能铸造出质量合格的低合金钢连接座。

1. 低合金钢连接座消失模铸造工艺

（1）连接座消失模模样制造 由于低合金钢连接座每次采购数量不太大，连接座采用 EPS 泡沫板数控加工，严格控制 EPS 泡沫板的密度在 16~18kg/m³，充分烘干，收缩率取 2%，加工余量取 4mm。连接座消失模模样如图 12-182 所示。

（2）连接座的浇冒口设计与模样组合 连接座采用顶注顶冒口工艺，上下两个连接座模样组合在一起，铸造时顶部的连接座相当下边连接座的冒口，减少冒口大大提高了连接座的铸造工艺出品率。

内浇道尺寸为 40mm×50mm，横浇道尺寸为 50mm×50mm，直浇道尺寸为 55mm×55mm。两个连接座模样组合串如图 12-183 所示。

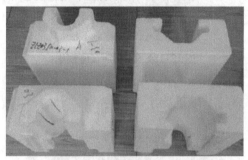

图 12-182 泡沫板数控加工制造连接座消失模模样

图 12-183 两个连接座模样组合串

（3）组合连接座模样串涂料涂刷及烘干组合 连接座模样串涂料涂刷两遍水基锆英粉复合涂料，两遍水基石英复合涂料，每次涂料后阳光晒干，或在 55℃ 以下烘干房烘干 8~10h，烘干房相对湿度不高于 20%。其中水基锆英粉复合涂料配方（质量份）为：锆英粉60，酚醛树脂5，棕刚玉粉20，硅粉20，乳白胶4，锂基膨润土2，羧甲基纤维素2，水适量。烘干涂料连接座模串如图 12-184 所示。干燥过程必须保证模样摆放平直（有条件可以进行吊挂），防止因放置不符合要求而使模样变形，不得与加热器接触。连接座模串涂料烘干如图 12-185 所示。

（4）烘干涂料连接座模串装箱造型

1）装箱前准备工作。装箱前保证消失模用砂的温度和室温相近，筛选出对铸造有害的

图 12-184　涂料连接座模串

图 12-185　连接座模串涂料烘干

杂质。检查连接座模样的完整性、涂层是否够厚，装箱要轻拿轻放，最终保证涂层的完整性。浇注系统后连接部位，要保证平、严，并用胶条封好。保证基本吃砂量 150mm。在 1200mm×1200mm×1500mm 五面抽真空砂箱底部放 20/40 目硅砂，刮平振实 1min。

2）在砂箱中按工艺要求距离摆放 4 串联接座模串，分两次填砂，三维振实 2min。

3）安放浇注系统必须认真仔细，安放稳固，接口密封良好。

4）填砂振实（至砂箱口平），用塑料薄膜密封砂箱口，安放浇口杯，放塑料薄膜保护干砂，砂箱吊移到抽真空位置，插上抽真空管。连接座模串装箱造型如图 12-186 所示。

（5）ZG25SiMn 成分及中频感应炉熔炼

1）ZG25SiMn 的化学成分：$w(C) = 0.22\% \sim 0.28\%$，$w(Si) = 0.60\% \sim 0.90\%$，$w(Mn) = 1.1\% \sim 1.4\%$，$w(P) \leqslant 0.04\%$，$w(S) \leqslant 0.04\%$。

2）3t 中频感应炉熔炼，ZG25SiMn 配料全部采用优质低碳低磷低硫无锈废钢、低磷低碳

图 12-186　连接座模串装箱造型

锰铁、脱氧用铝 0.8kg/kg 钢液。

3）炉中化学成分合格后，钢液温度到 1660℃ 出炉；用 3t 底注包，接盛钢液前烘烤 1~2h，包壁材料达到 500℃ 左右。

消失模铸造浇注过程中，随着浇注温度的提高，充型速度会加快，这是由于提高浇注温度一方面可改善金属液的流动性，另一方面加快了模样热解速度，有利于热解产物逸出。由于模样汽化需要消耗热量，金属液流动前沿的温度会下降，消失模铸造浇注温度比普通砂型铸造的要高 30~50℃。1660℃ 出钢，浇注温度为 1600℃，每炉浇注 5 根试棒进行试验。

（6）浇注、保压、保温与翻箱　浇注前 15~20min 开真空泵，开始抽真空，真空度稳定在 -0.06 ~ -0.04MPa，包中钢液温度 1600℃ 浇注。消失模铸造金属液充型过程是十分复杂的过程，充型过程金属液需能克服气隙阻力连续不断地向前推进，直至充满整个铸型，浇注结束保压 15~25min 后关掉负压，保温 2h 翻箱。

（7）清理　翻箱后清理铸件，切割浇冒口修磨。

2. ZG25SiMn 连接座热处理工艺

ZG25SiMn 连接座热处理工艺　采用 900℃ 高温完全退火、880℃ 水淬、600℃ 回火调质处理。前期高温完全退火的目的是细化晶粒、消除应力，进而得到接近平衡组织。调质处理是由于连接座的材质和形状具有低碳高合金含量、形状薄厚不均的特点，连接座在煤矿井下使用具有高强度的工作状态，需要其具有较高强度与韧性。

3. 消失模铸造 ZG25SiMn 连接座表面增碳和碳含量超标分析与解决对策

消失模铸造的 ZG25SiMn 连接座，铸件光洁规则、质量好，工艺出品率及生产效率比水玻璃砂铸造，或树脂砂铸造低，生产成本也比树脂砂铸造高。但是生产初期存在表面增碳和低中碳钢铸件含碳量超标的问题。

（1）连接座 ZG25SiMn 增碳量测试　对其中两根连接座分部位取样化验其碳含量，进行增碳分析，连接座 1~10 试验取样部位标准碳含量（质量分数，下同）为 0.22%~0.28%，测试含量分别为：0.28%、0.30%、0.30%、0.29%、0.31%、0.30%、0.31%、0.29%、0.30%、0.29%。连接座增碳具有规律性，增碳量在 0.03%~0.07% 范围，试验时将铸件碳含量控制在 0.28% 以下，确保连接座韧度。

（2）造成 ZG25SiMn 连接座铸件含碳量超标的原因

1）铸件的模样材料选择不合理。在铸件模样材料的选择中，一是碳含量高；二是模样密度太高。从而造成铸件模样在浇注过程中的热解时碳含量高，使铸件在浇注充型过程中液相及雾状游离碳含量高，造成铸钢件的渗碳概率增大。

2）铸件的模样组合黏结面多。模样组合件质量差、组合面不光滑平整，造成模样在组合黏结时用胶量增大，则其热解产物的碳含量增高。模样黏结剂选择不合理，一是对黏结剂的材料质量成分含量未做要求，采用了含碳量高的黏结剂；二是所选黏结剂的黏结能力差，造成模样组合黏结时的用胶量大；增大了浇注过程中黏结剂热解产物的碳含量，增大了铸钢件的渗碳概率。

3）铸钢 ZG25SiMn 熔炼配料中碳含量未严格控制，特别是各种废钢中的碳含量成分的材料不明。

4）铸件的浇注系统开始充型设计不合理。在生产 ZG25SiMn 时碳含量低，铸件浇注充型方式不合理，则铸造模样热解产物中碳扩散到铸件里去的概率增大，产生渗碳增碳现象。特别是抽真空系统与浇注砂箱或铸件浇注工艺造型的配置不合理，造成铸件在浇注过程中，浇注砂箱内的真空度不等、偏差过大，或实际真空度不足，真空压力表显示又是符合技术参数要求的错误数值，使模样的热解产物无法迅速快捷地排出浇注型腔，造成铸件的渗碳或积炭。铸件的浇注造型系统设置不合理，造成铸件模样在浇注时，一是模样的汽化时间过长，二是铸件浇注时的充型方式设置不合理，导致模样的热解产物不能顺利进入集渣腔或冒口中，延长了热解产物中液相和固相的接触反应时间，从而增大了铸件的渗碳概率。

铸件的浇注条件不合理。如浇注充型的流程过长，造成浇注过程中钢液温度低，特别是对铸件壁厚增大位置，浇注钢液的凝固速度慢，造成液相-固态停留时间较长，使钢液与模样热解产物的作用时间延长，加大了铸钢件的渗碳与积炭量。

5）铸造模样的涂料层及浇注砂箱中的型砂透气性差。将造成铸件在生产浇注过程中，模样及模样组合黏结剂遇到浇注钢液进行模样热解时的热解产物，不能迅速排出浇注型腔，创造出渗碳、积炭的不利工况与条件。

（3）解决 ZG25SiMn 连接座铸件碳含量超标措施　针对消失模铸造低碳钢铸件时，各种可能造成含碳量超标的原因，制订消失模铸造合格的低碳 ZG25SiMn 连接座件的技术要求。消失模铸造低碳合金钢铸件的生产工艺技术参数设置应注意以下五个要点。

1）采用中频感应炉熔炼，严格控制熔炼碳素钢的配料计算和实际配料、选料、投料的操作。配料计算是保证熔炼出成分合格的钢液及含有最少气体与夹杂而铸出优质铸钢件的关键，所以配料、选料、投料的准确是铸造质量合格与否的根本保证。对回炉废钢必须进行严格的分检制度，保证熔炼配料材质的成分符合铸造工艺参数的要求，是消失模生产低碳钢铸钢件操作控制的关键。

2）选择碳含量低的泡沫塑料或预发珠粒制作铸件模样。目前国内聚苯乙烯泡塑 EPS 中碳含量（质量分数，下同）为 92%；STMMA 中碳含量为 69.6%；PMMA 碳含量为 60.0%；用 EPS 材质制作铸件模具将使铸件在浇注过程中钢液的碳含量增加 0.1%~0.3%，采用 PM-

MA 或 STMMA 材料进行模样制作，铸件在浇注过程中因模样材质原因造成的增碳量低于 0.05%。选择适宜的泡沫密度进行铸件模样的制作。在保证模样制作温度技术要求和铸件生产浇注时不出现因泡沫塑料质量引起的其他缺陷的前提下，制作铸件模样的泡沫密度越小、泡沫塑料越少，对减少铸件的渗碳、积炭越好。

3）提高铸件模样的制作质量。铸件模样能整体制作时，不应采用组合制作，要尽量减小铸件模样的黏结面。进行模样黏结结合时要保证模样的黏结组合面光滑平整，尽量减少黏结用胶量，降低胶的热解产物量即降低了热解产物的碳含量。选用碳含量低或无碳的黏结剂。即采用负压铸造黏结专用胶进行模样的组合黏结，不使用碳含量高的低质普通胶进行黏结。并且在模样组合黏结时，在保证胶的黏结温度及黏结强度的前提下，要尽量减少黏结剂的用量，从而减少黏结剂的热解产物。

4）选择并确定合理的浇注系统。对铸件的浇注工艺设计，要尽可能使铸件在浇注过程中有加速模样泡沫塑料汽化的作用，尽量减少及错开其热解产物中液相与固相接触和反应的时间，从而减少或避免铸件的渗碳发生。

选择并确定铸件适宜的浇注和浇注速度。因相同的铸件如浇注工艺造型不同，在相同钢液浇注温度进行铸件浇注时其实际充型温度是完全不相同的。如浇注温度提高，浇注速度也提高，将造成铸件模样热解加快而不易完全汽化，使热解的产物在液相中的量增加，同时因钢液与模样的间隙较小，液相中的热解产物被挤出间隙后，常被挤到模样涂料层和金属液之间，或钢液流动的冷角、死角，造成接触面增加，碳浓度增加，渗碳量也将增大。要注意，若铸件浇注工艺不合理，钢液浇注温度过高且浇注速度太快，将会造成冒气、反喷的生产事故发生。

5）低碳钢铸件生产浇注时，要提高浇注砂箱的真空度。造型砂箱应采用箱壁抽真空的结构，在浇注时箱壁抽真空能加速热解产物逸出涂层到型腔外，从而减少模样热解产物的浓度和接触时间，降低或避免铸钢件的渗碳、积炭现象。型砂粒度在 20~40 目时，铸钢件浇注

时真空度以 0.03~0.06MPa 为宜。如果真空度过大，将会引起铸件黏砂及其他缺陷的发生。

对低碳钢铸件的浇注，应尽可能采用底注式方法进行，使浇注钢液的充型流动平稳，模样热解产物能顺利进入集渣腔或冒口中，从而降低和减少模样热解产物中液相和固相的接触反应时间，降低和消除增碳概率。采用雨淋式浇注系统对低碳钢铸件浇注，将造成铸件渗碳、积炭的工况和条件增大，使铸件产生严重的缺陷，故不宜使用。

12.47　消失模整铸刮板输送机中部槽的质量控制

刮板输送机是煤矿综采工作面必备的运输设备，是采区煤炭运输的关键。整铸中部槽消失模常出现气孔缺陷，气孔出现在槽体上部或死角表皮下，非封闭及半封闭时可进行焊补，深封闭时造成槽体报废。应用消失模整体铸造中部槽的质量关键是控制气孔缺陷的产生。通过长期质量管理，掌握了气孔产生的机理及控制方法。

1. 消失模整铸中部槽的气孔缺陷产生原因

中部槽结构如图 12-187 所示，各型号尺寸见表 12-22。气孔多位于槽体上部或复杂处的表皮下，有时单独存在，有时多孔并存，孔壁呈黑色。经分析产生气孔的原因如下：

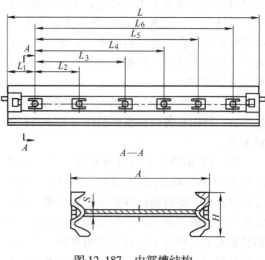

图 12-187　中部槽结构

表 12-22　中部槽结构的各型号尺寸　　　　　（单位：mm）

H	A	L	L_1	L_2	L_3	L_4	L_5	L_6	$S \geqslant$
222	630	1500	150	230	485	715	970	1200	16
(220)	630	1500	185	226	452	678	904	1130	16
222	730	1500	150	230	485	715	970	1200	16
(220)	730	1500	185	226	452	678	904	1130	16
222	720	1500	150	230	485	715	970	1200	20
(220)	730	1500	185	226	452	678	904	1130	20
222	830	1500	150	230	485	715	970	1200	20

1) 槽体模样汽化分解生成大量的气体以及残留物不能及时排出铸型，是形成气孔缺陷的主要原因。

2) 由于浇注系统设计不合理，金属液充型速度不适宜，造成充型前沿将汽化残留物包挟在金属液中，再次汽化形成气孔。

3) 铸型涂料的透气性低，型腔内气体及残留物不能及时排除，在充型压力作用下形成气孔。

4) 浇注温度低，充型前沿金属液不能使模样充分汽化，未汽化分解残留物来不及浮集到冒口而凝固在铸型中形成气孔。

5) 内浇道位置设计不合理，充型时形成死角区，由于型腔内气体反压力作用，使气体及残留物积聚在槽体复杂处并形成气孔。

6) 浇注速度不合理，产生断流、闪流，卷入空气而生成气孔。

7) 浇口杯容积太小，金属液形成涡流，侵入空气而生成气孔。

8) 型砂透气性不好，造成虚假真空度，使抽气量小于发气量，汽化物不能被及时抽离型腔，形成气孔、皱皮。

2. 控制气孔缺陷的方法

（1）选用适宜的模样材料　采用低密度、高强度及发气量小的泡沫塑料制作模样，选用密度为 18～22kg/m³ 的小珠粒并加有汽化促进剂的 EPS 或 PMMA 共聚泡沫塑料，要求在涂料干燥后强度达到 50～55kPa，汽化完全，残留物少，无毒害，易加工。

（2）合理设计浇注系统　槽体采用无横浇道的阶梯式浇注系统，槽体顶部设置补缩、集渣一体的暗冒口达到补缩、集渣的功能，实现槽体顺序凝固，避免形成气孔。

（3）提高铸型涂料的透气性　涂料耐火骨料粒度应适宜，采用复合悬浮剂及抗高温黏结剂。配制涂料具有高温强度及磨损刚度好，易干燥，易涂刷，排气能力大，透气性好，烧结均匀，易脱落，不与型砂润湿。槽体涂层厚度为 1.2～1.5mm，透气率为 0.415m³/Pa·min，排气能力为 2.172m³/s。

槽体涂料的质量管理十分关键，由于涂料具有相当大的附着强度，浇注时涂料层不会被卷入金属液内部，可完整地附着在铸件外表面，当铸件冷却到临界温度时，涂层自动剥离铸件。在大量生产时应定期检测涂料透气性，及时调整涂料成分，合格的铸件依靠最佳的涂料水平，因此控制涂料质量是不容忽视的。

（4）控制适宜的浇注温度　在槽体模样浇注充型过程中，金属液的热作用受浇注温度的制约。当浇注温度高时，金属液热作用充分，模样的热解产物为气态，在负压的作用下排除容易；当浇注温度低时，金属液热作用不充分，模样的热解产物为液态，会堵塞涂料层气隙，热解产物排除受阻，型腔内形成反压力，充型流动性下降，生成气孔概率提高。槽体的浇注温度夏季为 1580℃ 左右，冬季为 1620℃ 左右。

（5）合理的浇注位置　槽体的最佳浇注状态是形体的所有表面被型砂紧密充填，浇注时获得良好的汽化条件，便于排气、除渣。选择浇注位置的原则是模样最大尺寸的面应处于垂直或倾斜，也就是说立浇或斜浇。因模样本身是不透气的，充型时模样热解产生的气体及残留物必须从模样与充型金属液面之间的间隙侧面排出，气体能通过排出的侧表面面积越大越有利，即所谓侧表面积最大的原则。

当浇注位置确定后，能否铸出合格铸件，取决于内浇道的引入位置。确定内浇道位置的原则是：充型顺利，均匀上升，无死角，汽化充分。内浇道的形状应做成开放式，长度适宜，不产生喷溅，从而消除冷隔，阻止气孔的产生。

（6）合理的浇注速度和真空度　槽体的浇注工艺是以金属液充满浇口杯、封闭直浇道为准则。如果注入速度太快或太慢，会造成充型过程发生强烈紊乱并剧烈沸腾，将来不及汽化的模样体包挟在金属液流中凝固形成气孔。理想的浇注速度是给铸型内模、液置换提供足够的金属液，使金属液充型速度等于模样汽化速度。工艺要点如下：

1）为防止初浇时反溅发生，直浇道宜制成中空的。先用小流金属液点通直浇道再大流快速充满浇口杯封闭直浇道，保持真空度直到浇口杯金属液不再下沉为止。

2）消失模铸造工艺适宜的浇注系统形式是封闭式，对阻止气孔产生有较好的效果。在浇注充型的时间内，浇注系统所提供的金属液与模样汽化消失速度同步为封闭式浇注系统。

在浇注温度一定时，模样的汽化消失速度与模样的吸热有关，相同密度、相同壁厚的模样汽化消失速度是一样的。由于槽体结构、壁厚比较均匀，模样吸热基本是一致的，所以采用浇口杯注孔的大小定量提供充型金属液，以获得适宜的充型速度。浇注时金属液一直充满浇口杯，不外溢、飞溅，不破坏封闭砂型的薄膜，保证均衡负压场，使型砂的紧实度大于型砂对铸型的剪力，不塌箱、溃型。

3）浇注过程中不允许断流、闪流发生，一旦直浇道裸露在空气中，在负压作用下空气就会进入型腔形成气孔缺陷，使铸件成为不合格品。

4）适宜的真空度是排气、除渣的保证，也是防止黏砂的因素，当量真空度是指浇注过程中负压合理，使抽气量大于发气量，紧固干砂，保证铸件几何尺寸，缩短凝固时间，阻止气孔扩散、长大。

5）制作容量适宜的浇口杯。浇口杯是承接金属液的必备工具，浇注时使金属液不产生涡流，具备挡渣功能，将金属液中杂质浮集到浇口杯液面上部，阻止杂质充型形成气孔。

12.48　消失模铸造港口机械用低合金铸钢车轮（谢克明，谢沛文）

由上海振华港口机械（集团）股份有限公司和烟台四方铸造机械有限公司共同合作开发的港口机械用低合金铸钢车轮消失模铸造工艺，攻克多项技术难关，获得成功并投入生产。这一成果拓宽了消失模铸造技术应用领域。港口机械用低合金铸钢车轮和滑轮材料为 ZG42SiMn。车轮直径为 800mm，内孔直径为 210mm，厚度为 200mm，零件质量为 460kg，铸件质量为 520kg（见图 12-188）。铸件的技术要求：踏面硬度为 50 ~ 56HRC，有效硬化深度为 15mm；探伤按 ASTMA504-C 级验收。车轮原为锻造成形，成本高，加工余量大，现采用消失模工艺铸造成形，大大降低了成本，首批已完成 400 件成品装机使用。

1. 预发泡成形

（1）原材料的选用　对三种国内珠粒 EPS、PMMA、STMMA 材料进行了多次试验，从汽化速度、汽化温度、发气量、碳量残留物等方面进行综合比较，以合格铸件为准则，选用 EPS 珠粒，型号 401，粒径为 0.6 ~ 0.8mm，密度为 21 ~ 23kg/m³，其主要特点是发气量少，综合效果好。没有采用共聚料发泡，降低了模样材料成本。

（2）预发泡　采用 SJ-KF-450 间歇式预发泡机进行预发泡。预热温度为 90 ~ 95℃，蒸汽压力为 0.12 ~ 0.15MPa，预发泡温度为 95 ~ 102℃。预发泡珠粒干燥进入料仓，存放时间不超过 24h。

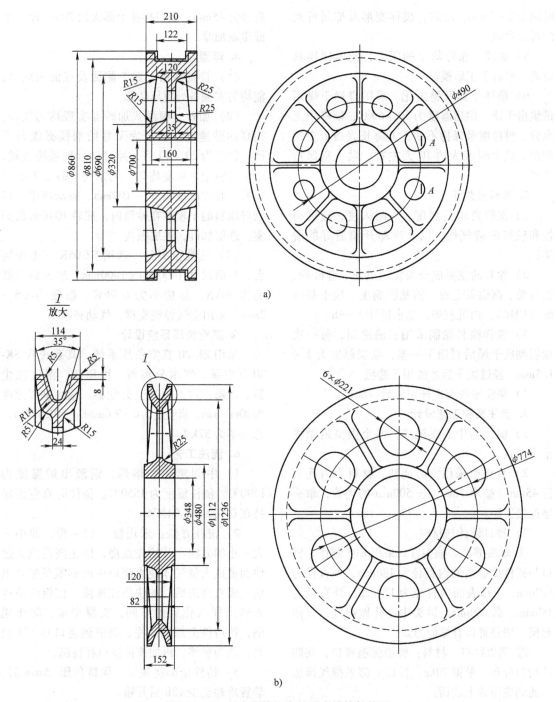

图 12-188 低合金铸钢车轮消失模铸件简图

（3）模样成形 模样收缩率为 0.5% ~ 0.7%，合金钢收缩率为 1.8% ~ 2%。采用成形机气室成形。

1）模具预热。预热的作用是缩短成形时间，减少发泡成形时模具腔中的冷凝水，预热

时间为 15s。

2）充填。采用吸料充填工艺。

3）气室压力控制在 0.10 ~ 0.12MPa，加热时间为 30 ~ 40s。

4）冷却。模样上下表面同时冷却，冷却

时间为 2 ~ 3min，以防止模样变形及抑制可能的再次发泡。

5）脱模。靠冷却水的压力，使模样模具脱离，然后手工取模。

6）模样干燥及稳定化。采用自然干燥后进烘房干燥，烘房温度为 50 ~ 60℃，模样中无水分，模样质量保持不变，上海长兴岛上空气潮湿，烘干时间大约 10 天左右。烘干室保持排风。

2. 涂料及烘干

1）涂料要求高强度、高耐火度、高抗裂性和较好的透气性，以及冷却开箱后好的脱落性。

2）涂料的主要成分为棕刚玉粉、硅砂粉、锆石粉、高铝矾土粉、钠基膨润土、羧甲基纤维（CMC）、白乳胶等，加水搅拌 3 ~ 4h。

3）模样涂料涂刷采用三遍涂刷，每一次涂层彻底干燥后再涂下一遍，涂层厚度为 1 ~ 1.5mm。经过烘干后才能用于造型。

4）浇注系统与模样组装后再涂刷。

3. 浇注系统工艺设计

1）浇注为中心底浇式，四个内浇道做成十字形状。

2）直浇道采用空心浇注，材料为内孔直径45mm、壁厚7mm、长500mm的瓷管，单头座连接工序。

3）冒口设计与材料。

① 轴头部位。轴头冒口采用 EPS 制作，冒口与铸件接触面的内直径为 180mm、外直径为 310mm，上部表面内直径为 170mm、外直径为 380mm、高 260mm，轴头中心孔做斜度，方便起模，增强冒口补缩能力。

② 周边冒口。材料：腰型保温冒口，共四件均匀分布，单重 70kg，冒口上部做排气排渣口通到造型砂上表面。

③ 冒口与冒口的中间处安放直径为 30mm 的瓷管做排渣排气孔，通到砂层上表面。

④ 在未设置冒口的踏面表面，安放四件外冷铁，尺寸与踏面吻合，质量每件 20kg 左右。

⑤ 浇口杯。选用材料为耐火土烧结，形状为圆锥形，上部内直径为 320mm，下部内直径为 260mm，高 300mm，与直浇道连接的浇注口

直径为45mm，浇口杯壁上部大约 20mm 厚，下部逐渐加厚。

4. 造型

（1）特制砂箱　四个侧面及底面为双层，能均匀实现各处负压状态。

（2）加砂　雨淋式加砂器实现均匀加砂，提高加砂速度。砂子为无黏结剂镁橄榄石干砂，粒度为 20 ~ 40 目，经过砂处理系统处理，砂中无粉尘，粒度均匀，无杂物，砂温不高于45℃。底砂厚度为 80 ~ 100mm，振动摊平。将刷好涂料的干模放在砂箱内，加砂 100mm 后振实，逐层加砂，逐层振实。

（3）三维振实台　选用 SZ-05K 三维振实台，台面尺寸 1400mm × 1400mm，最大总激振力为 80kN，总功率为 6.0kW，振幅为 0.5 ~ 2mm，采用空气弹簧支撑，气动夹紧。

5. 真空负压系统设计

采用 ZK-20 真空负压系统，其系统含 SK-20 真空泵、气水分离器、稳压罐、湿法除尘器、水箱、六工位真空分配器。最大抽气速度为 $20m^3/min$，真空度为 0 ~ 700mmHg（93.3kPa），总功率为 37kW。

6. 浇注工艺

1）中频感应炉熔炼，钢液出炉温度为 1590℃，浇注温度为 1550℃。浇注时真空度保持在 0.035 ~ 0.04MPa。

2）浇注方法：采用慢 - 快 - 慢，即小 - 大 - 小的方法。开始先点浇，防止浇道汽化过快而造成大量气体使直浇道中的钢液反喷。钢液充满直浇道后，加快浇注速度，使钢液快速充满模样汽化后的空间，支撑型壁，防止塌陷，待铸件全部浇注完，钢液到浇口杯 1/4 处时，略为暂停，再加速把浇口杯浇满。

3）铸件全部浇注完，保持负压 15min 后，静置冷却至少 12h 后开箱。

7. 结论

在上海振华港口机械（集团）股份有限公司人力、物力、财力的大力支持下，双方科技人员攻克各项技术难关，在成功制作车轮之后，振华港机利用类似的低合金铸钢消失模铸造工艺和在研制中积累的经验，成功生产出直径达 1100mm，铸件质量达 420kg，材质为

ZG42SiMn 的港口机械用低合金铸钢滑轮等多种产品。

12.49　消失模铸造生产液压缸缸头铸钢件（高成勋）

山东省五莲县兴大机械公司开发消失模生产铸钢件，公司采用消失模铸造工艺替代熔模铸造工艺有许多优点。消失模铸造可以实现大批量生产的要求，消失模铸造比熔模铸造的成本更低，提高了铸钢件产品的附加值，消失模生产的铸钢件，无论外观质量，还是内在质量都能达到客户要求，液压缸缸头市场需求很大，有很大的发展空间。

从浇注位置的选择及浇注工艺的设计、模样组合、涂料涂挂、装箱浇注和过程控制等方面对消失模铸造工艺生产液压缸缸头铸钢件进行深入探索和实践。

1. 液压缸缸头铸钢件的特点和难点

液压缸缸头铸钢件如 12-189 所示，其规格有 DN125、DN140，材质为 ZG 270-500，质量分别是 26kg、35kg。铸钢件的表面粗糙度要求 Ra 值为 12.5 ~ 6.3μm，其尺寸公差等级为 8 ~ 10 级，铸钢件质量公差为 7 ~ 8 级；该铸钢件是出口美国的产品，虽然结构简单，但是壁厚大；壁厚差较大，表面质量要求高，同时该铸钢件加工位置的加工量要求≤2mm。

图 12-189　液压缸缸头铸钢件

2. 液压缸缸头铸钢件模样质量的控制

（1）模样原材料选择及预处理　模样材料和密度直接影响最终铸件的质量。珠粒材料的选择和预发泡控制是保证模样质量的关键，模样含碳量越高，密度越大，分解后的碳化物越多，容易产生夹渣、气孔、增碳等缺陷。碳钢铸件常选用 STMMA 和 EPS，前者发气量大，碳含量为 70%（质量分数），后者碳含量为 92%（质量分数）、发气量较小。公司根据具体情况选择了价格便宜的 EPS 来生产泡沫塑料模样，其价格低，发气量偏小，在试验中预发泡珠粒密度控制在 22 ~ 24kg/m³。

（2）模样成形控制　模样成形工艺是获得优质模样的关键环节。液压缸缸头模样采用手动制模。充料前，用压缩空气清理模具模腔上的各种污物及水分，在组装模具后进行充料。填料时空气压力保持在 0.2 ~ 0.3MPa 范围内，填料完成后，对成形机通蒸汽使模腔内的珠粒膨胀均匀，获得表面光洁的泡沫塑料模样；当蒸汽达到规定的压力后关闭蒸汽，成形蒸汽压力控制在 0.10 ~ 0.15MPa，然后排放蒸汽，取水进行冷却。为减轻模样的变形，在开模取样过程中，用压缩空气对模样的各个位置进行吹打，使模样从模具中顺利脱出，气流压力不宜过高，避免破坏模样的表面。

3. 液压缸缸头铸件模样和浇冒口组合及尺寸控制

浇注系统设计是否合理也是消失模工艺铸造碳钢铸件的关键因素。碳钢铸件浇注系统设计有底注、顶注、阶梯注及侧注等多种浇注方式，应根据铸钢件结构特点进行合理的选择和设计。碳钢铸件浇注系统的截面面积较其他合金消失模铸造的浇注系统截面面积大。且内浇道一般设在铸钢件壁厚处的位置，以保证补缩效果。

根据消失模铸造的特点，浇注碳钢液也容易产生湍流，而且碳钢液流动性差，应提高钢液的过热温度，以保证钢液浇注温度。过高的浇注温度更容易产生铸造缺陷；为保证铸件不出现缺陷，应适当提高浇注温度，加大浇道截面面积及金属压头高度。根据液压缸缸头的结构特点，为避免壁厚处出现疏松缺陷，浇注系统采用阶梯式，内浇道设在液压缸缸头壁厚最厚位置，内浇道主浇道截面尺寸为 60mm × 60mm，辅助浇道截面尺寸为 φ20mm，直浇道截面尺寸为 φ110mm，由两个模样组成模样簇，如图 12-190 所示。

图 12-190　模样簇示意图

4. 液压缸缸头铸钢件涂料质量控制

（1）涂料性能要求　涂料一般由耐火骨料、黏结剂、悬浮剂和附加物等组成。不同配方和组分及各种组成物的比例对涂料性能影响很大，涂料的性能直接关系到铸钢件的质量。一方面，涂层具有一定的强度和耐火度，加压时涂料层将高温钢液与干砂有效地隔离开，从而防止金属液渗入干砂中形成黏砂；另一方面，涂层具有良好的透气性，以便加压时泡沫塑料模样汽化的残余气体能顺利的排出，避免渗入高温的钢液而产生气孔、夹渣等铸造缺陷。当然，涂料的透气性并不是越高越好，过高会造成加压后铸钢件表面产生凸起点，严重时会造成钢液逸出渗入干砂中，使铸钢件无法清理，导致铸钢件报废。

涂料层的透气性与涂料组分和涂层的厚度有关。控制涂层的厚度关键是控制涂料的黏度和涂挂次数。所以应控制无机和有机黏结剂的种类及加入量，配制具有较高强度和较高涂覆性能的涂料。首先至少高速搅拌 4 ~ 8h，然后低速搅拌。为了得到均匀的涂层，保证涂层不滴不流，应在 24h 内不间断搅拌使用。采用锆石粉和铝矾土作为涂料的耐火骨料。

（2）涂料烘干工艺　消失模烘房应该具备良好的通风、加热系统和保湿功能，能保证模样和涂料层的彻底烘干。烘房的温度控制在 40 ~ 45℃，烘干时间与泡沫塑料模样的主要壁厚有关，薄壁泡沫塑料模样烘干时间大于 24h，厚壁泡沫塑料模样要达到 24 ~ 72h 方能完全烘干。如果模样不干透，在浇注时易造成发气量增大而使浇注反喷，使铸钢件产生气孔、冷豆等缺陷而报废。

模样在烘干过程中，除温度控制外，还应注意湿度控制，在烘房设置通风设备，相对湿度不大于 30%。烘干过程模样需要合理的放置和支撑，防止模样变形。干燥后的模样在造型前应放置在湿度小的地方，以防吸潮。

5. 液压缸缸头铸钢件造型浇注工艺控制

（1）振动造型　造型是浇注前的重要工艺环节。消失模铸造用砂选用的是无黏结剂的干砂，具有良好的流动性、透气性和耐火度，容易流入模样的内部型腔，使浇注产生的残余物顺利溢出，同时还能够抵抗金属液渗入并为模样簇提供支撑。生产中选用 40 ~ 70 目的海砂，粒形以圆形为主。在砂箱中安放模样簇时，应保证模样簇离砂箱底部及四周最小距离在 100mm 以上。加砂造型采用边加砂并振动，直至加满到浇口杯的位置，振动电动机的频率调至 30 ~ 70Hz。

（2）负压浇注　消失模铸造在浇注前，通过抽负压可使干砂形成一定的强度，生产中砂箱内的真空度调整到 0.55 ~ 0.65MPa。浇注时浇包应尽量靠近浇口杯，以相距 80mm 为宜，充型应平稳而不断流。液流需要经过缓冲堤而平稳地进入内浇道。在浇注过程中，浇注速度应稍慢并保持匀速，防止急流而产生二次氧化夹杂物。

（3）保压工艺　浇注完毕后，将砂箱在规定的时间内保持一定的负压，即保压。保压时间要考虑钢液中气体在负压状态下逸出的时间。如果过早卸压，钢液未彻底凝固，会有钢液中剩余气体残留在铸钢件中，过早卸压还容易出现胀箱；所以等钢液凝固后即可卸压。此外，保压时间主要取决于铸钢件的厚度，在保证成形和结晶凝固的条件下，保压时间以短为好。但是保压时间过短，则铸钢件内部容易产生缩孔，如果时间过长，增加了凝固阻力，容易产生裂纹，影响铸钢件的性能，一般控制在 10 ~ 15min。图 12-191 所示为液压缸缸头铸钢件图。

通过采用消失模铸造工艺生产碳钢缸头铸钢件可以获得比熔模铸造工艺生产碳钢铸件更经济实惠的铸钢件；采用消失模铸造工艺生产

图 12-191 液压缸缸头铸钢件

碳钢铸钢件提高了劳动生产效率,降低了生产成本,更加具备市场竞争能力;根据碳钢铸件的铸造特点,严格结合消失模铸造的特性,充分分析生产过程中可能发生的各个缺陷,在试验过程中逐一解决,经过一个多月近百炉次的试验,终于取得了成功,对消失模铸造工艺生产碳钢铸件摸索了一些经验。

12.50 碳钢轮毂消失模铸造(高成勋)

对铸造碳钢件使用消失模工艺进行生产,在国外基本是空白;我国的消失模铸造工作者,自主创新,经过十多年的努力已基本形成了具有中国特色的消失模铸造碳钢件的生产工艺和生产技术;为我国消失模铸造的发展做出了巨大的贡献。消失模铸造碳钢铸件因为需要重点防止碳缺陷、增碳(渗碳)、气孔、缩孔等缺陷产生。相对于灰铸铁件铸造的难度要大,工艺控制更复杂。目前已开发生产了 20 多个碳钢铸件产品。碳钢轮毂铸件结构如 图 12-192 所示。

轮毂是大型工程汽车上的重要部件,要求其具有良好的力学性能和加工性能。从碳钢轮毂铸件、模样组合、浇注系统、涂料涂挂、装箱浇注和过程控制等方面对消失模铸造工艺生产碳钢轮毂铸件的试制过程进行深入探索和实践。

1. 轮毂结构及工艺难点

从结构工艺上分析,轮毂是大型工程汽车

图 12-192 碳钢轮毂铸件结构

上的安全件,尺寸精度及力学性能要求比较高,铸钢件要求表面无气孔,内部无针孔,不能有缩孔和疏松等缺陷。

2. 轮毂的模样成形

在试验中,模样原材料选用优质的 EPS,降低汽化残留物,减少铸造缺陷。轮毂铸钢件最薄处为 15mm,珠粒粒径取 1.1~1.5mm,预发泡密度严格控制在 18~20kg/m³,要求粒度均匀,熟化时间充分,成形时充料均匀,成形后不产生过烧或生料现象。

3. 轮毂的浇注位置及浇注系统的设计

浇注系统设计及浇注位置的设定是否合理是影响消失模铸钢件铸造工艺成败的关键因素。与其他铸造方法相似,消失模铸造的浇注系统设计有底注、顶注、阶梯注(侧注)等多种浇注方式,具体浇注方式应根据铸钢件结构特点合理选择。碳钢铸件的浇注系统应保证钢液的顺畅、平稳,以及保证模样燃烧后气体及残渣顺利排出,且内浇道尺寸的设定及位置的选择需保证铸钢件凝固补缩效果和凝固顺序。

根据消失模铸造的特点,钢液浇注温度较高,过热温度小,流动过程中温度降速快,且钢液易氧化和吸收气体,铸钢件易出现气孔。为保证铸钢件不出现缺陷,除适当提高浇注温度外,浇注系统要保证钢液充型平稳,充型时间短,同时挡渣能力要强。根据轮毂的结构特点,为避免结构出现碳缺陷、渣孔、气孔等铸造缺陷,经过多次试验,分别采用底注式和侧注式的空心浇注系统,浇注的铸钢件成形良好。

4. 涂料质量控制

涂料作为消失模铸造的关键技术之一,对

消失模铸造工艺的成功与否起着至关重要的作用，是获得健全铸钢件必不可少的一个的工艺环节，碳钢铸件的消失模铸造工艺对涂料的选择及涂挂工艺要求尤为重要。铸钢件的消失模用涂料必须具有良好的透气性、触变性及耐火度等，涂层厚度控制在 1.5 ~ 2.5mm 内，涂层太薄，不利于抵抗模样变形，涂层太厚，易产生针孔、渣孔、碳缺陷等。所以对涂挂工艺要求较高，为防止铸钢件变形，保证获得合格的铸钢件，选用特殊的碳钢消失模铸造专用涂料，涂挂时采用浸涂方式。

消失模烘房应具备良好的通风、加热及保湿功能，以保证模样和涂层的彻底烘干。烘房的温度控制在 45 ~ 50℃，烘干时间与模样的主要壁厚及铸钢件材质要求有关，碳钢材质的薄壁模样烘干时间大约在 120h，厚壁模样要达到 120 ~ 240h 方能完全烘干烘透。如果模样不干透，涂层不烘干，浇注时易造成发气量增大而使浇注反喷，使铸钢件产生气孔、针孔、包砂、塌箱等缺陷而导致报废。

模样在烘干过程中除温度控制外，还应注意湿度控制，在烘房设置通风设备，相对湿度不大于 30%。烘干过程中，模样需要正确放置以防止模样变形。干燥后的模样在造型前应放置在湿度小的地方，以防吸潮。

5. 熔炼浇注

铸造碳钢的熔炼过程是最关键环节之一，必须严格控制整个熔炼过程，包括炉料、工具的准备、加料的次序及加料时的温度，预脱氧和终脱氧的温度和时间等。首先，对所有炉料进行处理，去除表面污物，炉子及熔炼工具均刷涂料，并在 200 ~ 300℃烘烤 1 ~ 2h。所有工作准备完毕后，将炉料入炉熔化，待炉料熔化全部的 85% 左右后，进行炉前成分快速分析；继续熔化并调整成分；全部熔化后需要保持一定的时间进行静置和除渣。之后加入锰铁、硅铁对钢液进行预脱氧处理，成分合格后插入铝板进行终脱氧处理，最后静置至出炉温度出炉。熔炼过程中需按照工艺指导书的规定严格控制温度和操作程序。

造型是浇注前的重要工艺环节。消失模铸造用砂选用的是无黏结剂的干砂，具有良好的流动性、透气性和耐火性，同时为模样簇提供支撑。生产中选用 20 ~ 40 目的高品位硅砂，粒形以圆形为主。在砂箱中安放模样簇时，应保证模样簇离砂箱底部及四周最短距离在 100mm 以上。加砂造型采用边加砂边振动，直至加满到浇口杯的位置。

浇注前，通过抽负压使干砂形成一定的强度。生产中砂箱内的真空度调整到 0.60 ~ 0.70MPa。浇注时充型应平稳而不断流。液流不能直接冲刷浇口杯根部，需要经过缓冲堤而平稳地进入直浇道。在浇注过程中，浇口杯应保持充满状态并防止液体扰动，浇注速度应稍慢并保持匀速。浇注完毕，保压一定时间后降低砂箱内的真空度，但不关闭负压系统，到规定时间后再关闭，铸件在砂箱中有个冷却时间，根据产品结构和技术要求制订开箱时间，到规定时间开箱。图 12-193 所示为生产的轮毂泡沫塑料模样和铸件。

图 12-193　轮毂泡沫塑料模样和铸件

6. 过程控制

过程控制对于消失模铸造生产碳钢轮毂来讲是一个极其重要的环节，对每一道工序都应有更加严格的工艺要求，因每一道工序都密切相关，任何一道工序出问题都将直接导致铸钢件的报废。在碳钢轮毂的生产过程中，原始珠粒的选用、预发泡密度的控制、成形、涂挂、烘烤、装箱、熔炼、浇注及负压控制都经过操作人员自检和检验人员跟踪全检，责任到人，使每道工序都能得到有效控制，做到每个产品、每个工序都能追溯到责任人，使员工责任心更强，从而达到整个工艺过程可控、可追溯，并责任落实的目的。

7. 总结

消失模铸造技术对于结构复杂、精度要求高的铸钢件生产有独特优势，对于碳钢轮毂的消失模铸造具有更高的科技含量和技术含量。无论是生产泡沫塑料模样的白区，还是造型、浇注的蓝区，仍有很多需要探索和研究，消失模铸造对每个工艺环节的质量控制要求相当严谨，对员工的素养要求高。采用消失模铸造工艺生产碳钢轮毂铸钢件，不仅提高了劳动生产效率，降低了劳动强度，改善了劳动环境，而且节约了劳动成本和生产成本，使产品更加具备市场竞争能力；经过一年多的研制开发，对消失模铸造工艺生产碳钢件又有了新的突破和新的认识。

12.51　大型铸件消失模铸造工艺参数的选择

1. 泡沫塑料模样（EPS）材质

消失模铸造工艺铸造大中型铸件所用板材和实型铸造（FM）没有区别，采用聚苯乙烯板材制作，要求泡沫塑料板材的密度为 $16 \sim 18 kg/m^3$，并要有一定的强度和密实度。泡沫塑料模样进厂由专职人员进行验收，进烘干室进行 24h 的烘干处理，温度控制在 $40 \sim 50℃$。

2. 涂料选用及刷涂工艺

选用水基实型铸造工艺专用涂料，根据不同铸件材质使用不同耐火填料的涂料，铸铁材质选用以高铝矾土、棕刚玉粉为基的涂料；铸钢选用以刚玉粉、锆石粉为基的涂料。人工刷涂，一般均刷涂两遍，每次刷涂完进烘干室烘干后再刷涂第二遍。烘干室温度为 $40 \sim 50℃$，烘干时间为 24h。

3. 型砂

采用颗粒度为 10/20 目的水洗砂，化学成分：$w(SiO_2) \geqslant 90\%$，$w(灰分) = 1\%$，$w(H_2O) < 1\%$。铸件浇注后，型砂必须冷却到一定温度才能进入储砂斗供造型使用。冬春季控制在 $20 \sim 30℃$，比较容易；夏天控制在 $50℃$ 之内，只靠砂处理中冷却器来完成有一定的难度，采取打箱后强制风冷，必要时加一部分新砂来达

到降低砂温的目的。

4. 铸件收缩率

铸件收缩率的选取和其他实型铸造工艺及黏土砂铸造工艺基本相同。

5. 砂箱设计、吃砂量的控制和加砂方法

因为是大型铸件，砂箱尺寸较大，又要振实造型和加压，要求砂箱有良好的强度和密封性，防止在振实台上和吊装过程中变形和开裂。

由于砂箱尺寸和体积较大，负压真空抽气，采用底抽式和侧抽式相结合的方法。这两种方法结合使用，可以避免铸型内真空度沿砂箱高度和横向两个方向存在明显的梯度变化，也可以防止砂中的一些杂物和凝聚物堵塞通风网。吃砂量的选择原则上是先确定铸件吃砂量再决定砂箱尺寸，对于批量连续生产的中小铸件消失模铸造工艺比较容易；对于大中型铸件、单件小批量生产的实型铸造工艺就比较困难。首先把一些铸件按几何尺寸和铸件质量分出类别，然后按不同类别来设计几种规格的通用砂箱，吃砂量一般控制在 $100 \sim 150mm$，一些较大铸件上下部吃砂量要大些。加砂方法采用雨淋式较合适，特别适用于大中型铸件生产。

6. 振实和负压工艺参数的选取

1）铸件质量从 0.5t 到十几吨，铸件几何尺寸从 $0.5m \times 1m$ 到 $2m \times 6m$，甚至更大，砂箱尺寸有十几种规格，50 多台套，不同大小、尺寸和振动功率的振实台共八台，振幅一般控制在 $0.8 \sim 1.3mm$，振动频率为 $50 \sim 80Hz$。砂箱在振实台上每加砂 100mm 高，振动 15s，一个高 400mm 的砂箱要振动 1min。

2）真空度控制在 $0.03 \sim 0.04MPa$，根据铸件质量不同，凝固时间长短不同，去除负压的时间也不同。

12.52　负压干砂在实型铸造大中型铸件工艺参数选择（韩素喜，肖占德）

实型铸造工艺在我国用于工业生产已有近 40 多年的历史，特别是近十几年来我国国民经济快速发展，采用实型铸造工艺生产的产品、

产量、品种呈现出迅猛发展的趋势，工艺技术水平和产品质量更是大步向前迈进。而长期以来我国采用实型铸造工艺生产大中型铸件，均采用树脂自硬砂工艺，少数采用负压干砂技术的企业只能生产 2t 以下的铸件。

近几年，国内几个厂家采用负压干砂实型铸造工艺生产大中型铸件，从产品的品种、生产效率、铸件成本等方面，都展露出其他铸造工艺不可比拟的优势。

1）这种工艺和其他实型铸造工艺有很多相同之处，对铸件结构无特殊要求，工艺简单，不用分型，更不用组芯，铸件无起模斜度，铸件无飞边毛刺，简化清理工序的工人劳动强度，铸件几何精度可达 CT6～CT8 级。

2）这种工艺和小铸件消失模工艺及采用冷固型砂实型铸造大中型铸件工艺有很多不同之处：

它不用发泡制模样，而是用人工切割泡沫板材黏结而成，不用混砂机混砂，更不用舂砂，简化了造型工序，在型砂中不用加入呋喃树脂、固化剂、快干水泥、水玻璃等造型辅料。

和木模（空腔）工艺相比，不用模样，大大节约了木材，简化了造型工序，可不用熟练的造型工人。有些厂家估算，采用负压干砂实型铸造工艺生产大中型铸件，铸件成本比其他铸造工艺可节省 10%～15%。

3）负压干砂实型铸造工艺生产大中型铸件，由于真空负压的作用，铸型浇注时把泡沫塑料模样汽化产生的有害气体和有害物质抽吸到除尘器集中起来处理，达到了绿化和净化铸造生产的目的。浇注铸件时，真空负压把泡沫塑料模样汽化时产生的大量碳化物、氢化物抽吸到砂处理除尘器中，对于消除和减少实型铸造表面的缺陷（皱皮、积渣、积炭等）、降低铸件的表面粗糙度起到了很大的作用。

4）采用这种工艺，可以不用混砂设备、发泡设备和制模机械，落砂设备可简化，也可不用。砂处理设备中的砂块破碎机、旧砂再生机可以不用。大大节约了项目建设投资，因此它更适合单件小批量生产，中小型企业采用。

⊖ 1 亩 = 666.67m²。

生产企业占地面积 80 余亩⊖，生产车间面积 $2 \times 10^4 m^2$。主要产品有汽车覆盖件模具、机床铸件、工量器具、泵类和减速器等。铸造材质为普通灰铸铁、各种牌号球墨铸铁、低合金铸铁、铸钢等。

2005 年开始进行试验并投资购置设备，选用无芯中频感应炉 1.5t、2.5t、3t、5t 各两台，以及其他振实台、真空负压机械、砂处理除尘设备、清理设备、起重机械设备等。采用负压干砂实型铸造工艺生产铸件质量单件从 0.5t 到 12t，年产量达 20000t，年不合格品率控制在 1% 以内，经过半年多的试生产，得到用户的认同和国内实型铸造界权威人士的肯定，填补了国内空白。下面就企业几年来在工艺设计参数的选定和工作中经常遇到的一些问题和解决办法做一介绍。

1. 铸造工艺参数的选定

（1）对泡沫塑料模样（EPS）材质的要求

干砂负压实型铸造工艺，铸造大中型铸件所有板材和实型铸造对此没有区别，用聚苯乙烯板材，大部分由客户提供模样。生产企业自制一部分，要求泡沫塑料板材的密度为 16～18kg/m³，并要有一定的强度和密实度。泡沫塑料模样进厂由专职人员进行验收，进烘干室进行 24h 的烘干处理，温度控制在 40～50℃。

（2）涂料选用及刷涂工艺 选用水基实型铸造专用涂料，根据不同铸件材质使用不同耐火填料的涂料，铸铁材质选用以高铝矾土、棕刚玉粉为基的涂料；铸钢选用以刚玉粉、锆石粉为基的涂料。人工刷涂，一般均刷涂两遍，每次刷涂完进烘干室烘干后再刷下一遍。烘干室温度：40～50℃，烘干时间 24h。

（3）型砂 采用颗粒度为 10/20 目的水洗砂，化学成分：$w(SiO_2) \geqslant 90\%$，$w(灰分) = 1\%$，$w(H_2O) < 1\%$。铸件浇注后，型砂必须冷却到一定温度才能进入储砂斗供造型使用。冬春季控制在 20～30℃，比较容易；夏天控制在 50℃之内，只靠砂处理中冷却器来完成有一定的难度，采取打箱后强制风冷，必要时加一部分新砂来达到降低砂温的目的。

（4）铸件收缩率　铸件收缩率的选取和其他实型铸造工艺及黏土砂铸造工艺基本相同。

（5）砂箱设计、吃砂量的控制和加砂方法

因为是大中型铸件，砂箱尺寸较大，又要振实造型和加压，要求砂箱有良好的强度和密封性，防止在振实台上和吊装过程中变形和开裂。

由于砂箱尺寸和体积较大，负压真空抽气，采用底抽式和侧抽式相结合的方法。实践证明，这两种方法结合使用，可以避免铸型内真空度沿砂箱高度和横向两个方向存在明显的梯度变化，也可以防止砂中的一些杂物和凝聚物堵塞通风网。吃砂量的选择原则上是先确定铸件吃砂量再决定砂箱尺寸，对于批量连续生产的中小铸件消失模铸造工艺比较容易；对于大中型铸件、单件小批量生产的实型铸造工艺就比较困难。首先把一些铸件按几何尺寸和铸件质量分出类别，然后按不同类别来设计几种规格的通用砂箱，吃砂量一般控制在 100～150mm，一些较大铸件上下部吃砂量要大些。

加砂方法：雨淋式较合适，特别适用大中型铸件生产。

（6）振实和负压工艺参数的选取　铸件质量从 0.5t 到十几吨，铸件几何尺寸从 0.5m×1m 到 2m×6m，甚至更大，砂箱尺寸有十几种规格，50 多台套，不同大小、尺寸和振动功率的振实台共 8 台，振幅一般控制在 0.8～1.3mm，振动频率为 50～80Hz。砂箱在振实台上每加砂 100mm 高，振动 15s，一个高 400mm 的砂箱要振动 1min。

真空度控制在 0.03～0.04MPa，不同质量铸件凝固时间长短不同，去除负压的时间也不同。

2. 浇注系统设计和浇注工艺

（1）浇注系统设计原则

1）负压干砂实型大中型铸件铸造浇注系统的设计原则和消失模铸造及其他实型工艺基本相同，要求金属平稳、快速充填铸型等，在此基础上尽量降低铸件工艺出品率。

2）浇注系统结构型式，对于大中型铸件实型铸造工艺，以底注和侧注为主，高大的铸件采用阶梯浇注，顶注式较少采用。对浇注系

统各单元、尺寸、截面面积，开放式根据铸件材质和质量不同，各单元的比例有些变化：$A_直 : A_横 : A_内 = 1 : (1.2～1.5) : (1.2～2)$。

（2）浇注工艺

1）浇注温度和一般实型铸造设计原则的区别。不同种类金属材料和铸件质量及几何尺寸的变化不同：铸铁件和低合金铸铁件浇注温度控制在 1380～1410℃；球墨铸铁件浇注温度控制在 1390～1430℃；铸钢件浇注温度控制在 1460～1540℃。

温度控制原则：结构简单的中小铸件可选偏高温浇注，要注意防止黏砂现象。结构较复杂的厚大铸件选偏低温浇注，要防止铸件表面缺陷、皱皮、积炭和浇不足等现象发生。浇注温度对于单件小批量生产的实型铸造铸件尤为重要。

2）为防止浇注时金属液冲击直浇道，造成冲砂现象，应使用浇口杯；较大铸件用冷硬呋喃树脂砂制作浇口盆，有些较高大的大铸件直浇道可采用陶瓷浇注管。

3）浇注速度。对于实型铸造，当浇注温度已定，浇注系统不变，砂子、涂料透气性及模样（EPS）质量等因素已定时，浇注速度变化已基本确定，但在浇注操作过程中，浇包压头（高低）注入，金属液量的大小等因素也会对铸件的质量产生影响，浇注过程开始时要慢，待浇口盆（浇口杯）注满后，应马上加大金属液的流量，提高浇包压头，快速浇注。当浇注即将完成，应放慢速度，也就是通常讲的浇注原则：慢－快－慢。负压干砂实型铸造大中型铸件和其他实型铸造一样，应掌握这个原则，使得金属液能平稳快速进入型腔，防止浇注时反喷、断流等现象发生。

（3）冒口　负压干砂实型铸造大中型铸件采用无冒口设计。在球墨铸铁件、铸钢件特殊部位加冒口。

3. 生产中遇到的一些技术性问题及对策

生产中，负压干砂实型铸造大中型铸件和其他实型铸造一样，铸件表面出现皱皮、气孔、积炭、积渣等现象。残留在铸件不重要部位，不影响力学性能和使用性能的，如果机加工余量选择合适，表面上产生的缺陷基本可以

加工去除。有些铸造缺陷将造成铸件报废，应采取相应的技术手段预防和消除。

（1）严重黏砂　铸件内腔深孔洞，较深的凹槽及厚大断面相连过渡处易出现黏砂现象，更严重的形成渗透性化学黏砂，甚至造成铸件报废。解决措施如下：

1）先从涂料着手，涂料的耐火度和强度及附着力，都直接影响黏砂现象。一般工厂不方便对于进厂涂料每桶都进行检测，只能靠检验人员的直观经验和生产实践中进行试验才能得出结论，想要知道质量好与差、能用与否，要在几个涂料供应商中对他们的产品进行试验。试验确认可行即可定下来，以稳定供应厂商。

2）在刷涂料前，要经专人检查泡沫塑料模样各部位，在易产生黏砂的部位，涂料应涂刷厚一些并涂刷均匀，有些部位为了防止黏砂，可用混好的冷硬呋喃树脂砂提前填充好，待树脂砂达到使用强度时，放入砂箱造型。适当提高振动力和真空度，适当调整浇注温度。

（2）铸件严重变形和开裂　在生产中采取以下几个措施防止和消除铸件的开裂和变形现象。

1）检验模样结构情况，在易变形和开裂的地方，放置拉肋和加强肋板；在不影响铸件几何尺寸和性能要求的情况下，可增大过渡处的圆角尺寸。某些细长比例较大的铸件，如机床床身、平板、平台等，特别是有导轨的机床件，其导轨热节较大，其他部位又较薄，易产生挠曲变形，为此应采取反挠度设计，来抵消铸件凝固时产生的挠曲变形。

2）浇注系统设计中，对于质量较大、体积较大的铸件可开设两个以上的直浇道，使金属液能快速平稳地进入铸型内。造型时填砂要均匀，对于大中型铸件尤为重要，每层加砂都要均匀，否则振实时个别部位紧实力不均匀会造成泡沫塑料模样变形。

3）铸件浇注后，不要过早打箱，在箱内应有足够的保温时间，这对于大中型铸件尤为重要。

4）在不影响铸件强度和性能使用的情况下，可适当调整铸件的化学成分。

12.53　负压干砂实型大中型铸件铸造工艺（韩素喜，肖占德）

泊头市青峰机械厂有限公司以呋喃树脂砂实型铸造工艺为主，采用负压干砂实型铸造工艺生产大中型铸件。2010 年全部采用负压干砂实型铸造生产铸件 2 万 t，按铸件单重比例分类：1t 以下占 10%，1～2t 占 14%，2～5t 占 50%，5～10t 占 16%，10t 以上占 10%。铸件几何尺寸精度达 CT6～CT8 级，表面质量很好，很少出现实型铸造特有的上表面积炭、积渣等缺陷。

采用负压干砂实型铸造生产大中型铸件具有实型铸造的优点，工艺路线短、工艺简单、投入资金少、生产周期短、铸件质量好、成本低、可达到环保清洁生产，更适于机械工业、机床制造业、汽车模具业和专机生产，对于单件小批量及要求生产周期短的铸件更具有其他铸造工艺不可比拟的优点。

1. 负压干砂大中型铸件实型铸造工艺特点

（1）模样材料和制作　模样材料为聚苯乙烯（EPS），和其他实型铸造基本相同。密度为 16～18kg/m³，模样可经机械加工成形，也可人工黏结成形，也可发泡成形。模样由客户提供，也可以由本企业按图样要求制作。模样投产前要对其几何尺寸、结构进行检验，合格后方可投入生产。

（2）型砂和涂料　型砂颗粒度为 10/20 目，$w(SiO_2) \geqslant 90\%$，水洗砂水分应小于 1%。涂料以水基涂料为主，根据不同牌号铁液及铸件质量、尺寸、大小不同，涂料可选用石墨、刚玉粉、锆石粉为基的涂料。淋涂和人工刷涂相结合，一般刷涂两遍烘干，在烘干室内烘干，时间在 20h 左右，烘干室温度为 40～50℃。

（3）铸件收缩率　铸件收缩率大小选取与木模工艺及其他实型铸造工艺基本相同。

（4）砂箱设计及加砂方式　因为是大中型铸件，要求砂箱尺寸大，所以砂箱强度、密封性要求较高。根据日常生产中铸件几何尺寸不同，分别设计了十几种尺寸砂箱，共计 60

多套。

负压干砂实践，加负压的方式采用侧吸和底吸相结合的方式比较好，加砂采用雨淋式和直给式为好。

（5）振实和负压参数的选取　根据日常铸件尺寸和大小不同，分别设计和使用了十几个振实台，振实振幅控制在 0.8~1.3mm，振动频率为 50~80Hz。砂箱加砂平均 100mm 高度，振动 15~20s。一个高度为 400mm 的砂箱分四次加满砂，振实大约 1min。

真空度控制在 0.04~0.06MPa，由于铸件几何尺寸大小不同、质量不同及铸件壁厚大小不同，其浇注后，铸件凝固时间不同，去除负压的时间根据铸件凝固时间而定。

（6）浇注系统设计和浇注工艺

1）浇注系统的设计原则和其他实型铸造基本相同，要求铁液在进入型腔内平稳快速的同时，要适量降低铸件工艺出品率。

2）浇注系统各单元的设计原则为"开放式"，其浇道横截面面积比例关系为：

$$A_直 : A_横 : A_内 = 1 : (1.25~1.5) : (1.5~2)$$

3）浇注系统多采用底注式、侧注式，很少采用顶注式。高大铸件采用阶梯式浇道（阶梯式浇道分几层内浇道，不是由直浇道分层供给，而是由底部横浇道引出一个向上的浇道，再分出内浇道引出）。

4）浇口盆可用呋喃树脂砂预制，也可使用专用陶瓷浇口盆。

5）浇注温度，根据铸件材质，铸件大小及铸件壁厚薄而定。

2. 生产中出现的技术问题及对策

（1）严重黏砂　多发生在一些深孔、小孔铸件内部、角棱、死角处。

解决方法：根据不同材质、不同质量铸件，采用不同的涂料，淋涂工艺和人工刷涂相结合，对于一些易出现黏砂现象的小孔、深孔、死角预先用呋喃树脂砂充填好，冷硬后再加砂造型，同时控制浇注温度，是解决黏砂问题的重要环节。

（2）塌箱　塌砂解决办法：加砂要均匀，振实强度和大小要根据铸件大小不同而有所变化，加砂振实过程中，人工可以辅助充填易出

现"塌砂"的部位；发现一些振实力达不到的部位和易出现"塌砂"的地方，可预先用树脂砂充填；可以在砂箱上预放一些箱肋，以加强干砂振实时的附着力，增加其强度。

（3）变形和开裂　模样进入车间投产前，对其结构进行检查，发现易开裂和变形的部位，预放上拉肋（热处理后可去除），在一些厚薄部位过渡处加大圆角和坡度。细长比例较大的铸件可预制出"反挠度"（反变形）；填砂要均匀，特别对于薄壁件更应注意，防止加砂不均匀振实时把模样"挤压"变形或开裂；对于大型铸件尤为重要。

12.54　负压干砂实型铸造 20t 大型铸件（韩焕卿，李增民，肖占德）

实型铸件和消失模铸件的材质已广泛应用于灰铸铁、低合金铸铁、铸钢、有色金属等方面。当今我国实型铸造和消失模铸造工艺所用的原辅材料和各种生产装备均已实现了系列化和国产化。国内采用这种新工艺的铸造生产厂家快速增加，铸件产量大幅度提高。以河北省泊头市这个以铸造闻名的小城市为例，2010 年统计采用实型铸造和消失模铸造工艺的专业铸造企业已达到 60 多家，同时采用普通砂型铸造工艺和实型铸造及消失模铸造工艺的企业占全市 500 余家铸造企业的 50%，其中采用实型铸造年产铸件 1 万~3 万 t 的企业 5 家、年产 0.5 万~1 万 t 的铸造企业 15 家以上，全市采用实型铸造和消失模铸造的铸件产量达到 25 万 t。近十年来，采用实型铸造和消失模铸造工艺生产的铸件产量每年以 20% 的速度增长。

大型汽车模具铸件逐渐采用树脂砂实型铸造工艺进行生产，部分企业直接采用消失模铸造工艺生产。据统计我国采用实型铸造和消失模铸造工艺生产汽车覆盖件模具产量已经突破 30 万 t，并呈继续上升趋势，说明实型铸造生产汽车模具铸件的工艺趋于成熟。实型铸造的主要生产工艺过程对环境的影响也逐渐显现出来，由于多数企业未采用负压浇注，泡沫模样汽化后的废气对生产环境造成一定的影响，影

响操作人员的身体健康。大型铸件采用负压浇注的消失模铸造工艺，在技术上有较大的难度，铸件胀箱和局部黏砂成了阻碍此类铸件采用消失模铸造的关键。

由于消失模铸造对环境的影响小，采用消失模铸造工艺生产大型铸件成为人们向往的目标。河北省泊头市青峰机械公司独创出多项特殊工艺措施，使大型铸件采用消失模铸造工艺生产有了突破，采用负压干砂实型铸造工艺生产大中型铸件获得成功，铸件产量逐年大幅增长。几年来铸件不合格品率都保持在1.5%以下。2010年采用消失模铸造工艺生产了重达17t的大型汽车模具铸件，当时成为中国铸件单重最大的消失模铸件。泡沫模样加工设备如图12-194所示，大型汽车模具泡沫模样如图12-195所示，大型汽车模具铸件如图12-196所示。2010年采用消失模铸造工艺生产铸件，产量达到20000t。铸件几何尺寸精度达到CT6~CT8级，表面质量很好，很少出现消失模铸件特有的上表面积炭、集渣等缺陷。

图12-194　泡沫模样加工设备

图12-195　大型汽车模具泡沫模样

1. 大中件消失模铸造工艺特点

（1）模样材料及其制作　模样材料采用聚苯乙烯（EPS）泡沫板材，经数控加工及人工

图12-196　大型汽车模具铸件

黏结成形，并进行表面处理，模样整体尺寸精度和形状满足生产要求。模样板材的密度控制在16~18kg/m³。铸件模样可由用户提供，或按用户零件图样技术要求由生产企业加工制作。投产前要对模样几何尺寸、结构形状进行严格检验，合格后方可投入生产。

（2）型砂和涂料　大型铸件的消失模铸造对型砂有一定的要求，保证其良好的充填性和透气性，经过试验对比，确定采用水洗硅砂，粒度为10/20目，$w(SiO_2) \geq 90\%$，水分含量小于1%。涂料以水基涂料为主，根据不同材质及铸件重量、尺寸、大小，耐火骨料分别选用石墨、刚玉粉、镉英粉为主的水基涂料。

由于模样尺寸结构较大，涂料的涂覆一般采用淋涂和刷涂相结合，一般涂刷两遍然后烘干，要求涂层干透，在烘干室内烘20h左右，烘干温度保持在40~50℃。

（3）铸造工艺参数选择　铸件的收缩率选取与普通砂型铸造工艺和实型铸造工艺基本相同。因为大中型铸件要求砂箱尺寸较大，所以砂箱强度、密封性要求较高，根据日常生产中铸件几何尺寸不同，分别设计了十几种尺寸的砂箱，共计60余套。经过生产实践，负压加压方式采用侧抽气和底抽气相结合的方式效果较好。向砂箱中填砂采用雨淋式和直给式。

根据铸件尺寸结构不同，分别设计了十几个振实台，振幅控制在0.8~1.3mm，振动频率控制在50~80Hz。每次底砂加砂高度平均为100mm，振动时间控制在15~20s。放入模样后每次加砂高度控制在300mm，砂箱分4或5次加满，总振动时间大约为1min，浇注真空度控制在0.04~0.06MPa。

由于铸件几何尺寸不同，重量不同，厚度不同，浇注后铁液凝固时间也不同，撤除负压的时间根据铸件凝固时间而定。

浇注系统设计和浇注工艺：浇注系统设计原则和其他实型铸造工艺基本相同，要求铁液进入型腔内要"平稳快速"，同时适量降低铸件的工艺出品率。浇注系统设计成开放式浇注系统，各单元截面面积比例为：$A_直 : A_横 : A_内 = 1 : (1.25 \sim 1.5) : (1.5 \sim 2)$。

浇注系统多采用底注式、侧注式，很少采用顶注式。高大铸件采用阶梯式浇注系统，分为多层内浇道，底注浇注系统采用从底部横浇道引出向上的浇道，再分出内浇道引入型腔。浇口杯采用呋喃树脂砂预制，也可采用专用陶瓷浇口杯。根据铸件材质、大小、壁厚情况不同，采用不同的浇注温度。

2. 技术问题及对策

（1）黏砂　铸件多在一些深孔、小孔内部、棱角、死角等部位易出现严重黏砂。一般采用以下解决办法：

1）不同材质、重量和尺寸的铸件，采用不同涂料，淋涂工艺和人工刷涂相结合。

2）对于易出现黏砂的小孔、深孔、死角等部位，预先用呋喃树脂砂充填好，冷硬后再放砂造型。

3）控制好浇注温度是解决铸件黏砂的重要环节。

（2）塌箱、塌砂　出现浇注塌箱、塌砂的情况，一般是因为砂子振动紧实度低，局部真空度过低，使砂型局部强度过低，不能抵御铁液的充型冲击和重力作用，导致涂层破裂，铁液进入型砂中，最后造成塌箱，铸件报废。一般采用以下解决办法：

1）加砂过程要均匀，振实强度和振幅大小根据铸件大小不同而变，加砂过程中可以人工辅助充填易出现塌砂的部位。

2）发现一些振实力达不到的部位和易出现塌砂的地方，可预先用树脂砂充填。

3）可在砂箱上预放一些箱筋和箱带，以加强干砂振实时的附着力，增加其强度。

（3）出现铸件变形和开裂的情况解决方法

1）在模样进入车间前，要对其结构进行检查，找出易开裂和变形的部位，在厚薄过渡部位预放拉筋，热处理后可除去，在拐角部位加大圆角和坡度。细长比例较大的铸件可预制出反挠度（反变形）。

2）向砂箱中填砂过程要均匀，对薄壁铸件应特别注意，防止加砂不均匀，防止振实时将模样挤压变形或开裂。

3）控制好箱内的保温时间，防止铸件变形开裂，对于大型铸件尤为重要。

3. 重 20t 大型消失模铸件的生产实例

采用消失模铸造工艺生产了一件重 20t 的汽车模具铸件，生产过程如下：

1）铸件为汽车覆盖件模具下模；材质为 HT300；铸件轮廓尺寸（长 × 宽 × 高）为 4540mm × 2400mm × 800mm。

2）泡沫模样由客户提供图样，生产企业制作，通过数控机床一次加工成形模样工作面，再经人工修磨，黏结组装成形；模样材料：EPS；模样密度：17.5kg/m³；模样净重：44.6kg。

3）铸件毛坯加工余量：铸件上部 17mm，侧面 12mm，底部 12mm。与树脂砂铸造相比，每个面加工余量减小 3 ~ 5mm。

4）砂箱、型砂及涂料。采用底吸和侧吸相结合的砂箱结构；型砂采用普通硅砂，颗粒度取 10/20 目；涂料由生产企业自制，采用大中件消失模铸造水基涂料。采用淋涂工艺，淋涂 3 遍，在烘干室干燥 8 ~ 9h，涂层厚度控制在 1.5 ~ 2mm。

5）振动造型采用雨淋式加砂和人工辅助加砂相结合；模样上的小孔及死角部位，提前用冷硬呋喃树脂砂充填好。为了加固和增强铸型强度，可插上钉子，达到呋喃树脂砂的初强度（工作强度）后，即可放入砂箱内加砂造型；加砂厚度到 100 ~ 150mm 时振动一次，振动时间约 35 ~ 45s。加砂操作要均匀，一些特殊部位可以人工辅助捣实。振实台规格为 4m × 2.8m；浇注时加负压，真空度平均为 0.05MPa，负压作用时间平均为 25min。负压作用时间根据铸件重量、几何尺寸及壁厚而定。

6）熔炼和浇注。采用两台 10t 中频无芯感应电炉并用，10t 和 15t 浇包各 1 个。出炉铁液共计22t，分三次出铁液。铁液出炉温度控制在1460～1510℃，三炉次相隔约40～50min。浇注温度在1370～1400℃。浇注系统采用开放式底注加侧注。两个直浇道在铸件长度方向对面放置，直浇道采用浇注陶瓷管。浇注时间为3min，箱内保温时间约为85h。

7）铸件质量检测。铸件毛坯几何尺寸经检测符合图样及铸造工艺设计的技术要求。铸件表面光洁，无积炭、皱皮等消失模铸件的常见缺陷，无气孔、砂眼、缩孔、缩松、变形、开裂等铸造缺陷。铸件材质通过化学成分分析，具体成分为：$w(C)=3.0\%$，$w(Si)=1.6\%$，$w(Mn)=0.9\%$，$w(P)=0.08\%$，$w(S)=0.04\%$，其他杂质元素未超标。铸件清理后称量净重为20t。中国铸造协会实型铸造分会鉴定认为是国内采用消失模铸造生产的单重最大的铸件。20t重的汽车模具消失模铸件如图12-197所示。

图12-197　20t重的汽车模具消失模铸件

从砂箱设计、加砂方法、振动造型控制、负压参数选择及控制、自制大件专用水基涂料，到各工序操作规范等一系列工艺技术创新。生产企业在实践中攻克了常见的塌砂和塌箱、铸件表面凸凹不平、渗漏、机床床身、立柱、箱体工作台类铸件容易出现的变形、开裂等铸造缺陷，总结出一系列解决方案、技术措施和工艺对策等，使企业工艺技术水平不断得到全方位的提升。2011年青峰机械有限公司年产铸件2.8万t，其中中型件单重5～10t，10t以上件占25%以上，全年铸件不合格品率控制在1.5%以下。

12.55　机床铸件实型铸造工艺质量控制（肖占德）

采用实型铸造工艺生产大中型专用机床和小批量单件生产的机械工业产品，从生产效率、周期、铸件质量和成本方面更能凸显实型工艺生产的特点和优势。国内现有采用实型工艺生产的厂家一千多家，年产铸件200多万t。河北沧州地区1个中等工业城市泊头市4～5年间，组建了几十个实型铸造专业厂家，年产量不完全统计达到了近30多万t。2011年5月份，泊头市东建铸造厂成功铸造了1件单重82.9t、长15.8m的专用机床横梁，创造了采用实型工艺铸造机床铸件单件的世界之最。

1. 机床铸件特点和技术要求

（1）机床铸件结构比较复杂

1）铸件重量、几何尺寸大小差别较大。同一台机床的铸件，如CQ系列机床，床身重达几吨、几十吨，手轮只有几公斤重，床身长达几米、几十米，手轮直径只有几十厘米大。

2）铸件结构比较复杂，厚度差别大。有的较大型的落地车床和数控车床，导轨厚度达200mm，有的热节达300mm，支撑板和筋板厚度只有15～20mm，有的地方只有8～10mm，其铸件厚度差达几十倍之多。

3）"细长"比大。有的机床如丝杠加工和长轴加工专用机床，长度有十几米，但是宽度、高度只有500～600mm，其"细长"比达十几二十倍之多。

4）机床的箱体中，6个面有5个是封闭和半封闭的，中间还有几个半封闭的筋板相连，结构较复杂。

（2）机械强度、加工性能、硬度等方面有严格的要求

1）机床铸件材质强度要较高，同时韧性要好。机床铸件加工精度要高，铸件材质的机械加工性能要好。

2）机床铸件要求耐磨性高，材质的金相组织和硬度要求严格，特别是机床铸件导轨部位，硬度必须达标，不能出现铸造缺陷。

2. 铸造工艺选用和分型面的选择

（1）铸造工艺的选用

1）大中件可以砂箱造型一箱或者多箱组合。中小件结构简单可以采用负压干砂实型（消失模）工艺。

中小件结构上比较简单，而且有一定的批量，如手轮、摇臂、衬重等，可以采用 V 法工艺生产。

2）大中件特大机床件，而且单件小批量的铸件，可以采用地坑造型工艺。

（2）铸造分型面的选取　实型铸造工艺和树脂砂铸造木模工艺对机床铸件分型面的选取原则基本相同，有导轨面和加工精度要求高的工作面在下部（向下）。

3. 造型原材料和几个重要工艺参数的选用

（1）模样（泡沫模样）材料的选用　可以选用国产聚苯乙烯泡沫（EPS），其力学和物理性能基本能保证机床铸件模样的需要。一般生产选用密度在 $16 \sim 18 kg/m^3$，要求板材质地均匀，杂质少，铸钢件、球墨铸铁件可选用 STM-MA，其性能优于 EPS，成本较高。泡沫型加工可以机械加工、人工切割黏结成形、发泡成形。

（2）造型用砂及涂料的选用　冷固自硬型砂均可，如呋喃树脂砂、快干水泥砂、水玻璃砂等。从砂型质量要求及性能和回收成本等多方面考虑，树脂砂为优。原砂一般以天然硅砂为主，其颗粒度选用根据铸件材质和大小而定。

实型涂料和木模工艺涂料有很大区别，即实型涂料是把涂料刷在泡沫型上，木模型涂料是刷在砂型上，涂料应有足够的表面强度，刷在泡沫型上能够提高泡沫型的强度和刚度，因为泡沫（EPS）有较大的高温热解性发气性，所以实型涂料要求其透气性要好，涂料刷在泡沫型上要求涂料刷涂性和吸着性要好。

涂料耐火骨料可以是石墨粉、高铝矾土、硅粉、刚玉粉等，根据不同铸件中材质和需要选定。

（3）几个铸造工艺参数的选取

1）铸件收缩率。根据铸件不同材质和几何尺寸大小，以及在型腔内受阻情况不同而有所区别，见表 12-23。

表 12-23　几种不同合金铸件收缩率

合金类别	铸件	自由收缩	受阻收缩
灰铸铁	大中型	0.9% ~1.0%	0.9%
球墨铸铁	中小型	1.0% ~1.2%	0.8% ~0.9%
铸钢	中小型	1.5% ~2.0%	1.3% ~1.7%

注：1. 表中数据仅供参考。

2. 泡沫型本身的收缩率未作考虑。

2）机械加工余量：根据铸件几何尺寸大小、加工面的加工精度及造型分型面的上中下位置而不同。由于实型工艺铸造的特点，其泡沫型高温分解的碳化物残留在铸件表面，形成积炭出现皱皮，实型铸件机械加工余量比木模工艺在选取上稍大。

3）实型机床铸件反变形量（反挠度）的选取见表 12-24。

表 12-24　铸铁机床铸件反变形量的选取（木模工艺、实型工艺比较）（单位：mm）

序号	铸件名称	铸件外形尺寸（长×宽×高）	平均壁厚	导轨厚度	反变形量	
					木模工艺	实型工艺
1	C615 普通车床	5100 ×900 ×750	15 ~25	40 ~50	7 ~9	6 ~8
2	龙门刨床横梁	5940 ×776 ×605	25 ~30	50 ~60	6 ~8	6 ~7
3	龙门刨床身	4500 ×2250 ×468	25 ~35	60 ~75	12 ~14	10 ~12
4	龙门刨床工作台	7700 ×980 ×560	25 ~35	55 ~65	8 ~10	8 ~10
5	平面磨床床身	7700 ×950 ×560	20 ~30	45 ~60	10 ~12	8 ~10
6	平面磨床工作台	6650 ×750 ×280	20 ~30	45 ~55	12 ~15	8 ~10

注：表中数据是在生产中收集来的，即经验数据。

铸件在凝固过程中产生应力，由于铸件壁厚差异造成应力加大，变形量也会增大。特别是一些几何尺寸细长比例较大的铸件，如机床床身、横梁、工作台等，处理不当，铸件在冷却凝固过程中产生上凸或下凹的变形，造成铸件缺陷，严重时会造成铸件报废处理。为此，在铸件易产生变形的部位模样上考虑出反变形量（反挠度）。根据生产实践得到的经验数据，同类铸件上实型工艺比木模工艺在反变形量的选取上稍低。

4. 实型机床铸件工艺操作要点

每个铸件消耗 1 个泡沫型，大中型铸件使用人工切割黏结的机床铸件泡沫型。每个泡沫型进车间投产前，对其几何尺寸进行全面检验，由于机床铸件结构较复杂的特点，为了防止铸件开裂变形等铸造缺陷的发生，在模样一些特定部位可采取安放临时性拉筋，加强肋及加大过渡圆角等措施。铸件热处理后或加工后可去除。

（1）涂料刷涂　人工刷涂、淋涂、喷涂均可行。可以刷一层水基涂料，烘干后再刷醇基涂料，人工刷涂涂料波美度以 40～50 为宜，淋涂工艺波美度以 30 左右为好。无论采取哪种刷涂工艺，在翻转和搬运泡沫型的过程中要注意不能碰损和造成其变形。

（2）造型加砂振实及箱体类铸件和反变形尺寸的造型操作　实型工艺和木模工艺在造型加砂振实操作上有很大不同，实型工艺加砂内腔、外层一定要均匀，加砂的高度同步，振实力度要均匀，防止因加砂振实造成泡沫型变形、开裂、损坏等问题。

1）机床铸件中，箱体铸件结构比较复杂，多面封闭，其内腔比较复杂，木模工艺可组芯而成。对于实型工艺，组芯有一定的难度；为了便于箱体内腔的加砂振实，可以在特定部位开天窗进行，把内腔型砂振实到位后把天窗封闭好，完成全部造型过程。

2）"细长"比大的铸件，反变形量选取对于制作木模比较容易，对于泡沫型就有一定难度。为了得到铸件的反变形尺寸要求，可以采用两个办法：导轨部位组芯做出反变形量，可直接在泡沫型上做出砂芯。按反变形量尺寸做

出样板，振实操作按样板做出倒制反变形尺寸，放在泡沫型上部给一定压力，使其吻合达到要求尺寸，加砂振实完成全过程。

（3）浇注系统和浇注温度的设计　机床铸件和其他实型工艺铸件浇注系统设计原则基本相同，要求铁液平稳、快速进入型腔。对于大中件，多采用开放式浇注系统，一般浇道截面积比例：$A_直:A_模:A_内 = 1:(1.25～1.5):(1.5～2)$。

内浇道开设可以底注、侧底注为主。比较高大件也可采用阶梯式内浇道分几层开设。圆筒型铸件可采用雨淋式浇注系统。直浇道采用陶瓷浇铸管，根据铸件大小和工艺需要，直浇道开设 1 个、2 个或多个均可。根据铸件大小、壁厚、材质等因素来决定浇道温度。机床铸件和其他实型工艺铸件没有原则上的区别，浇注温度比木模空腔工艺稍高。

（4）冒口、冷铁和排气冒口　机床铸件冒口设计与其他实型工艺和木模工艺没有原则上的区别，对于厚大部位，特别是导轨部位，冷铁的设置应先考虑和计划好，应保证其达到补缩和提高硬度的目的，同时注意透气性的问题。

在直浇道的远端，铸件最高处，设置排气冒口，根据铸件几何尺寸大小，可设置 2 个或多个；实型排气冒口的作用是可以排放一部分泡沫型燃烧分解的碳化物，同时可作为铁液是否充满型腔的观察孔。

5. 实型工艺生产机床铸件常见铸造缺陷及防治措施

采用实型工艺和木模工艺生产机床铸件会产生一些原因类似的铸造缺陷，如变形、开裂、气孔、缩孔、缩松等，也有几类实型工艺特有的和比较常见的铸造缺陷。

（1）积炭、皱皮　铸件表面特别是上表面容易积炭，产生皱皮。防治措施如下：

1）选择泡沫型的材料非常重要，选用密度要合适，杂质要少，泡沫型内部的颗粒要密实，含碳低些为宜。

2）造型工艺、浇注系统的设计非常重要，同时型砂、涂料的透气性要好。

3）浇注温度适当提高一些为宜。

（2）皮下气孔 皮下气孔多发生在铸型分型面下部，导轨部位易发生。防治措施如下：

1）型砂透气性要好，涂料透气性要好，水基涂料一定要烘干烘透。

2）树脂加入量要控制在一定的比例，不能过高，要注意树脂中的氮含量。

3）浇注温度可适当提高。

（3）黏砂 黏砂发生在几个型面交汇处、死角部位、厚壁处、深孔深凹处。其防治措施如下：

1）合理选用型砂、涂料，特别要注意耐火度的高低。

2）在一些特殊部位和易黏砂的部位，人工刷涂料注意适当加厚或均匀刷涂到位，振实力度要到位，以保证型砂的强度。

3）浇注温度可适当放低些。

6. 实型机床铸件浇注过程中烟尘排除、清洁生产措施

采用实型工艺树脂砂造型，在浇注过程中，除了树脂、固化剂受高温铁液左右产生有害气体，铁液中一些气体也会排出来，特别是泡沫型（EPS）受高温铁液的作用汽化分解，每克EPS放出100多毫升的气体，几种气体加在一起，包含了苯、醛、一氧化碳、二氧化碳等有害气体，对工人的身体健康和环境造成了有害的影响。保护工人的身体健康和环境是头等重要大事，以下是几个可行的解决措施：

1）砂箱造型工艺。钢板焊接砂箱，砂箱上部、侧部焊接出真空室和抽负压的连通管路系统和装置，浇注时抽真空，把产生的气体抽走净化后排空。

2）定点浇注。把造型合箱后，将准备浇注的砂箱吊运到一个固定的地区浇注，在这个固定的浇注点上，安有排烟除尘罩、风管、风机除尘器等排烟除尘的装置，浇注时开动风机，把产生的烟尘抽走，消烟除尘后，干净气体排空。

3）大中型和特大型机床铸件采用地坑造型工艺，在地坑附近安装可拆卸的排烟除尘罩、风管、风机并固定好，浇注前把排烟除尘罩安装到风管上，浇注后烟尘排除，可拆卸掉移开，不影响造型工人的操作。

以上几种方案在部分企业中试验和使用并见到了效果，实型工艺机床铸件生产中还存在一些问题，一些中小企业管理比较粗犷，技术工艺还存在着烟尘危害等，这些问题还有待铸造企业和铸造工作者共同努力拼搏，不断研发改进提升实型工艺机床铸件的技术含量和产能。

12.56 大型特大型铸铁件实型铸造工艺（肖占德，刘福利等）

大型和特大型实型铸造工艺和普通中小型铸件铸造工艺有很多相同之处，生产操作也有共同之处，但由于铸件几何尺寸大、质量大，在具体方案实施和操作上存在着一定的差异。

河北省泊头市东建铸造厂2010年生产大型和特大型实型铸造件1.2万t，产品按质量分类：20~30t占40%~50%，40~50t占15%~20%，70~80t以上占10%。代表性铸件有大型龙门刨床、数控机床的床身、立柱、横梁等，单重30~50t；大型落地式卧车床的床身、床头、尾座、拖板箱体等，单重50~60t；大型立式车床工作台底座立柱等，单重80~90t。还有很多专用机床的铸件。用实型铸造工艺铸造生产大型和特大型铸件，取得了经验，提高了技术管理水平。

1. 铸造生产大型和特大型实型铸造铸件应具备的最基本的设备条件

铸造车间熔炼设备为两台10t/h的冷风双排大间距冷风冲天炉，前炉可储放20~24t铁液。起重设备为50t、20t、16t起重机。砂处理设备有20t/h旧砂处理设备，10t/h连续式和间歇式的混砂机。大型涂料烘干室，清理设备应有大型起重机等。这些都是铸造生产大型和特大型实型铸造铸件最基本的设备条件。

2. 实型铸造模样材料制作及检验

模样材料为EPS板材，密度为16~18kg/m³，大型铸件要求材料强度要高。模样一部分来自客户供给，大部分由客户提供图样，由生产企业制作。模样进厂要检验几何尺寸、模样结构及模样材料，模样连接部位不准使用钉子，更不能过多地使用黏结剂。模样进入生产车间，要露天存放几日，或进烘干室去除水分后方可进入生产车间，因为大型和特大型模样"大"而"重"，搬抬运输过程要注意防止变形和断裂损坏。

3. 实型铸造工艺

（1）造型工艺　大型和特大型实型铸件多是单件小批量生产，为此，铸造工艺多采用地坑造型，这种工艺方法减去了制作砂箱的费用和制作周期，而且更便于工人操作。

（2）铸造收缩率　铸铁件为 1% ~ 1.25%，模样本身的收缩率不考虑。

（3）铸造加工余量选取　主要依据加工面要求精度、几何尺寸大小选取，更重要的是参考铸件质量，见表 12-25。

表 12-25　实型铸造加工余量

铸件重/t	上面/mm	侧面/mm	下面/mm	特殊部位
10 ~ 30	15 ~ 20	10 ~ 20	10 ~ 15	机床导轨及特殊"长大"铸件及一些要求加工精度较高的部位加工余量应加大 3 ~ 5mm
30 ~ 50	20 ~ 25	15 ~ 20	15 ~ 20	
50 ~ 80	25 ~ 30	20 ~ 25	20 ~ 25	
80 以上	35	25 ~ 30	25	

注：上下是由铸型工艺分型面位置而定的。

（4）吃砂量的选取及地坑造型底部通气道的考虑　地坑造型吃砂量的设计考虑，要看铸件几何尺寸大小，壁厚薄情况，主要依据是以质量为主，按铸件质量分类：

1）10 ~ 30t，侧部 150 ~ 200mm，底部 150 ~ 200mm。

2）30 ~ 50t，侧部 200 ~ 250mm，底部 200 ~ 250mm。

3）50 ~ 80t，侧部 300 ~ 350mm，底部 250 ~ 350mm。

4）30 ~ 50t 以上铸件地坑侧部应加铁板支撑加固。

地坑造型工艺底部通气排气问题很重要，一般底部铺放干碎焦炭通气，通气管把底部浇注过程中产生的气体通顺地引出来。

（5）反变形处理　大型和特大型几何尺寸较大的铸件，特别是一些"细长"的如机床床身类，铸造过程由于铸造内应力作用产生凹凸变形（俗称挠度），为了解决这个问题，在模样上做出反挠度来，木模工艺和实型工艺都应考虑此步骤，木模工艺做反挠度比较容易，实型铸造比较困难，可以用以下三个办法解决：

1）可在需加反挠度部位或区域制芯，型芯做出或刮出（填出）反挠度。

2）底部需加挠度的部位是平面，造型填砂修型过程可做出反挠度。

3）如果铸件长度不太大，以上两个措施不好实施，也可用加大加工余量的办法来解决。

根据铸件长度及"细长"比例大小，反挠度一般选取 0.15% ~ 0.3%。

（6）浇注系统设计　大型和特大型实型铸件浇注系统采用开放式浇注，各浇道横截面面积比为 $A_直 : A_横 : A_内 = 1 : (1.25 ~ 1.5) : 2$，各部位的截面尺寸比普通中小实型铸件要大，内浇道应多开，直浇道根据铸件几何尺寸大小，可以是一个或多个，位置设置应考虑以下两个因素：

1）使铁液注入型腔要通畅，快速平稳。

2）注意车间内起重设备之间的间隔。

直浇道必须放置浇口盆，储存一定的铁液，保证浇注时不断流，铁液能在正常压力下流入，可以防止浇注时从直浇道反喷。直浇道采用陶瓷浇注管，两个或两个以上直浇道可同时使用一个较大浇口盆。

（7）冷铁、冒口、出气冒口、集渣冒口的选用和放置

1）冷铁。内冷铁最好是同材质的铁棒，插入部位可机械加工，"车螺纹"以便更好地熔合铁液中，插入部位为全长的 1/2 ~ 2/3，直径选用要根据需冷却部位的厚度而定，铁棒直径可取 ϕ20 ~ ϕ50mm，铸件加工面不能使用内冷铁。外冷铁放置在需补缩的大断面处，底面、侧面铸件加工面均可放置，但上部不能放

外冷铁，外冷铁的尺寸规范和普通木模工艺及中小实型铸件基本相同。

2）冒口。一般选用暗冒口，放置在厚大部位的上方，实型铸造铸件冒口和浇道相通为宜，有热铁液补入冒口中，否则会出现反作用。

3）出气冒口、集渣冒口。在远离直浇道的位置上设置出气冒口，采用 $\phi20mm$、$\phi30mm$ 铁管，放置几个根据铸件大小而定，出气冒口的作用是排除一部分浇注过程中产生的碳化物，它也可作为铁液浇注到位的"观测点"，不能多放，因为铁液在型腔内应保持一定的压力。集渣冒口放置在铸件上部，多个均布。

（8）防变形、防开裂的措施　大型和特大型实型铸件几何尺寸较大，特别是有些高牌号和低合金铸件中铸件应力大，易产生变形和开裂造成不合格。降低铸件内应力、防止变形和开裂的措施如下：

1）模样投产前对其结构进行检测，在易开裂的部位放上"拉筋"，厚薄过渡处加大圆角或局部加厚（不影响铸件性能的情况下），"细长"比较大易产生"凹凸"变形的铸件，考虑和准备反挠度工艺措施。

2）在保证铸件中材质技术要求的情况下，可适当提高铁液的碳当量。

3）延长箱内保温时间，是降低铸件内应力和防止变形和开裂的有效方法之一。

4）热处理炉内时效处理和振动时效，是降低和消除铸件内应力的有效措施。

（9）型砂和涂料　型砂颗粒度为 20～40 目，旧砂再生处理后回用加入 10%～20% 新砂，冷硬呋喃树脂砂，型砂强度控制在 0.8～1MPa；涂料有两种，一种是自制水基黑铅粉涂料，一种是外购醇基涂料。模样一般刷涂两遍涂料，第三遍补刷一些特殊部位及刷涂不到的地方。每次刷涂都要烘干后晒晾干，再刷下一遍，平面部位涂层厚度为 1.5～2.0mm，特殊部位涂层厚度为 2.5～3mm，对于大型和特大型实型铸件涂料性能，不能仅考虑耐火度，更要注意涂料透气性的问题。

（10）造型，春砂，锁箱，压箱　造型春砂操作从两端向中间进行或从中间向两端进行均可。模样内腔和外壁填砂春砂厚度、高度要平行进行，力量要均匀，防止因春砂造成模样变形或开裂。春砂填砂时每层之间的连接（结合）应注意，如果砂层之间连接不好，浇注时会跑火或产生冷隔缺陷。大型和特大型铸件地坑造型、锁箱、压箱比砂箱造型困难。地坑中应预先埋好螺栓，如果铸件几何尺寸大，上箱可以几个联合使用，锁箱后一定要压箱，压箱重物放置要均匀。

大型和特大型实型铸造铸件和普通实型铸造铸件在其技术工艺和操作上有很多共同之处，但也存在着差别，其特点就是"大""重"这两点。在这方面花费精力，制订出可行的工艺方案，一定会取得成功。

12.57　提高干砂负压实型铸造工艺水平和产能（韩素喜，肖占德）

2010 年铸造成功单重 17t 的大型铸件。2011 年 11 月份成功铸造单重 20t 的大型汽车模具铸件，经中国铸造协会实型铸造分会（简称实型分会）现场确认，采用消失模铸造工艺成功铸造了最大铸件。

20 世纪 90 年代国内已建成十几条生产线，每条生产线年产均在万吨左右，当时用这种工艺生产最大铸件 1～2t 的企业国内只有一两家，国外的资料又少，干砂负压实型大中件工艺没有成熟的技术工艺经验可借鉴。方向已定就下定决心搞试验，总结教训，找出经验。用到生产中，边试验研究边生产，从简易到复杂，从小件、中件到大件，花了半年的时间，遇到了相当多的困难和技术工艺方面的问题，总结了相当的经验。

1. 专用砂箱设计

中小件消失模工艺流水线上的砂箱，由于铸件小，砂箱尺寸一般为 1m×1m×0.8m，较大砂箱为 1m×1.5m×1m；负压管路和负压吸口多为底吸、侧吸，很少采用上吸；但大件就不同了，1 个 CQ61100 车床床身，长 6m，宽 0.70m，高 0.6m，砂箱尺寸最小为 7m×2m×1.2m，内腔容积达到了 17m³ 之多；负压管路和吸风口布置就要底、侧、上均要有之；同时分布要均匀，不能有负压紧实"盲区"，否则就会塌箱，造成铸件报废。

2. 型砂选用及涂料

大件和中小件及V法铸造在型砂选用上大不相同，干砂负压大中件实型工艺，砂子耐火度要高，颗粒度要大，应该在20/40目为宜，铸钢件、球墨铸铁件选用宝珠砂，普通灰铸铁件选用天然硅砂。

通过生产中使用，大中件和小件及实型（砂型）涂料有不同之处和不同的性能要求：除了涂料耐火度、黏度，对模样的吸附性外，涂料的常温强度和高温浇注时的透气性非常重要。因为泡塑型刷涂后要烘干和搬运，造型时要上振实台振动，加砂时受型砂的冲击，在这些外力作用下，涂料不能脱落，也要保证泡塑型不变形、不损伤。

高温透气性好，浇注时高温铁液使泡沫型汽化产生大量气体，通过涂层能顺利排出去。根据不同材质、不同重量和几何尺寸大小不同的铸件试制了几种不同涂料，在生产实践中证明效果很好。

3. 专用振实台

振实频率和振实力、振幅大小也和中小件及V法造型有区别，振实台不能和以上两个工艺造型法混用。

4. 技术工艺

中小件消失模和V法造型不用压箱（浇注时），但负压干砂实型铸造大中件，浇注时应考虑压箱问题，这也是个经验。

浇注系统应该是"开放式"，内浇道放置以底注、侧注为主，浇注时的真空度大小和时间控制等。铸件机械加工余量大小及铸件的体收缩和线收缩与其他工艺基本相同。

试制成功后，设备稍加改动，投入批量生产。由于这种工艺本身所具备的生产能力强、成本低、质量稳定等特点，很快打开了市场，铸件产量逐年提高：2007年全年铸件产量达5000t；2010年铸件产量达1.8万t；2011年铸件产量达2.8万t；2012年突破产量3.5万t。可为客户提供的铸件材质有普通灰铸件、合金铸铁、各种牌号球墨铸铁、铸钢件、合金钢、

模具钢（空冷钢）等。

铸件表面粗糙度和尺寸精度可达CT6～CT8级，表面质量好，很少出现实型工艺铸件表面特有的皱皮、积炭、积渣现象。铸件不合格品率控制在1.5%以下。2010年公司成功铸出单重17t的大型铸件，随后2011年11月份又成功铸造了一个单重20t的汽车模具件，经实型分会现场鉴定确认：采用负压干砂实型铸造工艺成功铸造单重20t铸件创造了世界之最。

目前在采用干砂负压大件实型铸造工艺中，模样上一些孔洞和深度棱处要先放一些冷硬呋喃树脂砂，平均每吨件放入8～10kg，影响了工效，增加了成本。正在试验新的工艺方法，做到大部分件（80%以上），不需加冷硬树脂砂，达到降低铸件成本、提高工效的目的。

12.58 实型铸造大中型机床铸件工艺（韩永生，肖占德，祝文章）

采用实型铸造生产大中型机床铸件具有以下四个优势。

1）多为大件小批量生产，转型快，生产周期短，质量要求高，价位合理。

2）实型铸造几何尺寸精度达CT7～CT8级，比一般木型铸造工艺要高出1～2个级别。

3）生产周期短，如CK61450×14/120-20011重型车床主轴箱体，轮廓尺寸为2600mm×2390mm×2390mm，重约30t，做木模约需2个月，用EPS板材制作只需7天即可投产，周期缩短了近70天。

4）实型工艺铸造价格较低：以主轴箱为例，做木模1套投资约8万～9万元，用木材约10～12m³；用实型模样费1次6000元，如果1年投入10台套实型模样，共需6万元。更重要的是节约十几立方米木材，铸件也比木模工艺造价吨成本低300～500元。1年平均生产20个品种的机床大中型铸件，单件重都在十几吨以上，每个品种节约木型用木材按最低6～7m³计算，全年可节约木材120～140m³。

1. 机床铸件特点

1）机床铸件结构较为复杂，很多部位靠肋板连接，为节约金属材料，机床件壁厚由 20~25mm 减为 15~20mm。

2）机床铸件冶金质量要求严格，其力学性能、物理性能、使用加工性能和工艺性能都有一定的要求，特别是机床导轨件要求更为严格，不能有铸造缺陷，并有一定的硬度要求，多采用淬火硬化处理工艺。

3）机床铸件结构的特点：机床导轨部位厚大，其他部位如肋板、立壁及连接板等都比较薄，一般最厚部位和最薄部位差别达到 3~8 倍，为铸造工艺设计带来一定困难。

4）机床铸件，特别是车床床身和导轨、磨床及铣床、刨床的横梁、工作台等，其结构特点是宽度较小、长度较大，铸造中易出现挠曲和凹凸变形。

由于机床铸件结构上的特点及技术要求，对实型铸造工艺提出了特殊要求。大中型机床床身铸件的概况见表 12-26。

表 12-26　大中型机床床身铸件的概况

名称	部件图号	材质	部件名称	外廓尺寸（长×宽×高）/mm	最厚最薄部位尺寸	毛重/t
龙门铣床	X2020-80	HT250	床身	7700×1900×703	150/20	18
龙门刨床	X2020-80	HT250	立柱	4020×2000×950	140/25	11
龙门磨床	DW-13/300D	合金铸铁	床身	12000×2000×710	65/20	23
重卧式车床	CK61450×14/120-20011	HT250	主轴箱体	2600×2390×2390	120/45	30
重卧车床	CK61200×8/40	HT250	床头底座	2700×2100×750	100/30	18.5
卧式车床	CK61200×10/65	HT250	尾座上体	1500×1300×700	100/35	7
重车床	30012	HT250	尾座	1200×800×700	140/50	5.1
龙门磨床	CDW-13/300HS	合金铸铁	横梁	6000×700×500	75/25	9
龙门磨床	CDW-30/600	合金铸铁	工作台	7500×2500×400	80/20	16

2. 铸造工艺及技术参数的选择

实型铸造大中型机床铸造工艺及其工艺参数的选定原则和木模工艺铸造基本相同，在保证铸件质量的前提下应充分考虑节约成本和便于工人操作，缩短工期。

（1）工艺分型面　由于机床铸件的结构特点，铸造生产时带导轨部位铸件的分型面应导轨向下，床脚和其他部位向上。

（2）工艺装备和造型方法的选择　大中型机床铸件特点是体积大、长度长、重量大，在选择造型方法上应充分考虑制作周期和成本。例如 DW-13/300D 床身铸件轮廓尺寸为 12m×2m×0.71m，如采用砂箱造型，设计砂箱内尺寸为 13m×2.6m，上箱高 0.2m，下箱高 1m，箱壁厚 0.045m。计算砂箱本身自重约 12.5t，成本为 6 万元，制作周期最短要 20 天，这种类型铸件 1 次订货最多 2~3 台套，从成本和交货期限选择地坑造型方法比较好。

（3）地坑造型　从保证铸件质量降低成本和缩短工期考虑，大中型机床铸件更适合应用地坑造型。实型铸造工艺和木模砂型地坑造型方法没有原则上的区别，根据实型铸造工艺本身的特点，在选择地坑造型方法时应注意以下三个方面：

1）对地坑造型最关注的是地坑中的"通气"问题，实型铸造工艺所用泡沫模样（EPS）在金属液高温作用下产生和分解出大量 H_2、CO、CO_2 等热解产物，要把这些气体通畅地排出型外，地坑底部一定要干燥，铺上干砂焦炭草绳进行通气，并用通气管把气体引到地面，如图 12-198 所示。

2）由于在浇注时，泡沫模样在高温铁液作用下产生大量气体，加大金属液对铸型的冲击力，使铸型的抬箱力（合型力）加大。如果忽略这个问题将会造成铸件因胀箱、跑火、变形而报废。

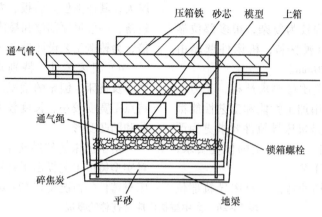

图 12-198　地坑造型

3）地坑造型不适合结构上扁而平的铸件，如机床走刀箱体、溜板箱体、尾座体等，此类铸件在砂箱中铸造比较合适。

（4）铸件收缩率和机械加工余量的选取　在实型铸造工艺中，泡沫模样（EPS）本身收缩率很小可不考虑。灰铸铁大中型机床铸件的线收缩率可取 1%。由实型铸造工艺本身的特点所决定，特别是大中型机床铸件的机械加工余量从理论上和生产实践中证明，都要比木模工艺生产大些，见表 12-27。部分机床床身铸件如图 12-199 所示。

表 12-27　机械加工余量

部位	铸件尺寸情况	质量 /t	各部位加工余量/mm				
			上部	下部	侧部	导轨各部	孔径（半径）
床身、立柱、横梁、工作台	长度≥3m	5 ~ 10	10 ~ 12	8 ~ 10	10	10	6
	长度≥5m	10 ~ 15	10 ~ 15	10 ~ 12	10	10 ~ 5	7
	长度≥8m	20 ~ 35	15 ~ 20	10 ~ 15	10 ~ 15	15 ~ 20	8
箱体类	1m×1m×1.5m	5 ~ 10	10 ~ 15	10	10	10	8
	1m×2m×2.5m	15 ~ 20	15 ~ 20	10	10	10	
	2m×2.5m×3.5m	20 ~ 30	20 ~ 25	15 ~ 20	10 ~ 15	15	
细长比较大工件	长/宽≥4	5 ~ 10	15 ~ 20	5 ~ 20	12	15 ~ 20	8
	长/宽≥8	10 ~ 15	20 ~ 25		15		

（5）型砂性能要求，造型填砂舂砂操作及造型吃砂量的选择　实型铸造工艺特别针对大中型机床铸件，使用树脂砂造型，从铸件质量、成本、操作等方面都比水玻璃砂、快干水泥砂及流态砂要好，所以本厂选用冷硬呋喃树脂砂造型生产大中型机床铸件。

1）型砂性能。新砂采用水洗砂，颗粒度为20/40 目，旧砂进行再生处理，型砂强度（最终强度）为 0.5 ~ 0.8MPa，对于特殊铸件结构和特殊要求，型砂强度可达 1MPa。实型铸造发气量较大，型砂透气性要高，一般控制在 300 ~ 500。

2）造型、填砂、舂砂操作应注意的几个问题如下：

① 造型时向砂箱或地坑中填砂应有一定的方向和顺序，不能随意从几个不同方向无目的地乱填。中小件从一个方向开始，大中件从两端向中心填砂，这样可防止型砂填充过程出现"空间"或局部舂砂不实，强度不够，造成铸件跑火、黏砂、变形等问题。

② 舂砂强度要均匀，在填砂和舂砂过程中特别注意一些死角和孔洞要充填好、舂实，否则会出现黏砂。

③ 大中型机床床身铸件用砂量大，如 1 台X2020 型龙门铣床床身采用地坑造型，用砂量

CK61200×16/80床头箱

CK61200×8/4床头箱底座

DW-13/300D横梁

DW-13/300D床身(底座)

图 12-199　部分机床床身铸件

大约 45t，需要两台连续式混砂机工作 3h～4h 才能完成。填砂过程时间长，应注意砂层之间的互相联通和溶解，不能出现断层现象，使树脂过早固化。如果上下层不能联通，会出现干砂散落的现象，注意随时调整型砂固化剂加入量，控制型砂的固化时间。

3）吃砂量的控制和选择。造型过程中吃砂量控制很重要，铸件尺寸不同、重量不同、结构不同及造型方法不同，对吃砂量有不同的要求，应注意吃砂量过大会造成铸件用砂量加大，成本增加，吃砂量小易造成铸件在浇注过程中崩箱和跑火，使铸件报废，对于大中型机床铸件更为重要。地坑造型与砂箱造型吃砂量控制要求不同，地坑造型要求吃砂量大，砂箱造型吃砂量可以适当小一些。二者的砂铁比也不同，地坑造型的砂铁比大于砂箱造型。以 20～25t 机床床身为例，地坑造型与砂箱造型的吃砂量及砂铁比见表 12-28。

表 12-28　地坑造型与砂箱造型的吃砂量及砂铁比

造型方法	底部/mm	侧部/mm	上部/mm	砂铁比
地坑造型	250～300	300～350	200～250	3:1
砂箱造型	200～250	150～200	150～200	2.5:1

（6）浇冒系统的工艺设计、冷铁使用及涂料

1）浇注系统设计对铸件质量影响较大，如果设计不合理，铸件会出现冷隔、皱皮、浇不足、气孔、积炭等缺陷，浇注系统工艺设计及技术参数的正确选用，是实型铸造大中型机床铸件技术控制的重点。

浇注系统工艺设计原则如下：

① 铁液进入型腔应平稳流动，并有一定的流动和上升速度。

② 浇注系统应有一定的排气清渣和补缩作用。

③ 要结合铸件的结构特点和不同重量，来考虑浇注系统的合理位置，使铁液进入型腔流动距离最短，弯度最少，这样有助于金属液流动中减少热量损失。

2）大中型机床铸件直浇道数量可以设置 2 个或 2 个以上，有的大件需放置 4、5 个直浇道。设定直浇道相互之间位置时应注意车间内起重设备的相对距离和位置，使之能吊起铁液浇包到设定的直浇道位置。

3）采用底注浇道，对铸件高度 ≥350mm、特殊要求的铸件可开 2 层或多层内浇道。内浇道间距离一般控制在 80～100mm。浇注系统各组元横截面面积的比例控制在 $A_直:A_横:A_内=1:1.5:2$，直浇道采用空心陶瓷管。

4）由于实型铸造工艺浇注系统计算比较复杂，因此，在日常生产中根据本公司的生产

实际，结合其他单位经验确定和选用直浇道数量和位置，再根据直浇道断面积按比例核算横浇道和内浇道面积。

5）冒口。普通木模铸造（空腔铸型）冒口的主要作用是为金属液在铸型内凝固过程中提供补缩和排气、集渣。冒口的种类包括顶冒口、侧冒口、压边冒口、气压冒口、保温冒口、发气冒口等，冒口的选用是铸造工艺设计中的重要一环。资料介绍了对实型铸造工艺中冒口的选用，提出了在一定碳当量和一定浇注温度下，且有一定的铸件模数时可不使用冒口，用小明排气冒口代之。就这个问题进行了试验，为提高大中型机床铸件的工艺出品率，几年来从明冒口改为暗冒口，由大变小，由多变少，进行了有益的尝试。

由于机床铸件结构特点及其冶金质量要求，碳当量较低，加之大中型机床铸件铸型较大，造型填砂、舂砂过程中易造成形砂强度和硬度不均匀等问题，生产实践证明，用实型铸造工艺生产大中型机床铸件，有必要适当保留一定数量的暗冒口。生产大中型机床铸件常用的两种暗冒口如图12-200所示，其中图12-200a所示暗冒口适用于普通灰铸铁，碳当量（质量分数）在 3.4% ~ 3.8%，浇注温度控制在 1350 ~ 1380℃。在采用暗冒口的同时，在铸件上部应放置适当数量的明排气冒口，排气冒口的直径控制在 $\phi25 ~ \phi35mm$，排气冒口之间的相距控制在 1 ~ 1.5m，尺寸见表12-29。图12-200b

所示排气冒口和铸型（泡沫模样）相连处用泡沫锥体，上面有陶瓷过滤网，尺寸为 50mm × 50mm ×（8 ~ 10） mm，其作用是阻挡铁液从明排气冒口中喷出伤人。

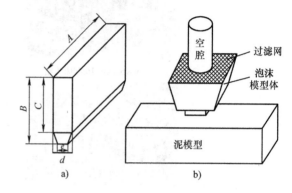

图 12-200　大中型机床铸件常用的两种暗冒口

6）冷铁的使用。实型铸造工艺冷铁选用和木模造型工艺基本相同。在机床铸件导轨上放置冷铁非常重要，冷铁选用厚度为导轨热节圆直径的 1/3 ~ 1/4，大部分为外冷铁，不便放置外冷铁的部位可直接插入内冷铁以满足要求。实型铸造内冷铁操作比木模工艺更简单。对于外冷铁涂料的刷涂，有的厂家在外冷铁上刷涂料铸型不刷，还有的厂家在外冷铁和铸型上都刷涂料。生产实践中认为最后的方法不可取，因为浪费工时和涂料，双层涂料只有一层起作用，而且第二层阻碍通气，受热后在铁液冲刷下漂浮到上表面，给铸件表面造成积灰和缺陷。

表 12-29　暗冒口尺寸与铸件重量的关系

铸件重量/t	暗冒口尺寸/mm					冒口数量
	A	B	C	d	e	
≥20	100	150	120	50	15	根据铸件体积大小和结构而定
5 ~ 10	80	110	90	35	15	

7）涂料。目前涂料的质量状况参差不齐，采用人工刷涂工艺，第一遍为水基涂料，第二遍为醇基涂料，有的铸件三遍都刷醇基涂料，每遍刷后都要进入烘干室烘干 8 ~ 12h，烘干温度控制在 50 ~ 60℃，根据铸件的大小、壁厚不同，最后涂料层厚度为 1.5 ~ 2.5mm，既要保证不黏砂，又要注意涂料的透气性，如果有特殊结构和特殊厚大的铸件，可以刷一层锆英粉涂料，效果很好。

3. 浇注工艺

浇注工序是对铸件质量影响较大的工序之一，实型铸造工艺金属液（铁液）浇入到型内产生极其复杂的物理化学反应，这些反应受很多因素影响，都直接影响铸件质量。

（1）浇注温度　浇注温度对铸件质量影响较大，浇注温度偏低铸件将出现浇不足（冷隔），表面出现皱皮，上部出现大量的积渣积炭现象；反之浇注温度偏高，易出现大面积"黏砂"，铸件上部厚大部位出现缩松、缩沉，严重时会出现集中缩孔。生产中总结出实型大中型机床铸件不同质量不同壁厚的比较合适的浇注温度，见表 12-30。

表 12-30　大中型机床铸件不同质量不同壁厚的比较合适的浇注温度

铸件质量/t	铸件平均壁厚/mm	浇注温度/℃
0.5 ~ 2	20 ~ 30	1390 ~ 1410
5 ~ 10	30 ~ 40	1370 ~ 1390
10 ~ 15	40 ~ 60	1360 ~ 1380
15 ~ 25	45 ~ 65	1350 ~ 1370
>30	50 ~ 70	1340 ~ 1360

（2）浇注速度　对于消失模铸造的浇注充型速度问题，涉及热传导及消失模样在高温铁液作用下发生固体、液体、气体等热解反应，变化复杂，计算复杂而且困难。生产实践对此问题深有体会，浇注速度在一定程度上也影响铸件质量。几年来在生产大中型机床铸件的实践中，摸索出了一些合理的浇注和充型速度，见表 12-31。在正常生产模样材料基本不变的情况下，不同的工艺设计、不同的浇注温度、不同型砂、不同涂料透气性，在浇注过程中操作工调整铁液包的高低水平等均对浇注速度有一定影响。

表 12-31　铸件质量与浇注充型速度

铸件质量/t	直浇道数量	充型速度 t/min
0.5 ~ 2	1	2.5 ~ 3
5 ~ 10	2	2.5 ~ 3
10 ~ 20	2 ~ 4	2.5 ~ 3.5
20 ~ 35	3 ~ 5	2.5 ~ 3.5

（3）铁液浇注过程中操作工应注意的几个问题

1）直浇道设置 2 个或 2 个以上，浇注时几个直浇道应同时开始浇注，如果某一个直浇道浇注滞后，容易在滞后的直浇道中造成反喷。

2）因为是大中型机床铸件，经常要采用座包浇注，应注意座包放置的高度，出铁口应有一定的压头，以保证合理的充型速度。

3）在铁液包浇注操作时，应注意浇口盆中铁液的变化及铁液浇注速度的变化，应随时调整铁液包的高度，以得到铁液浇入铸型合理的压头。

4. 实型大中型机床生产中出现的铸造缺陷及解决方法

（1）铸件上部厚大部位缩孔、缩松　生产中经常遇到因工艺分型面确定而将厚大部位放置在铸型上部的情况，为防止此部位出现缩孔、缩松，需要采取一定的办法。

1）在厚大部位开置内浇道，使得这个部位能有足够的热铁液达到铸件需要补缩的部位。

2）厚大部位下方和侧面放置一定厚度的外冷铁，如果条件可行，插入内冷铁也可达到目的。

3）在不影响铸件材质强度、硬度的前提下，适当提高铁液的碳当量，也是可行的办法之一。

在实型铸造大型机床铸件的生产实践中，不能完全依靠加大冒口尺寸和增加数量来达到补缩的目的。

（2）铸件变形几何尺寸超差　铸件在凝固、收缩过程中易造成铸件的变形，特别对于大中型机床铸件一些"细长"比例较大的件，如机床床身、横梁等，生产中容易产生变形，造成铸件几何尺寸超差而报废。对于木模工艺来说，这个问题在技术处理上比较简单，只要在木模上做出变形反挠度即可解决，而实型铸造工艺解决较困难，生产中采取的解决办法如下：

1）如果机床导轨是用坭芯组成的，在坭芯上用人工打磨出反挠度，对于长度大于 6m 的"细长"比例较大的件，反挠度取 0.05% ~ 0.15% 是可行的。

2）如导轨部位不用组芯，直接在地坑内造型，在地坑底部用人工打磨出合适的反挠度，放入泡沫模样，在模样上部放置一定量的重物，给模样一定的压力（不能过重而把模样压坏），使模样和地坑中打磨出的挠度相吻合，如图 12-201 所示。

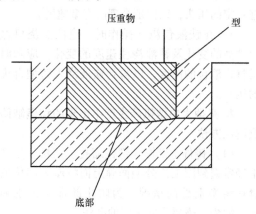

图 12-201　利用在模样上加压重物实现反挠度

3）在保证铸件材质强度和硬度的技术条件下，适当提高铁液的碳当量也是解决铸件变形的办法之一。

4）浇注前注意压箱和锁箱力，浇注后铸件在砂箱内放置一定时间再打箱、清砂。根据铸件大小、重量不同，在砂箱内存放的时间也不同。例如，1 台 20t 重的刨铣床身，在砂箱内放置约 100h 后打箱铸件出箱温度控制在 200℃以下为宜。

5）有特殊要求和特殊结构的铸件，为防止其变形造成尺寸超差，在用户同意的情况下要适当加大机械加工余量。

（3）漂芯及解决方法　有些机床铸件在结构设计上，4 面封闭 2 面有孔。从实型铸造工艺上将分别造成上下两面封闭，只有侧面有些扁孔；机床立柱类铸件上下两面封闭，两端有孔。对于这些类型的铸件，如果处理不当，在实型铸造中会出现漂芯现象（铁液把砂芯浮起），铸件上下壁厚严重超差，上部会出现大面积孔洞造成报废。对于此类铸件，在造型时应注意以下两个方面：

1）选择好芯铁的强度和刚度，在型内放置使之抵住铁液浮力和冲击力、对型芯造成的抬型力，使之位置不发生向上浮动。

2）如果铸件上部是非加工面，而且铸件不进行打压渗漏试验，可在上部安放"卡子"防止上浮，使铸件上下壁厚几何尺寸不变。

12.59　压力机机座的消失模铸造
（高成勋，李宇超）

压力机机座铸件生产采用消失模铸造工艺替代砂型铸造工艺，有以下四个优点：

1）消失模铸造可以实现大批量生产和单件生产的要求。

2）消失模铸造比砂型铸造的成本更低，提高了铸件产品的附加值。

3）消失模铸造生产的压力机机座铸件，无论外观质量还是内在质量都能达到使用要求。

4）压力机机座市场大，需求量大，消失模铸造压力机机座件是压力机铸件的一个发展方向。

现从浇注位置的选择及浇注工艺的设计、模样组合、涂料涂挂、装箱浇注和过程控制等方面介绍利用消失模铸造工艺生产压力机机座铸件的生产过程。

1. 铸件的特点和难点

1）压力机机座铸件结构如图 12-202 所示，其规格有 35t、50t、63t、80t、100t、125t 等，材质为 HT200，铸件质量分别是 1.1t、1.6t、2.4t、3.2t、4.5t、5t。铸件的表面质量要好，其尺寸公差等级达 CT 10～CT12 级，铸件质量公差达 MT9～MT11 级。

图 12-202　压力机机座铸件结构

2）工艺难点。虽然铸件结构简单，壁厚比较厚大，但表面质量要求高，并且加工部位不能有缺陷，铸件需要做冲击试验，同时该铸件壁厚差大，铸件壁厚差有的地方超过 100mm。

2. 模样质量的控制

（1）模样材料选择　模样材料和密度直接影响最终铸件的质量。珠粒材料的选择和发泡板材质量的控制是保证模样质量的关键，模样材料碳含量越高，密度越大，分解后的碳化物越多，越容易产生冷隔、夹渣、气孔等缺陷。在试验中，模样材料选用适当粒度的 EPS 泡沫塑料板材，发泡材料密度控制在 $20 \sim 22 \mathrm{kg/m^3}$。

（2）泡沫塑料板材成形控制　成形工艺是获得优质模样的关键环节。泡沫塑料板材成形过程中，要使用模样厂家特制生产的板材，要求不能出现夹生和过烧。要求成形出来的板材表面珠粒均匀和光洁。严格控制泡沫塑料板材质量。

3. 模样和浇冒口组合及尺寸控制

浇注系统设计是否合理也是消失模铸造压力机机座铸件的关键因素。压力机机座浇注系统设计有底注、阶梯注及侧注等多种浇注方式，应根据铸件结构特点进行合理的选择和设计。压力机机座浇注系统的截面面积较其他铸造工艺的浇注系统截面面积大。且内浇道一般设在铸件壁厚处的位置，以保证加压时的补缩效果。

根据消失模铸造的特点，浇注金属液容易产生紊乱，压力机机座尺寸大且在充型最远部位往往出现浇不足或冷隔现象。为保证铸件不出现缺陷，应适当提高浇注温度，加大浇道截面面积以及金属压头高度。根据压力机机座的结构特点，为避免壁厚处出现疏松缺陷，浇注系统采用底注式，内浇道设在两个立板内侧面壁厚较厚的地方，截面尺寸为 $160 \mathrm{mm} \times 20 \mathrm{mm}$ 两道，横浇道及辅助浇道截面尺寸为 $100 \mathrm{mm} \times 15 \mathrm{mm}$，直浇道截面尺寸为 $\phi 70 \mathrm{mm}$，其模样如图 12-203 所示。

4. 涂料质量控制

（1）涂料性能要求　涂料一般由耐火骨料、黏结剂、悬浮剂和附加物等组成。选用不同配方和组分以及各种组成物的比例对涂料性能影响很大，涂料的性能直接关系到铸件的质量。一方面，涂层应具有一定的强度和耐火度，加压时涂料层将高温钢液与干砂有效地隔离，从而防止金属液渗入干砂中形成黏砂；另

图 12-203　压力机机座模样

一方面，涂层具有良好的透气性，以便加压时泡沫塑料模样汽化的残留气体能有效、顺利地排出，避免渗入高温的铁液而产生气孔、疏松等铸造缺陷。当然，涂料的透气性并不是越高越好，过高会造成加压后铸件表面产生凸起点，严重时会造成铁液逸出，渗入干砂中，使铸件无法清理，导致铸件报废。

涂料层的透气性与涂料组分和涂层的厚度有关。控制涂层的厚度关键是控制涂料的黏度和涂挂次数。所以应选择无机和有机黏结剂的种类及加入量，配制有较高强度和较高涂覆性能的涂料。首先至少高速搅拌 90min，然后低速搅拌。为了得到均匀的涂层，保证涂层不滴不流，应在 24h 内不间断搅拌使用。

（2）涂料烘干工艺　消失模烘房应具备良好的通风、加热系统和保湿功能，能满足模样和涂料层的彻底烘干。烘房的温度控制在 $45 \sim 50 \mathrm{℃}$ 范围，烘干时间与泡沫塑料模样的主要壁厚有关，薄壁泡沫塑料模样的烘干时间大于 24h，厚壁泡沫塑料模样要达到 $48 \sim 96 \mathrm{h}$ 方能完全烘干。如果模样不干透，在浇注时易造成发气量增大而使浇注反喷，使铸件产生气孔、冷隔等缺陷而报废。

模样在烘干过程中，除温度控制外，还应注意控制湿度，在烘房设置通风设备，控制相对湿度不大于 30%。烘干过程中模样需要合理放置和支撑，防止模样变形。干燥后的模样在造型前应放置在湿度小的地方，以防吸潮。

5. 造型及浇注工艺控制

（1）振动造型　造型是浇注前的重要工艺环节。消失模铸造用砂选用的是无黏结剂的干砂，具有良好的流动性、透气性和耐火

性，容易流入模样的内部型腔，使浇注产生的残留物顺利溢出，同时还能够抵抗金属液渗入并为模样提供支撑。生产中选用40~70目的海砂，粒形以圆形为主。在砂箱中安放模样时，应保证模样离砂箱底部及四周的最小吃砂量在250mm以上。加砂造型采用边加砂边振动，直至加满到浇口杯的位置，振动电动机的频率调至30~50Hz。

（2）负压浇注　采用中频感应炉熔化铁液的质量优于冲天炉熔化铁液，其温度和成分容易控制。消失模铸造在浇注前抽负压可使干砂形成一定的强度，生产中砂箱内真空度调到0.60~0.65MPa。浇注时浇包应尽量靠近浇口杯，以相距100mm为宜，充型应平稳而不断流。液流不能直接冲刷浇口杯根部，需要经过缓冲堤而平稳地进入直浇道。在浇注过程中，浇口杯应保持充满状态并防止液体扰动，浇注速度应稍慢并保持匀速，防止产生湍流。

（3）保压工艺　浇注完毕后，将砂箱在规定的时间内保持一定的负压，即保压。保压时间的选择要考虑铁液中气体在负压状态下逸出的时间。如果过早卸压，铁液未彻底凝固，会有铁液中的剩余气体残留在铸件中，所以要等铁液凝固后才可卸压。保压时间主要取决于铸件的厚度，在保证成形和结晶凝固的条件下，保压时间以短为好。但是，若保压时间过短，则铸件内部容易产生缩孔和缩松，如果时间过长，会增加变形抗力，容易出现开裂，导致铸件报废，保压时间一般控制在10~15min范围内。

6. 铸件质量检测及总结

压力机机座铸件需要在铸件本体上取试样进行理化分析，特别是冲击强度分析；其表面质量、尺寸精度、位置公差、表面粗糙度等都符合铸件的技术要求。

采用消失模铸造工艺生产压力机机座铸件可以比砂型铸造工艺生产压力机机座铸件更经济实惠。采用消失模铸造工艺生产压力机机座铸件，提高了劳动生产效率，降低了生产成本，更加具备市场竞争能力。根据压力机机座铸件的铸造特点，严格结合消失模铸造的特性，充分分析生产过程中可能发生的各种缺

陷，在试验过程中逐一解决，经过一个多月试生产，产品质量有了很大的提高和改进。

12.60　消失模涂料及机床铸件实型铸造应用（柴树繁）

消失模铸造外观尺寸精度高、生产周期短，在汽车和一些中小铸件方面应用比较广泛，在机床铸件方面应用比较少。主要原因是机床铸件上下面质量要求比较高，消失模铸件容易产生皱皮、黑斑等铸造缺陷。随着我国装备业的快速发展，研制和开发各种高档数控机床非常迅速。由于受市场需求的影响，有些大型机床技术含量高，但需求量非常少，还有些机床交货期非常短。为了降低成本和缩短生产周期，有些铸件用消失模铸造是最佳方法。齐齐哈尔大学和齐齐哈尔第一机床厂联合研究铸铁件消失模涂料和聚苯乙烯泡沫塑料板质量，设计了浇注系统整体连接方法和辅助胎模等多种铸造方法，经过半年的生产应用，生产多种床身铸件和40t重工作台及1200t大型机床铸件，效果好。介绍采用消失模生产大型床身铸件的铸造过程，以及在生产中采取的辅助胎模、冒口封闭式连接等工艺。

1. 涂料在消失模铸造所起的作用

消失模铸造是用泡沫塑料制作模样刷上涂料后，填入树脂砂或疏松的不含黏结剂的砂子，浇入金属液，泡沫塑料模样汽化后金属液充满该空间，冷却形成铸件。它具有尺寸精度高、成本低、生产周期短等多种优点，但各项技术必须控制好，否则容易出现黏砂、黑斑等铸造缺陷。涂料是消失模铸造过程的关键技术之一，对消失模铸造的成功与否起着至关重要的作用。其消失模铸造涂料的主要作用如下：

1）提高泡沫塑料模样的强度和刚度，保持模样尺寸的稳定性。

2）防止在运输、填砂及振动时模样遭到破坏或变形，以保证铸件的表面质量。

3）当金属液在浇注过程中取代泡沫塑料模样时，涂料是砂子和金属液之间的主要屏障。涂料在这个过程中起的作用是阻止金属液

透过涂料渗透到砂子中，并保持在浇注时铸型的稳定性。

4）将在浇注过程中泡沫塑料模样热解的产物（大量气体或液体等）顺利地排出铸型，防止气孔等缺陷的产生。为此，消失模铸造专用涂料应具有良好的工作性能和工艺性能。

2. 大型消失模铸铁件专用涂料的组分

（1）耐火粉料　耐火粉料选择石墨粉，石墨粉的物理性能优良，较轻的密度是大型消失模铸铁件专用涂料的首选。

（2）载液　由于模样尺寸较大，涂刷后不上窑，为缩短生产周期，选用工业乙醇和甲醇的混合物为载液。

（3）黏结剂　消失模铸铁件专用涂料与普通砂型涂料较大的区别是消失模铸铁件专用涂料常温强度较高而高温透气性好。因此，在选用黏结剂时要减少无机黏结剂的使用，增加有机黏结剂的比例。

（4）悬浮剂　消失模铸铁件涂料层比普通砂型铸造涂料层厚很多，涂料一般呈膏状，因此一般不刻意增加悬浮剂的加入量，尤其不要使用无机物悬浮剂，以保证良好的透气性。

（5）其他添加剂　主要加有微量表面活性剂和消泡剂等。为保证模样的涂刷性和干燥后在搬运及填砂过程中涂料层不脱落，在涂料中必须加有适量的表面活性剂。

（6）涂料的配比　研制一种材料采购方便、质量稳定、价格合理，能够长期推广应用的涂料。为此经过多次研究、反复试验，研制了消失模铸造涂料，其成分（质量分数）为：土状石墨 30% ～35%、片状石墨 30% ～35%、乙醇（含部分甲醇）30% ～35%、聚乙烯醇缩丁醛（PVB）2.5% ～3.0%、酚醛树脂 1.0% ～1.5% 及松香等。生产了 1200t 铸件，最大铸件工作台质量 40t，经过了检验且机械加工效果很好，达到设计标准。目前齐齐哈尔第一机床厂已经普遍在 10～60t 的单件小批量的工作台、床身、主轴箱等铸件上采用消失模铸造，经过生产验证，效果很好。

由于床身铸件的模样尺寸大，模样在涂刷涂料后靠自然干燥，因此选用的是醇基涂料。经试验确认涂料的涂挂层厚度以 1.5～2.5mm 为宜。

3. 模样材料

（1）模样材料的选择　模样材料选择聚苯乙烯泡沫塑料厚板。聚苯乙烯泡沫塑料的物理性质十分重要，若密度大，强度高，制作模样的刚度好，但汽化时产生的烟火大，当泡沫塑料模样不能充分燃烧汽化时，易产生铸件夹渣；若密度小，板材强度不够，铸件模样在运输、造型时易损坏。综合考虑选密度为 $22kg/m^3$。

（2）模样所用胶带的选择　在制模样时，因板材之间的缝隙或搬运时的磕碰划伤，模样表面会出现细缝和凹坑，要用胶带纸将细缝和凹坑填平，以防在涂刷时涂料侵入或砂子挤入造成铸件缺陷。

（3）造型材料　采用树脂砂作为造型材料，粒度为 40～70 目，树脂加入量为砂质量的 1.2%，固化剂选用二甲苯磺酸溶液，加入量为树脂质量的 60%，树脂砂强度大于 1MPa。

4. 床身的铸造工艺设计

床身模样用聚苯乙烯泡沫塑料板分块成形后黏结而成。如牌号 HT250 数控卧式车床床身铸件几何尺寸为 8100mm × 2100mm × 900mm，毛重 27.1t。为防止在造型时模样变形，在床身 8100mm 长度上放有 40 个支撑架，同时在床身刀架接合面做一辅助胎模，增加了个分箱面。在造下箱时先造一个辅助胎模，等取出后再放铸件模样，这样既可减少空腔内支撑的麻烦，又可防止铸件变形，如图 12-204 所示。

（1）浇注系统的设计　浇注系统尺寸设计的正确与否，是能否获得合格铸件的首要问题。在消失模铸造的浇注过程中，铁液在型腔内的流动性受模样分解产物的阻力及模样汽化过程中铁液的热量损失影响，一般很难做出精确计算。因此，常采用一般浇注系统计算方法进行计算，并将所得数值放大 50% ～100%。为生产方便将单个内浇道横截面面积定为 201mm × 20mm。为防止黏砂，一般涂料层加厚，加上砂型对分解气体逸出的阻力，因此在设计浇注系统时，应尽可能地增大压力头和铁液与模样的接触面积，以增大气体逸出面积，故浇注系统形式采用雨淋式和分层式浇道，使在浇注时有利于金属液在接触泡沫塑料模样后

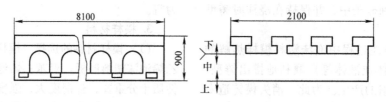

图 12-204 造下箱时的辅助胎模

能均匀燃烧，快速汽化。保证型腔内各部气体压力相等，铁液平稳上升，顺序的高温铁液冲刷可避免铸件产生碳化物。分层式浇注，在床身导轨的两侧引入铁液，或冲刷走导轨部位高温作用下的泡沫塑料模样汽化后生成的碳化物，保证导轨部位铁液过热，便于铁液中气体的排出，从而使床身导轨无渣孔和气孔，确保机床床身导轨质量。

（2）补缩冒口的选择 消失模铸件黑斑、夹渣是影响机床铸件应用的主要原因之一，为了解决这个问题研究了冒口补缩问题。为保证浇注平稳和泡沫塑料模样燃烧后产生的残留物能进入冒口里，采用暗冒口，各冒口之间用泡沫塑料相连。为了提高冒口的补缩能力，冒口应小而多，分散布置，这样有利于排气和液态补缩，也避免了大面积夹渣。冒口直径为 φ100mm，高度为 180mm，冒口颈处直径为 φ50mm，如图 12-205 所示。

（3）浇注温度的确定 泡沫塑料模样依靠

高温铁液将其汽化掉，因而对铁液温度要求严格。一般情况下浇注温度为 1380 ~ 1420℃，最低铁液温度不能低于 1360℃，温度低易产生夹渣缺陷，但铁液温度也不能过高，过高会产生黏砂。床身浇注温度确定在 1370 ~ 1400℃。

5. 床身的模样制作与造型方法

（1）床身模样的制作 应用聚苯乙烯泡沫塑料材料，根据生产要求外购各种规格板料，并用带锯、平刨、铣床、电阻丝切割机等设备将泡沫塑料板加工成所要求的板块，再用黏结方法组合成设计零件图样要求的床身几何形状的模样。检查合格后，用胶带纸粘贴覆盖有缺陷的部位，完成铸件模样的制作。

（2）造型方法 将制作好的模样在需要设置支撑芯顶的地方放好顶子，修好后刷两次以上醇基涂料，涂层厚度为 1.5 ~ 2.5mm，自然干燥。床身工艺采用辅助胎型，造型时先将辅助胎型放在造型平台上放好砂箱。待砂型舂实后，将模样放在辅助胎型上。在砂箱的通气孔

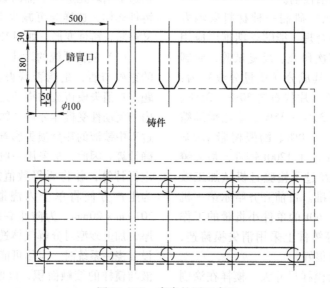

图 12-205 床身的冒口布置

中安插 ϕ12mm 铁棒制作通气道，数量适当，间距控制在 200mm × 200mm 为宜。通气道多些便于气体顺利排出，放置好分型浇道、内浇道，摆放好雨淋内浇道、分直浇道、直浇道和补缩冒口。紧固上中下箱，做好浇口杯，完成造型工序。

6. 熔炼及浇注工艺

（1）设备　采用一台 20t 中频感应炉和一台 20t 保温炉进行熔炼和保温，配有直读光谱仪、炉前快速分析、20t 浇包和其他相关设备等。

（2）配料（HT250，质量分数）　生铁 35%、废钢 45%、回炉铁 20%，增碳剂加入量视炉前化学分析结果而定。

（3）精炼过热温度　1500 ~ 1510℃。

（4）化学成分调整　炉内铁液化清后升至 1430 ~ 1450℃，取样做炉前快速化学分析并进行成分调整。

（5）孕育处理

1）随流孕育。采用 FeSi75，加入量为 0.4%（质量分数），出铁液随流缓慢加入，加入时间为出铁液时间的 80% ~ 90%。

2）浮硅孕育。加入 FeSi75 0.2%（质量分数）进行浮硅孕育。

（6）浇注工艺　浇注温度为（1380 ± 10)℃。生产了 1000 多 t 铸件经过检验，达到设计要求。目前齐齐哈尔第一机床厂单件床身、工作台、箱体等铸件已经完全采用消失模铸造，生产的 27.1t 数控重型卧式车床床身如图 12-206 所示。

图 12-206　数控重型卧式车床床身

7. 注意事项

1）正确选择铸件涂料，保证涂料的涂挂性、透气性、耐火度等性能，合理控制涂层厚度。

2）模样内腔要合理布置支撑，可避免模样变形。

3）要做好芯顶和芯铁的预放工作，防止漂胎和掉胎。

4）铁液的出炉温度及浇注温度要严格控制，可避免黏砂或夹渣缺陷。

8. 结论

1）采用聚苯乙烯板制作消失模模样要比传统铸造工艺制造木模、芯盒成本低很多，制作周期缩短。

2）简化了造型过程中的制芯、合箱过程，缩短了造型时间，同时也避免了组芯过程中的尺寸偏差。

3）消失模铸造不存在与分型和起模有关的铸件结构工艺性的问题，从而减少了在设计时所受到的限制，消失模铸造对铸件结构的适应性非常强。

4）采用消失模铸造技术生产机床大中型铸件可行，尤其是对于单件或小批量机床床身铸件采用此方法生产会获得可观的经济效益。

12.61　采用实型铸造 65t 重型机床卧车箱体工艺（刘福利，肖占德）

河北省泊头市东建铸造有限公司于 2008 年 10 月为上海良精机械公司采用实型铸造工艺生产了一台 C6135 -20011 重型机床卧车箱体，铸件质量达 65t。从接到订单和图样开始，经审查图样，编制工艺，制模（EPS），铸造、清理完成，总计 29 天。经咨询中国铸造协会实型铸造专业委员会，证明该铸件是我国目前采用实型铸造工艺生产的单件最重的铸铁件，刷新了纪录，填补了国内空白。经检验，铸铁件的各项技术指标和质量均达到了图样的设计要求。

1. 铸件结构特点

C6135-20011 重型机床卧车箱体（见图 12-207），铸件材质为 HT250，是一个方形箱体件，有滑动导轨、有油箱，外廓尺寸为 3000mm × 2640mm × 3140mm，上下方向（和导轨平行）有几个大孔，内部由肋板（多层）相连，外壁厚度分别为 50mm、70mm、120mm，内部肋板厚度平均为 50mm、55mm、65mm，最

大热节尺寸为 $\phi180mm$ 和 $\phi200mm$，几个通孔直径最大为 $\phi1100mm$，最小为 $\phi300mm$。导轨无特殊的硬度要求，但不能有气孔、砂眼、缩松等铸造缺陷，内部油池不能渗漏，非加工面、局部地区铸造缺陷可焊补。

图 12-207　C6135 – 20011 重型机床卧车箱体

2. 造型方法的选择

考虑该铸件质量大、体积大，要求工期短，结合生产企业车间的起重能力——一台 50t 桥式起重机（带副勾），两台 16t 桥式起重机，两台 16t 电动葫芦（带付勾）。两台双排大间距 10t/h 冷风冲天炉，前炉容量一次出铁液可达 40t。从几个因素综合考虑，决定采用最经济可靠的地坑造型法，用实型铸造工艺完成。

3. 卧车箱体工艺设计及实施

（1）泡沫塑料（EPS）模样的制作　采用密度为 $16kg/m^3$ 的聚苯乙烯板材切割、黏结而成，关键连接底部设加强肋，模样检验合格后投入使用，不考虑 EPS 的收缩率。

（2）分型面的选取　机械加工面积大的部位和油箱放在下部，为了便于排除型腔内部气体，几个通孔位置上下放置。由于导轨和几个孔是平行关系，导轨被迫侧立放置。为了防止侧放导轨出现问题，在工艺方面也采取了一些措施：比如适当加大加工余量、导轨部位加强通气管道，加大春砂时强度和砂层之间的结合等。

（3）填砂、春砂　由于铸件高大，内部多层肋板相隔，为了便于填砂、春砂，从高度方向上把泡沫塑料模样按肋板的位置分割为5段，第一段高度为 520mm，第二段为 585mm，第三段为 645mm，第四段为 770mm，第五段为 500mm。为了防止每层之间型砂结合强度和防止出现干砂现象，造型过程中采取以下三条措施：

1）适当放慢（延长）树脂砂的固化时间。

2）在每层结合处放置芯铁以加强型砂的强度和连接性。

3）塑料模样在黏结处注意用样板卡好，黏结好，防止凹凸不平和夹砂现象。

（4）型砂、涂料、吃砂量的选择

1）型砂颗粒为 20/40 目呋喃冷硬树脂砂，旧砂再生回用并添加 10% ~ 15%（质量分数）新砂，新砂为水洗砂，型砂 24h 后，终强度达 0.8 ~ 1MPa。

2）涂料。实型铸造专用醇基涂料，人工刷涂三遍，涂层平均厚度为 1.5 ~ 2mm。

3）吃砂量的选择。地坑底部吃砂量平均为 350 ~ 400mm，侧部为 350 ~ 400mm，上箱为 250 ~ 300mm。

（5）铸件收缩率和机械加工余量　机械加工余量上部、下部、侧面和孔径均为 15mm，导轨部位为 20 ~ 25mm，铸件收缩率为 1%。

（6）浇注系统设计、浇注过程中铁液的控制

1）地坑实型铸造超重超大型机床箱体铸件，在考虑浇注工艺时应注意以下两个关键问题：

① 一般大中型铸件，直浇道设计均在两个以上，首先应考虑车间起重设备的承载能力及之间的距离，能保证吊起铁液按指定的浇口盆

注入铁液，在此前提下再选取最佳的浇注工艺。

② 浇注特大型铸件，冲天炉不可能一次完成所需铁液，要分几次相隔一段时间出铁液。如何减少铁液热量损失，保证足够高的浇注温度，如何控制和调度好铁液尤为重要。

2）为保证机床箱体这个重大型铸件的浇注温度，采取了以下一些措施：

① 扩大冲天炉前炉的容量。铁液在前炉中储存比在浇包中储存降温要小得多，把 10t 冲天炉前炉扩大容量到 22～24t。

② 提高铁液出炉温度与通常采取的办法相同，适当增加底焦高度，铁的块度适当，提高焦炭的质量，加料时安排要及时，不能空料。

③ 冲天炉前炉、座包、吊包要烤干、烤透。铁液注入包内后加保温剂、稻草灰等进行保温处理。

④ 控制和调度好铁液出炉和等候时间，两台 10t 炉同时开动，2.5～3h 出第一批铁液 39～41t，分别注入座包 20t 和四个 10t 包各 5～6t，相隔 1.5h，第二批铁液出炉 21～23t，分别把几个包装满。在此期间，5t 备用包也从前炉注入 3t 铁液。

3）出炉铁液温度，第一批出炉铁液温度为 1410～1420℃，第二批出炉铁液温度达 1430～1440℃，浇注温度为 1300～1310℃，浇注时间共用 3min。

4）浇注系统尺寸见表 12-32。尾座体浇注系统示意图如图 12-208 所示，铸件浇注位置示意图如图 12-209 所示。

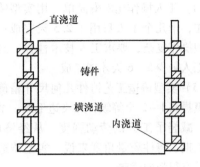

图 12-208　尾座体浇注系统示意图

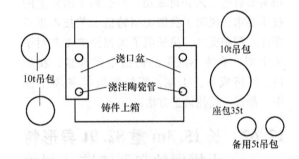

图 12-209　铸件浇注位置示意图

4. 卧车箱体质量检验

1）模样材料 EPS，密度为 16kg/m³（泊头市当地产品），模样重 130kg。

2）材质为 HT250，单铸试棒抗拉强度为 260MPa。铸件化学成分：$w(C)=3.11\%$，$w(Si)=1.53\%$，$w(Mn)=0.97\%$，$w(P)\leqslant0.11\%$，$w(S)\leqslant0.09\%$。

3）几何尺寸和表面质量。卧车箱体下部、底部几何尺寸增大 5～10mm，局部位置出现凹凸不平和皱皮，不影响使用和性能。内部、角棱处有黏砂现象，给清砂工作带来一定困难。

5. 卧车箱体采用实型铸造工艺的优点

（1）节约木材　此件如果做木模，模样、上下型板、抽芯式或组合式模样，共计 22 个木模，大约需用 22～23m³ 木材。用实型铸造工艺大大节约了木材。

（2）节省资金，降低铸件成本　做木模概算成本报价 15 万元，做 EPS 模只需 0.95 万元，模样费用相差十几倍之多。

（3）缩短工期　做木模大约 2 个月才能完成，EPS 模只用了 9 天，工期提前了 50 多天。

表 12-32　卧车箱体浇注系统尺寸（开放式浇注系统）

序号	浇道位置名称	尺寸（长×宽×高）/mm	个数	层数
1	直浇道	φ120 陶瓷管	4	
2	横浇道	2000×90×90		4 层×2
3	内浇道	230×130×130	6	4 层×2
4	浇口盆	2000×600×450	2	

5）在热节处插上可熔性内冷铁，直径 φ20mm 生铁棒，防止缩松。

6）在地坑底部放置焦炭、通气绳，侧面放通气管，加强通排气。

（4）工人操作比木模简单　用实型铸造工艺操作，十几个工人只用了2.5天完成；而木模造型操作复杂，要求工人技术性强，同等数量的工人最少5~6天才能完成。

（5）实型铸造工艺铸件几何尺寸精确　要比木模提高1~2个等级，无飞边毛刺，节约了金属，减轻了工人的劳动强度。从经济成本、缩短工期、铸件质量角度来说，实型铸造工艺铸造具有很强的优势。

通过这个重65t的较复杂卧车箱体铸件采用实型铸造工艺获得成功，并达到了图样上的技术要求，说明了我国实型铸造工艺技术正不断地发展和提高，更证明了实型铸造工艺对于大中型、单件小批量的铸造生产来说，在质量、经济成本、工期、节约物资等各项指标中，都优于其他铸造方法。

12.62　长15.3m重82.9t异形特大横梁的实型铸造（刘福利，肖占德）

河北省泊头市东建铸造有限公司2010年的实型铸件产量达1.2万t，其中单重20~30t以上的大型铸件占50%以上。近年来连续成功浇注了单重65t的大型箱体铸件、单重75t的大型立车工作台、底座等实型大铸件和特大型铸件。2011年4月又一次成功浇注了一个12.5m专机用大型横梁（见图12-210和图12-211），铸件长15.3m，单重82.9t，为异形特大型实型铸件，为实型铸造工艺积累了一些成功的经验。

图12-210　大型横梁铸件侧面图

1. 横梁铸件结构分析

异形横梁铸件材质为HT300，导轨有硬度

图12-211　大型横梁铸件端面图

要求。经过机械加工后零件的尺寸为：15240mm×2415mm×2190mm，导轨左侧热节ϕ135mm，导轨右侧热节ϕ110mm，如图12-212所示。该铸件的最大特点是长度大、六面封闭，只有两侧有300mm的孔若干。这种结构给实型铸造工艺操作带来很大困难。

2. 泡沫塑料模样制作

泡沫塑料模样材料选择聚苯乙烯（EPS），密度控制在18kg/m³，由于铸件具有"长、大、重"的特点，要求模样具有较高的强度和刚度。泡沫塑料模样采用人工切割，通过黏结成形，模样总质量为212kg。

由于其结构为六面封闭的特殊性，为使造型操作和刷涂工作具有可行性，在模样上部每相隔600~700mm开设500~600mm的"天窗"12个。泡沫塑料模样制作厂家对其结构和几何尺寸进行了全面检查，由于北方春天的气候干燥，日光很好，所以露天晾晒了2天，之后放入车间。

3. 铸件收缩率和加工余量、反挠度的选取

1）铸件收缩率。长度方向取1.2%，宽度和高度方向取1%。

2）机械加工余量。导轨下部加30mm，侧面和两端面加25mm。

3）长度方向变形反挠度取0.25%。

4. 型砂和涂料

1）型砂颗粒度取20~40目，大型铸件加入15%~20%（质量分数）的新砂，以提高型砂的耐火度和透气性。

2）涂料选用自制石墨水基涂料，刷涂两遍，第三次检查和补刷一次"不到位"或一些"特殊部位"；涂料厚度：平面部位1.5~2mm、"棱角"和厚大及特殊部位2~3mm（涂层厚度

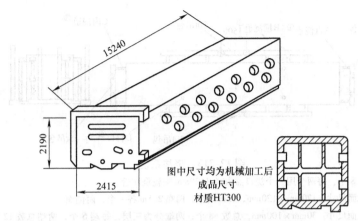

图 12-212　横梁铸件结构图

很难检测，只是在铸件出箱后通过残留在铸件表面的涂层来测量）。刷涂后的泡沫塑料模样质量达到 400 多千克，搬运翻转时都要十分小心谨慎，防止模样变形、开裂和损坏。

5. 地坑造型操作

（1）地坑造型　对于这种大型铸件，地坑造型是最佳的选择，特别注意地坑下部的通气性非常重要，要铺一层干碎焦炭，埋设通气管道和通气草绳等，在其上面再埋型砂 250 ~ 300mm，一定要捣实，因为下面有焦炭等物，地坑两侧用铁板或砂箱作为挡墙。

（2）反挠度控制　在泡沫塑料模样上做出反挠度，使其与下部反挠度相吻合，上部再压上压铁。

（3）造型操作控制　造型共分三部分，从两端向中间和从中间向两端同时进行。因为模样上面开设了"天窗"，操作起来比较方便。注意：型腔内外填砂高度要平行进行，防止造型填砂过程挤压模样造成模样变形、开裂和损坏。

（4）吃砂量控制　侧面 300 ~ 350mm；两端 400 ~ 450mm；上箱采用两个长 8m、宽 3m、高 350mm 的旧砂箱。

整个造型过程由 15 名造型工人同时操作，同时开动两台混砂机，耗用十几个小时，共用 300t 型砂，才完成了地坑内的造型操作。

6. 熔炼和浇注

（1）熔炼　采用两台 10t 双排大间距冷风冲天炉，前炉容量较大，可容储 22 ~ 24t 铁液。熔炼铁液过程持续了 4 个多小时。铁液出炉温度控制在 1400 ~ 1440℃。

（2）浇注　采用开放式浇注系统，直浇道设计位置应考虑车间内起重设备能力及相互间距。直浇道采用陶瓷管，两个直浇道共用一个浇口杯，如图 12-213 所示。全部浇注完毕共需约 3min。

应该说明一点，30 多吨容量的座包，在设计制造过程中应考虑其保温性能，耐火材料厚度应大于 150mm，使用前一定要进行充分干燥，烘干烘透。铁液进入座包后一定要覆盖保温剂。座包内注入铁液不要一次加满，一般分 2 ~ 3 次注入为宜，以便于铁液保温。

7. 铸件质量检测

1）铸件几何尺寸要符合图样要求，特别是铸件变形挠度一定要与预计的比例相符。

2）铸件的化学成分应符合表 12-33 的要求。

表 12-33　铸件的化学成分（质量分数,%）

元素	C	Si	Mn	S	P
含量	2.9	1.54	1.21	0.12	0.10

采用手锤式硬度计对导轨硬度共检测了六点，平均硬度为 160HBW。

3）铸件上部和侧面、局部位置发现存在实型铸造工艺特有的铸造缺陷：外表面积炭、积渣，但都很浅，不影响铸件的力学性能和使用性能。

从接到大横梁图样，开始制订铸造工艺，制作泡沫塑料模样，造型，熔炼，浇注，铸件清理，一直到合格铸件出厂，历时 3 个月时间。如果采用木模铸造工艺，仅木模制作时间最快

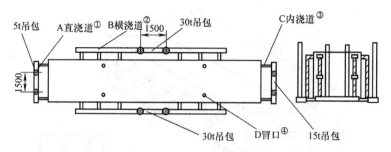

图 12-213　浇注系统

① 共8个，每两个用一个浇口盆直径 φ120mm 陶瓷浇注管。
② 截面尺寸：120mm×120mm，12m 两个，两端 2.5m 各一个，两侧面。
③ 截面尺寸：30mm×100mm，总数 68 个，两端分为三层，每端 6 个，两端总数 12 个，两侧面分两层，每面 28 个，两侧面总数 56 个。
④ 为钢管 φ30mm，共 4 个。

也要2个月，同时需要木材 15～20m³，制模费用需要28万～30万元。从工期和铸件生产成本来看，凸显了实型铸造工艺的优势和强大的生命力。大横梁铸件一次浇注铸造成功，积累了异形特大型铸件的实型铸造工艺技术和经验，为实型铸造的发展做出了贡献，为我国实型铸造技术开创了新的篇章。

12.63　大型机床床身底座铸件的消失模铸造（刘磊，邹吉军）

消失模铸造生产大型机床床身底座铸件毛坯是目前主流的趋势，较传统铸造方式有很大优势。可以从生产过程各个工序环节进行合理的调整，满足机床类铸件消失模铸造的要求，制造出合格的铸件毛坯。

消失模铸造机床床身底座较传统铸造有以下三个优势：

1）现在主流大型机械厂所设计的床身底座铸件大多都是单件小批量，且结构基本都不相同，采用传统木模铸造生产周期长、费用高，采用消失模铸造可以满足单件小批量的铸造生产。

2）消失模铸造模样为泡沫塑料模样，大大节约了木材的使用，降低了实物成本，提高了附加值。

3）消失模铸造从模样的制作到铸件的发件周期为20～30天，能满足客户短期开发新品的要求。

1. 机床类铸件生产的难点

机床类铸件相对于生产汽车冲模铸件的结构有几个特点：

1）机床类铸件大多平均壁厚为 20～30mm，基本接近铸件的最小壁厚，在消失模铸造过程中，由于模样的燃烧会吸收铁液一部分热量，很容易造成铸件冷隔或炭渣等缺陷。

2）机床类铸件大多采用双层甚至多层加强肋板（见图 12-214），使得涂刷、造型难度加大，很容易造成漏刷、漏舂现象，形成铸件黏砂缺陷。

图 12-214　多层加强肋板

总之，由于机床类铸件独特的结构，决定了其生产的难度，如何针对此类铸件制订相应的铸造工艺，以及如何解决实际生产工序的难点，成为制造出质量合格、顾客满意的机床铸件的关键。

2. 机床类铸件铸造工艺的制订

机床类铸件模样均为自制模，在制模前其二维图样由技术员进行工艺评审（见图 12-215），主要是结合实际生产操作，解决模样的结构性问题。曾经生产过一个箱体，其结构难点在双排十字交叉孔（孔径 80mm，孔深达 1200mm），为保证孔的质量，在工艺评审时从涂刷、造型等各个环节做了相应的工艺要求，最终铸件质量很好。

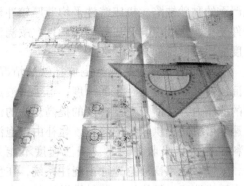

图 12-215　二维图样

浇注系统的设计是否合理是铸件质量好坏的一个关键的因素，应根据铸件结构采取合理的浇注系统，一般采取底注或阶梯注等方式。结合机床铸件薄壁的特点，应考虑防止浇道远端出现冷隔、炭渣缺陷，采取必要措施，如提高浇注温度，增加内浇道截面面积，提高铁液静压力头，设置远端引流以及横浇道末端聚渣包等。

3. 模样涂刷涂料

（1）涂料质量　消失模铸造耐火涂料一般由耐火骨料、悬浮剂、黏结剂和添加物组成。不同于普通铸造，消失模铸造涂料是直接涂覆在模样表面上的，涂料的性能直接关系到铸件的质量。

一般来说涂料有两个作用，一是涂料涂覆在模样表面，烘干后具有一定的强度和耐火度，在模样表面将铁液与树脂砂隔绝，防止铁液渗透至树脂砂中形成机械型黏砂缺陷；二是涂料具有一定的透气性，以便在泡沫塑料模样汽化过程中将残余的气体有效排出，避免铸件出现气孔缺陷。

在很多情况下，涂料排出泡沫塑料模样汽化分解产物的能力与涂层的强度是一对矛盾。对于消失模而言，既要有良好的对泡沫塑料模样汽化分解产物排出的能力，也要有一定的强度，同时还应具有良好涂挂性能。

涂料黏度越大，涂刷越困难，既要保证涂料能顺利的涂覆模样表面，又要保证涂料涂覆后有一定的厚度，这就必须调整好涂料的黏度。鉴于机床类铸件结构的特点，对于一些易黏砂部位还应采用耐火度较高的涂料，如锆石粉耐火涂料等。

（2）涂刷与烘干　为保证涂层厚度，一般模样需要涂刷两遍，对于一些特殊要求的铸件，模样有时候还要涂刷三遍。对于某些尺寸较大的底座类铸件，涂刷无法兼顾到全部地方，需要将模样分开后各自涂刷；有一些立柱类铸件加强肋板层次较多，存在封闭性结构或盲点，还需要制作活块，将无法涂刷的地方切开后涂刷，烘干完毕后再黏结好，如图 12-216 和图 12-217 所示。

图 12-216　模样上做活块

图 12-217　活块上涂覆涂料

涂刷完毕的模样必须经过24~36h烘干后方可进行造型。由于机床类铸件平均壁厚较薄，即使涂料涂覆后其强度会有一定的提高，但由于涂料未烘干，无法在其表面形成较高强度的涂料层，如烘干放置位置不合理，很容易引起模样变形，严重时可导致铸件报废。因此烘干必须保证铸件按其分型面水平放置。

4. 自硬树脂砂造型

（1）自硬砂的选择 采用的是酸催化呋喃树脂自硬砂，混砂机是30t连续式搅笼混砂机。加料顺序如下：

$$原砂 + 固化剂 \xrightarrow{搅拌} 树脂 \xrightarrow{搅拌} 出砂$$

以上顺序不可颠倒，否则会引起局部激烈的硬化反应，影响型砂整体硬化效果。一般情况下物料的比例（质量比）为原砂:树脂:固化剂 = 100:1.2:0.5，而对于某些有特殊要求的模样，则需调整其比例，以达到提高或降低型砂硬化强度，抑制或是加快或降低型砂硬化速度的目的。

特别机床铸件有些结构很复杂，容易出现严重黏砂或砂胎断裂漂芯的情况，这样就应该注意适当增加树脂量，提高型砂的强度；有些机床铸件黏砂倾向可能较小，但由于多层肋板结构，型砂如果固化速度过快就可能来不及将型砂春紧实。这就需要适当减少固化剂量，降低型砂的固化速度，便于手工造型。

（2）造型工艺 造型前应检查模样的变形情况。尽管在烘干过程中模样一直是水平放置的，但是由于模样每处所在的温度场不一样，导致涂料烘干收缩不均，造成模样的变形。具体做法是用压铁压住模样，用刀片检查模样分型面与造型底板是否存在过大的缝隙，在型砂覆盖住模样后再撤去压铁。

由于机床铸件基本是单件小批量生产，必须熟悉其内外部结构，从而调整混砂机树脂或固化剂的含量，以满足模样手工造型的工艺要求。一般对于机床铸件来说，要求型砂硬化速度较冲模铸件稍慢些，而型砂强度应较冲模铸件稍高些。对于一些型砂易烧结的结构，如深窄孔槽，为防止型砂烧结黏砂，还需准备一些蓄热系数更大的型砂，如铬铁矿砂。

5. 浇注工艺

铁液是在中频感应炉内进行熔炼的，相比冲天炉其成分更容易控制，铁液的纯净度也有了显著的提高，浇注温度与浇注速度对铸件的最终质量有很大的影响。消失模铸件由于在充型过程中有泡沫塑料模样汽化吸热的理化反应，故其浇注温度应比砂型铸造的要高，以提供泡沫塑料模样汽化所需的热量。浇注温度过低，则泡沫塑料模样汽化不良，会出现冷隔、炭渣孔、疏松等缺陷；浇注温度过高，则会出现严重的黏砂缺陷。机床铸件平均壁厚较冲模铸件要小，铁液应具有更好的流动性，故浇注温度应比冲模铸件高20~40℃。

浇注过程中应随时观察浇口杯铁液情况，保证浇口杯中铁液有一定的深度，给予铁液足够的静压力，有助于充型速度的提高。快的浇注速度可瞬间提供较多的热量，弥补由于泡沫塑料模样汽化吸收的热量。浇注速度不能太快，太快会导致铁液急速冲击浇注系统，在型腔内形成湍流，易将泡沫塑料模样汽化渣卷入铁液中，不便于泡沫塑料模样汽化渣的排出，形成渣孔缺陷。结合机床模样结构特点，经过反复的探索，在机床铸件的浇注速度应比冲模的浇注快。

针对机床铸件浇注工艺，应遵循高温快浇的原则。机床类铸件的结构特点及生产难点决定了其对涂料质量和厚度、型砂质量和强度，以及铁液温度和流动性都有比冲模更加严格的要求，今后对此类铸件进行消失模铸造工艺编制时应对以上几个方面做出特殊规定。

12.64 实型消失模大型铸件箱内冷却和砂箱降温措施（肖占德）

实型铸造采用树脂造型和负压干砂消失模工艺铸造生产大中型铸件：由于铸件大，砂箱大，用砂量也大，铸件浇注后热容量大，铸件箱内冷却和砂降温比较困难。它直接影响着企业的正常生产、产品供货期限、铸件变量和成本。造型材料是铸造生产中不可或缺的最基本的工艺材料。型砂中各种原材料的合理配制，正确的混砂工艺，直接影响着铸件质量和成本。铸件金属牌号、几何尺寸、重量及造型工艺的不同，对型砂性能和制作（混制）工艺要求有较大的差异。实型采用树脂砂造型，负压干砂消失模工艺，生产大中型铸件，对型砂颗粒度、耐火度（灼热减量）、灰分、水分等性能有一定的要求。在混砂、造型加砂的生产过程中，对砂温有严格的要求。砂温对于黏土砂造型工艺影响不大，一般不做技术处理。

负压干砂消失模工艺制造中小型铸件，由于铸件小而轻，砂箱体积小，用砂量少，在流水线生产中，浇注半小时最多 1h 即可开箱出件。砂回到砂处理后，即可入砂库循环使用。对于大中型铸件而言，由于铸件大而重，砂箱体积大，用砂量大，和上面所述情况就大不相同了。如 1 个单重十几吨二十吨铸件砂箱造型，用砂量有 40 ~ 50t 之多，浇注后自然冷却，铸件温度 200℃ 左右出箱，待型砂在 60℃ 左右可进行回砂处理，最少也要 5 ~ 7 天。如果不采取措施，在很短的时间内出箱，铸件会发生变形和开裂。采用树脂砂生产实型大中件，多属单件小批量生产。生产厂家为了缩短工期，节省砂箱制作费用，多采用地坑造型工艺和拼箱造型（把几个小砂箱组合成砂箱外壁，替代大砂箱使用）。

地坑造型比砂箱造型多用砂 15% ~ 20%。如 1 个单重 60 多 t 大型专机的立柱，地坑造型用砂量大的达 120 ~ 130t 之多。浇注后自然冷却到铸件规定的 200℃ 左右出箱，砂箱内砂温达到合理的、可回砂处理再生的范围，最少要 8 ~ 10 天，夏秋两季时间会更长。砂温高，混制树脂砂固化快，型砂强度低，易造成铸件黏砂和变形，型砂在高温金属液的作用下发生溃散，造成铸件不合格品。砂温高，造型加砂会烫坏泡沫型，影响铸件质量。

过去为了解决砂温高的问题，打箱后的热砂用铲车运到车间外，露天堆放冷却，加大了劳动量。干热砂往返运输污染了环境。为了降砂温，混砂时大量加入新砂来调温。加入新砂，随之树脂，固化剂的加入量也要提高，加大了铸件成本。砂量大了砂库容不下，只能到处堆放。砂温高，降温慢，铸件箱内保温和冷却相关联，砂降温和铸件箱内冷却即是同一个问题的两个方面。铸件箱内保温和冷却应有其一定的规范和要求。激冷或局部冷却会造成铸件缺陷，应充分考虑和注意。

为了解决这个问题，泊头市几家采用实型工艺和负压干砂消失模工艺铸造生产大中型铸件的企业，连同铸机生产厂家，在生产实践中试验成功了几项成本不高、操作简便的措施，可供参考。

1. 砂箱外壁淋水，上箱喷水雾

浇注后的铸件，在砂箱内原地停留一段时间。时间长短取决于铸件重量大小和结构上的特殊性，一般在 7 ~ 8h 或更长一段时间；把砂箱和箱内铸件吊运到预定地点（有下水道），向砂箱外壁淋（喷）水，上箱喷水雾，产生大量的蒸汽，用大风量风机吹散水雾和蒸汽，带走热量。间断均匀地进行淋水喷水雾，降到一定温度出箱。把铸件吊走，继续对热砂进行喷淋，直到热砂降到可行的范围。

操作应注意以下两点：

1）喷淋是间断性地均匀进行，不能长时间停留在一个地方。

2）注意砂中水分不能过量，否则会造成新的问题。可铸件箱内冷却和砂降温，比自然冷却降温可缩短一半时间。

2. 地坑造型工艺铸件冷却和砂降温

地坑造型在造型填砂时，在地坑底部型砂中和地坑四周（侧面）预埋 1 ~ 2in（25.4 ~ 50.8mm）铁管，铁管四周钻若干个小孔，铁管之间相距 350 ~ 400mm。铁管和泡沫型之间的距离，底部为 70 ~ 80mm，侧面为 60 ~ 70mm，侧管直插底部，管上部高出上箱外，底部管两边出口和透气绳相连。透气绳上面通出地坑外，如图 12-218 所示。

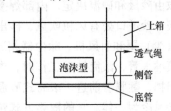

图 12-218　地坑造型工艺铸件冷却措施

铸件浇注后，经过一段时间（这段时间长短由铸件大小和重量决定），开始向管内和透气绳燃烧后的空洞处淋水，上箱喷雾，产生大量蒸汽从管内喷出，使用大风量吹风机把水雾吹散并带走大量的热量。地坑中散热是比较均匀的。这个方法比自然冷却和降温可缩短3~4天时间。

这个方法的特点如下：

① 铁管预埋（插）在型砂中对于加强型砂强度有一定作用。可适当减少吃砂量，降低砂铁比例，对砂降温和降低铸件成本有很大好处。

② 浇注铸件时产生大量气体，可顺畅地从预埋管中排出，带走了一部分热量，预埋管也是一个大的通气孔，增加了型砂的透气性，对于铸件的质量有一定的益处。

③ 喷淋水是间断均匀的，不会影响铸件质量。在喷淋水时，注意防止蒸汽喷击伤人。

3. 选用功效大、降温幅度大的砂温调节器

铸件大而重，砂箱内（地坑内）砂子量大，选用砂处理设备的砂温调节器一定要选功效高、降温幅度大的设备。泊头几个生产大中型实型消失模铸件企业，选用了滚筒式砂温调节器，效果很好，如图12-219所示。

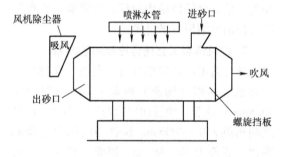

图12-219　滚筒式砂温调节器

滚筒直径为1~1.5m，长度为5~7m，大小的选取由砂量和砂温决定。内部焊接多片阻挡式挡板，砂进口处有风机吹风，砂出口处安有吸风（尘）罩和引风机、除尘器相通。滚筒上部有喷淋水管，滚筒转动工作时，内部热砂被挡板阻挡，翻腾着前进。滚筒式砂温调节器集水冷和风冷为一体。它的散热方式包括了热传导、热对流、热辐射全部内涵，所以它的砂

调温幅度大，效果佳。

采用实型和消失模工艺铸造生产大中型铸件时，砂温处理的问题影响着车间生产正常运转，处理不当则影响铸件质量和成本。夏秋两季这个问题更为突出。

12.65　实型铸造生产汽车覆盖件冲模的质量控制（袁三红，李大元，周笃祥）

20世纪80年代中后期，实型铸造开始应用于汽车覆盖件铸件的生产。21世纪以来，随着汽车模具三维实体及整体数控的全面推广应用，实型铸造在汽车覆盖模具铸件的生产中得到了广泛应用，为近几年我国汽车工业的发展提供了强有力的支撑。在汽车覆盖件模具铸件的生产中，实型铸造采用整体数控或手工制作模样，应用呋喃树脂自硬砂造型。当金属液浇入铸型时，泡沫塑料模样在高温金属液作用下迅速汽化、燃烧而消失，金属液取代了原来泡沫塑料模样所占据的位置，冷却凝固成与模样形状相同的铸件。对于生产单件的汽车覆盖件大型模具、机床床身等，实型铸造比砂型铸造有较大优势，省去了昂贵的木模费用，便于操作，提高了生产效率，具有尺寸精度高、加工余量小、表面质量好等优势极大地缩短了汽车行业产品开发周期，加快了新车型推出的速度。

1. 实型铸造在东风通用铸锻厂的生产与发展

东风汽车公司通用铸锻厂，主要为东风公司产品开发提供所需的各种有色、黑色金属铸件和锻造毛坯。

1995年为满足神龙汽车有限公司"富康"轿车模具国产化的需求，经过两年的努力研制和开发符合法国标准的H215、H235、50CD4、QT600-3冲模铸件新材料及相应的实型铸造工艺，完成"富康"轿车全套国产化模具铸件共69套、629种铸件，在国内首先实现采用实型铸造工艺生产轿车覆盖件冲模铸件。到2003年数控技术和三维实体的发展和推广，手工加工泡沫塑料板型材成形的制作模样方式被整体数

控成形所替代，整体数控的模样相对位置尺寸精确，彻底消除了手工制作的累计误差，加工余量既小又均匀，表面更加漂亮，通过实型铸造大型铸件已经实现了艺术品化。国内传统的四大模具公司（一汽模具公司，东风汽车模具有限公司，天津汽车模具有限公司，成都集成科技公司）在模样制作上均实现了整体数控，这项技术的发展为实型铸造的进一步发展提供了新的空间，采用实型铸造工艺生产的模具铸件的销售量每年以35%的速度增长，单件最大质量可达22t。

2. 实型铸造冲模的质量控制

采取中频感应炉熔炼的工艺，是实型铸造生产获得优质、纯净、高温的铁液从而获得优质铸件的关键因素。通过对原材料（如生铁、废钢、合金等）的合理选用、合金成分的优化、熔炼工艺的优选，中频感应炉工艺解决了HT250、HT300、HT350、MoCr、H235的稳定生产，企业自主开发了大梁模以铁代钢用H215、H235优质合金铸铁材料，取得了比较好的经济效益和社会效益。

随着乘用车需求的发展，尤其是国内自主轿车品牌的高速增长的拉动，覆盖件模具的需求急增，使国内模具行业得到快速发展。对高性能大吨位球墨铸铁件的需求的增加，如整体侧围、门内外板均需要高性能的球墨铸铁作为拉延材料，通过几年的攻关和开发，稳定生产QT500 - 7、QT600 - 3、QT700 - 2、QTNiCr、GM246、FCD600HD（相当于丰田公司TGC600）等覆盖件用模具材料。其中FCD600HD抗拉强度超过 $600N/mm^2$，断后伸长率达5%，淬火硬度达52~58HRC，处于国内领先，达到国际先进水平，单件最大质量可达12t。

（1）表面质量的控制

1）皱皮。皱皮是实型铸造铸铁件特有的表面缺陷，缺陷多位于铸件的上侧面或铸件的死角部位。其产生的机理为：在不利的工艺条件下，泡沫塑料模样来不及完全汽化，泡沫塑料模样在产生裂解产物或焦油状残渣的过程中，使原来泡沫塑料模样很薄的蜂窝状组织的隔膜增厚好几千倍，破坏了泡沫塑料模样的蜂窝状组织，形成很厚的硬膜。这种液态状或硬膜状的聚苯乙烯残渣漂浮在金属液面上或黏附在铸型型壁上，比原来蜂窝状组织的泡孔隔膜更难以完全汽化。在铁液冷凝过程中，因液态聚苯乙烯残留物的表面张力与铁液不同，引起收缩，在金属液冷却凝固后使它形成不连续的波纹状皱皮缺陷。影响皱皮缺陷的因素有许多，如泡沫塑料模样材料的影响、合金的影响、浇注温度和浇注速度的影响、浇注系统设置的影响等。通过多年的实践，生产企业发现解决皱皮缺陷的关键途径是保证泡沫塑料模样的完全汽化，而泡沫塑料模样的完全汽化的主要实现方法是在工艺系统比较合理的情况下适当提高浇注温度和浇注速度。试验表明，浇注温度在原来的基础上提高 20~30℃ 或浇注速度提高20%左右，皱皮缺陷得到了有效的解决。

2）黏砂。黏砂常出现在铸件的内浇道附近，高温铁液停留时间过长的铸件的下部以及热节和铸型春砂不到或春砂不紧实的部位。引起黏砂的主要原因是浇注温度过高，如浇注温度达到1460℃以上时铸件黏砂严重，清理难度大。涂层刷的不够厚导致黏砂严重。涂料的耐火度不够导致铸件黏砂，如铝矾土不符合技术要求导致涂料的耐火度降低而引起铸件黏砂和涂料冲刷。对涂料的改进和工艺的完善，能够有效控制铸件的黏砂，提高铸件的表面质量。

3）涨砂。涨砂常出现在铸件的下平面及铸件的侧面，是型砂的局部强度不够或局部型砂固化过早引起的型砂与泡沫塑料模样局部分离所致。对此情况，春砂时注意春紧实可以杜绝此问题，而局部型砂固化过早的问题通过调节型砂固化时间来解决，并取得了比较好的效果。

（2）内在质量的控制

1）气孔。气孔主要出现在铸件的导板处和金属吊把附近，加工后不能去除。其主要原因如下：

① 浇注系统设置不合理，含渣、气的低温铁液积聚在导板处。

② 泡沫塑料模样未彻底烘干，发气量太大。

③ 浇注速度太快，导致气体来不及排出。

④ 金属吊把氧化皮未去除干净，发气量太

大而来不及排出。通过对金属吊把进行抛丸除锈的办法解决了金属吊把附近的气孔。通过多年的试验，解决了导板处的渣气孔。

2）缩松。缩松主要出现在合金铸铁件的型面部位及局部厚大处，其产生的主要原因如下：

① 合金铸铁由于含有 Mo、Cr、Cu 等合金，补缩的要求大于普通的灰铸铁，浇注系统的设置没有充分考虑其补缩的要求。

② 型面部位比较厚大，而其上面的加强肋（十字肋）散热较快，导致反补。

③ 几大化学元素搭配不合理，导致铁液收缩率较大。

④ 局部厚大处无法补缩。

3）采取的对策如下：

① 合理开设浇注系统，将内浇道分散开设，同时适当增加内浇道数量，使铁液平稳上升，减少砂型的局部过热，减少因浇注系统设置不合理导致的局部过热。

② 采取侧底注的方法以避开型面部位局部过热或采取顶注的方法实现顺序凝固。

③ 冒口的设置遵循"避开热节，靠近热节"的设置方法或不设冒口，可加工去除的部位放内冷铁。

④ 适当调整化学成分，Cr 含量（质量分数）控制在 0.5% 以下。

（3）球墨铸铁冲模的质量控制　球墨铸铁冲模在企业的生产时间较短，相对其他冲模的生产，技术难度较大，尤其是本体金相组织要求较高，铸件的缩孔、缩松比较严重。通过工程技术人员的刻苦攻关，球墨铸铁冲模得到了比较稳定的生产。

1）球化不良。树脂砂的保温性能好，生产厚大断面的球墨铸铁件，本体球化极易衰退，出现蠕虫状石墨或片状石墨，导致力学性能不合格，为此，选用了抗衰退能力较强的球化剂同时配合微量元素的加入，对孕育过程的优化，本体球化 3 级以上，满足了用户的要求。

2）缩孔、缩松。由于球墨铸铁冲模的结构复杂，很难进行理想的液态补缩，同时，由于泡沫塑料模样的特殊要求，浇注温度不能太低（要求浇注温度 ≥1420℃），不能利用糊状

凝固进行自补缩，因此，在冲模的局部厚大处出现缩孔、缩松，导致铸件报废。针对此情况，对浇注系统进行了改进，采取了密集而又分散的内浇道结构来分散热节，同时采取内外冷铁相结合的工艺方法解决了此缺陷。

（4）实型铸造冲模存在的问题

1）渣孔。对于实型铸造冲模来说，由于其特殊的原因，泡沫塑料模样在汽化的过程中不完全裂解产生的渣以及泡沫塑料模样黏结剂不完全裂解产生的夹杂物积聚在铸件的上表面，不能加工去除，影响铸件加工后的外观质量。究其原因，为泡沫塑料模样在浇注过程中不完全汽化引起的缺陷。对此，进行了工艺探索：

① 合理布置浇注系统，以顶雨淋的浇道替代底注式浇注系统，使铸件在浇注过程中温度比较均匀，提高汽化效果。

② 适当提高浇注温度，对泡沫塑料模样黏结剂进行充分的裂解。

③ 适当增加出气道，使泡沫塑料模样汽化过程中产生的气体快速排出。通过采取上述工艺方法，上平面的渣孔有了很大的改进。

2）高牌号球墨铸铁（QT700-2）冲模的金相组织问题。QT700-2 冲模的生产不太稳定，主要问题如下：

① 合金元素的搭配不合理，导致本体金相组织（珠光体的含量）不稳定。

② 大量合金元素的加入导致铸件补缩困难，出现缩孔、缩松。

③ 对本体珠光体的含量与铸件淬火硬度的关系没有确切的了解。

3）泡沫塑料板材的问题。我国的泡沫塑料板材受化工工业的影响，铸造用泡沫塑料的相对分子质量明显大于国外的相对分子质量。如国产的铸造用泡沫塑料的相对分子质量为 45000 ~ 55000，日本的铸造用泡沫塑料的相对分子质量为 38000，同时，其发泡剂的纯度高，分子聚合度均匀性好和杂质含量低，无论其加工性能和汽化效果均优于国产的铸造用泡沫塑料。我国铸件质量要达到日本、韩国水平，铸造用泡沫塑料是一个需要解决的问题。

4）模样的整体数控加工的问题。泡沫塑

料模样采取人工黏结的办法制造模样,大量使用模样黏结剂,黏结不牢固和缝隙过多直接影响铸件质量,国外使用整体数控加工,解决了人为导致的尺寸误差,提高了生产效率,圆角过渡均匀,模样打磨后表面质量好,有利于浇注铁液的快速平稳充型,以获得高质量的铸件。

3. 实型铸造在汽车覆盖件上的应用前景

汽车冲压模具大都是大中件,结构复杂,技术要求高。尤其是作为典型代表的轿车覆盖件模具技术要求更高,国内几家主要模具公司如一汽模具、天汽模具、东风模具、成飞科技加快了发展速度,能初步满足汽车覆盖件模具的技术要求,近几年模具行业发展非常迅速,新的加入者不断进入,如上海屹丰、安徽福臻公司、柳州福臻公司等。国内模具业仅能满足市场需求的 50% ~60% (2005 年冲模毛坯的实际需求量已达到 11 万吨),大量的覆盖件模具仍然需要从国外进口,2004 年前国产模具所需的部分高档铸件也需要从国外进口(如大吨位 QT700 - 2 外板件主要从韩国和日本进口),预计今后模具国产化的速度将会进一步加快。

近年来东风汽车公司通用铸锻厂、白城通用机械厂、北赢铸造有限公司等均加大了技术改造的力度,中频感应炉熔炼、自动混砂机、直读光谱仪、金相显微图谱仪等得到广泛应用,在硬件上采用实型铸造工艺生产高质量的冲模铸件提供了坚实的基础,采用实型铸造工艺生产的模具铸件产品质量也已经达到或接近国际一流水平,能完全满足国内模具铸件的需求,部分模具铸件出口日本、美国及欧洲等地。而一些新的加入者如 2004 年新建的日资企业天津虹冈铸钢有限公司则完全引进国际一流的硬件设施和管理方法,采用实型铸造工艺生产汽车覆盖件模具铸件,其产品质量也达到了国际一流水平。新加入的台资企业如昆山六合、宁波永祥,其质量也达到了较高的水准。2001 ~2005 年汽车覆盖件销售量见表 12-34。

随着汽车工业的高速发展和材料技术的进步,今后 10 年实型铸造工艺将在汽车覆盖件模具铸件上广泛应用。

表 12-34　2001 ~2005 年汽车覆盖件销售量

年份	覆盖件销售量/t	增长率(%)
2001 年	2360	—
2002 年	3350	41.95
2003 年	4330	29.25
2004 年	9125	110.74
2005 年	13000	42.47

12.66　铝合金消失模铸造(孙平,孙之)

我国采用消失模铸造的铸铝件不到总量的 0.5%,发达国家铝合金的消失模铸造技术趋于成熟,已广泛应用于工业生产。1993 年德国宝马汽车公司开始建设 1 条年产 20 万只各种规格铝合金气缸盖的消失模生产线,于 1995 年 5 月正式投产,铸件成品率高达 90% 以上,每天生产约 1500 个铝合金气缸盖。1986 年通用汽车在纽约马西纳建成另一条大批量的消失模制模和浇注生产线,为雪佛兰生产铝合金缸体、缸盖。随后通用汽车在肯塔基州建成为土星汽车配套的消失模铸造线,生产铝合金缸体缸盖、球铁曲轴和壳体件,确定了其在消失模铸造领域的龙头地位。据 2007 年数据显示,美国有消失模铸造企业近百家;其中铸铝 20 余家,铝合金消失模铸件产量达到 15 万 t。消失模铝合金应用于汽车行业的约占总量的 96%。Mercury Castings 公司生产的船艇发动机铝合金 6 缸缸体和缸盖荣获 AFS 铸件金奖。Willard Industries 公司开发复杂铝合金铸件,其铸件外观质量可与金属型铸造件媲美。2003 年该公司生产家庭取暖和热水器燃气喷嘴,尺寸为 203mm × 38mm,质量为 1.35kg,材质为 A356 铝合金的。铸件内腔为环形空壳结构,211 个喷焰通孔($\phi 6.4mm × 8.6mm$)全部铸造而成,大大提高了生产效率。

2007 年陕西法士特集团铸造公司自制 2 条年产万吨的全自动消失模铸造生产线,该生产线除浸涂模样,放置模样造型与浇注等少数工序由人工操作完成外,其余工序均采用 PLC 自动控制,是目前国产消失模铸造生产线中机械自动化水平最高的生产线，基于 2 条生产线的成功投入生产并取得较好效益，公司于 2009 年建立了 3 条全自动生产线，其中 1 条为引进国外主要设备建成的全自动铝合金消失模铸造生产线。

Castyral 工艺即是在常压下浇注铝合金后，迅速将压力容器盖扣紧，快速建立 6.9kPa 压力，保压 15min。用 Castyral 工艺生产缸体、缸盖，铸件质量得到显著改善。铝合金消失模铸造模样现阶段普遍采用聚苯乙烯泡沫材料（EPS）制作。聚苯乙烯模样性能是影响消失模铸造过程的最重要因素之一，聚苯乙烯模样在高温液态合金的作用下，将发生一系列的物理化学变化，其与液态合金流动前沿形成大量分解产物，因而形成一个气隙，该气隙对合金液的流动、传热及传质有复杂影响。聚苯乙烯模样性能是影响消失模铸造过程的最重要因素之一，包括汽化潜热、发气性及相对分子质量。当聚苯乙烯相对分子质量增加时，其力学性能及耐热性增加，线收缩率也随之减小和稳定，故在条件允许的情况下，希望增加其相对分子质量，但如果过大会使模样汽化吸热，而且热解产物对合金液充型过程产生不利影响，从而降低合金液的充型能力及铸件质量。模样的表面平整度与尺寸精度直接影响铸件的表面质量，故在模样制作过程中要严格控制。在铝合金消失模薄壁件铸造中，模样的制作并保证其质量一直是个难题，美国消失模铝合金企业多采用 Styrochem 公司专为消失模铝合金生产的聚苯乙烯泡沫材料小珠粒，预发均匀，全自动控制成形，真空脱水定型，泡沫模样表面质量高，尺寸精度高。模样的成形工艺及成形装备也很重要。Teubert 公司在已有设备基础上不断加强模样成形工艺的研究，积极进行成形设备关键部件的改进。日本古久根株式会社、衣川铸铁株式会社所用涂料均都是只浸涂一层，涂层厚度为 0.8 ~ 1.0mm，涂层过厚，则会影响透气性、容易开裂剥落并延长涂层烘干时间。要获得合格铸件，涂层厚度应尽可能降低，即采用薄层涂料。研究表明，为保证铸件表面质量，宜在消失模模样上刷涂一层表面光泽涂料。我国一般都是浸涂 2 次（层），厚度一般

在 0.5 ~ 3mm 范围内。涂料在浸涂和烘干时不带浇注系统，从而提高了浸涂工序的效率与烘房的利用率。

铝合金浇注温度较黑色金属浇注温度低，模样反应后多为液化产物，且通过涂料渗出，故所需涂料要有良好的保温性，相比较而言透气性的要求不高。

铝合金消失模技术在国内外已经广泛用于工业化，企业应在几个方面来完善铝合金消失模铸造技术：提高泡沫模样的内在质量，降低其发气量，减少残留物，更应注重其表面质量以减少铸件的缺陷及降低其表面粗糙度；涂料的选择同样对铸件质量有很大影响，应努力开发或提高涂料质量，提高其保温性能，保证其合适的透气率，与此同时要保证原砂流动性；应认真对待铝合金熔炼，只有铝液质量高才可以得到性能良好的铸件，达到节省原辅材料、节约能源、提高效率和铸件质量的目的。近几年我国铝合金消失模铸造已经初步实现规模化、高水平化，为国内众多中小型企业创造了一定的经济收益和社会利益，在汽车工业迅猛发展的当下，铝合金消失模技术仍是我国铸造技术发展的重点。

铝合金消失模铸造的主要特点如下：

1) 由于浇注温度低，浇注时泡沫主要是液化，少量气孔化。为保证泡沫模样消失，必须提高熔炼和浇注温度。铝合金吸气孔夹渣倾向本来就大，大幅度提高温度必然加重吸气和夹渣，在铸件加工面上出现较多和较大的针孔（常伴随有渣）。泡沫的部分汽化还会在铸件内部和表面形成较大的渣气孔。

2) 用干砂充填铸件冷却速度较慢，加剧了铝液中溶解氢气孔的析出，以致厚一点的断面上针孔难以消除。

3) 由于冷却速度低，在厚处会形成粗大的金属结晶，并可能产生缩孔缩松，降低力学性能。

4) 铝铸件一般壁厚较小，稍大一些的铸造件在振实时容易变形。

5) 泡沫模样液化后可能有少部分液体未被涂料完全吸收，会加深铸件表面的珠粒印痕。

铝合金消失模铸造也经常出现浇不足、冷隔、涂料夹渣的问题。针对消失模铝件的特点，结合产品开发，在模具制作、珠粒选择、预发、成形、黏结、涂料、浇道、振实、熔炼及浇注、清理、试压、热处理全过程控制。

1. 消失模铸件生产工艺与设备的关键

生产工艺始终是第一位的，设备是为工艺服务的。要根据产品的技术要求和特点，详细进行技术分析，确定正确的工艺。尤其在消失模铸铝中影响因素更多，切不可认为有了好设备和好模具就能做出好产品。设备必须满足工艺要求，如预发泡机、成形机、粘合机、振实台、熔炼炉、精炼及固溶化设备等，好的满足工艺要求的设备更能保证产品的质量。例如，预发泡机一定要保证在不结块且发泡剂消耗较少的情况下得到满足制模较轻的密度要求又有足够发泡剂含量的松散干燥珠粒。成形机要保证充填均匀且较紧实，加热冷却均匀快速，温度时间可控，脱模容易，最好是得到表面光洁平整、较干燥的模片等。

目前蓝区设备生产厂家很多，虽然水平不一定高，一般都还能用，白区设备相对落后。泡沫模样是消失模铸的基础，没有好的泡沫模样就没有好的铸件。白区设备制作难度大得多，许多厂家白区设备简陋，以致泡沫模样不是密度大就是表面质量差，黏结缝也不齐甚至脱胶，严重地影响了铸件的质量和产量。

振实台紧实效果尚好，充填效果较差，在摇臂罩制作时既充填不好多肉，又怕加速度过大而变形，因而批量生产时振实台下砂和振动频率的配合是很重要的。国外振实台自控水平高，值得借鉴，也应重视提高水平方向加速度以增加充填能力而又不过于造成铸件变形。

2. 工艺问题中要重要抓熔炼和浇注

鉴于铸件各向收缩率并不一致，对于小的或尺寸精度不高的铸件采用一种收缩率制作模具问题不大，对于位置精度要求较高的薄壁且尺寸较大的铸件则会超差，因此在正式制作模具前常常有必要用手工线切割的方法拼合成大致的模拟产品，以测得铸件各向的实际收缩率，确保昂贵的模具尺寸正确。在制作摇臂盖时就是预先浇了手工切割的样件，然后适当地调整了收缩率再制正式模具的。

其他因素如泡沫密度、型砂种类一经确定，影响渣孔、气孔、针孔、浇不足、冷隔、晶粒粗大等缺陷的因素只有熔炼和浇注，包括浇道设置。除了保证合金成分合格外，一定要得到较高浇注温度下氧化夹渣和氢气含量最低的纯净铝液。单纯的氧化铝密度大于铝液，难以上浮排除。要防止熔炼时合金氧化和吸气，还要在精炼过程中将氧化夹渣和氢气排出铝液。由于成本和设备的原因国内采用气体保护熔炼和浇注暂时还有些困难。目前只能强化精炼过程，不管用什么方法精炼，首先要保证试样无针孔夹渣。精炼方法及含气试样检测方法很多，最近几年有多本与铝合金熔炼有关的参考书出版。实践中认真操作，必有成效，熔炼及浇注温度低，固然针孔会好一些，但同时会带来冷隔、浇不足、泡沫渣气孔来不及排出等缺陷，在精炼效果较好的情况下温度还是偏高一点好。浇注系统采用底注时，浇注平衡泡沫渣卷入可能性小，对防止渣气孔有利，但可能发生上部冷隔和浇不足，应多做几个方案工艺试验来确定。

3. 铝熔炉

反射炉头直接与铝水接触，熔化速度快，加剧了铝的烧损和氧化吸气，油价高涨的情况下还得考虑成本。坩埚炉虽可让炉气不接触铝水，但效果太低。感应电炉熔炼虽热效率高，翻腾的铝液氧化严重，采用惰性气体保护则耗气很大，设备费用高，会大幅增加成本，也很难完全隔绝空气。电阻反射炉和电阻坩埚炉熔炼质量尚好但耗时，效率太低。红外式电炉还未真正推广。有条件的工厂可以用天然气反射炉快速熔炼后转入电阻炉内做精炼处理。

12.67　加压式铝合金消失模铸造关键技术（吴建化，郑正来，徐先宜）

在欧美一些发达国家，铝合金消失模铸造技术已近趋于成熟，一些工厂已大规模地用消失模铸造生产铝铸件，近些年来国内曾有数家知名企业通过自主研发或引进国外技术，开展铝合金发动机排气管、发动机缸体缸盖的试制和生产,都因铝合金铸件内部缺陷无法得到解决而停止。国内目前能大批量生产优质的复杂薄壁铝合金铸件的企业并不多见。经过十多年的研究探索,吴建化等自主开发了加压式消失模铸造工艺,并建成了年产 1500t 的加压式铝合金消失模铸造生产线,其中加压消失模砂箱取得了国家专利。主要生产用于游艇和摩托艇的各类水冷隔套排气管铝铸件,实现了国内独家大批量生产,达到了国际同类产品的先进水平。

1. 泡沫模样质量控制

(1) 泡沫原材料选择及预处理　模样材料和密度直接影响最终铸件的质量,珠粒材料的选择和预发控制是保证模样质量的关键。模样碳含量越高,密度越大,分解后液相碳化物越多,铸件越容易产生冷隔、夹渣等缺陷。铝合金铸件常选用的泡沫材料为 EPS 和 PMMA,EPS 碳含量是 92%,PMMA 碳含量是 60%。由于 EPS 碳含量比 PMMA 高,前者更容易生成碳化物,而后者发气量大。

在试验中,水冷排气管模样原材料选用适当密度的碳含量低的 PMMA,可降低所需的浇注温度,提高充型效果,减少铸造缺陷。水冷双层排气管最小厚度为 4mm,珠粒直径要小于 0.45mm,预发珠粒其密度控制在约 25kg/m³。

(2) 泡沫模样成形控制　模样成形工艺是得到优质模样的关键环节。水冷双层排气管模样采用蒸缸制模。充料前,先用压缩空气清理模具上的各种污物,再组装模具进行充料,经过长期探索和实践,将吸料充填改用压吸料充填可使泡沫模样的表面达到良好效果。压料充料时空气压力保持在 0.2 ~ 0.25MPa。填料完毕后,向模具所在的蒸缸内通蒸汽,使型腔内的珠料膨胀均匀,内外良好融合,形成光洁的模样表面,然后再排放蒸汽并通水冷却,待模具完全冷却后取模。蒸缸内压力控制在 0.009MPa,时间以 50s 为宜。为减轻模样的变形,在开模取样过程中,选用压缩空气同水混合,先对模样的各个位置进行拍打,使模样从模具中轻松脱出。压缩空气向垂直于模具分模面方向吹入,气流压力不宜过高,否则会破坏模块表面,使之破裂并形成孔洞。

2. 模样和浇冒口组合与尺寸控制

合理的浇注系统设计也是铝合金消失模铸造的关键因素。铝合金浇注系统设计分为底注、顶注、阶梯注、侧注等几种方式,应根据铸件结构特性进行合理选择和设计。铝合金浇注系统的截面积比铁合金消失模铸造的浇注系统截面积偏大一些。内浇道一般设在铸件最厚处的位置,以保证加压时的补缩效果。在浇注系统中应放置过滤网,浇注环节应保证快速平稳。

水冷双层排气管结构很复杂,分为 4 个气道集中在一起,外包水冷却腔,外形尺寸为 280mm × 150mm × 170mm,壁最薄处为 3mm,最厚处为 28mm,而且外包水冷却腔最窄处只有 4mm。在浇注时铝液容易产生紊乱,而且加上铝液流动性差,流程远,金属液在充型终点部位往往会出现浇不足或形成冷隔。为了避免铸件缺陷,应适当提高浇注温度,加大浇口断面积和金属压头高度。为了避免壁厚处出现疏松,根据其结构特征,采用阶梯浇注的浇注系统设计,内浇道设在壁厚的位置,并设三个内浇道,截面尺寸为 28mm × 32mm,横浇道及辅助浇道截面尺寸为 30mm × 60mm,直浇道截面尺寸为 φ50mm,由两个模样组成模样簇,如图 12-220 所示。

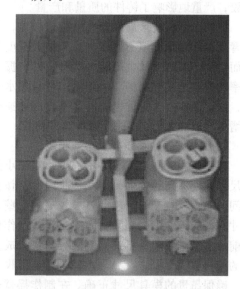

图 12-220　排气管模样簇和浇冒口系统

3. 涂层质量控制

（1）涂料性能要求　消失模铸造涂料也是关键因素，涂料一般由耐火骨料、黏结剂、悬浮剂和附加物等组成。选择不同的配方和组分以及各组成物的比例对涂料的性能影响很大，涂料的性能直接关系到铸件的质量。用于加压式铝合金消失模铸造的涂料性能更要高于常规涂料。一方面涂层具有一定的强度和耐火度，加压时涂料层将高温铝液与干砂有效地隔离，从而防止金属液渗入干砂中形成黏砂。另一方面涂层应具有良好的透气性，以便加压时泡沫模样汽化的残留气体顺利排出，避免渗入高温铝液产生气孔、疏松等缺陷。涂料透气性也不是越高越好，过高会造成加压后铸件表面产生凸起点，严重时会造成铝液逸出渗入干砂中，使铸件无法清理，导致铸件报废。

涂料层的透气性与涂料组成和涂层的厚度有关。控制涂层厚度的关键是控制涂料的黏度和涂挂次数。所以应选择无机和有机黏结剂的种类及加入量，配制有较高强度和较高涂覆性能的涂料。首先高速搅拌 30min，然后转入低速搅拌。为了得到均匀的涂层，并保证涂层不滴不流，应在 24h 内不断搅拌使用。

（2）涂料烘干工艺　消失模烘房应具备良好的通风、加热系统和保湿功能，能满足模样和涂料层的彻底烘干。烘房温度控制在 50℃ 左右，薄壁泡沫模样烘干时间为 24h，厚壁泡沫模样要达到 24～72h 才能完全烘干。如果模样不干透，在浇注时易造成发气量增大而使浇注反喷，导致铸件产生气孔、冷隔等缺陷而报废。

模样在烘干过程中除控制温度外，还应注意控制湿度，在烘房设置通风设备，控制湿度不大于 20%。烘干过程模样需要合理放置和支撑，防止模样变形。干燥后的模样在造型前应放置在湿度小的地方，防止吸潮。

4. 浇注区工艺控制

（1）振动造型　造型是浇注前的重要工艺环节。消失模铸造用砂选用的是无黏结剂的干砂，具有很好的流动性、透气性和耐火性，容易流入铸件模样的内部内腔，使浇注产生的残余物能顺利溢出，同时还能够抵抗金属液渗入并为模样束提供支撑。生产中选用 20～40 目或 40～70 目的硅砂，粒形以圆形为主。在砂箱中安放模样簇时，应保证模样簇离砂箱底部和四周最短距离在 80mm 以上，然后向砂箱中加入干砂直至加满到浇口杯的位置，将振动电动机的频率调至 20～30Hz，开始振动。在振动过程中继续补加适量干砂，然后频率调至 50～70Hz，振动时间为 180～270s。

（2）合金熔炼　铝合金的熔炼是很重要的工艺环节。配料中选用 ZL111 铝锭，选用长效铝锶稀土精炼剂和变质剂。熔炼时精炼剂及变质剂的加入量要适当高于常规普通铸造的加入量，一般在常规量的基础上增加 1%～1.5%，这是因为消失模铸造所需浇注温度比常规铸造要高。熔炼温度过高，时间过长会造成锶变质剂和精炼剂成分烧损严重，精炼变质效果不佳，从而影响铸件的性能。

（3）负压浇注　消失模铸造在浇注前，通过抽负压可使干砂形成一定强度，生产中砂箱内真空度调整到 0.1MPa。浇注时浇包应尽量靠近浇口杯，距离浇口杯 50mm 为宜，充型应平稳而不断流。液流不能直接冲刷浇口杯根部，需要经过滤网、缓冲堤而平稳地进入直浇道。在浇注过程中，浇口杯应保持充满状态并防止液体扰动，浇注速度应稍慢且保持匀速，防止急流而产生二次氧化夹杂物。

（4）加压工艺　浇注完毕后将砂箱在规定时间内加以密封，同时卸真空，即通入压缩空气，压力取 0.4～0.6MPa。压缩空气作用在浇口杯的液面上，在压力作用下金属液流动，压力通过铝液传递给涂料层。尽管压力越大，铸件的内在质量越好，但如果涂层透气性太好，压缩空气压力过大，会使部分铝液渗透涂料微孔，甚至渗透到干砂中，造成铸件报废。因此控制压缩空气压力，使之与涂料层透气性能相匹配十分关键。

保压时间要考虑铝液中气体在加压状态下的逸出时间，如果卸压过早，在铝液未彻底凝固的情况下卸压，会有铝液中剩余气体残留在铸件中，所以待铝液凝固后即可卸压。保压时间主要取决于铸件的厚度，在保证成形和结晶凝固的条件下，保压时间以短为好。但是保压时间过短，铸件内部容易产生缩孔，如果保压时间过长，增加变形抗力，影响铸件的机械性能，一般控制在 10~20min。

5. 铸件质量分析

铸件后续清理，按照尺寸和性能指标进行检测。通过严格的工艺控制，得到的排气管件在表面质量、尺寸精度、表面粗糙度等方面都符合要求，如图 12-221 所示。

图 12-221　排气管铸件

1）消失模铸件表面无凸出物，使流经其表面的流体所受阻力小，减少发动机功率损耗，故发动机进排气管和缸体缸盖的铸件用消失模铸造工艺生产是很好的选择；采用的加压式铝合金消失模铸造，使砂箱在铝液充型后迅速密封，用压缩空气加压，能减少铝合金铸件的气孔和疏松缺陷，降低铸件表面的颗粒状及冷隔趋势，提高铸件的综合性能。

2）根据铸件的不同结构特点，分析铸件可能或已发生的缺陷，严格执行规范的工艺规程，是防止任何疏忽导致铸件缺陷和造成不合格品的关键。

12.68　消失模铸造生产铝合金模具毛坯件技术（高程勋）

铝合金铸造工艺因素复杂，铸造缺陷较难控制，消失模铸造铝合金铸件的难度大，因而在国内消失模铸造铝合金铸件发展缓慢，铝合金消失模铸造生产厂家很少。模具制作属于单件加工，因而采用消失模铸造工艺可以节省木材和模具制作成本，提高生产效率，缩短模具制作周期。河南、浙江等模具公司主要生产 ZL101A、ZL102 和 ZL104 牌号的铝合金模具毛坯铸件。

1. 消失模铝合金铸造的特点

1）铸造工艺。与砂型和金属型铸造相比，铝合金消失模铸造采用干砂充填，使用保温涂料，为使泡沫模样液化和汽化并保证金属充填，就不得不大幅度提高熔炼和浇注温度。这样做的直接结果是，高温铝液冷却缓慢，导致铝液氧化和吸气严重，并在缓慢冷却过程更多地析出氢气，极易形成分散性的针孔和渣孔，容易造成组织结构粗大。铝合金铸件特别是结构复杂的铸件，因薄壁、形状复杂而容易产生浇不到、冷隔、皱皮等缺陷。铝合金密度小，气体容易侵入，铝液与泡沫模样的物理化学反应将产生大量气体，一旦铝液停止流动就会形成铸件内部和表面气孔。至于黑色金属，常见的铸造缺陷是干砂充填不足、黏砂、变形等，在铝合金铸件上同样也会出现此类缺陷。铝合金铸件的珠粒化表面缺陷比铸铁件更为突出和明显。

2）各种铝合金铸件根据其结构、重量、表面积和复杂程度不同，产生各种缺陷的可能性也大不相同。大体上看，小件比大件更容易生产，缺陷更少；壁厚适中且均匀的铸件比壁厚差别大的件更容易生产，较少产生缺陷；表面积小的铸件比表面积大的铸件更容易生产。根据经验，解决各种常见缺陷的大致难度顺序为：铸件渗漏，针（渣）孔，气（渣）孔，冷隔、浇不足、皱皮，变形，较严重的珠粒状表面，黏砂，缩松、夹砂等。

2. 铝合金模具毛坯件的消失模铸造工艺

铝合金模具毛坯件的消失模铸造工艺流程：设计样板并制作样板→制作泡沫模样并组合→挂涂料烘干→装箱浇注。

由于模具制作属于单件生产，因而只能用手工切割的方式制作消失模泡沫模样，以节省投资。根据模具毛坯的结构特点和属性，应制订相应的工艺，以满足模具毛坯的生产要求，达到模具厂的技术指标和要求。在制作泡沫模样时要严格控制泡沫的密度和粒度大小，严格按照工艺要求进行操作。制作完毕应检验，合格后再涂覆涂料。涂料的成分和涂覆工艺相当关键。涂料经高速搅拌后进入低速搅拌，沉静24h后才能使用。涂覆时注意涂层要均匀，要有一定的厚度，不易太厚，而且浇注后要有良好的溃散性。涂覆操作一定要细致小心，绝对不允许有未涂到的地方，涂料需要涂覆两次。涂料烘干时一定要把泡沫模样放置平稳，防止泡沫模样变形。将烘干的泡沫模样进行装箱造型，装箱时注意泡沫模样摆放要平稳，最好采用人工填砂，用三维振实台振实，严格控制型砂的质量以保证型砂良好的流动性。浇注时真空度控制在 0.02 ~ 0.035MPa，浇注操作要平稳，不能出现断流，还要采取措施防止铝液被氧化。

3. 消失模铝合金铸件的主要缺陷分析

（1）渗漏　造成铸件渗漏的原因较多，如针孔、气孔、冷隔、渣孔、缩松、夹砂等，凡是能引起铸件内部缺陷的因素都会导致铸件渗漏。在工艺措施控制不严格的情况下，铸件的渗漏率相当高，表面积大的铸件渗漏更严重。

（2）针（渣）孔　在浇注时铝液与水、气发生强烈的反应，铝液极易溶解氢气，再浇注时容易被氧化，铸件中容易形成针孔。消失模铸造针孔缺陷是极难解决的大问题，只要熔炼正常，工艺控制严格就会很少有针孔出现。在选料、熔化、精炼、变质及浇注过程中，都要严格控制铝液吸水和氧化，可以控制产生针（渣）孔缺陷。如果在熔炼浇注整个过程中有一个环节有所疏忽，可能导致前功尽弃，造成铸件产生大量的针（渣）孔缺陷。

（3）气（渣）孔　气（渣）孔的形态一般是在铸件外表面出现表面光滑的凹坑，在铸件内部为表面光滑的圆孔。这类气孔一般是由于泡沫渣发气形成的。表面气孔是气体压力大

于金属液压力，使气体无法排出金属液造成的；内部气孔则是因泡沫残渣或浇注时包裹气体因铝液凝固包裹，气体来不及被排出造成的。具体原因包括：浇注温度低、涂层透气性差、浇注不平稳造成涡流卷气、涂层不干、泡沫模样密度大、直浇道压力头低或浇道偏小等。

（4）冷隔、浇不足与皱皮　此类缺陷是由于铝液流动性差、浇注温度低造成的。一般情况下提高铝液流动性的所有措施都会改善此类缺陷。提高浇注温度和速度、加大浇口断面和金属压头高度等都会防止此类缺陷。泡沫模样比重过大，浇注时吸热多，模样汽化产生气体形成阻力，也会造成铸件浇不足。

（5）铸件变形　铸件变形常常是局部变形、平面局部弯曲等，是由于泡沫模样本身和振动紧实两方面的原因造成的。首先是铸件本身的结构刚性差、泡沫模样密度小、涂层薄，振动紧实时充砂不均匀、加砂速度过大、砂箱偏斜、不夹紧、振实时接触面不平形成乱振等。

（6）黏砂　铸件表面黏砂是干砂充型不足引起的，在黑色金属消失模铸造中，若没有涂料必然黏砂，而铝合金则不一定黏砂。铝合金铸件的黏砂缺陷一般是表面充砂疏松，或根本未充实造成的。应控制好泡沫模样的密度和粒度，涂料的耐火度、保温性和溃散性。

气（渣）孔、冷隔、浇不足、皱皮是铝合金消失模铸件常见的缺陷，提高铝液流动性可防止或减轻此类缺陷，不能盲目提高浇注温度，以免恶化针孔缺陷；铝合金吸气、氧化是造成缺陷的最主要的原因，必须从选料、熔化、精炼、浇注等全过程采取综合防止措施，防止铝液吸气和氧化。

第13章 消失模铸造及实型铸造的质量管理

技术创新与现代化管理是企业发展的两个轮子，缺一不可，消失模铸造和实型铸造企业也一样。本章就消失模铸造和实型铸造质量管理进行介绍，包括以下内容：消失模铸造白区及蓝区工艺流程，消失模铸造生产系统的优化控制，消失模铸造的质量控制关键，消失模铸造品质管理系统的优化控制，消失模铸造质量管理及容易忽视的工艺条件，消失模铸造生产过程影响铸件质量的原因，提高消失模铸件几何尺寸精度的方法，消失模铸造岗位操作规程，消失模铸造企业主要岗位职责，消失模铸造及实型铸造企业现场7S精益管理，消失模铸造及实型铸造企业的ISO 9001质量管理体系内部审核，消失模铸造及实型铸造企业实施TS/IATF 16949质量管理体系认证的八大步法，消失模铸造及实型铸造企业质量检验管理。

13.1 消失模铸造生产白区及蓝区工艺流程

消失模铸造是采用泡沫塑料模样代替普通模样紧实造型，造好铸型后不取出模样直接浇入金属液，在高温金属液的作用下，泡沫塑料模样受热汽化、燃烧而消失，金属液取代原来泡沫塑料模样占据的空间位置，冷却凝固后即获得所需的铸件。消失模铸造生产线的工艺流程分为白区与蓝区两大部分。

1. 白区工艺流程

首先根据铸件的材质以及壁厚选择适合它的原始珠粒。将原始珠粒按定量加入间歇式预发泡机中进行预发泡，使其达到工艺要求的密度，通过预发泡机流化床干燥后发送到熟化仓内进行熟化。熟化后的珠粒运送到成形间，将珠粒注入成形机上的模具中，通蒸汽将其膨胀融解成形，形成铸件模样，通冷水进行冷却降温，使模样具有一样的强度，这时成形机脱模人工取出模样放到模样烘干车上，运输至热风

隧道通过式烘干室进行烘干。模样烘干车在烘干室轨道上行走，每推进室内一车，在另一端顶出一车，以此循环。烘干室采用热风强制循环系统，烘干室内的温度及湿度通过PLC自动控制达到工艺要求，大大提高了生产效率，并节约了能源。模样烘干后运输到组模间组装、黏结浇冒口。组装好的模样运输至一次涂料间浸刷涂料，不同材质的铸件选择不同的涂料配方，将原材料放入涂料搅拌机中进行搅拌，达到工艺要求时间后测试涂料密度，经测试合格后再放入涂料槽中供工人使用。将浸刷好的模样放到烘干车上运输至黄模一次烘干室进行烘干，烘干后的黄模运输到二次涂料间进行二次浸刷涂料，达到工艺要求的涂层厚度，再运输至黄模二次烘干室进行烘干、修补。经过二次烘干后的黄模用烘干车运输到蓝区造型工部进行填箱、造型，烘干车空车返回成形间。至此白区工艺流程全部结束。

2. 蓝区工艺流程

（1）造型工部 造型工部由两条造型线和一条回箱线组成，砂箱的循环运行是由砂箱轨道、手动变轨车来完成，每一条生产线由工艺要求的砂箱数量组成。每一条造型线由一台2t单维振实台、两台4t变频三维振实台组成。造好型的砂箱依次进入两条浇注冷却线，浇注冷却线由真空对接机组成。浇注冷却线进入一定数量砂箱后真空对接机自动对接，人工浇注。浇注完成后进行保压冷却，保压后真空对接机复位，撤真空，保压结束后进入冷却段进行冷却。在这两条浇注线浇注的同时，造型线造好型的砂箱依次进入另外两条浇注线等待浇注，并重复前两条浇注线的动作，以此循环。本造型工部采用BSZ-04k变频三维振实台，其结构及工作原理是：由三对6台激振电机作为激振源，每对激振电动机反向同步运转，分别形成三个方向（X、Y、Z）的合力，使振实台及其上面的砂箱以一定的加速度振动，完成对砂箱

内干砂的紧实。振实台采用空气弹簧支撑，可升降，使砂箱在振实过程中更加平稳，防止砂子挤压模样使其变形。振实台还配有气动自动夹紧装置，实现了砂箱与振实台紧固一体的快速、方便、灵活操作的作业。

（2）真空系统　真空系统是消失模铸造工艺的主要设备，它的作用是为负压砂箱制造稳定的负压场，使干砂在大气压力作用下达到一定的紧实度，同时将泡沫模样汽化过程中产生的气体及尘粒等异物吸走，以保证浇注顺利有序地进行。真空系统由两台 2BE 水环式真空泵、除尘过滤器、稳压罐、水箱、真空对接机等组成。2BE 水环式真空泵是采用德国技术的产品，性能稳定，高效节能。该机的工作过程是，首先将砂箱内的废气废物抽至湿法除尘器，经过除尘器过滤的净化废气进入稳压罐（稳压罐起稳定负压的作用，以防止真空度的过度波动给砂箱的真空度带来的不利影响），稳压罐与水环真空泵相通，废气从稳压罐被抽入真空泵后再送至气水分离器，经过气水分离的废气被排入大气中，分离后的水进行循环使用。本系统的液压翻箱机能实现砂箱的自动落砂功能，减轻了工人的劳动强度。

（3）砂处理系统　浇注、冷却后的铸件随砂箱通过手动变轨车运至回箱线上，砂箱人工推至液压翻箱机上进行翻箱，翻箱后铸件落在落砂格栅上运往铸件清理工部进行下道工序作业。此时炽热的干砂经落砂溜斗均匀地流入振动输送筛分机，经过筛分后，砂中的杂质、砂块、大的铁豆飞边等流入废料斗。因为落砂温度很高，所以筛板选用不锈钢板特制。热砂由耐高温的环链提升机提升进入风选、磁选机，进行风选、磁选分离。粉尘从风选机除尘口进入除尘系统，铁豆等磁性物质被磁选分离落入废料箱。此设备是采用德国技术的产品。经风选、磁选后的热砂均匀地流入沸腾冷却床，热砂在沸腾床中被高压空气吹起，不断翻滚、沸腾成流态状向前移动，反复与水冷管循环接触进行热交换，直至到沸腾床末端从出砂口流入斗式提升机。同时热砂与常温空气进行热交换，在此过程中，砂中的粉尘随热风进入除尘系统。此设备是采用日本技术的产品，是当今

消失模铸造、V 法铸造的最佳砂冷却设备。经冷却的干砂由带斗提升机提升送入中间砂库。中间砂库的作用如下：

1）大量储存备用砂，使全线造型砂一直处于循环使用的封闭线路中，以改善工人的作业环境。

2）缓冲调剂用砂量。当生产过程需要落砂、倒箱而不须填箱振实造型时，或者反之，即落砂与造型不须同步作业时，中间缓冲砂斗的设置可保障这一要求的实现。中间砂库的干砂经自动加砂门进入直线振动筛分机，直线振动筛分机的作用为：筛分大的颗粒物；筛除 100 目以下的细砂及粉尘，保证型砂的透气性；型砂在振动前进的过程中，与常温空气进行热交换，加热的空气被除尘系统抽走，同时降低型砂温度，减轻除尘系统的压力。

为国内首创。型砂通过直线振动筛被提升机提升送到砂温冷却器进行二次砂温冷却，此设备是无动力设备，通过调量装置控制型砂冷却时间，从而降低型砂温度。冷却的型砂经带斗提升机提升，由带式输送机分别送入 3 个日耗砂库中。各砂库下方配有气动雨淋加砂器，可实现均匀大面积加砂，缩短加砂时间，降低砂子对模样的冲击，是薄壁工件必需的加砂方法。冷却的干砂在日耗砂库下进入造型工部。至此完成从落砂、降温、除尘、磁选、清理杂物、输送的全过程。

（4）电控系统　消失模砂处理线采用 PLC 全线自动程序控制，同时设有自动和手动切换功能，整条生产线各单元设备的起动、停止可实现如下运行：按下总起动按钮，整条线将按顺序自动开机；当整条线符合停机条件时，整条线就将自动关机，若其中某单元设备不符合停机条件时，则该设备可继续运行，直至符合条件后完全停机。下班关机时只要按下总停止按钮则整条线将按顺序停机。该条线设有各单元设备联锁保护功能。当全线或单元设备运行时，若其中某一台设备出现故障停机，该设备则会显示红灯报警，并且此时该故障设备的前续设备均会立即停机而后续设备会正常运行。从而保护了设备的超载运行，杜绝设备事故的发生。整条线的电控不仅对各单元设备进行控

制，而且对砂库的料位器也进行停机、开机联动控制。PLC 是日本欧姆龙产品，其他主要电气元件是西门子产品，保证全线可靠运行。该消失模铸造生产线设备配置科学合理，采用先进的自动化控制，在保证生产纲领完成的同时提高了生产效率，为企业节省了大量的劳动力，并真正体现了铸造行业绿色革命的含义。

消失模铸造车间环境状况的优势如下：

1) 聚苯乙烯泡沫塑料在低温下对环境完全无害，它的密度小，制模劳动强度低，环境好，制模工序容易实现清洁生产。

2) 消失模铸造简化了制芯、砂处理过程，工序间搬运量小，劳动强度显著降低，并容易实现机械化和自动化生产。

3) 由于采用流动性好的干砂造型、减免了混砂设备，简化了造型紧实设备，因而大大减少了噪声和粉尘，旧砂回用设备也大大简化了。

4) 由于不用型芯，同时实现了铸件的精确化，清理工作量大大减轻，车间的噪声、粉尘也相应减少。

5) CO 等废气的处理量比较少。浇注时模样热解、汽化，产生的废气通过抽真空进入湿法除尘器进行水浴处理，然后再通过气水分离器进行分离，分离后的废气排放到大气中。

6) 整条生产线配备除尘系统，各设备间均设风量调节阀；粉尘浓度低于国家标准。

7) 铸造型砂在生产线各设备间密闭处理，真正做到"空中无粉尘，地上无散砂"。

13.2　消失模铸造生产系统的优化控制

通过消失模铸造生产系统中各关键技术点的优化控制，如各种原材料的控制、模样及涂料制备工艺的控制、干砂造型的控制以及各工艺条件的控制等，将工艺条件的稳定作为稳定生产的基本要素。许多中小企业相继投产，其暂时还不完全具备消失模铸造生产的标准条件，加强其他条件和利用相应的补偿措施，也

可以生产出合格的铸件。消失模铸造是一个系统工程，理论上可以用于生产各种铸件，在我国 10 多年消失模铸造生产的历史中有许多成功的实例，没有达到预期效果而下马的企业也有相当多的数量。分析成功的经验和失败的教训，关键在于对工艺生产系统的优化控制，包括对原材料、涂料技术、干砂紧实技术及消失模铸造工艺技术的优化控制等。

1. 原材料的优化控制

消失模铸造生产需要的原材料大致分为模样原材料、干砂原材料、涂料原材料、合金熔炼原材料等方面。由于消失模铸造工艺是一项系统工程，原材料的选择尤为重要。控制各种原材料的质量和参数成了消失模铸造成败的关键。

模样材料通常称为珠粒，铸造中采用的珠粒一般分为两种类型，即聚苯乙烯（EPS）珠粒和聚甲基丙烯酸甲酯（PMMA）珠粒，二者都属于高分子材料。还有一种 EPS + PMMA 的聚合物。对于低碳钢铸件，模样材料中的碳易使铸件表面产生增碳现象，从而导致各种碳缺陷。其中 EPS（碳的质量分数为 92%）、EPS + PMMA 共聚物、PMMA（碳的质量分数为 60%）对铸件的增碳影响程度依次减小。模样的密度是其发气量的重要控制参数，上述 3 种材料的发气量从小到大依次为 EPS、EPS + PMMA 共聚物、PMMA。珠粒的尺寸应根据所生产铸件的壁厚选择，一般情况下厚大铸件选用较粗粒径的珠粒，薄壁铸件选用较细粒径的珠粒，使铸件最薄部位保持 3 个珠粒以上为宜。

模样材料的预发和成形控制也是技术成功的一个关键。一般情况下预发珠粒其密度控制在 $24 \sim 30 kg/m^3$，其体积约为原珠粒体积的 30 倍。成形模样的密度控制在约 $20 \sim 25 kg/m^3$。

干砂是消失模铸造的造型材料，干砂的选择应与生产的铸件材质有关，高温合金采用耐火度较高、颗粒较粗的干砂。干砂主要使用天然硅砂，应去除砂中的铁渣、粉尘和水分，并保持使用温度不高于 50℃。

涂料是消失模铸造中必不可少的原料，现

在许多铸造厂采用自制涂料。涂料的主要作用是提高模样的强度和刚度、防止其破坏或变形，隔离金属液和铸型，排除模样汽化产物，保证铸件表面质量等。消失模涂料中耐火骨料主要有锆英粉、铝矾土、棕刚玉粉、硅粉、滑石粉、莫来石粉、云母粉等。其粒径级配应兼顾防止黏砂和高温透气性，粒形有利于提高透气性，通常选择一定数量的球状颗粒，有利于模样汽化后气体的逸出或模样不完全分解的液化产物的排除。

2. 涂料制配的质量控制

消失模铸造涂料的载体多采用水基，其黏结剂主要包括黏土、水玻璃、糖浆、纸浆废液、白乳胶、硅溶胶等。在选择黏结剂时考虑以下几个方面因素：高温发气性，涂挂性，涂层强度和刚度，侵蚀模样性等。悬浮剂用于防止涂料发生沉积、分层、结块，使涂料具有触变性。一般可采用膨润土、凹凸棒石黏土、有机高分子化合物及其复合体等。消失模涂料中还需添加表面活性剂，以增加涂料的涂挂性，提高涂料与模样表面的亲和性和结合强度。常加入其他添加剂，如消泡剂、减水剂、防腐剂、颜料等。

涂层应具有良好的强度、透气性、耐火度、绝热性、耐急冷急热性、吸湿性、清理性、涂挂性、悬浮性等。综合起来主要包括工作性能和工艺性能。涂料的工作性能包括强度、透气性、耐火度、绝热性、耐急冷急热性等，主要是在浇注和冷却过程中应具有的性能，其中最重要的是强度和透气性。涂料的工艺性能包括涂挂性、悬浮性等，主要是在涂挂操作中所要求的性能。一般消失模铸造多采用水基涂料，涂料与模样一般不润湿，从而要求改进水基涂料的涂挂性。涂挂性是指模样涂挂涂料后一般需要悬挂干燥，希望涂料在涂挂后尽量不滴不淌，确保涂料层的均匀性，减少环境污染。悬浮性是指涂料在使用过程中，涂料保持密度的均匀性，不发生沉积现象。

涂料的制配工艺控制是涂料技术的关键环节。国产涂料多采用碾混、辊混或搅拌工艺。

由于不同的合金对涂料的作用情况不同，应根据合金种类的不同研制相应的涂料，如铸铁涂料、铸钢涂料、有色合金涂料等。在涂料配置和混制过程中，应尽量使用合理的骨料级配，使骨料和黏结剂及其他添加剂混合均匀。

除了涂料性能要求外涂覆和烘干工艺对生产也具有一定影响。生产上多采用浸涂，最好是一次完成。烘干时注意烘干温度的均匀性和烘干时间，保证涂层干燥不开裂。

3. 干砂造型工艺的控制

干砂造型是将模样埋入砂箱中，在振实台上进行振动紧实，保证模样周围干砂充填到位并获得一定的紧实度，使型砂具有足够的强度以抵抗金属液的冲击和压力。干砂造型第一步是向砂箱中加入干砂，加砂时为保证干砂充填到位，首先在砂箱中加入一定厚度的底砂并振动紧实，然后放入模样簇再加入一定厚度的干砂，将模样簇埋入 $1/3 \sim 1/2$，再进行适当振动，以促使干砂向模样内腔充填。最后填满砂箱进行振动，振动时间不宜过长，以保证模样不出现损坏和变形，同时保证涂料层不发生脱落和裂纹。

振动参数应根据铸件结构和模样簇形式进行选择，对于多数铸件，一般应采用垂直单向振动，对于结构比较复杂的铸件，可考虑采用单向水平振动或二维和三维振动。振动强度的大小对干砂造型影响大，用振动加速度表示振动强度。对于一般复杂程度的铸件和模样簇，振动加速度在 $10 \sim 20 m/s^2$ 范围。振幅是影响模样保持一定刚度的重要振动参数，消失模铸造振幅一般在 $0.5 \sim 1mm$ 范围。振动时间的选择比较微妙，应结合铸件和模样簇结构进行选择。总体上振动时间约控制在 $1 \sim 5min$ 为宜。同时底砂、模样簇埋入一半时的振动时间要尽量短，可选择 $1 \sim 2min$，模样簇全部埋入后的振动时间一般控制在 $2 \sim 3min$ 即可。

4. 铸造工艺的控制

消失模铸造工艺包括浇冒口系统设计、浇注温度控制、浇注操作控制、负压控制等。

浇注系统在消失模铸造工艺中具有十分重

要的地位,是铸件生产成败的一个关键。在浇注系统设计时由于模样簇的存在,使得金属液浇入后的行为与砂型铸造有很大的不同。因此浇注系统设计必定与砂型铸造有一定的区别。在设计浇注系统各部分截面尺寸时,应考虑消失模铸造金属液浇注时由于模样存在而产生的阻力,最小阻流面积应略大于砂型铸造。

由于铸件品种繁多、形状各异,每个铸件的具体生产工艺都有各自的特点,这些因素都直接影响浇注系统设计结果的准确性。针对中小铸件可按铸件生产工艺特点进行分类,见表13-1。模样簇组合方式可基本反映铸件的特点,以及铸件的补缩形式。浇注系统各部分截面尺寸与铸件大小、模样簇组合方式以及每箱件数都有关系。设计新铸件的工艺应根据铸件特征,参照同类铸件浇注系统特点有针对性地进行。

表 13-1 铸件分类

模样簇组合方式	应用范围	补缩方式
一箱一件	较大的铸件	冒口补缩
组合在直浇道上 (无横浇道)	小型铸件	直浇道 (或冒口)补缩
组合在横浇道上	小型铸件	横浇道 (或冒口)补缩
组合在冒口上	小型铸件	冒口补缩

在浇注过程中,模样汽化需要吸收热量,所以消失模铸造的浇注温度应略高于砂型铸造。对于不同的合金材料,与砂型铸造相比消失,模铸造浇注温度一般控制在高于砂型铸造30~50℃。这高出30~50℃的金属液的热量可满足模样汽化需要的热量。浇注温度过低则铸件容易产生浇不足、冷隔、皱皮等缺陷。浇注温度过高铸件容易产生黏砂等缺陷。

消失模铸造浇注操作最忌讳的是断续浇注,这样容易使铸件产生冷隔缺陷,即先浇入的金属液温度降低,导致与后浇注的金属液之间产生冷隔。消失模铸造浇注系统多采用封闭式浇注系统,以保持浇注的平稳性。对此,浇口杯的形式与浇注操作是否平稳关系密切。浇

注时应保持浇口杯内液面稳定,使浇注动压头平稳。负压是黑色合金消失模铸造的必要措施,是增加砂型强度和刚度的重要保证措施,同时也是将模样汽化产物排出的主要措施。负压的大小及保持时间与铸件材质和模样簇结构及涂料有关。对于透气性较好、涂层厚度小于1mm的涂料,对铸铁件真空度大小一般在0.04~0.06MPa,对于铸钢件取其上限。对于铸铝件真空度大小一般控制在0.02~0.03MPa。负压保持时间依模样簇结构而定,箱中模样簇数量较大的情况,可适当延长负压保持时间。一般是在铸件表层凝固结壳达到一定厚度即可除去负压。对于涂层较厚及涂料透气性较差的情况,可适当增大负压及保持时间。

13.3 消失模铸造的质量控制关键

消失模铸件质量比较好,铸件的表面光滑,尺寸精度高,同一种铸件的外形和壁厚一致性强,不会产生错箱及偏芯。但是,不同的金属材料消失模铸件也有其特有的铸造缺陷,如皱皮、增碳、炭黑、变形、尺寸超差(不稳定)、节瘤和针刺、冷隔(重皮,浇不到)、塌箱、网纹和龟纹、内部非金属夹杂物、组织性能不均匀、白斑(白点,夹砂)等,也会出现孔洞类缺陷(气孔、渣孔、缩孔、砂孔、缩松、黏砂、缩凹等)。

影响消失模铸件缺陷形成的因素如下:
1)模样的质量。
2)涂料成分和质量。
3)铸件的材料和化学成分不同。
4)金属液的熔炼与浇注温度、浇注技术。
5)真空度。
6)造型操作。
7)铸件结构变化和铸造工艺的选择。
8)铸造设备和工装的选择。
9)质量管理和生产管理的细致影响。
10)其他因素。

13.3.1 模样的质量控制

1)模样的质量对消失模铸件的质量有极大的影响。制造模样的工序为:珠粒选择→预

发泡→干燥、熟化→成形→模样修整、黏结→干燥保存。每一个工序的质量高低都会影响消失模铸件的质量甚至成功与否。制作模样工序中的一些质量问题见表13-2。

表 13-2　制作模样工序中的一些质量问题

发生现象	原因探讨	改进措施
珠粒潮湿	贮存时受潮	打开包装袋，掺加干燥珠粒
发泡后珠粒结块	珠粒中润滑剂不足	掺加脱模剂、洗衣粉
	预发泡机内温度过高，压缩空气供应量不足	降低蒸汽压力或关小蒸汽阀门，提高搅拌速度，通入足够的压缩空气
	珠粒加入速度不足	增加加料速度
	在预发泡机内停留时间太长	降低出料口的高度
	原料内有细珠粒	粒度必须均匀，严禁大小珠粒混杂预发泡
预发泡后的珠粒太潮湿	蒸汽太潮湿	加强蒸汽管保温，设置疏水器排放冷凝水
	预发泡机顶盖通风不良	改进蒸汽逸散风管
	预发泡机保温不良	改进加强保温
发泡倍率低	珠粒粒度选择不当	选用较大一级珠粒来发泡
	珠粒存放过久，发泡剂逃逸	阴凉保存，珠粒先进先用，保质期内使用
	蒸汽压力低，蒸汽温度低	提高蒸汽压力，开大蒸汽阀门
	预发泡机蒸汽孔堵塞	清理蒸汽孔
	加料太快，预发泡机内停留时间过短	降低加料速度
预发泡珠粒皱缩	发泡倍率太高	降低发泡倍率至适当，可采取二次预发泡至需要倍率
	冷却太快	提高空气温度，热风送料降低送风量，降低送风速度
	蒸汽压力大，温度高	降低蒸汽压力，关小蒸汽阀门
	滞留时间长	缩短滞留时间，提高加料速度
	珠粒粒度不均匀	改用粒度均匀的原料
	新旧原料混用	使用同一批原料
	原料发泡剂含量偏高	使用前，打开包装让发泡剂散发掉一些
预发泡珠粒变形	搅拌叶片打伤，送料叶片打伤	调整搅拌叶片位置，使用喷送式管送料
发泡倍率不易控制	进料速度不稳定，原料太湿	珠粒晾干，加料机械运作需正常
	蒸汽系统不稳定	检查蒸汽管路及压力
	新旧原料混用	使用同一批原料
模具不能开合及开合速度变慢	安全门被打开	关好安全门，检查安全门上的压块是否与行程开关相接触
	液压压力太低	检查液压缸压力，检查液压阀调值
	电磁阀没有工作	检查电磁阀
	阻力太大	检查导套中有没有硬杂物，给导轨加润滑油
	空气压力波动较大	检查气源供给性能
当通入蒸汽时模具关不严，漏气	锁模力不足	检查系统压力，调值
	密封条破损	更换密封条
	动静模之间有杂物或积料	清除
	蒸汽压力阀预调压力太大	减小预调压力
珠粒在进料时过分密集	料枪位置安排不当	重新选择壁厚较大的加料位置
	进料枪进料管太长，容易积料	改进进料枪型号
	进料枪口没有通气槽	改换进料枪型号

（续）

发生现象	原因探讨	改进措施
模样脱模被顶坏	模具脱模斜度不够	脱模斜度设为 $30' \sim 2°$
	新模具没有磨合好	适当喷洒脱模剂
模样局部膨胀	冷却不充分	增加冷却时间
	模具结构造成冷却不够	合理安排冷却喷头位置
模样表面粗糙，有折痕	蒸汽压力太高	减小蒸汽压力
	珠粒未充满模具	提高充型气压，增加模具排气，让珠粒充满
珠粒膨胀不充分，出现网纹，熔结不牢	预调压力偏低	增加蒸汽减压阀和控制压力表的预调压力
	主加热时间太短	增加主加热时间
	模具有严重泄漏	更换模具密封条
	珠粒预发泡后储存时间过长	调整储存时间

2）模样的密度要得到控制。

3）模样的外观质量、黏结质量、形状、尺寸都要检验合格。

4）熟化仓和干燥库房的温度和湿度要予以控制。

13.3.2　涂料成分和质量控制

不同的金属材料、不同的铸件结构、不同的铸造工艺对涂料有不同的要求。涂料的耐火度，涂料层的厚度、透气性、强度、发气量、涂挂性与铸件的黏砂、针刺、变形、气孔、浇不足、冷隔、夹渣、炭黑、表面粗糙等都有关联。主要控制以下方面：

1）铸钢涂料质量指标。

2）铸铁涂料质量指标。

3）有色金属涂料质量指标。

4）涂料涂覆的方法和要求。

5）涂料搅拌机对涂料质量的影响。

13.3.3　铸件的材料和化学成分控制

不同的铸件材料和化学成分形成的铸造缺陷也不相同。低碳铸钢容易出现增碳，应使用碳含量低的共聚料 STMMA 模样；铸铝容易出现针孔、气孔、气密性差等缺陷，应使用发气量小的 EPS 模样；球墨铸铁容易出现积炭（皱皮），可使用碳含量低的 STMMA 模样；低合金铸铁不易出现积炭（皱皮），可以用碳含量较高的 EPS 模样。应该根据铸件材料和成分选择不同的珠粒、涂料和铸造工艺。

13.3.4　金属液的熔炼与浇注技术

不同的金属熔炼的温度不一样，熔炼工艺也有很大差别。消失模铸造的浇注温度应该考虑铁液裂解模样的温降；浇注过程中的快慢掌握不当，可能会造成铸件的气孔、夹渣、反喷、塌箱、皱皮、冷隔、积炭等缺陷。主要控制以下方面：

1）控制原铁液的化学成分，规范炉前金属液成分取样操作要求。

2）执行熔炼操作规范，规范炉料配比、炉料加入次序、金属液处理温度、炉前处理技术。

3）执行浇注操作规范，测量铸件第一箱和最后一箱浇注温度。测量每一箱和每一包金属液的浇注时间。

4）以上数据需要记录，应该预先设计好表格供及时分析。

13.3.5　负压

负压的大小会影响金属液充型速度，影响泡沫塑料模样裂解物排出的难易程度，对铸件出现黏砂、针刺、气孔、塌箱都有影响。

1）铸造铸钢件时要求负压最大，依次为球墨铸铁件→灰铸铁件→有色金属铸件。

2）影响负压大小的因素还有很多，如铸件大小、铸件壁厚大小、铸件质量、铸件结构、金属液的浇注温度等，这些参数需要稳定，并记录下来，供及时分析。

13.3.6　造型操作

模样在砂箱中的位置,填砂的方便程度、充满程度,干砂的振实程度,模样上面干砂层的高度,对消失模铸件的变形、尺寸超差、黏砂、塌箱等有影响。

1)选择合适的干砂,其 SiO_2 含量、粒度等应该满足使用要求,并确保价格低廉、来源广、运输方便。

2)刮平砂箱底预填砂,按照工艺规定放置模样。将大孔朝上,使模样内腔填砂方便。

3)模样放防变形肋,填砂同时三维振实,保证砂不会把模样挤变形。

4)雨淋加砂速度和砂箱三维振实的参数要经常检查。

13.3.7　铸件结构变化和铸造工艺的选择

铸件结构不同,铸造工艺也要相应地变化,辅助肋的设置对铸件变形有较大的影响。

浇注系统要求充型平稳,浇注系统各组元尺寸比例、形状和内浇道位置对铸件的凝固影响很大。浇注系统不当容易产生塌箱、冷隔、重皮、缩孔、缩松、反喷、气孔,铸铁底注容易产生皱皮等。

冒口和出气孔的开设位置大小、形状及冷铁的使用对铸件的气孔、缩孔有直接影响。

1)模样应该按铸造工艺黏结足够的防变形肋、防裂肋、加强肋。

2)浇注系统要保证金属液在浇注过程中不反喷,要保持规定的浇注系统各部分的尺寸和形状稳定不变。

3)冒口和出气孔一般开在铸件最高处,或者闭气部位。

13.3.8　铸造设备和工装的选择

铸造设备及其参数的选择对铸件的影响特别大,它将影响所有的消失模生产工序的质量。模样制作设备(预发泡机,料枪,泡沫塑料成形机,粘合机)不好会妨害获得高质量的模样;用高速涂料搅拌机还是一般涂料搅拌机,对涂料的质量有不同的影响;模样的夹具、机械浸涂装置或机械手等设备的使用,可以影响涂料涂覆质量;专用砂箱和真空机选择正确,可以保证负压符合要求,得到需要的砂型强度和抽气速度;三维振实台、雨淋加砂器的使用,对模样变形、干砂充填紧实度有直接影响;旧砂再生设备的选用关系到旧砂的温度、灰分控制,对泡沫塑料模样所需要的温度和砂型的透气性有直接影响等。

1)铸造设备选择正规厂家产品。首先保证设备运行可靠,故障率低。

2)铸造设备的布局。白区→黄区→蓝区的大布局以及熔炼→造型→浇注→开箱→清理→热处理→抛丸打磨→涂装→入库的小布局需要慎重考虑,可以请专业技术人员设计,以使物流顺畅,少走弯路。

3)设备产能要相互匹配,不要使生产有瓶颈,这样就不会浪费设备的能力。

13.3.9　质量管理和生产管理的影响

消失模铸造的每一个生产工序都要求非常细致的质量管理和生产管理工作,通过试制铸件,一旦确定了一个最佳工艺参数,一定要坚持不变。如果工艺参数执行不严格,平时质量管理放松,生产管理不细致,就会出现批量不合格品,甚至连原因都查不出来。不少公司的消失模生产线不能很顺利运行,就与管理粗放有关。

1)需要设计各种生产及质量管理表格,生产中落实专人做好记录。

2)严格执行工艺规定的各项参数,参数的改动必须经一定的手续和有关人员签字。

3)建立巡检制度,定时检查各工序的管理执行情况。定时分析记录,及时发现并解决问题。

13.3.10　其他因素的影响

其他因素的范围很广,如模样黏结不好、热熔胶的质量波动、热熔胶胶液温度变化、黏胶层厚或薄、天气潮湿使模样表面和涂料层表面有水吸附、涂料配方成分的波动、防变形肋位置变化、肋的大小厚薄有变化、模样密度波动、泡沫塑料模样发泡质量变动等。有时甚至是想象不到的原因,都会使消失模铸件的质量不稳定。所以必须认真仔细对待每个工序。

13.3.11　实型铸造的质量控制

实型铸造也需要模样，用自硬砂造型（树脂砂），模样可以不取出，也可以取出（挖除、烧除、熔失）。实型铸造的模样密度比消失模模样密度稍大，强度高一些。

实型铸造的模样质量控制可参考消失模模样质量控制措施。

如果造型时模样不取出，铁液浇注过程中会大量发气，冒黑烟，因此造型必须考虑出气通畅，能够将炭渣顺利排出。如果将模样取出，则质量控制和普通的自硬砂造型相似。

实型铸造的质量控制，除模样、黏结、涂料的质量外，主要是铸造工艺——浇注系统布置、出气冒口和出气孔的放置、浇注温度、浇注速度、浇注方式等必须严格控制。工艺应符合合金凝固特性，热场状态，考虑型腔内合金液流动、气流、渣杂浮漂流动的情况。必须因势利导，切忌造成液流紊乱，影响质量。

如果采取去掉模样的工艺，务必将模样上的涂料涂层转移到铸型上。否则涂料层悬贴在型腔表面，合金液进入后即产生夹渣、夹杂。

13.3.12　模样检验

1）模样的外观检查。模样必须棱角清楚，珠粒发泡充分，融合良好，表面平整光滑，没有网纹，它的外形及尺寸符合要求。复杂铸件应用专用工具或样板检查。

2）密度符合工艺要求。在保证模样强度的前提下，密度要小。

3）模样必须干燥，保证模样尺寸稳定在允许范围内。

13.3.13　浇冒口黏结质量检验

1）选用优质黏结剂，黏结剂层要薄而均匀，黏结牢固，没有空隙。

2）黏结位置符合工艺要求，不妨害铸件的收缩，不能因浇冒口凝固收缩造成铸件变形。

3）发泡成形时，可将内浇道连模样一起成形，上好涂料干燥保存。造型时在现场将内

浇道端部连涂料切去一小段，露出泡沫塑料再黏结横浇道和直浇道，这样的操作更加方便。

13.3.14　消失模铸件的检验

制订铸件验收标准，明确铸件检验项目、检验方法、检验工具。预制各种检验样板、套板。保证铸件质量稳定，保持较高的质量水平。

1）首件必检。铸件在浇出第一件或者第一小批试制件后，必须检查铸件的外观、表面粗糙程度、尺寸。尺寸可用量具检查、画线检查、三维坐标检查或者试加工。没有合格结论不允许安排批量生产。

2）如果首件上发现铸造缺陷，必须分析并找出缺陷形成的原因，提出改进措施。缺陷分析应有书面记录。报废的铸件应该剖切，了解铸件内部有没有缺陷，可做本体金相组织和硬度检验。应尽量做各种试验，得到最多的数据。

3）铸件试制时，必须同时浇注试棒或者试块。在首件检验的同时，做化学成分和力学性能试验，金相组织和硬度也可以一起检验。必要时可做本体试验。

4）重新试制的铸件，仍旧按上面的检验要求重新进行检验。铸件所有项目检验合格后，才能小规模试生产。试生产的铸件抽检50%，全部合格后方可正式生产。

5）正式生产前，应规定各个工序的检查要求、检查频率、检查记录，设计不同的表格。正式生产时，按规定进行认真细致的质量管理。

6）生产正常后，每天应定时抽检铸件，对铸件的质量情况及时分析、报告。当生产出现异常时，质检人员应立即通知当班领导。

13.3.15　实型铸件的检验

1）实型铸件的检验与消失模铸件相似，但是应该根据实型铸件的数量决定检查方法。数量少、铸件重、铸件大的不做剖切及其他破坏性检验。对铸件内部质量有要求时，铸钢件和球墨铸铁件可以用超声检测内部缺陷，但灰铸铁不能用超声检测。

2）实型铸件往往是单件、小批量、大中件、大吨位。首先检查铸件外形是否符合图样和客户要求；然后，根据图样上的技术要求和铸件检验标准，按客户的要求检查各项指标，如化学成分、力学性能、金相组织、硬度等。应该明确试棒或试样制取方法（单铸/附铸或本体套样）、各项指标试验的位置（点）、数量及数据统计规定等。

13.4　消失模铸造品质管理系统的优化控制

近几年来消失模铸造企业每年以 20% 以上的速度递增。有相当多的消失模铸造企业投产时缺乏深入了解，没有完全了解消失模工艺特性就仓促上马，生产中无法解决意外的问题。有的企业对消失模工艺环节多、影响因素多缺乏理性认识，粗放式管理导致不合格品率居高不下，处于进退两难的境界。分析消失模铸造企业的生产特点和管理过程中遇到的问题，提出建立铸件品质、物料品质标准、操作规程、工艺卡、产品工序品质检验程序及操作作业指导书等工艺文件，加强工序过程控制，强化全员质量管理，来保证稳定地生产高品质产品。

1. 消失模铸造生产特点及管理过程中常遇到的问题

1）消失模铸造厂家间彼此技术封锁，特别是关键技术封锁较严，造成工艺不成熟，缺乏切实的可行工艺控制文件，对稳定生产高品质的产品影响相当大。

2）生产工序多，影响产品品质的环节较多，一个工序质量较差，势必影响产品最终品质。

3）原辅材料对铸件品质影响特别大，我国消失模铸造模样材料普遍采用包装用的聚苯乙烯（EPS），并且缺乏涂料专用材料，加之熔炼用的生铁等材料不理想，易造成铸件品质不稳定。

4）消失模铸造技术人才缺乏，未建立细致的管理程序文件，加之操作员工对工艺缺乏足够的认识，导致操作时常出现偏差。

2. 消失模铸造品管组织的建立

任何一个企业，若要保持产品品质的持续稳定，在规划企业管理系统时，必须按照本企业的产品特性、工艺操作过程、生产技术条件等具体情况，对企业的品质控制活动进行通盘规划，并保证企业品质管理充分实施。在进行品质管理系统规划时，要以文字形式明确组织建制结构及隶属关系、组织权限与责任、组织岗位人员编制数量、岗位功能与职责、权限。在公司组织内品质管理部门应拥有独立的品质判断权力，对品质的仲裁权高于其他职能部门。品质管理人员的素质、业务水平的高低是决定品质管理系统是否正常运转的关键。品质管理人员要对整个生产环节进行详细掌握，特别是消失模铸造作为新技术，工艺还未成熟，就要求品质管理人员在日常的工作中，仔细分析出现的问题，并提出改进措施，来完善整个运行体系，品质管理人员最好由一定的实际操作经验和系统理论知识的技术人员来担任。品质管理人员的职责权限见表 13-3。

表 13-3　品质管理人员的职责权限

岗位	职责权限	岗位编制
工序检验	识别和记录产品质量问题及分析；拒绝不合格品流入下道工序；执行工艺环节品质管理程序；检验仪器的管理；对现场操作规范提出修正意见与建议；品质状况的记录	2 人
铸件检验	执行画线检查程序文件；铸件质量问题的研究与分析；有权对不合格品进行报废处理；品质状况的记录；对现场操作规范提出修正意见与建议；检验仪器的管理	2 人
品质统计	品质资料的汇集、汇总、分析；品质报告的编制；部门文件的汇集、归档	1 人
理化计量	检验仪器的校正与控制；工装模具、样板的控制；铸件化学成分、力学性能、金相组织分析，锅炉水质化验，并出具化验报告；执行物料品质标准程序	2 人

（续）

岗位	职责权限	岗位编制
品质主管	分析物料、成品检验每日、每周、每月品质状况报告；客户投诉的调查、处理及改善对策的提出；本部门工作的领导、推动、督导	1 人
品质经理	建立、健全品质控制体系；品质仲裁；合约品质确认；品质执行效果的鉴定；所属职能人员工作的督导	1 人

3. 管理控制程序

（1）铸件品质、物料品质标准 消失模铸造铸件缺陷与传统型铸造缺陷有一定的差异，因此针对表面粗糙度、尺寸公差、重量公差、表面及内在缺陷等制订企业评级标准及铸件品质允收标准，同时要保持检验标准与品质标准的一致性。产品品质标准首先要建立在客户认同的基础上，然后根据企业实际生产条件而定。一个适度的品质标准，可略高于企业现行条件达到的水平，不宜过高，以免浪费资源。同时，所制订的标准必须有客观依据，必要时，可采取破坏性试验取得标准依据。

消失模铸造与传统型铸造一样，影响品质的因素较多，原辅材料品质的好坏对铸件的品质影响特别大，所以要加强对进厂物料的控制，制订相应的品质标准，并按标准进行验收。物料品质标准应就物料成分、尺寸、外观、强度、黏度、颜色等以文字的形式确定下来，对无法用文字具体描述其品质标准的物料，可用实物样品说明该物料的品质要求和检验方法。物料品质标准的严格程度，要依据产品品质对物料品质的要求而定，既能保证生产需求，降低生产成本，又能为供应商在现阶段接受或经过一段时期的努力能够达到要求的标准。铸造用废钢品质要求如下：

1）铸造用废钢的化学成分应符合表 13-4 的规定。

表 13-4 铸造用废钢的化学成分

钢种	化学成分（%）			
	C	Si	Mn	Cr，Mo
低碳钢	<0.25	0.2~0.4	0.4~0.8	<0.03
中碳钢	0.25~0.6	0.2~0.4	0.4~0.8	<0.03
高碳钢	0.6~1.2	0.2~0.4	0.4~0.8	<0.03

2）表面要求：应具有洁净的表面，不得有严重的铁锈。

3）块度要求：废钢厚度应大于 5mm。

4）每一车原则上装同一牌号的废钢。

5）每批交货的废钢，应提供质保书，在质保书中应注明。

（2）操作规程 工艺卡产品一经试制成功，应将试制过程中的原始资料以文字的形式确定下来，形成工艺文件，并贯彻实施。组合粘型工艺规程见表 13-5。

表 13-5 组合粘型工艺规程

项目	内容
要求	1）模样结构符合图样要求 2）模样外观质量好（包括浇注系统）无机械损伤，无黏结不良或开裂
准备	1）检查工装是否完好 2）检查模样是否干透，若未干透则继续烘烤（烘房时效时间 72h 以上，自然时效半月） 3）检查模样的外表珠粒是否融合良好、光滑
组合粘型	1）按工艺要求顺序黏结各模样 2）在黏结面均匀刷胶水，待不完全干透时，将两黏结面黏结（黏结部位必须平滑，不能有小台阶出现）并压实 3）黏结面缝隙小于 1mm 则贴胶纸带封闭缝隙；大于 1mm 并且不影响尺寸的可先塞泡沫再贴胶纸带来解决；影响尺寸的必须返工 4）在胶纸带易蹦起的接头处，均匀刷胶水辅助粘贴

（续）

项目	内容
检查	1）操作者检查是否有活块漏粘，外观质量、黏结质量是否达到工艺要求。若有局部珠粒融合不良，平整贴报纸或刷胶水。所有黏结处无缝隙 2）送检验人员画线检验
浇冒系统的黏结	1）操作者检查上道工序黏结模样的外观及黏结质量 2）按工艺要求黏结浇冒系统，并标出黏结时期
烘烤	平整、规则地将模样摆放于烘房中，以免变形或损伤浇冒系统，烘烤温度以工艺规定为准，烘烤时间以胶水并且泡沫干透为准
注意事项	1）所有黏结面不能有缝隙 2）做标记时要轻，以免产品有明显的痕迹 3）烘烤时远离电热板，以免温度过高使模样受损 4）烘房禁止烘烤衣物等湿气大非工件模样物品，以免模样受潮

（3）产品工序品质检验程序　消失模铸造过程的控制是决定品质稳定性的重要环节，企业可根据本身的生产规模、工艺流程、管理方式选取合适的检验点、控制方式和检验程序，应针对不同产品、不同工序制订详尽的检验项目、方式及批次并加强监督和考核。同时检查后要有记录，品质出现异常要及时分析处理并反馈主管部门。表13-6为壳体粘型环节品质管理。

表13-6　壳体粘型环节品质管理

序号		内容	方法	检查人员	检验批次
1	外观检查	珠粒融合是否良好，有无机械损伤[①②]	目测	工序检验	全检
		飞边毛刺是否清理干净[①②]			
		黏结缝是否黏结良好[①②]			
		胶水是否有堆积现象[①②]			
2	尺寸检查	#模样基面是否变形，变形 >2mm 的返工或拆卸校正[①]	平板定位		
		尺寸294mm 上下两平面加工余量是否均匀[①]	高度尺		
		尺寸应为 ϕ518mm，如因变形造成加工余量不均，实测不在 ϕ（518±2）mm 范围内的返工	卷尺		
3	工艺检查	工艺撑子、浇冒系统是否按工艺卡要求操作，有无遗漏[①②]	目测		

① 操作者自检项目，操作者对每件产品进行自检并在产品上注明编号，每天组长进行互检，不合格品退回操作者返工。
② 下道工序涂料组对粘型组的检查项目，检查不合格退回粘型组返工，抽检由白区负责人定期进行全过程抽检，车间主任负责监督。

（4）操作作业指导书　生产作业指导书是以书面形式描述操作者在生产作业过程中如何操作、异常事故如何排除及如何反映生产情况的文件。作业指导书提供给基层操作者及检查人员的文件，语言尽量通俗易懂，同时作业指导书应针对不同产品、不同岗位制订详细的内容。表13-7为电机壳体操作作业指导书。

（5）品质记录的控制　品质记录要将生产过程中的品质管理事项的数据、过程及异常事项进行记录，说明现阶段作业水平满足品质要求的程度，同时也为质量管理体系运行提供评价依据。企业品质管理实际需要编制适用的品质记录，要求完整地记载活动的过程参数以作为日后追溯的依据，应包括适用范围、部门、人员、记录日期、产品名称及工序、执行记录的部门、人员等，要求记录人、审核人亲笔签名。表13-8为品质记录名录。

表13-7　电机壳体操作作业指导书

目的：正确指导员工操作，提高生产效率，加强品质管理，提高品质	工装及工具	刀片、卷尺、平板排笔	原料及辅料	泡沫模样 泡沫板材、纸胶带	制定
范围：粘型生产组全体员工				胶水、竹签	审核

1. 准备工作

1.1 对照泡沫模样成形日期，检查模样是否在35～45℃的烘房内烘烤120h以上，若未干透则退回成形组负责继续烘烤。

1.2 检查模样有无机械损伤，若有机械损伤通过补救仍不能使用的，不予使用。

1.3 目视检查模样表面珠粒融合是否良好，若因融合不好而影响表面质量的不予使用。

1.4 平板定位检查1#模样基面是否有变形，变形>2mm的退回成形组负责校正；变形<2mm的组合时加撑子调整；用卷尺测量2#模 $\phi572mm$ 是否变形，变形>2mm的不予使用；变形<2mm的组合时加撑子调整。

2. 操作

2.1 用刀片清理模样的飞边和打料口。

2.2 按照先组合1#与3#再组合2#、4#的黏结顺序，在黏结面均匀地用排笔刷上胶水，待胶水未完全干透时，将黏结面接合接实。

2.3 用纸胶带密封黏结缝。

2.4 画线检查模样尺寸294mm，$\phi518mm$ 是否符合图样要求以及加工余量是否均匀；基面是否有变形，不符合要求的通知返工。

2.5 按工艺要求组合浇冒系统及工艺撑子，黏结面插竹签留下的痕迹用纸胶带粘补。

3. 检查

3.1 操作自检，检查整个模样（包括浇冒系统）是否有遗漏部位；是否为全封闭式；有无黏结缝隙、坑洞；是否存在胶水堆积现象等。

3.2 互检，若发现有问题，通知操作者补救。

4. 烘烤

检查无误后，平整堆放于烘房内烘烤。

表13-8　品质记录名录（原始记录）

编号	名称	使用单位	管理单位
PG生原—09	车间修理活动记录本	各车间	生产部
PG生原—11	生产原始记录表	各车间	生产部
PG生原—14	退火炉原始记录	各车间	生产部
PG生原—15	中频感应炉入炉材料记录	消失模车间	生产部
PG生原—17	设备维修记录	各车间	生产部
PG生原—18	设备运转记录	各车间	生产部
PG生原—23	工装模具台账	各车间	生产部
PG生原—24	设备润滑记录卡	各车间	生产部
PG生原—20	水质化验	消失模车间	生产部
PG生原—25	炉前记录	消失模车间	生产部
PG生原—32	模具成形记录	消失模车间	生产部
PG生原—33	预发泡生产记录	消失模车间	生产部
PG生原—34	模样黏结记录	消失模车间	生产部
PG生原—35	造型埋箱负压生产记录	消失模车间	生产部
PG质原—01	厂内（外）质量信息处理登记表	质检部门	品质部
PG质原—02	厂内（外）质量信息反馈处理单	质检部门	品质部
PG检验原—07	不合格品通知单	质检部门	品质部
PG检验原—10	抽查检验登记表	质检部门	品质部

（续）

编号	名称	使用单位	管理单位
PG 检验原—17	首检（自检）检验卡	质检部门	品质部
PG 检验原—18	质检工作质量信息单	质检部门	品质部
PG 检验原—26	不合格处理通知单	质检部门	品质部
PG 质原—05	返工（修）通知单	质检部门	品质部
PG 质原—09	月、季、年、炉报统计表	质检部门	品质部
PG 质原—12	画线检验记录	质检部门	品质部
PG 质原—13	质量统计报表	质检部门	品质部
PG 质原—14	二检不合格品检验记录	质检部门	品质部
PG 质原—15	工艺纪律检查记录表	各部门	品质部
PG 质原—16	工艺纪律信息反馈表	各部门	品质部
PG 质生原—17	验证单	质检部门	品质部
PG 质生原—18	白泡沫检查记录	质检部门	品质部
PG 计原—01	计量器具校对记录	质检部门	品质部
PG 计原—02	长度计量校对记录	质检部门	品质部
PG 理原—01	化学分析报告单	质检部门	品质部
PG 理原—02	力学性能试验报告	质检部门	品质部
PG 理原—03	原材料理化试验、化验登记表	质检部门	品质部
PG 技原—01	技术工作联系单	技术部门	技术部
PG 技原—02	技术资料收文登记册	各部门	技术部
PG 技原—03	技术资料发文登记册	各部门	技术部
PG 技原—04	技术资料申请书	各部门	技术部
PG 材原—01	材料验收单	各部门	生产部
PG 材原—02	物资明细台账	各部门	生产部
PG 材原—03	物资申购表	各部门	生产部

消失模铸造工艺环节多、影响产品品质的因素较多，只有建立完善的品质管理组织和完整工艺操作及检验操作程序文件，并保证贯彻实施，才会稳定地生产出优质的产品。

13.5　消失模铸造质量管理及容易忽视的工艺条件

消失模铸造是一个系统工程，任何一个工艺条件发生改变，都会对其他条件造成影响，任何细小的环节出现纰漏都会导致最终的产品缺陷。特别是在单一品种的大批量生产中，如果一处疏忽，就会造成大量的不合格品，后果严重。消失模铸造就是要创造条件、工艺条件具备，认真执行操作规程，才能实现高的生产效率和高的成品率。许多厂家，对准备和创造条件不认真，存有"差不多"心理。如果老板有了"省点钱"的心理，工人有了"省点事"的心理，这两个"省点"心理，就会导致"废点"或"废一批"。在谈质量管理时首先要纠正的，就是"省点"的心理。

1. 必须具备起码的条件——硬件准备

（1）高质量的模具　泡沫模样是消失模铸造生产的根据，没有泡沫型就无法生产，没有好的泡沫模样，无法生产出好的铸件。所谓好的泡沫模样包括四个条件：

1）好的模样加工精细，反映在模样上就是泡沫珠粒融合得好，没有过生过熟区，熟化均匀。说得容易，真正做到融合好，不是一件容易的事，首先要有先进的加工手段，然后要有经验丰富的专做泡沫模具的钳工，合理地分布气塞，该密的部位要密，该稀疏的部位要稀疏。泡沫模的模具与其他模具不同，有时钳工调试的时间大大高于机械加工的时间，有时越是看似简单的模具，越不好调试。不是这里过生，就是那里过熟。所以，要选专业厂家，以模具验收的泡沫模样为依据。

2）尺寸精确，二次收缩率合理。泡沫模样自身的尺寸稳定时间在20~50天；不同的使用时间会造成尺寸的不同。同一套模具发泡的密度不同，收缩率不同，也会有尺寸的差异。模样的组合方式不同，也会造成收缩率的不同，零件水平放置的线收缩与垂直摆放的线收缩差得很多。浇注温度不同，也会造成尺寸的变化，所以，模具设计的收缩率，要与铸造工艺相配合，要在此基础上调整各部位的收缩率，一个精细产品，不同部位的收缩率是不同的。

3）合理的低密度设计，加工出的模具可以获得较低密度的泡沫模样，设计不合理则无法获得低密度泡型。这与模样的壁厚是否合理、是否均匀、是否与模样的壁厚保持有机的调整，气塞分布的量是否充足等有直接关系。

4）防变形措施。消失模铸造自始至终存在着防止变形的课题，防变形的第一道关口是模具的结构，合理的结构使泡沫珠粒受热均匀、冷却均匀，发生变形的可能性小。没有好的模具肯定做不出好的泡沫型来。如果有了省一点的心理，必然会找非专业的厂家、非正规的厂家来做。虽然这些厂家报价低，实际待到模具做出来以后，不知还要投进去多少钱，耽误多少事，细算并不合算。

（2）性能优良的预发泡机　预发泡机是消失模铸造中的关键设备之一，有了模具没有好的预发泡机，也无法获得优良的泡沫模样。预发泡机有许多种，用于铸造模样制作的预发泡机要具备以下四个特点：

1）可以预发泡细小珠粒。

2）珠粒的发泡倍率相同。

3）预发泡桶内含水量少。

4）升温快，升温高，同时要降温快。

要具备这些条件，首先要选用间歇式的、间接加热的、蒸汽加热的预发泡机。因为只有间歇式加料，才能发小珠粒，才能使每个珠粒的发泡倍数相同，连续式加料的，达不到此效果。只有间接加热的方式，才能使预发泡桶内水分少。试想水分多的时候，珠粒由水包裹着，一是粘成团，二是温度升不起来。间接加热的介质有两种，一是油，二是汽，油的特点是要用电加热，耗能费用且不谈，虽然加热的温度能比较高，但升温慢无法降温，要借助冷风，不如蒸汽操作方便。所以，目前最理想的预发泡机是间歇式预发泡机。

（3）宽敞通风的烘房　烘房非常重要，原则上讲烘房应有3个，一个烘房是烘第一遍涂料的，一个是烘二遍涂料的，一个是烘组合好、待埋箱的模样簇的。涂料有很强的吸潮性，烘干以后如果不保存在干燥的烘房内，会吸湿，降低强度，甚至剥脱，涂层吸湿以后浇注时会发生什么情况可想而知。烘房强调通风和宽敞，不通风，湿度过大干燥的慢；过于狭窄，模样距离热源过近，会造成模样变形。

烘房是非常重要的设施之一。烘房的热源有以下几种形式：

1）电加热结构最简单，取热方便，配备一个简单的电路就可以成为自动控温的系统，做到无人看守。电加热的成本很高，以配合1台0.5t中频感应炉的生产为例，如果年产1000t铸件，大约烘房的面积不能小于60m²，需配备32kW电热板。如果电费平均为0.5元/kW·h，耗电16元/h，每日耗电15h计算电费是240元，每月电费7200元，每年耗电8万多元。每吨铸件的耗电成本达80多元。

2）蒸汽加热，适用于有发泡制模车间的厂家；锅炉房距烘房要近，不然也利用不上。

3）成本最低的是烧煤，可以砌火炕火墙，烧煤也可以自动控制温度，煤炉子的吹风机与烘房的热电偶相接，也是自动控温，烘房温度降下来的时候，鼓风机通电鼓风，煤烧起来加热，烘房温度够用了，鼓风机自动停机，非常适用。

4）利用余热做辅助加热。可以利用冲天炉的余热和电炉的炉头余热，接通烘房热水管，将热量散失在烘房内，节省部分热能，又减轻了冷却水的压力。

（4）振实台　振实台也是消失模铸造中值得关注的设备。十几年来，振实台有了许多的改进，性能良好的振实台应该具备以下性能：

1）良好的悬浮性能：多数厂家用的振实台都是四个硬橡胶垫作支撑，硬橡胶的悬浮性能不好。激振源的功能多数不是作用到砂箱上，变成了撞击力，作用到振实台的钢架结构上，所以容易造成结构开裂。近几年基本上都采用了橡胶空气弹簧悬浮。

2）可以调整的频率和激振力：根据加砂的多少，调整激振强度。以免动力过剩，也能防止动力不足。

3）"三维"振实台的产生：振动电动机只有两台在对称位置设置，做旋转时才能产生定向激振。水平装在振实台台面上的振动电动机，不仅使振实台面产生 Z 轴方向振动。同时，也使 Y 轴、X 轴方向产生一定的振动，不过激振力和振幅相对要小些。为了提高 Y 轴、X 轴的激振力，根据需要在 Y 轴和 X 轴方向上安装振动电动机，习惯称作三维振实。在橡胶空气弹簧的悬浮作用下，振动电动机振动所产生的激振力和方向是无规律的，包括左右摇摆上下颠覆，还有无轴心的旋转。

除了水平安装的两个振动电动机，由于重力的作用，停止时激振块才能保持在一个方位上（处于下方）。垂直于台面安装的任何振动电动机，由于制造质量、摩擦、空气阻力的不同，停止时两个振动电动机的激振块永远不会保持在一个方位。选择振动电动机时，关键是要选择振动电动机转数的同步性，质量好的产品才能做到。

（5）负压砂箱　负压砂箱是消失模铸造工艺装备中一个重要的组成部分，负压砂箱是盛装模样簇的，但更重要的作用是形成干砂的负压氛围，使干砂定型。

负压也就是抽真空，除了使干砂定型外，还要将泡沫型的汽化产物抽走。汽化产物的走向与负压场有关，都是走近路的，所以负压源设置的位置，影响着汽化产物的排出方向。消失模铸造是液固浸润，所以呈"凹"字形充型，如果模样的一侧真空度高，则充型仰角必然向真空度高的一侧。泡沫型汽化残留物的密度低于金属液，必然受牵拉吸附在此侧的涂料壁上，使缺陷集中在一侧。

某厂生产煤气管网上用的凝水缸，其内腔很大且形状特别，有一个大肚形的型砂（像普通工艺中的吊芯）。开始因为内腔型砂溃散浇注不成，在铸件内部接了一根负压接力管，这样一来铸件内外腔的负压基本平衡，凝水缸铸成了。消失模铸造强调了三个方面：高温无氧条件下的浇注；置换速度的平衡；流场、热场、负压场。

砂箱根据生产中的需要做选择。可以组合、翻转，可以底吸、侧吸、五面吸，可以自动出砂。为了有目的地使某一部位的真空度有所提高，还常使用"真空接力管"对型内腔的负压做调整。

典型砂箱的结构如下：

1）夹层气室五面吸式负压砂箱。夹层气室五面吸式负压砂箱是消失模铸造技术问世早期较为通用的砂箱，此种砂箱如同大方箱套小方箱，气室间隙为 30 ~ 50mm，真空气室的排气窗由双层多孔板和 100 目不锈钢筛网组成，筛网防止型砂进入真空气室，砂箱内层多孔板对筛网起保护作用。

2）单层底吸气室型负压砂箱。单层底吸气室型负压砂箱箱体可做成方形或圆形，箱底都是方形，常见于（美）福康公司设计的生产线，此种砂箱较夹层气室型砂箱简化许多，造价可降低 40%，加工周期可缩短 60%。

3）单层底吸埋管式负压砂箱。单层底吸式埋管式负压砂箱由单层钢板焊接，底部设置由 $\phi38.1mm$ 焊管组成的钻有密集 $\phi5 ~ \phi7mm$ 小孔的真空排管，管外用 100 目不锈钢缠绕，100 目不锈钢外层由 40 目普通筛网作为保护。经测算，埋管钻孔总面积远远高于夹层气室型底板钻孔的总面积，而且制作更简单，筛网更换更容易、更方便。

4）单层侧吸埋管式负压砂箱。单层侧吸埋管式负压砂箱与单层底吸排管式负压砂箱的不同之处是，将真空排管根据工艺需要设置在砂箱侧壁（二侧壁或四侧壁），真空排管由钢网或多孔板作为保护。

5）组合式负压砂箱。组合负压砂箱适用于制作较高的铸件，为便于埋型操作，在掩埋泡沫模样下半部后，再将上箱套在下箱上组合，继续埋型。上箱套与下箱间用EPS薄板密封，螺栓紧固成一体。上箱套和下箱各设自己的真空装置，以避免上部和下部的负压差过大。组合式负压砂箱减少了砂箱的储备数量。

6）可翻转组合式负压砂箱。可翻转组合式负压砂箱是为负压实型铸造工艺生产超大型铸件而设计的，目前国内最大的砂箱尺寸为4500mm×3000mm×2500mm，单箱耗砂30m³，砂箱总重45t。可生产3700mm×2400mm×1200mm超大型消失模铸件。可翻转组合式负压砂箱的最大优点是：防止大型铸件变形，利于泡沫模样上下两侧充分填干砂，免除用自硬砂预先充填安息角的不便。可翻转组合砂箱由箱底、下箱、上箱、平台四部件组成。

操作步骤如下：

① 先把平台置于振实台台面上，泡沫模样放置于平台中央，安放浇冒口的平面朝下。

② 套好下箱，将其与平台锁紧，填砂振实后，将砂面刮平。

③ 封盖箱底，锁紧后做180°翻转，取下平台，组装上下箱，制作浇注系统，安置冒口后，充填模样背部型砂。砂箱紧实后做密封，造型结束做浇注前准备。

可翻转组合式负压砂箱的问世，结束了负压实型铸造工艺无法生产超大型铸件的历史，具有特殊意义。

7）自泄砂负压砂箱。负压砂箱都是倾倒出砂，自动线上必须配置翻箱机，增加了设备投资额和维修工作量，生产大型铸件时由天车吊装翻箱，不仅会造成大量扬尘，还会使砂箱变形，翻箱机倾倒砂箱或吊车翻箱都属于动出砂。自泄砂负压砂箱由出砂口放砂，则属于静出砂，扬尘小，又不伤及砂箱，砂箱循环线上可以减少翻砂机的配置。

出砂口可以放置在底部、单侧壁或双侧壁。工装和设备的目的是实现生产大纲、满足于工艺需要，因此负压实型铸造砂箱和设计要简单实用，多功能和通用。

（6）筛分除尘设备　消失模铸造设备应配备一整套的砂处理设备，包括落砂、筛分除尘及水平输送、提升机，冷床，储砂斗及加砂设备。许多厂家为了节省固定资产投入，不上砂处理设备，但至少要做一台细筛子（60~80目的筛子）。

2. 辅助材料应该引起重视的环节

（1）泡沫板材的干燥　国内大多数的厂都要使用外购的EPS大板拼制泡沫模样。泡沫板材在制作过程中进入珠粒内部和珠粒间的蒸汽，在冷却过程凝结成冰存于泡沫板材中。泡沫板里的水分极不易挥发，泡沫板的规格是1500mm×1000mm×200mm，如果彻底干燥至少要半年时间。每年秋季集中生产大板，准备够一年用的量，在存放过程中每两张板之间垫20mm厚板块，使每块板都能自然透气，这样存放的板材非常好用。外购板材的厂家，多数是现买现用，泡沫板材厂通常不会有大量的长期积压品，即使有积压，存放过程中也是一块压一块。不会有自然通风的间隙。如果模样不做烘干处理，会给铸件质量带来巨大的隐患。每年都有一些因为泡沫板材不干燥导致生产出不合格品的厂家，而且占比不小。因此，建议使用泡沫板材时要提前半年把泡沫板买进厂，存放在宽敞通风的库房，存放时每块板之间要有通风的距离，使其能自然干燥。不要现购现用。这样最终产品的质量会明显改善和提高。

（2）用模具发型的厂家　多数厂对模样的彻底干燥也不够重视。常出现了泡孔缺陷、冷隔缺陷却找不到原因，其实就在于泡沫型内含有水分。使模具成形的厂，在泡沫模样组装刷涂料之前一定要测量泡沫模样的干燥曲线。即每天检测泡沫模样重量，做记录连线，连续重量不减后，才视为模样彻底干燥。模样不干导致气孔缺陷、铸件报废的例子很多。如阀门厂开始浇注的阀门外表和内部缺陷非常严重，把模样烘干烘透后就一次生产成功。具备条件就试产，不具备条件时坚决不试产，确保一次试产顺利成功。

（3）砂子的选择　消失模铸造使用干砂充型，对干砂的要求比传统砂型铸造要严格。消失模铸造用砂要保证有良好的透气性、充型特性和较低的紧实沉降率，其次才是对耐火度的要求。选择消失模铸造用砂，首选的是形状一定要圆形砂粒，因为圆形砂粒横向送砂性能好，比如宝珠砂，试验中可以横向送砂近200mm，精制硅砂（人造砂、尖角砂）50mm都送不了，安息角达60°。圆粒状砂紧实时砂子下沉量非常小，但不管振多长时间，它下沉的量都那么多。宝珠砂每米下沉约30mm，人造硅砂可多达80mm。所以，使用多角砂时，常在铸件的折角处长瘤子，就是因为型砂下沉量大，振实时间过长所致。其次选砂应粒度均匀：粒度均匀的型砂透气性好，紧实下沉系数也低。粒度不均的砂，紧实下降量也大，然后再考虑耐火度等其他因素。宝珠砂特别适用于做铸钢件，承德天然砂则适合作铸铁件。

（4）砂子的相变处理（除去结晶水）　许多新上消失模铸造的厂家都会遇到这个问题，砂子不经过高温焙烧，每次浇注后都发现塑料薄膜下有大量的水珠，距离铸件周围100～150mm的砂层像淋了水一样湿漉漉的。这是接触铸件的型砂，结晶水挥发后，遇冷再度凝结成被结成水的缘故。此时铸件表面会有大量气孔，像是呛火一样，同时涂层下面会有积炭，像是燃烧不净或是负压不够的样子，都是砂子中的结晶水所致。待到反复使用过几次，砂子中的水气才会少下来，铸件也不再出不合格品了。

对于小规模制造来说，砂子陆续烫，陆续加新砂也就可以应付生产了。大型生产线一次投砂需要上百吨甚至两百吨砂子，型砂的准备就非常重要了。承德砂的粒型虽好，结晶水含量却很大，相比还是宝珠砂好，不含结晶水又是中性砂，只是价格太贵。新上消失模铸造的厂家，一定要把型砂的脱水当成一个重要环节来抓。新疆油田的自动线非常，顺利地获得成功，与该厂重视砂子的脱水有直接重要的关系。

（5）涂料中原材料的质量至关重要　性能优良的涂料不仅要有合理的配方，更重要的是要有优质的材料。在涂料原材料中首先要重视骨料，骨料不能用落地粉，要用精制砂制成粉。比如硅粉不能用落地粉，要用20～40目精制硅砂再次加工成粉，才能确保骨料的质量。

刚玉粉、钛砂粉等，也都是相同的道理，骨料提倡用复合的，即几种配合用。其次是膨润土，作为悬浮剂和溃散剂，膨润土的质量也很重要，膨润土要用钠基的，不能用钙基的，更不能把黏土混做膨润土用。吉林范家屯煤矿的膨润土质量非常好，配制的涂料触变特性、流平性都非常好。

其他材料也要做筛选，这样可以确保涂料的质量。

涂料影响透气性（涂料允许热解产物逸出的能力，或叫渗透性）的成分是有机黏结剂，有剂黏结剂含量的增减，可以调整涂料的透气性和脱壳性能，所以有机黏结剂也要筛选，不能拿来就用。

在生产和具体操作中，干砂振实不是振动的时间越长越好，振动时间10～15s已振实，时间延长没有意义。

消失模铸造工艺技术中预发泡珠粒要熟化，模样要时效处理，型砂要去掉结晶水，涂层要烘干烘透，板材要时效处理，暂时不用的要尽量储存在烘干室内。尤其是空气湿度大的地方，更要注意这些工艺条件。

13.6　消失模铸造生产过程影响铸件质量的原因

如何提高消失模铸件质量，降低消失模铸造生产成本？本节对现场经常发生而又容易被忽视的影响消失模铸件质量的部分现象进行分析。

1. 材料的影响

这里所指的材料包括塑料泡沫材料（EPS，STMMA）、组成涂料的各种材料（骨料，悬浮剂，黏结剂，添加剂）和塑料模样黏结剂、砂箱填充用型砂等。每种材料都有其特定的技术参数和应用性，不可只要是名称符合就选用，要根据工艺的技术参数选配，虽然名称一样，其性能指标是参差不齐，差别较大的，已经被工艺要求选用的进行稳定生产的材料，切不可轻易更换生产厂家或供货渠道。尽管这一浅显的道理大家都懂，在具体操作中却经常出现一些疏忽。例如选购的涂料用硅粉、个别人在选购时只要是名称和粒度相符即可，其实硅粉的 SiO_2 含量同样至关重要，填箱用的硅砂除粒度、SiO_2 含量有明确要求外，对角形系数也有非常严格的要求，若不按要求选配，会影响铸件的质量。某铸造厂使用聚苯乙烯珠粒稳定地生产，由于种种客观的原因改变了进货渠道，新选了一个聚苯乙烯生产厂家，结果造成大量的不合格品。

2. 工艺操作的影响

消失模铸造技术比起传统的砂型铸造有着更新的技术含量。无论是塑料模样制作，还是装箱浇注成形，都还有许多需要探索和研究的课题。消失模铸造技术比起传统的砂型铸造也有着更精细的工艺操作规程，如果从细节上忽视了工艺规程要求，必然导致铸件出现缺陷，甚至报废。

（1）模样密度的选择原则　在满足模样强度不发生变形的前提下，密度越小越好。实际应用中有很多人不注意密度的重要性，不是密度过大，造成发气量过大；就是由于模样强度低使铸件变形。

（2）模样水分的控制　模样在刚刚脱模时含水量（质量分数）最高可达10%左右，为此需要进行烘干。在50℃左右的烘干室中，8h之内80%的表面水分会全部蒸发，模样内部中心处的水分需要充分的时间才能脱离，因此切勿只重视模样表面，免得出现气孔等铸造缺陷。另外对于模样烘干来说，烘干室的温度固然重要，烘干室的湿度也同样重要，湿度也是水分蒸发的三大要素之一。保持烘干室内的空气流通、减少湿度也是缩短烘干时间的有力措施。

（3）砂眼的控制　砂眼在消失模铸造中也称白点。铸件的砂眼是型砂进入铸型所造成的，而型砂进入铸型一是型砂通过浇口杯随金属液流入，二是浇注系统封闭不严格造成的，不是浇注系统的涂料层损坏就是浇道接口封闭不严格的，特别是后者在现场常有发生。在这位置，由于金属液的流速和真空的吸力，空气流速很快。流速快则压强低，这里必然形成很大的压力差，在压力差的推动下，如果接口不严，砂粒必然会从接口的缝隙中被吸入到铸型而形成砂眼。

（4）真空度的控制　当金属液浇入铸型与泡沫塑料接触时，产生大量的气体，这些气体透过涂料层经过造型砂的间隙被真空抽出。但是，这一过程需要一定时间来完成，在这一时间内，砂箱的真空度将会下降，最低真空度可达0.015MPa，之后随着砂箱气体的减少（直浇道充满金属液），砂箱内重新建立起密封状态，真空度又开始回升，当浇注结束后，真空度又基本上恢复到初始状态。

当重新建立起来的真空度过大时，金属液的穿透能力显著提高，使铸件易产生针刺、黏砂等缺陷。还由于金属液的流速超前使泡沫塑料的残渣和焦油状液体夹裹在金属液中造成缺陷；如果真空度过小，泡沫塑料热解形成的焦油状液体和气体不能及时逸出型外，结果使铸件产生炭黑、夹渣等缺陷。虽然真空度的控制至关重要，生产现场却发现浇注工人很少去控制真空度。

3. 设备的影响

消失模铸造的砂处理线要完成形砂冷却、除尘、输送、储存等功能。只有配备合理的砂处理设备，才能实现生产的批量化，并且达到"地上无散砂，空中无粉尘"的绿色环保要求。一些小企业在消失模铸造工艺的试制阶段，可以不考虑砂处理设备，试制成功后，砂处理线就是一项必不可少的设备了。若无此设备，型砂中的粉尘则难以清除，由于粉尘堵塞型砂的间隙，砂箱的真空度必然受到影响，结果是铸件出现炭黑、夹渣、气孔等缺陷而影响铸件质量。同时粉尘的飞扬也恶化了作业环境。

冷却设备有多种形式，如提升冷却机、砂温调节器、滚筒式冷却床、水冷式沸腾冷却床等。由于客观条件的不同，各种冷却设备均具有各自的优势和亮点，并在不同的场合发挥着它们的作用，就单从冷却效果来说，水冷式沸腾冷却床的效果更好。从热传递的原理分析，水冷式沸腾冷却床是每颗粒都是独立的与介质（水、空气）直接接触进行热交换，而且在冷却全过程中多次反复的进行热交换，以起到降温的作用。其他设备是无法实现砂粒独立与介质进行直接热交换的。

13.7　提高消失模铸件几何尺寸精度的方法（刘进胜）

消失模铸件生产作为成形精确、加工余量小，以及容易实现清洁生产的新技术，相对传统黏土砂铸造和树脂砂铸造，污染少、耗能低，加上低廉的生产成本，以及对从业工人技术素质要求不高等诸多优点，已经越来越广泛地被铸造行所采用。由于消失模铸造工艺技术在我国推广得比较晚，仍有许多技术上的问题没有彻底解决。一些企业已经引进消失模技术多年，生产的铸件尺寸始终与理论尺寸有一定差距，没有实现精确成形，甚至铸件尺寸不够机械加工。铸件几何尺寸精度不高，主要是某些环节没有采取技术措施，以及在生产过程中工作没有做细等原因所致。本节按照生产操作工艺的顺序，重点介绍在手工制作模样的生产过程中，哪些因素影响着铸件的几何尺寸，并对这些因素进行分析，给出解决问题的方法；也可作为消失模技术生产铸件手工制作模样的操作规程使用。

1. 模样模板工艺

（1）模样工艺制订　根据机械加工零件图样，按机械加工要求给出机械加工余量，按铸造工艺要求绘制铸件图（亦可在机械零件图样上完成），如图 13-1 所示。根据铸件图制订模样制作工艺，绘制工艺图（见图 13-2）。将模样分解成若干相对独立的泡沫散件，也就是模块。模块数量越少越好，一方面黏结面数量少，模样精度相对高，另一方面使用胶数量也相对小，可以减少浇注时的发气量。绘制下料模板图样，标明零件名称、图号、材质、缩尺、顺序号等，必要时标明方向，通常顺序由大的散件开始编排，每种模板制作两件，通常为 A 和 B，切割时 A 在上面，B 在底面，例如 XSMMB—5—8 端盖 HT200 0.8% 6—2A h40，表示了该零件的图号、名称和材质，模样由 6 件模块组成，此模块是第 2 件，缩尺为 0.8%，模块切割厚度为 40mm，其中 A 表示该模块使用两件模板，A 是其中之一（见图 13-2）。零件图样、模样工艺图样和下料模板图样要分别

按图号装订、存档。不允许制作一个模板，然后依次以模板为样本放样，再制作另一个模板，这样会积累误差。

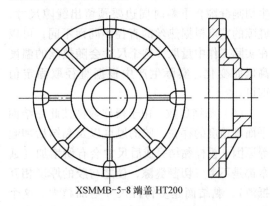

XSMMB-5-8 端盖 HT200

图 13-1　端盖铸件简图

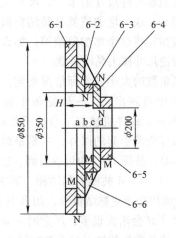

图 13-2　模样工艺

（2）缩尺　根据铸件的材质和结构确定缩尺比例，例如铸铁件，要确定采用 0.8% 还是采用 1.0% 的收缩比例。

（3）模板材料　选择密度适中的硬纸板，生产使用要注意纸板的热磨损情况，对于批次多、数量较大的铸件生产，要及时更换新纸模板或采用镀锌铁板。

（4）模样黏结定位圆　模样通常是由几件分散的泡沫件组合黏结起来的。对于圆形回转体件来说，散件彼此必须有相同的外圆或内径作为定位圆使用，图 13-2 中的 $\phi850mm$、$\phi350mm$、$\phi200mm$ 就是定位圆。在纸板或镀锌板上绘制定位圆时，要使用同一个画规一次完成放样，并且剪切要由一个人完成，避免多次

调整画规,产生放样误差。

(5) 模样切割缝隙　模样的几何尺寸与铸件的几何尺寸是相同的,热丝切割泡沫,会产生切割缝隙,下料时周边要预留出缝隙尺寸,缝隙的宽度根据热丝的直径不同而不同,可以在实际工作中量取,这个尺寸会随热丝的温度高低而变化,实际生产中根据直径取固定值即可。

(6) 黏结负数　由于模样散件彼此黏结面平面度精度的存在、胶的厚度以及黏结后翘起等原因,模样黏结完成后尺寸会有所增加(通常都是不考虑切割缝隙,使之与胶的厚度相互抵消),黏结面越多铸件尺寸增加越大。这个尺寸变化通常是由于泡沫切割后平整度不高造成的,且随着零件尺寸的增大,尺寸误差增加得十分明显,这个增加值就是黏结负数。因此下料时应预先将这个增加值减掉,那么料的厚度应是理论尺寸减去黏结负数。

黏结负数的大小视实际情况而定,可以在首件模样中检测出来,一般是每个黏结缝隙 $0.3 \sim 2.5mm$。铸件机械加工余量不足的缺陷,除了是模样变形引起的以外,主要是对黏结负数考虑不足,从图13-2中可以看到,这个端盖模样有a、b、c、d共四个黏结面,其中a、b、c这三个面均会产生黏结负数,如果不予考虑,毛坯的尺寸 H 会增大很多,严重时c面失去加工余量,这是常见的加工量不够的例子。

2. 模样材料的选择

不是所有的泡沫都可以用来制作模样,应选用泡沫原发料密度适中、切割后平整、强度高、不易变形且热熔后发气尽量少的泡沫。

3. 下料

(1) 调尺　消失模模样是由多层泡沫黏结而成的,要求每一层上下两个面必须平行,这是保证铸件几何尺寸的一个必要条件。因此,切割床上热丝与床面要求平行,热丝高度调好后要复检,开片后第一片泡沫要检查平行情况,及时纠正问题。

(2) 初始下料　切割原始大方泡沫,第一切割面要选择好,这是一个基础面,并做好标记,之后所有切割依次为参照(水平或垂直切割)。开片后首片要检查片的尺寸和平行情况,

有问题及时调整。热丝切片操作时需注意:热丝松紧适中,泡沫推进连续均匀且速度不宜过快;每片至少要有两个与泡沫平面垂直的侧面(纵向切割而成),作为模板固定的基准面。

(3) 模板固定　模板分别固定在泡沫片的上下两面,要求两模板位置要准确(使用垂直侧面的基准面);需要用铁钉嵌入定位,模板上需要开钉孔,孔大小与铁钉相适宜,不可大孔小钉,以免模板串位。开孔处模板要平整,钉子轴线须与模板垂直。钉孔数量通常不少于3个,对于大的模板则需要多的钉孔,周边两相邻钉孔的距离不宜大于180mm,而且模板中间位置还要增加钉孔,如图13-3右下方局部所示。

(4) 切割　切割模板周边,注意控制热丝温度,温度过高会使割缝扩大不易控制;温度过低则影响切割速度,效率不高。切割过程须平稳连续匀速,行走速度变化会造成模样表面波纹起伏,影响铸件表面质量。

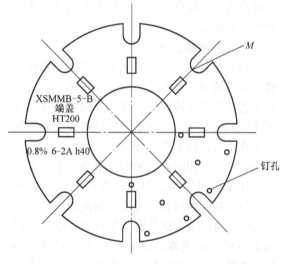

图13-3　6-2模板

4. 合模黏结

(1) 定位　模样模块之间的定位一般采用相同尺寸对齐的方法,如内孔或周边对齐定位(见图13-2),6-1与6-2利用 $\phi850mm$ 对齐定位,6-2与6-3利用 $\phi350mm$ 对齐定位,以此类推;铸件内部的肋和脐块定位,一般是在模板上画出肋或脐块的中心位置,完成下料

后再将这个位置描到模样上，如图 13-3 中 *M* 点（8 点只画出了 1 点），将所有点连线后，8 条肋的位置就确定了。更直接的定位方法如图 13-3 所示，在模板上肋的位置开出 8 个矩形方洞，每个矩形两个长边就是肋的定位线，两长边距离略宽于肋的尺寸，以便黏结时可以看到。用笔直接画出筋的限位更加精确，一步到位，减少铸件几何尺寸的误差。

（2）黏结　一是要注意涂胶的厚度，及时调整胶的浓度，这些影响黏结面的黏结负数；二是涂胶的面积，对于面积较大的黏结面，不一定全部涂胶，保证能粘住的前提下，涂胶点可以分散星布，施胶量越少越好，减小熔模时的发气量以及缩短胶的烘干时间。如果结合面外部还要粘贴纸条（防止涂料进入粘合缝），施胶量可以进一步降低。

（3）黏结顺序　拥有多个黏结面的模样，很难一次完成黏结，针对不同的模样，需要制订各自合理的黏结工艺，确定各黏结面的黏结顺序，必要时还要进行施加重物以防翘起，加载重物时应以模样受力均匀、黏结牢固为准则，应避免施力过大，导致模样变形。

（4）黏结时间　根据室温条件，制订合理的黏结时间。对于多个黏结面，要确保模样黏结坚固后，再进行下一个黏结面的黏结，否则先前的缝隙如果开启，即使再次施压也难以恢复原来的缝隙厚度，这是许多铸件几何尺寸产生问题的主要原因之一。

（5）封缝处理　模样黏结成形后，对黏结面的外缘和垂直阴角部位要做密封的处理，防止涂料进入以及拥有必要的铸造圆角。一般采用黏结纸条（亦有使用美纹纸）、黏结圆角或者涂蜡等方法。如图 13-2 所示，4 个 M 处要黏结圆角，4 个 N 处要黏结纸条，8 个三角筋的根部要做涂蜡处理。需要注意的问题是：纸条不易宽，15mm 左右，过宽影响涂料黏附，因为胶层本身不能透水，造成涂料翘起脱落；由于涂蜡不易黏附于蜡上面，所以涂蜡的面积越小越好；蜡中需融入一定比例的松香，冷态时具有一定的强度，烘干时亦不会产生蠕变形。

（6）修整模样　模样黏结完成后，要打磨出铸造圆角，修复制作过程中的问题，比如进行剃刺刮平、补肉磨光，以及最后一次检测尺寸形状等。

（7）连接浇注系统　针对技术要求、铸件结构以及生产工艺合理性等诸多因素，制订出合理的铸造浇注工艺。消失模浇注系统要注意以下问题：通常选用底注式浇注或阶梯式，尽可能不采用顶注；内浇道尽可能安置于机械加工面；利于搬运、浸刷涂料、装箱埋砂等。

5. 模样干燥

制订合理的模样干燥工艺，确保苯板胶及泡沫完全烘干，否则影响涂料的涂刷。一般的铸件模样，在 40 ~ 50℃ 的烘干室里要干燥 24h 以上。

6. 浸刷涂料

根据实际要求，制订浸刷涂料的工艺，一般是刷 3 遍涂料。特别应注意的是，模样从烘干取出要马上浸刷涂料，减少模样暴露于空气的时间，避免返潮；涂料必须完全干透才可以进行下一次浸刷涂料，浸刷后的模样，在 40 ~ 50℃ 且通风的条件下，至少干燥 36h 以上。涂料的选择，应根据铸件材质而定，耐火高的可以替代耐火低的，比如铸钢件使用的涂料可以用于铸铁件生产。通常第一遍涂料耐火性好，颗粒细腻，第二、第三遍涂料注重强度和透气，颗粒逐渐增大。若生产规模不是很大，3 遍涂料可以使用同一种涂料.

7. 模样装箱

在砂箱中合理布置模样，不能有挤压现象，浇注系统的安置要遵守工艺要求，要考虑浇注系统热收缩对铸件的影响，特别是扁平及细长的铸件。机振前包围模样的型砂分布要均匀，以免型砂机振时过激流动使模样变形。模样从烘干室取出后，要及时装箱，减少暴露于空气的时间，返潮会影响铸件外形甚至塌箱，对于必须低真空浇注的铸件来说，返潮对成品率十分敏感。

8. 浇注时间与浇注温度

（1）浇注时间　消失模铸造技术浇注过程与传统铸造浇注过程有很大的不同，传统铸造浇注时，贴近型砂的金属液在激冷之后不久会重新熔化，砂型的冷却强度也趋于平缓；消失模铸造由于负压的作用，浇注时和浇注之后，金属液一直处于较强的冷却之中，最先进入砂型里的金属液与最后进入砂型的金属液之间的温差比较大，浇注速度越慢，这种差别越大，大的温差会给铸件冷却收缩带来影响，严重时会改变铸件的几何尺寸，特别是板状和杆状铸件，提高充型速度是减小温差的办法之一。消失模铸造需要有充足的熔模时间，充型时间过快，会出现排气不畅，导致反喷或塌箱的问题。因此，要综合分析铸件出现的问题，在实际中积累经验，制订合理的浇注时间。

（2）浇注温度 从影响铸件尺寸变化的因素考虑，浇注温度低会有益处，因为可以缩小温差。但一般来说，铸件几何尺寸出现的问题，极少与浇注温度有关。

9. 开箱

由于是干燥的型砂，当失去负压之后，铸件的热量散失极其缓慢，很长的时间以后，铸件仍处于高温状态，打箱早了会带来很多问题，如冷裂、变形和硬度高难以机械加工等。一般 20～300kg 的铸钢件，自然冷却时间是 24～40h，铸铁件相应要减少 10h 左右。应根据天气和实际情况，制订合理的开箱时间。

10. 清理

（1）冷却时间 打箱之后，要有足够的时间使铸件冷却下来，特别是有的浇注系统影响着铸件的收缩，本身起着工艺拉筋的作用，过早去除它们将使铸件产生弯曲，几何尺寸会发生变化，因此对不同的铸件应制订不同的冷却时间。

（2）浇道的处理 铸铁件要明确内浇道的敲击方向，否则可能会使浇道根部产生缺肉现象，影响铸件尺寸，必要时在内浇道上制作工艺缺口以便敲击分离；铸钢件切割内浇道时不得过量，应留有适当的打磨余量。

总之，要想应用好消失模铸造技术，不但要有全面的铸造专业理论知识，还要积累丰富的实践经验，只有通过有效的实践活动，才能制订出科学合理的消失模铸造技术的生产工艺，才能不断地在生产实践中完善工艺。一件合格的铸件，是经历了多个环节，在多方面条件都具备的条件下才能制造出来的，因此，做

好每一个环节中的细节工作，是真正做好消失模铸造技术生产铸件的基础。

13.8 消失模铸造岗位操作规程

1. 消失模白区岗位操作规程

准备工作（胶枪、胶棒、浇注系统、竹签、牙签、单面胶、锯条、刀片）。

1）首先将成形泡沫称重量，符合要求后，再检查是否变形和外观完整。检验模样的外表面是否有破损，若有破损需修补完整。

2）根据砂箱尺寸和铸件形状来设计主横浇道的长度及内浇道和浇道系统，用热溶胶黏结浇道系统，并合理安排集渣包缓冲包。根据铸件的大小、壁厚设计冒口的大小和个数（铸铁件的内浇道和冒口必须留有切割槽）。

3）黏结处不可有缝隙、脱落、松动，外观不可粗糙和有凹凸伤痕。模样与模样之间用竹签整体黏结为后序上涂和组箱做准备。黏结处不许有缝隙和凹凸伤痕，若有缝隙必须用胶枪修补。设计产品内浇道和浇道系统，用热溶胶黏结浇道系统，并合理安排集渣包、缓冲包。

4）手工切割产品必须先做样模，无尺寸超差方可批量切割。

5）切割产品必须每十件抽样检查一次，防止批量报废。最后整体要检查黏结处是否牢固，做到自检和互检。

6）配合当班班长完成厂部下达的任务指标。

7）班长必须有当天的生产记录，包括领用料、成品量、不合格品量及发生生产困难需要厂部解决的事项。

8）团结合作，当天任务当天完成，不可拖延到第二天。

9）坚持每天一小扫，每周一大扫，保持良好的工作环境和卫生。

2. 涂料班岗位操作规程

1）准备工作（涂料是否够用、搅拌机是否正常、涂料池是否清洁、烘干房是否正常），工作前先检查设备使用和材料。

2）首先检验模样的外表面是否有破损，

若有破损需修补完整。上涂前先检查外观和黏结处是否严实无缝、松动和脱落，否则返回上道工序进行修改才可接收上涂。

3）涂料搅拌和配制应严格按操作工步执行。按涂料配比和应用要求进行合理的搅拌，搅拌时间通常为60min以上。搅拌均匀后，要静止10min后进行浸涂。浸涂时应选择好消失模模样浸入涂料的方向、部位，防止模样变形。浸涂要均匀，涂层上不得出现露白现象。

4）为节约成本，涂料不可到处滴淌，应铲起回收再用，包括烘干房内的涂料。

5）模样浸涂后应及时抖动，以使涂层均匀并去除多余的涂料。模样上涂后，被手拿过的地方要用刷子补涂，上涂后要全方位检查是否有露白、漏涂。上涂不可一次性过厚，有流淌的地方要用刷子赶一遍。

6）浸涂后的消失模模样，在取出、运送、放置时应防止变形。

7）烘干房内温度不可过高，上涂过的产品烘干房的温度一般控制在45～55℃范围。

8）浸涂涂料两遍，涂料总厚度应在1.0～2.0mm范围。模样外立面浸涂要均匀，注意涂第一遍时不要浸涂得太厚（若太厚易形成疙瘩影响铸件表面裂纹），两遍间隔时间不小于4h，浸涂最后一遍后必须烘干8h以上才能造型。

9）配合当班领导完成当天任务。工作完毕后清理现场卫生，地上滴淌的涂料要及时回收。

3. 造型装箱班岗位操作规程

1）工作前先检查水、电、气、砂。

2）检查砂箱的安全和完好使用情况。

3）砂箱底部放砂不低于100mm，振动时间10s左右，用木铲抹平后再放产品。

4）放产品前先检查产品外观是否有露白、漏涂和裂纹，否则用快干涂料进行补涂。

5）产品与产品之间、产品与砂箱之间的吃砂量不低于80mm。

6）放砂时必须前、后、左、右均匀，有吃砂量不可某一处堆积过多，防止产品变形。

7）产品的直浇道下方应有一个砂托，防止浇注时冲坏直浇道。

8）顶端抹平后放上薄膜，在薄膜上方放在150mm×150mm左右的石棉布并剪出孔洞，孔洞大小必须小于直浇道直径。

9）在石棉布上方放浇口杯，再围面砂，面砂高度控制在100mm左右。

10）安全生产，注意周围的安全隐患。

11）工作完毕后，及时打扫现场卫生。

4. 炉前冶炼操作规程

1）工作前先检查设备运行情况，包括水、电、气，以及准备工作（备包、烘烤、浇注台）。检查炉衬情况与厚度，检查冷却水管的通畅。出现电器故障，应及时通告，由专业电工排查检修，非专业员工严禁擅自处理。

2）按要求合理配料。严禁往炉内投放密封的钢管材料和雨水淋湿的材料。

3）消失模浇注温度要比普通砂型铸造温度高50～80℃。

4）认真做好各材质的脱氧、孕育。浇注出水前一定要做好各材质的脱氧、孕育处理。

5）浇注前应先将铁液包做烘烤处理，不可冷包接水。

6）包内不可有渣质，及时修好出水口。

7）炉台、炉内要干净卫生。炉台活动木质盖板烧损严重时必须及时更换。炉前的钢水包槽内不可有积水。

8）认真做好打渣手续。必须充分做好除渣工作，加入适量的除渣剂，最少除渣两次，彻底扒除包内的钢渣，达到无明显残渣存在的程度。

9）消失模浇注时应有挡渣工配合和撑包配合。

10）严格安全生产，做好"二穿一戴"——穿工作服，工作鞋，戴安全帽。

11）做到"三不伤害"，我不伤害他人，他人伤害不到我，我不伤害自己。

12）工作完毕后，及时撬掉铁液包内的残余铁块。

5. 真空负压操作规程

1）工作前先检查水、电、气及行车运行正常。

2）砂箱吊在浇注现场，四周不可有障碍物。

3）套好真空管，并围上薄膜防止漏气。

4）铁液出炉前 10min 打开真空泵，按要求调查真空表，检查砂箱四周是否有漏气现象，否则立刻用薄膜补好漏气的地方。

5）铸铁件真空度通常在 0.03～0.05MPa，铸钢件在 0.04～0.06MPa，先烧后浇在 0.07MPa。

6）浇注时做到"稳、准、快"行车要稳，对包要准，速度要快。

7）控制好保压时间，小型件、薄壁件保压在 1～3min，厚大件在 5～7min，800kg 以上铸件保压在 10～15min。

8）安全生产，配合好浇注工的工作。

9）行车工必须听从浇注工的口令和手势。浇注原则为一慢二快三稳四收。

10）浇注完毕后，先慢慢放开真空泵阀门再关电源。

13.9　消失模铸造企业主要岗位职责

1. 车间主任职责

1）核定车间最大产能，保持正常负荷生产。

2）核定车间人员编制，做到不缺编不超编。

3）合理进行人员配置，做到适人适岗。

4）负责人员作息安排、出勤安排、绩效考核和件资平衡，做到员工积极有序作业。

5）合理配置生产设备，做到均衡生产。

6）充分利用车间场地，物料、设备统一规划，画线、定位、标识和规范摆放。

7）日常掌控设备运行、保养、抢修等。

8）提前计划和追踪原材料。

9）掌控现场领用原材料的数量、质量，确保现场物料不超过一天。

10）熟练掌握操作标准、检验标准的资料保管和修订建议。

11）负责与相关人员进行新产品或关键工序的首件样确认。

12）执行公司各项管理流程，参与不良、返工、呆滞、补料、退货、延单等异常问题的处理。

13）负责车间人员（编内和派驻）、物料、设施、用具等的日常管理。

14）保管公司财产，确保本车间财产不遗失或损坏。

15）负责巡查、处理和报告本区域的安全隐患。

16）负责承接生产指令和生产流动卡，确保产量、品质、交期等达标。

17）负责与品管部、技术部、设备科、仓储部等部门的沟通协调。

18）负责 7S 区域划分、责任归属、日常检查和奖罚兑现，做好防火、防盗、防漏等安全工作。

19）研究工艺流程尽量缩短交期，对不合理或需缩短的流程提出改善建议。

20）对外代表车间参加各种会议，对内主持召开会议。

2. 班组长职责

1）安排员工上班、下班进行"7S"清扫，并现场督导和按标准验收检查。

2）督促员工维护现场卫生和杜绝乱停乱丢乱放现象，发现不洁处立即清理。

3）安排设备操作员及辅助人员上班、下班进行设备保养后填写设备点检卡，并按要求验收。

4）本组人员临时缺岗时，替岗操作。

5）审核原料领用数量，并安排人员适时领料，杜绝停工待料或物料堆放过多（不能超 1 天）。

6）掌握生产进度，按计划订单要求生产。

7）审核清点成品移交数量，并安排人员送到下道工序。

8）督导检查员工认真填写生产流程卡。

9）新员工上岗前进行车间管理和产品操作要领方面的培训。

10）督导员工执行操作、检验，掌握工艺标准和安全要领。

11）巡查本组操作现场，处理物料、设备、人员、安全、"7S"和"ISO"等异常事件。

12）按要求填写本组各种单据和报告。

13）主持召开班组早会。

14）掌握员工身体、态度和行为状况，发现异常，及时提报。

15）下班确认关电、关气、关水、关窗、关门等事项。

16）对外代表班组参加各种会议，对内主持召开会议。

3. 品质巡检员职责

1）充分领会和理解各种铸件品质检验标准的实际操作内涵。

2）根据不同铸件、等级、客户需求，选择与之相适应的检验方法。

3）承接质量中心品质检验标准等质量控制资料，并认真执行和妥善保管。

4）严格执行公司各项管理流程，并监督车间执行。

5）巡检重点工序和电炉熔炼，并在流程单上签名确认。

6）重点监控新工艺、新铸件的操作过程，做到不良产品不流入下道工序。

7）参与新铸件或重点工序首件样确认。

8）发现铸件质量异常问题，立即报告相关人员。

9）指导员工不良品质易发工序的操作方法。

10）密切与技术部、检测室、设备科、车间合作，进行产品品质改善。

11）充分了解客户需求，并在品质方面得以体现。

12）认真填写品质日报表，并分析原因和上报相关主管。

13）负责给产品品质检验标准修订提建议。

4. 设备巡查机修职责

1）负责新员工上岗前培训设备操作、保养和安全等，合格者发放设备操作证。

2）负责设备点检卡卡头、卡尾填写、悬挂、收集和督导设备操作工每日认真填写。

3）负责机器名称、操作规程、操作者姓名相片、警告标志等张贴和维护更新。

4）负责贵重机器和需拆卸部位的保养。

5）负责设备规范操作和日常保养的巡查

和指导。

6）负责设备异常诊断、请修单填写，与设备科抢修组人员联络，追踪抢修进度和完工验收。

7）与设备科、锅炉科保持密切联系，确保水、电、汽正常供给。

8）负责打印设备零配件与耗材领料单，以及确认质量与领取。

9）负责设备待机时的开机测试。

10）参与设备保养检查打分评比，年度大修、检修计划建议，并协助抢修组大修。

11）负责新旧设备安装、移位规划，并协助设备科安装调试和验收。

12）负责车间水、电、气线路管道维护，并协助检修。

13）负责车间外协施工人员的具体管理和动明火行为的特别管控。

14）发现设备运行异常并提出改良报告。

15）协助车间主任进行产能规划和安排均衡生产的设备配给。

16）业务上归设备科管理，行政事务上归车间管理。

5. 设备操作职责

1）学习设备操作规程和安全要领，做到不懂或不安全不开机。

2）上班、下班进行设备保养，并在设备点检卡上签名确认。

3）了解设备一般原理，能用看、摸、听和闻等简单方法判断设备好坏。

4）了解设备易损件部位，掌握易损件使用情况，并能及时提出更换。

5）保管设备辅助件，做到完好不丢失。

6）与巡查机修保持密切联系，确保安全紧急装置和安全防护罩处于正常状态。

7）设备异常及时提报，做到设备不带病作业。

8）确保设备四周无杂物、无油污、无积水。

9）确保设备机身无污垢，没有悬挂无关物品。

10）团结设备操作辅助人员，做到协同工作。

6. 车间统计员职责

1）负责原辅材料、化料、五金配件、设备及其他相关车间生产用品的进、出、存统计，并建立分项台账。

2）协助财务做好月、季、年度盘点工作，并制作盘点统计表。

3）负责产量日报表等车间生产报表的统计制作。

4）负责原辅材料、化料及其他相关订单成本的统计，并制作订单成本分析表。

5）协助车间主任对员工进行考勤，掌握员工实际上班时间，并制作员工月出勤状况统计表。

6）负责工价正确性、公正性的测算，并根据工价表进行计件员工工资的核算，同时对不合理的工价提出修正意见。

7）协助车间主任进行车间最大产能规划，制作车间最大产能表，随时掌握生产负荷，并与生管员及时取得联系。

8）协助车间主任、生管经理进行订单进度追踪，发现可能延单等异常情况立即上报。

9）确保所统计之数据的准确真实性，并对订单成本、工人工资等进行数据分析，同时提出改善建议。

10）及时维护生产车间 ERP 系统。做好车间相关资料保密与归档工作。

11）做好车间主任、生管经理安排的其他工作。

7. 员工职责

1）按规定时间上班、下班，做到不迟到、不早退、不旷工。

2）认真学习各产品工序操作标准，不懂就问。

3）全神贯注作业，并在工序流程卡上签名确认。

4）上班、下班进行"7S"清扫，并保持工作区域内时刻干净整洁。

5）将用具、物料按规定区域摆放，做到现场美观有序。

6）参加车间、班组各种会议，勇于发表个人意见。

7）积极参加各种提案改善活动，为公司经营和发展提出建设性意见。

8）掌握产品检验标准，认真进行自检，做到不良产品不流入下道工序。

9）不带各种火种到车间现场，严防火灾事故发生。发现作业现场异常情况，立即上报。

10）保护好公司财产，不得将公物占为己有。

11）遵守公司各种规章制度，杜绝不良行为。尊重上司，团结同仁，服从安排，协同工作。

13.10 消失模铸造及实型铸造企业现场 7S 精益管理

现场管理是一个企业的企业形象、管理水平、产品质量控制和精神面貌的综合反映，是衡量企业综合素质及管理水平高低的重要标志。搞好生产现场管理，有利于企业增强竞争力，消除"跑、冒、漏、滴"和"脏、乱、差"状况，提高产品质量和员工素质，保证安全生产，对提高企业经济效益，增强企业实力具有十分重要的意义。

13.10.1 优秀现场管理的标准和要求

现场管理就是指用科学的管理制度、标准和方法对生产现场各生产要素，包括人（工人和管理人员）、机（设备、工具、工位器具）、料（原材料）、法（加工、检测方法）、环（环境）、信（信息）等进行合理有效的计划、组织、协调、控制和检测，使其处于良好结合的状态，达到优质、高效、低耗、均衡、安全、文明生产的目的。

（1）优秀生产现场管理的标准

1）定员合理，技能匹配。

2）材料工具，放置有序。

3）场地规划，标注清晰。

4）工作流程，有条不紊。

5）规章制度，落实严格。

6）现场环境，卫生清洁。

7）设备完好，运转正常。

8）安全有序，物流顺畅。

9）定量保质，调控均衡。

10）登记统计，应记无漏。

（2）现场管理六要素（5M1E 分析法）

现场管理的六个要素即：人、机、料、法、环、测。也称为 5M1E 分析法。

1）人（Man）：操作者对质量的认识、技术、身体状况等。

2）机器（Machine）：设备、测量仪器的精度和维护保养状况等。

3）材料（Material）：材料能否达到要求的性能等。

4）方法（Method）：生产工艺、设备选择、操作规程等。

5）环境（Environment）：工作现场的技术要求和清洁条件等。

6）测量（Measurement）：测量时采取的方法是否标准、正确。

由于这六个因素的英文名称的第一个字母是 M 和 E，简称为 5M1E。

13.10.2　现场管理的基本方法

1. 7S 现场管理

6S 活动起源于日本，发展于美国，希望鼎盛于中国，主要内容包括整理（SEIRI）、整顿（SEITON）、清扫（SEISO）、清洁（SEIKET-SU）、素养（SHITSUKE）、安全（Security），

因为这 6 个词第一个字母都是 S，所以简称 6S。近年来，随人们对这一活动的不断深入，又添加了"节约、习惯"等内容，分别称 7S 或 8S。

7S 现场管理是国际上最先进的现场管理工具和现场管理方法之一，如图 13-4 所示。开展 7S 活动具有操作简单、见效快，效果看得见，能持续改善等特点。目前全球有 65% 的企业都在广泛地推行 6S 或 7S 现场管理。7S 现场管理就是针对经营现场和工作现场开展的一项精益现场管理活动，其活动内容为整理（SEIRI）、整顿（SEITON）、清扫（SEISO）、清洁（SEIKETSU）、素养（SHITSUKE）、节约（Saving）、安全（Security），具体含义和实施重点如下：

（1）7S 管理的基本内容

1）整理（SEIRI）：彻底地将要与不要的东西区分清楚，并将不要的东西加以处理，它是改善生产现场的第一步。需对"留之无用，弃之可惜"的观念予以突破，必须挑战"好不容易才做出来的""丢了好浪费""可能以后还有机会用到"等传统观念。经常对"所有的东西都是要用的"观念加以检讨。整理的目的是：改善和增加作业面积；使现场无杂物，行道通畅，提高工作效率；消除管理上的混放、混料等差错事故；有利于减少库存，节约资金。

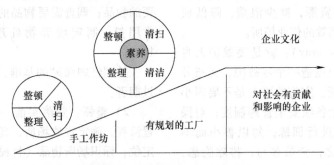

图 13-4　7S 现场管理与企业发展

2）整顿（SEITON）：把经过整理出来的需要的人、事、物加以定量、定位，整顿就是人和物放置方法的标准化。整顿的关键是做到定位、定品、定量。抓住了这三个要点，可以制作看板，做到目视管理，提炼出适合品管的物的放置方法，进而使该方法标准化。

3）清扫（SEISO）：彻底地将自己的工作环境四周打扫干净，设备异常时马上维修，使之恢复正常。清扫活动的重点是必须决定清扫对象、清扫人员、清扫方法，准备清扫器具，实施清扫的步骤实施，使清扫真正起到作用。清扫活动应遵循原则为：自己使用的物品，

如设备、工具等，要自己清扫，不要依赖他人，不增加专门的清扫工；对设备的清扫，着眼于对设备的维护保养，清扫设备要设备的点检和保养结合起来；清扫的目的是为了改善，当清扫过程中发现有油水泄漏等异常状况发生时，必须查明原因，并采取措施加以改进。

4）清洁（SEIKETSU）：对整理、整顿、清扫之后的工作成果要认真维护，使现场保持完美和最佳状态。清洁，是对前三项活动的坚持和深入。清洁活动实施时，需要秉持3个观念：只有在"清洁"的工作场所才能产生出高效率、高品质的产品；清洁是一种用心的行为，千万不要只在表面下功夫；清洁是一种随时随地的工作，而不是上下班前后的工作。清洁活动的要点则是坚持"3不要"的原则——即不要放置不用的东西，不要弄乱，不要弄脏；不仅物品需要清洁，现场工人同样也需要清洁；工人不仅要做到形体上的清洁，而且要做到精神上的清洁。

5）素养（SHITSUKE）：要努力提高人员的素养，养成严格遵守规章制度的习惯和作风，素养是"7S"活动的核心，没有人员素养的提高，各项活动就不能顺利开展，就是开展了也坚持不了。

6）6S节约（Saving）：合理利用时间、空间以及其他能源等资源，减少浪费，降低成本，从而创造一个高效的作业场所。

7）7S安全（Security）：就是要维护人身与财产不受侵害，以创造一个零故障，无意外事故发生的工作场所。实施的要点是不要因小失大，应建立、健全各项安全管理制度；对操作人员的操作技能进行训练；勿以善小而不为，勿以恶小而为之，全员参与，排除隐患，重视预防。

（2）7S之间的管理关系　7S之间的管理关系并不是各自独立，互不关联的，它们之间是相辅相成，缺一不可的，如图13-5所示。整理是整顿的基础，整顿是整理的巩固，清扫显现整理、整顿的效果，通过清扫、素养和节约则能够保障以上成果实现。

（3）7S管理的方法要求

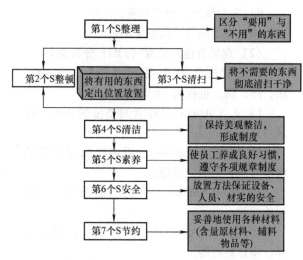

图13-5　7S之间管理关系

1）整理。表13-9所示为使用次数与整理判断基准。

表13-9　使用次数与整理判断基准

使用次数	判断基准
1年内没有用过1次的物品	废弃或放在暂存仓库
也许要使用的物品	暂存仓库
3个月内用过1次的物品	暂存仓库
一周使用1次物品	放在使用地方
每天使用的物品	放在不要移动就可取到的地方

所在的工作场所（范围）全面检查。制订"需要"和"不需要"的判别基准。清除不需要的物品；调查需要物品的使用频度，决定日常用量；制定废弃物处理方法。每日自我检查。

整理红牌张贴的基准：物品不明者；物品过期者。

2）整顿。要落实前一步骤整理工作。布置流程，确定置放场所；规定放置方法；画线定位；标识场所物品（目视管理的重点）。

整顿重点：整顿要形成任何人都能立即取出所需要东西的状态；要站在新人、其他职场的人的立场来看，使什么东西该在什么地方更为明确；对于放置处与被放置物，都要想方法使其能立即取出使用；使用后要能容易恢复到原样，没有回复或误放时能马上知道。

3）清扫。清扫要领：建立清扫责任区（室内外）；执行例行扫除，清理脏污；执行例行污染源，予以杜绝；建立清扫基准，作为规范。

清扫的内容：例行扫除，清理脏污；资料文件的清扫；机器设备的清扫；公共区域的清扫。

4）清洁。将前 3S 实施的做法制度化、规范化，并贯彻执行及维持结果。

清洁要领：落实前 3S 工作；制订目视管理的基准；制订稽核方法；制订奖罚制度，加强执行；维持 5S 意识；高阶主管经常带头巡查，带动重视。

5）素养。培养具有好习惯、遵守规则的员工；提高员工文明礼貌水准；营造团体精神。

素养内容：持续推动前 4S 至习惯化；制订共同遵守的有关规则规定；制订礼仪守则；教育训练（新进人员加强）；推动各种精神提升活动（早会，礼貌运动等）。

6）节约。就是对时间、空间、资源、人力等方面合理利用，以发挥它们的最大效能，创造一个高效率、物尽其用的工作场所。以主人翁的心态对待企业的资源，能用的东西尽可能利用，秉承勤俭节约原则，建设资源节约型公司。

7）安全。重视成员安全教育，每时每刻都有安全第一的观念，防患于未然。目的是建立起安全生产的环境，所有的工作应建立在安全的前提下。

（4）7S 现场管理法的推行步骤

1）成立推行组织。

2）拟定推行方针、目标、工作计划、实施方法。

3）宣传教育。

4）实施。

5）考核及奖惩。

6）修改及优化。

7）常态化实施。

2. 作业标准化

作业标准化就是对在作业系统调查分析的基础上，将现行作业方法的每一操作程序和每一动作进行分解，以科学技术、规章制度和实践经验为依据，以安全、质量效益为目标，对作业过程进行改善，从而优化作业程序，逐步达到安全、准确、高效、省力的作业效果。

（1）作业标准化的作用

1）标准化作业把复杂的管理和程序化作业有机地融为一体，使管理有章法，工作有程序，动作有标准。

2）推广标准化作业，可优化现行作业方法，改变不良作业习惯，使每一名工人都按照安全、省力、统一的作业方法工作。

3）标准化作业能将安全规章制度具体化。标准化作业还有助于企业管理水平的提高，从而提高企业经济效益。

（2）标准的制订要求

1）目标指向：即遵循标准总是能保持生产出相同品质的产品。因此，不要出现与目标无关的词语、内容。

2）显示原因和结果：比如 "涂料厚度应是 2.3mm" 应该描述为 "涂料工三遍涂料烘干后模样涂层厚度为 2.3mm"。

3）准确：要避免抽象

4）数量化 – 具体：每个读标准的人必须能以相同的方式解释标准。为了达到这一点，标准中应该多使用图和数字。

5）现实及修订：标准必须是现实的，即可操作的。及时更新与修订标准。

（3）作业标准化应注意的问题　制订标准要科学合理；切记不要搞形式主义；不要一刀切，该制订的制订。注意经常修订。

3. 目视管理

目视管理是利用形象直观而又色彩适宜的各种视觉感知信息来组织现场生产活动，达到提高劳动生产效率的一种管理手段，也是一种利用视觉来进行管理的科学方法。所以目视管理是一种以公开化和视觉显示为特征的管理方式。

（1）目视管理的内容方法　红牌、看板、信号灯或异常信号灯、操作流程图、提醒板、警示牌、区域线、警示线、告示板、生产管理板等。

（2）目视管理的作用

1）迅速快捷地传递信息；促进企业文化的建立和形成；有利于产生良好的生理和心理

效应。

2）形象直观地将潜在问题和浪费现象显现出来；有利于提高工作效率。

3）客观、公正、透明化；透明度高，便于现场人员互相监督，发挥激励作用。

（3）推行目视管理的基本要求

1）统一：目视管理要实行标准化。

2）简约：各种视觉显示信号应易懂，一目了然。

3）鲜明：各种视觉显示信号要清晰，位置适宜，现场人员都能看得见、看得清。

4）实用：不摆花架子，少花钱、讲实效。

5）严格：现场所有人员都必须严格遵守和执行有关规定，有错必纠，赏罚分明。

13.10.3　生产现场的质量控制

生产现场管理是质量管理的核心，也是质量管理的基础环节，做好生产现场的质量控制是每个生产型企业的重要工作。最流行也是最有效的是全面质量管理。

1. 在全面质量管理中使用 PDCA 循环法

PDCA 循环法（戴明环）：P（Plan）计划阶段；D（Do）执行阶段；C（Check）检查阶段；A（Action）处理阶段（见表 13-10）。

表 13-10　消失模铸造全面质量管理 PDCA 循环表

阶段	步骤	主要方法和内容
P（Plan）	1. 分析现状，找出问题	调查表、分层法、排列图
	2. 找出产生问题的原因或影响因素	因果图
	3. 找出原因中的主要原因	排列图、相关图
	4. 针对主要原因制订解决问题方案	预期达到目的（What），在哪里执行措施（Where），由谁执行（Who），何时开始和完成（When），如何执行（How）
D（Do）	5. 按制订的计划认真执行	
C（Check）	6. 检查措施执行的效果	直方图、控制图
A（Action）	7. 提高总结	利用成功经验修改或制订未来工作标准
	8. 把未解决或新出现的问题转下个循环	为下个循环提供针对质量的问题

2. 因果图的使用方法

因果图又叫鱼刺图（见图 13-6），用来罗列问题的原因，并将众多的原因分类、分层的图形。

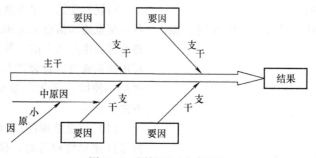

图 13-6　因果图（鱼刺图）

步骤 1：特性为"生产效率低落"。

步骤 2：找出大方向原因，从 5M1E 方向着手（见图 13-7）。

步骤 3：找出形成大方向原因的小原因（见图 13-8）。

步骤 4：找出主要原因，并把它圈起来

（见图 13-9）。

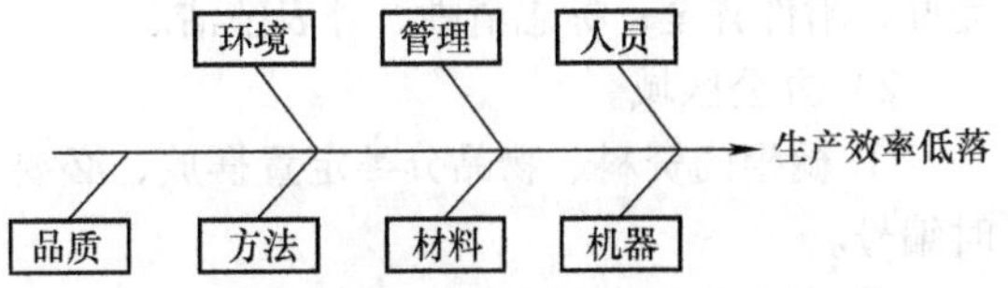

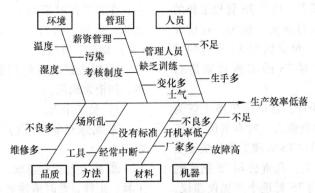

图 13-7　找大方向原因的 5M1E 因果图

步骤 5：主要原因再分析（见图 13-10）。

步骤 6：依据提出之原因拟订改善计划，逐项进行，直至取得成果。

3. 生产计划的制定要求

生产计划就是企业为了生产出符合市场需要或顾客要求的产品，所确定的生产的时间、生产的数量、生产的质量要求等内容以及如何

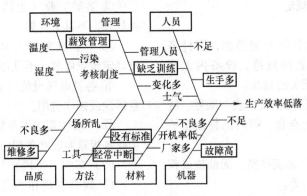

图 13-8　找大方向原因的小原因的 5M1E 因果图

图 13-9　找出主要原因并把它圈起来的 5M1E 因果图

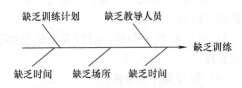

图 13-10　主要原因再分析的因果图

生产的总体计划。现场生产管理者是生产计划制订的主要操作者之一。

1）生产现场管理者参与生产计划制订的要求：客观阐述生产能力；提供产品质量保证指标；准确评估生产成本。

2）生产计划实施中对管理者的要求：优

化操作流程；解决瓶颈问题；协调机料关系；提高生产效率；及时沟通信息。

4. 消失模铸造及实型铸造企业实施 7S 管理考核

7S 管理是企业安全生产的重要保证，为规范 7S 管理制度，强化公司基础管理，激励员工参与 7S 管理活动，特制订本制度。

（1）7S 管理组织机构

1）组长职责：公司 7S 小组组长由总经理担任。全面负责 7S 小组的工作，负责 7S 项目的决策、审批工作。负责各单位 7S 工作绩效的奖惩工作。

2）副组长职责：副组长由副总和专职7S管理员担任。负责7S项目的推进、评价工作，协助组长工作，保证7S项目的持续改进。

3）组员职责：组员由质量工艺部、综合办和生产部及车间组成，负责7S项目的具体实施。负责7S工作的项目的推进、评价，协助组长工作，保证7S项目的顺利实施。

4）7S管理小组职责：负责7S管理工作的统筹安排。负责7S项目决策、推进、效果评价、持续改进等工作。负责组织7S实施的监督、检查工作。负责对7S的实施效果进行奖惩。

5）各单位班组职责：各单位班组主管为本单位7S管理工作的负责人，对本单位7S工作效果负责。负责本单位7S管理工作的统筹安排，对7S管理小组负责。负责公司7S制度的落实工作。积极向公司7S管理小组提供建议，协助公司7S小组开展工作。

（2）7S现场管理规定

1）生产区域。

① 机械及机床设备的外表整洁，附件齐全，罩壳牢固，电气装接规范，设备内无余料，设备旁无与工作无关的物品。

② 工具箱按规定位置摆放，统一编号、统一色彩，外表整洁、无杂物，箱内的物品摆放整齐。

③ 场地通道畅通、地面平整，无油迹或积水、无烟蒂和散落工料等。

④ 墙面完好整洁、无纸张粘贴，门窗齐全完整、明亮、整洁，区域内无晒挂衣物等个人生活用品。

⑤ 设备最小间距（小–0.7m，中–1.0m，大–2.0m），设备与墙柱距离（小–0.7m，中–0.8m，大–0.9m）。

⑥ 工位器具、加工件按规定摆放、标志明显。

⑦ 各类吊索具按规定放置在专用架上，且定期检查。

⑧ 各类移动式设备应统一编号，保持完好，用毕按规定区域停放。

⑨ 各类加工余料、废料及杂物，应按规定定期或及时清除。

⑩ 各类配电柜、箱、板应装接规范，牢固完好，附件齐全，标志清晰，外表整洁。

2）办公区域。

① 橱柜内资料、物品分类定置摆放，必要时编号。

② 室内物品定置摆放，保持整洁、卫生。

③ 办公桌面的物品摆放；工作时不作规定，在非工作时桌面上只允许放置下列物品：电话、茶杯、台灯、台历、文具盒、文件筐（夹）烟缸、电脑。

④ 报告区域内的门窗齐全完好、整洁明亮，橱柜无积灰。

3）员工个人。

① 增强安全文明生产意识，按规定做好本职工作。

② 按定置管理要求，规范摆放岗位的各种工具、工件，及时清除各类垃圾和生产废弃物（不超过1个班次的量）。

③ 各类工业（生活）垃圾必须按规定分类处理，不乱丢乱抛。

④ 上下班交通工具（自行车、助动车）按规定地点停放，不乱停乱放。

⑤ 各类电气设施（设备）、消防器材不随意拆除或挪作他用。

⑥ 不吸游烟或不在规定场所外吸烟，遵守企业各规章制度和各岗位安全操作规程。

（3）车间（工段）科室部门

1）现场管理作为各部门的日常工作，必须形成长效管理机制，并明确责任人。

2）根据7S现场管理要求，结合实际，落实管理措施和考核细则。

3）违反安全生产的，应按安全奖惩办法细则处理。

（4）管理程序和考核

1）生产过程由生产制造部负责检查、考核。

2）产品质量由质量管理部负责检查、考核。

3）现场设备由生产制造部与设备及维修部门负责检查、考核。

4）工艺纪律和作业规范由技术开发部负责检查、考核。

5）现场安全、定置管理、劳动纪律由安全生产委员会会同人事部负责检查、考核。

5. 消失模铸造及实型铸造企业的精益生产管理

精益生产是一种以最大限度地减少企业生产所占用的资源和降低企业管理和运营成本为主要目标的生产方式，同时它又是一种理念，一种文化。精益生产管理是一种以客户需求为拉动，以消灭浪费和不断改善为核心，使企业以最少的投入获取成本和运作效益显著改善的一种全新的生产管理模式。精益生产的实质是管理过程，包括人事组织管理的优化，大力精简中间管理层，进行组织扁平化改革，减少非直接生产人员；推进生产均衡化、同步化，实现零库存与柔性生产；推行全生产过程（包括整个供应链）的质量保证体系，实现零不良；减少和降低任何环节上的浪费，实现零浪费；最终实现拉动式准时化生产。

（1）精益生产三大手法

1）标准化。所谓标准化，就是将企业里既有的各种各样的规范，如规程、规定、规则、标准、要领等，形成文字化的东西，称为标准（或称标准书）。制订标准而后依标准付诸行动则称之为精益生产标准化。那些认为编制或规定了标准即已完成标准化的观点是错误的，只有经过指导、训练才能算是实施了标准化。

2）目视管理。目视管理实施得如何，很大程度上反映了一个企业的精益生产现场管理水平。无论是在现场，还是在办公室，精益生产目视管理均大有用武之地。在领会其要点及水准的基础上，大量使用精益生产目视管理将会给企业内部管理带来巨大的好处。所谓精益生产目视管理，就是通过视觉导致人的意识变化的一种管理方法。目视管理有3个要点：无论是谁都能判明是好是坏（异常）；能迅速判断，精度高；判断结果不会因人而异。

在企业管理中，强调各种管理状态、管理方法清楚明了，达到一目了然，从而容易明白、易于遵守，让员工自主地完全理解、接受、执行各项工作，这将会给精益生产管理带来极大的好处。

3）管理看板。管理看板是管理可视化的一种表现形式，即对数据、情报等状况一目了然地表现，主要是对于管理项目、特别是情报进行的透明化管理活动。它通过各种形式如标语/现况板/图表/电子屏等把文件上、脑子里或现场等隐藏的情报揭示出来，以便任何人都可以及时掌握管理现状和必要的情报，从而能够快速制订并实施应对措施。因此，管理看板是发现问题、解决问题的非常有效且直观的手段，是优秀的现场管理必不可少的工具之一。

（2）精益生产实施步骤

1）选择要改进的关键流程。精益生产方式它强调持续的改进。首先应该先选择关键流程，力争把它建立成一条样板线。

2）画出价值流程图。价值流程图是一种用来描述物流和信息流的方法。在绘制完目前状态的价值流程图后，可以描绘出一个精益远景图（Future Lean Vision）。在这个过程中，更多的图标用来表示连续的流程、各种类型的拉动系统、均衡生产以及缩短工装更换时间，生产周期被细分为增值时间和非增值时间。

3）开展持续改进。精益远景图必须付诸实施，否则规划得再巧妙的图表也只是废纸一张。实施计划中包括什么（What），什么时候（When）和谁来负责（Who），并且在实施过程中设立评审节点。这样全体员工都参与到全员生产性维护系统中。在价值流程图、精益远景图的指导下，流程上的各个独立的改善项目被赋予新的意义，使员工十分明确地实施该项目的意义。持续改进生产流程的方法主要有几种：消除质量检测环节和返工现象；消除零件不必要的移动；消灭库存；合理安排生产计划减少生产准备时间；消除停机时间提高劳动利用率。

4）营造企业文化。虽然在车间现场发生的显著改进，能引发随后一系列企业文化变革，但是如果想当然地认为由于车间平面布置和生产操作方式上的改进，就能自动建立和推进积极的文化改变，这显然是不现实的。文化的变革要比生产现场的改进难度更大，两者都是必须完成并且是相辅相成的。许多项目的实施经验证明，项目成功的关键是公司领导要身体力行地把生产方式的改善和企业文化的演变结合起来。传统企业向精益化生产方向转变，不是单纯地采用相应的"看板"工具及先进的生产管理技术就可以完成的，必须使全体员工的理念发生改变。精益化生产之所以产生于日本，而不是诞生在美国，也正因为两国的企业文化有着相当大的不同。

5）推广到整个企业。精益生产是一个永无止境的精益求精的过程，它致力于改进生产流程和流程中的每一道工序，尽最大可能消除价值链中一切不能增加价值的活动，提高劳动利用率，消灭浪费，按照顾客订单生产的同时也最大限度地降低库存。

由传统企业向精益企业的转变不可能一蹴而就，需要付出一定的代价，并且有时候还可能出现意想不到的问题。企业只要坚定不移地走精益之路，大多数在6个月内，可以收回全部改造成本，并且享受精益生产带来的好处。

（3）精益生产时现场产品控制方法　精益生产管理模式下的现场品质控制方法：让不良品表面化，发现异常状况要停机，实现操作者的100%自检，充分使用防错装置，生产和作业平准化，执行标准化作业。

1）让铸件不良品表面化。精益生产管理认为任何不良的出现必定有其内在的原因，只有解决了发生不良的每个原因，才能真正地实现零缺陷，才能让客户真正体会到满意。如果按照传统的思维和做法由作业者对不合格品自行返工或报废，那么下次还会发生同样的问题。因此要设置专用的不合格品展示台，不间断地展示不合格品，针对不合格品产生的原因和应采取的对策由现场人员对操作工逐个分析，提高每个员工的辨别识别能力，转变其对不良的态度。

2）发现异常状况要停机。精益生产管理强调能够实现"自动化系统"（即能停止的生产系统），保证能够停止生产。在精益生产管理中任何原因造成的停止都会作为头等大事对待，都会成为全员关注的焦点。停机将使所有的现场支援者快速处理问题，需要针对原因制订出切实可行的再发防止对策。这其中因品质不良造成的停机是首要的，只有实现停机才能

保证生产现场不放过一个不良品。

3）实现操作者的100%自检。零不良的实现必须使操作者自己完成100%的检查，要求操作者将下道工序作为自己的客户看待，只向后工序输送合格品。检验工的职责不是将不合格品检出，而是将不合格品降低为零。因此作为工序作业控制的一部分必须要求操作者实施全数检查。

4）充分使用防错装置。在生产过程中，操作者受各种客观因素的影响，终有失误的时候，有些人为的错误是不可避免的。如果将品质水平依赖于人的工作态度，则品质仍不能有效保证。但是可以设计出这样的装置，不给操作者犯错误的机会，这就是精益生产管理普遍使用的防错装置。如作业忘记或失误时，机器不能启动；操作过程失误时报警装置鸣叫，设备停止；出现加工错误时，运输带会阻挡不良的工件，不流到下道工序等。

5）生产和作业平准化。平准化包括数量平准和品种平准。平准化生产后，由于流程中在制品数量急剧减少，造成搬运动作的减少、码放动作的减少等，这些都会减少由于磕碰、挤压而产生的不良。同时由于工件减少使得产品错装、漏装、多装等情况也不会发生，由于生产作业是在有规则和平稳的状况下运行的，错误作业发生的可能性得到大幅度下降。

6）执行标准化作业。标准化作业是指彻底消除作业浪费，使操作者的作业规律化、定期化。标准化作业以在现场不生产不良品为出发点，也是改善的出发点和维持点。同时标准化作业也为培养新人和生产标兵提供有效保证。

13.11　消失模铸造及实型铸造企业的 ISO 9001 质量管理体系内部审核

很多企业对 ISO 9001 质量管理体系的了解比过去更深入，管理也越来越规范。内部审核是检验质量管理体系运行绩效的有效方法，是推动持续改进的动力，因此，内审员的审核质量就显得尤其重要。如何进行内部审核是管理

者关心的问题。

1. 对内部审核进行充分有效的策划

对内部审核进行充分有效的策划包括内审员配置、制订审核计划、检查表设定等方面。

（1）内审员配置　选择内审员应考虑以下因素：

1）覆盖面。最好每个部门选派一至两名，至少要生产部、品质部、技术部、管理部等主要部门相关员参与，因为往往来自这些部门的审核员管理系统意识比较强，可保证审核深度。同时要注意梯队建设，避免人员流失造成无审核员可用。

2）能力确认。经过 ISO 9001 标准的系统培训，并获得资格认可。最好结合内审员培训合格证书及内部认可流程（实习、考核、再培训等），以提高审核技能。

（2）审核计划　避免一年一次的定式内审，宜根据体系成熟度，及是否有影响体系运行的重大变化来策划审核的时机和频次。

审核计划应在审核日前一周左右下发至被审核部门，让被审核部门有合适的时间进行准备。所有需要审核的部门及管理层应在计划中体现，最好审核的内容包括条款号也体现出来。

审核时间要根据部门管理职责的复杂性合理安排，建议生产部、品质部及技术部等主要部门审核时间合计至少占全部时间的 1/2。

审核组长宜指派一名协调能力强，有较强的系统管理思维的人员（如品质主管等）担当。为体现公正性，尽量避免审核员审自己职责负责的内容。

（3）检查表　一个好的检查表能很好地指导审核员，尤其是刚从事审核没多久的审核员进行审核。

最好按部门而不按条款来编写检查表，这样审核员更易把握，审核也更顺畅。

编写时注意不要遗漏过程和条款，一些共有的检查点如质量目标、文件控制、记录控制、能力意识培训、纠防措施等在各部门审核表中都应体现。

2. 审核过程控制

1）内审员审核时要做到层次分明，把握审核重点，对关键问题要进行重点关注，避免泛泛而谈。

2）审核时多提开放式提问，对问题点进行充分沟通，除了印证符合性外也寻求体系完善的输入来源。

3）对上次内部或外部审核提出的问题在审核时宜进行必要的跟踪。

4）交叉审核的必要性，如当遇到有些证据需要跨部门、跨功能组来确认时，不同审核组成员应进行沟通并将信息传递给对方去跟踪。

3. 内部审核结束后，要进行必要总结和负面问题的跟踪关闭

1）内部审核发现的负面问题要设定整改责任人和期限，并及时关闭。

2）拟定的纠正措施需针对发生问题的根本原因。

3）总结的目的：找到内审发现的系统问题和主要原因，从而提供给管理层评审是否进行优化资源配置、变更质量目标等。

管理层对内审工作的重视，很大程度上决定了内审的成效，管理层应从制度上保证内审工作顺利进行。有时，某些企业采用了一定的奖惩措施以支持内审工作，要避免被审方因害怕审核而采取抵制行为，影响证据的收集和判定。要让大家明白：内部审核的目的是发现问题、改进问题，从而推动质量管理体系的持续改进。

13.12　消失模铸造及实型铸造企业实施 TS/IATF16949 质量管理体系认证的八大步法

许多消失模铸造及实型铸造企业生产汽车零部件，进行了 ISO9001 质量管理体系认证，同时也要实施 IATF16949 质量管理体系认证，实施 IATF16949 质量管理体系认证有八大步法。

（1）质量竞争力调查与评估　企业的顾客在哪里？质量竞争能力如何？这是贯彻 TS/IATF16949 依然要做的第一步，而且必须是正确地做。在这一步的进程中重点是理解质量经营的概念与原理，用 SWOT 分析法进行企业质量管理体系的评估。

（2）质量差距与原因 评估出顾客的需求与期望，比对企业实际的质量竞争力得出企业的差距。用因素分析法，指导企业查找差距产生的原因；并用相关的管理方法弥补一些暂时性的技术差距。对管理、观念等软件方面差距，实现对应提升改进。这一步的进程主要是了解现代化管理方法和现代信息的功能作用；能用差距目标管理法快速提升企业的系统管理。

（3）体系评估 企业能进行实际质量经营状况的评估，确定企业体系与经营对应一致；突出工作效率在经营中的保证作用。在这一步的进程中，以组织机构、机制为重点；系统学习 ISO9000 标准中质量管理体系的功能性原理与概念。

（4）用 ISO9000 夯实管理体系与基础 不要以为通过了 ISO9001 认证，企业的管理体系就健全了，实际相当多的企业只是形式上通过而已，所以所有企业都要返工。用 ISO9000 标准来健全企业的质量管理体系，实际上是拾遗补阙的方法来健全自己的体系；不是重新建立一个新体系。

（5）对五个专业子体系进行全面提升 IATF16949 是 ISO9000 标准在一个特定行业的深入，结合该行业的特点，整合了相关的多个标准，赋予了更多新的内容。它主要增加的内容有 MSA（测量系统分析）、PPAP（生产件批准程序）、SPC（统计过程控制）、FMEA（失效模式与后果分析）、APQP&CP（产品质量先期策划及控制计划）。所以在实施中，要突出五个专业子体系的全面提升。这一阶段要把 IATF16949 的内容变成企业语言，进行逐步灌输。通过一些高素质的人对企业与标准的消化吸收，把标准全部变成企业语言讲述。

1）产品质量先期策划与控制体系（用企业实际语言描述）。

2）潜在失效模式与后果分析体系（用企业实际语言描述）。

3）测量系统分析与控制体系（按企业实际描述与讲述）。

4）统计过程控制体系（按企业实际描述与讲述）；生产件批准体系（用企业语言描述）。

（6）按提升后的标准化体系组织运行 结合企业的实际组织全程运行机制的系统运转，并组织关键的协调。要把内部审核与管理评审变成企业自己正常化的工作；所以特别追求工作的有效性。TS/IATF16949 的目标与实施后的评价对象如下：

1）在企业和供货商中持续不断地改进，包括质量改进、生产力改进，从而使成本降低。

2）强调缺点的预防，采用 SPC 技术及防错措施，预防不合格的发生，"第一次就做好"是最经济的质量成本。

3）减少变差和浪费，确保存货周转及最低库存量，强调质量成本，控制非质量的额外成本（如待线时间、过多搬运等）。

4）注重过程，不仅要对过程结果进行管理，更强调对过程本身进行控制，从而有效地使用资源，降低成本，缩短周期。

5）注重客户期望。各种技术标准仅能作为合格与不合格的判据，并不是合格产品就能产生效益，只有让用户完全满意的产品才能被顾客接收，才能创造价值。因此，质量的最终标准是用户完全满意，用户满意是实现质量的最好途径。

（7）按顾客实际需求组织模拟认证 对实际产品、运输、服务等进行危机模拟管理，并按系统认证程序进行过程管理。这时才讲述标准的条文，供相关人员对外接口。

（8）组织外部认证 按外部的要求，组织认证与改进；并指导企业进行改进式创新，实现企业质量管理体系提升。

13. 13 消失模铸造及实型铸造企业质量检验管理

质量检验是质量管理中非常重要且常见的一种控制手段，是指针对失效模式进行探测从而防止不合格品流入下一环节。

1. 按生产过程的顺序分类

（1）进货检验　企业对所采购的原材料、外购件、外协件、配套件、辅助材料、配套产品及半成品等在入库之前所进行的检验。目的是为了防止不合格品进入仓库，防止由于使用不合格品而影响产品质量，影响正常的生产秩序。要求：由专职进货检验员，按照检验规范（含控制计划）执行检验。包括首（件）批样品进货检验和成批进货检验两种。

（2）过程检验　也称工序过程检验，是在产品形成过程中对各生产制造工序中产生的产品特性进行的检验。保证各工序的不合格品不得流入下道工序，防止对不合格品的继续加工，确保正常的生产秩序。起到验证工艺和保证工艺要求贯彻执行的作用。要求由专职的过程检验人员，按生产工艺流程（含控制计划）和检验规范进行检验。包括首验、巡验、末验。

（3）最终检验　也称为成品检验，成品检验是在生产结束后，产品入库前对产品进行的全面检验。目的是防止不合格产品流向市场。要求：成品检验由企业质量检验部门负责，检验应按成品检验指导书的规定进行，大批量成品检验一般采用统计抽样检验的方式进行。检验合格的产品由检验员签发合格证后，车间才能办理入库手续。凡检验不合格的成品，应全部退回车间作返工、返修、降级或报废处理。经返工、返修后的产品必须再次进行全项目检验，检验员要做好返工、返修产品的检验记录，保证产品质量具有可追溯性。常见成品检验包括全尺寸检验、成品外观检验、GP12（顾客特殊要求）、型式试验等。

2. 按检验地点分类

（1）集中检验　把被检验的产品集中在一个固定的场所进行检验，如检验站等。一般最终检验采用集中检验的方式。

（2）现场检验　现场检验也称为就地检验，是指在生产现场或产品存放地进行检验。一般过程检验或大型产品的最终检验采用现场检验的方式。

（3）流动检验（巡检）　检验人员在生产现场应对制造工序进行巡回质量检验。检验人员应按照控制计划、检验指导书规定的检验频次和数量进行检验并做好记录。工序质量控制点是巡回检验的重点。当巡回检验发现工序质量出现问题时，一方面要和操作工人一起找出工序异常的原因，采取有效的纠正措施，恢复工序受控状态；另一方面必须对上次巡回检后到本次巡回检前所有的加工工件进行 100% 追溯全检，以防不合格品流入下道工序或客户手中。

3. 按检验方法分类

（1）理化检验　是指主要依靠量检具、仪器、仪表、测量装置或化学方法对产品进行检验，获得检验结果的方法。

（2）感官检验　也称为官能检验，是依靠人的感觉器官对产品的质量进行评价或判断。如对产品的形状、颜色、气味、伤痕、老化程度等，通常是依靠人的视觉、听觉、触觉或嗅觉等感觉器官进行检验，并判断产品质量的好坏或合格与否。感官检验又可分为以下两种：

1）嗜好型感官检验：如铸件外观，要靠检验人员丰富的实践经验，才能正确、有效判断。

2）分析型感官检验：如设备点检，依靠手、眼、耳的感觉对温度、速度、噪声等进行判断。

（3）试验性使用鉴别　试验性使用鉴别是指对产品进行实际使用效果的检验。通过对产品的实际使用或试用，观察产品使用特性的适用性情况。

4. 按被检验产品的数量分类

（1）全数检验　也称为 100% 检验，是对所提交检验的全部产品逐件按规定的标准全数检验。应注意，即使全数检验，由于错验和漏验，也不能保证百分之百合格。

（2）抽样检验　是按预先确定的抽样方案，从交验批中抽取规定数量的样品构成一个样本，通过对样本的检验推断批合格或批不合格。

（3）免检　主要是对经国家权威部门产品质量认证合格的产品或信得过的产品在买入时执行免检，接收与否可以供应方的合格证或检验数据为依据。执行免检时，顾客往往要对供应方的生产过程进行监督。监督方式可采用派员进驻或索取生产过程的控制图等。

5. 按质量特性的数据性质分类

（1）计量值检验　是将需要测量和记录质量特性的具体数值取得计量值数据，并根据数据值与标准对比，判断产品是否合格的方法。计量值检验所取得的质量数据，可应用直方图、控制图等统计方法进行质量分析，可以获得较多的质量信息。

（2）计数值检验　在工业生产中为了提高生产效率，常采用界限量规（如塞规、卡规等）进行检验。所获得的质量数据为合格品数、不合格品数等计数值数据，不能取得质量特性的具体数值。

6. 按检验后样品的状况分类

（1）破坏性检验　指只有将被检验的样品破坏以后才能取得检验结果（如金属材料的强度等）。经破坏性检验后被检验的样品完全丧失了原有的使用价值，因此抽样的样本量小，检验的风险大。

（2）非破坏性检验　非破坏性检验是指检验过程中产品不受破坏，产品质量不发生实质性变化的检验。如零件尺寸的测量等大多数检验都属于非破坏性检验。

7. 按检验目的分类

（1）生产检验　指生产企业在产品形成的整个生产过程中的各个阶段所进行的检验，目的在于保证生产企业所生产的产品质量。生产检验执行生产企业自己的标准。

（2）验收检验　是顾客（需方）在验收生产企业（供方）提供的产品时所进行的检验。验收检验的目的是顾客确保验收产品的质量。验收检验执行与供方确认后的验收标准。

（3）监督检验　指经各级政府主管部门所授权的独立检验机构，按质量监督管理部门制订的计划，从市场抽取商品或直接从生产企业抽取产品所进行的市场抽查监督检验。监督检验的目的是为了对投入市场的产品质量进行宏观控制。

（4）验证检验　指各级主管部门所授权的独立检验机构，从企业生产的产品中抽取样品，通过检验验证企业所生产的产品是否符合

所执行的质量标准要求的检验。如产品质量认证中的型式试验就属于验证检验。

（5）仲裁检验　指当供需双方因产品质量发生争议时，由各级政府主管部门所授权的独立检验机构抽取样品进行检验，提供仲裁机构作为裁决的技术依据。

8. 按检验人员分类

（1）自检　自检是指由操作工人自己对自己所加工的产品或零部件所进行的检验。自检的目的是操作者通过检验了解被加工产品或零部件的质量状况，以便不断调整生产过程，生产出完全符合质量要求的产品或零部件。

（2）互检　互检是由同工种或上下道工序的操作者相互检验所加工的产品。互检的目的在于通过检验及时发现不符合工艺规程规定的质量问题，以便及时采取纠正措施，从而保证加工产品的质量。

（3）专检　专检是指由企业质量检验机构直接领导，专职从事质量检验的人员所进行的检验。

9. 按检验系统组成部分分类

（1）逐批检验　逐批检验是指对生产过程中所生产的每批产品逐批进行检验。逐批检验的目的在于判断批产品合格与否。

（2）周期检验　周期检验是从逐批检验合格的某批或若干批中按确定的时间间隔（季或月）所进行的检验。周期检验的目的在于判断周期内的生产过程是否稳定。

（3）周期检验与逐批检验的关系　周期检验和逐批检验构成企业的完整检验体系。周期检验是判定生产过程中系统因素作用的检验，而逐批检验是判定随机因素作用的检验。二者是投产和维持生产的完整的检验体系。周期检验是逐批检验的前提，没有周期检验或周期检验不合格的生产系统不存在逐批检验。逐批检验是周期检验的补充，逐批检验是在经周期检验杜绝系统因素作用的基础上进行的控制随机因素作用的检验。

一般情况下逐批检验只检验产品的关键质量特性。而周期检验要检验产品的全部质量特性以及环境（温度、湿度、时间、气压、外力、负荷、辐射、霉变等）对质量特性的影

响，甚至包括加速老化和寿命试验。因此，周期检验所需设备复杂、周期长、费用高，但绝不能因此而不进行周期检验。企业没有条件进行周期检验时，可委托各级检验机构代做。

10. 质量部检验员应具备的条件和基本要求

作为质量检验员应该具备一定的条件和基本要求，应懂得质量意识、检验基础、行业知识，看懂检验指导书，会按指导书执行检验，了解质量定义，了解进料检验、过程检验、成品检验、出厂检验的规程和职责，懂得不良品标识，会记录检验数据，会编制质量报表，看懂抽样计划、不合格流程及标识等。

（1）检验员应具备的条件

1）掌握全面质量管理的基本知识，具有分析能力和判断能力。

2）质量意识高，能明确公司的质量方针，责任心强，办事公正。

3）熟悉所担任检验工序的基本知识，会正确使用检测设备、量具，能熟练地掌握有关的测试技能。

4）受过专门培训，经考核合格才能上岗。

（2）检验员应具备的基本要求

1）按作业指导书、产品标准仔细、认真检验。

2）正确判断良品与不良品，杜绝错检、漏检、误判。

3）及时向有关人员和领导反馈质量信息。

4）巡线工作认真执行、监督员工有无违反操作。

5）要监督对策的实施，验证措施的有效性。

6）认真做好各项质量记录和报表。

7）按要求办事，不感情用事，不打击报复。

8）办事公证，说话要和气。

9）检测的数据、质量信息如实反映。

10）搞好工、检关系，人人配合，从自我做起。

第 14 章 消失模铸造及实型铸造的缺陷分析与防止实例

14.1 常见的缺陷分析与防止

消失模铸造常用模样采用 EPS 或 STMMA 粒料制作，实型铸造模样多用 EPS 粒料制作。模样涂上涂料后，消失模铸造是干砂、特殊砂箱、真空泵吸气条件下振实造型，实型铸造是普通砂箱造型或地坑造型，型砂用水玻璃流态自硬或树脂砂固化剂固化造型。浇注后，在型腔中的合金液、模样、涂料、型砂进行物理、化学、物化、冶金、矿化等复杂反应过程，实型铸造还有黏结剂水玻璃、树脂、固化剂参与反应，彼此进行着固、液、气相的相互反应，再加上浇注工艺的作用，铸件往往会产生各种缺陷。

14.1.1 EPS 模样常见的缺陷分析与防止

1. 消失模铸造常见的缺陷分析与防止

（1）铸钢件增碳的防止 用消失模铸造工艺生产铸钢件，其表面或局部表面的碳含量会增高，比铸钢件碳含量的要求要高，称为增碳或渗碳缺陷，对 ZG 230-450 [$w(C) \leqslant 0.25\%$ 的低碳钢] 渗碳为多，ZG 310-570 ~ ZG 340-640 [$w(C) = 0.25\% \sim 0.6\%$ 的中碳钢] 渗碳为少，ZG 340-640 以上 [$w(C) > 0.6\%$ 的高碳钢] 渗碳就很少。

渗碳层深度为 0.1 ~ 3.0mm，渗碳量（质量分数）为 0.01% ~ 0.1%。

铸件表面渗碳往往很不均匀，从而使表面硬度产生差异，甚至基体组织也不同，随着渗碳量的增多，表面扩大，随之珠光体含量也增加，使铸钢件加工性能、力学性能变差，影响了铸钢件的表面质量，甚至影响使用性能。

1）形成原因。泡沫塑料模样在高温钢液作用下发生分解、裂解，其产物又与钢液作用，同时在涂料和干型砂（硅砂或镁橄榄石砂）的作用下是一个复杂的物理化学冶金反应过程，从而形成渗碳（增碳）。

在铸钢件的高温浇注温度（> 1550℃）作用下，EPS 分解物中游离碳很多，不时地有 CH_4、C_2H_2、C_2H_4、H_2 等气体产物，在浇注过程中，其产物部分被真空泵吸引而排出型外，部分仍积集在涂料层和钢液间，或 EPS 模样和钢液的间隙中，在浇注和冷凝过程中钢液和铸钢件始终处在泡沫塑料模样分解产物雾状游离碳或碳氢化合物包围中，当铸钢件本身碳含量低时，分解产物中碳将扩散到铸钢件中造成渗碳。

碳在液态或液-固态钢液（件）中扩散系数分别为 $(6 \sim 8) \times 10^{-9} \text{m}^2/\text{s}$ 和 $0.4 \times 10^{-9} \text{m}^2/\text{s}$，远大于碳在固相线下的铸钢件中的扩散系数 $5 \times 10^{-14} \text{m}^2/\text{s}$。所以，钢液为液态和液-固态时，表面渗碳进行得最激烈（由该区域的物化、冶金、热动力学条件而决定）。随着铸钢件的冷却，碳的扩散速度减缓，至铸钢件外壳凝固时，渗碳过程即终止。铸钢件壁厚增大时，其凝固速度降低，液-固态时间停留较长，即液态与 EPS 模样分解产物作用的时间也延长，从而增加铸钢件的渗碳量。

铸钢件的碳含量高低直接影响着其渗碳的量，碳含量越低如低碳钢 [$w(C) < 0.25\%$]，其渗碳趋势就越大，渗碳量越多；反之，就越小，渗碳主要出现在 ZG 310-570 [$w(C) < 0.45\%$] 以下的低中碳钢。

在合金钢中，合金元素对渗碳也有影响，如 Mn、Cr、V、Ti 等促进碳化物形成的元素会增加碳在铁中的溶解度，但形成 Mn_3C（Mn、Cr、V、Ti 等）合金元素型复合碳化物会使碳的扩散活性减小，阻碍了碳的进一步渗透，渗碳层反而减薄；而 Ni、Cu、Si 等非碳化物形成元素对碳在铁中的扩散活性影响也小，对钢的表面渗碳影响也小。

2）防止措施。

① 选用低密度模料。采用 EPS 时模样密度控制在 $16 \sim 22 kg/m^3$，改用低碳模料将 EPS（C_8H_8）改为 PMMA（C_5H_8）这样减少了模样的碳含量，在浇注 ZG 230-450 机床车辆制动托架、ZG16Mn 船用集装箱角件、08 汽车绕线轴等时解决了铸钢件的渗碳（还有相应浇注工艺与之配合）。也可采用空心结构的模样和空心结构浇注系统。

② 选择合理的浇注工艺。模样及浇注工艺设计要能加速模样的汽化，减少及错开其分解产物中液相和固相接触和反应的时间，可减少或避免铸钢件渗碳。

a. 适宜的浇注温度和浇注速度。浇注系统的开设决定着钢液流向和速度；浇注温度提高，浇注速度也提高，模样分解加快，不易完全汽化，产物中液相量会增加，同时，钢液与模样的间隙减小，液相分解物常被挤出间隙，挤到涂层和金属液之间或钢液流股的冷角、死角，造成接触面增加，碳浓度增加，这些区域渗碳量就增加（浇注温度过高，浇注速度太快，反而会引起反喷、冒气），应控制合适的浇注温度和浇注速度。

b. 提高涂层或干砂铸型的透气性。透气性越好，模样分解的产物逸出越快，从而降低了钢液与模样的间隙中的分解物浓度和接触时间，故可减少铸钢件渗碳。

c. 合适的型壁真空度。浇注时型壁抽真空能加速分解物逸出涂层和型砂，从而减少了其浓度和接触时间，也可降低或避免铸钢件的渗碳。真空度的控制必须与浇注速度相配合，如果真空度过大反而会引起铸钢件黏砂及其他缺陷。如铸型的型砂粒度为 $20 \sim 40$ 目、$40 \sim 70$ 目，铸钢件浇注时真空度以 $0.03 \sim 0.06 MPa$ 为宜（但也可据铸钢件壁厚大小、质量和一箱中模样串组的量而调整）。

d. 在模样中加入添加剂（脱碳剂）防止铸钢件渗碳。如在泡沫塑料模样内加入硼酸、硼砂等阻止其燃烧，或加入苛性碱、磷酸氢铵盐类以提高模样发火温度，推迟燃烧，从而缩短金属液和模样分解物作用时间，防止铸钢件增碳（渗碳）。

在模样中加阻燃剂，阻止模样高温时裂解燃烧，使它不产生或少产生含碳的固态产物，如加入 $0.5\% \sim 3\%$（质量分数）氯化石蜡、三磷酸盐、五溴二苯醚、三氧化二锑等。同时加入 $0.2\% \sim 0.5\%$（质量分数）二苯酰过氧化物加速含助燃剂的模样转变为气体，减少铸钢件渗碳。

e. 使用防渗碳涂料。在涂料中加入某些抗增碳催化剂，如碱金属盐、石灰石粉，浇注后涂料能分解足够量的 CO_2 气体吸碳，防止铸钢件渗碳；在涂料中加入氧化剂，促使模样分解出 C、H_2 气体，转变为中性气体，阻止分解出的 C 减少或渗入铸钢件。

f. 采用石灰石干砂。个别厂家曾采用石灰石干砂，石灰石受热分解后产生 CaO 和 CO_2，而 CO_2 可吸收 C 产生 CO 而逸出型外，从而减少模样分解出碳对铸钢件的增碳作用。但石灰石干砂耐火度低，每次浇注后会产生一定量石灰石及石灰石颗粒，从而增大砂处理工作量。

g. 采用熔模消失模复合铸造工艺。对于低碳钢、对渗碳特别敏感的铸钢件、不锈钢件、合金钢件，可采用将泡沫塑料模样、熔模铸造和负压铸造相结合的一种精密复合铸造法，也是消失模铸造扩展的另一分支。由于此法是在泡沫塑料模样（为蜡模）外制强度高的陶瓷型壳，制壳后将型壳焙烧去掉蜡模；再把该型壳置于干砂振动造型，此时型壳中型腔已为空腔；在负压下浇注金属液，故铸钢件无渗碳问题，国外已用于生产几十千克到几百千克的精密复杂铸钢件。以泡沫塑料（EPS）模样为蜡模，按熔模精密铸造工艺结壳、焙烧、制壳，但结壳层数和焙烧温度不须熔模铸造工艺那样完整复杂，结壳层数较少，结壳后蜡模可焙烧去除，也可溶解去除，实现对蜡模壳型的浇注——消失模（实型）铸造的扩展。

（2）铸铁件表面皱皮（积炭）及防止　考虑和设计消失模铸铁件浇注工艺时，不论是一箱大中件单件还是几件和中小件组串工艺，将直浇道、横浇道、内浇道加大（$15\% \sim 20\%$）；铁液浇注温度提高 $20 \sim 50 ℃$；浇注速度加快，仍会出现铸铁件表面有厚薄不同的皱纹（或称为皱皮），有波纹状、滴瘤状、冷隔状，还将有渣状或夹气夹杂状等。波纹状较浅，其余皱皮则较厚、较深，其表面常呈轻质发亮的炭薄片（光亮炭膜）。深凹处的皱皮厚 0.1 ~ 1.0mm，甚至可超过 10mm，从而导致铸件报废。这种缺陷往往在铸铁液最后流到或液流的"冷端"部分，对于大的铸铁件则出现在上部，中小薄壁铸铁件往往呈现在侧面（< 20mm 壁厚铸铁件）或铸铁件死角部位，这与浇注系统工艺（顶注、底注、侧注、阶梯注）有关。

1）产生的原因。当 1350 ~ 1420℃ 铁液（灰铸铁、球墨铸铁、合金铸铁）浇入型内时，EPS 模样急剧分解，在模样与铁液间形成空隙，模样热解形成一次气相、液相和固相。气相主要由 CO、CO_2、H_2、CH_4 和相对分子质量较小的苯乙烯及它们的衍生物组成；固相主要是由聚苯乙烯热解形成的光亮炭和焦油状残留物组成的。因固相中的光亮炭与气相、液相形成熔胶黏着状，液相也会以一定速度分解形成二次气相和固相。液态中存在二聚物、三聚物及再聚合物，这当中往往会出现一种黏稠的沥青状液体，这种液体分解物残留在涂层内侧，一部分被涂层吸收，一部分在铸铁件和涂层之间形成薄膜，这层薄膜在还原（CO）气氛下形成了细片状或皮屑状、波纹状的结晶残炭（即光亮炭），此种密度较低（疏松）的光亮炭与铁液的湿润性很差，因此在铸铁件表面形成碳沉积（皱皮）。

2）影响因素。铸铁（灰铸铁、球墨铸铁、合金铸铁）件皱皮形成的影响因素如下：

① 泡塑塑料模样。模料 EPS 容易形成皱皮，因为 EPS 碳含量高，为 92%（质量分数），STMMA（苯乙烯甲基丙烯酸甲酯）碳含量为 69.6%（质量分数），PMMA（可发性聚甲基丙烯酸甲酯）碳含量为 60.0%（质量分数）。模样密度越大，分解后液相产物越多，越容易产生皱皮。

② 铸件材料成分的影响。碳含量低的铸铁件（合金铸件），模样分解产物中的碳可以部分溶解于其中，不易产生皱皮；碳含量高的铸铁件（球墨铸铁件）最易形成皱皮缺陷。

③ 浇冒口系统影响。浇冒口系统对铁液充型流动场及温度场有着重大影响，直接决定着 EPS 模样的热解产物及其流向；加大直浇道、

横浇道、内浇道截面面积后，易产生皱皮（模料量增多）。顶注要比底注出现皱皮的概率小，顶部冒口有利于减少或消除皱皮。

④ 铸件结构影响。铸铁的体积与表面积之比为模数，其值越小，越有利于模样热解产物排出，皱皮缺陷产生倾向越小。

⑤ 浇注温度的影响。在基本条件相同的情况下，随着温度的提高，皱皮缺陷减少或消除，因为温度提高则模样热解更彻底，气相产物比例增加，液相、固相产物减少，有利于减少或消除皱皮。

⑥ 涂层及型砂透气性的影响。涂层及型砂透气性越高，越有利于模样热解产物的排除，减少了形成皱皮的倾向，故涂层越薄，涂料骨料越粗，型砂粒度越粗，越有利于排气，减少皱皮。

⑦ 真空度影响。用于消失模（实型）铸造生产铸铁件时，在负压下浇注。即在砂箱内干砂砂型抽真空，使铁液在负压砂型情况下充填铸型（实型）。同时，模样分解的部分气体通过干砂砂型的真空系统被吸排到大气中（或废气处理设备中）；一部分分解出来的低聚物则在涂层和干砂空隙中凝聚成二次液相；还有部分粒度较大的固相和焦油状残留物附着在涂料内表面或铁液面上。当型腔快充满时，由于铁液流股前沿温度不断下降，在型腔充满处（如上部、死角），泡沫塑料模样软化收缩，呈玻璃状态黏附在涂层表面，而又来不及汽化（或没有条件汽化）存在于涂层和铁液面间，从而形成皱皮。在铁液凝固期间，这些聚合物会进一步分解成光亮炭，即轻质疏松发亮的炭薄膜。实践证明，随铸型真空度提高，皱皮缺陷减少或消除，因为真空度越大，充型速度越快，浇注时间变短，致使低黏度的液相产物来不及转变为高黏度液相分解物，光亮炭出现减少；真空度越高，越有利于模样热解产物通过涂料层向型砂外排除，越有利于减少皱皮形成或出现。

⑧ 工艺配合影响。控制铁液的浇注温度，根据铸件质量的大小控制浇注速度，同时配合真空度。当浇注速度加大时，流股变粗，如果没有相应提高真空度，常会出现皱皮等。

根本的原因是模样汽化不完全，如模样材料密度和模样的大小，浇注系统模料多少，铸件的大小、结构，浇冒口系统，浇注速度，浇注时砂型真空度，涂料层，型砂透气性等因素而出现皱皮。

3）防止措施。

① 采用低密度 EPS 或 PMMA 作模样材料。对于较大的铸件或直浇道（如球墨铸铁磨球 $>\phi100mm$ 和直浇道 $>\phi100mm$），可采用空心的模样和直浇道（以减少发气量）。模料密度 $16\sim22kg/m^3$ 为宜。

② 设计合理的浇冒口系统。应保证铁液流动时平稳、平衡、迅速地充满铸型，以保证泡沫塑料模样残渣和气体逸出型腔或被吸排入涂层和干砂空隙中，尽量减少浇注过程中铁液流热量的损耗，以加速模样汽化。采用顶注和侧注浇注系统，铸件虽不易出现皱皮缺陷，但在顶面会产生内部富碳缺陷，特别是厚大部位造成皱皮。对于高度不大的小型件采用顶注，对于大型件采用阶梯式侧注，但要保证内浇道由下而上逐层起作用，从而防止铸件生产皱皮。或者在顶端或残余物挤至死角处设置集渣冒口或集渣包，或加大加工余量，而将皱皮集中处理。

③ 提高浇注温度和浇注速度。使铁液有充分热量以保证模样汽化，减少其分解物中固相、液相及玻璃态成分，以免出现皱皮。实型铸造时，铁液浇注温度比砂型铸造高 $30\sim80℃$，或再高些，对于消失模铸造铁液，浇注温度以 $1420\sim1480℃$ 为佳。浇注速度为慢 - 快 - 慢。收包时冒口处补浇。

④ 合理的控制真空度。由于负压条件下缺氧，浇注时模样将主要发生汽化，而很少燃烧，使发气量大为降低（104g 泡沫塑料模样在空气中 $1000℃$ 燃烧时生成 1000L 气体，在缺氧条件下只产生 100L 气体）。同时，该气体产物及时通过干砂型被抽去，铁液和模样之间的间隙压力降低，铁液充型速度加快，有利于模样分解。

⑤ 提高涂层的透气性，选用相应涂料。涂料的透气性取决于涂料中耐火材料的粒度、配比及涂层厚度，好的涂料涂层在 $0.5\sim1.0mm$ 时

已具有足够强度和良好的透气性。涂层过厚会使透气性下降，逸气通道受阻，易产生气孔、皱皮等缺陷。对球墨铸铁涂料，不能加入有机物将其烘干而提高透气性，因为涂料中存在着残留的有机物，增加了 C、H_2 含量反而易产生气孔或皱皮，要按铸钢件使用涂料原则选用和配制球墨铸铁件涂料为好。干砂透气性以 $20\sim40$ 目为佳。

⑥ 其他工艺因素。铁液化学成分：降低铸铁碳当量，减少自由碳数量，配料时尽量按标准化学成分下限熔炼铁液。型砂可采用具有氧化脱碳性能的石灰石砂。

总之，影响消失模铸铁件（灰铸铁、球墨铸铁、合金铸铁）皱皮缺陷的因素是多方面的，应紧紧抓住有利于加速泡沫塑料模样汽化的这个主要因素，综合考虑各方面问题，制订出最佳工艺来保证获得无皱皮的优质消失模铸铁件。

（3）反喷及防止

1）产生原因。EPS 模样，浇注时在高温金属液的作用下产生热相变反应。

① $75\sim164℃$：热变形，高弹态软化状，泡沫塑料开始变软，从玻璃态进入高弹态并膨胀变形，泡孔内的空气和发泡剂开始逸散，体积逐渐收缩，直至泡孔组织消失，并开始产生黏流状聚苯乙烯液体。

② $164\sim316℃$：熔融，黏流态，失去发泡剂和空气的聚苯乙烯，由高弹态转入黏流态，其相对分子质量保持不变。

③ $316\sim576℃$：解聚，汽化状态，在质量开始变化的同时，长链状高分子聚合物断裂成短链状低分子聚合物，同时汽化反应开始，产生苯乙烯单体和它的小相对分子质量衍生物组成蒸汽状产物。

④ $576\sim700℃$：裂解，汽化燃烧，析出的气体显著增加，低分子聚合物裂解成少量氢（0.06%）、CO_2、CO 和小相对分子质量饱和或不饱和的碳氢化合物。

⑤ $700\sim1350℃$：极度裂解，汽化燃烧，低分子聚合物裂解逐步完全，在产生大量小分子碳氢化合物的同时，开始分解出氢和固态碳；在 $1350℃$ 时析出氢的含量高达 32%（质量

分数）；在有氧的条件下，燃烧游离碳的火焰出现。

⑥ 1350～1550℃：急剧裂解，燃烧汽化，低分子聚合物迅速裂解，析出氢的含量增加到48%；同时燃烧过程更加激烈，并出现大量的游离态碳和由挥发性气体产生的火焰。

浇注的金属液与EPS模样接触产生热解产物，其间气隙中形成气压，由于温度等裂解条件的不同，400℃以上的高温下聚苯乙烯 C_8H_8 将裂解为丙烯 C_3H_6、乙烯 C_2H_4、乙烷 C_2H_6、甲烷 CH_4、碳 C 和氢 H_2，随着模样温度的增加，裂解深度加剧，气体产物的体积增大倍数更高，析出碳液更多，在完成裂解成 C 和 H_2 的情况下，一个体积（104g）的苯乙烯，产生四个体积（8g）的 H_2，同时产生96g的 C，占苯乙烯总量（104g）的92%（质量分数）。

聚苯乙烯热解时析出气体（C_nH_{2n}、H_2、CH_4 等）800℃时达 165～175mL/g，1000℃时达500～518mL/g，1200℃时达 689～738mL/g，随着模样温度的升高，泡沫塑料EPS的发气量增加，焦态残留物显著增加，而液态残留物减少。在不同合金浇注温度下的EPS发气量：锌合金450℃，25mL/g；铝合金750℃，40mL/g；铸铁1300℃，300mL/g；铸钢1550℃，500～600mL/g。

2）防止措施。浇注 ZGMn13，$\phi100mm \times 10mm$ 直角弯管每只12kg、球墨铸铁斜楔11kg/件、$\phi60mm$ 磨球组串等铸件，在试产过程中，顶注时在浇到一定的时候（一半量左右）发生喷火、喷金属液（反喷）；底注时浇到铸件充满后，或稍过 3～5min 也发生喷火、喷金属液（反喷）。对此分析认为，发气量过大，来不及排气是反喷的原因。解决措施：

① EPS模样密度控制在 18～22kg/m³，模样要干燥，减少含水量。

② 增加涂料透气性，调整好涂料层厚度（0.5～1.0mm 为宜），以便模样裂解后气体及时逸出。

③ 控制干砂透气性以 20～40 目为佳，切忌不同档次目数干砂混用，阻碍其透气性；专用砂箱有单侧吸气、双侧吸气、三侧吸气、四面吸气、底面吸气及四周和底面一起吸气的各

种砂箱，应以五面吸气砂箱为佳；同时要控制真空度（真空泵吸气），由于负压条件下缺氧，浇注时模样将主要发生汽化，而很少燃烧，使发气量大为降低。同时，该气体产物及时通过干砂砂型被真空泵抽去，铁液和模样之间的间隙压力降低，避免了喷气、喷火（反喷、发喷）发生，金属液不断充型，逐步使模样分解。

④ 控制浇注温度和浇注速度，以金属液的热量来保证模样汽化，同时在模样 800～1200℃大量生成气体时的温度范围要控制浇注速度，以避免浇注速度过快，促使裂解气体大量迸发，但没有及时吸排而发生反喷，影响安全。浇注速度慢-快-慢。收包时在加冒口处再补浇。

⑤ 设计合理的浇冒口系统，应保证金属液充型时流动平稳，迅速地充满铸型，以保证模样裂解气体逸出型腔而吸排出去；采用顶注、底注、侧注、阶梯浇注时，要注意模样裂解最后气体、焦状体、残留物挤至死角处或顶端，应设置出气、集渣冒口或集渣包，或者加大加工余量而集中去除。

（4）气孔及防止

1）从上述分析了解了消失模裂解时的发气过程，其气体进入铸件而产生气孔。充型过程中产生湍流，或顶注、侧注情况下，部分模样被金属液包围后进行裂解（分解），产生的气体不能从金属液中排出，就会产生气孔，此种气孔大而多（丛生）且伴有炭黑。

防止措施：改进工艺，使浇注充型过程中逐层置换，不出现湍流，提高浇注温度，提高真空度（如果产生湍流引起产生气孔，可降低真空度），提高涂层和型砂透气性。

2）模样、涂层干燥不良引起气孔。模样含有水分、涂层干燥不良或发泡剂含量过高，浇注时会产生大量气体，极易产生反喷，此种情况下最易产生气孔；若涂层烘干不够，水分含量偏多，此时极易形成侵入性气孔。

防止措施：模样必须干燥（按模料发泡制模工艺特性操作），涂层必须干透。

3）模样黏结剂过多引起气孔。模样组合黏结时采用的黏结剂发气量过大，在金属液浇

注充型时，局部产生大量气体，可使金属液在充型过程中翻滚，甚至引起反喷，此时气体又不能及时吸排出去，铸件就会产生气孔。

防止措施：选用低发气的模样黏结剂；在保证粘牢的前提下，用黏结剂量越少越好。

4）浇注时卷入空气形成气孔。消失模铸造浇注过程中，直浇道不能充满，就会卷入空气，这些卷入的气体，若不能及时排出，铸件就会产生气孔。

防治措施：采用封闭式浇注系统，浇注时保持浇口杯内有一定量的金属液，以保证直浇道处于充满状态。

在浇注球墨铸铁件、铸钢件时采用 PMMA、STMMA，其发气量比 EPS 要大、要多，更要注意。

对于大量组串件可以减少 EPS 模样的量，比如浇注 $\phi100mm$ 磨球组串三排，每排六个，此时就要考虑 $\phi100mm$ 磨球 EPS 模样制成空心的，以减少 EPS 量，从而降低发气量（和碳含量），甚至直浇道也可以制成空心的（较大的 ZGMn13 衬板 >60kg/件，EPS 模样也可制成空心的）。

2. 实型铸造常见缺陷与防止

（1）积炭、夹渣和皱皮　大铸件的实型浇注，EPS 量大，金属液最后流充处的死角或转角，容易出现积炭、夹渣和皱皮。

防止措施：控制 EPS 模样密度为 18 ~ 22kg/m³，或选用 STMMA 粒料，减少碳含量，控制浇注温度和浇注工艺；选择适宜的浇注系统，尽量将出现残渣纳入冒口或集渣包中。

（2）气孔　采用树脂砂实型铸造时出现气孔的倾向更大，往往出现在容易滞流、涡流、窝气的死角或转角。

防止措施：提高浇注温度；改正浇注系统和冒口，出气冒口设置要恰当；涂料要干燥，涂料及砂型透气性要好。找出产生气孔的各种原因，逐一加以改正。

（3）渣砂孔和黏砂　大中型铸件充型的金属量大，直浇道受到冲刷最厉害（尤其底部转角处），易产生型砂溃散、烧枯、砂渣被金属液带入型腔而黏附于铸件表面。

防止措施：直浇道应改用耐火材料管，局部黏砂多出现在厚壁、深孔、死角、凹洼处，往往是舂砂不紧实而引发的机械黏砂；如果整个表面均为黏砂则是涂料选用不适而引起的化学黏砂。找出其原因后，采取相应措施加以克服。

14.1.2　STMMA 模样常见的缺陷分析与防止

STMMA 模样仅用于对碳在浇注过程中作用特别敏感或对化学成分要求特别高的铸件以及薄壁铸件。尽管 STMMA 模样制造和铸造性能远比 EPS 模样更佳，但仅仅在消失模铸造工艺中运用，在如低碳钢、低碳合金钢、不锈钢、薄壁球墨铸铁件等和对铸件基体组织要求较严格的铸件中使用。由于采用的量不很大和不很普遍，价格比 EPS 贵 4 ~ 5 倍。

1. 反喷及防止

（1）产生原因　STMMA 模样，浇注时在高温金属液的作用下产生热相变反应，玻璃态转变温度为 100 ~ 105℃，珠粒萎缩温度为 130 ~ 140℃，初始汽化温度为 268℃，大量汽化温度为 375 ~ 390℃，终了汽化温度为 404 ~ 446℃，发气量为 884mL/g（EPS 为 521mL/g），分解速度为 98.1mL/(g·s)[EPS 为 68.2mL/(g·s)]。因此，STMMA 与 EPS 相比，发气量大，分解速度快，分解温度区间窄，在 100 ~ 600℃ 范围，而 EPS 在 80 ~ 760℃ 范围。故合金液浇入铸型以后，在 600℃ 以下，几乎 STMMA 的所有泡沫塑料发生激烈快速分解，释放出大量气体。此时，不仅浇注温度高，浇注速度又快，真空泵又没有配合开大真空度吸气，合金液就会从浇口杯、直浇道反喷而出，甚至伤及操作人员。这是 STMMA 模样最易发生反喷的原因。

（2）防止措施　在浇注温度、浇注速度、浇注系统、真空泵吸气方面准确掌握，特别在 600℃ 以下，STMMA 发气量特大的温度范围，认真掌握浇注工艺尤为重要。

2. 气孔及防止

（1）产生原因　浇注充型过程中，STMMA 模样分解裂解发气，气体没有及时排出型外，使气体进入金属液而产生气孔。发气时真空泵未及时加大加速，使气体在充型过程中引发湍流将气体卷入金属液。在顶注、侧注情况下，部分模样又被金属液包裹后在其中进行分解热解，产生的气体不能排出铸件外，就会产生气孔，此类气孔大而多（丛生）并伴有渣杂。

（2）防止措施　正确掌握 STMMA 模样发气特征，工艺上对症，措施上因势利导，加以防止。

14.1.3　消失模铸造特有的缺陷分析与防止

对消失模铸造特有缺陷，如铸型损坏、气孔、发泡模变形而导致的铸件变形、浇道喷溅金属液等根据消失模铸造工艺的特点进行具体分析，提出了技术对策措施。

1. 铸型损坏

铸型损坏是用无黏结剂型砂时颇为常见的缺陷，大致有三种：

1）铸型上部崩塌。铸型上部砂层太薄时，可能因金属液的浮力而损坏，也可能因其正下方在浇注时出现空洞而塌下。因此，铸型上部应有足够的吃砂量。

2）型腔内局部产生空洞而致铸型损坏。浇注过程中，如果金属液置换消失模的过程不顺畅，金属液流的前端短暂地停顿不流，在发泡模和金属液流之间形成空洞，空洞处的铸型因受金属液的热作用而损坏。在此情况下，应改进浇注方案，使液流前端持续、不停顿地流动。在发泡模分解产生的气体压力高、排气不良时，也会造成空洞。

3）浇注系统设置不当而致的铸型损坏。制造较大的铸件时，如内浇道太短，铸件与横浇道之间的砂层太薄，会导致这一薄砂层损坏。

2. 反喷（呛火）与浇道喷溅金属液

浇注过程中，由于气体模热解发出气体量过大，引起喷火或喷金属液，砂箱内减压程度太高，金属液充型过快时，金属液中容易卷入大块已发生体积收缩但未充分热解的模料。这种模料继续热解气化时，即造成金属液自浇口喷出。如发生这种情况，应严格控制减压程度。这种卷入模料的情况，尤易发生在直浇道下部。因此，最好用发泡倍数高（例如 60 倍左

右）、密度小的材料制造直浇道。用 PMMA 制发泡模时，因其发气量大得多，容易发生金属液喷溅的情况，导致铸件报废。

防止措施：

1）EPS 模样密度控制在 18～22kg/m³，模样要干燥，上涂料后要干燥，减少水分含量和发气量。

2）增加涂料透气性，调整好涂层厚度（0.5～1.0mm 为宜）以便模样裂解后气体及时逸出。

3）控制干砂透气性粒度以 20／40 目为佳，切忌不同粒度干砂混用，降低透气性；砂箱以五面（四侧面和底面）抽气结构为最佳。同时要控制真空度（真空泵吸气），在真空缺氧条件下，浇注时模样将主要发生气化，很少燃烧，使发气量大为降低。

4）控制浇注温度和浇注速度，以金属液的热量来保证模样气化，同时在模样大量生产气体时的 800～1200℃ 温度范围控制浇注速度，以免浇注速度过快，促使裂解气体大量迸发。

5）设计合理的浇注系统，保证金属液充型平稳、平衡、迅速地充满铸型模样，以保证模样裂解气体逸出型腔而被吸排出去；采用顶注、底注、侧注、阶梯浇注时，要注意在气体、焦状体，残余物到达的死角处或顶端设置气眼、集渣冒口或加大切除量。

3. 模样变形及铸件尺寸超差、变形及防止

影响因素有：铸件本身的结构、形状和大小，重量的分布情况，制模过程，造型和浇注等。其中组模过程和造型过程的影响最大。

（1）泡沫塑料模的制作工艺对尺寸精度的影响

1）模具质量的影响　模具尺寸精度直接影响铸件尺寸精度。为此正确选择收缩率，准确确定模腔尺寸（可在试模后及时修正，使模样误差小于 0.05mm），对模具模腔和镶嵌件要进行精整和抛光以达到尺寸精确。此外，要正确选择取模方法（方向、位置），防止出模样时使其变形。

2）模料和制模工艺的影响。成形后模样的冷却程度会影响模样的尺寸稳定性，为此，取模前应使模样充分冷却，发泡终止，以得到

尺寸稳定的模样，并防止顶出模样时模样变形。泡沫冷却会引起内部孔隙中的水和戊烷凝结，使泡沫模样小于模具尺寸，一般约小0.4%（0.3%~0.5%），对此应有所考虑。取出模样的干燥程度直接影响着铸件尺寸的稳定性，泡沫塑料模的干燥过程称熟化。为稳定模样尺寸，提高生产能力，可将取模后的模样在60~70℃下干燥 2~8h，干燥时间不同的模样实际尺寸也不完全相同，因而影响铸件尺寸精度。用不同尺寸珠粒 EPS 制模，也将造成模样收缩不同而引起尺寸波动，应控制 EPS 珠粒的大小（对 PMMA、STMMA 珠粒更要注意控制）。预发珠粒熟化时间称预发珠粒龄期，不同的预发珠粒其发泡剂戊烷含量不同，龄期长则戊烷含量少，模样成形时质量就差，成形后模样收缩也小。生产中应控制预发珠粒龄期，一般应为 2~12 h，预发珠粒龄期控制不严，则模样尺寸波动较大，质量也难以保证。模样密度、制模方法和蒸汽压力也有影响：密度较高的模样比密度低的线收缩率小（但发气量大）；常规方法制模收缩率大于冷却时使用负压方法的模样收缩；制模时使用较高的蒸汽压力可减少模样熟化的收缩率。黏结剂的质量，黏结操作工艺，胎模的定位等都会影响黏结组合后模样的精度。

（2）造型对铸件尺寸精度的影响

1）振实方式的影响：不同的加砂方式和振实方式适用于不同形状的铸件，选择不当会使砂型紧实不均匀而影响尺寸精度。

2）涂料涂层的影响：涂层厚度直接影响模样尺寸，涂层能增强模样的表面强度，提高模样抗冲击性能，可防止造型过程中模样变形，使铸件精度提高。因此，模样所用涂料除应具有良好的透气性能外，还要有足够的强度。涂料选用必须与铸件金属液和干砂性质相匹配，涂挂操作工艺要合理等。

（3）工艺过程操作要求

1）模样成形后应充分干燥。

2）上涂料及烘干涂料时，避免模样变形。

3）填砂装箱时模样最易变形，应仔细操作。

4. 铸铁件表面皱皮（积炭）

铸件表面有厚薄不同的皱皮，有波纹状、滴瘤状、冷隔状、渣状或夹气夹杂状等。波纹状较浅，其余皱皮则较厚、较深。其表面常呈轻质发亮的炭薄片（光亮炭膜），深凹沟陷处充满烟黑、炭黑等。皱皮的厚度为 0.1~1.0mm，甚至超过10mm，导致铸件报废。这种缺陷往往出现在铁液最后流到的部位或液流的"冷端"部位。大件出现在上部；15~20mm 出现在侧面或铸件的死角部位，这与浇注系统（顶注、底注、侧注、阶梯注）有关。当1350~1420℃的铁液注入型内时，EPS 或 STMMA 料模急剧分解，在模样与铁液间成气隙，料模热解形成一次气相、液相和固液气相，主要由CO、CO_2、H_2、CH_4 和分子量较小的乙烯及其衍生物组成；液相由苯、甲苯、乙烯和玻璃态聚苯乙烯等液态烃基组成；固相主要是由聚苯乙烯热解形成的光亮炭和焦油状残留物组成，因固相中的光亮炭与气相、液相形成熔胶黏着液相，也会以一定速度分解形成二次气相和固液态中的二聚物、三聚物及再聚合物，会出现一种黏稠的沥青状液体，这种液分解物残留在涂层内侧，一部分被涂层吸收，在铸件与涂层之间形成薄膜，这层薄膜在还原（CO）气氛下形成了细片状或皮屑状、波纹状的结晶残炭（即光亮炭），此种密度较低（疏松）的光亮炭与铁液的润湿性很差，因此在此铸件表面形成炭沉积（皱皮）。

（1）影响因素

1）泡塑模样：模料 EPS 比 PMMA、STMMA 更容易形成皱皮，因为 EPS 碳含量比后二者高，其中 EPS 含碳92%（质量分数），STMMA（苯乙烯—甲基丙烯酸甲酯共聚树脂）含碳69.6%（质量分数），PMMA（可发性聚甲基丙烯酸甲酯）含碳60.0%（质量分数）；模样密度越高体积越大，分解后液相产物越多，越容易产生皱皮。

2）铸件材料成分的影响：碳含量低的铸铁件（合金铸铁），模样分解产物中的碳可以部分溶解其中，不易产生皱皮；碳含量高的铸铁（球铁）最易形成皱皮缺陷。

3）浇注系统影响：浇注系统对铁液充型

流动场及温度场有着重大影响，直接决定着 EPS（PMMA，STMMA）模料的热解物及其流向；加大直、横、内浇道截面积，易产生皱皮（模料量增多）。顶注要比底注出现皱皮概率小，顶部冒口有利于消除皱皮。

4）铸件结构影响：铸件的体积与表面积之比越小，越有利于模样热解产物排出，皱皮缺陷产生倾向越小。

5）浇注温度的影响：随着浇注温度的提高模料热解更彻底，气相产物比例增加，液、固相产物减少，有利于减少或消除皱皮。

6）涂料层及型砂透气性的影响：涂层及型砂透气性越高，越有利于模样热解产物的排出，减少了形成皱皮倾向，因此，涂层越薄、涂料骨料越粗、型砂粒度越粗，越有利于排气，减少皱皮。

7）真空度影响：实践证明，随铸型真空度提高，皱皮缺陷减少或消除。因为真空度越高，充型速度越快，浇注时间变短，致使低黏度的液相产物来不及转变为高黏度液相分解产物，光亮炭出现减少；真空度越高，越有利于模样热解产物通过涂料层进入砂层，越有利于减少皱皮。

8）工艺参数配合的影响：浇注温度、浇注速度、真空度等工艺参数配合不当会引起皱皮。当浇注速度加快时，流股变粗，如果没有相应提高真空度，常会出现皱皮。

（2）防止措施

1）采用低密度 EPS 或 PMMA 作模样材料；较大的铸件或直浇道，可采用空心的模样和直浇道以减少发气量，模料密度以 $16 \sim 22kg/m^3$ 为宜。

2）浇注系统应保证铁液流动平稳、平衡、迅速地充满铸型，以保证泡沫塑料残渣和气体逸出型腔外或被吸排入涂层和干砂空隙中，尽量减少浇注过程中铁液流热量的损耗，以利加速模料汽化。采用顶注和侧注虽不易出现皱皮，会产生内部富碳缺陷（因为下落的铁液流易将模样分解后的残留物卷入）；底注浇注系统能减少铸件顶面及内部富碳缺陷，特别是厚大部位造成皱皮。对于高度不大的小铸件宜采用顶注，大件宜采用阶梯式侧注，并保证内浇道由下而上逐层进铁。在顶端或残余物挤至死角处设置集渣冒口，或加大切除量，将皱皮集中去除。

3）提高浇注温度和浇注速度，使铁液有充分热量将模料汽化，减少其分解物中的固相、液相及玻璃态成分。铁液浇注温度宜比砂型铸造高 $30 \sim 80℃$，或再高些，负压干砂消失模铸造铁液浇注温度以 $1420 \sim 1480℃$ 为佳。浇注速度慢－快－慢。收包时冒口要补浇。

4）合理地控制真空度，由于负压缺氧，浇注时模料将主要发生汽化，很少燃烧，使发气量大为降低。104g 泡沫塑料模在空气中 1000℃ 燃烧时生成 1000L 气体，在缺氧条件下只产生 100L 气体。并且气体产物能及时通过干砂型被抽去，铁液与模样之间的间隙压力降低，铁液充型速度加快，有利于模样分解。

5）提高涂层的透气性。涂料的透气性取决于涂料中耐火材料的粒度、配比及涂层厚度，好的涂料涂层在 $0.5 \sim 1.0mm$ 已具有足够强度并有良好的透气性。涂层过厚会使透气性下降，逸气通道受阻，易产生气孔、皱皮等缺陷。球墨铸铁件涂料不能加入有机物将其烘干而提高透气性，因为涂料中存在着有机物的残余，增加了 C、H_2 含量反而易致气孔或皱皮。

14.1.4 消失模铸造、实型铸造和砂型铸造类似的缺陷分析与防止

1. 黏砂及防止

黏砂是消失模铸造和砂型铸造的常见缺陷之一。铸件部分或整个表面上夹持着很难清理的型砂。在无负压情况下浇注，黏砂常出现在铸件的底部或侧面，以及铸件热节区和型砂不易紧实的部位；在负压情况下浇注各面都可能有黏砂，特别是铸件转角处、组串铸件浇注时的过热处。金属液渗入型砂中形成金属与型砂的机械混合物称金属包砂。

（1）产生原因

1）消失模铸造产生黏砂基本上属机械黏砂，夹持型砂砂粒的金属，涂层脱落或开裂，金属液通过涂层破裂、剥落后渗入型砂的干砂空隙中，将干砂夹持凝固在铸件表面上。涂层较薄时金属液渗透过涂层与砂型干砂黏结凝固

在表面上。

涂料的选用和浇注金属液匹配不当,砂型中干砂又含有细小砂粒灰尘时,浇注铸件的过热处也会形成化学黏砂,更难清理。

造成涂料层脱落和开裂可能是涂料质量不好,与模样黏结不牢,在操作过程中涂料层已经脱落;涂料的收缩率过大,涂层在干燥时开裂,或涂层抗急冷急热性能差,浇注时涂层受热而开裂;或造型时紧实力过大或振实时间过长使涂料产生裂纹;或造型时的局部型砂或干砂没有得到紧实,浇注时在金属液压力下和模样分解产物压力下局部涂料层向外鼓胀及开裂,形成裂缝而黏砂,其裂缝(纹)最容易产生在铸件拐角处,尤其是直角倾角的拐角处。金属液渗入的程度(或能力)与金属液浇注温度、浇注速度压力头的大小、型砂或干砂的间隙大小、金属液与砂粒的湿润性等因素有关,其温度越高,浇注速度越大,压力头越大,型砂或干砂间空隙越大,金属液渗入的深度越深,黏砂也就越严重。

2)浇注时真空度大小对金属液流动能力的影响超过金属液温度等因素的影响。真空度越大,金属液流动性越好,黏砂也越严重。此时易出现金属液穿透涂层渗入型砂而黏砂的现象。

(2)防止黏砂的措施

1)涂料应具有良好性能,能牢固黏结在模样上,涂料致密并有足够的强度、耐火度,在操作过程中不发生脱落剥离现象;造型振实时不开裂,不起皱,涂料线收缩应小,且具有良好的抗急冷急热性,另外涂料一定要烘干。

2)造型紧实力不可过大,以免破坏涂层。在干砂振动造型时,合理选用振动参数:频率在 50Hz 左右,振幅为 0.5 ~ 1.5mm,振动时间为 60s,振动加速度乘以振动时间为 30 ~ 60g · s(g 为重力加速度)较合适。应防止振动力过大,振动时间过长,使涂料层开裂、剥落;同时应防止局部砂未振实。局部可用自硬砂或耐火件处理。

3)选用合适的真空度,浇注时真空度过高易引起严重黏砂,各种不同合金铸件配以合适真空度。铸钢:0.040 ~ 0.069MPa,铸铁:

0.027 ~ 0.055MPa,铝合金:0 ~ 0.0267MPa。

4)为减少型砂或干砂的空隙,应选用较细的原砂。一般铸铁件和铸钢件用 28 ~ 55 目(AFS 细度 20 ~ 50 目)砂,铸铝件用 50 ~ 100 目(AFS 细度 20 ~ 50 目)砂(AFS 细度是指美国铸造学会细度,它是将砂样换算成质量相同、砂柱总表面积相同、直径均一的颗粒,该颗粒所能通过的筛号即为 AFS 细度)。

5)浇注温度不应过高,一般模样铸造浇注温度比同样条件下砂型铸造浇注温度高 20 ~ 50℃。如铸铁件浇注温度为 1420 ~ 1470℃。

2. 节瘤、针刺及防止

在光洁的铸件表面上出现一些形状不规则的凸出部分有如瘤子、针刺的铸造缺陷,很难消除,严重时造成铸件报废,即使出现在铸件非加工面上也大大提高了表面粗糙度,很难清理。

(1)产生原因

1)造型时,型砂(干砂)没有紧实地包裹在模样周围,抽真空后容易形成空腔或紧实度太低,浇注时金属液冲破涂料层进入空腔,形成节瘤;铸型受金属液压力作用再次紧实,涂层破裂,金属液穿透涂层与型砂熔结在一起形成大小不一的节瘤。

2)由于模具表面有缺陷(气孔、缩松、斑痕等)或排气塞孔眼过大,致使模样表面存在凸出物,在负压下浇注后形成铸件表面金属凸出物。

涂层内表面存在密布的小气孔或局部形成大气泡在负压下浇注后铸件表面形成形状大小不一的金属凸出物节瘤或针刺。

(2)防止措施

1)提高铸型的紧实度及均匀性,使砂型紧实均匀地包裹在模样周围。选用合理振幅,埋模样操作要认真小心,避免涂料层破裂或剥落。

2)修改铸件结构,消除型砂填不到的死角,对个别角落可预埋自硬砂或耐火件。

3)改善模具表面质量,将模具表面凸出物修磨光滑。

4)保证涂料质量,不得使用变质发酵的涂料,涂料黏度适当,涂挂黏着性良好,第一遍涂料应稀（应均匀涂附在模样上），改进涂挂工艺，防止拐角处出现鼓泡。

防止黏砂的各种措施，对防止节瘤、针刺均能起一定作用。

3. 冷隔（对火）、重皮浇不到及防止

铸件上有未完全融合的缝隙，其交接处边缘咬合是圆滑的这种缝隙为冷隔（对火），表面有一道较明显的对火痕迹，严重时形成重皮。局部未充满，铸件缺肉，末端呈圆弧状称为浇不到（浇不足）。

（1）形成原因

1）模样被加热、分解，分解产物又要大量吸收金属液热量，使金属液降温过甚（往往出现在铸件壁厚小、距离又长处）；分解气体增大，阻止金属液充型，从而均降低了金属液的流动性，故引起冷隔、重皮、浇不到。

2）浇注系统、结构、浇注操作工艺不当。当金属液流股分两股充满铸型顶部会合时，两股金属液温度已降得较低，不能很好地融合，铸件越薄，浇注温度越低，更容易出现此缺陷。

3）充型过程中负压太大，金属液沿型壁上升速度大大高于内部中心上升速度，在温度较低时，靠近铸型表面先形成一薄金属壳（膜），而后续金属液充型后，又没有足够热量熔化此壳，就会出现重皮缺陷。

（2）防止措施

1）提高金属液的浇注温度，实型铸造比砂型铸造要高 30 ~ 50℃，甚至更高。

2）改进浇注系统，提高充型速度。如采用顶注式可用空心直浇道，尽量减短浇注系统总长度，让液流缩短，充型过程流畅，避免冷隔、浇不到。

3）控制适当真空度。提高真空度，对克服冷隔有利，但真空度太高又会引起重皮。

4. 表面孔眼、凹陷和网纹及防止

消失模铸件表面除上述的气孔、皱皮、积炭、光亮炭、黏砂等外，也会出现同砂型铸造一样的孔眼（渣孔、砂孔、缩孔）、缩坑（凹陷）等缺陷，以及特有的网纹和较深的龟纹等缺陷。

（1）产生原因

1）渣孔。金属液带入熔渣及模样裂解的固相产物不能排出而积存，漂浮在铸件表面，喷丸清理后，铸件表面仍会有不规则的孔洞。

2）砂孔。浇注时，干砂粒进入金属液中，最后积集到铸件表面，呈颗粒状分布，抛丸清理后，若砂子未清除掉，则铸件表面形成砂粒镶嵌物；若喷掉砂粒，则表面留下眼孔。

3）缩松、缩孔及缩坑（凹陷）。铸件与内浇道及冒口连接处的热区，由于补缩不良，形成缩孔、缩松缺陷。铸件厚大部分由于补缩不足形成缩坑（凹陷），往往出现在最后凝固的较大表面上。

4）网纹、龟纹。模样表面珠粒间融合不良，连接处的凹沟间隙和细小珠粒纹路呈粗而深的龟纹（严重时形成粒珠状表面）；细小如网状纹的为网纹，主要是因模样珠粒质量不好、黏结不良。取用泡沫塑料板（型）材加工成模样时，表面粗糙，涂料渗入其间，其表面龟纹、网纹复印在涂料层上，浇注后铸件表面也出现这些缺陷。

（2）防止措施

1）渣孔防止措施。金属液熔炼除渣要干净，严格挡渣操作，浇冒口系统设计应便于排渣、集渣，提高浇注温度以便渣滓浮集，也可选用除渣性能较好的浇包及设置过滤网挡渣。

2）砂孔防止措施。模样组合黏结处必须严密，中空直浇道必须密封好；模样应避免在砂箱内组合黏结，浇冒口连接处和模样转角处要圆滑过渡（避免角缝夹干砂）。

3）缩孔、缩松及缩坑（凹陷）防止措施。提高金属液的浇冒口补缩能力，液流从冒口处经过，保持冒口最后凝固；采用发热、保温冒口；充分利用直浇道补缩（组串铸件）；合理的浇冒口系统。

4）网纹、龟纹的防止措施。改善模样表面质量，选用细小的珠粒；合适的发泡剂含量；改进发泡成形的工艺；模样干燥工艺合理，防止局部急剧过热；对模样表面进行修饰，在模样表面涂上光洁材料如塑料、浸挂一层薄薄的石蜡、涂上一层硝酸纤维素涂层等都可以改善模样的表面粗糙度，使浇注出的铸件没有晶粒网状及龟纹。

为了扩大 EPS 粒料制模样用途，克服表面问题，国外铸造工作者采用以下办法：

1）双层涂料法，第一层涂料是将溶于丙醇中的丙烯酸树脂（65%）或其他黏度高而又不损坏模样的溶液喷涂到模样上，填补模样表面沟纹；第二层为干石墨粉等。

2）在模样成形过程中，把 $100\mu m$ 厚度的聚苯乙烯薄膜粘贴到模样表面。

5. 内部缺陷及防止

消失模铸造铸件也会出现普通砂型铸造常见的内部缺陷，如非金属夹杂物、气孔、缩孔、缩松等和组织性能不均匀，但是其形态特点、形成条件以及防止措施有所不同。采用合理工艺，严格操作，消失模铸造可获得铸件表面光洁，且内部十分健全合格的铸件，但工艺不同则会产生更严重的内部缺陷。通过无损检测，或机械加工后可暴露出来。

（1）非金属夹杂物（夹渣、夹杂）

1）型砂夹杂物。

① 产生原因：在浇注过程中干砂被冲入金属液中不能排出，存在铸件内部形成夹砂。

② 防止措施：模样与内浇道、模样转角接连过渡要圆滑，尽量防止其角缝夹持砂粒；涂料性能要好，涂挂均匀；模样组合不要在砂箱内操作，切忌边填砂边黏结模样。

2）涂料夹杂物。

① 产生原因：浇注过程中涂层破坏剥落而进入金属液中；渗入模样组合部（角）的涂料，被液流冲刷掉进入流股，铸件凝固后留在内部的涂料点、团块状夹杂。

② 防止措施：改善涂料性能，提高涂层强度；模样组合时结合部（转角）要严密处理，以防涂料渗入角缝中引起团块。

3）熔渣夹杂物。

① 产生原因：浇注时，金属液带入熔渣而又未排出留在铸件内中，形成夹渣（点、团块状熔渣）。

② 防止措施：采用底注包或茶壶包，金属液除渣要干净，加强扒渣、挡渣的操作，采用过滤网。

4）模样热解产物夹杂物。

① 产生原因：模样受高温金属液热解后形成一部分固相和液相产物，不能及时排出，残留在铸件内部形成了消失模铸造特有的柏油（沥青）状焦化（炭化）后黑色块团状夹杂物。

② 防止措施：采用低密度模样，提高浇注温度，浇冒口系统利于排渣或采用集渣包（冒口）而集中，铸件冷却后去掉。

（2）缩孔（松）

1）产生原因：消失模铸造铸件的补缩冒口的设置比普通砂型铸造的冒口设置要方便随意得多，但同样大小冒口的补缩能力却不及普通砂型铸造。这是因为消失模铸造的金属液进入冒口的温度往往较低，冒口耐压力也较低，采用消失模铸造的铸钢件，尤其是收缩率较大的合金时，容易在热节区如冒口交接处引起缩孔、缩松的缺陷。

2）防止措施：提高浇注温度，增加补缩冒口的体积，并选用合理的冒口形状（体积大、表面积小、散热慢的形体），提高冒口温度，从冒口进入金属液，选择保温发热冒口，或配合使用冷铁。浇注球墨铸铁时，浇注后立即加大负压，提高铸型刚度，以防产生缩孔（松）。

（3）增碳、增氢和组织性能不均匀

1）铸钢件的增碳、增氢。

① 产生原因：模样在金属液高温作用下裂解出碳氢使铸件增碳、增氢，表面比中心严重，上部比下部严重。浇注时（尤其是浇注系统不甚合理）产生湍流或顶注的情况下，会出现不规则的局部增碳，浇注 ZG 230-450 以下低碳钢时更易产生。增碳、增氢后使铸钢件的塑性和韧性下降，硬度不均。

② 防止措施：降低模样密度，大铸件可采用中空模样；采用合理浇冒口系统，使裂解产物集中在冒口（集渣包冒口）处；增加排气速度，适当提高真空度；执行合理浇注工艺，控制浇注速度。减少热解产物与金属液的接触时间；提高涂料层透气性和砂型透气性。

2）组织性能不均匀。

① 产生原因：消失模铸造像熔模铸造一样，生产较小铸件时，往往采用组串群铸工艺，因此伴随而来的砂箱内不同位置的铸件冷却速度差别较大，铸件组织受冷却速度不同的影响，导致基

体组织也不均匀，其性能也有差异。

② 防止措施：浇注要求高的铸铁件或铸钢件时，对不同层次、距直浇道距离不等的铸件进行试验、解剖、分析后测出其性能差值大小，基体差异，以便采取相应措施加以解决，通过改变组合方案，调整浇冒口系统，使铸型内温度场尽量均匀；提高合金材料的均一性；也可以在型内模样不同部位进行孕育、变质、合金化处理，从而获得组织性能均匀的铸件。

6. 铸件尺寸超差、变形及防止

影响消失模铸件尺寸超差、变形的因素有铸件本身的结构、形状和大小，质量的分布情况、泡沫塑料模样、造型、浇注等。主要讨论泡沫塑料模样、造型和浇注的影响。

（1）泡沫塑料模样对铸件尺寸精度的影响

泡沫塑料模样制作工艺：EPS珠粒→预发泡→熟化→用模具终发泡成形、冷却、出模→干燥→模样组合。故影响模样精度的因素如下：

1）模具质量。为使模具精度高于铸件精度，要用优质模具。模具精度又要高于泡沫塑料模样精度。复杂铸件的模样往往需分块制作，然后组合成整体模样。其精度首先与模样分块和分型面选择有关。设计模具时要仔细分析以获得最佳结果。目前，以锻铝（或铝合金）机械加工模具尺寸精度、加工稳定性、加工难度性为较好。为防止模具局部过热或欠热，而造成模样局部珠粒融合不好或过度融合，发泡成形模具壁厚应均匀，模腔部分壁厚8~10mm，分型面框架约11~18mm厚，更重要的是正确选择收缩率，准确确定模腔尺寸（可试模后及时修正，以使模样误差小于0.05mm）。最后，要对模具模腔进行精整和抛光以达到最佳精确尺寸。同时要正确选择脱模方法（方向、位置），防止取出模样时使其变形。

2）模料（EPS，PMMA，STMMA）和制模工艺影响。影响模样尺寸变化的模料和工艺因素如下：

① 成形后模样的冷却速度，脱模前应使模样充分冷却，发泡终止，以得到尺寸稳定性较好的模样，且防止顶出模样时模样变形。泡沫塑料冷却会引起内部孔隙中的水和戊烷凝结，

而使泡沫塑料模样缩减，小于模具尺寸，一般约小于0.4%（0.3%~0.5%）。

② 取出模样的干燥程度。脱模后，最初热模样吸收空气充填孔隙的负压，使尺寸有所增加，收缩率减到0.2%左右，随后由于泡沫塑料中水和戊烷的减少，模样再次收缩，模样的干燥程度直接影响铸件尺寸的稳定性（是否超差、变形、扭歪。在空气中自然干燥，收缩时间可达30天，EPS模样最终收缩率在0.7%~0.9%，而PMMA、STMMA收缩率要小些）。泡沫塑料模样的干燥过程称为熟化。为稳定模样尺寸，提高生产能力，可将取模后模样在60~70℃下干燥2~8h，干燥时间不同的模样实际尺寸也不完全相同，从而影响尺寸精度。

③ EPS珠粒种类和尺寸的影响。珠粒的相对分子质量和大小将影响模样的收缩率，小珠粒的收缩趋势比大珠粒要大。所以用不同尺寸珠粒EPS制模，也将造成模样收缩率不同，导致尺寸波动，应控制EPS珠粒的大小（对PMMA、STMMA珠粒更要注意控制）。

④ 预发泡珠粒龄期的影响。预发泡珠粒熟化时间称为预发泡珠粒龄期，龄期不同的预发泡珠粒其发泡剂戊烷含量不同，龄期长则戊烷含量少，模样成形时质量就差，但成形后模样收缩率也小。生产中应控制预发泡珠粒龄期，一般应为2~12h，预发泡珠粒龄期控制不严，则模样尺寸波动较大，质量也难以保证。

⑤ 模样密度、制模方法和蒸汽压力的影响。密度较高的模样比密度较低的线收缩率小（但发气量大）；不同制模方法制模熟化后收缩率也不一样；制模时使用较高的蒸汽压力可减少模样熟化的收缩率。

⑥ 黏结的影响。黏结剂的质量、黏结操作工艺、模具的定位都会影响黏结组合后模样的精度和准确性。

总之，模样尺寸除受上述诸多因素影响外，模料（EPS，PMMA，STMMA）本身的性能质量、原材料、生产工艺等均有影响，还有其他影响因素，如场地条件、气候等。

（2）造型对铸件尺寸精度的影响

1）振动造型的影响。要使干砂充满模样各个部位，并达到一定的紧实度，要充分发挥

三维造型机振实的作用（一平面振动与双平面振动会产生不同振实造型效果）；干砂加入速度和加入位置、方法必须与其紧实过程操作相匹配（干砂加入不当，如紧实开始就将全部干砂加入砂箱，肯定会造成模样变形）。应边充填干砂边紧实，以便干砂能很好地充入模样内部型腔，和模样周边紧实后保证各部分均匀，不产生模样变形；干砂的温度也影响模样尺寸，如果生产线上使用干砂经砂处理冷却后的干砂砂温 >50℃，则会引起模样软化变形；要合理选择振动参数，振动造型机有一维振实台、二维振实台、三维振实台，依据铸件的形状而定。如浇注 ZGMn13 衬板垂直组串，则一维垂直方向振动即可，六通之类管件组串必须三维振动，选择振动频率要避免砂箱共振，应在 50Hz 左右，振幅为 0.5 ~ 1.5mm，振动时间在 60s 内，振动加速度乘以振动时间为 30 ~ 50g·s（g 为重力加速度）较合适（不同铸造机械厂生产的振动造型机性能、功效也不一样，选用时要注意），振动过会使模样变形，从而造成铸件变形和精度偏差；采用快速均布雨淋填砂和紧实常能获得较高的生产效率和最小变形。

2) 涂料涂层的影响。涂料性能、涂层厚度影响模样尺寸，从而影响铸件尺寸。涂料层能增强模样的表面强度，提高模样抗冲击性能，从而可防止造型过程中模样变形，使铸件精度提高。因此，模样所用涂料除要有良好的透气性外，还要有足够的强度。涂料选用必须与金属液和干砂性能相匹配，涂料操作工艺要合理等。

3) 浇注工艺影响。浇注系统、浇注温度、浇注工序、浇注速度是生产高质量铸件的关键工艺，经过试产、调整，不断完善浇注工艺才能获得健全和尺寸精确、符合技术要求的铸件。

7. 塌箱及防止

在浇注过程中或凝固过程中铸型一部分或局部塌陷、溃型使铸件不能成形（一团块）或局部多肉，称为塌型或铸型溃散。由于铸型采用无黏结剂的干砂振实造型，浇注过程中往往易发生塌型；在砂箱移动过程中，铸型受到局部破坏，浇注中金属液不能完全置换模样，致使铸件不能成形。大铸件（尤其是大平台）或内腔封闭及半封闭的铸件往往更易发生这一问题。

(1) 产生原因　浇注金属液浮力过大；铸型内气体压力过大；模样有空洞或强度不足；金属液的冲击；砂箱移动时铸型局部破坏等。

1) 金属液产生的浮力过大，会使铸型上部型砂难以维持原来的形状，产生局部溃散、溃塌；铸型顶部吃干砂量小，真空度不够，致使铸件不能成形或成形不良。

金属液充型时上升速度过快、过慢或停顿，使模样与金属液前沿间隙过大，铸型内气压和砂型压力总和叠加大于间隙内气压，造成铸型移动或坍塌，致使铸件成形不良。

2) 浇注时模样分解产生的气体量过多、过急、迅猛，铸型排气速度慢来不及，真空泵吸气又不足，导致铸型溃散、坍塌。

在模样被金属液置换过程中，如模样分解的气体排出困难、滞留，金属液补给不及时，使模样和金属液的间隙加大，或形成空洞。往往在浇注高温金属液，无负压或低负压时容易发生这种缺陷，常出现在厚大简单的铸件中，而复杂铸件中液流是多方向的，反而不易产生此种缺陷。

3) 浇注过程中，部分已流入充填模样位置的金属液受到作用后又改流到其他部位，使原来置换出的位置无金属液或无金属充填占据，导致局部铸型溃散、坍塌，称之为金属液"闪流"造成的塌型。此问题特别容易发生在一型多模样时，再加上浇注系统不合理，金属液进入每个模样后不能连续不断地充型。顶注及铸件存在大平面时也容易发生这种缺陷。

4) 涂料的耐火度、高温强度不够。浇注过程中模样起到了缓冲金属液充型和降温的作用，减弱了金属液对铸型的冲刷作用。当金属液置换模样而充填型腔后，干砂就靠涂料层支撑，如涂层强度不够或耐火度不足，局部铸型即会溃散、坍塌，特别在浇注大铸件，直浇道与铸件距离接近时，金属液流量大，又是过热区，内浇道上方极易发生溃散、坍塌。

(2) 防止措施

1) 防止金属液浮力造成的上部（顶部）铸型溃散、坍塌，增加顶面的吃砂量或在铸型顶部（砂箱上面）放置压铁。

2）选用低密度的模料制造模样，并采取减少发气量的措施。

3）负压浇注下，选用合理真空度，与浇注速度加以配合。

4）选用强度高、耐火度高、透气性好的涂料，配合涂料涂挂工艺。

5）采用较粗的砂粒造型，型砂目数宜单一，以增加铸型的透气性。浇注后的型砂必须进行处理，达到造型要求的目数后才可使用。

6）振实造型工艺参数要合理，以保证铸型各处干砂都均匀紧实。

7）浇注系统设计要合理，直浇道截面面积与内浇道截面面积要适宜，要保证充型速度合理，内浇道不能太小；金属液上升速度平稳合理，避免在充型过程中产生湍流或在局部停留；防止底注时从铸件大平面处进入金属液等。总之，应保证金属液充型流畅，不产生闪流，直浇道不要与铸件靠得太近，必须有一定的长度（视铸件而定）。

8）金属液流冲刷厉害处可使用陶瓷做浇道或局部采用耐火管，或者用自硬水玻璃砂、自硬树脂砂加固，对浇注上部平面大铸件可采用精铸复合壳型。

9）浇注工艺要合理，适当降低浇注温度；适当控制浇注速度；浇注时流股必须连续，切勿停歇、中断。

14.2　典型缺陷分析与防止实例

14.2.1　消失模铸造球墨铸铁管件缺陷分析与防止

1. 铸件缺陷概况

生产的管件主要缺陷有渗漏、变形、炭黑和皱皮、塌箱和浇不足等。消失模铸造管件的模样基本上由三部分组成——承接部分、插口部分、管身部分。插口部分不加工，直接铸造成形，减少了机械加工余量，降低了成本，体现了消失模铸造工艺的优势。插口部分有锥度，便于工程安装，在工程上实际使用效果很好。

某单位有消失模白区车间、涂料分厂、蓝区车间。各个车间都能有效控制产品质量。蓝区车间装备年产5000t管件的生产线，浇注系统采用底注方式，砂箱尺寸合理，工艺出品率与其他厂家相比较高。出厂的管件要进行水压试验，试验压力是管件公称压力的1.5倍，大的管件有渗漏现象发生；变形问题时有发生，泡沫塑料本身强度不高，在外力作用下容易变形；黏砂主要发生在承口槽地方，承口槽很深，槽的底部圆弧很小，是热节的地方，特别容易黏砂；炭黑和皱皮一般在管件的上部或者三通的支管部位，个别管件有塌箱和铁液浇不足现象发生。

2. 产生缺陷的原因

主要有三个原因：

1）操作者没有很好地掌握工艺技术，操作熟练程度不够，人员文化素质不高，接受能力欠缺。

2）没有严格遵守和执行工艺规程，各个环节不能较好地保证工艺参数，到最后问题越来越多，各种问题积攒到一起，就开始乱找原因，找珠粒原因、找浇注系统的原因、找涂料的原因和砂子的原因等。

3）管理的问题。管理的问题是制约企业能否保证产品质量的一个大方面，采用消失模铸造工艺之后，传统的管理方法已经不适应企业新工艺要求。消失模铸造工艺是个系统工程，每个工序都很严谨，只有每道工序都保证质量才能够确保产品质量，一个环节出了问题，产生不合格品的概率就很大。消失模铸造工艺是系统的管理办法，上道工序为下道工序负责，这就要求每道工序责任明确，各司其职，各负其责。比如预发泡和熟化保证供给成形工序是合格的珠粒，预发泡不合格成形工序有权不接受，损失由预发泡岗位负责。要做到既有责任又有权利。还有设备管理和维护要设专人负责，其任务就是保证设备的正常运转，每天检查与修理，提前预防，及时处理设备存在的隐患，保证生产线的正常运转。

3. 缺陷的分析和预防措施

1）对于消失模球墨铸铁管件来说，打压渗漏经常发生在黏结部位，承口与管身模样黏结的地方、插口与管身黏结的地方、管身上半部分与下半部分黏结的地方，主要原因是黏结漏缝，浸涂料之后可能钻到模片黏结部位，再加上铁液质量不高，或者模样燃烧物没有充分排除而造成打压渗漏。这个问题在消失模铸造管件生产厂家是很普遍的，针对这个问题采用的办法是采用热熔胶和纸胶带相组合的方法进行黏结，有的厂家采用白乳胶和报纸，白乳胶的上胶量很多，因为是人工黏结的，热熔胶黏胶量少些，发气量也少一些，因此尽量减少用胶量，目的是减少发气量。纸胶带一定要贴实，不能有没贴实的地方，泡沫塑料模片要干净，不能有灰尘，有灰尘就贴得不实，黏结完热熔胶检查一遍，黏结完纸胶带再检查一遍。

减少泡沫塑料模样残留物的办法：泡沫塑料模样燃烧存在残留物是消失模铸造的特点，减少发气量和残留物，使其全部被真空泵抽掉是最理想的。这样就必须做到模片预发泡珠粒密度合适。在保证模样强度的前提下密度尽量小，预发后泡沫塑料珠粒的数量要少。现在模具很多是制作泡沫塑料包装模具的厂家制作的，存在一个很大的问题是要加料时候模具开缝，一般的都在 5mm 以上，如果壁厚 8mm 的管件加料时开缝 5mm 要加很多泡沫塑料珠粒。浇注系统设置合理，浇注温度合适，浇注方法适当，泡沫塑料模样干燥，模片干燥，这几方面必须做到。浇注系统采用底注的方式，浇注用的直浇道是空心的直浇道，浇注温度比砂型铸造高 80℃ 左右，铁液压头最低 300mm，浇注的时候始终保持铁液封住直浇道，不能让空气进去，保证足够的真空度和抽气量。涂料透气性要高，铁液质量要高，电炉熔化，铁液一定要挡渣。砂子粒度选择要合适，铸铁件选择 30～50 目，要经常加入新砂。除尘设备要正常运转。

2）消失模铸造球墨铸铁件很容易变形，造成变形的主要原因是泡沫塑料模样强度不够，振动的时候变形，以及砂温过高时泡沫塑料模样被烫软。在造型的时候，振动要分步进行，加一层砂振动一次，并且振实台变频可调，采用这样的措施可有效防止变形。对于大管铸件采用树脂砂圆环支撑的办法，既减少了

采用别的办法加固的麻烦，操作方便，又降低了成本，这是一个很实用的办法。放树脂砂的地方与没有放树脂砂的地方相比冷却不好，有轻微黏砂现象，需要进一步改进。比如减少接触面积，树脂砂支撑宽度尽量小一些，起到支撑作用就可以了。

3）黏砂缺陷清理困难，主要发生在承口槽部位和三通支管内侧上部，既费工又费时。特别是管件承口部分的承口槽部位一旦发生严重黏砂，很难清理，甚至导致管件报废。黏砂的主要原因是：振实不实和涂料没有烘干；涂料质量不过关，透气性和耐火度不高；涂料开裂；涂料涂挂不实。

三通支管黏砂主要是振实，可以采用好的振实台或者人工塞砂的办法来解决。承口槽部位因为承口槽很深很窄，小的管件可以塞满涂料来防止黏砂。大的管件可采用涂刷和淋涂相结合的办法，先用刷子刷一遍承口槽，之后再进行全部泡沫塑料模样的淋涂，承口槽部位刷涂料受到刷子外力作用，上的涂料很实，没有悬空。淋涂的方法，有时会造成承口槽上的涂料不实。因为涂料是有黏性的，表面张力的作用造成涂料不实。涂料的厚薄要合适，主要靠涂料的混制质量来保证，淋涂能保证涂料层的厚度。涂料太厚烘干时容易产生裂缝。涂料烘干温度不能过高，过高也容易开裂，不过开裂的地方大部分是有圆弧的地方，可二次回补涂料，再烘干就完全达到要求了。上好涂料的泡沫塑料模样没来得及浇注的要返回烘干室，特别是南方地区，空气湿度大，涂料容易潮解。

4）皱皮是消失模铸造工艺的主要缺陷，除了发气量大，模片和涂料不干、浇注系统不合理、铁液温度不高等原因外，砂子的透气性和真空度也很重要。特别是要重视真空泵的抽气量，只注重真空度是不够的，还要注意抽气量和真空管路系统的配置，这样考虑问题才更全面。

14.2.2　采用耐火材料空心管克服白斑白点及夹砂缺陷

消失模铸造生产中不论是浇注铸钢件还是铸铁件，当铸件质量超过 500kg 以上，同时采

用底注时，一箱组串模样所需金属液都必须经过浇口杯、直浇道、横浇道、内浇道进入铸型，往往在浇口杯下直浇道上端、直浇道和横浇道连接转弯处最易出现黏砂。究其原因，此二处是高度热集中区，且在浇注过程中不断受到高温金属液的热击、冲刷，致使该处涂料软化造成黏砂，引发白斑（点），型砂进入铸件，使铸件报废。采用耐火材料空心直浇道、浇口杯、横浇道连接三通、五通等空心管，体现出其优点。

1. 采用耐火材料空心管的优势

1）保持浇注温度，提高了金属液进入铸型的温度。直浇道用泡沫塑料制作，其汽化、裂化、液化需要大量热量，从而降低了浇入金属液流股的温度，对模样汽化、裂化、液化不利。为了满足铸型对金属液温度（热量）要求，要提高浇注温度才能补充其需要的热量，过高的浇注温度不但影响铸件的结晶基体性能，同时带来工艺上的问题，比如要提高涂料的耐火度等。采用耐火材料空心管（直浇道），其保温性能好，减少了金属液向干砂传热，相对地提高或保持了浇注温度，使金属液快速平稳充型。

2）避免反喷。除了大型铸件外，对组串、组模的中小铸件，当经直浇道金属液量比较多，也就是泡沫塑料的量比较多，即直径（截面面积）较大、砂箱较高（直浇道较长）时，模料用EPS、STMMA（PMMA），尤其是后者，在一定温度区间内，发气量大，往往引发反喷，造成事故。采用耐火材料空心管，浇注初始没有了泡沫塑料浇道，解决了反喷以及带来的喷砂、冲砂等问题。

3）可杜绝掉砂。采用耐火材料空心管，浇口杯下直浇道上端、直浇道与横浇道连接处没有模样，空心管的耐火度高不会引发掉砂、落砂、冲砂而出现白斑（点）所意味的干砂进入铸件。

4）可消除铸件黑点。空心管直浇道取代了模样直浇道，泡沫塑料总量减少，可使EPS或PMMA直浇道汽化、裂化，并使EPS液化的热量减少。模样有充分热量汽化、裂化、液化而逸出涂料层外，避免了剩余的碳化物残留在铸件内而成"黑点"甚至积炭、皱皮。

5）防止夹砂。如果再在空心管直浇道中嵌入耐火陶瓷过滤网，将金属液浇入直浇道后的渣、杂质过滤，堵在铸型外，从而防止夹砂、夹杂。

6）有利补缩。铸型内金属液温度相对地提高，有充分时间进行凝固、补缩。同时，利用浇注系统，根据合金凝固特征，热场均匀布置，利于均衡化凝固。

7）减少不合格品，提高经济效益。采用了空心浇道以后，克服了消失模积炭、皱皮（尤其是球墨铸铁件）、白点、白斑、夹砂、夹杂等缺陷，减少了不合格品，一般耐火陶瓷空心管一支只要几元价格不贵，效果不错。

8）空心管供应的灵活性。一般耐火材料生产厂家，有现成的常备产品供选择，也可以根据消失模铸造厂家对铸件浇注系统的设计而订制，比如圆形、方形、异形的直浇道；浇口杯下端配合紧密的圆形、方形、异形无缝接口。一般常用直浇道、横浇道、内浇道均以方形、长方形为主，便于泡沫塑料板材的切割。

2. 种类和黏结

1）种类。漏斗形的浇口杯与直浇道为一整体，大小、长度由铸件的浇注系统工艺而定，以订制为多。

2）黏结（装配）。

① 插入（嵌入）。将漏斗形空心管下端插入横浇道内，横浇道挖去1/3高度，将其放置在横浇道圆坑内，最好斗端底面和插入外壁涂上黏结剂，使二者成为一体。

② 套入。外购内径恰为泡沫塑料模样直浇道外径（可略大一些，泡沫塑料模样可压缩）的浇口杯空心管，将空心管一端套入模样直浇道一端（套入段无涂料）。

③ 黏结。空心管、模样直浇道两端均为平面，但两端外廓尺寸应一样大小，将空心管外壁、内壁间的环面和直浇道截面用黏结剂粘牢，包玻璃布，用胶带纸缠绕牢紧即可。

④ 黏结加耐火泥条。浇口杯与空心管不组成整体，两端均为平口，将直浇道露出砂箱顶面3～5mm，砂箱盖上塑料膜后，周围放一圈耐火泥条，上面放浇口杯并在接缝处用耐火泥

条合接（如合箱封条泥），也可将浇口杯底面和直浇道空心管顶面用黏结剂粘牢，外圈用耐火泥浆刷封。

⑤ 其他黏结。可视浇口杯空心管和直浇道的大小形状，空心还是实心泡塑直浇道等，按上述方法变通而定。

14.2.3　铸铁件铁液不当产生的缺陷与防止

对于消失模铸造来说，由于模样汽化要消耗铁液热量，要求提高铁液浇注温度，为此必须对铁液熔炼进行适当调整，以便得到与砂型浇注一样或更优的铸件组织。

1. 提高浇注温度

铁液浇入型腔后，首先要使带有浇注系统的模样汽化、分解、裂解，为此浇注温度一般比砂型铸造高 30 ~ 50℃，对薄壁球墨铸铁件甚至提高 80℃。球墨铸铁浇注温度为 1380 ~ 1480℃，灰铸铁为 1360 ~ 1420℃，合金铸铁（Cr 系白口铸铁）为 1380 ~ 1450℃。

提高浇注温度增加的热量应恰好使模样汽化、分解、裂解之后，铁液温度降低到砂型铸造的浇注温度，这样才能保证获得合格铸件。因此在实际生产过程中，必须依据本单位工艺、设备等条件找出适合的浇注温度。

（1）浇注温度过高容易引起的缺陷

1）黏砂。过高的铁液温度易引起化学黏砂和机械黏砂。

① 化学黏砂。砂型中干砂含有细小砂粒、灰尘，尤其是硅砂，极易与铁液起物化、矿化反应而产生化学黏砂，极难清理。

② 机械黏砂。过高的铁液温度造成模样涂层脱落、开裂、软化破裂，铁液通过破裂、隙缝、裂纹渗入，加上浇注速度又快，铁液渗入的温度越高，黏砂程度也越严重。最易发生机械黏砂的部位是铸件底部或侧面、热节区、型砂不易紧实的地方（特别是转角处）、组串铸件浇注系统连接处。

2）反喷。EPS 或 STMMA 模样浇注时，在过高的浇注温度的作用下，产生激烈的热解相反应。

3）气孔。模样吸收铁液热量后分解、裂解，产生大量气体，浇注温度过高又急剧地产生气体，其气体分散扩展进入型腔、砂型，不能及时排出就会进入铁液，从而产生气孔。此类气孔大而多（丛生）且伴有炭黑。

浇注球墨铸铁，采用 STMMA 或 PMMA 模样，其发气量比 EPS 更大、更多、更集中，一段时间内甚为激烈，更要注意及时排气。一般通过调整真空泵吸气量速度，控制铁液流股和速度来解决。

模样分解产生的气体量多、迅速，铸型排气速度跟不上，真空泵吸气量、速度又不足，气体冲击铸型，导致铸型溃散、坍塌，造成铸件不合格。

4）浇注温度过高，还能引发消失模铸造的其他缺陷，例如节瘤、缩孔、缩松、热节处气渣洞孔等。

（2）浇注温度过低引起的缺陷

1）皱皮（积炭）。浇注温度太低，热量不足，模样不能完全分解、裂解，或热解不彻底，气相产物减少，液相、固相产物增多更利于皱皮（积炭）的出现。薄壁球墨铸铁件更容易产生皱皮、积炭、炭黑。

2）冷隔（对火）、重皮、浇不到。模样被加热分解，要吸收大量热量。过低的浇注温度提供的热量不足以分解模样，故要从铁液中吸收热量。若使铁液降温过多（往往出现在铸件壁厚处），产生的气体阻止铁液充型，从而又降低铁液的流动性，故引起冷隔、重皮、浇不到现象。

当铁液流股分两股充满铸型在顶部会合时，铁液的温度已降到较低而不能熔合。铸件较薄，浇注温度更低时，极易出现冷隔。

浇注温度较低时，靠近铸型表面先形成薄铁壳（膜），而后续铁液充型后，又没有足够热量熔化此壳（膜）就出现了重皮缺陷。

2. 铁液的调整

尽管不同种类的干砂比热容有差异，但铸型的冷却速度均比砂型铸造要慢。对灰铸铁而言，出现白口倾向性较小；对球墨铸铁而言，干砂刚度不及金属型（或覆膜砂金属型）；浇注 Cr 系白口铸铁时，铸铁表面不及金属型浇注所形成的铸件硬壳耐磨，因此要调整铁液或采取相应措施。

消失模铸造因要提高浇注温度，一般均采用感应炉或冲天炉-感应炉双联熔炼。

1）灰铸铁。以韧性要求为主的灰铸铁件，铁液加 FeSi75 进行孕育处理，或加微量 Nb、Ni、Cu 进行微合金化。

以刚度、强度力学性能要求为主时，应降低碳含量，提高珠光体量。Cr、Mo 微合金化可以促进珠光体量增加。

2）球墨铸铁。用感应炉熔炼球墨铸铁，提高了铁液温度，必须采用适合感应炉熔炼的原辅材料和孕育剂、球化剂等。

3）Cr 系耐磨铸铁。由于消失模铸造冷却速度慢，宜用重稀土 Y 对 Cr 系白口铸铁的组织及性能进行变质细化；加 Mo-Cu、Cr-Ni、V-Ti 微合金化可改善基体组织及性能；如果耐磨

性不足，通过加 Cr、V、Ti、W 等调整基体碳化物的大小、形状、分布来解决。

3. 总结

采用消失模铸造铸铁件，应适当提高浇注温度，避免产生铸造缺陷。相对于砂型铸造，消失模铸造冷却速度较慢，因而必须采取相应措施对铁液进行调整。

14.2.4 铸铁件焦化炉炉门框消失模铸造或实型铸造变形与防止

（1）炉门框的参数 材料为 HT200，外形尺寸为 4900mm×770mm×300mm，门框最大尺寸为 98mm × 178mm × 770mm，每件质量为 1360kg，炉门框结构简图如图 14-1 所示。

（2）炉门框铸造工艺（见图 14-2）

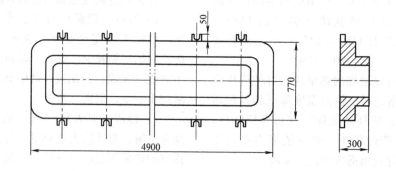

图 14-1 炉门框结构简图

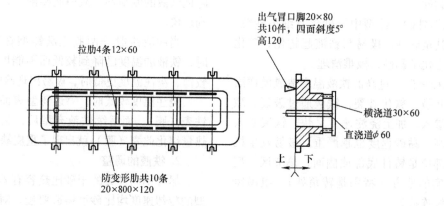

图 14-2 炉门框铸造工艺

1）长度方向缩尺 1.05%，其他方向 1.0%。

2）上平面和侧平面加工余量为 8～10mm，

下平面加工余量为 6mm。

3）炉门框中空区间设立拉肋四条，尺寸

为 12mm×60mm，间距为 800mm。

4）窗口边框设立防变形肋（见图 14-3）

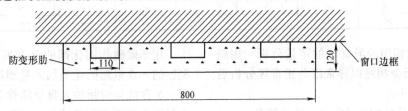

图 14-3 窗口边框防变形肋

5）浇道为底注反向上浇注，横浇道反压在端头的防变形肋上。

① 直浇道尺寸为 ϕ60mm × 650mm（空心），横浇道尺寸为 30mm×60mm×700mm。

② 出气冒口为楔形，四面斜度均为 5°。

（3）模样

1）采用 302#EPS 珠粒发泡模样，密度为 20kg/m³。

2）发泡成形铝模。

① 两端匚形，一模发 2 件模样。

② 中间直条门框分 5 段黏结，一模发 3 件模样。

③ 耳朵单独粘在门框直边上。一模发 5 件模样。

3）铝模应注意以下两点：

10 条，尺寸为 20mm×800mm×120mm，每边 5 条。形状为锯齿状。

① 进料口中的柱塞不能用铁质材料，要用铝材以防止锈蚀。

② 通气塞不要用铝材，要用铜材。铝气塞容易堵塞。

4）组装模样。

① 在长平台上先制一件简单胎模。

② 将发泡好的各段模样顺胎膜排列成形，用白乳胶黏结，接缝处用报纸或黏胶纸将接缝缝隙贴平整，黏结好各条肋。

③ 用软笔蘸水基涂料涂两遍，涂层厚而光滑，在太阳下晒干后，再刷一遍涂料晒干。

④ 将横浇道粘到防变形肋上，直浇道在浇注前黏结。

（4）铸件缺陷 铸件缺陷与改进措施见表 14-1。

表 14-1 铸件缺陷与改进措施

序号	缺陷类型	原始工艺	改进措施
1	翘曲：两端翘起高度 10～15mm	门框中空区加 4 条拉肋。浇道从拉肋上进铁液	保留拉肋，加防变形肋，浇道从一端单面进铁液，采用 ϕ60mm 空心直浇道，快浇
2	长度方向 4900mm 尺寸超差，缩尺不准	EPS 珠粒不分型号发泡密度 16～20kg/m³ 不等，缩尺为 1.2%～1.5%	取消 501 珠粒，只用 302 珠粒，密度为 20kg/m³，模样尺寸为 4960mm×776mm，缩尺为 1.05%

14.2.5 呋喃树脂砂实型铸造球墨铸铁件表层球化衰退与防止

冷硬呋喃树脂砂因其具有良好的特性，被铸造业广泛使用，但由于这种型砂的一些负面因素，对球墨铸铁件质量产生影响。对主轴承盖进行剖切后清晰地看到：沿轮廓边沿的表层与内部有一条明显的色差界限，金相分析发现深色部分为石墨形态变异层。为何球化合格的铁液进入铸型内后球形石墨又衰退成片状石墨？衰退层有多厚？

1. 表层球化衰退定性、定量分析

对主轴承盖异常金相组织进行定向及定量分析。

（1）金相组织异常区的定性分析 用荧光 X 射线对金相组织正常区与异常区定性分析比较见表 14-2，在金相组织异常区检出大量的影响球化的元素。

表 14-2　金相组织正常区与异常区定性分析比较

位置	S	P	C	Si	Mg	Ca	O	N
正常区	一般	—	—	—	—	—	—	—
异常区	多	多	多	一般	—	—	—	—

（2）金相组织异常区的定量分析　用碳硫分析仪进行金相组织异常区与正常区分析后的结果见表 14-3。

1）影响球化的 S 异常多，MgS 较多。

2）开花状石墨区分析结果，碳含量偏高。从分析结果可以看出，S 是使石墨蜕变的主要因素。用苯磺酸作固化剂的呋喃树脂砂，型砂中 S 来源于固化剂中的对甲苯磺酸。对涂料、球化剂进行荧光 X 射线分析，排除了这几种材料含有影响球化因素的可能。再生砂做氮含量以及灼烧减量的测定，其结果见表 14-4。

表 14-3　正常区与异常区定量分析结果比较

（质量分数，%）

位置	S	P	C	Mg
正常区	0.013	0.021	3.6	0.041
异常区	0.037	0.021	5.1	0.059

表 14-4　树脂砂分析结果

指标	灼烧减量 （质量分数，%）	氮（质量分数， 10^{-4}%）	粒度分布/AFS
控制值	1.0~2.6	300~600	30~46
总厂	1.59	510.25	42.91
一分厂	3.79	1.257	35.1

2. 球化衰退原因分析

除硫含量高之外，型砂中的灼烧减量高、氮含量异常高也是引起球化衰退的原因。测定了不同的型砂铸造的主轴承盖的球化衰退层的厚度：

1）新砂 10% + 再生砂；树脂与固化剂配比（质量分数）：树脂 [$w(N) = 28\%$] 0.97% + 固化剂 0.52%（树脂的 54%）；衰退层厚度为 8~10mm。

2）新砂（AFS45）100%；树脂与固化剂配比（质量分数）：树脂 [$w(N) = 2.8\%$] 1.2% + 固化剂 0.65%（树脂的 54%）；衰退层厚度为 2mm（读数显微镜测定）。

不难理解铸型中所含的 S 由于熔化热而汽化进入铸型内消耗残留 Mg，而使球化的石墨蜕变成片状石墨。

用苯磺酸作固化剂的含 N 呋喃树脂砂中，型砂的 S 含量随固化剂加入量而增加，灼烧减量、N 含量与树脂加入量呈线性关系；树脂加入量则与砂型终强度指标、树脂比强度、原砂质量以及砂中含尘量等有直接关系。所用型砂的灼烧减量（质量分数）为：灼烧减量 3.79% + 树脂 0.97% + 固化剂 0.52%（树脂的 54%）= 5.28%。型砂（包括部分回用砂）经过再生，其灼烧减量又回复到 3.7% 左右。

通过换算，当灼烧减量在 3.79% 时，砂中 $w(S)$ 约为 0.31%。从以上分析中可以看出：型砂的灼烧减量与 S、N 也成正比关系。那么，如何控制树脂砂中的 S、N 含量呢？树脂砂中 S 来源于固化剂中的对甲苯磺酸，N 来源于呋喃树脂中的尿素。固化剂中的 S 在砂中聚集很难用机械再生法去除。因而减少型砂中 S、N 含量，控制源头是最有效的办法。

灼烧减量与再生设备有直接关系。国外有些厂家把再生砂的灼烧减量控制在 1%~2.5%。从减少 S、N 以及灼烧减量入手，选择固化剂的总酸度、树脂中的 N 含量，以及增加新砂加入量，以期减少型砂的灼烧减量，并重新铸造主轴承盖，衰退层厚度从 2mm 降为 0.3mm。

14.2.6　呋喃树脂砂实型铸造铸件产生气孔与防止

气孔在铸件内部、表面或近于表面处有大小不等的光滑孔眼，形状有圆的、长的及不规则的，有单个的，也有聚集片的，颜色为白色或带一层暗色，有时覆有一层氧化皮。目前，常用呋喃树脂铸造灰铸铁、球墨铸铁、合金铸铁、碳钢及低合金钢，从铸件的气孔来看，有侵入气孔、卷裹入气孔、析出性气孔、反应性气孔（内生式和外生式）等。

1. 侵入气孔及防止

气孔的来源：呋喃树脂黏结剂和固化剂分解，浇注系统型腔内气体（空气、水汽等），涂料、铸型中发气物，有机物受高温而汽化等。

树脂因其氮、水分、有机物含量多少及固化剂种类、用量不同，其发气量的多少也不同，在 1050℃ 左右发气进出，短时间内 N_2、H_2、O_2、C_mH_n 等气体在砂型、砂芯中的压力增大而侵入金属液，形成侵入性气孔。针对这一情况，一方面要设法阻止气体侵入金属液，另一方面要设法让已侵入的气体排出、逸出。防止措施：

1）减少树脂和固化剂加入量，选用发气量小的树脂，控制其他强化剂（如硅烷）等加入量。

2）控制涂料的含水量。砂型、砂芯充分干燥后，再刷涂料，最好合箱前用喷灯（枪）烘烤去潮气。

3）旧砂再生去除型砂中的尘埃、微粉，以免阻碍通气，注意铸型及砂芯的出气孔和出气通道设置，保证使浇注时产生的气体顺利排出，砂箱四壁要有出气孔。

4）浇注系统和浇注工艺有利于排气或抑制外来气体侵入。

① 加快铸型内金属液面上升速度，使型腔中的气体压力增大，有助于抑制界面外气体的侵入；同时也会因型腔内的气体来不及逸出，导致铸件顶部产生浇不足的缺陷。

树脂砂型的浇注系统计算经验公式：

$$A_内 = KG \qquad (14-1)$$

式中　$A_内$——内浇道总截面面积（cm^2）；

　　　K——系数，取 $0.75 \sim 0.8$；

　　　G——金属液总质量（kg）。

浇注时间计算经验公式：

$$t = SG \qquad (14-2)$$

式中　t——浇注时间（s）；

　　　S——系数，取 $1 \sim 1.2$；

　　　G——金属液总质量（kg）。

一般树脂砂浇注系统内浇道总截面面积要比黏土砂造型的大 $20\% \sim 30\%$，才能抑制或排除树脂产生的气体，不致使铸件出现侵入性气孔。

② 便于排气。浇注系统的加大和浇注时间的控制，应考虑金属液的特性，浇注系统对型

腔内的金属液流动必须便于气体逸出，在最高处设置集渣包、出气冒口或冒口。

比如，长条状机床床身、圆桶体等应采用反雨淋式自下向上充填，以便于金属液型腔上面气体向上顶面逸出或排除；平板类应平做斜浇。

③ 使已经侵入型腔内金属液的气体尽快形成气泡，从金属液中排出。

金属液中气泡上升的速度：

$$v = \frac{2}{9} gr^2 (\rho_m \rho_b) / \eta \qquad (14-3)$$

式中　v——金属液中气泡上升速度；

　　　r——气泡尺寸；

ρ_m、ρ_b——金属液和气体的密度；

　　　η——金属液的黏度。

从式（14-3）中可以看出，黏度越大，气泡上升速度越慢；气泡直径越大，气泡上升速度越快；金属液的表面张力越小，气泡上升速度越快。这些均与金属液的温度有关，提高浇注温度，利于已侵入金属液内部气体析出。

④ 在铸件前端、顶端设置溢流冒口或集渣包，使其能容纳混有气泡、夹杂物、渣滓的冷金属液，将其汇集纳入溢流冒口，其主要作用是将混有气泡、夹杂物、渣滓的冷金属液排除于铸件之外。

2. 卷裹入气孔及防止

浇注时，浇注系统中的金属液流卷裹带气泡，气泡随金属液流进入型腔，或金属液流冲刷型腔内产生湍流、条流、涡流，将气泡卷带入金属流股中。当气泡不能从型腔金属液中排除时，就会使铸件产生气孔，称为卷入卷裹气孔。防止措施：

1）金属液从上而下将空气卷入，导致起泡并四处飞溅，就会引发卷入性气孔或铁豆与气孔并存，改为底注或阶梯浇注，使金属液进入型腔平稳有序。

2）浇口杯形状不当，浇注时也会卷入空气。改用扁椭圆形浇口杯，不致使金属液产生环流而卷进空气，金属液平稳流动进入直浇道。

3）内浇道的截面面积的大小、分布、数量，不应使金属液在型腔内急转弯，以免阻力

加大而流速降低，前面碰到型壁掉头反流，后面金属液又至，引发湍流、涡流而卷入气泡。同时，在型腔内金属液容易产生"死角"或"涡流"的部位，应设内浇道或过道，使金属液面在型腔中平稳上升或流动。

4）浇注方式：金属液浇注慢－快－慢，流股细－粗－细，切忌金属液流股中断、时细时粗或时快时慢，导致波浪式浇注而卷入气体。

3. 析出性气孔

以原子态溶解于金属液中的氢、氮、氧等气体元素，金属液在冷却凝固时气体的溶解度下降而析出气体形成气孔。析出性气孔特性如下：

1）尺寸比较小，圆球形，在铸件断面上呈大面积分布或均布。

2）同一炉浇注的铸件大部分都有气孔。

3）冒口下面有气孔，尤其冒口颈偏小，凝固早更易出现气孔。

4）铸型浇满后，金属液上涨，鼓泡。

5）易成皮下蜂窝气孔或皮下针孔。

析出性气孔形成过程：金属液浇入铸型后，氢、氮、氧等气体的溶解度随着温度下降而减少，当其由液态转变成固态时，在铸件内很容易产生析出性气孔。

防止和消除析出性气孔的措施：控制金属液中的含气量，熔炼金属时，要尽量减少溶入金属液中的气体元素，这主要取决于所用的原辅材料、熔炼操作和熔炼设备。

① 要求炉料干燥、干净。金属液中溶解的氢气主要来自水汽，携入炉中的水分变成水汽，在1000℃或高温下活泼金属的作用离解出氢原子而使金属液含氢量增加。

② 各种油脂都是碳氢化合物，铁锈是不同水化程度的氧化铁的混合物。在高温金属液作用下各种油脂释放出氢，铁锈分解出水汽。

③ 铸铁、铸钢及其他合金的熔炼操作在大气条件下进行，炉气的含气量深受大气环境的影响，如下雨天、雨雪天、梅雨天、湿度大、潮气足，金属液溶入的气体量增大，应减少熔炼时吸气的情况。

4. 反应性气孔

（1）内生式反应性气孔 金属液凝固时，金属本身化学元素和溶解于金属液的化合物，或化合物之间发生化学反应产生气体，形成气泡而出现气孔。这是由于金属液本身的原因产生气孔，所以是内生式反应气孔。

金属液中氧含量比较高（钢液脱氧不良，铁液氧化过甚），形成 CO 反应性内生式气孔：

$$[C] + [O] \rightarrow CO \qquad (14-4)$$

CO 气体不溶于金属液，易在固液界面上的枝晶间的凹坑或沟槽处形成 CO 初始气泡。周围金属液中溶解的氢气、氮气会扩散渗入 CO 气泡中，不断扩大，难以上浮排出。随着凝固液界面向铸件中心推进，同时 CO 气泡不断地产生新的成簇的 CO 气泡，而导致这种气泡形成的弥散性气体。

金属液中 FeO（Fe_3O_4、Fe_2O_3）过量时，则发生反应：

$$[FeO] + [C] \rightarrow [Fe] + CO \qquad (14-5)$$

钢液中脱氧不净，冲天炉铁液氧化过甚，原料铁锈未除净，或低 Si、C 的白口铸铁，也易出现这类内生式反应气孔。防止措施：

1）防止铸钢产生内生式反应气体的措施是在熔炼时，钢液要脱氧完全。不论是三相电弧炉还是中频感应炉熔炼，都可以加入硅铁、锰铁及硅钙等脱氧剂，以降低钢液中的溶解氧量。用铝终脱氧，以将钢液中的溶解氧降到最低。此时钢液最容易吸氢或水汽，因此在钢液出炉一直到浇注入铸型都要防止钢液吸氢或水分，采取相应浇注工艺加以防止。

2）冲天炉熔炼必须要控制炉料质量，防止使用劣质生铁（含有大量气体），回炉料、废钢、废铁等炉料必须保质、干净。熔炼工艺必须匹配合理，切忌风量与生产能力不相配。风量、风压、进风角度不当都会使熔化铁液氧化吸气量增加，必须严格遵守熔炼操作工艺，以获得优质铁液。

（2）外生式反应性气孔 金属液与砂型、涂料、砂芯、冷铁、渣滓、氧化膜和呋喃树脂黏结剂的碳、氢、氮、氧、硫、磷等发生反应，生成气体，形成气泡而产生外生式反应性气孔。

1）皮下气孔的产生及防止。钢液进入型腔后，型腔内含水分过高，水汽是氧化性气体。发生反应：

$$Fe + H_2O \rightarrow FeO + 2H_2 \uparrow \quad (14-6)$$

除部分聚合氢分子透出铸件之外，大部分氢原子留在铸件表面下，形成皮下气孔。

对于灰铸铁和球墨铸铁来说，金属液浇入型腔后，界面上的水与铁液中的铁、铝镁反应产生氢：

$$2Al + 3H_2O \rightarrow Al_2O_3 + 6H \uparrow \quad (14-7)$$

$$Mg + H_2O \rightarrow MgO + 2H \uparrow \quad (14-8)$$

产生的氢使铁液界面氢气富集，凝固时，以氢气泡形成的呈球形或泪滴形，也可视为外生性反应式气孔，为氢析出性气孔类型的皮下气孔。这类皮下气孔是流行性的，与当时当地的潮气、霉天、雨雪冰冻有着密切的关系。

对于球墨铸铁铸型来说，砂芯中硫的含量也是产生皮下气孔的有害元素，$w(S) > 0.094\%$ 就易产生皮下气孔：

$$MgS + H_2O \rightarrow MgO + H_2S \quad (14-9)$$

H_2S 气体不仅产生皮下气孔，同时不利于石墨球化，易出现片状石墨。

铸铁中加入 RE 合金、锑（Te）、铋（Bi），除脱硫、脱氧、聚渣外，还有利于防止皮下气孔。

球墨铸铁铸型表面抖覆冰晶石（氟铝酸钠 Na_3AlF_6，熔点 994℃）粉、氟化钠（NaF，熔点 995℃，有毒）粉可明显减少球墨铸铁皮下气孔。

$$Na_3AlF_6 \rightarrow 3NaF + AlF_3 \uparrow \quad (14-10)$$

AlF_3 气体能保护铁液层不同界面水汽发生反应，铁液不能吸氢气，从而有效地减少球墨铸铁皮下气孔。

2）氢氮混合皮下气孔。当呋喃树脂中氮含量大于 6%（质量分数）时，铸件就极易产生氢氮皮下气孔，主要是尿素 $[CO(NH_2)_2]$ 和催化剂六亚甲基四胺 $[(CH_2)_6N_4]$。当金属液浇入铸型后，呋喃树脂黏结剂分解出 NH_3，NH_3 极不稳定又分解出 N、H，金属液表层下富集 N、H，形成 H_2、N_2 气泡而产生皮下气泡。

防止措施：配制呋喃树脂砂时，钢液原始氮含量较高，应选用低氮树脂。灰铸铁、球墨铸铁可选用含氮3%~6%（质量分数）的低中氮树脂，厚壁大铸件，砂芯复杂、旧砂再生时，氮含量应取低限。对于铸钢件、铸铁件，应选用低氮、中氮的呋喃树脂作为黏结剂。这是防止铸件产生氢氮混合皮下气孔的最关键措施。不溶氮的铝合金、铜合金铸件则可采用高氮树脂，如氮含量可达13.00%~14.00%（质量分数）的呋喃树脂，因其价廉，自硬强度也较低，适用于有色合金的砂芯（型）。

用电弧炉炼钢，当 N_2 含量为 $(60~100) \times 10^{-4}\%$（质量分数），$H_2$ 含量为 $(1~2) \times 10^{-4}\%$（质量分数），呋喃树脂作黏结剂时，极易产生 N_2、H_2 皮下气孔，可采用钛对钢液进行终脱氧，发生反应：

$$Ti + FeO \rightarrow TiO + Fe \quad (14-11)$$

形成的 TiN 起固定 N_2 的作用，不易产生氢氮皮下气孔，终脱氧加入 Ti 量为 0.5kg/t [钢液中 N_2 含量为 $52 \times 10^{-4}\%$（质量分数）]，1.0 kg/t [钢液中 N_2 含量为 $200 \times 10^{-4}\%$（质量分数）]，对抑制氮皮下气孔获得明显效果。

3）渣滓皮下气孔生成及防止。金属液中的渣滓进入型腔之中，析出在铸件表面，与金属液或涂料、附加物中的化学元素发生反应，产生气体，形成气泡，结果在铸件表皮下或敞开处包容着渣滓的成簇的气孔为渣滓皮下气孔、火渣气孔。

金属液置入浇包中无覆盖剂，表面上发生二次氧化，形成低熔点、流动性好的液态渣，是 SiO_2-MnO-FeO 三元共晶成分熔体，熔点为1170℃，其中 FeO 和碳产生反应：

$$(FeO) + [C] \rightarrow Fe + CO \uparrow \quad (14-12)$$

产生 CO 气体与液态渣混在一起，凝固后铸件就出现渣气孔。

$$Mn + FeS \rightleftharpoons MnS + Fe \quad (14-13)$$

当反应生成 MnS 的量较多时，MnS-SiO_2-MnO 共晶渣（熔点1060℃）流动性更好。

防止措施：

① 浇包修搪必须干净，不能用附着厚渣的浇包，防止添渣。浇包置入金属液后，表面务必加覆盖剂，以防止产生二次氧化（FeO 的出现）。

② 铁液中的 Mn、S 含量与浇注温度（浇

注工艺）要匹配，使其中 Mn 不与 S 反应产生 MnS 而生成低熔点三元渣。

4）呋喃树脂热解产生热皮下气孔。金属液浇入型腔后，型壁受热，致使呋喃树脂分解产生原子态的 N、H，量多分压力高，N、H 混入铸件表面，凝固后即产生热皮下气孔（H、N 混合皮下气孔）。

防止措施：呋喃树脂黏结剂铸型对浇注温度很敏感，低于 1350℃ 不会出现热皮下气孔，型腔各部分受热程度不同也会在热区产生热皮下气孔，所以浇注系统应将金属液分散引入型腔，使其热场均匀，缩短充型金属液流动距离，不使型腔局部受热过剧而导致呋喃树脂分解。

呋喃树脂黏结剂有其优点，也有其易分解产生气体使铸件出现气孔的缺点，只要正确掌握它的特性，加以适当措施就可以避免和防止。

14.2.7　树脂砂实型铸造铸钢件热裂产生的原因与防止

树脂自硬砂是指常温下黏结剂由于固化剂的作用发生化学反应而固化的型（芯）砂。用树脂砂生产薄壁、形状复杂的铸钢件时，自硬树脂型（芯）在金属液热作用下形成一层坚固的结焦残炭层，阻碍铸件收缩，容易引起热裂纹缺陷。下面对树脂砂铸钢件热裂主要原因进行分析，提出树脂砂铸钢件热裂防止技术措施。

1. 树脂砂铸钢件热裂主要原因

1）树脂砂流动性好，易紧实；树脂加入量少，砂粒上包覆黏结剂薄膜。这样砂粒受热膨胀，砂芯、砂型的热膨胀系数会比水玻璃砂芯（型）高。

2）树脂砂受热后，在还原性气氛下树脂炭化结焦形成坚硬的焦炭骨架，能提供砂芯热强度（如 1000℃ 时树脂砂的抗压强度是水玻璃砂的 5~10 倍），严重阻碍了砂芯（型）退让。呋喃树脂中糠醇的含量越高（氮含量越低），铸件的热裂倾向越大，因为糠醇提高了树脂的热解温度，降低了树脂的热解速度，从而降低了砂型和砂芯的溃散性，使砂型或砂芯更加阻碍铸件收缩，造成铸件热裂倾向加大。由于铸

钢凝固时液-固两相区的区间较宽，因此呋喃树脂铸钢时更易产生热裂缺陷，尤其是框架结构。

3）用呋喃树脂时，采用对甲苯磺酸作催化剂会增硫，从而加大热裂倾向性。

高温金属液凝固时产生的收缩受到砂芯（型）较大的阻力，使铸件产生应力和变形，而铸件表面增硫，又降低了抗热裂的能力。当应力或变形超过铸件在该温度下的强度极限或变形能力时，就会形成热裂。

2. 防止树脂砂铸钢件热裂的技术措施

为使树脂砂尤其是呋喃树脂砂避免或减少热裂，可采取技术措施如下：

（1）铸件结构改进技术措施　铸件的形状与尺寸是由设计者决定的，生产者无法改变。但是，对于圆角的大小、壁厚过渡处的处理等，可以与有关设计部门协商，按照铸造生产要求进行适当修改。

（2）造型材料方面

1）降低树脂加入量，或对树脂改性，使树脂具有热塑性，让呋喃树脂在高温时不结焦或少结焦，从而保证具有良好的高温容让性。

2）在呋喃树脂中加入附加物，使树脂砂具有热塑性；或者在收缩受阻最严重处，加入木粉、泡沫珠粒；或者在铸型中相应部位放置塑性好的退让块，提高其高温退让性。

3）使用热膨胀系数较小的造型材料，如用铬铁矿砂等代替硅砂等。

4）减薄砂芯（型）的砂层厚度，如采用中空砂芯。例如：某类阀门铸件，仅仅通过减薄型芯砂厚度、改变芯骨的连接方法，就消除了铸件的热裂缺陷。

5）在易产生裂纹的地方合理使用冷铁或者其他激冷措施。

6）采用能有效减少渗硫的涂料。

（3）铸造工艺措施

1）在满足铸件的充填性要求时，尽量降低钢液的浇注温度。对 $w(C)=0.18\%$ 的碳钢，在 1550℃ 时浇注比 1600℃ 时浇注抗裂能力几乎高一倍。

2）对于薄壁铸件宜采用较高的浇注速度。如对某铸钢件，质量为 125 kg，壁厚为 15mm，

浇注时间为 14s 时不出现热裂，延长至 40s 就观察到裂纹。

3）在铸件易发生裂纹处设置防裂肋，是防止铸钢件热裂的有效措施。

4）及时松箱，可以减小铸件的收缩应力，也有助于减少热裂。

（4）合金方面技术措施

1）控制铸件的硫含量，硫的质量分数宜在 0.03% 以下，并且避免铸件中出现 Ⅱ 型硫化物（铸钢件中的硫化物呈三种形态，即 Ⅰ 型、Ⅱ 型和 Ⅲ 型，其中 Ⅱ 型硫化物沿晶界分布，呈断续状，容易引起铸件热裂），通过调整锰硫质量比来改变硫的分布形态。

2）对于碳钢件，应使硫和磷的总含量不高于 0.07%（质量分数），因为硫与磷的叠加作用，使热裂倾向性增加。

3）用 Al 脱氧时，应将 Al 的残留量控制在不高于 0.1%（质量分数）；过高的 Al 残留，有利于形成 Al_2S_3，甚至可能形成 AlN，使钢的断口呈现"岩石状"，大大降低铸钢件的抗热裂能力。

4）使钢的晶粒能细化。如在钢液中加入稀土和硅钙，既可脱氧、脱硫，又可以细化晶粒。对镍铬钼钒低合金钢的测定表明：在相同的条件下，经稀土 + 硅钙处理的钢液，较之未处理的钢液，其抗裂能力高两倍以上。

5）合金液务必除渣要干净，进入型腔后防止将熔渣（内生的、外生的）留在铸件内部或外表面，否则有熔渣处极易产生裂纹，尤其是热裂纹和表面裂纹、龟裂。当硫含量较高时及与磷、氮混一起更甚，故必须除渣干净，金属液中不能再出现熔渣，除渣务净。

上述几方面的因素对铸钢件热裂都有影响，但对于某一具体铸件，可能只有其中的部分因素是主要的。

14.2.8　消失模铸钢件气孔缺陷分析与防止

消失模铸造技术在铸铝、铸铜、铸铁等材料上得到较好的应用，在铸钢生产的应用上则相对滞后。虽然在高锰钢、耐磨钢等钢种上也有成功应用的报道，实际生产时，由于铸件在

浇注充型过程中，金属液的流动前沿是热解的消失模产物（气体和液体），会与金属液发生反应并影响金属液质量，如果热解产物不能顺利排出，就容易引起气孔、增碳、增氢等缺陷，使该技术的应用受到一定的限制。消失模铸钢件的常见缺陷就是气孔，因此对其产生的原因进行分析并提出相应的防止措施。

1. 产品现状及气孔成因

生产的铸钢件迷宫环（见图 14-4），材质为 ZG 270 - 500，质量为 35kg。

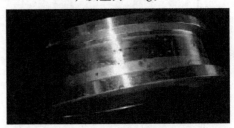

图 14-4　铸钢件迷宫环

生产条件：每箱 10 件、聚苯乙烯泡沫塑料的密度为 22kg/m³，采用水基涂料，烘干室温度为 45℃左右，烘干时间为 48h，冒口用 AB 胶黏结，垂直放置，直浇道横截面尺寸为 45mm × 45mm，横浇道横截面尺寸为 40mm × 25mm，内浇道横截面尺寸为 20mm × 15mm。底注，真空度为 0.05MPa，浇注温度为 1550℃，浇注时间为 13 ~ 17s，浇注 3min 后停止抽真空，30min 后落砂。

机加工后在补缩冒口处发现大量分散性气孔，出现在铸件内部和铸件表面上（见图 14-4），最大的直径达 3mm，深度达 4mm，不合格品率达 60%。对气孔缺陷进行系统的整理和分析，认为形成的气孔主要是侵入性气孔和析出性气孔，并对产生的原因进行了较深入的探讨。气孔的形成来源于气体。消失模铸造铸钢迷宫环上的气孔主要是由泡沫汽化产生的气体侵入金属液析出而形成的侵入性气孔，以及钢液中带入的析出性气孔。

（1）侵入性气孔的成因　侵入性气孔是消失模铸钢件气孔产生的主要形式，其形成原因有以下几方面：

1）浇注过程中，浇注时间过短，充型过快，泡沫塑料模样不能被迅速汽化，裂解的液

态产物进入金属液中。铸件凝固后,气体不能被排出,在铸件中形成气孔。

2) 泡沫塑料模样的发气量随浇注温度的升高而急剧增大。图 14-5 所示为浇注时气体压力随浇注时间变化曲线,可以看出浇注的瞬间气体压力急剧升高。由于铸钢浇注温度较高,浇注时瞬间发气量很大,气体不能被及时排出,特别是钢液在湍流状态时将气体卷入其中,形成气孔。

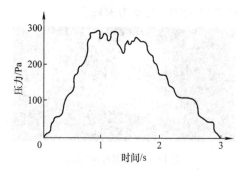

图 14-5　浇注时气体压力随浇注时间变化曲线

3) 黏结泡沫塑料模样用黏结剂使用不当是形成侵入性气孔的重要原因。实际生产中发现,铸钢件在泡沫塑料模样黏结处往往产生大量的气孔。如果用插接或钢钉连接泡沫塑料模样,该处就不会产生气孔。这是由于连接处使用了较多的黏结剂,无论用 851 强力胶还是 AB 胶,其密度是泡沫塑料的几倍甚至几十倍,其汽化速度远比泡沫塑料慢且汽化温度高。当胶还没有汽化时,金属液上升时将胶裹住,在随后的冷却过程中不断汽化,从而在铸件中形成气孔。

4) 水分也是形成铸钢件气孔的因素之一,浇注时水分的来源主要有以下几方面:

① 涂料没有彻底烘干,或是水基涂料中含有 CMC、聚乙烯醇、白乳胶、淀粉等有机黏结剂,如果挂有涂料的模样烘干后不能及时浇注,就会吸收空气中的水分。涂料的膨润土等悬浮剂多含有结构水和结合水,由于模样烘干温度一般只有 40℃ 左右,其结构水和结合水一般仍存留于涂料中,这部分水分在高温钢液的作用下汽化。

② 泡沫塑料模样由于干燥不充分,泡沫粒珠中仍残留较多的蒸汽。

③ 来自型砂中的水分。

(2) 析出性气孔的成因　析出性气孔是指在熔炼过程中金属液吸气,然后在金属凝固过程中,多金属中析出而形成气孔。当金属液吸入蒸汽时,在高温金属液的热作用下,水裂解产生氢气,氢气溶解后裂解成氢原子。这些原子在金属液的凝固过程中重新聚合,生成氢气,无法排出,就形成了析出性气孔缺陷。这种气孔的特点是,气壁比较光滑,有金属光泽,气孔比较小但数目较多。

2. 解决铸钢件气孔的措施

由分析可知,浇注过程中,浇注时间过短,充型过快,泡沫塑料模样不能被迅速汽化,黏结泡沫塑料模样用黏结剂使用不当,是造成铸钢件气孔的主要原因。次要原因是浇注系统设计不合理,还有模样、涂料及浇注等方面的因素。

(1) 减少泡沫塑料模样的发气量,降低发气速度

1) 在保证模样强度、刚度的前提下,尽量减少模样的密度,从而减少发气量。将直浇道、冒口及厚大部位做成空心塑料模样。

2) 减少浇注系统的尺寸,内浇道横截面尺寸由原来的 20mm × 15mm 改成 15mm × 15mm,使浇注时间增加到 20s 左右。降低浇注速度,从而降低聚苯乙烯的发气速度,使产生的气体通过涂料层得以及时排出而不进入钢液。模样充足的汽化时间也使其汽化率提高,减少了聚集在钢液与涂料层界面上的液态残留物,避免在轮缘的侧面形成气孔。

(2) 使用发气量低的黏结剂　黏结剂用量越少越好,最好冒口与产品整体一次成形,或使用插接或钢钉连接,或黏结剂与钢钉联合使用。

(3) 保证涂料质量

1) 选用高温透气性好的涂料,增加涂层的透气性和润湿性,降低气隙空腔的气压,以保证金属液平稳充型。在干砂消失模铸造中,由于使用干砂造型,干砂透气性远高于涂料的透气性,透气性主要取决于涂料透气性的大小。当涂料透气性较小时,透气性远小于模样的热解速度,合金液流前的气隙中的压力很高,金属液流

动前沿很不稳定，造成卷气与吸气。

2）涂料挂涂要均匀，具有高的高温强度，以减少涂层厚度，一般控制在 0.5～1mm 即可。

3）涂层应充分烘干，烘干的模样应及时浇注，避免受潮。

通过三种措施对原有的涂料进行了改进：硅砂的粒度由原来的 0.071mm（200 目）改成了 0.080mm（180 目）；乳胶由原来的 25kg 改成了 20kg；纤维素由原来的 4kg 改为 5kg。改进后的涂料增强了高温强度与透气性，且不易开裂。

（4）设置集渣与排气冒口　聚苯乙烯泡沫塑料模样的气体分解产物都要通过涂层逸出型腔，由于金属液充型速度很快，液态热解产物来不及充分裂解汽化，使液态产物或残留物往往积聚在铸件的死角或顶部，使这些部位易形成气孔。因此，应在这些部位设置小冒口，冒口顶部涂料用细物扎多个小孔，以利于积聚的液态产物最后汽化时将气体排出。冒口尺寸可根据产品的大小来设置，小冒口也较容易清理。实践证明，这些小冒口可有效地消除铸件的夹渣及气孔缺陷。

（5）选择正确的浇注工艺

1）浇注位置应尽量使重要的大表面处于竖直或倾斜状态，这有利于金属液的平稳充型和塑料模样的逐渐汽化，使气隙压力较小及保持平衡。

2）浇注系统优先选用封闭式的底注、阶梯浇注或侧注，以保证金属液的平稳流动及避免浇注过程中大量空气进入型腔。

3）提高金属液的浇注温度，降低浇注速度，有利于泡沫塑料模样的充分汽化和迅速排出。实践证明，提高浇注温度可有效地减少气孔等一系列铸造缺陷。铸钢件浇注温度应在 1600℃以上，此时应保证涂料有较高的高温强度，否则会导致较严重的黏砂。

4）坚持"慢 - 快 - 慢"的浇注原则。先用小流量金属液点通直浇道，再用大流量快速充满浇口杯封闭直浇道，保持真空度，直到浇口杯金属液不再下沉为止。由浇入的钢液量估计液面快达到铸件顶面时，放慢浇注速度，减少金属液流量，保证金属液中的或可能侵入的

气体逸出涂层或从金属液中析出。

（6）浇注前应对钢液进行充分除气

1）清洁炉料，特别是铁锈严重的炉料应经除锈处理。

2）快速熔炼，缩短高温熔炼时间。充分脱氧，用铝量一般为 0.04%～0.06%（质量分数），不超过 0.15%。

型砂要干燥，不使用含水分或潮湿的型砂。铸钢件的真空度一般应控制在 0.05～0.06MPa 为宜。

通过综合措施的实施，基本解决了铸钢件迷宫环的气孔缺陷，同时减少了其他品种铸钢件的气缩孔现象，铸件成品率达 90%以上。

14.2.9　消失模铸造变形分析与解决方法（李天培，孙黄龙）

铸件变形是消失模铸造的常见缺陷之一，在机加工时常因铸件尺寸公差及几何公差不符合图样要求报废。

1. 成形工序引起模样变形和解决方法

在成形后取模时，由于有些模样几何形状比较复杂，因气压和水压的作用，或者以手工取模会导致物理拉延变形（见图 14-6）。解决方法包括：模具脱模斜度适当；模具加工时尽量选用表面涂有特氟龙的模具；对于壳体类模样可用胶带固定；在黏结组合时做矫正处理；使用适当的气压。

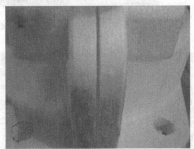

图 14-6　两模样对齐后间隙过大

2. 模样烘干时引起模样变形和解决方法

模样在烘干时摆放不合理，码层过高，会引起变形（见图 14-7）。模样烘干时间不合适，引起模样线性尺寸收缩不够或者收缩过多，在浇注后铸件尺寸不符合图样要求。

防止措施：模样在烘干摆放时使用烘干架

子，既不浪费烘房空间，又不使模样变形。

图 14-7　模样黏结后码放

模样烘干有两个作用：烘干模样内部水分；使模样内部残余发泡剂逸出。

模样在烘干过程中会引起线性尺寸收缩，模具厂在设计时都留有模样收缩余量。不同的产品，同样的烘干温度和烘干时间，模样的线性收缩并不一样，所以不同产品的烘干工艺不同。设计工艺时，既要照顾模样烘干的两个作用，又要保证浇注铸件收缩后的尺寸。

3. 模样在黏结组合工序变形的解决方法

由于模样在成形工序和烘干时会有变形现象发生（见图 14-8），而且模样形状各异，如果在黏结组合工序不进行控制，则毛坯变形的量很大，占变形原因的 80%。常用的有 5 个控制方法：支架木条拉筋控制（见图 14-9）；泡沫拉筋控制；预拉（模样尺寸预拉至毛坯尺寸）；使用矫正黏结工具；泡沫预压黏结（见图 14-10）。

图 14-8　模样黏结后效果

图 14-9　支架木条拉筋控制

图 14-10　模样预压

4. 模样簇在涂料工序变形及解决方法

模样簇在浸涂或淋涂后摆放在架子上，由于湿涂料重量是模样重量的数倍（涂料密度不一样，倍数不一样），如果摆放角度不对或架子和模样簇不吻合，模样的强度不足以支撑湿涂料的重量，引起模样变形。经过烘干后，使模样由弹性变形转变为塑性变形。

防止措施：摆放角度合理；架子和模样簇吻合；模样簇在黏结组合工序固定牢靠。

5. 晒场及烘干房引起变形及解决方法

北方由于天干少雨，为了节约成本，模样簇在晒场利用大自然的热量和风的作用来排除水分和残余发泡剂，最后通过烘干房后再埋箱浇注，节约了能源（见图 14-11）。箱壳类和面积较大的模样会发生变形，原因是太阳照射的面和对着风口的面，在温度和风力的作用下涂料首先干，背光面和风力达不到的部位，涂料要滞后 2~3h 才会干，在涂料干湿不均匀的作用下，模样发生变形。例如：500 减速机箱体口面平面度误差最大能达到 14mm。

防止措施：改用烘房烘干；避免阳光直射；避风。

烘干房由于设计不当循环风力过大，或风力直接吹到模样簇上，致使模样簇涂料干湿不均，导致模样变形。

防止措施：降低循环风力。

图 14-11　晒场晾干

6. 埋箱造型操作不当引起模样簇变形及解决方法

埋箱造型操作不当引起模样簇变形，常见的有：底砂和模样簇底面不贴合，底面悬空，下砂时由于砂子的重力把模样簇压变形；下砂不均匀，砂子一边多一边少，特别是薄壁箱体类产品，会产生挤压变形。

防止措施：

1）模样簇放好后，可用手工填砂，使底砂和模样簇底面充分贴合。

2）根据模样的形状、厚薄、大小，不同的产品选择不同工艺，比如下砂厚度、振实时间、振实次数、需要手工辅助填砂的部位。特别注意的是，有些形状简单的厚大件，如大型机械配重，如果操作不当，模样在埋箱造型工序照样变形。

7. 振实台原因引起模样簇变形及解决方法

振实台是埋箱造型的关键设备，如果设备质量差或者调试不到位，在振实时会出现偏振或振力过大的现象，砂子往一个方向跑，模样簇随着砂子的位移方向变形。振实后检测如图 14-12 所示。

图 14-12　振实后检测

防止措施：调试振实台振动电动机的振幅；更换振实台。

8. 砂箱设计强度不够引起毛坯变形及解决方法

砂箱有单层和双层的。在设计和制作时如果钢板使用厚度不够，或者双层砂箱中间没支撑，浇注灰铸铁时铸件外表面涂料层会出现竖裂纹或网状裂纹（见图 14-13），铸件厚度超差，重量超差。原因是铁液在冷却时石墨膨胀的力量使钢板外弹。

防止措施：设计正确砂箱；加固砂箱。

图 14-13　砂箱强度不够，引起网状裂纹

9. 负压场失衡引起铸件变形及解决方法

负压起到两个作用：一是紧实干砂；二是透过涂料层抽走塑料泡沫加热后的汽化或液化产物。理想的状态是负压从浇注开始到浇注保压结束一直恒定不变。随着铁液的充型过程，热量烫破塑料薄膜，使外来气体侵入砂箱内，破坏了原有的负压平衡，使负压场失衡，从而因起铸件变形。

早些年砂箱内负压装置基本用的是金属蛇形管，现在都用砂网来隔离砂子，造型用砂在浇注加热出现热裂后，产生小于80目的微粒粉尘，在负压的作用下粉尘通过不锈钢纱网或蛇形管接头间隙被抽出，塑料泡沫加热后的汽化或液化产物也同时被抽出。塑料泡沫的汽化或液化产物和粉尘结合在一起，堵住不锈钢纱网或蛇形管接头间隙，破坏了原有的负压及外来气体通道，引起铸件变形，严重时箱体口面呈S形。

解决方法是避免外来气体浸入，经常检查并更换不锈钢纱网或蛇形管。

10. 铸件变形工序的诊断及确定

消失模铸造企业可按照下面方法进行铸件变形工序的快速诊断及确认：

（1）计算法（适用于毛坯的尺寸公差）按照工件图样的加工余量及几何公差技术条件，计算出铸件尺寸的最小值和最大值；根据铸件材质的收缩率（注意自由收缩率和受阻收缩率不同），计算出黏结组合后的模样尺寸，测量模样烘干前后的尺寸，如果不符合尺寸要求，可调整烘干温度及烘干时间。如果是模具设计有误，可修模具。

（2）排除法（适用于铸件的几何公差）在每一道工序前后测量模样（铸件）尺寸，看看是否符合图样要求，如果符合图样要求，则本工序可以排除，然后针对变形的工序制订解决方案。

（3）负压场失衡确认　模样在振实后经过测量不变形，浇注后铸件变形就可以确定为负压场失衡所致。

14.2.10 负压干砂实型（消失模）大中型铸件变形缺陷分析与对策（韩素喜，肖占德）

负压干砂实型（消失模）铸造工艺适应能力强，不论批量生产还是单件小批量都能适应，更能做到生产过程节能降耗，清洁环保。

负压干砂实型（消失模）大中型铸件生产过程中易发生变形缺陷。这种变形是金属液进入铸型后由液态变成固态而产生的凝固收缩力（内应力）和铸型中型砂强度形成的阻力矛盾叠加而造成的。金属收缩率已定，解决大中型铸件的变形缺陷，重点应从铸造工艺诸多影响因素中寻找解决措施。

没有生产经验，也会出现塌箱、冷隔、浇不足、黏砂、表面大面积积灰、积炭、皱纹、气孔、缩松、缩孔等铸件缺陷。这些不合格品形成的原因查找起来比较直观、简单，解决措施较容易。但大中型铸件变形问题的原因和影响因素就比较复杂了，如铸件变形，尺寸严重超差，壁厚和图样相差太大，圆柱圆孔不圆整，缺边少角，一些较长较大的铸件易产生扭曲、弯曲和挠性变形等，查找缺陷不直观，解决措施较复杂。

1. 大中型负压干砂实型（消失模）铸件变形产生的机理

内因：高温金属液进入型腔内，冷却过程中由液态变固态，凝固过程会产生体收缩和线收缩，并产生相应的内应力。金属收缩的应力和铸型中型砂强度阻力之间的矛盾叠加，就会产生铸件变形，甚至开裂。这是产生变形的内因。

外因：铸造工艺加砂、振动、真空度大小、浇注系统及铸件开箱时间等工艺处理不当，是造成铸件变形的重要因素。

2. 大中型铸件变形的硬性因素和对策

（1）泡沫型检验　泡沫型进厂投产前，要做全方位检测。为防变形缺陷的发生，可在泡沫型上采取一些措施。

1）和图样对照检测泡沫型的集合尺寸，特别注意工艺参数选取、收缩率、加工余量是否合理。

2）大中型铸件泡沫型多为机加工和人工黏结而成，应注意结构是否牢固，有无变形部位，发现问题应及时解决。

发现泡沫型结构上易发生铸件变形的部位，应提前采取措施解决。如铸件厚壁和薄壁结合部位应加大过渡圆角，如果薄厚差别大，面积大，可加临时加强肋。在可能产生挠曲变形部位，泡沫型可做出反挠度来抵消变形。铸型上有一些深孔和死角（即填砂和负压不易达到的部位），可在刷涂料烘干后，填上混好的树脂砂。解决了泡沫型问题，为防止大中型铸件变形发生，消除了一个大隐患。

（2）涂料的选用　大中件实型（消失模）工艺在涂料使用和选用上应注意以下两点：

1）刷涂料烘干后，涂料能够较大幅度地增加常温下的泡沫型强度和刚性。注意泡沫型烘干时应放平放好，不能在烘干过程中产生变形。

2）刷涂烘干后，在造型加砂、振动、翻箱和往复搬运过程中，涂料和泡沫型都要受到外力的冲击。要做到不能开裂，泡沫型不变形。涂料有较高的常温强度，对防止铸件变形和黏砂起到一定作用。

（3）造型加砂、振实　造型加砂一定要注意加砂均匀，每次加砂高度 150～200mm 即可。有的地方人工辅助填充时，应注意加砂高度要均匀，不能相差太大，否则振实会造成单方向挤压力过大使泡沫型变形。振实振幅一般在 1.5～2.0mm，电动机转速可控制在 260～3000r/min，振实频率太快，冲击力加大，会造成泡沫型变形或开裂。

（4）真空度的选取

1）正常的吃砂量情况下，浇注初始，真空度一般控制在 0.02～0.04MPa。当金属液大量进入铸型内腔时，这时型腔内压力加大，泡沫型燃烧气体逸出气体量加大，金属在型腔内遇冷要凝固，出现收缩（内应力）。这时真空度要适当加大到 0.05～0.07MPa。真空度的大小及时间控制要根据铸件大小重量而定。

2）真空度太高，吃砂量过小，会造成铸件严重黏砂，铸件变形，严重时会损坏砂箱。真空度太低，型腔内部分地方型砂强度过低，局部地区还可能出现负压盲点，会造成塌箱或铸件变形的缺陷。

（5）浇注系统和浇注温度的影响

1）大中件浇注系统，原则上采取开放式，内浇道截面大，数量多，均匀分散开。直浇道可以设 2 个或 2 个以上，使金属液能快速均匀平稳地进入型腔内，对防止铸件变形有很大作用。

2）浇注系统位置的设计选择也很重要。大中件浇注系统采用底注、侧底注为主。浇注位置的设置合理与否对铸件变形也有一定的影

响。对不同大小、重量、结构的铸件，更要注意考虑采用不同的浇注温度，这个因素对铸件变形有较大影响。

（6）铸件箱内保温和开箱时间的控制　浇注箱内的保温时间对铸件变形有很大影响，对负压干砂大中件这个问题更为重要。控制好铸件箱内保温和出箱时间，可以防止铸件激冷、内应力过大造成铸件变形或开裂。

3. 总结

对于负压干砂实型（消失模）铸造工艺，大中件变形的问题，影响因素很多，较复杂。只要科学合理地制订出影响其变形的各个工序、各个环节上的预防措施、规范技术和要求，就能预防和消除铸件变形缺陷。

14.2.11　大中型平板铸件实型铸造内部积渣、积炭产生机理及防止措施（李国有，肖占德）

实型铸造工艺与其他空腔铸造工艺的最大不同之处，是采用泡沫模样，造型后不取出泡沫模样，浇入高温金属液，使模样汽化而得到理想的铸件。因为泡沫模样的原材料聚苯乙烯（EPS）是由苯（C_6H_6）乙烯（C_2H_4）和催化剂氯化铝（$AlCl_3$）烃化而成，碳含量（质量分数）在 90% 以上。模样材料化学成分组成决定了实型工艺铸件和其他空腔工艺铸件，最大的不同点是，铸件表面，出现皱皮状和流滴状的皱皮缺陷，大多发生在铸件的外表面，如果工艺设计不合理或操作不当，这种现象会发生在铸件内部。实型大中型平板类铸件内部（经机加工后）出现积渣（灰）、积炭的缺陷概率更大。其特征如下：

1）发生在铸件分型面下部、平板部位，经机械加工后才能发现。

2）黑色纹路断断续续不规则，用手能触摸，没有特殊感觉。

3）用放大镜观察，能看到炭黑状条纹。有的内部夹杂极少量很细微的夹杂物，黑色的为主线。

4）黑色的纹路宽度为 0.5～1.5mm，多在 1mm 之内，深度为 0.5～3mm。实型中内部积渣、积炭为什么会发生在大中型平板铸件上，

可从铸件结构特点及产生缺陷的机理分析。

1. 铸件结构特点

大中型平板铸件包括机械加工专用画线平台，刮磨工具，大型垫板，机床类铸件，大型铣、刨床工作台，大型立车的转台及一些特殊的专机使用的大型工作台。大平面要求严格，须经精加工或磨削，有时要求刮研工作台上一般要开几道梯形槽。从造型工艺考虑，分型时大平面在下部。1个大型画线专用工作台长8m，宽4m，底部（下部平面位置）厚度达60~80mm；8m龙门铣刨床工作台长4.5m，宽2.5m，开5道深40~50mm的梯形槽，工作台的厚度达80~100mm。凹模及压边圈铸件如图14-14、图14-15所示。

图 14-14　凹模铸件

压边圈241长4.3m，宽2.1m，高0.42m

图 14-15　压边圈铸件

2. 铸件内部的积炭、积渣（灰）发生机理

实型铸造金属液充型过程和普通"空腔"常规铸造工艺有些不同之处。除了浇注系统的设计和静压头等因素有关外，泡沫模样热解速度及热解后产生的气体外逸、排出，金属液和砂型之间及腔内热解后的气体压力和金属流动速度及压力之间的平衡有一定的关系。

大型平板上部覆盖厚大的型砂，大面积的厚大部位均在下部，热解后的大部分气体要从下部排出。金属液流动中下部位接近底部砂型处，受阻较大。如果热解产生的气体排逸不畅，就会夹裹在流动的金属液体中，如果遇到湍流现象，局部地区将会更严重，形成了金属内部的不规则的积渣、积炭、黑色的纹路。为了解决这个技术问题，减少铸件不合格品，减少经济损失，查阅了有关的技术参考资料，经过多次试验，在工艺上采取了一些必要的措施，改进了操作。

3. 泡沫模样选材和制作工艺

泡沫模样的好坏直接影响实型工艺铸件的质量，对于大中型平板类铸件来说，这个问题更为重要。考虑当前技术发展、成本及泡沫模样原材料的市场供应，聚苯乙烯（EPS）板材仍是制作大型平板铸件模样材料的首选。密度在 16~18kg/m³ 范围，以低些为宜，要有一定的强度，由于一般厂家（铸造厂）没有泡沫材料的检测仪器和手段，只能靠人工经验来检测观察。

实型大中型平板模样，大多数为板材人工黏结而成。模样制作过程在保证模样基本可用强度的基础上，尽量少使用黏结剂，超量的黏结剂会使流动的高温金属液产生湍流，易造成气孔，局部冷隔，更易在局部造成积炭、夹渣等缺陷。

4. 造型工艺

尽量选用砂箱工艺：如果是单件小批，要求工期短或超大尺寸特殊件，可选用地坑造型，这种造型工艺节约了砂箱制作成本，缩短了生产周期。地坑造型工艺关键是地坑中、下部位的气体排逸；这个技术问题对于大中型平板类实型工艺铸件尤为重要。地坑内部一定要干燥，底部铺设80~100mm干碎焦炭和大量草绳，底部垫层树脂砂放入大量透气绳。

树脂砂底部垫层厚度，要根据铸件的几何尺寸大小及质量来考虑，10t以下、4m×2m左右尺寸的平板可设100~150mm垫层，如6m×2m或更大尺寸、质量在20~30t的垫层厚度以200~300mm为宜，树脂砂垫层中，每隔200~

300mm 放量 $\phi8 \sim \phi10mm$ 的透气绳 $3 \sim 5$ 根。地坑的侧面每隔 $300 \sim 500mm$ 竖立一根 $\phi38.1 \sim \phi50.8mm$ 的铁管（铁管 4 周钻孔），高度从底部垫层到地坑分型面，这样做的目的是使排气顺畅。

5. 型砂

采用树脂砂，原砂颗粒度为 $20 \sim 40$ 目。铸造大型平板铸件为了加强型砂的透气性，应多加入新砂 $15\% \sim 20\%$。

树脂、固化剂质量要严格控制，树脂中 N 含量（质量分数，下同）不能高于 4%，固化剂中的水分不能高于 2%。

树脂、固化剂的加入量在浇制大型平板类铸件时，调到保证基本型砂强度的最低范围。加入树脂 0.9%、固化剂 0.4% ~ 0.5% 的目的在于减少型砂的发气量。

6. 涂料选用及施涂工艺

实型铸造中涂料的两大主要作用是防止表面黏砂，以及透气，使型腔内产生的气体能顺畅地排出。涂料透气性是生产大中型平板类铸件的首选技术指标。水基涂料比醇基涂料在透气性方面要好，选用水基涂料，涂料的耐火填料粗细直接影响涂料透气性能，粗的比细的透气性要好，所以又不能小于 200 目。涂料密度低的比密度高的透气性要好，选取 $1.3 \sim 1.5kg/L$。泡沫型在施涂前一定要仔细认真地检查和清理模样的表面，不能带有灰尘油污，这对于大中型平板件尤为重要。

施涂工艺：以淋涂为宜，其均匀省力，效率高，节约，配以人工刷涂角棱、死角处。每次施涂后进烘干室，烘干烘透再刷第二遍，一般刷涂 2 遍，平均厚度为 $0.8 \sim 1.5mm$。

7. 浇注系统及浇注温度

浇注系统采用开放式，直浇道采用陶瓷浇注管。

砂箱内造型可采用底注式内浇道，$0.6 \sim 0.7m^2$ 内放 1 个内浇道，侧底部适当位置配以内浇道。浇注系统各部位的截面积都比普通实型工艺铸件大 20% 左右，目的是加快浇注速度，使高温铁液平稳快速地充型。大中型平板类铸件壁厚比较均匀，厚大部位大平面在下部，因此无须在顶部放大冒口，适当位置放几个集渣冒口和排气冒口即可。

大中型 $20 \sim 30t$ 铸件的浇注温度控制在 $1350 \sim 1380℃$，对于 10t 及以下的铸件浇注温度控制在 $1370 \sim 1400℃$，不要高于 $1400℃$，以防止出现黏砂现象。大型平板浇注时应注意浇包的压头（高低）控制好，这是一个极重要的操作环节。

这些消除大中型平板类实型铸件内部积渣（灰）和积炭缺陷可行的工艺措施和操作程序，是经过不断研究、试验、改进后取得的经验。

14.2.12　消失模铸造的夹（砂）渣缺陷分析与防止（王林慧，张宝庆）

消失模铸造确实有它广泛的适应性，但有的铸件就只是可以做，工艺出品率低或不合格品率高。它也有工艺性上的限制，如泡沫塑料模样容易受力变形；消失模铸造中常见的铸造缺陷有皱皮、炭黑、变形、黏砂、塌箱、气孔、夹渣、冷隔以及铸钢件表面渗碳等。消失模铸造铸件的夹渣缺陷是指由于型砂颗粒、涂料及其他夹杂物在浇注过程中随金属液进入铸件而形成的缺陷。分析夹渣缺陷产生的原因，消除夹渣缺陷必须在涂料、装箱操作、浇注、负压、集渣挡渣和撇渣、铁液净化技术等方面采取切实可行的措施且精心操作，才能取得较好的效果。

1. 消失模铸造的夹渣缺陷

夹渣缺陷是指干砂粒、涂料及其他夹杂物在浇注过程中随着金属液进入铸件而形成的缺陷。在机加工后的铸件表面上，可看到白色或黑灰色的夹杂物斑点，单个或成片分布，白色为硅砂颗粒，黑灰色为渣、涂料、泡沫模样热解后残留物和其他夹杂。这种缺陷俗称为进砂或夹渣，在消失模铸造生产中该缺陷是一种很常见的缺陷。只有在每一道工序上采取多种措施且精心操作才能把夹渣降到很低，取得比较满意的效果。消失模铸件冷却开箱后未清理前，根据铸件及浇注系统表面状况，即可以判定有没有进砂和夹渣缺陷。如果浇口杯、直浇道、横浇道、内浇道和浇口表面或连接处以及铸件表面黏砂严重或有裂纹状黏砂存在，则基本可以肯定铸件有夹渣和进砂缺陷。砸断浇道棒或浇道拉筋，可看到断口上有白色斑点，严重时断口形成一圈白色斑点。这样的铸件特别是板状、圆饼状铸件，机加工后加工面上就会有白色、黑灰色斑点缺陷。如果工序操作规程控制不严格，生产的铸件会严重地影响铸件质量和定单的完成进度。

2. 造成夹渣和进砂缺陷的原因

经过长期观察，从浇口杯、直浇道、横浇道、内浇道至铸件，所有部位都有可能造成进砂，特别是浇注系统与铸件的结合部位。在整个生产过程中，浇注系统模样表面的涂料脱落开裂、模样结合部位的涂料脱落开裂、泡沫塑料模样表面的涂料脱落开裂、直浇道封闭不严密等因素是造成夹渣、进砂缺陷的最主要原因。其次，工艺参数的选择，如浇注系统净压头大小、浇注温度高低、真空度大小、干砂粒度等因素，以及模样运输过程及装箱操作情况等都对铸件夹渣和进砂缺陷有很大影响。只有在这些环节采取系统的措施，精心操作，才能把铸件的夹渣缺陷减少和基本消除，获得优质铸件。

3. 减少和克服夹渣缺陷的方法和措施

进砂问题、夹渣缺陷是消失模铸造生产的难题。目前消失模铸造生产中很成功的主要是三类产品，即耐磨件、管件和箱体类铸件，它们都是很少加工或不加工的铸件。对于加工面多且要求高的铸件，夹渣缺陷是一个需要解决的关键问题。从以下几个方面采取措施可以减少和消除夹渣缺陷：

（1）涂料　消失模铸造用涂料要求具有强度、透气性、耐火度、绝热性、爆热抗裂性、耐急冷急热性、吸湿性、清理性、涂挂性、悬浮性、不流淌性等一系列性能。防止夹渣缺陷首先要求涂料具有高的强度和耐火性能。要求涂挂于模样表面的涂料层在烘干和运输过程中不产生裂纹和开裂，即涂料应具有足够的室温强度；浇注过程在高温金属的长时间冲刷作用下涂料层也不脱落、不产生裂纹开裂，即有高的高温强度。在金属液进入铸型时直浇道封闭严密、铸件和浇注系统表面的涂料层不脱落、不产生裂纹和开裂是防止夹渣缺陷的首要条

件。如果浇道密封不严密，涂料层产生脱落、裂纹和开裂，大量砂粒、涂料和夹杂物就会进入金属形成夹渣缺陷。强度和透气性是涂料的两个重要的性能，有时候要求浇注系统用的涂料要比铸件涂料具有更高的耐火强度，以抵御高温金属长时间的冲刷作用而不脱落开裂。操作工在涂刷过程中必须保证涂料的均匀性。

（2）装箱操作　在装箱时模样组（模样＋浇注系统）表面的涂料层不允许有任何脱落、裂纹和开裂，特别是在直浇道与横浇道结合处、横浇道与内浇道结合处、内浇道与铸型结合处，只要有松动、裂纹、连接不牢靠就有可能进砂。这就要求结合处强度要高、涂料要比较厚，浇注系统要有足够的刚性，必要时应设置拉筋或加固套。模样组放置于砂箱底砂上时应平稳，不允许悬空放置时即开始撒砂振动造型，以避免振裂涂料层。不要正对模样猛烈加砂，应先用软管加砂，振实时再用雨淋设备撒砂。开始振动造型时振动要轻微、振幅要小，等干砂埋住模样再大幅振动。在振动造型时浇注系统特别是直浇道处不允许掰、弯，以免涂料层破裂，要严密封闭直浇道以免进砂。整个装箱、撒砂、振动、造型操作过程要非常仔细小心，一定要保证在浇注前模样组涂料层没有任何脱落、开裂和裂纹。在浇注前应再次把浇口杯清理干净，保证没有浮砂、尘土和杂物。

（3）浇注压头、温度和时间　浇注时压头越高对浇注系统和铸型的冲刷越大，冲坏涂料造成进砂的可能性也越大，对不同大小的铸件压头要有所不同。要选择容量合适的浇包，浇包浇注高度要尽可能降低，包嘴尽量靠近浇口杯，应避免用大包浇小铸件。浇注温度越高，对涂料性能要求就越高，越容易产生黏砂、夹渣等缺陷，应选择合适的浇注温度。对于灰铸铁件，出炉温度可在1480℃左右，浇注温度为1380~1420℃；球铁铸件出炉温度应在1500℃以上，浇注温度为1420~1450℃；铸钢件浇注温度为1480~1560℃。一箱需铁液300~500kg的铸铁件，浇注时间可控制在10~20s左右。

（4）负压选择　消失模铸造负压的作用是紧实干砂、加快排气、提高充型能力，在真空密封条件下浇注改善了工作环境。真空度的大

小对铸件质量有很大影响，过大的真空度使金属液流经开裂、裂纹处时吸入干砂和夹杂物的可能性增加，也使铸件的黏砂缺陷增加。过快的充型速度增加了金属对浇道和铸型的冲刷能力，易使涂料脱落进入金属，也容易冲坏涂料层造成进砂。铸铁件合适的真空度一般为 $0.025 \sim 0.04MPa$。

（5）设置挡渣、撇渣和集渣冒口 在浇注系统上采用挡渣、撇渣措施，在铸件上设置集渣冒口和采取挡渣、撇渣措施，有助于改善进砂和夹渣缺陷。

（6）型砂 型砂粒度过粗、过细都影响夹渣和黏砂缺陷的产生，粒度过粗使黏砂夹渣缺陷增加。铸铁件一般采用粒度为 $30 \sim 50$ 目的干硅砂（水洗砂）即可。

（7）铁液净化技术 消失模铸件的整个成形过程都要考虑铁液净化问题，铁液净化技术是消失模铸造的关键技术之一。从铁液熔炼、过热直至浇入铸型的全过程均要考虑净化问题。

14.2.13 消失模铸造轴瓦铁套铸铁件夹杂类缺陷分析与防止

轴瓦铁套是工程车辆的关键部件，要求不能有任何气孔、夹渣等影响强度和渗漏的缺陷，其加工表面要占铸件表面的85%以上。初期采用消失模工艺生产时，铸件加工后发现夹杂缺陷严重，不合格品率高达70%。正是通过此产品的生产攻关，逐步摸索了夹杂类缺陷产生的原因和防止方法。

1. 夹渣缺陷产生的原因及防止

夹渣是夹杂缺陷的一种，又称渣眼。消失模铸件夹渣缺陷包括铁液熔渣和模样残渣，铸件上二者一般都呈黑色，大小不一，形状很不规则，有块状、片状、线条状等。一般存在于铸件内部，多见于铸件上表面的皮下和拐角处。通常铸件外观良好，加工去除表面金属后才能发现夹渣缺陷，对生产和质量影响很大。

（1）金属熔渣缺陷的产生和防止 熔化铁液时，或多或少要产生熔渣，特别是炉料锈蚀严重或采用铁屑熔炼时，会产生大量的金属熔渣。在浇注时熔渣很容易随着铁液进入型腔，

留在铸件内部，凝固后就形成黑色夹渣。由于夹渣的密度比铁液小，一般要浮在铸件上面。铸件拐角处对熔渣有阻碍作用，熔渣上浮时易产生滞留，该部位也多见夹渣缺陷。消失模铸造是在负压条件下浇注，铁液充型时存在较强的附壁效应，即铁液优先沿着型壁填充，通常情况下消失模铸件表面很少见到渣眼，夹渣多存在于铸件皮下。熔渣的主要成分是金属氧化物、碳化物等，铁液熔渣是消失模铸件夹渣的主要来源。

根据夹渣产生的原因及易产生的部位，结合消失模铸造金属充型的特点，制订防止铸件铁液熔渣的主要措施如下：

1）加强扒渣和挡渣工作。在出炉前，铁液表面撒聚渣剂并进行扒渣，使倒入浇包内的铁液表面渣子尽可能少，铁液包液面上撒盖聚渣剂并镇静 $2 \sim 3min$，让熔渣上浮聚合，然后充分扒净渣子再浇注。

2）采用茶壶包浇注。浇注时将铁液包壶嘴出铁口内的渣子扒出，包口吹扫干净，接下来在浇注中就不会有渣子流出，从而最大限度地减少浇注进渣的可能性，这是最好的挡渣方法，要关注浇包的打结质量，不能使包衬材料掉落进入铸件。

3）设置底注式浇道和聚渣冒口。底注式浇道能使铁液自下而上平稳充型，有利于泡沫模样的充分有序汽化和渣子的上浮，铸件顶部设置聚渣冒口，便于渣子的收集和去除。对重要铸件采用底注浇道并设置聚渣冒口是非常必要的工艺手段。

4）采用过滤网。过滤网对细小的熔渣都有很好的过滤作用，特别是浇注初期效果明显，在浇注后期过滤网常被烧穿，使挡渣失败，要求过滤网有足够的耐火度和抗冲刷性。如果能够控制洁净的铁液，就没必要采用过滤网；如果铁流中夹渣多，即使采用过滤网也要失败。

（2）模样残渣缺陷的产生和防止 消失模铸造在浇注时，泡沫塑料模样与高温铁液发生强烈的物理化学反应，其中以泡沫模样剧烈的热解汽化为主，产生的气体被真空泵抽走。实践也证明，任何泡沫塑料热解反应后并不能全

部汽化，最终要产生微量的固态残余物，俗称残渣，其主要成分为碳。铁液充型时固态残余物如不能及时排出，就会残留在铸件内部，形成消失模特有的黑色块状夹渣。模样残渣形成的部位同金属熔渣基本相同，有时两种夹渣会同时交错出现，由于颜色相似，很难分辨。消失模固态残余物的多少，同泡沫模样的密度、黏结胶用量、涂料和型砂的透气性、浇注温度等工艺因素有关。

根据模样夹渣产生的原因和易形成的部位，制订防止铸件产生残渣缺陷的措施：

1）控制泡沫模样的密度。模样密度越低，热解汽化反应越迅速，固态残余物越少，越有利于铸件的浇注成形，减少铸件产生夹渣的机会。一般情况下，要求EPS模样密度控制在18～23kg/m³。如果模样本身不易变形，外观成形良好，尽可能将密度控制在下限。

2）减少黏结胶的用量。黏结模样和浇口要使用黏结胶，各种胶的发气量和残留物量远大于泡沫塑料本身。黏结模样和浇冒口时，要做到尽可能少用胶，对减少夹渣提高质量有利，但必须保证具有足够的黏结强度。

3）适当提高浇注温度。铁液温度提高，有利于模样的充分汽化分解，减少残渣渣，提高浇注温度应以防止铸件黏砂为前提。

4）使用空心浇道。空心浇道有利于铁液的顺利充型，并最大限度地减少发气和残渣，采用空心浇道有困难时选用泡沫板材切割浇道，也要尽可能选择低密度板材，密度为16～18kg/m³，生产中往往忽视浇道模样的密度。

5）采用底注式浇注系统。底注式浇道铁液自下而上充型，模样自下而上有序汽化分解，有利于热解产物排出和上浮。若采用顶注浇道，铁液充型紊乱，容易卷挟泡沫形成夹渣。

6）设置排渣冒口。在铸件顶部设置聚渣小冒口，可让产生的残渣上浮并汇集在冒口内。对于重要的铸件，设置排渣冒口掌握的原则是，多而小，分散而均匀。在实际生产中，结合铸件产生夹渣的部位，应有目的地设置聚渣冒口。

2. 夹砂缺陷产生及防止

（1）夹砂缺陷产生的原因　夹砂是铸件夹杂类缺陷的另一种主要形式，主要是型砂随浇注的铁液进入型腔而滞留在铸件内部形成的。夹砂与夹渣的外观区别在于：机加工后夹砂为白色颗粒状，大小同砂粒，多见于铸件浇注位置的上表面皮下。夹砂的主要成分为SiO_2，如浇注时涂层被冲破，涂料连同型砂混入铁液进入铸件不排出而形成夹砂。由于夹砂是铁液流动中冲破型壁带入型砂所致，边浇注边冲刷带入，因而铸件的其他部位往往也能看到夹砂。相比之下，铁液熔渣一般在浇注初期进入铸型，其分布相对集中，而夹砂分布相对分散。同采用传统砂型铸造相比，消失模采用干砂造型，夹砂缺陷一般为分散分布的粒状，很少为块状。模样黏结胶缝不严密、浇注系统存在尖角、涂层太薄、局部漏涂、涂料强度低等是造成夹砂缺陷的主要原因。另外，浇口杯与直浇道顶口接触的部位，如密封不严，干砂很容易从此处进入直浇道，随铁液进入型腔形成夹砂。需要说明的是，除造型用砂外，涂料、聚渣剂、浇口杯打结料进入型腔形成的缺陷一般也称为夹砂。

（2）防止夹砂缺陷的措施

1）保证涂层连续、均匀、完整。根据我国消失模铸造原材料、工艺和负压浇注的实际情况，小型铸件涂层厚度一般控制在1～2mm为宜。浇注系统由于铁液冲刷时间长、冲力大，浇道涂层一般要厚于铸件涂层，实际操作时可加厚一遍。控制整个涂层不开裂、不破损、不漏白。

2）提高模样黏结质量。模样与浇道黏结缝要严密，不存在开口和缝隙，防止涂料渗入接缝中。模样与浇道连接处要圆滑过渡，避免浇道与模样黏结部位存在尖角，造成浇注冲砂。

3）提高涂料强度。合适的涂料强度有利于抵抗铁液冲刷。涂料配比中，耐火黏结剂与有机黏结剂合理搭配，可使涂层具备良好的综合强度，增强耐高温冲刷能力。膨润土、硅溶胶、水玻璃等无机黏结剂有利于保持涂料高温强度。

4）使用专用浇口杯和密封泥。干砂造型需要用塑料薄膜密封砂箱上口，将泡沫直浇道上端覆盖于塑料薄膜之下。其上面需要放置或架设浇口杯。如架设浇口杯，其出铁口要有一定的直段使铁流呈圆柱下落，架设时要与泡沫直浇道中心对正；如放置浇口杯其下面用耐火泥条与塑料薄膜结合严密。两种情况下都要掌握浇口杯出口小于直浇道，以防止高温金属液散流将干砂冲入铸件。

14.2.14　消失模铸铁件显微夹渣分析与防止（张之卫）

消失模铸造浇注过程同时存在着传统铸造的物理反应和消失模铸造特有的化学反应，消失模铸件的内在质量成为影响铸件成品率的主要因素。以生产球墨铸铁小件（铁路线路用扣件——ⅢB 型铁座）的生产工艺为例，分析消失模铸铁件夹渣（以模样残渣为主）的形成机理和预防措施。

由于消失模铸造采用实型模样浇注，充型过程中存在复杂的物理反应和化学反应，同其他工艺生产的铸件一样，消失模铸件不可避免地将产生各类铸造缺陷。其中，显微夹渣存在于铸件基体内部，不易直观地检验发现，通过较复杂的检验手段和破坏铸件才能发现，所以消失模铸件显微夹渣成为消失模铸造的难题。

1. 消失模铸铁件显微夹渣的存在形式

传统铸造工艺铸件的夹渣一般是因为熔炼铁液不纯净而形成的。消失模工艺铸件除了铁液不纯净形成夹渣外，还会因工艺不完善，以及浇注过程中模样的残渣造成铸件夹渣，且夹渣一般多集中在铸件的表皮下和过渡圆角处，形状有线条状、片状、块状等，颜色为黑色。由于非加工面的夹渣难以发现，所以对铸件质量的危害性也较大。

某公司采用消失模工艺生产ⅢB 型铁座的初期，由于铁座为非加工铸件，为保证铁路运输的安全，做了大量的破坏性检验。将铁座的各部位进行切割检验，发现铁座尾部与工作面的连接处靠近边缘部位，不是光滑洁净的金属面，而是有不规则黑色物体，通过显微镜观察，判定为夹渣。由于夹渣极微小，如不仔细观察难以发现，在显微镜下观察，夹渣所占比例在 10% 左右。

根据铁座的使用状况，此处为铁座使用过程中的主要受力部位。夹渣缺陷的存在会使该处的力学性能大幅降低，从而无法保证线路的安全性。因此，夹渣缺陷成为铁座是否采用消失模工艺生产的一个决定性因素。

2. 消失模显微夹渣分析

消失模铸造工艺的主要工序为：模样簇的制作（模样制作→模样组合→涂刷涂料→模样簇烘干）、埋模、熔炼和浇注 4 道工序。依据夹渣缺陷生成的机理，造成夹渣缺陷的原因主要有三方面：

1）熔炼后铁液内部的熔渣未能清理干净，特别是球墨铸铁的熔炼，球化处理完毕后，铁液内部会残留部分球化反应的残留物。

2）浇注过程中，工艺控制不严，铁液表面的浮渣随铁液进入型内。

3）消失模工艺特有的充型过程中，高温铁液与模样之间产生强烈的化学反应，通过铁液的热量，使模样热解汽化，再通过真空泵将模样汽化产生的气体抽出，如果模样汽化不完全，模样汽化产生的气体不能及时抽至型外，型内产生的气体压力会使模样残渣留在铸件表皮下，从而造成铸件夹渣缺陷（消失模行业内称为模样残渣缺陷）。

由于金属熔渣和模样残渣颜色非常相近，都是黑色，并且留在铸件内与形成夹渣的部位相同，所以消失模铸件夹渣缺陷从颜色和部位来看，很难分清是金属熔渣还是模样残渣。金属熔渣一般体积较大，肉眼可以看见，而且形成的比例较小，ⅢB 型铁座的夹渣体积微小，形成比例较大，对此制订了在严格熔炼、浇注工艺的前提下，主要以解决模样残渣为主的解决方案。

3. 显微夹渣预防措施

（1）严格铁液的熔炼和处理工艺

1）为了减少熔炼过程中由于原材料的锈蚀造成过多的熔渣，严格规定了原材料使用前的表面清理标准。通过采用振动、抛丸、加热等处理手段，将原材料表面的锈蚀、油污等杂质处理干净。

2）熔炼后期，利用聚渣剂将熔炼产生的熔渣尽可能地清除干净。在铁液出炉前，提高铁液温度100℃左右，用聚渣剂清理熔渣2~3次，而后将铁液温度降低到出炉要求的温度后再出炉。

3）球化包内清理干净。球化处理用的球化剂、孕育剂使用前应烘烤，覆盖用的铁屑使用前应加热清除油污。球化处理反应完毕后，静置3~5min，并用聚渣剂除渣2~3次。

（2）浇注工序

1）浇口杯使用水玻璃砂硬化制作，严禁使用其他方式制作的浇口杯。

2）浇注过程中，安排专人进行挡渣。浇注时铁液必须充满浇口杯，要求铁液连续，流速平稳。

3）通过人工控制，保证浇注时砂箱内的真空度在一定范围，上下波动在0.05MPa左右。

（3）模样制作工序控制

1）在保证模样强度的前提下，通过调整发泡时间、蒸汽压力来控制加大模料发泡后的颗粒度，最大限度地降低模样的密度。通过多次试验，将ⅢB型铁座模样的密度控制在18~24kg/m³。

2）在保证浇道强度要求的前提下，最大限度地降低浇道模样的密度。通过试验，将浇道模样的密度控制在16~22kg/m³。

3）通过调整涂料中耐火材料的粒度和比例，在保证铸件表面粗糙度的前提下，使涂料的透气性达到最大，保证浇注过程中模样产生的气体顺利排出。

4）模样组合时，在使用少量黏结剂的情况下，通过镶嵌方式，达到保证模样簇强度的目的。

5）控制填充砂的粒度比例，加强填充砂的除尘，保证浇注过程中填充砂的透气性，以利模样产生的气体排出。

4. 实施效果

对第一炉试验的ⅢB型铁座进行了全部破坏性试验，对工件的重要受力部位进行了切割检验，检验后未发现夹渣缺陷。按照第一炉试验过程中各道工序的控制措施，连续试验了5炉，以50%的抽检比例对每个砂箱内的铸件进行切割检验，共抽检铸件960件。抽检结果发现有两件ⅢB型铁座孔的端壁有夹渣缺陷（肉眼可以看见），ⅢB型铁座过渡圆角处（受力部位）通过显微镜检验，未发现夹渣缺陷。依据试验过程中制订的预防措施，对ⅢB型铁座的消失模铸造工艺进行了修订、补充后，进入批量生产。

14.2.15　消失模铸铁件黏砂的分析及防止

消失模铸造工艺采用实型模样，浇注时边充型边汽化，存在着复杂的物理、化学反应，如果工艺控制不当，就会产生铸造缺陷。本节分析黏砂缺陷产生的原因和防止的方法。

1. 消失模铸造产生黏砂的原因和机理

机械黏砂是由金属渗透引起的铸造缺陷。它是铸型与金属界面动压力、静压力、摩擦力及毛细作用力平衡被破坏的结果。消失模铸造由于真空吸力的作用，加上高温浇注，金属液穿透力比砂型铸造中要强得多，容易透过涂料层渗入铸型。因此，要注意以下三点：

1）真空度不能太高，或靠近模样处型砂的紧实度要高。

2）浇注温度不能太高。

3）涂料层不能太薄或不均匀。

消失模铸造由于工艺成形原理的特殊性，如真空、干砂造型等，金属渗透缺陷更为严重，一些铸件因该缺陷长期不能解决，使生产难以进行。

2. 消失模铸造影响黏砂的主要因素

通过观察从铸件表面清理下来的黏砂缺陷区域的涂料片可以发现，这些区域的涂料片除了中间有一条裂纹外，其他区域比较完整。这说明金属液是通过裂纹进入砂型，而后在型砂孔隙中渗透蔓延，直至金属液凝固而无法流动为止。由此可见，涂层中的裂纹是形成黏砂缺陷的直接原因。

（1）涂层开裂的因素分析　根据消失模铸造工艺过程的特点，可能造成涂层开裂的环节有三个方面：

1）在烘干过程中，由于悬浮剂加入量过大或涂层太厚，造成激热裂纹。

2）在造型过程中，因型砂冲刷而造成破坏。

3）在充型过程中，因金属液的冲刷而造成破坏。

（2）型砂紧实度的影响　在振动紧实不足时，涂层与干砂之间会出现的较大间隙。这种间隙的存在使得浇注金属液时涂层所受的应力增大，因此可能会因涂层的强度小于涂层所能承受的应力而使涂层开裂。由此可见，通过充分的振动，保证干砂与涂层良好接触，对防止黏砂缺陷至关重要。

（3）涂层厚度的影响　涂层厚度与金属渗透缺陷有着非常密切的关系。厚涂层（相当于砂粒粒径几倍）会阻止金属渗入砂型。

3. 消失模铸造防止黏砂的工艺措施

1）合理调整涂料组分，特别是其中的黏结剂和悬浮剂组分，提高涂料抗激热开裂的性能，同时提高涂料的强度，具体配方可通过测试涂料的激热试验和涂料的表面强度来确定。

2）增加涂层的厚度，在必要时可涂挂两层涂料，提高涂层的耐火度。

3）合理控制真空度和浇注温度，在保证浇注顺利进行的情况下，要尽可能压低真空度和浇注温度，以抑制高温金属液的穿透力。

4）内孔或其他清理困难的地方，采用耐火度稍高的硅砂或用非石英系原砂代替硅砂造型。

总之，结合生产经验，从模样浸涂、涂料烘干、浇注操作等多方面分析防止黏砂缺陷的措施。过程控制是消失模工艺的关键，生产中要特别注重细节的把关，防止缺陷要从多方面综合分析，要抓住关键环节有目的地采取措施。完善装备、严细操作必将取得良好的结果。

14.2.16　消失模铸造铝合金铸件常见铸造缺陷分析与防止

1. 溃型（塌砂）

消失模铸造中型砂的移动、铸型的破坏造成铝合金液不能完全置换泡沫模样，使铸件不能成形。

溃型（塌砂）缺陷的防止一般采用提高铸型强度、合理设计造型装箱工艺、正确进行浇注操作来保证。

2. 冷隔与重皮

在消失模铸造生产过程中，铸件表面产生冷隔的原因是：铝合金液浇注温度偏低，浇注速度慢，充型过程中负压过大；铝合金液沿型壁过快上升，超过内部铝合金液的上升速度；在铸型表面形成一层壳，而后被后面上升慢的铝合金液填充；如果没有被后面的铝合金液熔化其壳就形成重皮缺陷。

解决这类缺陷的办法如下：

1）选择符合铸件结构和工艺要求的专用砂箱，造型时在专用砂箱中合理地摆放泡沫模样。

2）改进浇注系统，提高浇注温度和浇注速度。适当调整负压，控制好汽化速度。

3. 浇不足

在泡沫模样的薄壁处或远离浇口的位置，由于铝合金液与模样置换过程中，铝合金液前沿阻力大、铝合金液流动距离远、热损耗大、降温速度快，使铝合金液流动速度差，产生浇不足，造成孔洞。

浇不足一般采用以下措施来防止：

1）降低泡沫模样的密度，改变原始珠粒种类，减少模样的发气量。

2）提高铝合金液的浇注温度和浇注速度，提高泡沫模样涂料的透气性和型砂的透气性。

4. 表面孔洞与凹坑缺陷

消失模铸造在工艺操作不当和控制不严格的情况下，容易产生表面孔洞与凹坑的铸件缺陷，如渣孔、砂孔、缩孔等表面缺陷。如泡沫质量不良的情况下，铸件表面还会产生龟纹等缺陷。消失模铸造的这一类铸造缺陷是比较复杂的产生过程，要根据所有工艺操作过程和控制数据进行整体分析，一般采取以下几方面措施：

1）严格控制组合模样的工艺操作，提高浇冒口系统的挡渣能力和排渣能力。

2）提高铸件的浇注温度和浇冒口的补缩、挡渣和集渣能力，以及浇冒口连接处的连接质量。

3）控制泡沫模样质量和涂料的干燥质量。

5. 表面碳缺陷（皱皮）

表面碳缺陷（皱皮）是铸件浇注时由于聚苯乙烯的分解产物形成的。聚苯乙烯在700℃以下形成黏稠的沥青状液体。黏稠的沥青状液体一部分被涂料层吸附，一部分在合金液与涂料层之间形成薄膜，在还原气氛下形成结晶碳，它在铸件表面形成碳缺陷而影响表面质量。碳缺陷的形成主要是泡沫模样的密度大或局部密度过大或涂料和型砂的透气性以及浇冒口系统和浇注工艺控制不当等造成的，要减少其产生，必须严格控制预发泡和成形工艺，严格把关涂料质量，设计合理的浇注系统和生产工艺，严格控制泡沫原材料的质量，提高铝合金液熔炼质量，以及浇注温度和浇注速度。

6. 珠粒状表面和表面过烧

珠粒状表面表现在铸件表面呈泡沫珠粒状，其根本原因是珠粒膨胀愈合不良。它会影响铸件的力学性能以及铸件密封性而导致报废。另一方面影响铸件的外观质量，用户不接受有此缺陷的产品。

其原因是成形珠粒发泡剂含量不足；成形时蒸汽压力低，通蒸汽时间短；成形模具质量有问题。

表面过烧同珠粒状表面性质基本相同。表面过烧现象是成形时模具的局部位置蒸汽量过大和珠粒充型不实所致。

总的来说，这两种缺陷一般是泡沫成形模具有问题，需要对模具进行必要的修理才能解决。

7. 表面凹凸现象

表面凹凸现象主要是因为泡沫成形模具上面的排气塞凹凸和进料口料塞杆定位发生变化，以及模具工作表面有破损或铸造缺陷。为防止这些小的缺陷，平时要加强模具的定期检查；成形操作工人要认真检查观察生产出来的泡沫模样的外观，及时发现即时处理；模具的制作要到专业的厂家去定做，才能保证模具质量。模具质量有保障，泡沫模样质量就有了质量保证。

吸气、氧化是造成铝合金铸件缺陷的最大原因。必须严格控制工艺过程，从原辅材料的选择开始全过程综合控制，才能有效防止。对气孔、渣孔、针孔、冷隔、浇不足、砂眼、表面氧化、皱皮、夹砂夹渣等常见缺陷要认真分析，综合考虑，并且结合现有的条件解决。

不同的铸件结构特点有着不同的工艺要求，生产过程中出现的缺陷也不相同。要认真分析出现的问题，采取有效措施加以控制和预防。要严格控制工艺过程，选择合适合格的生产设备和检测设备来控制和保证生产正常进行。

附　　录

附录 A　GB/T 26658—2011《消失模铸件质量评定方法》解读

该标准规定了 300kg 以下发泡成形消失模铸造的铸铁件和铸钢件的技术要求、检验方法、验收规则以及标志、包装、运输和贮存等要求。该标准适用于消失模铸件的质量分级、评定和检验。

1. 规范性引用文件

GB/T 228　金属材料 室温拉伸试验方法

GB/T 1348　球墨铸铁件

GB/T 2828.1　计数抽样检验程序　第 1 部分：按接收质量限（AQL）检索的逐批检验抽样计划

GB/T 2828.2　计数抽样检验程序　第 2 部分：按极限质量 LQ 检索的孤立批检验抽样方案

GB/T 5677　铸钢件射线照相检测

GB/T 5680　奥氏体锰钢铸件

GB/T 6060.1　表面粗糙度比较样块　铸造表面

GB/T 6414　铸件　尺寸公差与机械加工余量

GB/T 7216　灰铸铁金相检验

GB/T 7233.1　铸钢件 超声检测 第 1 部分：一般用途铸钢件

GB/T 8492　一般用途耐热钢和合金铸件

GB/T 9437　耐热铸铁件

GB/T 9439　灰铸铁件

GB/T 9441　球墨铸铁金相检验

GB/T 9443　铸钢件渗透检测

GB/T 9444　铸钢件磁粉检测

GB/T 11351　铸件重量公差

GB/T 13298　金属显微组织检验方法

GB/T 13925　铸造高锰钢金相

GB/T 17445　铸造磨球

TB/T 26656　蠕墨铸铁件金相检验

TB/T 2450　ZG230-450 铸钢金相检验

TB/T 2451　铸钢中非金属夹杂物金相检验

JB/T 5439　压缩机球墨铸铁零件的超声波探伤

2. 技术要求

（1）消失模铸件外观质量评定

1）铸件形状外观。铸件外形轮廓、圆角等按其正确及美观程度分为 5 级。

1 级：外观轮廓清晰，圆角尺寸正确且过渡平滑美观。

2 级：外观轮廓 30% 以下欠清晰，圆角过渡不够平滑。

3 级：外观轮廓 40% 以下欠清晰，圆角 40% 以下未铸出。

4 级：外观轮廓 60% 以下欠清晰，圆角未铸出。

5 级：外观轮廓不清晰，铸造圆角未铸出，黏结线（面）凹凸不平。

铸件形状外观质量应在 3 级以内。

2）铸件表面缺陷。

① 表面夹杂物（夹砂、夹渣等）。由于脱落型砂、涂料、金属渣及模样分解产生的固液相产物等进入铸件，残存于铸件表面，形成了铸件表面夹杂物缺陷。

根据铸件最差部位 100mm × 60mm 的面积内存在夹杂物的大小、数量，将其分为 5 级（见图 A-1）。

1 级：缺陷 ≤2 点，直径 2mm，深度 ≤1mm（见图 A-1a）。

2 级：缺陷 ≤ 4 点，直径 3mm，深度 ≤ 1.5mm（见图 A-1b）。

3 级：缺陷 ≤4 点，直径 5mm，深度 ≤2mm（见图 A-1c）。

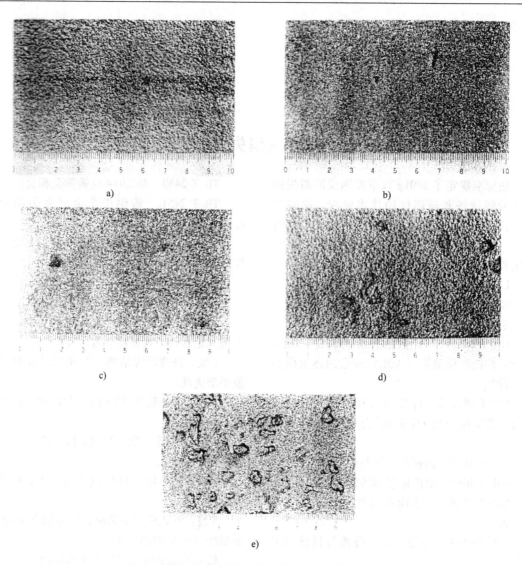

图 A-1　表面夹杂物（夹砂、夹渣等）

a) 1 级　b) 2 级　c) 3 级　d) 4 级　e) 5 级

4 级：缺陷≤7 点，直径7mm，深度≤3mm（见图 A-1d）。

5 级：缺陷严重（见图 A-1e）。

一般情况下，铸件表面夹杂物缺陷应在 3 级以内。

② 表面气孔。由于泡沫塑料模样分解产生气体以及浇注时裹入气体，或涂层未干水汽化形成的气体等残留在铸件表面形成表面气孔（或气坑）缺陷。根据铸件表面气孔最严重部位 100mm×60mm 的面积内气孔数目多少、大小及深度分为 5 级（见图 A-2）。

1 级：表面气孔数≤3 点，孔径≤ϕ1mm，深度≤1mm（见图 A-2a）。

2 级：表面气孔数≤7 点，孔径≤ϕ1mm，深度≤1mm（见图 A-2b）。

3 级：表面气孔数≤9 点，孔径≤ϕ2mm，深度≤2mm（见图 A-2c）。

4 级：表面存在密集气孔，但深度较浅，孔径较小（见图 A-2d）。

5 级：表面存在密集气孔，孔径大且较深（见图 A-2e）。

铸件表面气孔缺陷应在 2 级以内。

③ 表面皱皮。铸铁件在浇注过程中，泡沫塑料模样汽化分解的固、液相产物堆积在铸件

表面形成橘皮状碳质缺陷，造成铸件表面皱皮缺陷。根据铸件表面皱皮最严重部位 100mm × 60mm 的面积内皱皮的严重程度，分为 5 级（见图 A-3）。

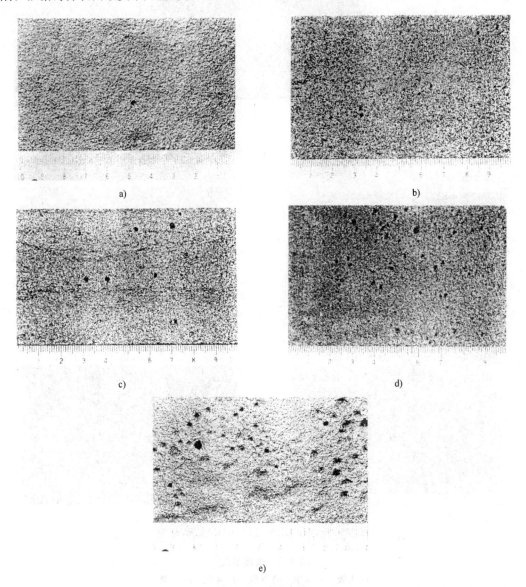

图 A-2　表面气孔

a) 1 级　b) 2 级　c) 3 级　d) 4 级　e) 5 级

1 级：轻微皱皮（见图 A-3a）。
2 级：轻度皱皮（见图 A-3b）。
3 级：中度皱皮（见图 A-3c）。
4 级：重度皱皮（见图 A-3d）。
5 级：严重皱皮（见图 A-3e）。
铸件表面皱皮缺陷应在 3 级以内。
④ 冷隔。分多路充型的金属液相遇后由于温度低而不能很好地熔合形成对接明显的痕迹。在 100mm × 60mm 面积内，按冷隔严重程度分为 5 级（见图 A-4）。
1 级：轻微冷隔（见图 A-4a）。
2 级：轻度冷隔（见图 A-4b）。
3 级：中度冷隔（见图 A-4c）。
4 级：重度冷隔（见图 A-4d）。
5 级：严重冷隔（见图 A-4e）。
铸件冷隔缺陷应在 3 级以内。

a)

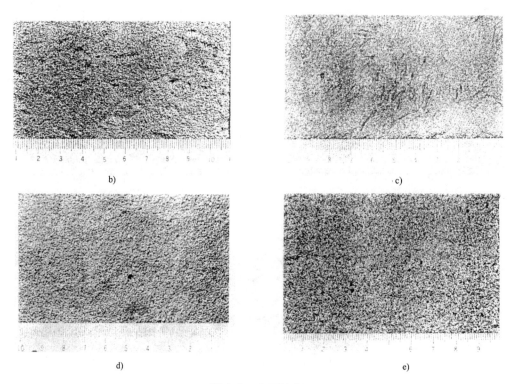

b)　　　　　　　　　　　　　　c)

d)　　　　　　　　　　　　　　e)

图 A-3　表面皱皮

a) 1级　b) 2级　c) 3级　d) 4级　e) 5级

⑤ 表面龟纹。铸件表面喷丸处理后，有时还留有原模样珠粒间存在的间隙，浇注后形成的网状痕迹称之为龟纹。如果珠粒间隙过深，涂料浸入，浇注后则形成较深的网状痕迹，则形成消失模铸件表面的一种特殊缺陷。在 $100\text{mm} \times 60\text{mm}$ 面积内，按龟纹大小、深度分为5级（见图A-5）。

1级：均匀分布，细小的网状纹路，深度为0（见图A-5a）。

2级：细小而均匀分布，痕迹深度 ≤ 0.2mm（见图A-5b）。

3级：直径较大（$\phi \leqslant 2\text{mm}$），痕迹深度 ≤ 0.5mm（见图A-5c）。

4级：直径大（$\phi \leqslant 3\text{mm}$），痕迹深度 ≤ 1.0mm（见图A-5d）。

5级：粗大龟纹，痕迹深度 > 1.0mm（见图A-5e）。

铸件表面龟纹应在3级以内。

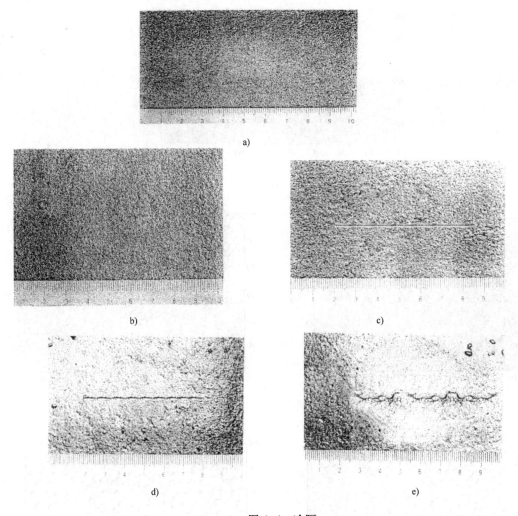

图 A-4　冷隔

a) 1 级　b) 2 级　c) 3 级　d) 4 级　e) 5 级

⑥ 黏砂。金属液渗入涂层及砂型中，形成砂、涂料和金属混合物，黏附在铸件表面，严重时成为所谓"铁包砂"，很难清理。在 100mm×60mm 面积内，根据黏砂程度不同分为 5 级（见图 A-6）。

1 级：轻微黏砂（见图 A-6a）。

2 级：轻度黏砂（可磨修）（见图 A-6b）。

3 级：中度黏砂（可磨修）（见图 A-6c）。

4 级：重度黏砂（磨修较困难）（见图 A-6d）。

5 级：严重黏砂及铁包砂（清理极困难）（见图 A-6e）。

铸件表面黏砂应在 3 级以内。

⑦ 黏结线、气塞痕迹。铸件表面形成的分型面黏结线及气塞引起的凸起部分。按最差部位 100mm×60mm 视野内金属突出物（主要是黏结线痕迹）程度分为 5 级（见图 A-7）。

1 级：黏结线痕迹很窄很轻，无针刺（见图 A-7a）。

2 级：黏结线痕迹≤1mm，高≤1mm，无针刺，结瘤（见图 A-7b）。

3 级：黏结线痕迹≤2mm，高≤2mm，轻度针刺，无结瘤（见图 A-7c）。

4 级：黏结线痕迹≤3mm，高≤3mm，轻度针刺，无结瘤（见图 A-7d）。

5 级：黏结线痕迹≥5mm，高＞3mm，或有中度针刺，或有结瘤存在（见图 A-7e）。

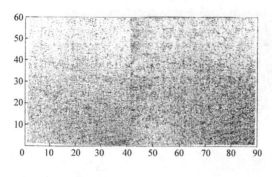

a)

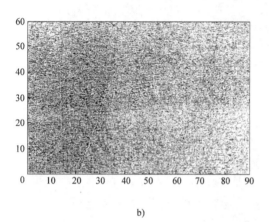

b)

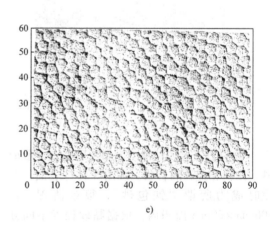

c)

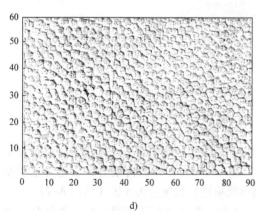

d)

e)

图 A-5 表面龟纹

a) 1级 b) 2级 c) 3级 d) 4级 e) 5级

金属突出物可以通过打磨修整，一般不作为不合格品，优质消失模铸件表面金属突出物应在2级以内。

⑧ 铸件浇冒口去除痕迹。去除浇冒口留下的痕迹，分为5级（见图 A-8）。

1级：痕迹细、均、平滑（见图 A-8a）。

2级：轻度痕迹（见图 A-8b）。

3级：中度痕迹（见图 A-8c）。

4级：重度痕迹（见图 A-8d）。

5级：严重、高低不平的痕迹或切割造成低于铸件的平面（见图 A-8e）。

去除铸件浇冒口痕迹高于铸件平面可以打磨改善，切割痕迹低于铸件平面的，铸件报废或修补。

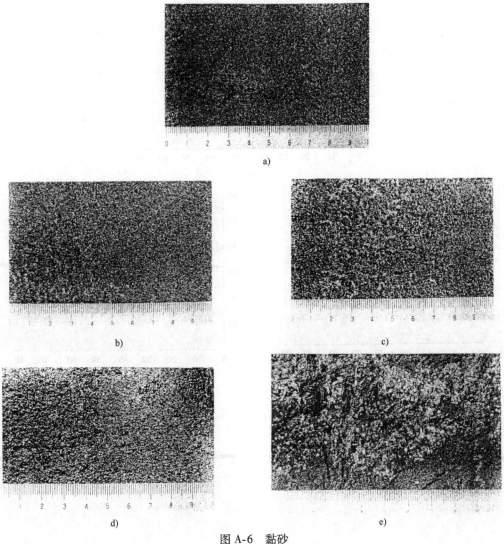

图 A-6 黏砂
a) 1 级 b) 2 级 c) 3 级 d) 4 级 e) 5 级

⑨ 铸件焊补（修补）面积。一些铸件表面缺陷，在用户同意下允许焊补（或修补），在 100mm × 60mm 面积内，按焊补面积大小分为 5 级（见图 A-9）。

1 级：焊补面积≤5%（见图 A-9a）。

2 级：轻度焊补，焊补面积≤20%（见图 A-9b）。

3 级：中度焊补，焊补面积≤50%（见图 A-9c）。

4 级：重度焊补，焊补面积≤80%（见图 A-9d）。

5 级：视野内全部焊补（见图 A-9e）。

（2）铸件表面铸造缺陷的评定方法 用视觉对照图谱评定，选定最坏部位面积 100mm × 60mm，在正常情况下铸件表面喷丸清理后进行检查。

1）铸件表面粗糙度。表面粗糙度是指在较小间距、峰谷所组成的微观几何形状特性。是在取样长度内轮廓偏距绝对值的算术平均值，单位为 μm，标记为 Ra。为便于现场检测铸件表面粗糙度，用比较样块进行对比评定。

消失模铸件表面粗糙度分为 5 级。

1 级：$Ra \leqslant 6.3$ μm；2 级：$Ra \leqslant 12.5$ μm；3 级：$Ra \leqslant 25$ μm；4 级：$Ra \leqslant 50$ μm；5 级：$Ra \leqslant 100$ μm。

铸件表面粗糙度应在 3 级以内。

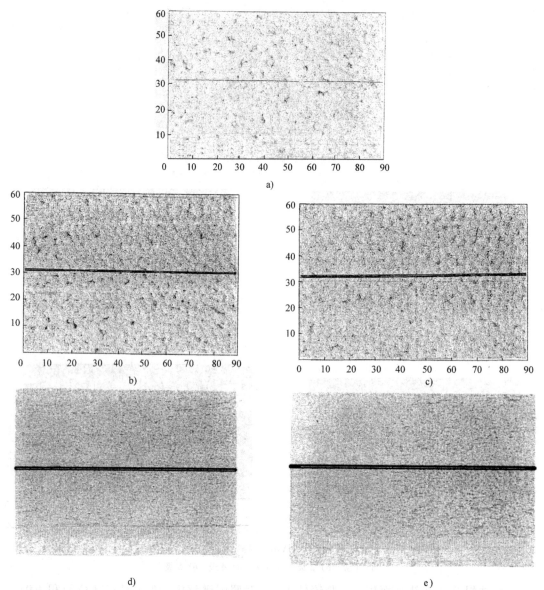

图 A-7　金属突出物（黏结线痕迹结瘤、针刺）

a）1 级　b）2 级　c）3 级　d）4 级　e）5 级

2）铸件尺寸精度。消失模铸件按其尺寸精度分为 5 级，每级对应于 GB/T 6414 的尺寸精度范围如下：

1 级：尺寸公差 DCTG6 级及 6 级以内；2 级：尺寸公差 DCTG7 级及 DCTG8 级以内；3 级：尺寸公差 DCTG9 级及 9 级以内；4 级：尺寸公差 DCTG10 级及 10 级以内；5 级：尺寸公差 DCTG10 级以上。

铸件尺寸精度应在 3 级以内，即应达到 GB/T 6414 DCTG9 级以内；壁厚尺寸精度应在 2 级以内，即应达到 GB/T 6414 DCTG8 级以内。

3）铸件重量精度。铸件重量精度等级共分 5 级，每级对应于 GB/T 11351 铸件重量公差级别如下：

1 级：相当于 MT4 级以内；2 级：相当于 MT5～MT6 级；3 级：相当于 MT7～MT8 级；4 级：相当于 MT9～MT10 级；5 级：相当于 MT10 级以上。

铸件重量公差应在 3 级以内。

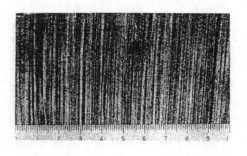

a)

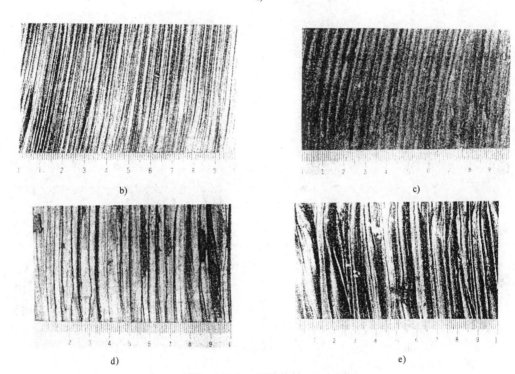

b)　　　　　　　　　　　　　　c)

d)　　　　　　　　　　　　　　e)

图 A-8　浇冒口去除痕迹

a) 1 级　b) 2 级　c) 3 级　d) 4 级　e) 5 级

4) 铸件内部缺陷。铸件内部缺陷评级按 GB/T 5677、GB/T 7233.1、GB/T 9443、GB/T 9444、JB/T 5439 的规定执行。

5) 铸件材质及性能。铸件化学成分、力学性能、金相组织及特殊要求的使用性能（如耐压、耐热、耐磨等性能），应符合 GB/T 5680、GB/T 13925、GB/T 17445、GB/T 9437、GB/T 8492、GB/T 9439、GB/T 7216、GB/T 1348、GB/T 9441 的规定。

6) 检验方法。

① 铸件形状轮廓：目测。

② 铸件表面缺陷：对照标准图谱取最差部分目测。

③ 铸造表面粗糙度。用表面粗糙度标准样块，按照 GB/T 6060.1 的规定目视对比确定。

用 80% 以上的表面面积的表面粗糙度代表铸件的表面粗糙度。但其余 20% 面积的表面粗糙度不得低于 80% 面积的表面粗糙度两个等级以上，如果大于两个等级，则取 20% 面积的最大表面粗糙度小一个等级作为被检铸件的表面粗糙度等级。

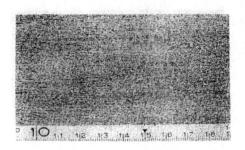

a)

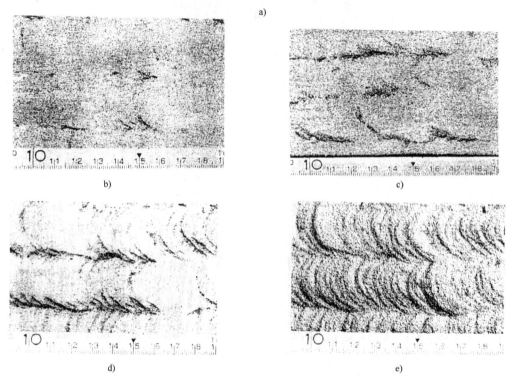

b)　　　　　　　　　　　　　　　c)

d)　　　　　　　　　　　　　　　e)

图 A-9　铸件焊补（修补）面积
a) 1 级　b) 2 级　c) 3 级　d) 4 级　e) 5 级

④ 铸件尺寸精度。用卡尺、卷尺或板尺等测量，按 GB/T 2828.1 和 GB/T 2828.2 的规定确定取样数量，但不少于 8 件，测量铸件的同一尺寸的最大偏差值，对照分级表，确定铸件该尺寸的铸造尺寸精度。

⑤ 重量精度。按 GB/T 2828.1 和 GB/T 2828.2 的规定确定取样数量，但不少于 8 件，用秤称量铸件重量，计算出重量平均值 G_0，铸件最大重量与最小重量的差值 ΔG，计算出重量差的百分数 $K = \dfrac{\Delta G}{G_0} \times 100\%$，对照 GB/T 11351 得到铸件的重量精度。

⑥ 铸件内部缺陷。用 X(γ) 射线等方法拍照铸件关键部位，根据底片和标准图谱确定缺陷等级。

⑦ 铸件材质及性能。通用化学分析、力学性能试验、金相组织试验及特殊性能试验按 GB/T 228、GB/T 13298、TB/T 2451、TB/T 2450、GB/T 13925、GB/T 5680、GB/T 7216、GB/T 9441、TB/T 26656 的规定进行。

7) 验收规则。

① 铸件由需方提供图样及技术要求文件，由供方检查部门提供检验报告。需方有权进行复验。

② 铸件检查项目与数量，由供需双方协商确定。

③ 不合格项在需方同意的情况下，允许修复，再按标准复验，复验符合要求者为合格。

8）标志、包装、运输和贮存。按铸件适用规则或供需双方协议执行。

3. GB/T 26658—2011 的目的和意义

消失模铸造作为一个绿色铸造工艺，在我国经过几十年的发展，据统计 2011 年消失模（类型）铸件达到 100 万 t/年，我国消失模铸造铸铁件最大到 20t，我国消失模铸件生产厂家数量、规模、产品种类、数量均为世界第一。消失模铸件生产向规模化、高水平方向快速发展，然而模失模铸造企业及用户缺乏规范双方技术、产品洽谈、协作的标准，时常遇到较大的技术商务分歧，难以协商。为此，必须制定先进的消失模铸件质量标准及统一的评定方法。这个标准于 2011 年 6 月 16 日发布，

2012 年 3 月 1 日实施，对于推动中国消失模铸造技术和生产的发展，提高消失模铸件质量具有积极的推动作用。

4. GB/T 26658—2011 标准的局限与企业标准的拓展

该标准是我国消失模铸造的首个标准，只规定了 300kg 以下的铸件，而现在大的消失模铸造铸铁件已经有重达 20t 的了。这个标准适用于铸铁件、铸钢件，我国的消失模铸造铝合金件发展也极为迅速。这个标准主要是消失模铸件质量的评定方法，可是消失模模样及模具、消失模涂料、消失模泡沫塑料材料以及消失模铸造设备，也急需标准来规范。因此，关于标准中各项技术指标，根据生产技术的不断进步，在以后的实施中将不断完善修订。具备技术条件的消失模铸造企业、材料和模具生产供应厂家、大型消失模铸造设备生产厂商可以参考此标准，制定相关的消失模铸造方面企业标准。

附录 B　JB/T 11844—2014《实型铸铁件表面质量评定方法》解读

该标准规定了实型铸造的铸铁件产品质量的技术要求、检验规则，以及标志、包装、运输和贮存，适用于 500kg 以上实型铸造的铸铁件的质量分级、评定和检验。

1. 规范性引用文件

GB/T 6060.1 表面粗糙度比较样块铸造表面
GB/T 6414 铸件　尺寸公差与机械加工余量

2. 本标准的部分术语及定义

（1）铸件表面积炭和皱皮　实型铸造浇注过程中泡沫模样汽化热解，残留物落在铸件表面，使此处碳量增大，形成碳的积聚，同时导致铸件表面形成橘皮状凸凹花纹。

（2）实型铸件黏砂　在实型铸造浇注过程中，由于涂料层局部破损，使铁液进入间隙，穿过涂层进入干砂，把砂粒包裹住，落砂后包裹的砂粒铁液凝固形成铁砂混合物，黏附在铸件表面，形成铸件黏砂。这种黏砂比较容易被清除掉。

3. 主要试验和验证内容

（1）生产企业实型铸件质量内控　对实型

铸件的化学成分、力学性能、外形尺寸、几何形状、表面粗糙度、表面缺陷提出了企业内控要求，并提出了检验的方法。

（2）化学成分、金相组织和力学性能　需方无特殊要求时按供方规定的铸铁牌号及金相组织和力学性能要求确定铸件的化学成分；需方对化学成分有特殊要求时，按供需双方协商的化学成分、金相组织和力学性能作为验收依据。

（3）外观质量　对实型铸件的外观形状、表面缺陷、表面粗糙度、铸件尺寸精度、铸件表面清理，以及铸件局部塞补等都做了相应的规定。

1）铸件外观形状。通过目测观察，铸件外形轮廓、圆角等按其正确、美观程度分为 5 个等级。其中 1 ~ 3 级为合格，4 级经过修补达到合格按合格处理，5 级为不合格。

2）铸件表面缺陷。对铸件表面夹杂物（夹砂、夹渣等）、表面积炭和皱皮、黏砂、金属突出物（黏结线痕迹、结瘤、毛刺）、浇冒

口去除痕迹、焊补（修补）面积、等铸件表面缺陷，按视觉对照图谱评定。选定最坏部位面积 100mm × 60mm，在正常情况下铸件表面喷丸清理后进行检查。各种表面缺陷均划为 5 个级别，其中 1 ~ 3 级为合格，4 级经过修补达到合格按合格处理，5 级为不合格。

3）铸件变形、胀箱缺陷。铸件变形发生在机加工面上，当机加工后铸件尺寸能够达到图样要求的公差范围时，应视为合格品。非机加工面的变形量：铸件对角线方向检测尺寸不能大于该尺寸的 0.25%，铸件长度方向不能大于检测该处尺寸的 0.2%。对此，再三征求意见，在讨论会议上，认为对于大型铸件，这个变形量太大，对此做了相应的修改，非机加工面的变形量：对角线方向铸件尺寸 ≤3m，不大于该尺寸的 ±0.2%；铸件尺寸 >3 m，不大于该尺寸的 ±0.15%。

铸件机加工部位的胀箱最大不能超过 5mm，铸件非机加工部位胀箱最大不能超过 4mm，并应进行打磨清理。

4）铸件缩孔、缩松。铸件重要部位和工作面上，不能有缩孔、缩松缺陷。铸件非重要部位和工作面上，允许有缩孔、缩松存在，其直径不能大于该处壁厚的 1/3，深度不能大于该处壁厚的 1/4。若可进行修补，打磨平整，视为合格品。

5）冷隔和裂纹。铸件重要的工作面机加工面上，不能有冷隔和裂纹缺陷。

6）气孔、砂眼、渣孔。对气孔、砂眼、渣孔缺陷的要求见表 B-1。

表 B-1　对气孔、砂眼、渣孔缺陷的要求

部位和范围	铸件重要部位和重要加工部位	一般部位	非重要部位、非加工面
可存在缺陷范围	不能存在气孔、砂眼、渣眼的缺陷	单孔直径不大于 5mm，最大深度为该处壁厚的 1/4，100cm² 内不多于 5 个，单孔直径在 1 ~ 1.5mm 的不能多于 8 个	单孔直径不大于 7mm，最大深度为该处壁厚的 1/3，100cm² 内不多于 6 个，单孔直径在 1 ~ 1.5mm 的不计在内
可修补情况	机床导轨部位内修补，另见表面粗糙度要求	可进行焊补后进行机加工	可焊补后打磨平整

（4）铸件表面粗糙度　表面粗糙度是指在较小间距、峰谷所组成的微观几何形状特性。在取样长度内轮廓偏距绝对值的算术平均值，单位为 μm，记为 Ra。为便于现场检测铸件表面粗糙度，用比较样块进行对比评定。铸件表面粗糙度应符合 GB/T 6060.1 的规定，质量指标和分级见表 B-2。

表 B-2　铸件表面粗糙度质量指标和分级

（单位：μm）

铸件成（重）量		>500 ~ 1000kg	>1000kg
分级	一等品	≤25	≤50
	合格品	≤50	≤100

注：铸件的内腔非主要表面和加工面的表面粗糙度可以相应地降低一级验收。

（5）铸件尺寸精度　按照国家标准 GB/T 6414 规定的铸件尺寸公差，实型铸件按其尺寸精度分为 5 级，每级相当于 DCTG 的尺寸精度范围，见表 B-3。

表 B-3　尺寸精度范围

精度	尺寸精度范围
1 级	尺寸公差 DCTG6 级及 DCTG6 级以内
2 级	尺寸公差 DCTG7 级及 DCTG8 级以内
3 级	尺寸公差 DCTG9 级及 DCTG9 级以内
4 级	尺寸公差 DCTG10 级及 DCTG10 级以内
5 级	尺寸公差 DCTG10 级以上

实型铸件尺寸精度（包括厚度尺寸精度）应为 3 级以内（含 3 级）。

（6）铸件清理　铸件表面应打磨清理干净，不允许有黏砂和严重的氧化皮存在；铸件内腔、非常重要的内表面、人工或机械清理达不到的部位，允许存在黏砂和氧化皮，但面积不能大于该部位总面积的 1/4。

（7）塞补　标准初稿中有铸件塞补的内容，考虑在行业标准中，铸件较大缺陷使用塞补对铸件整体质量要求不利，在征求意见和会议讨论中，删除了塞补方面内容。实际工作中确有这种情况时，可由供需双方协商解决。

（8）检验方法　铸件表面铸造缺陷的评定用视觉对照图谱评定，选定最差部位面积100mm×60mm。在正常情况下，经铸件表面喷丸或机械打磨等方法清理后进行检查。

汽车覆盖件模具和机床铸件为大型铸件，铸件质量的检验包括以下几项内容：

1）化学成分、金相组织和力学性能检验，按常规金属材料化学成分、金相组织和力学性能试验方法进行。

2）铸件外观质量及铸件清理检验通过目测进行。

3）铸件表面粗糙度检验按 GB/T 6060.1的规定进行。

4）铸件尺寸精度检验按 GB/T 6414 的规定进行。

（9）检验规则

1）检验要求。每批（每炉次）铸件100%进行铸件产品质量检验。

2）铸件由需方提供图样及技术要求文件，由供方检查部门提供检验报告。需方有权进行复验。

3）铸件检查项目、程度与数量，由供需双方协商确定。

4）在需方同意的情况下，允许修复，再按标准检验，检验合格者为合格品。

（10）铸件标志、包装、运输和贮存

1）标志。产品应在显著位置标明生产厂名、厂址、联系电话、生产日期、生产批号和牌号。也可按照铸件适用规则或供需双方协议执行。

2）包装、运输和贮存。产品在运输和贮存过程中，应做好防锈处理，也可按照铸件适用规则或供需双方协议执行。

4. 小结

实型铸铁件表面质量评定方法机械行业标准的发布实施，必将对规范实型铸铁件质量和规范市场起到促进作用，对于实型铸造企业控制铸件生产质量、铸件用户验收铸件都具有良好的积极作用。关于实型铸铁件表面质量的具体考核指标，是根据部分主要实型铸造企业和铸件用户的内控规范提出的，同时征求了更大范围企业的意见和建议。随着实型铸造生产技术的发展进步和对铸件质量需求的变化，某些指标可能不再适应实际需要，届时需要对标准进行修订。

附录 C　消失模铸造设备仪器及材料、模具生产推荐企业名录

三门峡阳光铸材有限公司

产　品：呋喃树脂及固化剂、碱酚醛树脂、
　　　　冷芯盒树脂、系列醇基涂料、淋涂
　　　　专用涂料、消失模及 V 法专用系列
　　　　涂料、脱模剂、铸造用封箱泥条、
　　　　黏结剂、聚渣覆盖剂
地　址：河南省三门峡市西站胜利路北段
电　话：0398 – 3802261/3809928
传　真：0398 – 3802261
联系人：李保良（13603409128）

陕西远大新材料技术有限公司

产　品：新型系列球化剂、系列孕育剂、蠕
　　　　化剂、复合脱氧剂、除渣剂、合金
　　　　包芯线
地　址：陕西省咸阳市三原县西关陕柴院
电　话：029 – 86699609/86102456
传　真：029 – 86102456 转 604
联系人：解戈奇（13991883907）
网　址：www. yuanda – materials. com
Email：yuanda@ yuanda – materials. com

富阳联发消失模成形设备有限公司

产　品：消失模铸造专用白模成形机、预发
　　　　泡机。
地　址：浙江杭州市富阳大源镇经纬路亭山
　　　　路口
电　话：0571 – 663596366
传　真：0571 – 663596366
联系人：厉三余（13357152007/13706814520）
网　址：www. fyxsm. net
Email：fylfxsm@ 163. com

淄博通普真空设备有限公司

产　品：消失模及 V 法铸造设备与生产线
地　址：山东省淄博市高青经济开发区东外
　　　　环中路
电　话：0533 – 8176868/2904092
传　真：0533 – 8176869/2903438
联系人：刘祥泉（13506439278）
网　址：www. topvacuum. com
Email：topvacuum@ 163. com

洛阳太航模具有限公司

产　品：消失模铸造模型专业模具
地　址：河南省洛阳市空港产业集聚区（机
　　　　场路 33 号）
电　话：0379 – 67898558
传　真：0379 – 67903500
联系人：孙京轩（13837949059）
Email：lytaihang@ 163. com

南京云博仪器科技有限公司

产　品：炉前铁液质量管理仪、无线传输型便
　　　　携式温度计、浸渍型快速热电偶，化
　　　　学分析试验室仪器，光谱仪等
地　址：江苏省南京市高淳开发区茅山路 40 号
电　话：025 – 57886123/13327712199
联系人：赵云泉
Email：934383589@ qq. com

洛阳刘氏模具有限公司

产　品：消失模铸造模型模具、EPC 发泡包
　　　　装模
地　址：河南省洛阳市飞机场工业园区北区
电　话：0379 – 67029999/67029666
传　真：0379 – 67029888
联系人：刘中华（13938478888/13849109999）
网　址：www. lsmojv. com
Email：mojv@ 163. com

蒲城毅力金属铸造材料有限公司

产　品：球化剂、孕育剂、合金包芯线、聚
　　　　渣剂、覆盖剂、脱硫剂、各种炉料
　　　　及合金
地　址：陕西省西安市兴庆路中段53号综合
　　　　楼506室
电　话：029 - 83273679
传　真：029 - 83273679
联系人：朱胜利（13572555626）

杭州斓麟新材料有限公司

产　品：消失模专用热胶颗粒、专用热熔胶
　　　　棒、消失模冷胶、修补膏、调温胶
　　　　枪、调温胶炉、消失模工艺及设备
电　话：0571 - 88780851
传　真：0571 - 88780851
联系人：应根鹏（13186968692）
Email：hzaobao@ qq. com

徐州天润铸造材料有限公司

产　品：高效除渣剂、合金炉料、耐火及造
　　　　型材料、增碳剂、消失模铸造涂料
　　　　及辅料、铸件后处理材料
地　址：江苏省邳州市赵墩工业园
电　话：0516 - 86586677
传　真：0516 - 86086677
联系人：丁永成
Email：tianrunzhucai@ 163. com

永济圣源机械制造有限责任公司

产　品：消失模铸造与V法设备及消失模铸
　　　　造线
地　址：山西省永济市城西机电工业园
电　话：13834374777
联系人：孙黄龙（18603598519）
网　址：www. sxsyxsm. com
Email：syjx6789@ 163. com

台州市黄岩轩杰模具有限公司

产　品：消失模铸造模型模具、EPC发泡包
　　　　装模
地　址：浙江省台州市黄岩区模具小镇（西
　　　　范村）
电　话：0576 - 84336338
传　真：0576 - 84336338
联系人：江建新（18858622398）
Email：jianxinmumo@ 126. com

河南桐柏山蓝晶石矿业有限公司

产　品：高铝三石基消失模涂料，铸铁、铸
　　　　钢、耐热钢、高锰钢等消失模涂
　　　　料，桐柏山蓝晶石、锆蓝晶石、红
　　　　柱石、锆红柱石、硅线石、锆硅线
　　　　石，进口天然尖晶石
地　址：河南省南阳市龙升工业园
电　话：0377 - 61530999
传　真：0377 - 63399972
联系人：褚燕静（18623773492）
网　址：www. tbsljs. com
Email：3298966831@ qq. com

江苏欧麦朗能源科技有限公司

产　品：消失模烘干机（热泵吸收中频感应
　　　　炉冷却水与砂冷却水中热量经压缩
　　　　机使低温水转换成高温的热风，实
　　　　现消失模干燥最高节能80%）
地　址：江苏省江阴市璜土镇南漊路3号
电　话：0510 - 86658711
传　真：0510 - 86658711
联系人：李小飞（15895003417）
网　址：http：//www. omldryer. com/index. html
Email：1053949083@ qq. com

参 考 文 献

[1] FRED SONNENBERG. Lost Foam Casting Made Sample [M]. Schaumburg: American Foundry Society, 2008.

[2] PARK K S, KANG B H, KIM K Y, et al. Effectof Process Variableon Bondingbetween Carbon Steeland Aluminum Castingin EPC [C]//Transaction-softhe 2nd International Congesson Expendable Pattern Casting Technologyin Chinaandthe 9th Annual Conferenceon National FullMold (EPC) Casting in China, Sichuan, 2006.

[3] 崔春芳, 邓宏运. 消失模铸造技术及应用实例 [M]. 北京: 机械工业出版社, 2007.

[4] 董秀琦, 郭若东. 消失模铸造的合理浇注速度研究[C]//中国第二届消失模铸造技术国际会议暨第九届实型(消失模)铸造学术年会论文集. 北京: 中国铸造协会, 2006.

[5] 董秀琦, 朱丽娟. 消失模铸造实用技术[M]. 北京: 机械工业出版社, 2007.

[6] 董选普, 黄乃瑜, 樊自田, 等. 镁合金消失模铸造模样热解产物及其阻燃性分析[C]//中国第二届消失模铸造技术国际会议暨第九届实型(消失模)铸造学术年会论文集. 北京: 中国铸造协会, 2006.

[7] 黄乃瑜, 叶升平, 樊自田. 消失模铸造原理及质量控制[M]. 武汉: 华中科技大学出版社, 2004.

[8] 黄天佑, 黄乃瑜, 吕志刚. 消失模铸造技术[M]. 北京: 机械工业出版社, 2004.

[9] 姜青河, 刘旭, 王蔚, 等. 涂料与聚苯乙烯液态产物间的润湿性对铸件碳缺陷的影响[C]//中国第二届消失模铸造技术国际会议暨第九届实型(消失模)铸造学术年会论文集. 北京: 中国铸造协会, 2006.

[10] 李增民, 梁光泽. 中国消失模铸造技术的发展动态及前景展望[C]//中国第五届消失模铸造技术国际会议暨第十二届实型(消失模)铸造学术年会论文集. 北京: 中国铸造协会, 2011.

[11] 梁光泽. 中国实型(消失模)铸造的四十年[C]//中国第二届消失模铸造技术国际会议暨第九届实型(消失模)铸造学术年会论文集. 北京: 中国铸造协会, 2006.

[12] 梁贺. 消失模铸钢件增碳缺陷的防止措施[D]. 石家庄: 河北科技大学, 2008.

[13] 唐锁云, 韩晓红, 陆国华, 等. 消失模铸造模样专用料的性能及应用[C]//中国第二届消失模铸造技术国际会议暨第九届实型(消失模)铸造学术年会论文集. 北京: 中国铸造协会, 2006.

[14] 陶杰. 消失模铸造方法与技术[M]. 南京: 江苏科学技术出版社, 2002.

[15] 田村尚巳. 按照涂层透气性和模样厚度计算出的消失模铸造砂型中的模样与金属液面间隙的计算[C]//中国第二届消失模铸造技术国际会议暨第九届实型(消失模)铸造学术年会论文集. 北京: 中国铸造协会, 2006.

[16] 田村尚巳. 铸件模数($M = V/S$)与 FMC 以及消失模铸造用涂层透气性的关系[C]//中国第二届消失模铸造技术国际会议暨第九届实型(消失模)铸造学术年会论文集. 北京: 中国铸造协会, 2006.

[17] 吴和保, 樊自田, 黄乃瑜, 等. 镁合金真空低压消失模铸造充型特征的研究[C]//中国第二届消失模铸造技术国际会议暨第九届实型(消失模)铸造学术年会论文集. 北京: 中国铸造协会, 2006.

[18] 章舟, 王春景, 邓宏运. 消失模铸造生产实用手册[M]. 北京: 化学工业出版社, 2010.

[19] 方亮, 孙琨, 王延庆. 聚苯乙烯泡沫塑料现代数控切割技术[J]. 铸造工程师, 2009, 9: 64–66.

[20] 唐锁云, 韩晓红, 等. 消失模铸造模样材料研究及应用进展[C]//中国第三届消失模铸造技术国际会议暨第十届中国实型(消失模)铸造学术年会论文集. 北京: 中国铸造协会, 2008.

[21] 唐锁云, 韩晓红, 陆国华, 等. 新型模样材料推动 EPC 技术发展[C]//第十七届实型铸

造经验交流会论文集．北京：中国铸造协会，2011．

[22] 王佩华，刘亚娟．消失模铸造专用胶的研究[C]//第十七届实型铸造经验交流会论文集．北京：中国铸造协会，2011．

[23] 章舟，厉三余，应根鹏．4 万 t/a 灰铸铁速箱体铸件消失模白模制作布置[C]//第三届安徽省铸造技术大会暨第九届安徽省铸造年会论文集．合肥：安徽省铸造协会，2008．

[24] ZAGORKA AĆIMOVIĆ – PAVLOVIĆ, LJUBIŠA ANDRIĆ, VLADAN MILOŠEVIĆ, et al. Refractory coating based on cordierite for application in new evaporate pattern casting process[J]. Ceramics International, 2011(37)：99 – 104．

[25] 蔡震升，等．实用铸造耐火涂料[M]．北京：冶金工业出版社，1994．

[26] 于家茂，薛修治，金广明．铸钢件生产指南[M]．北京：化学工业出版社，2008．

[27] 福田叶椰．涂型剂的涂布方法：日本，2007 – 30003[P]．2007 – 02 – 08．

[28] 高琪妹．铝合金件消失模醇基涂料的研制[J]．热加工工艺，2008，37(13)：37 – 38．

[29] 耿星．现代水性涂料助剂[M]．北京：中国石化出版社，2007．

[30] 郭淑静．国内外涂料助剂品种手册[M]．北京：化学工业出版社，1999．

[31] 黄茂福．助剂品种手册[M]．北京：纺织工业出版社，1990．

[32] 矶野昭夫．发泡模型的涂型方法：日本，2008 – 036701[P]．2008 – 2 – 21．

[33] 蒋业华，等．耐火骨料粒度分布对消失模涂料性能的影响[J]．特种铸造及有色合金，2001(1)．14 – 15．

[34] 酒井右之．消失模型用醇基涂剂组成物：日本，2009 – 39729[P]．2009 – 2 – 26．

[35] 李焕臣，等．高锰钢件消失模醇基涂料的研制[J]．热加工工艺，2002(4)：34 – 35．

[36] 李焕臣．碳钢件消失模水基涂料的研制[J]．特种铸造及有色合金，2002(4)：56 – 57．

[37] 李远才．铸造涂料及应用[M]．北京：机械工业出版社，2007．

[38] 刘向东．PVAC 对消失模水基涂料强度性能的影响[J]．铸造技术，2007(1)：99 – 102．

[39] 刘振伟，等．不同耐火填料对消失模铸造涂料性能的影响[J]．铸造，2008(12)：1294 – 1296．

[40] 钱之荣，等．耐火材料实用手册[M]．北京：冶金工业出版社，1996．

[41] 宿成君，等．消失模铸造工艺中涂料的选择与配制[J]．煤矿机械，2002(5)：41 – 42．

[42] 谭香玲，等．镁合金消失模铸造涂料的研究进展[J]．铸造，2007(2)：121 – 124．

[43] 田中勉．消失模型用涂型剂组成物：日本，2003 – 290869[P]．2003 – 10 – 14．

[44] 王忠．真空实型铸造铸钢件涂料的试制[J]．铸造设备研究，2001(5)：23 – 24．

[45] 罔本正胜，等．消失模型铸造用的涂型剂组成物：日本，2009 – 214126[P]．2009 – 9 – 24．

[46] 吴国华，等．凹凸棒粘土对消失模涂料流变性的影响[J]．硅酸盐学报，2002(1)：81 – 85．

[47] 肖柯则．铸型涂料[M]．北京：机械工业出版社，1985．

[48] 徐峰．建筑涂料与涂装技术[M]．北京：化学工业出版社，1998．

[49] 严瑞暄．水溶性高分子产品手册[M]．北京：化学工业出版社，2008．

[50] 杨彦芳．水基铝矾土消失模涂料工艺性能及易剥离性的研究[J]．特种铸造及有色合金，2009(9)：830 – 833．

[51] 尹英杰．高锰酸钾在消失模铸造涂料中的应用[J]．铸造，2006(4)：27 – 28．

[52] 张在新．胶粘剂[M]．北京：化学工业出版社，1999．

[53] 张忠明．黄原胶对消失模铸造涂料性能的影响[J]．特种铸造及有色合金，2005(8)：488 – 489．

[54] 章舟．消失模铸造生产及应用实例[M]．北京：化学工业出版社，2007．

[55] 周洪．黄麻纤维对消失模铸造涂料透气性和强度的影响[J]．铸造，2009(2)：169 – 170．

[56] 朱征，等．消失模铸造用超细粉涂料的实验[J]．铸造设备研究，2003.(2)：9 – 12．

[57] 陈淑英．镁橄榄石砂(粉)在高锰钢件消失模铸造生产中的应用[J]．铸造技术，2000(2)：5 – 6．

[58] 邓宏运．消失模铸造工艺设计[J]．铸造工程师，2009(3)：55 – 56．

[59] 解效民，张晓波. 镁橄榄石砂在高锰钢铸件上的应用[J]. 铸造设备研究，2004（3）：39-41.

[60] 李传栻. 我国造型材料60年的技术进步与发展[J]. 金属加工（热加工），2010（5）：4-7.

[61] 李伟. 镁橄榄石砂在消失模铸造中的应用[J]. 特种铸造及有色合金，2007（9）：715-716.

[62] 张广贺. 镁橄榄石砂（粉）在碱性钢铸造应用[J]. 铸造工程师，2010（8）：36-37.

[63] 邓宏运. 消失模铸造铸件工艺性及参数选择[J]. 铸造工程师，2009（5/6）：56-57.

[64] 韩焕卿，李增民，肖占德. 负压干砂实型铸造单重20t大型铸件[J]. 铸造工程师，2012（2）：1043-1045.

[65] 韩素喜，肖占德. 发展负压干砂实型中大件铸造工艺——开创实型铸造业新篇章[C]//第十届中国铸造协会年会论文集. 北京：中国铸造协会，2011（10）.

[66] 李增民，李立新，谭建波. 消失模铸造生产系统的优化控制[C]//中国第二届消失模铸造技术国际会议暨第九届实型（消失模）铸造学术年会论文集. 北京：中国铸造协会，2006.

[67] 刘福利，肖占德. 大型特大型铸铁件实型铸造工艺[J]. 铸造工程师，2011（10）：53.

[68] 薛强军. 大件实型与消失模铸造技术及应用[J]. 铸造工程师，2008（8）：49-52.

[69] 姚青，陈文斌，李俊峰. 呋喃树脂砂在铸造生产中的应用及质量控制[J]. 铸造，2007（1），206-210.

[70] 章舟，应根鹏，傅世根. 自硬呋喃树脂砂实型（白模）浇注大件[J]. 铸造工程师，2008，8：47-48.

[71] 施廷藻. 铸造实用手册[M]. 沈阳：东北工学院出版社，1988.

[72] 章舟，李锋. 消失模铸造中真空泵应用的选择[C]//第三届安徽省铸造技术大会暨第九届安徽省铸造年会论文集. 合肥：安徽省铸造协会，2008.

[73] 章舟，郑家淳. 真空泵在消失模铸造中的作用[J]. 现代铸铁，2012，32（5）73-76.

[74] 章舟，朱以松，董鄂. 大型铸件的铸造装备[J]. 铸造工程，2008，32（6）：19-23.

[75] 邓宏运，颜文非，童军. 铸造中频感应熔炼炉运行中14种故障分析及处理[J]. 铸造工程师，2008（7）. 72-74.

[76] 邓宏运. 铸造中频感应熔炼炉启动时6种故障分析及处理[J]. 铸造工程师，2008（6）：68-70.

[77] 冯胜山，许顺红，刘庆丰，等. 无芯感应电炉成形炉衬的研究与应用进展[J]. 铸造技术，2008，29（7）：975-978.

[78] 章舟. 消失模铸造生产实用手册[M]. 北京：化学工业出版社，2010.

[79] 崔忠圻，刘北兴. 金属学与热处理原理[M]. 哈尔滨：哈尔滨工业大学出版社，2008.

[80] 邓宏运，雷百成. 优质高锰钢铸件的生产技术[C]//第八届21省（市、自治区）4市铸造学术年会论文集. 北京：中国机械工程学会，2006.

[81] 邓宏运，王春景，章舟. 等温淬火球墨铸铁的生产及应用实例[M]. 北京：化学工业出版社，2009.

[82] 邓宏运. 采用电炉合成铸铁技术，提高铸造厂效益[J]. 铸造工程师，2008（8）：22-27.

[83] 邓宏运. 电弧炉喷粉炼钢技术[J]. 铸造工程师，2008（5）：25-27.

[84] 邓宏运. 蠕墨铸铁的电炉生产与质量控制[J]. 铸造工程师，2009（8）：26-29.

[85] 邓宏运. 蠕墨铸铁生产质量控制技术[J]. 铸造工程师，2008（4）：27-28.

[86] 邓宏运. 铸钢件生产浇注温度及浇注速度的控制[J]. 铸造工程师，2009（3）：37-38.

[87] 郭国旗，韩田辉，邓宏运. 中频感应炉控制系统与铸钢的快速熔炼技术[J]. 铸造工程师，2006（5）：43-47.

[88] 胡祖尧，邓宏运，章舟. 高锰钢铸造生产及应用实例[M]. 北京：化学工业出版社，2009.

[89] 李传栻. 提高铸钢冶金质量的几个问题[J]. 铸造工程师，2008（1）：14-18.

[90] 陆文华，李盛龙，黄良余. 铸造合金及其熔炼[M]. 北京：机械工业出版社，1996.

[91] 吴德海，钱立，胡家骢. 灰铸铁球墨铸铁及其熔炼[M]. 北京：中国水利水电出版社，2006.

[92] 于尔元，王德祖，杨雅杰，等. 铸铁件生产指南[M]. 北京：化学工业出版社，2008.

[93] 梁光泽. 实型铸造[M]. 上海：上海科学技

术出版社，1990.

[94] 张伯明，等．铸造手册：第1卷[M]．2版．北京：机械工业出版社，2006.

[95] 周继扬．铸铁彩色金相学[M]．北京：机械工业出版社，2002.

[96] 杨家宽．消失模热解特性及其废气净化的研究[D]．武汉：华中理工大学，1999.

[97] 张殿印，王纯．除尘器手册[M]．北京：化学工业出版社，2005.

[98] 马幼平．负压实型铸造及铸件[M]．北京：冶金工业出版社，2002.

[99] 邓宏运．消失模铸造汽车覆盖件机械粘砂的防止技术[J]．铸造工程师，2008(11)：50-51.

[100] 丁宏，董晟全，李高宏，等．不锈钢薄壁件的消失模铸造工艺研究[J]．铸造工程师，2009(8)：57-60.

[101] 高成勋．油缸缸头铸钢件消失模铸造[C]//中国铸造行业系列会议279次——中国第五届消失模铸造技术国际会议暨第十二届实型（消失模）铸造年会论文集．北京：中国铸造协会，2012.

[102] 高成勋，李宇超．冲压机床机座的消失模铸造[J]．铸造工程师，2010(11)：42-43.

[103] 高成勋．变速箱箱体消失模铸造的缺陷分析及控制[J]．铸造设备与工艺，2009(6)：10-11.

[104] 高成勋．碳钢轮毂的消失模铸造技术[J]．铸造工程师，2010(11)：48-50.

[105] 高程勋．消失模铸造法生产球铁汽车轮毂[J]．河北工业科技，2008，25(9)：120-121.

[106] 郭跃广．明冒口在消失模铸造中的应用[J]．铸造工程师，2010(3)：56-57.

[107] 韩素喜．负压干砂技术在实型铸造大中型铸件工艺中的应用[C]//中国铸造行业系列会议——第四届消失模铸造技术国际会议暨第十一届实型/消失模铸造学术年会论文集．北京：中国铸造协会，2010.

[108] 兰银在，靳永标，陈泽忠．蠕墨铸铁气缸盖的消失模铸造工艺[J]．铸造，2010，59(6)：581-583.

[109] 刘斌．柱塞泵体的消失模铸造[J]．铸造工程师，2008(11)：62-63.

[110] 刘福利，祝文章，肖占德．采用实型铸造65吨重型机床卧车箱体工艺实践[J]，铸造纵横，2009(1)：40.

[111] 刘磊，邹吉军．大型机床床身底座铸件的实型铸造[C]//中国铸造行业系列会议——第十七届实型铸造经验交流会（武当山站）论文集．北京：中国铸造协会，2011.

[112] 奚富胜，章舟．高锰钢筛板消失模铸造[J]．铸造工程师，2008(1)：42-43.

[113] 谢克明．消失模铸造港口机械用低合金铸钢车轮[J]．铸造工程师，2010，8：56-57.

[114] 袁东洲，等．消失模铸造铸铁管件工艺及缺陷分析[J]．铸造设备与工艺，2009(3)：46-49.

[115] 郑晋宝．美卓矿机衬板的消失模铸造[J]．铸造工程师，2008(1)：44-45.

[116] 黄天佑．消失模铸造技术[M]．北京：机械工业出版社，2004.

[117] 杨和平，章舟，周海．耐火材料空心管在消失模铸造上的应用[J]．铸造工程师，2008(8)：53-54.

[118] 张丙坤，厉三于，应根鹏．提高消失模铸造白模成形及加工质量措施[J]．铸造工程师，2012(12)：39-41.

[119] 王继强．德国泡沫模型铣削加工技术[C]//中国铸造行业系列会议—第十九届中国实型消失模V法铸造生产技术年会论文集．北京：中国铸造协会，2013.

[120] 章舟，邓宏运，刘庆旭，等．消失模铸造ST-MMA模样[J]．铸造工程师，2015(10)：41-47.

[121] 章舟，李艳明，厉三于，等．利用泡沫塑料废料制作白模[J]．铸造工程师，2015(7)：32-35.

[122] 倪迪．重卡变速箱箱体消失模具设计[J]．特种铸造及有色合金，2014，34(7)：735-737.

[123] 倪迪．消失模样制作工艺与控制[C]//中国铸造行业系列会议—中国实型消失模V法铸造生产技术年会论文集．北京：中国铸造协会，2013.

[124] 王继强，徐敬宣，刘芸．如何获得密度一致的消失模预发泡珠粒[C]//第十一届消失模与V法铸造学术年会论文集．沈阳：中国机械工程学会铸造分会，2013.

[125] 章舟，邓宏运，王春景，等．消失模铸造涂料配方及生产技术[J]．铸造工程师，2015

(10)：35 – 40.

[126] 伍斌华. 箱体类消失模铸铁件涂料合理选用[C]//中国铸造行业系列会议—中国实型消失模V法铸造生产技术年会. 北京：中国铸造协会，2013.

[127] 陈莉，包晟. 复杂铸铁件消失模铸造涂料质量控制[J]. 金属加工（热加工），2015(5)：40 – 42.

[128] 邓宏运，王春景. 高强度灰铸铁与球铁用高效铁水净化除渣覆盖剂：CN106367555A[P]. 2017 – 09 – 08[2018 – 02 – 09].

[129] 刘生银. 消失模铸铝涂料应用[C]//中国铸造活动周论文集. 沈阳：中国机械工程学会铸造分会，2010.

[130] 陈东风，董选普，樊自田. 消失模铸造表面转移涂料[C]//第四届消失模铸造技术国际会议暨第十一届实型（消失模）铸造学术年会论文集. 北京：中国铸造协会，2010.

[131] 冯博，李增民. 铝合金用消失模涂料[C]//第四届消失模铸造技术国际会议暨第十一届实型（消失模）铸造学术年会论文集. 北京：中国铸造协会，2010.

[132] 徐庆柏，章舟. 消失模铸造涂料引起的铸件缺陷及防止[J]. 铸造工程师，2012(12)：30 – 31.

[133] 李积明. 硼砂对铸钢消失模涂料剥离性的影响[J]. 甘肃科技，2012，28(2)：11 – 12.

[134] 徐庆柏，章舟. 中小铸造企业涂料质量保证体系及简易可行的检测方法[J]. 铸造工程师，2013(5)：54 – 56.

[135] 李立新. 桥梁支座先烧后浇特种消失模涂料[J]. 热加工工艺，2010，39(9)：73 – 74.

[136] 郭鹏，叶升平，孙黄龙. 国内外消失模铸造震实台发展现状[C]//第十二届消失模与V法铸造学术年会论文集. 沈阳：中国机械工程学会铸造分会，2013.

[137] 郭鹏，叶升平，孙黄龙. 一种消失模铸造振实台的效果测评方法[C]. 中国铸造行业系列会议—中国实型消失模V法铸造生产技术年会论文集. 北京：中国铸造协会，2013.

[138] 梁玉星. 消失模铸造砂箱无滤网改造[J]. 金属加工（热加工），2014(15)：42 – 44.

[139] 张秉才，李云雷，蔡明湖. 消失模铸造砂处理系统设计与经济分析[J]. 铸造工程师，2013(10)：32 – 34.

[140] 邓宏运. 消失模铸造设备的维护与保养[J]. 铸造工程师，2016(10)：29 – 30.

[141] 刘宁，申阵宗，陈光云. 万吨线消失模铸造的液推 + 柔性驱动线设计理念[C]//第十届消失模与V法铸造学术年会论文集. 沈阳：中国机械工程学会铸造分会，2011.

[142] 沈猛，铁金艳. 30000t/年非标大件消失模生产线设计[J]. 铸造工程师. 2014(4)：31 – 34.

[143] 李云雷，蔡明湖，张秉才. 消失模铸造步进式机械化生产线设计[J]. 铸造工程师，2013(10)：36 – 40.

[144] 高成勋. 真空造型生产线调试实践[J]. 铸造工程师，2015(2)：41 – 44.

[145] 曹思盛，王海勇，等. 消失模铸造生产线技术改造工程[J]. 铸造工程，2012(2)：38 – 42.

[146] 张忠明，袁中岳，林尤栋. 利用消失模铸造法进行铸造车间技改的几个问题[J]. 铸造技术，1999(3)：32 – 34.

[147] 厉三余，章舟，应根鹏. 小型消失模铸造必需设备及资金[J]. 铸造工程师，2012(2)：46 – 49.

[148] 邓宏运，李思宾，邓琳琅，等. 消失模铸造发动机缸体技术优势[C]//中国铸造行业会议—第十二届实型（消失模）铸造学术年会论文集. 北京：中国铸造协会，2012.

[149] 蔡明湖，李云雷，张秉才. 消失模铸造无冒口生产发动机多种缸体[J]. 铸造工程师，2013(10)：41 – 42.

[150] 高成勋. 消失模铸造低合金铸铁发动机缸体[J]. 铸造工程师，2014(3)：41 – 43.

[151] 邓宏运，王春景，李晓霞. 铸造铁型浇口杯高强度高耐火度复合型水基专用涂料：CN107520401A[P]. 2017 – 09 – 15[2017 – 12 – 29].

[152] 曹宗安，邵明钢，邵明波. 消失模铸造816箱体技术[C]//中国第三届消失模铸造技术国际会议暨第十届中国实型（消失模）铸造学术年会论文集. 北京：中国铸造协会，2008.

[153] 乔华振，申振宗. 300传动轴箱体消失模铸造工艺[C]. 第十一届消失模与V法铸造学术年会论文集. 沈阳：中国机械工程学会铸

造分会，2013.

[154] 李增民，李立新，谭建波. 大型中空箱体铸件的消失模铸造工艺[J]. 特种铸造及有色合金，2011，31(12)：1140-1141.

[155] 张俊祥，范随长，郭亚辉. 大型复杂箱体件消失模铸造工艺[C]//第十届消失模与Ｖ法铸造学术年会论文集. 沈阳：中国机械工程学会铸造分会，2011.

[156] 刘高峰，李宇龙. 单中间轴类变速器壳体EPS模样缺陷分析及防止[C]//中国第三届消失模铸造技术国际会议暨第十届中国实型(消失模)铸造学术年会论文集. 北京：中国铸造协会. 2008.

[157] 马红兵，姜建柱. 双中间轴变速箱壳体消失模铸造浇注系统形式分析及应用[C]//中国消失模铸造技术国际会议暨第十届中国实型(消失模)铸造学术年会论文集. 北京：中国铸造协会，2008.

[158] 李晓霞，郑宝泉. 飞轮壳消失模铸造工艺及防变形措施[C]//中国消失模铸造技术国际会议暨第十届中国实型(消失模)铸造学术年会论文集. 北京：中国铸造协会，2008.

[159] 高居平，邓宏运. 消失模铸造飞轮壳渣孔预防措施[J]. 铸造工程师，2014(5)：40-42.

[160] 刘永其，郑国威，周杰敏，等. 薄壁类汽车离合器壳消失模铸造变形缺陷控制[J]. 铸造设备与工艺，2014(5)：29-30.

[161] 徐玎玎. 叉车变矩器壳体的消失模铸造[J]. 特种铸造及有色合金，2016，36(7)：735-736.

[162] 铁金艳，沈猛. 消失模铸造的转炉炉口工艺[J]. 铸造工程师，2014(4)：35-38.

[163] 任振星，任陆海，赵清祯. 单缸轮消失模铸造工艺[C]//中国铸造行业系列会议—第十九届中国实型消失模Ｖ法铸造生产技术年会论文集. 北京：中国铸造协会，2013.

[164] 闫颖涛. 球铁消失模铸造生产工艺的应用[C]//重庆市铸造年会论文集. 重庆：重庆市机械工程学会铸造分会，2008.

[165] 高成勋，高远. 大口径球墨铸铁管件消失模铸造技术[J]. 铸造工程师，2014(5)：37-39.

[166] 李茂林. 我国消失模铸造生产耐磨铸件现状[C]. 第十一届消失模与Ｖ法铸造学术年会论文集. 沈阳：中国机械工程学会铸造分

会，2013.

[167] 刘根生，冯晓虎，魏笑一，等. 消失模铸造双金属复合锤头结合界面的研究[C]//中国第三届消失模铸造技术国际会议暨第十届中国实型(消失模)铸造学术年会论文集. 北京：中国铸造协会，2008.

[168] 郭亚军，叶升平，孔德选. 混凝土泵车臂架输送双金属复合弯管[C]//第十一届消失模与Ｖ法铸造学术年会论文集. 沈阳：中国机械工程学会铸造分会，2013.

[169] 刘玉满. ZG45与镍铬钼钒钢双液复合浇注高强高韧耐磨大型螺杆[J]. 铸造工程师，2016(10)：26-27.

[170] 徐志宏，卫小伟. 原料磨衬板消失模铸造的浇注工艺设计[J]. 特种铸造及有色合金，2003(6)：55-56.

[171] 邓宏运，刘中华，康晓，等. 电解铝阳极铸钢钢爪消失模铸造生产技术[C]//中国铸造行业系列会议—第十二届实型消失模Ｖ法铸造学术年会论文集. 北京：中国铸造学会，2012.

[172] 郭增亮. 铸钢冷却壁的消失模工艺生产实践[C]//中国铸造行业系列会议—第十九届中国实型消失模Ｖ法铸造生产技术年会论文集. 北京：中国铸造学会，2013.

[173] 王萌萌，王春景，邓宏运. 低合金钢联接座消失模铸造工艺与质量控制[J]. 铸造设备与工艺，2018(1)：45-48.

[174] 邓宏运. 低合金钢外缸套消失模铸造工艺与质量控制[C]//第十四届中国铸造协会年会论文集. 北京：中国铸造协会，2018.

[175] 邓宏运，王春景. 低合金钢轮架消失模铸造工艺与质量控制[J]. 铸造技术，2018(7)：1495-1499.

[176] 邓宏运. 煤矿液压支架柱窝及柱帽低合金钢消失模铸造质量控制[C]//2018中国铸造活动周论文集. 沈阳：中国机械工程学会铸造分会，2018.

[177] 张复文. 轮类铸钢件消失模铸造补缩系统的设计[J]. 铸造技术，2010，31(4)：517-518.

[178] 韩永生，肖占德，祝文章. 实型铸造中大型机床铸件工艺[J]. 铸造工程师，2012(3)：48-54.

[179] 韩素喜，肖占德. 提高干砂负压实型铸造工

艺水平和产能[J].铸造工程师,2012(9):
42 - 44.

[180] 刘根生,张志强,张国栋,等.实型铸造在
我国汽车模具和机床铸造的应用与发展
[C]//中国铸造行业系列会议—第四届消失
模铸造技术国际会议暨第十一届实型/消失
模铸造学术年会论文集.北京:中国铸造学
会,2010.

[181] 刘根生,魏笑一,张宝兴,等.汽车模具实
型铸造质量控制[C]//中国第三届消失模铸
造技术国际会议暨第十届中国实型(消失
模)铸造学术年会论文集.北京:中国铸造
协会,2008.

[182] 孙平,孙之.铝合金消失模铸造实践[J].特
种铸造及有色合金,2009,29(3):
288 -289.

[183] 冯博,李增民,李立新,等.铝合金消失模
铸造充型行为及凝固过程探讨[J].中国铸造
行业系列会议—第十七届实型铸造经验交流
会(武当山站)论文集.北京:中国铸造协
会,2011.

[184] 李旋.有无压力对铝合金消失模铸造性能的
影响[C].中国铸造行业系列会议—第十九
届中国实型、消失模、V法铸造生产技术年
会论文集.北京:中国铸造协会,2011.

[185] 吴建化,郑正来,等.加压式铝合金消失模
铸关键技术的分析[C].中国第三届消失模
铸造技术国际会议.北京:中国铸造协会,
2008.

[186] 蒋文明.真空低压消失模铸造和消失模铸造
铝合金组织性能对比[J].中国有色金属学
报,2013(1):22 -28.

[187] 高程勋,高远.用消失模铸造生产铝合金模
具毛坯件[C]//中国第三届消失模铸造技术
国际会议论文集.北京:中国铸造协
会,2016.

[188] 高程勋,消失模铸造铝合金铸件常见铸造缺
陷分析[J].铸造工程师,2012(9):37 -41.

[189] 马红兵.灰铸铁和铝合金消失模铸造工艺的
差异性[J].铸造工程师.2016(3):55 -57.

[190] 李天培,孙黄龙.消失模铸造变形的原理和
解决方法[C]//第十一届消失模与V法铸造
学术年会论文集.沈阳:中国机械工程学会
铸造分会,2013.

[191] 韩素喜,肖占德.负压干砂实型中大型铸件
变形缺陷机理及对策[J].铸造工程师,2013
(6):40 -44.

[192] 马怀荣,刘祥泉.关于消失模铸造与V法铸
造增碳与夹杂质量缺陷的研究[J].中国铸造
行业第六届高层论坛论文集.北京:中国铸
造协会,2013.

[193] 王林慧,张宝庆,等.消失模铸造夹砂渣缺
陷成因及对策[J].现代铸铁,2010,30
(6):56 -58.

[194] 张之卫.消失模铸铁件显微夹渣分析及预防
措施[J].金属加工(热加工),2013(1),
72 -74.

[195] 刘余松,蔡明,苏艳红.消失模铸造薄壁复
杂箱体类件变形及夹渣缺陷的解决措施
[C]//第八届实型(消失模)铸造年会暨第十
一届全国实型铸造经验交流会论文集.北
京:中国铸造协会,2004.

[196] 章舟,李艳明等.消失模铸造铸铁表面皱皮
及防止[J].铸造工程师,2015(6):41 -42.

[197] 肖占德.实型消失模大件箱内冷却和砂箱降
温措施[J].铸造工程师,2014(9):56 -57.

[198] 肖占德等.实型铸造生产浇注产生的烟尘分
析与治理[J].铸造工程师,2015(2):
35 -37.

[199] 甘富军.消失模空壳铸造极易塌箱如何解决
[J].金属加工:热加工.2013(15):76 -
77.

[200] 章舟,李艳明等.消失模铸造反喷、气孔及
防止[J].铸造工程师,2015(6):43 -44.

[201] 李增民,李立新,谭建波.消失模铸造生产
系统的优化控制[J].铸造纵横,2002(11):
38 -40.

[202] 惠西胜,章舟,秦亚洲.消失模铸造铸件的
质量控制[J].铸造工程师,2015(9):
50 -52.

[203] 刘立中.消失模铸造质量管理及容易忽视的
工艺条件[J].中国铸造装备与技术,2007
(4):66 -68.

[204] 章舟,李艳明,应根鹏.铸铁件消失模铸造
对铁液的一些要求[J].现代铸铁,2010,30
(6):41 -43.

[205] 刘进胜. 如何提高消失模铸件几何尺寸精度[J]. 金属加工(热加工)，2011(1)：64 – 67.

[206] 刘余松，李勇，蔡明. 消失模铸造品质管理系统优化控制[C]//2004 中国铸造活动周论文集. 沈阳：中国机械工程学会铸造分会，2004.

[207] 邓宏运. 消失模铸造岗位操作规程[J]. 铸造工程师，2015(9)：53 –54.

[208] 张锡联. 风力发电机电机端盖低温球墨铸铁件的生产[J]. 中国铸造装备与技术. 2013(4)，47 –50.